Dieudonné · Grundzüge der modernen Analysis

Band 4

Logik und Grundlagen der Mathematik

Herausgegeben von
Prof. Dr. Dieter Rödding, Münster

Band 19

J. Dieudonné

Grundzüge der modernen Analysis

Band 4

» vieweg

J. Dieudonné
Éléments d'Analyse
Tome IV, Chapitres XVIII à XX
Gauthier-Villars, Éditeur
Paris/Bruxelles/Montréal 1971

Übersetzung aus dem Französischen:
Herbert Kurke, Gerhard Pfister und Marko Roczen

1976

softcover reprint of the hardcover 1st edition 1976

ISBN 978-3-322-89908-8 ISBN 978-3-322-89907-1 (eBook)
DOI 10.1007/978-3-322-89907-1

Inhalt

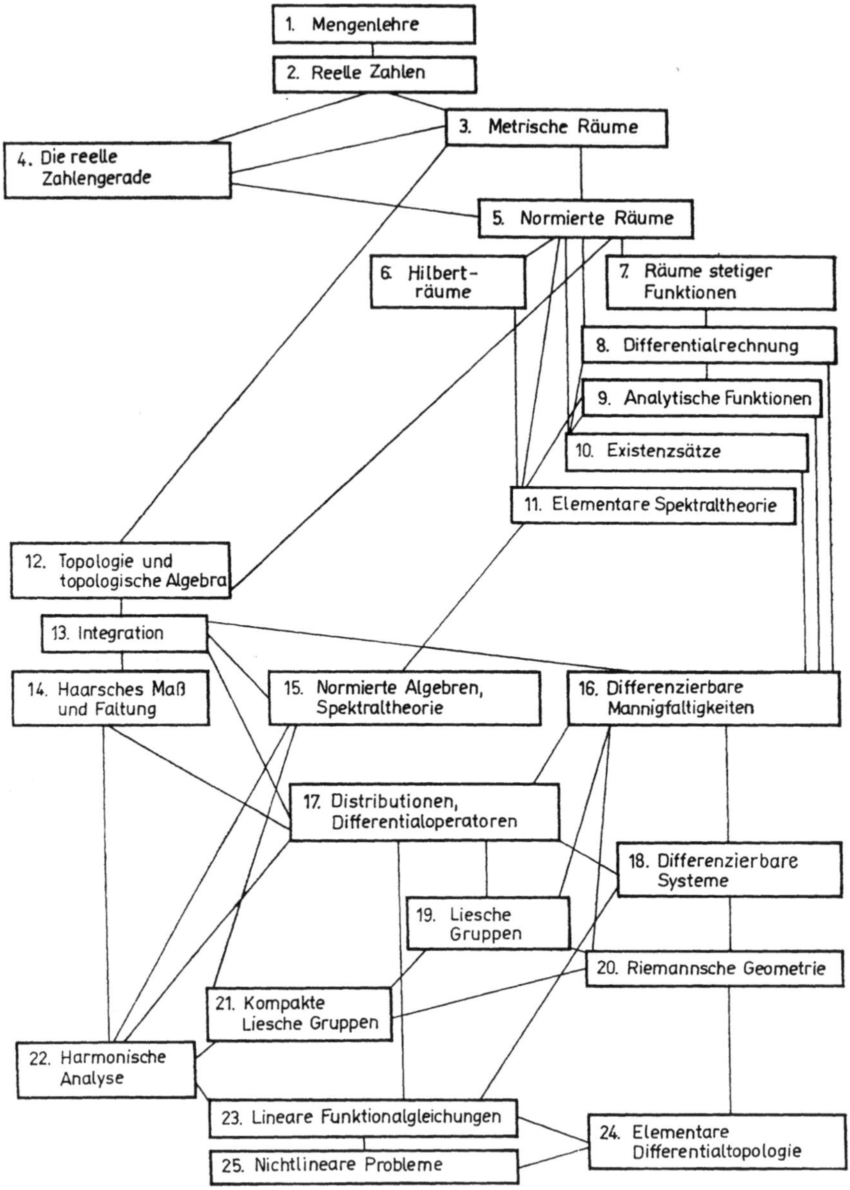
1. Mengenlehre
2. Reelle Zahlen
3. Metrische Räume
4. Die reelle Zahlengerade
5. Normierte Räume
6. Hilberträume
7. Räume stetiger Funktionen
8. Differentialrechnung
9. Analytische Funktionen
10. Existenzsätze
11. Elementare Spektraltheorie
12. Topologie und topologische Algebra
13. Integration
14. Haarsches Maß und Faltung
15. Normierte Algebren, Spektraltheorie
16. Differenzierbare Mannigfaltigkeiten
17. Distributionen, Differentialoperatoren
18. Differenzierbare Systeme
19. Liesche Gruppen
20. Riemannsche Geometrie
21. Kompakte Liesche Gruppen
22. Harmonische Analyse
23. Lineare Funktionalgleichungen
24. Elementare Differentialtopologie
25. Nichtlineare Probleme

18. Differentialrechnung auf einer differenzierbaren Mannigfaltigkeit

II. Elementare globale Theorie der Differentialgleichungen erster und zweiter Ordnung. Elementare lokale Theorie differenzierbarer Systeme

Nachdem man den Begriff des Tangentialvektors an eine differenzierbare Mannigfaltigkeit M hat, kann man den Begriff der Lösung einer Differentialgleichung erster Ordnung (vgl. (10.4.2)) leicht auf Funktionen verallgemeinern, die auf einem Intervall von $\boldsymbol{R}$ definiert sind und ihre Werte in M annehmen: Die Ableitung $u'(t)$ ist durch das Bild des Tangenteneinheitsvektors von $\boldsymbol{R}$ im Punkt t vermöge der Tangentialabbildung $T_t(u)$ zu ersetzen, und dementsprechend muß die rechte Seite ein Tangentialvektor von M im Punkt $u(t)$ sein. Mittels einer Karte wird eine solche Gleichung lokal auf eine gewöhnliche Differentialgleichung (10.4.1) zurückgeführt. Da man auf diese Weise eine dem Wesen des Problems entsprechende invariante („innere“) Formulierung des Begriffs der Differentialgleichung hat, kann man für eine solche Gleichung Fragen *globaler* Natur stellen, etwa die nach der Existenz einer „maximalen“ Integralkurve und ihrem Verhalten als Funktion der sie definierenden „Anfangsbedingung“ oder als Funktion der „Parameter“, von denen die Gleichung abhängt. Wir deuten hier nur die ersten Anfänge des Studiums dieser sehr schwierigen Probleme an, welche feinere Betrachtungen aus der Topologie bzw. der Integrationstheorie erfordern (siehe einige Beispiele in Kapitel 25 sowie die Werke [39] und [79]). Der Begriff der Differentialgleichung zweiter Ordnung auf einer Mannigfaltigkeit M ist weniger offensichtlich, weil dazu der Begriff der „zweiten Ableitung“ einer Abbildung eines Intervalls von $\boldsymbol{R}$ in M benötigt wird. Da die Werte der „ersten Ableitung“ Tangentialvektoren an M sind, werden wir dazu geführt, sie als Abbildung *in das Tangentialbündel* $T(M)$ anzusehen, und eine Gleichung zweiter Ordnung in M wird dann zu einer Gleichung erster Ordnung *in der Mannigfaltigkeit* $T(M)$. Die lokalen und die globalen Probleme, die wir für diese Gleichungen behandeln (Abschnitte 18.3 bis 18.7), betreffen insbesondere einen speziellen Typ von Differentialgleichungen zweiter Ordnung, nämlich diejenigen, welche die *Geodätischen* der Zusammenhänge liefern und die in Kapitel 20 für Riemannsche Mannigfaltigkeiten genauer untersucht werden.

Abstrahiert man bei der Untersuchung der durch Differentialgleichungen definierten Kurven vom Parameter, so kann man diese Kurven dadurch definieren, daß sie in jedem ihrer Punkte eine vorgegebene Gerade aus dem Tangentialraum an die Mannigfaltigkeit in diesem Punkt berühren. Ersetzt man diese Richtungen durch Vektorteilräume beliebiger Dimension, so erhält man den allgemeinen Begriff eines „Pfaffschen Systems“ auf einer Mannigfaltigkeit, welcher der invariante („innere“) Ausdruck der klassischen „partiellen Differentialgleichung“ ist. Wir bringen aus der globalen Theorie hier lediglich die Theorie der vollständig integrierbaren Systeme (siehe [97]) und die der linearen (oder der diesen ähnlichen) partiellen Differentialgleichungen, denen wir in den Kapiteln 23 und 25 wieder begegnen werden. In diesem Kapitel beschränken wir uns ausschließlich auf *lokale* Existenz- und Eindeutigkeitsfragen, wobei wir uns ohne weiteres auf den $\boldsymbol{R}^N$ beschränken können. Die Terminologie der Mannigfaltigkeiten und vor allem der äußere Differentialkalkül sind jedoch, wie E. Cartan gezeigt hat, selbst in diesem Fall sehr nützlich, um das Wesen dieser Probleme unabhängig von jedem der Problemstellung fremden Koordinatensystem zu verstehen. Das gewaltige Werk E. Cartans auf diesem Gebiet, dessen Studium wir dem Leser wärmstens ans Herz legen (vgl. [87] und [88]), konnte hier leider nur gestreift werden.

18.1. Differentialgleichungen erster Ordnung auf einer differenzierbaren Mannigfaltigkeit

18.1.1. Ist $U \subset \boldsymbol{R}^n$ eine offene Menge und $\mathbf{f}$ eine stetige Abbildung von U in $\boldsymbol{R}^n$, so versteht man unter einem (reellen) *autonomen System von Differentialgleichungen* auf U eine vektorielle Differentialgleichung

18.1.1.1. $\mathrm{D}x = \mathbf{f}(x)$.

Eine Lösung dieser Gleichung ist dann eine stetig differenzierbare Abbildung u eines *offenen* Intervalls $I \subset \boldsymbol{R}$ in U, für welche $\mathrm{D}u(t) = \mathbf{f}(u(t))$ für jedes $t \in I$ gilt (vgl. Abschnitt 10.4). Wir bezeichnen ein autonomes System von Differentialgleichungen auch als eine vektorielle Differentialgleichung, in deren rechter Seite „die Variable t nicht vorkommt“. Offenbar ist mit jeder auf $I \subset \boldsymbol{R}$ definierten Lösung u von (18.1.1.1) für jedes $a \in \boldsymbol{R}$ auch die Funktion $t \to u(t + a)$ eine Lösung von (18.1.1.1), die auf $I + (-a)$ definiert ist.

Identifiziert man das Tangentialbündel $T(U)$ mittels der kanonischen Trivialisierung (16.15.5) mit $U \times \boldsymbol{R}^n$, so kann man $x \to (x, \mathbf{f}(x))$ als lokale Darstellung eines durch die Bedingung $\mathrm{X}(x) = \boldsymbol{\tau}_x^{-1}(\mathbf{f}(x))$ definierten stetigen *Vektorfeldes* X auf U ansehen (vgl. (16.15.4)). Das durch die Bedingung, $\boldsymbol{\tau}_t(\mathrm{E}(t))$ sei der Einheitsvektor in $\boldsymbol{R}$, definierte Vektorfeld E auf $\boldsymbol{R}$ nennen wir *Einheitsfeld*. Für eine Abbildung u der Klasse C^1 von I in U können wir dann $\mathrm{D}u(t) = \boldsymbol{\tau}_{u(t)}(T_t(u) \cdot \mathrm{E}(t))$ schreiben; folglich ist die Relation $\mathrm{D}u(t) = \mathbf{f}(u(t))$ der Relation

18.1.1.2. $T(u) \cdot E(t) = \mathrm{X}(u(t))$

für jedes $t \in I$ äquivalent.

18.1.2. Schreibt man die Tatsache, daß u eine Lösung von (18.1.1.1) ist, in der Gestalt (18.1.1.2) auf, so kommt die Trivialisierung von $T(U)$ nicht mehr vor; dies gestattet also, den Begriff eines autonomen Systems von Differentialgleichungen auf eine beliebige differenzierbare Mannigfaltigkeit M zu übertragen. Ist ein Vektorfeld X der Klasse C^r ($r \geqq 0$) auf M gegeben, so nennt man eine Relation der Gestalt

18.1.2.1. $T(u) \circ \mathrm{E} = \mathrm{X} \circ u$

eine *durch* X *auf* M *definierte Differentialgleichung* (erster Ordnung); eine Abbildung v der Klasse C^1 eines *offenen* Intervalls $I \subset \boldsymbol{R}$ in M wird *Lösung* dieser Gleichung genannt, wenn für jedes $t \in I$

18.1.2.2. $T(v) \cdot \mathrm{E}(t) = \mathrm{X}\big(v(t)\big)$

gilt. Für eine solche Abbildung v setzen wir nun[1])

18.1.2.3. $v'(t) = T(v) \cdot \mathrm{E}(t) \in T_{v(t)}(M)$

für jedes $t \in I$ (*Ableitung* oder *Geschwindigkeitsvektor* von v im Punkt t), und die Gleichung (18.1.2.2) lautet dann

18.1.2.4. $v'(t) = \mathrm{X}\big(v(t)\big) \quad$ für $t \in I$.

Für jede auf M definierte skalare Funktion f der Klasse C^1 folgt aus den Definitionen nach (16.5.4) und (17.14.1) aufgrund von (18.1.2.4) sofort

18.1.2.5. $\frac{d}{dt}\big(f(v(t))\big) = \theta_{\mathrm{X}(v(t))} \cdot f$

für $t \in I$. Eine Lösung von (18.1.2.1) wird auch als *Integralkurve des Vektorfeldes* X bezeichnet. Eine Differentialgleichung der Gestalt (18.1.2.1) wird auch ein *dynamisches System* auf M genannt.

Ist (U, φ, n) eine Karte von M und $z \to \big(z, \mathbf{f}(z)\big)$ die X entsprechende lokale Darstellung $\big($mit $(z, \mathbf{f}(z)) = T(\varphi) \cdot \mathrm{X}(\varphi^{-1}(z))\big)$, so ist die Funktion $(\varphi \circ v) \mid v^{-1}(U)$ Lösung der vektoriellen Differentialgleichung (18.1.1.1) auf $v^{-1}(U)$. Sie wird die der betrachteten Karte entsprechende *lokale Darstellung* von (18.1.2.1) genannt.

18.1.3. Bemerkungen. Wir betrachten eine beliebige vektorielle Differentialgleichung

18.1.3.1. $\mathrm{D}x = \mathbf{f}(x, t)$,

wobei $\mathbf{f}$ auf einer offenen Teilmenge H von $\boldsymbol{R}^n \times \boldsymbol{R}$ stetig ist und seine Werte in $\boldsymbol{R}^n$ annimmt. Diese Gleichung kann man in folgender Weise auf ein autonomes System zurückführen. Man betrachtet die stetige Abbildung $z \to \mathbf{F}(z)$ von H in $\boldsymbol{R}^{n+1}$, für welche $\mathbf{F}(x, t) = (\mathbf{f}(x, t), 1)$ ist, sowie das autonome System

18.1.3.2. $z' = \mathbf{F}(z)$.

[1]) Wir schreiben also jetzt den Symbolen v' und Dv unterschiedliche Bedeutung zu, wenn v eine Abbildung eines Intervalls I in einen *Vektorraum* $\boldsymbol{R}^n$ ist (während wir in Abschnitt 8.1 diese Bezeichnungen als Synonyme angesehen haben); in diesem Spezialfall ist $\mathrm{D}v(t) = \boldsymbol{\tau}_{v(t)}(v'(t))$.

Ist $u = (v, \varphi)$ eine auf einem offenen Intervall $I \subset \boldsymbol{R}$ definierte Lösung dieser Gleichung mit $v(t) \in \boldsymbol{R}^n$ und $\varphi(t) \in \boldsymbol{R}$, so ist $\varphi'(t) = 1$, also $\varphi(t) = t + \alpha$; somit gilt $v'(t) = \mathbf{f}(v(t), t + \alpha)$ für alle $t \in I$. Setzt man $w(t) = v(t - \alpha)$, so gilt $w'(t) = \mathbf{f}(w(t), t)$ auf $I + \alpha$. Daher ist w Lösung von (18.1.3.1) auf diesem Intervall. Ist, umgekehrt, v eine Lösung von (18.1.3.1) auf I, so ist $t \to (v(t), t)$ offensichtlich eine Lösung von (18.1.3.2) auf I. Die Bestimmung der Lösungen von (18.1.3.1) ist daher ein Problem, das dem Auffinden der Lösungen von (18.1.3.2) äquivalent ist. Den vektoriellen Differentialgleichungen der Gestalt (18.1.3.1) auf einer differenzierbaren Mannigfaltigkeit M entsprechen dann die Differentialgleichungen, die durch Vektorfelder Y der Gestalt $\mathrm{Y}(x, t) = (\mathrm{X}(x, t), \mathrm{E}(t))$ auf $M \times \boldsymbol{R}$ definiert sind, wobei man $T(M \times \boldsymbol{R})$ mit $T(M) \times T(\boldsymbol{R})$ identifiziert.

18.2. Die Strömung eines Vektorfeldes

18.2.1. *Ist X ein Vektorfeld der Klasse C^r $(r \geqq 1)$ auf M und sind v_1 und v_2 zwei auf offenen Intervallen I_1 bzw. I_2 von $\boldsymbol{R}$ definierte Integralkurven von X mit $v_1(t_0) = v_2(t_0)$ für einen Punkt $t_0 \in I_1 \cap I_2$, so stimmen v_1 und v_2 auf dem ganzen Intervall $I_1 \cap I_2$ überein.*

Aufgrund von (3.19.1) genügt es zu zeigen, daß die Menge A derjenigen $t \in I_1 \cap I_2$, für die $v_1(t) = v_2(t)$ gilt, sowohl offen als abgeschlossen ist, da diese Menge nach Voraussetzung nicht leer ist. Da v_1 und v_2 stetig sind, ist A nach (3.15.1) abgeschlossen. Außerdem gibt es zu $t_1 \in A$ eine Umgebung $J \subset I_1 \cap I_2$ von t_1 und eine Karte (U, φ, n) von M im Punkt $v_1(t_1) = v_2(t_1)$, für welche $\varphi \circ (v_1 \mid J)$ und $\varphi \circ (v_2 \mid J)$ Lösungen ein und derselben Gleichung (18.1.1.1) sind, wobei $\mathbf{f}$ der Klasse C^r mit $r \geqq 1$ angehört und diese Lösungen im Punkt t_1 denselben Wert annehmen. Wir schließen dann aus (10.5.2), daß v_1 und v_2 auf J übereinstimmen; hieraus folgt die Behauptung.

18.2.2. Es sei X ein Vektorfeld der Klasse C^r $(r \geqq 1)$ auf M. Zu jedem $x_0 \in M$ existieren eine offene Umgebung J von 0 in $\boldsymbol{R}$ und eine auf J definierte Integralkurve v von X, für die $v(0) = x_0$ ist; man braucht nämlich nur eine Karte (U, φ, n) von M im Punkt x_0 zu betrachten derart, daß die Differentialgleichung (18.1.2.1) lokal durch (18.1.1.1) dargestellt wird, wobei $\mathbf{f}$ der Klasse C^r $(r \geqq 1)$ angehört. Die Existenz einer Lösung dieser Gleichung, die im Punkt 0 den Wert $\varphi(x_0)$ annimmt und auf einer Umgebung J von 0 in $\boldsymbol{R}$ definiert ist, folgt aus (10.4.5). Damit ist unsere Behauptung bewiesen. Nun sei $J(x_0)$ das offene Intervall, das man durch *Vereinigung* aller *offenen* Intervalle erhält, die 0 enthalten und auf denen eine Integralkurve von X existiert, die für $t = 0$ gleich x_0 ist. Da nach (18.2.1) zwei beliebige dieser Funktionen auf dem Durchschnitt ihrer Definitionsbereiche übereinstimmen, existiert genau eine auf $J(x_0)$ definierte Funktion v, aus der man alle diese Funktionen durch Einschränkung erhält. Offenbar ist v eine Integralkurve von X; wir nennen v die *maximale Integralkurve* von X, für die $v(0) = x_0$ ist (oder mit dem *Anfangspunkt* x_0). Wir bezeichnen mit $t^-(x_0)$ den Anfangspunkt und mit $t^+(x_0)$ den Endpunkt von

$J(x_0)$. Dann gilt $t^-(x_0) < 0 < t^+(x_0)$, wobei $t^-(x_0) = -\infty$ und $t^+(x_0) = +\infty$ zugelassen wird. Den Wert der maximalen Integralkurve, die im Punkt 0 den Wert x_0 annimmt, bezeichnen wir für $t \in J(x_0)$ mit $F_X(x_0, t)$. Die Funktion F_X ist auf der aus den Punkten (x, t) mit $t^-(x) < t < t^+(x)$ bestehenden Menge dom $(F_X) \subset M \times \boldsymbol{R}$ $\big($der Vereinigung der Mengen $\{x\} \times J(x)\big)$ definiert; man nennt F_X die *Strömung* des Feldes X und dom (F_X) ihren *Definitionsbereich.*

18.2.3. In den Bezeichnungen von (18.2.2) gilt für jeden Punkt $t_0 \in J(x)$

18.2.3.1. $J\big(F_X(x, t_0)\big) = J(x) + (-t_0)$

und für jedes $t \in J(x) + (-t_0)$

18.2.3.2. $F_X\big(F_X(x, t_0), t\big) = F_X(x, t + t_0)$.

Offenbar ist nämlich die Funktion $t \to F_X(x, t_0 + t)$ eine auf $J(x) + (-t_0)$ definierte Integralkurve von X, die für $t = 0$ den Wert $F_X(x, t_0)$ annimmt. Diese Funktion kann nicht die Einschränkung einer Integralkurve v sein, die auf einem größeren Intervall J' definiert ist und im Punkt $t = 0$ den gleichen Wert annimmt; denn dann wäre die Funktion $t \to v(t - t_0)$ eine auf einem das Intervall $J(x)$ umfassenden größeren Intervall definierte Integralkurve, die im Punkt t_0 den gleichen Wert wie $t \to F_X(x, t)$ annimmt, was nach (18.2.1) der Definition von $J(x)$ widerspricht. Die Relation (18.2.3.2) folgt aus der vorhergehenden Überlegung und der Definition von F_X.

18.2.4. *Es sei M eine differenzierbare Mannigfaltigkeit, N eine abgeschlossene Untermannigfaltigkeit von M, ferner* X *ein Vektorfeld der Klasse C^r mit $r \geqq 1$ auf M, und für jedes $x \in N$ sei* $X(x) \in T_x(N)$ (wir sagen dafür auch, das Vektorfeld X sei *tangential zu N* oder auch, es *berühre N in den Punkten von N*). *Dann ist jede Integralkurve von* X, *die N trifft, ganz in N enthalten.*

Es sei nämlich $t \to v(t)$ eine auf I definierte Integralkurve von X und $v(t_0) \in N$ für ein $t_0 \in I$. Wäre die nach (3.11.4) *offene* Menge der $t \in I$ mit $t > t_0$ und $v(t) \notin N$ nicht leer, so hätte diese Menge eine untere Grenze $t_1 \geqq t_0$, die nicht zu ihr gehörte; daher wäre $v(t_1) \in N$. Ist nun Y die Einschränkung des Vektorfeldes X auf N, so existierte eine Integralkurve w von Y, die auf einem offenen Intervall $J \subset I$ definiert ist, das t_1 enthält, mit $w(t_1) = v(t_1)$ $\big($vgl. (18.2.2)$\big)$. Es ist klar, daß w auch eine Integralkurve von X wäre. Nach (18.2.1) würde aber $w(t) = v(t)$ auf J gelten, also $v(t) \in N$ auf J, was der Definition von t_1 widerspricht. Ebenso erkennt man, daß die Menge der $t \in I$ mit $t < t_0$ und $v(t) \notin N$ leer ist.

18.2.5. *Es sei* X *ein Vektorfeld der Klasse C^r (mit $r \geqq 1$, endlich oder nicht) auf M. Dann ist* dom (F_X) *in $M \times \boldsymbol{R}$ offen, und F_X ist eine Abbildung der Klasse C^r von* dom (F_X) *in M.*

Es sei $x_0 \in M$ und $t_0 \in J(x_0)$; es genügt zu zeigen, daß ein offenes, 0 *und* t_0 *enthaltendes* Intervall $]a, b[\subset J(x_0)$ und eine Umgebung V von x_0 in M existieren derart, daß für jedes $x \in V$ das Intervall $]a, b[$ *in* $J(x)$ *enthalten* ist und F_X auf $V \times]a, b[$ der Klasse C^r angehört. Dabei kann offenbar $t_0 \geqq 0$ angenommen werden.

Es sei $[c, d]$ ein in $J(x_0) =]t^-(x_0), t^+(x_0)[$ enthaltenes kompaktes Intervall mit $c < 0 \leqq t_0 < d$, ferner W eine offene relativ kompakte Umgebung der kompakten Menge L in M, dem Bild von $[c, d]$ vermöge $F_{\mathrm{X}}(x_0, .)$. Für genügend großes N gibt es nach (16.25.1) eine Einbettung von W in einen Raum $\boldsymbol{R}^N$; folglich können wir $M = W \subset \boldsymbol{R}^N$ voraussetzen. Nach (16.12.11) und (16.4.3) existiert daher eine Ausdehnung von X zu einem Vektorfeld Y der Klasse C^r, das auf einer Umgebung U von M in $\boldsymbol{R}^N$ definiert ist. Da das Tangentialbündel $T(U)$ mit $U \times \boldsymbol{R}^N$ kanonisch identifiziert werden kann, können wir annehmen, für jedes $y \in U$ gelte $\mathrm{Y}(y) = (y, \mathbf{f}(y))$, wobei $\mathbf{f}$ eine Abbildung der Klasse C^r von U in $\boldsymbol{R}^N$ ist. Da M in $\boldsymbol{R}^N$ *lokal abgeschlossen* ist (vgl. (16.8.3)), kann man nach eventueller Verkleinerung von U voraussetzen, M sei in U *abgeschlossen* (vgl. (12.2.3)). Ersetzen wir U nochmals durch eine kleinere offene Umgebung von L, so können wir annehmen, $\mathrm{D}\mathbf{f}$ sei auf U beschränkt, etwa $\|\mathrm{D}\mathbf{f}(y)\| \leqq k$. Es sei δ eine hinreichend kleine Zahl derart, daß für alle $t \in]c, d[$ die offene Kugel mit dem Mittelpunkt $F_{\mathrm{X}}(x_0, t)$ und dem Radius δ in U enthalten ist (vgl. (3.17.11)); ferner wählen wir ε so klein, daß $\varepsilon e^{k(d-c)} < \delta$ ist. Dann folgt aus (10.5.6), daß für jeden Punkt $z \in U$ mit $\|z - x_0\| \leqq \varepsilon$ eine Lösung $t \to v(z, t)$ der Differentialgleichung $\mathrm{D}y = \mathbf{f}(y)$ existiert, die *auf dem Intervall* $]c, d[$ *definiert* ist und für die $v(z, 0) = z$ und $\|v(z, t) - F_{\mathrm{X}}(x_0, t)\| \leqq \varepsilon$ für jedes $t \in]c, d[$ gilt. Wendet man nun (18.2.4) auf U und M an, so ergibt sich, daß für jedes $x \in M$ mit $\|x - x_0\| \leqq \varepsilon$ die Funktion $t \to v(x, t)$ eine Integralkurve von X auf dem Intervall $]c, d[$ ist, die im Punkt $t = 0$ den Wert x annimmt. Folglich gilt $]c, d[\subset J(x)$ und $v(x, t) = F_{\mathrm{X}}(x, t)$ für $t \in]c, d[$. Außerdem folgt aus (10.7.4), daß wir, nach eventuellem Übergang vom Intervall $]c, d[$ zu einem kleineren Intervall $]a, b[$ mit $a < 0 \leqq t_0 < b$, annehmen können, $(x, t) \to v(x, t)$ gehöre auf dem Produkt einer Umgebung von L in M mit dem Intervall $]a, b[$ der Klasse C^r an. Damit ist der Beweis beendet.

Aus diesem Satz ergeben sich unmittelbar die folgenden Korollare:

18.2.6. *Für jedes* $t \in \boldsymbol{R}$ *ist die Menge der* $x \in M$ *mit* $(x, t) \in \operatorname{dom}(F_{\mathrm{X}})$ *in* M *offen.*

Dies folgt aus (3.20.2).

18.2.7. *Die Funktion* $x \to t^+(x)$ *ist auf* M *von unten halbstetig, die Funktion* $x \to t^-(x)$ *von oben halbstetig.*

Die Menge der x mit $t^+(x) > \alpha > 0$ ist nämlich dadurch charakterisiert, daß der Punkt (x, α) zu $\operatorname{dom}(F_{\mathrm{X}})$ gehört; daher ist sie nach (18.2.6) offen. Damit folgt die erste Behauptung aus (12.7.2); die zweite beweist man analog.

18.2.8. *Es sei* U *eine offene Teilmenge von* M *und* a *eine streng positive Zahl mit*

$$U \times]-a, a[\subset \operatorname{dom}(F_{\mathrm{X}}) .$$

Dann ist für jedes $t \in]-a, a[$ *die Abbildung* $x \to F_{\mathrm{X}}(x, t)$ *ein Homöomorphismus (der Klasse* C^r*) von* U *auf eine offene Teilmenge* U_t *von* M*, und die der Klasse* C^r *angehörende Abbildung* $x \to F_{\mathrm{X}}(x, -t)$ *ist der inverse Homöomorphismus.*

Das ergibt sich aus (18.2.5) und (18.2.3.2).

18.2.9. Für ein Vektorfeld X der Klasse C^∞ können die Zahlen $t^+(x)$ und $t^-(x)$ durchaus endlich sein, wie das Beispiel $X(x) = (x, x^2)$ mit $M = \boldsymbol{R}$ zeigt. Immer, wenn das so ist, ergibt sich als „globales" Analogon von (10.5.5) der folgende Satz:

18.2.10. *Es sei* X *ein Vektorfeld der Klasse* C^r $(r \geqq 1)$ *auf* M *und* x *ein Punkt von* M *mit* $t^+(x) < +\infty$. *Dann existiert zu jeder kompakten Teilmenge* K *von* M *eine Zahl* $\varepsilon > 0$ *derart, daß für alle* $t > t^+(x) - \varepsilon$ *der Punkt* $F_X(x, t)$ *nicht zu* K *gehört* (mit anderen Worten: die Integralkurve „führt schließlich *aus jeder kompakten Teilmenge* von M heraus").

Wir führen den Beweis indirekt. Wäre die Behauptung nicht richtig, so gäbe es eine durch $t^+(x)$ beschränkte monoton wachsende Folge reeller Zahlen t_n mit dem Grenzwert $t^+(x)$, für welche $F_X(x, t_n) \in K$ ist. Da man nötigenfalls zu einer Teilfolge von (t_n) übergehen kann, kann man annehmen, die Folge der Punkte $F_X(x, t_n)$ habe als Grenzwert einen Punkt z der kompakten Menge K. Nach (18.2.5) existieren eine offene Umgebung U von z in M und eine Zahl $a > 0$ derart, daß $t^+(y) > a$ für jedes $y \in U$ gilt. Für genügend großes n gilt aber $t^+(x) < t_n + a$ und $F_X(x, t_n) \in U$. Daher ist $t^+(F_X(x, t_n)) > a$; nach (18.2.3.1) ist $t^+(F_X(x, t_n)) = t^+(x) - t_n > a$, also $t^+(x) > t_n + a$, und damit haben wir den gewünschten Widerspruch.

Für t^- hat man ein analoges Resultat, dessen Formulierung wir dem Leser überlassen. Insbesondere gilt:

18.2.11. *Es sei* X *ein Vektorfeld der Klasse* C^r $(r \geqq 1)$ *auf* M *mit kompaktem Träger* (das ist insbesondere erfüllt, wenn die Mannigfaltigkeit M *kompakt* ist). *Für jedes* $x \in M$ *gilt dann* $J(x) = \boldsymbol{R}$.

Ist K der Träger des Vektorfeldes X, so gilt für $x \notin K$ stets $J(x) = \boldsymbol{R}$, und die Integralkurve $t \to F_X(x, t)$ ist die konstante Funktion $t \to x$. Daraus folgt, daß $F_X(x, t)$ für ein $x \in K$ keinen Wert außerhalb von K annehmen kann; aus (18.2.10) ergibt sich, daß für alle Punkte $x \in K$ ebenfalls $J(x) = \boldsymbol{R}$ ist.

Ist X ein Vektorfeld *der Klasse* C^∞ und besitzt X einen kompakten Träger K, so gibt es zu *jedem* $t \in \boldsymbol{R}$ einen *Diffeomorphismus*

18.2.11.1. $h_t\colon x \to F_X(x, t)$

von M *auf sich* derart, daß für alle $t, t' \in \boldsymbol{R}$ und $h_0 = 1_X$

18.2.11.2. $h_{t+t'} = h_t \circ h_{t'} = h_{t'} \circ h_t$

gilt. Das folgt nämlich aus (18.2.8), wobei man $U = M$ und $]-a, a[= \boldsymbol{R}$ wählen kann, und aus (18.2.3.2). Die h_t bilden die sogenannte *durch* X *definierte einparametrige Gruppe von Diffeomorphismen von* M. Wir stellen fest, daß für $x \notin K$ stets $h_t(x) = x$ für jedes $t \in \boldsymbol{R}$ gilt.

Bemerkungen

18.2.12. Ist M eine reell-analytische Mannigfaltigkeit und X ein analytisches Vektorfeld auf M, so folgt aus der Überlegung von (18.2.5) und aus (10.7.5), daß die Strömung F_X auf der offenen Teilmenge dom (F_X) *analytisch* ist.

18.2.13. Ist v eine der Klasse C^∞ angehörende Lösung von (18.1.1.1) auf I und gilt für einen Punkt $t \in I$ noch $X(v(t)) \neq 0$, so ist v eine *Immersion* im Punkt t (vgl. (16.7.1)). Es kann jedoch vorkommen, daß v eine injektive Immersion von I in M ist, ohne daß v eine Einbettung ist (vgl. (16.9.9.3)).

18.2.14. Wir setzen nun voraus, das Vektorfeld X gehöre der Klasse C^1 an, und setzen zur Abkürzung $g_t(x) = F_X(x, t)$. Dann gilt für genügend kleine $t \in \boldsymbol{R}$ stets $g_{-t}(g_t(x)) = x$ (vgl. (18.2.3.2)). Für jedes Vektorfeld Y der Klasse C^1 auf M setzen wir

18.2.14.1 $\quad \mathrm{Y}_t(t) = T_{g_t(x)}(g_{-t}) \cdot \mathrm{Y}(g_t(x))$;

dies ist daher ein Tangentialvektor *im Punkt* x, der für alle $t \in \boldsymbol{R}$, die hinreichend nahe bei 0 liegen, definiert ist. Demnach kann man die *Klammer* (den Kommentator [X, Y] folgendermaßen interpretieren: Es ist

18.2.14.2. $\quad [\mathrm{X}, \mathrm{Y}]\,(x) = \dfrac{d}{dt} \mathrm{Y}_t(x)|_{t=0}$

in dem mit seiner kanonischen Topologie (12.13.2) ausgestatteten Vektorraum $T_x(X)$. Man kann sich nämlich auf den Fall beschränken, daß M eine offene Teilmenge eines $\boldsymbol{R}^n$ ist; dann nehmen die Felder X und Y die Gestalt $y \to (y, \mathbf{G}(y))$ und $y \to (y, \mathbf{H}(y))$ an, wobei $\mathbf{G}$ und $\mathbf{H}$ Abbildungen der Klasse C^1 von M in $\boldsymbol{R}^n$ sind. Daher gilt für festes x

$$\frac{d}{dt} g_t(x) = \mathbf{G}(g_t(x)) .$$

Daraus ergibt sich, daß man für hinreichend kleines t

18.2.14.3. $\quad g_t(x) = x + t\mathbf{G}(x) + t\mathbf{h}(t)$

schreiben kann, wobei $\mathbf{h}(t)$ mit t gegen 0 strebt (vgl. (8.6.2)). Bezeichnet ferner $\mathrm{D}g_t(y)$ die Ableitung der Funktion $z \to g_t(z)$ im Punkt y, so ist bekanntlich $t \to \mathrm{D}g_t(x)$ die Lösung der linearen Differentialgleichung

$$\mathrm{U}' = \mathrm{D}\mathbf{G}(g_t(x)) \circ \mathrm{U} ,$$

die sich für $t = 0$ auf die Einheitsmatrix I reduziert (vgl. (10.7.3)). Dementsprechend gilt

18.2.14.4. $\quad \mathrm{D}g_t(x) = \mathrm{I} + t\mathrm{D}\mathbf{G}(x) + t\mathrm{W}(t)$,

wobei die Matrix $\mathrm{W}(t)$ mit t gegen 0 strebt. Die rechte Seite von (18.2.14.2) hat demnach die Gestalt $(x, \mathbf{V}(x))$ mit

$$\mathbf{V}(x) = \lim_{t \to 0,\, t \neq 0} \frac{1}{t} \big(\mathrm{D}g_{-t}(g_t(x)) \cdot \mathbf{H}(g_t(x)) - \mathbf{H}(x)\big) .$$

Da für hinreichend zu $(0, x)$ benachbarte (t, y) die Beziehung $g_{-t}(g_t(y)) = y$ gilt, erhält man durch Differenzieren $\mathrm{D}g_{-t}(g_t(x)) \circ \mathrm{D}g_t(x) = \mathrm{I}$, also

$$\mathbf{V}(x) = \lim_{t \to 0,\, t \neq 0} \frac{1}{t} \big(\mathrm{D}g_{-t}(g_t(x)) \quad \mathbf{H}(g_t(x)) - \mathrm{D}g_t(x) \cdot \mathbf{H}(x)\big) .$$

Nach (18.2.14.3) und (18.2.14.4) gilt aber

18.2.14.5. $\mathbf{H}(g_t(x)) = \mathbf{H}(x) + t\mathrm{D}\mathbf{H}(x) \cdot \mathbf{G}(x) + to_1(t)$

und

18.2.14.6. $\mathrm{D}g_t(x) \cdot \mathbf{H}(x) = \mathbf{H}(x) + t\mathrm{D}\mathbf{G}(x) \cdot \mathbf{H}(x) + to_2(t)$,

wobei $o_1(t)$ und $o_2(t)$ mit t gegen 0 streben. Da $\mathrm{D}g_{-t}(g_t(x))$ zu $\mathrm{D}g_t(x)$ invers ist und gegen die Matrix I strebt, falls t gegen 0 strebt, erhält man

$$\mathbf{V}(x) = \mathrm{D}\mathbf{H}(x) \cdot \mathbf{G}(x) - \mathrm{D}\mathbf{G}(x) \cdot \mathbf{H}(x) ,$$

und hieraus folgt nach (17.14.3.2) die Behauptung.

Allgemeiner gilt für jedes r-fach kontravariante und s-fach kovariante *Tensorfeld* $\mathfrak{Z}$ der Klasse C^1 auf M, wenn man

18.2.14.7. $\mathfrak{Z}_t(x) = \mathbf{T}_s^r(T_{g_t(x)}(g_{-t})) \cdot \mathfrak{Z}(g_t(x))$

setzt, die Formel

18.2.14.8. $(\theta_{\mathrm{X}} \cdot \mathfrak{Z})(x) = \dfrac{d}{dt} \mathfrak{Z}_t(x)|_{t=0}$

in dem mit der kanonischen Topologie versehenen Vektorraum $(\mathbf{T}_s^r(M))_x$. Das folgt aus der Eindeutigkeitsaussage von (17.14.6); die rechte Seite von (18.2.14.8) genügt ja nach (8.1.4) offenbar den Voraussetzungen von (17.14.6).

Aufgaben

1. Es sei F eine abgeschlossene Menge im $\boldsymbol{R}^n$ und a ein Randpunkt von F. Wir nennen einen Vektor $\mathbf{u} \neq 0$ von *außen normal* zu F im Punkt a, wenn ein Punkt $b = a + \varrho\mathbf{u}$ mit $\varrho > 0$ existiert derart, daß die offene (euklidische) Kugel mit dem Mittelpunkt b und dem Radius ϱ in $\complement F$ enthalten ist. Einen Vektor $\mathbf{v} \in T_a(\boldsymbol{R}^n)$ nennen wir *tangential* zu F, wenn $(\tau_a(\mathbf{v}) \mid \mathbf{u}) = 0$ für jeden im Punkt a zu F von außen normalen Vektor $\mathbf{u}$ gilt. Ein auf einer Umgebung U von F definiertes Vektorfeld X wird *tangential zu F längs F* genannt, wenn $\mathrm{X}(a)$ für jeden Randpunkt a von F tangential zu F ist.

a) Es sei $t \to x(t)$ eine Kurve der Klasse C^1, d. h. eine der Klasse C^1 angehörende Abbildung eines offenen Intervalls I von $\boldsymbol{R}$ in $\boldsymbol{R}^n$. Für jedes $t \in I$ sei $\delta(t) = d(x(t), F)$ (euklidischer Abstand), und es sei y ein Punkt von F mit $\|x(t) - y\| = d(x(t), F)$. Man zeige, daß für $x(t) \notin F$ und einen zu $x - y$ proportionalen Einheitsvektor $\mathbf{u}$ die Relation

$$\liminf_{h \to 0,\, h \neq 0} \frac{\delta(t + h) - \delta(t)}{|h|} \geqq - |(x'(t) \mid \mathbf{u})|$$

gilt. (Man stelle fest, daß für eine gegen 0 konvergierende Zahlenfolge (h_n) und einen Punkt y_n von F mit

$$d(x(t + h_n), y_n) = d(x(t + h_n), F)$$

die Ungleichung $\delta(t) \leqq \|x(t) - y_n\|$ erfüllt ist.)

b) Es sei X ein auf einer offenen Teilmenge U von F definiertes Vektorfeld, das einer *Lipschitz-Bedingung* genügt (wobei man $T_x(\boldsymbol{R}^n)$ und $\boldsymbol{R}^n$ vermöge $\boldsymbol{\tau}_x$ kanonisch identifiziert). Ferner sei X *tangential* zu F längs F. Man zeige, daß eine Konstante $k > 0$ existiert derart, daß für jede Integralkurve $t \to x(t)$ des Feldes X (in den Bezeichnungen von a))

$$\liminf_{h\to 0,\, h\neq 0} \frac{\delta(t+h) - \delta(t)}{|h|} \geqq -k \cdot \delta(t)$$

gilt. (Man benutze a) und die Definition eines Vektors, der im Punkt y tangential zu F ist.)

c) Man zeige, daß jede Integralkurve von X, die F trifft, ganz in F enthalten ist. (Man führe den Beweis indirekt. Dabei nehme man an, es existiere eine Integralkurve $t \to x(t)$ mit $x(t_0) \in F$, $x(t) \notin F$ für $t_0 < t < t_1$. Man benutze b) sowie das folgende Lemma: Ist f eine auf einem offenen Intervall von $\boldsymbol{R}$ stetige reellwertige Funktion, die in jedem Punkt dieses Intervalls der Ungleichung

$$\liminf_{h\to 0,\, h\neq 0} \frac{f(t+h) - f(t)}{|h|} \geqq -k$$

(mit $k > 0$) genügt, so genügt f der Lipschitz-Bedingung bezüglich der Konstanten k. Zu diesem Zweck schließe man indirekt, indem man z. B. annimmt, es sei $f(s_1) - f(s_2) = c(s_1 - s_2)$ mit $s_1 - s_2 < 0$ und $-c > k$, und die Funktion $t \to f(t) - c(t - s_1)$ für $s_1 \leqq t \leqq s_2$ betrachtet.)

2. Es seien X_1 und X_2 zwei Vektorfelder der Klasse C^∞ auf einer offenen Menge $U \subset \boldsymbol{R}^n$.

a) Es seien λ_1 und λ_2 zwei reelle Funktionen der Klasse C^∞ auf U, und es sei

$$Z(x) = \lambda_1(x)\, X_1(x) + \lambda_2(x)\, X_2(x)\,.$$

Wir setzen voraus, für $0 \leqq t \leqq 1$ sei eine Integralkurve $t \to x(t)$ des Feldes Z mit $x(0) = x_0$ definiert. Für jede ganze Zahl $n \geqq 1$ betrachten wir die auf $[0, 1]$ durch

$$z_n(0) = x_0, \quad z_n'(t) = \lambda_1(k/n)\, X_1(z_n(t)) \quad \text{für} \quad \frac{k}{n} \leqq t \leqq \frac{2k+1}{2n},$$
$$z_n'(t) = \lambda_2(k/n)\, X_2(z_n(t)) \quad \text{für} \quad \frac{2k+1}{n} \leqq t \leqq \frac{k+1}{n}$$

definierte stetige Funktion $t \to z_n(t)$. Dabei sei $0 \leqq k \leqq n$. Man zeige, daß z_n auf $[0, 1]$ gleichmäßig gegen x konvergiert. (Man betrachte die auf jedem Intervall $[k/n, (k+1)/n]$ affine lineare Funktion y_n mit $y_n(k/n) = z_n(k/n)$ für $0 \leqq k \leqq n$ und benutze (10.5.1).)

b) Es sei $Z = [X_1, X_2]$. Ferner sei eine Integralkurve $t \to x(t)$ des Feldes Z für $0 \leqq t \leqq 1$ mit $x(0) = x_0$ definiert. Für jede ganze Zahl $n \geqq 1$ betrachte man die auf $[0, 1]$ durch

$$z_n(0) = x_0, \quad z_n'(t) = X_2(z_n(t)) \quad \text{für} \quad \frac{k}{n} \leqq t \leqq \frac{4k+1}{4n},$$
$$z_n'(t) = X_1(z_n(t)) \quad \text{für} \quad \frac{4k+1}{4n} \leqq t \leqq \frac{2k+1}{2n},$$
$$z_n'(t) = -X_2(z_n(t)) \quad \text{für} \quad \frac{2k+1}{2n} \leqq t \leqq \frac{4k+3}{4n},$$
$$z_n'(t) = -X_1(z_n(t)) \quad \text{für} \quad \frac{4k+3}{4n} \leqq t \leqq \frac{k+1}{n}$$

$(0 \leqq k \leqq n)$ definierte stetige Funktion $t \to z_n(t)$. Man zeige (mit Hilfe der gleichen Methode), daß z_n auf $[0, 1]$ gleichmäßig gegen x konvergiert.

3. Es seien $X_1, \ldots, X_r$ Vektorfelder der Klasse C^∞ auf einer offenen Teilmenge $U \subset \boldsymbol{R}^n$ und F eine abgeschlossene Teilmenge von U; jedes der Felder X_j sei tangential zu F längs F (vgl. Aufgabe 1). Ferner sei $\mathcal{H}$ der kleinste $\mathcal{E}(U; \boldsymbol{R})$-Untermodul von $\mathcal{T}_0^1(U)$, der die X_j enthält und bezüglich der Klammer $[Y, Z]$ eine Liesche Algebra ist. Man zeige, daß jedes Vektorfeld $Z \in \mathcal{H}$ tangential zu F längs F ist (man benutze die Aufgaben 1 und 2).

4. In den Bezeichnungen von (18.2.14) sei M eine reell-analytische Mannigfaltigkeit und das Vektorfeld X analytisch. Für jedes analytische Tensorfeld $\mathfrak{Z}$ über M zeige man, daß die für hinreichend kleine $t \in \boldsymbol{R}$ definierten $\mathfrak{Z}_t$ auf einer hinreichend kleinen Umgebung von $x \in M$ durch eine *Liereihe*

$$\mathfrak{Z}_t = \mathfrak{Z} + \sum_{n=1}^{\infty} \frac{t^n}{n!} (\theta_X^n \cdot \mathfrak{Z})$$

gegeben werden (man berechne die Ableitung von $t \to \mathfrak{Z}_t$). (Vgl. Abschnitt 18.14, Aufgabe 14, für ein Gegenbeispiel mit Vektorfeldern der Klasse C^∞.)

5. Es sei X ein Vektorfeld der Klasse C^1 auf einer differenzierbaren Mannigfaltigkeit M. Wir nennen $x \in M$ einen *kritischen Punkt* von X, wenn $X(x) = 0$ ist. Im Punkt $\mathbf{0}_x \in T_x(M) = T(M)_x$ ist der Tangentialraum $T_{\mathbf{0}_x}(T(M))$ direkte Summe der Teilräume $T_{\mathbf{0}_x}(\mathbf{0}_{T(M)})$, die zum Nullschnitt von $T(M)$ tangential sind, und des Teilraumes $T_{\mathbf{0}_x}(T_x(M))$ der vertikalen Vektoren im Punkt $\mathbf{0}_x$. Es sei p_2 die kanonische Projektion von $T_{\mathbf{0}_x}(T(M))$ auf $T_{\mathbf{0}_x}(T_x(M))$ und ϱ_x die zusammengesetzte lineare Abbildung

$$\tau_{\mathbf{0}_x} \circ p_2 \colon T_{\mathbf{0}_x}(T(M)) \to T_x(M) \,.$$

Ist x ein kritischer Punkt von X, so ist Hess (X) $= \varrho_x \circ T_x(X)$ ein Endomorphismus von $T_x(M)$, der sogenannte *Hessesche Endomorphismus* von X im kritischen Punkt x (vgl. Abschnitt 20.8, Aufgaben).

a) Man zeige, daß in einem kritischen Punkt x von X die Beziehung $T_x(F_X(., t)) = \exp(t \cdot \mathrm{Hess}_x(X))$ gilt, wobei die Exponentialabbildung in der Banachalgebra End $(T_x(M))$ gebildet wird. (Man benutze (18.2.3.2), um damit die Ableitung von $t \to T_x(F_X(., t))$ zu berechnen, indem man zuerst ihren Wert für $t = 0$ berechnet.)

b) Man nennt einen kritischen Punkt x von X *nichtausgeartet*, wenn der Endomorphismus $\mathrm{Hess}_x(X)$ invertierbar ist, bzw. wenn $X\colon M \to T(M)$ im Punkt x zu der Untermannigfaltigkeit $\mathbf{0}_{T(M)}$ von $T(M)$ transversal ist (vgl. Abschnitt 16.8, Aufgabe 9). Man zeige, daß die nichtausgearteten kritischen Punkte von X isolierte Punkte sind (man überlege sich, daß dies die Punkte von $X^{-1}(\mathbf{0}_{T(M)})$ sind).

c) Nun sei M *kompakt*. Man zeige, daß bezüglich der C^r-Topologie (vgl. Abschnitt 17.2, Aufgabe 1) die Menge der Vektorfelder der Klasse C^r auf M, deren sämtliche kritische Punkte nichtausgeartet sind, im Raum der Tangentialvektorfelder der Klasse C^r offen ist.

6. Es sei $M = \boldsymbol{R}^2$; man betrachte das Feld $X(\xi^1, \xi^2) = ((\xi^1, \xi^2), (\sin \xi^2, \cos^2 \xi^2))$ und zeige, daß es keinen Homöomorphismus von $\boldsymbol{R}^2$ auf sich gibt, der die Bilder der Integralkurven von X in parallele Geraden transformiert.

7. Es sei X ein Vektorfeld der Klasse C^∞ auf einer n-dimensionalen differenzierbaren Mannigfaltigkeit M. Für ein $x_0 \in M$ sei das Bild Γ der Integralkurve $t \to F_X(x_0, t)$ in M *abgeschlossen* und bestehe nicht nur aus einem einzigen Punkt. Dann gilt $X(x) \neq 0$ für jeden Punkt $x \in \Gamma$.

a) Es sei $x \in \Gamma$ und $c = (U, \varphi, n)$ eine Karte von M im Punkt x mit $\varphi(U) = I \times V$, wobei V eine offene Teilmenge von $\boldsymbol{R}^{n-1}$ und I ein offenes Intervall von $\boldsymbol{R}$ ist; ferner sei X auf U gleich dem zu c assoziierten Feld X_1 (vgl. Abschnitt 17.14, Aufgabe 4). Das Bild $\varphi(\Gamma \cap U)$ hat dann die Gestalt $I \times E$, wobei E eine *abgeschlossene* Teilmenge von V ist. Wir nennen x *transversal isoliert* in Γ, wenn die Projektion von $\varphi(x)$ in V ein *isolierter* Punkt von E ist. Man zeige, daß diese Bedingung nicht von der Wahl der Karte c abhängt, sofern c die obigen Eigenschaften besitzt.

b) Man zeige: Ist $t \to F_X(x_0, t)$ nicht injektiv, so ist der Definitionsbereich $J(x_0)$ dieser Abbildung ganz $\boldsymbol{R}$. Die Menge H der $t \in \boldsymbol{R}$ mit $F_X(x_0, t) = x_0$ ist eine diskrete Untergruppe von $\boldsymbol{R}$, die nicht nur aus 0 besteht, und Γ ist kompakt. Die Abbildung $t \to F_X(x, t)$ ist dann für jedes $x \in \Gamma$ *periodisch*, und H ist die Gruppe ihrer Perioden.

c) Man zeige, mit den Bezeichnungen von a), daß E höchstens abzählbar ist und wenigstens einen isolierten Punkt enthält (man benutze den Satz von BAIRE). Andererseits ist das Urbild der Menge der transversal isolierten Punkte von Γ vermöge $t \to F_X(x_0, t)$ in $J(x_0)$ sowohl offen als auch abgeschlossen. Hieraus leite man her, daß *alle* Punkte von Γ transversal isoliert sind, also Γ eine *Untermannigfaltigkeit* von M ist, die für *injektives* $t \to F_X(x_0, t)$ zu $\boldsymbol{R}$ und sonst zu $\boldsymbol{T}$ diffeomorph ist.

8. Es sei X das durch

$$X(\xi^1, \xi^2) = \big((\xi^1, \xi^2), (\xi^2, -f(\xi^1)\,\xi^2 - g(\xi^1))\big)$$

definierte Vektorfeld auf $\boldsymbol{R}^2$, wobei f und g zwei *ungerade* stetige Funktionen mit $f(t) > 0$ und $g(t) > 0$ für $t > 0$ sind. Außerdem existiere ein $k > 0$ mit $f(t) < kg(t)$ für $0 < t < T$.

a) Wir setzen $G(t) = \int_0^t g(s)\,ds$, $F(\xi^1, \xi^2) = G(\xi^1) + \frac{1}{2}(\xi^2)^2$.
Man zeige: Ist $t \to u(t) = (u^1(t), u^2(t))$ eine Integralkurve von X, so gilt

$$\frac{d}{dt} F(u^1(t), u^2(t)) < 0$$

für jedes t mit $u^1(t) > 0$. Hieraus leite man her, daß für $a > 0$, $0 < b < (2G(a))^{1/2}$ und $x_0 = (0, b)$ die Integralkurve $t \to F_X(x_0, t) = (u^1(t), u^2(t))$ die Eigenschaft hat, daß für ein $t_0 > 0$ die Beziehungen $u^2(t_0) = 0$, $u^1(t_0) < a$, $G(u^1(t_0)) < \frac{1}{2} b^2$ gelten. Außerdem ist auf dem Intervall $[0, t_0]$ die Funktion u^1 streng monoton wachsend und u^2 streng monoton fallend.

b) Man zeige: Ist $x_1 = (c, 0)$ so beschaffen, daß $0 < c < T$ und $(2G(c))^{1/2} < 1/k$ gilt, so hat die Integralkurve $t \to F_X(x_1, t) = (v^1(t), v^2(t))$ die Eigenschaft, daß für ein $t_1 > 0$ die Beziehungen $v^1(t_1) = 0$ und $-1/k < v^2(t_1) < 0$ gelten, wobei v^1 und v^2 auf dem Intervall $[0, t_1]$ streng monoton fallen.

c) Aus a) und b) leite man her: Für jedes $x_0 = (0, b)$ mit $0 < b < \inf\big((2G(T))^{1/2}, 1/k\big)$ ist die Integralkurve $t \to F_X(x_0, t)$ *periodisch*.

9. Es sei X ein Tangentialvektorfeld der Klasse C^r ($r \geqq 1$) auf einer differenzierbaren Mannigfaltigkeit M derart, daß $J(x) = \boldsymbol{R}$ für jedes $x \in M$ gilt. Dann operiert die Gruppe $\boldsymbol{R}$ auf M mittels der Operation $(t, x) \to F_X(x, t)$, und die *Orbits* bei dieser Operation sind die Bilder der Integralkurven $t \to F_X(x, t)$.

a) Für jede reelle Zahl $\alpha > 0$ sei $\mathscr{P}_\alpha(X)$ die Menge der Orbits, die den Integralkurven $t \to F_X(x, t)$ entsprechen, welche konstant sind oder deren Periode höchstens α ist. Man zeige, daß die Vereinigung $P_\alpha(X)$ der zu $\mathscr{P}_\alpha(X)$ gehörenden Orbits in M abgeschlossen ist. (Es sei (x_k) eine Folge von Punkten von $P_\alpha(X)$, die gegen einen Punkt $x \in M$ konvergiert. Man stelle fest, daß zu jedem k eine Zahl t_k mit $\alpha/2 \leqq t_k \leqq \alpha$ und $F_X(x_k, t_k) = x_k$ existiert; ferner benutze man die Kompaktheit von $[\alpha/2, \alpha]$.)

b) Nun sei M *kompakt*, und X besitze nur *nichtausgeartete* kritische Punkte (vgl. Aufgabe 5). Man zeige, daß eine Zahl $\beta > 0$ existiert derart, daß keine streng positive Periode einer periodischen Integralkurve $t \to F_X(x, t)$ kleiner als β ist. (Man führe den Beweis indirekt, indem man voraussetzt, es existiere eine gegen 0 konvergierende Folge streng positiver reeller Zahlen t_k und eine Folge (x_k) von Punkten von M mit $F_X(x_k, t_k) = x_k$. Man kann annehmen, die Folge (x_k) konvergiere gegen x, und nach a) sei entweder x ein kritischer Punkt, oder aber $t \to F_X(x, t)$ sei periodisch mit streng positiver Periode. Man beweise mit Hilfe von Aufgabe 4 von Abschnitt 17.14, daß der zweite Fall nicht eintreten kann. Ferner zeige man: Ist x ein kritischer Punkt, so existiert ein $t > 0$ derart, daß der Endomorphismus $T_x(F_X(.,t))$ einen Eigenwert 1 hat, und leite daraus mit Hilfe von Aufgabe 5a) einen Widerspruch her. Dabei benutze man, daß für jede ganze Zahl $m > 0$ der Endomorphismus $T_x(F_X(., mt_k))$ einen Eigenwert gleich 1 hat, und verfahre wie in a).)

10. a) Es sei X ein Vektorfeld der Klasse C^r $(r \geqq 1)$ auf einer differenzierbaren Mannigfaltigkeit M mit $J(x) = \mathbf{R}$ für jedes $x \in M$.

Es sei $t \to F_X(x, t)$ eine Integralkurve mit der Periode $b > 0$. Man betrachte die Abbildung $\Phi_X: (x, t) \to (x, F_X(x, t), t)$ von $M \times \mathbf{R}$ in $M \times M \times \mathbf{R}$ und zeige, daß die Abbildung Φ_X auf der Untermannigfaltigkeit $\Delta \times \mathbf{R}$ von $M \times M \times \mathbf{R}$ (wobei Δ die Diagonale von $M \times M$ ist) im Punkt (x, b) genau dann transversal ist (vgl. Abschnitt 16.8, Aufgabe 9), wenn der Eigenwert 1 des Endomorphismus $T_x(F_X(., b))$ die Vielfachheit 1 hat.

b) Es sei α eine streng positive reelle Zahl. Die Menge der Vektorfelder X der Klasse C^r $(r \geqq 1)$ auf M mit $J(x) = \mathbf{R}$ für jedes $x \in M$ und der Eigenschaft, daß für jede Periode $b \in]0, \alpha[$ einer Integralkurve $t \to F_X(x, t)$ von X der Eigenwert 1 von $T_x(F_X(., b))$ die Vielfachheit 1 hat, werde mit $\mathcal{G}_\alpha^{(r)}$ bezeichnet. Man zeige: Gilt $X \in \mathcal{G}_\alpha^{(r)}$ und gehört die Integralkurve $t \to F_X(x, t)$ zu $P_\alpha(X)$ (vgl. Aufgabe 9), so gibt es eine keinen anderen Orbit schneidende Umgebung U des entsprechenden Orbits, die einer Kurve $t \to F_X(y, t)$ entspricht, die konstant ist oder eine Periode aus dem Intervall $]0, \alpha[$ hat. (Man führe den Beweis indirekt, indem man voraussetzt, es existiere eine Folge (t_k) von Zahlen des Intervalls $[\alpha/2, \alpha]$ und eine Folge von Punkten x_k von M, die zu verschiedenen Orbits gehören derart, daß $F_X(x_k, t_k) = x_k$ ist und die Folge (x_k, t_k) einen Grenzwert (x, t) mit $F_X(x, t) = x$ besitzt. Unter Benutzung der Transversalität von Φ_X im Punkt (x, t) zeige man, daß eine Umgebung V von (x, t) in $M \times \mathbf{R}$ existiert derart, daß $V \cap \Phi_X^{-1}(\Delta \times \mathbf{R})$ das Bild einer Umgebung I von 0 in $\mathbf{R}$ vermöge der Abbildung $s \to (x, t + s)$ ist, wenn x ein kritischer Punkt ist, bzw. vermöge der Abbildung $s \to (F_X(x, s), t)$, wenn $s \to F_X(x, s)$ periodisch ist. Man erhält einen Widerspruch, indem man $(x_k, t_k) \in \Phi_X^{-1}(\Delta \times \mathbf{R})$ beachtet.)

c) Nun sei M *kompakt*. Man zeige, daß für $X \in \mathcal{G}_\alpha^{(r)}$ die Menge $\mathcal{P}_\alpha(X)$ (vgl. Aufgabe 9) *endlich* ist. Überdies gibt es eine Zahl $\varepsilon > 0$ derart, daß keine Integralkurve $t \to F_X(x, t)$ mit einer Periode $b \in]\alpha, \alpha + \varepsilon[$ existiert. (Man beweise dies wie in b) indirekt.)

d) Man zeige, daß für kompaktes M die Menge $\mathcal{G}_\alpha^{(r)}$ in $\Gamma^{(r)}(M, \mathbf{T}_0^1(M))$ bezüglich der C^r-Topologie offen ist.

11. Es seien M und N differenzierbare Mannigfaltigkeiten, und $f: M \times \mathbf{R} \to N$ sei eine Abbildung aus der Klasse C^∞ derart, daß für jedes $t \in \mathbf{R}$ die Abbildung

$x \to f(x, t)$ eine *Einbettung* (vgl. (16.8.4)) von M in N ist. Für $(x, t) \in M \times \boldsymbol{R}$ setzen wir $F(x, t) = (f(x, t), t)$. Dann ist F eine *Einbettung* von $M \times \boldsymbol{R}$ in $N \times \boldsymbol{R}$.

a) Wir setzen $I = [0, 1]$ und nehmen an, für alle $t \leqq 0$ (bzw. $t \geqq 1$) sei die Abbildung $x \to f(x, t)$ gleich einer von t unabhängigen Einbettung f_0 (bzw. f_1). Darüber hinaus existiere eine kompakte Teilmenge K von M derart, daß $t \to f(x, t)$ für jedes $x \in M \setminus K$ auf $\boldsymbol{R}$ konstant ist. Ferner sei W eine kompakte Umgebung von $f(M_0 \times I)$ in N. Man zeige, daß ein Tangentialvektorfeld Z der Klasse C^∞ auf $N \times \boldsymbol{R}$ mit folgenden Eigenschaften existiert:

1° $\mathrm{Z}(F(x, u)) = T_u F(x, .) \cdot \mathrm{E}(u)$ für $(x, u) \in M \times I$;

2° $\mathrm{Z}(y, t) = (\mathbf{0}_y, \mathrm{E}(t))$ für $(y, t) \in W \times I$;

3° die Projektion von $\mathrm{Z}(y, t)$ auf $T_t(\boldsymbol{R})$ ist $\mathrm{E}(t)$ für jeden Punkt $(y, t) \in N \times \boldsymbol{R}$. (Man benutze (16.12.11).)

b) Aus a) leite man her, daß eine Abbildung $g: N \times \boldsymbol{R} \to N$ der Klasse C^∞ existiert mit $g(y, t) = y$ für $y \notin W$, daß für jedes $t \in \boldsymbol{R}$ die Abbildung $x \to g(x, t)$ ein *Diffeomorphismus* von N auf sich ist und $g(f(x, 0), t) = f(x, t)$ für $(x, t) \in M \times \boldsymbol{R}$ gilt. (Es sei $u \to G(y, t, u)$ die Integralkurve des Feldes Z mit $G(y, t, 0) = (y, t)$. Man stelle fest, daß

$$G(y, t, u) = (h(y, t, u), t + u)$$

gilt.)

12. Es sei X ein Vektorfeld der Klasse C^∞ auf M. Wir übernehmen die Bezeichnungen von (18.2.14).

a) Es sei α eine p-Differentialform der Klasse C^∞ auf M und $h: N \to M$ eine Abbildung der Klasse C^∞ einer p-dimensionalen differenzierbaren Mannigfaltigkeit N in M, ferner U eine relativ kompakte offene Teilmenge von N. Für hinreichend kleine $u \in \boldsymbol{R}$ setzen wir

$$I(u) = \int_U {}^t(g_u \circ h)\,(\alpha)\,.$$

Man zeige (unter Benutzung von (18.2.14.8)), daß

$$\frac{dI}{du} = \int_U {}^t(g_u \circ h)\,(\theta_{\mathrm{X}} \cdot \alpha)$$

ist.

b) Aus a) leite man her: Genau dann hängt $I(u)$ auf einer Umgebung von 0 in $\boldsymbol{R}$ bei jeder Wahl von N, h und U nicht von u ab, wenn $\theta_{\mathrm{X}} \cdot \alpha = 0$ ist. Man sagt dann, α sei eine *bezüglich des Feldes* X *invariante Form.* Man nehme $N = U$ als Definitionsbereich einer Karte von M, für welche das Feld X das zu der betrachteten Karte assoziierte Feld X_1 (vgl. Abschnitt 18.14, Aufgabe 4) ist.

c) Man nennt eine skalare Funktion f der Klasse C^∞ ein *erstes Integral von* X, wenn sie auf jeder Integralkurve von X konstant ist. Man zeige, daß dies genau dann der Fall ist, wenn $\theta_{\mathrm{X}} \cdot f = 0$ ist (mit anderen Worten, wenn f eine bezüglich X invariante 0-Form ist).

d) Hat M die Dimension n und ist v eine bezüglich X invariante n-Form, so gilt (in den gleichen Bezeichnungen) ${}^t g_u(v) = v$ für hinreichend nahe bei 0 gelegene u. Man leite daraus her, daß für jedes zu 0 hinreichend benachbarte $u \in \boldsymbol{R}$ das von v abhängende Lebesguesche Maß μ_v (vgl. (16.24.1)) invariant gegenüber den Diffeomorphismen g_u von M ist (vgl. Abschnitt 13.4, Aufgabe 8).

e) Die Menge der äußeren Differentialformen der Klasse C^∞ auf M, die bezüglich X invariant sind, ist eine bezüglich der äußeren Differentiation invariante *Unteralgebra* der $\mathscr{E}_0$-Algebra $\mathscr{A}$.

13. Unter den Voraussetzungen und in den Bezeichnungen von Aufgabe 12 nennt man eine bezüglich X invariante Form α eine *absolute Integralinvariante von* X, wenn außerdem noch $i_X \cdot \alpha = 0$ ist; äquivalent dazu ist, daß gleichzeitig $i_X \cdot \alpha = 0$ und $i_X \cdot d\alpha = 0$ gilt (vgl. (17.15.3.4)). Ein erstes Integral ist eine absolute Integralinvariante der Ordnung 0.

a) Es sei α eine p-Differentialform der Klasse C^∞ auf M, und N sei eine differenzierbare Mannigfaltigkeit der Dimension p, ferner $(u, y) \to h(u, y)$ eine Abbildung der Klasse C^∞ von $\boldsymbol{R} \times N$ in M derart, daß für jedes $y \in N$ die Abbildung $t \to h(t, y)$ Integralmannigfaltigkeit eines 1-Richtungsfeldes auf M ist, das durch das (in jedem Punkt als von 0 verschieden vorausgesetzte) Vektorfeld X definiert ist (vgl. (18.8.5.)). Man zeige: Genau dann ist α eine absolute Integralinvariante von X, wenn bei jeder Wahl von N und h, welche die obigen Bedingungen erfüllen, und für jede relativ kompakte offene Teilmenge U von N das Integral

$$I(u) = \int_U {}^t h(u, .)\,(\alpha)$$

auf einer Umgebung von 0 unabhängig von u ist.

b) Die Menge der Differentialformen der Klasse C^∞ auf M, welche absolute Integralinvarianten von X sind, ist eine Unteralgebra von $\mathscr{A}$, die bezüglich der äußeren Differentiation invariant ist. Sie ist zugleich auch die Menge der absoluten Integralinvarianten von fX, für jede skalare Funktion f der Klasse C^∞ auf M.

14. Unter den Voraussetzungen und in den Bezeichnungen von Aufgabe 12 nennt man eine p-Differentialform α der Klasse C^∞ auf M eine *relative Integralinvariante* von X, wenn $d\alpha$ eine absolute Integralinvariante von X ist. Das ist äquivalent damit, daß $i_X \cdot d\alpha = 0$ ist, oder damit, daß $X(x)$ ein Cauchyscher charakteristischer Vektor des aus der einzigen Gleichung $d\alpha = 0$ bestehenden differenzierbaren Systems ist (vgl. (18.16.1)).

Nun habe M die Dimension n, in jedem Punkt sei $X(x) \neq 0$, und es gebe eine relative Integralinvariante α von X, die eine $(n-2)$-Form ist mit $d\alpha(x) \neq 0$ in allen Punkten von M. Man zeige, daß keine *zusammenhängende kompakte* $(n-1)$-dimensionale Untermannigfaltigkeit N von M existieren kann, welche in jedem ihrer Punkte zu der durch ihn gehenden Integralkurve von X *transversal* (vgl. Abschnitt 16.8, Aufgabe 9) ist (ist $j: N \to M$ die kanonische injektive Abbildung, so betrachte man die $(n-1)$-Form ${}^t j(d\alpha)$ auf N und benutze die Formel (17.15.5.1)).

15. Es seien N und M zwei differenzierbare Mannigfaltigkeiten, I eine offene Umgebung der 0 in $\boldsymbol{R}$ und $\varphi: I \times N \to M$ eine Abbildung der Klasse C^∞. Für jedes $(s, z) \in I \times N$ bezeichne $\varphi_s'(s, z) \in T_{\varphi(s,z)}(M)$ die Ableitung der Abbildung $s \to \varphi(s, z)$ von I in M im Punkt s (vgl. (18.1.2.3)). Für jeden p-Kovektor $\mathbf{u}^*$ von $\bigwedge^p (T_{\varphi(s,z)}(M)^*)$ ist $i(\varphi_s'(s, z)) \cdot \mathbf{u}^*$ ein $(p-1)$-Kovektor von $\bigwedge^{p-1} (T_{\varphi(s,z)}(M)^*)$ (vgl. (A.15.4)). Man definiert dann einen $(p-1)$-Kovektor $\mathbf{v}^*$ von $\bigwedge^{p-1} (T_z(N)^*)$ durch die Bedingung, daß für $p-1$ beliebige Vektoren $\mathbf{h}_1, \dots, \mathbf{h}_{p-1}$ von $T_z(N)$ die Beziehung

$$\begin{aligned}\langle \mathbf{v}^*, \mathbf{h}_1 \wedge \mathbf{h}_2 \wedge \cdots \wedge \mathbf{h}_{p-1}\rangle &= \langle i(\varphi_s'(s, z)) \cdot \mathbf{u}^*, \mathbf{k}_1 \wedge \mathbf{k}_2 \wedge \cdots \wedge \mathbf{k}_{p-1}\rangle \\ &= \langle \mathbf{u}^*, \varphi_s'(s, z) \wedge \mathbf{k}_1 \wedge \cdots \wedge \mathbf{k}_{p-1}\rangle\end{aligned}$$

gilt, wobei man $\mathbf{k}_j = T_z\varphi(s, .) \cdot \mathbf{h}_j$ für $1 \leqq j \leqq p-1$ setzt. Ist jetzt α eine p-Form der Klasse C^∞ auf M, so definiert man für jedes $z \in N$ einen $(p-1)$-Kovektor von $\bigwedge^{p-1} (T_z(N)^*)$, indem man in der Definition von $\mathbf{v}^*$ den p-Kovektor $\mathbf{u}^*$ durch den Wert $\alpha(\varphi(s, z))$ ersetzt. Man zeige, daß man so für jedes $s \in I$ eine $(p-1)$-Differentialform auf N definiert, die man mit

$$^t\varphi(s, .)\,(i_{\varphi'_s(s,.)} \cdot \alpha)$$

bezeichnet und die der Klasse C^∞ angehört.

Andererseits ist $^t\varphi(s, .)\,(\alpha)$ eine p-Differentialform auf N; daher ist ihr Wert $^t\varphi(s, .)\,(\alpha)\,(z)$ im Punkt z ein p-Kovektor von $\bigwedge^{p} (T_z(N)^*)$ und als solcher eine Funktion von s, die im Punkt $s = 0$ eine Ableitung besitzt. Man definiert so eine p-Differentialform von N, die man mit

$$\frac{d}{ds}\,(^t\varphi(s, .)\,(\alpha))|_{s=0}$$

bezeichnet. In diesen Bezeichnungen beweise man die Formel

$$\frac{d}{dt}\,(^t(\varphi(s, .)\,(\alpha))|_{s=0} = {}^t\varphi(0, .)\,(i_{\varphi'_s}(0, .) \cdot d\alpha) + d(^t\varphi(0, .)\,(i_{\varphi'_s(0,.)} \cdot \alpha)) \,.$$

(Man zeige, daß man sich auf den Fall beschränken kann, daß α eine Funktion f oder ein Differential df auf M ist.)

18.3. Differentialgleichungen zweiter Ordnung auf einer Mannigfaltigkeit

18.3.1. Es sei v eine Abbildung der Klasse C^1 einer offenen Teilmenge $I \subset \boldsymbol{R}$ in eine differenzierbare Mannigfaltigkeit M. Wir haben in (18.1.2) gesehen, daß man für jedes $t \in I$ den Vektor $v'(t)$ des Tangentialraumes $T_{v(t)}(M)$ als $T(v) \cdot \mathrm{E}(t)$ definiert; $t \to v'(t)$ ist daher eine stetige Abbildung von I in die *differenzierbare Mannigfaltigkeit* $T(M)$.

Für eine lokale Karte (U, φ, n) von M im Punkt $v(t)$ gilt

$$v'(t) = T(\varphi^{-1}) \cdot \big((\varphi \circ v)(t), \mathrm{D}(\varphi \circ v)(t)\big)\,.$$

Gehört v der Klasse C^2 an, so zeigt diese lokale Darstellung, daß v' eine Abbildung *der Klasse* C^1 von I in $T(M)$ ist, die man als *Liftung* (*Hebung*) von v bezeichnet. Man kann daher den Vektor $v''(t)$ definieren, der dem Tangentialraum $T_{v'(t)}\big(T(M)\big)$ der Mannigfaltigkeit $T(M)$ angehört, so daß v'' eine stetige Abbildung von I in die differenzierbare Mannigfaltigkeit $T\big(T(M)\big)$ ist. In dieser Weise kann man sukzessive abgeleitete Abbildungen von v definieren, wobei die Ableitung $v^{(r)}$ definiert ist, wenn v der Klasse C^r angehört; $v^{(r)}$ ist eine stetige Abbildung von I in die durch die Bedingungen $T^1(M) = T(M)$, $T^r(M) = T\big(T^{r-1}(M)\big)$ für $r > 1$ rekursiv definierte Mannigfaltigkeit $T^r(M)$.

18.3.2. Um eine (autonome) Differentialgleichung *zweiter Ordnung* auf M zu definieren, muß man daher von einem Vektorfeld Z der Klasse C^r $(r \geqq 0)$

auf dem *Tangentialbündel* $T(M)$ ausgehen, und man wird dazu geführt, Abbildungen v der Klasse C^2 eines offenen Intervalls $I \subset \boldsymbol{R}$ *in* M zu betrachten derart, daß die Abbildung $t \to v'(t)$ von I *in* $T(M)$ eine Integralkurve des Feldes Z ist, d. h. die Gleichung

18.3.2.1. $\quad v''(t) = \mathrm{Z}(v'(t)) \quad$ für $t \in I$

erfüllt. Das ist jedoch nur möglich, wenn das Feld Z eine *zusätzliche Bedingung* erfüllt: v' muß nämlich eine *Liftung* (*Hebung*) von v sein, mit anderen Worten, es muß $v(t) = o_M(v'(t))$ sein. Wenn man diese Relation differenziert, erhält man $T(v) \cdot \mathrm{E}(t) = T(o_M) \cdot (T(v') \cdot \mathrm{E}(t))$, anders ausgedrückt, $v'(t) = T(o_M) \cdot v''(t)$, und nach (18.3.2.1) liefert dies

$$v'(t) = T(o_M) \cdot \mathrm{Z}(v'(t)) .$$

Da wir Lösungen erhalten wollen, welche beliebige Anfangsbedingungen erfüllen, muß $v'(t)$ alle Werte aus $T(M)$ annehmen können. Man muß daher dem Feld Z die Bedingung

18.3.2.2. $\quad T(o_M) \cdot \mathrm{Z}(\mathbf{h}_x) = \mathbf{h}_x$

für alle $\mathbf{h}_x \in T(M)$ auferlegen. Ein solches Vektorfeld Z auf $T(M)$ nennen wir ein *umgelegtes Feld*[1]; man stellt fest, daß aus dieser Bedingung $\mathrm{Z}(\mathbf{h}_x) \neq \mathbf{0}_{\mathbf{h}_x}$ für $\mathbf{h}_x \neq \mathbf{0}_x$ folgt. Eine (autonome) Gleichung zweiter Ordnung auf M ist dann nach Definition eine durch ein *umgelegtes* Feld Z definierte Differentialgleichung erster Ordnung *auf* $T(M)$, und eine *Lösung* dieser Gleichung ist eine der Klasse C^2 angehörende Abbildung v eines offenen Intervalls $I \subset \boldsymbol{R}$ *in* M, die auf I die Bedingung (18.3.2.1) erfüllt. Für eine Karte (U, φ, n) von M wird $T(M)$ mit $\varphi(U) \times \boldsymbol{R}^n$ identifiziert, und die lokale Darstellung eines umgelegten Feldes Z ist

18.3.2.3. $\quad (x, \mathbf{y}) \to ((x, \mathbf{y}), (\mathbf{y}, \mathbf{f}(x, \mathbf{y})))$,

wobei $\mathbf{f}$ eine Abbildung der Klasse C^r von $\varphi(U) \times \boldsymbol{R}^n$ in $\boldsymbol{R}^n$ ist. Eine Lösung v von (18.3.2.1) hat die Eigenschaft, daß die Funktion $u = \varphi \circ v$, die eine Abbildung von I in $\varphi(U)$ ist, der vektoriellen Differentialgleichung zweiter Ordnung

18.3.2.4. $\quad \mathrm{D}^2u(t) = \mathbf{f}(u(t), \mathrm{D}u(t))$

genügt.

Es läuft auf dasselbe hinaus zu sagen, eine Funktion v der Klasse C^2 auf einem offenen Intervall $J \subset \boldsymbol{R}$ sei Lösung der durch Z definierten Gleichung zweiter Ordnung, oder es sei $v = o_M \circ \boldsymbol{w}$, wobei $\boldsymbol{w}$ eine auf J definierte Integralkurve des Feldes Z ist. Dann gilt nämlich $v'(t) = T(o_M) \cdot \boldsymbol{w}'(t) = T(o_M) \cdot \mathrm{Z}(\boldsymbol{w}(t)) = \boldsymbol{w}(t)$ nach (18.3.2.2). Eine *maximale* Lösung der durch Z definierten Gleichung zweiter Ordnung ist eine Lösung, die sich nicht zu einer auf einem ihren Definitionsbereich umfassenden größeren Intervall erklärten Lösung ausdehnen läßt. Nach dem Vorhergehenden kann man auch sagen, die Lösung habe die Form $o_M \circ \boldsymbol{w}$, wobei $\boldsymbol{w}$ eine *maximale Integralkurve* des Feldes Z ist.

---

[1]) Im Original *champ rabatteur*. — *Anm. d. Ü.*

Entsprechend lassen sich Differentialgleichungen höherer Ordnung auf M definieren.

18.3.3. Natürlich lassen sich auf die Differentialgleichungen zweiter Ordnung die Ergebnisse von Abschnitt 18.2 anwenden, da es sich um einen Spezialfall von Integralkurven von Vektorfeldern auf $T(M)$ handelt. Insbesondere interessieren wir uns für die Menge der Lösungen einer Differentialgleichung zweiter Ordnung, für welche $v(0)$ ein *gegebener* Punkt $a \in M$ ist; $v'(0)$ nimmt daher *alle* möglichen Werte in der Faser $T_a(M)$ an. Aus Abschnitt 18.2 ergibt sich demnach:

18.3.4. *Es sei Z ein umgelegtes Feld der Klasse C^r $(r \geqq 1)$ auf $T(M)$.*

(i) *Zu jedem $a \in M$ existieren eine Zahl $\alpha > 0$ und eine Umgebung U von $\mathbf{0}_a$ in $T(M)$ derart, daß es zu jedem Punkt $\mathbf{h}_x \in U$ eine Lösung $t \to \gamma(t, \mathbf{h}_x)$ der durch das Feld Z definierten Differentialgleichung zweiter Ordnung gibt, die auf dem offenen Intervall $]-\alpha, \alpha[\, \subset \boldsymbol{R}$ erklärt ist und für die $\gamma(0, \mathbf{h}_x) = x = o_M(\mathbf{h}_x)$ und $\gamma'(0, \mathbf{h}_x) = \mathbf{h}_x$ gilt.*

(ii) *Man kann ferner α und U so wählen, daß für jedes $x \in U \cap M$ (wobei M mit dem Nullschnitt von $T(M)$ identifiziert wird) und jedes von 0 verschiedene $t_0 \in\,]-\alpha, \alpha[$ die Abbildung $\mathbf{h}_x \to \gamma(t_0, \mathbf{h}_x)$ ein Homöomorphismus von $U \cap T_x(M)$ auf eine offene Umgebung V_x von x in M ist; dieser Homöomorphismus gehört nebst seinem inversen der Klasse C^r an. Ist d eine die Topologie von M definierende Abstandsfunktion, so kann man überdies annehmen, für festes t_0 existiere eine Zahl $\varrho > 0$ derart, daß V_x für jedes $x \in U \cap M$ die offene Kugel mit dem Mittelpunkt x und dem Radius ϱ enthält.*

(i) Es genügt, (18.2.5) auf die Integralkurven des Feldes Z anzuwenden: Die Zahl α und die Umgebung U sind in der Weise bestimmt, daß $U \times\,]-\alpha, \alpha[$ in der offenen Menge $\operatorname{dom}(F_Z)$ enthalten ist.

(ii) Da das Problem auf $T(M)$ lokaler Natur ist, kann man sich auf den Fall beschränken, daß M eine offene Teilmenge des $\boldsymbol{R}^n$ ist und das Feld Z die lokale Darstellung

$$(x, \mathbf{y}) \to \big((x, \mathbf{y}), (\mathbf{y}, \mathbf{f}(x, \mathbf{y}))\big)$$

besitzt, wobei $\mathbf{f}$ auf einer Umgebung von $(a, 0)$ in $M \times \boldsymbol{R}^n$ stetig differenzierbar ist. In Abänderung der Bezeichnungen schreiben wir $(x_0, \mathbf{y}_0)$ anstelle von $\mathbf{h}_x$ und

$$\big(u(t, x_0, \mathbf{y}_0), \mathbf{v}(t, x_0, \mathbf{y}_0)\big)$$

anstelle von $\gamma(t, \mathbf{h}_x)$, so daß die vektorwertige Funktion

$$t \to \big(u(t, x_0, \mathbf{y}_0), \mathbf{v}(t, x_0, \mathbf{y}_0)\big)$$

Lösung des Systems der beiden vektoriellen Differentialgleichungen

18.3.4.1. $x' = \mathbf{y}\,, \qquad \mathbf{y}' = \mathbf{f}(x, \mathbf{y})$

mit $u(0, x_0, \mathbf{y}_0) = x_0$, $\mathbf{v}(0, x_0, \mathbf{y}_0) = \mathbf{y}_0$ ist, wobei u und $\mathbf{v}$ auf $]-\alpha, \alpha[\, \times U$ der Klasse C^r angehören.

Wir setzen

$$A(t, x_0, \mathbf{y}_0) = D_1\mathbf{f}(u(t, x_0, \mathbf{y}_0), \mathbf{v}(t, x_0, \mathbf{y}_0)) ,$$
$$B(t, x_0, \mathbf{y}_0) = D_2\mathbf{f}(u(t, x_0, \mathbf{y}_0), \mathbf{v}(t, x_0, \mathbf{y}_0)) .$$

Nach (10.7.3) folgt für die in einer Umgebung von $(0, a, 0)$ in $\boldsymbol{R} \times \boldsymbol{R}^{2n}$ gelegenen Punkte $(t, x_0, \mathbf{y}_0)$, daß die Funktionen

$$Z(t, x_0, \mathbf{y}_0) = D_3\mathbf{g}(t, x_0, \mathbf{y}_0) , \qquad W(t, x_0, \mathbf{y}_0) = D_3\mathbf{h}(t, x_0, \mathbf{y}_0)$$

mit Werten in $\mathscr{L}(\boldsymbol{R}^n)$, wobei

$$\mathbf{g}(t, x_0, \mathbf{y}_0) = (u(t, x_0, \mathbf{y}_0) - x_0) - t\mathbf{y}_0 , \quad \mathbf{h}(t, x_0, \mathbf{y}_0) = \mathbf{v}(t, x_0, \mathbf{y}_0) - \mathbf{y}_0$$

ist, als Funktionen von t die Lösung des Systems linearer Differentialgleichungen

$$\begin{cases} Z' = W , \\ W' = A \circ Z + B \circ W + (tA + B) \end{cases}$$

bilden, für welche $Z(0, x_0, \mathbf{y}_0) = 0$ und $W(0, x_0, \mathbf{y}_0) = 0$ ist. Eine unmittelbare Anwendung des Gronwallschen Lemmas (10.5.1.3) auf dieses System zeigt, daß man annehmen kann, α_0 und U: $\|x_0 - a\| < r$, $\|\mathbf{y}_0\| < r$ seien so gewählt, daß für $|t| < \alpha_0$ und $(x_0, \mathbf{y}_0) \in U$ die Ungleichungen

18.3.4.2. $\quad \|W(t, x_0, \mathbf{y}_0)\| \leqq b\,|t| , \qquad \|Z(t, x_0, \mathbf{y}_0)\| \leqq b\,|t|^2$

(mit konstantem $b > 0$) erfüllt sind. Hiernach betrachten wir die Abbildung

18.3.4.3. $\quad \mathbf{y}_0 \to u(t_0, x_0, \mathbf{y}_0) - x_0 = t_0\mathbf{y}_0 + \mathbf{g}(t_0, x_0, \mathbf{y}_0)$

für ein $t_0 \neq 0$ aus $]-\alpha, \alpha[$ mit $\alpha < \alpha_0$. Nach (18.3.4.2) und dem Mittelwertsatz gilt für $\|\mathbf{y}_1\| < r$ und $\|\mathbf{y}_2\| < r$

18.3.4.4. $\quad \|\mathbf{g}(t_0, x_0, \mathbf{y}_1) - \mathbf{g}(t_0, x_0, \mathbf{y}_2)\| \leqq b\alpha\,\|t_0(\mathbf{y}_1 - \mathbf{y}_2)\| \leqq \frac{1}{2}\,\|t_0(\mathbf{y}_1 - \mathbf{y}_2)\| ,$

sobald $\alpha < \alpha_0$ so klein gewählt ist, daß $b\alpha < \frac{1}{2}$ gilt. Daher ist (18.3.4.3) eine stetige *injektive* Abbildung der kompakten Kugel K': $\|\mathbf{y}_0\| \leqq \frac{1}{2} r$ in den $\boldsymbol{R}^n$, also ein *Homöomorphismus* von K' auf ihr Bild (vgl. (3.17.12)). Es bleibt zu beweisen, daß dieses Bild eine Kugel mit dem Mittelpunkt 0 und einem *von* x_0 *unabhängigen* Radius (für $\|x_0 - a\| < r$) enthält. Zu diesem Zweck werden wir zeigen, daß man (10.1.1) auf die Funktion

$$(\mathbf{X}, \mathbf{Y}) \to \mathbf{X} - \mathbf{g}\left(t_0, x_0, \frac{1}{t_0}\mathbf{Y}\right)$$

anwenden kann, die auf dem Produkt der Kugeln K: $\|\mathbf{X}\| < \frac{1}{16} r\,|t_0|$ und K'': $\|\mathbf{Y}\| < \frac{1}{2} r\,|t_0|$ definiert ist. Aufgrund von (18.3.4.1) existiert eine Konstante c mit

$$\|u(t, x_0, 0) - x_0\| \leqq c\,|t|^2$$

für $|t| < \alpha$ und $\|x_0 - \alpha\| < r$; daher gilt

18.3.4.5. $\quad \|\mathbf{g}(t_0, x_0, 0)\| \leqq c\,|t_0|^2 \leqq c\alpha\,|t_0| .$

Wir wählen $\alpha < \alpha_0$ so klein, daß $c\alpha < \frac{1}{16} r$ ist. Sind $\mathbf{Y}_1$ und $\mathbf{Y}_2$ in K'' enthalten, so gilt nach (18.3.4.4)

$$\left\| \mathbf{g}\left(t_0, x_0, \frac{1}{t_0}\mathbf{Y}_1\right) - \mathbf{g}\left(t_0, x_0, \frac{1}{t_0}\mathbf{Y}_2\right) \right\| \leqq \frac{1}{2} \|\mathbf{Y}_1 - \mathbf{Y}_2\|$$

und für $\mathbf{X} \in K$

$$\|\mathbf{X} - \mathbf{g}(t_0, x_0, 0)\| \leqq \tfrac{1}{8} r\, |t_0| < \tfrac{1}{4} r\, |t_0| .$$

Es gibt somit eine stetige Abbildung $\mathbf{X} \to \mathbf{F}(\mathbf{X})$ von K in K'' mit

$$\mathbf{X} = \mathbf{F}(\mathbf{X}) + \mathbf{g}\left(t_0, x_0, \frac{1}{t_0}\mathbf{F}(\mathbf{X})\right),$$

und das beweist, daß das Bild von K' vermöge der Abbildung (18.3.4.3) die Kugel K enthält. Daher ergibt sich die Behauptung (ii) von (18.3.4), wenn man $\varrho = \frac{1}{16} r\, |t_0|$ setzt und beachtet, daß auf einem metrisierbaren kompakten Raum alle Abstandsfunktionen gleichmäßig äquivalent sind (vgl. (3.16.5)).

18.4. Isochrone Felder und isochrone Differentialgleichungen zweiter Ordnung

18.4.1. In der Theorie der Differentialgleichungen zweiter Ordnung interessiert man sich seltener für die *Lösungen* $t \to v(t)$ (die also Kurven *ohne Endpunkte* in M sind (vgl. Abschnitt 16.27)) als für die *Bilder* dieser Lösungen; man nennt diese Bilder die *Trajektorien* der Gleichung (oder des sie definierenden Feldes Z). Das Bild eines *kompakten,* im *offenen* Definitionsbereich von v enthaltenen Intervalls $[\alpha, \beta]$ vermöge v wird ein *Trajektorienbogen mit dem Anfangspunkt* $v(\alpha)$ *und dem Endpunkt* $v(\beta)$ genannt.[1]) Wir bemerken, daß die *Tangentialvektoren* $v'(\alpha)$ und $v'(\beta)$ im Anfangs- und im Endpunkt eines Trajektorienbogens wohldefiniert sind. Ist v eine auf einem Intervall $]-\alpha, \alpha[$ definierte Lösung, so hat für jede streng positive reelle Zahl c die auf $]-\alpha/c, \alpha/c[$ definierte Funktion $w\colon t \to v(ct)$ *dasselbe Bild* wie v, ist aber im allgemeinen *keine* Lösung derselben Differentialgleichung zweiter Ordnung *mehr.* Ist M eine offene Teilmenge des $\boldsymbol{R}^n$, so ist nämlich v eine Lösung von (18.3.2.4), und es gilt $w'(t) = cv'(ct)$, $w''(t) = c^2 v''(ct)$, so daß w eine Lösung der vektoriellen Differentialgleichung

$$w''(t) = c^2 \mathbf{f}\left(w(t), \frac{1}{c} w'(t)\right) \quad \text{für} \quad -\frac{\alpha}{c} < t < \frac{\alpha}{c}$$

ist. Man wird somit auf die Untersuchung der Abbildungen $\mathbf{f}$ mit

18.4.1.1. $\mathbf{f}(x, c\mathbf{y}) = c^2 \mathbf{f}(x, \mathbf{y})$

[1]) Der Kürze halber sprechen wir auch von einem Trajektorienbogen von $v(\alpha)$ nach $v(\beta)$. Diese Redeweise benutzen wir auch in ähnlichem Zusammenhang. — *Anm. d. Ü.*

für *jeden Skalar* $c \in \boldsymbol{R}$ geführt. Um diese Relation in ihrer invarianten („inneren") Gestalt für eine differenzierbare Mannigfaltigkeit M auszudrücken, genügt es, die Abbildung m_c: $\mathbf{h}_x \to c \cdot \mathbf{h}_x$ von $T(M)$ auf sich einzuführen: Für ein *umgelegtes* Feld Z auf $T(M)$ lautet die (18.4.1.1) entsprechende Beziehung

18.4.1.2. $\quad \mathrm{Z}\big(m_c(\mathbf{h}_x)\big) = c \cdot \big(T(m_c) \cdot \mathrm{Z}(\mathbf{h}_x)\big)$.

Wir nennen ein umgelegtes Feld Z *isochron*, wenn es diese Relation für jedes $\mathbf{h}_x \in T(M)$ und jedes $c \in \boldsymbol{R}$ erfüllt.[1]) Auch die entsprechende Differentialgleichung wird *isochron* genannt (bedeutet die Variable t die Zeit, so „hängt die Differentialgleichung nicht von der *Einheit des Zeitmaßes* ab"). Wir stellen fest, daß für isochrone Felder Z für jedes $x \in M$ die Beziehungen $\mathrm{Z}(\mathbf{0}_x) = \mathbf{0}_{\mathbf{0}_x}$ und $\mathrm{Z}(\mathbf{h}_x) \neq \mathbf{0}_{\mathbf{h}_x}$ für $\mathbf{h}_x \neq \mathbf{0}_x$ gelten. Ist v eine Lösung der entsprechenden Differentialgleichung, so ist *entweder* v konstant *oder* $v'(t) \neq \mathbf{0}_{v(t)}$ auf *dem ganzen* offenen Definitionsintervall I von v (gehört Z der Klasse C^∞ an, so ist v eine *Immersion* von I in M). Schließlich weisen wir noch darauf hin, daß für eine auf $]-\alpha, \alpha[$ definierte Lösung v auch die Funktion $t \to v(-t)$ eine auf demselben Intervall definierte Lösung ist. Da $t \to v(t + c)$ für jedes $c \in \boldsymbol{R}$ ebenfalls eine Lösung ist, sieht man, daß ein Trajektorienbogen mit dem Anfangspunkt a und dem Endpunkt b in M *auch* ein Trajektorienbogen mit dem Anfangspunkt b und dem Endpunkt a ist; daher spricht man auch von einem Trajektorienbogen mit den *Endpunkten a und b.*

18.4.2. *Es sei* Z *ein Spray der Klasse* C^r $(r \geqq 0)$ *auf* $T(M)$. *In den Bezeichnungen von* (18.2.3) *gilt für jede reelle Zahl* $c \neq 0$ *und jeden Vektor* $\mathbf{h}_x \in T(M)$

18.4.2.1. $\quad J(c\mathbf{h}_x) = c^{-1}J(\mathbf{h}_x)$

und

18.4.2.2. $\quad F_{\mathrm{Z}}(c\mathbf{h}_x, t) = c \cdot F_{\mathrm{Z}}(\mathbf{h}_x, ct) \qquad$ *für* $t \in J(c\mathbf{h}_x)$.

Dies folgt sofort aus den Definitionen.

Die Trajektorien, welche Bilder der Lösungen $t \to o_M\big(F_{\mathrm{Z}}(c\mathbf{h}_x, t)\big)$ sind $\big($wobei $t \in J(c\mathbf{h}_x)$ ist$\big)$, *hängen demnach nicht von der Wahl von* $c \neq 0$ für $\mathbf{h}_x \neq 0$ *ab.* Man nennt sie die *maximalen Trajektorien* der durch Z definierten Differentialgleichung zweiter Ordnung (oder des Feldes Z), die durch den Punkt x gehen und *in diesem Punkt tangential zu der durch den Vektor* $\mathbf{h}_x$ (oder einen beliebigen der Vektoren $c\mathbf{h}_x$ mit $c \neq 0$) *definierten Richtung* sind.

18.4.3. Im folgenden bezeichnen wir mit Ω_{Z} oder $\Omega_{\mathrm{Z}}(M)$ oder einfach mit Ω die Menge der Punkte $\mathbf{h}_x \in T(M)$, für die das offene Intervall $J(\mathbf{h}_x)$ das *abgeschlossene Intervall* $[0, 1]$ *enthält,* was in den Bezeichnungen von (18.2.3) äquivalent zu $t^+(\mathbf{h}_x) > 1$ ist. Da t^+ eine von unten halbstetige Funktion auf $T(M)$ ist $\big($vgl. (18.2.7)$\big)$, ist die Menge Ω in $T(M)$ *offen,* und aus (18.4.2.1) ergibt sich, daß aus $\mathbf{h}_x \in \Omega$ die Beziehung $c\mathbf{h}_x \in \Omega$ für jedes c mit $0 \leqq c \leqq 1$ folgt $\big($mit anderen Worten, jede der Mengen $\Omega \cap T_x(M)$ ist *sternförmig* in der Faser $T_x(M)$; wir werden sehen, daß sie in bezug auf $\mathbf{0}_x$ nicht notwendig symmetrisch

[1]) In der Literatur wird für solche Vektorfelder der Terminus *Spray* benutzt, den wir im folgenden meist verwenden. — *Anm. d. Ü.*

ist (vgl. (18.4.9)). Die Abbildung $\mathbf{h}_x \to o_M(F_Z(\mathbf{h}_x, 1))$ von Ω in M, deren Wert in $\mathbf{h}_x$ der Wert der Lösung v der durch Z definierten Differentialgleichung zweiter Ordnung mit $v(0) = x$ und $v'(0) = \mathbf{h}_x \in \Omega$ für $t = 1$ ist, wird die *durch* Z *definierte Exponentialabbildung* genannt und mit $\mathbf{h}_x \to \exp_Z(\mathbf{h}_x)$ oder einfach mit $\mathbf{h}_x \to \exp(\mathbf{h}_x)$ bezeichnet.

18.4.4. *Für jedes $\mathbf{h}_x \in T(M)$ ist die auf dem Intervall $J(\mathbf{h}_x)$ definierte Funktion $v\colon t \to \exp(t\mathbf{h}_x)$ die maximale Lösung der durch Z definierten Differentialgleichung zweiter Ordnung mit $v(0) = x$ und $v'(0) = \mathbf{h}_x$. Für alle $t \in J(\mathbf{h}_x)$ mit $t \neq 0$ gilt*

18.4.4.1. $v'(t) = t^{-1}F_Z(t\mathbf{h}_x, 1)$.

Aus (18.4.2.2) folgt nämlich, daß die Funktion, die für $t = 0$ gleich $\mathbf{h}_x$ und für von 0 verschiedenes $t \in J(\mathbf{h}_x)$ gleich $t^{-1}F_Z(t\mathbf{h}_x, 1)$ ist, auf $J(\mathbf{h}_x)$ gleich $F_Z(\mathbf{h}_x, t)$ ist; hieraus ergibt sich die Behauptung.

Wir erinnern ferner daran, daß nach (18.2.3.1) für $t_0 \in J(\mathbf{h}_x)$

18.4.4.2. $J(v'(t_0)) = J(\mathbf{h}_x) + (-t_0)$

gilt.

18.4.5. *Es sei Z ein Spray der Klasse C^r mit $r \geqq 1$. Die Exponentialabbildung ist eine Abbildung der Klasse C^r von Ω_Z in M. Für jedes $x \in M$ ist die Einschränkung der linearen Tangentialabbildung $T_{\mathbf{0}_x}$* (exp) *im Punkt $\mathbf{0}_x$ des Nullschnittes $\mathbf{0}_M$ von $T(M)$ auf den Tangentialraum $T_{\mathbf{0}_x}(T_x(M))$ der vertikalen Vektoren (den wir mit $T_x(M)$ identifizieren) gleich der identischen Abbildung, und ihre Einschränkung auf den Tangentialraum $T_{\mathbf{0}_x}(\mathbf{0}_M)$ des Nullschnittes gleich der kanonischen bijektiven Abbildung dieses Raumes auf $T_x(M)$.*

Die erste Behauptung folgt aus (18.2.5); die anderen ergeben sich daraus, daß einerseits die Einschränkung von exp auf den Nullschnitt von $T(M)$ nach Definition die kanonische bijektive Abbildung $\mathbf{0}_M \to M$ ist, d. h. die Einschränkung der Projektion

$$o_M\colon T(M) \to M \ ,$$

und daß andererseits für die lineare Abbildung $r\colon t \to t\mathbf{h}_x$ von $\boldsymbol{R}$ in den Vektorraum $T_x(M)$ die Beziehung $\mathbf{h}_x = \tau_{t\mathbf{h}_x}(r'(t))$ und insbesondere $\mathbf{h}_x = r'(0)$ gilt; daher stimmt $T_{\mathbf{0}_x}$ (exp) $\cdot\, \mathbf{h}_x$ mit $\mathbf{h}_x$ überein (vgl. (18.4.4)); denn $T_{\mathbf{0}_x}$ (exp) $\cdot\, \mathbf{h}_x$ ist ja gleich $v'(0)$, wobei $v(t) = \exp(t\mathbf{h}_x)$ ist.

Aufgrund von (10.2.5) erhalten wir daher:

18.4.6. *Zu jedem $a \in M$ und jeder Umgebung U_0 von $\mathbf{0}_a$ in $T(M)$ existiert eine offene Umgebung $U \subset U_0$ von $\mathbf{0}_a$ in $T(M)$ derart, daß die Abbildung*

$$\mathbf{h}_x \to (x, \exp(\mathbf{h}_x))$$

ein Homöomorphismus von U auf eine offene Umgebung von (a, a) in $M \times M$ und daß die Abbildung $\mathbf{h}_a \to \exp(\mathbf{h}_a)$ ein Homöomorphismus von $U \cap T_a(M)$ auf eine offene Umgebung V von a in M ist; die Abbildung $\mathbf{h}_x \to (x, \exp(\mathbf{h}_x))$ gehört nebst ihrer inversen der Klasse C^r an.

18.4.7. *Es sei a ein Punkt von M und U eine Umgebung von* $\mathbf{0}_a$ *in* $T(M)$ *derart, daß* $U \cap T_a(M)$ *sternförmig und in* Ω *enthalten und daß die Abbildung* $\mathbf{h}_a \to \exp(\mathbf{h}_a)$ *ein Homöomorphismus von* $U \cap T_a(M)$ *auf eine offene Umgebung V von a in M ist. Dann ist für jedes von a verschiedene* $y \in V$ *der Trajektorienbogen, welcher das Bild von* $[0, 1]$ *vermöge der Abbildung* $t \to \exp(t\mathbf{h}_a)$ *ist, wobei* $\mathbf{h}_a$ *die eindeutig bestimmte Lösung von* $\exp(\mathbf{h}_a) = y$ *auf* $U \cap T_a(M)$ *ist, der einzige Trajektorienbogen mit dem Anfangspunkt a und dem Endpunkt y, der in V enthalten ist.*

Zunächst bemerken wir, daß ein Trajektorienbogen L mit dem Anfangspunkt a und dem Endpunkt y das Bild eines Intervalls $[0, \alpha]$ vermöge einer Lösung $t \to \exp(t\mathbf{h}'_a)$ mit $\mathbf{h}'_a \in T_a(M)$ sein muß. Wir zeigen, daß aus $L \subset V$ notwendigerweise $t\mathbf{h}'_a \in U$ für $0 \leqq t \leqq \alpha$, also $\alpha\mathbf{h}'_a = \mathbf{h}_a$ folgt. Damit ist bewiesen, daß der betrachtete Trajektorienbogen eindeutig bestimmt ist. Für hinreichend kleine t gilt aber offenbar $t\mathbf{h}'_a \in U$. Wäre die abgeschlossene Menge der $t \in [0, \alpha]$ mit $t\mathbf{h}'_a \notin U$ nicht leer, so hätte sie ein kleinstes Element $\beta > 0$. Nach Voraussetzung gilt aber $z = \exp(\beta\mathbf{h}'_a) \in V$. Ist $\psi \colon V \to U \cap T_a(M)$ der zu exp inverse Homöomorphismus, so konvergiert $t\mathbf{h}'_a = \psi\big(\exp(t\mathbf{h}'_a)\big)$ gegen $\psi(z) \in U$, wenn t gegen β strebt; dies widerspricht aber der Voraussetzung $\beta\mathbf{h}'_a \notin U$.

Es sei jedoch ausdrücklich darauf hingewiesen, daß es im allgemeinen andere Trajektorienbögen mit dem Anfangspunkt a und dem Endpunkt $y \in V$ gibt, die *nicht vollständig in V enthalten sind*. Anders ausgedrückt, die Exponentialabbildung ist *nicht notwendig* auf ganz Ω *injektiv*; wir werden (im Kapitel 19) auch Beispiele kennenlernen, in denen sie auf Ω nicht surjektiv ist. Schließlich braucht selbst für kompakte M die offene Menge Ω *nicht mit ganz* $T(M)$ *übereinzustimmen*.

Beispiele

18.4.8. Wir nehmen für M das offene Intervall $\boldsymbol{R}_+^* =]0, +\infty[$ von $\boldsymbol{R}$, identifizieren $T(M)$ mit $M \times \boldsymbol{R}$ und betrachten das isochrone Feld $\mathrm{Z}(x, y) = \big((x, y), (y, y^2/x)\big)$, das der Differentialgleichung $x'' = x'^2/x$ auf M entspricht. In diesem Fall gilt $\Omega = T(M)$, und für jedes $x \in M$ ist die auf $T_x(M) = \{x\} \times \boldsymbol{R}$ eingeschränkte Exponentialabbildung der Diffeomorphismus $(x, y) \to xe^y$ dieses Vektorraumes auf M. Dieses Beispiel wird in Kapitel 19 verallgemeinert und rechtfertigt die Bezeichnung Exponentialabbildung.

18.4.9. Wir wählen $M = \boldsymbol{R}$, identifizieren $T(M)$ mit $\boldsymbol{R} \times \boldsymbol{R}$ und betrachten das isochrone Feld $\mathrm{Z}(x, y) = \big((x, y), (y, y^2)\big)$, das der Differentialgleichung $x'' = x'^2$ auf $\boldsymbol{R}$ entspricht. Es ergibt sich leicht, daß hier die Menge Ω mit der Menge aller (x, y) mit $y < 1$ übereinstimmt und daß die auf die Menge $\Omega \cap T_x(\boldsymbol{R})$ eingeschränkte Exponentialabbildung die Abbildung $(x, y) \to x - \ln(1 - y)$ ist; diese Abbildung ist ein Diffeomorphismus dieser Menge auf $\boldsymbol{R}$.

18.4.10. Im vorigen Beispiel ist das Feld Z invariant bezüglich Translationen. Wir betrachten nun die Faktorgruppe $\boldsymbol{T} = \boldsymbol{R}/\boldsymbol{Z}$, von welcher $\boldsymbol{R}$ eine Überlagerung ist, und bezeichnen den kanonischen Homomorphismus mit $\pi : \boldsymbol{R} \to \boldsymbol{T}$.

Dann gibt es auf dem Tangentialbündel $T(\boldsymbol{T})$ genau ein Vektorfeld Z_0, für das Z eine Liftung (Hebung) bezüglich des Morphismus $T(\pi)\colon T(\boldsymbol{R}) \to T(\boldsymbol{T})$ ist. Das Feld Z_0 ist isochron, und für jede Lösung v der durch Z definierten Differentialgleichung ist $t \to \pi(v(t))$ eine Lösung der durch Z_0 definierten Differentialgleichung. Obgleich $\boldsymbol{T}$ kompakt ist, stimmt Ω_{Z_0}, wie man leicht sieht, nicht mit ganz $T(\boldsymbol{T})$ überein.

18.5. Konvexitätseigenschaften isochroner Differentialgleichungen

18.5.1. Es sei M eine differenzierbare Mannigfaltigkeit, Z ein isochrones Vektorfeld der Klasse C^r $(r \geqq 1)$ *auf* $T(M)$. Wir nennen M *konvex bezüglich* Z, wenn es eine Abbildung $\mathbf{s}$ der Klasse C^1 von $M \times M$ *in die offene Teilmenge* Ω_Z von $T(M)$ gibt, welche den folgenden Bedingungen genügt:

18.5.1.1. $o_M(\mathbf{s}(x_1, x_2)) = x_1\,, \qquad \exp\,(\mathbf{s}(x_1, x_2)) = x_2\,.$

Mit anderen Worten, für beliebige Punkte x_1, x_2 von M ist die Abbildung

18.5.1.2. $t \to \exp\,(t\mathbf{s}(x_1, x_2))$

des Intervalls $[0, 1]$ in M eine Kurve mit dem Anfangspunkt x_1 und dem Endpunkt x_2 und die Einschränkung einer *Lösung* der durch Z definierten Differentialgleichung auf das Intervall $[0, 1]$ (vgl. (18.4.4)). Eine bezüglich eines isochronen Feldes konvexe Mannigfaltigkeit ist also notwendigerweise *zusammenhängend* (vgl. (3.19.3)). Eine offene Teilmenge $U \subset M$ wird *konvex bezüglich* Z genannt, wenn sie bezüglich des auf $T(U)$ eingeschränkten isochronen Feldes Z konvex ist. Das ist gleichbedeutend damit, daß eine Abbildung $\mathbf{s}$ der Klasse C^1 von $U \times U$ *in* Ω_Z existiert, welche den Bedingungen (18.5.1.1) genügt und darüber hinaus die Eigenschaft hat, daß für beliebige $x_1, x_2 \in U$ und $t \in [0, 1]$

18.5.1.3. $\exp(t\mathbf{s}(x_1, x_2)) \in U$

gilt.

18.5.2. *Ist die offene Teilmenge $U \subset M$ bezüglich Z konvex, so ist — in den Bezeichnungen von* (18.5.1) *— für alle $x \in U$ das Bild von U vermöge der Abbildung $y \to \mathbf{s}(x, y)$ die sternförmige offene Menge $T_x(M) \cap \Omega_{Z_U}(U)$, wobei Z_U die Einschränkung des Feldes Z auf $T(U)$ bezeichnet. Die Abbildung $y \to \mathbf{s}(x, y)$ ist ein Homöomorphismus von U auf diese offene Menge, dessen inverser Homöomorphismus die Abbildung $\mathbf{h}_x \to \exp\,(\mathbf{h}_x)$ ist, und diese beiden Homöomorphismen gehören der Klasse C^r an. Insbesondere ist für jedes $y \in U$ das Bild von $[0, 1]$ vermöge der Abbildung $t \to \exp\,(t\mathbf{s}(x, y))$ der einzige in U enthaltene Trajektorienbogen mit dem Anfangspunkt x und dem Endpunkt y.*

Da in der Behauptung nur von dem Feld Z_U die Rede ist, können wir uns auf den Fall $U = M$ beschränken. Die Relation $\exp(\mathbf{s}(x, y)) = y$ zeigt, daß die Hintereinanderausführung der linearen Tangentialabbildungen von $\mathbf{h}_x \to \exp(\mathbf{h}_x)$

und von $y \to \mathbf{s}(x, y)$ die Identität ist. Daher sind beide *bijektiv*, da die Tangentialräume $T_{\mathbf{h}_x}(T_x(M))$ und $T_y(M)$ dieselbe Dimension haben (vgl. (16.1.5)). Man schließt daraus, daß das Bild A_x von M vermöge der Abbildung $y \to \mathbf{s}(x, y)$ eine nichtleere *offene* Teilmenge von $T_x(M)$ ist (vgl. Abschnitt 16.7) und, da $y \to \mathbf{s}(x, y)$ injektiv ist, daß diese Abbildung ein Homöomorphismus von M auf A_x ist, dessen inverser Homöomorphismus offensichtlich $\mathbf{h}_x \to \exp(\mathbf{h}_x)$ ist. Dieser gehört der Klasse C^r an (vgl. (18.2.5)), und da die linearen Tangentialabbildungen bijektiv sind, gehört nach (10.2.5) auch $y \to \mathbf{s}(x, y)$ der Klasse C^r an. Es bleibt zu zeigen, daß $A_x = \Omega_Z \cap T_x(M)$ ist. Nun ist aber A_x die Menge der $\mathbf{h}_x \in \Omega_Z \cap T_x(M)$, für welche $\mathbf{h}_x = \mathbf{s}(x, \exp(\mathbf{h}_x))$ gilt, eine in $\Omega_Z \cap T_x(M)$ *abgeschlossene* Menge. Wir haben aber schon gesehen, daß A_x in $\Omega_Z \cap T_x(M)$ auch offen ist, so daß die Behauptung sich daraus ergibt, daß dieser Raum sternförmig, also zusammenhängend ist. Die letzte Aussage des Satzes folgt nun daraus, daß jeder Trajektorienbogen mit dem Anfangspunkt x das Bild von $[0, 1]$ vermöge einer Abbildung $t \to \exp(t\mathbf{h}_x)$ mit $\mathbf{h}_x \in \Omega_Z \cap T_x(M)$ ist (vgl. (18.4.4)) und daß die Abbildung $\mathbf{h}_x \to \exp(\mathbf{h}_x)$, wie wir gesehen haben, bijektiv ist.

Wir weisen darauf hin, daß der Durchschnitt zweier bezüglich Z konvexer offener Mengen nicht zusammenhängend (also erst recht nicht konvex bezüglich Z) zu sein braucht (vgl. Abschnitt 18.6, Aufgabe 8).

18.5.3. *Es sei M eine differenzierbare Mannigfaltigkeit, Z ein Spray auf $T(M)$ und Q eine reellwertige Funktion der Klasse C^2, die auf einer offenen Umgebung V der Diagonale von $M \times M$ definiert ist und den folgenden Bedingungen genügt:*

(i) *$Q(a, a) = 0$ für alle $a \in M$.*

(ii) *Für jedes $a \in M$ ist das Differential der Funktion*

$$Q_a = Q(a, .): x \to Q(a, x)$$

im Punkt $x = a$ gleich 0.

(iii) *Für alle $a \in M$ ist die Hessesche Form* $\operatorname{Hess}_a(Q_a)$ (vgl. (16.5.11)) *eine nichtausgeartete positive quadratische Form.*

Unter diesen Bedingungen existieren zu jedem Punkt $a \in M$ eine Umgebung W von a und eine Zahl $r > 0$ derart, daß für jeden Punkt $b \in W$ und jede Zahl ϱ mit $0 < \varrho < r$ die zusammenhängende Komponente C_b von b in der durch die Ungleichung $Q(b, x) < \varrho$ definierten offenen Menge konvex bezüglich des Feldes Z ist.

Offenbar ist dieses Problem lokal bezüglich M, so daß man annehmen kann, M sei eine offene Teilmenge von $\boldsymbol{R}^n$, und Z sei durch

$$(x, \mathbf{y}) \to ((x, \mathbf{y}), (\mathbf{y}, \mathbf{f}(x, \mathbf{y})))$$

mit $\mathbf{f}(x, c\mathbf{y}) = c^2\mathbf{f}(x, \mathbf{y})$ dargestellt. Wir betrachten den Ausdruck

18.5.3.1. $H(x_1, x_2, \mathbf{u}) = \mathrm{D}^2Q_{x_1}(x_2) \cdot (\mathbf{u}, \mathbf{u}) + \mathrm{D}Q_{x_1}(x_2) \cdot \mathbf{f}(x_2, \mathbf{u})$

auf $V \times \boldsymbol{S}_{n-1}$. Für $x_1 = x_2 = a$ gilt $\mathrm{D}Q_a(a) = 0$ nach Voraussetzung, aus der auch folgt, daß die Funktion $\mathbf{u} \to \mathrm{D}^2Q_a(a) \cdot (\mathbf{u}, \mathbf{u})$ auf $\boldsymbol{S}_{n-1}$ streng positive

Werte annimmt. Nach (3.17.10) und (3.17.11) existieren also eine kompakte Umgebung W_0 von a in M und eine Zahl $\alpha > 0$ derart, daß für beliebige $x_1, x_2 \in W_0$ und $\mathbf{u} \in S_{n-1}$ stets $H(x_1, x_2, \mathbf{u}) \geqq \alpha$ gilt. Für jede Lösung $t \to v(t)$ der vektoriellen Differentialgleichung $\mathrm{D}^2 x = \mathbf{f}(x, \mathrm{D}x)$ mit $v(t) \in W_0$ und jeden Punkt $b \in W_0$ gilt also

18.5.3.2. $$\frac{d^2}{dt^2}\big(Q_b(v(t))\big) = \mathrm{D}^2 Q_b\big((vt)\big) \cdot \big(v'(t), v'(t)\big) + \mathrm{D}Q_b\big(v(t)\big) \cdot \mathbf{f}\big(v(t), v'(t)\big)$$
$$= H\big(b, v(t), v'(t)\big) \geqq \alpha\, \|v'(t)\|^2 .$$

Es sei U eine in Ω_Z enthaltene offene Umgebung von $\mathbf{0}_a$ in $T(M)$, für die $o_M(U) \subset W_0$ und $\exp(U) \subset W_0$ gilt (vgl. (18.4.6)). Man kann darüber hinaus annehmen, für jedes $x \in o_M(U)$ sei die Menge $U \cap T_x(M)$ *sternförmig* in bezug auf $\mathbf{0}_x$, mit anderen Worten, es sei $t\mathbf{h}_x \in U$ für $\mathbf{h}_x \in U$ und $0 \leqq t \leqq 1$. Nach (18.4.7) existieren eine Umgebung $W_1 \subset W_0$ von a in M und eine Abbildung $\mathbf{s}$ der Klasse C^1 von $W_1 \times W_1$ in Ω_Z derart, daß für beliebige Punkte $x_1, x_2 \in W_1$ die Beziehungen

$$o_M\big(\mathbf{s}(x_1, x_2)\big) = x_1 \quad \text{und} \quad \exp\big(\mathbf{s}(x_1, x_2)\big) = x_2$$

sowie $\mathbf{s}(a, a) = \mathbf{0}_a$ gelten. Nun sei W' eine kompakte Umgebung von a mit $W' \times W' \subset (W_1 \times W_1) \cap \mathbf{s}^{-1}(U)$ und L der Rand von W'. Wir werden zeigen, daß für jedes $z \in L$

18.5.3.3. $$Q_a(z) > 0$$

ist. Es gilt nämlich $\mathbf{s}(a, z) \in U$, also $t \cdot \mathbf{s}(a, z) \in U$ für $0 \leqq t \leqq 1$; somit ist die Funktion $v(t) \doteq \exp\big(t \cdot \mathbf{s}(a, z)\big)$ auf einem offenen Intervall I definiert, das $[0, 1]$ enthält. Nach Definition von L gilt $z \neq a$, also $\mathbf{s}(a, z) \neq \mathbf{0}_a$ und somit $v'(0) \neq 0$. Wegen $\mathbf{f}(x, 0) = 0$ gilt auch $v'(t) \neq 0$ für jedes $t \in I$; denn sonst wäre v auf I konstant. Wir schließen dann aus (18.5.3.2), daß $t \to Q_a\big(v(t)\big)$ auf I eine streng positive zweite Ableitung hat. Da $Q_a\big(v(0)\big) = Q_a(a) = 0$ und $\mathrm{D}(Q_a \circ v)(0) = \mathrm{D}Q_a(a) \cdot v'(0) = 0$ ist, ergibt sich aus (8.14.2), daß $Q_a\big(v(t)\big)$ für $0 < t \leqq 1$ streng positiv ist; insbesondere ist also $Q_a(z) = Q_a\big(v(1)\big) > 0$.

Da L kompakt ist, existieren eine Zahl $r > 0$ und eine Umgebung $W'' \subset W'$ von a derart, daß für jedes $b \in W''$

18.5.3.4. $$Q_b(c) \geqq r > 0 \quad \text{für jedes } c \in L$$

gilt.

Nun sei ϱ eine Zahl mit $0 < \varrho < r$ und W die aus allen $x \in W''$ mit $Q(x, x) < \varrho$ bestehende offene Umgebung von a. Für jedes $b \in W$ sei C_b die zusammenhängende Komponente von b in der durch die Ungleichung $Q(b, x) < \varrho$ definierten offenen Menge. Aus (18.5.3.4) ergibt sich, daß C_b den Rand L von W' nicht treffen kann; nach (3.19.9) gilt also $C_b \subset W'$. Es seien x_1, x_2 zwei Punkte von C_b. Wegen $C_b \subset W'$ gilt $\mathbf{s}(x_1, x_2) \in U$, also $t \cdot \mathbf{s}(x_1, x_2) \in U$ für alle $0 \leqq t \leqq 1$. Die Funktion $t \to \varphi(t) = Q_b\big(\exp\big(t \cdot \mathbf{s}(x_1, x_2)\big)\big)$ ist also auf dem Intervall $[0, 1]$

definiert, und ihre zweite Ableitung $\varphi''(t)$ ist nach (18.5.3.2) auf diesem Intervall positiv. Man erhält daraus die Ungleichung

18.5.3.5. $\varphi(t) \leqq (1 - t)\,\varphi(0) + t\varphi(1) \leqq \sup\big(\varphi(0), \varphi(1)\big)$

für $0 \leqq t \leqq 1$; denn die Funktion $\psi(t) = \varphi(t) - \big((1 - t)\,\varphi(0) + t\varphi(1)\big)$ hat eine zweite Ableitung $\psi''(t) = \varphi''(t) \geqq 0$ auf $[0, 1]$, und es ist $\psi(0) = \psi(1) = 0$. Da die Ableitung $\psi'(t)$ monoton wachsend ist, könnte man aus $\psi(\alpha) > 0$ für ein α mit $0 < \alpha < 1$ auf $\psi'(\beta) > 0$ für ein β mit $0 \leqq \beta \leqq \alpha$ schließen; hieraus ergäbe sich $\psi'(t) > 0$ für $\beta \leqq t \leqq 1$ und $\psi(1) > \psi(\beta) > 0$. Dies ist aber unmöglich. Aus (18.5.3.5) ergibt sich also nach Definition der Abbildung $\mathbf{s}$

18.5.3.6. $Q_b\big(\exp\,(t \cdot \mathbf{s}(x_1, x_2))\big) \leqq \sup\,(Q_b(x_1), Q_b(x_2))$

für jedes $t \in [0, 1]$. Hieraus folgt aber $\exp\,\big(t \cdot \mathbf{s}(x_1, x_2)\big) \in C_b$ für $0 \leqq t \leqq 1$ nach Definition einer zusammenhängenden Komponente und nach (3.19.7); somit ist C_b bezüglich des Feldes Z konvex, und damit ist der Satz bewiesen.

Aus (18.5.3) erhält man das folgende Korollar:

18.5.4. *Unter den Voraussetzungen von* (18.5.3) *existiert zu jeder kompakten Teilmenge K von M eine endliche Überdeckung von K durch offene Teilmengen C_i $(1 \leqq i \leqq m)$ von M, die ebenso wie deren endliche Durchschnitte bezüglich* Z *konvex sind.*

Es sei d eine die Topologie von M definierende Abstandsfunktion. Aus (18.3.4, (ii)) und (18.4.7) folgt, daß zu jedem $a \in K$ eine Zahl r_a existiert derart, daß es zu jedem Punkt x mit $d(a, x) < \frac{1}{2} r_a$ und jedem x' mit $d(x, x') < \frac{1}{2} r_a$ nur einen einzigen Trajektorienbogen mit dem Anfangspunkt x und dem Endpunkt x' gibt, der in der offenen Kugel mit dem Mittelpunkt x und dem Radius $\frac{1}{2} r_a$ enthalten ist. Wir überdecken K mit endlich vielen offenen Kugeln B_k mit den Mittelpunkten a_k $(1 \leqq k \leqq m)$ und den Radien $\frac{1}{2} r_{a_k}$; dann existiert eine Zahl $r' > 0$, wobei man $r' < \frac{1}{2} r_{a_k}$ (für jedes k) wählen kann, derart, daß für jedes $x \in K$ die offene Kugel $B(x)$ mit dem Mittelpunkt x und dem Radius r' in einer der Kugeln B_k enthalten ist (vgl. (3.16.6)●[1]). Zu jedem $x' \in B(x)$ gibt es daher nach Definition nur einen einzigen Trajektorienbogen von x nach x', der in $B(x)$ enthalten ist. Daraus folgt nach (18.5.3), daß zu jedem $b \in K$ eine offene Teilmenge C_b existiert, die b enthält und bezüglich Z *konvex* ist und deren Durchmesser kleiner als r' ist; außerdem existiert, falls E Durchschnitt endlich vieler dieser offenen Mengen C_{b_k} $(1 \leqq k \leqq p)$ ist, zu zwei beliebigen Punkten $x, x' \in E$ und jedem k genau ein Trajektorienbogen L_k von x nach x', der in C_{b_k} enthalten ist (vgl. (18.5.2)). Da aber alle diese Bögen L_k $(1 \leqq k \leqq p)$ einen Durchmesser kleiner als r' haben, sind sie *identisch*; damit ist gezeigt, daß E konvex ist (vgl. (18.5.1.3)). Es genügt dann, K durch endlich viele offene Mengen C_{b_k} zu überdecken. Damit ist (18.5.4) bewiesen.

Wir zeigen in (20.17.5), daß auf jeder differenzierbaren Mannigfaltigkeit M reellwertige Funktionen Q existieren, die den Bedingungen von (18.5.3) genügen.

---

[1]) Durch ● sind Rückverweise auf den in Band 2 befindlichen Anhang mit Nachträgen zu Band 1 gekennzeichnet. — *Anm. d. Ü.*

18.6. Die Geodätischen eines Zusammenhangs

18.6.1. Es sei $\mathbf{C}$ ein linearer Zusammenhang auf einer differenzierbaren Mannigfaltigkeit M (vgl. (17.18.1)). Für jedes $x \in M$ und jedes $\mathbf{h}_x \in T_x(M)$ ist $\mathrm{G}(\mathbf{h}_x) = \mathbf{C}_x(\mathbf{h}_x, \mathbf{h}_x)$ ein zu $T_{\mathbf{h}_x}(T(M))$ gehörender Vektor mit $T(o_M) \cdot \mathrm{G}(\mathbf{h}_x) = \mathbf{h}_x$; außerdem gilt für jeden Skalar $c \in \boldsymbol{R}$ nach (17.16.3.3)

$$\mathrm{G}(c \cdot \mathbf{h}_x) = \mathbf{C}_x(c \cdot \mathbf{h}_x, c \cdot \mathbf{h}_x) = c \cdot \mathbf{C}_x(\mathbf{h}_x, c \cdot \mathbf{h}_x) ,$$

ferner nach (17.16.3.5)

$$T(m_c) \cdot \mathrm{G}(\mathbf{h}_x) = \mathbf{C}_x(\mathbf{h}_x, c \cdot \mathbf{h}_x) .$$

Aus diesen Formeln folgt also, daß $\mathbf{h}_x \to \mathrm{G}(\mathbf{h}_x)$ ein *Spray* auf $T(M)$ ist, das sogenannte *geodätische Feld* des linearen Zusammenhangs $\mathbf{C}$. Die *Lösungen* der durch G definierten Differentialgleichung zweiter Ordnung auf M werden die *Geodätischen* des Zusammenhangs $\mathbf{C}$ genannt. Die *Trajektorien* (bzw. die *Trajektorienbögen*) dieser Differentialgleichung sind definitionsgemäß die *geodätischen Trajektorien* (bzw. die *Geodätischenbögen*) von $\mathbf{C}$.

Die Differentialgleichung der Geodätischen von $\mathbf{C}$ lautet also

18.6.1.1. $$v''(t) = \mathbf{C}_{v(t)}(v'(t), v'(t)) .$$

Wir schreiben sie nach (17.17.2.1) auch in der Gestalt

18.6.1.2. $$\nabla_{\mathrm{E}} \cdot v' = \mathbf{0} ,$$

in den Bezeichnungen von (18.1.1).

Für eine Karte (U, φ, n) von M, für welche die lokale Darstellung des Zusammenhangs $\mathbf{C}$ durch (17.16.4.1) gegeben wird, ist diese Gleichung dem System der skalaren (*nicht notwendig linearen*) Differentialgleichungen zweiter Ordnung

18.6.1.3. $$\frac{d^2u^i}{dt^2} + \sum_{h,l} \Gamma^i_{hl}(u) \frac{du^h}{dt} \frac{du^l}{dt} = 0 \qquad (1 \leqq i \leqq n)$$

äquivalent, wobei die $u^i = \varphi^i \circ v$ $(1 \leqq i \leqq n)$, die Komponenten von $u = \varphi \circ v$ sind.

18.6.2. (i) *Zwei Zusammenhänge $\mathbf{C}$ und $\mathbf{C}'$ auf M haben genau dann dasselbe geodätische Feld, wenn der bilineare Morphismus*

$$B\colon T(M) \oplus T(M) \to T(M) ,$$

die Differenz von $\mathbf{C}$ und $\mathbf{C}'$ (vgl. (17.16.6)), *antisymmetrisch ist.*

(ii) *Zu jedem Zusammenhang $\mathbf{C}$ auf M gibt es genau einen Zusammenhang $\mathbf{C}'$ auf M, der die Windung Null* (vgl. (17.20.6)) *und dasselbe geodätische Feld wie $\mathbf{C}$ hat.*

Nach (17.16.6.3) gilt nämlich

$$B_x(\mathbf{h}_x, \mathbf{h}_x) = \tau_{\mathbf{h}_x}(\mathbf{C}_x(\mathbf{h}_x, \mathbf{h}_x) - \mathbf{C}'_x(\mathbf{h}_x, \mathbf{h}_x)) ,$$

und daß B antisymmetrisch ist, bedeutet, daß $B_x(\mathbf{h}_x, \mathbf{h}_x) = 0$ für jedes $\mathbf{h}_x \in T(M)$ gilt; damit ist (i) bewiesen. Sind ferner $\mathfrak{t}$ und $\mathfrak{t}'$ die Windungen von $\mathbf{C}$ bzw. $\mathbf{C}'$, so gilt $\mathfrak{t}' - \mathfrak{t} = 2B$ nach (17.20.7.2), wenn B antisymmetrisch ist. Den einzigen Zusammenhang $\mathbf{C}'$, der dasselbe geodätische Feld wie $\mathbf{C}$ und eine Windung Null hat, erhält man demnach, wenn man $B = -\frac{1}{2}\mathfrak{t}$ nimmt.

18.6.3. Die Geodätischen eines Zusammenhangs $\mathbf{C}$ können auch auf andere Weise interpretiert werden, wenn man den Begriff der *Parallelübertragung* bezüglich $\mathbf{C}$ einführt. Wir betrachten eine *Kurve* $v: [\alpha, \beta] \to M$ der Klasse C^1 auf M (bzw. eine der Klasse C^1 angehörende *endpunktlose Kurve* $v: I \to M$, wobei I ein *offenes* Intervall von $\boldsymbol{R}$ ist). Eine Abbildung $\boldsymbol{w}$ der Klasse C^1 von $[\alpha, \beta]$ (bzw. I) in $T(M)$ wird eine *Parallelübertragung* (oder *vektorielle Parallelübertragung*) *längs der Kurve* (bzw. *längs der endpunktlosen Kurve*) v genannt, wenn sie folgenden Bedingungen genügt:

18.6.3.1. $o_M(\boldsymbol{w}(t)) = v(t)$ und $\nabla_{\mathrm{E}} \cdot \boldsymbol{w} = 0$ auf $(\alpha, \beta]$ (bzw. auf I); dies ist nach Definition (vgl. (17.17.2.1)) gleichbedeutend mit

18.6.3.2. $o_M(\boldsymbol{w}(t)) = v(t)$ und $\boldsymbol{w}'(t) = \mathbf{C}_{v(t)}(v'(t), \boldsymbol{w}(t))$.

18.6.4. *Zu jeder auf $[\alpha, \beta]$ definierten Kurve v der Klasse C^1 auf M und jedem Tangentialvektor $\mathbf{h}_{v(\alpha)} \in T_{v(\alpha)}(M)$ existiert genau eine Parallelübertragung $\boldsymbol{w}$ längs der Kurve v mit $\boldsymbol{w}(\alpha) = \mathbf{h}_{v(\alpha)}$.*

Es sei U eine relativ kompakte offene Umgebung der kompakten Menge L, des Bildes von $[\alpha, \beta]$ in M vermöge v. Nach (16.25.1) existiert für hinreichend großes N eine Einbettung von U in einen Raum $\boldsymbol{R}^N$, so daß man sich auf den Fall $M = U \subset \boldsymbol{R}^N$ beschränken kann. Dann existieren nach (17.18.5) eine offene Teilmenge V von $\boldsymbol{R}^N$ derart, daß M eine abgeschlossene Untermannigfaltigkeit von V ist, und ein Zusammenhang auf V, welcher eine Ausdehnung des auf M gegebenen Zusammenhangs ist. Aufgrund von (18.2.4) genügt es, (18.6.4) für den Fall zu beweisen, daß M eine offene Teilmenge des $\boldsymbol{R}^n$ ist. Dann kann man aber in den Bezeichnungen von (17.16.2)

$$\boldsymbol{w}(t) = (v(t), \mathbf{u}(t))$$

setzen, wobei $\mathbf{u}(t) \in \boldsymbol{R}^n$ gilt und $\mathbf{u}$ Lösung der vektoriellen Differentialgleichung

18.6.4.1. $\mathbf{u}'(t) + \Gamma_{v(t)}(v'(t), \mathbf{u}(t)) = 0$

(der lokalen Darstellung von (18.6.3.2)) ist. Diese Differentialgleichung ist nach Definition eines Zusammenhangs *linear und homogen*. Die Behauptung folgt dann aus (10.6.3).

Man bezeichnet die Abbildung $\boldsymbol{w}$, welche die Bedingungen von (18.6.4) erfüllt, wieder als *Parallelübertragung des Vektors* $\mathbf{h}_{v(\alpha)}$ *längs der Kurve* v und sagt, $\boldsymbol{w}(t)$ ergebe sich durch *Parallelübertragung* des Vektors $\mathbf{h}_{v(\alpha)}$ von $v(\alpha)$ nach $v(t)$ längs v. Mit derselben Methode beweist man:

18.6.5. *Ist $(\mathbf{e}_j)_{1 \leqq j \leqq n}$ eine Basis des Tangentialraumes $T_{v(\alpha)}(M)$ und ist $\boldsymbol{w}_j$ für jeden Index j die Parallelübertragung des Vektors $\mathbf{e}_j$ längs der Kurve v, so bilden für $\alpha \leqq t \leqq \beta$ die $\boldsymbol{w}_j(t)$ $(1 \leqq j \leqq n)$ eine Basis von $T_{v(t)}(M)$.*

Das ist nämlich eine unmittelbare Konsequenz von (10.8.4). Man kann daher sagen, daß die $\boldsymbol{w}_j$ eine *Basis* des Vektorraumes der vektoriellen Parallelübertragungen längs v bilden.

18.6.6. Vergleicht man nun (18.6.3.2) und (18.6.1.2) miteinander, so sieht man, daß jede *Geodätische* des Zusammenhangs $\mathbf{C}$ definiert werden kann als Abbildung v der Klasse C^2 eines offenen Intervalls $I \subset \boldsymbol{R}$ in M, für welche die Abbildung v' von I in $T(M)$ eine *Parallelübertragung* längs der endpunktlosen Kurve v ist. Man kann auch sagen, daß man für zwei beliebige Punkte $s < t$ von I den Tangentialvektor $v'(t)$ durch Parallelübertragung des Vektors $v'(s)$ längs v erhält.

Bemerkungen

18.6.7. Es sei $f: M_1 \to M$ ein *lokaler Diffeomorphismus* und $\mathbf{C}_1$ der Zusammenhang auf M_1, der inverses Bild von $\mathbf{C}$ vermöge f ist (vgl. (17.18.6)). Dann folgt sofort aus den Definitionen, daß $f \circ \boldsymbol{w}_1$ für eine endpunktlose Kurve v_1 in M_1 und eine Parallelübertragung $\boldsymbol{w}_1$ längs v_1 (bezüglich $\mathbf{C}_1$) eine Parallelübertragung längs $f \circ v_1$ ist. Ist v_1 eine Geodätische bezüglich $\mathbf{C}_1$, so ist $f \circ v_1$ eine Geodätische bezüglich $\mathbf{C}$.

18.6.8. Allgemeiner kann man eine *tensorielle Parallelübertragung* vom Typ (r, s) längs v als eine der Klasse C^1 angehörende *Liftung* (*Hebung*) $\mathfrak{Z}$ von v in $\mathbf{T}_s^r$ definieren, für welche $\nabla_{\mathbf{E}} \cdot \mathfrak{Z} = 0$ ist (vgl. (17.18.3)). In den Bezeichnungen von (18.6.5) folgt aus (17.18.2): Ist $(\boldsymbol{w}_j^*(t))$ $(1 \leq j \leq n)$ für jedes $t \in [\alpha, \beta]$ die duale Basis von $(\boldsymbol{w}_j(t))$ in $T_{v(t)}(M)^*$, so bilden die Liftungen (Hebungen)

$$\boldsymbol{w}_{j_1}^* \otimes \boldsymbol{w}_{j_2}^* \otimes \cdots \otimes \boldsymbol{w}_{j_s}^* \otimes \boldsymbol{w}_{i_1} \otimes \boldsymbol{w}_{i_2} \otimes \cdots \otimes \boldsymbol{w}_{i_r}$$

eine *Basis* des Raumes der tensoriellen Parallelübertragungen vom Typ (r, s) längs v.

Aufgaben

1. Man zeige: Ist j die kanonische Involution von $T(T(M))$ (vgl. Abschnitt 16.20, Aufgabe 2b)), so gilt für jede der Klasse C^2 angehörende Abbildung $v: I \to M$ (wobei I ein offenes Intervall von $\boldsymbol{R}$ ist) die Beziehung $j(v'') = v''$.

2. Es sei E ein Vektorbündel über der Basis B mit der Projektion π. Man nennt eine skalare Funktion f auf E *homogen vom Grade* r (wobei r eine ganze positive Zahl ist), wenn die Einschränkung von f auf jede Faser E_b eine *homogene Funktion vom Grade* r ist, d. h., wenn $f(c \cdot \mathbf{u}_b) = c^r f(\mathbf{u}_b)$ für jedes $\mathbf{u}_b \in E_b$ und jedes $c \in \boldsymbol{R}$ gilt. Eine homogene Funktion vom Grade 0 ist daher eine Funktion der Gestalt $g \circ \pi$, wobei g eine skalare Funktion auf B ist.

Ein Vektorfeld Z *auf* E wird *homogen vom Grade* r genannt, falls

$$\mathrm{Z}(c \cdot \mathbf{u}_b) = c^{r-1}(T(m_c) \cdot \mathrm{Z}(\mathbf{u}_b))$$

für jedes $c \in \boldsymbol{R}$ und jedes $\mathbf{u}_b \in E_b$ ist.

a) Ist B eine offene Teilmenge des $\boldsymbol{R}^n$ und $E = B \times \boldsymbol{R}^m$, so ist das Vektorfeld $Z(x, \mathbf{y}) = (\mathbf{g}(x, \mathbf{y}), \mathbf{f}(x, \mathbf{y}))$ genau dann homogen vom Grade r, wenn die Beziehungen

$$\mathbf{g}(x, c\mathbf{y}) = c^{r-1}\mathbf{g}(x, \mathbf{y}) \qquad \text{und} \qquad \mathbf{f}(x, c\mathbf{y}) = c^r\mathbf{f}(x, \mathbf{y})$$

gelten.

b) Ist Z ein homogenes Vektorfeld der Klasse C^0 vom Grade r auf E und f eine homogene Funktion der Klasse C^1 vom Grade s auf E, so ist $\theta_Z \cdot f$ eine homogene Funktion vom Grade $r + s - 1$.

Nun sei Z ein Vektorfeld der Klasse C^0 auf E mit den Eigenschaften:

1° Für jede auf E der Klasse C^1 angehörende homogene Funktion f vom Grade 0 ist $\theta_Z \cdot f$ homogen vom Grade $r - 1$.

2° Setzt man für jeden der Klasse C^1 angehörenden Schnitt $\boldsymbol{s}^*$ des dualen Bündels E^*

$$f(\mathbf{u}_b) = \langle \boldsymbol{s}^*(b), \mathbf{u}_b \rangle$$

(so daß f auf E homogen vom Grade 1 ist und der Klasse C^1 angehört), so ist $\theta_Z \cdot f$ homogen vom Grade r.

Dann ist Z ein homogenes Feld vom Grade r. Ein homogenes Vektorfeld vom Grade 0 wird von vertikalen Vektoren aus $T(E)$ gebildet.

c) Sind Z_1 und Z_2 zwei der Klasse C^1 angehörende homogene Vektorfelder auf E vom Grade r_1 bzw. r_2, so ist $[Z_1, Z_2]$ homogen vom Grade $r_1 + r_2 - 1$.

d) Es sei $\boldsymbol{g}$ ein B-Morphismus von $E^{\otimes r}$ in E. Man zeige (in den Bezeichnungen von Abschnitt 16.19, Aufgabe 11), daß die Abbildung $\mathbf{u}_b \to \lambda(\mathbf{u}_b, \boldsymbol{g}(\mathbf{u}_b \otimes \cdots \otimes \mathbf{u}_b))$ ein vom Grade r homogenes Feld von vertikalen Tangentialvektoren auf E ist, das wir mit $\boldsymbol{g}^V$ bezeichnen.

e) Für jedes $\mathbf{u}_b \in E_b$ sei $H(\mathbf{u}_b) = \overset{-1}{\tau}_{\mathbf{u}_b}(\mathbf{u}_b) \in T_{\mathbf{u}_b}(E_b)$. Dann ist H ein der Klasse C^∞ angehörendes Feld vertikaler Vektoren auf E, das homogen vom Grade 1 ist; es wird mitunter als *Liouvillefeld* bezeichnet. Eine skalare Funktion f der Klasse C^1 auf E ist genau dann homogen vom Grade 1, wenn $\theta_H \cdot f = rf$ ist (Eulersche Identität). Ein Vektorfeld Z der Klasse C^1 auf E ist genau dann homogen vom Grade r, wenn $[H, Z] = (r - 1)\, Z$ ist.

f) Nun sei $E = T(B)$. Ist $\delta\colon \mathbf{h}_x \to (\mathbf{h}_x, \mathbf{h}_x)$ der Diagonal-B-morphismus von $T(B)$ in $T(B) \times_B T(B)$, so ist $H = \lambda \circ \sigma$. In den Bezeichnungen und mit den Definitionen des Abschnitts 17.19, Aufgaben 2, 3 und 4, zeige man, daß folgende Beziehungen gelten:

$$H \barwedge \mathfrak{J} = \mathfrak{J} \barwedge H = 0\,,$$

$$[\mathfrak{J}, H] = -[H, \mathfrak{J}] = \mathfrak{J}\,,$$

$$[i_{\mathfrak{J}}, \theta_H] = i_{\mathfrak{J}}\,, \quad [i_H, d_{\mathfrak{J}}] = i_{\mathfrak{J}}\,, \quad [d_{\mathfrak{J}}, \theta_H] = d_{\mathfrak{J}}\,, \quad [i_{\mathfrak{J}}, i_H] = 0\,.$$

3. Es sei X ein Vektorfeld der Klasse C^1 auf M. Man zeige, daß auf $T(M)$ genau ein Vektorfeld $\tilde{X}$ existiert derart, daß für jede Funktion f der Klasse C^2 auf M die Beziehung $\theta_{\mathbf{h}_x} \cdot (\theta_X \cdot f) = (\theta_{\tilde{X}}\, \tilde{df})\,(\mathbf{h}_x)$ gilt (Bezeichnungen von Abschnitt 16.20, Aufgabe 2). Dabei ist $\tilde{X}$ ein homogenes Feld vom Grade 1, und es gilt $\tilde{X} = j \circ T(X)$ und $T(o_M) \circ \tilde{X} = X \circ o_M$. Wir nennen X die *kanonische* Liftung (*Hebung*) von X.

4. Es sei G das geodätische Feld eines linearen Zusammenhangs $\mathbf{C}$ auf M und $\boldsymbol{g}$ ein der Klasse C^1 angehörendes Feld kovarianter Tensoren der Ordnung r auf M. Für jedes $\mathbf{h}_x \in T(M)$ setzen wir

$$\tilde{\mathbf{g}}(\mathbf{h}_x) = \langle \boldsymbol{g}(x), \mathbf{h}_x \otimes \mathbf{h}_x \otimes \cdots \otimes \mathbf{h}_x \rangle\,.$$

Man zeige, daß $(\theta_{\mathrm{G}} \cdot \tilde{\boldsymbol{g}})(\mathbf{h}_x) = \langle \nabla \boldsymbol{g}, \mathbf{h}_x \otimes \mathbf{h}_x \otimes \cdots \otimes \mathbf{h}_x \rangle$ ist (mit $r + 1$ Faktoren $\mathbf{h}_x$ auf der rechten Seite). (Man betrachte den Spezialfall $\boldsymbol{g} = \omega_1 \otimes \omega_2 \otimes \cdots \otimes \omega_r$ mit 1-Differentialformen ω_j auf M.)

5. Es sei M eine differenzierbare Mannigfaltigkeit, $\boldsymbol{g}$ ein M-Morphismus von $\mathbf{T}_0^r(M) = (T(M))^{\otimes r}$ in $T(M)$. Ferner sei G das geodätische Feld eines windungsfreien Zusammenhanges $\mathbf{C}$ auf M. Wir haben in Aufgabe 2d) das vom Grade r homogene Feld $\boldsymbol{g}^V$ der zu $T(M)$ vertikalen Vektoren definiert. Weiterhin setzen wir $\boldsymbol{g}^H(\mathbf{h}_x) = \mathbf{C}_x(\mathbf{h}_x, \boldsymbol{g}(\mathbf{h}_x \otimes \mathbf{h}_x \otimes \cdots \otimes \mathbf{h}_x))$ für alle $\mathbf{h}_x \in T(M)$. Dann ist $\boldsymbol{g}^H$ ein Vektorfeld auf $T(M)$, das homogen vom Grade $r + 1$ ist. Schließlich bezeichnen wir den durch

$$(\boldsymbol{r} \cdot \boldsymbol{g})(\mathbf{k}_1 \otimes \mathbf{k}_2 \otimes \cdots \otimes \mathbf{k}_{r+2}) = \big(\boldsymbol{r} \cdot (\boldsymbol{g}(\mathbf{k}_1 \otimes \cdots \otimes \mathbf{k}_r) \wedge \mathbf{k}_{r+1})\big) \cdot \mathbf{k}_{r+2}$$

definierten M-Morphismus von $\mathbf{T}_0^{r+2}(M)$ in $T(M)$ mit $\boldsymbol{r} \cdot \boldsymbol{g}$. Man beweise die Beziehungen

$$[\mathrm{G}, \boldsymbol{g}^V] = (\nabla \boldsymbol{g})^V - \boldsymbol{g}^H ,$$

$$[\mathrm{G}, \boldsymbol{g}^H] = (\nabla \boldsymbol{g})^H + (\boldsymbol{r} \cdot \boldsymbol{g})^V .$$

6. Es sei X ein Vektorfeld der Klasse C^1 auf einer differenzierbaren Mannigfaltigkeit M; wir setzen in den Bezeichnungen von (18.2.2) $g_t(x) = F_{\mathrm{X}}(x, t)$. Ferner sei ein linearer Zusammenhang $\mathbf{C}$ auf M gegeben, und $\mathfrak{Z}$ sei ein Tensorfeld der Klasse C^1 auf M. Für jedes $t \in J(x)$ sei $\mathfrak{Z}_t$ die Parallelübertragung längs der Kurve $s \to g_s(x)$, die für $s = t$ den Wert $\mathfrak{Z}(g_t(x))$ annimmt. Man zeige, daß

$$(\nabla_{\mathrm{X}} \cdot \mathfrak{Z})(x) = \frac{d}{dt} \mathfrak{Z}_t(x)\big|_{t=0}$$

gilt.

7. Es sei M eine differenzierbare Mannigfaltigkeit, $\mathbf{C}$ ein linearer Zusammenhang auf M und a ein Punkt von M, ferner U eine offene Umgebung von $\mathbf{0}_a$ in $T_a(M)$ derart, daß die Einschränkung von $\exp_a$ auf U ein Diffeomorphismus von U auf eine offene Umgebung V von a in M ist (vgl. (18.4.6)). Für jeden Vektor $\mathbf{h} \in U$ bezeichne $\mathrm{Z}_{\mathbf{h}}$ das auf V definierte Tangentialvektorfeld der Klasse C^∞, für welches $\mathrm{Z}_{\mathbf{h}}(\exp \mathbf{u})$ derjenige Vektor ist, der durch Parallelübertragung des Vektors $\mathbf{h}$ längs der Kurve $t \to \exp_a(t\mathbf{u})$ von a nach $\exp(\mathbf{u})$ entsteht. Für jede skalare Funktion f der Klasse C^1 auf M gilt (vgl. (18.1.2.5))

$$(\theta_{\mathrm{Z}_{\mathbf{h}}} \cdot f)(\exp_a t\mathbf{h}) = \frac{d}{dt}(f(\exp_a t\mathbf{h})) .$$

Hieraus leite man her, daß auf einer Umgebung von $t = 0$ für eine reell-analytische Mannigfaltigkeit M und für eine auf einer Umgebung von a analytische Funktion f die Beziehung

$$f(\exp_a t\mathbf{h}) = \sum_{n=0}^{\infty} \frac{t^n}{n!} \big(\theta_{\mathrm{Z}_{\mathbf{h}}}^n \cdot f\big)(a)$$

gilt.

8. Wir betrachten das isochrone Feld $\mathrm{Z}(x, y) = ((x, y), (y, 0))$ auf dem mit $\boldsymbol{R}^2 \times \boldsymbol{R}^2$ identifizierten Raum $T(\boldsymbol{R}^2)$, dessen Trajektorien die Geraden des $\boldsymbol{R}^2$ sind. Ist M der Zylinder $\boldsymbol{R}^2/(\boldsymbol{Z} \times \{0\})$, so ist $\boldsymbol{R}^2$ eine Überlagerung von M; schließlich sei Z_0 das eindeutig bestimmte isochrone Feld auf $T(M)$, das Z als Liftung besitzt. Man gebe ein Beispiel zweier offener Mengen von M an, die bezüglich Z_0 konvex sind, deren Durchschnitt jedoch nicht zusammenhängend ist.

9. Es sei G ein isochrones Feld der Klasse C^∞ auf dem Tangentialbündel $T(M)$ einer differenzierbaren Mannigfaltigkeit M und B ein antisymmetrischer bilinearer M-Morphismus von $T(M) \oplus T(M)$ in $T(M)$. Man zeige, daß es auf M genau einen linearen Zusammenhang $\mathbf{C}$ gibt, dessen Windung B und dessen geodätisches Feld G ist. (Ist $\mathbf{C}'$ ein linearer Zusammenhang auf M mit der Windung B (vgl. (17.20.7)), so zeige man, daß ein symmetrischer bilinearer M-Morphismus $A : T(M) \oplus T(M) \to T(M)$ existiert mit (Bezeichnungen von Abschnitt 16.19, Aufgabe 11)

$$G(\mathbf{h}_x) - \mathbf{C}'_x(\mathbf{h}_x, \mathbf{h}_x) = \lambda(\mathbf{h}_x, A(\mathbf{h}_x, \mathbf{h}_x)) .$$

18.7. Einparametrige Familien von Geodätischen

18.7.1. Es seien E_1 und E_2 die (sogenannten *kanonischen*) Vektorfelder auf $\boldsymbol{R}^2$, für welche

$$\tau_{(t_1,t_2)}(E_1(t_1, t_2)) = (1, 0) , \quad \tau_{(t_1,t_2)}(E_2(t_1, t_2)) = (0, 1)$$

gilt. Sind I und J zwei offene Intervalle von $\boldsymbol{R}$, so nennen wir eine Abbildung

$$f : I \times J \to M$$

der Klasse C^r ($r \geqq 1$) in eine differenzierbare Mannigfaltigkeit M der Kürze halber eine *einparametrige Familie von Kurven* (dabei betrachten wir für jedes $\xi \in J$ die Abbildung $t \to f(t, \xi)$ von I in M und sehen f als Beschreibung der „Variation" dieser Familie von „Kurven" an). Falls keine Verwechslung möglich ist, setzen wir einfach (in Verallgemeinerung der Bezeichnung von (18.1.2.3))

18.7.1.1. $f'_t(t, \xi) = T(f) \cdot E_1(t, \xi) , \quad f'_\xi(t, \xi) = T(f) \cdot E_2(t, \xi) ,$

so daß $(t, \xi) \to f'_t(t, \xi)$ und $(t, \xi) \to f'_\xi(t, \xi)$ Abbildungen der Klasse C^{r-1} von $I \times J$ in $T(M)$ sind; dies sind *Liftungen* von f.

18.7.2. *Es sei* $\mathbf{C}$ *ein Zusammenhang auf* M *und für jede der Klasse* C^r ($r \geqq 3$) *angehörende Liftung*

$$\boldsymbol{w} : I \times J \to T(M)$$

von f *setzen wir der Kürze halber* (vgl. (17.17.3))

$$\nabla_t \cdot \boldsymbol{w} = \nabla_{E_1} \cdot \boldsymbol{w} , \quad \nabla_\xi \boldsymbol{w} = \nabla_{E_2} \cdot \boldsymbol{w} .$$

Dann gilt

18.7.2.1. $\nabla_t \cdot (\nabla_\xi \cdot \boldsymbol{w}) - \nabla_\xi \cdot (\nabla_t \cdot \boldsymbol{w}) = (\mathbf{r} \cdot (f'_t \wedge f'_\xi)) \cdot \boldsymbol{w} ,$

wobei $\mathbf{r}$ *die Krümmung von* $\mathbf{C}$ *ist.*

Das ist ein Spezialfall von (17.20.4.1); es ist nämlich $[E_1, E_2] = 0$.

18.7.3. In den Bezeichnungen von (18.7.1) sei M mit einem Zusammenhang $\mathbf{C}$ versehen. Wir sagen, f sei eine *einparametrige Familie von Geodätischen* von M, wenn f der Klasse C^r mit $r \geqq 3$ angehört und für jedes $\xi \in J$ die Abbildung $t \to f(t, \xi)$ eine Geodätische ist.

18.7.4. *Ist der Zusammenhang* **C** *windungsfrei und f eine einparametrige Familie von Geodätischen von M, so gilt auf* $I \times J$

18.7.4.1. $\nabla_t \cdot (\nabla_t \cdot f'_\xi) = (\mathbf{r} \cdot (f'_t \wedge f'_\xi)) \cdot f'_t .$

Wegen $[E_1, E_2] = 0$ ergibt sich nämlich aus der Formel (17.20.6.4) die Beziehung

18.7.4.2. $\nabla_t \cdot f'_\xi = \nabla_\xi \cdot f'_t ,$

da die Windung Null ist. Aufgrund von (18.7.2.1) erhält man hieraus

$$\nabla_t \cdot (\nabla_t \cdot f'_\xi) = \nabla_t \cdot (\nabla_\xi \cdot f'_t) = \nabla_\xi \cdot (\nabla_t \cdot f'_t) + (\mathbf{r} \cdot (f'_t \wedge f'_\xi)) \cdot f'_t .$$

Da aber f eine Familie von Geodätischen ist, gilt $\nabla_t \cdot f'_t = \mathbf{0}$ (vgl. (18.6.1.2)), also (18.7.4.1).

18.7.5. Für den Rest dieses Abschnitts sei der Zusammenhang **C** *windungsfrei.*

Unter den Voraussetzungen von (18.7.4) setzen wir für beliebiges $\alpha \in J$ zur Abkürzung $v(t) = f(t, \alpha)$, so daß v eine Geodätische ist, und $\boldsymbol{w}(t) = f'_\xi(t, \alpha)$. Dann genügt die der Klasse C^2 angehörende Abbildung $\boldsymbol{w}$ von I in $T(M)$ der *homogenen linearen* Gleichung

18.7.5.1. $\nabla_t \cdot (\nabla_t \cdot \boldsymbol{w}) = (\mathbf{r} \cdot (v' \wedge \boldsymbol{w})) \cdot v' .$

Für jede auf I definierte Geodätische v von **C** nennen wir eine der Klasse C^2 angehörende Abbildung $\boldsymbol{w}$ von I in $T(M)$, die (18.7.5.1) genügt, ein *Jacobifeld längs der Geodätischen v.* Für jedes Jacobifeld $\boldsymbol{w}$ längs v und jede aus v durch eine affine Parametertransformation $\varphi: t \to \lambda t + \mu$ gewonnene Geodätische $v_1 = v \circ \varphi$ ist, wie man leicht zeigen kann, $\boldsymbol{w} \circ \varphi$ ein Jacobifeld längs v_1.

18.7.6. *Zu jeder auf einem offenen Intervall* $I \subset \boldsymbol{R}$ *definierten nichtkonstanten Geodätischen v von* **C**, *jedem Punkt* $\alpha \in I$ *und jedem Paar von Vektoren* **h**, **k** *aus* $T_{v(\alpha)}(M)$ *existiert genau ein auf I definiertes Jacobifeld* $\boldsymbol{w}$ *längs v, für welches* $\boldsymbol{w}(\alpha) = \mathbf{h}$ *und* $(\nabla_t \cdot \boldsymbol{w})(\alpha) = \mathbf{k}$ *gilt.*

Es sei $(\mathbf{e}_i)_{1 \leq i \leq n}$ eine Basis des Vektorraumes $T_{v(\alpha)}(M)$; ferner bezeichne $\boldsymbol{u}_i$ die Parallelübertragung von $\mathbf{e}_i$ längs der Kurve v (vgl. (18.6.4)). Für jedes $t \in I$ bilden die Vektoren $\boldsymbol{u}_i(t) \in T_{v(t)}(M)$ eine *Basis* dieses Vektorraumes (vgl. (18.6.5)). Nach den Cramerschen Formeln läßt sich jede Abbildung $\boldsymbol{w}$ der Klasse C^2 von I in $T(M)$, welche Liftung von v ist, auf genau eine Weise in der Gestalt $\boldsymbol{w} = \sum_{i=1}^{n} w_i \boldsymbol{u}_i$ darstellen, wobei die w_i auf I definierte reellwertige Funktionen der Klasse C^2 sind. Nach Definition gilt dann $\nabla_t \boldsymbol{u}_i = \mathbf{0}$ (vgl. (18.6.3.1)). Nach der Regel (17.17.2.5) für die Berechnung der kovarianten Ableitungen erhält man

$$\nabla_t \cdot \boldsymbol{w} = \sum_{i=1}^{n} w'_i \boldsymbol{u}_i , \qquad \text{also} \qquad \nabla_t \cdot (\nabla_t \cdot \boldsymbol{w}) = \sum_{i=1}^{n} w''_i \boldsymbol{u}_i .$$

Da v nicht konstant ist, kann man nun voraussetzen, die Basis $(\mathbf{e}_i)$ sei so gewählt, daß $\mathbf{e}_n = v'(\alpha)$ ist; da v eine Geodätische ist, ergibt sich aus (18.6.6)

$\boldsymbol{u}_n(t) = v'(t)$ für jedes $t \in I$. Setzen wir

$$\big(\mathbf{r}\cdot(\boldsymbol{u}_j(t)\wedge\boldsymbol{u}_k(t))\big)\cdot\boldsymbol{u}_i(t) = \sum_{l=1}^{n} r_{ijk}^{l}(t)\cdot\boldsymbol{u}_l(t)\,,$$

so sehen wir, daß (in den obigen Bezeichnungen) die Gleichung (18.7.5.1) für $\boldsymbol{w}$ mit dem System

18.7.6.1. $$w_i''(t) = \sum_{j=1}^{n} r_{nnj}^{i}(t)\, w_j(t)$$

von n Differentialgleichungen zweiter Ordnung äquivalent ist.

Da es sich um ein System homogener linearer Gleichungen zweiter Ordnung mit Koeffizienten der Klasse C^∞ handelt, folgt die Behauptung aus (10.6.3).

Darüber hinaus gilt aufgrund von (10.7.4) und (10.8.4) folgendes:

18.7.7. *Ist M zusammenhängend, so gehören die Jacobifelder längs einer auf I definierten nichtkonstanten Geodätischen von* $\mathbf{C}$ *der Klasse C^∞ an und bilden einen Vektorraum der Dimension* $2\dim(M)$. *Diejenigen, die in einem Punkt $\alpha \in I$ Null sind, bilden einen Vektorraum der Dimension* $\dim(M)$.

18.7.8. Wir haben den Begriff des Jacobifeldes erhalten, indem wir von einer einparametrigen Familie von Geodätischen ausgegangen sind, wobei das aus dieser Familie längs einer Geodätischen dieser Familie gewonnene Jacobifeld als „Ableitung nach dem Parameter“ erscheint. Wir werden sehen, daß tatsächlich *jedes* Jacobifeld, das in mindestens einem Punkt verschwindet, auf diese Art erhalten werden kann, und zwar auf kanonische Weise (vgl. Aufgabe 3).

18.7.9. *Es sei a ein Punkt von M und $\mathbf{h}_a$ ein von 0 verschiedener Vektor aus $T_a(M)$, ferner v die auf einem den Punkt 0 enthaltenden offenen Intervall $I \subset \boldsymbol{R}$ definierte Geodätische $t \to \exp(t\mathbf{h}_a)$ von* $\mathbf{C}$. *Zu jedem den Punkt 0 enthaltenden offenen Intervall $I_1 \subset \boldsymbol{R}$ mit $\overline{I_1} \subset I$ und jedem Vektor $\mathbf{k}_a \in T_a(M)$ existiert ein den Punkt 0 enthaltendes offenes Intervall $J \subset \boldsymbol{R}$ derart, daß für jedes $\xi \in J$ die Geodätische $t \to \exp\big(t(\mathbf{h}_a + \xi\mathbf{k}_a)\big) = f(t,\xi)$ auf I_1 definiert ist. Das Jacobifeld $t \to f_\xi'(t,0)$ ist dann das eindeutig bestimmte Jacobifeld $\boldsymbol{w}$ längs v auf I_1, für welches $\boldsymbol{w}(0) = \mathbf{0}_a$ und $(\nabla_t\cdot\boldsymbol{w})(0) = \mathbf{k}_a$ gilt.*

Die Existenz von J folgt sofort aus (18.2.5), und es ist klar, daß f eine einparametrige Familie von Geodätischen ist mit $f(0,\xi) = a$ und daß daher, wenn wir $\boldsymbol{w}(t) = f_\xi'(t,0)$ setzen, $\boldsymbol{w}(0) = \mathbf{0}_a$ ist. Setzt man ferner

$$\mathbf{g}(t,\xi) = t(\mathbf{h}_a + \xi\mathbf{k}_a) \in T_a(M)$$

und bezeichnet die Einschränkung von exp auf $\Omega \cap T_a(M)$ mit $\exp_a$, so ergibt sich

$$f_\xi'(t,\xi) = T_{\mathbf{g}(t,\xi)}(\exp_a)\cdot\boldsymbol{\tau}_{\mathbf{g}(t,\xi)}^{-1}(t\mathbf{k}_a)\,,$$

also für $\xi = 0$

18.7.9.1. $$\boldsymbol{w}(t) = T_{t\mathbf{h}_a}(\exp_a)\cdot\boldsymbol{\tau}_{t\mathbf{h}_a}^{-1}(t\mathbf{k}_a) = t\big(T_{t\mathbf{h}_a}(\exp_a)\cdot\boldsymbol{\tau}_{t\mathbf{h}_a}^{-1}(\mathbf{k}_a)\big)\,.$$

Es bleibt zu zeigen, daß $(\nabla_t\cdot\boldsymbol{w})(0) = \mathbf{k}_a$ ist. Benutzt man die Formel (17.17.2.5), so wird man wieder darauf geführt, daß $T_{\mathbf{0}_a}(\exp_a)$ die identische Abbildung ist (vgl. (18.4.5)).

18.7.10. Die Eigenschaften der in einem Punkt a verschwindenden Jacobifelder einer Geodätischen $v\colon t \to \exp(t\mathbf{h}_a)$ sind eng verwandt mit den Eigenschaften der Einschränkung $\exp_a$ der Exponentialabbildung in einem Punkt $\mathbf{h}_a \in \Omega \cap T_a(M)$:

18.7.11. *Für jeden Punkt $\mathbf{h}_a \in \Omega \cap T_a(M)$ ist der Rang* (vgl. (16.5.3)) *der Abbildung* $\exp_a$ *im Punkt* $\mathbf{h}_a$ *gleich* $\dim_a(M) - s$, *wobei s die Dimension des Vektorraumes der Jacobifelder längs der Geodätischen $v_{\mathbf{h}_a}\colon t \to \exp(t\mathbf{h}_a)$ ist, die in den Punkten $t = 0$ und $t = 1$ verschwinden.*

Aus (18.7.9.1) folgt nämlich, daß die Abbildung $\boldsymbol{w} \to \boldsymbol{w}(1)$ den Rang s hat, wenn $\boldsymbol{w}$ den n-dimensionalen Vektorraum J der im Punkt $t = 0$ verschwindenden Jacobifelder längs $v_{\mathbf{h}_a}$ durchläuft, da die Abbildung $\boldsymbol{w} \to (\nabla_t \cdot \boldsymbol{w})(0)$ nach (18.7.6) ein Isomorphismus von J auf $T_a(M)$ ist.

18.7.12. Diejenigen Punkte $\mathbf{h}_a \in T_a(M) \cap \Omega$, in denen $T_{\mathbf{h}_a}(\exp_a)$ nicht invertierbar ist, werden die *singulären Punkte* von $\exp_a$ und die Bilder $\exp(\mathbf{h}_a)$ dieser Punkte die *konjugierten Punkte von a* auf der Geodätischen $v_{\mathbf{h}_a}$ genannt. Die Menge der nichtsingulären Punkte von $\exp_a$ ist in $T_a(M)$ offen und enthält den Ursprung $\mathbf{0}_a$ (vgl. (18.4.5)), und die Einschränkung von $\exp_a$ auf diese offene Teilmenge ist ein *lokaler Diffeomorphismus* auf eine offene Teilmenge von M. Man beachte aber, daß für *kein* $\mathbf{h}_a \in \Omega \cap T_a(M)$ ein *konjugierter Punkt von a* auf $v_{\mathbf{h}_a}$ zu existieren *braucht* (mit anderen Worten, daß alle Punkte von $\Omega \cap T_a(M)$ nicht singulär sein können), ohne daß die Abbildung $\exp_a$ injektiv ist.

Falls b auf einer Geodätischen $v_{\mathbf{h}_a}$ *zu a konjugiert* ist, ergibt sich aus (18.7.11), daß a auf der aus $v_{\mathbf{h}_a}$ durch die Parametertransformation $t \to -t + \lambda$ gewonnenen Geodätischen *zu b konjugiert* ist.

18.7.13. Beispiel. Ist M eine *Überlagerung* von M_0 und $\pi\colon M \to M_0$ die Projektion, ferner $\mathbf{C}_0$ ein Zusammenhang auf M_0 sowie $\mathbf{C}$ sein *inverses Bild* auf M (vgl. (17.18.6)), so sind die Geodätischen von $\mathbf{C}_0$ die Abbildungen $\pi \circ v$, wobei v eine Geodätische von $\mathbf{C}$ ist (vgl. (16.28.2)); alle Jacobifelder längs $\pi \circ v$ haben die Gestalt $T(\pi) \circ \boldsymbol{w}$, wobei $\boldsymbol{w}$ ein Jacobifeld längs v ist. Existiert kein Paar konjugierter Punkte auf v, so gibt es kein Paar konjugierter Punkte auf $\pi \circ v$.

Beispielsweise sei $M = \boldsymbol{R}$ und $M_0 = \boldsymbol{T}$. Identifizieren wir $T(M)$ mit $M \times \boldsymbol{R} = \boldsymbol{R}^2$ und wählen auf M den durch $\mathbf{C}_x((x, \mathbf{y}), (x, \mathbf{z})) = ((x, \mathbf{y}), (\mathbf{y}, 0))$ definierten Zusammenhang $\mathbf{C}$, so erhalten wir für das Feld der Geodätischen

$$Z(x, \mathbf{y}) = ((x, \mathbf{y}), (\mathbf{y}, 0));$$

die Geodätischen sind demnach die Lösungen der Differentialgleichung $D^2x = 0$. Da der Zusammenhang $\mathbf{C}$ translationsinvariant ist, ist er inverses Bild eines Zusammenhangs $\mathbf{C}_0$ auf $\boldsymbol{T}$. Offenbar gilt $\Omega = T(M)$ für $\mathbf{C}$, und die Exponentialabbildung ist $(x, \mathbf{y}) \to x + \mathbf{y}$; folglich ist $\exp_a$ ein Diffeomorphismus für jedes $a \in M$. Daher ist auch die Exponentialabbildung für $\mathbf{C}_0$ ein lokaler Diffeomorphismus, aber $\exp_{a_0}$ ist offensichtlich für keinen Punkt $a_0 \in M_0$ injektiv.

18.7.14. Umgekehrt kann es vorkommen, daß $\exp_a$ singuläre Punkte hat, aber auf $T_a(M) \cap \Omega$ injektiv ist: Man kann sich dies so vorstellen, daß ein zu a konjugierter Punkt auf einer Geodätischen v kein Punkt zu sein braucht, durch den eine zweite Geodätische verläuft, die eine von v verschiedene Richtung hat, sondern ein Punkt b, in dem gewisse durch a gehende Geodätische, deren Richtung der von v „beliebig nahe kommt", von b einen Abstand haben, der „von höherer Ordnung verschwindet".

18.7.15. *Es sei v eine auf einem offenen Intervall $I \subset \mathbf{R}$ definierte Geodätische von $\mathbf{C}$, und $[\alpha, \beta] \subset I$ sei ein Intervall mit $\alpha \neq \beta$ derart, daß $a = v(\alpha)$ und $b = v(\beta)$ auf v nicht konjugiert sind. Dann existiert zu beliebigen Tangentialvektoren $\mathbf{h} \in T_{v(\alpha)}(M)$ und $\mathbf{k} \in T_{v(\beta)}(M)$ genau ein Jacobifeld $\boldsymbol{w}$ längs v mit $\boldsymbol{w}(\alpha) = \mathbf{h}$ und $\boldsymbol{w}(\beta) = \mathbf{k}$.*

Man kann sich offenbar auf den Fall $\alpha = 0$, $\beta = 1$ beschränken. Dann ist $v(t) = \exp(t\mathbf{h}')$ für ein $\mathbf{h}' \in T_{v(0)}(M)$, und da nach Voraussetzung im Punkt $\mathbf{h}'$ der Rang von $\exp_{v(0)}$ gleich n ist, existiert nach (18.7.9.1) ein Jacobifeld $\boldsymbol{w}_1$ längs v mit $\boldsymbol{w}_1(0) = \mathbf{0}_a$ und $\boldsymbol{w}_1(1) = \mathbf{k}$. Entsprechend ist $v(1-t) = \exp\big((1-t)\,\mathbf{k}'\big)$ für einen Vektor $\mathbf{k}' \in T_{v(1)}(M)$. Da der Rang von $\exp_{v(1)}$ im Punkt $\mathbf{k}'$ gleich n ist, existiert ein Jacobifeld $\boldsymbol{w}_2$ längs v mit $\boldsymbol{w}_2(1) = \mathbf{0}_b$ und $\boldsymbol{w}_2(0) = \mathbf{h}$. Das Feld $\boldsymbol{w}_1 + \boldsymbol{w}_2$ leistet daher das Gewünschte; es ist auch das einzige, da kein von Null verschiedenes Jacobifeld zugleich in den Punkten 0 und 1 verschwinden kann.

Aufgaben

1. Es sei M eine differenzierbare Mannigfaltigkeit, X ein Tangentialvektorfeld der Klasse C^1 auf M und $\tilde{\mathrm{X}}$ die kanonische lineare Liftung von X auf $T(M)$ (vgl. Abschnitt 18.6, Aufgabe 3).

a) Es sei $v: I \to M$ eine Integralkurve von X und $\boldsymbol{w}$ eine der Klasse C^1 angehörende *Liftung* von v in $T(M)$. Dann gilt $T(o_M) \cdot \big(\boldsymbol{w}'(t) - \tilde{\mathrm{X}}(\boldsymbol{w}(t))\big) = 0$ für jedes $t \in I$. Folglich existiert genau ein Vektor $\boldsymbol{u}(t) \in T_{v(t)}(M)$ mit $\lambda(\boldsymbol{w}(t), \boldsymbol{u}(t)) = \boldsymbol{w}'(t) - \tilde{\mathrm{X}}(\boldsymbol{w}(t))$ für jedes $t \in I$ (in den Bezeichnungen von Abschnitt 16.19, Aufgabe 11). Man sagt, die Abbildung $t \to \boldsymbol{u}(t)$ (die eine Liftung von v in $T(M)$ ist) sei die *Liesche Ableitung von $\boldsymbol{w}$ bezüglich* X, und bezeichnet sie mit $\theta_{\mathrm{X}} \cdot \boldsymbol{w}$. Für jede Funktion φ der Klasse C^1 auf I gilt $\theta_{\mathrm{X}}(\varphi \boldsymbol{w}) = \varphi' \boldsymbol{w} + \varphi(\theta_{\mathrm{X}} \cdot \boldsymbol{w})$. Für alle Tangentialvektorfelder Y der Klasse C^1 auf M gilt $\theta_{\mathrm{X}} \cdot (\mathrm{Y} \circ v) = [\mathrm{X}, \mathrm{Y}] \circ v$.

b) Man nennt eine Liftung $\boldsymbol{w}$ der Klasse C^1 von v in $T(M)$ *invariant bezüglich* X, wenn $\theta_{\mathrm{X}} \cdot \boldsymbol{w} = 0$ ist. Zu jedem $t_0 \in I$ und jedem Vektor $\mathbf{h} \in T_{v(t_0)}(M)$ existiert eine eindeutig bestimmte Liftung $\boldsymbol{w}$ mit $\boldsymbol{w}(t_0) = \mathbf{h}$ von v, die bezüglich X invariant ist.

c) Ist J eine Umgebung von 0 in $\mathbf{R}$ und $f: I \times J \to M$ eine Abbildung der Klasse C^1 derart, daß für jedes $\xi \in J$ die Abbildung $t \to f(t, \xi)$ eine Integralkurve von X ist, so ist $t \to f'_{\xi}(t, 0)$ eine Liftung von $t \to f(t, 0)$ in $T(M)$, die invariant bezüglich X ist.

2. Es sei M eine differenzierbare Mannigfaltigkeit, $\mathbf{C}$ ein windungsfreier linearer Zusammenhang auf M und G das Feld der Geodätischen von $\mathbf{C}$.

a) Es sei v eine nichtkonstante Geodätische von $\mathbf{C}$. Genau dann ist $\boldsymbol{w}$ ein Jacobifeld längs v, wenn $\boldsymbol{w} = T(o_M) \circ \boldsymbol{z}$ ist, wobei $\boldsymbol{z}$ eine bezüglich G invariante Liftung von v' in $T(T(M))$ ist (vgl. Aufgabe 1).

b) Es sei X ein Vektorfeld der Klasse C^1 auf M mit der kanonischen linearen Liftung $\tilde{\mathrm{X}}$ (vgl. Abschnitt 18.6, Aufgabe 3), die der Bedingung $[\tilde{\mathrm{X}}, \mathrm{G}] = 0$ genügt. Dann ist $\mathrm{X} \circ v$ für jede nichtkonstante Geodätische v von $\mathbf{C}$ ein Jacobifeld längs v.

c) Es sei v eine nichtkonstante Geodätische von $\mathbf{C}$ und $\boldsymbol{w}$ eine Liftung der Klasse C^1 von v in $T(M)$. Wir setzen $\boldsymbol{w}^V = \lambda(v', \boldsymbol{w})$, $\boldsymbol{w}^H = \mathbf{C}(v', \boldsymbol{w})$; dies sind Liftungen von v' in $T(T(M))$. Man zeige, daß jede Liftung $\boldsymbol{z}$ der Klasse C^1 von v' in $T(M)$ sich auf genau eine Weise in der Gestalt $\boldsymbol{z} = \boldsymbol{w}_1^V + \boldsymbol{w}_2^H$ darstellen läßt, wobei $\boldsymbol{w}_1$ und $\boldsymbol{w}_2$ zwei Liftungen von v in $T(M)$ sind. Überdies gilt für jede Liftung $\boldsymbol{w}$ der Klasse C^1 von v in $T(M)$

$$\theta_{\mathrm{G}} \cdot \boldsymbol{w}^V = (\nabla_t \cdot \boldsymbol{w})^V - \boldsymbol{w}^H,$$

$$\theta_{\mathrm{G}} \cdot \boldsymbol{w}^H = (\nabla_t \cdot \boldsymbol{w})^H + \big((\mathsf{r} \cdot (\boldsymbol{w} \wedge v')) \cdot v'\big)^V.$$

3. Es sei M eine differenzierbare Mannigfaltigkeit, $\mathbf{C}$ ein linearer Zusammenhang auf M und H das Liouvillefeld über $T(M)$ (vgl. Abschnitt 18.6, Aufgabe 2e)).

a) Wir betrachten die Abbildung $\boldsymbol{c} = T(\exp) \circ \mathrm{H}$ der Klasse C^∞ von Ω in $T(M)$, die eine Liftung der Abbildung $\exp\colon \Omega \to M$ ist. Man zeige, daß $\theta_{\mathrm{H}} \cdot \boldsymbol{c} = \boldsymbol{c}$ ist.

b) Es sei L ein vom Grade 1 homogenes Tangentialvektorfeld der Klasse C^2 auf $T(M)$ (vgl. Abschnitt 18.6, Aufgabe 2). Man zeige, daß für die Abbildung $\boldsymbol{s} = T(\exp) \circ \mathrm{L}$ (eine Abbildung der Klasse C^2 von Ω in $T(M)$)

$$\nabla_{\mathrm{H}} \cdot (\nabla_{\mathrm{H}} \cdot \boldsymbol{s}) = (\mathsf{r} \cdot (\boldsymbol{c} \wedge \boldsymbol{s})) \cdot \boldsymbol{c} + \nabla_{\mathrm{H}} \cdot \boldsymbol{s}$$

gilt.

c) Es sei a ein Punkt von M und $\mathbf{h}_a$ ein von 0 verschiedener Tangentialvektor in $T_a(M)$, ferner $\boldsymbol{u}(t) = t\mathbf{h}_a$ für $t \in \boldsymbol{R}$. Wir nennen eine Liftung $\boldsymbol{z}$ von $\boldsymbol{u}$ in $T(T(M))$, *homogen vom Grade* 1, wenn für jedes $c \in \boldsymbol{R}$ und jedes $t \in \boldsymbol{R}$ die Beziehung $\boldsymbol{z}(ct) = T(m_c) \cdot \boldsymbol{z}(t)$ erfüllt ist. Dies ist genau dann der Fall, wenn

$$\boldsymbol{z}(t) = \lambda(\boldsymbol{u}(t), \mathbf{h}_a') + \mathbf{C}_a(\boldsymbol{u}(t), \mathbf{h}_a'')$$

für je zwei Vektoren $\mathbf{h}_a'$, $\mathbf{h}_a''$ aus $T_a(M)$ gilt. Eine äquivalente Bedingung besteht darin, daß ein vom Grade 1 homogenes Tangentialvektorfeld L auf $T(M)$ existiert, für welches $\boldsymbol{z} = \mathrm{L} \circ \boldsymbol{u}$ gilt.

d) Es sei $\boldsymbol{z}$ eine Liftung von $\boldsymbol{u}$ in $T(T(M))$, die homogen vom Grade 1 ist. Man zeige, daß $\boldsymbol{w} = T(\exp) \circ \boldsymbol{z}$ ein Jacobifeld längs der Geodätischen $t \to \exp(t\mathbf{h}_a)$ von $\mathbf{C}$ ist und daß

$$\boldsymbol{z}(t) = \lambda(t\mathbf{h}_a, t(\nabla_{\mathrm{E}(0)} \cdot \boldsymbol{w})) + \mathbf{C}_a(t\mathbf{h}_a, \boldsymbol{w}(0))$$

gilt. Insbesondere sind die Jacobifelder längs $t \to \exp(t\mathbf{h}_a)$ mit $(\nabla_t \cdot \boldsymbol{w})(0) = \nabla_{\mathrm{E}(0)} \cdot \boldsymbol{w} = 0$ die Felder der Gestalt $t \to \mathbf{C}_a(t\mathbf{h}_a, \mathbf{k}_a)$ für ein $\mathbf{k}_a \in T_a(M)$.

4. Es sei M eine reell-analytische Mannigfaltigkeit, $\mathbf{C}$ ein linearer analytischer Zusammenhang auf M und a ein Punkt von M, ferner U eine Umgebung von $\mathbf{0}_a$ in $T_a(M)$ derart, daß die Einschränkung von $\exp_a$ auf U ein Diffeomorphismus von U auf eine Umgebung von a in M ist. Für je zwei Vektoren $\mathbf{h}$, $\mathbf{k}$ aus $T_a(M)$ setzen wir $f(t, \xi) = \exp_a(t(\mathbf{h} + \xi\mathbf{k}))$ und $\boldsymbol{w}(t) = f_\xi'(t, 0)$, die für alle hinreichend dicht bei Null gelegenen t definiert sind. Mit $\exp_1(z)$ bezeichnen wir die ganze Funktion $(\exp(z) - 1)/z$. In den Bezeichnungen von Abschnitt 18.6, Aufgabe 7, zeige man, daß

$$\boldsymbol{w}(t) = (\exp_1(-t, \theta_{\mathrm{Z}}) \cdot (t\mathrm{Z}_{\mathbf{k}}))\,(\exp_a(t\mathbf{h}))$$

ist. (Dabei gehe man wie beim Beweis von (19.16.5) vor, wobei $\mathfrak{g}_e$ durch End (E) und G durch $\boldsymbol{GL}(E)$ zu ersetzen ist (E ein Banachraum); man wende dies auf den Fall an, daß E der Banachraum der Einschränkungen der Vektorfelder der Klasse

C^∞ auf eine kompakte Umgebung von a ist, und betrachte die lineare Abbildung $\theta_{Z_{\mathbf{h}}}\colon Y \to [Z_{\mathbf{h}}, Y]$ dieses Raumes in sich.) Hieraus leite man die Beziehung

$$T_{t\mathbf{h}}(\exp_a) \cdot \mathbf{k} = (\exp_1(-t\theta_{Z_{\mathbf{h}}}) \cdot Z_{\mathbf{k}})\,(\exp_a(t\mathbf{h}))$$

her.

5. In den Bezeichnungen und unter den Voraussetzungen von (18.7.9) zeige man, daß sich $w(t)$ für alle $t \in I_1$ durch *Parallelübertragung* des Vektors

$$t\mathbf{k}_a + \tfrac{1}{6}\left((\mathbf{r}(a) \cdot (\mathbf{h}_a \wedge \mathbf{k}_a)) \cdot \mathbf{h}_a\right) t^3 + o_3(t)$$

aus $T_a(M)$ längs v ergibt, wobei $o_3(t)$ ein Vektor mit $\lim_{t\to 0} o_3(t)/t^3 = 0$ ist (man benutze 18.7.6.1)).

18.8. p-Richtungsfelder

Es sei M eine differenzierbare Mannigfaltigkeit. Als *p-Richtung* (oder *p-Tangentialrichtung*) in einem Punkt $x \in M$ bezeichnet man einen *p-dimensionalen* Vektorteilraum von $T_x(M)$, mit anderen Worten (vgl. (16.11.8)), ein Element der *Grassmannschen Mannigfaltigkeit* $\boldsymbol{G}_p(T_x(M))$. Ein *p-Richtungsfeld* auf M ist eine Abbildung, die jedem $x \in M$ eine p-Richtung $L_x \in \boldsymbol{G}_p(T_x(M))$ zuordnet. Identifiziert man eine hinreichend kleine Umgebung V eines Punktes $x_0 \in M$ mittels einer Karte mit einer offenen Teilmenge von $\boldsymbol{R}^n$, so wird für jeden Punkt x von V der Tangentialraum $T_x(M)$ mit $\{x\} \times \boldsymbol{R}^n$ und die Mannigfaltigkeit $\boldsymbol{G}_p(T_x(M))$ mit $\{x\} \times \boldsymbol{G}_p(\boldsymbol{R}^n)$ identifiziert. Ein p-Richtungsfeld ist daher eine Abbildung $x \to (x, L'_x)$ mit $L'_x \in \boldsymbol{G}_p(\boldsymbol{R}^n)$. Man sagt, das Feld *gehöre der Klasse C^r* ($r \geqq 0$, ganz oder ∞) an, wenn die Abbildung $x \to L'_x$ von V in die differenzierbare Mannigfaltigkeit $\boldsymbol{G}_p(\boldsymbol{R}^n)$ (vgl. (16.11.8)) der Klasse C^r angehört.

Diese Definition ist von der betrachteten Karte unabhängig, wie man dem folgenden Satz entnimmt.

18.8.1. *Ein p-Richtungsfeld $x \to L_x$ auf M gehört genau dann der Klasse C^r an, wenn zu jedem $x_0 \in M$ eine offene Umgebung U von x_0 sowie p Vektorfelder X_j ($1 \leqq j \leqq p$) der Klasse C^r auf U existieren derart, daß für jedes $x \in U$ die $X_j(x)$ eine Basis des Raumes $L_x \subset T_x(M)$ bilden.*

(Für $r = \infty$ heißt das nichts weiter, als daß die *Vereinigung* L der L_x für $x \in M$ ein *Teilbündel* (vgl. (16.17.1)) des Vektorraumbündels $T(M)$ ist.)

Da sich nötigenfalls die Basis von $T_{x_0}(M)$ ändern läßt, kann man annehmen, L_{x_0} sei der von den ersten p Vektoren $(x_0, \mathbf{e}_1), \ldots, (x_0, \mathbf{e}_p)$ einer Basis $((x_0, \mathbf{e}_j))_{1 \leqq j \leqq n}$ von $T_{x_0}(M)$ erzeugte Teilraum. Wenn wir jetzt wie oben eine Umgebung U von x_0 mit einer offenen Teilmenge von $\boldsymbol{R}^n$ identifizieren, können wir, da L'_x eine stetige Funktion von x ist, voraussetzen, L'_x sei für $x \in U$ ein von p Vektoren $\mathbf{e}_1(x), \ldots, \mathbf{e}_p(x)$ erzeugter Teilraum von $\boldsymbol{R}^n$, für welche die Projektion von $\mathbf{e}_j(x)$ ($1 \leqq j \leqq p$) auf $\boldsymbol{R}^p$ gleich $\mathbf{e}_j$ ist (wenn wir $\boldsymbol{R}^n$ mit $\boldsymbol{R}^p \times \boldsymbol{R}^{n-p}$ und $\boldsymbol{R}^p$ mit L'_{x_0} identifizieren); dies folgt tatsächlich aus der in (16.11.10) gegebenen Beschreibung des Atlasses einer Grassmannschen Mannigfaltigkeit und aus der linearen Algebra (vgl. (A.4.5)). Gemäß der Definition der Struktur der differenzierbaren Mannigfaltigkeit über $\boldsymbol{G}_p(\boldsymbol{R}^n)$ (vgl. (16.11.10)) gehört $x \to L_x$ genau dann der Klasse C^r an, wenn jede der Abbildungen $x \to \mathbf{e}_j(x)$ von U in $\boldsymbol{R}^n$ der Klasse C^r angehört. Offenbar sind die p Abbildungen $x \to (x, \mathbf{e}_j(x))$ *Vektorfelder*, die den angegebenen Bedingungen genügen.

Existieren, umgekehrt, p Vektorfelder

$$\mathrm{X}_j(x) = (x, \mathbf{v}_j(x)),$$

die diesen Bedingungen genügen, so können wir, in denselben Bezeichnungen, voraussetzen, es sei $\mathbf{v}_j(x_0) = \mathbf{e}_j$. Ist $\mathbf{u}_j(x)$ die Projektion von $\mathbf{v}_j(x)$ auf $\boldsymbol{R}^p$, so folgt aus der Stetigkeit der X_j die Stetigkeit der $\mathbf{u}_j$; daher kann man annehmen, daß die $\mathbf{u}_j(x)$ für $x \in U$ eine *Basis* von $\boldsymbol{R}^p$ bilden. Ist $\mathrm{P}(x)$ die quadratische Matrix der Ordnung p, deren Spalten die Vektoren $\mathbf{u}_j(x)$ sind (bezüglich der Basis $(\mathbf{e}_j)_{1 \leq j \leq p}$), und $\mathrm{Q}(x)$ die Matrix $\begin{pmatrix} \mathrm{P}(x) & 0 \\ 0 & \mathrm{I}_{n-p} \end{pmatrix}$ der Ordnung n, so bilden die Vektoren $\mathbf{e}_j(x) = \mathrm{P}(x)^{-1} \cdot \mathbf{v}_j(x)$ für $1 \leqq j \leqq p$ eine Basis von L'_x derart, daß für $1 \leqq j \leqq p$ die Projektion von $\mathbf{e}_j(x)$ auf $\boldsymbol{R}^p$ gleich $\mathbf{e}_j$ ist. Gehören die X_j der Klasse C^r an, so gilt das auch für die $\mathbf{u}_j$ und für Q^{-1}, also auch für die Abbildungen $x \to \mathbf{e}_j(x)$; daher gehört $x \to L'_x$ der Klasse C^r an, und damit ist der Beweis beendet.

Bemerkungen

18.8.2. Ist M eine reine n-dimensionale Mannigfaltigkeit, so existiert genau ein n-Richtungsfeld auf M mit $L_x = T_x(M)$ für alle x. Dagegen gibt es, wie wir in Kapitel 24 zeigen werden, nicht immer ein 1-*Richtungsfeld* der Klasse C^0 auf M. Ist andererseits $x \to L_x$ ein p-Richtungsfeld der Klasse C^r auf M, so existieren nicht immer Vektorfelder X_j der Klasse C^r, die auf *ganz M definiert* sind und die Eigenschaft besitzen, daß für jedes $x \in M$ die $\mathrm{X}_j(x)$ eine Basis von L_x bilden, selbst dann nicht, wenn M eine offene Teilmenge des $\boldsymbol{R}^n$ und $p = 1$ ist (Aufgabe 2).

Aus dem Beweis von (18.8.1) folgt übrigens, daß, falls die Voraussetzungen dieses Satzes erfüllt sind, die Menge der Vektorfelder X der Klasse C^r auf U mit $\mathrm{X}(x) \in L_x$ für jedes $x \in U$ einen *freien Modul* über dem Ring $\mathscr{E}_{\boldsymbol{R}}^{(r)}(U)$ der reellwertigen Funktionen der Klasse C^r auf U bilden, dessen Basis die X_j $(1 \leqq j \leqq p)$ sind.

18.8.3. Es sei $x \to L_x$ ein p-Richtungsfeld der Klasse C^r $(r \geqq 0)$ auf M, und für jedes $x \in M$ sei L_x^0 das *orthogonale Komplement* von L_x in dem zu $T_x(M)$ dualen Raum $T_x(M)^*$, das ein $(n - p)$-dimensionaler Teilraum ist (vgl. (A.9.5)).

18.8.4. *In den Bezeichnungen von* (18.8.3) *besitzt jeder Punkt* $x_0 \in M$ *eine offene Umgebung U derart, daß* $n - p$ *auf U der Klasse* C^r *angehörende* 1-*Differentialformen* ω_j *existieren* $(1 \leqq j \leqq n - p)$, *für welche die* $\omega_j(x)$ *für jedes* $x \in U$ *eine Basis von* L_x^0 *bilden.*

Sind umgekehrt ω_j $(1 \leqq j \leqq n - p)$ *auf U der Klasse* C^r *angehörende* 1-*Differentialformen derart, daß für jedes* $x \in U$ *die* $\omega_j(x)$ *linear unabhängige Kovektoren* *sind, und ist L_x der durch die $n-p$ Gleichungen $\langle \mathbf{h}_x, \omega_j(x)\rangle = 0$ $(1 \leqq j \leqq n-p)$ definierte p-dimensionale Teilraum von $T_x(M)$, so ist $x \to L_x$ ein p-Richtungsfeld der Klasse C^r auf U.*

Um die erste Behauptung zu beweisen, genügt es, in den Bezeichnungen von (18.8.1) und mit $\mathbf{e}_j(x) = \mathbf{e}_j + \sum_{k=1}^{n-p} \lambda_{jk}(x)\, \mathbf{e}_{p+k}$ $\quad (1 \leqq j \leqq p)$

18.8.4.1. $$\omega_j(x) = \left(x, \mathbf{e}_{p+j}^* - \sum_{k=1}^{p} \lambda_{kj}(x)\, \mathbf{e}_k^*\right) \quad (1 \leqq j \leqq n-p)$$

zu wählen, wobei $(\mathbf{e}_i^*)_{1 \leqq i \leqq n}$ die zu $(\mathbf{e}_i)_{1 \leqq i \leqq n}$ in $\boldsymbol{R}^n$ duale Basis ist.

Sind umgekehrt die ω_j so beschaffen, daß die $\omega_j(x)$ für jedes $x \in U$ linear unabhängig sind, so kann man in der Umgebung jedes Punktes x_1 von U (nach eventueller Permutation der Basisvektoren des $\boldsymbol{R}^n$) nach (A.4.5) aufgrund der Stetigkeit der ω_j annehmen, die $\omega_j(x)$ seien durch (18.8.4.1) gegeben. Die λ_{kj} gehören dann nach den Cramerschen Formeln der Klasse C^r an, und die

$$\mathbf{e}_j(x) = \mathbf{e}_j + \sum_{k=1}^{n-p} \lambda_{jk}(x)\, \mathbf{e}_{p+k}$$

bilden eine Basis von L_x', und hieraus folgt die Behauptung nach (18.8.1).

Wie in (18.8.2) erhält man hieraus, daß die Menge der 1-Differentialformen ω der Klasse C^r auf U mit $\omega(x) \in L_x^0$ für jedes $x \in U$ ein *freier Modul* über dem Ring $\mathscr{E}_{\boldsymbol{R}}^{(r)}(U)$ der reellwertigen Funktionen der Klasse C^r auf U ist, für den die ω_j $(1 \leqq j \leqq n-p)$ eine Basis bilden.

18.8.5. Es sei $x \to L_x$ ein p-Richtungsfeld der Klasse C^r auf einer differenzierbaren Mannigfaltigkeit M. Ist q eine ganze Zahl mit $1 \leqq q \leqq p$, so versteht man unter einer *q-dimensionalen Integralmannigfaltigkeit des Feldes* $x \to L_x$ ein Paar, das aus einer reinen q-dimensionalen differenzierbaren Mannigfaltigkeit N und einer Abbildung $j\colon N \to M$ der Klasse C^r besteht, die in jedem Punkt von N den (maximalen) Rang q hat, derart, daß für jedes $z \in N$ das Bild von $T_z(N)$ vermöge $T(j)$ *in* $L_{j(z)}$ *enthalten* ist. Ist $r \geqq 1$, so existiert zu jedem $z \in N$ eine offene Umgebung V von z in N derart, daß die Einschränkung von j auf V injektiv ist (vgl. (16.7.8)). Gehört j der Klasse C^∞ an, so ist j eine *Immersion* von N in M. Für die *lokale* Untersuchung der Integralmannigfaltigkeiten des Feldes $x \to L_x$ kann man sich stets auf den Fall beschränken, daß N eine *offene Teilmenge von* $\boldsymbol{R}^q$ ist.

18.8.6. Ist $p = 1$, so stimmt der Begriff der Integralmannigfaltigkeit (die dann notwendigerweise die Dimension 1 hat) eines 1-Richtungsfeldes $x \to L_x$ auf M *lokal* mit dem Begriff der *Integralkurve* eines *nirgends verschwindenden* Vektorfeldes überein. Man kann sich nämlich auf den Fall beschränken, daß N ein offenes Intervall I von $\boldsymbol{R}$ ist; ist $j\colon I \to M$ eine Integralmannigfaltigkeit, so können wir I so klein annehmen, daß $j(I)$ in einer offenen Teilmenge U von M enthalten ist, auf der ein Vektorfeld X existiert, für welches X(x) ein von 0 verschiedener Vektor ist, der für jedes $x \in U$ eine Basis der Geraden L_x bildet (vgl. (18.8.1)). Für jedes $t \in I$ können wir nach Voraussetzung $j'(t) = \varrho(t)\, \mathrm{X}(j(t))$

schreiben, wobei $\varrho(t)$ ein von Null verschiedener Skalar und die Funktion $t \to \varrho(t)$ auf I stetig ist. Da ϱ auf I das Vorzeichen nicht wechselt, ist die Abbildung φ: $t \to \int_{t_0}^{t} \varrho(u)\,du$ ein Homöomorphismus der Klasse C^1 von I auf ein offenes Intervall $I' \subset \boldsymbol{R}$ (vgl. (4.2.2)), dessen inverser Homöomorphismus φ^{-1} ebenfalls der Klasse C^1 angehört, und die Abbildung $f = j \circ \varphi^{-1}$ ist eine *Integralkurve* des auf I' definierten Vektorfeldes X. Die Umkehrung ist offensichtlich.

18.8.7. Im Rest dieses Kapitels (mit Ausnahme von (18.14.6)) werden wir uns auf den Fall beschränken, daß die betrachteten p-Richtungsfelder *der Klasse* C^∞ *angehören* und auf einer *offenen Teilmenge* M *von* $\boldsymbol{R}^n$ definiert sind; ferner werden wir uns nur mit der *lokalen* Existenz und Eindeutigkeit der Integralmannigfaltigkeiten eines solchen Feldes beschäftigen. Aufgrund der Ausführungen in (18.8.5) können wir uns — nötigenfalls durch Verkleinerung der offenen Menge M — stets auf den Fall beschränken, daß die Integralmannigfaltigkeiten *abgeschlossene Untermannigfaltigkeiten* von M sind.

Nach (18.8.4) kann man — bei eventueller Verkleinerung von M — annehmen, daß $n - p$ der Klasse C^∞ angehörende 1-Differentialformen ω_j $(1 \leqq j \leqq n - p)$ auf M existieren derart, daß die $\omega_j(x)$ für jedes $x \in M$ eine *Basis* von L_x^0 bilden. Die Aussage, eine Untermannigfaltigkeit N von M der Dimension $q \leqq p$ sei eine Integralmannigfaltigkeit des Feldes $x \to L_x$, bedeutet wieder, daß die *Einschränkungen der* $n - p$ *Formen* ω_j *auf* N *Null sind*; stattdessen sagt man auch, N sei eine *Integralmannigfaltigkeit des Pfaffschen Systems*

18.8.7.1. $\omega_j = 0 \qquad (1 \leqq j \leqq n - p)\,.$

Es zeigt sich, daß diese Definition selbst dann einen Sinn hat, wenn die $\omega_j(x)$ nicht in jedem Punkt linear unabhängig sind.

Sind, umgekehrt, auf M jetzt $n - p$ der Klasse C^∞ angehörende 1-Differentialformen ω_j vorgegeben, die für jedes $x \in M$ *linear unabhängig* sind, so hat der Teilraum L_x des Tangentialraumes $T_x(M)$, auf dem alle Kovektoren $\omega_j(x)$ verschwinden, in jedem Punkt $x \in M$ die Dimension p, und $x \to L_x$ ist ein p-Richtungsfeld der Klasse C^∞ auf M. Jede Integralmannigfaltigkeit des Pfaffschen Systems (18.8.7.1) ist eine Integralmannigfaltigkeit dieses Feldes.

18.8.8. Bezeichnen x^i $(1 \leqq i \leqq n)$ die kanonischen Koordinaten eines Punktes $x \in \boldsymbol{R}^n$, so kann man auf M

18.8.8.1. $\omega_j(x) = \sum_{i=1}^{n} a_{ji}(x)\,dx^i \qquad (1 \leqq j \leqq n - p)$

schreiben, wobei die a_{ji} reelle Funktionen der Klasse C^∞ auf M sind. Nun sei N eine q-dimensionale Untermannigfaltigkeit von M und $h\colon N \to M$ die kanonische injektive Abbildung. Da man erforderlichenfalls M verkleinern kann, kann man annehmen, es existiere eine Karte φ von N in $\boldsymbol{R}^q$. Setzt man nun $z^i = \mathrm{pr}_i \circ h \circ \varphi^{-1}$ $(1 \leqq i \leqq n)$, so ist N genau dann eine Integralmannigfaltigkeit des Pfaffschen Systems (18.8.7.1), wenn auf der offenen Menge $\varphi(N) \subset \boldsymbol{R}^q$

die n Funktionen $(u^1, \dots, u^q) \to z^i(u^1, \dots, u^q)$ dem System

18.8.8.2. $$\sum_{i=1}^{n} a_{ji}(z^1, \dots, z^n) \frac{\partial z^i}{\partial u^k} = 0 \qquad (1 \leqq k \leqq q, 1 \leqq j \leqq n - p)$$

von $q(n - p)$ partiellen Differentialgleichungen genügen.

18.8.9. Umgekehrt zeigen wir nun, wie man üblicherweise die Bestimmung der Lösungen eines *Systems partieller Differentialgleichungen erster Ordnung* auf die Bestimmung der *Integralmannigfaltigkeiten eines Pfaffschen Systems* zurückführen kann. Es seien q und n zwei ganze Zahlen, $N = q + n + nq$; wir betrachten auf einer offenen Teilmenge U von $\boldsymbol{R}^N$ eine gewisse Anzahl von Funktionen F_h der Klasse C^∞ $(1 \leqq h \leqq r)$. Eine *Lösung* des Systems partieller Differentialgleichungen erster Ordnung

18.8.9.1. $$F_h(x^1, \dots, x^q, z^1, \dots, z^n, p^{11}, \dots, p^{1q}, \dots, p^{n1}, \dots, p^{nq}) = 0 \qquad (1 \leqq h \leqq r)$$

ist *definitionsgemäß* ein System von n auf einer offenen Teilmenge $V \subset \boldsymbol{R}^q$ definierten und der Klasse C^1 angehörenden Funktionen $(x^1, \dots, x^q) \to v^i(x^1, \dots, x^q)$ $(1 \leqq i \leqq n)$ derart, daß für jeden Punkt $x = (x^1, \dots, x^q) \in V$ der in $\boldsymbol{R}^N$ liegende Punkt mit den Koordinaten

$$x^1, \dots, x^q, v^1(x), \dots, v^n(x), \mathrm{D}_1 v^1(x), \dots, \mathrm{D}_q v^n(x)$$

zu U gehört und den Gleichungen (18.8.9.1) genügt.

Wir nehmen an, die Menge der Punkte von U, die (18.8.9.1) erfüllen, sei eine *Untermannigfaltigkeit* M von U. Betrachtet man dann die 1-Differentialformen

18.8.9.2. $$\tilde{\omega}_j = dz^j - \sum_{i=1}^{q} p^{ij}\, dx^i \qquad (1 \leqq j \leqq n)$$

auf U und bezeichnet die durch $\tilde{\omega}_j$ auf der Untermannigfaltigkeit M *induzierte* 1-Form mit ω_j, so ist offenbar die durch die Relationen $x \in V$, $z^j = v^j(x^1, \dots, x^q)$ $(1 \leqq j \leqq n)$ definierte Untermannigfaltigkeit von $\boldsymbol{R}^q \times \boldsymbol{R}^n$ die *Projektion* einer n-dimensionalen Integralmannigfaltigkeit des auf M definierten Pfaffschen Systems

18.8.9.3. $$\omega_j = 0 \qquad (1 \leqq j \leqq n)$$

auf den Raum $\boldsymbol{R}^q \times \boldsymbol{R}^n$. Es zeigt sich, daß im Gegensatz dazu die Projektion einer solchen Integralmannigfaltigkeit des Systems (18.8.9.3) auf den $\boldsymbol{R}^q \times \boldsymbol{R}^n$ in der Umgebung eines Punktes nicht immer durch Gleichungen $z^j = v^j(x^1, \dots, x^q)$ $(1 \leqq j \leqq n)$, wobei die v^j ein System von Lösungen von (18.8.9.1) bilden, definiert werden kann.

18.8.10. Schließlich ist es leicht, Systeme von Gleichungen, welche neben den Variablen x^i $(1 \leqq i \leqq q)$ und den unbekannten Funktionen z^j $(1 \leqq j \leqq n)$ die partiellen Ableitungen jedes z^j bis zur Ordnung m_j $(1 \leqq j \leqq n)$ enthalten, auf Gleichungen vom Typ (18.8.9.1) zurückzuführen, die nur partielle Ableitungen erster Ordnung enthalten. Die Methode ist dieselbe wie im Fall von Systemen gewöhnlicher Differentialgleichungen, bei denen $q = 1$ ist (vgl.

(10.6.6)): Man wählt als neue unbekannte Funktionen die Ableitungen der z^j *höchstens* $(m_j - 1)$*-ter Ordnung* (aufgrund der Symmetrie der partiellen Ableitungen (vgl. (8.12.4)) braucht man nicht einmal *alle* diese Ableitungen zu nehmen). Wir beschränken uns auf ein Beispiel, in dem zwei Variable x, y, eine unbekannte Funktion z und eine einzige Gleichung zweiter Ordnung

$$F\left(x, y, z, \frac{\partial z}{\partial x}, \frac{\partial z}{\partial y}, \frac{\partial^2 z}{\partial x^2}, \frac{\partial^2 z}{\partial x\, \partial y}, \frac{\partial^2 z}{\partial y^2}\right) = 0$$

vorkommen, wobei F auf einer offenen Teilmenge U des $\boldsymbol{R}^8$ der Klasse C^∞ angehöre. Wir führen hier zwei neue unbekannte Funktionen p, q mit den zusätzlichen Gleichungen

$$p - \frac{\partial z}{\partial x} = 0, \quad q - \frac{\partial z}{\partial y} = 0$$

ein und haben dann das System vom Typ (18.8.9.1) zu betrachten, das aus diesen beiden Gleichungen und der Gleichung

$$F\left(x, y, z, p, q, \frac{\partial p}{\partial x}, \frac{\partial p}{\partial y}, \frac{\partial q}{\partial y}\right) = 0$$

besteht. Definiert die Gleichung $F(x, y, z, p, q, r, s, t) = 0$ eine *Untermannigfaltigkeit* M von U, so reduziert sich das Problem der Lösung dieses Systems auf die Bestimmung der Lösungen des Pfaffschen Systems (18.8.9.3) *auf* M, wobei die linken Seiten die durch die drei Differentialformen

$$dz - p\,dx - q\,dy\,, \quad dp - r\,dx - s\,dy\,, \quad dq - s\,dx - t\,dy$$

induzierten Formen auf M sind.

Aufgaben

1. Es sei M eine zusammenhängende differenzierbare Mannigfaltigkeit des $\boldsymbol{R}^N$, so daß $T(M)$ mit einer Untermannigfaltigkeit von $T(\boldsymbol{R}^N) = \boldsymbol{R}^N \times \boldsymbol{R}^N$ identisch ist. Ferner sei $x \to L_x$ ein 1-Richtungsfeld der Klasse C^∞ auf M. Für jeden Punkt $x \in M$ betrachte man auf der Geraden $L_x \subset T_x(M)$ die beiden Punkte, deren euklidischer Abstand von x gleich 1 ist. Die Menge M' dieser Punkte ist eine zweiblättrige *Überlagerung* von M, deren Projektion die Einschränkung von o_M ist. Genau dann existiert auf M ein Vektorfeld X der Klasse C^∞ mit $\mathrm{X}(x) \neq \mathbf{0}_x$ und $\mathrm{X}(x) \in L_x$ für jedes $x \in M$, wenn M' nicht zusammenhängend ist. Insbesondere existiert ein solches Feld, wenn die Fundamentalgruppe $\pi_1(M)$ keine Untergruppe vom Index 2 enthält, und speziell dann, wenn M einfach zusammenhängend ist.

2. a) Auf $M = \boldsymbol{R}^2 \setminus \{0\}$ sei $x \to L_x$ das 1-Richtungsfeld der Klasse C^∞ mit folgender Eigenschaft: Für $x = (r\cos\theta, r\sin\theta)$ mit $r > 0$ ist L_x die Gerade mit den Richtungsparametern $1 + \cos\theta, \sin\theta$ für $\theta \neq \pi$ und $0, 1$ für $\theta = \pi$. Man zeige, daß kein stetiges Vektorfeld X auf M existiert mit $\mathrm{X}(x) \neq 0$ und $\mathrm{X}(x) \in L_x$ für jedes $x \in M$.

b) Es sei $p\colon \boldsymbol{R}^2 \to \boldsymbol{T}^2$ die kanonische Abbildung. Man betrachte für alle $z = (\xi, \eta)$ in $\boldsymbol{R}^2$ die Gerade L'_z in $T_z(\boldsymbol{R}^2)$ mit den Richtungsparametern $\cos(1 - 2\xi)\,\pi/2$,

$\sin(1 - 2\xi)\,\pi/2$. Man zeige, daß zu jedem $x \in \boldsymbol{T}^2$ genau eine Gerade $L_x \subset T_x(\boldsymbol{T}^2)$ existiert mit

$$T(p)\,(L'_z) = L_x$$

für $p(z) = x$, und daß $x \to L_x$ ein 1-Richtungsfeld der Klasse C^∞ auf $\boldsymbol{T}^2$ ist derart, daß kein stetiges Vektorfeld X auf $\boldsymbol{T}^2$ existiert, für welches $X(x) \neq 0$ und $X(x) \in L_x$ für jedes $x \in M$ gilt.

3. Man definiert wie in (18.8.1) ein *analytisches* p-Richtungsfeld auf einer reell-analytischen Mannigfaltigkeit. Es seien M und M' zwei reell-analytische Mannigfaltigkeiten, $x \to L_x$ (bzw. $x' \to L'_{x'}$) ein analytisches p-Richtungsfeld (bzw. p'-Richtungsfeld) auf M (bzw. M'). Ferner sei f eine analytische Abbildung von M in M'. Man zeige: Ist M zusammenhängend und existiert eine nichtleere offene Teilmenge U von M, auf welcher $T(f)\,(L_x) \subset L'_{f(x)}$ für jedes $x \in U$ gilt, so ist diese Relation für jedes $x \in M$ erfüllt (man benutze das Prinzip der analytischen Fortsetzung).

18.9. Differenzierbare Systeme

18.9.1. Es sei M eine reine n-dimensionale differenzierbare Mannigfaltigkeit. Im folgenden bezeichnen wir den (in (17.6.1) mit $\mathscr{E}_{p,\boldsymbol{R}}(M)$ bezeichneten) Raum der reellen p-Differentialformen der Klasse C^∞ auf M einfach mit $\mathscr{E}_p$. Ist $\mathscr{E}_0$ die $\boldsymbol{R}$-Algebra der reellwertigen Funktionen der Klasse C^∞ auf M (die wir in (16.15.8) mit $\mathscr{E}(M; \boldsymbol{R})$ bezeichnet hatten), so setzen wir $\mathscr{A} = \mathscr{E}_0 \oplus \mathscr{E}_1 \oplus \cdots \otimes \mathscr{E}_n$. Bekanntlich ist, wenn M eine *offene Teilmenge von* $\boldsymbol{R}^n$ ist, $\mathscr{A}$ die *äußere Algebra* des freien $\mathscr{E}_0$-Moduls $\mathscr{E}_1$ (vgl. (A.13.5)); ist M eine offene Teilmenge von $\boldsymbol{R}^n$, so ist $\mathscr{E}_p$ ein freier $\mathscr{E}_0$-Modul mit den p-Formen $dx^{i_1} \wedge \cdots \wedge dx^{i_p}$ $(i_1 < i_2 < \cdots < i_p)$ als Basis.

Wir betrachten nun ein Pfaffsches System (18.8.7.1) auf einer offenen Teilmenge M von $\boldsymbol{R}^n$. Ist N eine Integralmannigfaltigkeit dieses Systems, so sind offenbar die Einschränkungen der *äußeren Differentiale* $d\omega_j$ auf N ebenfalls Null (vgl. (17.15.3.2)). Das gilt daher auch für die Einschränkungen der p-Differentialformen $(1 \leqq p \leqq n)$ auf N, die zu dem *von den* ω_j *und den* $d\omega_j$ *erzeugten graduierten Ideal* $\mathfrak{a}$ *von* $\mathscr{A}$ gehören (vgl. (A.18.1)): Ist nämlich eine p-Differentialform α auf M so beschaffen, daß ihre Einschränkung auf N Null ist, so gilt dies ebenso für jede $(p+q)$-Form $\alpha \wedge \beta$ (vgl. (16.20.15.4) und (16.20.9.5)); mit anderen Worten, die Menge der Elemente

$$\alpha = \alpha_1 + \alpha_2 + \cdots + \alpha_n \in \mathscr{A}$$

(mit $\alpha_p \in \mathscr{E}_p$), für welche die Einschränkung jedes α_p auf N Null ist, ist ein *graduiertes Ideal* $\mathfrak{b}$ von E, das die ω_j und die $d\omega_j$ enthält. Sie umfaßt also $\mathfrak{a}$ (im allgemeinen gilt $\mathfrak{b} \neq \mathfrak{a}$).

Es sei $\mathfrak{a}_p = \mathfrak{a} \cap \mathscr{E}_p$ die Menge der in $\mathfrak{a}$ enthaltenen p-Formen; dann ist $\mathfrak{a} = \mathfrak{a}_1 \oplus \mathfrak{a}_2 \oplus \cdots \oplus \mathfrak{a}_n$. Dabei ist $\mathfrak{a}_1$ nichts anderes als der von den ω_j erzeugte $\mathscr{E}_0$-Modul. Wir zeigen, daß *aus* $\alpha_p \in \mathfrak{a}_p$ *die Relation* $d\alpha_p \in \mathfrak{a}_{p+1}$ *folgt*. Zu diesem Zweck stellen wir fest, daß die Menge $\mathfrak{c}$ der Elemente $\gamma_1 + \gamma_2 + \cdots + \gamma_n \in \mathscr{A}$ (mit $\gamma_p \in \mathscr{E}_p$), für welche $d\gamma_p \in \mathfrak{a}_{p+1}$ für jedes p gilt, ein *graduiertes Ideal* von $\mathscr{A}$ ist; dies ergibt sich aus der Formel (17.15.2.1) für das äußere Differential eines äußeren Produktes. Da $\mathfrak{c}$ die ω_j enthält, ist $\mathfrak{a}$ in $\mathfrak{c}$ enthalten.

18.9.2. Diese Resultate ermöglichen es, den Begriff des Pfaffschen Systems in folgender Weise zu verallgemeinern. Zur Abkürzung bezeichnen wir jedes graduierte Ideal $\mathfrak{a}$ der Algebra $\mathcal{A}$, für welches mit jeder p-Form $\alpha \in \mathfrak{a}$ auch $d\alpha \in \mathfrak{a}$ gilt, als *Differentialideal.* Wir bemerken, daß zwar $\mathfrak{a} = \mathfrak{a}_0 \oplus \mathfrak{a}_1 \oplus \cdots \oplus \mathfrak{a}_n$ mit $\mathfrak{a}_p = \mathfrak{a} \cap \mathcal{E}_p$ gilt, hier aber $\mathfrak{a}_0 \neq \{0\}$ sein kann. Wir sagen, ein solches Ideal definiere ein *differenzierbares System* auf M, und eine Untermannigfaltigkeit N von M sei eine *Integralmannigfaltigkeit* dieses Systems, wenn die Einschränkungen *aller* Differentialformen, die den verschiedenen homogenen Komponenten des Ideals angehören, auf N Null sind.

Ein Pfaffsches System entspricht dann einem speziellen differenzierbaren System, das seinerseits einem *von 1-Formen erzeugten Differentialideal* entspricht.

Aufgabe

Man zeige, daß zu jedem differenzierbaren System auf $U \subset \mathbf{R}^n$ und einer p-dimensionalen Integralmannigfaltigkeit N dieses Systems eine nichtleere offene Teilmenge $V \subset U$ existiert derart, daß $N \cap V$ der Graph einer Lösung eines Systems partieller Differentialgleichungen erster Ordnung mit $n - p$ unbekannten Funktionen von p Variablen ist. Folglich ist N im allgemeinen auch eine Integralmannigfaltigkeit eines Pfaffschen Systems.

18.10. Integralelemente eines differenzierbaren Systems

Wir verwenden wiederholt das folgende Lemma, das die zu Anfang von Abschnitt 10.3 angestellten Betrachtungen verallgemeinert.

18.10.1. *Es sei X ein topologischer Raum, $(f_\lambda)_{\lambda \in L}$ eine Familie stetiger Abbildungen von X in den zu einem reellen endlichdimensionalen Vektorraum E dualen Raum E^*. Dann ist der Rang des Systems $(f_\lambda(x))_{\lambda \in L}$ von Linearformen eine von unten halbstetige Funktion von x* (vgl. Abschnitt 12.7), *und die Menge der $x \in X$, in denen dieser Rang lokal konstant ist, eine überall dichte offene Teilmenge von X.*

Ist $(\mathbf{e}_i)_{1 \leq i \leq r}$ eine Basis von E und $(\mathbf{e}_i)^*$ die duale Basis in E^*, so kann man

$$f_\lambda(x) = \sum_{i=1}^{r} c_{i\lambda}(x)\, \mathbf{e}_i^*$$

schreiben, wobei die $c_{i\lambda}$ stetige reelle Funktionen auf X sind. Die Aussage, $(f_\lambda(x))$ sei ein System von Linearformen vom Rang p, impliziert, daß p Indizes $\lambda_k\,(1 \leq k \leq p)$ existieren derart, daß eine der Unterdeterminanten der Ordnung p der Matrix $(c_{i\lambda_k}(x))$ $(1 \leq i \leq r,\ 1 \leq k \leq p)$ von Null verschieden ist; die entsprechende Unterdeterminante der Matrix $(c_{i\lambda_k}(x'))$ ist dann auf einer Umgebung von x ebenfalls von Null verschieden. Hieraus folgt, daß für x' aus dieser Umgebung der Rang des Systems $(f_\lambda(x'))$ mindestens p ist. Damit ist der erste Teil des Lemmas bewiesen. Andererseits ist für jede offene Teilmenge $V \subset X$ das Maximum der Werte, die der Rang des Systems $(f_\lambda(x))$ für $x \in V$ annehmen kann, eine endliche Zahl q. Ist $x_0 \in V$ so gewählt, daß der Rang von $(f_\lambda(x_0))$ gleich q ist, dann ist er auch auf einer Umgebung $W \subset V$ von x_0 gleich q (da der Rang von unten halbstetig ist). Damit ist auch der zweite Teil des Lemmas bewiesen.

18.10.2. In den Bezeichnungen von (18.9.1) sei $\mathfrak{a}$ ein Differentialideal von $\mathcal{A}$; ferner bezeichne $\mathfrak{a}_p$ seine homogene Komponente vom Grade p. Wir erinnern daran, daß in einem Punkt $x \in M$ der Tangentialraum von M kanonisch mit $M \times \boldsymbol{R}^n$ identifiziert werden kann. Für jedes $x \in M$ und jedes $p > 0$ nennen wir einen p-dimensionalen Vektorteilraum F_x von $\{x\} \times \boldsymbol{R}^n$ ein *Integralelement der Dimension p* des durch $\mathfrak{a}$ definierten differenzierbaren Systems, wenn folgende Bedingungen erfüllt sind:

1° in x verschwinden alle Funktionen $f \in \mathfrak{a}_0$;

2° für jede ganze Zahl q mit $1 \leqq q \leqq p$ und jede q-Form $\tilde{\omega}_q \in \mathfrak{a}_q$ ist die Einschränkung des q-Kovektors $\tilde{\omega}_q(x)$ auf F_x gleich Null, oder, was dasselbe bedeutet, es gilt

18.10.2.1. $\langle \mathbf{u}_1 \wedge \mathbf{u}_2 \wedge \cdots \wedge \mathbf{u}_q, \tilde{\omega}_q(x) \rangle = 0$

für je q Vektoren $\mathbf{u}_1, \ldots, \mathbf{u}_q$ des Vektorraums F_x.

Aus dieser Definition folgt auch, daß für ein p-dimensionales Integralelement F_x jeder *Vektorteilraum* G_x von F_x einer Dimension $q < p$ ein q-dimensionales Integralelement ist.

Ein Integralelement eines *Pfaffschen Systems* (18.8.7.1) ist per definitionem ein Integralelement des entsprechenden differenzierbaren Systems (vgl. (18.9.2)).

Ist N eine *Integralmannigfaltigkeit* (vgl. (18.9.2)) des durch $\mathfrak{a}$ definierten Systems, die den Punkt x enthält und im Punkt x die Dimension q hat, so ist offenbar der Teilraum $T_x(N)$ von $\{x\} \times \boldsymbol{R}^n$, der N im Punkt x berührt, ein q-dimensionales Integralelement. Der Satz über die Existenz und die eindeutige Bestimmtheit der Lösungen differenzierbarer Systeme ermöglicht *unter gewissen Voraussetzungen* eine Umkehrung dieses Satzes.

18.10.3. Zu diesem Zweck werden wir in einem Punkt $x \in M$, in dem alle Funktionen $f \in \mathfrak{a}_0$ verschwinden, sukzessive die durch x verlaufenden Integralelemente der Dimension 1 betrachten, danach für jedes dieser Elemente die zweidimensionalen Integralelemente, die diesen Punkt enthalten, und so weiter. Wir untersuchen, ob dann, wenn eine q-dimensionale Integralmannigfaltigkeit N, der Tangentialraum $T_x(N)$ in einem Punkt $x \in N$ (ein q-dimensionales Integralelement) und ein den Raum $T_x(N)$ *enthaltendes* $(q+1)$-dimensionales Integralelement F_x *gegeben sind*, (mindestens lokal) eine N *enthaltende* $(q+1)$-dimensionale Integralmannigfaltigkeit N' existiert, für welche $T_x(N') = F_x$ ist.

Genauer: Zunächst definieren wir eine Folge positiver ganzer Zahlen. Für jedes $x \in M$ (in dem die Funktionen von $\mathfrak{a}_0$ nicht zu verschwinden brauchen) sei $s_0(x)$ der Rang des Systems der Linearformen auf $\{x\} \times \boldsymbol{R}^n$, die gleich $\tilde{\omega}_1(x)$ sind, wobei $\tilde{\omega}_1$ die homogene Komponente $\mathfrak{a}_1$ von $\mathfrak{a}$ durchläuft. Ferner bezeichnen wir mit $M_1(x)$ den $(n - s_0(x))$-dimensionalen Teilraum von $\{x\} \times \boldsymbol{R}^n$, auf dem alle Formen $\tilde{\omega}_1(x)$ verschwinden.

Wir betrachten dann einen von 0 verschiedenen festen Vektor $\mathbf{u}_1 \in M_1(x)$ und die Vektoren $\mathbf{v}$ von $\{x\} \times \boldsymbol{R}^n$ mit

18.10.3.1. $$\begin{cases}\langle \mathbf{v}, \tilde{\omega}_1(x)\rangle = 0\,, \\ \langle \mathbf{u}_1 \wedge \mathbf{v}, \tilde{\omega}_2(x)\rangle = 0\end{cases}$$

für alle $\tilde{\omega}_1 \in \mathfrak{a}_1$ *und* $\tilde{\omega}_2 \in \mathfrak{a}_2$. Der Rang des Systems (18.10.3.1) linearer Gleichungen (in $\mathbf{v}$) ist mindestens gleich $s_0(x)$. Wir bezeichnen ihn mit $s_0(x) + s_1(x, \mathbf{u}_1)$; es sei $M_2(x, \mathbf{u}_1)$ der $(n - s_0(x) - s_1(x, \mathbf{u}_1))$-dimensionale Teilraum der Vektoren $\mathbf{v}$ von $\{x\} \times \boldsymbol{R}^n$, die (18.10.3.1) genügen; er enthält offenbar den Vektor $\mathbf{u}_1$.

Da wir induktiv vorgehen wollen, nehmen wir an, es seien *q linear unabhängige* Vektoren $\mathbf{u}_1, \dots, \mathbf{u}_q$ von $\{x\} \times \boldsymbol{R}^n$ definiert derart, daß für *jedes* r mit $1 \leqq r \leqq q$ und jede streng monoton wachsende Folge von Indizes $i_1 < i_2 < \cdots < i_r$ zwischen 1 und q *für alle* $\tilde{\omega}_r \in \mathfrak{a}_r$ die Beziehung

18.10.3.2. $$\langle \mathbf{u}_{i_1} \wedge \mathbf{u}_{i_2} \wedge \cdots \wedge \mathbf{u}_{i_r}, \tilde{\omega}_r(x)\rangle = 0$$

gilt. Alsdann betrachten wir die Vektoren $\mathbf{v}$ von $\{x\} \times \boldsymbol{R}^n$, für welche für alle r mit $1 \leqq r \leqq q + 1$

18.10.3.3. $$\langle \mathbf{u}_{i_1} \wedge \cdots \wedge \mathbf{u}_{i_{r-1}} \wedge \mathbf{v}, \tilde{\omega}_r(x)\rangle = 0$$

erfüllt ist, und zwar für alle streng monoton wachsenden Folgen von Indizes $i_1 < i_2 < \cdots < i_{r-1}$ zwischen 1 und q (für $r = 1$ hat man (18.10.3.3) durch $\langle \mathbf{v}, \tilde{\omega}_1(x)\rangle = 0$ zu ersetzen). Es bezeichne $s_0(x) + s_1(x, \mathbf{u}_1) + \cdots + s_q(x, \mathbf{u}_1, \dots, \mathbf{u}_q)$ den Rang dieses Systems linearer Gleichungen in $\mathbf{v}$ und $M_{q+1}(x, \mathbf{u}_1, \dots, \mathbf{u}_q)$ den durch die Gleichungen (18.10.3.3) definierten Teilraum von $\{x\} \times \boldsymbol{R}^n$; er enthält offenbar $\mathbf{u}_1, \mathbf{u}_2, \dots, \mathbf{u}_q$. Demnach gilt

11.10.3.4. $$s_0(x) + s_1(x, \mathbf{u}_1) + \cdots + s_q(x, \mathbf{u}_1, \dots, \mathbf{u}_q) \leqq n - q\,.$$

Ist $s_0(x) + s_1(x, \mathbf{u}_1) + \cdots + s_q(x, \mathbf{u}_1, \dots, \mathbf{u}_q) < n - q$, so kann man einen Vektor $\mathbf{u}_{q+1} \in M_{q+1}(x, \mathbf{u}_1, \dots, \mathbf{u}_q)$ wählen, der zusammen mit $\mathbf{u}_1, \dots, \mathbf{u}_q$ ein *freies System* bildet, und dann die Induktion fortsetzen.

Annulliert x alle Funktionen $f \in \mathfrak{a}_0$ und bezeichnet I_q den von den Vektoren $\mathbf{u}_1, \dots, \mathbf{u}_q$ erzeugten q-dimensionalen Vektorteilraum von $\{x\} \times \boldsymbol{R}^n$, so folgt aus diesen Definitionen, daß die I_r für $1 \leqq r \leqq q$ eine monoton wachsende Folge von *Integralelementen* bilden.

18.10.4. Wir beschränken uns auf den Fall, daß die Menge M_0 der $x \in M$, die alle Funktionen $f \in \mathfrak{a}_0$ annullieren, eine *Untermannigfaltigkeit* der Dimension $\varrho \geqq 1$ von M und $\mathfrak{a}_0$ ein $\mathscr{E}_0$-Modul ist, der von $n - \varrho$ solchen Funktionen f_k $(1 \leqq k \leqq n - \varrho)$ erzeugt wird, für welche in jedem Punkt $x \in M_0$ der Rang des Systems der 1-Differentialformen df_k gleich $n - \varrho$ ist (vgl. (16.8.9)). Dann sei M_1 die Menge der Paare $(x, \mathbf{u}_1) \in M \times \boldsymbol{R}^n$, für welche $x \in M_0$, $\mathbf{u}_1 \in M_1(x)$ und $\mathbf{u}_1 \neq 0$ ist. Nun setzen wir allgemein M_r als definiert voraus; M_{r+1} bezeichne die Menge der Punkte $((x, \mathfrak{u}_1, \ldots, \mathfrak{u}_r), \mathfrak{u}_{r+1}) \in M_r \times \boldsymbol{R}^n$, für welche

$$\mathfrak{u}_{r+1} \in M_{r+1}(x, \mathfrak{u}_1, \ldots, \mathfrak{u}_r) \quad \text{und} \quad \mathfrak{u}_1 \wedge \mathfrak{u}_2 \wedge \cdots \wedge \mathfrak{u}_r \wedge \mathfrak{u}_{r+1} \neq 0$$

gilt. Die Projektion von M_{r+1} auf M_r ist die Menge der $(x, \mathfrak{u}_1, \ldots, \mathfrak{u}_r)$ mit

$$s_0(x) + s_1(x, \mathfrak{u}_1) + \cdots + s_r(x, \mathfrak{u}_1, \ldots, \mathfrak{u}_r) < n - r\,.$$

Da im übrigen die df_k zu $\mathfrak{a}_1$ gehören, gilt $s_0(x) \geqq n - \varrho$, so daß die Menge M_{r+1} für $r \geqq \varrho$ sicher *leer* ist.

Nach (18.10.1) ist die Menge V_0 der $x \in M_0$, für die der Rang $s_0(x)$ im Punkt x *lokal konstant* ist, eine *in* M_0 überall dichte *offene* Menge.

Nun nehmen wir an, die *offene* Teilmenge V_r von M_r sei schon definiert. Die Menge U_{r+1} der

$$(x, \mathfrak{u}_1, \ldots, \mathfrak{u}_{r+1}) \in M_{r+1}\,,$$

für die $s_0(x) + \cdots + s_{r+1}(x, \mathfrak{u}_1, \ldots, \mathfrak{u}_{r+1})$ in diesem Punkt *lokal konstant* ist, ist eine in $M_{r+1} \subset M_r \times \boldsymbol{R}^n$ dichte *offene* Teilmenge. Der Durchschnitt $V_{r+1} = U_{r+1} \cap \mathrm{pr}_1^{-1}(V_r)$ ist daher ebenfalls in M_{r+1} *offen*.

Ein in $\{x\} \times \boldsymbol{R}^n$ enthaltenes Integralelement der Dimension r wird *regulär* genannt, wenn es von r Vektoren $\mathfrak{u}_1, \ldots, \mathfrak{u}_r$ mit $(x, \mathfrak{u}_1, \ldots, \mathfrak{u}_r) \in V_r$ erzeugt wird. Dann gilt nach Definition $(x, \mathfrak{u}_1, \ldots, \mathfrak{u}_s) \in V_s$ für $s < r$; daher ist das von $\mathfrak{u}_1, \ldots, \mathfrak{u}_s$ erzeugte Integralelement der Dimension s ebenfalls *regulär*. Außerdem zeigt die Definition, daß für zu $(x, \mathfrak{u}_1, \ldots, \mathfrak{u}_r)$ *in* M_r *hinreichend benachbarte* $(x', \mathfrak{u}_1', \ldots, \mathfrak{u}_r')$ das von $\mathfrak{u}_1', \ldots, \mathfrak{u}_r'$ erzeugte Integralelement ebenfalls regulär ist; daher ist $s_q(x', \mathfrak{u}_1', \ldots, \mathfrak{u}_q') = s_q(x, \mathfrak{u}_1, \ldots, \mathfrak{u}_q)$ für $1 \leqq q \leqq r$. Man beachte, daß für $(x, \mathfrak{u}_1, \ldots, \mathfrak{u}_{r-1}) \in V_{r-1}$ und

18.10.4.1. $$s_0(x) + s_1(x, \mathfrak{u}_1) + \cdots + s_{r-1}(x, \mathfrak{u}_1, \ldots, \mathfrak{u}_{r-1}) + s_r(x, \mathfrak{u}_1, \ldots, \mathfrak{u}_r) = n - r$$

das von $(x, \mathfrak{u}_1, \ldots, \mathfrak{u}_r)$ erzeugte Integralelement nach Definition *regulär* ist; dann existiert *kein* Integralelement der Dimension $r + 1$, das $(x, \mathfrak{u}_1, \ldots, \mathfrak{u}_r)$ enthält.

Ein nicht reguläres Element wird *singulär* genannt.

18.10.4.2. Es zeigt sich, daß die Vektoren $\mathfrak{u}_1, \ldots, \mathfrak{u}_r$ sicher dann ein reguläres Integralelement erzeugen, wenn $x, \mathfrak{u}_1, \ldots, \mathfrak{u}_r$ nacheinander so gewählt werden, daß $s_0(x), s_1(x, \mathfrak{u}_1), \ldots, s_r(x, \mathfrak{u}_1, \ldots, \mathfrak{u}_r)$ die *größtmöglichen* Werte annehmen (vgl. (18.10.1)).

18.10.5. Bis jetzt haben wir die Tatsache noch nicht verwendet, daß $\mathfrak{a}$ ein *Ideal* der äußeren Algebra $\mathcal{A}$ ist. Daraus ergeben sich die folgenden zusätzlichen Eigenschaften:

18.10.6. (i) *Ein Teilraum F_x von $\{x\} \times \boldsymbol{R}^n$ (mit $x \in M_0$) ist genau dann ein p-dimensionales Integralelement, wenn die Einschränkung jedes p-Kovektors $\tilde{\omega}_p(x)$ auf $F_x(x)$ (wobei $\tilde{\omega}_p$ die Menge $\mathfrak{a}_p$ durchläuft) gleich Null ist.*

(ii) *Ist F_x ein p-dimensionales Integralelement, so sind die Summe*

18.10.6.1. $s_0(x) + s_1(x, \mathbf{u}_1) + \cdots + s_p(x, \mathbf{u}_1, \ldots, \mathbf{u}_p)$

und der Teilraum $M_{p+1}(x, \mathbf{u}_1, \ldots, \mathbf{u}_p)$ *von der in* F_x *gewählten Basis* $\mathbf{u}_1, \ldots, \mathbf{u}_p$ *unabhängig.*

Die Aussage (ii) ist eine Folge von (i), da sich die Gleichungen (18.10.3.3) mit $r < p + 1$ nach (i) aus den Gleichungen (18.10.3.3) mit $r = p + 1$ ergeben. Daher brauchen wir nur (i) zu beweisen. Zu diesem Zweck genügt es zu zeigen, daß die $\tilde{\omega}_q(x)$ mit $q < p$ und $\tilde{\omega}_q \in \mathfrak{a}_q$ eine auf F_x verschwindende Einschränkung besitzen, wenn die Einschränkungen der $\tilde{\omega}_p(x)$ mit $\tilde{\omega}_p \in \mathfrak{a}_p$ auf F_x sämtlich gleich Null sind.

Es sei nämlich $\mathbf{u}_1, \ldots, \mathbf{u}_q$ eine Folge von q linear unabhängigen Vektoren in F_x; es ist zu beweisen, daß $\langle \mathbf{u}_1 \wedge \mathbf{u}_2 \wedge \cdots \wedge \mathbf{u}_q, \tilde{\omega}_q(x)\rangle = 0$ ist. Wir ergänzen die Folge $(\mathbf{u}_j)_{1 \leq j \leq q}$ zu einer Basis $(\mathbf{u}_j)_{1 \leq j \leq p}$ von F_x; es sei $(\mathbf{u}_j^*)$ die duale Basis in F_x^*; wir betrachten den $(p - q)$-Kovektor $\mathbf{u}_{q+1}^* \wedge \cdots \wedge \mathbf{u}_p^* = \mathbf{z}^*$. Auf M existiert eine $(p - q)$-Differentialform $\tilde{\omega}_{p-q}$ der Klasse C^∞ mit $\tilde{\omega}_{p-q}(x) = \mathbf{z}^*$. Dann gehört $\tilde{\omega}_p = \tilde{\omega}_q \wedge \tilde{\omega}_{p-q}$ dem Ideal $\mathfrak{a}$ an, und es gilt $\tilde{\omega}_p(x) = \tilde{\omega}_q(x) \wedge \mathbf{z}^*$. Nach Voraussetzung gilt aber

$$\langle \mathbf{u}_1 \wedge \mathbf{u}_2 \wedge \cdots \wedge \mathbf{u}_p, \tilde{\omega}_p(x)\rangle = 0\,,$$

und aufgrund der Wahl von $\mathbf{z}^*$ und nach den Rechenregeln der äußeren Algebra (vgl. (A.14.2.1)) ergibt sich unmittelbar, daß die obige Relation mit

$$\langle \mathbf{u}_1 \wedge \cdots \wedge \mathbf{u}_q, \tilde{\omega}_q(x)\rangle = 0$$

äquivalent ist.

18.10.7. Beispiel. Wir betrachten den Fall, daß das differenzierbare System einem aus der einzigen Gleichung

$$\omega = dx^4 - A(x^1, x^2, x^3)\, dx^1 - B(x^1, x^2, x^3)\, dx^2 - C(x^1, x^2, x^3)\, dx^3 = 0$$

bestehenden Pfaffschen System auf einer offenen Menge des $\boldsymbol{R}^4$ entspricht, wobei A, B, C der Klasse C^∞ angehören. Das entsprechende Ideal $\mathfrak{a}$ wird von ω und der 2-Differentialform

$$d\omega = A'(x^1, x^2, x^3)\, dx^2 \wedge dx^3 + B'(x^1, x^2, x^3)\, dx^3 \wedge dx^1 + C'(x^1, x^2, x^3)\, dx^1 \wedge dx^2$$

mit

$$A' = \frac{\partial B}{\partial x^3} - \frac{\partial C}{\partial x^2}, \qquad B' = \frac{\partial C}{\partial x^1} - \frac{\partial A}{\partial x^3}, \qquad C' = \frac{\partial A}{\partial x^2} - \frac{\partial B}{\partial x^1}$$

erzeugt. Offenbar ist hier $s_0(x) = 1$ für jedes x und $M_1(x)$ die durch die Gleichung $u^4 - A(x)\, u^1 - B(x)\, u^2 - C(x)\, u^3 = 0$ definierte Hyperebene H_x. Jeder Vektor $\mathbf{v} \in \boldsymbol{R}^3$ ist daher Projektion eines eindeutig bestimmten Vektors $\mathbf{u} \in H_x$. Zwei nicht kollineare Vektoren $\mathbf{u}_1$ und $\mathbf{u}_2$ von H_x definieren genau dann ein zweidimensionales Integralelement, wenn ihre Projektionen $\mathbf{v}_1$ und $\mathbf{v}_2$ auf $\boldsymbol{R}^3$ der Relation $\mathbf{t}(x) \wedge \mathbf{v}_1 \wedge \mathbf{v}_2 = 0$ genügen, wobei

$$\mathbf{t}(x) = \big(A'(x), B'(x), C'(x)\big)$$

gesetzt wurde. Ist $\mathfrak{t}(x) \neq 0$, so gilt für jeden Vektor $\mathfrak{u}_1 \in H_x$ mit $\mathfrak{t}(x) \wedge \mathfrak{v}_1 \neq 0$ stets $s_1(x, \mathfrak{u}_1) = 1$; daher ist $M_2(x, \mathfrak{u}_1)$ eine Ebene, deren Projektion auf $\boldsymbol{R}^3$ diejenige Ebene ist, die $\mathfrak{t}(x)$ und $\mathfrak{v}_1$ enthält. Es gibt kein Integralelement einer Dimension $p > 2$, das $\mathfrak{u}_1$ enthält. Sind $\mathfrak{t}(x)$ und $\mathfrak{v}_1$ kollinear, so ist $s_1(x, \mathfrak{u}) = 0$ und $M_2(x, \mathfrak{u}_1) = H_x$. Wählt man aber $\mathfrak{u}_2 \in H_x$ nicht kollinear zu $\mathfrak{u}_1$, so sieht man wieder, daß es kein Integralelement einer Dimension $p > 2$ gibt, das $\mathfrak{u}_1$ und $\mathfrak{u}_2$ enthält. Ist dagegen $\mathfrak{t}(x) = 0$, so ist H_x ein Integralelement der Dimension 3. Daher ist s_1 genau dann auf der Umgebung eines Punktes $(x, \mathfrak{u}_1)$ lokal konstant, wenn entweder $\mathfrak{t}(x) \neq 0$ und $\mathfrak{v}_1$ nicht kollinear zu $\mathfrak{t}(x)$ ist, oder wenn $\mathfrak{t}(x') = 0$ für jedes x' einer Umgebung von x ist. Somit sind die eindimensionalen singulären Integralelemente diejenigen von einem Vektor $\mathfrak{u}_1 \in H_x$ erzeugten Geraden von $\{x\} \times \boldsymbol{R}^4$, für welche entweder x ein Randpunkt der abgeschlossenen Menge $\mathfrak{t}^{-1}(0)$ ist oder $\mathfrak{t}(x) \neq 0$ und die Projektion $\mathfrak{v}_1$ von $\mathfrak{u}_1$ zu $\mathfrak{t}(x)$ kollinear ist. Die zweidimensionalen singulären Integralelemente sind die in H_x für die Randpunkte x von $\mathfrak{t}^{-1}(0)$ enthaltenen Ebenen. Man sieht also, daß ein zweidimensionales *reguläres* Integralelement eindimensionale *singuläre* Integralelemente enthalten kann.

18.10.8. Wir setzen nun voraus, das Differentialideal $\mathfrak{a}$ werde von einer aus q-Formen mit $q \leqq r$ bestehenden Menge S erzeugt. Die Bedingung (i) von (18.10.6) läßt sich dann einfach so ausdrücken, daß man sagt, die *Einschränkung aller $\tilde{\omega}_q(x)$ mit $\tilde{\omega}_q \in S$ auf F_x sei Null.* Das folgt daraus, daß nach Voraussetzung jedes Element von $\mathfrak{a}_p$ Summe von äußeren Produkten $\alpha_1 \wedge \alpha_2 \wedge \cdots \wedge \alpha_s$ ist, wobei α_j eine p_j-Form mit $p_1 + p_2 + \cdots + p_s = p$ ist, von denen wenigstens eine zur Menge S gehört. Nach (A.14.2.1) verschwindet aber das äußere Produkt eines q-Kovektors mit einem beliebigen Kovektor identisch, wenn die Einschränkung dieses q-Kovektors auf F_x identisch verschwindet. Man benutzt diese Bemerkung insbesondere dann, wenn das betrachtete differenzierbare System ein *Pfaffsches System* ist (vgl. (18.8.7.1)). Für S kann man dann die aus den ω_j und den $d\omega_j$ bestehende Menge nehmen.

Aufgaben

1. Das Differentialideal $\mathfrak{a}$ werde *von* $\mathfrak{a}_1 \oplus \mathfrak{a}_2$ (mit $\mathfrak{a}_0 = \{0\}$) *erzeugt.*

a) In den Bezeichnungen von (18.10.4) sei F_x ein von $r + 2$ Vektoren $\mathfrak{u}_1, \ldots, \mathfrak{u}_{r+2}$ erzeugtes $(r + 2)$-dimensionales Integralelement von $\mathfrak{a}$; ferner sei das von den Vektoren $\mathfrak{u}_1, \ldots, \mathfrak{u}_{r+1}$ erzeugte Integralelement *regulär.* Es sei G_x der von $\mathfrak{u}_1, \ldots, \mathfrak{u}_{r-1}$ erzeugte Teilraum von F_x und H_x ein zu G_x komplementärer Teilraum in $\{x\} \times \boldsymbol{R}^n$, der $\mathfrak{u}_r, \mathfrak{u}_{r+1}$ und $\mathfrak{u}_{r+2}$ enthält. $M_r(x, \mathfrak{u}_1, \ldots, \mathfrak{u}_{r-1})$ ist direkte Summe von G_x und $V_x = H_x \cap M_r(x, \mathfrak{u}_1, \ldots, \mathfrak{u}_{r-1})$ und hat die Dimension

$$m = n - r + 1 - (s_0(x) + s_1(x, \mathfrak{u}_1) + \cdots + s_{r-1}(x, \mathfrak{u}_1, \ldots, \mathfrak{u}_{r-1}))\,.$$

Es sei $(\mathfrak{w}_1, \ldots, \mathfrak{w}_m)$ eine Basis von V_x mit $\mathfrak{w}_1 = \mathfrak{u}_r$, $\mathfrak{w}_2 = \mathfrak{u}_{r+1}$, $\mathfrak{w}_3 = \mathfrak{u}_{r+2}$. Wir bezeichnen mit W_j $(j = 1, 2, 3)$ den von $\mathfrak{w}_j$ und den $\mathfrak{w}_k$ mit $k \geqq 4$ erzeugten $(m - 2)$-dimensionalen Teilraum von V_x. Jedes $(r + 2)$-dimensionale Integralelement F'_x, das G_x enthält und zu F_x benachbart ist, ist durch seine Durchschnitte $\boldsymbol{R}\mathfrak{v}_j$ mit den W_j $(j = 1, 2, 3)$ bestimmt, wobei die $\mathfrak{v}_j$ den Relationen $\langle \mathfrak{v}_j \wedge \mathfrak{v}_k, \tilde{\omega}_2(x) \rangle = 0$ für alle Formen $\widetilde{\omega}_2 \in \mathfrak{a}_2$ und $j \neq k$ genügen müssen. Es sei f die Abbildung $(\mathbf{v}_1, \mathbf{v}_2, \mathbf{v}_3) \to (\mathbf{v}_1 \wedge \mathbf{v}_2, \mathbf{v}_2 \wedge \mathbf{v}_3, \mathbf{v}_3 \wedge \mathbf{v}_1)$ von $W_1 \times W_2 \times W_3$ in $\left(\bigwedge^2 V_x\right)^3$. Man zeige: Auf einer Umgebung von $(\mathbf{w}_1, \mathbf{w}_2, \mathbf{w}_3)$ ist f eine *Immersion*. Ist ferner L der Vektorteilraum von $\bigwedge^2 V_x$, auf dem alle Linearformen $\widetilde{\omega}_2(x)$ mit $\widetilde{\omega}_2 \in \mathfrak{a}_2$ verschwinden, so hat L die Kodimension $s_r = s_r(x, \mathbf{u}_1, \dots, \mathbf{u}_r)$, und $f^{-1}(L^3)$ ist die Menge der Tripel $(\mathbf{v}_1, \mathbf{v}_2, \mathbf{v}_3) \in W_1 \times W_2 \times W_3$ mit $\langle \mathbf{v}_j \wedge \mathbf{v}_k, \widetilde{\omega}_2(x)\rangle = 0$ für $j \neq k$ und jedes $\widetilde{\omega}_2 \in \mathfrak{a}_2$. Man zeige, daß der Durchschnitt von $f^{-1}(L^3)$ mit einer Umgebung von $(\mathbf{w}_1, \mathbf{w}_2, \mathbf{w}_3)$ eine Untermannigfaltigkeit von $W_1 \times W_2 \times W_3$ der Dimension $3(m-2) - (2s_r + s_{r+1})$ mit $s_{r+1} = s_{r+1}(x, \mathbf{u}_1, \dots, \mathbf{u}_{r+1})$ ist, und leite schließlich daraus her, daß $s_{r+1} \leqq s_r$ ist.

b) Nun sei E_x ein r-dimensionales *reguläres* Integralelement von $\mathfrak{a}$, das von r Vektoren $\mathbf{u}_1, \dots, \mathbf{u}_r$ erzeugt wird und für welches

$$s_0(x) + s_1(x, \mathbf{u}_1) + \cdots + s_r(x, \mathbf{u}_1, \dots, \mathbf{u}_r) = n - r$$

ist, so daß *kein* $(r+1)$-dimensionales Integralelement existiert, das E_x enthält. Es sei G_x der von den Vektoren $\mathbf{u}_1, \dots, \mathbf{u}_{r-2}$ erzeugte Teilraum von E_x und H_x ein zu G_x komplementärer Teilraum in $\{x\} \times \boldsymbol{R}^n$, der $\mathbf{u}_{r-1}$ und $\mathbf{u}_r$ enthält. $M_{r-1}(x, \mathbf{u}_2, \dots, \mathbf{u}_{r-2})$ ist direkte Summe von G_x und $V_x = H_x \cap M_{r-1}(x, \mathbf{u}_1, \dots, \mathbf{u}_{r-2})$ und hat die Dimension

$$m = n - r + 2 - (s_0(x) + s_1(x, \mathbf{u}_1) + \cdots + s_{r-2}(x, \mathbf{u}_1, \dots, \mathbf{u}_{r-2}))\,.$$

Ferner sei $(\mathbf{w}_1, \dots, \mathbf{w}_m)$ eine Basis von V_x mit $\mathbf{w}_1 = \mathbf{u}_{r-1}$, $\mathbf{w}_2 = \mathbf{u}_r$. Man kann darüber hinaus voraussetzen, daß $\mathbf{w}_1, \mathbf{w}_2, \dots, \mathbf{w}_{m-s_{r-1}}$ (mit $s_{r-1} = s_{r-1}(x, \mathbf{u}_1, \dots, \mathbf{u}_{r-1})$) eine Basis des Teilraums W_x von V_x bilden, auf dem sämtliche Linearformen $\mathbf{v} \to \langle \mathbf{v} \wedge \mathbf{w}_1, \widetilde{\omega}_2(x)\rangle$ mit $\widetilde{\omega}_2 \in \mathfrak{a}_2$ verschwinden). Außerdem sei jetzt s_{r-1} der größte Wert der $s_{r-1}(x, \mathbf{u}_1, \dots, \mathbf{u}_{r-2}, \mathbf{v})$ für $\mathbf{v} \in V_x$, so daß

$$s_{r-1}(x, \mathbf{u}_1, \dots, \mathbf{u}_{r-2}, \mathbf{u}_r) \leqq s_{r-1}$$

gilt. Man zeige, daß der Durchschnitt von W_x und $M_r(x, \mathbf{u}_1, \dots, \mathbf{u}_{r-2}, \mathbf{u}_r)$ die Gerade $\boldsymbol{R}\mathbf{u}_{r-1}$ ist (sonst würde ein $(r+1)$-dimensionales Integralelement existieren, das E_x enthält). Schließlich leite man hieraus her, *daß* $s_r \leqq s_{r-1}$ *ist*, wobei $s_r = s_r(x, \mathbf{u}_1, \dots, \mathbf{u}_r)$ gesetzt ist.

2. Es sei $\mathfrak{a}_0 = \{0\}$ und $M = P \times Q$, wobei P (bzw. Q) eine offene Teilmenge von $\boldsymbol{R}^p$ (bzw. $\boldsymbol{R}^{n-p}$) ist. Für jeden Vektor $\mathbf{u} \in \{x\} \times \boldsymbol{R}^n$ mit $x = (y, z)$ bezeichne $\mathbf{u}''$ seine Projektion auf den (mit $T_z(Q)$ identifizierten) Raum $\{z\} \times \boldsymbol{R}^{n-p}$. Ist ein p-dimensionales Integralelement $(x, \mathbf{u}_1, \dots, \mathbf{u}_p)$ von $\mathfrak{a}$ gegeben derart, daß das Integralelement $(x, \mathbf{u}_1, \dots, \mathbf{u}_{p-1})$ *regulär* ist, so nennt man das durch $\mathfrak{a}$ definierte System in einer Umgebung von $(x, \mathbf{u}_1, \dots, \mathbf{u}_p)$ *in Involution bezüglich* P (oder bezüglich der ersten p Koordinaten), wenn die Projektionen $\mathbf{u}_j'$ $(1 \leqq j \leqq p)$ der $\mathbf{u}_j$ auf den (mit $T_y(P)$ identifizierten) Raum $\{y\} \times \boldsymbol{R}^p$ linear unabhängig sind. Gleichbedeutend damit ist die Aussage, die Projektionen von

$$M_1(x),\quad M_2(x, \mathbf{u}_1), \dots,\quad M_p(x, \mathbf{u}, \dots, \mathbf{u}_{p-1})$$

auf $\{y\} \times \boldsymbol{R}^p$ seien *surjektiv*. Für jedes $q < p$ bezeichne

$$s_0''(x) + s_1''(x, \mathbf{u}_1) + \cdots + s_q''(x, \mathbf{u}_1, \dots, \mathbf{u}_q)$$

den Rang des Systems linearer Gleichungen *in* $\mathbf{v}'' \in \{z\} \times \boldsymbol{R}^{n-p}$

$$\langle \mathbf{u}_{i_1} \wedge \cdots \wedge \mathbf{u}_{i_{r-1}} \wedge \mathbf{v}'', \widetilde{\omega}_r(x)\rangle = 0$$

für $1 \leqq r \leqq q$, $i_1 < i_2 < \cdots < i_{r-1}$, $\widetilde{\omega}_r \in \mathfrak{a}_r$. Das durch $\mathfrak{a}$ definierte System ist in einer Umgebung von $(x, \mathbf{u}_1, \dots, \mathbf{u}_p)$ genau dann in Involution bezüglich P, wenn

$s''_q(x, \mathfrak{u}_1, \ldots, \mathfrak{u}_q) = s_q(x, \mathfrak{u}_1, \ldots, \mathfrak{u}_q)$ für $0 \leqq q \leqq p - 1$ gilt. Gleichbedeutend damit ist die Aussage, es sei

$$\begin{aligned} &ps_0(x) + (p-1)\, s_1(x, \mathfrak{u}_1) + \cdots + s_{p-1}(x, \mathfrak{u}_1, \ldots, \mathfrak{u}_{p-1}) \\ &= ps''_0(x) + (p-1)\, s''_1(x, \mathfrak{u}_1) + \cdots + s''_{p-1}(x, \mathfrak{u}_1, \ldots, \mathfrak{u}_{p-1}) \,. \end{aligned}$$

Man nennt das durch $\mathfrak{a}$ definierte System *im Punkt x in Involution bezüglich P*, wenn ein p-dimensionales Integralelement $(x, \mathfrak{u}_1, \ldots, \mathfrak{u}_p)$ existiert, das die obigen Eigenschaften hat. Das System ist dann in einer Umgebung von x in Involution bezüglich P.

3. a) In den Bezeichnungen von Aufgabe 2 sei $p = 2$, und $\mathfrak{a}_2$ werde von den m 2-Formen $\tilde{\omega}_2^{(j)}$ $(1 \leqq j \leqq m)$ erzeugt, für welche die m 2-Kovektoren $\tilde{\omega}_2^{(j)}(y)$ in einer Umgebung von x linear unabhängig sind. Außerdem sei $s''_0(x) = s_0(x)$ und die Projektion von $M_1(x)$ auf den (mit $\boldsymbol{R}\mathfrak{e}_1 \oplus \boldsymbol{R}\mathfrak{e}_2$ identifizierten) Raum P surjektiv. Man zeige: Gilt $s''_1(x, \mathfrak{u}_1) = m$ für ein $\mathfrak{u}_1 \in M_1(x)$, so ist das durch $\mathfrak{a}$ definierte System im Punkt x in Involution bezüglich P. Man beweise die Umkehrung, wenn die Einschränkungen aller 2-Kovektoren $\tilde{\omega}_2(x)$ für $\tilde{\omega}_2 \in \mathfrak{a}_2$ auf $\{z\} \times \boldsymbol{R}^{n-2}$ Null sind.

b) Man betrachte für $n = 6$ das differenzierbare System

$$dx^1 \wedge dx^3 + dx^2 \wedge dx^4 = 0\,, \qquad dx^2 \wedge dx^3 = 0\,,$$
$$dx^2 \wedge dx^5 = 0\,, \qquad dx^5 \wedge dx^6 = 0$$

und zeige, daß es in Involution bezüglich P ist.

c) Man betrachte für $n = 5$ das differenzierbare System

$$dx^1 \wedge dx^3 = 0\,, \qquad dx^2 \wedge dx^3 = 0\,, \qquad dx^3 \wedge dx^4 = 0\,, \qquad dx^3 \wedge dx^5 = 0$$

und zeige, daß es nicht in Involution bezüglich P ist.

d) Man betrachte für $n = 5$ das differenzierbare System

$$dx^3 \wedge dx^4 = 0\,, \qquad dx^4 \wedge dx^5 = 0\,, \qquad dx^3 \wedge dx^5 = 0$$

und zeige, daß es in Involution bezüglich P ist, obgleich $s''_1(x, \mathfrak{u}_1) < m$ ist.

4. Es sei $\pi\colon M' \to M$ eine surjektive Submersion. Für jedes von einem Differentialideal $\mathfrak{a}$ erzeugte differenzierbare System auf M bezeichne ${}^t\pi(\mathfrak{a})$ das von den ${}^t\pi(\alpha)$ erzeugte Differentialideal auf M', wobei α das Ideal $\mathfrak{a}$ durchläuft. Man beschreibe, wie man die Integralelemente des durch ${}^t\pi(\mathfrak{a})$ definierten Systems erhält. Ist $M = P \times Q$, $M' = P \times Q'$ und $\pi = 1_P \times \sigma$, wobei $\sigma = Q' \to Q$ eine surjektive Submersion ist, so ist das durch ${}^t\pi(\mathfrak{a})$ definierte differenzierbare System in einem Punkt $x' \in M'$ genau dann in Involution bezüglich P, wenn das durch $\mathfrak{a}$ definierte differenzierbare System im Punkt $\pi(x')$ in Involution bezüglich P ist.

18.11. Formulierung des Integrationsproblems

18.11.1. Unter den Voraussetzungen und in den Bezeichnungen von (18.10.4) wollen wir in einem Punkt $x_0 \in M_0$ ein p-dimensionales *reguläres* Integralelement F_{x_0} betrachten, von dem wir annehmen, es sei der *Tangentialteilraum* einer p-dimensionalen *Integralmannigfaltigkeit* $N_0 \subset M_0$ im Punkt x_0 des durch das Ideal $\mathfrak{a}$ definierten differenzierbaren Systems. Es sei $(\mathfrak{u}_{10}, \mathfrak{u}_{20}, \ldots, \mathfrak{u}_{p0})$ eine Basis von F_{x_0} derart, daß der Punkt $(x_0, \mathfrak{u}_{10}, \ldots, \mathfrak{u}_{p0})$ zu der in (18.10.4) definierten offenen Menge $V_p \subset M_p$ gehört; wir setzen $s_q = s_q(x_0, \mathfrak{u}_{10}, \dots, \mathfrak{u}_{q0})$ für $0 \leqq q \leqq p$, so daß eine Umgebung W von $(x_0, \mathfrak{u}_{10}, \dots, \mathfrak{u}_{p0})$ in V_p existiert derart, daß $s_q(x, \mathfrak{u}_1, \dots, \mathfrak{u}_q) = s_q$ für jeden Punkt $(x, \mathfrak{u}_1, \dots, \mathfrak{u}_p) \in W$ und für $0 \leqq q \leqq p$ gilt. Mit Hilfe einer affinen linearen Transformation kann man erreichen, daß $x_0 = 0$ ist und $\mathfrak{u}_{10}, \dots, \mathfrak{u}_{p0}$ die ersten p Vektoren $\mathbf{e}_1, \dots, \mathbf{e}_p$ der kanonischen Basis des $\boldsymbol{R}^n$ sind. Ersetzt man erforderlichenfalls M durch eine offene Umgebung von x_0, so folgt daraus nach (16.8.3.2), daß man für N_0 die Menge der Punkte wählen kann, die den Gleichungen

18.11.1.1. $x^{p+k} = f_k(x^1, \dots, x^p) \qquad (1 \leqq k \leqq n - p)$

genügen, wobei die f_k der Klasse C^∞ angehören und die Determinante der Funktionalmatrix $(D_j f_k(0))$ gleich Null ist.

Für jeden zu 0 benachbarten Punkt $x \in N_0$ kann der Tangentialraum von N_0 in diesem Punkt daher mit demjenigen Teilraum von $\{x\} \times \boldsymbol{R}^n$ identifiziert werden, der von den Vektoren

$$\mathfrak{u}_j = \mathbf{e}_j + \sum_{k=1}^{n-p} \frac{\partial f_k}{\partial x^j} \mathbf{e}_{p+k}$$

erzeugt wird, die den $\mathbf{e}_j$ $(1 \leqq j \leqq p)$ beliebig benachbart sind. Da dieser Teilraum nach Voraussetzung ein p-dimensionales Integralelement ist, gehört der Punkt $(x, \mathfrak{u}_1, \dots, \mathfrak{u}_p)$ der oben definierten Menge W an, sobald x hinreichend, nahe bei x_0 in N_0 liegt.

18.11.2. Wir setzen $r = s_0 + s_1 + \cdots + s_p$, und *es sei* $r < n - p$; dann hat der F_{x_0} enthaltende Teilraum $G_{x_0} = M_{p+1}(x_0, \mathfrak{u}_{10}, \dots, \mathfrak{u}_{p0})$ von $\{x_0\} \times \boldsymbol{R}^n$ die Dimension $n - r > p$. Es sei daher $\mathfrak{u}_{p+1,0}$ ein *nicht in* F_{x_0} *enthaltener* Vektor aus G_{x_0}. Setzt man $F'_{x_0} = F_{x_0} \oplus \boldsymbol{R}\mathfrak{u}_{p+1,0}$, so besteht das Integrationsproblem, das wir behandeln wollen, in folgendem:

1° untersuchen, ob in einer hinreichen kleinen Umgebung von x_0 eine $(p+1)$-*dimensionale Integralmannigfaltigkeit* des differenzierbaren Systems *existiert,* die N_0 enthält und deren Tangentialraum im Punkt x_0 mit F'_{x_0} übereinstimmt;

2° untersuchen, worin die „Unbestimmtheit" dieser Lösungen besteht, wenn eine solche Integralmannigfaltigkeit existiert.

Um den zweiten Punkt zu präzisieren, bezeichnen wir mit H_{x_0} einen Vektorteilraum von $\{x_0\} \times \boldsymbol{R}^n$, der *zu* G_{x_0} *komplementär* ist, also die Dimension r hat. Es sei P_0 eine *Untermannigfaltigkeit* der *Dimension* $r + p + 1$ von M, die *nur* den Bedingungen unterworfen ist, daß sie N_0 *enthält* und im Punkt x_0 den Teilraum $F'_{x_0} \oplus H_{x_0}$ als Tangentialraum hat. Wir untersuchen dann, ob eine *eindeutig bestimmte* Integralmannigfaltigkeit existiert, welche die Bedingung 1° erfüllt und der zusätzlichen Bedingung genügt, *in* P_0 *enthalten* zu sein (Cauchysches Problem).

Man kann wieder voraussetzen, es sei $\mathfrak{u}_{p+1,0} = \mathbf{e}_{p+1}$, und G_{x_0} werde von den Vektoren $\mathbf{e}_1, \dots, \mathbf{e}_{n-r}$ und H_{x_0} von den Vektoren $\mathbf{e}_{n-r+1}, \dots, \mathbf{e}_n$ erzeugt. Aufgrund von (16.8.3.2) können wir voraussetzen, P_0 sei durch ein System von Gleichungen

18.11.2.1. $x^{p+1+k} = g_k(x^1, \dots, x^{p+1}, x^{n-r+1}, \dots, x^n)$
$(1 \leqq k \leqq n - r - p - 1)$

definiert, wobei die g_k Funktionen der Klasse C^∞ sind, die *nur* den Bedingungen

$$g_k(x^1, \dots, x^p, f_1(x^1, \dots, x^p), f_{n-r-p+1}(x^1, \dots, x^p), \dots, f_{n-p}(x^1, \dots, x^p)) = f_{k+1}(x^1, \dots, x^p)$$

und $D_j g_k(0) = 0$ für $1 \leqq k \leqq n - r - p - 1$ und für $j = 1, \dots, p + 1, n - r + 1, \dots, n - r$ zu genügen brauchen. Die Funktionaldeterminante der n Funktionen

$$x_j \ (1 \leqq j \leqq p + 1, n - r + 1 \leqq j \leqq n),$$
$$x^{p+1-k} - g_k(x^1, \dots, x^{p+1}, x^{n-r+1}, \dots, x^n)$$
$$(1 \leqq k \leqq n - r - p - 1)$$

ist im Ursprung gleich 1; daher gibt es nach dem Satz über implizite Funktionen einen Diffeomorphismus einer Umgebung von 0 auf eine offene Umgebung von 0 derart, daß das Bild von P_0 die durch $x^{p+1+k} = 0$ $(1 \leqq k \leqq n - r - p - 1)$ definierte *lineare Mannigfaltigkeit* ist. Nimmt man diesen Diffeomorphismus als ausgeführt an, so kann man voraussetzen, die Mannigfaltigkeit P_0 sei durch

18.11.2.2. $x^{p+1+k} = 0 \qquad (1 \leqq k \leqq n - r - p - 1)$

gegeben, und da diese Mannigfaltigkeit N_0 enthalten muß, haben die Gleichungen von N_0 die Gestalt

18.11.2.3.
$$\begin{cases} x^{p+1} = f_1(x^1, \dots, x^p), \\ x^{p+1+k} = 0 \qquad (1 \leqq k \leqq n - r - p - 1), \\ x^{p+k} = f_k(x^1, \dots, x^p) \quad (n - r - p + 1 \leqq k \leqq n - p). \end{cases}$$

Die Funktionaldeterminante der $r + p + 1$ Funktionen

$$x_j \quad (1 \leqq j \leqq p),$$
$$x^{p+1} - f_1(x^1, \dots, x^p),$$
$$x^{p+k} - f_k(x^1, \dots, x^p) \qquad (n - r - p + 1 \leqq k \leqq n - p)$$

ist gleich 1; daher kann man aufgrund derselben Überlegungen wie oben annehmen, man hätte einen zweiten Diffeomorphismus angewendet (der $x^{p+2}, \dots, x^{n-r}$ invariant läßt), so daß die Mannigfaltigkeit N_0 durch

18.11.2.4. $x^{p+k} = 0 \qquad (1 \leqq k \leqq n - p)$

gegeben wird.

18.11.3. Aus (16.8.3.2) ergibt sich ferner: Existiert eine *in* P_0 *enthaltene* $(p + 1)$-dimensionale Integralmannigfaltigkeit, *die* N_0 *enthält* und *im Punkt* x_0 *den Tangentialraum* F'_{x_0} hat, so ist sie durch die Gleichungen

18.11.3.1.
$$\begin{cases} x^{p+1+k} = 0 \qquad (1 \leqq k \leqq n - r - p - 1), \\ x^{n-r+k} = v_k(x^1, \dots, x^p, x^{p+1}) \qquad (1 \leqq k \leqq r) \end{cases}$$

gegeben, mit den „Anfangsbedingungen“

18.11.3.2. $v_k(x^1, \dots, x^p, 0) = 0 \qquad (1 \leqq k \leqq r)$

für die Funktionen v_k der Klasse C^∞.

Aufgrund von (18.10.6) müssen die v_k, wenn sie das Gewünschte leisten sollen, (auf einer Umgebung von 0), außer (18.11.3.2) noch folgenden Bedingungen genügen: Für *jede zu* $\mathfrak{a}_{p+1}$ *gehörige* $(p+1)$*-Form*

18.11.3.3. $\tilde{\omega}_{p+1} = \sum A_{i_1 i_2 \cdots i_{p+1}} dx^{i_1} \wedge dx^{i_2} \wedge \cdots \wedge dx^{i_{p+1}}$

mit Funktionen $A_{i_1 i_2 \cdots i_{p+1}}$ der Klasse C^∞ auf M muß der Koeffizient von $dx^1 \wedge \cdots \wedge dx^{p+1}$ *Null* sein, wenn man die $A_{i_1 \cdots i_{p+1}}(x)$ durch

$$\begin{aligned} &B_{i_1 i_2 \cdots i_{p+1}}(x^1, \dots, x^{p+1}) \\ &= A_{i_1 \cdots i_{p+1}}\big(x^1, \dots, x^{p+1}, 0, \dots, 0, v_1(x^1, \dots, x^{p+1}), \dots, \\ &\qquad v_r(x^1, \dots, x^{p+1})\big), \end{aligned}$$

die dx^j für $p+2 \leqq j \leqq n-r$ durch 0 und die dx^{n-r+k} für $1 \leqq k \leqq r$ durch

$$\sum_{j=1}^{p+1} \frac{\partial v_k}{\partial x^j} dx^j$$

ersetzt.

Für *jedes* $\tilde{\omega}_{p+1} \in \mathfrak{a}_{p+1}$ erhält man dann eine *partielle Differentialgleichung* der Gestalt

18.11.3.4. $$\sum_{j=1}^{p+1} C_j\left(x^1, \dots, x^{p+1}, v_1, \dots, v_r, \frac{\partial v_1}{\partial x^1}, \dots, \frac{\partial v_1}{\partial x^p}, \dots, \frac{\partial v_r}{\partial x^1}, \dots, \frac{\partial v_r}{\partial x^p}\right) \frac{\partial v_j}{\partial x^{p+1}}$$
$$= D\left(x^1, \dots, x^{p+1}, v_1, \dots, v_r, \frac{\partial v_1}{\partial x^1}, \dots, \frac{\partial v_1}{\partial x^p}, \dots, \frac{\partial v_r}{\partial x^1}, \dots, \frac{\partial v_r}{\partial x^p}\right),$$

wobei die

$$C_j(x^1, \dots, x^{p+1}, w_1, \dots, w_r, w_{11}, \dots, w_{1p}, \dots, w_{r1}, \dots, w_{rp})$$

und

$$D(x^1, \dots, x^{p+1}, w_1, \dots, w_r, w_{11}, \dots, w_{1p}, \dots, w_{r1}, \dots, w_{rp})$$

Polynome in den rp Variablen w_{ij} sind, die bezüglich jedes w_{ij} *vom Grade* 1 sind, während die Koeffizienten *der Klasse* C^∞ *angehörende Funktionen* der Variablen $x^1, \dots, x^{p+1}, w_1, \dots, w_r$ sind.

18.11.4. Nach (18.10.6) hat das System der in $\mathbf{y}$ linearen Gleichungen

18.11.4.1. $\langle \mathbf{u}_{10} \wedge \cdots \wedge \mathbf{u}_{p0} \wedge \mathbf{y}, \tilde{\omega}_{p+1}(x_0) \rangle = 0\,,$

wobei $\tilde{\omega}_{p+1}$ das Ideal $\mathfrak{a}_{p+1}$ durchläuft, den *Rang* r; die Menge der Vektoren $\mathbf{y}$, die ihm genügen, ist G_{x_0}. Daraus folgt, daß die linken Seiten von (18.11.4.1) Linearformen in $\mathbf{y}$, und zwar Kombinationen der Koordinatenfunktionen $y^{n-r+1}, \dots, y^n$ sind und daß unter ihnen r *linear unabhängige* Formen vorkommen, welche $(p+1)$*-Formen* $\tilde{\omega}^{(\alpha)}_{p+1} \in \mathfrak{a}_{p+1}$ $(1 \leqq \alpha \leqq r)$ entsprechen. Im Einklang mit (18.11.3.3) setzen wir

18.11.4.2. $\tilde{\omega}^{(\alpha)}_{p+1} = \sum A^{(\alpha)}_{i_1 \cdots i_{p+1}} dx^{i_1} \wedge \cdots \wedge dx^{i_{p+1}}\,.$

Aus dem Vorhergehenden folgt, daß die Determinante

$$\det\left(A^{(\alpha)}_{1,2,\dots,p,n-r+k}(0)\right) \qquad (1 \leqq \alpha \leqq r,\ 1 \leqq k \leqq r)$$

von Null verschieden ist. Nun entspricht jeder dieser Formen $\tilde{\omega}^{(\alpha)}_{p+1}$, für die unbekannten Funktionen v_k, eine Gleichung vom Typ (18.11.3.4). Mit anderen Worten, es gibt für diese r Funktionen ein *System von r partiellen Differentialgleichungen*

18.11.4.3. $$\sum_{j=1}^{p+1} C^{(\alpha)}_j\left(x^1, \dots, x^{p+1}, v_1, \dots, v_r, \frac{\partial v_1}{\partial x^1}, \dots, \frac{\partial v_1}{\partial x^p}, \dots, \frac{\partial v_r}{\partial x^1}, \dots, \frac{\partial v_r}{\partial x^p}\right)\frac{\partial v_j}{\partial x^{p+1}}$$
$$= D^{(\alpha)}\left(x^1, \dots, x^{p+1}, v_1, \dots, v_r, \frac{\partial v_1}{\partial x^1}, \dots, \frac{\partial v_r}{\partial x^p}\right) \qquad (1 \leqq \alpha \leqq r)\,.$$

Wir zeigen nun, daß

18.11.4.4. $$\det\left(C^{(\alpha)}_j(0, \dots, 0)\right) \neq 0$$

gilt. Aufgrund der Definitionen (18.11.3) erhält man nämlich

$$C^{(\alpha)}_j(x^1, \dots, x^p, v_1, \dots, v_r, 0, \dots, 0)\,,$$

wenn man in $\tilde{\omega}^{(\alpha)}_{p+1}$ die dx^j für $p+2 \leqq j \leqq n-r$ durch 0 und die dx^{n-r+k} für $1 \leqq k \leqq r$, durch $(\partial v_k/\partial x^{p+1})\, dx^{p+1}$ ersetzt; dies liefert eine $(p+1)$-Form, die ein Vielfaches von $dx^1 \wedge dx^2 \wedge \cdots \wedge dx^{p+1}$ ist, mit dem skalaren Koeffizienten

$$\sum_{j=1}^{r} A^{(\alpha)}_{1,2,\dots,p,n-r+j}(x^1, \dots, x^{p+1}, 0, \dots, 0, v_1, \dots, v_r)\frac{\partial v_j}{\partial x^{p+1}}\,,$$

so daß

$$C^{(\alpha)}_j(x^1, \dots, x^{p+1}, v_1, \dots, v_r, 0, \dots, 0)$$
$$= A^{(\alpha)}_{1,2,\dots,p,n-r+j}(x^1, \dots, x^{p+1}, 0, \dots, 0, v_1, \dots, v_r)$$

ist. Unsere Behauptung folgt dann aus den obigen Überlegungen.

Das System (18.11.4.3) läßt sich daher aufgrund der Cramerschen Formeln in der Gestalt

18.11.4.5. $$\frac{\partial v_j}{\partial x^{p+1}} = H_j\left(x^1, \dots, x^{p+1}, v_1, \dots, v_r, \frac{\partial v_1}{\partial x^1}, \dots, \frac{\partial v_r}{\partial x^p}\right) \quad (1 \leqq j \leqq r)$$

schreiben, wobei auf den rechten Seiten die

$$H_j(x^1, \dots, x^{p+1}, w_1, \dots, w_r, w_{11}, \dots, w_{1p}, \dots, w_{r1}, \dots, w_{rp})$$

rationale Funktionen in $w_{11}, \dots, w_{rp}$ sind, deren Koeffizienten Funktionen *der Klasse* C^∞ in $x^1, \dots, x^{p+1}, w_1, \dots, w_r$ sind. Diese rationalen Funktionen sind für

$$x^1 = \cdots = x^{p+1} = 0\,, \qquad w_1 = \cdots = w_r = 0\,, \qquad w_{11} = \cdots = w_{rp} = 0$$

definiert (da ihr Nenner die nach (18.11.4.4) von 0 verschiedene Determinante ist).

18.11.5. *Entgegen den Erwartungen, die man aufgrund des Cauchyschen Existenzsatzes* (10.4.5) *hegen könnte*, lassen sich Beispiele von Systemen partieller Differentialgleichungen der Gestalt (18.11.4.5) angeben, bei denen die H_j bezüglich der w_{jk} *affine lineare Funktionen der Klasse* C^∞ auf dem ganzen Raum $\boldsymbol{R}^N$ ($N = p + 1 + r + rp$) sind, die auf einer Umgebung des Ursprungs von $\boldsymbol{R}^{p+1}$ *nicht einmal eine* Lösung $(v_1, \ldots, v_r)$ in Funktionen der Klasse C^1 besitzen.

Immerhin werden wir in Abschnitt 18.12 sehen, daß man die Existenz einer Lösung von (18.11.4.5) beweisen kann, wenn die H_j auf einer Umgebung des Ursprungs *analytisch* sind, und zwar mit einer Methode (der sogenannten *Majorantenmethode*), welche die Eigenschaften von Potenzreihen ausnutzt.

Wir zeigen ferner (Abschnitt 18.14, Abschnitt 18.17 und Kapitel 23), daß sich für *gewisse* Systeme partieller Differentialgleichungen die Existenz einer Lösung auch dann noch beweisen läßt, wenn die H_j *lediglich der Klasse* C^∞ *angehören.*

Aufgabe

Man betrachte im $\boldsymbol{R}^3$ das folgende System zweier partieller Differentialgleichungen in zwei reellen unbestimmten Funktionen v_1, v_2

$$(*)\qquad \begin{cases} \dfrac{\partial v_1}{\partial x^1} = \dfrac{\partial v^2}{\partial x^2} - 2x^2\dfrac{\partial v_1}{\partial x^3} - 2x^1\dfrac{\partial v_2}{\partial x^3} - f'(x^3)\,, \\[2ex] \dfrac{\partial v_2}{\partial x^1} = -\dfrac{\partial v_1}{\partial x^2} + 2x^1\dfrac{\partial v_1}{\partial x^3} - 2x^2\dfrac{\partial v_2}{\partial x^3}\,, \end{cases}$$

wobei f eine reelle Funktion der Klasse C^∞ auf $\boldsymbol{R}$ ist. Setzt man $u = v_1 + iv_2$, so erhält man eine einzige, dem System äquivalente Gleichung in u:

$$-\frac{\partial u}{\partial x^1} - i\frac{\partial u}{\partial x^2} + 2i(x^1 + ix^2)\frac{\partial u}{\partial x^3} = f'(x^3)\,.$$

Wir nehmen an, es gebe eine auf einer Umgebung V von 0 in $\boldsymbol{R}^3$ der Klasse C^1 angehörende komplexwertige Lösung $u(x^1, x^2, x^3)$ dieser Gleichung. Für hinreichend kleines r setzen wir $w(y, x^3, \theta) = u\left(\sqrt{y}\cos\theta, \sqrt{y}\sin\theta, x^3\right)$ für $0 \leqq y \leqq r$, $|x^3| < r$, $0 \leqq \theta \leqq 2\pi$. Es sei

$$U(y, x^3) = \int_0^{2\pi} \sqrt{y}\, e^{i\theta} w(y, x^3, \theta)\, d\theta;$$

diese Funktion ist für $0 \leqq y < r$, $|x^3| < r$ stetig. Man zeige, daß für $y > 0$

$$\frac{\partial U}{\partial y} = \frac{1}{2}\int_0^{2\pi}\left(\frac{\partial u}{\partial x^1} + i\frac{\partial u}{\partial x^2}\right) d\theta$$

gilt, und leite daraus her, daß mit $V(x^3, y) = U(y, x^3) + \pi i f(x^3)$ die Beziehung

$$\frac{\partial V}{\partial x^3} + i\frac{\partial V}{\partial y} = 0$$

für $0 < y < r$, $|x^3| < r$ erfüllt ist. Hieraus leite man her, daß eine für $|z| < r$ *holomorphe* Funktion $g(z)$ existiert derart, daß für $|x^3 + iy| < r$ und $y \geqq 0$ die Beziehung $V(x^3, y) = g(x^3 + iy)$ gilt.[1])

Man zeige, daß dieser Schluß *falsch* ist, wenn die Funktion f auf einer Umgebung von Null nicht analytisch ist (*Beispiel von* H. LEWY).

18.12. Der Satz von Cauchy-Kowalewskaja

18.12.1. (Satz von CAUCHY-KOWALEWSKAJA). *Es sei ein System partieller Differentialgleichungen* (18.11.4.5) *gegeben, wobei die H_j auf einer Umgebung U von 0 in $\boldsymbol{R}^{p+1+r+rp}$ analytisch sind. Dann gibt es eine Umgebung V_0 von 0 in $\boldsymbol{R}^{p+1}$ derart, daß für jede zusammenhängende offene Umgebung $V \subset V_0$ von 0 genau eine Lösung $(v_1, \ldots, v_r)$ von* (18.11.4.5) *mit $v_j(x^1, \ldots, x^p, 0) = 0$ $(1 \leqq j \leqq r)$ auf $V \cap \boldsymbol{R}^p$ existiert, deren Funktionen v_j auf V analytisch sind.*

Nach Voraussetzung existiert in $\boldsymbol{R}^{p+1+r+rp}$ eine offene Kugel K mit dem Mittelpunkt 0 und dem Radius R_0 derart, daß für $1 \leqq j \leqq r$ für $|x^i| < R_0$, $|u_j| < R_0$, $|w_{jk}| < R_0$ $(1 \leqq i \leqq p+1, 1 \leqq j \leqq r, 1 \leqq k \leqq p)$

18.12.1.1. $$H_j(x^1, \ldots, x^{p+1}, u_1, \ldots, u_r, w_{11}, \ldots, w_{rp}) = \sum_{\alpha,\beta,\gamma} c_{\alpha\beta\gamma}^{(j)} x^\alpha u^\beta w^\gamma$$

gilt; dabei sei wie üblich

$$x^\alpha = (x^1)^{\alpha_1} (x^2)^{\alpha_2} \cdots (x^{p+1})^{\alpha_{p+1}}, \qquad u^\beta = u_1^{\beta_1} \cdots u_r^{\beta_r},$$

$$w^\gamma = \prod_{j=1}^{r} \prod_{k=1}^{p} w_{jk}^{\gamma_{jk}}.$$

Die Reihen auf der rechten Seite der Gleichungen werden als konvergent auf K vorausgesetzt.

Wir nehmen für einen Augenblick *an*, daß eine Zahl $\varrho > 0$ und ein System von für $|x^i| < \varrho$ $(1 \leqq i \leqq p+1)$ konvergenten Potenzreihen

18.12.1.2. $$v_j(x^1, \ldots, x^{p+1}) = \sum_\lambda a_{j\lambda} x^\lambda \qquad (1 \leqq j \leqq r)$$

existieren derart, daß für diese Werte der x^i der Punkt

$$\left(x^1, \ldots, x^{p+1}, v_1(x), \ldots, v_r(x), \frac{\partial v_1}{\partial x^1}, \ldots, \frac{\partial v_1}{\partial x^p}, \ldots, \frac{\partial v_r}{\partial x^1}, \ldots, \frac{\partial v_r}{\partial x^p}\right)$$

zu K gehört, daß die Relationen (18.11.4.5) erfüllt sind und daß

$$v_j(x^1, \ldots, x^p, 0) = 0 \qquad (1 \leqq j \leqq r)$$

ist. Dann gilt für $|x^i| < \varrho$ $(1 \leqq i \leqq p+1)$

18.12.1.3. $$\frac{\partial v_j}{\partial x^k} = \sum_\lambda \lambda_k a_{j\lambda} x^{\lambda - \varepsilon_k} \qquad (1 \leqq j \leqq r, 1 \leqq k \leqq p+1),$$

---

1) Vgl. J. DIEUDONNÉ, Calcul infinitésimal, Hermann, Paris 1968, S. 260–261.

wobei ε_k der Multiindex $(\delta_{kl})_{1 \leqq l \leqq p+1}$ (Kroneckersymbol) ist und die Reihen auf den rechten Seiten von (18.12.1.3) konvergieren. Außerdem sind die konstanten Glieder der Reihen (18.12.1.2) und der Reihen (18.12.1.3) *für* $k \leqq p$ nach Voraussetzung gleich *Null*. Nun folgt aus dem Einsetzungssatz für Potenzreihen (9.2.2) die Existenz einer Zahl ϱ' mit $0 < \varrho' < \varrho$ derart, daß für $|x^i| < \varrho'$ $(1 \leqq i \leqq p+1)$ die Potenzreihen (18.12.1.2) anstelle der $u_j (1 \leqq j \leqq r)$ und die Potenzreihen (18.12.1.3) anstelle der w_{jk} $(1 \leqq j \leqq r,\ 1 \leqq k \leqq p)$ in die Potenzreihen H_j eingesetzt werden können. Wir schreiben nun jede der Potenzreihen (18.12.1.3) für $k = p+1$ $(1 \leqq j \leqq r)$ als Potenzreihe nach Durchführung dieser Substitution auf; das liefert für $1 \leqq j \leqq r$ und jeden Multiindex λ (vgl. (9.1.6)) die Beziehung

$$\textbf{18.12.1.4.}\quad \lambda_{p+1} a_{j\lambda} = \sum_{\alpha,\beta,\gamma,(\mu_{mh}),(\nu_{nhk})} c_{\alpha\beta\gamma}^{(j)} \left(\prod_{h=1}^{r} \prod_{m=0}^{\beta_h} a_{h,\mu_{mh}} \right) \left(\prod_{h=1}^{r} \prod_{k=1}^{p} \prod_{n=0}^{\gamma_{hk}} (\nu_{nhk})_k \, a_{h,\nu_{nhk}} \right),$$

wobei μ_{mh} und ν_{nhk} *Multiindizes* sind ($(\nu_{nhk})_k$ ist dabei die Komponente vom Index k von ν_{nhk}) und sich für *gegebenes* λ die Summation über alle (*endlich vielen*) Multiindizes erstreckt, die der Relation

$$\textbf{18.12.1.5}\quad \lambda - \varepsilon_{p+1} = \alpha + \sum_{h=1}^{r} \sum_{m=0}^{\beta_h} \mu_{mh} + \sum_{h=1}^{r} \sum_{k=1}^{p} \sum_{n=0}^{\gamma_{hk}} (\nu_{nhk} - \varepsilon_k)$$

genügen (wir haben notiert, daß die Koeffizienten von $x^{\lambda - \varepsilon_{p+1}}$ in den beiden Potenzreihen der j-ten Gleichung (18.11.4.5) einander gleich sind, indem wir die Produkte von Gliedern in der Art wie in Abschnitt 9.2 betrachtet haben).

Die Relation (18.12.1.5) liefert insbesondere für die Komponenten vom Index $p+1$ der beiden Seiten

$$\textbf{18.12.1.6.}\quad \lambda_{p+1} - 1 = \alpha_{p+1} + \sum_{h=1}^{r} \sum_{n=0}^{\beta_h} (\mu_{mh})_{p+1} + \sum_{h=1}^{r} \sum_{k=1}^{p} \sum_{n=0}^{\gamma_{hk}} (\nu_{nhk})_{p+1}\,.$$

Wir werden nun hieraus herleiten, daß die $a_{j\lambda}$ durch die Relationen (18.12.1.4) *vollständig bestimmt* sind. Für $\lambda_{p+1} = 0$ sind nach der Voraussetzung $v_j(x^1, \ldots, x^p, 0) = 0$ aufgrund von (9.1.6) die $a_{j\lambda}$ sämtlich *Null*. Nun schließen wir durch Induktion nach λ_{p+1} weiter. Aufgrund der Relation (18.12.1.6) gelten für die Multiindizes μ_{mh} und ν_{nhk}, die für einen gegebenen Multiindex λ auf den rechten Seiten der Gleichungen (18.12.1.4) vorkommen, die Beziehungen $(\mu_{mh})_{p+1} < \lambda_{p+1}$ und $(\nu_{nhk})_{p+1} < \lambda_{p+1}$. Ist nun $\lambda_{p+1} \geqq 1$ und sind die $a_{h\sigma}$ für $\sigma_{p+1} < \lambda_{p+1}$ bekannt, so bestimmen die Relationen (18.12.1.4) die $a_{j\lambda}$ *eindeutig*. Damit ist aufgrund von (9.1.6) nach dem Prinzip der analytischen Fortsetzung (9.4.2) schon die *Eindeutigkeitsaussage* von (18.12.1) bewiesen.

Nun muß umgekehrt gezeigt werden: Werden die reellen Zahlen $a_{j\lambda}$ durch Induktion nach λ_{p+1} für $\lambda_{p+1} = 0$ durch $a_{j\lambda} = 0$ und für $\lambda_{p+1} \geqq 1$ durch (18.12.1.4) *definiert*, so sind die Reihen (18.12.1.2) mit diesen Koeffizienten auf einer Umgebung von Null absolut *konvergent*. Ist dies nämlich der Fall, so kann man, da die konstanten Glieder der Reihen (18.12.1.2) und ihrer Ableitungen (18.12.1.3) *für* $1 \leqq k \leqq p$ *verschwinden*, nach (9.2.2) diese Reihen anstelle von u_j bzw. w_{jk} in die Reihen (18.12.1.1) einsetzen, wenn für $1 \leqq i \leqq p+1$ nur $|x^i| < \varrho''$ hinreichend klein ist. Die durch (18.12.1.2) für $|x^i| < \varrho''$ $(1 \leqq i \leqq p+1)$

definierten analytischen Funktionen v_j leisten dann das Gewünschte, da die $a_{j\lambda}$ tatsächlich den Relationen (18.12.1.4) genügen.

Um diese Konvergenz zu beweisen, verwenden wir die Cauchysche *Majorantenmethode.* Sie besteht darin, auf einer Umgebung von 0 konvergente Potenzreihen

18.12.1.7. $$G_j(x^1, \dots, x^{p+1}, u_1, \dots, u_r, w_{11}, \dots, w_{rp}) = \sum_{\alpha,\beta,\gamma} C^{(j)}_{\alpha\beta\gamma} x^\alpha u^\beta w^\gamma$$

mit den folgenden beiden Eigenschaften zu finden:

1° Für alle Indizes ist $C^{(j)}_{\alpha\beta\gamma}$ eine *positive Zahl,* und es ist

18.12.1.8. $$|c^{(j)}_{\alpha\beta\gamma}| \leqq C^{(j)}_{\alpha\beta\gamma};$$

2° das System der partiellen Differentialgleichungen

18.12.1.9. $$\frac{\partial v_j}{\partial x^{p+1}} = G_j\left(x^1, \dots, x^{p+1}, v_1, \dots, v_r, \frac{\partial v_1}{\partial x^1}, \dots, \frac{\partial v_r}{\partial x^p}\right) \qquad (1 \leqq j \leqq r)$$

hat eine Lösung in auf einer Umgebung von 0 analytischen Funktionen

18.12.1.10. $$v_j(x^1, \dots, x^{p+1}) = \sum_{\lambda} A_{j\lambda} x^\lambda \qquad (1 \leqq j \leqq r),$$

wobei die $A_{j\lambda}$ *positive reelle Zahlen* sind.

Nehmen wir einmal an, wir hätten die $C^{(j)}_{\alpha\beta\gamma}$ und die $A_{j\lambda}$ gefunden, die diesen Bedingungen genügen; dann zeigt der erste Teil unserer Überlegungen, daß die Relationen

18.12.1.11. $$\lambda_{p+1} A_{j\lambda} = \sum_{\alpha,\beta,\gamma,(\mu_{mh}),(\nu_{nhk})} C^{(j)}_{\alpha\beta\gamma} \left(\prod_{h=1}^{r} \prod_{m=0}^{\beta_h} A_{h,\mu_{mh}}\right) \left(\prod_{h=1}^{r} \prod_{k=1}^{p} \prod_{n=0}^{\gamma_{hk}} (\nu_{nhk})_k\, A_{h,\nu_{nhk}}\right)$$

erfüllt sind. Es genügt zu beweisen, daß daraus für alle Indizes die Ungleichung

18.12.1.12. $$|a_{j\lambda}| \leqq A_{j\lambda}$$

folgt. Für $\lambda_{p+1} = 0$ ist das klar, da $a_{j\lambda} = 0$ ist, und allgemein erhält man dies durch Induktion nach λ_{p+1} ,wenn man die Relationen (18.12.1.4) und (18.12.1.11) vergleicht und die Ungleichungen (18.12.1.8) heranzieht.

Demnach kommt es jetzt nur noch darauf an, die G_j mit den erwähnten Eigenschaften zu bestimmen. Der Bequemlichkeit halber werden wir zunächst zeigen, daß man die konstanten Glieder $c_j = c^{(j)}_{000}$ der Reihen (18.12.1.1) gleich *Null* annehmen kann; sind nämlich die v_j $(1 \leqq j \leqq r)$ Lösungen des Systems (18.11.4.5), die für $x^{p+1} = 0$ verschwinden, so sind die Funktionen

$$\tilde{v}_j(x^1, \dots, x^{p+1}) = v_j(x^1, \dots, x^{p+1}) - c_j x^{p+1}$$

für $x^{p+1} = 0$ verschwindende Lösungen des zu (18.11.4.5) analogen Systems, das man erhält, wenn man jedes H_j durch die Funktion

$$\begin{aligned} &\tilde{H}_j(x^1, \dots, x^{p+1}, u_1, \dots, u_r, w_{11}, \dots, w_{rp}) \\ &= H_j(x^1, \dots, x^{p+1}, u_1 + c_1 x^{p+1}, \dots, u_r + c_r x^{p+1}, w_{11}, \dots, w_{rp}) - c_j \end{aligned}$$

ersetzt. Da die konstanten Glieder der Reihen $\tilde{H}_j$ gleich Null sind, haben wir schon die gewünschte Spezialisierung erhalten.

Hiernach stellen wir fest, daß die Potenzreihen auf den rechten Seiten von (18.12.1.1) nach (9.1.2) auch für komplexe Werte der x^i, u_j, w_{jk} mit $|x^i| < R_0$, $|u_j| < R_0$, $|w_{jk}| < R_0$ konvergieren. Die Summen dieser Reihen, die also analytische Funktionen der *komplexen* Variablen x^i, u_j und w_{jk} sind, bezeichnen wir wieder mit H_j. Es sei R eine Zahl mit $0 < R < R_0$ und M eine Zahl, die für komplexe x^i, u_j und w_{jk}, deren Absolutbeträge höchstens R sind, mindestens gleich $|H_j|$ ist. Aus den Cauchyschen Ungleichungen (9.9.5) folgt

18.12.1.13. $|c^{(j)}_{\alpha\beta\gamma}| \leqq M/R^{|\alpha|+|\beta|+|\gamma|}$.

Daraus ergibt sich, daß man alle Funktionen G_j gleich *derselben* Funktion

18.12.1.14. $G(x^1, \ldots, x^{p+1}, u_1, \ldots, u_r, w_{11}, \ldots, w_{rp})$

$$= -M + M\left(1 - \frac{x^1 + \cdots + x^p + \theta x^{p+1}}{R}\right)^{-1} \cdot Q$$

mit

$$Q = \prod_{j=1}^{r} (1 - u_j/R)^{-1} \prod_{j=1}^{r} \prod_{k=1}^{p} (1 - w_{jk}/R)^{-1}$$

wählen kann, wobei $\theta > 1$ eine reelle Zahl ist, die wir alsbald genauer festlegen.

Es genügt nämlich zu bemerken, daß in

$$(x^1, + \cdots + x^p + \theta x^{p+1})^N$$

die Koeffizienten der verschiedenen Monome x^α (mit $|\alpha| = N$) aufgrund der Wahl von θ sämtlich mindestens 1 sind.

Wir suchen dann eine Lösung des entsprechenden Systems (18.12.1.9), die für $1 \leqq j \leqq r$ die *Gestalt* $v_j(x^1, \ldots, x^{p+1}) = Y(x^1 + x^2 + \cdots + x^p + \theta x^{p+1})$ *hat*, wobei $Y(x)$ eine analytische Funktion der einzigen Variablen x mit $Y(0) = 0$ ist. Setzt man

18.12.1.15. $F(x, u, w) = -M + M(1 - x/R)^{-1} (1 - u/R)^{-r} (1 - w/R)^{-rp}$

$$= \sum C_{mnq} x^m u^n w^q \qquad (m + n + q > 0)\,,$$

so muß offenbar Y eine Lösung der Differentialgleichung

18.12.1.16. $(\theta - C_{001})\, Y' = F(x, Y, Y') - C_{001} Y'$

sein; daher muß gezeigt werden, daß eine Lösung

18.12.1.17. $Y(x) = \sum_{n=1}^{\infty} A_n x^n$

von (18.12.1.16) existiert, die eine auf einer Umgebung von Null konvergente Potenzreihe ist, deren Koeffizienten A_n *sämtlich positiv* sind. *Wählt man nun* θ *so, daß* $\theta > C_{001}$ *ist,* so folgt die Relation $A_n \geqq 0$ aus der Existenz einer Lösung

(18.12.1.17) von (18.12.1.16) mit $Y'(0) = 0$. Wie zu Anfang des Beweises erkennt man nämlich, daß die A_n die Relationen

18.12.1.18. $(\theta - C_{001})\, nA_n = \sum\limits_{\alpha,\beta,\gamma,(\mu_s),(\nu_t)} C_{\alpha\beta\gamma} \left(\prod\limits_{s=0}^{\beta} A_{\mu_s}\right)\left(\prod\limits_{t=0}^{\gamma} \nu_t A_{\nu_t}\right)$

erfüllen, wobei diesmal α, β, γ positive ganze Zahlen mit $\alpha + \beta + \gamma > 0$, das Tripel (0, 0, 1) *ausgeschlossen*, und $\mu_s \geqq 0$ und $\nu_t \geqq 1$ ganze Zahlen sind, die der Bedingung

18.12.1.19. $\alpha + \sum\limits_{s=0}^{\beta} \mu_s + \sum\limits_{t=0}^{\gamma} (\nu_t - 1) = n - 1$

genügen müssen. Für $n = 1$ kann diese Relation nur mit $\alpha = \beta = 0$, $\gamma \geqq 2$, beliebig, und $\nu_t = 1$ für $0 \leqq t \leqq \gamma$ erfüllt werden, woraus sich für A_1 die Gleichung

18.12.1.20. $(\theta - C_{001})\, A_1 = \sum\limits_{\gamma=2}^{\infty} C_{00\gamma} A_1^{\gamma}$

ergibt, die $A_1 = 0$ als Lösung hat. Setzt man nun $A_m \geqq 0$ für $m \leqq n - 1$, $n \geqq 2$ als bewiesen voraus, so stellt man fest, daß aus der Relation $A_1 = 0$ folgt, daß auf der rechten Seite von (18.12.1.18) von Null verschiedene Glieder nur im Fall $\nu_t \geqq 2$ für $\gamma \neq 0$ und im Fall $\mu_s \geqq 2$ für $\beta \neq 0$ auftreten. Für $\alpha \neq 0$ ergibt sich aus (18.12.1.19), daß $\mu_s \leqq n - 2$ und $\nu_t \leqq n - 1$ ist. Ist $\alpha = 0$, $\beta \neq 0$, so gilt $2 \leqq \mu_s \leqq n - 1$ für jedes s, also $\nu_t \leqq n - 2$ für jedes t. Ist schließlich $\alpha = \beta = 0$, so muß $\gamma \geqq 2$ sein, also $\nu_t \leqq n - 1$ für jedes t. Demnach ist die rechte Seite von (18.12.1.18) für $n \geqq 2$ ein *Polynom in* $A_2, \ldots, A_{n-1}$ mit *positiven Koeffizienten*, und aus der Induktionsannahme folgt aufgrund von $\theta - C_{001} > 0$ auch $A_n \geqq 0$.

Somit haben wir das Problem darauf zurückgeführt, zu zeigen, daß mit der obigen Wahl von θ die Differentialgleichung (18.12.1.16) eine auf einer Umgebung von 0 analytische Lösung $Y(x)$ mit $Y(0) = Y'(0) = 0$ besitzt. Diese Gleichung ist nicht vom gewöhnlichen Typ (10.4.1); man kann sie jedoch folgendermaßen darauf zurückführen: Setzt man $\Phi(x, u, w) = F(x, u, w) - \theta w$, so gilt

$$\Phi(0, 0, 0) = 0 \quad \text{und} \quad \frac{\partial \Phi}{\partial w}(0, 0, 0) = C_{001} - \theta \neq 0\,.$$

Aus dem Satz über implizite Funktionen (10.2.4) folgt dann, daß eine auf einer Umgebung von (0, 0) analytische Funktion $\Psi(x, u)$ existiert derart, daß $\Psi(0, 0) = 0$ ist und identisch $\Phi(x, u, \Psi(x, u)) = 0$ gilt. Offenbar ist jede Lösung der Differentialgleichung

18.12.1.21. $Y' = \Psi(x, Y)$

auch eine Lösung von (18.12.1.16). Jetzt kann man aber auf (18.12.1.21) den Existenzsatz (10.5.3) anwenden; eine Lösung $Y(x)$ dieser Gleichung mit $Y(0) = 0$ erfüllt automatisch auch die Bedingung $Y'(0) = 0$. Damit ist der Satz von CAUCHY-KOWALEWSKAJA vollständig bewiesen.

18.12.2. Offenbar kann man in der Behauptung von (18.12.1) überall $\boldsymbol{R}$ durch $\boldsymbol{C}$ ersetzen; der Beweis bleibt unverändert (die Ausdehnungen der H_j auf $\boldsymbol{C}^{p+1+r+rp}$ sind selbstverständlich unnötig).

18.12.3. Wir betrachten jetzt ein von „Parametern" abhängendes System partieller Differentialgleichungen:

18.12.3.1. $$\frac{\partial v_j}{\partial x^{p+1}} = H_j\left(x^1, \ldots, x^{p+1}, v_1, \ldots, v_r, \frac{\partial v_1}{\partial x^1}, \ldots, \frac{\partial v_r}{\partial x^p}, z_1, \ldots, z_q\right)$$
$$(1 \leqq j \leqq r),$$

wobei die rechten Seiten auf einer Umgebung von 0 in $\boldsymbol{R}^{p+1+r+rp+q}$ (bzw. $\boldsymbol{C}^{p+1+r+rp+q}$) analytisch sind. Dann gibt es eine Umgebung T von 0 in $\boldsymbol{R}^q$ (bzw. $\boldsymbol{C}^q$) und eine zusammenhängende offene Umgebung V von 0 in $\boldsymbol{R}^{p+1}$ (bzw. $\boldsymbol{C}^{p+1}$) derart, daß auf $V \times T$ ein eindeutig bestimmtes System *analytischer* Funktionen $v_j(x^1, \ldots, x^{p+1}, z_1, \ldots, z_q)$ existiert, die (18.12.3.1) genügen und für welche

$$v_j(x^1, \ldots, x^p, 0, z_1, \ldots, z_q) = 0$$

auf $(V \cap \boldsymbol{R}^p) \times T$ (bzw. $(V \cap \boldsymbol{C}^p) \times T$) gilt. Den Beweis führt man genau wie oben. Man muß die rechten Seiten von (18.12.1.1) durch

$$\sum_{\alpha,\beta,\gamma,\delta} c^{(j)}_{\alpha\beta\gamma\delta} x^\alpha u^\beta w^\gamma z^\delta$$

und die rechten Seiten von (18.12.1.2) durch

$$\sum_{\lambda,\mu} a_{j\lambda\mu} x^\lambda z^\mu$$

ersetzen. Wir überlassen es dem Leser, die (18.12.1.4) entsprechenden Relationen aufzuschreiben. In dem Ausdruck der „Majorantenfunktion" (18.12.1.14) muß man das zweite Glied der rechten Seite mit

$$\prod_{l=1}^{q} (1 - z_l/R)^{-1}$$

multiplizieren.

Die Funktion (18.12.1.15) muß dann durch eine auf einer Umgebung von 0 analytische Funktion

$$F(x, u, w, z) = \sum C_{mns}(z)\, x^m u^n w^s$$

ersetzt werden; die $C_{mns}(z)$ sind dabei auf dem gleichen Polyzylinder T konvergente Potenzreihen in $z_1, \ldots, z_q$ mit *positiven Koeffizienten*. Offenbar kann man durch eine auf z angewandte Homothetie erreichen, daß der Punkt $(1, 1, \ldots, 1)$ zu T gehört. Setzt man jetzt

$$C_{001}(z) = \sum_\delta C_{001\delta} z^\delta\,,$$

so sind die Koeffizienten $C_{001\delta}$ (die nach Konstruktion positiv sind) durch eine von δ unabhängige Zahl N *beschränkt* (vgl. (9.9.5)). Man wählt nun die Zahl θ so, daß $\theta > N$ ist; dann läßt sich der Beweis wie oben zu Ende führen.

18.12.4. Für die Gleichungssysteme (18.11.4.5), deren rechte Seiten analytische Funktionen sind, *gibt es im allgemeinen keinen Satz,* der (10.5.6) entspricht. Mit anderen Worten, hier gilt nicht allgemein, daß sich bei *geringer* Variation der rechten Seiten die Lösungen mit denselben Anfangswerten nur *wenig ändern* (vgl. Aufgaben 5 und 6).

Aufgaben

1. a) Es sei $c \geqq 1$ eine reelle Zahl. Man zeige, daß eine nur von c abhängende Zahl $C > 0$ existiert derart, daß für jedes Paar ganzer Zahlen $m \geqq 0$, $n \geqq 0$ für $0 \leqq \mu \leqq m$, $0 \leqq \nu \leqq n$ (μ, ν ganze Zahlen) die Beziehung

$$\binom{m}{\mu}\binom{n}{\nu} \Gamma(c\mu + \nu + 1)\, \Gamma(c(m - \mu) + n - \nu + 1) \leqq C\Gamma(cm + n + 1)$$

gilt.[1]) (Man beweise die Ungleichung zuerst für $c = 1$, dann stelle man fest, daß für $c > 1$ und $\mu > 1/(c - 1)$, $m - \mu > 1/(c - 1)$ eine nur von c abhängende Konstante C_0 existiert mit

$$\frac{\Gamma(c\mu + \nu + 1)}{(\mu + \nu)!} \frac{\Gamma(c(m - \mu) + n - \nu + 1)}{(m - \mu + n - \nu)} \leqq C_0 \frac{\Gamma(cm + n + 1)}{(m + n)!}.$$

Zu diesem Zweck kann man etwa unter Benutzung der Eulerschen Betafunktion $B(a, b)$ nachweisen, daß für hinreichend große a und b die Ungleichung

$$\Gamma(a)\, \Gamma(b) \leqq C_1 \Gamma(a + b - 1)$$

gilt.)

b) Aus a) leite man her, daß eine nur von c abhängende Konstante C' existiert derart, daß

$$\sum_{4 \leqq c\mu + \nu \leqq cm + n - 4} \binom{m}{\mu}\binom{n}{\nu} \Gamma(c\mu + \nu - 3)\, (\Gamma(c(m - \mu) + n - \nu - 3)$$
$$\leqq C'\Gamma\,(cm + n - 3)$$

gilt. (Man stelle fest, daß sich die Summe nicht ändert, wenn man μ durch $m - \mu$ und ν durch $n - \nu$ ersetzt, so daß man sich auf den Fall $c\mu + \nu \geqq (cm + n)/2$ beschränken kann. Man schätze im Anschluß daran die Summe nach oben ab, indem man $\Gamma(c(m - \mu) + n - \nu - 3)$ durch $\Gamma(c(m - \mu) + n - \nu + 1)$ ersetzt, und beachte, daß die Summe $\sum_{p,q} (p + q)^{-4}$ endlich ist, wenn p und q die Menge der streng positiven ganzen Zahlen durchlaufen.

c) Es sei $w(x, t)$ eine auf einer Umgebung von $(0, 0)$ in $\boldsymbol{R}^2$ reelle Funktion der Klasse C^∞. Ferner mögen eine Zahl $c \geqq 1$, zwei Zahlen $M > 0$, $N > 0$ und eine ganze Zahl $n \geqq 1$ existieren derart, daß für jede ganze Zahl $m \geqq 0$ die Ungleichung

$$\left|\frac{\partial^{m+k}}{\partial x^m\, \partial t^k} w(0, 0)\right| \leqq \begin{cases} MN^{m+2k-1}\, \Gamma(cm + k - 3) & \text{für } 1 \leqq k \leqq n\,, \\ 0 & \text{für } k = 0 \end{cases}$$

gilt. Man beweise, daß dann eine nicht von M und N, sondern nur von c abhängende Zahl $K > 0$ existiert derart, daß für *jede* ganze Zahl $j \geqq 1$ die Ungleichung

$$\left|\frac{\partial^{m+k}}{\partial x^m\, \partial t^k} w^j(0, 0)\right| \leqq \left(\frac{KM}{N}\right)^j MN^{m+2k-1}\Gamma\,(cm + k - 3) \qquad \text{für } 1 \leqq k \leqq n$$

erfüllt ist. (Man benutze b) und die Leibnizsche Formel sowie vollständige Induktion nach j.)

2. Sind drei Zahlen c_1, c_2, c_3 aus dem Intervall $[1, +\infty[$ gegeben, so nennt man eine auf einer offenen Menge D von $\boldsymbol{R}^3$ definierte Funktion f der Klasse C^∞ auf D

---

[1]) Hier bezeichnet Γ natürlich die Gammafunktion (vgl. Abschnitt 9.12, Aufgabe 2). — *Anm. d. Ü.*

vom Typ (c_1, c_2, c_3), wenn zu jeder kompakten Teilmenge L von D zwei Zahlen $M > 0$ und $N > 0$ existieren derart, daß für jedes Tripel positiver ganzer Zahlen i, j, k und alle $(x, t, y) \in L$ die Ungleichung

$$\left|\frac{\partial^{i+j+k}}{\partial x^i\, \partial t^j\, \partial y^k} f(x, t, y)\right| \leqq M N^{i+j+k}\, \Gamma(c_1 i + 1)\, \Gamma(c_2 j + 1)\, \Gamma(c_3 k + 1)$$

gilt. Man kann stattdessen auch

$$\left|\frac{\partial^{i+j+k}}{\partial x^i\, \partial t^j\, \partial y^k} f(x, t, y)\right| \leqq M N^{i+j+k}\, \Gamma(c_1 i + c_2 j + c_3 k + 1)$$

oder

$$\left|\frac{\partial^{i+j+k}}{\partial x^i\, \partial t^j\, \partial y^k} f(x, t, y)\right| \leqq M N_1^i N_2^j N_3^k\, \Gamma(c_1 i - a_1)\, \Gamma(c_2 j - a_2)\, \Gamma(c_3 k - a_3)$$

für je drei Zahlen a_1, a_2, a_3 fordern (im Fall $u \leqq 0$ ist $\Gamma(u + 1)$ durch 0 zu ersetzen). Ist $c_1 = c_2 = c_3 = 1$, so ist f auf D *analytisch* (vgl. Abschnitt 9.9, Aufgabe 7).

Man betrachte die partielle Differentialgleichung

$$(*) \qquad \frac{\partial^p u}{\partial t^p} = f\left(x, t, \frac{\partial^{q+r} u}{\partial x^q\, \partial t^r}\right),$$

wobei $r < p$, $q + r \leqq p$ ist, f auf einer Umgebung von 0 in $\boldsymbol{R}^3$ der Klasse C^∞ angehört und *vom Typ* $(c, 1, 1)$ mit $1 \leqq c \leqq (p - r)/q$ ist. Man kann also auf einer Umgebung von 0 in $\boldsymbol{R}^3$

$$f(x, t, y) = \sum_{j=0}^{\infty} a_j(x, t)\, y^j$$

setzen, wobei die Potenzreihe für hinreichend nahe bei 0 gelegene (x, y, t) konvergiert und die $a_j(x, t)$ vom Typ $(c, 1)$ sind. Daher gilt

$$a_j(x, t) = \sum_{h=0}^{\infty} b_{jh}(x)\, t^h$$

für zu 0 benachbarte (x, t), wobei die Reihe konvergent ist und die b_{jh} vom Typ c sind.

a) Man zeige, daß man durch vollständige Induktion nach $k \geqq p$ eine Folge (u_k) von Funktionen der Klasse C^∞ auf einer Umgebung von 0 in $\boldsymbol{R}$ bestimmen kann derart, daß die beiden formalen Potenzreihen in T

$$\frac{\partial^p}{\partial T^p}\left(\sum_{k=p}^{\infty} u_k(x)\, T^k\right) \quad \text{und} \quad \sum_{j=0}^{\infty}\left(\sum_{h=0}^{\infty} b_{jh}(x)\, T^h\right)\left(\frac{\partial^{q+r}}{\partial x^q\, \partial T^r}\left(\sum_{k=0}^{\infty} u_k(x)\, T^k\right)\right)^j$$

übereinstimmen (vgl. (A.21.2)).

b) Man beweise durch vollständige Induktion nach $k \geqq p$, daß zwei streng positive Konstanten M und N existieren derart, daß für jedes $k \geqq p$ und jedes m mit $m + 2k \geqq q + 2r + 1$ auf einer Umgebung von 0 die Ungleichung

$$\left|k!\, \frac{\partial^m}{\partial x^n} u_k(x)\right| \leqq M N^{m+2k-q-2r-1}\, \Gamma(c(m - q) + k - r - 3)$$

erfüllt ist. (Man gehe von den Ungleichungen

$$\left|\frac{\partial^{m+n}}{\partial x^m\, \partial t^n} a_j(x, t)\right| \leqq A B^{m+2n+j}\, \Gamma(cm + n - 3)$$

aus und schließe unter Benutzung von Aufgabe 1c) und der Ungleichungen

$$m + 2(k - p) \leqq m + 2k - q - 2r - 1 ,$$
$$cm + (k - p) - 3 \leqq c(m - q) + k - r - 3$$

induktiv.)

c) Aus b) leite man her, daß eine eindeutig bestimmte, auf einer Umgebung von (0, 0) der Klasse C^∞ angehörende Lösung

$$v(x, t) = \sum_{k=0}^{\infty} u_k(x)\, t^k$$

der Gleichung (*) existiert, welche auf dieser Umgebung in t analytisch ist und für welche auf einer Umgebung von 0 die Beziehungen $\partial^k v(x, 0)/\partial t^k = 0$ für $0 \leqq k \leqq p - 1$ gelten; überdies ist diese Funktion v vom Typ $(c, 1)$.

3. Man verallgemeinere die Resultate von Aufgabe 2, indem man (*) durch

$$\frac{\partial^{p_i} u_i}{\partial t^{p_i}} = f_i\left(x_1, \ldots, x_n, t, u_1, \ldots, u_m, \left(\frac{\partial^{q_{ikj}+r_{ikj}}}{\partial x_i^{q_{ikj}}\, \partial t^{r_{ikj}}} u_k\right)_{1 \leqq k \leqq m, 1 \leqq j \leqq s}\right) \qquad (1 \leqq i \leqq m)$$

ersetzt, wobei die Funktionen

$$f_i(x_1, \ldots, x_n, t, u_1, \ldots, u_m, (w_{ijk})_{1 \leqq k \leqq m, 1 \leqq j \leqq s})$$

der Klasse C^∞ angehören und bezüglich der drei Vektoren $\mathbf{x} = (x_n) \in \boldsymbol{R}^n$, $t \in \boldsymbol{R}$, $\mathbf{u} = (u_1, \ldots, u_m, (w_{ikj})) \in \boldsymbol{R}^{m+ms}$ vom Typ $(c, 1, 1)$ sind. Die Anfangsbedingungen ersetze man durch

$$\frac{\partial^k}{\partial t^k} v_i(x_1, \ldots, x_n, 0) = 0 \qquad \text{für } 0 \leqq k \leqq p_i - 1 ,$$

und es sei $p_i \geqq q_{ikj} + r_{ikj}$ und $p_i > r_{ikj}$ für jedes System von Indizes i, k, j. Man leite hieraus einen neuen Beweis des Satzes von CAUCHY-KOWALEWSKAJA her.

4. Man betrachte die partielle Differentialgleichung (die sogenannte Wärmeleitungsgleichung)

$$\frac{\partial^2 u}{\partial x^2} = \frac{\partial u}{\partial y}$$

und setze voraus, sie habe auf einer Umgebung von (0, 0) eine der Klasse C^∞ angehörende Lösung $v(x, y) = \sum_{k=0}^{\infty} v_k(y)\, x^k$, die in x analytisch ist.

a) Man beweise die Existenz eines nichtleeren offenen Intervalls I von $\boldsymbol{R}$, auf dem die v_k definiert sind, sowie einer Zahl $M > 0$ derart, daß $|v_k(y)| \leqq M^k$ für alle $k \geqq 0$ und *jedes* $y \in I$ gilt. (Man stelle fest, daß nach Voraussetzung auf einer Umgebung V von 0 in $\boldsymbol{R}$ der Konvergenzradius von $\sum_{k=0}^{\infty} v_k(y)\, x^k$ für jedes $y \in V$ streng positiv ist. Ferner verwende man Aufgabe 9 von Abschnitt 12.7 sowie (12.16.2).)

b) Man zeige, daß die Funktionen v_k auf einer Umgebung von 0 der Klasse C^∞ angehören und daß

$$v_k'(y) = (k + 2)(k + 1)\, v_{k+2}(y)$$

ist. Hieraus schließe man, daß eine Umgebung J von 0 in $\boldsymbol{R}$ existiert derart, daß auf $J \times I$ die Funktion u *vom Typ* (2, 1) ist (vgl. Aufgabe 2); demnach kann die Bedingung $c \leqq (p - r)/q$ der Aufgabe 2 nicht abgeschwächt werden.

5. Man betrachte das System (*) partieller Differentialgleichungen der Aufgabe aus Abschnitt 18.11, wobei man f' durch eine auf einer Umgebung *analytische* Funktion g ersetze. Ferner bezeichne $(v_1^{(g)}, v_2^{(g)})$ die eindeutig bestimmte analytische Lösung dieses Systems, für welche

$$v_1(0, x^2, x^3) = v_2(0, x^2, x^3) = 0$$

ist. Man zeige: Es ist ausgeschlossen, daß eine kompakte Umgebung I von 0 in $\boldsymbol{R}$, eine Umgebung V von 0 in $\boldsymbol{R}^3$, eine ganze Zahl $k \geqq 0$ und eine Zahl $A > 0$ existieren derart, daß für jede auf einer Umgebung von I analytische Funktion g die Funktionen $v_1^{(g)}$, $v_2^{(g)}$ auf V definiert und auf dieser Umgebung die Ungleichungen

$$\left.\begin{array}{l} |v_j^{(g)}(x^1, x^2, x^3)| \\ |\mathrm{D}_i v_j^{(g)}(x^1, x^2, x^3)| \end{array}\right\} \leqq A \sup_{t \in I} \left(|g(t)|, |g'(t)|, \dots, |g^{(k)}(t)|\right)$$

für $1 \leqq i \leqq 3$, $j = 1, 2$ erfüllt sind (vgl. (14.11.3)).

6. Die Funktion $u_n(x, y) = e^{-\sqrt{n}} \sin 2\pi n x \cdot \cosh 2\pi n y$ ist eine im $\boldsymbol{R}^2$ analytische Lösung von $\dfrac{\partial^2 u}{\partial x^2} + \dfrac{\partial^2 u}{\partial y^2} = 0$ mit $u_n(x, 0) = e^{-\sqrt{n}} \sin 2\pi n x$ und $\dfrac{\partial u_n}{\partial x}(x, 0) = 0$. Man zeige, daß sie für $n \to \infty$ in der Umgebung eines Punktes von $\boldsymbol{R} \times \{0\}$ nicht beschränkt bleibt.

18.13. Der Satz von Cartan-Kähler

18.13.1. Wir nehmen wieder das in Abschnitt 18.11 gestellte Problem auf, jedoch mit folgenden zusätzlichen Voraussetzungen: M sei eine reell-*analytische Mannigfaltigkeit* (tatsächlich wird M dann eine offene Menge im $\boldsymbol{R}^n$ sein); die Differentialformen des Ideals $\mathfrak{a}$, welches das differenzierbare System definiert, seien *analytisch*; außerdem seien alle betrachteten Mannigfaltigkeiten *analytische* Untermannigfaltigkeiten von M. Unter diesen Voraussetzungen sind die Funktionen f_k in (18.11.1.1), die Funktionen g_k in (18.11.2.1) und die in (18.11.2) und (18.11.3) ausgeführten Diffeomorphismen *analytisch*, ebenso wie die Funktionen C_j und D in (18.11.3.4). Nach den in Abschnitt 18.11 ausgeführten Vereinfachungen erhält man ein System (18.11.4.5) von Gleichungen, deren rechte Seiten *analytisch* sind und für welche *analytische* Lösungen gesucht werden.

18.13.2. Daher können wir den Satz (18.12.1) von CAUCHY-KOWALEWSKAJA anwenden; er lehrt, daß das System (18.11.4.3) (bei eventuell notwendig werdender Verkleinerung von M) *genau eine* (analytische) *Lösung* $(v_1, \dots, v_r)$ besitzt, die den *Anfangsbedingungen* (18.11.3.2) genügt. Um nun das in (18.11.2) gestellte Problem ganz zu lösen, müssen wir zeigen, daß die v_j nicht nur den Gleichungen (18.11.4.3) genügen, sondern *allen* Gleichungen (18.11.3.4), die *allen* $(p+1)$-Formen $\tilde{\omega}_{p+1} \in \mathfrak{a}_{p+1}$ entsprechen. An dieser Stelle kommt unsere Voraussetzung über die *Regularität* des Integralelements F_{x_0} ins Spiel, von der wir in (18.11.1) ausgegangen sind.

18.13.3. Wir erinnern daran, daß die Teilmenge M_0 von M, auf der alle Funktionen $f \in \mathfrak{a}_0$ verschwinden, eine *Untermannigfaltigkeit* von M sein soll (vgl. (18.10.4)). In den Anwendungen ist meistens $M_0 \neq M$ (vgl. Abschnitt 18.17 und Abschnitt 18.18). Man kann sich aber immer auf den Fall $M_0 = M$ beschränken (mit anderen Worten, auf $\mathfrak{a}_0 = \{0\}$), da man annehmen kann, auf einer Umgebung von x_0 sei M_0 durch Gleichungen $x^{\varrho+k} = g_k(x^1, \ldots, x^\varrho)$ $(1 \leqq k \leqq n - \varrho)$ definiert, wobei die g_k analytisch sind; wie in (18.11.2) kann man sich durch einen trivialen Isomorphismus unmittelbar auf den Fall beschränken, daß alle g_k Null sind, mit anderen Worten, auf den Fall $M_0 = M \cap \boldsymbol{R}^\varrho$. Von da an können wir uns auf den $\boldsymbol{R}^\varrho$ beschränken, indem wir die Differentialformen betrachten, die durch die Differentialformen des Ideals $\mathfrak{a}$ auf $\boldsymbol{R}^\varrho$ induziert werden. Im folgenden werden wir daher $M_0 = M$ voraussetzen.

18.13.4. Wir betrachten eine beliebige natürliche Zahl $q \leqq p$ und setzen $r_q = s_0 + \cdots + s_q$. Es seien $\widetilde{\omega}_{q+1}^{(\beta)}$ $(1 \leqq \beta \leqq r_q)$ zu $\mathfrak{a}_{q+1}$ gehörende $(q+1)$-Formen derart, daß die r_q Linearformen

18.13.4.1. $\mathbf{w} \to \langle \mathbf{u}_{10} \wedge \cdots \wedge \mathbf{u}_{q0} \wedge \mathbf{w}, \widetilde{\omega}_{q+1}^{(\beta)}(x_0)\rangle$

linear unabhängig sind. Nach Definition (18.10.3) existiert aufgrund von (18.10.6) ein solches System von $(q+1)$-Formen. Aus der *Regularitätsvoraussetzung* folgt, daß für *in* M_q *zu* $(x_0, \mathbf{u}_{10}, \ldots, \mathbf{u}_{q0})$ *hinreichend benachbarte* $(x, \mathbf{u}_1, \ldots, \mathbf{u}_q)$ die r_q Linearformen

18.13.4.2. $\mathbf{w} \to \langle \mathbf{u}_1 \wedge \cdots \wedge \mathbf{u}_q \wedge \mathbf{w}, \widetilde{\omega}_{q+1}^{(\beta)}(x)\rangle$

ebenfalls *linear unabhängig* sind und daß es zu *jeder* anderen $(q+1)$-Form $\widetilde{\omega}_{q+1} \in \mathfrak{a}_{q+1}$ stets r_q Skalare $A_{q+1}^{(\beta)}(x, \mathbf{u}_1, \ldots, \mathbf{u}_q)$ gibt mit

18.13.4.3. $\langle \mathbf{u}_1 \wedge \cdots \wedge \mathbf{u}_q \wedge \mathbf{w}, \widetilde{\omega}_{q+1}(x)\rangle$

$$= \sum_{\beta=1}^{r_q} A_{q+1}^{(\beta)}(x, \mathbf{u}_1, \ldots, \mathbf{u}_q) \langle \mathbf{u}_1 \wedge \cdots \wedge \mathbf{u}_q \wedge \mathbf{w}, \widetilde{\omega}_{q+1}^{(\beta)}(x)\rangle$$

für jeden Vektor $\mathbf{w} \in \boldsymbol{R}^n$ und alle $(x, \mathbf{u}_1, \ldots, \mathbf{u}_q)$, die *in* M_q zu $(x_0, \mathbf{u}_{10}, \ldots, \mathbf{u}_{q0})$ hinreichend benachbart sind.

18.13.5. Für $q \leqq p$ setzen wir

$$d_{q+1} = (q+1)\, s_0 + q s_1 + \cdots + 2 s_{q-1} + s_q = r_0 + r_1 + \cdots + r_q\,.$$

Wir beweisen nun die Existenz von d_{q+1} solchen $(q+1)$-Formen $\widetilde{\omega}_{q+1}^{(\beta)} \in \mathfrak{a}_{q+1}$, für welche auf einer Umgebung des Punktes $(x_0, \mathbf{u}_{10}, \ldots, \mathbf{u}_{q+1,0})$ in $M \times \boldsymbol{R}^{(q+1)n}$ die (analytische) Abbildung

18.13.5.1. $(x, \mathbf{u}_1, \ldots, \mathbf{u}_{q+1}) \to (\langle \mathbf{u}_1 \wedge \mathbf{u}_2 \wedge \cdots \wedge \mathbf{u}_{q+1}, \widetilde{\omega}_{q+1}^{(\beta)}(x)\rangle)$ $\quad (1 \leqq \beta \leqq d_{q+1})$

dieser Umgebung in den $\boldsymbol{R}^{d_{q+1}}$ eine (totale) Ableitung *vom konstanten Rang* d_{q+1} hat. Daraus folgt, daß auf einer Umgebung des Punktes $(x_0, \mathbf{u}_{10}, \ldots, \mathbf{u}_{q+1,0})$ die Menge M_{q+1} mit einer *analytischen Untermannigfaltigkeit* der Dimension $(q+2)\, n - d_{q+1}$ von $M \times \boldsymbol{R}^{(q+1)n}$ übereinstimmt (vgl. (16.8.8)).

Wir benutzen vollständige Induktion nach q. Für $q = 0$ ist $d_1 = s_0 = r_0$, und aufgrund von (18.13.4) ist die Abbildung (18.13.5.1), die hier die Gestalt

$$(x, \mathbf{u}_1) \to \big(\langle \mathbf{u}_1, \tilde{\omega}_1^{(\beta)}(x)\rangle\big)$$

hat, (für jedes zu x_0 benachbarte x) linear in $\mathbf{u}_1$ und vom Rang s_0; hieraus folgt unsere Behauptung (vgl. (8.1.3)). Wir nehmen nun an, die gewünschte Eigenschaft sei für alle ganzen Zahlen $h < q$ bewiesen. Dann gibt es d_q solche q-Formen $\tilde{\omega}_q^{(\beta)} \in \mathfrak{a}_q$ $(1 \leqq \beta \leqq d_q)$ mit der Eigenschaft, daß die Funktionalmatrix A der d_q Funktionen $\langle \mathbf{u}_1 \wedge \mathbf{u}_2 \wedge \cdots \wedge \mathbf{u}_q, \tilde{\omega}_q^{(\beta)}(x)\rangle$ in $(q + 1)\,n$ skalaren Variablen im Punkt $(x_0, \mathbf{u}_{10}, \ldots, \mathbf{u}_{q0})$ einen Rang hat, der gleich der *Anzahl* d_q *ihrer Zeilen* ist. Ferner sei ω eine analytische 1-Differentialform auf M, für die $\langle \omega(x_0), \mathbf{u}_{k0}\rangle = 0$ für $1 \leqq k \leqq q$ und $\langle \omega(x_0), \mathbf{u}_{q+1,0}\rangle \neq 0$ gilt (zum Beispiel eine Differentialform $\sum_{i=1}^{n} c_i\, dx^i$, wobei die c_i auf M konstant sind). Jeder q-Form $\tilde{\omega}_q^{(\beta)}$ ordnen wir die $(q + 1)$-Form

18.13.5.2. $\tilde{\omega}_{q+1}^{(\beta)} = \tilde{\omega}_q^{(\beta)} \wedge \omega \in \mathfrak{a}_{q+1} \qquad (1 \leqq \beta \leqq d_q)$

zu. Dann sei

18.13.5.3. $F_\beta(x, \mathbf{u}_1, \ldots, \mathbf{u}_q, \mathbf{u}_{q+1}) = \langle \mathbf{u}_1 \wedge \mathbf{u}_2 \wedge \cdots \wedge \mathbf{u}_{q+1}, \tilde{\omega}_{q+1}^{(\beta)}(x)\rangle$

für $1 \leqq \beta \leqq d_q$. Aus den Rechenregeln für die Ableitung einer multilinearen Abbildung (vgl. (8.1.4)) und den Rechenregeln der äußeren Algebra (vgl. (A.14.2.1)) ergibt sich aufgrund der Wahl von ω, daß im Punkt $(x_0, \mathbf{u}_{10}, \ldots, \mathbf{u}_{q+1,0})$ die Funktionalmatrix der d_q Funktionen F_β die Gestalt

18.13.5.4. $(c\mathrm{A} \quad 0)$

hat, wobei $c = \langle \mathbf{u}_{q+1,0}, \omega(x_0)\rangle \neq 0$ ist, und die Tatsache, daß die letzten n Spalten (die den Ableitungen nach den Koordinaten von $\mathbf{u}_{q+1}$ entsprechen) gleich Null sind, ergibt sich daraus, daß $\langle \mathbf{u}_{10} \wedge \cdots \wedge \mathbf{u}_{q0}, \tilde{\omega}_q^{(\beta)}(x_0)\rangle = 0$ für jedes β gilt. Für jeden zu $\mathbf{u}_{q+1,0}$ hinreichend benachbarten Vektor $\mathbf{w}$ definieren daher die d_q Gleichungen

18.13.5.5. $F_\beta(x, \mathbf{u}_1, \ldots, \mathbf{u}_q, \mathbf{w}) = 0 \quad (1 \leqq \beta \leqq d_q)$

auf einer Umgebung des Punktes $(x_0, \mathbf{u}_{10}, \ldots, \mathbf{u}_{q0}) \in M \times \boldsymbol{R}^{qn}$ eine Untermannigfaltigkeit der Dimension $(q + 1)\,n - d_q$, die M_q *enthält*, also nach Induktionsannahme mit M_q identisch ist, weil sie dieselbe Dimension hat. Wir führen jetzt r_q Differentialformen $\tilde{\omega}_{q+1}^{(\beta)} \in \mathfrak{a}_{q+1}$ ein $(d_q + 1 \leqq \beta \leqq d_q + r_q = d_{q+1})$ derart, daß die r_q Linearformen (18.13.4.1) linear unabhängig sind. Die Matrix B (vom Typ (r_q, n)) dieser Formen hat dann den Rang r_q. Demnach folgt aus dem Vorhergehenden, daß auf einer Umgebung des Punktes $(x_0, \mathbf{u}_{10}, \ldots, \mathbf{u}_{q+1,0})$ die Menge M_{q+1} durch die d_{q+1} Gleichungen

18.13.5.6.
$$\begin{cases} F_\beta(x, \mathbf{u}_1, \ldots, \mathbf{u}_q, \mathbf{u}_{q+1}) = 0 \quad (1 \leqq \beta \leqq d_q)\,, \\ \langle \mathbf{u}_1 \wedge \mathbf{u}_2 \wedge \cdots \wedge \mathbf{u}_{q+1}, \tilde{\omega}_{q+1}^{(\beta)}(x)\rangle = 0 \quad (d_q + 1 \leqq \beta \leqq d_{q+1}) \end{cases}$$

definiert ist und daß im Punkt $(x_0, \mathfrak{u}_{10}, \ldots, \mathfrak{u}_{q+1,0})$ die Funktionalmatrix der linken Seiten dieser Gleichungen die Gestalt

$$\begin{pmatrix} cA & 0 \\ U & B \end{pmatrix},$$

also wirklich den Rang d_{q+1} hat (vgl. (A.7.4.1)).

18.13.6. Nun sei $q = p$. Wir bemerken zunächst, daß für eine gegebene Form $\tilde{\omega}_{p+1} \in \mathfrak{a}_{p+1}$ die in (18.13.4.3) auftretenden Skalare $A_{p+1}^{(\beta)}(x, \mathfrak{u}_1, \ldots, \mathfrak{u}_p)$ (mit $d_p + 1 \leqq \beta \leqq d_{p+1}$) nach den Cramerschen Formeln explizit berechnet werden können, also auf einer Umgebung V von $(x_0, \mathfrak{u}_{10}, \ldots, \mathfrak{u}_{p0})$ *in* $M \times \boldsymbol{R}^{pn}$ und nicht nur auf $V \cap M_p$ *definiert und analytisch* sind. Die Identitäten (18.13.4.3) gelten jedoch nur *auf* $V \cap M_p$. Aufgrund von (18.13.5) folgt daraus nach (16.8.9) die Existenz skalarer Funktionen

$$B_{p+1}^{(\beta)}(x, \mathfrak{u}_1, \ldots, \mathfrak{u}_p)$$

$(1 \leqq \beta \leqq d_p)$, die auf V *analytisch* und so beschaffen sind, daß diesmal *auf* $V \times \boldsymbol{R}^n$ die Beziehung

18.13.6.1. $$\langle \mathfrak{u}_1 \wedge \mathfrak{u}_2 \wedge \cdots \wedge \mathfrak{u}_p \wedge \mathfrak{w}, \tilde{\omega}_{p+1}(x) \rangle$$
$$= \sum_{\beta=1}^{d_p} B_{p+1}^{(\beta)}(x, \mathfrak{u}_1, \ldots, \mathfrak{u}_p)\, F_\beta(x, \mathfrak{u}_1, \ldots, \mathfrak{u}_p, \mathfrak{w})$$
$$+ \sum_{\beta=d_p+1}^{d_{p+1}} A_{p+1}^{(\beta)}(x, \mathfrak{u}_1, \ldots, \mathfrak{u}_p) \langle \mathfrak{u}_1 \wedge \cdots \wedge \mathfrak{u}_p \wedge \mathfrak{w}, \tilde{\omega}_{p+1}^{(\beta)}(x) \rangle$$

gilt. Nun muß folgendes gezeigt werden. Ersetzt man auf der rechten Seite der Beziehung (18.13.6.1)
x durch den Punkt

18.13.6.2. $$\left(x^1, \ldots, x^{p+1}, 0, \ldots, 0, v_1(x^1, \ldots, x^{p+1}), \ldots, v_r(x^1, \ldots, x^{p+1})\right)$$

von M,
jedes der $\mathfrak{u}_k$ $(1 \leqq k \leqq p)$ durch den Vektor

$$\left(\delta_{k1}, \ldots, \delta_{k,p+1}, 0, \ldots, 0, \frac{\partial v_1}{\partial x^k}, \ldots, \frac{\partial v_r}{\partial x^k}\right)$$

des $\boldsymbol{R}^n$ und
$\mathfrak{w}$ durch den Vektor

$$\left(0, \ldots, 0, 1, 0, \ldots, 0, \frac{\partial v_1}{\partial x^{p+1}}, \ldots, \frac{\partial v_r}{\partial x^{p+1}}\right),$$

so ergibt sich im Ergebnis dieser Substitutionen 0. Nach Definition erhält man schon 0, wenn man diese Substitutionen in jeder der Funktionen

$$\langle \mathfrak{u}_1 \wedge \cdots \wedge \mathfrak{u}_p \wedge \mathfrak{w}, \tilde{\omega}_{p+1}^{(\beta)}(x) \rangle \qquad (d_p + 1 \leqq \beta \leqq d_{p+1})$$

ausführt, und es genügt zu zeigen, daß sich 0 auch für jede der Funktionen F_β $(1 \leqq \beta \leqq d_p)$ ergibt. Zu diesem Zweck weisen wir darauf hin, daß wir aufgrund der in Abschnitt 18.11 durchgeführten Vereinfachungen hier $\omega = dx^{p+1}$ für die Form ω aus (18.13.5) wählen können. Ersetzt man nun x durch den Punkt (18.13.6.2) in jeder der p-Formen $\tilde{\omega}_p^{(\beta)}$ $(1 \leqq \beta \leqq d_p)$, so erhält man eine analytische p-Differentialform

18.13.6.3 $$\sum_{k=1}^{p+1} (-1)^k w_k^{(\beta)}(x^1, \ldots, x^{p+1})\, dx^1 \wedge \cdots \wedge \widehat{dx^k} \wedge \cdots \wedge dx^{p+1},$$

und aufgrund der obigen Wahl von ω erkennt man, daß diese Substitution in F_β die Funktion

18.13.6.4. $$w_{p+1}^{(\beta)}(x^1, \ldots, x^{p+1}) \qquad (1 \leqq \beta \leqq d_p)$$

liefert, von der wir daher beweisen müssen, daß sie auf einer Umgebung von 0 in $\boldsymbol{R}^{p+1}$ *identisch Null* ist.

Wir schreiben einfach S_β anstelle von $w_{p+1}^{(\beta)}$. Da die $(p+1)$-Formen $\tilde{\omega}_p^{(\beta)} \wedge dx^k$ für $1 \leqq k \leqq p$ ebenfalls zu $\mathfrak{a}_{p+1}$ gehören, gibt es analytische Funktionen $G_{k\beta\gamma}(x^1, \ldots, x^{p+1})$ derart, daß auf einer Umgebung von 0 in $\boldsymbol{R}^{p+1}$

18.13.6.5. $$w_k^{(\beta)} = \sum_{\gamma=1}^{d_p} G_{k\beta\gamma} S_\gamma \qquad (1 \leqq k \leqq p,\ 1 \leqq \beta \leqq d_p)$$

gilt.

18.13.7. Wir haben bisher noch nicht davon Gebrauch gemacht, daß $\mathfrak{a}$ ein *Differentialideal* ist (vgl. (18.9.2)). Daraus folgt, daß die Formen $d\tilde{\omega}_p^{(\beta)}$ für $1 \leqq \beta \leqq d_p$ zu $\mathfrak{a}_{p+1}$ gehören. Man kann daher auf jede dieser Formen denselben Schluß anwenden wie oben auf $\tilde{\omega}_{p+1}$, und man erhält also nach Substitution des Punktes (18.13.6.2) für x in $d\tilde{\omega}_p^{(\beta)}$ aufgrund der Relationen (18.13.6.5) eine $(p+1)$-Form

18.13.7.1. $$\left(\sum_{\gamma=1}^{d_p} L_{\beta\gamma} S_\gamma\right) dx^1 \wedge \cdots \wedge dx^{p+1},$$

wobei die $L_{\beta\gamma}$ auf einer Umgebung von 0 analytisch sind.

Andererseits zeigt die Formel (17.15.3.2) für Variablentransformation in einer äußeren Differentialform (aufgrund von (18.13.6.3)), daß diese $(p+1)$-Form auch gleich

18.13.7.2. $$\left(\frac{\partial w_1^{(\beta)}}{\partial x^1} + \frac{\partial w_2^{(\beta)}}{\partial x^2} + \cdots + \frac{\partial w_{p+1}^{(\beta)}}{\partial x^{p+1}}\right) dx^1 \wedge \cdots \wedge dx^{p+1}$$

ist. Ersetzt man in diesem Ausdruck die $w_k^{(\beta)}$ für $1 \leqq k \leqq p$ durch ihre Ausdrücke (18.13.6.5), so erhält man schließlich für die S_β ein System partieller Differentialgleichungen der Gestalt

18.13.7.3. $$\frac{\partial S_\beta}{\partial x^{p+1}} = \sum_{\gamma=1}^{d_p} \left(L_{\beta\gamma} S_\gamma + \sum_{k=1}^{p} C_{k\beta\gamma} \frac{\partial S_\gamma}{\partial x^k}\right) \qquad (1 \leqq \beta \leqq d_p),$$

wobei die rechten Seiten *linear und homogen* in den S_γ und den $\dfrac{\partial S^\gamma}{\partial x^k}$ sind und die $C_{k\beta\gamma}$ auf einer Umgebung von 0 in $\boldsymbol{R}^{p+1}$ analytisch sind.

Schließlich verwenden wir die Tatsache, daß die Untermannigfaltigkeit N_0 der Dimension p als *Integralmannigfaltigkeit* vorausgesetzt war (vgl. (18.11.1)). Daraus folgt, daß die Einschränkungen der Formen $\tilde{\omega}_p^{(\beta)}$ auf N_0 gleich *Null* sein müssen, mit anderen Worten, daß auf einer Umgebung von 0 in $\boldsymbol{R}^p$

18.13.7.4. $S_\beta(x^1, \dots, x^p, 0) = 0 \quad (1 \leqq \beta \leqq d_p)$

gelten muß.

Man kann nun auf das System (18.13.7.3) den Satz von CAUCHY-KOWALEWSKAJA (18.12.1) anwenden. Da die Relationen (18.13.7.3) und (18.13.7.4) offenbar erfüllt sind, wenn man die Funktionen S_β durch 0 ersetzt, folgt aus der *Eindeutigkeitsaussage* des Satzes von CAUCHY-KOWALEWSKAJA, daß die S_β auf einer Umgebung von 0 in $\boldsymbol{R}^{p+1}$ identisch Null sind.

Damit haben wir den folgenden Satz vollständig bewiesen:

18.13.8. (Satz von CARTAN-KÄHLER). *Es sei $\mathfrak{a}$ ein von analytischen Differentialformen erzeugtes Differentialideal auf einer n-dimensionalen reell-analytischen* (bzw. *komplex-analytischen*) *Mannigfaltigkeit M. Ferner sei $N_0 \subset M$ eine p-dimensionale analytische Integraluntermannigfaltigkeit des durch $\mathfrak{a}$ definierten differenzierbaren Systems; in einem Punkt $x_0 \in N_0$ sei der Tangentialraum $T_{x_0}(N_0) = F_{x_0}$ ein reguläres Integralelement, und es sei $s_0 + s_1 + \cdots + s_p < n - p$. Dann existiert eine offene Umgebung U von x_0 in M und* (*mindestens*) *eine* ($p + 1$)-*dimensionale analytische Integraluntermannigfaltigkeit N_0' von $M \cap U$, die $N_0 \cap U$ enthält.*

Die „Unbestimmtheit" der nach (18.13.8) existierenden Untermannigfaltigkeit N_0' läßt sich beseitigen, wenn man die Mannigfaltigkeit P_0 vorgibt, die sie enthalten muß (vgl. (18.11.2)), und zwar aufgrund der Eindeutigkeitsaussage des Satzes von CAUCHY-KOWALEWSKAJA. Man kann dies bildhaft folgendermaßen formulieren: Die Lösungen N_0' „hängen von $n - p - r - 1$ willkürlich gewählten Funktionen von $r + p + 1$ Variablen ab".

Der Satz von CARTAN-KÄHLER liefert das folgende Korollar:

18.13.9. *Zu jedem ($p + 1$)-dimensionalen Integralelement L_{x_0}, das ein p-dimensionales reguläres Integralelement F_{x_0} enthält, existiert wenigstens eine analytische Integralmannigfaltigkeit N des durch $\mathfrak{a}$ definierten differenzierbaren Systems, die den Punkt x_0 enthält und für welche $T_{x_0}(N) = L_{x_0}$ ist.*

In den Bezeichnungen von (18.11.1) betrachten wir für $1 \leqq q \leqq p - 1$ den von $\mathbf{u}_{10}, \dots, \mathbf{u}_{q0}$ erzeugten q-dimensionalen Teilraum $F_{x_0}^{(q)}$ von F_{x_0}, der nach Definition ein *reguläres* Integralelement ist. Es genügt, den Satz von CARTAN-KÄHLER induktiv über q anzuwenden, vorausgesetzt, man hat die Existenz einer *eindimensionalen* Integralmannigfaltigkeit C_0 nachgewiesen, die den Punkt x_0 enthält und für die $T_{x_0}(C_0) = F_{x_0}^{(1)}$ ist. Nun existiert nach Voraussetzung auf einer Umgebung Z von x_0 in M_0 ein aus s_0 Elementen bestehendes System von 1-Differentialformen $\omega^{(\alpha)}$ $(1 \leqq \alpha \leqq s_0)$ auf Z, die eine *Basis* des Moduls (über dem Ring der auf Z analytischen Funktionen) der 1-Differentialformen auf Z bilden, welche Einschränkungen von Formen aus $\mathfrak{a}_1$ sind. Nach (18.8.4) definieren diese Formen daher ein $(n - s_0)$-*Richtungsfeld* auf Z. Aufgrund von

(18.8.1) existiert daher auf Z ein analytisches Vektorfeld X_1 derart, daß $X_1(x_0)$ ein von 0 verschiedener Vektor in der Geraden $F_{x_0}^{(1)}$ ist. Für C_0 nehme man nun die maximale Integralkurve dieses Vektorfeldes, die durch x_0 verläuft (vgl. (18.2.2)).

Aufgaben

1. a) Es sei M eine *zusammenhängende* offene Teilmenge des $\mathbf{R}^n$ (bzw. $\mathbf{C}^n$) und $\mathfrak{a}$ ein durch *analytische* Differentialformen definiertes Differentialideal mit $\mathfrak{a}_0 = \{0\}$. Dann existiert eine überall dichte offene Teilmenge U von M derart, daß das Urbild U_r von U in M_r (Bezeichnungen von (18.10.4)) in der offenen Menge V_r enthalten und in M_r überall dicht ist. Überdies ist $s_r(x, \mathbf{u}_1, \ldots, \mathbf{u}_r)$ auf U_r eine *Konstante* s_r. Ebenso kann man (unter den Voraussetzungen und in den Bezeichnungen von Abschnitt 18.10, Aufgabe 2) — nach eventueller Änderung von U — annehmen, die $s_r''(x, \mathbf{u}_1, \ldots, \mathbf{u}_r)$ seien *Konstanten* s_r'' auf U_r. Die Bedingung dafür, daß das durch $\mathfrak{a}$ definierte differenzierbare System auf einer Umgebung eines Punktes in Involution bezüglich P ist, besteht dann darin, daß $s_q'' = s_q$ für $0 \leqq q \leqq p - 1$ ist. Man sagt dann einfach, das System sei in *Involution* (bezüglich P).

Ist dies der Fall, so existiert zu jedem $z = (x, y) \in U \cap (P \times Q)$ und jedem eindimensionalen Integralelement in $T_z(M)$, dessen Projektion auf $T_x(P)$ nicht Null ist, eine p-dimensionale Integralmannigfaltigkeit V des gegebenen differenzierbaren Systems, die der Graph einer analytischen Abbildung f einer Umgebung von $x \in P$ in Q ist, für welche das gegebene eindimensionale Integralelement in $T_z(V)$ enthalten ist.

b) Wir betrachten das Pfaffsche System, das dem System partieller Differentialgleichungen vom Typ Cauchy-Kowalewskaja (18.11.4.5) äquivalent (vgl. (18.8.9)) ist. Man zeige, daß dieses System in Involution bezüglich der ersten $p + 1$ Koordinaten ist.

2. Unter den allgemeinen Voraussetzungen von Aufgabe 1 nehmen wir an, es sei $U = M$, ferner $\mathfrak{a}$ von $\mathfrak{a}_0$ und $\mathfrak{a}_1$ erzeugt, und es sei $M = P \times Q$ (vgl. Abschnitt 18.10, Aufgabe 2), wobei P (bzw. Q) in $\mathbf{R}^p$ (bzw. in $\mathbf{R}^{n-p}$) offen ist. Außerdem setzen wir voraus, die in (18.10.4) definierte Menge M_0 sei eine analytische Untermannigfaltigkeit von $P \times Q$, deren Projektion auf P eine surjektive Submersion ist. Schließlich *setzen* wir die Existenz *wenigstens einer* analytischen Abbildung $f: P \to Q$ *voraus*, deren Graph eine p-dimensionale Integralmannigfaltigkeit des gegebenen differenzierbaren Systems ist.

Man zeige, daß man die Zahlen s_j'' (Aufgabe 1) berechnen kann, indem man folgendermaßen vorgeht: Es sei R der (nullteilerfreie) Ring der auf M analytischen Funktionen, K_0 der Quotientenkörper von R, ferner K ein K_0 enthaltender Körper und F^* der K-Vektorraum, der sich ergibt, wenn man den Skalarbereich R des R-Moduls der 1-Differentialformen über M zu K erweitert; dies ist ein n-dimensionaler Vektorraum, der eine aus den auf M eingeschränkten Formen dx^i $(1 \leqq i \leqq n)$ bestehende Basis besitzt. Ferner sei F_p^* der p-dimensionale Teilraum von F^*, der von den dx^i vom Index i mit $1 \leqq i \leqq p$ erzeugt wird, und S^* der Teilraum $\mathfrak{a}_1 \otimes_R K$ von F^*. Man kann annehmen, er besitze über K eine Basis von 1-Differentialformen $\theta_k = dx^{p+k} - \sum_{i=1}^{p} a_{ki}\omega_i$ $(1 \leqq k \leqq r)$, wobei $a_{ki} \in K$ ist und die ω_i eine Basis von F_p^* bilden. Schließlich sei T^* der von den dx^{p+h+r} $(1 \leqq h \leqq n - p - r)$ erzeugte Teilraum von F^*, so daß F^* direkte Summe der drei Teilräume F_p^*, S^* und T^* ist. Es sei

F der zum K-Vektorraum F^* *duale Raum*, der dann also direkte Summe der zu F_p^*, S^* bzw. T^* dualen Räume F_p, S bzw. T ist. Wir nennen eine K-*lineare* Abbildung $\mathrm{X} \to \Phi(\mathrm{X})$ von F_p in T ein *ausgezeichnetes Integralfeld* (bezüglich P), wenn der Graph G dieser Abbildung (ein p-dimensionaler Teilraum von F) die Eigenschaft hat, daß die Einschränkungen der (mit den 2-Kovektoren über F identifizierten) Formen $d\omega \in \mathfrak{a}_2$ auf diesen Teilraum gleich Null sind. Ist $f\colon P \to Q$ eine analytische Abbildung und definieren wir für jedes Element $\mathrm{X} \in F_p$ das Element $\tilde{f}(\mathrm{X}) \in T$ durch die Bedingung

$$\langle \tilde{f}(\mathrm{X}), dx^{p+r+h} \rangle = \langle \mathrm{X}, {}^t f(dx^{p+r+h}) \rangle \qquad \text{für} \quad 1 \leqq h \leqq n - p - r\,,$$

so ist der Graph G von f genau dann eine p-dimensionale Integralmannigfaltigkeit des durch $\mathfrak{a}$ definierten differenzierbaren Systems, wenn $\tilde{f}$ ein ausgezeichnetes Integralfeld bezüglich P ist.

Man kann

$$\partial \theta_k = \sum_{i,h} a_{kih} \omega_i \wedge dx^{p+r+h} + \sum_{i,l} b_{kil} \omega_i \wedge \theta_l + \sum_{i<j} c_{ijk} \omega_i \wedge \omega_j$$

setzen, wobei die Koeffizienten $a_{kih} = \dfrac{\partial a_{ki}}{\partial x^{p+r+h}}$, b_{kil} und c_{ijk} zu K gehören. Φ ist genau dann ein ausgezeichnetes Integralfeld bezüglich P, wenn für beliebige X, X' aus F_p

$$\sum_{i,h} a_{kih} (\langle \mathrm{X}, \omega_i \rangle \langle \Phi(\mathrm{X}'), dx^{p+r+h} \rangle - \langle \mathrm{X}', \omega_i \rangle \langle \Phi(\mathrm{X}), dx^{p+r+h} \rangle)$$
$$+ \sum_{i<j} c_{ijk} \langle \omega_i \wedge \omega_j, \mathrm{X} \wedge \mathrm{X}' \rangle = 0 \qquad \text{für } 1 \leqq k \leqq r$$

gilt. Für $\mathrm{X} \in F_p$ und $\mathrm{Y} \in T$ setzen wir

$$(*) \qquad \delta(\mathrm{X} \otimes \mathrm{Y}) = \sum_{k,i,h} a_{kih} \langle \mathrm{X}, \omega_i \rangle \langle \mathrm{Y}, dx^{p+r+h} \rangle \, \boldsymbol{v}_k\,,$$

wobei $(\boldsymbol{v}_k)_{1 \leqq k \leqq r}$ die duale Basis von (θ_k) in S ist. Dadurch wird eine K-lineare Abbildung δ von $F_p \otimes_K T$ in S definiert, die von der Wahl der Basis (ω_i) von F_p^* *unabhängig* ist. Ist $\Phi_0 = \tilde{f}$, wobei $f\colon P \to Q$ die Eigenschaft hat, daß der Graph von f eine Integralmannigfaltigkeit des gegebenen Systems ist, so ist $\Phi = \Phi_0 + g$ genau dann ein ausgezeichnetes Integralfeld, wenn für $\mathrm{X}, \mathrm{X}' \in F_p$

$$(**) \qquad \delta(\mathrm{X} \otimes g(\mathrm{X}')) = \delta(\mathrm{X}' \otimes g(\mathrm{X}))$$

gilt. Wir betrachten dann eine Basis $\mathfrak{U} = (\mathfrak{u}_1, \dots, \mathfrak{u}_p)$ von F_p über K und bezeichnen mit (ω_i) die duale Basis in F_p^*. Es sei $F_h(\mathfrak{u}_1, \dots, \mathfrak{u}_h)$ der von $\mathfrak{u}_1, \dots, \mathfrak{u}_h$ erzeugte Vektorteilraum von F_p der Dimension $h \leqq p$. Mit $I_h(\mathfrak{u}_1, \dots, \mathfrak{u}_h)$ bezeichnen wir die Menge der K-linearen Abbildungen g_h von $F_h(\mathfrak{u}_1, \dots, \mathfrak{u}_h)$ in T, für welche für $i < j \leqq h$

$$(***) \qquad \delta(\mathfrak{u}_i \otimes g_h(\mathfrak{u}_j)) = \delta(\mathfrak{u}_j \otimes g_h(\mathfrak{u}_i))$$

gilt. Die Menge $I_1(\mathfrak{u}_1)$ kann mit T und $V = I_p(\mathfrak{u}_1, \dots, \mathfrak{u}_p)$ mit der *Menge der ausgezeichneten Integralfelder* identifiziert werden. Die Einschränkungsabbildung $\varrho_{h+1}\colon g_{h+1} \to g_{h+1} \mid F_h(\mathfrak{u}_1, \dots, \mathfrak{u}_h)$ ist eine K-lineare Abbildung von $I_{h+1}(\mathfrak{u}_1, \dots, \mathfrak{u}_{h+1})$ in $I_h(\mathfrak{u}_1, \dots, \mathfrak{u}_h)$. Ist $N_h(\mathfrak{u}_1, \dots, \mathfrak{u}_{h+1}) = N_h$ ihr Kern und $\tau_h(\mathfrak{u}_1, \dots, \mathfrak{u}_{h+1}) = \dim(N_h)$, so gilt für $1 \leqq h \leqq p - 1$

$$\dim I_{h+1}(\mathfrak{u}_1, \dots, \mathfrak{u}_{h+1}) \leqq \tau_h(\mathfrak{u}_1, \dots, \mathfrak{u}_{h+1}) + \dim I_h(\mathfrak{u}_1, \dots, \mathfrak{u}_h);$$

Gleichheit kann nur dann bestehen, wenn ϱ_{h+1} *surjektiv* ist. Wir bezeichnen mit τ_h den kleinsten Wert von $\tau_h(\mathfrak{u}_1, \ldots, \mathfrak{u}_{h+1})$, wenn die Basis $\mathfrak{U}$ beliebig variiert. Man zeige, daß eine Basis $\mathfrak{U}_0 = (\mathfrak{u}_{10}, \ldots, \mathfrak{u}_{p0})$ existiert mit $\tau_h = \tau_h(\mathfrak{u}_{10}, \ldots, \mathfrak{u}_{h0})$ für $1 \leqq h \leqq p - 1$. Sind außerdem $\mathfrak{u}_1, \ldots, \mathfrak{u}_h$ so gewählt, daß $\tau_k = \tau_k(\mathfrak{u}_1, \ldots, \mathfrak{u}_k)$ für $1 \leqq k \leqq h < p - 1$ gilt, so ist die Menge der $\mathfrak{u}_{h+1} \in F_p$, für die $\mathfrak{u}_1, \ldots, \mathfrak{u}_h, \mathfrak{u}_{h+1}$ linear unabhängig sind und

$$\tau_{h+1} = \tau_{h+1}(\mathfrak{u}_1, \ldots, \mathfrak{u}_h, \mathfrak{u}_{h+1})$$

ist, das (nichtleere) Komplement einer *algebraischen Mannigfaltigkeit* in dem Vektorraum F_p (man benutze die Tatsache, daß K ein unendlicher Körper ist).

Danach beweise man, daß in den Bezeichnungen von Aufgabe 1

$$s_0'' = r \qquad \text{und} \qquad \tau_h = n - p - (s_0'' + s_1'' + \cdots + s_h'')$$

gilt. Daraus leite man her, daß das betrachtete Pfaffsche System genau dann *in Involution* bezüglich P ist (vgl. Aufgabe 1), wenn

$$\dim V = \tau_0 + \tau_1 + \cdots + \tau_{p-1}$$

ist, wobei wir $\tau_0 = \dim T = n - p - r$ gesetzt haben; gleichbedeutend damit ist, daß alle linearen Abbildungen ϱ_{h+1} $(1 \leqq h \leqq p - 1)$ *surjektiv* sind.

3. In den Bezeichnungen und unter den allgemeinen Voraussetzungen der Aufgabe 2 betrachten wir die offene Menge $M^{(1)} = M \times \boldsymbol{R}^{p(n-p-r)}$, wobei wir mit x^i $(1 \leqq i \leqq n)$ die Koordinaten eines Punktes von M und mit z^{hi} $(1 \leqq i \leqq p$, $1 \leqq h \leqq n - p - r)$ die Koordinaten eines Punktes von $\boldsymbol{R}^{p(n-p-r)}$ bezeichnen. Es sei $\mathfrak{b}$ das von $\mathfrak{b}_0$ und $\mathfrak{b}_1$ erzeugte Differentialideal auf $M^{(1)}$, wobei $\mathfrak{b}_0$ von $\mathfrak{a}_0$ und den $rp\,(p - 1)/2$ Funktionen

$$H_{ijk} = \sum_h (a_{kih} z^{hj} - a_{kjh} z^{hi}) + c_{ijk}$$

erzeugt werde und $\mathfrak{b}_1$ durch die 1-Formen θ_k $(1 \leqq k \leqq r)$, dH_{ijk} und

$$\theta_h^{(1)} = dx^{p+r+h} - \sum_{i=1}^{p} z^{hi} \omega_i \qquad (1 \leqq h \leqq n - p - r)\,.$$

Es sei $f\colon P \to Q$ eine analytische Abbildung derart, daß der Graph von f eine Integralmannigfaltigkeit des durch $\mathfrak{a}$ definierten Pfaffschen Systems ist. Sind f^{p+r+h} die Komponenten von f bezüglich der letzten $n - p - r$ Vektoren der kanonischen Basis des $\boldsymbol{R}^n$, so definieren wir durch die Formeln $df^{p+r+h} = \sum_i f^{hi} \omega_i$ skalare analytische Funktionen f^{hi} auf einer dichten offenen Teilmenge $P^{(1)}$ von P. Dann ist der Graph der Abbildung $\bigl(f, (f^{hi})_{1 \leqq i \leqq p, 1 \leqq h \leqq n-p-r}\bigr)$ von $P^{(1)}$ in $Q^{(1)} = Q \times \boldsymbol{R}^{p(n-p-r)}$ eine Integralmannigfaltigkeit des durch $\mathfrak{b}$ definierten differenzierbaren Systems. Umkehrung: Wir nennen das durch $\mathfrak{b}$ definierte differenzierbare System die *Fortsetzung erster Ordnung* des durch $\mathfrak{a}$ definierten Pfaffschen Systems. Ersetzt man erforderlichenfalls $P^{(1)}$ durch eine dichte offene Teilmenge von $P^{(1)}$, so kann man überdies voraussetzen, die in (18.10.4) für das Ideal $\mathfrak{b}$ definierte Menge $M_0^{(1)}$ sei eine analytische Untermannigfaltigkeit von $P^{(1)} \times Q^{(1)}$, deren Projektion auf P_1 eine surjektive Submersion ist.

Alsdann definiert man die *Fortsetzung m-ter Ordnung* des durch $\mathfrak{a}$ definierten Systems induktiv als die Fortsetzung erster Ordnung seiner Fortsetzung der Ordnung $m - 1$.

Um die Zahlen s_j'' zu untersuchen, die den verschiedenen Fortsetzungen des gegebenen Systems entsprechen, zeige man, daß man sich auf das folgende algebraische Problem beschränken kann:

Man betrachtet einen Körper K der Charakteristik 0 (zum Beispiel den Körper der rationalen Funktionen in unendlich vielen Unbestimmten über K_0), drei Vektorräume F_p, S, T und eine lineare Abbildung $\delta: F_p \otimes_K T \to S$. Die F_h, I_h, τ_h, ϱ_{h+1}, N_h und $V = I_p$ werden wie in Aufgabe 2 definiert. Man nennt (F_p, S, T, δ) ein *Cartansches Quadrupel*. Danach definiert man die *Fortsetzung erster Ordnung* $(F_p, S^{(1)}, T^{(1)}, \delta^{(1)})$ als das Cartansche Quadrupel mit $S^{(1)} = T$, $T^{(1)} = V$ und $\delta^{(1)}$: $F_p \otimes V \to T$ mit $\delta^{(1)}(u \otimes g) = g(u)$. Die Fortsetzung m-ter Ordnung ist dann das Cartansche Quadrupel $(F_p, S^{(m)}, T^{(m)}, \delta^{(m)})$, das man durch die Fortsetzung erster Ordnung der Fortsetzung $(m-1)$-ter Ordnung erhält. Mit $I_h^{(m)}$, $\tau_h^{(m)}$, $\varrho_{h+1}^{(m)}$, $N_h^{(m)}$ und $V^{(m)}$ werden die Objekte bezeichnet, welche für die Fortsetzung m-ter Ordnung wie oben für das Cartansche Quadrupel (F_p, S, T, δ) definiert sind.

4. Unter den Voraussetzungen und in den Bezeichnungen von Aufgabe 2 und 3 zeige man:

a) $T^{(m)} = V^{(m-1)}$ kann mit dem Vektorraum der m-linearen *symmetrischen* Abbildungen von F_p^m in T identifiziert werden, für welche

$$\delta(\mathbf{u}_0 \otimes g^{(m)}(\mathbf{u}_1, \mathbf{u}_2, \dots, \mathbf{u}_m)) = \delta(\mathbf{u}_1 \otimes g^{(m)}(\mathbf{u}_0, \mathbf{u}_2, \dots, \mathbf{u}_m))$$

für je $m + 1$ Vektoren $\mathbf{u}_j \in F_p$ gilt. Die Abbildung

$$\delta^{(m)}: F_p \otimes_K T^{(m)} \to S^{(m)} = T^{(m-1)}$$

wird durch

$$(\delta^{(m)}(\mathbf{u} \otimes g^{(m)}))\,(\mathbf{u}_1, \mathbf{u}_2, \dots, \mathbf{u}_{m-1}) = g^{(m)}(\mathbf{u}_1, \mathbf{u}_2, \dots, \mathbf{u}_{m-1}, \mathbf{u})$$

definiert.

Der Raum $I_h^{(m)}(\mathbf{u}_1, \dots, \mathbf{u}_h)$ kann mit dem Raum derjenigen $(m + 1)$-linearen Abbildungen $g_h^{(m+1)}$ von $F_p^m \times F_h(\mathbf{u}_1, \dots, \mathbf{u}_h)$ in T identifiziert werden, für welche folgendes gilt:

1° Es ist $g_h^{(m+1)}(\mathbf{u}_{\sigma(i_1)}, \dots, \mathbf{u}_{\sigma(i_{m+1})}) = g_h^{(m+1)}(\mathbf{u}_{i_1}, \dots, \mathbf{u}_{i_m}, \mathbf{u}_{i_{m+1}})$, wobei die i_k für $1 \leqq k \leqq m$ beliebig aus $[1, p]$ gewählt sind, $i_{m+1} \leqq h$ ist und σ eine beliebige Permutation von $[1, p]$ bezeichnet, die nur die Bedingung $\sigma(i_{m+1}) \leqq h$ erfüllen muß;
2° es ist

$$\delta(\mathbf{u}_i \otimes g_h^{(m+1)}(\mathbf{u}_{k_1}, \dots, \mathbf{u}_{k_m}, \mathbf{u}_j)) = \delta\big(\mathbf{u}_j \otimes g_h^{(m+1)}, (\mathbf{u}_{k_1}, \dots, \mathbf{u}_{k_m}, \mathbf{u}_i)\big)$$

für alle Indizes $k_l \leqq p$ und die Indizes $i \leqq h$, $j \leqq h$.

Der Kern $N_h^{(m)}$ des Homomorphismus $\varrho_{h+1}^{(m)}$ ist dem Raum $Q_h^{(m)} \subset T^{(m)}$ der Abbildungen $g^{(m)}$ mit

$$g^{(m)}(\mathbf{v}_1, \mathbf{v}_2, \dots, \mathbf{v}_m) = 0$$

kanonisch isomorph, falls wenigstens einer der Vektoren $\mathbf{v}_j$ zu $F_h(\mathbf{u}_1, \dots, \mathbf{u}_h)$ gehört. Dieser Isomorphismus ordnet $g_{h+1}^{(m+1)} \in N_h^{(m)}$ die Abbildung

$$(\mathbf{v}_1, \dots, \mathbf{v}_m) \to g_{h+1}^{(m+1)}(\mathbf{v}_1, \dots, \mathbf{v}_m, \mathbf{u}_{h+1})$$

zu. Ferner setzen wir $Q_0^{(m)} = T^{(m)}$.

b) Für jedes $\mathbf{u} \in F_p$ sei $\mu^{(m)}(\mathbf{u})$ die lineare Abbildung

$$g^{(m)} \to \delta^{(m)}(\mathbf{u} \otimes g^{(m)})$$

von $T^{(m)}$ in $T^{(m-1)}$. Die Einschränkung $\lambda^{(m)}(\mathbf{u})$ von $\mu^{(m)}(\mathbf{u})$ auf $Q_h^{(m)}$ ist eine Abbildung von $Q_h^{(m)}$ in $Q_h^{(m-1)}$, und der Kern von $\lambda^{(m)}(\mathbf{u}_{h+1})$ ist $Q_{h+1}^{(m)}$.

c) Man leite aus a), b) und Aufgabe 2 her, daß das Quadrupel $(F_p, S^{(m)}, T^{(m)}, \delta^{(m)})$ genau dann *involutiv* bezüglich P ist, wenn $T^{(m+1)}$ zu der direkten Summe der $Q_h^{(m)}$ (bei geeigneter Wahl der Basis $\mathfrak{U}$) isomorph ist. Hieraus leite man her, daß dies genau dann der Fall ist, wenn jede der Abbildungen $\lambda^{(m+1)}(\mathbf{u}_{h+1})$ für $1 \leqq h \leqq p-1$ *surjektiv* ist.

5. Ist $\dim(T) = q$, so kann der Raum L_m der m-linearen symmetrischen Abbildungen von F_p^m in T (durch ein für allemal fixierte Basen in F_p und T) mit dem dualen Raum des Teilraumes $A_{m,1}$ des Raumes $A = K[Z_1, \dots, Z_p, Z_1', \dots, Z_q']$ der Polynome in $p+q$ Unbestimmten, der aus den homogenen Polynomen vom Grade m in den Z_i und vom Grade 1 in den Z_j' besteht, identifiziert werden. Bei dieser Identifizierung wird F_p mit dem Teilraum $A_{1,0}$ von A identifiziert, während $Z_1, \dots, Z_p$ dabei mit den Elementen $\mathbf{u}_1, \dots, \mathbf{u}_p$ der in F_p gewählten Basis identifiziert werden.

a) Die Abbildung $\delta^{(m)}(\mathbf{u})$ ist für jede ganze Zahl $m \geqq 1$ auf ganz L_m definiert. Man zeige: Ist U dasjenige Element von $A_{1,0}$, das $\mathbf{u}$ entspricht, so läßt sich die transponierte Abbildung ${}^t\delta^{(m)}(\mathbf{u})$ mit der Multiplikation $W_{m-1,1} \to U\, W_{m-1,1}$, einer linearen Abbildung von $A_{m-1,1}$ in $A_{m,1}$ identifizieren. Es sei B_{mh} das orthogonale Komplement von $Q_h^{(m)}$ in $A_{m,1}$; dann gilt $UB_{m-1,h} \subset B_{mh}$, und $\lambda^{(m)}(\mathbf{u})$ ist genau dann surjektiv, wenn aus $UW \subset B_{mh}$ für ein $W \in L_{m-1}$ die Relation $W \in B_{m-1,h}$ folgt.

b) Es sei $\mathfrak{b}_h$ das von den B_{mh} ($m \geqq 1$, h fest) erzeugte Ideal von A. Dann gilt

$$\mathfrak{b}_h \cap A_{m,1} = B_{mh}\,.$$

c) Man beweise das folgende algebraische Lemma: Es sei $\mathfrak{c}$ ein Ideal von A und $\mathfrak{c} = \mathfrak{q}_1 \cap \mathfrak{q}_2 \cap \cdots \cap \mathfrak{q}_r$ eine reduzierte Primärzerlegung[1]), wobei das Primärideal $\mathfrak{q}_j$ einem Primideal $\mathfrak{p}_j$ entspricht. Ferner sei m eine ganze Zahl mit $\mathfrak{p}_j^{m-1} \subset \mathfrak{q}_j$ für jedes j. Dann existiert ein Element $U \in A_{1,0}$ derart, daß aus $UW \in \mathfrak{c} \cap A_{m,1}$ die Relation $W \in \mathfrak{c} \cap A_{m-1,1}$ folgt. (Man betrachte jeden der Indizes j und unterscheide zwei Fälle, je nachdem, ob $\mathfrak{p}_j \supset A_{1,0}$ ist oder nicht; im ersten Fall gilt $\mathfrak{q}_j \supset A_{m-1,0}$. Hieraus leite man her: Gehört U keinem der von $A_{1,0}$ verschiedenen Durchschnitte $\mathfrak{p}_j \cap A_{1,0}$ an, so leistet U das Gewünschte.)

d) Aus a) und c) leite man her, daß unter den Voraussetzungen von Aufgabe 2 eine ganze Zahl m_0 existiert derart, daß die Fortsetzungen der Ordnung $m \geqq m_0$ des gegebenen Pfaffschen Systems *involutiv* bezüglich P sind (*Fortsetzungssatz von* Cartan-Kuranishi). (Man wähle sukzessiv die Elemente $\mathbf{u}_1, \dots, \mathbf{u}_p$ der Basis von F_p in der Weise, daß die $\lambda^{(m)}(\mathbf{u}_{h+1})$ surjektiv sind und die $\tau_h^{(m)}(\mathbf{u}_1, \dots, \mathbf{u}_h)$ ihre minimalen Werte annehmen. Man muß unter Berücksichtigung von c) und Aufgabe 2 jedesmal $\mathbf{u}_{h+1}$ außerhalb einer von F_p verschiedenen algebraischen Mannigfaltigkeit in F_p wählen.)

18.14. Vollständig integrierbare Pfaffsche Systeme

18.14.1. Wir wenden uns wieder dem Problem der Existenz von Integralmannigfaltigkeiten eines *p-Richtungsfeldes* (18.8.5) zu; dieses Problem ist — lokal — dem Problem der Existenz von Integralmannigfaltigkeiten eines *Pfaffschen Systems* (18.8.7.1)

---

[1]) Vgl. etwa N. Bourbaki, Algèbre commutative, Hermann, Paris 1961, Kap. IV, § 2. (Russische Übersetzung Moskau 1971. — *Zusatz d. Ü.*).

18.14.1.1. $\omega_j = 0 \quad (1 \leqq j \leqq n - p)$

äquivalent, bei dem die ω_j solche 1-Differentialformen der Klasse C^∞ sind, daß die $\omega_j(x)$ für jedes $x \in M$ *linear unabhängig* sind. Diese Mannigfaltigkeiten sind auch die Integralmannigfaltigkeiten des differenzierbaren Systems, welches durch das von den ω_j erzeugte Differentialideal $\mathfrak{a}$ definiert wird (vgl. (18.9.1)).

18.14.2. Wir wollen nun insbesondere untersuchen, unter welchen Bedingungen in einer Umgebung *jedes* Punktes von M eine durch diesen Punkt gehende Integralmannigfaltigkeit *maximaler* Dimension p existiert. Ist dies der Fall, so nennen wir das Pfaffsche System (18.14.1.1) (oder das p-Richtungsfeld $x \to L_x$) *vollständig integrierbar.*

Zunächst folgt aus der Voraussetzung, die $\omega_j(x)$ seien in jedem Punkt *linear unabhängig*, daß — in den Bezeichnungen von (18.10.3) — in jedem Punkt $x \in M$ die Beziehung $s_0(x) = n - p$ gilt. Ist ferner L_x ein p-dimensionales Integralelement, so muß für alle $\mathbf{u}_1, \mathbf{u}_2 \in L_x$ die Beziehung $\langle \mathbf{u}_1 \wedge \mathbf{u}_2, d\omega_j(x)\rangle = 0$ erfüllt sein, und daraus folgt nach Definition (vgl. (18.10.3)), daß $s_1(x, \mathbf{u}) = 0$ ist für jeden Vektor $\mathbf{u} \neq 0$ aus L_x. Hieraus ergibt sich, daß auch für beliebige linear unabhängige Vektoren $\mathbf{u}_1, \ldots, \mathbf{u}_q$ aus L_x für $2 \leqq q \leqq p - 1$ die Relation $s_q(x, \mathbf{u}_1, \ldots, \mathbf{u}_q) = 0$ gilt. Jede Form $\tilde{\omega}_q \in \mathfrak{a}_q$ ist nämlich Linearkombination von äußeren Produkten von Formen, unter denen wenigstens eine der Formen ω_j oder $d\omega_j$ vorkommt. Daher folgt unsere Behauptung aus dem Vorhergehenden und aus den Rechenregeln der äußeren Algebra (vgl. (A.14.2.1)). Man sieht also, daß die dem Pfaffschen System (18.14.1.1) auferlegte Bedingung zur Folge hat, daß *jeder* Vektorteilraum L_x ein Integralelement ist, welches ein *reguläres Integralelement* der Dimension $p - 1$ enthält.

Man könnte daher bereits den Satz von Cartan-Kähler anwenden, wenn die Mannigfaltigkeit M und die Differentialformen ω_j *analytisch* sind. Wir werden aber jetzt sehen, daß man noch weiter gehen kann und tatsächlich schon einen Existenz- und Eindeutigkeitssatz erhält, wenn man lediglich voraussetzt, daß M eine differenzierbare Mannigfaltigkeit ist und die ω_j *der Klasse C^∞ angehören.*

18.14.3. *Das Pfaffsche System* (18.14.1.1) *ist genau dann vollständig integrierbar, wenn zu jedem $x \in M$ eine offene Umgebung W von x sowie auf W definierte 1-Differentialformen α_{jk} der Klasse C^∞ existieren derart, daß auf W*

18.14.3.1. $d\omega_j = \sum_{k=1}^{n-p} \omega_k \wedge \alpha_{jk} \quad (1 \leqq j \leqq n - p)$

gilt. Ist dies der Fall, so gibt es zu jedem Punkt $x_0 \in M$ eine offene Umgebung W von x_0 in M, ein Produkt $U \times V$ einer zusammenhängenden offenen Teilmenge $U \subset \boldsymbol{R}^p$ mit einer offenen Teilmenge $V \subset \boldsymbol{R}^{n-p}$ sowie einen Diffeomorphismus φ von $U \times V$ auf W derart, daß die zusammenhängenden p-dimensionalen Integralmannigfaltigkeiten des Pfaffschen Systems ${}^t\varphi(\omega_j) = 0$ $(1 \leqq j \leqq n - p)$ in $U \times V$ genau alle Untermannigfaltigkeiten der Gestalt $T \times \{y_0\}$ sind, wobei T eine zusammenhängende offene Teilmenge von U und $y_0 \in V$ ist.

Da das Problem lokaler Natur ist, können wir uns auf den Fall beschränken, daß M eine offene Teilmenge von $\boldsymbol{R}^n$ ist.

Die lineare Algebra lehrt, daß es zu jedem $x_0 \in M$ eine offene Umgebung W_0 von x_0 in M und p Indizes i_k $(1 \leqq k \leqq p)$ gibt derart, daß die ω_j und die dx^{i_k} eine Basis des $\mathscr{E}_0$-Moduls der 1-Differentialformen der Klasse C^∞ auf dieser Umgebung bilden (vgl. (A.4.5)). Durch eine lineare Transformation im $\boldsymbol{R}^n$ können wir erreichen, daß die i_k die Zahlen $1, 2, \ldots, p$ sind; dann können wir für j mit $p+1 \leqq j \leqq n$

$$\textbf{18.14.3.2.}\quad dx^j = \sum_{k=1}^{n-p} A_{jk}\omega_k + \sum_{h=1}^{p} B_{jh}\, dx^h$$

schreiben, wobei die A_{jk} und die B_{jh}, die ja durch die Cramerschen Formeln eindeutig bestimmt sind, Funktionen der Klasse C^∞ auf W_0 sind und die Determinante $\det(A_{jk})$ auf W_0 von 0 verschieden ist.

Andererseits bilden die äußeren Produkte $\omega_j \wedge dx^h$ für $1 \leqq j \leqq n-p$, $1 \leqq h \leqq p$ sowie $\omega_j \wedge \omega_k$ für $1 \leqq j < k \leqq n-p$ und $dx^h \wedge dx^l$ $(1 \leqq h < l \leqq p)$ eine Basis des $\mathscr{E}_0$-Moduls der 2-Differentialformen der Klasse C^∞ auf W_0, so daß man für $1 \leqq j \leqq n-p$

$$\textbf{18.14.3.3.}\quad d\omega_j = \sum_{k,h} C_{jkh}\omega_k \wedge dx^h + \sum_{i,k} D_{jik}\omega_i \wedge \omega_k + \sum_{h,l} E_{jhl}\, dx^h \wedge dx^l$$

schreiben kann, wobei die Koeffizienten eindeutig durch die Cramerschen Formeln bestimmt, also Funktionen der Klasse C^∞ auf W_0 sind. Zu jedem $x \in V$ existiert, da L_x die Menge der Vektoren $\mathbf{u}$ mit $\langle \mathbf{u}, \omega_j(x)\rangle = 0$ für $1 \leqq j \leqq n-p$ ist, eine Basis $(\mathbf{u}_h(x))_{1 \leqq h \leqq p}$ von L_x mit $\langle \mathbf{u}_h(x), dx^l\rangle = \delta_{hl}$ (Kroneckersymbol). Setzt man die Einschränkung von $d\omega_j(x)$ auf L_x Null, so erhält man die Relationen $E_{jhl}(x) = 0$ auf W_0 und damit (18.14.3.1). Die Umkehrung ist unmittelbar klar.

Wir bemerken nun, daß die Projektion von L_x auf den durch die ersten p Vektoren der kanonischen Basis erzeugten Teilraum von $\boldsymbol{R}^n$ surjektiv ist. Wenn daher eine p-dimensionale Integralmannigfaltigkeit des Systems (18.14.1.1) existiert, die durch x_0 geht, ist sie nach (16.8.3.2) auf einer Umgebung von x_0 durch $n-p$ Gleichungen

$$\textbf{18.14.3.4.}\quad x^{p+k} = v_k(x^1, \ldots, x^p) \qquad (1 \leqq k \leqq n-p)$$

definiert, wobei die v_k der Klasse C^∞ angehören. Setzen wir dies in (18.14.3.2) ein und berücksichtigen, daß die Einschränkungen der ω_j auf diese Integralmannigfaltigkeit Null sein müssen, so erhalten wir das System partieller Differentialgleichungen

$$\textbf{18.14.3.5.}\quad \frac{\partial v_k}{\partial x^h} = B_{kh}\big(x^1, \ldots, x^p, v_1(x^1, \ldots, x^p), \ldots, v_{n-p}(x^1, \ldots, x^p)\big)$$

$$(1 \leqq k \leqq n-p,\ 1 \leqq h \leqq p);$$

wenn, umgekehrt, die v_k diesem System genügen und

$$v_k(x_0^1, \ldots, x_0^p) = x_0^{p+k} \qquad \text{für } 1 \leqq k \leqq n-p$$

ist, so folgt aus (18.14.3.2) und daraus, daß $\det\big(A_{jk}(x)\big)$ auf W_0 von 0 verschieden ist, daß die Einschränkungen der ω_j auf die durch (18.14.3.4) definierte Mannigfaltigkeit Null sind.

Wir beweisen nun, daß das System (18.14.3.5) *im Sinne von* (10.9.6) *vollständig integrierbar* ist. Dazu genügt es, die äußeren Ableitungen der 1-Formen in den Gleichungen (18.14.3.2) zu bilden; so ergibt sich

18.14.3.6. $$\sum_{k=1}^{n-p} (dA_{jk} \wedge \omega_k + A_{jk} \wedge d\omega_k) + \sum_{h=1}^{p} dB_{jh} \wedge dx^h = 0 .$$

Nun ersetzen wir in dieser Relation dB_{jh} durch $\sum_{l=1}^{n} \frac{\partial B_{jh}}{\partial x^l} dx^l$, danach jedes der dx^i für $1 \leqq i \leqq n-p$ in dieser Summe durch den sich aus (18.14.3.2) ergebenden Ausdruck. Setzt man dann in der erhaltenen 2-Form den Koeffizienten von $dx^h \wedge dx^l$ $(1 \leqq h < l \leqq p)$ Null, so erhält man die Bedingungen

18.14.3.7. $$\frac{\partial B_{jh}}{\partial x^l} + \sum_{s=1}^{p} \frac{\partial B_{jh}}{\partial x^s} B_{sl} = \frac{\partial B_{jl}}{\partial x^h} + \sum_{s=1}^{p} \frac{\partial B_{jl}}{\partial x^s} B_{sh}$$
$$(1 \leqq j \leqq n-p,\ 1 \leqq h < l \leqq p),$$

d. h. genau die Bedingungen aus (10.9.6) für vollständige Integrierbarkeit.

Wir können nun die Aussage (10.9.5) anwenden. Identifizieren wir $\boldsymbol{R}^n$ mit $\boldsymbol{R}^p \times \boldsymbol{R}^{n-p}$ und setzen $x_0 = (y_0, z_0)$, so existieren eine offene Kugel U mit dem Mittelpunkt y_0 in $\boldsymbol{R}^p$, zwei offene Kugeln $V \subset V_0$ mit dem Mittelpunkt z_0 in $\boldsymbol{R}^{n-p}$ derart, daß $U \times V_0 \subset M$ gilt, sowie eine Abbildung $(y, y_1, z) \to (y, u(y, y_1, z))$ der Klasse C^∞ von $U \times U \times V_0$ in M, für welche folgendes gilt:

1° Für jedes $(y_1, z) \in U \times V_0$ ist die Funktion

$$y \to u(y, y_1, z) = (v_1(y), \ldots, v_{n-p}(y))$$

die einzige Lösung von (18.14.3.5) auf U mit $u(y_1, y_1, z) = z$;

2° für jedes $(y, y_1, z) \in U \times U \times V$ gilt $u(y, y_1, z) \in V_0$, und $u(y, y_1, z)$ ist der einzige Punkt $z_1 \in V_0$ mit

$$u(y_1, y, z_1) = z .$$

Man schließt daraus, daß

$$\varphi: (y, z) \to (y, u(y, y_0, z))$$

ein *Diffeomorphismus* von $U \times V$ auf eine offene Teilmenge von $U \times V_0$ ist, dessen inverser Diffeomorphismus die Abbildung $(y, z) \to (y, u(y_0, y, z))$ in $\varphi(U \times V) = W$ ist. Die zusammenhängenden Integralmannigfaltigkeiten des Pfaffschen Systems ${}^t\varphi(\omega_j) = 0$ in $U \times V$ sind offenbar die inversen Bilder der in $\varphi(U \times V)$ enthaltenen zusammenhängenden Integralmannigfaltigkeiten von (18.14.1.1) vermöge φ; in der Umgebung jedes Punktes von $U \times V$ haben sie also die Gestalt $y \to u(y_0, y, u(y, y_0, z)) = z$; somit sind die v_j *konstant.* Die rechten Seiten des dem obigen Pfaffschen System entsprechenden Systems partieller Differentialgleichungen (18.14.3.5) sind daher auf $U \times V$ *identisch Null,* und die Behauptung folgt aus (8.6.1). Wir bemerken noch, daß die einzigen *in* $U \times V$ *abgeschlossenen* zusammenhängenden Integralmannigfaltigkeiten die Mengen $U \times \{z_0\}$ sind.

18.14.4. Wir haben in (18.8.1) gesehen, daß ein p-Richtungsfeld $x \to L_x$ der Klasse C^∞ auf M in einer Umgebung U jedes Punktes von M durch die Angabe von p solchen Vektorfeldern X_j der Klasse C^∞ definiert werden kann, daß die $X_j(x)$ für jedes $x \in U$ eine Basis des Raumes L_x bilden. Die Bedingung für die vollständige Integrierbarkeit des p-Richtungsfeldes $x \to L_x$ auf U läßt sich dann in der folgenden Weise formulieren:

18.14.5. *Auf U ist das p-Richtungsfeld $x \to L_x$ genau dann vollständig integrierbar, wenn für jedes Paar von Indizes i, j mit $1 \leqq i \leqq j \leqq p$ die Beziehung*

18.14.5.1. $$[X_i, X_j] = \sum_{k=1}^{p} c_{ijk} X_k$$

gilt, wobei die c_{ijk} Funktionen der Klasse C^∞ auf U sind.

Ist nämlich $x \to L_x$ vollständig integrierbar, dann gilt — in den Bezeichnungen von (18.14.3) — für jeden Index h mit $1 \leqq h \leqq n - p$ aufgrund von (17.15.3.6)

$$\langle d\omega_h, X_i \wedge X_j \rangle = \theta_{X_i} \cdot \langle \omega_h, X_j \rangle - \theta_{X_j} \cdot \langle \omega_h, X_i \rangle - \langle \omega_h, [X_i, X_j] \rangle ,$$

und nach Definition ist $\langle \omega_h, X_i \rangle = 0$ für jeden Index i. Da für jedes $x \in U$ die Einschränkung des 2-Kovektors $d\omega_h(x)$ auf L_x Null ist, erhält man somit $\langle \omega_h(x), [X_i, X_j](x) \rangle = 0$. Das gilt für $1 \leqq h \leqq n - p$, und hieraus folgt, daß der Vektor $[X_i, X_j](x)$ zu L_x gehört; er läßt sich also eindeutig in der Gestalt

$$[X_i, X_j](x) = \sum_{k=1}^{p} c_{ijk}(x) X_k(x)$$

darstellen. Daß die c_{ijk} der Klasse C^∞ angehören, folgt aus den Cramerschen Formeln. Führen wir diese Überlegung in der umgekehrten Richtung durch, so sehen wir, daß die Relationen (18.14.4.5) das Verschwinden der Einschränkung von $d\omega_h(x)$ auf L_x für alle h nach sich ziehen, und die Überlegungen von (18.14.3) zeigen, daß das Feld $x \to L_x$ auf U vollständig integrierbar ist.

18.14.6. Für $p = 1$ ist jedes 1-Richtungsfeld trivialerweise vollständig integrierbar, und wir haben gesehen, daß lokal der Begriff der Integralmannigfaltigkeit eines solchen Feldes mit dem der Integralkurve eines Vektorfeldes übereinstimmt (vgl. (18.8.6)). Wir werden sehen, daß man auch für $p > 1$ für ein auf *M vollständig integrierbares* p-Richtungsfeld $x \to L_x$ einen Begriff definieren kann, der den Begriff der maximalen Integralkurve (vgl. (18.2.2)) verallgemeinert.

Zu diesem Zweck werden wir auf der Mannigfaltigkeit M eine neue *Topologie* $\mathcal{T}$ definieren, die feiner ist als die gegebene Topologie $\mathcal{T}_0$. Mit $\mathfrak{B}$ bezeichnen wir die Menge der p-dimensionalen *Integralmannigfaltigkeiten* N des Feldes $x \to L_x$, welche *zusammenhängende Untermannigfaltigkeiten* von M sind und für welche die abgeschlossene Hülle $\overline{N}$ von N in M *kompakt* ist. Wir zeigen, daß $\mathfrak{B}$ eine *Basis* einer Topologie $\mathcal{T}$ auf M ist (vgl. Abschnitt 12.2). Es seien also N und P zwei Mengen von $\mathfrak{B}$ und $x_0 \in N \cap P$; dann existiert ein Fundamentalsystem von offenen Umgebungen U von x_0 in M derart, daß in U nur eine einzige zusammenhängende abgeschlossene p-dimensionale Untermannigfaltigkeit von U existiert, welche Integralmannigfaltigkeit von $x \to L_x$ ist und x_0 enthält (vgl. (18.14.3)); diese Mannigfaltigkeit ist die größte zusammenhängende p-dimensionale Untermannigfaltigkeit in U, die eine Integralmannigfaltigkeit ist. Darüber hinaus kann man U so klein wählen, daß $U \cap N$ in U abgeschlossen und zusammenhängend ist. Dann ist die zusammenhängende Komponente von x_0 in $U \cap P$ eine p-dimensionale Integralmannigfaltigkeit und enthält x_0. Sie ist also in $U \cap N$, somit in $N \cap P$ enthalten; also ist $\mathfrak{B}$ tatsächlich Basis einer Topologie $\mathcal{T}$. Diese Überlegung zeigt außerdem einerseits, daß $\mathcal{T}$ feiner ist als die Topologie $\mathcal{T}_0$, und andererseits, daß $\mathcal{T}$ und $\mathcal{T}_0$ *auf N dieselbe Topologie induzieren.* Schließlich lehrt sie noch folgendes: Ist $\mathfrak{B}'$ die Menge der $N' \in \mathfrak{B}$ mit $\overline{N'} \subset N$ für ein $N \in \mathfrak{B}$, so ist auch $\mathfrak{B}'$ eine Basis für die Topologie $\mathcal{T}$, und die auf $\overline{N'}$ durch $\mathcal{T}$ induzierte Topologie ist *metrisierbar* und *kompakt.* Da jede Mannigfaltigkeit lokal zusammenhängend ist, ist der mit der Topologie $\mathcal{T}$ versehene Raum M lokal zusammenhängend. Wir werden jetzt zeigen, daß eine zusammenhängende Komponente C von M (bezüglich $\mathcal{T}$), die also eine (bezüglich $\mathcal{T}$) in M offene Menge ist (vgl. (3.19.5)), Vereinigung *abzählbar vieler* Mengen aus $\mathfrak{B}'$ ist.

Zu diesem Zweck bemerken wir, daß aufgrund von (18.14.3) und (12.6.1) eine höchstens abzählbare lokal endliche offene Überdeckung (W_α) von M existiert, die aus relativ kompakten Mengen der Gestalt $\varphi_\alpha(U_\alpha \times V_\alpha)$ besteht, wobei U_α eine offene zusammenhängende Teilmenge von $\mathbf{R}^p$, ferner V_α eine offene Teilmenge von $\mathbf{R}^{n-p}$ und φ_α ein Diffeomorphismus ist derart, daß die einzigen p-dimensionalen Integralmannigfaltigkeiten von (18.14.1.1), die zusammenhängend und in W_α abgeschlossen sind, die Gestalt $\varphi_\alpha(U_\alpha \times \{z_\alpha\})$ haben. Durch eventuelle Verkleinerung der U_α kann man erreichen, daß diese Integralmannigfaltigkeiten zu $\mathfrak{B}'$ gehören. Wir betrachten nun in M die folgende, mit $R(x, x')$ bezeichnete Relation:

Es existierten eine endliche Folge $(\alpha_k)_{0 \leqq k \leqq m}$ von Indizes und eine Folge von p-dimensionalen Integralmannigfaltigkeiten $N_{\alpha_k} \subset W_{\alpha_k}$, die zusammenhängend und in W_{α_k} abgeschlossen sind derart, daß $x \in N_{\alpha_0}$, $x' \in N_{\alpha_m}$ und $N_{\alpha_k} \cap N_{\alpha_{k+1}} \neq \emptyset$ für $0 \leqq k \leqq n-1$ gilt.

Da ein Punkt eines W_α zu einer einzigen in W_α abgeschlossenen zusammenhängenden p-dimensionalen Integralmannigfaltigkeit gehört, ergibt sich sofort, daß die obige Relation eine *Äquivalenzrelation* in M ist, deren Klassen bezüglich der Topologie $\mathcal{T}$ *offen* und *abgeschlossen* sowie *zusammenhängend* sind (vgl. (3.19.4)); diese Klassen sind daher genau die *zusammenhängenden Komponenten* von M bezüglich der Topologie $\mathcal{T}$.

Wir gehen also von einer solchen zusammenhängenden Komponente C aus; es sei $x \in C$. Wir definieren induktiv eine Folge (C_m) bezüglich $\mathcal{T}$ offener Mengen, und zwar in folgender Weise: C_1 ist die Vereinigung der p-dimensionalen Integralmannigfaltigkeiten $N_\alpha \subset W_\alpha$, die zusammenhängend und in W_α abgeschlossen sind und x enthalten. Für $m > 1$ ist C_m die Vereinigung von C_{m-1} und der p-dimensionalen Integralmannigfaltigkeiten $N_\alpha \subset W_\alpha$, die zusammenhängend und in W_α abgeschlossen sind und C_{m-1} schneiden. Durch vollständige

Induktion nach m ergibt sich sofort, daß jedes C_m Vereinigung *endlich vieler* Mengen aus $\mathfrak{B}'$ ist, da C_m relativ kompakt ist, also nur mit endlich vielen offenen Mengen W_α Punkte gemein hat. Wir zeigen, daß C die Vereinigung der C_m ist: Für jedes $x' \in C$ gilt in den vorstehenden Bezeichnungen $N_{\alpha_0} \subset C_1$, nach Induktion also $N_{\alpha_k} \subset C_{k+1}$, und hieraus folgt unsere Behauptung.

Man kann nun (12.4.7) anwenden, da jeder Raum $\bar{N}_\alpha$ bezüglich der Topologie $\mathcal{T}$ metrisierbar und separabel ist: Daraus ergibt sich, daß C bezüglich der Topologie $\mathcal{T}$ *metrisierbar* und *separabel* ist. Sind N und P zwei Mengen aus $\mathfrak{B}$, so induzieren die Strukturen von N und P als Untermannigfaltigkeiten auf $N \cap P$ dieselbe Struktur einer differenzierbaren Mannigfaltigkeit. Aufgrund von (16.2.5) hat man also in dieser Weise auf jeder zusammenhängenden Komponente C von M (bezüglich $\mathcal{T}$) die Struktur einer p-dimensionalen *differenzierbaren Mannigfaltigkeit* definiert. Dann ist die kanonische Injektion $j\colon C \to M$ offenbar eine *Immersion*, aber C *nicht notwendig eine Untermannigfaltigkeit* von M (vgl. (18.2.13)). Die aus C und der Immersion j (vgl. (18.8.5)) bestehende Integralmannigfaltigkeit des Pfaffschen Systems (18.14.1.1) ist *maximal* im folgenden Sinne: Bilden eine *p-dimensionale* Mannigfaltigkeit N und eine injektive Immersion $h\colon N \to M$ eine Integralmannigfaltigkeit (18.8.5), so folgt aus der Tatsache, daß h eine Immersion ist, sofort, daß h stetig ist, wenn M mit der Topologie $\mathcal{T}$ versehen ist. Daher ist, da N zusammenhängend ist, $h(N)$ in einer zusammenhängenden Komponente C von M bezüglich $\mathcal{T}$ *enthalten*, und die Abbildung h läßt sich in $h\colon N \xrightarrow{u} C \xrightarrow{j} M$ zerlegen, wobei u ein *Diffeomorphismus* von N auf eine offene Teilmenge von C ist (vgl. (16.8.8)).

Überdies gilt folgendes:

18.14.7. *Es sei P eine differenzierbare Mannigfaltigkeit, $f\colon P \to M$ eine Abbildung der Klasse C^∞* (M sei versehen mit seiner differenzierbaren Mannigfaltigkeitsstruktur mit der Topologie $\mathcal{T}_0$). *Ferner setzen wir voraus, es sei $f(P) \subset C$, wobei C eine maximale Integralmannigfaltigkeit des Pfaffschen Systems* (18.14.1.1) *ist. Dann ist f auch eine Abbildung der Klasse C^∞ von P in C, falls C mit seiner in* (18.14.6) *definierten differenzierbaren Mannigfaltigkeitsstruktur mit der Topologie $\mathcal{T}$ versehen wird.*

Das Problem ist lokal bezüglich P; es sei also $z_0 \in P$, $x_0 = f(z_0) \in C$. Es gibt eine Karte $c = (U, \varphi, n)$ von M im Punkt x_0 derart, daß U in M relativ kompakt ist, $\varphi(x_0)$ der Ursprung im $\mathbf{R}^n$ und $\varphi(U) = V \times W$ ist, wobei V (bzw. W) eine zusammenhängende offene Umgebung von 0 in $\mathbf{R}^p$ (bzw. $\mathbf{R}^{n-p}$) ist; jede in U enthaltene zusammenhängende p-dimensionale Integralmannigfaltigkeit des Systems (18.14.1.1) hat die Gestalt $\varphi^{-1}(Y \times \{w\})$, wobei Y eine zusammenhängende offene Menge in V ist und $w \in W$ gilt (vgl. (18.14.3)). Nach der Definition der Struktur einer differenzierbaren Mannigfaltigkeit auf C muß gezeigt werden, daß eine Umgebung Z von z_0 in P existiert mit $\varphi(f(Z)) \subset V \times \{0\}$ (vgl. (16.8.3.4)). Zu diesem Zweck bemerken wir, daß $U \cap C$ bezüglich der Topologie $\mathcal{T}$ eine in C offene Menge ist; daher ist die Menge ihrer zusammenhängenden Komponenten *höchstens abzählbar*, da diese Komponenten bezüglich der Topologie $\mathcal{T}$ offen (vgl. (3.19.5)) und paarweise disjunkt sind. Da jede (bezüglich $\mathcal{T}$) in $C \cap U$ offene Menge eine Integralmannigfaltigkeit von (18.14.1.1) ist, sieht man, daß die zusammenhängenden Komponenten von $U \cap C$ die Gestalt $\varphi^{-1}(Y_m \times \{w_m\})$ haben, wobei Y_m offen in V ist und $w_m \in W$ gilt; die ganze Zahl m durchläuft dabei eine höchstens abzählbare Menge. Es sei $c' = (U', \psi, p)$ eine Karte von P im Punkt z_0 derart, daß $f(U') \subset U$ gilt und $\psi(U')$ eine Kugel mit dem Mittelpunkt $0 = \psi(z_0)$ in $\boldsymbol{R}^p$ ist. Nun setzen wir voraus, es existiere ein Punkt $z \in U'$ mit $\varphi(f(z)) \notin V \times \{0\}$. Wir werden sehen, daß daraus ein Widerspruch folgt. Da nach Voraussetzung $f(z) \in U \cap C$ ist, gilt notwendigerweise $\varphi(f(z)) \in Y_m \times \{w_m\}$ für ein m mit $w_m \neq 0$. Ferner ist $\psi(z) \neq 0$ auf $\boldsymbol{R}^p$; wir betrachten dann die zusammengesetzte Abbildung $t \to \varphi(f(\psi^{-1}(t\psi(z)))) = u(t)$ des Intervalls $[0, 1]$ in $\varphi(U)$. Aufgrund der Wahl der Karte U' gilt $\psi^{-1}(t\psi(z)) \in U'$, also

$$u(t) \in \varphi(U \cap C) \qquad \text{für } 0 \leqq t \leqq 1\,,$$

und u ist offenbar stetig. Andererseits sei $j \in [p + 1, n]$ ein Index mit $\mathrm{pr}_j\,(w_m) \neq 0$. Die stetige Abbildung $t \to \mathrm{pr}_j\,(u(t))$ von $[0, 1]$ in $\boldsymbol{R}$ nimmt für $t = 0$ den Wert 0 und für $t = 1$ den Wert $\mathrm{pr}_j\,(w_m) \neq 0$ an. Daher ist ihr Bild ein *Intervall* von $\boldsymbol{R}$, das nicht nur aus einem Punkt besteht (vgl. (3.19.1) und (3.19.7)). Für $0 \leqq t \leqq 1$ kann aber $\mathrm{pr}_j\,(u(t))$ nur die Werte $\mathrm{pr}_j\,(w_k)$ annehmen, die eine *höchstens abzählbare* Menge bilden. Aufgrund von (2.2.17) und (4.1.7) haben wir damit den gewünschten Widerspruch.

18.14.8. Bemerkung. Wir betrachten ein *nicht notwendig vollständig integrierbares* Pfaffsches System (18.14.1.1). Haben zwei *p-dimensionale* Integralmannigfaltigkeiten N_1 und N_2 dieses Systems einen gemeinsamen Punkt x, so existiert eine Umgebung U von x in M mit $N_1 \cap U = N_2 \cap U$. Man kann sich nämlich auf den Fall beschränken, daß das Pfaffsche System einem System partieller Differentialgleichungen (18.14.3.5) äquivalent ist, und dann folgt unsere Behauptung aus dem Eindeutigkeitssatz für Differentialgleichungen aufgrund der Überlegung in (10.9.4), durch welche die Voraussetzung der vollständigen Integrierbarkeit als hinreichend nachgewiesen wird.

Aufgaben

1. Wir betrachten ein Pfaffsches System (18.14.1.1), in dem die $\omega_j(x)$ in jedem Punkt $x \in M$ linear unabhängig sind. Man zeige, daß dieses System genau dann vollständig integrierbar ist, wenn auf M die Beziehung $\omega_1 \wedge \omega_2 \wedge \cdots \wedge \omega_{n-p} \wedge d\omega_j = 0$ für jeden Index j gilt.

2. Wir betrachten auf einer offenen Menge U in $\boldsymbol{R}^n$ ein aus n Gleichungen bestehendes Pfaffsches System $\omega_i = 0$, wobei $\omega_i = \sum_{j=1}^{n} a_{ij}\, dx^j$ ist und die a_{ij} Funktionen der Klasse C^∞ sind, die den folgenden Bedingungen genügen:

1° $a_{ji} + a_{ij} = 0$;

2° für alle Indizes i, j, k gilt $\mathrm{D}_k a_{ij} + \mathrm{D}_i a_{jk} + \mathrm{D}_j a_{ki} = 0$;

3° in jedem Punkt x ist der Rang p des Systems der Kovektoren $\omega_i(x)$ von x unabhängig.

Man zeige, daß das Pfaffsche System $\omega_i = 0$ $(1 \leqq i \leqq n)$ vollständig integrierbar ist. (Man kann sich auf den Fall $p < n$ beschränken. Es seien $(u_i)_{1\leqq i\leqq n}$, $(v_i)_{1\leqq i\leqq n}$ zwei Systeme von je n Funktionen der Klasse C^∞, die auf U den Relationen $\sum_j a_{ij}u_j = 0$ und $\sum_j a_{ij}v_j = 0$ genügen. Man zeige, daß auch

$$\sum_{j,k}\left(\frac{\partial a_{ij}}{\partial x^k} - \frac{\partial a_{ik}}{\partial x^j}\right)u_j v_k = 0 \qquad (1 \leqq i \leqq n)$$

gilt.)

3. Es sei ein vollständig integrierbares Pfaffsches System (18.14.1.1) gegeben derart, daß die $\omega_j(x)$ in jedem Punkt linear unabhängig sind; ferner sei das aus den ersten $n - r < n - p$ Gleichungen $\omega_j = 0$ $(1 \leqq j \leqq n - r)$ bestehende Teilsystem ebenfalls vollständig integrierbar. Man zeige, daß man in der Aussage von (18.14.3) annehmen kann, es sei $V = V_1 \times V_2$, wobei V_1 eine offene Teilmenge von $\boldsymbol{R}^{r-p}$ und V_2 eine offene Teilmenge von $\boldsymbol{R}^{n-r}$ ist derart, daß die zusammenhängenden r-dimensionalen Integralmannigfaltigkeiten des Pfaffschen Teilsystems ${}^t\varphi(\omega_j) = 0$ $(1 \leqq j \leqq n - r)$ sämtliche Mannigfaltigkeiten des Gestalt $S \times \{z_0\}$ sind; dabei ist S eine zusammenhängende offene Teilmenge von $U \times V_1$ und z_0 ein Punkt von V_2.

4. Es sei $x \to L_x$ ein vollständig integrierbares p-Richtungsfeld auf einer n-dimensionalen zusammenhängenden differenzierbaren Mannigfaltigkeit M. Zur Abkürzung nennen wir eine maximale Integralmannigfaltigkeit dieses Systems (vgl. (18.14.6)) ein *Blatt*. Unter einer *ausgezeichneten offenen Teilmenge* von M verstehen wir eine Menge der Gestalt $\varphi(\frac{1}{2} I^n)$, wobei $I =]-1, 1[$ und φ ein solcher Diffeomorphismus von I^n auf eine offene Teilmenge von M ist, daß die einzigen in $\varphi(I^n)$ abgeschlossenen und zusammenhängenden p-dimensionalen Integralmannigfaltigkeiten die Gestalt $\varphi(I^p \times \{z\})$ für $z \in I^{n-p}$ besitzen. Zur Abkürzung nennen wir die Mannigfaltigkeiten $\varphi(\frac{1}{2} I^p \times \{z\})$ mit $z \in \frac{1}{2} I^{n-p}$ die in der ausgezeichneten offenen Menge $\varphi(\frac{1}{2} I^n)$ enthaltenen *Scheiben* oder auch Scheiben von $\varphi(\frac{1}{2} I^n)$. Eine in einer ausgezeichneten offenen Teilmenge $U = \varphi(\frac{1}{2} I^n)$ enthaltene offene Menge wird bezüglich U *gesättigt* genannt, wenn sie die Scheibe (in U) jedes ihrer Punkte enthält; sie hat also die Gestalt $\varphi(\frac{1}{2} I^p \times V)$, wobei V eine offene Teilmenge von $\frac{1}{2} I^{n-p}$ ist.

a) Es sei U eine ausgezeichnete offene Teilmenge, $P \subset U$ eine Scheibe von U und W eine offene Teilmenge von M, die P enthält. Man zeige: Zu jedem $x \in P$ existiert eine ausgezeichnete offene Menge $U' \subset U \cap W$, die x enthält und so beschaffen ist, daß $U' \cap P$ eine Scheibe von U' ist. Ist darüber hinaus $U \cap W$ bezüglich U gesättigt, so kann man annehmen, U' sei bezüglich U gesättigt.

b) Es seien U und U' zwei ausgezeichnete offene Mengen mit $U \subset U'$. Ist P eine Scheibe von U, so existiert eine bezüglich U gesättigte P enthaltende ausgezeichnete offene Menge $V \subset U$ derart, daß für jede Scheibe P' von U' die Menge $P' \cap V$ eine Scheibe von V oder leer ist.

c) Es seien U und U' zwei ausgezeichnete offene Mengen derart, daß $U \cup U'$ in einer ausgezeichneten offenen Menge U'' enthalten ist. Man zeige: Ist P eine Scheibe von U und P' eine Scheibe von U' mit $P \cap P' \neq \emptyset$, so existiert eine bezüglich U' gesättigte ausgezeichnete offene Menge $V' \subset U'$ derart, daß P' die einzige Scheibe von V' ist, die P trifft (man benutze b)).

5. Es sei X ein separabler metrisierbarer Raum, (A_n) eine höchstens abzählbare lokal endliche offene Überdeckung von X und (B_n) eine offene Überdeckung von X mit $\overline{B}_n \subset A_n$ für alle n (vgl. (12.6.2)). Für jedes Paar (p, q) ganzer Zahlen und jedes $x \in A_p \cap A_q$ sei $V_{pq}(x)$ eine in $A_p \cap A_q$ enthaltene Umgebung von x. Zu jedem $x \in X$

gibt es nur endlich viele Paare (p, q) mit $x \in A_p \cap A_q$; es sei $V(x)$ eine Umgebung von x, die in allen $V_{pq}(x)$, in allen x enthaltenden B_n und in allen x enthaltenden $\complement \overline{B}_n$ enthalten ist. Man zeige: Sind $V(x)$ und $V(y)$ nicht disjunkt, so existiert eine ganze Zahl n mit $V(x) \cup V(y) \subset A_n$.

6. Wir behalten die Voraussetzungen und Bezeichnungen von Aufgabe 4 bei.

a) Es sei C ein Blatt, und x, y seien zwei Punkte von C. Man zeige, daß eine endliche Folge $(U_i)_{1 \leqq i \leqq n}$ ausgezeichneter offener Mengen existiert derart, daß es zu jedem i eine in C enthaltene Scheibe P_i von U_i gibt und daß für diese Scheiben $x \in P_1$, $y \in P_n$ sowie $P_i \cap P_{i+1} \neq \emptyset$ für $1 \leqq i \leqq n - 1$ gilt. Man kann außerdem annehmen, $U_i \cup U_{i+1}$ sei in einer ausgezeichneten offenen Menge enthalten (vgl. Aufgabe 5). Man zeige, daß zu jeder ausgezeichneten offenen Umgebung W von y in M eine ausgezeichnete offene Umgebung V von x in M existiert derart, daß für alle $z \in V$ das z enthaltende Blatt C' mit W Punkte gemein hat. Ist überdies P eine in C enthaltene Scheibe von V, die x nicht enthält, so existiert eine in C enthaltene Scheibe Q von W mit $y \notin Q$ (man verwende Aufgabe 4c)).

b) Aus a) leite man her: Ist $x \in M$ ein Berührungspunkt der Vereinigung einer Familie (C_α) von Blättern, so ist auch jeder Punkt y, der dem x enthaltenden Blatt C angehört, Berührungspunkt dieser Familie. Wir sagen, dieses Blatt sei mit $\bigcup_\alpha C_\alpha$ *in Berührung* („Berührungsblatt“).

c) Man zeige, daß die Vereinigung der Blätter, die eine offene Menge von M treffen, in M offen ist (man verwende a)).

7. Wieder behalten wir Voraussetzungen und Bezeichnungen von Aufgabe 4 bei.

a) Es sei C ein Blatt, zu welchem eine ausgezeichnete offene Menge U existiert derart, daß $C \cap U$ in U überall dicht ist. Man zeige: Ist dann S die offene Menge, die man als Vereinigung der Blätter erhält, die mit U Punkte gemein haben, so ist $C \cap S$ in S dicht. Wir nennen dann das Blatt C *lokal überall dicht.*

b) Man zeige: Ist C in der abgeschlossenen Hülle eines Blattes C' enthalten und lokal überall dicht, so ist C' lokal überall dicht, und es gilt $\overline{C} = \overline{C'}$.

c) Man zeige: Ist M zusammenhängend und sind alle Blätter lokal überall dicht, so sind alle Blätter in M dicht.

8. Die Voraussetzungen und Bezeichnungen seien dieselben wie in Aufgabe 4.

a) Wir nennen ein Blatt C *eigentlich*, wenn C eine Untermannigfaltigkeit von M ist. Man zeige, daß C genau dann eigentlich ist, wenn eine ausgezeichnete offene Menge U existiert derart, daß $U \cap C$ gleich einer Scheibe von U ist.

b) Es sei C ein eigentliches Blatt und (C'_α) eine Familie von Blättern, die mit C in Berührung sind. Man zeige (unter Benutzung von a)): Ist C mit der Vereinigung der C'_α in Berührung, so gilt $C'_\alpha = C$ für jedes α.

c) Es sei C ein eigentliches Blatt. Man zeige, daß die Vereinigung der mit C in Berührung stehenden und von C verschiedenen Blätter eine in M *abgeschlossene* Menge ist.

d) Nun seien alle Blätter eigentlich oder lokal überall dicht (vgl. Aufgabe 7). Man zeige: Ist ein Blatt C in M relativ kompakt, so enthält seine abgeschlossene Hülle $\overline{C}$ ein kompaktes Blatt. (Es sei $C(x)$ das Blatt, das einen Punkt $x \in M$ enthält. Man schließe wie in Abschnitt 12.10, Aufgabe 6, indem man für $y \in \overline{C}$ die obere Grenze $\lambda(y)$ der Abstände zwischen t $(t \in \overline{C(y)})$ und der abgeschlossenen Hülle eines in $C(t)$ enthaltenen und von $C(t)$ verschiedenen Blattes betrachtet; dabei benutze man c).)

9. Man zeige: Ein relativ kompaktes Blatt C ist genau dann abgeschlossen (also kompakt), wenn für jede ausgezeichnete offene Menge U die Menge $C \cap U$ Vereinigung endlich vieler Scheiben von U ist. (Man benutze die Tatsache, daß aus $U = \varphi(\frac{1}{2} I^n)$ (vgl. Aufgabe 4) die Beziehung $\overline{U} \subset \varphi(I^n)$ folgt und daß man die Integralmannigfaltigkeiten in $\varphi(I^n)$ kennt.)

10. Wir untersuchen die Mannigfaltigkeit $\boldsymbol{R}^{n-1} \times \boldsymbol{T}^2$, für die $\boldsymbol{R}^{n-1} \times \boldsymbol{R}^2$ die universelle Überlagerung ist. Mit ξ^j $(1 \leqq j \leqq n-1)$ bezeichnen wir die Koordinaten in $\boldsymbol{R}^{n-1}$, mit (θ, φ) die Koordinaten in $\boldsymbol{R}^2$, und betrachten auf $\boldsymbol{R}^{n-1} \times \boldsymbol{R}^2$ die beiden Differentialformen

$$\alpha_1 = d\theta\,, \qquad \alpha_2 = ((1 - \sin\theta)^2 + (\xi^1)^2)\, d\varphi + \sin\theta\, d\xi^1\,.$$

Diese beiden Formen sind die Urbilder zweier Differentialformen β_1, β_2 auf $\boldsymbol{R}^{n-1} \times \boldsymbol{T}^2$ vermöge der kanonischen Projektion. Schließlich betrachten wir die n-dimensionale Untermannigfaltigkeit $M = \boldsymbol{S}_{n-2} \times \boldsymbol{T}^2$ von $\boldsymbol{R}^{n-1} \times \boldsymbol{T}^2$ und bezeichnen mit ω_1 und ω_2 die durch β_1 bzw. β_2 auf M induzierten Formen. Man zeige, daß das Pfaffsche System $\omega_1 = 0$, $\omega_2 = 0$ auf M vollständig integrierbar ist. Für dieses System ist jedes Blatt eigentlich (vgl. Aufgabe 8), es gibt ein einziges kompaktes Blatt, das zu $\boldsymbol{S}_1 \times \boldsymbol{S}_{n-3}$ diffeomorph ist, und unendlich viele kompakte Blätter, die zu $\boldsymbol{S}_{n-2}$ diffeomorph sind.

11. Es sei M die durch die Gleichung $\sum_{j=1}^{4} (\xi^j)^2 = 2$ im $\boldsymbol{R}^4$ definierte dreidimensionale Sphäre und f eine auf $\boldsymbol{R}$ definierte reellwertige Funktion der Klasse C^∞, die für $t \leqq 1$ den Wert 0 hat und für $t > 1$ streng positiv ist (vgl. (16.4.1)). Auf $\boldsymbol{M}$ betrachten wir die der Klasse C^∞ angehörende Differentialform ω, welche durch die auf $\boldsymbol{R}^4$ definierte Differentialform

$$\xi^1\, d\xi^1 + \xi^2\, d\xi^2 + f((\xi^1)^2 + (\xi^2)^2 - 1)\,(\xi^1\, d\xi^2 - \xi^2\, d\xi^1)$$
$$- f((\xi^3)^2 + (\xi^4)^2 - 1)\,(\xi^3\, d\xi^4 - \xi^4\, d\xi^3)$$

induziert wird. Man zeige, daß das Pfaffsche System $\omega = 0$ auf M vollständig integrierbar ist. Alle Blätter sind eigentlich, und ein einziges (in der abgeschlossenen Hülle jedes der anderen enthaltene) Blatt ist kompakt und zu $\boldsymbol{T}^2$ diffeomorph (*Reebsche Blätterung*).

12. Die differenzierbare Mannigfaltigkeit M sei Produkt einer n-dimensionalen kompakten Mannigfaltigkeit S und eines Raumes $\boldsymbol{R}^m$. Wir versehen S mit einer mit der Topologie von S verträglichen Abstandsfunktion, $\boldsymbol{R}^m$ mit dem euklidischen Abstand $\|z - z'\|$ und M mit der nach dem Verfahren aus Abschnitt 3.20 aus den beiden vorhergehenden gewonnenen Abstandsfunktion. Auf M sei ein vollständig integrierbares n-Richtungsfeld $x \to L_x$ der Klasse C^∞ gegeben derart, daß $S \times \{0\}$ eine *Integralmannigfaltigkeit* dieses Feldes ist.

a) Es sei $\gamma\colon [0, 1] \to S$ eine Kurve in S mit dem Anfangspunkt a und dem Endpunkt b. Man zeige: Es existiert eine Umgebung B von 0 in $\boldsymbol{R}^m$ und eine eindeutig bestimmte auf $[0, 1] \times B$ definierte stetige Funktion $(t, \mathbf{z}) \to (\gamma(t), \mathbf{f}(t, \mathbf{z}))$ mit Werten in M derart, daß für $\mathbf{z} \in B$ die auf $[0, 1]$ definierte Kurve $t \to (\gamma(t), \mathbf{f}(t, \mathbf{z}))$ in demjenigen Blatt enthalten ist (vgl. Aufgabe 4), das durch den Punkt $(a, \mathbf{z})$ verläuft. (Man überdecke S durch endlich viele offene Mengen, welche Definitionsbereiche von Karten von S sind derart, daß zu jeder dieser offenen Mengen U eine Umgebung V von 0 in $\boldsymbol{R}^m$ existiert, die so beschaffen ist, daß für jeden Punkt $(y, \mathbf{z}) \in U \times V$ die zusammenhängende Komponente des Durchschnitts von $U \times \boldsymbol{R}^m$ mit dem durch $(y, \mathbf{z})$ verlaufenden Blatt sich bijektiv auf U projiziert. Man verwende dafür die Integrationsmethode aus (10.9.4) und die Majorantenmethode aus (10.5.6).) Man zeige, daß $\mathbf{z} \to f(1, \mathbf{z})$ auf B der Klasse C^∞ angehört (man verwende (10.7.3)).

b) Es sei $\varphi: [0, 1] \times [\alpha, \beta] \to S$ eine Homotopie der Kurve $\gamma = \varphi(., \alpha)$ auf $\gamma_1 = \varphi(., \beta)$, welche die Endpunkte a, b fest läßt. Zu jedem Punkt $\xi \in [\alpha, \beta]$ gibt es eine Umgebung B_ξ von 0 in $\boldsymbol{R}^m$ und eine auf $[0, 1] \times B_\xi$ definierte Funktion $(t, \mathbf{z}) \to (\varphi(t, \xi), f(t, \mathbf{z}, \xi))$ mit den in a) nachgewiesenen Eigenschaften. Man zeige, daß man voraussetzen kann, es gebe eine in allen B_ξ enthaltene Umgebung W von 0 in $\boldsymbol{R}^m$ derart, daß $f(1, \mathbf{z}, \xi)$ für $\mathbf{z} \in W$ von ξ unabhängig ist (man schließe wie in dem Beweis des Cauchyschen Integralsatzes (9.6.3)).

c) Nun sei S *einfach zusammenhängend*. Man zeige dann mit Hilfe von b), daß zu jedem Multiindex $\nu = (\nu_1, \dots, \nu_m) \in \boldsymbol{N}^m$ eine auf S definierte Funktion $\mathbf{g}_\nu$ der Klasse C^∞ mit Werten in $\boldsymbol{R}^m$ existiert derart, daß für jeden Punkt $b \in S$ der Vektor $\mathbf{g}_\nu(b)$ die Ableitung ν-ter Ordnung der in a) definierten Funktion $\mathbf{z} \to f(1, \mathbf{z})$ im Punkt 0 ist.

d) Nun sei darüber hinaus S eine *reell-analytische Mannigfaltigkeit*; dann ist in den Bezeichnungen von a) die Funktion $\mathbf{z} \to f(1, \mathbf{z})$ auf einer Umgebung von 0 analytisch, und die in c) definierten Funktionen $\mathbf{g}_\nu$ sind auf S analytisch. Man leite daraus her, daß eine Umgebung V von 0 in $\boldsymbol{R}^m$ existiert derart, daß für jedes $\mathbf{z} \in V$ das durch den Punkt $(a, \mathbf{z})$ gehende Blatt $F_\mathbf{z}$ kompakt ist und sich bijektiv auf S projiziert. (Man stelle fest, daß eine Umgebung von 0 in $\boldsymbol{R}^m$ existiert, auf der sämtliche Taylorreihen $\sum_\nu \frac{1}{\nu!} \mathbf{g}_\nu(b)\, \mathbf{z}^\nu$ für alle $b \in M$ konvergieren.)

e) Man übertrage das Resultat von d) auf den Fall, daß S eine kompakte reell-analytische Mannigfaltigkeit ist, deren Fundamentalgruppe *endlich* ist. (Man bebetrachte die universelle Überlagerung S' von S, die kompakt ist, und lifte das Richtungsfeld $x \to L_x$ auf $S' \times \boldsymbol{R}^m$.) Man vergleiche das Ergebnis mit dem der Aufgabe 10.

13. a) Es seien p Vektorfelder $X_1, X_2, \dots, X_p$ der Klasse C^∞ auf einer differenzierbaren Mannigfaltigkeit M gegeben. In einem Punkt $x_0 \in M$ seien die p Tangentialvektoren $X_1(x_0), \dots, X_p(x_0)$ linear unabhängig. In den Bezeichnungen von (18.2.2) zeige man, daß eine offene Umgebung U von 0 in $\boldsymbol{R}^p$ existiert derart, daß die Abbildung

$$(*) \qquad (t_1, t_2, \dots, t_p) \to F_{t_1X_1+\dots+t_pX_p}(x_0, 1)$$

auf U definiert ist, dort der Klasse C^∞ angehört und eine *Einbettung* von U in M ist. (Man führe die Behauptung auf den Fall $M = \boldsymbol{R}^n$ zurück und benutze (10.7.4).)

b) In denselben Bezeichnungen sei N die durch das Bild von U vermöge der Abbildung (*) definierte Untermannigfaltigkeit von M. Man zeige: Sind *in den Punkten von* N die Felder $[X_i, X_j]$ $(1 \leq i < j \leq p)$ sämtlich Null, so sind die Felder X_i $(1 \leq i \leq p)$ in den Punkten von N tangential zu N. (Sind X und Y zwei Linearkombinationen der X_i mit konstanten Koeffizienten, so stelle man fest, daß für hinreichend nahe bei 0 in $\boldsymbol{R}$ gelegene s und t der Punkt $u(s, t) = F_{t(sX+Y)}(x_0, 1)$ zu N gehört. Man führe alles auf den Fall $M = \boldsymbol{R}^n$ zurück und bilde mit Hilfe von (10.7.3) die Differentialgleichung, der die Funktion $t \to u'_s(0, t)$ (Bezeichnungen von (18.7.1), Tangentialvektor im Punkt $s = 0$ an die Kurve $s \to u(s, t)$) genügt.)

c) Es sei M eine *reell-analytische* Mannigfaltigkeit, $\mathcal{F}(M)$ der Ring der reell-analytischen Funktionen auf M, ferner $\mathfrak{L}$ ein $\mathcal{F}(M)$-Untermodul des $\mathcal{F}(M)$-Moduls der *analytischen* Tangentialvektorfelder auf M. Mit $\nu(x)$ bezeichnen wir für $x \in M$ die Dimension des von den Tangentialvektoren $X(x)$ mit $X \in \mathfrak{L}$ erzeugten Teilraumes von $T_x(M)$; dabei braucht $\nu(x)$ nicht konstant zu sein. Im folgenden verstehen wir unter einer *Integralmannigfaltigkeit* von $\mathfrak{L}$ eine analytische Mannigfaltigkeit N und eine analytische Immersion $j: N \to M$ derart, daß für jedes $z \in N$ die Zahl $\nu(j(z))$ gleich der Dimension $\dim_z N$ ist und die Vektorfelder $X(j(z))$ für $X \in \mathfrak{L}$ zum Bild von $T_z(N)$ vermöge $T_z(j)$ gehören.

Im folgenden sei $\mathfrak{L}$ eine *Liesche Algebra* (im allgemeinen von unendlicher Dimension über $\boldsymbol{R}$). Es sei $x_0 \in M$ und $p = \nu(x_0)$; dann gibt es also p Felder $X_1, \ldots, X_p$ in $\mathfrak{L}$ derart, daß die Vektoren $X_i(x_0)$ $(1 \leqq i \leqq p)$ linear unabhängig sind. Ferner sei $\mathfrak{L}_0$ die Menge der $X \in \mathfrak{L}$ mit $X(x_0) = 0$; man zeige, daß $\mathfrak{L}_0$ eine Liesche Unteralgebra von $\mathfrak{L}$ ist und daß man die X_i so wählen kann, daß $[X_i, X_j] \in \mathfrak{L}_0$ für jedes Paar i, j von Indizes gilt. Man bilde mittels der X_i die p-dimensionale Untermannigfaltigkeit N von M, welche das Bild von U vermöge (*) ist (in den Bezeichnungen von a)). Man zeige, daß die zu $\mathfrak{L}_0$ gehörenden Felder in allen Punkten von N verschwinden. (Man benutze die Aufgabe 4 von Abschnitt 18.2.) Man folgere schließlich mit Hilfe von b), daß N eine *Integralmannigfaltigkeit* von $\mathfrak{L}$ ist.

d) Unter den Voraussetzungen von c) zeige man, daß man wie in (18.14.6) *maximale Integralmannigfaltigkeiten* von $\mathfrak{L}$ definieren kann, die eine Zerlegung von M bilden.

14. Es sei f eine auf $\boldsymbol{R}$ definierte Funktion der Klasse C^∞, die nebst ihren sämtlichen Ableitungen im Punkt 0 verschwindet, aber für $t \neq 0$ von Null verschieden ist (vgl. (16.4.1)). Man betrachte auf $\boldsymbol{R}^2$ die Liesche Algebra $\mathfrak{L}$ über dem Ring $\mathscr{E}(\boldsymbol{R}^2)$ der Funktionen der Klasse C^∞, der von den beiden Vektorfeldern

$$(t_1, t_2) \to E_1(t_1, t_2) \qquad \text{und} \qquad (t_1, t_2) \to f(t_1)\, E_2(t_1, t_2)$$

erzeugt wird (Bezeichnungen von (18.7.1)). Man zeige, daß für diese Liesche Algebra die in Aufgabe 13c) formulierte Aussage nicht richtig ist.

18.15. Singuläre Integralmannigfaltigkeiten. Charakteristische Mannigfaltigkeiten

18.15.1. Ist eine Integralmannigfaltigkeit N eines differenzierbaren Systems auf einer differenzierbaren Mannigfaltigkeit M (vgl. (18.9.2)) gegeben, so kann der Tangentialraum $T_x(N)$ von N in einem Punkt x ein *reguläres* Integralelement (vgl. (18.10.4)) sein; dann ist dies auch für die Tangentialräume von N in den Punkten einer Umgebung von x der Fall (vgl. (18.10.4)); er kann *singulär* sein (vgl. (18.10.4)), aber so beschaffen, daß in jeder Umgebung von x in N Punkte existieren, in denen der Tangentialraum regulär ist; schließlich kann der Tangentialraum $T_{x'}(N)$ in *jedem* Punkt x' einer Umgebung von x in N ein singuläres Integralelement sein. Beschränkt man sich auf diese Umgebung, so kann man (solange man nur die lokale Theorie untersucht) annehmen, $T_x(N)$ sei für *jedes* $x \in N$ singulär; in diesem Fall sagen wir, N sei eine *singuläre Integralmannigfaltigkeit*.

18.15.2. Beispiel. *Singuläre Integrale einer skalaren Differentialgleichung erster Ordnung.* Setzt man in der allgemeinen Definition (18.8.9.1) eines Systems partieller Differentialgleichungen erster Ordnung $q = n = 1$, so erhält man eine *skalare Differentialgleichung erster Ordnung*

18.15.2.1. $F(x, z, p) = 0$

(wobei F auf einer offenen Teilmenge U von $\boldsymbol{R}^3$ der Klasse C^∞ angehört); eine *Lösung* dieser Gleichung ist eine auf einem Intervall I von $\boldsymbol{R}$ definierte Funktion v derart, daß für alle $x \in I$ der Punkt $(x, v(x), v'(x))$ zu U gehört und die Relation

$$F(x, v(x), v'(x)) = 0$$

erfüllt ist. Die skalaren Gleichungen vom Typ (10.4.1) sind also Spezialfälle des obigen allgemeinen Begriffs. Wir schreiben die Differentialgleichung (18.15.2.1) häufig in der Gestalt $F(x, z, z') = 0$.

Um die allgemeine Theorie anzuwenden, wollen wir *voraussetzen*, die Menge M_0 der Punkte von U, welche (18.15.2.1) genügen, sei eine zweidimensionale *Untermannigfaltigkeit*, in deren sämtlichen Punkten $dF \neq 0$ gilt. Dann muß man das differenzierbare System betrachten, welches durch das von der 0-Form F und der 1-Form $dz - p\,dx$ erzeugte Differentialideal $\mathfrak{a}$ auf U definiert wird; die Lösungen von (18.15.2.1) sind dann die *Projektionen* der eindimensionalen Integralmannigfaltigkeiten dieses differenzierbaren Systems auf $\boldsymbol{R}^2$ (sofern diese Projektionen eindimensionale Mannigfaltigkeiten sind).

Offenbar wird hier $\mathfrak{a}_1$ von den beiden 1-Formen

18.15.2.2. $dz - p\,dx\,, \qquad dF = \dfrac{\partial F}{\partial x}dx + \dfrac{\partial F}{\partial z}dz + \dfrac{\partial F}{\partial p}dp$

erzeugt. Aufgrund von (18.10.3) gilt also in diesem Punkt $s_0 = 2$, außer wenn sowohl

18.15.2.3. $\dfrac{\partial F}{\partial p} = 0 \quad$ als auch $\quad \dfrac{\partial F}{\partial x} + p\dfrac{\partial F}{\partial z} = 0$

ist; in diesem Fall ist $s_0 = 1$. Im allgemeinen ist die Menge S der *singulären* Punkte (x_0, z_0, p_0), die gleichzeitig den drei Relationen (18.15.2.1) und (18.15.2.3) genügen, leer, oder sie besteht nur aus *isolierten* Punkten, wie etwa bei der Gleichung $x - zz' = 0$; hier besteht S nur aus den Punkten $(0, 0, \pm 1)$. In diesem Beispiel geht aber noch durch jeden Punkt von S genau *eine* Integralmannigfaltigkeit des durch $\mathfrak{a}$ definierten differenzierbaren Systems.

Es kann aber auch sein, daß eine *Kurve* C (also eine eindimensionale Mannigfaltigkeit) existiert, die in S enthalten ist. Aus der Annahme, daß die drei partiellen Ableitungen von F in keinem Punkt von M_0 gleichzeitig verschwinden, folgt, daß C nicht in einer durch die Gleichung $x = x_0$ definierten Ebene enthalten sein kann; denn die Einschränkung von dF auf C muß Null sein, und daraus folgt nach (18.15.2.3), daß die Einschränkung von $\dfrac{\partial F}{\partial x}dx + \dfrac{\partial F}{\partial z}dz$ auf C Null sein muß; es kann aber nicht $\dfrac{\partial F}{\partial z} = 0$ sein, weil in diesem Fall nach (18.15.2.3) auch $\dfrac{\partial F}{\partial x} = 0$ wäre. Wir können also voraussetzen, C sei lokal durch

7*

$z = v(x)$ und $p = w(x)$ gegeben. Dann muß

$$\frac{\partial F}{\partial x} + \frac{\partial F}{\partial z} v'(x) = 0 \quad \text{und} \quad \frac{\partial F}{\partial x} + w(x) \frac{\partial F}{\partial z} = 0$$

sein, also $v'(x) = w(x)$, da $\frac{\partial F}{\partial z} \neq 0$ ist. Die Kurve C ist also eine *singuläre Integralmannigfaltigkeit* des differenzierbaren Systems, und ihre Projektion $z = v(x)$ auf $\boldsymbol{R}^2$ wird *singuläres Integral* (oder *singuläre Lösung*) der Differentialgleichung $F(x, z, z') = 0$ genannt.

Ein Beispiel für die Existenz eines solchen Integrals wird durch die *Clairautsche Differentialgleichung*

18.15.2.4. $z = xz' + g(z')$,

bei der die Ableitung $g'(p)$ nicht konstant ist, geliefert. Die zweite Gleichung von (18.15.2.3) ist dann identisch erfüllt, und die Menge S ist durch die Gleichungen

18.15.2.5. $x = -g'(p)$, $\quad z = g(p) - pg'(p)$

gegeben. Der Modul $\mathfrak{a}_1$ wird hier von $dz - p\,dx$ und $\big(x + g'(p)\big)\,dp$ erzeugt. Durch jeden Punkt (x_0, z_0, p_0) von M_0, der nicht in S liegt, geht also eine eindeutig bestimmte Integralkurve des differenzierbaren Systems, nämlich die Gerade

18.15.2.6. $p = p_0$, $\quad z = xp_0 + g(p_0)$;

gehört aber (x_0, z_0, p_0) zu S und ist $g''(p_0) \neq 0$, so gehen durch diesen Punkt *zwei* Integralkurven des differenzierbaren Systems, nämlich S selbst und die Gerade (18.15.2.6). Die Projektion von S auf $\boldsymbol{R}^2$ ist die sogenannte *Enveloppe* der Geraden, welche Projektionen von (18.15.2.6) sind: In jedem Punkt besitzt sie denselben Tangentialraum wie die durch diesen Punkt verlaufende Gerade $z = xp_0 + g(p_0)$.

Wir wollen hier jedoch nicht darauf eingehen, wie man die singulären Integralmannigfaltigkeiten eines differenzierbaren Systems allgemein bestimmt (vgl. [82] und [85]).

18.15.3. Ist eine *reguläre* p-dimensionale Integralmannigfaltigkeit N eines differenzierbaren Systems gegeben, d. h. eine Integralmannigfaltigkeit, deren sämtliche Tangentialräume $T_x(N)$ *reguläre* Integralelemente sind, so kann es vorkommen, daß in jedem dieser Tangentialräume *singuläre* Integralelemente einer Dimension $q < p$ existieren (vgl. (18.10.7)). Existiert in N eine q-dimensionale Integraluntermannigfaltigkeit P, die in *jedem* Punkt einen Tangentialraum hat, der singuläres Integralelement ist (d. h., ist P eine *singuläre* Integralmannigfaltigkeit des differenzierbaren Systems), so sagen wir, P sei eine *charakteristische* Untermannigfaltigkeit von N. Für eine solche Mannigfaltigkeit gilt die Eindeutigkeitsaussage des Satzes von CARTAN-KÄHLER (18.13.2) im allgemeinen nicht mehr (vgl. Abschnitt 18.17).

18.16. Cauchysche Charakteristiken

18.16.1. Es sei M eine reine n-dimensionale differenzierbare Mannigfaltigkeit, $\mathfrak{a}$ ein *Differentialideal* der Algebra $\mathcal{A}$ (vgl. (18.9.2)); wir setzen $\mathfrak{a}_0 = \{0\}$ voraus, was ja bei der lokalen Untersuchung differenzierbarer Systeme immer möglich ist (vgl. (18.13.3)). Für jeden Punkt $x \in M$ nennen wir einen Tangentialvektor $\mathbf{h}_x \in T_x(M)$ einen *Cauchyschen charakteristischen Vektor* des Ideals $\mathfrak{a}$ (oder des dadurch definierten differenzierbaren Systems), wenn für $1 \leqq p \leqq n$ und für jede Form $\tilde{\omega}_p \in \mathfrak{a}_p$ der $(p-1)$-Kovektor $i(\mathbf{h}_x) \cdot \tilde{\omega}_p(x)$ (vgl. (16.18.4)) zu dem von den $(p-1)$-Kovektoren $\tilde{\omega}_{p-1}(x)$ erzeugten Vektorraum $\mathfrak{a}_{p-1}(x)$ gehört, wobei $\tilde{\omega}_{p-1}$ den Raum $\mathfrak{a}_{p-1}$ durchläuft.

18.16.2. Aufgrund der Voraussetzung $\mathfrak{a}_0 = \{0\}$ reduziert sich für $p = 1$ die obige Bedingung auf $\langle \mathbf{h}_x, \tilde{\omega}_1(x)\rangle = 0$ für jede 1-Form $\tilde{\omega}_1 \in \mathfrak{a}_1$ oder, in den Bezeichnungen von (18.10.3), auf $\mathbf{h}_x \in M_1(x)$; mit anderen Worten, die Geraden, die einen Cauchyschen charakteristischen Vektor $\mathbf{h}_x \neq 0$ enthalten, sind die *eindimensionalen Integralelemente* im Punkt x. Nun sei, allgemeiner, F_x ein p-dimensionales Integralelement und $(\mathbf{u}_j)_{1 \leqq j \leqq p}$ eine Basis dieses Vektorraumes. Gehört der Cauchysche charakteristische Vektor $\mathbf{h}_x$ nicht zu F_x (mit anderen Worten, ist $\mathbf{u}_1 \wedge \cdots \wedge \mathbf{u}_p \wedge \mathbf{h}_x \neq 0$), so gilt aufgrund der Definition (18.16.1) für jede $(p+1)$-Form $\tilde{\omega}_{p+1} \in \mathfrak{a}_{p+1}$ die Beziehung

$$\langle \mathbf{u}_1 \wedge \cdots \wedge \mathbf{u}_p \wedge \mathbf{h}_x\,, \tilde{\omega}_{p+1}(x)\rangle = \langle \mathbf{u}_1 \wedge \cdots \wedge \mathbf{u}_p, i(\mathbf{h}_x) \cdot \tilde{\omega}_{p+1}(x)\rangle = 0\,.$$

Außerdem zeigt die gleiche Überlegung, daß für einen Vektor $\mathbf{v}$ mit

$$\langle \mathbf{u}_1 \wedge \cdots \wedge \mathbf{u}_p \wedge \mathbf{v}, \tilde{\omega}_{p+1}(x)\rangle = 0$$

für jede $(p+1)$-Form $\tilde{\omega}_{p+1} \in \mathfrak{a}_{p+1}$ dann auch

$$\langle \mathbf{u}_1 \wedge \cdots \wedge \mathbf{u}_p \wedge \mathbf{h}_x \wedge \mathbf{v}, \tilde{\omega}_{p+2}(x)\rangle = 0$$

für $\tilde{\omega}_{p+2} \in \mathfrak{a}_{p+2}$ gilt; mit anderen Worten, aufgrund von (18.10.6) gilt $s_{p+1}(x, \mathbf{u}_1, \ldots, \mathbf{u}_p, \mathbf{h}_x) = 0$. Daher gilt auch $s_{q+1}(x, \mathbf{u}_{i_1}, \ldots, \mathbf{u}_{i_q}, \mathbf{h}_x) = 0$ für $i_1 < \cdots < i_q$ und $1 \leqq q \leqq p$.

Es brauchen keine vom Nullvektor verschiedenen Cauchyschen charakteristischen Vektoren zu existieren (vgl. Aufgabe 2 und 3). Ist $\mathbf{h}_x$ ein solcher Vektor, der zu einem r-dimensionalen *regulären* Integralelement G_x gehört (vgl. (18.10.4)), so ist ein in G_x enthaltenes q-dimensionales Integralelement $(1 < q < r)$, das $\mathbf{h}_x$ *enthält*, notwendigerweise *singulär*, außer wenn $s_q = 0$ ist; damit ist die Bezeichnung ,,charakteristischer Vektor" gerechtfertigt (vgl. (18.15.3)).

18.16.3. Mit $\varrho_p(x)$ bezeichnen wir die Dimension des Teilraumes $\mathfrak{a}_p(x)$ des Raumes $\bigwedge^p (T_x(M))^*$ der p-Kovektoren; wir zeigen, daß die Menge der $x \in X$, in denen ϱ_p *lokal konstant* ist, eine *überall dichte offene* Teilmenge von M ist. Wir können uns nämlich zunächst auf den Fall beschränken, daß M eine offene Teilmenge von $\boldsymbol{R}^n$ ist; dann läßt sich $\bigwedge^p (T_x(M))$ mit $M \times \boldsymbol{R}^{\binom{n}{p}}$ und $\mathfrak{a}_p(x)$ mit einem Vektorraum von Linearformen auf $\{x\} \times \boldsymbol{R}^{\binom{n}{p}}$ identifizieren. Es sei U eine offene Umgebung von x und y ein Punkt von U derart, daß $\varrho_p(y) = m_p$ gleich der oberen Grenze von ϱ_p in U ist; dann existieren m_p solche p-Differentialformen $\tilde{\omega}_p^{(\alpha)} \in \mathfrak{a}_p$ $(1 \leqq \alpha \leqq m_p)$, daß die $(y, \tilde{\omega}_p^{(\alpha)}(y))$ eine Basis des Vektorraumes $\mathfrak{a}_p(y)$ bilden. Dann folgt aus (18.10.1), daß eine Umgebung $V \subset U$ von y existiert derart, daß für jedes $z \in V$ die $(z, \tilde{\omega}_p^{(\alpha)}(z))$ für $1 \leqq \alpha \leqq m_p$ ebenfalls eine Basis von $\mathfrak{a}_p(z)$ bilden; damit ist unsere Behauptung bewiesen.

Man kann weiterhin annehmen (vgl. (A.4.5)), daß $\binom{n}{p} - m_p$ solche p-Differentialformen $\theta_p^{(\beta)}$ $\left(1 \leqq \beta \leqq \binom{n}{p} - m_p\right)$ existieren, die man vom Typ

$$dx^{i_1} \wedge \cdots \wedge dx^{i_p}$$

wählen kann, daß für jedes $z \in V$ die p-Kovektoren $\theta_p^{(\beta)}(z)$ — es sind deren $\binom{n}{p}$ — und $\tilde{\omega}_p^{(\alpha)}(z)$ eine Basis von $\bigwedge^p (T_z(M))^*$ bilden.

18.16.4. Aufgrund dieser Überlegungen wollen wir nun folgendes herleiten: Bezeichnet $\nu(x)$ für alle $x \in M$ die Dimension *des Raumes N_x der Cauchyschen charakteristischen Vektoren* des Ideals $\mathfrak{a}$ im Punkt x, so ist ν auf einer *überall dichten offenen Teilmenge* von M *lokal konstant.* Beschränkt man sich auf eine offene Teilmenge von M, so kann man nämlich annehmen, die Zahlen $\varrho_p(x) = m_p$ seien auf M *konstant,* und außerdem seien für jedes p solche p-Formen $\tilde{\omega}_p^{(\alpha)}$ und $\theta_p^{(\beta)}$ gewählt, welche die in (18.16.3) angegebenen Bedingungen erfüllen. Dann muß formuliert werden, daß für jedes p mit $1 \leqq p \leqq n$ und für $1 \leqq \alpha \leqq m_p$ der $(p-1)$-Kovektor $i(\mathbf{h}_x) \cdot \tilde{\omega}_p^{(\alpha)}(x)$ zu $\mathfrak{a}_{p-1}(x)$ gehört, d. h., daß seine $\binom{n}{p-1} - m_{p-1}$ Komponenten auf den $\theta_{p-1}^{(\beta)}(x)$ *Null* sind. Es ist aber klar, daß jede dieser Komponenten eine Linearform in den Koordinaten von $\mathbf{h}_x$ (bezüglich der kanonischen Basis von $\{x\} \times \boldsymbol{R}^n$) ist, deren Koeffizienten der Klasse C^∞ angehörende Funktionen von x sind. Man erhält somit zur Bestimmung der Cauchyschen charakteristischen Vektoren $\mathbf{h}_x$ ein System linearer Gleichungen, auf deren linke Seite man (18.10.1) anwenden kann; damit ist unsere Aussage bewiesen.

Hieraus und aus (18.8.4) folgt, daß in M eine *nirgends dichte* abgeschlossene Menge F existiert derart, daß $x \to N_x$ auf jeder zusammenhängenden Komponente U_j von $M \setminus F$ ein *ν_j-Richtungsfeld der Klasse C^∞* ist, wobei ν_j den konstanten Wert von $\nu(x)$ auf U_j bezeichnet.

18.16.5. *Auf jeder offenen Teilmenge von M, auf der $\nu(x)$ konstant ist, ist das Richtungsfeld $x \to N_x$, wobei N_x der Raum der Cauchyschen charakteristischen Vektoren in x bezüglich des Ideals $\mathfrak{a}$ ist, vollständig integrierbar.*

Nach (18.14.5) genügt es nämlich, sich davon zu überzeugen, daß für zwei Vektorfelder X und Y (auf einer offenen Teilmenge von M) mit $\mathrm{X}(x) \in N_x$ und $\mathrm{Y}(x) \in N_x$ für alle x auch $[\mathrm{X}, \mathrm{Y}](x) \in N_x$ gilt. Nun folgen aber für alle p-Formen $\tilde{\omega} \in \mathfrak{a}_p$ aus der Formel

$$\theta_{\mathrm{X}} \cdot \tilde{\omega} = i_{\mathrm{X}} \cdot d\tilde{\omega} + d(i_{\mathrm{X}} \cdot \tilde{\omega})$$

(vgl. (17.15.3.4)) und daraus, daß $\mathfrak{a}$ ein Differentialideal ist und $X(x) \in N_x$ gilt, die Relationen $i_X \cdot d\tilde{\omega} \in \mathfrak{a}_p$ und $d(i_X \cdot \tilde{\omega}) \in \mathfrak{a}_p$, also $\theta_X \cdot \tilde{\omega} \in \mathfrak{a}_p$. Ferner erhält man, wenn $X(x) \in N_x$ und $Y(x) \in N_x$ für jedes x gilt, für jede p-Form $\tilde{\omega} \in \mathfrak{a}_p$ die Relationen $\theta_X \cdot \tilde{\omega} \in \mathfrak{a}_p$ und $i_Y(\theta_X \cdot \tilde{\omega}) \in \mathfrak{a}_{p-1}$. Außerdem ist $i_X \cdot \tilde{\omega} \in \mathfrak{a}_{p-1}$ und $\theta_X \cdot (i_Y \cdot \tilde{\omega}) \in \mathfrak{a}_{p-1}$ nach dem Obigen, also aufgrund von (17.14.10.2) tatsächlich $i_{[X,Y]} \cdot \tilde{\omega} \in \mathfrak{a}_{p-1}$, und damit ist der Satz bewiesen.|

18.16.6. In denselben Bezeichnungen ergibt sich: Ist F_x ein p-dimensionales Integralelement mit $F_x \cap N_x = \{0\}$, so ist $F_x + N_x$ ein $(p + \nu)$-dimensionales *Integralelement.* Ist nämlich $(\mathbf{u}_i)_{1 \leq i \leq p}$ eine Basis von F_x und $(\mathbf{v}_j)_{1 \leq j \leq \nu}$ eine Basis von N_x, so gilt für jede $(p + \nu)$-Form $\tilde{w}_{p+\nu} \in \mathfrak{a}_{p+\nu}$ die Beziehung

$$\langle \mathbf{u}_1 \wedge \cdots \wedge \mathbf{u}_p \wedge \mathbf{v}_1 \wedge \cdots \wedge \mathbf{v}_\nu, \tilde{\omega}_{p+\nu}(x)\rangle$$
$$= \langle \mathbf{u}_1 \wedge \cdots \wedge \mathbf{u}_p, i(\mathbf{v}_1)\, i(\mathbf{v}_2) \cdots i(\mathbf{v}_\nu) \cdot \tilde{\omega}_{p+\nu}(x)\rangle = 0\,,$$

da nach Definition der Cauchyschen charakteristischen Vektoren

$$i(\mathbf{v}_1) \cdots i(\mathbf{v}_\nu) \cdot \tilde{\omega}_{p+\nu}(x) \in \mathfrak{a}_p(x)$$

gilt.

18.16.7. Dieser Differentialeigenschaft entspricht eine analoge Eigenschaft der Integralmannigfaltigkeiten, die es ermöglicht, ausgehend von einer p-dimensionalen Integralmannigfaltigkeit des durch $\mathfrak{a}$ definierten differenzierbaren Systems, eine $(p + \nu)$-dimensionale Integralmannigfaltigkeit zu erhalten, sobald man die Integralmannigfaltigkeiten des Richtungsfeldes $x \to N_x$ (die sogenannten *Cauchyschen Charakteristiken*) kennt. Der Einfachheit halber beschränken wir uns auf den Fall, daß das betrachtete differenzierbare System ein *Pfaffsches System*

18.16.7.1. $\omega_j = 0 \qquad (1 \leqq j \leqq n - r)$

ist. Die Tatsache, daß i_X eine Antiderivation in $\mathscr{E}$ ist (vgl. (A.18.5)), lehrt, daß ein Vektor $\mathbf{h}_x \in T_x(M)$ genau dann ein Cauchyscher charakteristischer Vektor ist, wenn er die beiden folgenden Bedingungen erfüllt:

18.16.7.2. $\langle \mathbf{h}_x, \omega_j(x)\rangle = i(\mathbf{h}_x) \cdot \omega_j(x) = 0$ für jedes j;

18.16.7.3. $i(\mathbf{h}_x) \cdot d\omega_j(x)$ ist für jedes j Linearkombination der $\omega_k(x)$.

Wir werden uns auf eine offene Teilmenge von M beschränken, auf der die $\omega_j(x)$ in jedem Punkt *linear unabhängig* sind und $\nu(x) = \dim N_x$ *konstant* ist. Nach (18.16.5) und (18.14.3) kann man nach eventueller Verkleinerung der betrachteten Menge U weiter voraussetzen, es existiere eine Submersion π von U auf eine differenzierbare Mannigfaltigkeit P derart, daß für $z \in P$ die Mengen $\pi^{-1}(z)$ Integralmannigfaltigkeiten der Dimension ν des Richtungsfeldes $x \to N_x$ sind. Unter diesen Voraussetzungen gilt:

18.16.8. *Für jede in U enthaltene Integralmannigfaltigkeit Q des Systems* (18.16.7.1), *für welche $N_x \cap T_x(Q) = \{0\}$ für jedes $x \in Q$ gilt, ist $\pi^{-1}(\pi(Q))$ eine Integralmannigfaltigkeit von* (18.16.7.1).

Bildlich gesprochen erhält man $\pi^{-1}(\pi(Q))$, indem man die *Vereinigung* der ν-dimensionalen Integralmannigfaltigkeiten von $x \to N_x$ bildet, die durch die Punkte von Q verlaufen. Da das Problem lokaler Natur ist, kann man sich auf den Fall $U = P \times W$ beschränken, wobei P eine offene Teilmenge von $\boldsymbol{R}^{n-\nu}$ und W eine offene Teilmenge von $\boldsymbol{R}^{\nu}$ ist, und π die Projektion auf $\boldsymbol{R}^{n-\nu}$. Dabei werde angenommen, $\boldsymbol{R}^{\nu}$ werde von den Vektoren $\mathbf{e}_{n-\nu+1}, \ldots, \mathbf{e}_n$ der kanonischen Basis des $\boldsymbol{R}^n$ erzeugt. Da man erforderlichenfalls die ω_j durch Linearkombinationen mit Koeffizienten aus $\mathscr{E}_0$ ersetzen kann, kann man annehmen, daß die Koeffizienten der dx^k für $k > n - \nu$ in den ω_j *Null* sind und die Koeffizienten der dx^h für $h \leqq n - \nu$ *nicht von* $x^{n-\nu+1}, \ldots, x^n$ *abhängen*. Daraus folgt, daß das Pfaffsche System (18.16.7.1) als ein Pfaffsches System *auf* P angesehen werden kann und daß für jede Integralmannigfaltigkeit S dieses Systems $\pi^{-1}(S) = S \times W$ eine Integralmannigfaltigkeit des ursprünglichen Systems auf U ist; damit ist die Behauptung bewiesen.

Nach (18.16.7.2) muß $i(\mathbf{e}_k) \cdot \omega_j(x) = 0$ sein für $k > n - \nu$ und jedes j; dies zeigt, daß in ω_j der Koeffizient von dx^k Null ist. Da für jedes x die $n - r$ Kovektoren $\omega_j(x)$ linear unabhängig sind, kann man (indem man erforderlichenfalls P und W durch kleinere offene Mengen ersetzt) die ω_j durch solche Linearkombinationen dieser Formen mit Koeffizienten aus $\mathscr{E}_0$ ersetzen, daß für $1 \leqq j \leqq n - r$ die Beziehung

18.16.8.1. $$\omega_j(x) = dx^j + \sum_{k=n-r+1}^{n-\nu} a_{jk}(x)\, dx^k$$

gilt. Infolgedessen ist

$$d\omega_j(x) = \sum_{h=1}^{n} \sum_{k=n-r+1}^{n-\nu} \mathrm{D}_h a_{jk}(x)\, dx^h \wedge dx^k\,.$$

Formuliert man gemäß (18.16.7.3) die Bedingung, daß für $k > n - \nu$ jedes $i(\mathbf{e}_k) \cdot d\omega_j(x)$ Linearkombination der Formen $\omega_h(x)$ sein muß, so stellt man fest, daß der Kovektor $i(\mathbf{e}_k) \cdot d\omega_j(x)$ Linearkombination *lediglich* derjenigen dx^i ist, für die $n - r + 1 \leqq i \leqq n - \nu$ gilt, also nur dann Linearkombination der $\omega_j(x)$ sein kann, wenn dieser Kovektor *Null* ist. Das liefert die Bedingungen

18.16.8.2. $$\mathrm{D}_h a_{jk} = 0$$

für $h > n - \nu$, $1 \leqq j \leqq n - r$ und $n - r + 1 \leqq k \leqq n - \nu$, und damit ist (18.16.8) völlig bewiesen.

18.16.9. Bemerkung. Es sei ausdrücklich darauf hingewiesen, daß die Koeffizienten eines Pfaffschen Systems (18.16.7.1) *analytisch* sein können, ohne daß alle Integralmannigfaltigkeiten dieses Systems analytisch sein müssen (vgl. (10.5.3)). Ein Beispiel dafür werden wir im folgenden Abschnitt bringen.

Aufgaben

1. Es sei α eine p-Differentialform der Klasse C^∞ auf M und $\mathfrak{a}$ das von ihr erzeugte Differentialideal von $\mathcal{A}$. In den Bezeichnungen von (18.16.4) zeige man: Ist in einer offenen Menge U von M die Dimension $\nu(x)$ von N_x konstant und gleich $n - q$, so

gilt $q \geqq p$, und zu jedem Punkt $x_0 \in U$ existiert ein System $(y^j)_{1 \leqq j \leqq n}$ lokaler Koordinaten derart, daß auf dem Definitionsbereich dieser Karte

$$\alpha = \sum_{1 \leqq i_1 < i_2 < \cdots < i_p \leqq q} a_{i_1 i_2 \ldots i_p}(y^1, \ldots, y^q)\, dy^{i_1} \wedge dy^{i_2} \wedge \cdots \wedge dy^{i_p}$$

gilt, wobei die $a_{i_1 i_2 \ldots i_p}$ der Klasse C^∞ angehören. Im Fall $q = p$ kann man die y^j so wählen, daß

$$\alpha = dy^1 \wedge dy^2 \wedge \cdots \wedge dy^p$$

ist.

2. Es sei α eine 2-Differentialform der Klasse C^∞ auf einer n-dimensionalen differenzierbaren Mannigfaltigkeit M. Für jedes $x \in M$ läßt sich $\alpha(x)$ mit einer alternierenden Bilinearform

$$(\mathbf{h}_x, \mathbf{k}_x) \to \langle \mathbf{h}_x \wedge \mathbf{k}_x, \alpha(x) \rangle$$

auf $T_x(M) \times T_x(M)$ (bzw. mit einer linearen Abbildung $\mathbf{h}_x \to \langle \mathbf{h}_x \wedge ., \alpha(x) \rangle$ von $T_x(M)$ in $T_x(M)^*$) identifizieren. Der *Rang* von $\alpha(x)$ ist nach Definition der Rang dieser linearen Abbildung, und bekanntlich ist $\text{rg}_x(\alpha)$ eine *gerade* Zahl (vgl. (A.16.1)). Die Abbildung $x \to \text{rg}_x(\alpha)$ ist von unten halbstetig; daher gibt es eine überall dichte offene Teilmenge von M, auf der dieser Rang lokal konstant ist. Man zeige: Ist der Rang von $\alpha(x)$ auf einer Umgebung eines Punktes $x_0 \in M$ konstant und gleich $2r$, so existieren auf einer hinreichend kleinen Umgebung U dieses Punktes $2r$ der Klasse C^∞ angehörende 1-Differentialformen ω_j derart, daß die $\omega_j(x)$ für jedes $x \in U$ linear unabhängig sind und daß auf U die Beziehung

$$\alpha = \omega_1 \wedge \omega_2 + \omega_3 \wedge \omega_4 + \cdots + \omega_{2r-1} \wedge \omega_{2r}$$

gilt. (Man wähle ein System lokaler Koordinaten und zeige, daß man, wenn z. B. der Koeffizient des Gliedes mit $dx^1 \wedge dx^2$ von α im Punkt x_0 nicht verschwindet, zwei linear unabhängige 1-Formen ω_1 und ω_2 bestimmen kann derart, daß $\alpha - \omega_1 \wedge \omega_2$ nur noch die Formen dx^j für $j \geqq 3$ enthält.)

Ist $\mathfrak{a}$ das von α erzeugte Differentialideal, so zeige man, daß — in den Bezeichnungen von (18.16.4) — auf U die Beziehung $\nu(x) = n - 2r$ gilt und daß das $(n - 2r)$-Richtungsfeld $x \to N_x$ dort durch das Pfaffsche System $\omega_j = 0$ $(1 \leqq j \leqq 2r)$ definiert wird. (Man benutze die Tatsache, daß i_X eine Antiderivation ist.) Unter Verwendung der Theorie der alternierenden Bilinearformen zeige man, daß die Dimension der Integralelemente des durch $\mathfrak{a}$ definierten differenzierbaren Systems höchstens gleich $n - r$ ist. Jedes Integralelement einer Dimension $m < n - r$ ist in einem $(n - r)$-dimensionalen Integralelement enthalten, und jedes $(n - r)$-dimensionale Integralelement enthält ein $(n - r - 1)$-dimensionales reguläres Integralelement. Ist $2r = n$, so ist jedes Integralelement regulär.

Der Rang $\text{rg}_x(\alpha)$ ist die größte ganze Zahl k, für die das äußere Produkt

$$(\alpha(x))^{\wedge k} = \alpha(x) \wedge \alpha(x) \wedge \cdots \wedge \alpha(x) \qquad (k \text{ Faktoren})$$

von 0 verschieden ist.

3. Es sei M eine n-dimensionale differenzierbare Mannigfaltigkeit, ω eine 1-Differentialform der Klasse C^∞ auf M derart, daß $\omega(x)$ auf M von 0 verschieden ist. In einem Punkt $x \in M$ sei der Rang von $d\omega$ im Punkt x gleich $2r$ (vgl. Aufgabe 2). Man sagt, ω gehöre im Punkt x zur *Pfaffschen Klasse* (oder einfach zur *Klasse*) $2r$, wenn $\omega(x) \wedge (d\omega(x))^{\wedge r} = 0$, und zur Klasse $2r + 1$, wenn $\omega(x) \wedge (d\omega(x))^{\wedge r} \neq 0$ ist. Die Klasse von ω im Punkt x ist eine von unten halbstetige Funktion von x auf M.

a) Wir setzen voraus, ω gehöre auf einer ganzen Umgebung eines Punktes $x_0 \in M$ der konstanten Klasse $2r + 1$ an. Man zeige, daß auf einer offenen Umgebung V von x_0

eine Funktion f der Klasse C^∞ existiert derart, daß $f(x_0) = 0$ ist und $\omega_1 = (\omega \mid V) - df$ auf V nicht verschwindet sowie dort der konstanten Klasse $2r$ angehört. (Für jedes $x \in V$ sei N'_x die Menge der Tangentialvektoren $\mathbf{h}_x \in T_x(M)$ mit $0 = i(\mathbf{h}_x) \cdot \omega(x) = i(\mathbf{h}_x) \cdot d\omega(x)$. Man zeige, daß $x \to N'_x$ ein vollständig integrierbares $(n - 2r - 1)$-Richtungsfeld ist. Man wende Aufgabe 1 auf die Form $\omega \wedge (d\omega)^{\wedge r}$ und auf die Form $(d\omega)^{\wedge r}$ an und benutze Aufgabe 3 von Abschnitt 18.14.)

b) Nun setzen wir voraus, ω gehöre auf einer Umgebung von x_0 der konstanten Klasse $2r$ an. Man zeige, daß auf einer offenen Umgebung V von x_0 eine Funktion g der Klasse C^∞ existiert derart, daß $g(x_0) = 0$ ist und $\omega_2 = (1 + g)(\omega \mid V)$ der konstanten Klasse $2r - 1$ angehört. (Man verwende dieselbe Methode, betrachte hier aber die Formen $\omega \wedge (d\omega)^{\wedge(r-1)}$ und $(d\omega)^{\wedge r}$.)

c) Aus a) und b) leite man her: Gehört ω auf einer offenen Teilmenge U von M der konstanten Klasse $2r + 1$ an, so existiert zu jedem Punkt $x \in U$ auf einer Umgebung $V \subset U$ von x ein System $(y^j)_{1 \leq j \leq n}$ lokaler Koordinaten, die im Punkt x verschwinden und für die auf V

$$\omega = dy^1 + y^2\, dy^3 + \cdots + y^{2r}\, dy^{2r+1}$$

ist. Gehört ω auf U der konstanten Klasse $2r$ an, so existiert ebenso ein System $(y^j)_{1 \leq j \leq n}$ lokaler Koordinaten, die im Punkt x verschwinden und für die auf V

$$\omega = (1 + y^1)\, dy^2 + y^3\, dy^4 + \cdots + y^{2r-1}\, dy^{2r}$$

gilt (Satz von Darboux). (Man verwende vollständige Induktion nach der Klasse von ω.)

Hieraus leite man her: Ist die Klasse von ω auf U konstant und gleich $2r + 1$ (bzw. $2r$), so ist die maximale Dimension der Integralelemente der Pfaffschen Gleichung $\omega = 0$ gleich $n - r - 1$ (bzw. $n - r$). Jedes Integralelement einer Dimension $m < n - r - 1$ (bzw. $m < n - r$) ist in einem Integralelement der Dimension $n - r - 1$ (bzw. $n - r$) enthalten, und jedes Integralelement der Dimension $n - r - 1$ (bzw. $n - r$) ist regulär. Man beweise außerdem (unter der *einzigen* Voraussetzung, die Form ω gehöre der Klasse C^∞ an), daß stets reguläre Integralmannigfaltigkeiten der Dimension $n - r - 1$ (bzw. $n - r$) existieren. Ist $n = 2r + 1$ (bzw. $n = 2r$), so ist jedes Integralelement regulär.

d) Wir setzen voraus, ω gehöre der konstanten Klasse $2r + 1$ an. Man zeige, daß für jede auf M nicht verschwindende Funktion f der Klasse C^∞ die Klasse von $f\omega$ in jedem Punkt gleich $2r + 1$ oder $2r + 2$ ist. Für jede Funktion g der Klasse C^∞ auf M ist die Klasse von $\omega + dg$ in jedem Punkt gleich $2r + 1$ oder $2r$.

e) Wir setzen voraus, ω gehöre der konstanten Klasse $2r$ an. Man zeige, daß für jede Funktion f der Klasse C^∞, die auf M nicht verschwindet, die Klasse von $f\omega$ in jedem Punkt gleich $2r$ oder gleich $2r - 1$ ist. Für jede Funktion g der Klasse C^∞ auf M ist die Klasse von $\omega + dg$ in jedem Punkt gleich $2r$ oder gleich $2r + 1$.

4. Wir betrachten auf $\mathbf{R}^n \setminus \{0\}$ eine Differentialform

$$\omega = F_1\, dx^1 + \cdots + F_n\, dx^n ,$$

wobei die F_j $(1 \leq j \leq n)$ *homogen* vom Grade g (positiv oder negativ) sind. Man zeige: Ist $x^1 F_1 + \cdots + x^n F_n$ eine von 0 verschiedene Konstante, so muß $g = -1$ sein, und die Klasse von ω ist ungerade. Ist dagegen $x^1 F_1 + \cdots + x^n F_n$ identisch Null und $g \neq -1$, so ist die Klasse von ω gerade. Unter Verwendung von Aufgabe 3e) zeige man: Ist $x^1 F_1 + \cdots + x^n F_n = F$ auf $\mathbf{R}^n \setminus \{0\}$ von 0 verschieden und die Klasse von ω eine gerade Zahl $2r$, so ist die Klasse von $F^{-1}\omega$ gleich $2r - 1$. Ist $g \neq -1$ und $F \neq 0$ auf $\mathbf{R}^n \setminus \{0\}$, ferner die Klasse von ω eine ungerade Zahl $2r + 1$, so ist die Klasse von $\omega - (g + 1)^{-1}\, dF$ gleich $2r$.

5. Wir betrachten auf einer n-dimensionalen differenzierbaren Mannigfaltigkeit M eine 1-Differentialform ω der Klasse C^∞, für welche $\omega(x) \neq 0$ auf M und $\omega \wedge d\omega = 0$ ist (wir setzen nicht voraus, die Pfaffsche Klasse von ω, die in jedem Punkt gleich 1 oder 2 ist, sei konstant). Man zeige, daß zu jedem Punkt $x_0 \in M$ eine offene Umgebung V von x_0 sowie zwei auf V der Klasse C^∞ angehörende Funktionen f und g existieren derart, daß $\omega = f\,dg$ auf V gilt. (Man verwende vollständige Induktion nach n, wobei man sich auf den Fall beschränken kann, daß M eine offene Teilmenge des $\boldsymbol{R}^n$ ist.)

6. Wir betrachten auf $\boldsymbol{R}^2$ die 1-Differentialform

$$\omega = y^3(1-y)^2\,dx + (y^3 - 2(1-y)^2)\,dy$$

(die Koordinaten werden hier mit x, y bezeichnet). In jedem Punkt z gilt $\omega \wedge d\omega = 0$ und $\omega(z) \neq 0$. Man zeige: Es können nicht zwei auf *ganz* $\boldsymbol{R}^2$ der Klasse C^∞ angehörende Funktionen f und g existieren, für welche $\omega = f\,dg$ wäre (vgl. Aufgabe 5). (Man stelle durch Untersuchung der Integralkurven von $\omega = 0$ fest, daß für $x \in \boldsymbol{R}$ und $0 < y < 1$

$$g(x, y) = h\left(x + \frac{1}{y^2} + \frac{1}{1-y}\right)$$

sein müßte, wobei $t \to h(t)$ auf ganz $\boldsymbol{R}$ der Klasse C^∞ angehört. Unter Berücksichtigung der Tatsache, daß f auf $\boldsymbol{R}^2$ stetig und in jedem Punkt von Null verschieden ist, zeige man, daß die beiden Funktionen $t^{3/2}h'(t)$ und $t^2h'(t)$ für $t \to +\infty$ gegen einen endlichen und von 0 verschiedenen Limes streben müßten.)

7. Man bestimme die singulären Integralmannigfaltigkeiten jeder der beiden Pfaffschen Gleichungen

$$x^5\,dx^1 + x^3\,dx^2 + x^1\,dx^4 + x^1\,dx^5 = 0 \qquad \text{auf } \boldsymbol{R}^5\,,$$

$$x^1x^3\,dx^2 + x^1x^2\,dx^3 + (x^1 + x^3x^5)\,dx^4 + x^3x^4\,dx^5 = 0 \qquad \text{auf } \boldsymbol{R}^5\,.$$

(Man untersuche die Menge der Punkte, in denen die Pfaffsche Form nicht der maximalen Klasse angehört.)

8. Es sei M eine n-dimensionale differenzierbare Mannigfaltigkeit, $\mathfrak{a}$ ein von $\mathfrak{a}_1$ erzeugtes Differentialideal in $\mathcal{A}$. Wir setzen voraus, für jedes $x \in M$ habe der von den $\omega(x)$ mit $\omega \in \mathfrak{a}_1$ erzeugte Raum $\mathfrak{a}_1(x)$ eine konstante Dimension, die wir mit $\dim(\mathfrak{a}_1)$ bezeichnen. In den Bezeichnungen von (18.16.4) werde für jedes $x \in M$ der Teilraum der in x zu N_x orthogonalen Kovektoren mit $\gamma(\mathfrak{a}_1(x))$ bezeichnet. Ferner sei $n - \nu(x) = \dim(\gamma(\mathfrak{a}_1)(x))$ auf M konstant (so daß das durch $\gamma(\mathfrak{a}_1)$ definierte Pfaffsche System *vollständig integrierbar* ist); wir bezeichnen diese Zahl mit $\dim(\gamma(\mathfrak{a}_1))$. Weiterhin bezeichne $\mathfrak{a}_1^{(1)}$ den aus den 1-Formen ω mit $d\omega \in \mathfrak{a}_1 \wedge \mathscr{E}_1$ bestehenden $\mathscr{E}_0$-Untermodul von $\mathfrak{a}_1$; das entsprechende Pfaffsche System wird die *erste Ableitung* des durch $\mathfrak{a}_1$ definierten Pfaffschen Systems genannt. Die k-te Ableitung $\mathfrak{a}_1^{(k)}$ definieren wir induktiv als $(\mathfrak{a}^{(k-1)})^{(1)}$. Die kleinste Zahl N mit $\mathfrak{a}_1^{(N+1)} = \mathfrak{a}_1^{(N)}$ wird die *Ableitungslänge* von $\mathfrak{a}_1$ genannt. Es gilt daher

$$\mathfrak{a}_1^{(N)} \subset \mathfrak{a}_1^{(N-1)} \subset \cdots \subset \mathfrak{a}_1^{(1)} \subset \mathfrak{a}_1 \subset \gamma(\mathfrak{a}_1)\,.$$

Im folgenden setzen wir voraus, die Dimensionen $\dim(\mathfrak{a}_1^{(k)}(x))$ seien auf M sämtlich konstant; wir bezeichnen sie mit $\dim(\mathfrak{a}_1^{(k)})$. Das durch $\mathfrak{a}_1^{(N)}$ definierte Pfaffsche System ist dann das *umfassendste vollständig integrierbare System*, das in dem gegebenen System enthalten ist.

a) Wir setzen

$$p_0 = \dim(\gamma(\mathfrak{a}_1)) - \dim(\mathfrak{a}_1)\,,$$

$$p_1 = \dim(\mathfrak{a}_1) - \dim(\mathfrak{a}_1^{(1)})$$

und allgemein

$$p_k = \dim(\mathfrak{a}_1^{(k-1)}) - \dim(\mathfrak{a}_1^{(k)})\,.$$

Man zeige, daß

$$p_1 \leqq \tfrac{1}{2}\, p_0(p_0 - 1)$$

ist und allgemein

$$p_{k+1} \leqq p_k(p_0 + p_1 + \cdots + p_{k-1}) + \tfrac{1}{2}\, p_k(p_k - 1)$$

gilt. (Man betrachte das Bild eines Komplementärraumes von $\mathfrak{a}_1^{(k+2)}$ in $\mathfrak{a}_1^{(k+1)}$ vermöge der äußeren Differentiation d und benutze (18.16.8).) Insbesondere muß entweder $p_0 = 0$ (in diesem Fall ist das durch $\mathfrak{a}_1$ definierte Pfaffsche System vollständig integrierbar) oder $p_0 \geqq 2$ sein.

b) In den Bezeichnungen von (18.10.3) zeige man, daß

$$s_0(x) = \dim(\mathfrak{a}_1) \qquad \text{und} \qquad s_1(x, \mathbf{u}_1) \leqq \inf(p_0 - 1, p_1)$$

ist. (Man betrachte das Bild eines Komplementärraumes von $\mathfrak{a}_1^{(1)}$ in $\mathfrak{a}_1$ vermöge der Abbildung $\omega \to i(\mathbf{u}_1) \cdot d\omega(x)$.)

c) Es sei $\omega_1, \ldots, \omega_{p_1}$ eine Basis eines Komplementärraumes von $\mathfrak{a}_1^{(1)}$ in $\mathfrak{a}_1$. Man zeige: Für jede 1-Form $\tilde{\omega} \in \mathfrak{a}_1^{(1)}$ gilt $d\tilde{\omega} \wedge d(\omega_1 \wedge \cdots \wedge \omega_{p_1}) \in \mathfrak{a}^{(1)}$, wobei $\mathfrak{a}^{(1)}$ das von $\mathfrak{a}_1^{(1)}$ erzeugte Ideal $\mathfrak{a}_1^{(1)} \wedge \mathcal{A}$ ist.

9. Unter den Voraussetzungen und in den Bezeichnungen von Aufgabe 8 verstehen wir unter dem *Rang* $\varrho(\mathfrak{a}_1)$ des durch $\mathfrak{a}_1$ definierten Pfaffschen Systems die kleinste ganze Zahl k, für die $(d\omega)^{\wedge(k+1)} \in \mathfrak{a}_1 \wedge \mathcal{A}$ für *jede* Form $\omega \in \mathfrak{a}_1$ gilt. Gleichbedeutend ist $d\omega_1 \wedge d\omega_2 \wedge \cdots \wedge d\omega_{k+1} \in \mathfrak{a}_1 \wedge \mathcal{A}$ für jedes System von $k+1$ Formen $\omega_j \in \mathfrak{a}_1$, sofern wenigstens ein Produkt

$$d\omega_1 \wedge \cdots \wedge d\omega_k$$

bei geeigneter Wahl der $\omega_j \in \mathfrak{a}_1$ nicht zu $\mathfrak{a}_1 \wedge \mathcal{A}$ gehört (man kann übrigens annehmen, die ω_j seien aus einer festen Basis von $\mathfrak{a}_1$ gewählt).

a) Man beweise die Ungleichungen

$$2\varrho(\mathfrak{a}_1) \leqq p_0 \leqq (\dim(\mathfrak{a}_1) + 1)\, \varrho(\mathfrak{a}_1)\,.$$

(Um die zweite Ungleichung zu beweisen, setze man für jede der Formen ω_j $(1 \leqq j \leqq \dim(\mathfrak{a}_1))$ einer Basis von $\mathfrak{a}_1$

$$d\omega_j = \sum_k \alpha_{jk} \wedge \omega_k + \sum_{h=1}^{s_j} \tilde{\omega}_{2h,j} \wedge \tilde{\omega}_{2h-1,j}\,,$$

wobei die $\tilde{\omega}_{2h,j}$ zu $\gamma(\mathfrak{a}_1)$ gehören und $s_j \leqq \varrho(\mathfrak{a}_1)$ ist. Dann schreibe man die Bedingungen auf, die $\varrho(\mathfrak{a}_1)$ definieren, und leite schließlich daraus her, daß jede der Formen $\tilde{\omega}_{2h,j}$ Linearkombination von $\tilde{\omega}_{2h-1,j}$, der ω_k $(1 \leqq k \leqq \dim(\mathfrak{a}_1))$ und von $2\varrho(\mathfrak{a}_1)$ festen Formen $\tilde{\omega}_{l_i, k_i}$ ist $(1 \leqq i \leqq \varrho(\mathfrak{a}_1))$.)

b) Man beweise: Gilt $\varrho(\mathfrak{a}_1) \geqq p_1 + 1$, so ist $\varrho(\mathfrak{a}_1^{(1)}) \leqq p_1 - 1$. (Es sei $\zeta_1, \ldots, \zeta_{p_1}$ eine Basis eines Komplementärraumes von $\mathfrak{a}_1^{(1)}$ in $\mathfrak{a}_1$. Zu jeder 1-Form $\omega \in \mathfrak{a}_1^{(1)}$ existieren

1-Formen α_i mit

$$d\omega \equiv \sum_{i=1}^{p_1} \alpha_i \wedge \zeta_i \bmod (\mathfrak{a}_1^{(1)} \wedge \mathcal{A}) .$$

Unter Verwendung von Aufgabe 8c) beweise man die Beziehung

$$\sum_{i=1}^{p_1} (-1)^{i+1} \alpha_i \wedge d\zeta_i \in \mathfrak{a}_1 \wedge \mathcal{A}$$

und leite daraus her, daß

$$d\zeta_i \wedge \alpha_1 \wedge \cdots \wedge \alpha_{p_1} \in \mathfrak{a}_1 \wedge \mathcal{A}$$

ist. Hieraus schließe man indirekt, daß aufgrund der Voraussetzung $\varrho(\mathfrak{a}_1) \geqq p_1 + 1$ die Klassen mod $\mathfrak{a}_1$ der α_i linear abhängig sind. Dies führt dann zu $(d\omega)^{\wedge p_1} \in \mathfrak{a}_1^{(1)} \wedge \mathcal{A}$.)

10. Die Bezeichnungen und Voraussetzungen seien die von Aufgabe 8.

a) Man zeige: Die Voraussetzung $p_1 = 1$ ist der Annahme *äquivalent*, der größte Wert von $s_1(x, \mathbf{u}_1)$ (Bezeichnung von (18.10.3)) sei gleich 1. (Man beweise das folgende Lemma aus der äußeren Algebra: Ist E ein endlichdimensionaler Vektorraum, sind $\mathbf{z}_1^*$ und $\mathbf{z}_2^*$ zwei 2-Kovektoren über E derart, daß $i(\mathbf{x}) \cdot \mathbf{z}_1^*$ und $i(\mathbf{x}) \cdot \mathbf{z}_2^*$ für *jedes* $\mathbf{x} \in E$ kollinear sind, so sind $\mathbf{z}_1^*$ und $\mathbf{z}_2^*$ kollinear. Dagegen können drei 2-Kovektoren linear unabhängig sein, obwohl ihre inneren Produkte mit jedem Vektor $\mathbf{x} \in E$ nicht linear unabhängig sind.)

b) Man zeige, daß $p_0 = 2\varrho(\mathfrak{a}_1)$ ist, wenn $p_1 = 1$ ist. (Für eine Form ζ, die einen Komplementärraum von $\mathfrak{a}_1^{(1)}$ in $\mathfrak{a}_1$ erzeugt, betrachte man $d\zeta$.) Jedes Integralelement hat dann höchstens die Dimension $n - \dim(\gamma(\mathfrak{a}_1)) + \varrho(\mathfrak{a}_1)$, und es existieren Integralelemente dieser Dimension, die regulär sind.

Ist $p_0 > 2$ (oder, was dasselbe bedeutet, $\varrho(\mathfrak{a}_1) > 1$), so ist $N = 1$, mit anderen Worten, das durch $\mathfrak{a}_1^{(1)}$ definierte Pfaffsche System ist *vollständig integrierbar* (vgl. Aufgabe 9b)). Mittels eines Diffeomorphismus kann man auf einer Umgebung jedes Punktes das durch $\mathfrak{a}_1$ definierte Pfaffsche System auf die Gestalt

$$dx^j = 0 \qquad (1 \leqq j \leqq m) ,$$
$$dx^{m+1} - x^{m+2}\, dx^{m+3} - \cdots - x^{m+2p}\, dx^{m+2p+1} = 0$$

bringen.

c) Ist $p_0 = 2$ und $p_1 = 1$, so ist $p_2 \leqq 2$. Man zeige: Ist $p_2 = 1$ und $\dim(\mathfrak{a}_1^{(2)}) = m - 1$, so kann das durch $\mathfrak{a}_1$ definierte Pfaffsche System auf einer Umgebung jedes Punktes mittels eines Diffeomorphismus auf die Gestalt

$$dx^j - a_j\, dx^m - b_j\, dx^{m+1} = 0 \qquad \text{für } 1 \leqq j \leqq m+1 ,$$
$$dx^{m+1} - x^{m+2}\, dx^m = 0$$

gebracht werden, wobei die a_j und die b_j Funktionen der Klasse C^∞ in $x^1, \ldots, x^{m+1}$ sind. (Man wende b) auf $\mathfrak{a}_1^{(1)}$ an und stelle so fest, daß entweder dieses System vollständig integrierbar ist oder

$$\dim(\gamma(\mathfrak{a}_1^{(1)})) - \dim(\mathfrak{a}_1^{(1)}) = 2$$

gilt.)

d) Es sei $p_0 = 2$, $p_1 = p_2 = \cdots = p_N = 1$. Man zeige (durch vollständige Induktion), daß auf einer Umgebung jedes Punktes das durch $\mathfrak{a}_1$ definierte Pfaffsche

System mittels eines Diffeomorphismus auf die Gestalt

$$dx^j = 0 \qquad (1 \leqq j \leqq m)\,,$$
$$dx^{m+2} - x^{m+3}\,dx^{m+1} = 0\,,$$
$$\cdots\cdots\cdots\cdots\cdots\cdots\cdots\cdots$$
$$dx^{m+N-1} - x^{m+N}\,dx^{m+1} = 0$$

gebracht werden kann.

e) Man betrachte ein auf einer offenen Teilmenge M von $\boldsymbol{R}^n$ definiertes Pfaffsches System $\theta_j = 0$ $(1 \leqq j \leqq n-2)$ mit $\dim(\mathfrak{a}_1) = n - 2$. Ferner mögen n auf einer offenen Menge U von $\boldsymbol{R}^r$ definierte Funktionen F_i $(1 \leqq i \leqq n)$ existieren derart, daß

$$(t, w_1, \ldots, w_{r-1}) \to (F_1(t, w_1, \ldots, w_{r-1}), \ldots, F_n(t, w_1, \ldots, w_{r-1}))$$

eine Submersion F von U in M vom Rang n ist. Außerdem sei für *jede* auf einem Intervall $I \subset \boldsymbol{R}$ definierte Funktion v der Klasse C^∞, für welche für jedes $t \in I$ der Punkt $(t, v(t), \mathrm{D}v(t), \ldots, \mathrm{D}^{r-2}v(t))$ zu U gehört, die Kurve

$$t \to \big(F_1(t, v(t), \ldots, \mathrm{D}^{r-2}v(t))\,, \ldots, F_n(t, v(t), \ldots, \mathrm{D}^{r-2}v(t))\big)$$

eine Integralkurve des Systems. Man zeige: Setzt man dann $\omega_j = {}^tF(\theta_j)$ und ist

$$\tilde{\omega}_1 = dw_1 - w_2\,dt, \ldots, \tilde{\omega}_{r-1} = dw_{r-1} - w_r\,dt\,, \qquad \tilde{\omega}_r = dw_r\,,$$

so kann man für $1 \leqq j \leqq n-2$

$$\omega_j = \sum_{k=1}^{r-1} a_{jk}\tilde{\omega}_k$$

schreiben. Ist dieses System nicht vollständig integrierbar, so kann man annehmen, es sei $a_{j,r-1} = 0$ für $1 \leqq j \leqq n-3$. Dann zeige man, daß das Pfaffsche System $\omega_j = 0$ $(1 \leqq j \leqq n-2)$ von dem in d) beschriebenen Typus ist und daß dies auch für $\theta_j = 0$ $(1 \leqq j \leqq n-2)$ gilt. Man untersuche die Umkehrung.

11. Man betrachte die Differentialgleichung mit zwei unbekannten Funktionen

$$(*) \qquad \frac{dz}{dx} = G\left(x, y, z, \frac{dy}{dx}, \frac{d^2y}{dx^2}\right),$$

wobei G auf einer offenen Teilmenge $V \subset \boldsymbol{R}^5$ definiert sei. Es existiere eine Submersion

$$(t, w_1, \ldots, w_{r-1})$$
$$\to (F_1(t, w_1, \ldots, w_{r-1}), F_2(t, w_1, \ldots, w_{r-1}), \ldots, F_3(t, w_1, \ldots, w_{r-1}))$$

einer offenen Teilmenge $U \subset \boldsymbol{R}^r$ auf die Projektion von V auf $\boldsymbol{R}^3$ vom Rang 3 derart, daß für *jede* auf einem Intervall $I \subset \boldsymbol{R}$ definierte Funktion v der Klasse C^∞, für die $(t, v(t), \ldots, \mathrm{D}^{r-2}v(t)) \in U$ für jedes $t \in I$ gilt, die Kurve $x = F_1(t, v(t), \ldots, \mathrm{D}^{r-2}v(t))$, $y = F_2(t, v(t), \ldots, \mathrm{D}^{r-2}v(t))$, $z = F_3(t, v(t), \ldots, \mathrm{D}^{r-2}v(t))$ auf jedem Intervall, auf dem $dx/dt \neq 0$ ist, eine Integralkurve von (*) ist. Man zeige, daß dann

$$G\left(x, y, z, \frac{dy}{dx}, \frac{d^2y}{dx^2}\right) = A\left(x, y, z, \frac{dy}{dx}\right)\frac{d^2y}{dx^2} + B\left(x, y, z, \frac{dy}{dx}\right)$$

sein muß. Was gilt für die Umkehrung? (Man führe (*) auf ein Pfaffsches System zurück, auf welches Aufgabe 10e) anwendbar ist.)

Man zeige insbesondere, daß man für die Gleichung

$$\frac{dz}{dx} = y^{m+1}\frac{d^2y}{dx^2}$$

als Integralkurven die Kurven

$$x(t) = -2tv''(t) - v'(t)$$
$$y^{m+1}(t) = (m+1)^2\, t^3 (v''(t))^2$$
$$z(t) = (m-1)\, t^2 v''(t) - mtv'(t) + mv(t)$$

wählen kann.

12. Es seien M_1 und M_2 zwei differenzierbare Mannigfaltigkeiten, $\mathfrak{a}^{(i)}$ ein Differentialideal auf M_i $(i = 1, 2)$, $\mathfrak{a}$ das von ${}^t\mathrm{pr}_1(\mathfrak{a}^{(1)})$ und ${}^t\mathrm{pr}_2(\mathfrak{a}^{(2)})$ erzeugte Differentialideal auf $M_1 \times M_2 = M$. Man zeige: Eine zusammenhängende Untermannigfaltigkeit von M ist genau dann Integralmannigfaltigkeit maximaler Dimension von $\mathfrak{a}$, wenn sie die Gestalt $V_1 \times V_2$ hat, wobei V_i eine Integraluntermannigfaltigkeit von $\mathfrak{a}^{(i)}$ $(i = 1, 2)$ ist; diese Mannigfaltigkeit ist genau dann regulär, wenn V_1 und V_2 regulär sind. Enthält überdies V_i für $i = 1, 2$ keine charakteristische Untermannigfaltigkeit einer Dimension $m > 0$, so sind die charakteristischen Untermannigfaltigkeiten von V die Untermannigfaltigkeiten $\{x_1\} \times V_2$ und $V_1 \times \{x_2\}$ mit $x_1 \in V_1$ und $x_2 \in V_2$.

13. Wir betrachten im $\boldsymbol{R}^{4n+4}$ das Pfaffsche System der beiden Gleichungen

$$dz - p_1\, dx_1 - \cdots - p_{n+1}\, dx_{n+1} = 0\,,$$
$$dp_{n+1} + u_1\, dp_1 + \cdots + u_n\, dp_n - v_1\, dx_1 - \cdots - v_{n+1}\, dx_{n+1} = 0\,.$$

In den Bezeichnungen von Aufgabe 8 ist $p_0 = 4n + 2$, $p_1 = 2$, $N = 1$; man zeige[1]), daß die maximalen Integralmannigfaltigkeiten regulär sind und die Dimension $2n + 1$ haben. In jeder $(3n + 3)$-dimensionalen Mannigfaltigkeit mit der Gleichung $z = f(x_1, \ldots, x_{n+1})$ existiert genau eine Integralmannigfaltigkeit V der Dimension $2n + 1$. Für *jede* Kurve Γ mit den Gleichungen $u_j = g_j(x_{n+1})$ für $1 \leqq j \leqq n$ existiert genau eine *charakteristische Kurve* in V, deren Projektion die Kurve Γ ist (man beschränke sich auf eine hinreichend kleine Umgebung eines Punktes von V); umgekehrt erhält man jede *charakteristische Untermannigfaltigkeit* auf V in dieser Weise. (Man vergleiche dazu die Aufgaben 12 und 14 sowie Abschnitt 18.18.)

14. Die allgemeinen Voraussetzungen seien die von Abschnitt 18.13, Aufgabe 2. Mit $\tilde{\omega}_h$ $(1 \leqq h \leqq n - p - r)$ bezeichnen wir Linearkombinationen der θ_k und der dx^{p+r+h}, die mit den θ_k und den ω_i eine Basis von F^* bilden, und schreiben

$$d\theta_k = \sum_{i,h} a_{kih}\omega_i \wedge \tilde{\omega}_h + \sum_{i,l} b_{kil}\omega_i \wedge \theta_l + \sum_{i<j} c_{ijk}\omega_i \wedge \omega_j\,.$$

Überdies setzen wir voraus, die ω_i seien so gewählt, daß für die duale Basis $(\mathbf{u}_j)_{1 \leqq j \leqq p}$ von F_p die Berechnung der $s_h''(x, \mathbf{u}_1, \ldots, \mathbf{u}_h)$ den konstanten Wert s_h'' ergibt, der im Abschnitt 18.13, Aufgabe 1, definiert ist.

Ferner *setzen wir voraus*, es sei $s_2'' = s_3'' = \cdots = s_{p-1}'' = 0$, und setzen $s_1'' = s$.

a) Man zeige, daß man die Basis $(\tilde{\omega}_h)$ so wählen kann, daß $a_{k1h} = 0$ ist für $1 \leqq k \leqq s$, $1 \leqq h \leqq n - p - r$ und $h \neq k$, sowie $a_{k1k} = 1$, und für $k \geqq s + 1$ schließlich $a_{k1h} = 0$ für jedes h. Hieraus leite man her, daß der Rang der $n - p - r$

---

1) Eine ausführlichere Untersuchung des Falles $p_1 = 2$ findet man in [82], Band II.1, S. 511–552.

Formen $\sum_{i,h} a_{kih}\omega_i \wedge \tilde{\omega}_h$ gleich s ist. (Man stelle fest, daß $s_1''(x, \mathbf{u}_1 + t\mathbf{u}_j) \leqq s$ sein muß für alle $t \in \boldsymbol{R}$ und alle $j \geqq 2$, und schließe daraus, daß bei dieser Wahl der $\tilde{\omega}_h$ hieraus $a_{kih} = 0$ für jedes $k \geqq s + 1$ folgt.)

b) Wir setzen jetzt voraus, die charakteristische Gleichung $\chi(\lambda) = \det(\delta_{kh} + \lambda a_{k2h}) = 0$ $(1 \leqq k, h \leqq s)$ (wobei δ_{kh} das Kroneckersymbol ist) habe s *verschiedene* Lösungen $c_k \in K_0$ $(1 \leqq k \leqq s)$. Ersetzt man P durch eine überall dichte offene Teilmenge, so kann man annehmen, die c_k seien auf P analytisch. Durch Basiswechsel bezüglich der θ_k einerseits und der $\tilde{\omega}_h$ andererseits $(1 \leqq k \leqq s,\ 1 \leqq h \leqq s)$ kann man dann erreichen, daß

$$(*)\qquad \sum_{i,h} a_{kih}\omega_i \wedge \tilde{\omega}_h = (\omega_1 + c_k\omega_2) \wedge \tilde{\omega}_k + \sum_h \sum_{i \geqq 3} a_{kih}\omega_i \wedge \tilde{\omega}_h$$

ist.

c) Wir setzen voraus, das betrachtete Pfaffsche System sei bezüglich P *in Involution*. Man zeige, daß dann $a_{kih} = 0$ für $i \geqq 3$ und $h \neq k$ ist. (Man schreibe in Formeln auf, daß durch jeden Vektor, der auf $\mathbf{u}_1$ projiziert wird und die $\theta_k(x)$ annulliert, ein Integralelement der Ordnung p verläuft, das man als einen Teilraum von $T_x(M)$ definieren kann, in welchem sämtliche $\theta_k(x)$ und $n - p - r$ Kovektoren der Form $\tilde{\omega}_k(x) - \sum_i t_{ik}\omega_i(x)$ verschwinden. Man setze die Werte $\sum_i t_{ik}\omega_i(x)$ für $\tilde{\omega}_k(x)$ in die Ausdrücke für die $d\theta_k(x)$ ein und benutze Gleichung (*).) Unter Berücksichtigung dessen, daß man voraussetzen kann, in den Ausdrücken der $d\theta_k$ seien die Koeffizienten c_{ijk} Null (aufgrund der Existenz einer Integralmannigfaltigkeit, welche Graph einer Abbildung von P in Q ist, nachdem man P durch eine kleinere offene Menge ersetzt hat), zeige man, daß $\mathfrak{a}_2$ von den $\omega_i \wedge \theta_k$ und von 2-Formen des Typus

$$(**)\qquad \beta_k = \left(\omega_1 + \sum_{i=2}^{p} c_{ki}\omega_i\right) \wedge \tilde{\omega}_k \qquad (1 \leqq k \leqq s)$$

erzeugt wird.

d) Man zeige, daß die singulären Integralelemente, die durch einen Punkt $x \in M$ verlaufen, diejenigen sind, die in einer der Hyperebenen mit der Gleichung $\langle \zeta_k(x), \mathbf{h}_x \rangle = 0$ liegen, wobei

$$\zeta_k = \omega_1 + \sum_{i=2}^{p} c_{ki}\omega_i$$

ist. (Diese 1-Formen sind im allgemeinen nicht linear unabhängig.)

e) Für jedes System reeller Zahlen t_k $(1 \leqq k \leqq s)$ ist der Teilraum von $T_x(M)$, auf welchem alle $\theta_l(x)$ und die s Kovektoren $\tilde{\omega}_k(x) - t_k\zeta_k(x)$ $(1 \leqq k \leqq s)$ verschwinden, ein reguläres Integralelement maximaler Dimension. Man untersuche die Umkehrung. Hieraus leite man her: Setzt man

$$d\zeta_k = \sum_{i<j} A_{ij}^{(k)}\omega_i \wedge \omega_j + \sum_{h=1}^{s} A'^{(k)}_{ih}\omega_i \wedge \tilde{\omega}_h + \sum_{l=1}^{r} B_{il}^{(k)}\omega_i \wedge \theta_l\,,$$

so verschwinden die Werte der 3-Differentialformen

$$\sum_{i<j} A_{ij}^{(k)}\omega_i \wedge \omega_j \wedge \zeta_k \quad \text{und} \quad \sum_{h,i} A'^{(k)}_{ih}\omega_i \wedge \zeta_h \wedge \zeta_k$$

im Punkt x in jedem Integralelement, das im Punkt x maximale Dimension besitzt. (Man schreibe in Formeln auf, daß die $d\beta_k$ in einem solchen Element verschwinden, und benutze, daß die t_k beliebig sind.)

f) Aus e) leite man her: Zu jedem Index k mit $1 \leqq k \leqq s$ existiert auf jeder Integralmannigfaltigkeit V der Dimension p, welche Graph einer Abbildung einer offenen Menge von P in Q ist, eine einparametrige Familie *charakteristischer* Untermannigfaltigkeiten der Dimension $p - 1$, die durch die Gleichung ${}^t j(\zeta_k) = 0$ definiert wird (wobei $j\colon V \to M$ die kanonische injektive Abbildung ist), und diese ist *vollständig integrierbar*.

15. In den Bezeichnungen und unter den Voraussetzungen der Aufgaben 8 und 9 setzen wir $\dim \mathfrak{a}_1 = q + 1$ und $\varrho(\mathfrak{a}_1) = m$. Bilden $\theta_0, \theta_1, \ldots, \theta_q$ eine Basis von $\mathfrak{a}_1$ über $\mathscr{E}_0$, so bestimme man q Funktionen $u_j \in \mathscr{E}_0$ $(1 \leqq j \leqq q)$ derart, daß mit

$$\Xi = \theta_0 + u_1\theta_1 + \cdots + u_q\theta_q \in \mathscr{E}_1$$

die Gleichung

$$(1) \qquad \Xi \wedge (d\Xi)^{\wedge(m+1)} = 0$$

gilt. (Mit anderen Worten, Ξ gehört einer Pfaffschen Klasse $r \leqq 2m + 1$ an (vgl. Aufgabe 3).)

Es sei p die Projektion von $M \times \boldsymbol{R}^q$ auf M; wir betrachten auf $M \times \boldsymbol{R}^q$ die 1-Differentialform, die im Punkt $z = (x, v^1, \ldots, v^q) \in M \times \boldsymbol{R}^q$ den Wert

$$\Omega(z) = {}^t p(\theta_0)(z) + v^1 \cdot {}^t p(\theta_1)(z) + \cdots + v^q \cdot {}^t p(\theta_q)(z)$$

annimmt. Das Problem besteht darin, eine Integralmannigfaltigkeit des differenzierbaren Systems auf $M \times \boldsymbol{R}^q$ zu finden, das aus der einzigen Gleichung

$$(2) \qquad \Omega \wedge (d\Omega)^{\wedge(m+1)} = 0$$

besteht; diese Mannigfaltigkeit muß der Graph einer Abbildung einer offenen Teilmenge von M in $\boldsymbol{R}^q$ sein. Um die Bezeichnungen zu vereinfachen, schreiben wir θ_j anstelle von ${}^t p(\theta_j)$.

a) Wir bezeichnen mit $\mathscr{F}_0$ (bzw. $\mathscr{F}_1$) die $\boldsymbol{R}$-Algebra der reellwertigen Funktionen der Klasse C^∞ (bzw. den Raum der 1-Differentialformen der Klasse C^∞) auf dem Raum $M \times \boldsymbol{R}^q$. Man zeige: Aus der Voraussetzung $\varrho(\mathfrak{a}_1) = m$ folgt, daß eine $(n + q)$-elementige Basis von 1-Formen aus $\mathscr{F}_1$ über $\mathscr{F}_0$ existiert, die aus $\theta_0, \theta_1, \ldots, \theta_q$ und $n - 1$ Formen ω_i $(1 \leqq i \leqq n - 1)$ besteht, deren erste $n - q - 1$ nicht die Differentiale $dv^1, \ldots, dv^q$ enthalten und deren letzte q Formen die $dv^1, \ldots, dv^q$ sind, und für welche für wohlbestimmte 1-Formen $\tilde{\omega}_1, \ldots, \tilde{\omega}_q, \zeta$ die Beziehung

$$d\Omega = \omega_1 \wedge \omega_2 + \cdots + \omega_{2m-1} \wedge \omega_{2m} + \theta_1 \wedge \tilde{\omega}_1 + \cdots + \theta_q \wedge \tilde{\omega}_q + \zeta \wedge \Omega$$

gilt, wobei jede 1-Form $\tilde{\omega}_j$ so beschaffen ist, daß $\tilde{\omega}_j + dv^j$ nicht die Differentiale $dv^1, \ldots, dv^q$ enthält.

b) Man zeige, daß jedes n-dimensionale Integralelement von (2) in einem Punkt z definiert ist als die Menge der Vektoren von $T_z(M \times \boldsymbol{R}^q)$, welche q Kovektoren der Form

$$\tilde{\omega}_j(z) - \sum_{i=1}^{m} (a_{2i-1,j}\omega_{2i}(z) - a_{2i,j}\omega_{2i-1}(z)) - \sum_{k=1}^{q} b_{jk}\theta_k(z) - c_j\Omega(z)$$

annullieren, wobei die Konstanten a_{ij}, b_{jk} und c_j so gewählt sind, daß die Differenz

$$d\Omega(z) - \sum_{i=1}^{m} \left(\left(\omega_{2i-1}(z) + \sum_{j=1}^{q} a_{2i-1,j}\theta_j(z)\right) \wedge (a_{2i}(z)) + \sum_{j=1}^{q} a_{2i,j}\theta_j(z)\right)$$

Produkt eines 1-Kovektors mit $\Omega(z)$ ist. Man untersuche die Umkehrung. Man zeige, daß die Summe

$$n s_0(z) + (n-1)\, s_1(z, \mathbf{u}_1) + \cdots + s_{n-1}(z, \mathbf{u}_1, \ldots, \mathbf{u}_{n-1})$$

(vgl. Abschnitt 18.10, Aufgabe 2) gleich

$$2mq + \frac{1}{2} q(q+3)$$

ist.

c) Man nehme für $\mathbf{u}_1, \ldots, \mathbf{u}_n$ die zu der Basis von $T_x(M)^*$, die aus den Kovektoren $\omega_i(x)$ und $\theta_j(x)$ $(1 \leqq i \leqq n - q - 1,\ 0 \leqq j \leqq q)$ besteht, duale Basis. Man zeige: Ordnet man die $\mathbf{u}_k$ in passender Weise an, so gilt (in den Bezeichnungen von Abschnitt 18.10, Aufgabe 2)

$$s''_0(z) = \cdots = s''_{2m+1}(z, \mathbf{u}_1, \ldots, \mathbf{u}_{2m+1}) = 0\,,$$

$$s''_{2m+2}(z, \mathbf{u}_1, \ldots, \mathbf{u}_{2m+2}) = \cdots = s''_{2m+q+1}(z, \mathbf{u}_1, \ldots, \mathbf{u}_{2m+q+1}) = 1\,,$$

$$s''_{2m+q+2}(z, \mathbf{u}_1, \ldots, \mathbf{u}_{2m+q+2}) = \cdots = s''_{n-1}(z, \mathbf{u}_1, \ldots, \mathbf{u}_{n-1}) = 0\,.$$

Man leite hieraus her, daß das durch (2) definierte differenzierbare System bezüglich M in Involution ist und daß also $q + 1$ Formen $\Xi_0, \Xi_1, \ldots, \Xi_q$ existieren, welche eine Basis von $\mathfrak{a}_1$ über $\mathscr{E}_0$ bilden (wenn man erforderlichenfalls M verkleinert) und die sämtlich einer Klasse $r \leqq 2m + 1$ angehören.

16. Im $\boldsymbol{R}^5$ betrachten wir das differenzierbare System, das durch das von den 2-Formen $x^1\, dx^1 \wedge dx^2$, $x^1\, dx^3 \wedge dx^4$, $dx^3 \wedge dx^4 \wedge dx^5$ erzeugte Ideal definiert wird. Man zeige, daß die Dimension des Raumes N_x der charakteristischen Vektoren konstant und gleich 1 ist, daß aber die Abbildung $x \to N_x$ kein stetiges Richtungsfeld ist.

17. a) Man gebe einen anderen Beweis von (18.16.8), indem man sukzessive zeigt, daß die Koeffizienten von ω_j nicht von x^n, dann nicht von x^{n-1}, usw. bis $x^{n-\nu+1}$ abhängen. Zu diesem Zweck setze man

$$\omega_j(x) = \sum_{k=1}^{n} a_{jk}(x)\, dx^k$$

und schreibe

$$i(\mathbf{e}_n) \cdot d\omega_j(x) = \sum_{k=1}^{n-r} b_{jk} \omega_k(x)\,,$$

woraus sich die Bedingungen

$$\mathrm{D}_n a_{jk} + \sum_{h=1}^{n-r} b_{jh} a_{hk} = 0$$

ergeben. Man betrachte dann das System

$$\mathrm{D}_n z_j + \sum_{h=1}^{n-r} b_{jh} z_h = 0 \qquad (1 \leqq j \leqq n - r)$$

linearer Differentialgleichungen (wobei die x^j vom Index $j \leqq n - 1$ als Konstanten betrachtet werden) und ein Fundamentalsystem von Lösungen dieses Systems, mit dem man die a_{jk} linear darstellen kann mit Koeffizienten, die nicht von x^n abhängen.

b) Man verallgemeinere das Ergebnis aus (18.16.8) unter Verwendung einer zu a) analogen Methode auf ein beliebiges differenzierbares System.

c) Man betrachte im $\boldsymbol{R}^3$ das differenzierbare System, das durch das von den drei Formen $(x^1)^2\,dx$, $(x^1)^2\,dx^3$ und $dx^2 \wedge dx^3$ erzeugte Differentialideal definiert wird. Man zeige, daß, obgleich $\nu(x)$ auf $\boldsymbol{R}^3$ konstant ist, das Resultat von (18.16.8) nicht auf den ganzen $\boldsymbol{R}^3$ anwendbar ist, weil die Dimension von $\mathfrak{a}_1(x)$ nicht konstant ist.

18. Es sei ω eine Pfaffsche Form der Klasse C^∞ auf einer offenen Teilmenge M von $\boldsymbol{R}^n$ derart, daß ω in jedem Punkt von M zu einer Pfaffschen Klasse $r \geqq 3$ gehört; mit anderen Worten, es sei $\omega(x) \wedge d\omega(x)$ in jedem Punkt von 0 verschieden. Wir setzen voraus, es sei $0 \in M$, und man könne auf einer Umgebung dieses Punktes

$$\omega(x) = dx^n + \sum_{i=1}^{n-1} a_i(x)\,dx^i$$

mit $a_i(0) = 0$ für $1 \leqq i \leqq n-1$ setzen.

a) Man zeige, daß zu jeder Umgebung V von 0 in M und jeder Zahl $c > 0$ eine Umgebung $W \subset V$ von 0 in M und eine Zahl ϱ mit $0 < \varrho < c$ existieren und daß jeder Punkt von W Endpunkt einer Kurve der Gestalt

$$\gamma\colon t \to (tx^1, \ldots, tx^{n-1}, \varphi(t))$$

der Klasse C^∞ ist, die auf $[0, 1]$ definiert ist und Werte in V hat und in einer eindimensionalen Integralmannigfaltigkeit der Pfaffschen Gleichung $\omega = 0$ enthalten ist, und deren Anfangspunkt die Gestalt $(0, \ldots, 0, x^n)$ mit $|x^n| \leqq \varrho$ hat (man benutze (10.7.4)).

b) Man zeige, daß zu jeder Umgebung V von 0 in M eine Zahl $c > 0$ existiert derart, daß für jedes x^n mit $|x^n| \leqq c$ eine auf $[0, 1]$ definierte Kurve

$$\gamma\colon t \to (\lambda\varphi_1(t), \ldots, \lambda\varphi_{n-1}(t), \psi(\lambda, t))$$

der Klasse C^∞ mit Werten in V existiert, die in einer eindimensionalen Integralmannigfaltigkeit der Pfaffschen Gleichung $\omega = 0$ enthalten ist und den Anfangspunkt 0 sowie den Endpunkt $(0, \ldots, 0, x^n)$ hat. (Man wähle zunächst die φ_j $(1 \leqq j \leqq n-1)$ beliebig mit $\varphi_j(0) = \varphi_j(1) = 0$; dann kann man λ aufgrund von (10.7.4) jeden Wert einer offenen Umgebung von 0 in $\boldsymbol{R}$ erteilen; unter Benutzung der Voraussetzung über ω zeige man, daß man die φ_j so wählen kann, daß $\lim\limits_{\lambda \to 0} \lambda^{-2}\psi(\lambda, 1)$ eine streng positive (oder streng negative) Zahl ist, und leite daraus die Behauptung her.)

c) Aus a) und b) leite man her, daß die Pfaffschen Formen ω der Klasse C^∞ mit $\omega \wedge d\omega = 0$ auf M durch die folgende Eigenschaft charakterisiert sind: Zu jedem $x_0 \in M$ existiert eine Umgebung V von x_0 in M derart, daß jede Umgebung $W \subset V$ von x_0 in M einen Punkt x enthält, der nicht Endpunkt einer in V enthaltenen Kurve mit dem Anfangspunkt x_0 sein kann, welche Aneinanderreihung endlich vieler Kurven der Klasse C^∞ ist, von denen jede in einer eindimensionalen Integralmannigfaltigkeit von $\omega = 0$ enthalten ist (Carathéodoryscher Unerreichbarkeitssatz).

18.17. Beispiele: I. Partielle Differentialgleichungen erster Ordnung

Wir wollen nun zeigen, wie man die Begriffe der oben entwickelten allgemeinen Theorie auf den Fall einer *einzigen* partiellen Differentialgleichung der Ordnung p bezüglich einer *einzigen* unbestimmten Funktion z der n Variablen $x^1, \ldots, x^n$

18.17.1. $F(x^1, \dots, x^n, z, (\mathrm{D}^\alpha z)_{|\alpha| \leq p}) = 0$

anwendet; dabei gehöre F auf einer offenen Teilmenge von $\boldsymbol{R}^N$ der Klasse C^∞ an, wobei $N = n + 1 + \nu$ und ν die Anzahl der Multiindizes $\alpha = (\alpha_1, \dots, \alpha_n)$ mit $|\alpha| \leqq p$ ist.

Zunächst untersuchen wir den Fall $p = 1$. Die Gleichungen erster Ordnung besitzen Eigenschaften, die sich nicht auf Gleichungen höherer Ordnung übertragen lassen.

Wir betrachten also eine Gleichung erster Ordnung,

18.17.2. $F(x^1, \dots, x^n, z, p^1, \dots, p^n) = 0\,,$

wobei F auf einer offenen Teilmenge U von $\boldsymbol{R}^{2n+1}$ der Klasse C^∞ angehört und so beschaffen ist, daß die Gleichung (18.17.2) eine *Untermannigfaltigkeit* M_0 von U definiert. Wir haben in (18.8.9) gesehen, daß man dieser Gleichung das differenzierbare System zuordnet, das dem von der 0-Form F, den 1-Formen

$$dF = \sum_{i=1}^{n} \frac{\partial F}{\partial x^i} dx^i + \frac{\partial F}{\partial z} dz + \sum_{i=1}^{n} \frac{\partial F}{\partial p^i} dp^i\,,$$

$$\omega = dz - \sum_{i=1}^{n} p^i\, dx^i$$

und der 2-Form

$$-d\omega = \sum_{i=1}^{n} dp^i \wedge dx^i$$

erzeugten Differentialideal entspricht.

Nach (18.10.8) ist in einem Punkt $y = (x^1, \dots, x^n, z, p^1, \dots, p^n) \in M_0$ ein Vektorteilraum $G_y \subset \{y\} \times \boldsymbol{R}^{2n+1}$ ein *Integralelement* dieses differenzierbaren Systems, wenn alle Vektoren $(y, \mathbf{u})$ aus G_y mit $\mathbf{u} = (v^1, \dots, v^n, s, q^1, \dots, q^n)$ den beiden Relationen

18.17.3. $$\sum_{i=1}^{n} \frac{\partial F}{\partial x^i} v^i + \frac{\partial F}{\partial z} s + \sum_{i=1}^{n} \frac{\partial F}{\partial p^i} q^i = 0\,,$$

18.17.4. $$s = \sum_{i=1}^{n} p^i v^i$$

genügen und wenn für je zwei Vektoren $\mathbf{u}'$ und $\mathbf{u}''$ aus G_y die Gleichung

18.17.5. $$\sum_{i=1}^{n} (v'^i q''^i - v''^i q'^i) = 0$$

erfüllt ist. Aufgrund von (18.17.4) ist, wenn $\mathbf{w} = (v^1, \dots, v^n, q^1, \dots, q^n)$ die Projektion von $\mathbf{u}$ auf den von den ersten n und den letzten n Vektoren der kanonischen Basis erzeugten Teilraum $\boldsymbol{R}^{2n}$ ist, G_y durch seine Projektion (derselben Dimension) G'_y auf $\boldsymbol{R}^{2n}$ vollständig bestimmt; die Vektoren $\mathbf{w} \in G'_y$ müssen die Relation

18.17.6. $$\sum_{i=1}^{n} \left(\frac{\partial F}{\partial x^i} + p^i \frac{\partial F}{\partial z}\right) v^i + \sum_{i=1}^{n} \frac{\partial F}{\partial p^i} q^i = 0$$

erfüllen; ferner muß für je zwei Vektoren $\mathbf{w}'$ und $\mathbf{w}''$ aus G'_y stets $B(\mathbf{w}', \mathbf{w}'') = 0$ sein, wobei B die durch die linke Seite von (18.17.5) gegebene *alternierende Bilinearform vom Rang* $2n$ über $\boldsymbol{R}^{2n}$ ist.

Wir beschränken uns auf die Punkte von M_0, in denen die $2n$ Koeffizienten der Linearform der linken Seite von (18.17.6) nicht sämtlich Null sind; dann definiert Gleichung (18.17.6) eine *Hyperebene* H_y in $\boldsymbol{R}^{2n}$. Unsere Überlegungen zeigen, daß die Teilräume G'_y die *in* H_y *enthaltenen* bezüglich der Form B *total isotropen Teilräume* sind (vgl. (A.16.3)). Wie man leicht sieht, enthält die (bezüglich B) zu H_y orthogonale Gerade D_y den Vektor

18.17.7.
$$\mathbf{w}_0 = \left(\frac{\partial F}{\partial p^1}, \dots, \frac{\partial F}{\partial p^n}, -\left(\frac{\partial F}{\partial x^1} + p^1\frac{\partial F}{\partial z}\right), -\left(\frac{\partial F}{\partial x^2} + p^2\frac{\partial F}{\partial z}\right), \dots, -\left(\frac{\partial F}{\partial x^n} + p^n\frac{\partial F}{\partial z}\right)\right) \in H_y .$$

Bekanntlich (vgl. (A.16.3)) sind die *Dimensionen* der in H_y enthaltenen total isotropen Teilräume *höchstens gleich* n. Diejenigen, welche die Dimension n haben, enthalten D_y, und wenn V_y ein ($(2n - 2)$-dimensionaler) Komplementärraum von D_y in H_y ist, haben sie mit V_y einen Durchschnitt, der ein *höchstens* $(n - 1)$-dimensionaler total isotroper Teilraum ist.

18.17.8. Da wir uns nur für die Integralmannigfaltigkeiten des obigen differenzierbaren Systems interessieren, welche nach Projektion auf $\boldsymbol{R}^{n+1}$ den Graph einer Lösung von (18.17.2) liefern, sind die einzigen n-dimensionalen Integralelemente, die wir betrachten müssen, diejenigen, deren Projektion G''_y auf den (mit dem von den ersten n Vektoren der kanonischen Basis von $\boldsymbol{R}^{2n}$ erzeugten Teilraum identifizierten) Raum $\boldsymbol{R}^n$ ebenfalls die *Dimension* n hat. Aufgrund von (18.17.7) ergibt sich, daß nur dann solche Teilräume G'_y existieren, wenn mindestens eine der partiellen Ableitungen $\partial F/\partial p^i$ im betrachteten Punkt y *nicht verschwindet.*

Die Theorie der alternierenden Bilinearformen lehrt nun folgendes: Bestimmt man wie in (18.10.3) sukzessive die in $G'_y \cap V_y$ linear unabhängigen Vektoren $\mathbf{w}_1, \dots, \mathbf{w}_{n-1}$, so ist $s_0 = 2$, und die Zahlen $s_1, \dots, s_{n-1}$ sind sämtlich *gleich* 1; jedes in V_y enthaltene Integralelement ist also *regulär.*

Ferner gibt es nach den Überlegungen von Abschnitt 18.16 in jedem n-dimensionalen Integralelement G_y *Cauchysche charakteristische Vektoren,* welche skalare Vielfache des Vektors $(y, \mathbf{u}_0)$ sind, wobei

18.17.8.1.
$$\mathbf{u}_0 = \left(\frac{\partial F}{\partial p^1}, \dots, \frac{\partial F}{\partial p^n}, \sum_{i=1}^{n} p^i \frac{\partial F}{\partial p^i}, -\left(\frac{\partial F}{\partial x^1} + p^1\frac{\partial F}{\partial z}\right), \dots, -\left(\frac{\partial F}{\partial x^n} + p^n\frac{\partial F}{\partial z}\right)\right)$$

ist. Durchläuft y die Menge M_0, so bilden diese Vektoren ein Vektorfeld der Klasse C^∞, das sogenannte *charakteristische Feld.*

18.17.9. Dies ermöglicht uns, mittels (18.16.8) zu zeigen, daß man für eine Gleichung erster Ordnung (18.17.2) *ein Cauchysches Problem lösen* kann, *ohne die bekannten Größen als analytisch vorauszusetzen.* Wir stellen uns dieses Problem in einer noch allgemeineren Fassung als in (18.12.1): Wir betrachten im $\boldsymbol{R}^{n+1}$ eine $(n-1)$-*dimensionale Untermannigfaltigkeit* T, und wir suchen (falls sie existiert) eine durch eine Gleichung $z = f(x^1, \dots, x^n)$ definierte n-dimensionale Untermannigfaltigkeit S, *die* T *enthält*, wobei f eine *Lösung* von (18.17.2) ist. Wir müssen offenbar voraussetzen, die auf T eingeschränkte Projektion auf $\boldsymbol{R}^n$ sei injektiv. Wir setzen künftig sogar voraus, sie sei eine *injektive Immersion.*

Wir werden sehen, daß man im allgemeinen, durch Einschränkung von T auf eine Umgebung eines seiner Punkte, in $\boldsymbol{R}^{2n+1}$ eine $(n-1)$-*dimensionale Integralmannigfaltigkeit* T' des zur Gleichung (18.17.2) assoziierten differenzierbaren Systems finden kann, deren *Projektion* auf den $\boldsymbol{R}^{n+1}$ gleich T ist. Betrachten wir nämlich eine Karte von T, und ist $\mathfrak{t} = (t^1, \dots, t^{n-1})$ das entsprechende System lokaler Koordinaten im Punkt $x = (x^1, \dots, x^n)$, so gilt $x^i = g^i(t^1, \dots, t^{n-1})$ $(1 \leqq i \leqq n)$ und $z = h(t^1, \dots, t^{n-1})$, und nach Voraussetzung hat die Funktionalmatrix der n Funktionen g^i den maximalen Rang $n-1$. Es geht nun darum, die p^i $(1 \leqq i \leqq n)$ als Funktionen von $(t^1, \dots, t^{n-1})$ zu bestimmen, so daß identisch

18.17.10.
$$\begin{cases} \sum_{i=1}^{n} p^i \dfrac{\partial g^i}{\partial t^k} = \dfrac{\partial h}{\partial t^k} \quad (1 \leqq k \leqq n-1)\,, \\ F(g^1(\mathfrak{t}), \dots, g^n(\mathfrak{t}), h(\mathfrak{t}), p^1, \dots, p^n) = 0 \end{cases}$$

gilt. Wir *setzen nun voraus,* es existiere wenigstens eine Lösung $(p_0^1, \dots, p_0^n)$ dieses Systems für einen Wert $\mathfrak{t}_0 = (t_0^1, \dots, t_0^{n-1})$ derart, daß im Punkt

$$(t_0^1, \dots, t_0^{n-1}, p_0^1, \dots, p_0^n)$$

die Determinante

18.17.11.
$$\begin{vmatrix} \dfrac{\partial g^1}{\partial t^1} & \cdots & \dfrac{\partial g^1}{\partial t^{n-1}} & \dfrac{\partial F}{\partial p^1} \\ \cdot & \cdots & \cdot & \cdot \\ \dfrac{\partial g^n}{\partial t^1} & \cdots & \dfrac{\partial g^n}{\partial t^{n-1}} & \dfrac{\partial F}{\partial p^n} \end{vmatrix}$$

nicht Null ist. Aus dem Satz über implizite Funktionen (10.2.3) folgt dann die Existenz der Funktionen $p^i = q^i(t^1, \dots, t^{n-1})$ der Klasse C^∞ mit den gewünschten Eigenschaften, für welche die Determinante (18.17.11) auf einer nichtleeren offenen Teilmenge des $\boldsymbol{R}^{n-1}$ nicht verschwindet. Aus dieser Bedingung ergibt sich, daß die n Spaltenvektoren der Determinante linear unabhängig sind, d. h., daß der Vektor $\left(\dfrac{\partial F}{\partial p^1}, \dots, \dfrac{\partial F}{\partial p^n}\right)$ und die Projektion des Tangentialraumes von T auf $\boldsymbol{R}^n$ den Raum $\boldsymbol{R}^n$ erzeugen; daraus folgt erst recht, daß der charakteristische Vektor $\mathfrak{u}_0$ nicht im Tangentialraum von T' enthalten ist; also kann man (18.16.8) auf T' anwenden. Das liefert eine Integralmannigfaltigkeit S' der Dimension n

des zu (18.17.2) assoziierten differenzierbaren Systems; aufgrund der obigen Bemerkung hat die Projektion S von S' in den $\boldsymbol{R}^{n+1}$ die Dimension n, und die Projektion von S auf $\boldsymbol{R}^n$ ist ein lokaler Diffeomorphismus. Somit hat S lokal die Gestalt $z = f(x^1, \dots, x^n)$. Wir haben also das Cauchysche Problem tatsächlich gelöst.

18.17.12. Bemerkungen. Existiert nur eine *einzige* Lösung $(p_0^1, \dots, p_0^n)$ des Systems (18.17.10) für ein gegebenes $\mathbf{t}_0$ und verschwindet für diese Lösung die Determinante (18.17.11) nicht, so ist die Lösung des oben betrachteten Cauchyschen Problems (auf einer hinreichend kleinen Umgebung des Punktes von T, der $\mathbf{t}_0$ entspricht) *eindeutig bestimmt.* Dies folgt aus dem Beweis von (18.16.8), aus dem sich ergibt, daß jede Integralmannigfaltigkeit *maximaler* Dimension von (18.16.7.1) notwendigerweise die Gestalt $\pi^{-1}(L)$ hat, wobei L eine Integralmannigfaltigkeit maximaler Dimension des als Pfaffsches System *in* P betrachteten Pfaffschen Systems (18.16.7.1) ist.

Ist dagegen die Determinante (18.17.11) *Null*, so hat das Cauchysche Problem entweder *überhaupt keine* Lösung oder *unendlich viele.* Wählt man als Beispiel $n = 2$ und die Gleichung erster Ordnung

$$p^1x^1 + p^2x^2 = 0\,,$$

so erhält man als Projektionen der Cauchyschen Charakteristiken auf den $\boldsymbol{R}^3$ die Geraden

18.17.12.1. $ax^1 + bx^2 = 0\,, \qquad z = c\,,$

wobei a, b, c Konstanten sind (dabei sind a, b nicht beide Null). Hier hat man für T eine Kurve in $\boldsymbol{R}^3$ zu nehmen, und die Fläche S, welche Lösung des Cauchyschen Problems sein soll, muß sich als Vereinigung der Geraden (18.17.12.1) ergeben, die T *schneiden.* Ist aber zum Beispiel T die Kurve $x^2 = (x^1)^2$, $z = (x^1)^3$, so ist die sich auf diese Weise ergebende Menge S nicht zugrundeliegender Raum einer Untermannigfaltigkeit des $\boldsymbol{R}^3$ im Punkt (0, 0, 0) (der Punkt ist „singulär"); mit anderen Worten, das Cauchysche Problem hat auf einer Umgebung dieses Punktes keine Lösung. Ist T eine der Geraden (18.17.12.1), so hat das Cauchysche Problem unendlich viele Lösungen.

Aufgaben

1. Wir untersuchen ein System von m partiellen Differentialgleichungen erster Ordnung einer unbekannten Funktion z der n reellen Variablen $x^1, \dots, x^n$,

$$(1) \qquad F_j(x^1, \dots, x^n, z, p^1, \dots, p^n) = 0 \qquad (1 \leqq j \leqq m)\,,$$

wobei die F_j auf einer offenen Teilmenge U von $\boldsymbol{R}^{2n+1}$ der Klasse C^∞ angehören und die Eigenschaft haben, daß das System (1) eine Untermannigfaltigkeit M_0 von U definiert. Für jeden Punkt $y \in M_0$ betrachten wir im $\boldsymbol{R}^{2n+1}$ die m Vektoren

$$\mathbf{w}_0^{(j)} = \left(\frac{\partial F_j}{\partial p^1}, \dots, \frac{\partial F_j}{\partial p^n}, -\left(\frac{\partial F_j}{\partial x^1} + p^1\frac{\partial F_j}{\partial z}\right), \dots, -\left(\frac{\partial F_j}{\partial x^n} + p^n\frac{\partial F_j}{\partial x^n}\right)\right)$$

$$(1 \leqq j \leqq m)\,,$$

die wir als von 0 verschieden voraussetzen. Soll ein durch den Punkt y verlaufendes n-dimensionales Integralelement des Systems (1) existieren, so müssen die Vektoren $\mathbf{w}_0^{(j)}$ bezüglich der in (18.17.5) definierten alternierenden Bilinearform B *paarweise orthogonal* sein; mit anderen Worten, es kann nur dann eine Funktion z der Klasse C^∞ geben, die auf einer offenen Teilmenge V von $\boldsymbol{R}^n$ dem Gleichungssystem (1) (mit $p^i = \partial z/\partial x^i$) genügt, wenn z auch Lösung der partiellen Differentialgleichungen ist, die man erhält, wenn man die *nichthomogenen Poissonklammern* (vgl. Abschnitt 17.15, Aufgabe 9)

$$\{F_j, F_k\} = -\sum_{i=1}^{n} \left(\frac{\partial F_j}{\partial p^i}\left(\frac{\partial F_k}{\partial x^i} + p^i \frac{\partial F_k}{\partial z}\right) - \frac{\partial F_k}{\partial p^i}\left(\frac{\partial F_j}{\partial x^i} + p^i \frac{\partial F_k}{\partial z}\right)\right)$$
$$(1 \leqq j < k \leqq m)$$

gleich Null setzt.

Wir setzen voraus, daß die Poissonklammern $\{F_i, F_j\}$ auf M_0 identisch verschwinden und daß die Projektionen

$$\mathbf{v}_0^{(j)} = \left(\frac{\partial F_j}{\partial p^1}, \dots, \frac{\partial F_j}{\partial p^n}\right)$$

der m Vektoren $\mathbf{w}_0^{(j)}$ auf $\boldsymbol{R}^n$ linear unabhängig sind. Ferner bezeichne N_x den Raum der Cauchyschen charakteristischen Vektoren in $x \in M_0$. Man zeige, daß N_x die Dimension m hat und daß zu jeder $(n - m)$-dimensionalen Untermannigfaltigkeit T im $\boldsymbol{R}^{n+1}$, deren Projektion auf $\boldsymbol{R}^n$ eine Immersion und die so beschaffen ist, daß der von den $\mathbf{v}_0^{(j)}$ erzeugte m-dimensionale Teilraum zum Tangentialraum der Projektion T' von T komplementär ist, eine n-dimensionale Integralmannigfaltigkeit S existiert, die den Durchschnitt von T mit einer hinreichend kleinen offenen Menge enthält und die durch eine Gleichung der Gestalt

$$z = f(x^1, \dots, x^n)$$

definiert ist. Man betrachte den Fall, daß z in den Gleichungen (1) nicht vorkommt (dann sind die Poissonklammern homogen).

Man untersuche den Spezialfall der Systeme der Gestalt $\theta_{X_j} \cdot f = 0$, welche simultane *erste Integrale* eines Systems von Vektorfeldern X_j $(1 \leqq j \leqq m)$ auf M (vgl. Abschnitt 18.2, Aufgabe 12) liefern, die in jedem Punkt linear unabhängig sind. Ein solches erstes Integral, das in einem beliebigen Punkt von M einen beliebigen Wert annimmt, existiert genau dann, wenn das m-Richtungsfeld $x \to L_x$ *vollständig integrierbar* ist; dabei bezeichne L_x für jedes $x \in M$ den von den $X_j(x)$ erzeugten Teilraum von $T_x(M)$. (Das System partieller Differentialgleichungen $\theta_{X_j} \cdot f = 0$ $(1 \leqq j \leqq m)$ wird dann ein *vollständiges System* genannt.)

2. Es sei eine partielle Differentialgleichung erster Ordnung (18.17.2) gegeben; man nennt eine der Klasse C^∞ angehörende Abbildung

$$(x^1, \dots, x, X^1, \dots, X^n) \to \Phi(x^1, \dots, x^n, X^1, \dots, X^n)$$

von $V \times W$ in $\boldsymbol{R}$ (wobei W eine offene Teilmenge von $\boldsymbol{R}^n$ ist) ein *vollständiges Integral* dieser Gleichung auf einer offenen Teilmenge $V \subset \boldsymbol{R}^n$, wenn folgendes gilt:

1° Für jeden Punkt $(X^1, \dots, X^n) \in W$ ist die Abbildung

$$(x^1, \dots, x^n) \to \Phi(x^1, \dots, x^n, X^1, \dots, X^n)$$

eine Lösung von (18.17.2) auf V;

2° die Determinante $\left(\dfrac{\partial^2 \Phi}{\partial x^i\, \partial X^j}\right)$ verschwindet auf $V \times W$ nicht.

a) Man zeige, daß im Raum $\boldsymbol{R}^{4n+1}$ die Gleichungen

$$z - \Phi(x^1, \dots, x^n, X^1, \dots, X^n) = 0\,,$$

$$p^i - \frac{\partial \Phi}{\partial x^i} = 0 \quad (1 \leqq i \leqq n)\,, \qquad Y^i - \frac{\partial \Phi}{\partial X^i} = 0 \quad (1 \leqq i \leqq n)$$

eine $2n$-dimensionale Untermannigfaltigkeit G definieren, deren Projektion auf $\boldsymbol{R}^{2n+1}$ die in (18.17.2) definierte Untermannigfaltigkeit $M_0 \subset U$ ist. Außerdem ist G auf einer Umgebung jedes seiner Punkte der Graph eines lokalen Diffeomorphismus π einer offenen Teilmenge von M_0 in $\boldsymbol{R}^{2n}$, und es gilt

$${}^t\pi\left(\sum_{i=1}^{n} Y^i\, dX^i\right) = {}^tj(\omega)\,,$$

wobei $j\colon M_0 \to \boldsymbol{R}^{2n+1}$ die kanonische injektive Abbildung ist.

b) Man zeige: Kennt man ein vollständiges Integral, so kann man das Cauchysche Problem lösen, ohne Differentialgleichungen zu integrieren: In den Bezeichnungen von (18.17.9) und (18.17.10) definieren die Gleichungen

$$x^i = g^i(t^1, \dots, t^{n-1}) \qquad (1 \leqq i \leqq n)\,,$$

$$z = h(t^1, \dots, t^{n-1})\,, \qquad p^i = q^i(t^1, \dots, t^{n-1}) \qquad (1 \leqq i \leqq n)$$

eine $(n-1)$-dimensionale Untermannigfaltigkeit N von M_0, und damit (bei eventueller Verkleinerung von M_0) eine Untermannigfaltigkeit $N' = \pi(N)$ in $\boldsymbol{R}^{2n}$, die durch Gleichungen der Gestalt

$$X^i = G^i(t^1, \dots, t^{n-1})\,, \qquad Y^i = Q^i(t^1, \dots, t^{n-1}) \qquad (1 \leqq i \leqq n)$$

definiert ist; die n Gleichungen

$$\sum_{i=1}^{n} Q^i \frac{\partial G^i}{\partial t^j} = 0 \qquad (1 \leqq j \leqq n-1)$$

sowie

$$z - \Phi(x^1, \dots, x^n, G^1, \dots, G^n) = 0$$

definieren dann im Raum $\boldsymbol{R}^{n-1} \times \boldsymbol{R}^{n+1}$ eine Untermannigfaltigkeit, deren Projektion auf $\boldsymbol{R}^{n+1}$ die gesuchte Integralmannigfaltigkeit ist.

c) Wir setzen n erste Integrale (vgl. Abschnitt 18.2, Aufgabe 12) $f_1, \dots, f_n$ des Feldes der charakteristischen Vektoren (vgl. (18.17.8.1)) als bekannt voraus, für welche die Funktionaldeterminante $\partial(f_1, \dots, f_n, F)/\partial(p^1, \dots, p^n, z)$ auf M nicht verschwindet. Man zeige, daß auf einer hinreichend kleinen offenen Teilmenge von $\boldsymbol{R}^{3n+1}$ die durch die $n+1$ Gleichungen

$$f_j(x^1, \dots, x^n, z, p^1, \dots, p^n) - X^j = 0 \qquad (1 \leqq j \leqq n)\,,$$

$$F(x^1, \dots, x^n, p^1, \dots, p^n) = 0$$

definierte Mannigfaltigkeit der Graph eines vollständigen Integrals von (18.17.2) ist.

3. a) In den Bezeichnungen von Abschnitt 16.20, Aufgabe 3, zeige man, daß für zwei auf V' definierte Funktionen F und G für die nichthomogenen Poissonklammern (vgl. Abschnitt 17.15, Aufgabe 9) die Beziehung $\{F \circ f, G \circ f\} = \varrho^{-1}(\{F, G\} \circ f)$ gilt. Setzt man $X^i = x'^i \circ f$, $Y_i = y'_i \circ f$, $Z = z' \circ f$ (die skalaren Komponenten von f),

so ist insbesondere

$$\{Z, X^i\} = \{X^i, X^k\} = \{X^i, Y_k\} = \{Y_i, Y_k\} = 0 \quad \text{für } 1 \leqq i < k \leqq n\,,$$

$$\{Z, Y_i\} = \varrho^{-1} Y_i\,, \qquad \{Y_i, X^i\} = -\varrho^{-1} \qquad \text{für } 1 \leqq i \leqq n\,.$$

b) Umgekehrt seien nun $n + 1$ auf V definierte skalare Funktionen X^i ($1 \leqq i \leqq n$) und Z mit $\{Z, X^i\} = \{X^i, X^k\} = 0$ für $1 \leqq i, k \leqq n$ gegeben. Man zeige: Sind die Differentiale dZ und dX^i ($1 \leqq i \leqq n$) in allen Punkten von V linear unabhängig, so existieren auf jeder hinreichend kleinen Umgebung eines Punktes von V Funktionen Y_i ($1 \leqq i \leqq n$) derart, daß $f = (Z, (X^i), (Y_i))$ eine auf dieser Umgebung definierte nichthomogene Berührungstransformation ist (man benutze Aufgabe 1).

c) Man untersuche in gleicher Weise den Fall homogener Berührungstransformationen (vgl. (16.20.12)).

18.18. Beispiele: II. Partielle Differentialgleichungen zweiter Ordnung

Wir betrachten jetzt eine partielle Differentialgleichung zweiter Ordnung

18.18.1. $$F(x^1, \ldots, x^n, z, p^1, \ldots, p^n, (p^{ij})_{1 \leqq i \leqq j \leqq n}) = 0\,,$$

wobei F eine auf einer offenen Teilmenge U von $\boldsymbol{R}^N$ definierte reelle Funktion der Klasse C^∞ ist) ($N = 2n + 1 + \frac{1}{2}n(n+1)$). Eine Lösung ist also eine auf einer offenen Teilmenge V von $\boldsymbol{R}^n$ definierte Funktion der Klasse C^2, für die der Punkt von $\boldsymbol{R}^N$ mit den Koordinaten

$$x^1, \ldots, x^n, v(x^1, \ldots, x^n), \frac{\partial v}{\partial x^1}, \ldots, \frac{\partial v}{\partial x^n}, \frac{\partial^2 v}{\partial x^i\, \partial x^j} \qquad (1 \leqq i \leqq j \leqq n)$$

zu U gehört und die Gleichung (18.18.1) für $(x^1, \ldots, x^n) \in V$ erfüllt. Wir setzen voraus, (18.18.1) definiere eine *Untermannigfaltigkeit* M_0 von U. Die allgemeine Methode (18.8.10) besteht darin, der Gleichung (18.18.1) das dem von der 0-Form F, den 1-Formen

$$dF = \sum_{i=1}^{n} \frac{\partial F}{\partial x^i} dx^i + \frac{\partial F}{\partial z} dz + \sum_{i=1}^{n} \frac{\partial F}{\partial p^i} dp^i + \sum_{i \leqq j} \frac{\partial F}{\partial p^{ij}} dp^{ij}\,,$$

$$\omega = dz - \sum_{i=1}^{n} p^i\, dx^i\,,$$

$$\omega_i = dp^i - \sum_{j=1}^{n} p^{ij}\, dx^j \qquad (1 \leqq i \leqq n)$$

(wobei wir $p^{ij} = p^{ji}$ für $i > j$ gesetzt haben) und den äußeren Differentialen der Formen ω und ω_i erzeugten Differentialideal entsprechende differenzierbare System zuzuordnen. Wegen $p^{ij}\, dx^j \wedge dx^i + p^{ji}\, dx^i \wedge dx^j = 0$ gilt

$$-d\omega = \sum_{i=1}^{n} dp^i \wedge dx^i = \sum_{i=1}^{n} \omega_i \wedge dx^i;$$

daher gehört $d\omega$ schon zu dem von den ω_i ($1 \leqq i \leqq n$) erzeugten Differentialideal.

Dieselben Überlegungen wie in Abschnitt 18.17, in denen die 2-Form $d\omega$ verwendet wird, zeigen zunächst, daß die Integralelemente dieses differenzierbaren Systems, die ja total isotrope Teilräume bezüglich einer alternierenden Bilinearform vom Rang $2n$ sind, *höchstens die Dimension n haben.*

Wir werden zeigen, daß im allgemeinen n-dimensionale Integralelemente existieren derart, daß ihre Projektion auf den (mit dem von den ersten n Vektoren der kanonischen Basis erzeugten Teilraum von $\boldsymbol{R}^N$ identifizierten) Raum $\boldsymbol{R}^n$ surjektiv ist. Gleichzeitig zeigen wir, daß im allgemeinen $(n-1)$-*dimensionale* Integralmannigfaltigkeiten des zu (18.18.1) assoziierten differenzierbaren Systems existieren und daß man für eine solche Mannigfaltigkeit ein *Cauchysches Problem* (das jedoch im allgemeinen *keine Lösung zu haben braucht,* vgl. Kapitel 23) formulieren kann.

Wie in Abschnitt 18.17 betrachten wir jetzt eine $(n-1)$-dimensionale Untermannigfaltigkeit T von $\boldsymbol{R}^{n+1}$, von der wir voraussetzen, ihre Projektion auf $\boldsymbol{R}^n$ sei eine injektive Immersion, und suchen eine $(n-1)$-dimensionale Integralmannigfaltigkeit T' in $\boldsymbol{R}^N$, die sich auf T projizieren läßt. Wir können voraussetzen, (indem wir gegebenenfalls U verkleinern), die Mannigfaltigkeit T werde in der Projektion von U auf $\boldsymbol{R}^{n+1}$ durch

18.18.2.
$$\begin{cases} x^i = g^i(t^1, \dots, t^{n-1}) & \text{für } 1 \leqq i \leqq n\,, \\ z = h(t^1, \dots, t^{n-1})\,, \end{cases}$$

definiert, wobei $\mathbf{t} = (t^1, \dots, t^{n-1})$ ein System lokaler Koordinaten ist und die Funktionalmatrix der g^i den maximalen Rang $n-1$ hat. Es geht nun darum, die p^i $(1 \leqq i \leqq n)$ und die p^{ij} $(1 \leqq i \leqq j \leqq n)$ als Funktionen von $\mathbf{t} = (t^1, \dots, t^{n-1})$ zu bestimmen, so daß die folgenden Identitäten (mit $p^{ji} = p^{ij}$ für $i < j$) gelten:

18.18.3.
$$\begin{cases} \sum\limits_{i=1}^{n} p^i \dfrac{\partial g^i}{\partial t^k} = \dfrac{\partial h}{\partial t^k} & (1 \leqq k \leqq n-1)\,, \\ \sum\limits_{j=1}^{n} p^{ij} \dfrac{\partial g^j}{\partial t^k} = \dfrac{\partial p^i}{\partial t^k} & (1 \leqq k \leqq n-1,\ 1 \leqq i \leqq n)\,, \\ F\big(g^1(\mathbf{t}), \dots, g^n(\mathbf{t}), h(\mathbf{t}), p^1, \dots, p^n, (p^{ij})\big) = 0\,. \end{cases}$$

Wir werden beweisen, daß das im allgemeinen möglich ist. Es ist keine Beschränkung der Allgemeinheit, wenn man nur den Fall $x^i = t^i$ für $1 \leqq i \leqq n-1$ behandelt. Die Gleichungen von (18.18.3) mit Ausnahme der letzten erhalten dann die Gestalt

18.18.4.
$$p^k + p^n \frac{\partial g^n}{\partial x^k} = \frac{\partial h}{\partial x^k} \quad (1 \leqq k \leqq n-1)\,,$$

18.18.5.
$$p^{ik} + p^{in} \frac{\partial g^n}{\partial x^k} = \frac{\partial p^i}{\partial x^k} \quad (1 \leqq k \leqq n-1,\ 1 \leqq i \leqq n)\,.$$

Die Gleichungen (18.18.4) bestimmen die p^i für $i \leqq n-1$, wenn p^n bekannt ist; die Gleichungen (18.18.5) liefern für $i = n$

18.18.6. $$p^{nk} + p^{nn}\frac{\partial g^n}{\partial x^k} = \frac{\partial p^n}{\partial x^k} \quad (1 \leqq k \leqq n-1)$$

und somit für $i < n$, wenn man den in (18.18.6) gefundenen Wert von $p^{in} = p^{ni}$ in (18.18.5) einsetzt,

18.18.7. $$p^{ik} = \frac{\partial p^i}{\partial x^k} - \frac{\partial p^n}{\partial x^i}\frac{\partial g^n}{\partial x^k} + p^{nn}\frac{\partial g^n}{\partial x^i}\frac{\partial g^n}{\partial x^k} \quad (1 \leqq i \leqq k \leqq n-1),$$

derart, daß die p^{ik} bekannt sind, wenn man p^{nn} kennt. Alsdann betrachten wir einen Punkt

$$y_0 = \left(x_0^1, \dots, x_0^n, z_0, p_0^1, \dots, p_0^n, (p_0^{ij})_{1 \leqq i \leqq j \leqq n}\right)$$

der Mannigfaltigkeit M_0. Man kann g^n so bestimmen, daß $g^n(x_0^1, \dots, x_0^{n-1}) = x_0^n$ ist, wobei die Werte ζ_k der $\partial g^n/\partial x^k$ im Punkt $w_0 = (x_0^1, \dots, x_0^{n-1})$ zunächst beliebig sind. Die Gleichungen (18.18.4) liefern dann die Werte der $\partial h/\partial x^k$ in diesem Punkt, und es gilt $h(x_0^1, \dots, x_0^{n-1}) = z_0$. Dann liefern die Gleichungen (18.18.5) die Werte der $\partial p^i/\partial x^k$ im Punkt w_0. Man kann offenbar (auf unendlich viele Arten) Funktionen g^n, h, φ^k $(1 \leqq k \leqq n)$ der Klasse C^∞ bestimmen, deren Werte sowie die Werte ihrer ersten Ableitungen im Punkt w_0 die vorstehenden Zahlen sind. Hiernach bleibt zu zeigen, daß eine auf einer Umgebung W von w_0 definierte Funktion p^{nn} existiert, die in diesem Punkt den Wert p_0^{nn} annimmt und für die auf W

$$\Phi(x^1, \dots, x^{n-1}, p^{nn}) = 0$$

gilt, wobei Φ die Funktion ist, die man erhält, wenn man in F für x^n, z, p^k $(1 \leqq k \leqq n)$ die obigen Funktionen g^n, h, φ^k und für die von p^{nn} verschiedenen p^{ik} die durch (18.18.6) und (18.18.7) bestimmten Funktionen einsetzt. Der Satz über implizite Funktionen beweist die Existenz und die eindeutige Bestimmtheit von p^{nn} unter der Voraussetzung, daß $\partial\Phi/\partial p^{nn}$ im Punkt w_0 von 0 verschieden ist. Unter Berücksichtigung der Ausdrücke (18.18.6) und (18.18.7) ist dies äquivalent mit

18.18.8. $$\left(\frac{\partial F}{\partial p^{nn}}\right)_0 - \sum_{k=1}^{n-1}\left(\frac{\partial F}{\partial p^{kn}}\right)_0 \zeta_k + \sum_{1 \leqq i \leqq k \leqq n-1}\left(\frac{\partial F}{\partial p^{ik}}\right)_0 \zeta_i\zeta_k \neq 0,$$

wobei die Ableitungen von F im Punkt y_0 genommen werden. Es wird stets möglich sein, diese Ungleichung zu erfüllen, wenn diese Ableitungen nicht sämtlich verschwinden; hieraus folgt unsere Behauptung.

Wir zeigen jetzt, daß unter unseren Voraussetzungen ein *einziges* n-dimensionales Integralelement existiert, das den Tangentialraum $T_{y_0}(T')$ im Punkt y_0 enthält. Es sei $(\mathbf{e}_j)_{1 \leqq j \leqq n}$ die kanonische Basis des $\boldsymbol{R}^n$. Für $1 \leqq j \leqq n-1$ sei $\mathbf{u}_j$ derjenige Vektor aus $T_{y_0}(T')$, dessen Projektion auf $\boldsymbol{R}^n$ mit $\mathbf{e}_j + \zeta_j\mathbf{e}_n$ übereinstimmt. Diese $n-1$ Vektoren bilden eine Basis von $T_{y_0}(T')$, und es genügt zu zeigen, daß es nur einen *einzigen* Vektor $\mathbf{u}$ im gesuchten Integralelement gibt, dessen Projektion auf $\boldsymbol{R}^n$ gleich $\mathbf{e}_n$ ist. Es sei also

$$\mathbf{u} = \left(0, \dots, 0, 1, v, q^1, \dots, q^n, (q^{ij})_{1 \leqq i \leqq j \leqq n}\right).$$

Die Gleichung $\langle \mathbf{u}, \omega(y_0)\rangle = 0$ liefert $v = p_0^n$, die Gleichungen $\langle \mathbf{u}, \omega_i(y_0)\rangle = 0$ für $1 \leqq i \leqq n$ liefern $q^i = p_0^{in}$. Wir schreiben dann die $n(n-1)$ Relationen $\langle \mathbf{u}_j \wedge \mathbf{u}, d\omega_i(y_0)\rangle = 0$ für $1 \leqq j \leqq n-1$ und $1 \leqq i \leqq n$ auf; für $1 \leqq j \leqq n-1$ gilt $\langle dx^k, \mathbf{u}_j\rangle = 0$ für $k \leqq n-1$ und $k \neq j$, $\langle dx^j, \mathbf{u}_j\rangle = 1$ und $\langle dx^n, \mathbf{u}_j\rangle = \zeta_j$. Ferner ist $\langle dx^k, \mathbf{u}\rangle = 0$ für $k \leqq n-1$ und $\langle dx^n, \mathbf{u}\rangle = 1$. Man erhält dann $\langle dp^{ij}, \mathbf{u}\rangle + \langle dp^{in}, \mathbf{u}\rangle \zeta_j - \langle dp^{in}, \mathbf{u}_j\rangle = 0$, und daraus ergibt sich

$$q^{ij} + q^{in}\zeta_j = \langle dp^{in}, \mathbf{u}_j\rangle$$

für $i \leqq n$ und $j \leqq n-1$. Daraus erhält man wie in (18.18.7) die Werte der q^{ij} als Funktion der Zahl q^{nn} allein, und es bleibt die Relation $\langle \mathbf{u}, dF\rangle = 0$, um q^{nn} zu bestimmen. In der Gleichung ersten Grades, die man so für q^{nn} erhält, ist aber der Koeffizient von q^{nn} der Ausdruck (18.18.8); damit ist bewiesen, daß das n-dimensionale Integralelement, das $T_{y_0}(T')$ enthält, eindeutig bestimmt ist. Außerdem ist dieses Element *regulär*, da die Bedingung (18.18.8) für Punkte von M_0, die nahe bei y_0 liegen, und für Werte der ζ_j, die den betrachteten benachbart sind, gültig bleibt.

Im Gegensatz zu dem, was wir in Abschnitt 18.17 für die Gleichungen erster Ordnung gesehen haben, darf man allerdings hier nicht glauben, es gebe im allgemeinen eine Integralmannigfaltigkeit der Gleichung, die T' enthält, abgesehen von dem Fall, daß die gegebenen Größen analytisch sind (da man ja dann den Satz von CARTAN-KÄHLER anwenden kann (vgl. (18.13.8))).

Dieselbe Rechnung zeigt: Ist E ein n-dimensionales *reguläres* Integralelement im Punkt y_0 für das zu (18.18.1) assoziierte differenzierbare System, so sind die $(n-1)$-dimensionalen *singulären* Integralelemente F die Durchschnitte von E mit den Hyperebenen $\{y_0\} \times (H \times \boldsymbol{R}^{N-n})$, wobei H eine Hyperebene im $\boldsymbol{R}^n$ mit der Gleichung $\xi_1 x^1 + \cdots + \xi_n x^n = 0$ ist, die der Bedingung

18.18.9. $$\sum_{1 \leqq i \leqq j \leqq n} \left(\frac{\partial F}{\partial p^{ij}}\right)_0 \xi_i \xi_j = 0$$

genügt; denn man kann beispielsweise voraussetzen, es sei $\xi_n = 1$; dann wird H von den $n-1$ Vektoren $\mathbf{e}_j - \xi_j \mathbf{e}_n$ $(1 \leqq j \leqq n-1)$ erzeugt, und die linke Seite von (18.18.9) ist nichts anderes als die linke Seite von (18.18.8), wo man ζ_j durch $-\xi_j$ ersetzt hat $(1 \leqq j \leqq n-1)$.

Da wenigstens das n-dimensionale Integralelement E die 0-Form F enthält, kann man daraus schließen, daß *unendlich* viele solche Elemente existieren, also F singulär ist.

Nun setzen wir voraus, $\tilde{N}$ sei eine *reguläre* Integralmannigfaltigkeit des zu (18.18.1) assoziierten differenzierbaren Systems, deren Projektion auf $\boldsymbol{R}^{n+1}$ der Graph einer Lösung von (18.18.1) ist. Dann erhält man die in $\tilde{N}$ enthaltenen $(n-1)$- dimensionalen *charakteristischen Mannigfaltigkeiten* als Durchschnitt von $\tilde{N}$ und der Mannigfaltigkeiten $Q \times \boldsymbol{R}^{N-n}$, wobei Q eine $(n-1)$-dimensionale Integralmannigfaltigkeit der *partiellen Differentialgleichung erster Ordnung*

18.18.10. $$\sum_{1 \leqq i \leqq j \leqq n} A_{ij}(x^1, \ldots, x^n), p^i p^j = 0$$

ist; dabei ist A_{ij} die Funktion, die man erhält, wenn man in $\partial F/\partial p^{ij}$ für z, p^i und p^{ij} ihre Ausdrücke einsetzt, die sich aus den Gleichungen von $\tilde{N}$ als Funktion von $x^1, \ldots, x^n$ ergeben. Es ist jedoch zu beachten, daß diese Gleichung *im allgemeinen von der betrachteten Integralmannigfaltigkeit* $\tilde{N}$ *abhängt.*

Diese Resultate lassen sich leicht auf partielle Differentialgleichungen einer Ordnung $m \geqq 2$

18.18.11. $F(x^1, \ldots, x^n, z, (p^\alpha)_{|\alpha| \leqq m}) = 0$

mit einer einzigen unbekannten Funktion verallgemeinern; eine Lösung ist eine Funktion $v(x^1, \ldots, x^n)$, die auf einer offenen Teilmenge von $\boldsymbol{R}^n$ identisch verschwindet, wenn man in (18.18.11) die Variable z durch v und p^α durch $\mathrm{D}^\alpha v$ ersetzt. Die Bedingung (18.18.9) ist durch

18.18.12. $$\sum_{|\alpha|=m} \left(\frac{\partial F}{\partial p^\alpha}\right)_0 \xi^\alpha = 0$$

zu ersetzen, wobei für den Multiindex $\alpha = (\alpha_1, \ldots, \alpha_n)$ wieder $\xi^\alpha = \xi_1^{\alpha_1} \cdots \xi_n^{\alpha_n}$ ist.

19. Liesche Gruppen und Liesche Algebren

Als erste Anwendung der in den vorhergehenden drei Kapiteln erarbeiteten Methoden der „Analysis auf differenzierbaren Mannigfaltigkeiten" untersuchen wir hier die Struktur Liescher Gruppen. Diese Untersuchung wird dadurch ermöglicht, daß die Translationen (z. B. die Linkstranslationen) in einer Lieschen Gruppe G Diffeomorphismen sind, also die Struktur aller derjenigen Objekte übertragen, die mit der Struktur von G als differenzierbarer Mannigfaltigkeit verknüpft sind. Insbesondere lassen sich daher die Differentialoperatoren (beliebiger Ordnung) auf dem $\boldsymbol{R}^n$ nach den Koordinaten (oder vielmehr die Linearkombinationen dieser Operatoren mit konstanten Koeffizienten) auf G verallgemeinern. Man erhält so die Differentialoperatoren, die bezüglich der Linkstranslation *invariant* sind (ein Begriff, der für beliebige differenzierbare Mannigfaltigkeiten offenbar keinen Sinn hat). Diese Operatoren bilden eine (assoziative) Unteralgebra $\mathfrak{G}$ der Algebra Diff (G) aller Differentialoperatoren; während jedoch für den $\boldsymbol{R}^n$ diese Algebra kommutativ (tatsächlich sogar einem Polynomring isomorph) ist, gibt für eine allgemeine Liesche Gruppe die Struktur von G sehr genau das wieder, was man die auf eine Umgebung des neutralen Elementes „lokalisierte" Gruppenstruktur nennen könnte (vgl. (19.5.9)). Daraus ergibt sich der Gedanke, die Untersuchung von G durch das rein algebraische Problem der Untersuchung der Struktur der Algebra $\mathfrak{G}$ zu ersetzen.

Hier tritt nun ein äußerst bemerkenswertes Phänomen auf: Die zu $\mathfrak{G}$ gehörenden Differentialoperatoren *erster Ordnung* bilden keine assoziative Algebra mehr, sondern eine Liesche Algebra bezüglich des Klammerausdrucks (des Kommutators) $[X, Y] = XY - YX$, und wenn man diese Liesche Algebra kennt, hat man die assoziative Algebra $\mathfrak{G}$ völlig bestimmt (vgl. Abschnitt 19.6), und davon ausgehend erhält man die lokale Struktur der Gruppe G. Genauer: Es gibt eine (bis auf Isomorphie) umkehrbar eindeutige kanonische Zuordnung zwischen den einfach zusammenhängenden (reellen) *Lieschen Gruppen* und den endlichdimensionalen *Lieschen Algebren* über $\boldsymbol{R}$. Dieses Resultat, das eine ziemlich tiefgehende Analyse der Struktur der Lieschen Algebren erfordert, kann erst im Kapitel 21 vollständig bewiesen werden; schon in diesem vorliegenden Kapitel jedoch können wir ein „Wörterbuch" schaffen, das jedem der klassischen Begriffe der Gruppentheorie (Homomorphismen, Kerne, Bilder, Normalisator, Zentralisator, Kommutatorgruppe, semidirektes Produkt usw.) einen entsprechenden Begriff für die Lieschen Algebren gegenüberstellt. Sein Nutzen besteht darin, daß es die Untersuchung der obigen Begriffe für Liesche Gruppen auf Probleme der *linea-*

ren Algebra zurückzuführen gestattet, und zwar dadurch, daß man mit Hilfe der Theorie der vollständig integrierbaren Systeme von der Lieschen Algebra wieder zu der Lieschen Gruppe, der sie entstammt, „aufsteigen" kann (vgl. (19.7.4)).

19.1. Äquivariante Operationen einer Lieschen Gruppe auf Faserbündeln

Es sei G eine Liesche Gruppe, E ein Faserbündel mit der Basis B und der Projektion π; bekanntlich sagt man, G operiere *äquivariant* auf E und B (bezüglich π), wenn G auf E und auf B differenzierbar operiert und wenn für jedes $x \in E$ und jedes $s \in G$ die Beziehung

19.1.1. $\pi(s \cdot x) = s \cdot \pi(x)$

gilt. Daraus folgt, daß für jedes $b \in B$ die Inklusion $s \cdot E_b \subset E_{s \cdot b}$ und die Inklusion $s^{-1} \cdot E_{s \cdot b} \subset E_b$ gelten. Daher ist $s \cdot E_b = E_{s \cdot b}$, also $x \to s \cdot x$ ein Diffeomorphismus von E_b auf $E_{s \cdot b}$.

Operiert beispielsweise die Gruppe G auf zwei Mannigfaltigkeiten X und Y, so operiert sie vermöge $(s, (x, y)) \to (s \cdot x, s \cdot y)$ (differenzierbar) auf $X \times Y$; betrachtet man $X \times Y$ als triviales Faserbündel mit der Basis X, so operiert G äquivariant auf $X \times Y$ und X.

Ist ferner P ein Hauptfaserbündel mit der Basis B und der Gruppe G (vgl. Abschnitt 16.14) und operiert G auf B trivial, so operiert G äquivariant auf P und B.

Es seien E und F zwei Faserbündel mit derselben Basis B, und G operiere einerseits auf E und B, andererseits auf F und B äquivariant (wobei die beiden Operationen auf B dieselben seien). Dann operiert G durch Übertragung der Struktur (vgl. (16.16.6)) auf der Menge Mor (E, F) der B-Morphismen von E in F: Für einen solchen B-Morphismus f und für jedes $s \in G$ gilt für jedes $x \in E$

19.1.2. $(s \cdot f)(x) = s \cdot f(s^{-1} \cdot x)$.

Man nennt f *invariant* bezüglich G, wenn $s \cdot f = f$ für jedes $s \in G$ ist, mit anderen Worten, wenn für $x \in E$ und $s \in G$

19.1.2.1. $f(s \cdot x) = s \cdot f(x)$

gilt.

Insbesondere operiert G auf der Menge $\Gamma(B, E)$ der *Schnitte* der Klasse C^∞ von E über B; wir schreiben dann auch $\gamma(s) f$ anstelle von $s \cdot f$. Sind insbesondere X und Y zwei Mannigfaltigkeiten, auf denen G operiert, so operiert G auf der Menge der zur Klasse C^∞ gehörenden *Abbildungen* von X in Y, die man als Schnitte des trivialen Faserbündels $X \times Y$ mit der Basis X ansehen kann; operiert G *trivial* auf Y, so geht (19.1.2) in

19.1.2.2. $(s \cdot f)(x) = f(s^{-1} \cdot x)$

über. Die Aussage, f sei invariant bezüglich G, bedeutet also, daß $f(s \cdot x) = f(x)$ für alle $s \in G$ und alle $x \in X$ gilt.

Ist H ein drittes Faserbündel mit der Basis B, operiert G äquivariant auf H und B (wieder mit derselben Operation auf B) und ist g ein B-Morphismus von F in H, so ist $s \cdot (g \circ f) = (s \cdot g) \circ (s \cdot f)$.

19.1.3. Wir setzen jetzt voraus, E sei ein *Vektorraumbündel* mit der Basis B. Dann sagen wir, G operiere *äquilinear* auf E und B, wenn G äquivariant auf E und B operiert und überdies für jedes $b \in B$ die Abbildung $\mathbf{u}_b \to s \cdot \mathbf{u}_b$ eine (notwendigerweise bijektive) *lineare* Abbildung von E_b in $E_{s \cdot b}$ ist.

19.1.4. Beispiel. Es sei M eine differenzierbare Mannigfaltigkeit, auf der G (differenzierbar) operiert; dann operiert G *äquilinear* auf $T(M)$ und M vermöge der in Abschnitt 16.10 definierten Zuordnung $(s, \mathbf{k}_x) \to s \cdot \mathbf{k}_x$.

Aufgrund von (16.10.1) operiert G nämlich auf $T(M)$, so daß nur gezeigt werden muß, daß G *differenzierbar* operiert. Ist nun $s_0 \in G$, $a \in M$ und $(\varphi^i)_{1 \leq i \leq n}$ (bzw. $(\psi^i)_{1 \leq i \leq n}$) ein System lokaler Koordinaten im Punkt a (bzw. $s_0 \cdot a$), so gehören die Funktionen $\psi^i(s \cdot x) = g_i(s, \xi^1, \ldots, \xi^n)$, wobei $\xi^j = \varphi^j(x)$ ist, auf einer Umgebung von $(s_0, \varphi(a))$ der Klasse C^∞ an, und die Abbildung $s \to s \cdot \mathbf{k}_x$ hat die lokale Darstellung

$$s \to \left(\sum_{j=1}^{n} \frac{\partial g^i}{\partial \xi^j}(s, \xi^1, \ldots, \xi^n)\, k^j\right)_{1 \leq i \leq n}$$

(vgl. (16.3.1)); daraus folgt die Behauptung.

19.1.5. Operiert G äquilinear auf E und B sowie auf F und B, wobei F ein zweites Vektorraumbündel mit der Basis B ist (die Operation auf B sei in beiden Fällen dieselbe), so operiert G auch äquilinear auf $E \oplus F$, $E \otimes F$, $\bigwedge^p E$ und Hom (E, F) nach (16.16.6). Um beispielsweise zu verifizieren, daß man auf diese Weise eine *differenzierbare* Operation von G auf $E \otimes F$ definiert hat, kann man sich auf den Fall beschränken, daß E und F trivial sind und die Gestalt $E = B \times \boldsymbol{R}^n$ und $F = B \times \boldsymbol{R}^m$ haben; sind dann die Operationen von G auf $E = B \times \boldsymbol{R}^n$ und $F = B \times \boldsymbol{R}^m$ durch

$$\big(s(b, \mathbf{u})\big) \to \big(s \cdot b, \mathrm{A}(s, b) \cdot \mathbf{u}\big), \qquad \big(s, (b, \mathbf{v})\big) \to \big(s \cdot b, \mathrm{B}(s, b) \cdot \mathbf{v}\big)$$

definiert, wobei A und M Matrizen der Ordnung n bzw. m mit Koeffizienten der Klasse C^∞ auf $G \times B$ sind, so läßt sich die Operation von G auf $B \times \boldsymbol{R}^{m \cdot n}$ durch

$$\big(s, (b, \mathbf{w})\big) \to \big(s \cdot b, (\mathrm{A}(s, b) \otimes \mathrm{B}(s, b)) \cdot \mathbf{w}\big)$$

beschreiben, und daraus folgt die Behauptung. Ebenso schließt man für $E \oplus F$ und $\bigwedge^p E$. Für Hom (E, F) kann man sich wieder auf den Fall beschränken, daß E und F trivial sind, wenn man beweisen will, daß eine differenzierbare Operation vorliegt; dann läßt sich Hom (E, F) mit $B \times$ Hom $(\boldsymbol{R}^n, \boldsymbol{R}^m)$ identifizieren, und in den obigen Bezeichnungen wird die soeben definierte Operation durch

$$\big(s, (b, \mathrm{U})\big) \to \big(s \cdot b, \mathrm{B}(s, b)\, \mathrm{U}\mathrm{A}(s^{-1}, s \cdot b)\big)$$

ausgedrückt; damit ist wiederum die behauptete Eigenschaft bewiesen.

Man zeigt leicht, daß die in Abschnitt 16.18 definierten kanonischen Morphismen bezüglich der Operation von G *invariant* sind.

19.1.6. Operiert die Gruppe G äquilinear auf E und B, so operiert sie auf der Menge $\Gamma(B, E)$ (vgl. (19.1.2)), und ebenso sieht man, daß sie für jede ganze Zahl $r > 0$ auf $\Gamma^{(r)}(B, E)$ operiert; überdies ist für jedes $s \in G$ die Abbildung $f \to s \cdot f$ von $\Gamma(B, E)$ (bzw. $\Gamma^{(r)}(E, B)$) in sich *linear* und bezüglich der in Abschnitt 17.2 definierten Topologie *stetig*. Man kann sich nämlich aufgrund von (3.13.14) und Abschnitt 17.2 auf den Fall $E = B \times \boldsymbol{R}$ beschränken und braucht nur folgendes zu zeigen: Strebt eine Folge (f_k) von Funktionen aus $\mathscr{E}(B)$ (bzw. $\mathscr{E}^{(r)}(B)$) nebst ihren sämtlichen Ableitungen (bzw. allen Ableitungen höchstens r-ter Ordnung) auf einer kompakten Menge $K \subset B$ gleichmäßig gegen 0, so hat die Folge $(s \cdot f_k)$ auf der kompakten Menge $s \cdot K$ dieselbe Eigenschaft; dies folgt jedoch unmittelbar aus (19.1.2) und der Leibnizschen Formel.

19.1.7. Betrachten wir schließlich die Situation von (19.1.5); dann operiert G durch Übertragung der Struktur auf der Menge der *Differentialoperatoren* der Klasse C^∞ von E in F (vgl. (17.13.1)): Für einen solchen Operator P und jedes $s \in G$ wird $\gamma(s)\, \mathrm{P}$ für jeden Schnitt $f \in \Gamma(B, E)$ durch

19.1.7.1. $\big(\gamma(s)\, \mathrm{P}\big) \cdot f = \gamma(s)\, \big(\mathrm{P} \cdot \gamma(s^{-1})\, f\big)$

definiert. Wir nennen P *invariant* bezüglich G, wenn $\gamma(s)\, \mathrm{P} = \mathrm{P}$ für jedes $s \in G$ gilt.

Ist Q ein Differentialoperator der Klasse C^∞ von F in ein drittes Vektorraumbündel H mit der Basis B, auf dem G äquilinear operiert (wieder mit derselben Operation auf B), so gilt

19.1.8. $\gamma(s)\, (\mathrm{Q} \circ \mathrm{P}) = \big(\gamma(s)\, \mathrm{Q}\big) \circ \big(\gamma(s)\, \mathrm{P}\big)\,.$

19.1.9. Beispiele. Wir betrachten wieder das Beispiel (19.1.4), wobei wir die Bezeichnungen beibehalten. Für jeden Kovektor $\mathbf{z}_x^* \in T_x(M)^*$ und jedes $s \in G$ ist der Kovektor $s \cdot \mathbf{z}_x^* \in T_{s \cdot x}(M)^*$ aufgrund von (19.1.5) durch

19.1.9.1. $\langle s \cdot \mathbf{z}_x^*, \mathbf{h}_{s \cdot x} \rangle = \langle \mathbf{z}_x^*, s^{-1} \cdot \mathbf{h}_{s \cdot x} \rangle \qquad$ für $\mathbf{h}_{s \cdot x} \in T_{s \cdot x}(M)$

definiert. Für jede (skalare) 1-Differentialform ω auf M ist daher $\gamma(s)\, \omega$ (oder $s \cdot \omega$) aufgrund von (19.1.9.1) und (19.1.5) durch

19.1.9.2. $\langle (s \cdot \omega)\, (x), \mathbf{h}_x \rangle = \langle \omega(s^{-1} \cdot x), s^{-1} \cdot \mathbf{h}_x) \rangle$

definiert. Durch Übertragung der Struktur (vgl. (17.15.3.2)) erhält man für eine p-Form α der Klasse C^1

19.1.9.3. $d\big(\gamma(s)\, \alpha\big) = \gamma(s)\, (d\alpha)\,.$

Wir setzen jetzt voraus, $\boldsymbol{\alpha}$ sei eine *vektorielle* p-Differentialform mit Werten in einem endlichdimensionalen Vektorraum V, auf dem G vermöge einer *linearen Darstellung* $\varrho: G \to \boldsymbol{GL}(V)$ der Klasse C^∞ operiert. Ist $(\mathbf{e}_j)$ eine Basis von V, so kann man daher $\boldsymbol{\alpha} = \sum_j \alpha_j \mathbf{e}_j$ setzen, wobei die α_j skalare p-Differentialformen sind. Nach Definition gilt (vgl. (19.1.2))

$$\big(\gamma(s)\,\boldsymbol{\alpha}\big)\,(x) = (s \cdot \boldsymbol{\alpha})\,(x) = \varrho(s) \cdot \boldsymbol{\alpha}(s^{-1} \cdot x) = \varrho(s) \cdot \Big(\sum_j \alpha_j(s^{-1} \cdot x)\,\mathbf{e}_j\Big),$$

oder auch

19.1.9.4. $$\gamma(s)\,\boldsymbol{\alpha} = \sum_j \big(\gamma(s)\,\alpha_j\big)\,\big(\varrho(s) \cdot \mathbf{e}_j\big)\,.$$

Außerdem erhält man durch Übertragung der Struktur noch

19.1.9.5. $$d(\gamma(s)\,\boldsymbol{\alpha}) = \gamma(s)\,(d\boldsymbol{\alpha})\,,$$

wenn $\boldsymbol{\alpha}$ der Klasse C^1 angehört.

Ist X ein *Vektorfeld* der Klasse C^∞ über $\boldsymbol{M}$, so gilt für das Vektorfeld $\gamma(s)$X für jedes $s \in G$ nach Definition (vgl. (19.1.2)) die Beziehung

19.1.9.6. $$\big(\gamma(s)\,\mathrm{X}\big)\,(x) = s \cdot \mathrm{X}(s^{-1} \cdot x)\,.$$

Betrachtet man den entsprechenden Differentialoperator θ_{X}, so erhält man durch Übertragung der Struktur (vgl. (17.14.8))

19.1.9.7. $$\gamma(s)\,\theta_{\mathrm{X}} = \theta_{\gamma(s)\mathrm{X}}\,,$$

und für je zwei Vektorfelder X, Y der Klasse C^∞ über M gilt

19.1.9.8. $$\gamma(s)\,[\mathrm{X}, \mathrm{Y}] = [\gamma(s)\,\mathrm{X}, \gamma(s)\,\mathrm{Y}]\,.$$

19.1.10. Bemerkungen. (i) Es sei E ein Vektorraumbündel mit der Basis B, und G operiere äquilinear auf E und B. Dann operiert G äquilinear auf $T(E)$ und E (vgl. (19.1.4)), und daraus folgt sofort, daß G *äquivariant* auf $T(E)$ und B operiert, wenn man $T(E)$ als Faserbündel auf B auffaßt. Da es aber keine kanonische Struktur von $T(E)$ als Vektorraumbündel mit der Basis B gibt, kann man keinesfalls sagen, G operiere äquilinear auf $T(E)$ und B.

(ii) Analoge Definitionen lassen sich für den Fall angeben, daß G *von rechts* operiert.

Aufgaben

1. Es sei G eine Liesche Gruppe, H eine Liesche Untergruppe von G, ferner $X = G/H$ der entsprechende homogene Raum, (E, X, π) eine Faserung mit der Basis X, schließlich x_0 die Klasse $eH = H$ in $G/H = X$ und $E_0 = \pi^{-1}(x_0)$ die Faser von E im Punkt x_0.

a) Wir nehmen an, G operiere äquivariant auf E und X (die Operation von G auf $X = G/H$ sei die kanonische). Dann definiert die Abbildung $(t, y) \to t \cdot y$ für $t \in H$ und $y \in E_0$ eine Operation von H auf E_0 von links. Man zeige: Wird G als Hauptfaserbündel mit der Basis X und der Strukturgruppe H angesehen (vgl. (16.14.2)), so existiert ein X-Isomorphismus f von $G \times^H E_0$ auf E derart, daß $f(s \cdot z) = s \cdot f(z)$ ist für jedes $s \in G$ und jedes $z \in G \times^H E_0$ (wobei die Linksoperation von G auf $G \times^H E_0$ durch $s \cdot (t \cdot y) = (st \cdot y)$ definiert ist). (Man betrachte die Abbildung $(s, y) \to s \cdot y$ von $G \times E_0$ in E.) Man untersuche die Umkehrung und ferner den Fall, daß E ein Vektorraumbündel mit der Basis X ist und G äquilinear operiert.

b) Es sei (E', X, π') eine zweite Faserung mit der Basis X derart, daß G äquivariant auf E' und X operiert, und $E'_0 = \pi'^{-1}(x_0)$ sei die Faser von E' im Punkt x_0. Ferner sei u: $E_0 \to E'_0$ eine der Klasse C^∞ angehörende Abbildung mit $u(t \cdot y) = t \cdot u(y)$ für jedes $t \in H$. Man zeige, daß genau ein X-Morphismus $\bar{u}$: $E \to E'$ existiert, der eine Ausdehnung von u ist und für den $\bar{u}(s \cdot z) = s \cdot \bar{u}(z)$ für jedes $s \in G$ und jedes $z \in E$ gilt.

c) Es sei I die Menge der $y \in E_0$, die bezüglich H invariant sind. Für jedes $y \in I$ sei σ_y die durch $\sigma_y(s \cdot x_0) = s \cdot y$ für alle $s \in G$ definierte Abbildung von X in E. Man zeige, daß jeder bezüglich G invariante Schnitt von E über X der Klasse C^∞ angehört und daß die Abbildung $y \to \sigma_y$ von I auf die Menge dieser Schnitte bijektiv ist.

2. Es seien G und G' zwei Liesche Gruppen, ϱ: $G \to G'$ ein Homomorphismus Liescher Gruppen, X (bzw. X') eine differenzierbare Mannigfaltigkeit, auf der G (bzw. G') differenzierbar operiert, f: $X \to X'$ eine Abbildung der Klasse C^∞ mit der Eigenschaft, daß für jedes $x \in X$ und jedes $s \in G$ die Beziehung $f(s \cdot x) = \varrho(s) \cdot f(x)$ gilt. Es sei E' ein Faserbündel mit der Basis X'; ferner nehmen wir an, G' operiere äquivariant auf E' und X'. Man zeige, daß genau eine differenzierbare Operation von G auf dem inversen Bild $E = X \times_{X'} E'$ von E' vermöge f existiert derart, daß $g(s \cdot z) = \varrho(s) \cdot g(z)$ für jedes $z \in E$ und jedes $s \in G$ gilt, wenn (f, g) den kanonischen Morphismus von E auf E' bezeichnet (vgl. (16.12.8)).

3. a) Es sei G eine *kompakte* Liesche Gruppe, X eine *kompakte* differenzierbare Mannigfaltigkeit, auf welcher G differenzierbar operiert, E ein Vektorraumbündel mit der Basis X derart, daß G äquilinear auf E und X operiert. Dann operiert G stetig und linear auf dem Fréchetraum $\Gamma(X, E)$ (bzw. dem Banachraum $\Gamma^{(r)}(X, E)$ für jede ganze Zahl $r \geqq 0$, vgl. (17.2.2)). Für jeden Schnitt $\sigma \in \Gamma^{(r)}(X, E)$ ($r \geqq 0$ ganz oder ∞) hat die Menge der $s \cdot \sigma$ (vgl. (19.1.2)), wobei s die Gruppe G durchläuft, eine in $\Gamma^{(r)}(X, E)$ kompakte abgeschlossene konvexe Hülle (vgl. Abschnitt 12.14, Aufgabe 13). Hieraus leite man her, daß das Integral $\int_G (s \cdot \sigma)\, d\beta(s)$, wobei β ein Haarsches Maß auf G ist, einen Sinn hat (vgl. Abschnitt 13.10, Aufgabe 2) und ein bezüglich G *invarianter* Schnitt der Klasse C^r ist.

b) Es sei A eine Untermannigfaltigkeit von X, die bei der Operation von G invariant bleibt; man zeige, daß jeder bezüglich G invariante Schnitt der Klasse C^r von E über A ($r \geqq 0$ ganz oder ∞) sich zu einem bezüglich G invarianten Schnitt der Klasse C^r über X ausdehnen läßt (man verwende (16.12.11) und a)).

c) Es sei F ein zweites Vektorraumbündel mit der Basis X, auf dem G äquilinear operiert, und es existiere ein *G-Isomorphismus* f der Einschränkung von E auf A auf die Einschränkung von F auf A (d. h. ein A-Isomorphismus mit $f(s \cdot z) = s \cdot f(z)$ für $z \in E$, $s \in G$); man leite aus b) her, daß dann eine offene Umgebung U von A in X existiert, die gegenüber G invariant ist, sowie ein G-Isomorphismus der Einschränkung von E auf U auf die Einschränkung von F auf U, der eine Ausdehnung von f ist. (Man wende b) auf Hom (E, F) und Hom (F, E) an und benutze dann (8.3.2.1) für die Banachräume $\Gamma^{(0)}(X, \text{End}\,(E))$ und $\Gamma^{(0)}(X, \text{End}\,(F))$.)

d) Es sei Y eine differenzierbare Mannigfaltigkeit, auf der G differenzierbar operiert, und J ein $[0, 1]$ enthaltendes offenes Intervall von $\boldsymbol{R}$, ferner φ: $Y \times J \to X$

eine der Klasse C^∞ angehörende Abbildung mit $\varphi(s \cdot y, t) = s \cdot \varphi(y, t)$ für $s \in G$, $y \in Y$ und $t \in J$. Man zeige (unter Benutzung von c)): Sind E_0 und E_1 die Vektorraumbündel, die als inverse Bilder von E vermöge $f_0 = \varphi(., 0)$ und $f_1 = \varphi(., 1)$ entstehen, so besteht zwischen E_0 und E_1 eine G-Isomorphie.

4. Es sei G eine Liesche Gruppe, X eine Hauptfaserbündel mit G als Basis und als Strukturgruppe.

a) Die Gruppe G operiere auf der Basis von X durch Linkstranslation. Man zeige: Existiert eine differenzierbare Operation von G auf X derart, daß G äquivariant auf der Basis G und dem Faserbündel X operiert, so ist X trivialisierbar (man stelle fest, daß ein Orbit von G in X stets ein Schnitt von X ist).

b) Man gebe ein Beispiel für ein Hauptfaserbündel mit der Basis G und der Strukturgruppe G an, das nicht trivialisierbar ist (man betrachte den Kleinschen Schlauch (16.14.10)).

5. Es sei G eine *kompakte* Liesche Gruppe, M eine kompakte differenzierbare Mannigfaltigkeit, J ein 0 enthaltendes offenes Intervall von $\boldsymbol{R}$; wir setzen voraus, G operiere differenzierbar auf $M \times J$, so daß $s \cdot (x, \xi) = (m_\xi(s, x), \xi)$ ist, daß also m_ξ für jedes $\xi \in J$ eine differenzierbare Operation von G auf M ist.

a) Man zeige, daß das Vektorfeld $(\mathrm{X}, \mathrm{E}) = \int_G \gamma(s)\,(0, \mathrm{E})\, d\beta(s)$ auf $M \times J$ invariant ist bezüglich der Operation von G auf $M \times J$; dabei ist β ein Haarsches Maß der Gesamtmasse 1 auf G und E das Einheitsfeld auf $\boldsymbol{R}$.

b) Man leite aus a) her, daß ein Diffeomorphismus $(x, \xi) \to (h_\xi(x), \xi)$ von $M \times J$ auf sich existiert (so daß h_ξ für jedes $\xi \in J$ ein Diffeomorphismus von M auf sich ist), für den

$$m_\xi(s, x) = h_\xi(m_0(s, h_\xi^{-1}(x)))$$

gilt (mit anderen Worten, die Operationen m_ξ sind *isotop*). (Man betrachte die Strömung des Vektorfeldes (X, E).)

6. Es sei G eine *kompakte* Liesche Gruppe, die auf einer differenzierbaren Mannigfaltigkeit M differenzierbar operiert, und $x_0 \in M$ ein bezüglich G *invarianter* Punkt. G operiert dann auf dem Tangentialraum $T_{x_0}(M)$ vermöge $(s, \mathbf{h}_{x_0}) \to s \cdot \mathbf{h}_{x_0}$ linear (vgl. (16.10.1)). Es existieren beliebig kleine offene Umgebungen von x_0, die bezüglich G invariant sind (vgl. (12.10.5)).

Für eine solche Umgebung V sei $\mathbf{f}_0$ eine Abbildung der Klasse C^∞ von V in $T_{x_0}(M)$, für welche $T_{x_0}(\mathbf{f}_0)$ die Identität ist und $\mathbf{f}_0(x_0) = \mathbf{0}_{x_0}$ gilt. Man zeige: Ist β ein Haarsches Maß auf G, so gehört die durch $\mathbf{f}(x) = \int_G t \cdot \mathbf{f}_0(t^{-1} \cdot x)\, d\beta(t)$ definierte Abbildung $\mathbf{f}$ von V in $T_{x_0}(M)$ der Klasse C^∞ an, und es ist $\mathbf{f}(x_0) = \mathbf{0}_{x_0}$ und $T_{x_0}(\mathbf{f})$ die Identität; überdies gilt $\mathbf{f}(s \cdot x) = s \cdot \mathbf{f}(x)$ für jedes $s \in G$. Hieraus leite man her, daß eine offene Umgebung $W \subset V$ von x_0 existiert, die bezüglich G invariant ist, sowie eine Karte von W mit der Eigenschaft, daß die lokalen Darstellungen der Diffeomorphismen $x \to s \cdot x$ von W auf sich ($s \in G$) für diese Karte *lineare* Transformationen sind (Satz von Bochner).

19.2. Operation einer Lieschen Gruppe G auf Bündeln mit der Basis G

Ist G eine Liesche Gruppe, so operiert G vermöge der Linkstranslationen $x \to sx$ auf sich. Daher kann man die Definitionen von Abschnitt 19.1 auf Faserbündel *mit der Basis* G anwenden; wir sagen, G operiere *linksäquivariant* auf einem solchen Faserbündel E, wenn G äquivariant auf E und G operiert (bezüglich der Operation von G auf sich vermöge Linkstranslation). Entsprechend wird eine *rechtsäquivariante* Operation von G auf E definiert; die Formel (19.1.2) ist dann durch

$$(f \cdot s)(x) = f(x \cdot s^{-1}) \cdot s$$

zu ersetzen; wir schreiben $\boldsymbol{\delta}(s^{-1})\, f$ anstelle von $f \cdot s$. Für Differentialoperatoren setzen wir demgemäß $(\boldsymbol{\delta}(s)\,\mathrm{P}) \cdot f = \boldsymbol{\delta}(s)\,(\mathrm{P} \cdot \boldsymbol{\delta}(s^{-1})\, f)$.

19.2.1. Beispielsweise operiert G auf dem Tangentialbündel $T(G)$ vermöge $(s, \mathbf{h}_x) \to s \cdot \mathbf{h}_x$ linksäquivariant und vermöge $(s, \mathbf{h}_x) \to \mathbf{h}_x \cdot s$ rechtsäquivariant; außerdem operiert G in beiden Fällen *äquilinear*, und es ist $s \cdot (\mathbf{h}_x \cdot t) = (s \cdot \mathbf{h}_x) \cdot t$ (vgl. (16.9.8)). Aufgrund von (19.1.5) gelten analoge Eigenschaften für die Tensorbündel $\mathbf{T}_s^r(G)$ und die äußeren Potenzen von $T(G)$ oder $T(G)^*$.

Für solche Bündel gilt offenbar für alle $s, t \in G$

$$\gamma(s)\,\boldsymbol{\delta}(t) = \boldsymbol{\delta}(t)\,\gamma(s)$$

für die Operationen von G auf den Schnitten oder auf den Differentialoperatoren.

Insbesondere ist $\mathbf{h}_e \to s \cdot \mathbf{h}_e \cdot s^{-1}$ für jedes $s \in G$ ein *Automorphismus* des Tangentialvektorraumes $T_e(G)$ im neutralen Element e von G, den wir mit $\mathrm{Ad}(s)$ bezeichnen, und offenbar gilt

$$\mathrm{Ad}\,(s) = T_e\,(\mathrm{Int}\,(s))\,,$$

wobei $\mathrm{Int}\,(s)$ der innere Automorphismus $x \to sxs^{-1}$ von G ist. Aufgrund von (19.1.4) ist $s \to \mathrm{Ad}\,(s)$ ein *Homomorphismus Liescher Gruppen* von G in $\boldsymbol{GL}(T_e(G))$, die sogenannte *adjungierte Darstellung* von G.

19.2.2. Es sei E ein Faserbündel mit der Basis G, auf dem G linksäquivariant operiert. Dann ist jeder *invariante Schnitt* f von E über G durch seinen Wert $f(e) \in E_e$ im neutralen Element der Gruppe vollständig bestimmt, da für jedes $s \in G$ ja $f(s) = s \cdot f(e)$ gelten muß. Umgekehrt ist offenbar $s \to s \cdot u_e$ für jedes Element $u_e \in E_e$ ein bezüglich G invarianter Schnitt von E der Klasse C^∞.

Ist speziell E ein Vektorraumbündel vom Rang n über G und operiert G äquilinear auf E, so ist die Abbildung, die jedem $\mathbf{u}_e \in E_e$ den invarianten Schnitt $s \to s \cdot \mathbf{u}_e$ zuordnet, ein *Isomorphismus* des Vektorraumes E_e auf den Vektorteilraum I von $\Gamma(G, E)$, der aus den bezüglich G invarianten Schnitten besteht (also die *Dimension* n hat). Außerdem bilden, wenn $(\boldsymbol{f}_i)_{1 \leqq i \leqq n}$ eine Basis dieses Vektorraumes über $\boldsymbol{R}$ ist, diese Schnitte ein *Repère* über G; mit anderen Worten, jedes Vektorraumbündel mit der Basis G, auf dem G äquilinear operiert, ist *trivialisierbar* (vgl. (16.15.3)).

19.2.3. Es seien E und F zwei Faserbündel mit der Basis G, auf denen G linksäquivariant operiert. Jeder *invariante Morphismus* g von E in F ist durch seine Einschränkung $g_e\colon E_e \to F_e$ auf die Faser E_e im neutralen Element vollständig bestimmt. Aus (19.1.2) ergibt sich nämlich, daß für jedes $s \in G$ die Beziehung $g_s(\mathbf{u}_s) = s \cdot g_e(s^{-1} \cdot \mathbf{u}_s)$ gilt. Umgekehrt, definiert man g_s für jedes $s \in G$

durch diese Formel, so ist für jede der Klasse C^∞ angehörende Abbildung $g_e: E_e \to F_e$ die auf jeder Faser E_s mit g_s übereinstimmende Abbildung $g: E \to F$ offenbar ein invarianter Morphismus.

19.2.4. Sind schließlich E, F zwei Vektorraumbündel mit der Basis G, auf denen G linksäquivariant und äquilinear operiert, so ist jeder bezüglich G *invariante* Differentialoperator P von E in F durch die stetige lineare Abbildung $f \to (\mathrm{P} \cdot f)(e)$ von $\Gamma(G, E)$ in F_e vollständig bestimmt; denn für jedes $s \in G$ ist, wie aus (19.1.8) und (19.1.2) folgt, $(\mathrm{P} \cdot f)(s) = s \cdot \big((\mathrm{P} \cdot \gamma(s^{-1})\, f)(e)\big)$. Wir werden insbesondere den Fall $E = F = G \times \boldsymbol{R}$ betrachten, mit anderen Worten, die *Felder von reellen punktalen Distributionen* auf G (vgl. (17.13.6)), welche *Invarianten* bezüglich der Linkstranslationen (oder, wie wir auch sagen, *Linksinvarianten*) von G sind.

19.3. Die infinitesimale Algebra und die Liesche Algebra einer Lieschen Gruppe

19.3.1. Es sei G eine Liesche Gruppe; die Menge der reellen Differentialoperatoren $\mathrm{P} \in \mathrm{Diff}\,(G)$ (vgl. (17.13.6)), welche *Linksinvarianten* sind, ist aufgrund von (19.1.7) eine reelle Unteralgebra $\mathfrak{G}$ der (assoziativen) Algebra Diff (G); wir nennen $\mathfrak{G}$ die *infinitesimale Algebra* von G; ihr Einselement ist die identische Abbildung von $\mathscr{E}(G)$ auf sich.

Wir wir in (19.2.4) gesehen haben, ist $\mathrm{P} \to \mathrm{P}(e)$ eine *bijektive Abbildung* von $\mathfrak{G}$ auf die Menge der Distributionen mit in $\{e\}$ enthaltenem Träger; außerdem gilt die Relation

19.3.2. $(\mathrm{P} \circ \mathrm{Q})(e) = \mathrm{P}(e) * \mathrm{Q}(e)\,,$

die zeigt, daß $\mathrm{P} \to \mathrm{P}(e)$ ein *Isomorphismus* der Algebra $\mathfrak{G}$ auf die Algebra der reellen Distributionen mit in $\{e\}$ enthaltenem Träger ist (bezüglich der Faltung); diese Algebra bezeichnen wir mit $\mathfrak{G}_e$. Um (19.3.2) zu beweisen, betrachten wir eine beliebige Funktion $f \in \mathscr{E}(G)$; um den Wert

$$\big((\mathrm{P} \circ \mathrm{Q})(e)\big) \cdot f = \big((\mathrm{P} \circ \mathrm{Q}) \cdot f\big)(e) = \big(\mathrm{P} \cdot (\mathrm{Q} \cdot f)\big)(e)$$

zu erhalten, bemerken wir, daß aufgrund der Invarianz von Q nach (19.1.8) für jedes $x \in G$ die Beziehung $(\mathrm{Q} \cdot f)(x) = \big(\mathrm{Q} \cdot \gamma(x^{-1})\, f\big)(e) = \langle \mathrm{Q}(e), \gamma(x^{-1})\, f\rangle$ gilt; setzt man $\mathrm{Q}(e) = S$, so kann man dafür auch $\int f(xy)\, dS(y)$ schreiben (vgl. (17.3.8.1)). Folglich erhalten wir mit $R = \mathrm{P}(e)$

$$\big(\mathrm{P} \cdot (\mathrm{Q} \cdot f)\big)(e) = \mathrm{P}(e) \cdot (\mathrm{Q} \cdot f) = \int dR(x) \int f(xy)\, dS(y);$$

damit ist aufgrund von (17.11.1) und (17.10.3) die Beziehung (19.3.2) bewiesen.

19.3.3. Die Menge $\mathfrak{g} \subset \mathfrak{G}$ der linksinvarianten Differentialoperatoren *höchstens erster Ordnung*, welche die Konstanten annullieren, läßt sich (vermöge der Abbildung $\mathrm{X} \to \theta_{\mathrm{X}}$) mit der Menge der *linksinvarianten Vektorfelder der Klasse* C^∞ auf G (mit anderen Worten, mit der Menge der invarianten Schnitte des

Tangentialbündels $T(G)\big)$ identifizieren $\big($vgl. (17.14.2)$\big)$; aus (19.1.8) folgt, daß $\mathfrak{g}$ eine *Liesche Unteralgebra* der Lieschen Algebra der Vektorfelder der Klasse C^∞ auf G ist $\big($vgl. (17.14.3)$\big)$; dabei ist bekanntlich der Klammerausdruck (der Kommutator) $[X, Y]$ durch $X \circ Y - Y \circ X$ definiert.

Die Abbildung $X \to X(e)$ ist ein Isomorphismus des *Vektorraumes* $\mathfrak{g}$ auf den Tangentialraum $T_e(G)$ $\big($vgl. (19.2.2)$\big)$, der inverse Isomorphismus ordnet einem Tangentialvektor $\mathbf{u} \in T_e(G)$ das invariante Feld

19.3.3.1. $X_{\mathbf{u}}: s \to s \cdot \mathbf{u}$

zu. Die Distribution $X_{\mathbf{u}}(e)$ ist nichts anderes als die *Derivation* $\theta_{\mathbf{u}}$ *in Richtung des Tangentialvektors* $\mathbf{u}$ im Punkt e $\big($vgl. (17.14.1)$\big)$; aufgrund dieses Isomorphismus gibt es zu je zwei gegebenen Tangentialvektoren $\mathbf{u}$ und $\mathbf{v}$ aus $T_e(G)$ einen eindeutig bestimmten, mit $[\mathbf{u}, \mathbf{v}]$ bezeichneten Tangentialvektor derart, daß

19.3.3.2. $\theta_{[\mathbf{u},\mathbf{v}]} = \theta_{\mathbf{u}} * \theta_{\mathbf{v}} - \theta_{\mathbf{v}} * \theta_{\mathbf{u}}$

gilt; demnach ist also

19.3.3.3. $[X_{\mathbf{u}}, X_{\mathbf{v}}] = X_{[\mathbf{u},\mathbf{v}]}$.

Wir nennen $[\mathbf{u}, \mathbf{v}]$ den *Kommutator* der beiden Tangentialvektoren $\mathbf{u}$ und $\mathbf{v}$; mit diesem Kompositionsgesetz wird offenbar der Vektorraum $T_e(G)$ zu einer *Lieschen Algebra* $\mathfrak{g}_e$, die Abbildung $X \to X(e)$ ist ein *Isomorphismus Liescher Algebren* von $\mathfrak{g}$ auf $\mathfrak{g}_e$ (wenn $\theta_{\mathbf{u}}$ mit $\mathbf{u}$ identifiziert wird). Wir nennen $\mathfrak{g}_e$ (bzw. $\mathfrak{g}$) die *Liesche Algebra der Lieschen Gruppe* G und bezeichnen sie gelegentlich mit Lie (G). Später werden wir sehen, daß $\mathfrak{g}_e$ und das Einselement die (assoziative) Algebra $\mathfrak{G}_e$ *erzeugen* $\big($vgl. (19.6.2)$\big)$.

19.3.4. Es seien G und G' zwei Liesche Gruppen, e bzw. e' ihre neutralen Elemente, f: $G \to G'$ ein *Homomorphismus* Liescher Gruppen $\big($vgl. (16.9.7)$\big)$, ferner seien $\mathfrak{G}$ und $\mathfrak{G}'$ die G bzw. G' entsprechenden infinitesimalen Algebren. Für jedes Feld von punktalen Distributionen $P \in \mathfrak{G}$ ist das *Bild* $f\big(P(e)\big)$ eine zu $\mathfrak{G}'_{e'}$ gehörende punktale Distribution $\big($vgl. (17.7.1)$\big)$; daher gibt es genau einen invarianten Operator $P' \in \mathfrak{G}'$, für den

19.3.4.1. $P'(e') = f\big(P(e)\big)$

gilt. Wir nennen P' das *Bild* von P vermöge f; wir bezeichnen es gelegentlich mit $f_*(P)$. Nach Definition gilt für jedes $s \in G$

$$f_*(P)\,\big(f(s)\big) = \gamma\big(f(s)\big)\, f\big(P(e)\big)\,,$$

folglich für jede Funktion $u \in \mathscr{E}(G')$

$$\langle u, f_*(P)\,(f(s))\rangle = \langle u, \gamma(f(s))\, f(P(e))\rangle = \langle \gamma(f(s)^{-1})\, u, f(P(e))\rangle\,.$$

Definitionsgemäß ist $v = \gamma\big(f(s)^{-1}\big)\, u$ die Funktion $t' \to u\big(f(s)\, t'\big)$; die Zusammensetzung $v \circ f$ ist daher die Funktion $t \to u\big(f(s)\, f(t)\big) = u\big(f(st)\big)$, mit anderen Worten

$$v \circ f = \gamma(s^{-1})\,(u \circ f)\,.$$

Dann ist also

$$\langle \gamma(f(s)^{-1})\, u, f(\mathrm{P}(e))\rangle = \langle \gamma(s^{-1})\,(u \circ f), \mathrm{P}(e)\rangle = \langle u \circ f, \mathrm{P}(s)\rangle$$
$$= \langle u, f(\mathrm{P}(s))\rangle\,,$$

somit schließlich

19.3.4.2. $f_*(\mathrm{P})\,\big(f(s)\big) = f\big(\mathrm{P}(s)\big)\,.$

Damit ist der Ausdruck *Bild* gerechtfertigt; denn hiermit ist gezeigt, daß $f\big(\mathrm{P}(s)\big)$ nur von $f(s)$ und nicht von s selbst abhängt (es sei jedoch bemerkt, daß die Distributionen $f_*(\mathrm{P})\,(s')$ auch in Punkten $s' \in G'$ definiert sind, die nicht zu $f(G)$ gehören). Außerdem ist

19.3.4.3. $f_*(\mathrm{P} \circ \mathrm{Q}) = f_*(\mathrm{P}) \circ f_*(\mathrm{Q})\,;$

denn für die linke Seite gilt

$$f_*(\mathrm{P} \circ \mathrm{Q})\,(e') = f\big((\mathrm{P} \circ \mathrm{Q})\,(e)\big) = f\big(\mathrm{P}(e) * \mathrm{Q}(e)\big) = f\big(\mathrm{P}(e)\big) * f\big(\mathrm{Q}(e)\big)$$

(vgl. (17.11.10)), und diese Distribution ist nach Definition gleich

$$\big(f_*(\mathrm{P})\,(e')\big) * \big(f_*(\mathrm{Q})\,(e')\big)\,,$$

und hieraus folgt (19.3.4.3). Mit anderen Worten, f_* ist ein *Homomorphismus der Algebra* $\mathfrak{G}$ *in die Algebra* $\mathfrak{G}'$, der sogenannte *abgeleitete Homomorphismus* des Homomorphismus f. Ist $g\colon G' \to G''$ ein zweiter Homomorphismus Liescher Gruppen, so ist offenbar

19.3.4.4. $(g \circ f)_* = g_* \circ f_*\,.$

19.3.5. Da das Bild einer Distribution höchstens erster Ordnung vermöge f wieder eine Distribution höchstens erster Ordnung ist, ergibt sich unmittelbar: Sind $\mathfrak{g}$ und $\mathfrak{g}'$ die Lieschen Algebren der linksinvarianten Vektorfelder (der Klasse C^∞) auf G bzw. G', so gilt $f_*(\mathfrak{g}) \subset \mathfrak{g}'$, und die Einschränkung von f_* auf $\mathfrak{g}$ ist nach Definition des Kommutators ein *Homomorphismus Liescher Algebren* von $\mathfrak{g}$ in $\mathfrak{g}'$. Identifiziert man nach (19.3.3) $\mathfrak{g}$ und $\mathfrak{g}_e$ sowie $\mathfrak{g}'$ und $\mathfrak{g}'_{e'}$ kanonisch, so wird f_* mit der linearen Tangentialabbildung $T_e(f)$ identifiziert, die wir wieder mit f_* oder mit Lie (f) bezeichnen, so daß für je zwei Vektoren $\mathbf{u}$ und $\mathbf{v}$ aus $\mathfrak{g}_e$

19.3.5.1. $f_*([\mathbf{u}, \mathbf{v}]) = [f_*(\mathbf{u}), f_*(\mathbf{v})]$

gilt.

Insbesondere gilt für jedes $s \in G$ nach (19.2.1.1)

19.3.5.2. $\mathrm{Ad}(s) \cdot [\mathbf{u}, \mathbf{v}] = [\mathrm{Ad}(s) \cdot \mathbf{u}, \mathrm{Ad}(s) \cdot \mathbf{v}]\,.$

19.3.6. Setzt man nur voraus, f sei ein *lokaler Homomorphismus* (vgl. (16.9.9.4)), so ist bekanntlich $S \to f(S)$ wieder ein Homomorphismus der Algebra $\mathfrak{G}_e$ in die Algebra $\mathfrak{G}'_{e'}$ (nach (17.11.10.2)), den wir wieder mit f_* bezeichnen; seine Einschränkung auf $\mathfrak{g}_e$ (die mit $T_e(f)$ identifiziert werden kann) ist dann ebenfalls ein Homomorphismus Liescher Algebren von $\mathfrak{g}_e$ in $\mathfrak{g}'_{e'}$.

19.3.7. Bemerkung. Es sei G eine Liesche Gruppe, die differenzierbar *von rechts* auf einer differenzierbaren Mannigfaltigkeit M operiert; wir wollen zeigen, daß man jedem Differentialoperator $\mathrm{P} \in \mathfrak{G}$ (also jedem *linksinvarianten* Differentialoperator) auf G in kanonischer Weise einen Differentialoperator P_M auf M zuordnen kann, dessen Ordnung höchstens gleich der Ordnung von P ist. Zu diesem Zweck bezeichnen wir für jedes $x \in M$ mit σ_x die Abbildung $s \to x \cdot s$ von G in M, die der Klasse C^∞ angehört; dann setzen wir

19.3.7.1. $\langle \mathrm{P}_M(x), f\rangle = \langle \mathrm{P}(e), f \circ \sigma_x\rangle$

für $f \in \mathscr{E}(M)$, mit anderen Worten $\mathrm{P}_M(x) = (\sigma_x)_* \big(\mathrm{P}(e)\big)$ (vgl. (17.7.1)). Wenn man die lokale Darstellung von $\mathrm{P}(e)$ benutzt (vgl. (17.13.3)), sieht man sofort, daß P_M tatsächlich ein Differentialoperator ist, dessen Ordnung höchstens gleich der Ordnung von P ist. Außerdem kann man für jedes $s \in G$

19.3.7.2. $\langle \mathrm{P}_M(x \cdot s), f\rangle = \langle \mathrm{P}(s), f \circ \sigma_x\rangle$

schreiben; denn die rechte Seite ist gleich $\langle \mathrm{P}(e), \gamma(s^{-1})\,(f \circ \sigma_x)\rangle$, und es ist $\gamma(s^{-1})\,(f \circ \sigma_x) = f \circ \sigma_{x \cdot s}$. Daraus folgt, daß $\mathrm{P} \to \mathrm{P}_M$ ein *Homomorphismus* der Algebra $\mathfrak{G}$ in die Algebra Diff (M) der Differentialoperatoren auf M ist (vgl. (17.13.6)), mit anderen Worten, daß für $\mathrm{P}, \mathrm{Q} \in \mathfrak{G}$

19.3.7.3. $(\mathrm{P} \circ \mathrm{Q})_M = \mathrm{P}_M \circ \mathrm{Q}_M$

gilt. Setzt man nämlich $R = \mathrm{P}(e)$ und $S = \mathrm{Q}(e)$, so kann man für $f \in \mathscr{E}(M)$ nach Definition (in den Bezeichnungen von (17.10.3))

$$\begin{aligned}\big((\mathrm{P}_M \circ \mathrm{Q}_M) \cdot f\big)\,(x) &= \textstyle\int (\mathrm{Q}_M \cdot f)\,(x \cdot s)\,dR(s)\\ &= \textstyle\int dR(s) \int f\big((x \cdot s) \cdot t\big)\,dS(t)\\ &= \textstyle\int\int f\big(x \cdot (st)\big)\,dR(s)\,dS(t)\\ &= \textstyle\int f(x \cdot v)\,d(R * S)\,(v) = \big((\mathrm{P} \circ \mathrm{Q})_M \cdot f)\,(x)\big)\end{aligned}$$

schreiben (da $(\mathrm{P} \circ \mathrm{Q})\,(e) = R * S$ ist); hieraus folgt die Behauptung.

Insbesondere stimmt für jeden Vektor $\mathbf{u} \in \mathfrak{g}_e$ der Operator $(\theta_{\mathrm{X}_\mathbf{u}})_M$ mit $\theta_{\mathrm{Z}_{\mathbf{u},M}}$ überein, wobei $\mathrm{Z}_{\mathbf{u},M}$ das (auch mit $\mathrm{Z}_\mathbf{u}$ bezeichnete) Vektorfeld

19.3.7.4. $x \to x \cdot \mathbf{u}$ (vgl. (16.10.1))

auf M ist. Nach Definition ist nämlich

$$\begin{aligned}\big((\theta_{\mathrm{X}_\mathbf{u}})_M \cdot f\big)\,(x) &= \big(\theta_{\mathrm{X}_\mathbf{u}} \cdot (f \circ \sigma_x)\big)\,(e) = \langle d_e(f \circ \sigma_x), \mathbf{u}\rangle\\ &= \langle d_x f, T_e(\sigma_x) \cdot \mathbf{u}\rangle = \langle d_x f, x \cdot \mathbf{u}\rangle\,,\end{aligned}$$

und hieraus folgt die Behauptung.

Wir sagen, der Operator P_M (bzw. das Vektorfeld $\mathrm{Z}_{\mathbf{u},M}$) werde von P (bzw. von $\mathrm{X}_\mathbf{u}$) durch die Operation von G auf M *induziert* (*übertragen*). Nach (19.3.7.3) gilt

19.3.7.5. $\mathrm{Z}_{[\mathbf{u},\mathbf{v}]} = [\mathrm{Z}_\mathbf{u}, \mathrm{Z}_\mathbf{v}]\,,$

mit anderen Worten, $\mathbf{u} \to \mathrm{Z}_\mathbf{u}$ ist ein *Homomorphismus Liescher Algebren* von $\mathfrak{g}_e$ in die Liesche Algebra $\mathscr{T}_0^1(M)$ der Vektorfelder der Klasse C^∞ auf M; das

Feld $Z_{\mathbf{u}}$ wird auch das dem Vektor $\mathbf{u}$ entsprechende *Killingfeld* auf M genannt; für jedes $s \in G$ ist

19.3.7.6. $\quad Z_{\mathbf{u}}(x \cdot s) = Z_{\mathrm{Ad}(s)\cdot \mathbf{u}}(x) \cdot s;$

denn die linke Seite ist $(x \cdot s) \cdot \mathbf{u}$, und dafür kann man $\big(x \cdot (s \cdot \mathbf{u} \cdot s^{-1})\big) \cdot s$ schreiben (vgl. (16.10.1)).

Aufgaben

1. Es sei G eine Liesche Gruppe, X eine differenzierbare Mannigfaltigkeit. Unter einer *partiellen Rechtsoperation* von G auf X verstehen wir eine Abbildung $\psi\colon \Omega \to X$ der Klasse C^∞, wobei Ω eine $\{e\} \times X$ enthaltende offene Teilmenge von $G \times X$ ist, für welche folgendes gilt: 1° $\psi(e, x) = x$ für alle $x \in X$; 2° es gibt eine Umgebung Ω_1 von $\{e\} \times \{e\} \times X$ in $G \times G \times X$ derart, daß für $(s, t, x) \in \Omega_1$ die Beziehungen $(t, x) \in \Omega$, $(s, \psi(t, x)) \in \Omega$, $(ts, x) \in \Omega$ gelten und $\psi(s, \psi(t, x)) = \psi(ts, x)$ erfüllt ist; wir schreiben auch $\psi(s, x) = x \cdot s$ in Ω.

Es sei G eine Liesche Gruppe, X eine differenzierbare Mannigfaltigkeit, (X_n) eine abzählbare lokal endliche offene Überdeckung von X. Für jede ganze Zahl n sei ψ_n eine partielle Rechtsoperation von G auf X_n; wir nehmen an, daß ψ_p und ψ_q für jedes Paar ganzer Zahlen p, q und jedes $x \in X_p \cap X_q$ auf einer Umgebung von (e, x) übereinstimmen. Man zeige, daß eine partielle Rechtsoperation ψ von G auf X existiert derart, daß für jede ganze Zahl n und jedes $x \in X_n$ die Operationen ψ_n und ψ auf einer Umgebung von (e, x) übereinstimmen (man benutze Aufgabe 5 von Abschnitt 18.14).

2. Es sei G eine Liesche Gruppe, M eine differenzierbare Mannigfaltigkeit und $(s, x) \to x \cdot s$ eine partielle Rechtsoperation (vgl. Aufgabe 1) von G auf M. Man zeige, daß für jeden Differentialoperator $\mathrm{P} \in \mathfrak{G}$ sowohl Definition (19.3.7.1) als auch die Formel (19.3.7.3) und die Formel (19.3.7.2) für jedes Paar $(s, x) \in \Omega$ gültig bleiben. Insbesondere ist $\mathbf{u} \to Z_{\mathbf{u}}$ ein Homomorphismus Liescher Algebren von $\mathfrak{g}_e$ in die Liesche Algebra $\mathcal{T}_0^1(M)$ der Vektorfelder der Klasse C^∞ auf M; wir nennen einen solchen Homomorphismus auch eine *infinitesimale Operation* von $\mathfrak{g}_e$ auf M.

Nehmen wir umgekehrt an, es sei eine infinitesimale Operation $\mathbf{u} \to Y_{\mathbf{u}}$ von $\mathfrak{g}_e$ auf M gegeben. Man zeige, daß eine partielle Rechtsoperation von G auf M existiert, für welche $Z_{\mathbf{u}} = Y_{\mathbf{u}}$ in $\mathfrak{g}_e$ gilt. (Für jeden Punkt $(s, x) \in G \times M$ betrachte man die n-Richtung $L_{(s,x)}$ in $T_{(s,x)}(G \times M) = T_s(G) \times T_x(M)$ (mit $n = \dim(G)$), die von den Tangentialvektoren $(X_{\mathbf{u}}(s), Y_{\mathbf{u}}(x))$ erzeugt wird, wenn $\mathbf{u}$ die Menge $\mathfrak{g}_e$ durchläuft. Man zeige, daß dieses n-Richtungsfeld ein vollständig integrierbares Pfaffsches System definiert; danach wende man Aufgabe 1 an.)

3. Man gebe ein Beispiel für eine partielle Rechtsoperation von G auf einer differenzierbaren Mannigfaltigkeit M an, die sich nicht zu einer differenzierbaren Operation von G auf M ausdehnen läßt (vgl. Abschnitt 16.10). (Man stelle fest, daß zu einer offenen Teilmenge U von M und einer Operation $\mu\colon (s, x) \to x \cdot s$ von G auf M eine Umgebung Ω von $\{e\} \times U$ in $G \times U$ existiert derart, daß $\mu(\Omega) \subset U$ gilt.) (Vgl. Abschnitt 19.8, Aufgabe 3.)

4. Es sei G eine separable metrisierbare und zusammenhängende topologische Gruppe; wir nehmen an, auf einer symmetrischen offenen Umgebung U von e sei

eine differenzierbare (bzw. analytische) Mannigfaltigkeitsstruktur mit folgenden Eigenschaften gegeben: Ist V eine symmetrische offene Umgebung von e mit $V^2 \subset U$, so gehört die Abbildung $(s, t) \to st^{-1}$ von $V \times V$ in U der Klasse C^∞ an (bzw. ist analytisch). Man zeige, daß es auf G genau eine differenzierbare (bzw. analytische) Mannigfaltigkeitsstruktur gibt, die mit der Gruppenstruktur von G verträglich ist und auf einer symmetrischen offenen Umgebung W von e mit $W^2 \subset V$ dieselbe Struktur induziert wie die auf U gegebene. (Man verwende (16.2.5), um die differenzierbare (bzw. analytische) Mannigfaltigkeitsstruktur auf G zu definieren. Man zeige ferner, daß zu jedem $s \in G$ eine in W enthaltene Umgebung Z_s von e existiert derart, daß $sZ_ss^{-1} \subset V$ gilt und die Abbildung $x \to sxs^{-1}$ von Z_s in V der Klasse C^∞ angehört (bzw. analytisch ist); man verwende zu diesem Zweck die Tatsache, daß sich s in der Gestalt $s_1s_2 \cdots s_r$ mit zu W gehörenden s_j schreiben läßt.)

5. Es sei G eine zusammenhängende Liesche Gruppe, M eine zusammenhängende differenzierbare Mannigfaltigkeit, auf der G differenzierbar von rechts operiert.

a) Man zeige: G operiert genau dann transitiv auf M, wenn die Abbildung $\mathbf{u} \to x \cdot \mathbf{u} = Z_{\mathbf{u}}(x)$ von $\mathfrak{g}_e$ in $T_x(M)$ surjektiv ist. (Um einzusehen, daß diese Bedingung hinreichend ist, stelle man fest, daß dann jeder Orbit von G in M offen ist.)

b) Wir setzen voraus, G operiere transitiv auf M, so daß M mit einem homogenen Raum $H\backslash G$ identifiziert werden kann, wobei H der Stabilisator eines Punktes $x_0 \in M$ ist. Man zeige: Dann ist der Kern des Homomorphismus $\mathbf{u} \to Z_{\mathbf{u}}$ von $\mathfrak{g}_e$ in die Liesche Algebra $\mathcal{T}_0^1(M)$ die Liesche Algebra des größten in H enthaltenen Normalteilers K von G, der mit dem Durchschnitt der Konjugierten sHs^{-1} von H übereinstimmt (vgl. (19.8.11)); M kann mit dem homogenen Raum $(K\backslash H)\backslash(K\backslash G)$ identifiziert werden.

c) Unter den Voraussetzungen von b) nennen wir die Operation von G auf M *imprimitiv*, wenn eine abgeschlossene Untermannigfaltigkeit V von M existiert derart, daß $0 < \dim(V) < \dim(M)$ gilt und jede Transformierte $V \cdot s$ (für $s \in G$) entweder mit V übereinstimmt oder V nicht schneidet. Dies ist genau dann der Fall, wenn eine abgeschlossene Untergruppe L von G existiert mit $H \subset L \subset G$ und $\dim(H) < \dim(L) < \dim(G)$. Anderenfalls nennt man die Operation von G auf M *primitiv*; das ist der Fall, wenn es keine Liesche Unteralgebra von $\mathfrak{g}_e$ gibt, welche die Liesche Algebra $\mathfrak{h}_e$ von H enthält und von $\mathfrak{g}_e$ und von $\mathfrak{h}_e$ verschieden ist.

d) Unter den Voraussetzungen von b) sei $\mathfrak{L}$ das Bild von $\mathfrak{g}_e$ vermöge des Homomorphismus $\mathbf{u} \to Z_{\mathbf{u}}$. Es sei $\mathscr{E}$ die Algebra der Funktionen der Klasse C^∞ auf M und $\mathfrak{m}$ das aus den in x_0 verschwindenden Funktionen aus $\mathscr{E}$ bestehende Maximalideal von $\mathscr{E}$; für $p = -1, 0, 1, 2, \ldots$ bezeichne $\mathfrak{L}_p$ die Menge der Vektorfelder $X = Z_{\mathbf{u}}$ aus $\mathfrak{L}$ mit $\theta_X \cdot f \in \mathfrak{m}^{p+1}$ für jede Funktion $f \in \mathscr{E}$, so daß $\mathfrak{L}_{-1} = \mathfrak{L}$ ist; $\mathfrak{L}_0$ ist das Bild der Lieschen Algebra $\mathfrak{h}_e$ von H; betrachten wir eine Karte $c = (U, \varphi, n)$ von M im Punkt x_0 mit $\varphi(x_0) = 0$ und sind $(X_i)_{1 \leqq i \leqq n}$ die zu dieser Karte assoziierten Vektorfelder (vgl. (16.15.4.2)), so sind die Elemente von $\mathfrak{L}_p$ gerade die Vektorfelder $\sum_{i=1}^{n} a_i X_i$, wobei die a_i Funktionen aus $\mathfrak{m}^{p+1}$ sind. Man zeige, daß $[\mathfrak{L}_p, \mathfrak{L}_q] \subset \mathfrak{L}_{p+q}$ gilt (wobei $\mathfrak{L}_{-2} = \mathfrak{L}$ sei). Weiterhin existiert, falls es ein $Y \in \mathfrak{L}_p$ mit $Y \notin \mathfrak{L}_{p+1}$ (für $p \geqq 0$) gibt, ein $X \in \mathfrak{L}$ mit $[Y, X] \notin \mathfrak{L}_p$ (es ist aber $[Y, X] \in \mathfrak{L}_{p-1}$). (Man berücksichtige dabei, daß nach a) zu jedem i ein $X \in \mathfrak{L}$ existiert mit $(\theta_X \cdot \varphi^i)(x_0) \neq 0$ und $(\theta_X \cdot \varphi^j)(x_0) = 0$ für $j \neq i$). Die $\mathfrak{L}_p$ sind Liesche Unteralgebren von $\mathfrak{L}$, die bezüglich $X \to \boldsymbol{\delta}(t) X$ mit $t \in H$ invariant sind. Für $p \geqq 0$ ist $\mathfrak{L}_p$ ein Ideal von $\mathfrak{L}_0$. Ist $\varrho(t)$ für $t \in H$ der Endomorphismus $\mathbf{h} \to \mathbf{h} \cdot t$ von $T_{x_0}(M)$, so ist ϱ eine lineare Darstellung von H in $T_{x_0}(M)$, und ist $\widetilde{H}$ das Bild $\varrho(H)$ von H in $\boldsymbol{GL}(T_{x_0}(M))$, so ist die Liesche Algebra von $\widetilde{H}$ zu $\mathfrak{L}_0/\mathfrak{L}_1$ isomorph.

e) Wir setzen nun außerdem voraus, es sei $\bigcap\limits_p \mathfrak{L}_p = \{0\}$; dann gibt es einen größten Index r derart, daß $\mathfrak{L}_r \neq \{0\}$ ist und alle $\mathfrak{L}_j$ mit $j \leqq r$ voneinander verschieden sind. Für $p \geqq 0$ ist die Dimension von $\mathfrak{L}_p/\mathfrak{L}_{p+1}$ höchstens gleich $\binom{n+p}{p+1}$.

f) Setzt man voraus, G sei eine reelle (bzw. komplexe) analytische Liesche Gruppe, die analytisch auf einer reell- (bzw. komplex-)analytischen Mannigfaltigkeit M operiert, so ist die Bedingung $\bigcap\limits_p \mathfrak{L}_p = \{0\}$ von e) stets erfüllt.

6. Es sei $\mathbf{u} \to Y_{\mathbf{u}}$ eine infinitesimale Operation (vgl. Aufgabe 2) der Lieschen Algebra $\mathfrak{g}_e$ einer Lieschen Gruppe G auf einer differenzierbaren Mannigfaltigkeit M. Für einen Punkt $x_0 \in M$ kann man dann wie in Aufgabe 5d) die $\mathfrak{L}_p$ (für $p = -1, 0, \ldots$) definieren. Wir nennen die betrachtete Operation *im Punkt* x_0 *transitiv* (oder, kurz, die *Liesche Algebra* $\mathfrak{L}$ *im Punkt* x_0 *transitiv*), wenn die Dimension von $\mathfrak{L}_{-1}/\mathfrak{L}_0$ gleich $\dim_{x_0}(M)$ ist. Eine im Punkt x_0 transitive infinitesimale Operation wird *primitiv im Punkt* x_0 genannt, wenn keine $\mathfrak{L}_0$ enthaltende, von $\mathfrak{L}_0$ und von $\mathfrak{L}$ verschiedene Liesche Unteralgebra von $\mathfrak{L}$ existiert. Was kann man über die entsprechende partielle Operation aussagen (vgl. Aufgabe 2), wenn die infinitesimale Operation $\mathbf{u} \to Y_{\mathbf{u}}$ im Punkt x_0 transitiv (bzw. primitiv) ist?

7. a) Wir setzen voraus, M sei eine *eindimensionale* differenzierbare Mannigfaltigkeit. Man zeige: Ist die Liesche Unteralgebra $\mathfrak{L}$ von $\mathcal{T}_0^1(M)$ in einem Punkt x_0 transitiv (vgl. Aufgabe 6), so ist die Bedingung $\bigcap\limits_p \mathfrak{L}_p = \{0\}$ (vgl. Aufgabe 5e)) notwendigerweise erfüllt. (Identifiziert man eine Umgebung von x_0 in M mit einem $x_0 = 0$ enthaltenden Intervall von $\boldsymbol{R}$, so haben die Einschränkungen der zu $\mathfrak{L}$ gehörenden Felder auf diese Umgebung die Gestalt $x \to f(x)\,\mathrm{E}$ (Bezeichnung von (18.1.1)), und eine der Funktionen f verschwindet im Nullpunkt nicht. Durch eine Variablentransformation kann man erreichen, daß $\mathrm{E} \in \mathfrak{L}$ gilt. Hieraus leite man her: Ist $\dim(\mathfrak{L}) = m$, so genügt jede der Funktionen f einer linearen homogenen Differentialgleichung höchstens m-ter Ordnung mit konstanten Koeffizienten, ist also *analytisch.*)

b) Man zeige, unter den Annahmen von a), daß $\dim(\mathfrak{L}) \leqq 3$ ist, und daß die $\mathfrak{L}$ entsprechenden partiellen Operationen notwendigerweise von einem der folgenden Typen sind:

1° Ist $\dim(\mathfrak{L}) = 1$, so ist $G = \boldsymbol{R}$, und die partielle Operation ist

$$(t, x) \to x + t \quad (t \in G,\ x \in M);$$

2° Ist $\dim(\mathfrak{L}) = 2$, so ist G die Gruppe des Beispiels (19.5.11), und die partielle Operation ist

$$((t_1, t_2), x) \to t_1 x + t_2;$$

3° Ist $\dim(\mathfrak{L}) = 3$, so ist $G = \boldsymbol{PGL}(2, \boldsymbol{R})$, und die partielle Operation ist

$$\left(\begin{pmatrix} t_1 & t_2 \\ t_3 & 1 \end{pmatrix}, x\right) \to \frac{t_1 x + t_2}{t_3 x + 1}$$

(t_1 aus einer Umgebung von 1, t_2, t_3 und x aus einer Umgebung von 0).

(Man stelle fest, daß $[\mathfrak{L}_{r-1}, \mathfrak{L}_r] \neq \{0\}$ ist, und leite daraus $r \leqq 1$ her.)

Welche von den oben definierten partiellen Operationen lassen sich zu einer Operation von G (oder von einer zu G lokal isomorphen zusammenhängenden Gruppe) auf M ausdehnen, wenn M als zusammenhängend (also zu $\boldsymbol{R}$ oder zu $\boldsymbol{S}_1$ diffeomorph) vorausgesetzt wird?

c) Man gebe Beispiele an, in denen $\mathfrak{L}$ nicht transitiv in einem Punkt ist und beliebig große Dimension hat. (Man beachte, daß es auf $\boldsymbol{R}$ Funktionen f und g der Klasse C^∞ mit nichtleeren kompakten Trägern gibt, für die $fg' - gf' = f$ ist.)

8. Man zeige: Für jedes ganze $r \geqq 0$ bilden die Vektorfelder

$$\mathrm{E}_1, \mathrm{E}_2, x^1\mathrm{E}_2, (x^1)^2 \mathrm{E}_2, \dots, (x^1)^r \mathrm{E}_2$$

(Bezeichnungen von (18.7.1)) eine Basis einer Lieschen Unteralgebra von $\mathcal{T}_0^1(\boldsymbol{R}^2)$, die eine in jedem Punkt transitive und imprimitive infinitesimale Operation definiert.

9. a) In den Bezeichnungen von Aufgabe 6 erzeugen die $\mathrm{X}(x)$ für $\mathrm{X} \in \mathfrak{L}_p$ für jedes $p \geqq 0$ mit $\mathfrak{L}_p \neq \{0\}$ in jedem Punkt $x \neq x_0$ einer Umgebung V von x_0 einen Vektorteilraum $E_p(x)$ von $T_x(M)$. Es existiert eine nichtleere offene Menge U von $V \setminus \{x_0\}$ mit x_0 als Berührungspunkt, in der $\dim (E_p(x))$ konstant und von Null verschieden ist. Auf U ist das Richtungsfeld $x \to E_p(x)$ vollständig integrierbar. Man zeige: Ist dieses Richtungsfeld invariant bezüglich derjenigen partiellen Operation auf U, die der gegebenen infinitesimalen Operation entspricht, und ist diese im Punkt x_0 (und infolgedessen auf V für genügend kleines V) transitiv, so kann sie nur in denjenigen Punkten von U primitiv sein, in denen $\dim (E_p(x)) = \dim_x (M)$ ist.

b) Ist die durch $\mathfrak{L}$ definierte infinitesimale Operation im Punkt x_0 transitiv und ist die Liesche Algebra $\mathfrak{L}$ kommutativ, so ist $\mathfrak{L}_0 = \{0\}$ (wobei man M nötigenfalls auf eine Umgebung von x_0 einschränken muß).

c) Wir nehmen an, für ein ganzes $r \geqq 0$ sei $\mathfrak{L}_r \neq \{0\}$ und $\mathfrak{L}_{r+1} = \{0\}$, und die durch $\mathfrak{L}$ definierte infinitesimale Operation sei im Punkt x_0 transitiv und in allen Punkten einer Umgebung von x_0 primitiv. Ferner sei $n = \dim_{x_0} (M)$. Man zeige: Ist $r > n$, so gibt es eine nichtleere offene Menge $U \subset V \setminus \{x_0\}$ mit x_0 als Berührungspunkt und mit $\dim (E_{r-n+1}(x)) = n$ auf U. (Gilt für $p \leqq r$ auf einer offenen Menge mit x_0 als Berührungspunkt $\dim (E_p(x)) < n$, so zeige man indirekt unter Benutzung von a), daß auf einer offenen Menge mit x_0 als Berührungspunkt $\dim (E_{p-1}(x)) \geqq \dim (E_p(x)) + 1$ ist.)

d) Aus c) leite man her, daß unter denselben Annahmen $r \leqq 2n + 1$ gilt, woraus $\dim (\mathfrak{L}) \leqq n + \binom{3n+3}{2n+3}$ folgt. (Man stelle fest, daß $\mathfrak{L}_{r-n}$ für $r > 2n + 1$ kommutativ ist und daß es nach c) eine offene Menge mit x_0 als Berührungspunkt gibt, in welcher die durch $\mathfrak{L}_{r-n}$ definierte infinitesimale Operation transitiv ist; man erhält einen Widerspruch, indem man b) benutzt und $\dim (\mathfrak{L}_{r-n})$ nach unten abschätzt.)

10. In den Bezeichnungen von Aufgabe 6 sei $\mathfrak{L}$ im Punkt x_0 transitiv, ferner $\mathfrak{L}_r \neq \{0\}$ und $\mathfrak{L}_{r+1} = \{0\}$ für ein ganzes $r \geqq 0$; dann ist $\mathfrak{L}_r$ eine kommutative Liesche Algebra. Man zeige: Ist in einer offenen Teilmenge von $M \setminus \{x_0\}$ mit x_0 als Berührungspunkt die durch $\mathfrak{L}_r$ definierte infinitesimale Operation transitiv, so muß $r = 1$ und $\dim (\mathfrak{L}_r) = n$ sein. (Man beachte, daß im Fall $r > 1$ auch $\mathfrak{L}_{r-1}$ kommutativ wäre, und zeige, daß dies der Aufgabe 9b) widerspricht); hieraus leite man her, daß dann $\dim (\mathfrak{L}) \leqq n(n + 2)$ ist.

11. Es sei G eine zusammenhängende Liesche Gruppe, die differenzierbar und transitiv auf einer differenzierbaren Mannigfaltigkeit M operiert. Für $k \geqq 2$ wird die Operation von G auf M als *k-fach transitiv* bezeichnet, wenn es zu der Operation $(s, (x_1, \dots, x_k)) \to (s \cdot x_1, \dots, s \cdot x_k)$ von G auf M^k einen offenen Orbit gibt; dann gilt $\dim (G) \geqq kn$. Ist H der Stabilisator eines Punktes von M, so ist die Operation von G auf M genau dann k-fach transitiv, wenn k Konjugierte $H_1, H_2, \dots, H_k$ von H existieren mit $\dim (G) - \dim (H_1 \cap H_2 \cap \dots \cap H_k) = kn$. Alsdann gibt es einen Orbit

für die Operation von H auf M, auf dem die Operation von H dann $(k-1)$-fach transitiv ist. Überdies ist die Operation von G auf M primitiv (vgl. Aufgabe 5).

12. a) Man formuliere die Definitionen und Resultate von Aufgabe 11 für die partiellen und die infinitesimalen Operationen.

b) In den Bezeichnungen von Aufgabe 6 sei die durch $\mathfrak{L}$ definierte infinitesimale Operation k-fach transitiv in einer Umgebung von x_0; außerdem sei $\mathfrak{L}_r \neq \{0\}$ und $\mathfrak{L}_{r+1} = \{0\}$ für ein ganzes $r \geqq 0$. Man zeige: Ist $\dim_{x_0}(M) = n$, so gilt $k \leqq n+2$. (Dabei kann man $k \geqq 3$ voraussetzen; die durch $\mathfrak{L}_0$ auf einer offenen Teilmenge von $M \setminus \{x_0\}$ mit x_0 als Berührungspunkt definierte infinitesimale Operation kann nur dann $(k-1)$-fach transitiv sein, wenn in den Bezeichnungen von Aufgabe 9a) auf dieser offenen Menge $\dim(E_r(x)) = n$ ist; aus Aufgabe 10 leite man dann her, daß $\dim(\mathfrak{L}) \leqq n(n+2)$ sein muß.)

19.4. Beispiele

19.4.1. Wir beginnen damit, die infinitesimale Algebra $\mathfrak{G}$ der kommutativen Lieschen Gruppe $G = \boldsymbol{R}^n$ zu bestimmen. Bekanntlich (vgl. (17.7.3)) ist der Raum $\mathfrak{G}_e$ der Distributionen mit in $\{0\}$ enthaltenem Träger gleich der Menge der $p(\mathrm{D})\,\varepsilon_e$; dabei ist $p(\mathrm{D}) = \sum_\lambda c_\lambda \mathrm{D}^\lambda$ ein Polynom in den Differentialoperatoren

$$\mathrm{D}_i = \frac{\partial}{\partial x^i} \qquad (1 \leqq i \leqq n)\,.$$

Außerdem gilt nach (17.11.11.2)

$$p(\mathrm{D})\,\varepsilon_e * q(\mathrm{D})\,\varepsilon_e = \big(p(\mathrm{D})\,q(\mathrm{D})\big)\,\varepsilon_e$$

für je zwei Polynome p und q. Dies zeigt, daß die Algebra $\mathfrak{G}_e$ zur *Algebra* $\boldsymbol{R}[X_1, \dots, X_n]$ *der Polynome in n Unbestimmten über* $\boldsymbol{R}$ isomorph ist. Ferner gilt für das $p(\mathrm{D})\,\varepsilon_e$ entsprechende invariante Distributionenfeld P für jede Funktion $f \in \mathscr{E}(\boldsymbol{R}^n)$ und jedes $x \in \boldsymbol{R}^n$ die Beziehung

$$(\mathrm{P} \cdot f)\,(x) = \langle p(\mathrm{D})\,\varepsilon_e, \gamma(-x)\,f\rangle = \big(p(\mathrm{D})\,f\big)\,(x);$$

mit anderen Worten: P ist nichts anderes als der *Differentialoperator* $p(\mathrm{D})$.

Die Liesche Algebra $\mathfrak{g}_e$ läßt sich kanonisch mit $\boldsymbol{R}^n$ identifizieren und ist offenbar *kommutativ*, d. h., es ist $[\mathbf{u}, \mathbf{v}] = 0$ für beliebige Vektoren $\mathbf{u}$, $\mathbf{v}$.

19.4.2. Es sei A eine (assoziative) $\boldsymbol{R}$-Algebra endlicher Dimension mit Einselement e; wir betrachten die Liesche Gruppe A^* der invertierbaren Elemente von A (vgl. (16.9.3)). Da A^* im Vektorraum A offen ist (vgl. (15.2.4)), kann $T_e(A^*)$ kanonisch mit dem Tangentialraum $T_e(A)$ identifiziert werden (vgl. (16.8.6)), und wir haben eine kanonische bijektive lineare Abbildung (vgl. (16.5.2)) $\boldsymbol{\tau}_e\colon T_e(A) \to A$. Wir beweisen nun die Beziehung

19.4.2.1. $\boldsymbol{\tau}_e([\mathbf{u}, \mathbf{v}]) = [\boldsymbol{\tau}_e(\mathbf{u}), \boldsymbol{\tau}_e(\mathbf{v})] = \boldsymbol{\tau}_e(\mathbf{u})\,\boldsymbol{\tau}_e(\mathbf{v}) - \boldsymbol{\tau}_e(\mathbf{v})\,\boldsymbol{\tau}_e(\mathbf{u})$, die uns gestattet, die Algebra Lie (A^*) mit der mit ihrer Vektorraumstruktur und dem Kommutator $[x, y] = xy - yx$ versehenen Algebra A zu identifizieren. Zu diesem Zweck brauchen wir nur zu beweisen, daß die Werte einer beliebigen *Linearform* f auf A für die Vektoren auf der linken und der rechten Seite von (19.4.2.1) übereinstimmen; nun ist nach (8.1.3) ja $Df = f$, so daß $f(\boldsymbol{\tau}_e([\mathbf{u}, \mathbf{v}])) = Df \cdot \boldsymbol{\tau}_e([\mathbf{u}, \mathbf{v}]) = \theta_{[\mathbf{u}, \mathbf{v}]} \cdot f$ gilt (vgl. (17.14.1)). Aufgrund von (19.3.3.2) haben wir also den Wert

$$(\theta_{\mathbf{u}} * \theta_{\mathbf{v}}) \cdot f = \int d\theta_{\mathbf{u}}(x) \cdot \int f(xy)\, d\theta_{\mathbf{v}}(y)$$

zu berechnen. Nun ist nach Definition aber $\int f(xy)\, d\theta_{\mathbf{v}}(y)$ die Ableitung der Linearform $y \to f(xy)$ im Punkt e längs des Vektors $\mathbf{v}$, mit anderen Worten (vgl. (8.1.3)) gleich $f(x\boldsymbol{\tau}_e(\mathbf{v}))$. Entsprechend ergibt sich $f(\boldsymbol{\tau}_e(\mathbf{u})\,\boldsymbol{\tau}_e(\mathbf{v}))$ für $\int f(x\boldsymbol{\tau}_e(\mathbf{v}))\, d\theta_{\mathbf{u}}(x)$. Damit ist die Formel (19.4.2.1) bewiesen.

Insbesondere gilt für einen reellen n-dimensionalen Vektorraum E und für $A = \operatorname{End}(E)$ nach (16.9.3) $A^* = \boldsymbol{GL}(E)$; die mit $\mathfrak{gl}(E)$ bezeichnete Liesche Algebra dieser Gruppe kann mit der mit dem Kommutator versehenen Menge $\operatorname{End}(E)$ identifiziert werden. Ist speziell $E = \boldsymbol{R}^n$, so bezeichnen wir die Liesche Algebra der Gruppe $\boldsymbol{GL}(n, \boldsymbol{R})$ mit $\mathfrak{gl}(n, \boldsymbol{R})$. Sie hat als Basis die *kanonische Basis* (E_{ij}) der Matrizenalgebra $\boldsymbol{M}_n(\boldsymbol{R})$ (wobei E_{ij} die Matrix des Endomorphismus u_{ij} von $\boldsymbol{R}^n$ mit $u_{ij}(\mathbf{e}_j) = \mathbf{e}_i$ und $u_{ij}(\mathbf{e}_k) = 0$ für $k \neq j$ ist) mit der Multiplikationstabelle

19.4.2.2.
$$\begin{cases} [\mathrm{E}_{ij}, \mathrm{E}_{hk}] = 0 & \text{für } j \neq h,\ k \neq i\,, \\ [\mathrm{E}_{ij}, \mathrm{E}_{jk}] = \mathrm{E}_{ik} & \text{für } k \neq i\,, \\ [\mathrm{E}_{ij}, \mathrm{E}_{hi}] = -\,\mathrm{E}_{hj} & \text{für } h \neq j\,, \\ [\mathrm{E}_{ij}, \mathrm{E}_{ji}] = \mathrm{E}_{ii} - \mathrm{E}_{jj}\,. \end{cases}$$

Analog bezeichnen wir mit $\mathfrak{gl}(n, \boldsymbol{C})$ bzw. $\mathfrak{gl}(n, \boldsymbol{H})$ die Lieschen Algebren der Gruppen $\boldsymbol{GL}(n, \boldsymbol{C})$ bzw. $\boldsymbol{GL}(n, \boldsymbol{H})$ (vgl. (16.9.3)); die Menge der Matrizen E_{ij} ist auch hier eine Basis des Vektorraumes $\mathfrak{gl}(n, \boldsymbol{C})$ über $\boldsymbol{C}$ (bzw. des Linksvektorraumes $\mathfrak{gl}(n, \boldsymbol{H})$ über $\boldsymbol{H}$).

19.4.3. Es sei G eine Liesche Gruppe, H eine Liesche Untergruppe von G. Da der Tangentialraum $T_e(H)$ mit einem Teilraum von $T_e(G)$ identifiziert werden kann, wird die Liesche Algebra $\mathfrak{h}_e$ von H entsprechend mit einer Lieschen Unteralgebra von $\mathfrak{g}_e$ identifiziert.

Wir betrachten jetzt eine endlichdimensionale $\boldsymbol{R}$-Algebra A mit Einselement, und es sei auf A eine *Involution* $x \to x^*$ gegeben (die Definition ist dieselbe wie in Abschnitt 15.4, nur gilt hier noch $(\lambda x)^* = \lambda x^*$ für $\lambda \in \boldsymbol{R}$, mit anderen Worten, $x \to x^*$ ist *linear*; ist A eine $\boldsymbol{C}$-Algebra mit einer Involution, so ist diese auch eine Involution über der A zugrunde liegenden $\boldsymbol{R}$-Algebra). Es sei a ein invertierbares Element; wir zeigen, daß die Menge H der $x \in A^*$ mit

19.4.3.1. $x^*ax = a$

eine *Liesche Untergruppe* von $G = A^*$ ist. Offenbar ist H eine Untergruppe, und es braucht somit nur gezeigt zu werden, daß H eine Untermannigfaltigkeit von G ist. Dazu genügt es zu zeigen, daß $x \to x^*ax$ eine *Subimmersion* von A in sich,

d. h. eine Abbildung der Klasse C^∞ lokal konstanten Ranges von A in sich ist (vgl. (16.8.8)). Da aber $x \to x^*$ eine lineare Abbildung und $(x, y) \to yax$ eine bilineare Abbildung ist, kann man aus (8.1.3), (8.1.4) und (8.2.1) schließen, daß die Ableitung der Abbildung $x \to x^*ax$ in jedem Punkt x_0 von A^* durch

$$\mathbf{h} \to \mathbf{h}^*ax_0 + x_0^*a\mathbf{h} = x_0^*\big((\mathbf{h}x_0^{-1})^*\, a + a(\mathbf{h}x_0^{-1})\big)\, x_0$$

gegeben wird. Das beweist unsere Behauptung, da $\mathbf{h} \to \mathbf{h}x_0^{-1}$ eine bijektive lineare Abbildung und demnach der Rang der betrachteten Ableitung im Punkt x_0 gleich dem Rang der von x_0 unabhängigen linearen Abbildung $\mathbf{h} \to \mathbf{h}^*a + a\mathbf{h}$ ist. Die gleiche Rechnung zeigt auch (vgl. (16.8.8)), daß die Liesche Algebra von H sich mit dem (mit dem Kommutator versehenen) Vektorteilraum von A identifizieren läßt, der durch die Gleichung

19.4.3.2. $\quad x^*a + ax = 0$

definiert ist.

Wenden wir dies speziell auf $A = \boldsymbol{M}_n(\boldsymbol{R})$ oder $A = \boldsymbol{M}_n(\boldsymbol{C})$ oder $A = \boldsymbol{M}_n(\boldsymbol{H})$ mit $a = \mathrm{I}$ und der Involution $\mathrm{X} \to {}^t\overline{\mathrm{X}}$ an, so erhalten wir auf diese Weise die Lieschen Algebren der Gruppen $\boldsymbol{O}(n)$, $\boldsymbol{U}(n, \boldsymbol{C})$ und $\boldsymbol{U}(n, \boldsymbol{H})$ (vgl. (16.11.2) und (16.11.3)).

Allgemeiner betrachten wir jetzt eine symmetrische oder alternierende nichtausgeartete Bilinearform Φ über $\boldsymbol{R}^n$ mit der zugehörigen Matrix S bezüglich der kanonischen Basis. Die Gruppe der Endomorphismen von $\boldsymbol{R}^n$, die Φ invariant lassen, kann mit der Gruppe der Matrizen $\mathrm{X} \in \boldsymbol{M}_n(\boldsymbol{R})$ mit ${}^t\mathrm{XSX} = \mathrm{S}$ identifiziert werden; die Liesche Algebra dieser Gruppe läßt sich also mit der Lieschen Algebra der Matrizen $\mathrm{X} \in \boldsymbol{M}_n(\boldsymbol{R})$ (mit dem Kommutator $[\mathrm{X}, \mathrm{Y}] = \mathrm{XY} - \mathrm{YX}$) identifizieren, für die

19.4.3.3. $\quad {}^t\mathrm{X} \cdot \mathrm{S} + \mathrm{S} \cdot \mathrm{X} = 0$

gilt.

19.4.4. Bemerkung. Nun untersuchen wir die kanonische Operation von $\boldsymbol{GL}(E)$ auf E vermöge $(\mathrm{S}, \mathbf{v}) \to \mathrm{S} \cdot \mathbf{v}$ (Produkt des Automorphismus S mit dem Vektor $\mathbf{v}$). Betrachtet man für einen festen Vektor $\mathbf{v}_0 \in E$ die Abbildung $g\colon \mathrm{S} \to \mathrm{S} \cdot \mathbf{v}_0$ von $\boldsymbol{GL}(E)$ in E, so erhält man aus (19.4.2) sofort, daß das Differential von g im neutralen Element I von $\boldsymbol{GL}(E)$ durch

19.4.4.1. $\quad d_{\mathrm{I}}g \cdot \mathrm{U} = \mathrm{U} \cdot \mathbf{v}_0$

für $\mathrm{U} \in \mathrm{End}\,(E)$ gegeben wird (dabei wird End (E) mit der Lieschen Algebra von $\boldsymbol{GL}(E)$ identifiziert).

Jetzt betrachten wir eine Liesche Gruppe G, eine lineare Darstellung $\varrho\colon G \to \boldsymbol{GL}(E)$ der Klasse C^∞ und eine differenzierbare Mannigfaltigkeit M, auf der G differenzierbar von rechts operiert. Ferner operiere die Gruppe G vermöge $(s, \mathbf{v}) \to \varrho(s^{-1}) \cdot \mathbf{v}$ von rechts auf E. Es sei $\mathbf{f}\colon M \to E$ eine Abbildung der Klasse C^∞, die bezüglich G *invariant* ist, so daß nach (19.1.2.1)

19.4.4.2. $\quad \mathbf{f}(x \cdot s) = \varrho(s^{-1}) \cdot \mathbf{f}(x)$

ist. In den Bezeichnungen von (19.3.7) gilt dann für jeden Vektor $\mathbf{u} \in \mathfrak{g}_e$ die Beziehung

19.4.4.3. $(\theta_{Z_{\mathbf{u}}} \cdot \mathbf{f})(x) = -\varrho_*(\mathbf{u}) \cdot \mathbf{f}(x)$

$(\varrho_*(\mathbf{u})$ ist daher das Bild des Vektors $\mathbf{u}$ in $\mathfrak{gl}(E) = \text{End}(E)$ vermöge des abgeleiteten Homomorphismus von $\varrho)$. Nach der Definition eines Killingfeldes und nach (17.14.9) gilt nämlich

$$(\theta_{Z_{\mathbf{u}}} \cdot \mathbf{f})(x) = d_x\mathbf{f} \cdot (x \cdot \mathbf{u}) .$$

Nimmt man nun auf jeder der beiden Seiten von (19.4.4.2) für $\mathbf{u}$ die Werte der als Abbildungen von G in E (für festes x) aufgefaßten Differentiale im Punkt e, so erhält man nach (16.5.8.5) links $d_x\mathbf{f} \cdot (x \cdot \mathbf{u})$, rechts $-\varrho_*(\mathbf{u}) \cdot \mathbf{f}(x)$. Das letzte ergibt sich aus (19.4.4.1), (16.5.8.5) und (16.9.9, (i)), da nach Definition $T_e(\varrho) \cdot \mathbf{h} = \varrho_*(\mathbf{h})$ ist.

19.5. Die Taylorsche Formel auf einer Lieschen Gruppe

Wir bringen zunächst einige Ergänzungen zur Taylorentwicklung (8.14.3).

19.5.1. Es sei U eine offene Umgebung der 0 im $\mathbf{R}^n$ und $\|\mathbf{x}\|$ eine mit der Topologie von $\mathbf{R}^n$ verträgliche Norm auf $\mathbf{R}^n$ (beispielsweise die euklidische). Mit $o_m(U)$ (oder einfach mit o_m) bezeichnen wir für alle ganzen $m \geqq 0$ die Menge derjenigen Funktionen f aus dem Ring $\mathscr{E}_{\mathbf{R}}(U)$ der reellen Funktionen der Klasse C^∞ auf U, für welche $f(\mathbf{x})/\|\mathbf{x}\|^{m+1}$ für gegen Null strebendes und von Null verschiedenes $\mathbf{x}$ beschränkt bleibt. Offenbar ist o_m ein Ideal von $\mathscr{E}_{\mathbf{R}}(U)$ und o_0 die Menge der Funktionen der Klasse C^∞, die im Nullpunkt verschwinden. Wir benutzen dieselbe Bezeichnung $o_m(U)$ auch für die Menge der auf U definierten Funktionen $\mathbf{f}$ der Klasse C^∞ mit Werten in einem endlichdimensionalen Vektorraum F, für welche $\|\mathbf{f}(\mathbf{x})\|/\|\mathbf{x}\|^{m+1}$ für gegen 0 strebendes und von 0 verschiedenes $\mathbf{x}$ beschränkt bleibt. Gleichbedeutend ist die Aussage, daß die Komponenten von $\mathbf{f}$ bezüglich einer Basis von F zu $o_m(U)$ gehörende Funktionen aus $\mathscr{E}_{\mathbf{R}}(U)$ sind.

19.5.2. Für jede Funktion $f \in \mathscr{E}_{\mathbf{R}}(U)$ und für jede ganze Zahl $m \geqq 0$ nennen wir die Summe der ersten $m + 1$ Glieder der Taylorformel (8.14.3) von f,

$$P_m(\mathbf{x}) = f(0) + \frac{1}{1!} f'(0) \cdot \mathbf{x} + \cdots + \frac{1}{m!} f^{(m)}(0) \cdot \mathbf{x}^{(m)} ,$$

das *Taylorpolynom höchstens m-ten Grades* von f. Nun ist nach Abschnitt 8.13

$$f^{(p)}(0) \cdot \mathbf{x}^{(p)} = (x^1 \mathrm{D}_1 + \cdots + x^n \mathrm{D}_n)^p f(0) ,$$

so daß wir in den Bezeichnungen von Abschnitt 17.1 dafür auch

19.5.2.1. $P_m(\mathbf{x}) = \sum_{|\alpha| \leqq m} \frac{\mathrm{D}^\alpha f(0)}{\alpha!} \mathbf{x}^\alpha$

schreiben können.

19.5.3. *Das Taylorpolynom P_m ist das einzige Polynom P höchstens m-ten Grades, für welches*

19.5.3.1. $f - P \in o_m(U)$

gilt.

Aus der Taylorschen Formel (8.14.3) folgt, daß für $P = P_m$ die Beziehung (19.5.3.1) erfüllt ist. Gäbe es ein Polynom $P \neq P_m$ höchstens m-ten Grades, für welches (19.5.3.1) gilt, so würde das Polynom höchstens m-ten Grades $Q = P - P_m$ zu o_m gehören. Setzt man nun $Q = Q_0 + Q_1 + \cdots + Q_m$, wobei die Q_k homogen vom Grade k sind, und ist p die kleinste ganze Zahl mit $Q_p \neq 0$, so ergibt sich für $\mathbf{x} \neq 0$ mit $\mathbf{x} = \|\mathbf{x}\|\,\mathbf{z}$

$$Q(\mathbf{x})/\|\mathbf{x}\|^m = \|\mathbf{x}\|^{p-m}\left(Q_p(\mathbf{z}) + \|\mathbf{x}\|\,Q_{p+1}(\mathbf{z}) + \cdots + \|\mathbf{x}\|^{m-p}\,Q_m(\mathbf{z})\right).$$

Wegen $Q_p \neq 0$ existierte ein $\mathbf{z} \in \mathbf{S}_{n-1}$ mit $Q_p(\mathbf{z}) \neq 0$. Läßt man für festes $\mathbf{z}$ jetzt $\|\mathbf{x}\|$ gegen Null streben, aber von 0 verschieden bleiben, so würde die Klammer gegen $Q_p(\mathbf{z}) \neq 0$ und die linke Seite dem Betrage nach gegen $+\infty$ streben. Das ist aber unmöglich.

19.5.4. Für jede Funktion $f \in \mathscr{E}_{\boldsymbol{R}}(U)$ bilden wir die *formale Potenzreihe*

$$\sum_{\alpha} \frac{1}{\alpha!} \mathrm{D}^\alpha f(0)\, X^\alpha$$

aus $\boldsymbol{R}[[X_1, \ldots, X_n]]$; dabei sei $X^\alpha = X_1^{\alpha_1} \cdots X_n^{\alpha_n}$ für $\alpha = (\alpha_1, \ldots, \alpha_n)$ (vgl. (A.21.2)). Diese Reihe bezeichnen wir mit $\tilde{f}(X_1, \ldots, X_n)$.

19.5.5. *Es sei V eine offene Umgebung der Null in $\boldsymbol{R}^p$, ferner $\mathbf{g} = (g_1, \ldots, g_n)$ eine Abbildung der Klasse C^∞ von V in U mit $\mathbf{g}(0) = 0$. Dann gilt für jede Funktion $f \in \mathscr{E}_{\boldsymbol{R}}(U)$*

19.5.5.1. $\tilde{h}(Y_1, \ldots, Y_p) = \tilde{f}(\tilde{g}_1(Y_1, \ldots, Y_p), \ldots, \tilde{g}_n(Y_1, \ldots, Y_p))$,

wobei $h(\mathbf{y}) = f(\mathbf{g}(\mathbf{y}))$ gesetzt wurde.

Nach (19.5.3) ist zu zeigen, daß für jede ganze Zahl $m \geqq 0$ die Beziehung $h - S_m \in o_m(V)$ gilt, wobei S_m das durch Addition der Glieder höchstens m-ten Grades der formalen Potenzreihe auf der rechten Seite von (19.5.5.1) entstehende Polynom ist. Es seien P_m (bzw. $Q_{1m}, \ldots, Q_{nm}$) die Taylorpolynome höchstens m-ten Grades von f (bzw. $g_1, \ldots, g_n$). Da die formalen Potenzreihen $\tilde{g}_1, \ldots, \tilde{g}_n$ keine konstanten Glieder haben, folgt aus den Eigenschaften der formalen Potenzreihen (vgl. (A.21.3)), daß S_m die Summe der Glieder höchstens m-ten Grades in dem Polynom

$$R_m(Y_1, \ldots, Y_p) = P_m(Q_{1m}(Y_1, \ldots, Y_p), \ldots, Q_{nm}(Y_1, \ldots, Y_p))$$

ist. Da die Funktion $\mathbf{y} \to R_m(\mathbf{y}) - S_m(\mathbf{y})$ zu $o_m(V)$ gehört, genügt es zu zeigen, daß $h - R_m \in o_m(V)$ gilt. Wegen $g_j(\mathbf{y}) = Q_{jm}(\mathbf{y}) + r_j(\mathbf{y})$ mit $r_j \in o_m(V)$ gehört die Funktion

$$\begin{aligned}\mathbf{y} \to P_m(g_1(\mathbf{y}), \ldots, g_n(\mathbf{y})) &- P_m(Q_{1m}(\mathbf{y}), \ldots, Q_{nm}(\mathbf{y})) \\ &= P_m(g_1(\mathbf{y}), \ldots, g_n(\mathbf{y})) - R_m(\mathbf{y})\end{aligned}$$

zu $o_m(V)$, da $o_m(V)$ ein Ideal von $\mathscr{E}_{\boldsymbol{R}}(V)$ ist. Daher braucht man nur zu beweisen, daß die Funktion

$$\mathbf{y} \to f(g_1(\mathbf{y}), \dots, g_n(\mathbf{y})) - P_m(g_1(\mathbf{y}), \dots, g_n(\mathbf{y}))$$

zu $o_m(V)$ gehört. Nun folgt aus der Voraussetzung $\mathbf{g}(0) = 0$, daß eine Umgebung $W_0 \subset V$ von 0 und eine Zahl $k \geqq 0$ mit $\|\mathbf{g}(\mathbf{y})\| \leqq k\,\|\mathbf{y}\|$ in W_0 existieren. Ferner existieren nach Definition von P_m eine Umgebung $W \subset W_0$ von 0 und ein $A > 0$ derart, daß für alle $\mathbf{y} \in W$ die Ungleichung

$$\begin{aligned}|f(g_1(\mathbf{y}), \dots, g_n(\mathbf{y})) - P_m(g_1(\mathbf{y}), \dots, g_n(\mathbf{y}))| &\leqq A\,\|\mathbf{g}(\mathbf{y})\|^{m+1}\\ &\leqq A k^{m+1}\,\|\mathbf{y}\|^{m+1}\end{aligned}$$

erfüllt ist. Damit ist (19.5.5) bewiesen.

19.5.6. Um auszudrücken, daß die formale Potenzreihe $\sum_{\alpha} a_\alpha X^\alpha$ gleich der formalen Potenzreihe $\tilde{f}(X_1, \dots, X_n)$ ist, gebrauchen wir die abkürzende Bezeichnung

19.5.6.1. $f(\mathbf{x}) \sim \sum_{\alpha} a_\alpha \mathbf{x}^\alpha$

(womit natürlich keineswegs gesagt sein soll, daß die Potenzreihe auf der rechten Seite auch nur für einen einzigen von 0 verschiedenen Wert von $\mathbf{x}$ konvergiert). Wir nennen die rechte Seite von (16.5.6.1) die (unendliche) *Taylorentwicklung* von f im Punkt 0.

19.5.7. Nach diesen Vorbemerkungen sei G eine Liesche Gruppe, $c = (U, \varphi, n)$ eine Karte von G im neutralen Element e mit $\varphi(e) = 0$. Ferner sei V eine symmetrische offene Umgebung von e in G mit $V^3 \subset U$. Dann ist die Funktion

19.5.7.1. $(\mathbf{x}, \mathbf{y}) \to \mathbf{m}(\mathbf{x}, \mathbf{y}) = \varphi(\varphi^{-1}(\mathbf{x})\, \varphi^{-1}(\mathbf{y})) = (m_i(\mathbf{x}, \mathbf{y}))_{1 \leqq i \leqq n} \in \boldsymbol{R}^n$

auf der offenen Teilmenge $\varphi(V) \times \varphi(V)$ von $\boldsymbol{R}^{2n}$ definiert und gehört der Klasse C^∞ an. Wir nennen diesen Ausdruck die *lokale Darstellung* des Gruppengesetzes von G bezüglich der Karte c. Zur Abkürzung bezeichnen wir mit

19.5.7.2. $m_i(\mathbf{x}, \mathbf{y}) \sim \sum_{\alpha, \beta} b_{\alpha\beta}^{(i)} \mathbf{x}^\alpha \mathbf{y}^\beta$

für $1 \leqq i \leqq n$ die Taylorentwicklungen der m_i als Funktionen von $(\mathbf{x}, \mathbf{y})$. Daß e das neutrale Element ist, läßt sich durch die Bedingungen $\mathbf{m}(0, \mathbf{y}) = \mathbf{y}$, $\mathbf{m}(\mathbf{x}, 0) = \mathbf{x}$ für $\mathbf{x}, \mathbf{y} \in V$ ausdrücken. Die formalen Potenzreihen der rechten Seiten von (19.5.7.2) kann man dann in der Gestalt

19.5.7.3. $X_i + Y_i + \sum_{\substack{|\alpha| \geqq 1\\ |\beta| \geqq 1}} b_{\alpha\beta}^{(i)} X^\alpha Y^\beta$

schreiben. Für jeden Multiindex $\gamma = (\gamma_1, \dots, \gamma_n)$ setzen wir

19.5.7.4. $(\mathbf{m}(\mathbf{x}, \mathbf{y}))^\gamma = (m_1(\mathbf{x}, \mathbf{y}))^{\gamma_1} \cdots (m_n(\mathbf{x}, \mathbf{y}))^{\gamma_n}$

und schreiben ihre Taylorentwicklung in der Gestalt

19.5.7.5. $(\mathbf{m}(\mathbf{x}, \mathbf{y}))^\gamma \sim \sum_{\alpha, \beta} c_{\alpha\beta\gamma} \mathbf{x}^\alpha \mathbf{y}^\beta$.

Aufgrund von (19.5.5) gilt dann

$$\sum_{\alpha,\beta} c_{\alpha\beta\gamma} X^\alpha Y^\beta = \Big(X_1 + Y_1 + \sum_{\alpha,\beta} b_{\alpha\beta}^{(1)} X^\alpha Y^\beta\Big)^{\gamma_1} \cdots \Big(X_n + Y_n + \sum_{\alpha,\beta} b_{\alpha\beta}^{(n)} X^\alpha Y^\beta\Big)^{\gamma_n}.$$

Daraus folgt sofort, daß für $|\alpha| + |\beta| < |\gamma|$

19.5.7.6. $c_{\alpha\beta\gamma} = 0$

ist und daß die Koeffizienten $c_{\alpha\beta\gamma}$ mit $|\gamma| = |\alpha| + |\beta|$ die Koeffizienten des Polynoms

$$(X_1 + Y_1)^{\gamma_1} \cdots (X_n + Y_n)^{\gamma_n}$$

sind. Mit anderen Worten, die einzigen Koeffizienten $c_{\alpha\beta\gamma}$ mit $|\gamma| = |\alpha| + |\beta|$, die nicht verschwinden, sind diejenigen, für die $\gamma = \alpha + \beta$ ist, und dann gilt

19.5.7.7. $c_{\alpha,\beta,\alpha+\beta} = (\alpha + \beta)!/(\alpha!\beta!)$.

19.5.8. Wir wollen jetzt für jeden Multiindex $\alpha = (\alpha_1, \ldots, \alpha_n)$ die reelle Distribution Δ_α mit dem Träger $\{e\}$ über G betrachten, für welche für jede Funktion $f \in \mathscr{E}_{\boldsymbol{R}}(U)$

19.5.8.1. $\Delta_\alpha \cdot f = \frac{1}{\alpha!} \mathrm{D}^\alpha(f \circ \varphi^{-1})(0)$

gilt; mit anderen Worten, Δ_α ist das Bild $\varphi^{-1}\left(\frac{1}{\alpha!}\mathrm{D}^\alpha\varepsilon_0\right)$. Da die Distributionen $\mathrm{D}^\alpha\varepsilon_0$ eine *Basis* über $\boldsymbol{R}$ des Raumes der reellen Distributionen über $\boldsymbol{R}^n$ mit in $\{0\}$ enthaltenem Träger bilden (vgl. (17.7.3)), sieht man, daß die Δ_α eine *Basis der Algebra* $\mathfrak{G}_e$ bilden. Ist Z_α der linksinvariante Differentialoperator aus Diff (G), der sich im Punkt e auf Δ_α reduziert (vgl. (19.2.4)), so bilden die Z_α *eine Basis der infinitesimalen Algebra* $\mathfrak{G}$, und es gilt

19.5.8.2. $(\mathrm{Z}_\alpha \cdot f)(s) = \Delta_\alpha \cdot \gamma(s^{-1}) f$.

Wir erhalten also das folgende Resultat:

19.5.9. *Für jedes $s \in V$ hat die auf $\varphi(V)$ definierte Funktion $\mathbf{y} \to f(s\varphi^{-1}(\mathbf{y}))$ die Taylorentwicklung*

19.5.9.1. $f(s\varphi^{-1}(\mathbf{y})) \sim \sum_\alpha (\mathrm{Z}_\alpha \cdot f)(s)\, \mathbf{y}^\alpha$.

Die Multiplikationstabelle der Basis (Z_α) von $\mathfrak{G}$ ist durch

19.5.9.2. $\mathrm{Z}_\alpha \circ \mathrm{Z}_\beta = \sum_\gamma c_{\alpha\beta\gamma} \mathrm{Z}_\gamma$

gegeben, wobei die $c_{\alpha\beta\gamma}$ durch (19.5.7.5) *definiert sind.*

Wir setzen die Taylorentwicklung von $\mathbf{y} \to f(s\varphi^{-1}(\mathbf{y}))$ in der Gestalt

19.5.9.3. $f(s\varphi^{-1}(\mathbf{y})) \sim \sum_\alpha (\mathrm{P}_\alpha \cdot f)(s)\, \mathbf{y}^\alpha$

an, wobei P_α ein Differentialoperator ist; dann erhalten wir

$$(P_\alpha \cdot f)(e) = \frac{1}{\alpha!} D^\alpha(f \circ \varphi^{-1})(0) = \Delta_\alpha \cdot f .$$

Nun ist aber $f(s\varphi^{-1}(\mathbf{y})) = (\gamma(s^{-1}) f)(e\varphi^{-1}(\mathbf{y}))$, und wenn wir jetzt f durch $\gamma(s^{-1}) f$ ersetzen, erhalten wir eine andere Taylorentwicklung, nämlich

19.5.9.4. $$f(s\varphi^{-1}(\mathbf{y})) \sim \sum_\alpha (P_\alpha \cdot \gamma(s^{-1}) f)(e)\, \mathbf{y}^\alpha .$$

Daraus folgt durch Vergleich der beiden Entwicklungen unter Berücksichtigung von (19.5.8.2) die Beziehung $(P_\alpha \cdot f)(s) = (Z_\alpha \cdot f)(s)$ für alle $s \in V$.

Ersetzt man in (19.5.9.1) f durch $Z_\beta \cdot f$, so erhält man

19.5.9.5. $$(Z_\beta \cdot f)(s\varphi^{-1}(\mathbf{y})) \sim \sum_\alpha ((Z_\alpha \circ Z_\beta) \cdot f)(s)\, \mathbf{y}^\alpha .$$

Die Taylorentwicklung der Funktion

$$(\mathbf{x}, \mathbf{y}) \to f(s\varphi^{-1}(\mathbf{x})\, \varphi^{-1}(\mathbf{y}))$$

auf $\varphi(V) \times \varphi(V)$ (für $s \in V$) ergibt sich, wenn man auf der rechten Seite von (19.5.9.1) anstelle von s jetzt $s\varphi^{-1}(\mathbf{x})$ einsetzt. Nach (19.5.9.5) lautet sie also

19.5.9.6. $$f(s\varphi^{-1}(\mathbf{x})\, \varphi^{-1}(\mathbf{y})) \sim \sum_{\alpha,\beta} ((Z_\alpha \circ Z_\beta) \cdot f)(s)\, \mathbf{x}^\alpha \mathbf{y}^\beta .$$

Andererseits gilt $\varphi^{-1}(\mathbf{x})\, \varphi^{-1}(\mathbf{y}) = \varphi^{-1}(\mathbf{m}(\mathbf{x}, \mathbf{y}))$, so daß sich unter Benutzung von (19.5.5) die Taylorentwicklung der Funktion

$$(\mathbf{x}, \mathbf{y}) \to f(s\varphi^{-1}(\mathbf{m}(\mathbf{x}, \mathbf{y})))$$

ergibt, wenn man in der formalen Potenzreihe $\sum_\gamma (Z_\gamma \cdot f)(s)\, Y^\gamma$ für jedes γ anstelle von Y^γ die formale Potenzreihe

$$\sum_{\alpha,\beta} c_{\alpha\beta\gamma} X^\alpha Y^\beta$$

(die Entwicklung von $(\mathbf{m}(\mathbf{x}, \mathbf{y}))^\gamma$) einsetzt. So erhält man die formale Potenzreihe

19.5.9.7. $$\sum_{\alpha,\beta} \Big(\sum_\gamma c_{\alpha\beta\gamma}(Z_\gamma \cdot f)(s)\Big) X^\alpha Y^\beta ;$$

durch Vergleich mit (19.5.9.6) ergibt sich die Relation (19.5.9.2) für jedes Paar (α, β) von Multiindizes.

Wir nennen (19.5.9.1) die *Taylorformel* im Punkt e in G bezüglich der Karte $c = (U, \varphi, n)$.

19.5.10. Mit ε_i bezeichnen wir jetzt die Multiindizes $(\delta_{ij})_{1 \leqq j \leqq n}$, wobei δ_{ij} das Kroneckersymbol ist. Die invarianten Vektorfelder $Z_{\varepsilon_i} = X_i$ $(1 \leqq i \leqq n)$ bilden dann eine *Basis* der Lieschen Algebra $\mathfrak{g}$ der invarianten Vektorfelder. Außerdem gilt nach (19.5.7.6) und (19.5.7.7)

$$c_{\varepsilon_i \varepsilon_j \gamma} = 0 \qquad \text{für } |\gamma| > 2\,,$$
$$c_{\varepsilon_i, \varepsilon_j, \varepsilon_i + \varepsilon_j} = 1 \qquad \text{für } i \neq j\,,$$
$$c_{\varepsilon_i \varepsilon_j \varepsilon_k} = b^{(k)}_{\varepsilon_i \varepsilon_j}$$

(was wir der Kürze halber mit $b_{ij}^{(k)}$ bezeichnen). Aus (19.5.9.2) ergibt sich also für $i \neq j$

19.5.10.1. $\mathrm{X}_i \circ \mathrm{X}_j = \mathrm{Z}_{\varepsilon_i + \varepsilon_j} + \sum_{k=1}^{n} b_{ij}^{(k)} \mathrm{X}_k\,.$

So erhält man schließlich als Multiplikationstabelle der Basis $(\mathrm{X}_i)_{1 \leqq i \leqq n}$ der Lieschen Algebra $\mathfrak{g}$

19.5.10.2. $[\mathrm{X}_i, \mathrm{X}_j] = \sum_{k=1}^{n} (b_{ij}^{(k)} - b_{ji}^{(k)})\, \mathrm{X}_k \qquad (1 \leqq i, j \leqq n)\,.$

Da nach (16.5.7) aber $\mathrm{X}_i(e) = \mathbf{u}_i = (d_e\varphi)^{-1} \cdot \mathbf{e}_i$ ist, ergibt sich für die Basis $(\mathbf{u}_i)$ der Lieschen Algebra $\mathfrak{g}_e$ der Gruppe G die gleiche Multiplikationstabelle

19.5.19.3. $[\mathbf{u}_i, \mathbf{u}_j] = \sum_{k=1}^{n} (b_{ij}^{(k)} - b_{ji}^{(k)})\, \mathbf{u}_k \qquad (1 \leqq i, j \leqq n)\,.$

19.5.11. Beispiel. Wir betrachten die Liesche Gruppe G, deren zugrundeliegende Mannigfaltigkeit $\boldsymbol{R}^* \times \boldsymbol{R}$ ist und deren Kompositionsgesetz

19.5.11.1. $(s^1, s^2)\,(t^1, t^2) = (s^1 t^1, s^1 t^2 + s^2)$

lautet; ihr neutrales Element ist $e = (1, 0)$. Als Karte nehmen wir $(G, \varphi, 2)$, wobei φ die Translation (im $\boldsymbol{R}^2$) ist, die $(1, 0)$ in $(0, 0)$ überführt. In den Bezeichnungen von (19.5.7) gilt dann

19.5.11.2. $$\begin{cases} m_1(\mathbf{x}, \mathbf{y}) = x^1 + y^1 + x^1 y^1\,, \\ m_2(\mathbf{x}, \mathbf{y}) = x^2 + y^2 + x^1 y^2\,, \end{cases}$$

und aufgrund von (19.5.10.3) hat die Liesche Algebra von G die Multiplikationstabelle

19.5.11.3. $[\mathbf{u}_1, \mathbf{u}_2] = \mathbf{u}_2\,.$

Aufgaben

1. Es sei $G \subset \boldsymbol{GL}(3, \boldsymbol{R})$ die aus allen Matrizen vom Typ

$$\begin{pmatrix} 1 & x & z \\ 0 & 1 & y \\ 0 & 0 & 1 \end{pmatrix}$$

bestehende Liesche Untergruppe. Man zeige, daß die Liesche Algebra $\mathfrak{g}_e$ eine Basis $(\mathbf{u}, \mathbf{v}, \mathbf{w})$ hat, deren Multiplikationstabelle $[\mathbf{u}, \mathbf{v}] = \mathbf{w}$, $[\mathbf{u}, \mathbf{w}] = 0$, $[\mathbf{v}, \mathbf{w}] = 0$ ist.

2. Man zeige, daß die Liesche Algebra der Gruppe $\boldsymbol{SL}(2, \boldsymbol{R})$ eine Basis mit folgender Multiplikationstabelle besitzt:

$$[\mathbf{u}_1, \mathbf{u}_2] = 2\mathbf{u}_2\,, \quad [\mathbf{u}_1, \mathbf{u}_3] = -2\mathbf{u}_3\,, \quad [\mathbf{u}_2, \mathbf{u}_3] = \mathbf{u}_1\,.$$

19.6. Die einhüllende Algebra der Lieschen Algebra einer Lieschen Gruppe

Wir wollen die in (19.5.7), (19.5.8) und (19.5.10) eingeführten Bezeichnungen und Voraussetzungen beibehalten und das Verknüpfungsgesetz in $\mathfrak{G}$ multiplikativ schreiben, also $(X, Y) \to X \circ Y$. Für jeden Multiindex $\alpha = (\alpha_1, \ldots, \alpha_n)$ setzen wir in der Algebra $\mathfrak{G}$

19.6.1. $\quad X_\alpha = X_1^{\alpha_1} X_2^{\alpha_2} \cdots X_n^{\alpha_n} \quad$ (mit der Konvention $X_0 = 1$)

(dabei ist zu beachten, daß man im allgemeinen die X_i *nicht vertauschen kann*, da die Algebra $\mathfrak{G}$ nicht kommutativ zu sein braucht).

19.6.2. *Die Operatoren X_α bilden eine Basis der infinitesimalen Algebra $\mathfrak{G}$ der Gruppe G.*

Für jede ganze Zahl $m > 0$ sei $\mathfrak{G}_m$ der aus den invarianten Operatoren höchstens m-ter Ordnung bestehende Vektorteilraum von $\mathfrak{G}$; nach (19.5.8.1) und (19.5.9.2) hat $\mathfrak{G}_m$ als Basis die Menge der Z_α mit $|\alpha| \leqq m$; die X_α und die Z_α haben die gleiche Indexmenge, so daß man nur zu beweisen braucht, daß die X_α mit $|\alpha| \leqq m$ den Raum $\mathfrak{G}_m$ *erzeugen* (vgl. (A.4.8)). Für $m = 1$ ist nach Definition der X_i die Behauptung trivial; es genügt also, durch Induktion nach m zu beweisen, daß für $|\alpha| = m$

19.6.2.1. $\quad X_\alpha = \alpha!\, Z_\alpha + \sum\limits_{|\lambda| < m} q_{\alpha\lambda} Z_\lambda \quad$ mit $q_{\alpha\lambda} \in \boldsymbol{R}$

gilt. In $\alpha = (\alpha_1, \ldots, \alpha_n)$ sei i der kleinste Index mit $\alpha_i > 0$; dann können wir nach Definition $X_\alpha = X_i X_{\alpha - \varepsilon_i}$ setzen. Nach Induktionsvoraussetzung ist

19.6.2.2. $\quad X_{\alpha - \varepsilon_i} = (\alpha - \varepsilon_i)!\, Z_{\alpha - \varepsilon_i} + \sum\limits_{|\mu| < m-1} q_{\alpha - \varepsilon_i, \mu} Z_\mu\,.$

Nun gilt (vgl. (19.5.9.2), (19.5.7.6) und (19.5.7.7)) aber

19.6.2.3. $\quad X_i Z_{\alpha - \varepsilon_i} = \alpha_i Z_\alpha + \sum\limits_{|\lambda| < m} c_{\varepsilon_i, \alpha - \varepsilon_i, \lambda} Z_\lambda$

und für $|\mu| < m - 1$

19.6.2.4. $\quad X_i Z_\mu = \sum\limits_{|\lambda| < m} c_{\varepsilon_i, \mu, \lambda} Z_\lambda\,.$

Setzen wir diese Werte in die von links mit X_i multiplizierte rechte Seite von (19.6.2.2) ein, so erhalten wir die Formel (19.6.2.1).

19.6.3. Wir wollen jetzt zeigen, daß die assoziative Algebra $\mathfrak{G}$ die „einhüllende" Algebra der Lieschen Algebra $\mathfrak{g}$ ist, und zwar in folgendem Sinne:

19.6.4. *Zu jeder (assoziativen)* $\boldsymbol{R}$*-Algebra B mit Einselement und jeder linearen Abbildung f von* $\mathfrak{g}$ *in B, welche für alle* X, Y $\in \mathfrak{g}$ *die Relation*

19.6.4.1. $f([X, Y]) = f(X)\, f(Y) - f(Y)\, f(X)$

erfüllt, existiert genau ein Homomorphismus h der Algebra $\mathfrak{G}$ *in die Algebra B, der eine Ausdehnung von f ist und für den* $h(1) = 1$ *gilt.*

Offenbar ist h eindeutig bestimmt; denn nach (19.6.2) wird $\mathfrak{G}$ von $\mathfrak{g}$ und dem Einselement erzeugt. Um die Existenz von h zu beweisen, bemerken wir, daß (in den obigen Bezeichnungen) für jeden Multiindex α

19.6.4.2. $h(X_\alpha) = \big(f(X_1)\big)^{\alpha_1} \big(f(X_2)\big)^{\alpha_2} \cdots \big(f(X_n)\big)^{\alpha_n}$

gelten muß.

Es gibt nun umgekehrt genau eine *lineare* Abbildung h von $\mathfrak{G}$ in B, die für jedes α den Relationen (19.6.4.2) genügt. Um einzusehen, daß h ein Algebrenhomomorphismus ist, genügt es zu zeigen, daß für beliebige α und β

19.6.4.3. $h(X_\alpha X_\beta) = h(X_\alpha)\, h(X_\beta)$

erfüllt ist.

Wir betrachten zuerst den Fall $\alpha = \varepsilon_i$, $\beta = \varepsilon_j$; für $i \leqq j$ ist $X_i X_j = X_{\varepsilon_i + \varepsilon_j}$, und die Relation (19.6.4.3) folgt aus der Definition (19.6.4.2); für $i > j$ können wir $X_i X_j = [X_i, X_j] + X_j X_i$ schreiben, und dann ergibt sich die Relation (19.6.4.3) aus dem Obigen und aus der Annahme (19.6.4.1).

Nun behandeln wir den Fall $\alpha = \varepsilon_i$ durch Induktion nach $|\beta| = m$ und i. Es gibt einen Index j derart, daß wir $X_\beta = X_j X_\gamma$ mit $\gamma = \beta - \varepsilon_j$ schreiben können; ist $i \leqq j$ (was ja für $i = 1$ der Fall ist), so gilt $X_i X_\beta = X_{\beta + \varepsilon_i}$, und die Relation (19.6.4.3) folgt wieder aus der Definition (19.6.4.2); für $i > j$ gilt

$$h(X_i X_j X_\gamma) = h([X_i, X_j]\, X_\gamma) + h(X_j X_i X_\gamma)\,.$$

Da $[X_i, X_j]$ Linearkombination der X_k und $|\gamma| = m - 1$ ist, gilt

$$h([X_i, X_j]\, X_\gamma) = h([X_i, X_j])\, h(X_\gamma)$$

nach Induktionsvoraussetzung, ferner $h([X_i, X_j]) = h(X_i)\, h(X_j) - h(X_j)\, h(X_i)$ und $h(X_j)\, h(X_\gamma) = h(X_\beta)$; folglich ist

$$h([X_i, X_j]\, X_\gamma) = h(X_i)\, h(X_\beta) - h(X_j)\, h(X_i)\, h(X_\gamma)\,.$$

Andererseits kann man $X_i X_\gamma = \sum_\lambda r_\lambda X_\lambda$ schreiben, wobei $|\lambda| \leqq m$ ist; wegen $j < i$ gilt also

$$h(X_j X_i X_\gamma) = \sum_\lambda r_\lambda h(X_j X_\lambda) = \sum_\lambda r_\lambda h(X_j)\, h(X_\lambda) = h(X_j)\, h(X_i X_\gamma)\,.$$

Aufgrund von $|\gamma| = m - 1$ ergibt sich durch Induktion $h(X_i X_\gamma) = h(X_i)\, h(X_\gamma)$. Somit ist tatsächlich $h(X_i X_\beta) = h(X_i)\, h(X_\beta)$ für jedes i und jedes β.

Wir wenden uns nun dem allgemeinen Fall zu; dabei schließen wir durch Induktion nach $|\alpha| = m$. Wir können wieder $X_\alpha = X_i X_\gamma$ mit $\gamma = \alpha - \varepsilon_i$ für einen Index i schreiben; dann gilt $h(X_\alpha X_\beta) = h(X_i X_\gamma X_\beta)$, und wegen $X_\gamma X_\beta = \sum_\lambda r_\lambda X_\lambda$ gilt nach dem Vorhergehenden

$$h(X_i X_\gamma X_\beta) = \sum_\lambda r_\lambda h(X_i X_\lambda) = \sum_\lambda r_\lambda h(X_i)\, h(X_\lambda) = h(X_i)\, h(X_\gamma X_\beta)\,.$$

Schließlich gilt wegen $|\gamma| = m - 1$ nach Induktionsvoraussetzung $h(X_\gamma X_\beta) = h(X_\gamma)\, h(X_\beta)$. Damit ist der Satz bewiesen, da ja $h(X_i)\, h(X_\gamma) = h(X_\alpha)$ ist.

Wir bezeichnen die assoziative Algebra $\mathfrak{G}$ auch mit $U(\mathfrak{g})$.

Aufgaben

1. Es sei $\mathbf{T}^n(\mathfrak{g})$ der Vektorraum $\otimes^n \mathfrak{g}$ (über $\boldsymbol{R}$), d. h. die n-te tensorielle Potenz der Lieschen Algebra $\mathfrak{g}$ einer Lieschen Gruppe G, und es sei $\mathbf{T}(\mathfrak{g})$ die Tensoralgebra von $\mathfrak{g}$, d. h. die direkte Summe der $\mathbf{T}^n(\mathfrak{g})$ für $n \geqq 0$.

a) Man zeige: Die einhüllende Algebra $U(\mathfrak{g})$ ist der Faktoralgebra von $\mathbf{T}(\mathfrak{g})$ nach dem von den Elementen der Gestalt $X \otimes Y - Y \otimes X - [X, Y]$ mit $X, Y \in \mathfrak{g}$ erzeugten zweiseitigen Ideal $\mathfrak{J}$ von $\mathbf{T}(\mathfrak{g})$ isomorph.

b) Es sei T_n die direkte Summe der $\mathbf{T}^k(\mathfrak{g})$ für $0 \leqq k \leqq n$; das kanonische Bild U_n von T_n in $U(\mathfrak{g})$ ist der von den Produkten von je n Elementen, die Skalare oder Elemente von $\mathfrak{g}$ sind, erzeugte Vektorteilraum. Für $n \geqq 0$ sei $P_n = U_n/U_{n-1}$ (mit $U_{-1} = \{0\}$) und $P(\mathfrak{g})$ der Vektorraum, welcher direkte Summe der P_n ist; durch Übergang zum Quotientenraum definiert die Multiplikation in $U(\mathfrak{g})$ für jedes Paar ganzer Zahlen $m \geqq 0$, $n \geqq 0$ eine bilineare Abbildung $P_n \times P_m \to P_{n+m}$, und diese Abbildungen definieren auf $P(\mathfrak{g})$ eine Struktur einer graduierten assoziativen Algebra. Man zeige: Hat $\mathfrak{g}$ die Dimension m, so ist $P(\mathfrak{g})$ der Polynomalgebra $\boldsymbol{R}[T_1,\ldots,T_m]$ in m Unbestimmten isomorph.

c) Aus b) leite man her, daß die Algebra $U(\mathfrak{g})$ ein links- und rechtsnoetherscher Ring ist. (Ist $\mathfrak{a}$ ein Linksideal, so betrachte man das von den kanonischen Bildern der $\mathfrak{a} \cap U_n$ in den P_n erzeugte graduierte Ideal in $P(\mathfrak{g})$ und lifte ein endliches Erzeugendensystem dieses Ideals.)

d) Es seien $\mathfrak{a}_1, \ldots, \mathfrak{a}_p$ Linksideale endlicher Kodimension von $U(\mathfrak{g})$; man zeige, daß das Linksideal $\mathfrak{a}_1 \mathfrak{a}_2 \cdots \mathfrak{a}_p$ von endlicher Kodimension ist. (Man wende unter Benutzung von c) vollständige Induktion nach p an.)

e) Man zeige, daß die Algebra $U(\mathfrak{g})$ keine Nullteiler hat (dabei verwende man eine analoge Methode wie in c)) und daß die einzigen invertierbaren Elemente von $U(\mathfrak{g})$ die Skalare sind.

f) Es seien $A \in U_p$ und $B \in U_p$ zwei von Null verschiedene Elemente. Man zeige, daß zwei von Null verschiedene Elemente C und D von $U(\mathfrak{g})$ existieren mit $CA = DB$ (man vergleiche die Dimensionen von $U_n A$, $U_n B$ und U_{n+p}). Hieraus leite man her, daß $U(\mathfrak{g})$ einer Unteralgebra U' eines Schiefkörpers K (der eine $\boldsymbol{R}$-Algebra ist) isomorph ist, dessen sämtliche Elemente die Gestalt $\xi^{-1}\eta$ und $\eta'\xi'^{-1}$ haben, mit von Null verschiedenen Elementen ξ, ξ', η, η' von U'. (Man imitiere die Konstruktion des Quotientenkörpers eines kommutativen Ringes, indem man in dem Produkt

$U(\mathfrak{g}) \times (U(\mathfrak{g})\setminus\{0\})$ die folgende Relation zwischen (A, A′) und (B, B′) betrachtet: für alle Paare (C, D) mit von Null verschiedenen Elementen von $U(\mathfrak{g})$ mit CA′ = DB′ gilt CA = DB.)

19.7. Eingebettete Liesche Gruppen und Liesche Unteralgebren

Im Rest dieses Kapitels werden wir zeigen, wie die Theorie der Lieschen Gruppen weitgehend auf die der *Lieschen Algebren* (endlicher Dimension) über $\boldsymbol{R}$ zurückgeführt werden kann.

19.7.1. *Es seien G und G' zwei Liesche Gruppen, e bzw. e' ihre neutralen Elemente, $f\colon G \to G'$ ein Homomorphismus Liescher Gruppen, ferner $\mathfrak{g}_e = \text{Lie}(G)$ und $\mathfrak{g}' = \text{Lie}(G')$, schließlich $f_* = \text{Lie}(f) = T_e(f)\colon \mathfrak{g}_e \to \mathfrak{g}'_{e'}$ ein Homomorphismus Liescher Algebren. Das Bild $f_*(\mathfrak{g}_e)$ ist dann eine Liesche Unteralgebra von $\mathfrak{g}'_{e'}$, der Kern $\mathfrak{n}_e$ von f_* ist ein Ideal der Lieschen Algebra $\mathfrak{g}_e$, und die Liesche Faktoralgebra $\mathfrak{g}_e/\mathfrak{n}_e$ ist isomorph zu $f_*(\mathfrak{g}_e)$.*

(i) *Ist $f(G)$ eine Liesche Untergruppe von G', so ist ihre Liesche Algebra identisch mit $f_*(\mathfrak{g}_e)$* (vgl. (19.7.5)).

(ii) *Der Kern N von f ist eine Liesche Untergruppe von G, deren Liesche Algebra mit $\mathfrak{n}_e$ identifiziert werden kann.*

(iii) *Genau dann ist f eine Immersion* (bzw. *Submersion* bzw. *ein lokaler Diffeomorphismus*), *wenn f_* injektiv* (bzw. *surjektiv* bzw. *bijektiv*) *ist. Ist f eine Submersion, so ist $f(G)$ eine offene Untergruppe von G', und G/N ist lokal isomorph zu G'.*

Die Aussagen (ii) und (iii) sind unmittelbare Konsequenzen von (16.9.9, (iii)) und (16.7.5); die Aussage (i) ergibt sich aus (iii), wenn man f als Submersion von G auf $f(G)$ betrachtet.

19.7.1.1. Beispiel. Wir betrachten den Homomorphismus Liescher Gruppen $f\colon X \to \det(X)$ von $\boldsymbol{GL}(n, \boldsymbol{R})$ in $\boldsymbol{R}^*$. Aufgrund der Identifizierungen von (19.4.2) läßt sich der abgeleitete Homomorphismus f_* mit der *Ableitung* Df von f im Punkt I identifizieren. Entwickelt man die Determinante, so sieht man sofort, daß

$$\det(\mathrm{I} + \mathrm{Z}) = 1 + \mathrm{Tr}(\mathrm{Z}) + r_2(\mathrm{Z})$$

ist, wobei $r_2(\mathrm{Z}) \in o_2$ gilt (Bezeichnungen von (19.5.1)). Hieraus kann man schließen, daß f_* die Abbildung $\mathrm{Z} \to \mathrm{Tr}(\mathrm{Z})$ von $\boldsymbol{M}_n(\boldsymbol{R}) = \mathfrak{gl}(n, \boldsymbol{R})$ in $\boldsymbol{R} = \text{Lie}(\boldsymbol{R}^*)$ ist; da der Kern von f die *unimodulare Gruppe* $\boldsymbol{SL}(n, \boldsymbol{R})$ ist, ergibt sich aus (19.7.1), daß die Liesche Algebra $\mathfrak{gl}(n, \boldsymbol{R})$ von $\boldsymbol{SL}(n, \boldsymbol{R})$ die aus den *Matrizen mit der Spur* 0 bestehende Liesche Unteralgebra von $\mathfrak{gl}(n, \boldsymbol{R})$ ist.

19.7.2. *Es seien G_1 und G_2 zwei Liesche Gruppen, $G = G_1 \times G_2$ ihr Produkt* (vgl. (16.9.4)). *Dann ist die Abbildung $\mathbf{u} \to (T_e(\mathrm{pr}_1) \cdot \mathbf{u}, T_e(\mathrm{pr}_2) \cdot \mathbf{u})$ ein Isomorphismus von* Lie (G) *auf die Liesche Produktalgebra* Lie $(G_1) \times$ Lie (G_2).

Bekanntlich (vgl. (16.6.2)) ist nämlich diese Abbildung bijektiv, außerdem offenbar ein Homomorphismus Liescher Algebren.

Meist identifizieren wir die invarianten Vektorfelder auf $G_1 \times G_2$ mit den Paaren (X', X''), wobei X' (bzw. X'') ein invariantes Vektorfeld auf G_1 (bzw. G_2) ist; dabei wird X' mit $(X', 0)$ und X'' mit $(0, X'')$ identifiziert, so daß man (X', X'') auch mit $X' + X''$ identifizieren kann. Nun sei $(X'_i)_{1 \leqq i \leqq m}$ (bzw. $(X''_j)_{1 \leqq j \leqq n}$) eine Basis der Lieschen Algebra $\mathfrak{g}_1$ (bzw. $\mathfrak{g}_2$) der invarianten Vektorfelder auf G_1 (bzw. G_2); da X'_i und X''_j vertauschbar sind, ergibt sich — in den Bezeichnungen von (19.6.1) —, daß die infinitesimale Algebra von $G_1 \times G_2$ eine aus den Produkten $X'_\alpha X''_\beta$ mit $\alpha \in \boldsymbol{N}^m$, $\beta \in \boldsymbol{N}^n$ bestehende Basis besitzt; es gilt also

$$(X'_\alpha X''_\beta)\,(X'_\lambda X''_\mu) = (X'_\alpha X'_\lambda)\,(X''_\beta X''_\mu)\,;$$

mit anderen Worten, diese Algebra läßt sich mit dem *Tensorprodukt* $\mathfrak{G}_1 \otimes \mathfrak{G}_2$ der infinitesimalen Algebren von G_1 bzw. G_2 identifizieren (vgl. (A.20.4)).

Man beachte, daß auch dann, wenn für zwei zusammenhängende Liesche Untergruppen H_1 und H_2 einer zusammenhängenden Lieschen Gruppe G die Liesche Algebra $\mathfrak{g}_e$ von G *direkte Summe* der Lieschen Algebren von H_1 und H_2 ist, G dem Produkt $H_1 \times H_2$ nicht isomorph zu sein braucht; G ist diesem Produkt nur *lokal isomorph* (vgl. (19.7.6) und Aufgabe 1).

19.7.3. Wir haben in (19.4.3) gesehen, daß die Liesche Algebra einer Lieschen Untergruppe einer Lieschen Gruppe G mit einer Lieschen Unteralgebra von $\mathrm{Lie}(G) = \mathfrak{g}_e$ identifiziert werden kann. Dagegen braucht eine beliebige Liesche Unteralgebra $\mathfrak{h}_e$ von $\mathfrak{g}_e$ nicht die Liesche Algebra einer (notwendigerweise *abgeschlossenen*) Lieschen Untergruppe von G zu sein; immerhin gilt folgendes:

19.7.4. *Es sei G eine Liesche Gruppe, $\mathfrak{g}_e$ ihre Liesche Algebra. Für jede Liesche Unteralgebra $\mathfrak{h}_e$ von $\mathfrak{g}_e$ existieren eine zusammenhängende Liesche Gruppe H und ein injektiver Homomorphismus $j\colon H \to G$ Liescher Gruppen derart, daß j_* ein Isomorphismus von* Lie (H) *auf $\mathfrak{h}_e$ ist. Außerdem sind H und j bis auf Isomorphie durch diese Bedingungen bestimmt: Ist nämlich $j'\colon H' \to G$ ein injektiver Homomorphismus einer zusammenhängenden Lieschen Gruppe H' in G derart, daß j'_* ein Isomorphismus von* Lie (H') *auf $\mathfrak{h}_e$ ist, so existiert genau ein Isomorphismus u von H' auf H mit $j' = j \circ u$.*

Es sei $(\mathbf{u}_i)_{1 \leqq i \leqq m}$ eine Basis von $\mathfrak{h}_e$, und für jedes i sei X_i das linksinvariante Vektorfeld auf G mit $X_i(e) = \mathbf{u}_i$. Da $\mathfrak{h}_e$ eine Liesche Unteralgebra ist, sind die Klammern (Kommutatoren) $[\mathbf{u}_i, \mathbf{u}_j]$ Linearkombinationen der $\mathbf{u}_k$ mit reellen Koeffizienten; somit sind nach (19.3.3) die Klammern $[X_i, X_j]$ Linearkombinationen der X_k mit *konstanten* Koeffizienten. Bezeichnet L_x den von den Vektoren $X_j(x)$ erzeugten Teilraum von $T_x(G)$ (der mit dem Teilraum $x \cdot \mathfrak{h}_e$ von $T_x(G)$ übereinstimmt), so ist nach (18.14.5) a fortiori das m-Richtungsfeld $x \to L_x$ *vollständig integrierbar*. Wir betrachten nun die Menge $\mathfrak{M}$ der *maximalen Integralmannigfaltigkeiten* dieses Feldes (vgl. (18.14.6)) (die bekanntlich im allgemeinen *keine Untermannigfaltigkeiten* von G sind). Da das Richtungsfeld $x \to x \cdot \mathfrak{h}_e$ invariant bezüglich Linkstranslationen ist, sind die Linkstranslationen Homöomorphismen von G auf sich bezüglich der in (18.14.6) in bezug auf dieses Richtungsfeld definierten Topologie $\mathcal{T}$. Daher ist für jede maximale Integralmannigfaltigkeit $C \in \mathfrak{M}$ und jedes $s \in G$ die Menge sC eine bezüglich $\mathcal{T}$ zusammenhängende Integralmannigfaltigkeit, also in einer maximalen Mannigfaltigkeit $C' \in \mathfrak{M}$ enthalten; umgekehrt ist $s^{-1}C'$ eine zusammenhängende Integralmannigfaltigkeit, die mit C einen gemeinsamen Punkt hat, also in C enthalten ist. Mit anderen Worten, sC ist eine maximale Integralmannigfaltigkeit. Nun sei H die maximale Integralmannigfaltigkeit, die das neutrale Element e enthält; wir werden zunächst zeigen, daß H eine (nicht notwendig topologische) Untergruppe von G ist. Es seien s und t zwei Punkte von H; dann ist $st^{-1}H$ eine maximale Integralmannigfaltigkeit, die den Punkt s enthält. Daher ist $st^{-1}H = H$, und wegen $e \in H$ ist auch $st^{-1} \in H$, also H eine Untergruppe von G. Wir versehen nun H mit der durch $\mathcal{T}$ induzierten Topologie und der in (18.4.6) definierten differenzierbaren Mannigfaltigkeitsstruktur und zeigen, daß H mit diesen Strukturen und seiner Gruppenstruktur eine *Liesche Gruppe* ist. Um zu beweisen, daß $(s, t) \to st^{-1}$ eine Abbildung der Klasse C^∞ von $H \times H$ in H ist, genügt es, sich auf den Fall zu beschränken, daß s (bzw. t) in einer beliebig kleinen Umgebung eines Punktes s_0 (bzw. t_0) liegt; es gibt aber solche offenen Umgebungen U und V, auf denen die durch die differenzierbare Mannigfaltigkeitsstruktur von H induzierte differenzierbare Mannigfaltigkeitsstruktur die Struktur einer Untermannigfaltigkeit von G liefert und die so beschaffen sind, daß das Bild von $U \times V$ vermöge $(s, t) \to st^{-1}$ in einer Umgebung W von $s_0t_0^{-1}$ in H enthalten ist, welche analoge Eigenschaften hat. Daher ist die Behauptung offensichtlich. Damit ist auch klar, daß j eine Immersion und daß $j_*(\text{Lie}\ (H)) = \mathfrak{h}$ ist.

Schließlich ergibt sich die Eindeutigkeit daraus, daß nach Voraussetzung H' die gleiche Dimension wie H hat, und (nach (16.9.9)) läßt sich j' in $H' \xrightarrow{u} H \xrightarrow{j} G$ faktorisieren, wobei u ein Diffeomorphismus von H' auf eine (bezüglich der Topologie $\mathcal{T}$) offene Teilmenge von H ist (vgl. (18.14.6)); da j' nach Voraussetzung ein Gruppenhomomorphismus ist, gilt das auch für u. Daher ist $u(H')$ eine (bezüglich $\mathcal{T}$) offene Untergruppe von H, und da H (bezüglich $\mathcal{T}$) zusammenhängend ist, ist $u(H') = H$. Damit ist der Satz bewiesen.

Die im Beweis von (19.7.4) definierte Liesche Gruppe H wird die $\mathfrak{h}_e$ entsprechende *in G eingebettete* zusammenhängende Liesche Gruppe genannt, wenn man sie mit der Untergruppe $j(H)$ von G identifiziert. Sie ist im allgemeinen in G nicht abgeschlossen, selbst wenn G einfach zusammenhängend ist (vgl. Aufgabe 2). Wenn von H als topologischer Gruppe (oder gar als Liescher Gruppe) die Rede ist, soll es sich immer um die hier definierte Topologie $\mathcal{T}$ (die sogenannte *eigentliche* Topologie von H) und nicht um die durch die Topologie von G induzierte Topologie handeln, es sei denn, beide stimmen überein. Dann allerdings ist H eine *Untermannigfaltigkeit* von G (vgl. (16.8.4)), also eine notwendigerweise *abgeschlossene* Liesche Untergruppe von G (vgl. (16.9.6)).

Aus der Eindeutigkeitsaussage von (19.7.4) ergibt sich sofort: Ist $\mathfrak{h}_e'$ eine Liesche Unteralgebra von $\mathfrak{h}_e$, so stimmt die $\mathfrak{h}_e'$ entsprechende *in H* eingebettete zusammenhängende Liesche Untergruppe mit der $\mathfrak{h}_e'$ entsprechenden *in G* eingebetteten Lieschen Untergruppe überein.

19.7.5. *Es seien G und G' zwei Liesche Gruppen, $f: G \to G'$ sei ein Homomorphismus Liescher Gruppen. Ist G zusammenhängend, so ist $f(G)$ eine der Lieschen Unteralgebra $f_*(\mathfrak{g}_e)$ von $\mathfrak{g}'_{e'}$ entsprechende in G' eingebettete Liesche Gruppe.*

Ist $N = f^{-1}(e')$, so läßt sich bekanntlich f in $G \xrightarrow{p} G/N \xrightarrow{u} G'$ faktorisieren, wobei p der kanonische Homomorphismus und u ein injektiver Homomorphismus Liescher Gruppen ist (vgl. (16.10.4)); wir können uns also auf den Fall beschränken, daß f injektiv, also eine Immersion ist (vgl. (16.9.9)). Da nun f_* ein Homomorphismus Liescher Algebren ist, ist $f_*(\mathfrak{g}_e)$ eine Liesche Unteralgebra von $\mathfrak{g}'_{e'}$, der eine in G' eingebettete zusammenhängende Liesche Gruppe H entspricht. Da f_* sogar injektiv ist, ist f_* ein Isomorphismus von $\mathfrak{g}_e$ auf $f_*(\mathfrak{g}_e)$. Wir brauchen somit nur noch die Eindeutigkeitsaussage von (19.7.4) anzuwenden.

19.7.6. *Es seien G und G' zwei Liesche Gruppen, $\mathfrak{g}_e$ bzw. $\mathfrak{g}'_{e'}$ ihre Lieschen Algebren. Zu jedem Homomorphismus $u: \mathfrak{g}_e \to \mathfrak{g}'_{e'}$ Liescher Algebren existiert ein lokaler Homomorphismus h von G in G' der Klasse C^∞* (vgl. (16.9.9.4)) *mit $T_e(h) = u$; außerdem stimmt jeder lokale Homomorphismus h_1 der Klasse C^∞ von G in G', für den $T_e(h_1) = u$ ist, auf einer Umgebung von e mit h überein. Ist insbesondere G zusammenhängend, so ist die Abbildung $h \to h_*$ der Menge der Homomorphismen von G in G' in die Menge der Homomorphismen von $\mathfrak{g}_e$ in $\mathfrak{g}'_{e'}$ injektiv; ist G darüber hinaus einfach zusammenhängend, so ist diese Abbildung bijektiv.*

Wir betrachten die Liesche Gruppe $G \times G'$, deren Liesche Algebra sich mit $\mathfrak{g}_e \times g'_{e'}$ identifizieren läßt (vgl. (19.7.2)). Offenbar ist der Graph Γ_u von u eine Liesche Unteralgebra von $\mathfrak{g}_e \times \mathfrak{g}'_{e'}$; es sei H die Γ_u entsprechende in $G \times G'$ eingebettete zusammenhängende Liesche Gruppe und $j: H \to G \times G'$ die kanonische injektive Abbildung. Dann ist $(\mathrm{pr}_1 \circ j)_* = (\mathrm{pr}_1)_* \circ j_*$; nun ist aber $(\mathrm{pr}_1)_*$ die erste Projektion $\mathfrak{g}_e \times \mathfrak{g}'_{e'} \to \mathfrak{g}_e$ und $j_*(\mathrm{Lie}\,(H)) = \Gamma_u$, also $(\mathrm{pr}_1 \circ j)_*$ ein *Isomorphismus* von Lie (H) auf Lie $(G) = \mathfrak{g}_e$. Daraus folgt nach (19.7.1), daß die Einschränkung v von $\mathrm{pr}_1 \circ j$ auf eine geeignete offene Umgebung U von (e, e') in H ein *lokaler Isomorphismus* von H auf G ist (vgl. (16.9.9.4)). Somit existiert (vgl. wieder (16.9.9.4)) eine offene Umgebung $V \subset v(U)$ von e in G derart, daß $v^{-1} \mid V$ ein lokaler Isomorphismus von G auf H ist; $j_* \circ (v^{-1})_*$ ist also die Abbildung $x \to (x, u(x))$ von $\mathfrak{g}_e$ auf Γ_u. Daher ist $h = \mathrm{pr}_2 \circ j \circ (v^{-1} \mid V)$ ein lokaler Homomorphismus von G auf G' mit $h_* = u$. Ist umgekehrt h_1 ein lokaler Homomorphismus von G auf G' mit $h_{1*} = u$, so ist $g: x \to (x, h_1(x))$ ein lokaler Homomorphismus von G auf $G \times G'$ derart, daß das Bild von $\mathfrak{g}_e$ vermöge j_* die Liesche Unteralgebra Γ_u ist. Hieraus ergibt sich, daß in einer Umgebung von (e, e') in $G \times G'$ der Graph von h_1 eine Integralmannigfaltigkeit des aus den Parallelverschiebungen von Γ_u bestehenden Richtungsfeldes ist. Da H maximale Integralmannigfaltigkeit dieses Feldes ist und (e, e') enthält, ist der Graph von h_1 in H enthalten; dann stimmen aber h und h_1 auf einer Umgebung von e überein.

Ist G zusammenhängend, so stimmen je zwei Homomorphismen von G in G', die auf einer Umgebung von e übereinstimmen, ganz überein, da jede Umgebung von e die Gruppe G erzeugt (vgl. (12.8.8)). Ist schließlich G zusammenhängend und einfach zusammenhängend, so läßt sich bekanntlich jeder lokale Homomorphismus von G in G' zu einem Homomorphismus Liescher Gruppen von G in G' ausdehnen (vgl. (16.30.7)).

19.7.7. *Zwei Liesche Gruppen G und G' sind genau dann lokal isomorph, wenn ihre Lieschen Algebren isomorph sind. Sind G und G' zusammenhängende und einfach zusammenhängende Liesche Gruppen, deren Liesche Algebren zueinander isomorph sind, so existiert zu jedem Isomorphismus Liescher Algebren u: $\mathfrak{g}_e \to \mathfrak{g}'_{e'}$ genau ein Isomorphismus Liescher Gruppen $f: G \to G'$ mit $f_* = u$.*

Dies folgt unmittelbar aus (19.7.6).

19.7.8. Wir werden in Kapitel 21 zeigen, daß *jede* endlichdimensionale Liesche Algebra über $\boldsymbol{R}$ die Liesche Algebra einer Lieschen Gruppe ist. Dann gibt es nach (19.7.7) eine eineindeutige Zuordnung zwischen den Isomorphieklassen endlichdimensionaler Lieschen Algebren und den Isomorphieklassen *zusammenhängender und einfach zusammenhängender* Liescher Gruppen. Außerdem erhält man *alle zusammenhängenden* Lieschen Gruppen, die eine gegebene Liesche Algebra $\mathfrak{g}$ haben, indem man die (bis auf Isomorphie bestimmte) zusammenhängende und einfach zusammenhängende Gruppe G betrachtet, deren Liesche Algebra $\mathfrak{g}$ ist, und dann die Faktorgruppen G/D von G nach den im Zentrum von G enthaltenen diskreten Untergruppen D bildet (vgl. (16.30.2)).

19.7.9. Beispiel: *Zusammenhängende kommutative Liesche Gruppen.* Ist eine Liesche Gruppe G kommutativ, so gilt das gleiche für ihre infinitesimale Algebra $\mathfrak{G}$ (vgl. (17.11.8)); daher ist, wenn G die Dimension n hat, die Liesche Algebra von G isomorph zur Lieschen Algebra von $\boldsymbol{R}^n$ (vgl. (19.4.1)). Jede n-dimensionale zusammenhängende kommutative Liesche Gruppe ist also einer Faktorgruppe $\boldsymbol{R}^n/D$ isomorph, wobei D eine diskrete (nach (12.8.7) also abgeschlossene) Untergruppe von $\boldsymbol{R}^n$ ist (vgl. (16.30.2)). Wir werden nun alle diese Untergruppen bis auf Isomorphie bestimmen.

19.7.9.1. *Zu jeder abgeschlossenen Untergruppe F von $\boldsymbol{R}^n$ existiert ein Automorphismus u des Vektorraumes $\boldsymbol{R}^n$ mit $u(F) = \boldsymbol{Z}^p \times \boldsymbol{R}^r$; dabei ist $p \geqq 0$, $r \geqq 0$ und $p + r \leqq n$ und $\boldsymbol{Z}^p$ der diskrete $\boldsymbol{Z}$-Modul, der als Basis die ersten p Vektoren $\mathbf{e}_i$ $(1 \leqq i \leqq p)$ der kanonischen Basis besitzt, schließlich $\boldsymbol{R}^r$ der Vektorteilraum, der die $\mathbf{e}_i$ mit $p + 1 \leqq i \leqq p + r$ als Basis hat.*

Wir beweisen als erstes: Ist F nicht diskret, so enthält F mindestens eine Gerade $\boldsymbol{R}\mathbf{b}$ (mit $\mathbf{b} \neq 0$). Es sei $\|\mathbf{x}\|$ die euklidische Norm auf $\boldsymbol{R}^n$; nach Voraussetzung existiert eine Folge $(\mathbf{a}_m)$ von Punkten von F derart, daß $0 < \|\mathbf{a}_m\| < 1/m$ für jedes $m > 0$ gilt. Nun sei $\mathbf{b}_m = \mathbf{a}_m/\|\mathbf{a}_m\|$, so daß $\|\mathbf{b}_m\| = 1$ ist. Da die Sphäre $\boldsymbol{S}_{n-1}$ kompakt ist, kann man aus $(\mathbf{b}_m)$ eine Teilfolge $(\mathbf{b}_{m_k})$ auswählen, die einen Grenzwert $\mathbf{b} \in \boldsymbol{S}_{n-1}$ hat; wir zeigen, daß $\boldsymbol{R}\mathbf{b}$ zu F gehört. Es sei t eine reelle Zahl; für jedes m_k sei t_k diejenige positive oder negative ganze Zahl, für welche

$$t_k \|\mathbf{a}_{m_k}\| \leqq t < (t_k + 1) \|\mathbf{a}_{m_k}\|$$

erfüllt ist. Der Punkt $t_k \mathbf{a}_{m_k}$ gehört zu F, und es gilt

$$\begin{aligned} \|t_k \mathbf{a}_{m_k} - t\mathbf{b}\| &= \|(t_k \|\mathbf{a}_{m_k}\|)\, \mathbf{b}_{m_k} - t\mathbf{b}\| \\ &\leqq |t_k| \cdot \|\mathbf{a}_{m_k}\| \cdot \|\mathbf{b}_{m_k} - \mathbf{b}\| + \big|t_k \|\mathbf{a}_{m_k}\| - t\big| \cdot \|\mathbf{b}\| \\ &\leqq \left(|t| + \frac{1}{m_k}\right) \cdot \|\mathbf{b}_{m_k} - \mathbf{b}\| + \frac{1}{m_k}. \end{aligned}$$

Da F abgeschlossen ist, gehört also $t\mathbf{b}$ tatsächlich zu F.

Offenbar ist die Summe aller in F enthaltenen Vektorteilräume *der größte* in F enthaltene Vektorteilraum M. Ist N ein Komplement von M in $\boldsymbol{R}^n$, so gilt also $F = M \oplus (F \cap N)$, und $F \cap N$ ist diskret, weil dieser Durchschnitt abgeschlossen ist und keinen von Null verschiedenen Vektorteilraum enthalten kann. Unter den Vektorteilräumen P von N, für welche $F \cap P$ ein von einer Basis von P erzeugter freier $\boldsymbol{Z}$-Modul ist, sei P_0 ein Teilraum der *maximalen* Dimension p und $(\mathbf{c}_1, \ldots, \mathbf{c}_p)$ eine Basis von P_0, welche $F \cap P_0$ erzeugt. Wir zeigen nun (indirekt), daß $F \cap N \subset P_0$, also $F \cap N = F \cap P_0$ ist.

Wir nehmen also an, es existiere ein $\mathbf{a} \in F \cap N$, das nicht zu P_0 gehört. Ferner sei K die Menge der Punkte von N der Gestalt $t\mathbf{a} + \sum_{k=1}^{p} t_k \mathbf{c}_k$, wobei t und die t_k im Intervall $[0, 1]$ von $\boldsymbol{R}$ variieren; K ist eine kompakte Menge, somit ist $K \cap (F \cap N)$ kompakt und diskret, also *endlich* (vgl. (3.16.3)). Da K nicht in P_0 enthalten ist, gibt es unter den Punkten von $K \cap (F \cap N) \cap \complement P_0$ einen Punkt $\mathbf{c} = t_0 \mathbf{a} + \sum_{k=1}^{p} t_k \mathbf{c}_k$, für den $t_0 > 0$ den kleinstmöglichen Wert hat. Hieraus werden wir schließen, daß $F \cap (P_0 + \boldsymbol{R}\mathbf{c}) = (F \cap P_0) + \boldsymbol{Z}\mathbf{c}$ ist. Zieht man nämlich von einem Punkt $\mathbf{x} \in F \cap (P_0 + \boldsymbol{R}\mathbf{c})$ einen Punkt der Gestalt $m\mathbf{a} + \sum_{k=1}^{p} m_k \mathbf{c}_k$ ab, wobei m und m_k geeignete ganze rationale Zahlen sind, so kann man annehmen, es sei $\mathbf{x} \in K \cap (F \cap N)$, also $\mathbf{x} = r\mathbf{a} + \sum_{k=1}^{p} r_k \mathbf{c}_k$ mit $0 \leqq r \leqq 1$, $0 \leqq r_k \leqq 1$; wäre r kein ganzzahliges Vielfaches von t_0, so gäbe es eine ganze Zahl q mit $q t_0 < r < (q+1)\, t_0$; wenn man nun von $\mathbf{x} - q\mathbf{c}$ einen geeigneten Vektor aus $F \cap P_0$ abzieht, so erhielte man einen zu $K \cap (F \cap N)$ gehörenden Punkt der Gestalt $(r - q t_0)\, \mathbf{a} + \sum_{k=1}^{p} t_k \mathbf{c}_k$. Das ist aber unmöglich. Dann wäre $P_0 + \boldsymbol{R}\mathbf{c}$ ein $(p+1)$-dimensionaler Teilraum von N derart, daß $F \cap (P_0 + \boldsymbol{R}\mathbf{c})$ ein $\boldsymbol{Z}$-Modul ist, der von der aus $\mathbf{c}$ und den $\mathbf{c}_k$ bestehenden Basis von $P_0 + \boldsymbol{R}\mathbf{c}$ erzeugt wird. Dies widerspricht aber der Definition von P_0.

Jetzt brauchen wir nur einen Automorphismus u des Vektorraumes $\boldsymbol{R}^n$ zu betrachten, der die $\mathbf{c}_i$ in die $\mathbf{e}_i$ (für $1 \leqq i \leqq p$) sowie eine Basis von M in die Menge der $\mathbf{e}_i$ mit $p + 1 \leqq i \leqq p + r$ überführt, um den Beweis abzuschließen.

Damit haben wir die gesuchte Klassifikation der kommutativen Lieschen Gruppen $\boldsymbol{R}^n/D$ erhalten:

19.7.9.2. *Jede n-dimensionale kommutative zusammenhängende Liesche Gruppe ist einem Produkt $\boldsymbol{T}^p \times \boldsymbol{R}^{n-p}$, $0 \leqq p \leqq n$, isomorph.*

Nach (19.7.9.1) kann man sich nämlich bis auf Isomorphie auf den Fall beschränken, daß die Untergruppe D mit $\boldsymbol{Z}^p$ übereinstimmt, so daß bis auf Isomorphie $\boldsymbol{R}^n/D = (\boldsymbol{R}^p/\boldsymbol{Z}^p) \times \boldsymbol{R}^{n-p}$ ist (vgl. (16.10.5)); aus dem gleichen Grund kann $\boldsymbol{R}^p/\boldsymbol{Z}^p$ mit $(\boldsymbol{R}/\boldsymbol{Z})^p = \boldsymbol{T}^p$ identifiziert werden.

Wir weisen noch darauf hin, daß $\boldsymbol{T}^p \times \{0\}$ die *größte* kompakte Untergruppe von $\boldsymbol{T}^p \times \boldsymbol{R}^{n-p}$ ist, da $\{0\}$ die einzige kompakte Untergruppe von $\boldsymbol{R}^{n-p}$ ist.

Aufgaben

1. Es sei Z das Zentrum der unitären Gruppe $\boldsymbol{U}(2, \boldsymbol{C})$; man zeige, daß in der Lieschen Algebra von $\boldsymbol{U}(2, \boldsymbol{C})$ die Lieschen Algebren der zusammenhängenden Untergruppen Z und $\boldsymbol{SU}(2, \boldsymbol{C})$ komplementäre Ideale sind, aber $\boldsymbol{U}(2, \boldsymbol{C})$ nicht dem Produkt $Z \times \boldsymbol{SU}(2, \boldsymbol{C})$ isomorph ist.

2. Man gebe in der einfach zusammenhängenden Gruppe $\boldsymbol{SU}(3, \boldsymbol{C})$ Beispiele von einparametrigen Untergruppen an, die nicht abgeschlossen sind.

3. In der Lieschen Gruppe $G = \boldsymbol{GL}(2, \boldsymbol{R})$ sei A die aus den Matrizen der Gestalt $\begin{pmatrix} x & y \\ 0 & z \end{pmatrix}$ bestehende Liesche Untergruppe und B die aus den Matrizen der Gestalt $\begin{pmatrix} 1 & 0 \\ t & 1 \end{pmatrix}$ bestehende Liesche Untergruppe. Man zeige, daß Lie (G) = Lie $(A) \oplus$ Lie (B) ist, daß aber $AB \neq BA$ gilt und AB nicht mit G übereinstimmt.

4. Es seien F und G zwei abgeschlossene Untergruppen von $\boldsymbol{R}^n$ mit $G \subset F$; es sei V der Vektorteilraum der neutralen Komponente von G, der in dem Vektorteilraum U der neutralen Komponente von F enthalten ist, W ein zu U komplementärer Vektorteilraum, so daß F zu $U \times (W \cap F)$ isomorph ist, wobei $W \cap F$ diskret ist. Man zeige: Ist S ein zu V komplementärer Teilraum von U, so existiert ein Komplement W_0 von U derart, daß

$$G = V \oplus (S \cap G) \oplus (W_0 \cap G)$$

gilt, wobei $S \cap G$ und $W_0 \cap G \subset W_0 \cap F$ diskret sind. (Man projiziere G parallel zu U auf $W \cap F$ und wende auf diese Untergruppe von $W \cap F$ die Theorie der Invarianteneiler an; alsdann lifte man die erhaltene Basis in G.)

5. Wir nennen eine kommutative Liesche Gruppe A *elementar*, wenn sie einem Produkt $\boldsymbol{R}^m \times \boldsymbol{T}^n \times \boldsymbol{Z}^p \times F$ isomorph ist; dabei soll F eine endliche kommutative Gruppe sein. Man zeige unter Benutzung von Aufgabe 4, daß jede abgeschlossene Untergruppe und jede Faktorgruppe nach einer abgeschlossenen Untergruppe einer elementaren Gruppe elementare Gruppen sind.

6. a) Man zeige: Jeder stetige Homomorphismus einer Gruppe $\boldsymbol{R}^m$ in eine Gruppe $\boldsymbol{T}^n$ hat die Gestalt $\pi_n \circ g$, wobei $g: \boldsymbol{R}^m \to \boldsymbol{R}^n$ eine $\boldsymbol{R}$-*lineare* Abbildung und π_n: $\boldsymbol{R}^n \to \boldsymbol{T}^n$ der kanonische Homomorphismus ist (vgl. (16.30.4) und (4.1.3)).

b) Zu jedem stetigen Homomorphismus f von $\boldsymbol{T}^m$ in $\boldsymbol{T}^n$ existiert eine lineare Abbildung $g: \boldsymbol{R}^m \to \boldsymbol{R}^n$ mit $g(\boldsymbol{Z}^m) \subset \boldsymbol{Z}^n$ und $\pi_n \circ g = f \circ \pi_m$ (man benutze a)).

c) Es seien n reelle Zahlen r_i $(1 \leqq i \leqq n)$ gegeben derart, daß die $n + 1$ Zahlen $1, r_1, \ldots, r_n$ über dem Körper $\boldsymbol{Q}$ linear unabhängig sind. Ferner sei z das kanonische Bild des Punktes $(r_1, \ldots, r_n) \in \boldsymbol{R}^n$ in $\boldsymbol{T}^n$. Man zeige, daß die von z erzeugte Untergruppe G von $\boldsymbol{T}^n$ in $\boldsymbol{T}^n$ *überall dicht* ist. (Wäre $\overline{G} \neq \boldsymbol{T}^n$, so wäre nach Aufgabe 5 die Faktorgruppe $\boldsymbol{T}^n/\overline{G}$ einem Torus $\boldsymbol{T}^p$ mit $1 \leqq p \leqq n$ isomorph; daher gäbe es einen stetigen Homomorphismus g von $\boldsymbol{T}^n$ auf $\boldsymbol{T}$, der auf G verschwindet; hieraus ergäbe sich unter Benutzung von b) ein Widerspruch.)

7. Es sei G eine Liesche Gruppe, H eine Liesche Untergruppe von G und π: $G \to G/H$ die kanonische Submersion; für jeden Tangentialvektor $\mathbf{u}_e \in \mathfrak{g}_e$ und jedes $t \in H$ gilt $T(\pi) \cdot (\mathbf{u}_e \cdot t) = T(\pi) \cdot \mathbf{u}_e$. Ferner sei $\mathfrak{m}$ ein Vektorteilraum von $\mathfrak{g}_e = \operatorname{Lie}(G)$ mit $\mathfrak{m} \cap \operatorname{Lie}(H) = \{0\}$ und $\operatorname{Ad}(t) \cdot \mathfrak{m} = \mathfrak{m}$ für jedes $t \in H$. Man zeige, daß in $T(G/H)$ die Vereinigung der Vektorteilräume $s \cdot (T(\pi) \cdot \mathfrak{m}) \subset T_{s, x_0}(G/H)$ für $s \in G$ und $x_0 = \pi(e)$ ein Vektorteilbündel von $T(G/H)$ ist, dessen Rang die Dimension von $\mathfrak{m}$ ist und auf dem G äquilinear operiert.

8. Die Stiefelsche Mannigfaltigkeit $\boldsymbol{S}_{n,p}$ kann kanonisch mit einer Untermannigfaltigkeit von $(\boldsymbol{S}_{n-1})^p$ identifiziert werden, die selbst eine Untermannigfaltigkeit von $\boldsymbol{R}^{np}$ ist; für die kanonische injektive Abbildung j: $\boldsymbol{S}_{n,p} \to (\boldsymbol{S}_{n-1})^p$ ist $T(\boldsymbol{S}_{n,p})$ also ein Teilbündel von $j^*(T(\boldsymbol{S}_{n-1})^p)$, das selbst ein Teilbündel des trivialen Bündels $\boldsymbol{S}_{n,p} \times \boldsymbol{R}^{np}$ ist. Die Faser $(T_{\mathbf{z}}((\boldsymbol{S}_{n-1})^p))$ in einem Punkt $\mathbf{z} = (\mathbf{x}_1, \ldots, \mathbf{x}_p) \in (\boldsymbol{S}_{n-1})^p$ besteht aus den Vektoren $(\mathbf{z}, \mathbf{u}_1, \ldots, \mathbf{u}_p)$ von $\{\mathbf{z}\} \times \boldsymbol{R}^{np}$, für welche $(\mathbf{x}_j \mid \mathbf{u}_j) = 0$ mit $1 \leqq j \leqq p$ gilt.

a) Es sei $\mathbf{z}_0 = (\mathbf{e}_1, \ldots, \mathbf{e}_p)$ das Bild des neutralen Elements von $\boldsymbol{SO}(n, \boldsymbol{R})$ in $\boldsymbol{S}_{n,p}$. Man zeige, daß die (mit einem Vektorteilraum von $\{\mathbf{z}_0\} \times \boldsymbol{R}^{np}$ identifizierte) Faser $T_{\mathbf{z}_0}((\boldsymbol{S}_{n-1})^p)$ direkte Summe der folgenden, sämtlich bezüglich jedes Automorphismus $\operatorname{Ad}(t)$ für $t \in \boldsymbol{SO}(n-p, \boldsymbol{R})$ invarianten, paarweise zueinander orthogonalen Teilräume ist:

1° der von dem Vektor $(\mathbf{z}_0, \mathbf{u}_1, \ldots, \mathbf{u}_p)$ mit $\mathbf{u}_j = 0$ für $j \neq r$ und $j \neq s$, $\mathbf{u}_r = \mathbf{e}_s$, $\mathbf{u}_s = \mathbf{e}_r$ erzeugten eindimensionalen Räume (für jedes Paar (r, s) mit $1 \leqq r < s \leqq p$, das sind insgesamt $p(p-1)/2$ Teilräume);

2° der von dem Vektor $(\mathbf{z}_0, \mathbf{u}_1, \ldots, \mathbf{u}_p)$ mit $\mathbf{u}_j = 0$ für $j \neq r$ und $j \neq s$ und $\mathbf{u}_r = \mathbf{e}_s$, $\mathbf{u}_s = -\mathbf{e}_r$ erzeugten eindimensionalen Räume (für jedes Paar (r, s) mit $1 \leqq r < s \leqq p$, insgesamt $p(p-1)/2$ Teilräume);

3° der von den Vektoren $(\mathbf{z}_0, \mathbf{u}_1, \ldots, \mathbf{u}_p)$, wobei für jeden Index r mit $1 \leqq r \leqq p$ wieder $\mathbf{u}_j = 0$ für $j \neq r$ und $\mathbf{u}_r$ Linearkombination der $\mathbf{e}_{p+1}, \ldots, \mathbf{e}_n$ ist, erzeugten $(n-p)$-dimensionalen Räume (insgesamt p Teilräume).

Die Vektorteilbündel von $j^*(T((\boldsymbol{S}_{n-1})^p))$, welche Vereinigung der Bilder vermöge der Operation von $\boldsymbol{SO}(n, \boldsymbol{R})$ dieser drei Typen von Vektorteilräumen auf $(\boldsymbol{S}_{n-1})^p$ sind, bezeichnen wir mit $A_{r,s}$, $B_{r,s}$ bzw. C_r. Die Vektorbündel $A_{r,s}$ und $B_{r,s}$ sind dem trivialen Bündel $I = \boldsymbol{S}_{n,p} \times \boldsymbol{R}$ isomorph, und die Bündel C_r sind paarweise isomorph. Weiterhin ist das *Normalenbündel* von $\boldsymbol{S}_{n,p}$ bezüglich $(\boldsymbol{S}_{n-1})^n$ (vgl. (16.19.2)) direkte Summe der $A_{r,s}$, also *trivialisierbar*, und das Tangentialbündel $T(\boldsymbol{S}_{n,p})$ ist direkte Summe der $B_{r,s}$ und der C_r (vgl. Aufgabe 7)); man benutze die Beschreibung (19.4.3.3) der Lieschen Algebra von $\boldsymbol{SO}(n, \boldsymbol{R})$.

b) Wir betrachten das triviale Vektorbündel $nI = \boldsymbol{S}_{n,p} \times \boldsymbol{R}^n$. Man zeige, daß die Faser $(nI)_{\mathbf{z}_0}$ direkte Summe von zwei orthogonalen und bezüglich $\operatorname{Ad}(t)$ für jedes $t \in \boldsymbol{SO}(n-p, \boldsymbol{R})$ invarianten Vektorteilräumen ist:

1° des von den Vektoren $(\mathbf{z}_0, \mathbf{e}_k)$ für $1 \leqq k \leqq p$ erzeugten p-dimensionalen Teilraumes,

2° des von den Vektoren $(\mathbf{z}_0, \mathbf{e}_k)$ für $p + 1 \leqq k \leqq n$ erzeugten $(n - p)$-dimensionalen Teilraumes.

Wir bezeichnen die Vektorteilbündel von nI, welche Vereinigung der Bilder dieser beiden Teilräume vermöge der Operation von $\boldsymbol{SO}(n, \boldsymbol{R})$ sind, mit L bzw. C; dann ist L trivialisierbar (isomorph zu pI) und C den Bündeln C_r von a) isomorph; daher ist bis auf Isomorphie $pI \oplus C = nI$.

c) Aus a) und b) leite man her, daß $qC \oplus mI$ für jede ganze Zahl $q \geqq 1$ und jede ganze Zahl $m \geqq p$ ein trivialisierbares Bündel ist. Hieraus leite man her, daß für $p \geqq 3$ das Tangentialbündel $T(\boldsymbol{S}_{n,p})$ *trivialisierbar* ist, mit anderen Worten, daß die Stiefelsche Mannigfaltigkeit $\boldsymbol{O}_{n,p}$ *parallelisierbar* ist.

9. Die Stiefelsche Mannigfaltigkeit $\boldsymbol{S}_{n,p}$ sei wie in Aufgabe 8 in $\boldsymbol{R}^{np}$ eingebettet; die Gruppe $\boldsymbol{O}(p, \boldsymbol{R})$ operiere frei von rechts auf $\boldsymbol{S}_{n,p}$, so daß $\boldsymbol{S}_{n,p}$ ein Hauptfaserbündel mit der Gruppe $\boldsymbol{O}(p, \boldsymbol{R})$ und der Basis $\boldsymbol{G}_{n,p}$ ist (vgl. (16.14.10)).

a) Es sei $N = N(\boldsymbol{S}_{n,p})$ das durch das Normalenbündel von $\boldsymbol{S}_{n,p}$ bezüglich $\boldsymbol{R}^{np}$ definierte Unterbündel von $i^*(T(\boldsymbol{R}^{np}))$ (wobei $i\colon \boldsymbol{S}_{n,p} \to \boldsymbol{R}^{np}$ die kanonische injektive Abbildung ist) (vgl. Abschnitt 16.19, Aufgabe 5a)). Ferner sei $V = V(\boldsymbol{S}_{n,p})$ das Teilbündel der vertikalen Tangentialvektoren (wobei $\boldsymbol{S}_{n,p}$ als Bündel mit der Basis $\boldsymbol{G}_{n,p}$ aufgefaßt wird). Man identifiziere $\boldsymbol{R}^{np}$ mit dem Raum der Matrizen mit n Zeilen und p Spalten und $T(\boldsymbol{R}^{np})$ mit $\boldsymbol{R}^{np} \times \boldsymbol{R}^{np}$ und zeige, daß das Vektorraumbündel $V \oplus N$ mit der Basis $\boldsymbol{S}_{n,p}$ mit dem Raum der Matrizenpaare

$$\left(\mathrm{S} \cdot \mathrm{E}, \mathrm{S} \cdot \begin{pmatrix} \mathrm{X} \\ 0 \end{pmatrix}\right)$$

identifiziert werden kann, wobei $\mathrm{E} = \begin{pmatrix} \mathrm{I}_p \\ 0 \end{pmatrix}$ die Matrix mit n Zeilen und p Spalten ist, deren Spalten die Vektoren $\mathbf{e}_k$ $(1 \leqq k \leqq p)$ der kanonischen Basis von $\boldsymbol{R}^n$ sind, S die Gruppe $\boldsymbol{O}(n, \boldsymbol{R})$ und X die Menge $\boldsymbol{M}_p(\boldsymbol{R})$ der quadratischen Matrizen der Ordnung p durchläuft (man benutze die in Aufgabe 8 durchgeführten Untersuchungen). Die Gruppe $\boldsymbol{O}(p, \boldsymbol{R})$ operiert vermöge

$$\left(\left(\mathrm{S} \cdot \mathrm{E}, \mathrm{S} \cdot \begin{pmatrix} \mathrm{X} \\ 0 \end{pmatrix}\right), \mathrm{T}\right) \to \left(\mathrm{S} \cdot \mathrm{E} \cdot \mathrm{T}, \mathrm{S} \cdot \begin{pmatrix} \mathrm{XT} \\ 0 \end{pmatrix}\right)$$

von rechts auf $V \oplus N$.

b) Aus a) leite man her, daß der Orbitraum $\boldsymbol{O}(p, \boldsymbol{R}) \setminus (V \oplus N)$ ein zu $\mathrm{End}\,(U_{n,p})$ isomorphes Vektorbündel mit der Basis $\boldsymbol{G}_{n,p}$ ist, wobei $U_{n,p}$ das kanonische Vektorbündel über $\boldsymbol{G}_{n,p}$ ist (vgl. Abschnitt 16.16, Aufgabe 1). (Man stelle fest, daß man

$$\mathrm{S} \cdot \begin{pmatrix} \mathrm{XT} \\ 0 \end{pmatrix} = (\mathrm{S} \cdot \mathrm{E} \cdot \mathrm{T}) \cdot \begin{pmatrix} \mathrm{T}^{-1}\mathrm{XT} \\ 0 \end{pmatrix}$$

schreiben kann, daß infolgedessen $\boldsymbol{O}(p, \boldsymbol{R}) \setminus (V \oplus N)$ mit dem assoziierten Bündel $\boldsymbol{S}_{n,p} \times^{\boldsymbol{O}(p,\boldsymbol{R})} \mathrm{End}(\boldsymbol{R}^p)$ identifiziert werden kann, wobei $\boldsymbol{O}(p, \boldsymbol{R})$ vermöge innerer Automorphismen auf $\mathrm{End}(\boldsymbol{R}^p)$ von links operiert.)

c) Man zeige, daß das assoziierte Bündel $\boldsymbol{S}_{n,p} \times^{\boldsymbol{O}(p,\boldsymbol{R})} \boldsymbol{R}^{np}$ (wobei $\boldsymbol{O}(p, \boldsymbol{R})$ vermöge $(\mathrm{Z}, \mathrm{T}) \to \mathrm{Z} \cdot \mathrm{T}^{-1}$ auf $\boldsymbol{R}^{np}$ von links operiert) zu $nU_{n,p}$ isomorph ist.

d) Aus b) und c) und aus Aufgabe 6 von Abschnitt 16.19 leite man her, daß bis auf Isomorphie zwischen den Vektorbündeln mit der Basis $\boldsymbol{G}_{np}$ die Relation

$$T(\boldsymbol{G}_{n,p}) \oplus \mathrm{End}\,(U_{n,p}) = nU_{n,p}$$

besteht.

10. Da die Diagonalabbildung $\Delta\colon G \to G \times G$ einer Lieschen Gruppe G in die Liesche Gruppe $G \times G$ ein Homomorphismus ist, ist der abgeleitete Homomorphismus $\Delta_*\colon \mathfrak{G} \to \mathfrak{G} \otimes_{\boldsymbol{R}} \mathfrak{G}$ ein Homomorphismus der assoziierten Algebren, der die folgenden Bedingungen erfüllt:

1° Es ist $(\Delta_* \otimes 1_{\mathfrak{G}}) \circ \Delta_* = (1_{\mathfrak{G}} \otimes \Delta_*) \circ \Delta_*$; dies sind Homomorphismen von $\mathfrak{G}$ in $\mathfrak{G} \otimes \mathfrak{G} \otimes \mathfrak{G}$;

2° ist $\sigma\colon \mathfrak{G} \otimes \mathfrak{G} \to \mathfrak{G} \otimes \mathfrak{G}$ der kanonische Isomorphismus, der $\mathrm{Z} \otimes \mathrm{Z}'$ in $\mathrm{Z}' \otimes \mathrm{Z}$ überführt, so gilt $\sigma \circ \Delta_* = \Delta_*$.

In den Bezeichnungen von (19.5.8.2) ist

$$\Delta_*(\mathrm{Z}_\alpha) = \sum_{\beta+\gamma=\alpha} \mathrm{Z}_\beta \otimes \mathrm{Z}_\gamma\,.$$

Die Elemente der Lieschen Algebra $\mathfrak{g} \subset \mathfrak{G}$ sind durch die Relation

$$\Delta_*(\mathrm{Z}) = 1 \otimes \mathrm{Z} + \mathrm{Z} \otimes 1$$

charakterisiert. Für jeden Homomorphismus $u\colon G \to G'$ Liescher Gruppen gilt die Relation

$$(u_* \otimes u_*) \circ \Delta_* = \Delta'_* \circ u_*\,,$$

wobei $\Delta'_*\colon \mathfrak{G}' \to \mathfrak{G}' \otimes \mathfrak{G}'$ der abgeleitete Homomorphismus des Diagonalhomomorphismus $\Delta' = G' \to G' \times G'$ ist.

Eine Unteralgebra $\mathfrak{H}$ von $\mathfrak{G}$ ist genau dann die infinitesimale Algebra einer in G eingebetteten Lieschen Untergruppe H, wenn $\Delta_*(\mathfrak{H}) \subset \mathfrak{H} \otimes \mathfrak{H}$ gilt. Ist dies der Fall, so kann man eine Basis (X_α) von $\mathfrak{G}$ so wählen (vgl. (19.6.2.1)), daß die X_α mit $\alpha_j = 0$ für $j > p$ (wobei $p = \dim(H)$ ist) eine Basis von $\mathfrak{H}$ bilden.

19.8. Invariante Zusammenhänge, einparametrige Untergruppen und Exponentialabbildung

Es sei G eine Liesche Gruppe, $\mathbf{u}$ ein von Null verschiedener Vektor ihrer Lieschen Algebra $\mathfrak{g}_e$. Da die additive Gruppe $\boldsymbol{R}$ ja $\boldsymbol{R}$ als (kommutative) Liesche Algebra hat, ist die Abbildung $w\colon t \to t\mathbf{u}$ ein *Homomorphismus Liescher Algebren* von Lie $(\boldsymbol{R})$ in Lie (G); da $\boldsymbol{R}$ einfach zusammenhängend ist (vgl. (16.27.7)), existiert genau ein Homomorphismus Liescher Gruppen $v\colon \boldsymbol{R} \to G$ mit $v_* = w$ (vgl. (19.7.6)). Bezeichnet $\mathrm{X}_{\mathbf{u}}$ das linksinvariante Vektorfeld über G mit $\mathrm{X}_{\mathbf{u}}(e) = \mathbf{u}$ (vgl. (19.3.3)), so ist, wie wir sogleich zeigen, v die durch e verlaufende *Integralkurve des Feldes* $\mathrm{X}_{\mathbf{u}}$, mit anderen Worten, es ist (vgl. (18.1.2.4)).

19.8.1. $\quad v'(t) = \mathrm{X}_{\mathbf{u}}\big(v(t)\big) = v(t) \cdot \mathbf{u} \quad$ *für jedes* $t \in \boldsymbol{R}$.

Nach (19.7.6) ist nämlich der Graph Γ_v das Bild der durch $(0, e)$ gehenden Integralkurve des linksinvarianten Vektorfeldes über $\boldsymbol{R} \times G$, das sich im Punkt $(0, e)$ auf $(1, \mathbf{u})$ reduziert, also das Feld $(t, x) = \big(\mathrm{E}(t), \mathrm{X}_{\mathbf{u}}(x)\big)$; hieraus folgt unsere Behauptung.

Wir nennen das Bild der Integralkurve $t \to v(t)$ die dem Vektor $\mathbf{u} \in \mathfrak{g}_e$ entsprechende *einparametrige Untergruppe* von G.

19.8.2. Wir wollen nun zeigen, daß die einparametrigen Untergruppen und ihre Linkstranslationen (mit anderen Worten, die Linksnebenklassen nach den einparametrigen Untergruppen) die *geodätischen Trajektorien* gewisser linearer Zusammenhänge auf G sind (vgl. (18.6.1)). Da ein Zusammenhang $\mathbf{C}$ auf G ein Morphismus von $T(G) \oplus T(G)$ in $T(T(G))$ ist, nennt man $\mathbf{C}$ *invariant*, wenn dieser Morphismus invariant ist (vgl. (19.1.2)); d. h., für alle s, $x \in G$ und $\mathbf{h}_x, \mathbf{k}_x \in T_x(G)$ muß

$$\mathbf{C}_{s \cdot x}(s \cdot \mathbf{h}_x, s \cdot \mathbf{k}_x) = s \cdot \mathbf{C}_x(\mathbf{h}_x, \mathbf{k}_x)$$

gelten. Damit ist $\mathbf{C}$ eindeutig bestimmt, wenn man die den Bedingungen (17.16.3.2) bis (17.16.3.4) für $x = e$ genügende Abbildung

$$(\mathbf{u}, \mathbf{v}) \to \mathbf{C}_e(\mathbf{u}, \mathbf{v})$$

von $\mathfrak{g}_e \times \mathfrak{g}_e$ in $(T(T(G)))_e$ kennt. Ist umgekehrt eine solche Abbildung vorgegeben (das bedeutet nach (17.16.4), daß man sich nach Wahl einer Karte im Punkt e von G dann n beliebige Bilinearformen Γ^j auf $\mathfrak{g}_e \times \mathfrak{g}_e$ vorgibt), so erhält man durch die Definition

19.8.2.1. $\mathbf{C}_s(s \cdot \mathbf{h}_e, s \cdot \mathbf{k}_e) = s \cdot \mathbf{C}_e(\mathbf{h}_e, \mathbf{k}_e)$

daraus einen linearen invarianten Zusammenhang dank der Tatsache, daß G einerseits auf $T(G)$ und G, andererseits auf $T(T(G))$ und $T(G)$ äquilinear operiert.

19.8.3. Für einen invarianten linearen Zusammenhang $\mathbf{C}$ auf G und zwei invariante Vektorfelder X und Y ist das Feld $\nabla_{\mathrm{X}} \cdot \mathrm{Y}$ ebenfalls *invariant*: das folgt aus der Formel (17.17.2.1), die $\nabla_{\mathrm{X}} \cdot \mathrm{Y}$ definiert, wenn man berücksichtigt, daß für jedes $s \in G$ ja $T_{sx}(s \cdot \mathrm{Y}) \cdot (s \cdot \mathbf{h}_x) = s \cdot (T_x(\mathrm{Y}) \cdot \mathbf{h}_x)$ gilt. Außerdem ist die Abbildung $(\mathrm{X}, \mathrm{Y}) \to \nabla_{\mathrm{X}} \cdot \mathrm{Y}$ von $\mathfrak{g} \times \mathfrak{g}$ in $\mathfrak{g}$ offenbar ***R**-bilinear* (vgl. (17.18.1)). Ist, umgekehrt, eine *beliebige* ***R***-bilineare Abbildung $(\mathrm{X}, \mathrm{Y}) \to \beta(\mathrm{X}, \mathrm{Y})$ von $\mathfrak{g} \times \mathfrak{g}$ in $\mathfrak{g}$ gegeben, so existiert genau ein invarianter Zusammenhang $\mathbf{C}$ mit $\nabla_{\mathrm{X}} \cdot \mathrm{Y} = \beta(\mathrm{X}, \mathrm{Y})$; das folgt aus der Formel (17.17.2.1) und der Tatsache, daß zu jedem $x \in G$ eine offene Umgebung U von x existiert derart, daß die Einschränkungen einer Basis von $\mathfrak{g}$ (über ***R***) auf U eine Basis von $\Gamma(U, T(G))$ über $\mathscr{E}(U)$ bilden (vgl. (19.2.2)).

19.8.4. *Ein invarianter linearer Zusammenhang* $\mathbf{C}$ *über* G *hat genau dann die Eigenschaft, daß die Integralkurven jedes Feldes* $\mathrm{X}_{\mathbf{u}}$ *für* $\mathbf{u} \in \mathfrak{g}_e$ *Geodätische von* $\mathbf{C}$ *sind, wenn für jedes invariante Vektorfeld* X *auf* G *die Beziehung* $\nabla_{\mathrm{X}} \cdot \mathrm{X} = 0$ *gilt* (d. h., wenn die ***R***-bilineare Abbildung $(\mathrm{X}, \mathrm{Y}) \to \nabla_{\mathrm{X}} \cdot \mathrm{Y}$ von $\mathfrak{g} \times \mathfrak{g}$ in $\mathfrak{g}$ *alternierend* ist).

Ist überdies die Windung von $\mathbf{C}$ *Null, so gilt für je zwei invariante Vektorfelder* X *und* Y

19.8.4.1. $\nabla_{\mathrm{X}} \cdot \mathrm{Y} = \frac{1}{2}[\mathrm{X}, \mathrm{Y}]$,

und für je drei invariante Vektorfelder X, Y, Z *ist der Krümmungsmorphismus von* $\mathbf{C}$ *durch*

19.8.4.2. $(\mathbf{r} \cdot (\mathrm{X} \wedge \mathrm{Y})) \cdot \mathrm{Z} = -\frac{1}{4}[[\mathrm{X}, \mathrm{Y}], \mathrm{Z}]$

gegeben.

Eine Abbildung $t \to v(t)$ von $\boldsymbol{R}$ in G ist nämlich genau dann eine Geodätische, wenn $\nabla_{v'(t)} \cdot v'(t) = 0$ für alle $t \in \boldsymbol{R}$ gilt (vgl. (18.6.1.2)). Nach (19.8.1) ist also die Aussage, jede Integralkurve von $X_{\mathbf{u}}$ sei eine Geodätische, gleichbedeutend damit, daß das Feld $\nabla_{X_{\mathbf{u}}} \cdot X_{\mathbf{u}}$ in allen Punkten der $\mathbf{u}$ entsprechenden einparametrigen Untergruppe verschwindet. Da aber dieses Feld invariant ist, genügt es, daß es in einem einzigen Punkt verschwindet, damit es auf ganz G verschwindet. Hieraus folgt die erste Behauptung. Da dann $\nabla_Y \cdot X = -\nabla_X \cdot Y$ ist, folgt die Formel (19.8.4.1) (sobald die Windung von $\mathbf{C}$ Null ist) aus der Definition der Windung (17.20.6.1). Dann folgt aus der Krümmungsdefinition (17.20.4.1) und aus (19.8.4.1) die Beziehung

$$\big(\mathbf{r} \cdot (X \wedge Y)\big) \cdot Z = \tfrac{1}{4}[X, [Y, Z]] - \tfrac{1}{4}[Y, [X, Z]] - \tfrac{1}{2}[[X, Y] Z],$$

und hieraus folgt nach der Jacobi-Identität die Formel (19.8.4.2).

19.8.5. Man kann also nach (18.4.4) für die Lösung v von (19.8.1), die für $t = 0$ den Wert e annimmt,

19.8.5.1. $v(t) = \exp(t\mathbf{u})$

setzen, da $X_{\mathbf{u}}(e) = \mathbf{u}$ ist. Die Abbildung $\mathbf{u} \to \exp(\mathbf{u})$ (die auch mit $\exp_G$ bezeichnet wird), wird *Exponentialabbildung* der Lieschen Algebra $\mathfrak{g}_e$ in die Gruppe G genannt; es gelten für $s, t \in \boldsymbol{R}$ die Beziehungen

19.8.5.2. $\exp\big(s(t\mathbf{u})\big) = \exp\big((st)\,\mathbf{u}\big)$,

19.8.5.3. $\exp\big((s + t)\,\mathbf{u}\big) = \exp(s\mathbf{u}) \exp(t\mathbf{u})$,

die die Bezeichnung rechtfertigen. Jedoch gilt im allgemeinen nicht

$$\exp(\mathbf{u} + \mathbf{v}) = \exp(\mathbf{u}) \exp(\mathbf{v})$$

für beliebige $\mathbf{u}, \mathbf{v} \in \mathfrak{g}_e$.

19.8.6. *Es existiert eine offene Umgebung U von 0 in $\mathfrak{g}_e$ derart, daß die Exponentialabbildung ein Diffeomorphismus von U auf eine offene Umgebung von e in G ist.*

Nach dem Vorhergehenden ist das ein Spezialfall von (18.4.6).

Mit $x \to \log x$ (oder $\log_G$) bezeichnen wir den inversen Diffeomorphismus von $\exp(U)$ auf U; setzt man $\log_G$ mit einer bijektiven linearen Abbildung von $\mathfrak{g}_e$ auf $\boldsymbol{R}^n$ zusammen, was der Wahl einer *Basis* von $\mathfrak{g}_e$ entspricht, so erhält man eine Karte von G im Punkt e, die sogenannte *kanonische Karte* bezüglich U; die dieser Karte entsprechenden lokalen Koordinaten werden *kanonische Koordinaten* (oder *kanonische Koordinaten erster Art*) in U bezüglich der in $\mathfrak{g}_e$ gewählten Basis genannt.

Aus (18.4.5) folgt, daß im Punkt $\mathbf{0}_e$ von $\mathfrak{g}_e$

19.8.6.1. $T_{\mathbf{0}_e}(\exp) = 1_{\mathfrak{g}_e}$

gilt.

Beispiele

19.8.7.1. Wählt man im Fall $G = \boldsymbol{R}^n$ die identische Abbildung als Karte, so erhält man als lokale Darstellung der Gleichung (19.8.1), wie man sofort sieht, $\mathrm{D}\mathbf{x} = \mathbf{u}$, also $\exp(t\mathbf{u}) = t\mathbf{u}$. Die Exponentialabbildung ist hier die *identische Abbildung* 1_G.

19.8.7.2. Wir betrachten nun die multiplikative Gruppe $G = A^*$ einer endlichdimensionalen $\boldsymbol{R}$-Algebra A mit Einselement e und wählen als Karte wieder die identische Abbildung. Für jedes $s \in A^*$ ist die Abbildung $x \to sx$ von A in sich linear, also gleich ihrer Ableitung (vgl. (8.1.3)), und für jeden Tangentialvektor $\mathbf{u} \in \mathfrak{g}_e$ ist die lokale Darstellung des invarianten Feldes $X_{\mathbf{u}}$ also $x \to (x, xu)$ mit $u = \tau_e(\mathbf{u}) \in A$ (vgl. (19.4.2)); demnach lautet die lokale Darstellung der Differentialgleichung (19.8.1)

$$\mathrm{D}x = xu\,.$$

Ihre Lösung mit dem Wert e für $t = 0$ ist die Exponentialreihe

$$t \to e + \frac{t}{1!}u + \frac{t^2}{2!}u^2 + \cdots + \frac{t^n}{n!}u^n + \cdots;$$

daß sie auf jedem beschränkten Intervall von $\boldsymbol{R}$ normal konvergiert, ergibt sich, wenn man eine Norm wählt, die A zu einer Banachalgebra macht (vgl. (15.1.8)). Die Bezeichnung (19.8.5.1) für diese Reihe stimmt dann mit der üblichen überein.

19.8.8. Bemerkung. Als Beispiel wählen wir $A = \boldsymbol{M}_2(\boldsymbol{R})$, so daß $A^* = \boldsymbol{GL}(2, \boldsymbol{R})$ ist. Bettet man A in die Algebra $\boldsymbol{M}_2(\boldsymbol{C})$ der komplexen Matrizen ein, so existiert zu jeder reellen Matrix $\mathrm{Y} \in A$ eine invertierbare komplexe Matrix P derart, daß $\mathrm{X} = \mathrm{PYP}^{-1}$ eine reelle Dreiecksmatrix $\begin{pmatrix} \lambda & 0 \\ \nu & \mu \end{pmatrix}$ oder aber eine komplexe Diagonalmatrix $\begin{pmatrix} \alpha + i\beta & 0 \\ 0 & \alpha - i\beta \end{pmatrix}$ (mit $\beta \neq 0$) ist. Im ersten Fall ist $\exp(t\mathrm{X})$ eine Dreiecksmatrix, deren Diagonale $(e^{\lambda t}, e^{\mu t})$ ist; im zweiten ist $\exp(t\mathrm{X})$ die Diagonalmatrix

$$\begin{pmatrix} e^{(\alpha+i\beta)t} & 0 \\ 0 & e^{(\alpha-i\beta)t} \end{pmatrix}.$$

In beiden Fällen kann

$$\mathrm{P}^{-1}\exp(t\mathrm{X})\,\mathrm{P} = \exp(t\mathrm{P}^{-1}\mathrm{XP}) = \exp(t\mathrm{Y})$$

(für reelles t) nicht gleich der Matrix $\begin{pmatrix} -\lambda & 0 \\ 0 & -1/\lambda \end{pmatrix}$ mit $\lambda > 0, \lambda \neq 1$ sein, die zur Komponente des neutralen Elementes $\boldsymbol{GL}^+(2, \boldsymbol{R})$ von $\boldsymbol{GL}(2, \boldsymbol{R})$ gehört. Dieses Beispiel zeigt, daß für eine zusammenhängende Liesche Gruppe die Exponentialabbildung *nicht surjektiv zu sein braucht.* Wir wissen bereits (vgl. (18.7.13)), daß sie auch nicht injektiv zu sein braucht (vgl. Abschnitt 19.14, Aufgabe 4).

Man kann zeigen (vgl. Aufgabe 2), daß in unserem Fall die Matrizen der Gestalt $\exp(tY)$ aus $\boldsymbol{GL}^+(2, \boldsymbol{R})$ die Matrizen $\begin{pmatrix} a & b \\ c & d \end{pmatrix}$ mit $\Delta = ad - bc > 0$, $a + d > -2\sqrt{\Delta}$ und die Matrizen $\begin{pmatrix} -\lambda & 0 \\ 0 & -\lambda \end{pmatrix}$ mit $\lambda > 0$ sind; diese Menge ist also in $\boldsymbol{GL}^+(2, \boldsymbol{R})$ *weder offen noch abgeschlossen.*

19.8.9. *Es seien G und G' zwei Liesche Gruppen, $f: G \to G'$ sei ein Homomorphismus Liescher Gruppen. Für jeden Vektor $\mathbf{u} \in \mathfrak{g}_e$ und jedes $t \in \boldsymbol{R}$ gilt*

19.8.9.1. $f(\exp(t\mathbf{u})) = \exp(tf_*(\mathbf{u}))$.

Die beiden Abbildungen $v: t \to f(\exp(t\mathbf{u}))$ und $w: t \to \exp(tf_*(\mathbf{u}))$ sind nämlich Homomorphismen von $\boldsymbol{R}$ in G' mit $v'(0) = w'(0) = f_*(\mathbf{u})$ (nach dem Satz (16.5.4) über zusammengesetzte Funktionen); die Behauptung folgt dann aus der Eindeutigkeitsaussage von (19.7.6).

19.8.10. *Es sei G eine Liesche Gruppe, H eine in G eingebettete zusammenhängende Liesche Gruppe, $\mathfrak{h}_e$ ihre mit einer Lieschen Unteralgebra von $\mathfrak{g}_e$ identifizierte Liesche Algebra. Ein Vektor $\mathbf{u} \in \mathfrak{g}_e$ gehört genau dann zu $\mathfrak{h}_e$, wenn* $\exp(t\mathbf{u}) \in H$ *für jedes $t \in \boldsymbol{R}$ gilt.*

Daß die Bedingung notwendig ist, ergibt sich, wenn man (19.8.9) auf die kanonische injektive Abbildung $j: H \to G$ anwendet. Ist umgekehrt das Bild von $v: t \to \exp(t\mathbf{u})$ in H enthalten, so gehört diese Abbildung, da sie als Abbildung von $\boldsymbol{R}$ in G der Klasse C^∞ angehört, auch als Abbildung von $\boldsymbol{R}$ in H bezüglich der differenzierbaren Mannigfaltigkeitsstruktur von H der Klasse C^∞ an (vgl. (18.14.7)). Daher ist

$$\mathbf{u} = v'(0) \in T_e(H) = \mathfrak{h}_e .$$

19.8.11. Bemerkung. Es sei M eine differenzierbare Mannigfaltigkeit, auf der G *von rechts* differenzierbar operiert. Wir betrachten für jedes $\mathbf{u} \in \mathfrak{g}_e$ das durch $Z_{\mathbf{u}}(x) = x \cdot \mathbf{u}$ definierte Killingfeld $Z_{\mathbf{u}}$ über M (vgl. (19.3.7.4)). Dann ist die maximale Integralkurve dieses Vektorfeldes mit dem Anfangspunkt x_0 (vgl. (18.2.2)) auf ganz $\boldsymbol{R}$ definiert und durch

19.8.11.1. $t \to x_0 \cdot \exp(t\mathbf{u})$

gegeben. Setzt man nämlich $v(t) = \exp(t\mathbf{u})$ und $w(t) = x_0 \cdot v(t)$, so gilt nach (16.10.1) und der Definition von $\exp(t\mathbf{u})$ (vgl. (19.8.1))

19.8.11.2. $T(w) \cdot \mathrm{E}(t) = x_0 \cdot (T(v) \cdot \mathrm{E}(t)) = x_0 \cdot (v(t) \cdot \mathbf{u}) = w(t) \cdot \mathbf{u}$.

Wir werden hieraus schließen, daß ein Tensorfeld $\mathfrak{S} \in \mathscr{T}_s^r(M)$ nur dann *bezüglich G invariant* sein kann, wenn die Gleichung

19.8.11.3. $\theta_{Z_{\mathbf{u}}} \cdot \mathfrak{S} = 0$

für jedes $\mathbf{u} \in \mathfrak{g}_e$ erfüllt ist, und daß diese Bedingung auch hinreichend ist, wenn *G zusammenhängend* ist. In (18.2.14.8) haben wir nämlich gesehen, daß $\theta_{Z_{\mathbf{u}}} \cdot \mathfrak{S}$

als Wert in einem Punkt $x \in M$ den Grenzwert des Tensors

$$\frac{1}{t}\left(\mathfrak{S}(x \cdot \exp(t\mathbf{u})) \cdot \exp(-t\mathbf{u}) - \mathfrak{S}(x)\right)$$

aus $\left(\mathbf{T}_s^r(M)\right)_x$ für gegen 0 strebendes und von 0 verschiedenes reelles t hat. Diesen Tensor kann man aber auch in der Gestalt

$$\frac{1}{t}\left(\mathfrak{S}(x \cdot \exp(t\mathbf{u})) - \mathfrak{S}(x) \cdot \exp(t\mathbf{u})\right) \cdot \exp(-t\mathbf{u})$$

schreiben, und da das Problem lokaler Natur ist, kann man auf einer Umgebung von x den Raum $T(M)$ mit $M \times \boldsymbol{R}^n$ identifizieren. Betrachtet man den vektoriellen Teil (vgl. (16.15.1.3)) dieses Tensors und setzt

19.8.11.4. $\mathfrak{F}(t) = \mathfrak{S}\left(x \cdot \exp(t\mathbf{u})\right) - \mathfrak{S}(x) \cdot \exp(t\mathbf{u})$

(ein Element von $(\mathbf{T}_s^r(M))_{x \cdot \exp(t\mathbf{u})}$), so erhält man für $\mathfrak{F}'(0) = T(\mathfrak{F}) \cdot \mathrm{E}(0)$ die Darstellung

19.8.11.5. $\mathfrak{F}'(0) = \boldsymbol{\tau}_{\mathfrak{S}(x)}^{-1}\left((\theta_{Z_{\mathbf{u}}} \cdot \mathfrak{S})(x)\right)$.

Ist $\mathfrak{S}$ invariant bezüglich G, mit anderen Worten, ist $\mathfrak{S}(x \cdot s) = \mathfrak{S}(x) \cdot s$ für jedes $s \in G$ und jedes $x \in M$, so gilt $\mathfrak{F}(t) = \mathbf{0}$ in $\boldsymbol{R}$, also die Relation (19.8.11.3). Umgekehrt, diese Relation sei erfüllt, es sei $x_0 \in M$ und

19.8.11.6. $\mathfrak{F}_0(t) = \mathfrak{S}\left(x_0 \cdot \exp(t\mathbf{u})\right) - \mathfrak{S}(x_0) \cdot \exp(t\mathbf{u})$

die Liftung der Abbildung (19.8.11.1) in $\mathbf{T}_s^r(M)$. Mit $x = x_0 \cdot \exp(t\mathbf{u})$ kann man

$$\mathfrak{F}_0(t + t') = \mathfrak{F}_0(t) \cdot \exp(t'\mathbf{u}) + \left(\mathfrak{S}(x \cdot \exp(t'\mathbf{u})) - \mathfrak{S}(x) \cdot \exp(t'\mathbf{u})\right)$$

schreiben, und daraus folgt nach (19.8.11.2), (19.8.11.5) und der Annahme (19.8.11.3) die Beziehung

19.8.11.7. $\mathfrak{F}_0'(t) = \mathfrak{F}_0(t) \cdot \mathbf{u}$,

wobei die rechte Seite der Operation von G auf $\mathbf{T}_s^r(M)$ entspricht (vgl. (16.10.1)), die von der Operation von G auf M induziert wird (vgl. (19.1.3) und (19.1.5)). Wegen $\mathfrak{F}_0(0) = \mathbf{0}_{x_0}$ ist $\mathbf{0}$ offenbar die einzige Lösung von (19.8.11.7) (vgl. (18.2.2)). Nach (19.8.6) ist dann $\mathfrak{S}(x_0 \cdot s) = \mathfrak{S}(x_0) \cdot s$ für jedes s in einer Umgebung von e in G. Aus der Annahme, G sei zusammenhängend, folgt dann nach (12.8.8), daß diese Relation für *jedes* $s \in G$ erfüllt ist.

Aufgaben

1. In den Bezeichnungen und unter den Voraussetzungen von (19.8.7.2) gebe man die Potenzreihenentwicklung von $\log(e + x)$ nach Potenzen von x (auf einer hinreichend kleinen Umgebung von 0 in A) an.

2. Man bestimme das Bild der Exponentialabbildung für die Gruppen $\boldsymbol{GL}(2, \boldsymbol{R})$, $\boldsymbol{SL}(2, \boldsymbol{R})$, $\boldsymbol{GL}(2, \boldsymbol{C})$, $\boldsymbol{SL}(2, \boldsymbol{C})$. (Man benutze dabei die Jordansche Normalform

einer Matrix.) Daraus leite man her, daß die Exponentialabbildung von $\boldsymbol{GL}(n, \boldsymbol{C})$ surjektiv ist und daß daher auch die Exponentialabbildung von $\boldsymbol{PGL}(n, \boldsymbol{C})$, der Faktorgruppe von $\boldsymbol{GL}(n, \boldsymbol{C})$ nach dem Zentrum, surjektiv ist. Dagegen ist für $n \geqq 2$ die Exponentialabbildung von $\boldsymbol{SL}(n, \boldsymbol{C})$ nicht surjektiv, obwohl die Faktorgruppe $\boldsymbol{PSL}(n, \boldsymbol{C})$ von $\boldsymbol{SL}(n, \boldsymbol{C})$ nach seinem Zentrum zu $\boldsymbol{PGL}(n, \boldsymbol{C})$ isomorph ist.

3. Es sei G eine einfach zusammenhängende Liesche Gruppe, M eine kompakte differenzierbare Mannigfaltigkeit. Man zeige, daß sich jede infinitesimale Operation von $\mathfrak{g}_e$ auf M mit Hilfe der Formel (19.3.7.4) aus einer differenzierbaren Operation von G auf M herleiten läßt. (In den Bezeichnungen von Aufgabe 2 aus Abschnitt 19.3 betrachte man eine maximale Integralmannigfaltigkeit des n-Richtungsfeldes $(s, x) \to L_{(s,x)}$ auf $G \times M$; alsdann benutze man Aufgabe 5 aus Abschnitt 16.29 sowie (18.2.11).) Ist die Aussage auch noch richtig, wenn G eine zusammenhängende, aber nicht notwendig einfach zusammenhängende Liesche Gruppe ist? (Man betrachte den Fall, daß M eine kompakte Liesche Gruppe G' und $G = G'/D$ mit einer mit von $\{e\}$ verschiedenen endlichen Untergruppe D des Zentrums von G' ist (vgl. Abschnitt 19.9, Aufgabe 9).)

4. Man zeige mit Hilfe der Exponentialabbildung, daß keine Liesche Gruppe beliebig kleine Untergruppen haben kann (vgl. Abschnitt 12.9, Aufgabe 6).

5. Es sei G eine metrisierbare und separable lokal kompakte Gruppe, die keine beliebig kleinen Untergruppen hat. In den Bezeichnungen und der Terminologie der Aufgaben 9 bis 14 von Abschnitt 14.11 sei L_G die Menge der einparametrigen Untergruppen von G (vgl. Abschnitt 14.11, Aufgabe 12). Ferner sei V eine symmetrische kompakte Umgebung von e, die keine von $\{e\}$ verschiedenen Untergruppen von G enthält, mit der Eigenschaft, daß für je zwei Punkte x und y von V aus $x^2 = y^2$ stets $x = y$ folgt. Schließlich sei K die Menge der $\mathrm{X} \in L_G$ mit $\mathrm{X}(r) \in V$ für $|r| \leqq 1$ und exp die Abbildung $\mathrm{X} \to \mathrm{X}(1)$ von L_G in G sowie $K_1 = \exp(K)$. Die Abbildung exp ist auf K injektiv.

a) Man zeige, daß K_1 in G abgeschlossen (also kompakt) ist. (Ist (X_i) eine Folge in K derart, daß $(\mathrm{X}_i(1))$ einen Grenzwert a hat, so stelle man fest, daß die Folge $((\mathrm{X}_i(1/i)^i)$ den Grenzwert a hat, und benutze Aufgabe 7 aus Abschnitt 12.9.)

b) Es sei g die in Abschnitt 14.11, Aufgabe 14b), definierte Funktion, ferner seien $\mathrm{X}_1, \ldots, \mathrm{X}_m$ einparametrige Untergruppen von G mit

$$\sum_{k=1}^{m} \mathrm{D}_{\mathrm{X}_k} g = 0 .$$

Man zeige, daß jede (für jedes k) X_k-differenzierbare Funktion f (vgl. Abschnitt 14.11, Aufgabe 12) die Beziehung

$$\sum_{k=1}^{m} \mathrm{D}_{\mathrm{X}_k} f = 0$$

erfüllt. (Man betrachte in G die Folge der Elemente $b_i = \mathrm{X}_1(1/i) \cdots \mathrm{X}_m(1/i)$ und zeige, daß die Funktionen $i(\gamma(b_i)\, g - g)$ für $i \to +\infty$ gleichmäßig gegen Null streben. Dabei benutze man die Relation

$$(*) \qquad \gamma(st)\, g - g = \gamma(s)\, (\gamma(t)\, g - g) + (\gamma(s)\, g - g) .$$

Unter Verwendung von Aufgabe 13a) aus Abschnitt 14.11 zeige man, daß eine Teilfolge der Folge $(b_i^{[ri]})$ (unabhängig von $r \in \boldsymbol{R}$) gegen $\mathrm{X}(r)$ konvergiert, wobei X eine einparametrige Untergruppe ist, alsdann unter Benutzung von Aufgabe 12 aus Abschnitt 14.11, daß $\mathrm{X} = 0$ ist. Hieraus ergibt sich dann, daß die Folge $(b_i^{[ri]})$ in G gegen e konvergiert.

c) In den Bezeichnungen von Aufgabe 14 aus Abschnitt 14.11 sei (a_j) eine gegen e konvergierende Folge in G und (m_j) eine gegen $+\infty$ strebende Folge ganzer Zahlen. Man zeige: Strebt die Folge der Funktionen $m_j(\gamma(a_j)\, g_j - g_j)$ gleichmäßig gegen eine Funktion h, so strebt die Folge $(a_j^{[rm_j]})$ gegen $X(r)$, wobei X eine einparametrige Untergruppe ist, und es gilt $D_X g = h$. (Man benutze Aufgabe 13a) aus Abschnitt 14.11 und Aufgabe 7 aus Abschnitt 12.9, um zu zeigen, daß man aus $(a_j^{[rm_j]})$ eine gegen eine einparametrige Untergruppe $X(r)$ konvergierende Teilfolge auswählen kann. Alsdann zeige man unter Benutzung von b), daß diese Untergruppe von der betrachteten Teilfolge unabhängig ist.)

d) Man zeige, daß zu je zwei einparametrigen Untergruppen X und Y genau eine einparametrige Untergruppe Z existiert derart, daß jede Funktion f, die sowohl X-differenzierbar als Y-differenzierbar ist, auch Z-differenzierbar ist und daß die Beziehung $D_Z f = D_X f + D_Y f$ gilt. (In denselben Bezeichnungen betrachte man die Folge der Funktionen $i\big(\gamma(X(1/i))\, \gamma(Y(1/i))\, g - g\big)$ und benutze (*); danach zeige man mit Hilfe von c), daß die Folge $\big((X(1/i)\; Y(1/i))^{[ri]}\big)$ einen Grenzwert hat, der eine einparametrige Untergruppe $Z(r)$ ist, die das Gewünschte leistet.) Auf diese Weise erhält L_G die Struktur eines *reellen Vektorraumes*.

6. Unter den Voraussetzungen und in den Bezeichnungen von Aufgabe 5 setzen wir für jedes $X \in L_G$ jetzt $\|X\| = \|D_X g\|$.

a) Man zeige, daß $\|X\|$ eine *Norm* auf L_G ist und daß die Menge K (vgl. Aufgabe 5) bezüglich dieser Norm eine Umgebung der 0 ist. (Man schließe wie in Aufgabe 13a) aus Abschnitt 14.11 unter Benutzung von Aufgabe 11c) desselben Abschnitts.)

b) Es sei (X_i) eine Folge in K. Man zeige: Konvergiert die Folge $(X_i(1))$ gegen $X(1)$, so konvergiert die Folge $(D_{X_i} g)$ gleichmäßig gegen $D_X g$. (Man beachte, daß nach Aufgabe 14b) von Abschnitt 14.11 die Menge der Funktionen $D_Y g$ für alle $Y \in K$ gleichmäßig gleichgradig stetig und gleichmäßig beschränkt ist. Daher existiert eine gegen $+\infty$ strebende Folge ganzer Zahlen (h_i) derart, daß eine Teilfolge der Folge $h_i(\gamma(X_i(1/h_i))\, g - g$ gleichmäßig konvergiert. Unter Benutzung von Aufgabe 5c) zeige man dann, daß ihr Grenzwert mit $D_X g$ übereinstimmen muß.)

c) Man beweise, daß L_G ein *endlichdimensionaler* Vektorraum ist (man benutze a), b), die Kompaktheit von K_1 sowie den Satz von F. Riesz (5.9.4)).

d) Man zeige unter Benutzung von (19.10.2): Ist G eine Liesche Gruppe, so kann L_G kanonisch mit Lie(G) und exp mit der in (19.8.5) definierten Exponentialabbildung identifiziert werden.

7. a) Es seien G und H zwei separable metrisierbare lokal kompakte Gruppen, die keine beliebig kleinen Untergruppen haben. Für jeden stetigen Homomorphismus $f: G \to H$ und jede einparametrige Untergruppe $X \in L_G$ ist $f_*(X) = f \circ X$ eine einparametrige Untergruppe von H; aus Aufgabe 5d) leite man her, daß f_* eine lineare Abbildung von L_G in L_H ist.

c) Betrachtet man insbesondere einen inneren Automorphismus Int (w) von G, so kann man daraus für jedes $w \in G$ einen Automorphismus Ad $(w) = (\text{Int}\,(w))_*$ des Vektorraumes L_G herleiten. Man zeige, daß $w \to \text{Ad}\,(w)$ ein stetiger Homomorphismus von G in $\boldsymbol{GL}(L_G)$ ist. (Zu diesem Zweck braucht man nur zu beweisen, daß $w \to \text{Ad}(w) \cdot X$ für jedes $X \in L_G$ eine stetige Abbildung von G in L_G ist; man benutze die Definition der Norm in L_G (vgl. Aufgabe 6, sowie Aufgabe 11c) aus Abschnitt 14.11.)

d) Man setze ad $= \text{Ad}_*$; das ist eine lineare Abbildung von L_G in $\mathfrak{gl}(L_G) = \text{End}\,(L_G)$. Man zeige, daß für jedes $X \in L_G$ die lineare Abbildung ad (X) von L_G in sich der Grenzwert der Folge $(i(\text{Ad}\,(X(1/i)) - I))$ in End (L_G) für gegen $+\infty$

strebendes i ist; die Konvergenz ist auf jeder kompakten Teilmenge von L_G gleichmäßig.

e) Man zeige, daß für alle X und Y aus L_G und jedes $r \in \boldsymbol{R}$ die Beziehung

$$(\mathrm{ad}\,(\mathrm{Y}) \cdot \mathrm{X})\,(r) = \lim_{j\to\infty} \Big(\lim_{i\to\infty} (\mathrm{Y}(1/j)\,\mathrm{X}(1/i)\,\mathrm{Y}(-1/j)\,\mathrm{X}(-1/i))^{[rij]}\Big)$$

gilt (man benutze d) und Aufgabe 5d)). Hieraus leite man her, daß $\mathrm{ad}\,(\mathrm{X}) \cdot \mathrm{X} = 0$, also

$$(\mathrm{X}, \mathrm{Y}) \to \mathrm{ad}\,(\mathrm{X}) \cdot \mathrm{Y}$$

eine alternierende bilineare Abbildung von $L_G \times L_G$ in L_G ist.

f) Unter den Voraussetzungen von a) zeige man, daß für $\mathrm{Y} \in L_G$ die Beziehung $f_*(\mathrm{Ad}\,(w) \cdot \mathrm{Y}) = \mathrm{Ad}\,(f(x)) \cdot f_*(\mathrm{Y})$ gilt. Hieraus leite man her, daß $f_*(\mathrm{ad}\,(\mathrm{X}) \cdot \mathrm{Y}) = \mathrm{ad}\,(f_*(\mathrm{X})) \cdot f_*(\mathrm{Y})$ für alle $\mathrm{X}, \mathrm{Y} \in L_G$ ist. Ferner zeige man, daß die bilineare Abbildung $[\mathrm{X}, \mathrm{Y}] = \mathrm{ad}\,(\mathrm{X}) \cdot \mathrm{Y}$ auf L_G die Struktur einer *reellen Lieschen Algebra* definiert. (Man wende die obigen Ergebnisse für $H = \boldsymbol{GL}(L_G)$ und $f_* = \mathrm{ad}\,(\mathrm{Z})$ an.)

g) Man zeige, daß für $\mathrm{X} \in L_G$ und reelle t in $\boldsymbol{GL}(L_G)$ die Beziehung $\mathrm{Ad}\,(\mathrm{X}(t)) = \exp\,(\mathrm{ad}\,(t\mathrm{X}))$ und für reelle r die Beziehung $(\mathrm{Ad}\,(\mathrm{X}(t)) \cdot \mathrm{Y})\,(r) = \mathrm{X}(t)\,\mathrm{Y}(r)\,\mathrm{X}(-t)$ in G gilt.

8. Wir behalten die Voraussetzungen und Bezeichnungen der Aufgaben 5 bis 7 bei.

a) Es sei (Y_i) eine gegen Y strebende Folge von Elementen aus L_G und $\mathrm{X} \in L_G$. Für jede ganze Zahl m setzen wir

$$b_{mi} = \mathrm{Y}_i(-1)\,\big(\mathrm{Y}_i(1/m)\,\mathrm{X}(1/(mi))\big)^m .$$

Man zeige, daß für alle $r \in \boldsymbol{R}$

$$\lim_{i\to\infty}\Big(\lim_{m\to\infty} b_{mi}^{[ri]}\Big) = \lim_{m\to\infty}\Big(\lim_{i\to\infty} b_{mi}^{[ri]}\Big)$$

gilt und daß alle Limites in G existieren. (Man benutze Aufgabe 5c), ferner Aufgabe 14b) aus Abschnitt 14.11 sowie (7.5.6), damit man nur die Existenz des Doppellimes

$$\lim_{m\to\infty}\Big(\lim_{i\to\infty} i(\gamma(b_{mi})\,g - g)\Big)$$

nachzuweisen braucht. Man stelle fest, daß man mit

$$\mathrm{X}_{i,t}(r) = \mathrm{Y}_i(-t/m)\,\mathrm{X}(r)\,\mathrm{Y}_i(t/m)$$

dann

$$b_{mi} = \mathrm{X}_{i,m-1}(1/(mi)) \cdots \mathrm{X}_{i,0}(1/(mi))$$

schreiben kann. Man benutze die Relation (*) von Aufgabe 5b) und zeige, daß mit

$$\mathrm{X}_t(r) = \mathrm{Y}(-t)\,\mathrm{X}(r)\,\mathrm{Y}(t)$$

die Beziehung

$$\lim_{i\to\infty} i(\gamma(b_{mi})\,g - g) = \frac{1}{m}\sum_{\nu=0}^{m-1} \mathrm{D}_{\mathrm{X}_{\nu/m}}g$$

gilt.)

b) Aus a) leite man her, daß für $\mathrm{Y} = 0$

$$\lim_{i\to\infty}\Big(\exp\,(-\mathrm{Y}_i)\exp\Big(\mathrm{Y}_i + \frac{1}{i}\mathrm{X}\Big)\Big)^{[ri]} = \mathrm{X}(r)$$

gilt. (Man benutze Aufgabe 5d), die $\mathrm{Y}_i + \frac{1}{i}\mathrm{X}$ definiert.)

c) In den Bezeichnungen von Aufgabe 11 aus Abschnitt 14.11 sei (m_j) eine gegen $+\infty$ strebende Folge ganzer Zahlen, und für jedes j seien a_j und b_j zwei Elemente aus U_{m_j}; die Folge $(a_j^{[rm_j]})$ strebe gegen $\mathrm{X}(r)$, die Folge $(b_j^{[rm_j]})$ gegen $\mathrm{Y}(r)$, wobei X und Y zu L_G gehören. Man zeige, daß für hinreichend kleine $r \in \boldsymbol{R}$ die Folge der $(a_j b_j)^{[rm_j]}$ bezüglich der Addition in L_G gegen $(\mathrm{X}+\mathrm{Y})(r)$ strebt. (Man benutze die Aufgaben 14a) und 14b) aus Abschnitt 14.11.)

d) Man zeige, daß $K_1 = \exp(K)$ (vgl. Aufgabe 5) eine *Umgebung von e in G* ist. (Für jedes $x \in G$ sei $\nu(x)$ die kleinste positive ganze Zahl n mit $x^{n+1} \notin V$. Man nehme zunächst an, in G existiere eine gegen e konvergierende Folge (a_i) mit $a_i \notin K_1$ für alle i. Es sei $\mathrm{Y}_i \in K$ so gewählt, daß $\nu(\mathrm{Y}_i(-1)\,a_i)$ seinen größten Wert unter den $\nu(x_i^{-1}a_i)$ annimmt, wenn x_i die Menge K_1 durchläuft, und ν_i sei dieser maximale Wert, der mit i gegen $+\infty$ strebt. Man kann, indem man sich gegebenenfalls auf eine Teilfolge beschränkt, annehmen, die Folge $((\mathrm{Y}_i(-1)\,a_i)^{[r\nu_i]})$ strebe gegen $\mathrm{X}(r)$, wobei X in L_G von 0 verschieden ist (vgl. Abschnitt 12.9, Aufgabe 7); die Folge (Y_i) strebt dann in L_G gegen 0; daher gilt dann für hinreichend große i

$$\mathrm{Y}_i + \frac{1}{\nu_i}\mathrm{X} \in K\,.$$

Man setze

$$b_i = \exp\left(-\mathrm{Y}_i - \frac{1}{\nu_i}\mathrm{X}\right) a_i = c_i^{-1}(\mathrm{Y}_i(-1)\,a_i)$$

und leite aus b) her, daß $c_i^{[r\nu_i]}$ gegen $\mathrm{X}(r)$ strebt, und aus c), daß die Folge $(b_i^{[r\nu_i]})$ gegen e strebt; dies widerspricht aber der Definition von $\nu(b_i)$ und ν_i.)

9. Wir behalten die Voraussetzungen und Bezeichnungen der Aufgaben 5 bis 8 bei.

a) Es sei $\mathrm{Y} \in L_G$, so daß (vgl. Aufgabe 7g)) in $\boldsymbol{GL}(L_G)$ die Beziehung

$$\mathrm{Ad}\,(\mathrm{Y}(t)) = \sum_{k=0}^{\infty} \frac{1}{k!}\,(\mathrm{ad}(\mathrm{Y}))^k t^k$$

gilt. Wir setzen in $\mathrm{End}\,(L_G)$

$$\mathrm{S}_{\mathrm{Y}} = \int_0^1 \mathrm{Ad}\,(\mathrm{Y}(t))\,dt = \sum_{k=0}^{\infty} \frac{1}{(k+1)!}\,(\mathrm{ad}\,(\mathrm{Y}))^k\,.$$

S_{Y} ist invertierbar, wenn Y der 0 hinreichend benachbart ist. Man zeige, daß in G die Folge

$$\left(\exp\,(-\mathrm{Y})\exp\left(\mathrm{Y} + \frac{1}{i}\mathrm{X}\right)\right)^{[ri]}$$

gleichmäßig in X gegen $(\mathrm{S}_{\mathrm{Y}} \cdot \mathrm{X})\,(r)$ konvergiert, wenn X nahe bei 0 liegt ist (man benutze Aufgabe 8b)).

b) Unter Benutzung von Aufgabe 8d) zeige man, daß man in einer hinreichend kleinen Umgebung K' von 0 in L_G durch

$$\exp\,(\mathrm{X} \cdot \mathrm{Y}) = \exp\,(\mathrm{X})\exp\,(\mathrm{Y})$$

ein Verknüpfungsgesetz $(\mathrm{X}, \mathrm{Y}) \to \mathrm{X} \cdot \mathrm{Y}$ definieren kann; es gilt $\mathrm{X} \cdot 0 = 0 \cdot \mathrm{X} = \mathrm{X}$ und $\mathrm{X} \cdot (-\mathrm{X}) = (-\mathrm{X}) \cdot \mathrm{X} = 0$. Ferner existiert eine Umgebung $K'' \subset K'$ von 0 in L_G derart, daß die Produkte $\mathrm{X} \cdot (\mathrm{Y} \cdot \mathrm{Z})$ und $(\mathrm{X} \cdot \mathrm{Y}) \cdot \mathrm{Z}$ für alle X, Y, Z aus K'' definiert sind und übereinstimmen; für hinreichend kleine $t, t' \in \boldsymbol{R}$ gilt $\mathrm{X} \cdot ((t+t')\mathrm{Y}) = (\mathrm{X} \cdot (t\mathrm{Y})) \cdot (t'\mathrm{Y})$.

c) In den obigen Bezeichnungen zeige man, daß in L_G für feste, hinreichend kleine Y und für hinreichend nahe bei 0 gelegene Z gleichmäßig in Z

$$\lim_{t\to 0} \frac{1}{t}\big((-\mathrm{Y}) \cdot (\mathrm{Y} + t(\mathrm{S}_\mathrm{Y}^{-1} \cdot \mathrm{Z}))\big) = \mathrm{Z}$$

gilt, und leite daraus die Beziehung

$$\lim_{t\to 0} \frac{1}{t}((\mathrm{Y} \cdot t\mathrm{Z}) - \mathrm{Y}) = \mathrm{S}_\mathrm{Y}^{-1} \cdot \mathrm{Z}$$

her. Hieraus wiederum leite man her, daß für $\mathrm{W}(t) = \mathrm{Y} \cdot t\mathrm{Z}$ die Funktion W der Differentialgleichung

$$\frac{d\mathrm{W}}{dt} = \mathrm{S}_{\mathrm{W}(t)}^{-1} \cdot \mathrm{Z}$$

genügt.

d) Aus c) und dem in a) für S_Y angegebenen Ausdruck leite man her, daß auf der Komponente des neutralen Elementes von G eine Struktur einer *Lieschen Gruppe* existiert, der die topologische Gruppenstruktur von G zugrunde liegt (Satz von GLEASON-YAMABE[1])). (Man benutze Aufgabe 4 aus Abschnitt 19.3.)

10. Es sei G eine metrisierbare topologische Gruppe, N ein abgeschlossener Normalteiler.

a) Man zeige: Sind N und G/N lokal kompakt, so ist auch G lokal kompakt. (Es sei V_0 eine abgeschlossene symmetrische Umgebung von e in G derart, daß $V_0 \cap N$ kompakt ist; ist V_1 eine abgeschlossene symmetrische Umgebung von e in G mit $V_1^2 \subset V_0$, so ist $V_1 \cap xN$ für jedes $x \in V_1$ kompakt. Ferner sei $\pi: G \to G/N$ der kanonische Homomorphismus und C eine in $\pi(V_1)$ enthaltene kompakte Umgebung von $\pi(e)$ in G/N. Ist nun V_2 eine abgeschlossene symmetrische Umgebung von e in G mit $V_2^2 \subset V_1$, so zeige man, daß $W = V_2 \cap \pi^{-1}(C)$ in G kompakt ist. Zu diesem Zweck sei $\mathfrak{R}$ eine Überdeckung von W durch offene Teilmengen von G; dann gibt es zu jedem $y \in C$ endlich viele Mengen aus $\mathfrak{R}$, die $V_1 \cap \pi^{-1}(y)$ überdecken. Ist T_y ihre Vereinigung, so zeige man, daß eine Umgebung S_y von y in G/N existiert mit $V_2 \cap \pi^{-1}(C \cap S_y) \subset T_y$, und nutze dann schließlich die Kompaktheit von C aus.)

b) Aus a) und Aufgabe 9 leite man her: Sind N und G/N topologische Gruppen, die Lieschen Gruppen zugrunde liegen, so liegt die topologische Gruppe G einer Lieschen Gruppe zugrunde.

19.9. Eigenschaften der Exponentialabbildung

19.9.1. *Es sei G eine Liesche Gruppe, $\mathbf{u}$ ein Vektor aus $\mathfrak{g}_e$. Ist f eine Funktion aus $\mathscr{E}(G)$ und setzt man $g(t) = f(\exp(t\mathbf{u}))$ für $t \in \boldsymbol{R}$, so gilt die Beziehung* $g^{(m)}(t) = (\mathrm{X}_\mathbf{u}^m \cdot f)(\exp(t\mathbf{u}))$ (wobei zur Abkürzung $\mathrm{X} \cdot f$ statt $\theta_\mathrm{X} \cdot f$ steht).

Es genügt offenbar, die Formel für $m = 1$ zu beweisen. Setzt man $s = \exp(t\mathbf{u})$, so gilt nach der Kettenregel (16.5.4) und der Definition eines Differentials (vgl.

[1]) Die Beweismethode ist nachgelassenen unveröffentlichten Vorlesungsmanuskripten von YAMABE entnommen.

(16.5.7)) aufgrund von (17.14.1.1) und (19.8.1)

$$g'(t) = \langle d_s f, v'(t)\rangle = \langle d_s f, X_{\mathbf{u}}(s)\rangle = (X_{\mathbf{u}} \cdot f)(s) .$$

Hieraus erhält man die Taylorentwicklung

19.9.2. $$f\big(\exp(t\mathbf{u})\big) \sim \sum_{m=0}^{\infty} \frac{t^m}{m!} (X_{\mathbf{u}}^m \cdot f)(e) .$$

Wir wählen nun eine Basis $(\mathbf{u}_i)_{1 \leq i \leq n}$ von $\mathfrak{g}_e$, so daß in einer offenen Umgebung $\exp(U)$ von e in G, auf der die Abbildung $\log_G$ definiert ist, die der Wahl der Basis $(\mathbf{u}_i)$ entsprechenden kanonischen Koordinaten von $\exp\left(\sum_{i=1}^{n} t_i \mathbf{u}_i\right)$ die $t_1, \ldots, t_n$ sind. Setzt man $X_i = X_{\mathbf{u}_i}$ $(1 \leq i \leq n)$, so liefert die Formel (19.9.2)

19.9.3. $$f\left(\exp\left(\sum_{i=1}^{n} t_i \mathbf{u}_i\right)\right) \sim \sum_{m=0}^{\infty} \frac{1}{m!} \left(\left(\sum_{i=1}^{n} t_i X_i\right)^m \cdot f\right)(e) ,$$

und auf der rechten Seite ergibt sich der Koeffizient von t^α für jeden Multiindex α allein aus der Potenz $\left(\sum_{i=1}^{n} t_i X_i\right)^{|\alpha|}$. Nun ist in diesem Operator der Koeffizient von t^α gleich

19.9.4. $$S_\alpha = \sum X_{i_1} X_{i_2} \cdots X_{i_{|\alpha|}} ,$$

wobei über alle Folgen $(i, \ldots, i_{|\alpha|})$ von $|\alpha|$ ganzen Zahlen des Intervalls $[1, n]$ zu summieren ist, in denen die Anzahl der Glieder, die gleich k sind, α_k ist $(1 \leq k \leq n)$. In den Bezeichnungen von (19.5.8) ergibt sich also *für die kanonischen lokalen Koordinaten* (erster Art) im Punkt e der explizite Ausdruck

19.9.5. $$Z_\alpha = \frac{1}{|\alpha|!} S_\alpha .$$

In den Bezeichnungen von (19.5.10) gilt beispielsweise für alle i, j

19.9.6. $$Z_{\varepsilon_i + \varepsilon_j} = \frac{1}{2} (X_i X_j + X_j X_i) .$$

Vergleicht man diese Formel mit (19.5.10.1), so sieht man, daß *für die kanonischen lokalen Koordinaten* (erster Art) im Punkt e

19.9.7. $$b_{ij}^{(k)} = -b_{ji}^{(k)} \qquad \text{für } i \neq j$$

gilt; mit anderen Worten, die Multiplikationstafel der Basis $(\mathbf{u}_i)$ der Lieschen Algebra $\mathfrak{g}_e$ lautet:

19.9.8. $$[\mathbf{u}_i, \mathbf{u}_j] = 2 \sum_{k=1}^{n} b_{ij}^{(k)} \mathbf{u}_k \qquad (i \neq j) .$$

Für ein System kanonischer Koordinaten (erster Art) ist die Funktion $\mathbf{m}(\mathbf{x}, \mathbf{y})$ aus (19.5.7.1) hier $\log\big(\exp(\mathbf{x}) \exp(\mathbf{y})\big)$. Vergleicht man die Formeln (19.9.8) und (19.5.7.2) miteinander, so sieht man, daß man

19.9.9. $$\log\big(\exp(\mathbf{x}) \exp(\mathbf{y})\big) = \mathbf{x} + \mathbf{y} + \frac{1}{2} [\mathbf{x}, \mathbf{y}] + \mathbf{r}_2(\mathbf{x}, \mathbf{y})$$

schreiben kann, wobei $\mathbf{r}_2 \in o_2(U \times U)$ ist (vgl. (19.5.1)); äquivalent damit ist

19.9.10. $$\exp(\mathbf{x}) \exp(\mathbf{y}) = \exp\left(\mathbf{x} + \mathbf{y} + \frac{1}{2}[\mathbf{x}, \mathbf{y}] + \mathbf{r}_2(\mathbf{x}, \mathbf{y})\right).$$

Durch vollständige Induktion erhält man für jedes ganze $k > 2$

19.9.11. $$\exp(\mathbf{x}_1) \exp(\mathbf{x}_2) \cdots \exp(\mathbf{x}_k)$$
$$= \exp\left(\mathbf{x}_1 + \mathbf{x}_2 + \cdots + \mathbf{x}_k + \frac{1}{2} \sum_{h<j} [\mathbf{x}_h, \mathbf{x}_j] + \mathbf{r}_2(\mathbf{x}_1, \ldots, \mathbf{x}_k)\right)$$

mit $\mathbf{r}_2 \in o_2(U^k)$. Wegen $\exp(-\mathbf{x}) = \exp(\mathbf{x})^{-1}$ gilt insbesondere

19.9.12. $$\exp(\mathbf{x}) \exp(\mathbf{y}) \exp(\mathbf{x})^{-1} = \exp\left(\mathbf{y} + [\mathbf{x}, \mathbf{y}] + \mathbf{r}'_2(\mathbf{x}, \mathbf{y})\right),$$

19.9.13. $$\exp(\mathbf{x}) \exp(\mathbf{y}) \exp(\mathbf{x})^{-1} \exp(\mathbf{y})^{-1} = \exp\left([\mathbf{x}, \mathbf{y}] + \mathbf{r}''_2(\mathbf{x}, \mathbf{y})\right),$$

wobei $\mathbf{r}'_2$ und $\mathbf{r}''_2$ zu $o_2(U \times U)$ gehören.

19.9.14. *Ist $\mathfrak{g}_e$ direkte Summe von k Vektorteilräumen $\mathfrak{v}_1, \ldots, \mathfrak{v}_k$, so ist die der Klasse C^∞ angehörende Abbildung*

$$(\mathbf{x}_1, \mathbf{x}_2, \ldots, \mathbf{x}_k) \to \exp(\mathbf{x}_1) \exp(\mathbf{x}_2) \cdots \exp(\mathbf{x}_k)$$

von $\mathfrak{g}_e = \mathfrak{v}_1 \times \mathfrak{v}_2 \times \cdots \times \mathfrak{v}_k$ in G ein Diffeomorphismus einer Umgebung von 0 in $\mathfrak{g}_e$ auf eine Umgebung von e in G.

Aus (19.9.11) folgt nämlich, daß die lineare Tangentialabbildung im Punkt 0 die identische Abbildung von $\mathfrak{g}_e$ (das mit $\mathfrak{v}_1 \times \cdots \times \mathfrak{v}_k$ identifiziert wird) ist; die Behauptung ergibt sich dann aus (16.5.6).

19.9.15. Insbesondere betrachten wir eine *Basis* $(\mathbf{u}_i)_{1 \leq i \leq n}$ von $\mathfrak{g}_e$ und wählen in (19.9.14) jetzt $\mathfrak{v}_j = \boldsymbol{R}\mathbf{u}_j$ für $1 \leqq j \leqq n$. Dann ist die Abbildung

$$(t_1, \ldots, t_n) \to \exp(t_1\mathbf{u}_1) \exp(t_2\mathbf{u}_2) \cdots \exp(t_n\mathbf{u}_n)$$

ein Diffeomorphismus einer offenen Umgebung von 0 in $\boldsymbol{R}^n$ auf eine offene Umgebung U von e in G. Die inverse Abbildung φ ist daher eine *Karte* von G im Punkt e. Die Koordinaten $t_1, \ldots, t_n$ von $\varphi(s)$ für ein $s \in U$ werden *kanonische Koordinaten zweiter Art von s* relativ zur Basis $(\mathbf{u}_i)$ von $\mathfrak{g}_e$ genannt.

Aufgaben

1. Es sei G eine Liesche Gruppe, $\mathbf{u}$ ein Vektor aus $\mathfrak{g}_e$ und x ein Punkt von G. Für jede Funktion $f \in \mathscr{E}(G)$ gilt, wenn man $g(t) = f(x \cdot \exp(t\mathbf{u}))$ für $t \in \boldsymbol{R}$ setzt, $g^{(m)}(t) = (X_{\mathbf{u}}^m \cdot f)(x \cdot \exp(t\mathbf{u}))$. Hieraus leite man her, daß für die kanonischen lokalen Koordinaten zweiter Art (vgl. (19.9.15)) in den Bezeichnungen von (19.6.1) die Beziehung $Z_\alpha = \frac{1}{\alpha!} X_\alpha$ gilt.

2. Man zeige, daß in einer Lieschen Gruppe G eine offene Umgebung U von e mit folgender Eigenschaft existiert: Für jede Folge (x_n) von Elementen aus U strebt die durch $y_1 = x$, $y_n = (x_n, y_{n-1})$ induktiv definierte Folge (y_n) der Kommutatoren gegen e (vgl. Aufgabe 6).

3. a) Man zeige, daß in der unitären Gruppe $\mathbf{U}(n)$ eine kompakte Umgebung V von e mit der Eigenschaft aus Aufgabe 2 existiert, die bezüglich aller inneren Automorphismen invariant und außerdem so beschaffen ist, daß für zwei nicht vertauschbare Punkte x und y aus V der Kommutator (x, y) und x nicht vertauschbar sind. (Für die dritte Eigenschaft vergleiche man Abschnitt 16.11, Aufgabe 1. Was die zweite betrifft, so stelle man fest, daß zu jeder Umgebung W von e in einer kompakten Gruppe G und jedem $s \in G$ eine Umgebung $V_s \subset W$ von e und eine Umgebung T_s von s existieren derart, daß aus der Beziehung $t \in T_s$ die Relation $tV_st^{-1} \subset W$ folgt.)

b) Es sei β das normierte Haarsche Maß (vgl. 14.3.5.)) auf $\mathbf{U}(n)$ und V_1 eine symmetrische kompakte Umgebung von e in $\mathbf{U}(n)$ mit $V_1^2 \subset V$. Ferner sei $f(n)$ die kleinste ganze Zahl mit $\beta(V_1) > 1/f(n)$. Man zeige, daß zu jeder *endlichen* Untergruppe F von $\mathbf{U}(n)$ ein *kommutativer Normalteiler* $A(F)$ von F existiert derart, daß die Ordnung der Faktorgruppe $F/A(F)$ höchstens gleich $f(n)$ ist (Satz von JORDAN). (Man betrachte die von $F \cap V$ erzeugte Untergruppe $A(F)$ und benutze a).)

4. Es seien G eine zusammenhängende Liesche Gruppe, $\mathbf{u}$ und $\mathbf{v}$ zwei Vektoren der Lieschen Algebra $\mathfrak{g}_e$. Man zeige: Ist $[\mathbf{u}, \mathbf{v}] = 0$, so sind $\exp(t'\mathbf{u})$ und $\exp(t''\mathbf{v})$ für alle reellen t' und t'' vertauschbar, und es gilt $\exp(t'\mathbf{u}) \exp(t''\mathbf{v}) = \exp(t'\mathbf{u} + t''\mathbf{v})$.

5. Es sei G eine Liesche Gruppe, U eine Umgebung von e der Gestalt $\exp(V)$, wobei V eine offene Kugel mit dem Mittelpunkt 0 in $\mathfrak{g}_e$ ist (bezüglich einer Norm auf $\mathfrak{g}_e$) derart, daß die Exponentialfunktion ein Diffeomorphismus von V auf $\exp(V)$ ist. Ferner sei $W \subset V$ eine offene Kugel mit dem Mittelpunkt 0 mit $(\exp(W))^3 \subset U$. Man zeige: Sind $\mathbf{u}$ und $\mathbf{v}$ zwei Vektoren aus W, für welche $\exp(\mathbf{u})$ und $\exp(\mathbf{v})$ vertauschbar sind, so gilt die Beziehung $[\mathbf{u}, \mathbf{v}] = 0$. (Man betrachte das Bild der $\mathbf{u}$ entsprechenden einparametrigen Untergruppe vermöge des inneren Automorphismus $x \to \exp(\mathbf{v}) \cdot x \cdot \exp(-\mathbf{v})$.)

6. Es sei G eine Liesche Gruppe. Man zeige, daß zu jeder Zahl $\varrho \in \,]0, 1[$ eine Umgebung U von e in G existiert, auf der die Funktion log definiert ist und auf der für $x, y \in U$ bezüglich einer auf $\mathfrak{g}_e$ gegebenen Norm die Beziehungen

$$xyx^{-1}y^{-1} \in U \quad \text{und} \quad \|\log(xyx^{-1}y^{-1})\| \leq \varrho \cdot \inf(\|\log x\|, \|\log y\|)$$

erfüllt sind.

7. Es sei G eine zusammenhängende Liesche Gruppe, Z eine im Zentrum von G enthaltene zusammenhängende Liesche Untergruppe von G. Ferner seien die Exponentialabbildungen $\exp_Z$ und $\exp_{G/Z}$ Diffeomorphismen. Man zeige, daß dann $\exp_G$ ein Diffeomorphismus ist. (Es sei $\pi: G \to G/Z$ der kanonische Homomorphismus, $\pi_*: \mathfrak{g}_e \to \mathfrak{g}_e/\mathfrak{z}_e$ der abgeleitete Homomorphismus und σ eine lineare Abbildung von $\mathfrak{g}_e/\mathfrak{z}_e$ in $\mathfrak{g}_e$ mit $\pi_* \circ \sigma = 1_{\mathfrak{g}_e/\mathfrak{z}_e}$. Man betrachte die Abbildung $\alpha: x \to \sigma\left(\log_{G/Z}(\pi(x))\right)$ von G in $\mathfrak{g}_e$ und beweise, daß $h = \exp_G(-\alpha(x))\, x$ zu Z gehört, indem man zeigt, daß das Bild von h vermöge der Abbildung π das neutrale Element ist. Für $\beta(x) = \alpha(x) + \log_Z(\exp_G(-\alpha(x))\, x)$ beweise man dann für $x \in G$ und $\mathbf{u} \in \mathfrak{g}_e$ die Beziehungen $\exp_G(\beta(x)) = x$ und $\beta(\exp_G(\mathbf{u})) = \mathbf{u}$.)

8. Es sei G eine Liesche Gruppe, $\mathfrak{g}_e$ ihre Liesche Algebra; ferner bezeichne μ die der Klasse C^∞ angehörende Abbildung $(s, \mathbf{u}) \to s \cdot \mathbf{u}$ von $G \times \mathfrak{g}_e$ in $T(G)$.

a) Man zeige (unter Benutzung von (19.9.10)): Wird $T(G)$ über einer offenen Menge U, auf der $\log_G$ definiert ist, mit Hilfe der entsprechenden kanonischen Karte trivialisiert (dadurch wird U mit einer offenen Teilmenge von $\mathfrak{g}_e$ und $T(U)$ mit $U \times \mathfrak{g}_e$ identifiziert), so gilt für je drei Vektoren $\mathbf{u}$, $\mathbf{v}$, $\mathbf{w}$ aus $\mathfrak{g}_e$

$$T_{(e,\mathbf{u})}(\mu) \cdot ((e, \mathbf{u}), (\mathbf{v}, \mathbf{w})) = ((e, \mathbf{u}), (\mathbf{v}, \mathbf{w} + \tfrac{1}{2}[\mathbf{v}, \mathbf{u}])) .$$

b) Hieraus leite man her: Ist M eine differenzierbare Mannigfaltigkeit und gehören die beiden Abbildungen $f\colon M \to G$ und $\mathbf{u}\colon M \to \mathfrak{g}_e$ der Klasse C^1 an, so gilt für einen der Bedingung (19.8.4.1) genügenden invarianten linearen Zusammenhang $\mathbf{C}$ über G die Beziehung

$$\nabla_{\mathbf{h}_z} \cdot (f \cdot \mathbf{u}) = f(z) \cdot (T_z(\mathbf{u}) \cdot \mathbf{h}_z + \tfrac{1}{2}[f(z)^{-1} \cdot (T_z(f) \cdot \mathbf{h}_z), \mathbf{u}(z)]) .$$

9. Es sei G eine einfach zusammenhängende n-dimensionale Liesche Gruppe, $\mathfrak{g}_e$ ihre Liesche Algebra, $\mathbf{u} \to \mathrm{Y}_{\mathbf{u}}$ ein *Isomorphismus* von $\mathfrak{g}_e$ auf eine Liesche Unteralgebra der Lieschen Algebra $\mathscr{T}_0^1(M)$ der Vektorfelder der Klasse C^∞ einer differenzierbaren Mannigfaltigkeit M. Für alle $(s, x) \in G \times M$ sei $L_{(s,x)}$ die n-Richtung in $T_{(s,x)}(G \times M)$, die von den Tangentialvektoren $(\mathrm{X}_{\mathbf{u}}(s), \mathrm{Y}_{\mathbf{u}}(s))$ für $\mathbf{u} \in \mathfrak{g}_e$ erzeugt wird (vgl. Abschnitt 19.3, Aufgabe 2), und für jedes $x \in M$ sei N_x die den Punkt (e, x) enthaltende maximale Integralmannigfaltigkeit dieses vollständig integrierbaren Feldes (vgl. (18.14.6)). Läßt man G auf $G \times M$ durch Linkstranslation auf G operieren, so ist das Bild $s \cdot N$ jeder maximalen Integralmannigfaltigkeit N ebenfalls eine solche Mannigfaltigkeit.

a) Wir nennen das Feld $\mathrm{Y}_{\mathbf{u}}$ *vollständig*, wenn jede maximale Integralkurve dieses Feldes (vgl. (18.2.2)) auf ganz $\boldsymbol{R}$ definiert ist. Wir setzen dann (in den Bezeichnungen von (18.2.3))

$$f_{t,\mathbf{u}}(x) = F_{\mathrm{Y}_{\mathbf{u}}}(x, t) \qquad \text{für } x \in M \text{ und } t \in \boldsymbol{R};$$

dann gilt $f_{t,\mathbf{u}} \circ f_{t',\mathbf{u}} = f_{t+t',\mathbf{u}}$. Man zeige: Sind die Felder $\mathrm{Y}_{\mathbf{u}_1}, \ldots, \mathrm{Y}_{\mathbf{u}_m}$ vollständig, so gehört die Abbildung

$$(t_1, t_2, \ldots, t_m) \to (\exp(t_1\mathbf{u}_1) \cdots \exp(t_m\mathbf{u}_m), (f_{t_m,\mathbf{u}_m} \circ \cdots \circ f_{t_1,\mathbf{u}_1})(x))$$

von $\boldsymbol{R}^m$ in $G \times M$ der Klasse C^∞ an, und ihr Bildraum ist in N_x enthalten (vgl. (18.14.7)). Man zeige ferner: Sind $\mathbf{u}$ und $\mathbf{v}$ so beschaffen, daß $\mathrm{Y}_{\mathbf{u}}$ und $\mathrm{Y}_{\mathbf{v}}$ vollständig sind, so ist auch $\mathrm{Y}_{[\mathbf{u},\mathbf{v}]}$ vollständig. (Man betrachte die Abbildung

$$t \to (\exp(\mathbf{u}) \exp(t\mathbf{v}) \exp(-\mathbf{u}), (f_{-1,\mathbf{u}} \circ f_{t,\mathbf{v}} \circ f_{1,\mathbf{u}})(x))$$

und benutze (19.11.2.2) und (19.11.2.3).)

b) Wir setzen voraus, es existiere ein Erzeugendensystem der Lieschen Algebra $\mathfrak{g}_e$ derart, daß die entsprechenden Felder $\mathrm{Y}_{\mathbf{u}}$ vollständig sind. Aus a) folgt dann, daß eine *Basis* $(\mathbf{u}_j)_{1 \leqq j \leqq n}$ von $\mathfrak{g}_e$ mit dieser Eigenschaft existiert. Ferner sei W eine zusammenhängende Umgebung von 0 in $\boldsymbol{R}^n$, für welche die Abbildung

$$w\colon (t_1, \ldots, t_n) \to \exp(t_1\mathbf{u}_1) \exp(t_2\mathbf{u}_2) \cdots \exp(t_n\mathbf{u}_n)$$

ein Diffeomorphismus von W auf eine symmetrische Umgebung V von e in G ist. Für jedes $s \in V$ setzen wir $h_s = f_{t_n,\mathbf{u}_n} \circ \cdots \circ f_{t_1,\mathbf{u}_1}$, wobei $(t_1, \ldots, t_n) = w^{-1}(s)$ ist. Man zeige, daß die Abbildung $\Phi\colon (s, x) \to (s, h_s(x))$ ein Diffeomorphismus von $V \times M$ auf sich ist und daß für jedes $x \in M$ das Bild von $V \times \{x\}$ vermöge Φ die zusammenhängende Komponente von (e, x) in $N_x \cap (V \times M)$ ist. (Man zeige, daß diese Menge in der eigentlichen Topologie von N_x in $N_x \cap (V \times M)$ sowohl offen als abgeschlossen ist.)

c) Aus b) leite man her, daß die Einschränkung der Projektion pr_1 auf jedes N_x ein Diffeomorphismus von N_x auf G ist. (Man zeige, daß diese Abbildung N_x zu einer Überlagerung von G macht, wenn N_x mit seiner eigentlichen Topologie versehen wird.) Hieraus leite man her, daß Φ eine differenzierbare Operation von G auf M ist, für welche $Z_{\mathbf{u}} = Y_{\mathbf{u}}$ für jedes $\mathbf{u} \in \mathfrak{g}_e$ gilt.

10. Es sei G eine Liesche Gruppe, $\mathfrak{g}_e$ ihre Liesche Algebra und u eine Abbildung von $\mathfrak{g}_e$ in G mit $u(n\mathbf{x}) = (u(\mathbf{x}))^n$ für jedes $n \in \boldsymbol{Z}$ und jedes $\mathbf{x} \in \mathfrak{g}_e$. Außerdem setzen wir voraus, u sei im Punkt 0 stetig, und die Funktion $\mathbf{x} \to \log(u(\mathbf{x})) = v(\mathbf{x})$ sei im Punkt 0 differenzierbar und habe als Ableitung die identische Abbildung (dabei sei U eine Umgebung von 0 in $\mathfrak{g}_e$, für welche $u(U)$ in einer Umgebung von e enthalten ist, auf der $\log_G$ definiert ist). Man zeige: Dann ist $u = \exp_G$. (Man stelle fest, daß für jede ganze Zahl $n > 0$

$$v(\mathbf{x}/n) = v(\mathbf{x})/n$$

ist, und leite daraus her, daß $v(\mathbf{x}) = \mathbf{x}$ ist.)

19.10. Abgeschlossene Untergruppen reeller Liescher Gruppen

19.10.1. (Satz von E. Cartan). *Jede abgeschlossene Untergruppe H einer reellen Lieschen Gruppe G ist eine Liesche Untergruppe von G* (mit anderen Worten, der Teilraum H von G ist zugrundeliegender Raum einer *Untermannigfaltigkeit* von G).

Es sei $\mathfrak{h}_e$ die aus den Vektoren $\mathbf{u} \in \mathfrak{g}_e$ mit $\exp(t\mathbf{u}) \in H$ für *jedes* reelle t bestehende Teilmenge der Lieschen Algebra $\mathfrak{g}_e$ von G. Zunächst zeigen wir:

19.10.1.1. *Die Teilmenge $\mathfrak{h}_e$ ist eine Liesche Unteralgebra von $\mathfrak{g}_e$.*

Offenbar gilt mit $\mathbf{u} \in \mathfrak{h}_e$ auch $t\mathbf{u} \in \mathfrak{h}_e$ für jedes $t \in \boldsymbol{R}$. Ferner gehört mit je zwei Vektoren $\mathbf{u}$ und $\mathbf{v}$ aus $\mathfrak{h}_e$ auch $\mathbf{u} + \mathbf{v}$ zu $\mathfrak{h}_e$, so daß $\mathfrak{h}_e$ ein *Vektorteilraum* von $\mathfrak{g}_e$ ist. Aufgrund von (19.9.10) kann man nämlich für $t \in \boldsymbol{R}$ und jedes ganze $n > 0$

$$\exp\left(\frac{t}{n}\mathbf{u}\right)\exp\left(\frac{t}{n}\mathbf{v}\right) = \exp\left(\frac{t}{n}(\mathbf{u}+\mathbf{v}) + \frac{t^2}{2n^2}[\mathbf{u},\mathbf{v}] + \frac{1}{n^3}\mathbf{w}_n(t,\mathbf{u},\mathbf{v})\right)$$

schreiben, wobei für feste t, $\mathbf{u}$, $\mathbf{v}$ die Zahlen $\|\mathbf{w}_n(t,\mathbf{u},\mathbf{v})\|$ eine beschränkte Menge bilden. Hieraus ergibt sich

19.10.1.2. $$\left(\exp\left(\frac{t}{n}\mathbf{u}\right)\exp\left(\frac{t}{n}\mathbf{v}\right)\right)^n = \exp\left(t(\mathbf{u}+\mathbf{v}) + \frac{1}{n}\mathbf{a}_n\right),$$

wobei die Folge der $\|\mathbf{a}_n\|$ (für feste t, $\mathbf{u}$, $\mathbf{v}$) beschränkt ist. Nach Definition von H gehört die linke Seite von (19.10.1.2) zu H, die rechte strebt für $n \to +\infty$ gegen $\exp(t(\mathbf{u}+\mathbf{v}))$. Da H *abgeschlossen* ist, gilt $\mathbf{u} + \mathbf{v} \in \mathfrak{h}_e$ nach Definition von $\mathfrak{h}_e$.

Nun zeigen wir, daß $[\mathbf{u},\mathbf{v}] \in \mathfrak{h}_e$ gilt. Formel (19.9.13) liefert

$$\exp\left(\frac{t}{n}\mathbf{u}\right)\exp\left(\frac{t}{n}\mathbf{v}\right)\exp\left(-\frac{t}{n}\mathbf{u}\right)\exp\left(-\frac{t}{n}\mathbf{v}\right) = \exp\left(\frac{t^2}{n^2}[\mathbf{u},\mathbf{v}] + \frac{1}{n^3}\mathbf{b}_n\right)$$

wobei die Folge der $\|\mathbf{b}_n\|$ (für feste t, $\mathbf{u}$, $\mathbf{v}$) beschränkt ist. Hieraus ergibt sich

19.10.1.3.
$$\left(\exp\left(\frac{t}{n}\mathbf{u}\right)\exp\left(\frac{t}{n}\mathbf{v}\right)\exp\left(-\frac{t}{n}\mathbf{u}\right)\exp\left(-\frac{t}{n}\mathbf{v}\right)\right)^{n^2} = \exp\left(t^2[\mathbf{u},\mathbf{v}] + \frac{1}{n}\mathbf{b}_n\right),$$

und derselbe Schluß wie in (19.10.1.2) beweist $[\mathbf{u}, \mathbf{v}] \in \mathfrak{h}_e$.

Wir können daher die der Lieschen Unteralgebra $\mathfrak{h}_e$ von $\mathfrak{g}_e$ entsprechende *in G eingebettete zusammenhängende Liesche Gruppe K* betrachten (vgl. (19.7.4)). Da $\exp(\mathfrak{h}_e)$ bezüglich der eigentlichen Topologie eine Umgebung von e in K ist (vgl. (19.8.6)) und K von einer beliebigen Umgebung von e erzeugt wird (vgl. (12.8.8)), gilt $K \subset H$ nach Definition von $\mathfrak{h}_e$. Daher genügt es zu beweisen:

19.10.1.4. *Die Untergruppe K ist* (bezüglich der durch die Topologie von G induzierten Topologie) *offen in H, und die durch die Topologie von G auf K induzierte Topologie ist die eigentliche Topologie von K* (vgl. (19.7.4)).

Aus (16.8.4) folgt dann nämlich, daß K eine Untermannigfaltigkeit von G ist; außerdem ist K die zusammenhängende Komponente des neutralen Elementes von H. Daher ist H vermöge Translation eine Untermannigfaltigkeit von G, also eine Liesche Untergruppe.

Zum vollständigen Beweis von (19.10.1.4) genügt es zu zeigen, daß jede Umgebung N von e in K (bezüglich der eigentlichen Topologie von K) eine Umgebung von e in H (bezüglich der durch die Topologie von G induzierten Topologie) ist; dann gilt dies (durch Translation) für jede Umgebung eines beliebigen Punktes von K, und hieraus folgt (19.10.1.4). Wir führen diesen Beweis indirekt. Wäre N keine Umgebung von e in H, so existierte eine Folge (a_n) von Punkten aus $H \setminus N$, die in G gegen e strebt. Wir zerlegen die Liesche Algebra $\mathfrak{g}_e$ in eine direkte Summe $h_e \oplus \mathfrak{m}$, wobei $\mathfrak{m}$ ein Vektorteilraum von $\mathfrak{g}_e$ ist. Es gibt eine beschränkte Umgebung V von 0 in $\mathfrak{h}_e$ und eine beschränkte Umgebung von 0 in $\mathfrak{m}$ derart, daß die Abbildung

$$(\mathbf{x}, \mathbf{y}) \to \exp(\mathbf{x}) \exp(\mathbf{y})$$

ein Homöomorphismus von $V \times W$ auf eine Umgebung U von e in G ist (vgl. (19.9.14)). Man kann $a_n \in U$ für alle n voraussetzen; daher existieren zu jedem n wohlbestimmte Vektoren $\mathbf{x}_n \in V$ und $\mathbf{y}_n \in W$ mit $a_n = \exp(\mathbf{x}_n)\exp(\mathbf{y}_n)$. Weiter kann man voraussetzen (indem man V notfalls durch eine kleinere Umgebung ersetzt), daß $\exp(\mathbf{x}_n) \in N$ ist, da N bezüglich der eigentlichen Topologie von K eine Umgebung von e in K ist (vgl. (19.8.6)). Wegen $a_n \in H \setminus N$ muß $\mathbf{y}_n \neq 0$ und $\lim_{n\to\infty} \mathbf{y}_n = 0$ sein. Da W beschränkt und $\mathbf{y}_n \neq 0$ ist, existiert ein ganzes $r_n > 0$ mit $r_n\mathbf{y}_n \in W$ und $(r_n + 1)\,\mathbf{y} \notin W$. Da W in $\mathfrak{m}$ relativ kompakt ist, läßt sich außerdem voraussetzen (indem man nötigenfalls die Folge (a_n) durch eine Teilfolge ersetzt), die Folge $(r_n\mathbf{y}_n)$ habe einen Grenzwert $\mathbf{y} \in \overline{W}$. Wegen $\lim_{n\to\infty} \mathbf{y}_n = 0$ strebt die Folge $((r_n + 1)\,\mathbf{y}_n)$ ebenfalls gegen $\mathbf{y}$; da aber $(r_n + 1)\,\mathbf{y}_n$ nicht zu W

gehört, muß also $\mathbf{y}$ dem *Rand* Fr (W) in $\mathfrak{m}$ angehören, insbesondere ist $\mathbf{y} \neq 0$, also $\mathbf{y} \notin \mathfrak{h}_e$.

Nun zeigen wir, daß $\exp(t\mathbf{y}) \in H$ für jedes $t \in \mathbf{R}$ gilt. Da dies nach Definition von $\mathfrak{h}_e$ aber $\mathbf{y} \notin \mathfrak{h}_e$ widerspricht, haben wir den gewünschten Widerspruch. Da H *abgeschlossen* ist, genügt es zu beweisen, daß $\exp\left(\frac{p}{q}\mathbf{y}\right) \in H$ für ganze rationale Zahlen p, q mit $q > 0$ gilt. Man kann $pr_n = qs_n + u_n$ schreiben, wobei s_n und u_n ganze Zahlen sind und $0 \leqq u_n < q$ ist. Daraus folgt $\lim\limits_{n\to\infty} \frac{u_n}{q}\mathbf{y}_n = 0$; daher gilt in G

$$\exp\left(\frac{p}{q}\mathbf{y}\right) = \lim_{n\to\infty}\left(\exp\left(\frac{pr_n}{q}\mathbf{y}_n\right)\right) = \lim_{n\to\infty}\left(\exp(\mathbf{y}_n)\right)^{s_n}.$$

Wegen $\exp(\mathbf{x}_n) \in N \subset H$ und $a_n \in H$ ist also $\exp(\mathbf{y}_n) \in H$; somit ist, weil H in G *abgeschlossen* ist, auch $\exp\left(\frac{p}{q}\mathbf{y}\right) \in H$. Damit ist der Beweis von (19.10.1) beendet.

19.10.2. *Es seien G und G' zwei Liesche Gruppen. Jeder stetige Homomorphismus f von G in G' ist ein Homomorphismus Liescher Gruppen* (mit anderen Worten, er gehört der Klasse C^∞ an).

Der Graph Γ_f von f ist nämlich eine *abgeschlossene* Untergruppe der Lieschen Gruppe $G \times G'$ (vgl. (12.3.5)), also nach (19.10.1) eine *Untermannigfaltigkeit* von $G \times G'$. Die Behauptung folgt dann aus (16.9.10.).

Insbesondere gilt:

19.10.3. *Zwei mit der Struktur ein und derselben topologischen Gruppe verträgliche differenzierbare Mannigfaltigkeitsstrukturen* (vgl. (16.9.1)) *sind identisch.*

Man braucht ja nur (19.10.2) auf die identische Abbildung der betrachteten Gruppe anzuwenden.

19.10.4. Bemerkung. Es sei G eine Liesche Gruppe, $(H_\lambda)_{\lambda\in L}$ eine beliebige Familie Liescher Untergruppen von G. Da $H = \bigcap\limits_{\lambda\in L} H_\lambda$ in G abgeschlossen ist, ist H eine Liesche Untergruppe von G; aus (19.8.10) folgt sofort, daß die Liesche Algebra von H der *Durchschnitt* der Lieschen Algebren der H_λ ist.

Aufgaben

1. Man zeige: Ist eine einparametrige Untergruppe einer Lieschen Gruppe G nicht abgeschlossen, so ist ihre abgeschlossene Hülle in G *kompakt* (also ein Torus). (Mit Hilfe von (19.10.1) führe man das Problem auf den Fall zurück, daß G zusammenhängend und kommutativ ist, und benutze dann (19.7.9.2).)

2. a) Es sei H eine abgeschlossene Untergruppe einer Lieschen Gruppe G und L eine in G eingebettete zusammenhängende Liesche Gruppe. Man zeige: Besteht der Durchschnitt der Lieschen Algebren von H und von L nur aus 0, so ist $H \cap L$ in L

(bezüglich der eigentlichen Topologie von L) diskret; man gebe ein Beispiel dafür an, daß $H \cap L$ in H überall dicht ist.

b) Man gebe ein Beispiel zweier in G eingebetteter zusammenhängender Liescher Gruppen L und L' an, für die der Durchschnitt ihrer Lieschen Algebren nur aus 0 besteht, aber $L \cap L'$ in G überall dicht ist.

3. a) Es sei G eine zusammenhängende Liesche Gruppe, $\mathfrak{g}_e$ ihre Liesche Algebra. Man zeige: Hat $\mathbf{u} \in \mathfrak{g}_e$ die Eigenschaft, daß die einparametrige Untergruppe $\exp(\boldsymbol{R}\mathbf{u})$ von G in G nicht abgeschlossen ist, so existiert (bezüglich der kanonischen Topologie des Vektorraumes $\mathfrak{g}_e$) ein $\mathbf{u}$ beliebig benachbarter Vektor $\mathbf{v} \in \mathfrak{g}_e$ derart, daß $\exp(\boldsymbol{R}\mathbf{v})$ in G abgeschlossen ist. (Dabei verwende man Aufgabe 10 aus Abschnitt 12.9 und führe das Problem auf den Fall zurück, daß G ein Torus ist.)

b) Aus a) leite man her, daß in $\mathfrak{g}_e$ eine Basis $(\mathbf{u}_j)_{1 \leqq j \leqq n}$ existiert derart, daß jede der einparametrigen Untergruppen $\exp(\boldsymbol{R}\mathbf{u}_j)$ in G abgeschlossen ist.

4. Es seien G und G' zwei Liesche Gruppen, $u: G \to G'$ ein Homomorphismus von (nicht notwendig topologischen) Gruppen. Wir setzen voraus, für jeden stetigen Homomorphismus $v: \boldsymbol{R} \to G$ sei die Abbildung $u \circ v: \boldsymbol{R} \to G'$ ein stetiger Homomorphismus. Man zeige (unter Benutzung von (19.9.15)), daß u ein Homomorphismus Liescher Gruppen ist.

5. In dieser Aufgabe setzen wir als bewiesen voraus, jede endlichdimensionale Liesche Algebra über $\boldsymbol{R}$ sei die Liesche Algebra einer Lieschen Gruppe (siehe Kapitel 21). Es sei M eine zusammenhängende differenzierbare Mannigfaltigkeit, Γ eine Gruppe von Diffeomorphismen von M. Ferner sei S die Menge der Vektorfelder $Y \in \mathcal{T}_0^1(M)$, die *vollständig* sind (vgl. Abschnitt 19.9, Aufgabe 9) und die Eigenschaft haben, daß für jedes $t \in \boldsymbol{R}$ der Diffeomorphismus $x \to F_Y(x, t)$ von M auf sich (vgl. (18.2.8)) zu Γ gehört. Wir setzen weiter voraus, die von S erzeugte Liesche Unteralgebra $\mathfrak{g}$ von $\mathcal{T}_0^1(M)$ sei *endlichdimensional.*

a) Es sei G eine einfach zusammenhängende Liesche Gruppe, deren Liesche Algebra zu $\mathfrak{g}$ isomorph ist. Man zeige, daß ein Homomorphismus $h: G \to \Gamma$ von (nicht topologischen) Gruppen existiert derart, daß für jeden Vektor $\mathbf{u}$ der Lieschen Algebra $\mathfrak{g}_e$ von G für jedes $t \in \boldsymbol{R}$ und jedes $x \in M$ die Beziehung $h(\exp(t\mathbf{u})) \cdot x = F_{Y_\mathbf{u}}(x, t)$ gilt (dabei ist $Y_\mathbf{u}$ das $\mathbf{u}$ entsprechende Vektorfeld von $\mathfrak{g}$). Außerdem existiert eine Umgebung V des neutralen Elements von G derart, daß die Einschränkung von h auf V injektiv ist. (Man benutze Aufgabe 9 aus Abschnitt 19.9.)

b) Man zeige, daß auf $G_0 = h(G) \subset \Gamma$ eine eindeutig bestimmte Struktur einer Lieschen Gruppe existiert derart, daß h ein surjektiver Homomorphismus Liescher Gruppen von G auf G_0 ist (vgl. Abschnitt 19.3, Aufgabe 4). Dann ist die Gruppe G_0 ein Normalteiler von Γ, und für jedes $w \in \Gamma$ ist die Abbildung $u \to w \circ u \circ w^{-1}$ ein Automorphismus der Lieschen Gruppe G_0 (man benutze Aufgabe 4). Daraus leite man her, daß auf Γ eine eindeutig bestimmte Topologie $\mathcal{T}$ existiert, die mit der Gruppenstruktur von Γ verträglich ist und auf G_0 die oben definierte Topologie von G_0 induziert, und bezüglich welcher G_0 in Γ offen, also die zusammenhängende Komponente des neutralen Elements von Γ ist.

c) Man zeige, daß die Topologie $\mathcal{T}$ eine Basis aus Mengen der Gestalt $W(U, K)$ hat, wobei U die offenen Teilmengen von M und K die kompakten Teilmengen von M durchläuft und $W(U, K)$ die Menge der $w \in \Gamma$ ist, für welche $w(K) \subset U$ gilt. (Man forme das Problem so um, daß man zu zeigen hat, daß die durch $\mathcal{T}$ auf $h(V)$ induzierte Topologie auf diese Weise definiert werden kann.) Hieraus leite man her, daß Γ bezüglich der Topologie $\mathcal{T}$ metrisierbar und separabel ist, und dann, daß Γ bezüglich $\mathcal{T}$ eine *Liesche Gruppe* ist, die auf M differenzierbar operiert (Satz von Palais).

6. Es sei M eine n-dimensionale *parallelisierbare* (vgl. Abschnitt 16.15, Aufgabe 1) zusammenhängende differenzierbare Mannigfaltigkeit, so daß n Vektorfelder $X_j \in \mathcal{T}_0^1(M)$ existieren, für die in jedem Punkt $x \in M$ die n Vektoren $X_j(x)$ $(1 \leqq j \leqq n)$ eine Basis von $T_x(M)$ bilden. Die Gruppe der Diffeomorphismen von M, die jedes der Felder X_j *invariant* lassen, bezeichnen wir mit Γ.

a) In den Bezeichnungen von Aufgabe 5 zeige man, daß S in der Menge $\mathfrak{a}$ der Vektorfelder $Y \in \mathcal{T}_0^1(M)$ mit $[Y, X_j] = 0$ für $1 \leqq j \leqq n$ enthalten ist.

b) Für jeden Punkt $\mathbf{u} = (u_1, \ldots, u_n) \in \boldsymbol{R}^n$ setzen wir $X(\mathbf{u}) = \sum_j u_j X_j$; zu jedem $x \in M$ existiert eine Umgebung V von 0 in $\boldsymbol{R}^n$ derart, daß $F_{X(\mathbf{u})}(x, 1)$ für jedes $\mathbf{u} \in V$ definiert und $\mathbf{u} \to F_{X(\mathbf{u})}(x, 1)$ ein Diffeomorphismus von V auf eine Umgebung von x in M ist. Hieraus leite man her, daß für $Y \in \mathfrak{a}$ die Menge der $x \in M$ mit $Y(x) = 0$ in M sowohl offen als abgeschlossen ist, und schließe daraus, daß für jedes $x \in M$ die Abbildung $Y \to Y(x)$ von $\mathfrak{a}$ in $T_x(M)$ injektiv ist. (Man stelle fest, daß $[Y, X(\mathbf{u})] = 0$ für jedes $\mathbf{u} \in V$ gilt.)

c) Man zeige, daß Γ bezüglich der in Aufgabe 5c) beschriebenen Topologie $\mathcal{T}$ mit einer Mannigfaltigkeitsstruktur versehen werden kann, welche Γ zu einer Lieschen Gruppe macht, die differenzierbar auf M operiert und für welche $\mathcal{T}$ die zugrundeliegende Topologie ist. (Man benutze Aufgabe 5.)

19.11. Die adjungierte Darstellung. Normalisatoren und Zentralisatoren

19.11.1. Nach Abschnitt 16.9 ist eine *lineare Darstellung* einer Lieschen Gruppe G ein Homomorphismus $f: G \to \boldsymbol{GL}(E)$ Liescher Gruppen, wobei E ein endlichdimensionaler Vektorraum über $\boldsymbol{R}$ ist. Die lineare Tangentialabbildung von f im Punkt e ist somit ein Homomorphismus

$$f_*: \mathfrak{g}_e \to \mathfrak{gl}(E)$$

Liescher Algebren (vgl. (19.3.5)); daraus erhält man nach (19.8.9) und (19.9.1) insbesondere, daß für jedes $\mathbf{x} \in \mathfrak{g}_e$

19.11.1.1. $$f(\exp(\mathbf{x})) = \exp(f_*(\mathbf{x})) = \sum_{m=0}^{\infty} \frac{1}{m!} (f_*(\mathbf{x}))^m$$

gilt (es sei daran erinnert, daß $f_*(\mathbf{x}) \in \mathfrak{gl}(E)$ in kanonischer Weise mit einem Element des Ringes End (E) identifiziert werden kann (vgl. (19.4.2))).

Wir werden insbesondere die *adjungierte Darstellung* $s \to \operatorname{Ad}(s)$ einer Lieschen Gruppe G über ihrer Lieschen Algebra $\mathfrak{g}_e$ betrachten (vgl. (19.2.1)).

19.11.2. *Die lineare Tangentialabbildung der adjungierten Darstellung* $s \to \operatorname{Ad}(s)$ *im Punkt e ist der Homomorphismus* $\mathbf{x} \to \operatorname{ad}(x)$ *von* $\mathfrak{g}_e$ *in* $\mathfrak{gl}(\mathfrak{g}_e)$ (wir erinnern daran, daß $\operatorname{ad}(\mathbf{x}) \cdot \mathbf{y} = [\mathbf{x}, \mathbf{y}]$ ist; wir nennen $\mathbf{x} \to \operatorname{ad}(\mathbf{x})$ die *adjungierte Darstellung* von $\mathfrak{g}_e$).

Für jedes $\mathbf{x} \in \mathfrak{g}_e$ ist die Abbildung $\mathbf{y} \to \operatorname{Ad}(\exp(\mathbf{x})) \cdot \mathbf{y} = \exp(\mathbf{x}) \cdot \mathbf{y} \cdot \exp(\mathbf{x})^{-1}$ von $\mathfrak{g}_e$ in sich linear. Für festes $\mathbf{y}$ ist daher die Ableitung von $\mathbf{x} \to \operatorname{Ad}(\exp(\mathbf{x})) \cdot \mathbf{y}$

im Punkt $\mathbf{0}_e$ die Abbildung

$$\mathbf{h} \to \big((T_e(\mathrm{Ad}) \circ T_{\mathbf{0}_e}(\exp)) \cdot \mathbf{h}\big) \cdot \mathbf{y}$$

(vgl. (8.1.3) und (8.2.1)), und da $T_{\mathbf{0}_e}(\exp)$ die identische Abbildung von $\mathfrak{g}_e$ ist, erhält man die Abbildung $\mathbf{h} \to \big(T_e(\mathrm{Ad}) \cdot \mathbf{h}\big) \cdot \mathbf{y}$.

Nun ist aber $\mathbf{y} \to \mathrm{Ad}\,\big(\exp(\mathbf{x})\big) \cdot \mathbf{y}$ die Ableitung der Abbildung

19.11.2.1. $\mathbf{y} \to \log\big(\exp(\mathbf{x}) \exp(\mathbf{y}) \exp(\mathbf{x})^{-1}\big)$

von $\mathfrak{g}_e$ in sich im Punkt $\mathbf{0}_e$, und zwar aufgrund der Definition von $\mathrm{Ad}\,(s)$ (vgl. (19.2.1.1)) und der Tatsache, daß $T_e(\log)$ die identische Abbildung von $\mathfrak{g}_e$ ist. Nach der Taylorformel (19.9.12) folgt aber, daß die Ableitung von (19.11.2.1) im Punkt $\mathbf{0}_e$ die lineare Abbildung

$$\mathbf{y} \to \mathbf{y} + [\mathbf{x}, \mathbf{y}] + r_1(\mathbf{x}) \cdot \mathbf{y}$$

ist, wobei $r_1(x) \in \mathrm{End}\,(\mathfrak{g}_e)$ so beschaffen ist, daß $r_1(\mathbf{x})/\|\mathbf{x}\|$ mit $\|\mathbf{x}\|$ gegen 0 strebt (vgl. (16.8.9.1)). Für festes $\mathbf{y}$ ist die Ableitung der Abbildung

$$\mathbf{x} \to \mathbf{y} + [\mathbf{x}, \mathbf{y}] + r_1(\mathbf{x}) \cdot \mathbf{y}$$

von $\mathfrak{g}_e$ in sich im Punkt $\mathbf{0}_e$ daher $\mathbf{h} \to [\mathbf{h}, \mathbf{y}]$, und daraus folgt die Behauptung.

Nach (19.11.1.1) gilt daher für jeden Vektor $\mathbf{x} \in \mathfrak{g}_e$

19.11.2.2. $\mathrm{Ad}\,\big(\exp(\mathbf{x})\big) = \exp\big(\mathrm{ad}(\mathbf{x})\big) = \sum\limits_{m=0}^{\infty} \dfrac{1}{m!}\big(\mathrm{ad}\,(\mathbf{x})\big)^m$

in der Algebra $\mathrm{End}\,(\mathfrak{g}_e)$.

Wendet man Formel (19.8.9.1) auf den Fall an, daß f der innere Automorphismus $\mathrm{Int}\,(s)\colon t \to sts^{-1}$ ist, so erhält man für $\mathbf{x} \in \mathfrak{g}_e$

19.11.2.3. $\mathrm{Int}\,(s)\,\big(\exp(\mathbf{x})\big) = s\big(\exp(\mathbf{x})\big)\, s^{-1} = \exp\big(\mathrm{Ad}\,(s) \cdot \mathbf{x}\big)$.

19.11.2.4. Bemerkung. Ist A eine endlichdimensionale $\boldsymbol{R}$-Algebra mit Einselement, so folgt sofort aus (8.1.3), daß in der Lieschen Gruppe A^* die adjungierte Darstellung durch

19.11.2.5. $\mathrm{Ad}\,(s)\colon \mathbf{u} \to s\mathbf{u}s^{-1}$

gegeben ist (dabei wird die mit dem Kommutator versehene Algebra A mit der Lieschen Algebra von A^* identifiziert (vgl. (19.4.2))).

19.11.3. *Es sei G eine Liesche Gruppe, $\mathfrak{m}$ ein Vektorteilraum ihrer Lieschen Algebra $\mathfrak{g}_e$.*

(i) *Die Menge der $s \in G$ mit* $\mathrm{Ad}\,(s) \cdot \mathfrak{m} \subset \mathfrak{m}$ *(diese Inklusion ist äquivalent mit* $\mathrm{Ad}(s) \cdot \mathfrak{m} = \mathfrak{m}$, *da* $\mathrm{Ad}\,(s)$ *ein Automorphismus von $\mathfrak{g}_e$ ist) ist eine abgeschlossene Untergruppe H von G, deren Liesche Algebra $\mathfrak{h}$ mit der Menge der $\mathbf{u} \in \mathfrak{g}_e$ mit* $\mathrm{ad}\,(\mathbf{u}) \cdot \mathfrak{m} \subset \mathfrak{m}$ *übereinstimmt.*

(ii) *Die Menge der $s \in G$, für welche die Einschränkung von* $\mathrm{Ad}\,(s)$ *auf $\mathfrak{m}$ die Identität $1_{\mathfrak{m}}$ ist, ist ein abgeschlossener Normalteiler K von H, dessen Liesche Algebra $\mathfrak{k}$ die Menge aller $\mathbf{u} \in \mathfrak{g}_e$ ist, für welche die Einschränkung von* $\mathrm{ad}\,(\mathbf{u})$ *auf $\mathfrak{m}$ Null ist.*

(i) Die Aussage $\mathrm{Ad}(s) \cdot \mathfrak{m} \subset \mathfrak{m}$ bedeutet, daß gewisse Elemente der Matrix von $\mathrm{Ad}(s)$ bezüglich einer Basis von $\mathfrak{g}_e$, die eine Basis von $\mathfrak{m}$ umfaßt, gleich Null sind; daher ist klar, daß H in G abgeschlossen ist, und da $\mathrm{Ad}(s) \cdot \mathfrak{m} = \mathfrak{m}$ mit $\mathfrak{m} = \big(\mathrm{Ad}(s)\big)^{-1} \cdot \mathfrak{m} = \mathrm{Ad}(s^{-1}) \cdot \mathfrak{m}$ äquivalent ist, ist H eine Untergruppe von G. Es sei $\mathfrak{h} = \mathrm{Lie}(H)$; für jedes $\mathbf{y} \in \mathfrak{m}$ muß die Ableitung der Abbildung $\mathbf{x} \to \mathrm{Ad}\big(\exp(\mathbf{x})\big) \cdot \mathbf{y}$ von $\mathfrak{h}$ in $\mathfrak{m}$ im Punkt $\mathbf{0}_e$ ein Element von $\mathrm{Hom}(\mathfrak{h}, \mathfrak{m})$ sein. Diese Ableitung ist aber die Einschränkung der Abbildung $\mathbf{u} \to [\mathbf{u}, \mathbf{y}]$ auf $\mathfrak{h}$ (vgl. (19.11.2)); daher gehört $[\mathbf{u}, \mathbf{y}]$ für jedes $\mathbf{y} \in \mathfrak{h}$ und jedes $\mathbf{u} \in \mathfrak{h}$ zu $\mathfrak{m}$. Umgekehrt, sei $\mathfrak{h}'$ die Liesche Unteralgebra, die aus den $\mathbf{u} \in \mathfrak{g}_e$ mit $\mathrm{ad}(\mathbf{u}) \cdot \mathfrak{m} \subset \mathfrak{m}$ besteht. Für jedes $\mathbf{x} \in \mathfrak{h}'$ ist die Einschränkung von $\mathrm{ad}(\mathbf{x})$ auf $\mathfrak{m}$ ein Endomorphismus dieses Vektorraumes; daher gilt dies auch für $\exp\big(\mathrm{ad}(\mathbf{x})\big)$ (Exponentialabbildung in $\boldsymbol{GL}(\mathfrak{m})$). Nach (19.11.2.2) ist $\mathrm{Ad}\big(\exp(\mathbf{x})\big) \cdot \mathbf{y} \in \mathfrak{m}$ für jedes $\mathbf{y} \in \mathfrak{m}$; mit anderen Worten, es ist $\exp(\mathfrak{h}') \subset H$, und wegen $\mathfrak{h}' \supset \mathfrak{h}$ ist $\exp(\mathfrak{h}')$ eine Umgebung von e in H. Daraus folgt $\mathfrak{h}' \subset \mathfrak{h}$ (vgl. (19.8.10)), also $\mathfrak{h}' = \mathfrak{h}$.

(ii) Offenbar ist K ein abgeschlossener Normalteiler von H. Es sei $\mathfrak{k} = \mathrm{Lie}(K)$; für jedes $\mathbf{y} \in \mathfrak{m}$ ist die Abbildung $\mathbf{x} \to \mathrm{Ad}\big(\exp(\mathbf{x})\big) \cdot \mathbf{y}$ von $\mathfrak{k}$ in $\mathfrak{m}$ konstant (gleich $\mathbf{y}$); daher muß ihre Ableitung Null sein. Hieraus ergibt sich wie oben $[\mathbf{x}, \mathbf{y}] = \mathbf{0}_e$. Umgekehrt sei $\mathfrak{k}'$ die Liesche Unteralgebra von $\mathfrak{g}_e$, die aus denjenigen $\mathbf{u}$ besteht, für welche die Einschränkung von $\mathrm{ad}(\mathbf{u})$ auf $\mathfrak{m}$ Null ist. Für jedes $\mathbf{x} \in \mathfrak{k}'$ ist die Einschränkung von $\mathrm{ad}(\mathbf{x})$ auf $\mathfrak{m}$ gleich Null; daher ist die Einschränkung von $\mathrm{Ad}\big(\exp(\mathbf{x})\big) = \exp\big(\mathrm{ad}(\mathbf{x})\big)$ auf $\mathfrak{m}$ die identische Abbildung (vgl. (19.11.2.2)). Somit gilt $\exp(\mathfrak{k}') \subset K$ und wegen $\mathfrak{k}' \supset \mathfrak{k}$ also $\mathfrak{k}' = \mathfrak{k}$.

Wir nennen die Gruppe H den *Normalisator des Vektorraumes* $\mathfrak{m} \subset \mathfrak{g}_e$ *in* G und bezeichnen sie mit $\mathscr{N}(\mathfrak{m})$. Ihre Liesche Algebra $\mathfrak{h}$ wird die *Normalisierende von* $\mathfrak{m}$ *in* $\mathfrak{g}_e$ genannt und mit $\mathfrak{N}(\mathfrak{m})$ bezeichnet. Die Gruppe K wird *Zentralisator des Vektorraumes* $\mathfrak{m}$ *in* G genannt und mit $\mathscr{Z}(\mathfrak{m})$ bezeichnet; ihre Liesche Algebra $\mathfrak{k}$ wird *Zentralisierende von* $\mathfrak{m}$ *in* $\mathfrak{g}_e$ genannt und mit $\mathfrak{Z}(\mathfrak{m})$ bezeichnet.

Die Beziehungen zwischen diesen Begriffen und denen des Normalisators und des Zentralisators einer *Teilmenge von* G in G (vgl. (12.8.6)) werden durch die folgenden Sätze präzisiert.

19.11.4. *Es sei* G *eine Liesche Gruppe,* H *eine in* G *eingebettete zusammenhängende Liesche Gruppe* (vgl. (19.7.4)), *die der Lieschen Unteralgebra* $\mathfrak{h}_e$ *von* $\mathfrak{g}_e$ *entspricht. Der Normalisator* $\mathscr{N}(H)$ *von* H *in* G *ist die abgeschlossene Untergruppe* $\mathscr{N}(\mathfrak{h}_e)$, *deren Liesche Algebra* $\mathfrak{N}(\mathfrak{h}_e)$ *ist.*

Offenbar ist sHs^{-1} für alle $s \in G$ eine zusammenhängende Liesche Gruppe, die in G eingebettet und deren Liesche Algebra $\mathrm{Ad}(s) \cdot \mathfrak{h}_e$ ist (vgl. (19.2.1)); demnach gehört s genau dann zu $\mathscr{N}(H)$, wenn $s \in \mathscr{N}(\mathfrak{h}_e)$ ist (vgl. (19.4.7)). Der Satz folgt daher aus (19.11.3, (i)).

19.11.5. *Eine in eine zusammenhängende Liesche Gruppe* G *eingebettete zusammenhängende Untergruppe* H *ist genau dann Normalteiler von* G, *wenn ihre Liesche Algebra* $\mathfrak{h}_e$ *ein Ideal in* $\mathfrak{g}_e$ *ist.*

Daß H Normalteiler von G ist, bedeutet, daß $\mathscr{N}(H) = G$ ist. Diese Relation ist äquivalent zu $\mathscr{N}(\mathfrak{h}_e) = G$, und daraus folgt $\mathfrak{N}(\mathfrak{h}_e) = \mathfrak{g}_e$; daher ist $\mathfrak{h}_e$ ein Ideal in $\mathfrak{g}_e$. Da aber G zusammenhängend ist, folgt aus $\mathfrak{g}_e = \mathfrak{N}(\mathfrak{h}_e)$ die Beziehung $\mathscr{N}(\mathfrak{h}_e) = G$. Damit ist der Satz bewiesen.

19.11.6. *Ist G eine Liesche Gruppe, H eine in G eingebettete zusammenhängende Liesche Gruppe, die der Lieschen Unteralgebra $\mathfrak{h}_e$ von $\mathfrak{g}_e$ entspricht, so ist der Zentralisator $\mathcal{Z}(H)$ von H in G die abgeschlossene Untergruppe $\mathcal{Z}(\mathfrak{h}_e)$, deren Liesche Algebra die Menge $\mathfrak{Z}(\mathfrak{h}_e)$ ist.*

Die Relation $s \in \mathcal{Z}(H)$ besagt, daß die Einschränkung von $\mathrm{Int}(s)$: $t \to sts^{-1}$ auf H der identische Automorphismus von H ist. Da H zusammenhängend ist, ist dies äquivalent damit, daß die Einschränkung von Ad (s) auf $\mathfrak{h}_e$ der identische Automorphismus von $\mathfrak{h}_e$ ist (vgl. (19.7.6)); daher folgt der Satz aus (19.11.3, (ii)).

Insbesondere gilt:

19.11.7. *Die Liesche Algebra des Zentrums $C = \mathcal{Z}(G)$ einer zusammenhängenden Lieschen Gruppe G ist das Zentrum $\mathfrak{c}_e$ der Lieschen Algebra $\mathfrak{g}_e$ von G* (d. h. die Menge der $\mathbf{x} \in \mathfrak{g}_e$ mit $[\mathbf{x}, \mathbf{y}] = \mathbf{0}_e$ für *jedes* $\mathbf{y} \in \mathfrak{g}_e$).

19.11.8. Für eine beliebige (endlichdimensionale) Liesche Algebra $\mathfrak{g}$ über $\boldsymbol{R}$ werden wir in Kapitel 21 beweisen, daß eine Liesche Gruppe G existiert derart, daß Lie (G) zu $\mathfrak{g}$ isomorph ist. Zunächst beweisen wir hier einen Spezialfall:

19.11.9. *Zu jeder endlichdimensionalen Lieschen Algebra $\mathfrak{g}$ über $\boldsymbol{R}$ mit dem Zentrum $\mathfrak{c}$ gibt es eine Liesche Gruppe H derart, daß* Lie (H) *zur Lieschen Algebra $\mathfrak{g}/\mathfrak{c}$ isomorph ist.*

Wir betrachten die adjungierte Darstellung $\mathbf{x} \to \mathrm{ad}\,(\mathbf{x})$ von $\mathfrak{g}$, deren Bildraum bekanntlich eine zu $\mathfrak{g}/\mathfrak{c}$ isomorphe Liesche Unteralgebra $\mathfrak{h}$ von $\mathfrak{gl}(\mathfrak{g})$ ist. Für $n = \dim \mathfrak{g}$ ist $\mathfrak{gl}(\mathfrak{g})$ isomorph zur Lieschen Algebra der Lieschen Gruppe $\boldsymbol{GL}(n, \boldsymbol{R})$; daher existiert nach (19.7.4) eine zusammenhängende, in $\boldsymbol{GL}(n, \boldsymbol{R})$ eingebettete Liesche Gruppe H, deren Liesche Algebra zu $\mathfrak{h}$, also zu $\mathfrak{g}/\mathfrak{c}$ isomorph ist.

19.11.10. *Für jede Teilmenge A einer Lieschen Gruppe G ist der Zentralisator $\mathcal{Z}(A)$ von A in G eine Liesche Untergruppe, deren Liesche Algebra die Menge der $\mathbf{x} \in \mathfrak{g}_e$ ist, für welche* Ad $(s) \cdot \mathbf{x} = \mathbf{x}$ *für jedes $s \in A$ gilt.*

Nach (12.8.6) ist $\mathcal{Z}(A)$ abgeschlossen, aufgrund von (19.10.1) also eine Liesche Gruppe. Die Aussage, daß $\mathbf{x} \in \mathfrak{g}_e$ zu Lie $(\mathcal{Z}(A))$ gehört, bedeutet, daß $\exp(t\mathbf{x})$ für jedes $t \in \boldsymbol{R}$ mit jedem $s \in A$ vertauschbar ist. Nach (19.11.2.3) ist dies aber mit Ad $(s) \cdot (t\mathbf{x}) = t\mathbf{x}$ für hinreichend kleines t äquivalent.

Aufgaben

1. Es sei G eine zusammenhängende Liesche Gruppe, $\mathfrak{G}$ die aus den linksinvarianten Differentialoperatoren bestehende infinitesimale Algebra von G (vgl. 19.3.1)).

a) Für jedes linksinvariante Vektorfeld $\mathrm{X} \in \mathfrak{g}$ betrachte man die Derivation ad (X): $\mathrm{Z} \to \mathrm{X} \circ \mathrm{Z} - \mathrm{Z} \circ \mathrm{X}$ von $\mathfrak{G}$. Man zeige in den Bezeichnungen von (19.6.2), daß ad (X) ein Endomorphismus jedes der Vektorteilräume $\mathfrak{G}_m$ von $\mathfrak{G}$, also exp (ad (X)) ein Automorphismus jedes Vektorraumes $\mathfrak{G}_m$, somit ein Automorphismus des Vektorraumes $\mathfrak{G}$ ist. Unter Verwendung der Leibnizschen Formel und der Tatsache, daß ad (X) eine Derivation ist, zeige man ferner, daß exp (ad (X)) ein Automorphismus der *Algebra* $\mathfrak{G}$ ist.

b) Für jeden Differentialoperator $\mathrm{P} \in \mathrm{Diff}\,(G)$ und jedes $s \in G$ setzen wir

$$\mathrm{Ad}\,(s) \cdot \mathrm{P} = \gamma(s)\,\boldsymbol{\delta}(s^{-1})\,\mathrm{P}\,.$$

Für $\mathrm{P} \in \mathfrak{G}$ gilt $\mathrm{Ad}\,(s) \cdot \mathrm{P} = \boldsymbol{\delta}(s^{-1})\,\mathrm{P}$, und $\mathrm{Ad}\,(s) \cdot \mathrm{P}$ ist der Differentialoperator, dessen Wert im Punkt e das Bild der punktalen Distribution $\mathrm{P}(e)$ vermöge Int (s) ist. Man zeige, daß für jeden Vektor $\mathbf{u} \in \mathfrak{g}_e$ die Beziehung

$$\mathrm{Ad}\,(\exp\,(\mathbf{u})) \cdot \mathrm{Z} = \exp\,(\mathrm{ad}\,(\mathrm{X}_{\mathbf{u}})) \cdot \mathrm{Z}$$

für jedes $\mathrm{Z} \in \mathfrak{G}$ gilt. (Man beachte, daß beide Seiten übereinstimmen, sobald $\mathrm{Z} \in \mathfrak{g}$ gilt und $\mathfrak{g}$ die assoziative Algebra $\mathfrak{G}$ erzeugt.)

c) Aus b) leite man her, daß das *Zentrum* der Algebra $\mathfrak{G}$ aus denjenigen Operatoren $\mathrm{P} \in \mathrm{Diff}\,(G)$ besteht, die *sowohl links- als auch rechtsinvariant* sind. (Man stelle fest, daß in jedem Raum $\mathfrak{G}_m$ für alle $\mathrm{X} \in \mathfrak{g}$ die Beziehung

$$\lim_{t \to 0} \frac{1}{t}\,(\exp\,(\mathrm{ad}\,(\mathrm{X})) \cdot \mathrm{Z} - \mathrm{Z}) = \mathrm{ad}\,(\mathrm{X}) \cdot \mathrm{Z}$$

gilt. Ist $\mathfrak{c}$ das Zentrum der Lieschen Algebra $\mathfrak{g}$, so ist $\mathfrak{c}$ also im Zentrum von $\mathfrak{G}$ enthalten.

2. a) Man zeige, daß für die in (19.5.11) betrachtete Gruppe G das Zentrum der infinitesimalen Algebra $\mathfrak{G}$ nur aus den Skalaren besteht.

b) Wir betrachten die Liesche Gruppe $G = \boldsymbol{SL}(2, \boldsymbol{R})$ und wählen als Basis der Lieschen Algebra $\mathfrak{sl}(2, \boldsymbol{R})$ die Basis $(\mathbf{u}_1, \mathbf{u}_2, \mathbf{u}_3)$ aus Aufgabe 2 von Abschnitt 19.5. Man zeige: Das Zentrum dieser Lieschen Algebra besteht nur aus 0, jedoch gehört das Element $\mathbf{u}_1^2 + 2(\mathbf{u}_2\mathbf{u}_3 + \mathbf{u}_3\mathbf{u}_2)$ zum Zentrum der infinitesimalen Algebra $\mathfrak{G}_e$.

3. Es sei G eine zusammenhängende Liesche Gruppe, H eine in G eingebettete zusammenhängende Liesche Gruppe und $\overline{H} = H'$ die abgeschlossene Hülle von H in G; ferner seien $\mathfrak{g}_e$, $\mathfrak{h}_e$, $\mathfrak{h}'_e$ die Lieschen Algebren von G, H, H'.

a) Man zeige: Ist eine in H eingebettete zusammenhängende Liesche Gruppe K Normalteiler von H, so ist sie auch Normalteiler von H'. (Ist $\mathfrak{k}_e$ die Liesche Algebra von K, so stelle man fest, daß $\mathrm{Ad}\,(s) \cdot \mathfrak{k}_e \subset \mathfrak{k}_e$ für jedes $s \in H$ gilt, und benutze (19.11.4).)

b) Man zeige: Ist eine zusammenhängende Liesche Gruppe L in G eingebettet und gilt

$$H \subset L \subset H' = \overline{H}\,,$$

so ist L Normalteiler von H'.

c) Es sei $H' = G$ (also H in G dicht). Man zeige, daß die Liesche Algebra $\mathfrak{g}_e/\mathfrak{h}_e$ kommutativ ist. (Man stelle fest, daß jede Liesche Unteralgebra $\mathfrak{l}_e$ mit $\mathfrak{h}_e \subset \mathfrak{l}_e \subset \mathfrak{g}_e$ ein Ideal in $\mathfrak{g}_e$ ist.) (Vgl. Abschnitt 19.16, Aufgabe 11.)

d) Unter den Voraussetzungen von c) zeige man, daß $\mathfrak{g}_e$ direkte Summe eines im Zentrum $\mathfrak{c}_e$ von $\mathfrak{g}_e$ enthaltenen Ideals $\mathfrak{f}_e$ und eines Ideals $\mathfrak{l}_e \supset \mathfrak{h}_e$ mit $\mathfrak{l}_e \cap \mathfrak{c} \subset \mathfrak{h}_e$ ist. (Man zerlege $\mathfrak{g}_e/\mathfrak{h}_e$ in die direkte Summe von $(\mathfrak{c}_e + \mathfrak{h}_e)/\mathfrak{h}_e$ und $\mathfrak{l}_e/\mathfrak{h}_e$ sowie $\mathfrak{c}_e$ in die direkte Summe von $(\mathfrak{c}_e \cap \mathfrak{h}_e)$ und $\mathfrak{l}_e$.) Außerdem gehört jedes Element $\mathbf{u} \in \mathfrak{l}_e$ mit $[\mathbf{u}, \mathbf{v}] = 0$ für jedes $\mathbf{v} \in \mathfrak{h}_e$ zu $\mathfrak{c}_e \cap \mathfrak{h}_e$. (Man stelle fest, daß sich nach Voraussetzung $\mathrm{Ad}\,(s) \cdot \mathbf{u} = \mathbf{u}$ für jedes $s \in H$ ergibt, und leite daraus her, daß dies auch für jedes $s \in G$ gilt.)

4. Es sei G eine zusammenhängende Liesche Gruppe, H eine in G eingebettete zusammenhängende und in G *dichte* Liesche Gruppe. Für jedes $s \in G$ ist das Bild von $\mathfrak{h}_e$ vermöge Ad (s) in $\mathfrak{h}_e$ enthalten (vgl. Aufgabe 3a)). Wir bezeichnen die Einschränkung von Ad (s) auf $\mathfrak{h}_e$, einen Automorphismus des Vektorraumes $\mathfrak{h}_e$, mit $\mathrm{Ad}_H(s)$.

a) Das Bild von H in $\boldsymbol{GL}(\mathfrak{h}_e)$ vermöge der adjungierten Darstellung sei eine *abgeschlossene* Untergruppe Ad (H) von $\boldsymbol{GL}(\mathfrak{h}_e)$. Man zeige, daß dann Ad (H) gleich dem Bild $\mathrm{Ad}_H(G)$ von G vermöge der Abbildung $s \to \mathrm{Ad}_H(s)$ ist. Hieraus leite man her (in den Bezeichnungen von Aufgabe 3d)), daß $\mathfrak{l}_e = \mathfrak{h}_e$ und demzufolge $\mathfrak{g}_e$ *direkte Summe* von $\mathfrak{h}_e$ und einem Ideal $\mathfrak{k}_e \subset \mathfrak{c}_e$ ist.

b) Aus a) leite man her, daß das Zentrum $\mathcal{Z}(G)$ von G die abgeschlossene Hülle des Zentrums $\mathcal{Z}(H)$ von H in G ist. (Es sei $s \in \mathcal{Z}(G)$ Grenzwert einer Folge (s_n) von Elementen von H; man zeige, daß Elemente $t_n \in \mathcal{Z}(H)$ existieren derart, daß $x_n = s_n t_n^{-1}$ in H gegen e konvergiert. Zu diesem Zweck beachte man, daß Ad (H) zu $H/\mathcal{Z}(H)$ isomorph ist, wobei die Gruppe H mit ihrer eigentlichen Topologie versehen ist.) Man zeige ferner, daß $G = H\mathcal{Z}(G)$ gilt und daß Ad $(G) =$ Ad (H) in $\boldsymbol{GL}(\mathfrak{g}_e)$ abgeschlossen ist.

c) Unter den Voraussetzungen von a) leite man aus b) her, daß genau dann $H = G$ gilt, wenn $\mathcal{Z}(H)$ in G abgeschlossen ist.

5. Es sei G eine zusammenhängende Liesche Gruppe, $u\colon G \to G'$ ein Homomorphismus Liescher Gruppen und Ad (G) eine abgeschlossene Untergruppe von $\boldsymbol{GL}(\mathfrak{g}_e)$. Man zeige: $u(G)$ ist genau dann in G' abgeschlossen, wenn $u(\mathcal{Z}(G))$ in G' abgeschlossen ist. (Man benutze Aufgabe 4.)

6. Es sei G die aus den Matrizen

$$\begin{pmatrix} e^{is} & 0 & x \\ 0 & e^{it} & y \\ 0 & 0 & 1 \end{pmatrix}$$

bestehende abgeschlossene Untergruppe von $\boldsymbol{GL}(3, \boldsymbol{C})$ (dabei sollen s, t alle Werte in $\boldsymbol{R}$ und x, y alle Werte in $\boldsymbol{C}$ durchlaufen). Man zeige, daß $\mathcal{Z}(G)$ nur aus dem neutralen Element besteht und daß Ad (H) für die aus den Matrizen aus G mit $t = \alpha s$ (α eine gegebene irrationale Zahl) bestehende Untergruppe H in $\boldsymbol{GL}(\mathfrak{h}_e)$ nicht abgeschlossen ist. (Man benutze Aufgabe 4.)

7. Es sei G eine Liesche Gruppe, H eine *beliebige* Untergruppe von G. Für jedes $x \in H$ bezeichne $\mathfrak{h}_x$ die Menge der Vektoren $\mathbf{u}_x \in T_x(G)$, für die ein offenes 0 enthaltendes Intervall $I \subset \boldsymbol{R}$ und eine Abbildung $f\colon I \to G$ der Klasse C^∞ existieren derart, daß $f(0) = x$, $f(I) \subset H$ und $T_0(f) \cdot \mathrm{E}(0) = \mathbf{u}_x$ gilt.

a) Man zeige, daß dann für jedes $x \in H$ die Beziehungen $\mathfrak{h}_x = x \cdot \mathfrak{h}_e = \mathfrak{h}_e \cdot x$ und $\mathrm{Ad}(x) \cdot \mathfrak{h}_e \subset \mathfrak{h}_e$ gelten.

b) Man zeige, daß $\mathfrak{h}_e$ eine Liesche Unteralgebra von $\mathfrak{g}_e = \mathrm{Lie}(G)$ ist. (Man benutze (16.9.9, (ii)), um zu zeigen, daß $\mathfrak{h}_e$ ein Vektorteilraum von $\mathfrak{g}_e$ ist. Weiter beachte man, daß für je zwei Vektoren $\mathbf{u}, \mathbf{v} \in \mathfrak{h}_e$ und eine der Klasse C^∞ angehörende Abbildung $f\colon I \to G$ einer Umgebung I von 0 in $\boldsymbol{R}$ mit $f(0) = e$, $f(I) \subset H$ und $T_0(f) \cdot \mathrm{E}(0) = \mathbf{u}$ die Beziehung $\mathrm{Ad}(f(t)) \cdot \mathbf{v} \in \mathfrak{h}_e$ für jedes $t \in I$ gilt, und benutze (19.11.2).)

c) Es sei H_0 die in G eingebettete zusammenhängende Liesche Gruppe mit $\mathrm{Lie}(H_0) = \mathfrak{h}_e$. Ferner sei M eine differenzierbare Mannigfaltigkeit, f eine Abbildung der Klasse C^∞ von M in G derart, daß für einen Punkt $z_0 \in M$ die Relationen $f(z_0) = e$ und $f(M) \subset H$ gelten. Man zeige, daß eine offene Umgebung U von z_0 in M existiert, für die $f(U) \subset H_0$ ist (man benutze (18.14.7)). Insbesondere ist H_0 ein Normalteiler von H (man verwende die Definition von $\mathfrak{h}_e$ und (19.9.15)). Hieraus leite man her, daß auf H genau eine mit der Gruppenstruktur von H verträgliche Topologie existiert, welche auf H_0 die eigentliche Topologie induziert (vgl. (19.7.4)) und für welche H_0 die zusammenhängende Komponente des neutralen Elements von H ist (siehe Abschnitt 12.8, Aufgabe 1).

8. Es sei M eine differenzierbare Mannigfaltigkeit. Wir sagen, eine Teilmenge A von M sei *C^∞-zusammenhängend*, wenn zu beliebigen Punkten $x, y \in A$ eine Folge $(z_j)_{0 \leqq j \leqq n}$ von Punkten von A mit $z_0 = x$, $z_n = y$ existiert sowie für $1 \leqq j \leqq n$ eine Abbildung f_j der Klasse C^∞ eines offenen Intervall $I \subset \boldsymbol{R}$ in M derart, daß $f_j(I)$ die Punkte z_{j-1} und z_j enthält und in A enthalten ist.

a) Man zeige: Gilt für eine Untergruppe H einer Lieschen Gruppe G, daß sie C^∞-zusammenhängend ist, so ist sie eine in G eingebettete zusammenhängende Liesche Gruppe. (In den Bezeichnungen von Aufgabe 7 beweise man $H_0 = H$.)

b) Aus a) leite man her: Sind A und B zwei in eine Liesche Gruppe G eingebettete zusammenhängende Liesche Gruppen, so ist die von $A \cup B$ erzeugte Untergruppe H von G eine in G eingebettete zusammenhängende Liesche Gruppe, deren Liesche Algebra von der Vereinigung der Lieschen Algebren von A und von B erzeugt wird. (Um die letzte Aussage zu beweisen, zeige man unter Verwendung von Aufgabe 7 und Formel (19.9.13): Gilt $\mathbf{u} \in \operatorname{Lie}(A)$ und $\mathbf{v} \in \operatorname{Lie}(B)$, so ist $[\mathbf{u}, \mathbf{v}] \in \operatorname{Lie}(H)$.)

9. Es seien A und B zwei in eine Liesche Gruppe G eingebettete zusammenhängende Liesche Gruppen, $\mathfrak{a}_e$ bzw. $\mathfrak{b}_e$ ihre Lieschen Algebren.

a) Man zeige, daß die Abbildung $(x, y) \to xy$ von $A \times B$ (wobei A und B mit ihren eigentlichen Topologien und ihren Strukturen als Liesche Gruppen versehen sind) in die Gruppe G eine Subimmersion vom konstanten Rang $\dim(\mathfrak{a}_e + \mathfrak{b}_e) = \dim(\mathfrak{a}_e) + \dim(\mathfrak{b}_e) - \dim(\mathfrak{a}_e \cap \mathfrak{b}_e)$ ist. Ferner: Ist AB ein lokal abgeschlossener Teilraum von G, so ist AB eine Untermannigfaltigkeit von G. (Man betrachte die durch $((x, y), s) = xsy^{-1}$ definierte Operation von $A \times B$ auf G von links und benutze (16.10.2) und (16.10.7).) Man gebe ein Beispiel dafür an, daß AB eine in G überall dichte, offene, aber nicht abgeschlossene Menge ist. (Vgl. Abschnitt 19.7, Aufgabe 3.)

b) Nun sei $A \cap B$ in G abgeschlossen und ein Normalteiler von B sowie AB eine Untermannigfaltigkeit von G. Die Gruppe $A \cap B$ operiert durch Rechtstranslation auf der Mannigfaltigkeit AB, und die Orbitmannigfaltigkeit $AB/(A \cap B)$ existiert. Man zeige, daß sie zu $(A/(A \cap B)) \times (B/(A \cap B))$ kanonisch diffeomorph ist. (Man benutze (16.10.4).) Hieraus leite man her, daß A und B Liesche Untergruppen von G sind.

c) Man zeige: Soll $AB = BA$ gelten, so muß $\mathfrak{a}_e + \mathfrak{b}_e$ eine Liesche Unteralgebra von $\mathfrak{g}_e = \operatorname{Lie}(G)$ sein. Zum Beweis benutze man a) und Aufgabe 8b); man zeige unter Benutzung von (18.14.7) und des Baireschen Satzes (12.16.1), daß die Dimension der eingebetteten Lieschen Gruppe AB nicht größer als $\dim(\mathfrak{a}_e + \mathfrak{b}_e)$ sein kann.)

d) Nun sei B ein Liescher Normalteiler von G. Man zeige: Werden A und AB mit ihren eigentlichen Topologien versehen, so sind die Faktorgruppen $A/(A \cap B)$ und AB/B kanonisch isomorph.

10. Die Gruppe L der Automorphismen von $\boldsymbol{T}$ ist eine diskrete Gruppe mit zwei Elementen, nämlich der Identität und dem Automorphismus $x \to -x$ (vgl. Abschnitt 19.7, Aufgabe 6). Man betrachte die nichtzusammenhängende Liesche Gruppe $G = L \times_\sigma \boldsymbol{T}$, das semidirekte Produkt bezüglich des identischen Homomorphismus $\sigma: L \to \operatorname{Aut}(\boldsymbol{T})$ (vgl. (19.14.5)). Man zeige, daß das Zentrum von G diskret ist. (Man vergleiche dies mit (19.11.7).)

19.12. Die Liesche Algebra der Kommutatorgruppe

Es sei G eine Gruppe, und H und K seien zwei Normalteiler von G. Unter der *Kommutatorgruppe von H und K* verstehen wir die von den Kommutatoren $hkh^{-1}k^{-1}$ mit $h \in H$ und $k \in K$ erzeugte Untergruppe von G; wir bezeichnen sie mit (H, K). Diese Gruppe ist offenbar ein *Normalteiler* und in $H \cap K$ enthalten. Die *Kommutatorgruppe von G* ist die Gruppe (G, G), die auch mit $\mathscr{D}(G)$ bezeichnet und die *abgeleitete Gruppe* von G genannt wird; sie ist der kleinste Normalteiler N von G, für den G/N kommutativ ist.

Sind ferner $\mathfrak{h}$ und $\mathfrak{k}$ zwei Ideale einer Lieschen Algebra $\mathfrak{g}$, so wird bekanntlich der von den Elementen $[\mathbf{x}, \mathbf{y}]$ mit $\mathbf{x} \in \mathfrak{h}$ und $\mathbf{y} \in \mathfrak{k}$ erzeugte Vektorteilraum mit $[\mathfrak{h}, \mathfrak{k}]$ bezeichnet. Aus der Jacobi-Identität ergibt sich sofort, daß $[\mathfrak{h}, \mathfrak{k}]$ ein in $\mathfrak{h} \cap \mathfrak{k}$ enthaltenes *Ideal* von $\mathfrak{g}$ ist; das Ideal $[\mathfrak{g}, \mathfrak{g}]$ bezeichnen wir mit $\mathfrak{D}(\mathfrak{g})$ und nennen es das *abgeleitete Ideal* von $\mathfrak{g}$.

Für Liesche Gruppen sind diese Begriffe durch den folgenden Satz verknüpft.

19.12.1. *Ist G eine zusammenhängende Liesche Gruppe, $\mathfrak{g}_e$ ihre Liesche Algebra, so ist die abgeleitete Gruppe $\mathscr{D}(G)$ die Gruppe, welche der in G eingebetteten zusammenhängenden, der Lieschen Unteralgebra $\mathfrak{D}(\mathfrak{g}_e)$ entsprechenden Lieschen Gruppe zugrunde liegt.*

Wir bezeichnen die $\mathfrak{D}(\mathfrak{g}_e)$ entsprechende in G eingebettete zusammenhängende Liesche Gruppe mit G'. Nach (19.11.3) ist G' *Normalteiler* von G. Zunächst beweisen wir $\mathscr{D}(G) \subset G'$. Die Liesche Faktoralgebra $\mathfrak{h} = \mathfrak{g}_e/\mathfrak{D}(\mathfrak{g}_e)$ ist nämlich kommutativ; also ist sie die Liesche Algebra einer Gruppe H, die einer additiven Gruppe $\boldsymbol{R}^m$ isomorph ist. Ist $\omega\colon \mathfrak{g}_e \to \mathfrak{h} = \mathfrak{g}_e/\mathfrak{D}(\mathfrak{g}_e)$ der kanonische Homomorphismus, so existiert ein lokaler Homomorphismus w der Klasse C^∞ von G auf H derart, daß $T_e(w) = \omega$ ist (vgl. (19.7.6)). Nun sei U eine symmetrische Umgebung von e in G, auf der die Funktion $\log_G$ und der lokale Homomorphismus w definiert sind, und V eine symmetrische Umgebung von e mit $V^4 \subset U$. Da H kommutativ ist, ergibt sich aus $s \in V$, $t \in V$ die Beziehung $w(st) = w(ts)$; daher ist $w(sts^{-1}t^{-1}) = 0$. Da aber die Funktion $\log_G$ auf U definiert ist, gilt $sts^{-1}t^{-1} = \exp\big(\log(sts^{-1}t^{-1})\big)$, nach (19.8.9) also $w(sts^{-1}t^{-1}) = \exp\big(\omega(\log(sts^{-1}t^{-1}))\big) = 0$. Dies bedeutet nach Definition $\log(sts^{-1}t^{-1}) \in \mathfrak{D}(\mathfrak{g}_e)$, zieht also $sts^{-1}t^{-1} \in G'$ nach sich. Da G zusammenhängend ist, wird G von der Umgebung V erzeugt (vgl. (12.8.8)). Die Relation

$$(st)\, u(st)^{-1}u^{-1} = s(tut^{-1}u^{-1})\, s^{-1}(sus^{-1}u^{-1})$$

und die Tatsache, daß G' ein Normalteiler ist, zeigen, daß jeder Kommutator $sts^{-1}t^{-1}$ zu G' gehört; mit anderen Worten, es ist $\mathscr{D}(G) \subset G'$.

Wir zeigen nun, daß $G' \subset \mathscr{D}(G)$ gilt. Da G' zusammenhängend ist, genügt es zu zeigen, daß eine Umgebung von e in G' (bezüglich der eigentlichen Topologie) existiert, die in $\mathscr{D}(G)$ enthalten ist (vgl. (12.8.8)). Es sei n die Dimension von $\mathfrak{g}_e$ und $r \leqq n$ die Dimension von $\mathfrak{D}(\mathfrak{g}_e)$. Daher existieren r Paare $(\mathbf{a}_j, \mathbf{b}_j)$ von Elementen von $\mathfrak{g}_e$ derart, daß die $\mathbf{c}_j = [\mathbf{a}_j, \mathbf{b}_j]$ $(1 \leqq j \leqq r)$ eine Basis von $\mathfrak{D}(\mathfrak{g}_e)$ bilden. Wir ergänzen diese Basis durch $n - r$ Elemente $\mathbf{c}_{r+1}, \dots, \mathbf{c}_n$ zu einer Basis

$(\mathbf{c}_j)_{1 \leq j \leq n}$ von $\mathfrak{g}_e$. Es sei V eine symmetrische Umgebung von e in G, die so klein gewählt sei, daß die Funktion $\log_G$ auf V^4 definiert ist. Dann sei $(u_j)_{1 \leq j \leq n}$ das System kanonischer lokaler Koordinaten erster Art im Punkt e, das der Basis $(\mathbf{c}_j)$ entspricht, so daß $u_j(x)$ die j-te Koordinate von $\log(x)$ ist. Es sei I eine offene Umgebung von 0 in $\boldsymbol{R}$ derart, daß für $\lambda, \mu \in I$ die Punkte $s_j(\lambda) = \exp(\lambda \mathbf{a}_j)$ und $t_j(\mu) = \exp(\mu \mathbf{b}_j)$ für $1 \leqq j \leqq r$ zu V gehören; dann gehört der Punkt

$$g_j(\lambda, \mu) = s_j(\lambda)\, t_j(\mu)\, s_j(-\lambda)\, t_j(-\mu)$$

zu V^4. Aus (19.9.13) folgt dann, daß man

19.12.1.1. $g_j(\lambda, \mu) = \exp\big(\lambda\mu[\mathbf{a}_j, \mathbf{b}_j] + \lambda^2\mu \mathbf{A}_j(\lambda, \mu) + \lambda\mu^2 \mathbf{B}_j(\lambda, \mu)\big)$

setzen kann, wobei $\mathbf{A}_j$ und $\mathbf{B}_j$ auf $I \times I$ beschränkt sind. Wendet man die Taylorsche Formel auf die Funktionen $\mu \to u_i\big(g_j(\lambda, \mu)\big)$ einer Veränderlichen an, so erhält man

19.12.1.2. $u_i\big(g_j(\lambda, \mu)\big) = \mu v_{ij}(\lambda) + \mu^2 w_{ij}(\lambda, \mu)$,

wobei v_{ij} und w_{ij} Funktionen der Klasse C^∞ auf $I \times I$ sind. Nach (19.12.1.1) und der Definition der $\mathbf{c}_j$ für $1 \leqq j \leqq r$ ergibt sich

19.12.1.3. $v_{ij}(\lambda) = \delta_{ij}\lambda + \lambda^2 C_{ij}(\lambda) \qquad$ für $1 \leqq i, j \leqq r$

(δ_{ij} ist Kroneckersymbol); dabei sind die C_{ij} auf I beschränkt. Daher existiert eine Zahl $\lambda_0 \neq 0$ aus I derart, daß $\det\big(v_{ij}(\lambda_0)\big) \neq 0$ ist ($1 \leqq i, j \leqq r$). Nun setzen wir für $\mu_1, \mu_2, \dots, \mu_r$ aus I

19.12.1.4. $g(\mu_1, \mu_2, \dots, \mu_r) = g_1(\lambda_0, \mu_1)\, g_2(\lambda_0, \mu_2) \cdots g_r(\lambda_0, \mu_r)$.

Aus (19.9.11) und (19.12.1.2) ergibt sich, daß die Funktionaldeterminante der Abbildung

$$(\mu_1, \mu_2, \dots, \mu_r) \to \log\big(g(\mu_1, \mu_2, \dots, \mu_r)\big)$$

von I^r in $\boldsymbol{R}^r$ im Ursprung gleich $\det\big(v_{ij}(\lambda_0)\big)$ ist; daher ist g ein Diffeomorphismus einer Umgebung W von 0 in $\boldsymbol{R}^r$ auf eine *Umgebung von* e in G' (bezüglich der eigentlichen Topologie von G'); nach Definition gilt aber $g(\mu_1, \mu_2, \dots, \mu_r) \in \mathscr{D}(G)$. Damit ist der Beweis beendet.

19.12.2. Insbesondere findet man auf diese Weise, daß die Kommutatorgruppe einer zusammenhängenden Lieschen Gruppe C zusammenhängend ist (vgl. Abschnitt 12.8, Aufgabe 4); dagegen braucht sie in G nicht abgeschlossen zu sein (vgl. Abschnitt 12.8, Aufgabe 7).

19.12.3. Für eine beliebige Gruppe G und jede ganze Zahl $n \geqq 1$ definieren wir die n-te *abgeleitete Gruppe* $\mathscr{D}^n(G)$ von G induktiv:

$$\mathscr{D}^1(G) = \mathscr{D}(G) = (G, G)\,,$$

$$\mathscr{D}^n(G) = \mathscr{D}\big(\mathscr{D}^{n-1}(G)\big) = \big(\mathscr{D}^{n-1}(G), \mathscr{D}^{n-1}(G)\big) \qquad \text{für } n > 1\,.$$

Offenbar fällt die Folge $\big(\mathscr{D}^n(G)\big)$ monoton und besteht aus *Normalteilern* von G. Man nennt G *auflösbar*, wenn eine ganze Zahl $n \geqq 1$ existiert derart, daß $\mathscr{D}^n(G)$ nur aus dem neutralen Element besteht. Ist G eine *zusammenhängende Liesche*

Gruppe, so folgt aus (19.12.1), daß $\mathcal{D}^n(G)$ eine Gruppe ist, die der in G eingebetteten zusammenhängenden Lieschen Gruppe zugrunde liegt, welche der Unteralgebra $\mathfrak{D}^n(\mathfrak{g}_e)$ von $\mathfrak{g}_e$ entspricht; G ist genau dann auflösbar, wenn für eine ganze Zahl $n \geqq 1$ die Beziehung $\mathfrak{D}^n(\mathfrak{g}_e) = \{0\}$ gilt, wenn also die Liesche Algebra $\mathfrak{g}_e$ *auflösbar* ist.

Aufgaben

1. Es sei $\mathfrak{g}$ eine endlichdimensionale Liesche Algebra über $\boldsymbol{R}$ oder $\boldsymbol{C}$.

a) Man zeige: Ist $\mathfrak{g}$ auflösbar, so ist auch jede Liesche Unteralgebra von $\mathfrak{g}$ auflösbar.

b) Es sei $\mathfrak{a}$ ein Ideal in $\mathfrak{g}$. Man zeige: $\mathfrak{g}$ ist genau dann auflösbar, wenn die Lieschen Algebren $\mathfrak{a}$ und $\mathfrak{g}/\mathfrak{a}$ auflösbar sind.

2. Es sei $\mathfrak{g}$ eine endlichdimensionale Liesche Algebra über $\boldsymbol{R}$ oder $\boldsymbol{C}$. Man zeige, daß die folgenden Eigenschaften äquivalent sind:

1° $\mathfrak{g}$ ist auflösbar.

2° Es existiert eine monoton fallende Folge $\mathfrak{a}_0 = \mathfrak{g} \supset \mathfrak{a}_1 \supset \mathfrak{a}_2 \supset \cdots \supset \mathfrak{a}_n = \{0\}$ von Idealen von $\mathfrak{g}$ derart, daß die Algebren $\mathfrak{a}_i/\mathfrak{a}_{i+1}$ $(0 \leqq i < n)$ kommutativ sind.

3° Es existiert eine monoton fallende Folge $\mathfrak{h}_0 = \mathfrak{g} \supset \mathfrak{h}_1 \supset \mathfrak{h}_2 \supset \cdots \supset \mathfrak{h}_p = \{0\}$ von Lieschen Unteralgebren von $\mathfrak{g}$ derart, daß $\mathfrak{h}_{i+1}$ ein Ideal in $\mathfrak{h}_i$ ist und die Algebren $\mathfrak{h}_i/\mathfrak{h}_{i+1}$ $(0 \leqq i < p)$ kommutativ sind.

4° Es existiert eine monoton fallende Folge $\mathfrak{m}_0 = \mathfrak{g} \supset \mathfrak{m}_1 \supset \mathfrak{m}_2 \supset \cdots \supset \mathfrak{m}_q = \{0\}$ Liescher Unteralgebren von $\mathfrak{g}$ derart, daß $\mathfrak{m}_{i+1}$ ein Ideal in $\mathfrak{m}_i$ und $\mathfrak{m}_i/\mathfrak{m}_{i+1}$ $(0 \leqq i < q)$ eindimensional ist. (Zum Beweis, daß aus 1° aus 4° folgt, benutze man Aufgabe 1.)

3. Für jede Liesche Algebra $\mathfrak{g}$ versteht man unter der *absteigenden Zentralreihe* die durch $\mathfrak{C}^1(\mathfrak{g}) = \mathfrak{g}$, $\mathfrak{C}^{p+1}(\mathfrak{g}) = [\mathfrak{g}, \mathfrak{C}^p(\mathfrak{g})]$ induktiv definierte monoton fallende Folge von Idealen $\mathfrak{C}^p(\mathfrak{g})$ $(p = 1, 2, \ldots)$. Entsprechend versteht man unter der *aufsteigenden Zentralreihe* die durch folgende Bedingungen definierte monoton wachsende Folge von Idealen $\mathfrak{C}_p(\mathfrak{g})$ $(p = 0, 1, \ldots)$: $\mathfrak{C}_0(\mathfrak{g}) = \{0\}$, $\mathfrak{C}_{p+1}(\mathfrak{g})$ ist das inverse Bild des Zentrums der Lieschen Algebra $\mathfrak{g}/\mathfrak{C}_p(\mathfrak{g})$ in $\mathfrak{g}$.

Man zeige, daß für jede endlichdimensionale Liesche Algebra $\mathfrak{g}$ über $\boldsymbol{R}$ oder $\boldsymbol{C}$ die folgenden Bedingungen äquivalent sind:

1° Es existiert eine endliche monoton fallende Folge $\mathfrak{a}_0 = \mathfrak{g} \supset \mathfrak{a}_1 \supset \mathfrak{a}_2 \supset \cdots \supset \mathfrak{a}_p = \{0\}$ von Idealen von $\mathfrak{g}$ derart, daß $[\mathfrak{g}, \mathfrak{a}_i] \subset \mathfrak{a}_{i+1}$ für $0 \leqq i < p$ gilt.

2° Es ist $\mathfrak{C}^k(\mathfrak{g}) = \{0\}$ für hinreichend große k.

3° Es ist $\mathfrak{C}_k(\mathfrak{g}) = \mathfrak{g}$ für hinreichend große k.

4° Es existiert eine ganze Zahl n derart, daß für jede Folge $(\mathbf{x}_j)_{1 \leqq j \leqq n}$ von Elementen von $\mathfrak{g}$ die Beziehung $\operatorname{ad}(\mathbf{x}_1) \circ \operatorname{ad}(\mathbf{x}_2) \circ \cdots \circ \operatorname{ad}(\mathbf{x}_n) = 0$ in $\operatorname{End}(\mathfrak{g})$ gilt.

5° Es existiert eine monoton fallende Folge $\mathfrak{a}_0 = \mathfrak{g} \supset \mathfrak{a}_1 \supset \mathfrak{a}_2 \supset \cdots \supset \mathfrak{a}_q = \{0\}$ von Idealen von $\mathfrak{g}$ derart, daß $[\mathfrak{g}, \mathfrak{a}_i] \subset \mathfrak{a}_{i+1}$ ist und $\mathfrak{a}_i/\mathfrak{a}_{i+1}$ für $0 \leqq i < q$ die Dimension 1 hat. (Man stelle fest, daß $\mathfrak{a}_i \supset \mathfrak{C}^{i+1}(\mathfrak{g})$ und $\mathfrak{a}_{p-i} \subset \mathfrak{C}_i(\mathfrak{g})$ gilt, wenn die Bedingung 1° erfüllt ist.)

Man nennt dann die Liesche Algebra $\mathfrak{g}$ *nilpotent*. Man zeige: Ist m (bzw. n) die kleinste ganze Zahl mit $\mathfrak{C}_m(\mathfrak{g}) = \mathfrak{g}$ (bzw. $\mathfrak{C}^n(\mathfrak{g}) = \{0\}$), so ist $n = m + 1$ und $\mathfrak{C}_i(\mathfrak{g}) \supset \mathfrak{C}^{n-i}(\mathfrak{g})$ für $0 \leqq i < n - 1$.

4. Es sei $\mathfrak{g}$ eine n-dimensionale nilpotente Liesche Algebra, deren Zentrum $\mathfrak{C}_1(\mathfrak{g})$ eindimensional ist. Man zeige, daß eine aus drei Elementen $\mathbf{a}$, $\mathbf{b}$, $\mathbf{c}$ und einer Basis eines $(n - 3)$-dimensionalen Teilraumes $\mathfrak{w}$ bestehende Basis von $\mathfrak{g}$ existiert derart, daß $[\mathbf{a}, \mathbf{b}] = \mathbf{c}$ und $[\mathbf{b}, \mathbf{u}] = 0$ ist für jedes Element $\mathbf{u} \in \mathfrak{w}$. (Man wähle für $\mathbf{c}$ eine Basis des Zentrums $\mathfrak{C}_1(\mathfrak{g})$, für $\mathbf{b}$ ein Element von $\mathfrak{C}_2(\mathfrak{g})$, das nicht in $\mathfrak{C}_1(\mathfrak{g})$ liegt, und betrachte den Teilraum von $\mathfrak{g}$, der mit $\mathbf{b}$ vertauschbar ist.)

5. In einer auflösbaren Lieschen Algebra $\mathfrak{g}$ über $\boldsymbol{R}$, die nicht nilpotent ist, kann eine monoton fallende Folge von *Idealen* $\mathfrak{a}_0 = \mathfrak{g} \supset \mathfrak{a}_1 \supset \mathfrak{a}_2 \supset \cdots \supset \mathfrak{a}_n = \{0\}$ existieren derart, daß $\mathfrak{a}_i/\mathfrak{a}_{i+1}$ für $0 \leqq i \leqq n$ die Dimension 1 hat. Dies ist zum Beispiel für die Liesche Algebra aus (19.5.11) der Fall. Dagegen zeige man, daß eine auflösbare Liesche Algebra $\mathfrak{g}$ über $\boldsymbol{R}$ existiert, die eine Basis aus drei Elementen $\mathbf{u}$, $\mathbf{v}$, $\mathbf{w}$ besitzt, für welche $[\mathbf{u}, \mathbf{v}] = \mathbf{w}$, $[\mathbf{u}, \mathbf{w}] = -\mathbf{v}$, $[\mathbf{v}, \mathbf{w}] = 0$ gilt, und daß in dieser Lieschen Algebra keine monoton fallende Folge von Idealen mit der angegebenen Eigenschaft existiert.

6. Es seien A und B zwei in eine Liesche Gruppe G eingebettete zusammenhängende Liesche Gruppen. Man zeige, daß die von den Kommutatoren $aba^{-1}b^{-1}$ mit $a \in A$ und $b \in B$ erzeugte Gruppe $C = (A, B)$ eine in G eingebettete zusammenhängende Liesche Gruppe ist. (Man benutze Aufgabe 8a) aus Abschnitt 19.11.) Man zeige ferner: Sind $\mathfrak{a}_e$ und $\mathfrak{b}_e$ die Lieschen Algebren von A bzw. B, so enthält die Liesche Algebra von C den von den $[\mathbf{u}, \mathbf{v}]$ mit $\mathbf{u} \in \mathfrak{a}_e$ und $\mathbf{v} \in \mathfrak{b}_e$ erzeugten Vektorteilraum $[\mathfrak{a}_e, \mathfrak{b}_e]$ von $\mathfrak{g}_e = \text{Lie}\,(G)$ (vgl. Abschnitt 19.11, Aufgabe 7). Man gebe ein Beispiel dafür an, daß A und B in $G = \boldsymbol{GL}(2, \boldsymbol{R})$ abgeschlossen und eindimensional sind und die von $[\mathfrak{a}_e, \mathfrak{b}_e]$ erzeugte Liesche Unteralgebra von Lie (C) verschieden ist.

7. Es sei G eine Liesche Gruppe, K ein einparametriger *Normalteiler* von G. Man zeige, daß die Kommutatorgruppe $\mathscr{D}(G)$ im Zentralisator von K enthalten ist.

19.13. Automorphismengruppen Liescher Gruppen

19.13.1. Wir erinnern daran, daß ein Automorphismus einer Lieschen Gruppe G nach Definition ein Gruppenautomorphismus von G ist, der überdies ein Diffeomorphismus ist. Diese Automorphismen bilden eine Gruppe, die mit Aut (G) bezeichnet wird. Ist G_0 die zusammenhängende Komponente des neutralen Elements von G, so gilt offenbar $u(G_0) = G_0$ für jeden Automorphismus u von G, und die Einschränkung u_0 von u auf G_0 ist ein Automorphismus dieser Lieschen Gruppe. Es gibt somit einen *Gruppenhomomorphismus* $u \to u_0$ von Aut (G) in Aut (G_0). Dieser Homomorphismus braucht nicht injektiv zu sein (ist beispielsweise G diskret, so bestehen G_0 und Aut (G_0) jeweils nur aus dem neutralen Element); er braucht auch nicht surjektiv zu sein, d. h., ein Automorphismus von G_0 braucht keine Ausdehnung zu einem Automorphismus von G zu besitzen (vgl. Aufgabe 1).

19.13.2. Im folgenden werden wir uns auf die Untersuchung von Aut (G_0) beschränken, d. h., wir beschränken uns auf den Fall, daß die Liesche Gruppe G

zusammenhängend ist. Für jeden Automorphismus u von G ist dann die lineare Tangentialabbildung u_* ein *Automorphismus der Lieschen Algebra* $\mathfrak{g}_e$; denn ist v der inverse Automorphismus von u, so gilt $u_* \circ v_* = (u \circ v)_* = 1_{\mathfrak{g}_e}$ und ebenso $v_* \circ u_* = 1_{\mathfrak{g}_e}$.

19.13.3. *Es sei G eine zusammenhängende Liesche Gruppe.*

(i) *Die Abbildung $u \to u_*$ ist ein injektiver Homomorphismus von* Aut (G) *in die Gruppe* Aut $(\mathfrak{g}_e)$ *der Automorphismen der Lieschen Algebra von G.*

(ii) *Ist G einfach zusammenhängend, so ist $u \to u_*$ ein Isomorphismus der Gruppe* Aut (G) *auf die Gruppe* Aut $(\mathfrak{g}_e)$.

(iii) *Ist, allgemein, $G = \widetilde{G}/D$, wobei $\widetilde{G}$ die einfach zusammenhängende universelle Überlagerungsgruppe von G* (vgl. (16.30.1)) *und D eine diskrete Untergruppe des Zentrums von $\widetilde{G}$ ist, so läßt sich* Aut (G) *mit der aus den Automorphismen $\tilde{u}$ mit $\tilde{u}(D) = D$* (oder, was dasselbe bedeutet, mit $\tilde{u}(D) \subset D$) *bestehenden Untergruppe von* Aut $(\widetilde{G})$ *identifizieren.*

Daß $u \to u_*$ injektiv ist, folgt ohne zusätzliche Voraussetzung über G aus (19.7.6); daß $u \to u_*$ für einfach zusammenhängendes G surjektiv ist, ebenfalls. Es sei $p: \widetilde{G} \to G$ der kanonische Homomorphismus. Für jeden Homomorphismus u (Liescher Gruppen) von G in sich ist $u \circ p$ ein Homomorphismus (Liescher Gruppen) von $\widetilde{G}$ in G; daher existiert nach (16.30.3) ein eindeutig bestimmter Homomorphismus $\tilde{u}$ von $\widetilde{G}$ in sich derart, daß $p \circ \tilde{u} = u \circ p$ ist. Ist ferner v ein zweiter Homomorphismus von G in sich, so gilt $(v \circ u)^{\sim} = \tilde{v} \circ \tilde{u}$, da $p \circ (\tilde{v} \circ \tilde{u}) = (v \circ p) \circ \tilde{u} = v \circ (u \circ p)$ ist. Wenn also u ein Automorphismus von G ist, so ist $\tilde{u}$ ein Automorphismus von $\widetilde{G}$, und $u \to \tilde{u}$ ein injektiver Homomorphismus von Aut (G) in Aut $(\widetilde{G})$. Außerdem zeigt die Relation $p \circ \tilde{u} = u \circ p$, daß $\tilde{u}(D) = D$ sein muß. Umgekehrt, ist $\tilde{u}(D) = D$, so existiert ein Homomorphismus u von $\widetilde{G}/D = G$ in sich derart, daß $p \circ \tilde{u} = u \circ p$ ist, und dieser Homomorphismus gehört der Klasse C^∞ an (vgl. (16.10.4)). Ebenso existiert ein Homomorphismus (Liescher Gruppen) v von G in sich mit $p \circ \tilde{u}^{-1} = v \circ p$, und hieraus ergibt sich unmittelbar die Beziehung $v \circ u = u \circ v = 1_G$; damit ist der Beweis beendet.

19.13.4. In den Bezeichnungen von (19.13.3) ist die Gruppe Aut $(\mathfrak{g}_e)$ eine *abgeschlossene Untergruppe* von $\boldsymbol{GL}(\mathfrak{g}_e)$, nach (19.10.1) also eine *Liesche* Untergruppe von $\boldsymbol{GL}(\mathfrak{g}_e)$. Ist nämlich $(\mathbf{a}_j)_{1 \leqq j \leqq n}$ eine Basis von $\mathfrak{g}_e$, so ist die Aussage, ein Automorphismus v des Vektorraumes $\mathfrak{g}_e$ sei auch ein Automorphismus der *Lieschen Algebra* $\mathfrak{g}_e$, äquivalent mit der Aussage, v erfülle für alle Paare von Indizes mit $1 \leqq j \leqq k \leqq n$ die Bedingungen $v([\mathbf{a}_j, \mathbf{a}_k]) = [v(\mathbf{a}_j), v(\mathbf{a}_k)]$; nun sind aber die Koordinaten (bezüglich der Basis $(\mathbf{a}_j)$) beider Seiten dieser Gleichung Polynome in den Elementen der Matrix von v (bezüglich $(\mathbf{a}_j)$). Daraus folgt nach (3.15.1) unsere Behauptung.

Für *einfach zusammenhängendes* G ist hiernach $\varphi: u \to u_*$ ein Isomorphismus von Aut (G) auf die Gruppe Aut $(\mathfrak{g}_e)$ (vgl. (19.13.3)). Durch *Übertragung* der differenzierbaren Mannigfaltigkeitsstruktur von Aut $(\mathfrak{g}_e)$ auf Aut (G) vermöge φ^{-1}

(vgl. (16.2.6)) definiert man auf Aut (G) kanonisch eine *Liesche Gruppenstruktur*. Wenn von Aut (G) als einer Lieschen Gruppe die Rede ist, soll es sich stets um diese Struktur handeln.

19.13.5. *Es sei G eine zusammenhängende Liesche Gruppe, $\tilde{G}$ die einfach zusammenhängende universelle Überlagerungsgruppe von G.*

(i) *Die Gruppe* Aut (G) *ist in der Lieschen Gruppe* Aut $(\tilde{G})$ *abgeschlossen* (nach (19.10.1) also ebenfalls eine Liesche Gruppe).

(ii) *Die Abbildung* $(u, x) \to u(x)$ *von* Aut $(G) \times G$ *in G gehört der Klasse C^∞ an.*

Wir werden zunächst (ii) für den Fall beweisen, daß G einfach zusammenhängend ist; dann ist nämlich $u \to u_*$ ein Isomorphismus von Aut (G) auf Aut $(\mathfrak{g}_e)$. Es sei $u_0 \in$ Aut (G) und U eine symmetrische offene Umgebung von e derart, daß die Funktion $\log_G$ auf einer offenen Teilmenge W definiert ist, welche $\overline{U}$ und $\overline{u_0(U)}$ enthält. Dann existiert eine Umgebung V_* von $(u_0)_*$ in Aut $(\mathfrak{g}_e)$ derart, daß für $u_* \in V_*$ und $z \in U$ die Beziehung $\exp(u_*(\log z)) \in W$ gilt. Ist V das inverse Bild von V_* in Aut (G), so ergibt sich nach (19.8.9) für $u \in V$ und $z \in U$ hieraus $u(z) \in W$. Nach Definition der Lieschen Gruppenstruktur von Aut (G) zeigt dies, daß $(u, z) \to u(z)$ auf $V \times U$ der Klasse C^∞ angehört. Nun sei x_0 ein beliebiger Punkt von G; es existiert eine endliche Folge $(a_j)_{1 \leqq j \leqq n}$ von Punkten von U mit $x_0 = a_1 a_2 \cdots a_n$ (vgl. (12.8.8)); für jedes x, das zur Umgebung $x_0 U$ von x_0 gehört, kann man $u(x) = u(a_1)\,u(a_2) \cdots u(a_n)\,u(x_0^{-1}x)$ schreiben. Jede der Abbildungen $u \to u(a_j)$ gehört aber auf V der Klasse C^∞ an, und die Abbildung $(u, x) \to u(x_0^{-1}x)$ gehört aufgrund der bisherigen Überlegungen auf $V \times U$ der Klasse C^∞ an. Demnach gehört $(u, x) \to u(x)$ auf $V \times U$ der Klasse C^∞ an.

Wird nun G nicht mehr als einfach zusammenhängend vorausgesetzt, so daß $G = \tilde{G}/D$ ist, so läßt sich, wie wir in (19.13.3) gesehen haben, Aut (G) mit der aus den Automorphismen u von $\tilde{G}$ mit $u(D) \subset D$ bestehenden Untergruppe von Aut $(\tilde{G})$ identifizieren. Nun ist für jedes $z \in D$ die Menge F_z der Automorphismen $u \in$ Aut $(\tilde{G})$ mit $u(z) \in D$ abgeschlossen, da D abgeschlossen und die Abbildung $u \to u(z)$ stetig ist (vgl. (3.11.4)). Da Aut (G) der Durchschnitt der F_z ist, ist damit (i) bewiesen. Ferner ist $u \to u_*$ ein Isomorphismus der Lieschen Untergruppe Aut (G) von Aut $(\tilde{G})$ auf eine Liesche Untergruppe von Aut $(\mathfrak{g}_e)$. Um (ii) im allgemeinen Fall zu beweisen, genügt es dann, die obige Überlegung unverändert zu wiederholen.

19.13.6. Beispiel. Wir wählen $G = \boldsymbol{T}^n$, so daß $\tilde{G} = \boldsymbol{R}^n$ und $D = \boldsymbol{Z}^n$ ist. Da die Liesche Algebra $\mathfrak{g}_e$ kommutativ ist, ist Aut $(\tilde{G})$ = Aut $(\mathfrak{g}_e)$ nichts anderes als $\boldsymbol{GL}(n, \boldsymbol{R})$. Die Aussage, ein Automorphismus des Vektorraumes $\boldsymbol{R}^n$ transformiere $\boldsymbol{Z}^n$ in sich, bedeutet, daß die Elemente seiner Matrix bezüglich der kanonischen Basis *ganzzahlig* sind; daraus ergibt sich, daß Aut (G) die *diskrete* Untergruppe $\boldsymbol{GL}(n, \boldsymbol{Z})$ von $\boldsymbol{GL}(n, \boldsymbol{R})$ = Aut $(\tilde{G})$ ist.

19.13.7. In denselben Bezeichnungen bestimmen wir nun die *Liesche Algebra* der Lieschen Gruppe Aut $(\mathfrak{g}_e)$. Da Aut $(\mathfrak{g}_e)$ eine abgeschlossene Untergruppe der linearen Gruppe $\boldsymbol{GL}(\mathfrak{g}_e)$ ist, läßt sich ihre Liesche Algebra $\mathfrak{a}$ als die Menge derjenigen Endomorphismen U des Vektorraumes $\mathfrak{g}_e$ charakterisieren, für welche $\exp(t\mathrm{U})$ für $t \in \boldsymbol{R}$ zu Aut $(\mathfrak{g}_e)$ gehört (vgl. (19.8.10)), für welche also die Relation

19.13.7.1. $\exp(t\mathrm{U}) \cdot [\mathbf{x}, \mathbf{y}] = [\exp(t\mathrm{U}) \cdot \mathbf{x}, \exp(t\mathrm{U}) \cdot \mathbf{y}]$

für alle $t \in \boldsymbol{R}$ und alle $\mathbf{x}, \mathbf{y} \in \mathfrak{g}_e$ erfüllt ist.

19.13.8. *Die Liesche Algebra* $\mathfrak{a}$ *der Lieschen Gruppe* Aut $(\mathfrak{g}_e)$ *ist die aus den Derivationen von* $\mathfrak{g}_e$ *bestehende Liesche Algebra* Der $(\mathfrak{g}_e)$.

Da die beiden Seiten von (19.13.7.1) für $t = 0$ übereinstimmen, genügt es nämlich zu zeigen, daß ihre Ableitungen einander gleich sind. Nun ist die Ableitung von $t \to \exp(t\mathrm{U})$ gleich $\mathrm{U} \cdot \exp(t\mathrm{U}) = \exp(t\mathrm{U})\,\mathrm{U}$; daher erhält man die Gleichung

19.13.8.1. $\exp(t\mathrm{U}) \cdot (\mathrm{U} \cdot [\mathbf{x}, \mathbf{y}])$
$$= [\mathrm{U} \cdot (\exp(t\mathrm{U}) \cdot \mathbf{x}), \exp(t\mathrm{U}) \cdot \mathbf{y}] + [\exp(t\mathrm{U}) \cdot \mathbf{x}, \mathrm{U} \cdot \exp(t\mathrm{U}) \cdot \mathbf{y})],$$

die für $t = 0$ die Beziehung

19.13.8.2. $\mathrm{U} \cdot [\mathbf{x}, \mathbf{y}] = [\mathrm{U} \cdot \mathbf{x}, \mathbf{y}] + [\mathbf{x}, \mathrm{U} \cdot \mathbf{y}]$

liefert. Daher muß U eine Derivation von $\mathfrak{g}_e$ sein. Umgekehrt, ist dies der Fall, so erhalten wir für die Ableitung der rechten Seite von (19.13.7.1) den Ausdruck $\mathrm{U} \cdot [\exp(t\mathrm{U}) \cdot \mathbf{x}, \exp(t\mathrm{U}) \cdot \mathbf{y}]$. Bezeichnet $\mathbf{v}(t)$ die Differenz der beiden Seiten von (19.13.7.1), so ist $\mathbf{v}'(t) = \mathrm{U} \cdot \mathbf{v}(t)$, und wegen $\mathbf{v}(0) = \mathbf{0}_e$ folgt daraus $\mathbf{v}(t) = \mathbf{0}_e$ für jedes t (vgl. (10.8.4)).

19.13.9. Es sei G eine *zusammenhängende* Liesche Gruppe, $\mathfrak{g}_e$ ihre Liesche Algebra. Für jedes $s \in G$ bezeichnet bekanntlich Int (s) den inneren Automorphismus $t \to sts^{-1}$ von G; offenbar ist $s \to$ Int (s) ein Homomorphismus (nicht notwendig topologischer Gruppen) von G auf eine Untergruppe von Aut (G), die mit Int (G) bezeichnet wird und (algebraisch) isomorph zu G/C ist, wobei C das Zentrum von G ist. Versieht man nun Aut (G) mit seiner Struktur einer Lieschen Gruppe (19.13.5), so ist der Homomorphismus $s \to$ Int (s) ein Homomorphismus *Liescher Gruppen* von G in Aut (G); denn wenn man ihn mit dem Isomorphismus $u \to u_*$ von Aut (G) auf eine Liesche Untergruppe von Aut $(\mathfrak{g}_e)$ zusammensetzt, erhält man den Homomorphismus $s \to$ Ad (s), welcher der Klasse C^∞ angehört (vgl. (19.2.1)). Nach (19.7.5) ist daher Int (G) eine in Aut (G) eingebettete zusammenhängende Liesche Gruppe, die überdies ein Normalteiler von Aut (G) ist, da für jeden Automorphismus u von G ja $u \circ \mathrm{Int}(s) \circ u^{-1} = \mathrm{Int}(u(s))$ gilt. Identifiziert man Aut (G) vermöge $u \to u_*$ mit einer Lieschen Untergruppe von Aut $(\mathfrak{g}_e)$, so wird Int (G) mit der in Aut $(\mathfrak{g}_e)$ eingebetteten zusammenhängenden Lieschen Gruppe Ad (G) identifiziert; bezüglich ihrer eigentlichen Topologie ist sie isomorph zu G/C. Die Liesche Unteralgebra Lie (Int (G)) der Lieschen Algebra Der $(\mathfrak{g}_e)$ von Aut $(\mathfrak{g}_e)$ ist nach (19.11.2) das Bild ad $(\mathfrak{g}_e)$ von $\mathfrak{g}_e$ vermöge der adjungierten Darstellung, das der Faktoralgebra $\mathfrak{g}_e/\mathfrak{c}_e$ der Algebra $\mathfrak{g}_e$ nach ihrem Zentrum isomorph ist.

Aufgaben

1. Es sei A eine (additiv bezeichnete) zusammenhängende kommutative Liesche Gruppe derart, daß in A ein Element $a \neq 0$ der Ordnung 2 (also mit $2a = 0$) existiert (beispielsweise ein Torus $\boldsymbol{T}^n$ mit $n \geqq 1$). Man zeige: Auf der Mannigfaltigkeit $G = A \times \{0, 1\}$ mit zwei zusammenhängenden Komponenten wird durch

$$(x, 0)\,(y, 0) = (x + y, 0)\,,$$
$$(x, 0)\,(y, 1) = (x + y, 1)\,, \qquad (x, 1)\,(y, 0) = (x - y, 1)\,,$$
$$(x, 1)\,(y, 1) = (x - y + a, 0)$$

die Struktur einer auflösbaren Lieschen Gruppe definiert. Man zeige: Existiert ein Automorphismus σ von A (der zusammenhängenden Komponente G_0 des neutralen Elements von G) mit $\sigma(a) \neq a$ (dies ist der Fall, wenn $A = \boldsymbol{T}^n$ und $n \geqq 2$ ist), so läßt sich σ nicht zu einem Automorphismus von G ausdehnen.

2. Man zeige: Ist eine Liesche Untergruppe T Normalteiler einer zusammenhängenden Lieschen Gruppe G und zu einem Torus isomorph, so ist T im Zentrum von G enthalten. (Man beachte, daß die Gruppe Aut (T) diskret ist, und betrachte den Homomorphismus $s \to \mathrm{Int}\,(s) \mid T$ von G in Aut (T).)

3. Man gebe ein Beispiel einer zusammenhängenden Lieschen Gruppe G an, für welche Int (G) in Aut (G) nicht abgeschlossen ist (vgl. Abschnitt 19.11, Aufgabe 6).

4. Es sei G eine zusammenhängende Liesche Gruppe. Man zeige: Durchläuft K das System der kompakten Teilmengen von G und V das System der Umgebungen von e in G, so ist die Menge $W(K, V)$ der Automorphismen $u \in \mathrm{Aut}\,(G)$ mit $u(x)\,x^{-1} \in V$ für alle $x \in K$ ein Fundamentalsystem von Umgebungen des neutralen Elements 1_G von Aut (G). (Man benutze (12.8.8).)

5. Es sei G eine Liesche Gruppe, K ein einparametriger abgeschlossener *Normalteiler* von G. Ferner sei $a \in G$ so gewählt, daß K nicht in $\mathcal{Z}(a)$ enthalten ist.

a) Man zeige: Ist K isomorph zu $\boldsymbol{R}$, so ist $\mathcal{Z}(a) \cap K = \{e\}$. Ist K isomorph zu $\boldsymbol{T}$, so besteht $\mathcal{Z}(a) \cap K$ aus zwei Elementen. (Man betrachte den Automorphismus von K, der sich durch Einschränkung von Int (a) ergibt, und benutze Aufgabe 6 aus Abschnitt 19.7.) Die zweite Annahme entfällt, wenn G zusammenhängend ist (vgl. Aufgabe 2).

b) Man zeige: Ist überdies G/K kommutativ, so ist $G = \mathcal{Z}(a)\,K$, und für jede abgeschlossene Untergruppe A von $\mathcal{Z}(a)$ ist AK in G abgeschlossen. (Man stelle fest, daß die Abbildung $x \to x^{-1}a^{-1}xa$ von K in sich surjektiv ist.)

6. Es sei G eine Liesche Gruppe, K ein einparametriger (nicht notwendig abgeschlossener) *Normalteiler* von G und A eine abgeschlossene Untergruppe von G. Man zeige: Ist AK in G nicht abgeschlossen, so ist K in der neutralen Komponente des Zentrums von $\overline{AK}$ enthalten. (Man führe das Problem auf den Fall zurück, daß $G = \overline{AK}$ und G zusammenhängend ist. Dann ist $B = \mathcal{Z}(K) \cap A$ ein abgeschlossener Normalteiler von G. Ersetzt man A und K durch ihre Bilder in G/B, so gelangt man auf den Fall $B = \{e\}$. Unter Verwendung von Aufgabe 7 aus Abschnitt 19.12 zeige man dann, daß A kommutativ ist. Wäre dann K in G abgeschlossen, so wäre AK nach Aufgabe 5 in G abgeschlossen. Daher ist K in G nicht abgeschlossen; dann verwende man Aufgabe 2 und Abschnitt 19.10, Aufgabe 1.)

Man gebe ein Beispiel zweier einparametriger Untergruppen A und K der kommutativen Gruppe $\boldsymbol{R} \times \boldsymbol{T}^2$ an, bei dem A abgeschlossen, aber das Produkt AK nicht abgeschlossen ist.

19.14. Semidirekte Produkte Liescher Gruppen

19.14.1. Es sei G eine (nicht notwendig mit einer Topologie versehene) Gruppe, N ein *Normalteiler* von G; für jede Untergruppe L von G gilt dann $LN = NL$ (wir erinnern daran, daß für zwei Teilmengen A und B von G unter AB die Menge der xy mit $x \in A$, $y \in B$ verstanden wird). Wir nennen G *semidirektes Produkt* von N und L, wenn jedes $z \in G$ *eindeutig* in der Gestalt $z = xy$ mit $x \in N$ und $y \in L$ dargestellt werden kann. Das ist gleichbedeutend mit $G = NL$ und $N \cap L = \{e\}$. Im Fall $N \cap L \neq \{e\}$ läßt sich nämlich ein Element $z \neq e$ von $N \cap L$ in der Gestalt $z = ez = ze$ darstellen, also auf zwei verschiedene Arten in der Gestalt xy mit $x \in N$ und $y \in L$. Umgekehrt folgt aus $x'y' = xy$ für $x, x' \in N$ und $y, y' \in L$ die Relation $x^{-1}x' = yy'^{-1} \in N \cap L$, und im Fall $N \cap L = \{e\}$ gilt also $x' = x$, $y' = y$.

Ist $\pi: G \to G/N$ der kanonische Homomorphismus, so ist die Einschränkung von π auf L ein *Isomorphismus* von L auf G/N; denn aus $G = LN$ folgt, daß diese Einschränkung surjektiv ist, und aus $N \cap L = \{e\}$ ergibt sich, daß sie injektiv ist. Man beachte, daß zu einem beliebigen Normalteiler N einer Gruppe G keine Untergruppe L von G zu existieren braucht derart, daß G semidirektes Produkt von N und L ist (vgl. Aufgabe 1).

19.14.2. Wir nehmen an, G sei semidirektes Produkt von N und L. Für jedes $y \in L$ ist die Abbildung $\sigma_y: x \to yxy^{-1}$ ein *Automorphismus* der Gruppe N. Für je zwei Elemente u und v von L gilt ferner $\sigma_{uv} = \sigma_u \circ \sigma_v$, mit anderen Worten, $y \to \sigma_y$ ist ein *Homomorphismus* von L in die *Gruppe* $\mathcal{A}(N)$ *der Automorphismen* von N. Außerdem ist, wenn dieser Homomorphismus und die Verknüpfungsgesetze in N und in L gegeben sind, das Verknüpfungsgesetz in G festgelegt, da für $x, x' \in N$ und $y, y' \in L$

19.14.2.1. $$(xy)(x'y') = (xyx'y^{-1})(yy') = \big(x\sigma_y(x')\big)(yy')$$

gilt.

19.14.3. Nun geben wir umgekehrt zwei *beliebige* Gruppen N und L sowie einen Homomorphismus $y \to \sigma_y$ von L in $\mathcal{A}(N)$ vor. Dann wird auf der Produktmenge $S = N \times L$ durch

19.14.3.1. $$(x, y)(x', y') = \big(x\sigma_y(x'), yy'\big)$$

ein Gruppengesetz definiert. Die Assoziativität dieser Vorschrift ergibt sich nämlich aus den Formeln

$$\big((x, y)(x', y')\big)(x'', y'') = \big(x\sigma_y(x')\,\sigma_{yy'}(x''), yy'y''\big)$$

und

$$(x, y)\big((x', y')(x'', y'')\big) = \big(x\sigma_y(x'\sigma_{y'}(x'')), yy'y''\big)$$

und der Relation $\sigma_y \circ \sigma_{y'} = \sigma_{yy'}$. Ist e' (bzw. e'') das neutrale Element von N (bzw. L), so ist offenbar (e', e'') das neutrale Element von S; schließlich gilt

$$(x, y)\left(\sigma_{y^{-1}}(x^{-1}), y^{-1}\right) = \left(\sigma_{y^{-1}}(x^{-1}), y^{-1}\right)(x, y) = (e', e''),$$

womit unsere Behauptung bewiesen ist. Ist N' (bzw. L') die Menge der (x, e'') mit $x \in N$ (bzw. (e', y) mit $y \in L$), so ist offenbar die Gruppe S semidirektes Produkt von N' und L', die zu N bzw. zu L isomorph sind. Wir bezeichnen S bisweilen mit $N \times_\sigma L$ (das gewöhnliche Produkt der Gruppen N und L entspricht dem trivialen Homomorphismus $\sigma: y \to 1_N$ von L in $\mathcal{A}(N)$).

Ist nun G semidirektes Produkt von N und L und $y \to \sigma_y$ der entsprechende Homomorphismus von L in $\mathcal{A}(N)$, so ist offenbar die Abbildung $(x, y) \to xy$ von $S = N \times_\sigma L$ in G nach (19.14.2.1) und (19.14.3.1) ein *Isomorphismus* von S auf G.

19.14.4. Jetzt sei G eine *zusammenhängende Liesche Gruppe*, N ein *zusammenhängender abgeschlossener Normalteiler* von G und L eine in G *eingebettete zusammenhängende Liesche Gruppe*; schließlich sei G *semidirektes Produkt* von N und L. Die Einschränkung des kanonischen Homomorphismus $\pi: G \to G/N$ auf L ist stetig bezüglich der durch die Topologie von G auf L induzierten Topologie und erst recht bezüglich der eigentlichen Topologie von L (die feiner ist als die induzierte Topologie); sie ist daher ein Homomorphismus Liescher Gruppen (vgl. (19.10.2)), und da sie bijektiv ist, ein *Isomorphismus Liescher Gruppen* (vgl. (16.9.9)). Für jedes $y \in L$ ist offenbar $\sigma_y: x \to yxy^{-1}$ ein Automorphismus *Liescher Gruppen* von N, also ein Element von Aut $(N) \subset \mathcal{A}(N)$; außerdem ist $y \to \sigma_y$ ein *Homomorphismus Liescher Gruppen* von L in Aut (N). Nach Definition der Lieschen Gruppenstruktur von Aut (N) (vgl. (19.13.5)) genügt es nämlich, folgendes festzustellen: Ist $\mathfrak{n}_e$ die Liesche Algebra von N, so ist die lineare Tangentialabbildung $T_e(\sigma_y)$ nichts anderes als die Einschränkung des Automorphismus Ad (y) von $\mathfrak{g}_e$ auf $\mathfrak{n}_e$. Da $y \to$ Ad (y) ein Homomorphismus Liescher Gruppen von G in Aut $(\mathfrak{g}_e)$ ist, ist $y \to$ Ad $(y) \mid \mathfrak{n}_e$ ein Homomorphismus Liescher Gruppen von L in Aut $(\mathfrak{n}_e)$. Damit ist unsere Behauptung bewiesen.

19.14.5. Wir geben uns umgekehrt zwei zusammenhängende Liesche Gruppen N und L und einen Homomorphismus Liescher Gruppen $y \to \sigma_y$ von L in Aut (N) vor. Aus (19.13.5) folgt, daß die Abbildung $(x, y) \to \sigma_y(x)$ von $N \times L$ in N der Klasse C^∞ angehört. Die auf dem Produkt $N \times L$ durch (19.14.3.1) definierte Gruppenstruktur ist dann mit der Struktur der *Produktmannigfaltigkeit* von $N \times L$ verträglich; die so auf dieser Produktmannigfaltigkeit definierte *Liesche Gruppe* bezeichnen wir wieder mit $N \times_\sigma L$.

19.14.6. *Jede zusammenhängende Liesche Gruppe G, die semidirektes Produkt eines zusammenhängenden abgeschlossenen Normalteilers N und einer in G eingebetteten zusammenhängenden Lieschen Gruppe L ist, ist* (*als Liesche Gruppe*) *einer Lieschen Gruppe der Gestalt $N \times_\sigma L$ isomorph, wobei $y \to \sigma_y$ ein Homomorphismus Liescher Gruppen von L in* Aut (N) *ist. Insbesondere ist L notwendigerweise in G abgeschlossen.*

Ist nämlich σ_y wie in (19.14.4) definiert, so kann man die in (19.14.5) definierte Liesche Gruppe $N \times_\sigma L$ bilden (L sei mit seiner eigentlichen Topologie versehen). Dann ist offenbar die Abbildung $(x, y) \to xy$ von $N \times_\sigma L$ in G ein bijektiver Homomorphismus Liescher Gruppen, nach (16.9.9) also ein Isomorphismus.

19.14.7. In der Lieschen Algebra $\mathfrak{g}_e$ des in (19.14.5) definierten semidirekten Produkts $G = N \times_\sigma L$ ist die Liesche Algebra $\mathfrak{n}_e$ von N ein Ideal und die Liesche Algebra $\mathfrak{l}_e$ von L eine Unteralgebra, die (als Vektorraum) zu $\mathfrak{n}_e$ *komplementär* ist. Für jedes $y \in L$ ist, wie wir in (19.14.4) gesehen haben, die Abbildung $T_e(\sigma_y) = (\sigma_y)_*$ ein Automorphismus von $\mathfrak{n}_e$, mit anderen Worten, ein Element von $\mathrm{Aut}\,(\mathfrak{n}_e)$, und die Abbildung $y \to (\sigma_y)_*$ ist nichts anderes als die Abbildung $y \to \mathrm{Ad}\,(y) \mid \mathfrak{n}_e$; ihre lineare Tangentialabbildung ist daher ein *Homomorphismus* $\varphi\colon \mathfrak{l}_e \to \mathrm{Der}\,(\mathfrak{n}_e)$ Liescher Algebren, der seinerseits nichts anderes ist als die *Einschränkung* des Homomorphismus $\mathbf{v} \to \mathrm{ad}\,(\mathbf{v}) \mid \mathfrak{n}_e$ auf $\mathfrak{l}_e$. Wir zeigen nun, daß die Struktur der Lieschen Algebra $\mathfrak{g}_e$ vollständig bestimmt ist, sobald der Homomorphismus φ und die Strukturen der Lieschen Algebren $\mathfrak{n}_e$ und $\mathfrak{l}_e$ bekannt sind. Jedes $\mathbf{w} \in \mathfrak{g}_e$ läßt sich nämlich auf eindeutige Weise in der Gestalt $\mathbf{u} + \mathbf{v}$ mit $\mathbf{u} \in \mathfrak{n}_e$ und $\mathbf{v} \in \mathfrak{l}_e$ darstellen, und für zwei solche Elemente $\mathbf{w} = \mathbf{u} + \mathbf{v}$ und $\mathbf{w}' = \mathbf{u}' + \mathbf{v}'$ gilt

19.14.7.1.
$$\begin{aligned}[\mathbf{u} + \mathbf{v}, \mathbf{u}' + \mathbf{v}'] &= [\mathbf{u}, \mathbf{u}'] + [\mathbf{v}, \mathbf{u}'] + [\mathbf{u}, \mathbf{v}'] + [\mathbf{v}, \mathbf{v}'] \\ &= [\mathbf{u}, \mathbf{u}'] + \varphi(\mathbf{v}) \cdot \mathbf{u}' - \varphi(\mathbf{v}') \cdot \mathbf{u} + [\mathbf{v}, \mathbf{v}'] .\end{aligned}$$

Wir nennen $\mathfrak{g}_e$ das φ entsprechende *semidirekte Produkt* von $\mathfrak{n}_e$ und $\mathfrak{l}_e$ und schreiben $\mathfrak{g}_e = \mathfrak{n}_e \times_\varphi \mathfrak{l}_e$.

19.14.8. Die Konstruktion semidirekter Produkte wird es uns in Kapitel 21 zu beweisen gestatten, daß jede endlichdimensionale Liesche Algebra über $\boldsymbol{R}$ die Liesche Algebra einer Lieschen Grupppe ist, und zwar aufgrund des folgenden Satzes:

19.14.9. *Es sei* $\mathfrak{g}$ *eine endlichdimensionale Liesche Algebra über* $\boldsymbol{R}$ *und* $\mathfrak{n}$ *ein Ideal von* $\mathfrak{g}$, *ferner* $\mathfrak{l}$ *eine zu* $\mathfrak{n}$ *komplementäre Liesche Unteralgebra von* $\mathfrak{g}$. *Außerdem existiere eine einfach zusammenhängende Liesche Gruppe* N (bzw. L) *derart, daß* $\mathrm{Lie}\,(N)$ $\big($bzw. $\mathrm{Lie}(L)\big)$ *zu* $\mathfrak{n}$ (bzw. $\mathfrak{l}$) *isomorph ist. Dann existiert eine einfach zusammenhängende Liesche Gruppe* G, *deren Liesche Algebra zu* $\mathfrak{g}$ *isomorph ist und deren zugrunde liegende Mannigfaltigkeit zu* $N \times L$ *diffeomorph ist.*

Für jedes $\mathbf{v} \in \mathfrak{l}$ ist nämlich die Einschränkung von $\mathrm{ad}\,(\mathbf{v})$ auf $\mathfrak{n}$ eine Derivation $\varphi(\mathbf{v})$ von $\mathfrak{n}$, und die Abbildung $\mathbf{v} \to \varphi(\mathbf{v})$ ist ein Homomorphismus Liescher Algebren von $\mathfrak{l}$ in $\mathrm{Der}\,(\mathfrak{n})$. Da L einfach zusammenhängend ist, existiert ein eindeutig bestimmter Homomorphismus $\psi\colon L \to \mathrm{Aut}\,(\mathfrak{n})$ Liescher Gruppen mit $\psi_* = \varphi$ $\big($vgl. (19.7.6) und (19.13.8)$\big)$. Außerdem ist, da N einfach zusammenhängend ist, die Abbildung $f \to f_*$ von $\mathrm{Aut}\,(N)$ in $\mathrm{Aut}\,(\mathfrak{n})$ ein Isomorphismus Liescher Gruppen $\big($vgl. (19.13.3)$\big)$; daher existiert ein Homomorphismus Liescher Gruppen $y \to \sigma_y$ von L in $\mathrm{Aut}\,(N)$ derart, daß $(\sigma_y)_* = \psi(y)$ für alle $y \in L$ gilt. Betrachtet man nun das semidirekte Produkt $G = N \times_\sigma L$, so folgt aus dem, was wir in (19.14.7) gesehen haben, und aus der Definition von $y \to \sigma_y$, daß die Liesche Algebra $\mathfrak{g}_e$ von G zu $\mathfrak{g}$ isomorph ist, und daraus aufgrund von (16.27.10) die Behauptung.

Dieser Satz liefert insbesondere eine teilweise Lösung des in (19.14.8) gestellten Problems:

19.14.10. *Jede n-dimensionale auflösbare Liesche Algebra über **R** ist isomorph zur Lieschen Algebra einer einfach zusammenhängenden auflösbaren Lieschen Gruppe, die diffeomorph zu $\mathbf{R}^n$ ist.*

Wir beweisen dies durch vollständige Induktion nach der Dimension n. Für $n = 1$ ist die Aussage nach (19.4.1) trivial. Ist $\mathfrak{g}$ eine auflösbare Liesche Algebra einer Dimension $n > 1$, so ist nach Definition die abgeleitete Algebra $\mathfrak{g}' = [\mathfrak{g}, \mathfrak{g}]$ von $\mathfrak{g}$ verschieden, also von einer kleineren Dimension. Da $\mathfrak{g}/\mathfrak{g}'$ kommutativ ist, ist jeder *Vektorteilraum* von $\mathfrak{g}/\mathfrak{g}'$ auch ein *Ideal* in $\mathfrak{g}/\mathfrak{g}'$; also ist jeder Vektorteilraum $\mathfrak{h} \supset \mathfrak{g}'$ von $\mathfrak{g}$ ein *Ideal* von $\mathfrak{g}$. Es sei $\mathfrak{n}$ ein solches Ideal der *Dimension* $n - 1$ und $\mathfrak{l}$ ein zu $\mathfrak{n}$ komplementärer Vektorteilraum von $\mathfrak{g}$. Jeder eindimensionale Vektorteilraum von $\mathfrak{g}$ ist eine Liesche Unteralgebra von $\mathfrak{g}$; daher liegt die Situation von (19.14.9) vor, weil $\mathfrak{n}$ und $\mathfrak{l}$ Liesche Unteralgebren von $\mathfrak{g}$, also auflösbar und von einer Dimension $m < n$ sind. Man braucht nur noch (19.14.9) anzuwenden, um den Beweis abzuschließen.

Aufgaben

1. Man zeige, daß in Aufgabe 1 von Abschnitt 19.13 die Gruppe G nicht semidirektes Produkt des Normalteilers A und einer zweielementigen Gruppe ist.

2. Man zeige, daß eine vierdimensionale nilpotente Liesche Algebra $\mathfrak{g}$ über **R** mit der Basis $(\mathbf{u}_1, \mathbf{u}_2, \mathbf{u}_3, \mathbf{u}_4)$ existiert, welche folgende Multiplikationstabelle besitzt:

$$[\mathbf{u}_1, \mathbf{u}_2] = \mathbf{u}_3\,, \qquad [\mathbf{u}_1, \mathbf{u}_4] = \mathbf{u}_3\,, \qquad [\mathbf{u}_i, \mathbf{u}_j] = 0$$

für die anderen Paare (i, j) mit $i < j$. Man zeige, daß die Vektoren $\mathbf{u}_3$ und $\mathbf{u}_4$ ein kommutatives Ideal $\mathfrak{a}$ in $\mathfrak{g}$ erzeugen und daß keine zu $\mathfrak{a}$ komplementäre Liesche Unteralgebra von $\mathfrak{g}$ existiert.

3. a) Es sei G eine Liesche Gruppe, N ein Liescher Normalteiler von G. Ferner sei das Hauptfaserbündel G mit der Basis $B = G/N$ und der Projektion π *trivialisierbar*; schließlich sei $s: B \to G$ ein Schnitt der Klasse C^∞ dieses Bündels über B (vgl. (16.14.5)). Setzt man dann

$$F(u, v) = s(uv)^{-1}\, s(u)\, s(v)$$

für u, v aus der Faktorgruppe B, so ist F eine Abbildung der Klasse C^∞ von $B \times B$ in N. Man beweise die Beziehung

$$(1) \qquad F(u, vw)\, F(v, w) = F(uv, w)\, (s(w)^{-1}\, F(u, v)\, s(w))\,.$$

b) Nun sei N *kommutativ*. Dann kann man eine differenzierbare Operation von B auf N definieren, indem man $u \cdot t = s(u)\, ts(u)^{-1}$ für $u \in B$ und $t \in N$ setzt; denn die rechte Seite ist *unabhängig* von der Wahl des Schnitts s. Schreibt man N additiv, so lautet die Gleichung (1)

(2) $$F(u, vw) + F(v, w) = F(uv, w) + w^{-1}F(u, v) .$$

Jeder andere Schnitt der Klasse C^∞ von G über B hat die Gestalt $u \to s(u) f(u)$, wobei f eine beliebige Abbildung der Klasse C^∞ von B in N ist. Ihm entspricht die Funktion

(3) $$F(u, v) + v^{-1} \cdot f(u) + f(v) - f(uv) .$$

Genau dann ist G semidirektes Produkt von N mit einer topologischen Untergruppe L von G, so daß die Abbildung $(x, y) \to xy$ von $N \times L$ in G ein Homöomorphismus ist, wenn der Ausdruck (3) für passend gewähltes f identisch verschwindet.

c) Nun sei N einer Gruppe $\boldsymbol{R}^n$ isomorph (das impliziert nach (16.12.12) schon, daß das Hauptfaserbündel G mit der Basis B trivialisierbar ist) und $B = G/N$ *kompakt*. Man zeige, daß G semidirektes Produkt von N mit einer kompakten Untergruppe L ist. (Man integriere die beiden Seiten der Gleichung (2) über u bezüglich des normierten Haarschen Maßes auf B.) (Man vergleiche das Ergebnis mit Aufgabe 1 und 2.)

4. a) Eine n-dimensionale einfach zusammenhängende Liesche Gruppe G, die einen abgeschlossenen zu $\boldsymbol{R}^{n-1}$ isomorphen Normalteiler A enthält, ist semidirektes Produkt $G = A \times_\sigma \boldsymbol{R}$, wobei $\sigma\colon t \to \exp(t\mathrm{U})$ ein Homomorphismus von $\boldsymbol{R}$ in $\mathrm{Aut}(A) = \boldsymbol{GL}(n-1, \boldsymbol{R})$ ist. Wir setzen voraus, G sei nicht kommutativ, d. h., es sei $\mathrm{U} \in \mathrm{End}(\boldsymbol{R}^{n-1})$ von 0 verschieden. Zwei solche Gruppen G und G_1 sind genau dann isomorph, wenn die ihnen entsprechenden Endomorphismen U und U_1 sich nur um einen von 0 verschiedenen skalaren Faktor unterscheiden. Die Gruppe Aut (G) läßt sich mit der aus denjenigen Automorphismen V von $\boldsymbol{R}^n$ bestehenden Untergruppe von $\boldsymbol{GL}(n, \boldsymbol{R})$ identifizieren, für welche $\mathrm{V} \cdot \mathbf{e}_n - \mathbf{e}_n \in \boldsymbol{R}^{n-1}$ gilt, welche $\boldsymbol{R}^{n-1}$ invariant lassen und deren Einschränkung auf $\boldsymbol{R}^{n-1}$ mit U vertauschbar ist.

b) Die Untergruppe A ist der größte zusammenhängende kommutative Normalteiler von G. Die in A enthaltenen zusammenhängenden Lieschen Normalteiler von G sind die bezüglich U invarianten Vektorteilräume von A. Wann gibt es in G von A verschiedene zusammenhängende Liesche Normalteiler der Dimension $n - 1$? Wann ist die Liesche Algebra von G nilpotent?

c) Ein Element $(x, y) \in A \times_\sigma \boldsymbol{R}$ liegt genau dann im Zentrum von G, wenn $\sigma_y = 1_A$ und $\mathrm{U} \cdot x = 0$ gilt. Genau dann existiert ein solches Element mit $y \neq 0$, wenn der mit seiner Matrix bezüglich einer geeigneten Basis von $\boldsymbol{R}^{n-1}$ identifizierte Endomorphismus U in $\boldsymbol{GL}(n-1, \boldsymbol{C})$ einer Matrix der Gestalt

$$\alpha \operatorname{diag}(in_1, -in_1, in_2, -in_2, \ldots, in_p, -in_p, 0, \ldots, 0)$$

ähnlich ist, wobei die n_j von 0 verschiedene ganze Zahlen und α eine von 0 verschiedene reelle Zahl sind. Ist in diesem Fall H der Kern von U, so ist das Zentrum von G zu $H \times_\sigma \boldsymbol{Z}$ isomorph.

d) Man zeige, daß die Exponentialabbildung von G die Abbildung

$$(\mathbf{u}, \xi) \to \left(\frac{e^{\xi \mathrm{U}} - \mathrm{I}}{\xi \mathrm{U}} \cdot \mathbf{u}, \xi\right)$$

von $\boldsymbol{R}^{n-1} \times \boldsymbol{R}$ in sich ist, wobei wir der Kürze halber mit $\dfrac{e^{\xi \mathrm{U}} - \mathrm{I}}{\xi \mathrm{U}}$ dasjenige Element der Banachalgebra End $(\boldsymbol{R}^{n-1})$ bezeichnen, das sich ergibt, wenn U anstelle von z in die Reihe $(e^{\xi z} - 1)/\xi z$ eingesetzt wird. Wann ist diese Abbildung bijektiv? Man zeige: Existiert im Zentrum von G ein Element $(0, y)$ mit $y \neq 0$, so ist $\exp_G$ weder injektiv noch surjektiv.

e) Es sei Γ eine *kompakte* Gruppe von Automorphismen von G und Γ_* die aus den Ableitungen der Automorphismen aus Γ bestehende Gruppe der Automorphismen von $\mathfrak{g}_e$. Man zeige, daß ein Vektor $\mathbf{u} \in \mathfrak{g}_e$ existiert, der nicht in $\mathbf{R}^{n-1}$ enthalten und bezüglich Γ_* invariant ist. (Man stelle fest, daß Γ_* den Raum $\mathbf{R}^{n-1}$ global invariant läßt, also wegen der vollständigen Reduzibilität auch eine zu $\mathbf{R}^{n-1}$ komplementäre Gerade.)

5. Es sei G eine n-dimensionale einfach zusammenhängende auflösbare Liesche Gruppe.

a) Aus dem Beweis von (19.14.10) leite man her, daß eine Basis $(\mathbf{u}_1, \mathbf{u}_2, \ldots, \mathbf{u}_n)$ der Lieschen Algebra $\mathfrak{g}_e$ existiert derart, daß die Abbildung

(1) $$(t_1, t_2, \ldots, t_n) \to \exp(t_1\mathbf{u}_1) \exp(t_2\mathbf{u}_2) \cdots \exp(t_n\mathbf{u}_n)$$

ein *Diffeomorphismus von* $\mathbf{R}^n$ *auf* G ist.

b) Es sei $\mathfrak{h}_e$ eine m-dimensionale Liesche Unteralgebra von $\mathfrak{g}_e$ und H die in G eingebettete zusammenhängende Liesche Gruppe, deren Liesche Algebra $\mathfrak{h}_e$ ist. Man zeige, daß eine Basis $(\mathbf{u}_1, \mathbf{u}_2, \ldots, \mathbf{u}_n)$ von $\mathfrak{g}_e$ existiert, welche die Eigenschaft aus a) hat und so beschaffen ist, daß eine Teilfolge $(\mathbf{u}_{i_1}, \mathbf{u}_{i_2}, \ldots, \mathbf{u}_{i_m})$ dieser Basis eine Basis von $\mathfrak{h}_e$ ist. (Man benutze die Eigenschaft 4° von Aufgabe 2 aus Abschnitt 19.12 und definiere die $\mathbf{u}_j$ induktiv, indem man die Durchschnitte $\mathfrak{h}_e \cap \mathfrak{m}_{n-j}$ betrachtet.) Hieraus leite man her, daß H *einfach zusammenhängend* und in G *abgeschlossen* ist und daß der homogene Raum G/H *einfach zusammenhängend* ist (vgl. Aufgabe 11 von Abschnitt 16.30).

c) Man zeige, daß die einzige kompakte Untergruppe von G nur aus e besteht. (Man schließe unter Benutzung von b) induktiv nach der Länge der Folge der abgeleiteten Gruppen von G.)

6. a) Eine *zusammenhängende* Liesche Gruppe wird *nilpotent* genannt, wenn ihre Liesche Algebra nilpotent ist (vgl. Abschnitt 19.12, Aufgabe 3, und Abschnitt 19.16, Aufgabe 6). Man zeige: Ist G nilpotent und einfach zusammenhängend, so ist die Exponentialabbildung $\exp_G$ ein *Diffeomorphismus* von $\mathfrak{g}_e$ auf G. (Man verwende vollständige Induktion nach der Dimension n von G, beachte, daß die Dimension der zusammenhängenden Komponente C_0 des Zentrums von G mindestens 1 ist (vgl. Abschnitt 19.12, Aufgabe 3), und benutze dann Aufgabe 5b) sowie Aufgabe 7 aus Abschnitt 19.9.)

Für eine zusammenhängende nilpotente Gruppe ist die Exponentialabbildung also *surjektiv*.

b) Es sei G eine nilpotente zusammenhängende Liesche Gruppe. Für jedes $\mathbf{u} \in \mathfrak{g}_e$ ist $\mathrm{Ad}(\exp(\mathbf{u})) = \exp(\mathrm{ad}(\mathbf{u}))$ ein *Polynom* in $\mathrm{ad}(\mathbf{u})$ (vgl. Aufgabe 3, Abschnitt 19.12), und es gilt

$$\mathrm{ad}(\mathbf{u}) = \log\big(\exp(\mathrm{ad}(\mathbf{u}))\big),$$

wobei in $\mathrm{End}(\mathfrak{g}_e)$ für jede nilpotente Matrix N

$$\log(\mathrm{I} + \mathrm{N}) = \sum_{n=1}^{\infty} (-1)^{n-1}\, \mathrm{N}^n/n$$

gilt.

c) Für die nilpotente Gruppe G von Aufgabe 1 aus Abschnitt 19.5 zeige man, daß die Abbildung

$$(\xi, \eta, \zeta) \to \exp(\xi\mathbf{u}) \exp(\eta\mathbf{v}) \exp(\zeta(\mathbf{u} + \mathbf{w}))$$

von $\mathbf{R}^3$ in G weder injektiv noch surjektiv ist (vgl. Aufgabe 5a)).

7. a) Es sei G eine nilpotente zusammenhängende Liesche Gruppe und H eine in G eingebettete zusammenhängende Liesche Gruppe. Man zeige, daß der Normalisator $\mathscr{N}(H)$ von H in G zusammenhängend ist. (Ein Element von $\mathscr{N}(H)$ kann nach Aufgabe 6a) in der Gestalt $\exp(\mathbf{u})$ für ein $\mathbf{u} \in \mathfrak{g}_e$ dargestellt werden; alsdann benutze man Aufgabe 6b), um zu zeigen, daß $\mathbf{u} \in \mathfrak{N}(\mathfrak{h}_e)$ gilt.)

b) Man zeige, daß das Zentrum einer nilpotenten zusammenhängenden Lieschen Gruppe zusammenhängend ist. (Man benutze dieselbe Methode wie in a).)

c) Es sei G eine nilpotente zusammenhängende Liesche Gruppe. Man zeige, daß für alle von G verschiedenen Untergruppen L der Normalisator $\mathscr{N}(L)$ von L in G von L verschieden ist. (Man verwende vollständige Induktion nach der Dimension von G, indem man zwei Fälle unterscheidet, je nachdem, ob L das Zentrum C von G enthält oder nicht.) Ist H insbesondere eine in G eingebettete zusammenhängende Liesche Gruppe der Dimension $\dim(G) - 1$, so ist H Normalteiler von G.

8. a) Es sei G eine einfach zusammenhängende nilpotente Liesche Gruppe, H eine zusammenhängende Liesche Untergruppe von G. Man zeige, daß eine Basis $(\mathbf{u}_j)_{1 \leqq j \leqq n}$ der Lieschen Algebra $\mathfrak{g}_e$ von G existiert mit folgenden Eigenschaften:

1° Ist $\mathfrak{m}_j$ der von den $\mathbf{u}_k$ mit $k \geqq j$ erzeugte Teilraum von $\mathfrak{g}_e$, so ist $\mathfrak{m}_j$ eine Liesche Unteralgebra von $\mathfrak{g}_e$ und $\mathfrak{m}_{j+1}$ ein Ideal von $\mathfrak{m}_j$;

2° es existiert eine ganze Zahl $p \in [1, n]$ derart, daß $\mathfrak{m}_p$ die Liesche Algebra $\mathfrak{h}_e$ von H ist (man bilde sukzessive die Normalisatoren $\mathscr{N}(H)$, $\mathscr{N}(\mathscr{N}(H))$, ... und benutze die Aufgaben 7a) und 7c)). Dann ist die Abbildung

$$(t_1, \ldots, t_{p-1}, y) \to \exp(t_1\mathbf{u}_1) \cdots \exp(t_{p-1}\mathbf{u}_{p-1})\, y$$

ein Diffeomorphismus von $\boldsymbol{R}^{p-1} \times H$ auf G. Hieraus leite man her, daß die Faktorgruppe G/L für jede abgeschlossene Untergruppe L von H zu $\boldsymbol{R}^{p-1} \times (H/L)$ diffeomorph ist.

b) Unter den Voraussetzungen von a) sei D eine *diskrete*, nach (12.8.7) also abgeschlossene Untergruppe von G. Man zeige, daß eine Basis $(\mathbf{u}_j)_{1 \leqq j \leqq n}$ von $\mathfrak{g}_e$ existiert, welche die Bedingung 1° von a) erfüllt und so beschaffen ist, daß gilt: 2° es existiert eine ganze Zahl $p \in [1, n]$ derart, daß $a_k = \exp(\mathbf{u}_k)$ für $p \leqq k \leqq n$ zu D gehört, und jedes Element von D kann eindeutig in der Gestalt $a_p^{\nu_p} a_{p+1}^{\nu_{p+1}} \cdots a_n^{\nu_n}$ mit $\nu_j \in \boldsymbol{Z}$ dargestellt werden. (Man wende vollständige Induktion nach $n = \dim(G)$ an. Es sei A die zusammenhängende Komponente des neutralen Elements des Normalisators $\mathscr{N}(D)$ von D in G; nach Aufgabe 7b) ist $\dim(A) \geqq 1$; man führe das Problem auf den Fall $A \neq G$ zurück (vgl. (16.30.2.2)). Alsdann betrachte man den Normalisator $H = \mathscr{N}(A)$ von A in G, benutze Aufgabe 7a) und die Tatsache, daß $D \subset H$ ist, um mit Hilfe von a) auf den Fall $H = G$ zu kommen, mit anderen Worten, auf den Fall, daß A Normalteiler von G ist. Dann ist G/A einfach zusammenhängend, und $DA/A \subset \mathscr{N}(D)/A$ ist eine diskrete Untergruppe von G/A. Dann kann man die Induktionsvoraussetzung auf G/A und DA/A anwenden. Die so erhaltene Basis von $\mathfrak{g}_e/\mathfrak{a}_e$ lifte man auf $\mathfrak{g}_e$, ergänze sie dann zu einer Basis von $\mathfrak{g}_e$, indem man eine geeignete Basis von $\mathfrak{a}_e$ verwendet. Dies ist möglich, da $D \cap A$ eine diskrete Untergruppe des Zentrums von A ist.) Man zeige, daß kein von e verschiedenes Element von D endiche Ordnung besitzt.

c) Es sei M_j die zusammenhängende Liesche Untergruppe von G, deren Liesche Algebra $\mathfrak{m}_j$ ist (vgl. Aufgabe 5b)). Man zeige, daß der homogene Raum M_p/D kompakt ist. (Man beweise durch absteigende Induktion, daß $M_{p+j}/(D \cap M_{p+j})$ kompakt ist. Zu diesem Zweck sei L die dem Vektor $\mathbf{u}_p$ entsprechende einparametrige Untergruppe von G und P die aus den Potenzen a_p^k $(k \in \boldsymbol{Z})$ bestehende Untergruppe

$L \cap D$. Ferner sei π die kanonische Abbildung von M_{p+1} auf $M_{p+1}/(D \cap M_{p+1})$. Man benutze die Tatsache, daß M_{p+1} Normalteiler in M_p ist, um zu zeigen, daß P vermöge $a_p^k \cdot \pi(y) = \pi(a_p^k y a_p^{-k})$ für $y \in M_{p+1}$ differenzierbar von links auf $M_{p+1}/(D \cap M_{p+1})$ operiert. Man betrachte L als Hauptfaserbündel mit der Strukturgruppe P und zeige, daß die Mannigfaltigkeit M_p/D mit dem assoziierten Bündel $L \times^P (M_{p+1}/(D \cap M_{p+1}))$ identifiziert werden kann (vgl. (16.14.7)), und stelle schließlich fest, daß L/P kompakt ist.)

9. Es sei G eine zusammenhängende nilpotente Liesche Gruppe. Man zeige, daß jeder homogene Raum G/H einem Produkt $\boldsymbol{R}^q \times (M/L)$ diffeomorph ist, wobei $M \supset L$ zwei Liesche Untergruppen von G sind, M zusammenhängend, L diskret und M/L *kompakt* ist. (Unter Benutzung der universellen Überlagerung $\widetilde{G}$ von G, die transitiv auf G/H operiert, führe man das Problem auf den Fall zurück, daß G einfach zusammenhängend ist. Dann sei H_0 die zusammenhängende Komponente des neutralen Elements von H und $N \supset H$ der Normalisator von H_0 in G. Unter Benutzung von Aufgabe 8a) und der Tatsache, daß N/H zu $(N/H_0)/(H/H_0)$ diffeomorph und N/H_0 einfach zusammenhängend ist, kann man sich auf den Fall beschränken, daß H diskret ist, und Aufgabe 8a) und 8c) verwenden.)

10. Es sei G eine zusammenhängende Liesche Gruppe, D eine diskrete Untergruppe von G. Ferner sei U eine Umgebung von e in G, auf der die Funktion $\log_G$ definiert ist und bezüglich der euklidischen Norm auf $\mathfrak{g}_e$ (vgl. Abschnitt 19.9, Aufgabe 6) der Relation

$$\|\log(xyx^{-1}y^{-1})\| < \tfrac{1}{2} \inf(\|\log x\|, \|\log y\|)$$

genügt. Schließlich sei V eine symmetrische Umgebung von e mit $V^2 \subset U$; der Durchschnitt $V \cap D$ enthalte n Punkte x_j $(1 \leqq j \leqq n)$ derart, daß die Vektoren $\log x_j$ eine Basis des Vektorraumes $\mathfrak{g}_e$ bilden.

Man zeige, daß in $V \cap D$ ein Punkt $a \neq e$ existiert, der mit allen Elementen von $V \cap D$ vertauschbar ist. (Man wähle einen von e verschiedenen Punkt mit minimaler Norm.) Hieraus leite man her, daß $\mathbf{u}$ zum Zentrum von $\mathfrak{g}_e$ gehört, wenn $a = \exp(\mathbf{u})$ ist (vgl. Abschnitt 19.9, Aufgabe 5).

11. Es sei G eine zusammenhängende Liesche Gruppe. In G existiere eine aufsteigende Folge (D_m) diskreter Untergruppen, deren Vereinigung in G überall dicht ist. Man zeige, daß G nilpotent ist. (Unter Benutzung von Aufgabe 10 zeige man, daß die Dimension des Zentrums von G mindestens 1 ist; alsdann wende man vollständige Induktion nach der Dimension von G an.)

12. Es sei G eine auflösbare und einfach zusammenhängende n-dimensionale Liesche Gruppe und D eine im *Zentrum* von G enthaltene *diskrete* Untergruppe. Man zeige, daß eine Basis $(\mathbf{u}_j)_{1 \leqq j \leqq n}$ der Lieschen Algebra $\mathfrak{g}_e$ von G existiert, welche folgende Eigenschaften hat:

1° Die Abbildung

$$(t_1, t_2, \dots, t_n) \to \exp(t_1\mathbf{u}_1)\exp(t_2\mathbf{u}_2)\cdots\exp(t_n\mathbf{u}_n)$$

ist ein Diffeomorphismus von $\boldsymbol{R}^n$ auf G;

2° es existiert eine ganze Zahl $p \in [1, n]$ derart, daß für $1 \leqq i < j \leqq p$ die Beziehung $[\mathbf{u}_i, \mathbf{u}_j] = 0$ gilt und die $a_k = \exp(\mathbf{u}_k)$ mit $1 \leqq k \leqq p$ eine Basis der als (multiplikativer) $\boldsymbol{Z}$-Modul aufgefaßten Untergruppe D bilden. (Man verwende vollständige Induktion nach der Dimension $n \geqq 1$. Es sei $\mathfrak{a}_e$ ein kommutatives Ideal *maximaler* Dimension q von $\mathfrak{g}_e$ (es muß $q \geqq 1$ sein), A die entsprechende kommutative Untergruppe von G, die abgeschlossen und zu $\boldsymbol{R}^q$ isomorph ist (vgl. Aufgabe 5). Dann ist

G/A eine einfach zusammenhängende auflösbare Gruppe der Dimension $n - q$. Man zeige, daß DA/A eine diskrete Untergruppe des Zentrums von G/A ist. (Man beachte, daß $\overline{DA}$ ein kommutativer Liescher Normalteiler von G ist, der A enthält, so daß A die zusammenhängende Komponente des neutralen Elements ist.) Nach Induktionsannahme existiert eine Basis $(\bar{\mathfrak{u}}_j)_{1 \leqq j \leqq n-q}$ von $\mathfrak{g}_e/\mathfrak{a}_e$, welche die Eigenschaften 1° und 2° für G/A und DA/A besitz t(dabei ist p durch eine Zahl $r \leqq n - q$ ersetzt). Man lifte die $\bar{\mathfrak{u}}_j$ auf $\mathfrak{g}_e$, indem man induktiv nach j vorgeht. Man setze also voraus, für $1 \leqq j \leqq s \leqq r$ existiere ein $\mathfrak{u}_j \in \bar{\mathfrak{u}}_j$ derart, daß $\exp(\mathfrak{u}_j) \in D$ gilt und $[\mathfrak{u}_i, \mathfrak{u}_j] = 0$ ist für $1 \leqq i < j \leqq s$. Dann betrachte man die von $\mathfrak{a}_e$ und der Klasse $\bar{\mathfrak{u}}_{s+1}$ erzeugte Unteralgebra $\mathfrak{h}_e$ von $\mathfrak{g}_e$ sowie die entsprechende zusammenhängende Liesche Untergruppe H von G, die zu dem in Aufgabe 4 betrachteten Typ gehört. Es sei L die aus den Elementen $\exp(t_1\mathfrak{u}_1) \cdots \exp(t_s\mathfrak{u}_s)$ bestehende kommutative abgeschlossene Untergruppe von G und Γ die aus den Einschränkungen von Int (x) mit $x \in L$ auf H bestehende Untergruppe von Aut (H). Man zeige, daß Γ kompakt ist, und wende auf diese Gruppe die Aufgabe 4e) an, um das Element $\mathfrak{u}_{s+1}$ in $\bar{\mathfrak{u}}_{s+1}$ zu wählen. Sind einmal $\mathfrak{u}_1, \ldots, \mathfrak{u}_r$ bestimmt, so wähle man die $\mathfrak{u}_j \in \bar{\mathfrak{u}}_j$ mit $r + 1 \leqq j \leqq n - q$ beliebig. Man ergänze die Basis von $\mathfrak{g}_e$ durch eine solche Basis $(\mathfrak{u}_j)_{n-q+1 \leqq j \leqq n}$ von $\mathfrak{a}_e$, daß die $p - r$ Elemente $\exp(\mathfrak{u}_j)$ für $n - q + 1 \leqq j \leqq n - q + p - r$ eine Basis des $\mathbf{Z}$-Moduls $D \cap A$ bilden. Man stelle fest, daß die Einschränkung von Int (G) auf A die Punkte von $D \cap A$ invariant läßt, und zeige, daß die $\mathfrak{u}_j$ mit $n - q + 1 \leqq j \leqq n - q + p - r$ zum Zentrum von $\mathfrak{g}_e$ gehören. Hieraus leite man her, daß man diese Elemente gegen die $\mathfrak{u}_j$ vom Index $r + 1 \leqq j \leqq n - q$ austauschen kann, ohne die Eigenschaft 1° der Basis $(\mathfrak{u}_j)$ zu ändern.)

13. Es sei G eine auflösbare zusammenhängende Liesche Gruppe. Aus Aufgabe 12 leite man her, daß in G eine zu einem Torus isomorphe Untergruppe T und eine zu einem $\mathbf{R}^m$ diffeomorphe abgeschlossene Untermannigfaltigkeit E existieren derart, daß die Abbildung $(x, y) \to xy$ von $T \times E$ in G ein Diffeomorphismus von $T \times E$ auf G ist.

14. Man verallgemeinere das Ergebnis von Aufgabe 3c) auf folgende Weise: Ist G eine Liesche Gruppe, N ein *auflösbarer* und *einfach zusammenhängender* Normalteiler in G und ist die Gruppe $B = G/N$ kompakt, so ist G semidirektes Produkt von N und einer kompakten Untergruppe. (Man benutze vollständige Induktion nach der Dimension von N, indem man einen einfach zusammenhängenden kommutativen Normalteiler A von N einer Dimension $m \geqq 1$ betrachtet und die Aufgaben 5b) und 3c) verwendet.)

15. Es sei G eine auflösbare zusammenhängende Liesche Gruppe, H eine in G eingebettete zusammenhängende Liesche Gruppe. Die abgeschlossene Hülle jeder einparametrigen Untergruppe von H in G sei in H enthalten. Dann ist H in G *abgeschlossen* (Satz von Mal'cev). Man verwende vollständige Induktion nach der Dimension von G, wobei man sich auf den Fall beschränken kann, daß H in G dicht ist, und indem man sukzessive die folgenden Punkte beweist:

a) Es sei A eine in H eingebettete zusammenhängende kommutative Liesche Gruppe einer Dimension $m \geqq 1$ und B die Komponente des neutralen Elements von $\bar{A} \cap H$ (bezüglich der eigentlichen Topologie von H). Man zeige, daß B derselben Voraussetzung wie H genügt; hieraus leite man mittels der Induktionsannahme her, daß H eine Untergruppe N enthält, die ein kommutativer zusammenhängender Liescher Normalteiler von G und deren Dimension mindestens 1 ist.

b) Man zeige, daß in G/N die Gruppe H/N derselben Voraussetzung genügt wie H; dies gestattet dank der Induktionsannahme den Schluß, daß $H/N = G/N$, also

$H = G$ ist. Zu diesem Zweck beschränke man sich auf den Fall, daß N ein Torus ist, oder auf den Fall, daß N ein $\boldsymbol{R}^n$ ist; dann wird man feststellen, daß jede einparametrige Untergruppe von H/N das Bild einer einparametrigen Untergruppe von H ist. Wenn N eine zu $\boldsymbol{R}^n$ isomorphe Gruppe ist, verwende man Aufgabe 3c) sowie Abschnitt 12.9, Aufgabe 10.

16. Es sei $I(n)$ die Gruppe der *Isometrien* des euklidischen Raumes $\boldsymbol{R}^n$ (bezüglich des gewöhnlichen Skalarprodukts $(\mathbf{x} \mid \mathbf{y}) = \sum_{i=1}^{n} \xi^i \eta^i$); sie ist der aus den Matrizen

$$\mathrm{S} = \begin{pmatrix} \mathrm{U} & \mathbf{x} \\ 0 & 1 \end{pmatrix}$$

bestehenden Lieschen Untergruppe von $\boldsymbol{GL}(n + 1, \boldsymbol{R})$ isomorph, wobei $\mathrm{U} \in \boldsymbol{O}(n)$ und $\mathbf{x}$ ein beliebiger Vektor (also eine Matrix vom Typ $(n, 1)$) aus $\boldsymbol{R}^n$ ist; man kann diese Gruppe mit dem semidirekten Produkt $\boldsymbol{O}(n) \times_\sigma \boldsymbol{R}^n$ identifizieren, wobei $\sigma\colon \boldsymbol{O}(n) \to \boldsymbol{GL}(n, \boldsymbol{R})$ die kanonische injektive Abbildung ist (die Matrix S wird dann mit $(\mathrm{U}, \mathbf{x})$ bezeichnet). Ferner sei $p\colon I(n) \to \boldsymbol{O}(n)$ die kanonische Projektion mit dem Kern $\boldsymbol{R}^n$.

a) Es sei Γ eine *diskrete* Untergruppe von $I(n)$. Man zeige, daß die zusammenhängende Komponente des neutralen Elements der abgeschlossenen Hülle von $p(\Gamma)$ in $\boldsymbol{O}(n)$ eine kommutative Gruppe ist. (Es sei V eine Umgebung der Identität I in $\boldsymbol{O}(n)$, welche die in Aufgabe 3a) von Abschnitt 19.9 angegebenen Eigenschaften hat und für die für $\mathrm{U} \in V$ überdies $\|\mathrm{U} - \mathrm{I}\| \leqq \frac{1}{4}$ gilt (die Norm (5.7.1) auf End $(\boldsymbol{R}^n)$ sei aus der Euklidischen Norm $\|\mathbf{x}\| = (\mathbf{x} \mid \mathbf{x})^{1/2}$) abgeleitet). Man schließe indirekt, indem man annimmt, es würden zwei Elemente $\mathrm{S}_1 = (\mathrm{U}_1, \mathbf{x}_1)$ und $\mathrm{S}_2 = (\mathrm{U}_2, \mathbf{x}_2)$ existieren derart, daß U_1 und U_2 zu V gehören und nicht vertauschbar sind. Man zeige, daß man $(\mathrm{S}_1, \mathrm{S}_2) = ((\mathrm{U}_1, \mathrm{U}_2), \mathbf{y})$ setzen kann, wobei $\|\mathbf{y}\| \leqq (\|\mathbf{x}_1\| + \|\mathbf{x}_2\|)/4$ ist. Man definiere dann die S_k für $k \geqq 2$ durch die Bedingung $\mathrm{S}_k = (\mathrm{S}_1, \mathrm{S}_{k-1})$ induktiv; alsdann zeige man aufgrund der Wahl von V, daß diese Folge unendlich viele verschiedene Glieder hätte und in $I(n)$ beschränkt wäre; dies ist aber unmöglich.)

b) Man nennt die Gruppe Γ *kokompakt* oder *kristallographisch*, wenn der homogene Raum $I(n)/\Gamma$ kompakt ist. Man zeige, daß dann für jedes $x \in \boldsymbol{R}^n$ die von dem Orbit von x bezüglich Γ erzeugte affine lineare Mannigfaltigkeit L der ganze Raum $\boldsymbol{R}^n$ sein muß (anderenfalls wären alle Punkte des Orbits eines Punktes $y \notin L$ gleichweit von L entfernt, und da diese Entfernung beliebig groß werden könnte, wäre $I(n)/\Gamma$ dann nicht kompakt).

c) Man zeige: Ist Γ eine kommutative kristallographische Gruppe, so ist sie in $\boldsymbol{R}^n$ enthalten (mit anderen Worten, sie besteht aus Translationen). Man stelle zunächst fest: Ist $\mathrm{S} = (\mathrm{U}, \mathbf{x}) \in \Gamma$ so beschaffen, daß der Vektorteilraum $V \subset \boldsymbol{R}^n$ der invarianten Punkte von U nicht mit ganz $\boldsymbol{R}^n$ übereinstimmt, und bezeichnet $V^\perp$ das orthogonale Komplement von V, so läßt U' für jedes $\mathrm{S}' = (\mathrm{U}', \mathbf{x}') \in \Gamma$ die Teilräume V und $V^\perp$ invariant. Da andererseits die Einschränkung von U auf $V^\perp$ keinen von 0 verschiedenen invarianten Punkt hat, kann man zeigen, daß man (durch Wechsel des Koordinatenursprungs) $\mathbf{x} \in V$ voraussetzen kann. Aus b) ergibt sich die Existenz eines $\mathrm{S}' = (\mathrm{U}', \mathbf{x}') \in \Gamma$ derart, daß die orthogonale Projektion $\mathbf{y}'$ von $\mathbf{x}'$ auf $V^\perp$ von 0 verschieden ist. Alsdann berechne man $\mathrm{S} \cdot \mathbf{x}'$ nach der Formel $\mathrm{S} = \mathrm{S}'\mathrm{S}\mathrm{S}'^{-1}$ und leite daraus $\mathrm{U} \cdot \mathbf{y}' = \mathbf{y}'$ her. Das widerspricht aber der Definition von V.)

d) Man zeige: Ist Γ eine kristallographische Gruppe, so ist $\Gamma \cap \boldsymbol{R}^n$ ein freier $\boldsymbol{Z}$-Modul vom *Rang* n und $\Gamma/(\Gamma \cap \boldsymbol{R}^n)$ eine *endliche* Gruppe (Satz von Bieberbach). (Man zeige zunächst, daß $\Gamma \cap \boldsymbol{R}^n$ nicht nur aus Null bestehen kann. Man beachte, daß die kompakte Liesche Gruppe $p(\Gamma)$ nur endlich viele zusammenhängende Komponenten haben kann, wenn $\Gamma \cap \boldsymbol{R}^n = \{0\}$ ist, und daß sich daher aus a) ergibt, daß Γ einen *kommutativen* Normalteiler Γ_1 enthält derart, daß Γ/Γ_1 endlich ist; Γ_1 ist dann ebenfalls eine kristallographische Gruppe, und dies steht im Widerspruch zu c). Man zeige alsdann, daß die Gruppe $p(\Gamma) \subset \boldsymbol{O}(n)$ den von $\Gamma \cap \boldsymbol{R}^n$ erzeugten Vektorteilraum W des $\boldsymbol{R}^n$ invariant läßt und daß ihre Einschränkung auf W eine endliche Gruppe sein muß. Anderenfalls würde eine Folge (S_m) in Γ existieren derart, daß für $\mathrm{S}_m = (\mathrm{U}_m, \mathbf{x}_m)$ die Folge der $\mathrm{U}_m = p(\mathrm{S}_m)$ unendlich viele verschiedene Glieder hätte und gegen I konvergieren würde. Man bildet dann die Kommutatoren $(\mathrm{I}, \mathbf{a}_j)\, \mathrm{S}_m(\mathrm{I}, \mathbf{a}_j)^{-1}\, \mathrm{S}_m^{-1}$, wobei $(\mathbf{a}_j)$ eine Basis des $\boldsymbol{Z}$-Moduls $\Gamma \cap \boldsymbol{R}^n$ ist, und leitet einen Widerspruch dazu her, daß Γ diskret ist. Um schließlich einzusehen, daß $W = \boldsymbol{R}^n$ ist, zeige man, daß anderenfalls die Operation von Γ auf $\boldsymbol{R}^n/W$ die einer kristallographischen Gruppe wäre, die keine von 0 verschiedenen Translationen hat.)

17. Es sei G eine Liesche Gruppe, $m: G \times G \to G$ die Verknüpfungsvorschrift der Gruppe G. Man zeige, daß die Abbildung $T(m): T(G) \times T(G) \to T(G)$ auf $T(G)$ die Struktur einer Lieschen Gruppe definiert. Jedes Element von $T(G)$ läßt sich eindeutig in der Gestalt $\mathbf{u} \cdot x$ darstellen, wobei $x \in G$ und $\mathbf{u} \in \mathfrak{g}_e = T_e(G)$ ist, und es gilt (vgl. (16.10.1))

$$(\mathbf{u} \cdot x)\,(\mathbf{v} \cdot y) = (\mathbf{u} + \mathrm{Ad}\,(x) \cdot \mathbf{v}) \cdot (xy)\,,$$

mit anderen Worten, $T(G)$ ist semidirektes Produkt des Normalteilers $\mathfrak{g}_e$ mit G bezüglich der Abbildung $x \to \mathrm{Ad}\,(x)$ von G in $\mathrm{Aut}\,(\mathfrak{g}_e)$.

Hieraus leite man her, daß sich $T(T(G))$ mit dem Produkt $\mathfrak{g}_e^3 \times G$ als differenzierbare Mannigfaltigkeit identifizieren läßt, wobei die Liesche Gruppenstruktur auf $T(T(G))$ durch die Verknüpfungsvorschrift

$$(\mathbf{p}, \mathbf{h}, \mathbf{u}, x)\,(\mathbf{q}, \mathbf{k}, \mathbf{v}, y) = (\mathbf{p} + \mathrm{Ad}\,(x) \cdot \mathbf{q}, \mathbf{h} + [\mathbf{u}, \mathrm{Ad}\,(x) \cdot \mathbf{k}], \mathbf{u} + \mathrm{Ad}\,(x) \cdot \mathbf{v}, xy)$$

gegeben wird.

19.15. Das Differential einer Abbildung in eine Liesche Gruppe

19.15.1. Wir erinnern daran, daß man für jede Abbildung $\mathbf{f}: M \to E$ der Klasse C^1 einer differenzierbaren Mannigfaltigkeit M in einen endlichdimensionalen Vektorraum E über $\boldsymbol{R}$ für jedes $x \in M$ das *Differential* $d_x\mathbf{f}$ von $\mathbf{f}$ im Punkt x als eine lineare Tangentialabbildung von $T_x(M)$ *in* E (und nicht in $T_{\mathbf{f}(x)}(E)$) definieren kann, weil eine kanonische lineare Abbildung $\boldsymbol{\tau}_z: T_z(E) \to E$ für jedes $z \in E$ existiert (vgl. (16.5.2) und (16.5.7)). Weiterhin erkennt man sofort, daß die Abbildung $\boldsymbol{\tau}_0^{-1} \circ \boldsymbol{\tau}_z$ nichts anderes ist als die lineare Tangentialabbildung $T_z(\gamma(-z)): T_z(E) \to T_0(E)$ der Translation $t \to t - z$. Identifiziert man E und $T_0(E)$ mittels $\boldsymbol{\tau}_0$, so kann man daher $d_x\mathbf{f}$ als lineare Abbildung von $T_x(M)$ in die *Liesche Algebra* $T_0(E)$ der Lieschen Gruppe E ansehen.

19.15.2. Es ist nun leicht, den Begriff des Differentials auf den Fall einer Abbildung f der Klasse C^1 von M in eine beliebige *Liesche Gruppe* G zu verallgemeinern: Für jedes $x \in M$ ist d_xf die *lineare Abbildung*

19.15.2.1. $\mathbf{h}_x \to f(x)^{-1} \cdot (T_x(f) \cdot \mathbf{h}_x)$

(vgl. (16.9.8)) *von* $T_x(M)$ *in die Liesche Algebra* $T_e(G) = \mathfrak{g}_e$. Aus der lokalen Darstellung von $T_x(f)$ (vgl. Abschnitt 16.5) folgt sofort, daß für eine Abbildung f der Klasse C^r die Abbildung $x \to d_x f$ eine *vektorielle* 1-*Differentialform* der Klasse C^{r-1} auf M (vgl. (16.20.15)) mit Werten in $\mathfrak{g}_e$ ist; wir bezeichnen sie auch mit df (falls keine Verwechslung möglich ist) und nennen sie das *Differential von* f.

Statt „Differential" sagen wir gelegentlich auch „Linksdifferential"; wir können ebenso ein „Rechtsdifferential"

$$\mathbf{h}_x \to (T_x(f) \cdot \mathbf{h}_x) \cdot f(x)^{-1}$$

definieren, das wir auch in der Gestalt

19.15.2.2. $\mathbf{h}_x \to \mathrm{Ad}\,(f(x)) \cdot (d_x f \cdot \mathbf{h}_x)$

schreiben können.

Im folgenden betrachten wir nur „Linksdifferentiale".

19.15.3. Beispiel. Es sei A eine endlichdimensionale $\boldsymbol{R}$-Algebra mit Einselement, ferner $G = A^*$. Aus (19.4.1) ergibt sich, daß hier das Linksdifferential im Sinne von (19.15.2) die Abbildung $x \to f(x)^{-1}\, d_x f$ von M in A ist, wobei $d_x f$ das Differential *im Sinne von* (16.5.7) bezeichnet (dabei sei Lie (A^*) mit der mit dem Klammersymbol versehenen Menge A kanonisch identifiziert); wir bezeichnen es hier also mit $f^{-1}\, df$ und nennen es das *logarithmische* (Links-)*Differential* von f, um Verwechslungen zu vermeiden.

19.15.4. *Sind f und g zwei der Klasse C^1 angehörende Abbildungen einer differenzierbaren Mannigfaltigkeit M in eine Liesche Gruppe G, so werden die Differentiale der Abbildungen $fg\colon x \to f(x)\, g(x)$ und $f^{-1}\colon x \to f(x)^{-1}$ von M in G durch*

19.15.4.1. $d_x(fg) = \mathrm{Ad}\,(g(x)^{-1}) \circ d_x f + d_x g\,,$

19.15.4.2. $d_x(f^{-1}) = -\,\mathrm{Ad}\,(f(x)) \circ d_x f$

gegeben.

Aus (16.9.9) und der Kettenregel (16.5.4) folgt nämlich, daß für jedes $\mathbf{h}_x \in T_x(M)$ die Beziehung

$$T_x(fg) \cdot \mathbf{h}_x = (T_x(f) \cdot \mathbf{h}_x) \cdot g(x) + f(x) \cdot (T_x(g) \cdot \mathbf{h}_x)$$

gilt. Da $d_x(fg) \cdot \mathbf{h}_x = (f(x)\, g(x))^{-1} \cdot (T_x(fg) \cdot \mathbf{h}_x)$ ist, ergibt sich hieraus (19.15.4.1) aufgrund der Definition von Ad (s) (vgl. (19.2.1)). Man erhält (19.15.4.2), indem man g in (19.15.4.1) durch f^{-1} ersetzt und berücksichtigt, daß $s \to \mathrm{Ad}(s)$ ein Homomorphismus ist.

Ist insbesondere f oder g eine *konstante* Abbildung $x \to s$ von M in G, so erhält man

19.15.4.3. $d_x(sg) = d_x g\,,$

19.15.5.4. $d_x(gs) = \mathrm{Ad}\,(s^{-1}) \circ d_x g\,.$

19.15.5. *Sind f und g zwei der Klasse C^1 angehörende Abbildungen von M in eine Liesche Gruppe G, so ist fg^{-1} genau dann lokal konstant, wenn $df = dg$ ist.*

Daß fg^{-1} lokal konstant ist, bedeutet nämlich nach (16.5.5), daß $T_x(fg^{-1}) = 0$ ist für jedes $x \in M$, und das ist äquivalent mit $d_x(fg^{-1}) = 0$. Nun gilt aber nach (19.5.4)

$$d_x(fg^{-1}) = \mathrm{Ad}\,\big(g(x)\big) \circ (d_x f - d_x g)\,,$$

und hieraus folgt die Behauptung.

19.15.6. *Es sei f eine Abbildung der Klasse C^1 von M in eine Liesche Gruppe G und $u\colon G \to G'$ ein Homomorphismus Liescher Gruppen. Dann gilt für jedes $s \in G$ und jedes $x \in M$*

19.15.6.1. $(d_s u) \cdot \mathbf{k}_s = u_*(s^{-1} \cdot \mathbf{k}_s)\,,$

19.15.6.2. $d_x(u \circ f) = u_* \circ d_x f\,.$

Die Formel (19.15.6.1) folgt sofort aus der Definition und aus (16.9.9).

Ferner gilt, wieder nach (16.9.9),

$$\begin{aligned} d_x(u \circ f) \cdot \mathbf{h}_x &= \big(u(f(x))\big)^{-1} \cdot \big(T_{f(x)}(u) \cdot (T_x(f) \cdot \mathbf{h}_x)\big) \\ &= T_e(u) \cdot \big(f(x)^{-1} \cdot (T_x(f) \cdot \mathbf{h}_x)\big)\,, \end{aligned}$$

und hieraus folgt (19.15.6.2).

19.16. Invariante Differentialformen und Haarsches Maß auf einer Lieschen Gruppe

19.16.1. Wir nennen die *vektorielle* 1-*Differentialform* auf einer Lieschen Gruppe G mit Werten in der Lieschen Algebra $\mathfrak{g}_e$, die gleich dem (Links)Differential $d(1_G)$ des identischen Homomorphismus von G in sich ist, die *kanonische Differentialform* und bezeichnen sie im folgenden mit $\boldsymbol{\omega}$ oder $\boldsymbol{\omega}_G$. Daher gilt nach (19.15.6.1) für jedes $x \in G$

19.16.1.1. $\boldsymbol{\omega}(x) \cdot \mathbf{h}_x = x^{-1} \cdot \mathbf{h}_x\,.$

Wir werden sehen, daß das Differential *jeder* Abbildung $f\colon M \to G$ der Klasse C^∞ einer differenzierbaren Mannigfaltigkeit M in G bestimmt ist, wenn man diese Form kennt. Die Definition (19.15.2.1) kann nämlich auch in der Gestalt

$$d_x f = \boldsymbol{\omega}\big(f(x)\big) \circ T_x(f)$$

geschrieben werden, also nach (16.20.15.3) in der Gestalt

19.16.1.2. $df = {}^t f(\boldsymbol{\omega})\,.$

19.16.2. *Für jedes $s \in G$ gelten die Beziehungen*

19.16.2.1. $\gamma(s)\,\boldsymbol{\omega} = \boldsymbol{\omega}\,,$

19.16.2.2. $\delta(s)\,\boldsymbol{\omega} = \mathrm{Ad}\,(s^{-1}) \circ \boldsymbol{\omega}\,.$

Nach Definition (19.1.2) und Abschnitt 19.2 gelten nämlich für jedes $x \in G$ die Relationen

$$\big(\gamma(s)\,\boldsymbol{\omega}\big)\,(x) = s \cdot \boldsymbol{\omega}(s^{-1}x)\,, \qquad \big(\delta(s^{-1})\,\boldsymbol{\omega}\big)\,(x) = \boldsymbol{\omega}(xs^{-1}) \cdot s\,.$$

Nach denselben Definitionen ist aber

$$\begin{aligned}\big(s \cdot \boldsymbol{\omega}(s^{-1}x)\big) \cdot \mathbf{h}_x &= \boldsymbol{\omega}(s^{-1}x) \cdot (s^{-1} \cdot \mathbf{h}_x) = (x^{-1}s) \cdot (s^{-1} \cdot \mathbf{h}_x) \\ &= x^{-1} \cdot \mathbf{h}_x = \boldsymbol{\omega}(x) \cdot \mathbf{h}_x\,,\end{aligned}$$

da G hier trivial auf $\mathfrak{g}_e$ operiert, und ebenso

$$\begin{aligned}\big(\boldsymbol{\omega}(xs^{-1}) \cdot s\big) \cdot \mathbf{h}_x &= \boldsymbol{\omega}(xs^{-1}) \cdot (\mathbf{h}_x \cdot s^{-1}) = (sx^{-1}) \cdot (\mathbf{h}_x \cdot s^{-1}) \\ &= s \cdot \big(\boldsymbol{\omega}(x) \cdot \mathbf{h}_x\big) \cdot s^{-1} = \mathrm{Ad}\,(s) \cdot \big(\boldsymbol{\omega}(x) \cdot \mathbf{h}_x\big)\,.\end{aligned}$$

19.16.3. Es sei $(\mathbf{e}_i)_{1 \leqq i \leqq n}$ eine Basis der Lieschen Algebra $\mathfrak{g}_e$; man kann dann

19.16.3.1. $\boldsymbol{\omega}(x) = \sum_{i=1}^{n} \omega_i(x)\, \mathbf{e}_i$

setzen; da $\boldsymbol{\omega}(x)$ eine bijektive Abbildung von $T_x(G)$ auf $\mathfrak{g}_e = T_e(G)$ ist, sind die (skalaren) 1-Differentialformen ω_i *linear unabhängig*. Nach (19.16.2) sind diese Formen linksinvariant, bilden also eine ***R**-Basis* des Vektorraumes der *linksinvarianten 1-Differentialformen auf G*, da $T_e(G)^*$ nach (19.2.2) die Dimension n besitzt.

Hieraus ergibt sich nach (19.2.2), daß für jedes p mit $1 \leqq p \leqq n$ die p-Differentialformen

19.16.3.2. $\omega_{i_1} \wedge \omega_{i_2} \wedge \cdots \wedge \omega_{i_p} \qquad (i_1 < i_2 < \cdots < i_p)$

auf G eine *Basis* des Vektorraumes der linksinvarianten p-Differentialformen über $\boldsymbol{R}$ bilden.

19.16.4. Insbesondere wird der eindimensionale Vektorraum der *linksinvarianten n-Differentialformen auf G* von der n-Form

19.16.4.1. $\Omega = \omega_1 \wedge \omega_2 \wedge \cdots \wedge \omega_n$

erzeugt.

Ihr entspricht daher nach (16.24.1) ein *positives linksinvariantes Lebesguesches Maß* μ_Ω über G, also ein *Haarsches Maß* (vgl. (14.1.2)); daher ist auf einer Lieschen Gruppe jedes Haarsche Maß ein Lebesguesches Maß. Nach (19.16.2.2) und (19.16.4.1) gilt offenbar

19.16.4.2. $\Omega(xs^{-1}) = \det\big(\mathrm{Ad}\,(s)\big)\,\Omega(x)$

für jedes $s \in G$; da aber $\int f(xs)\,\Omega(x) = \int f(x)\,\Omega(xs^{-1})$ für jede Funktion $f \in \mathcal{K}(G)$ gilt (vgl. (16.24.5.1)), erhält man daraus nach (14.3.1.1) den Wert der *Modulfunktion* auf G:

19.16.4.3. $\Delta_G(s) = |\det\big(\mathrm{Ad}\,(s^{-1})\big)|\,.$

19.16.5. *Für jeden Punkt* $\mathbf{x} \in \mathfrak{g}_e$ *wird das Differential der Exponentialabbildung von* $\mathfrak{g}_e$ *in* G *im Punkt* $\mathbf{x}$ (vgl. (19.15.2)) *gegeben durch*

19.16.5.1. $$d_{\mathbf{x}}(\exp) = \sum_{p=0}^{\infty} \frac{1}{(p+1)!} \big(\mathrm{ad}\,(-\mathbf{x})\big)^p.$$

Nach Definition ist ja dieses Differential ein Endomorphismus $\mathrm{M}(\mathbf{x})$ des Vektorraumes $\mathfrak{g}_e$; da $T_0(\exp)$ die identische Abbildung ist (vgl. (19.8.6.1)), gilt

19.16.5.2. $\mathrm{M}(\mathbf{0}) = \mathrm{I}$ (identische Abbildung von $\mathfrak{g}_e$) .

Es seien ξ und η zwei reelle Zahlen; wir betrachten die der Klasse C^∞ angehörende Abbildung $\mathbf{x} \to \exp\big((\xi + \eta)\,\mathbf{x}\big) = \exp(\xi\mathbf{x}) \exp(\eta\mathbf{x})$ von $\mathfrak{g}_e$ in G. Wenden wir die Formel (19.15.4.1) an, so ergibt sich in den vorhergehenden Bezeichnungen

$$(\xi + \eta)\,\mathrm{M}\big((\xi + \eta)\,\mathbf{x}\big) = \mathrm{Ad}\,\big(\exp(-\eta\mathbf{x})\big)\,\xi\mathrm{M}(\xi\mathbf{x}) + \eta\mathrm{M}(\eta\mathbf{x})$$

oder, wenn wir kürzer $\mathrm{N}(\xi) = \xi\mathrm{M}(\xi\mathbf{x}) \in \mathrm{End}\,(\mathfrak{g}_e)$ setzen, nach (19.11.2.2)

19.16.5.3. $$\begin{aligned}\mathrm{N}(\xi + \eta) &= \mathrm{Ad}\,\big(\exp(-\eta\mathbf{x})\big)\,\mathrm{N}(\xi) + \mathrm{N}(\eta)\\ &= \exp\big(\mathrm{ad}\,(-\eta\mathbf{x})\big)\,\mathrm{N}(\xi) + \mathrm{N}(\eta)\,.\end{aligned}$$

Für festes ξ bilden wir die Ableitungen der beiden Seiten von (19.16.5.3) im Punkt 0, die wir als Abbildungen von $\boldsymbol{R}$ in $\mathrm{End}\,(\mathfrak{g}_e)$ ansehen; da die Ableitung von $\eta \to \exp\big(\mathrm{ad}\,(-\eta\mathbf{x})\big)$ im Punkt 0 offenbar $\mathrm{ad}\,(-\mathbf{x})$ ist, ergibt sich nach (19.16.5.2)

$$\mathrm{N}'(\xi) = \mathrm{ad}\,(-\mathbf{x})\,\mathrm{N}(\xi) + \mathrm{I};$$

außerdem ist klar, daß die ganze Funktion

$$\xi \to \sum_{p=0}^{\infty} \frac{1}{(p+1)!} \big(\mathrm{ad}\,(-\mathbf{x})\big)^p\, \xi^{p+1}$$

die einzige Lösung dieser linearen Differentialgleichung ist, die für $\xi = 0$ den Wert 0 annimmt. Wir brauchen dann nur $\xi = 1$ zu wählen, um die Formel (19.16.5.1) zu erhalten.

19.16.6. *Die lineare Tangentialabbildung* $T_{\mathbf{x}}(\exp)$ *ist genau dann in einem Punkt* $\mathbf{x} \in \mathfrak{g}_e$ *bijektiv, wenn das charakteristische Polynom*

$$\det\big(\mathrm{ad}(\mathbf{x}) - \lambda \cdot 1_{\mathfrak{g}_e}\big)$$

des Endomorphismus $\mathrm{ad}\,(\mathbf{x})$ *keine von Null und von* $2k\pi i$ *verschiedenen Nullstellen hat* ($k \in \boldsymbol{Z}$).

Wegen $d_{\mathbf{x}}(\exp) = (\exp \mathbf{x})^{-1} \cdot T_x(\exp)$ sind die Aussagen, $T_x(\exp)$ sei bijektiv, und der Endomorphismus $d_{\mathbf{x}}(\exp)$ von $\mathfrak{g}_e$ sei bijektiv, äquivalent, und dies wieder ist damit äquivalent, daß 0 keine Nullstelle des charakteristischen Polynoms dieses Endomorphismus ist. Nun sei M die Matrix von $\mathrm{ad}\,(\mathbf{x})$ bezüglich einer Basis von $\mathfrak{g}_e$; betrachtet man M als Matrix mit komplexen Elementen, so existiert eine umkehrbare Matrix P mit komplexen Elementen derart, daß das PMP^{-1} eine untere Dreiecksmatrix ist, deren Diagonale $(\lambda_1, \lambda_2, \ldots, \lambda_n)$ aus den entsprechend ihrer Vielfachheit gezählten Eigenwerten von $\mathrm{ad}\,(\mathbf{x})$ besteht (vgl. (A.6.10)).

Hieraus kann man schließen, daß die Matrix E der rechten Seite von (19.16.5.1) so beschaffen ist, daß PEP^{-1} eine untere Dreiecksmatrix ist, deren Diagonale aus den Elementen

$$\sum_{p=0}^{\infty} \frac{1}{(p+1)!}(-\lambda_j)^p = \frac{1-e^{-\lambda_j}}{\lambda_j} \qquad (1 \leqq j \leqq n)$$

besteht (vereinbarungsgemäß ist $(1 - e^0)/0$ durch 1 zu ersetzen). Hieraus folgt die Behauptung.

Aufgaben

1. Es sei G eine Liesche Gruppe, $\mathfrak{g}_e$ ihre Liesche Algebra, $c = (U, \varphi, n)$ eine Karte von G im neutralen Element e derart, daß $\varphi(e) = 0$ gilt und $(\mathbf{x}, \mathbf{y}) \to \mathbf{m}(\mathbf{x}, \mathbf{y})$ die der Karte c entsprechende lokale Darstellung der Verknüpfungsvorschrift der Gruppe G ist (vgl. (19.5.7)).

a) Es sei (ω_i) eine Basis des Vektorraumes der linksinvarianten 1-Differentialformen auf G und

$${}^t\varphi^{-1}(\omega_i \mid U) = \sum_{j=1}^{n} A_{ij}(\xi^1, \ldots, \xi^n)\, d\xi^j$$

auf $\varphi(U) \subset \boldsymbol{R}^n$, ferner V eine symmetrische Umgebung von e mit $V^2 \subset U$. Man zeige: Setzt man $\eta^i(\mathbf{x}) = m_i(\mathbf{x}_0, \mathbf{x})$ $(1 \leqq i \leqq n)$ für $\mathbf{x} \in \varphi(V)$, so ist für jedes $\mathbf{x}_0 \in \varphi(V)$ der Graph der Abbildung

$$(\xi^1, \ldots, \xi^n) \to (\eta^1(\xi^1, \ldots, \xi^n), \ldots, \eta^n(\xi^1, \ldots, \xi^n))$$

von $\varphi(V)$ in $\varphi(U)$ eine durch den Punkt $(0, \mathbf{x}_0)$ gehende Integralmannigfaltigkeit des vollständig integrierbaren Pfaffschen Systems (auf $\varphi(V) \times \varphi(U)$)

$$\sum_{j=1}^{n} A_{ij}(\eta^1, \ldots, \eta^n)\, d\eta^j = \sum_{j=1}^{n} A_{ij}(\xi^1, \ldots, \xi^n)\, d\xi^j \qquad (1 \leqq i \leqq n)\,.$$

b) Man identifiziere (durch Wahl einer Basis) $\mathfrak{g}_e$ mit $\boldsymbol{R}^n$ und nehme an, die ω_i seien die Komponenten von $\boldsymbol{\omega}$ bezüglich dieser Basis. Man wähle dann als Karte $c = (U, \varphi, n)$ eine kanonische Karte mit $\varphi = \log_G$. Unter Benutzung der Formel $d\,(\exp) = {}^t\exp\,(\boldsymbol{\omega})$ zeige man, daß die Matrix $(A_{ij}(\xi^1, \ldots, \xi^n))$ die Matrix des Endomorphismus

$$\sum_{p=0}^{\infty} \frac{1}{(p+1)!}(\mathrm{ad}\,(-\mathbf{x}))^p$$

von $\mathfrak{g}_e$ ist, daß folglich die A_{ij} auf $\log_G(U)$ *analytische* Funktionen von $\mathbf{x}$ sind. Hieraus und aus (10.9.5) leite man dann her, daß die lokale Darstellung $\mathbf{m}(\mathbf{x}, \mathbf{y})$ eine auf $\varphi(V) \times \varphi(V)$ analytische Funktion von $(\mathbf{x}, \mathbf{y})$ ist und daß daher auf G eine mit der Gruppenstruktur von G verträgliche analytische Mannigfaltigkeitsstruktur existiert, deren zugrundeliegende differenzierbare Mannigfaltigkeitsstruktur die gegebene Struktur ist (vgl. Abschnitt 19.3, Aufgabe 4).

2. a) Es sei $u\colon G \to G'$ ein Homomorphismus Liescher Gruppen. Man zeige, daß für jedes $x \in G$ die Beziehung $u_*(\boldsymbol{\omega}_G(x)) = \boldsymbol{\omega}_{G'}(u(x))$ gilt.

b) In den Bezeichnungen von Aufgabe 1a) seien die ω_i die Komponenten von $\boldsymbol{\omega}_G$ bezüglich der Basis $(\mathbf{a}_i)_{1 \leqq i \leqq n}$ von $\mathfrak{g}_e$. Man zeige: Für jeden Vektor

$$\mathbf{u} = \sum_{j=1}^{n} \alpha_j \mathbf{a}_j$$

aus $\mathfrak{g}_e$ ist die lokale Darstellung der Abbildung $t \to \exp(t\mathbf{u})$ auf einer Umgebung von 0 (bezüglich der Karte c) diejenige Lösung des Differentialgleichungssystems

$$\sum_{j=1}^{n} A_{ij}(\xi^1, \dots, \xi^n) \frac{d\xi^j}{dt} = \alpha_i \qquad (1 \leqq i \leqq n),$$

welche für $t = 0$ den Wert 0 annimmt.

3. Es sei f eine Abbildung der Klasse C^1 einer offenen Teilmenge von $\boldsymbol{R}^2$ in eine Liesche Gruppe G; wie in (18.7.1) setzen wir $f'_\xi(\xi, \eta) = T(f) \cdot \mathrm{E}_1(\xi, \eta)$ und $f'_\eta(\xi, \eta) = T(f) \cdot \mathrm{E}_2(\xi, \eta)$. Man beweise, daß

$$\frac{\partial}{\partial \xi}(f^{-1} \cdot f'_\eta) - \frac{\partial}{\partial \eta}(f^{-1} \cdot f'_\xi) = [f^{-1} \cdot f'_\eta, f^{-1} \cdot f'_\xi]$$

ist. (Man verwende Aufgabe 8b) aus Abschnitt 19.9 und die Tatsache, daß für einen windungsfreien Zusammenhang $\mathbf{C}$ die Formel (18.7.4.2) gilt, also hier angewendet werden kann.)

4. Die Algebra $\boldsymbol{M}_n(\boldsymbol{R})$ (bzw. $\boldsymbol{M}_n(\boldsymbol{C})$) sei mit einer Norm versehen, die sie zu einer Banachalgebra macht. Man zeige, daß eine Zahl $r > 0$ existiert derart, daß für $\|\mathrm{S}\| < r$, $\|\mathrm{T}\| < r$ die Familie der Matrizen

$$(*) \qquad \frac{(-1)^{n+1}}{n} \frac{\mathrm{S}^{p_1}\mathrm{T}^{q_1}\mathrm{S}^{p_2}\mathrm{T}^{q_2} \cdots \mathrm{S}^{p_n}\mathrm{T}^{q_n}}{p_1! \cdots p_n!\, q_1! \cdots q_n!},$$

wobei $n \geqq 1$ alle natürlichen Zahlen durchläuft und für jedes n die Paare (p_i, q_i) für $1 \leqq i \leqq n$ alle Werte von $\boldsymbol{N} \times \boldsymbol{N}$ außer $(0, 0)$ annehmen, *absolut summierbar* ist (vgl. (5.3.3)). Ferner ist die Reihe

$$-\sum_{n=1}^{\infty} \frac{1}{n} (\mathrm{I} - \exp(\mathrm{S}) \exp(\mathrm{T}))^n$$

absolut konvergent, und ihre Summe ist gleich der Summe der Familie (*), nämlich gleich der Matrix $\log((\exp \mathrm{S})(\exp \mathrm{T}))$. (Man schätze die Normen der Elemente der Familie (*) nach oben ab, so daß man (9.2.1) anwenden kann.)

5. Es sei G eine Liesche Gruppe, $\mathfrak{g}_e$ ihre Liesche Algebra, die mit einer mit ihrer Topologie verträglichen Norm versehen sei. Die Funktion

$$\mathrm{F}(t, \mathbf{u}, \mathbf{v}) = \log\big(\mathrm{Ad}(\exp_G(\mathbf{u}))\, \mathrm{Ad}(\exp_G(t\mathbf{v}))\big)$$

mit Werten in der Banachalgebra $\mathrm{End}(\mathfrak{g}_e)$ (der Logarithmus ist der Logarithmus von $\boldsymbol{GL}(\mathfrak{g}_e)$) ist für $0 \leqq t \leqq 1$ und für $\mathbf{u}$ und $\mathbf{v}$ in einer hinreichend kleinen Umgebung U von 0 in $\mathfrak{g}_e$ definiert. Man zeige: Die Familie der Elemente

$$(**) \qquad \frac{(-1)^{n+1} ((\mathrm{ad}\, \mathbf{u})^{p_1} (\mathrm{ad}\, t\mathbf{v})^{q_1} (\mathrm{ad}\, \mathbf{u})^{p_2} (\mathrm{ad}\, t\mathbf{v})^{q_2} \cdots (\mathrm{ad}\, \mathbf{u})^{p_n}) \cdot \mathbf{v}}{n(n+1)\, p_1! \cdots p_n!\, q_1! \cdots q_{n-1}!}$$

(mit $n \geqq 1$, $p_i + q_i > 0$ für $1 \leqq i \leqq n - 1$ und $p_n > 0$) von $\mathfrak{g}_e$ ist für diese Werte von t, $\mathbf{u}$, $\mathbf{v}$ absolut summierbar, und ihre Summe ist

$$\left(\frac{\partial}{\partial t} \mathrm{F}(t, \mathbf{u}, \mathbf{v}) - \mathrm{I}\right) \cdot \mathbf{v}.$$

(Man benutze (19.16.5) und die Aufgabe 4.) Hieraus leite man dann her, daß für $\mathbf{u}, \mathbf{v} \in U$ die Familie der

$$(***) \qquad \frac{(-1)^{n+1}\,((\mathrm{ad}\,\mathbf{u})^{p_1}(\mathrm{ad}\,\mathbf{v})^{q_1}(\mathrm{ad}\,\mathbf{u})^{p_2}(\mathrm{ad}\,\mathbf{v})^{q_2}\cdots(\mathrm{ad}\,\mathbf{u})^{p_n})\cdot\mathbf{v}}{n(n+1)\,p_1!\cdots p_n!q_1!\cdots q_{n-1}!\,(q_1+q_2+\cdots+q_{n-1}+1)}$$

absolut summierbar und ihre Summe gleich $\log_G(\exp_G(\mathbf{u})\exp_G(\mathbf{v})) - (\mathbf{u}+\mathbf{v})$ ist (Formel von Campbell-Hausdorff). Man beweise die Aussage von Aufgabe 1b) mit Hilfe dieser Ergebnisse auf andere Weise.

6. a) Es seien A, B, C drei in eine Liesche Gruppe G eingebettete zusammenhängende Liesche Gruppen, $\mathfrak{a}_e$, $\mathfrak{b}_e$, $\mathfrak{c}_e$ ihre Lieschen Algebren, welche Unteralgebren von $\mathfrak{g}_e = \mathrm{Lie}(G)$ sind. Wir setzen voraus, es sei $[\mathfrak{a}_e, \mathfrak{c}_e] \subset \mathfrak{c}_e$ und $[\mathfrak{b}_e, \mathfrak{c}_e] \subset \mathfrak{c}_e$. Man zeige, daß aus $[\mathfrak{a}_e, \mathfrak{b}_e] \subset \mathfrak{c}_e$ dann $(A, B) \subset C$ folgt. (Zu diesem Zweck betrachte man die Liesche Unteralgebra $\mathfrak{a}_e + \mathfrak{b}_e + \mathfrak{c}_e$ von $\mathfrak{g}_e$ und beschränke sich auf den Fall, daß $\mathfrak{c}_e$ ein Ideal von $\mathfrak{g}_e$ ist; alsdann benutze man die Formel von Campbell-Hausdorff (vgl. Aufgabe 5)). Man zeige ferner, daß $(A, B) = C$ ist, wenn $[\mathfrak{a}_e, \mathfrak{b}_e] = \mathfrak{c}_e$ gilt (vgl. (Abschnitt 19.12, Aufgabe 6).

b) Aus a) leite man her: Ist G eine zusammenhängende Liesche Gruppe, $\mathfrak{g}_e$ ihre Liesche Algebra, so sind die durch $\mathscr{C}^1(G) = G$, $\mathscr{C}^p(G) = (G, \mathscr{C}^{p-1}(G))$ definierten Gruppen $\mathscr{C}^p(G)$ der absteigenden Zentralreihe von G in G eingebettete zusammenhängende Liesche Gruppen, deren Liesche Algebren die $\mathfrak{C}^p(\mathfrak{g}_e)$ sind.

7. a) Unter den Voraussetzungen von Aufgabe 8b) aus Abschnitt 19.14 zeige man, daß die von den $\mathbf{u}_k$ mit $p \leqq k \leqq n$ erzeugte Liesche Unteralgebra eine Multiplikationstafel bezüglich dieser Basis besitzt, deren Strukturkonstanten *rationale* Zahlen sind. (Man zeige mit Hilfe absteigender Induktion nach j, daß dies für die von den $\mathbf{u}_k$ vom Index $k \geqq j$ erzeugte Unteralgebra $\mathfrak{m}_j$ richtig ist; ferner verwende man Aufgabe 8a) und Aufgabe 6a) aus Abschnitt 19.14 sowie die Formel von Campbell-Hausdorff (vgl. Aufgabe 5).)

b) Nun setzen wir umgekehrt voraus, die Liesche Algebra $\mathfrak{g}_e$ einer einfach zusammenhängenden nilpotenten Lieschen Gruppe G habe eine Basis, bezüglich welcher die Strukturkonstanten rational sind. Man zeige, daß eine diskrete Untergruppe D von G existiert derart, daß der homogene Raum G/D kompakt ist. (Man zeige zunächst, daß eine Basis $(\mathbf{u}_k)_{1\leq k\leq n}$ von $\mathfrak{g}_e$ existiert derart, daß die $\mathfrak{a}_j$, wobei $\mathfrak{a}_j$ der von den $\mathbf{u}_k$ mit $k \geqq j$ erzeugte Teilraum von $\mathfrak{g}_e$ ist, die Bedingung 5° aus Abschnitt 19.12, Aufgabe 3, erfüllen, und daß die Strukturkonstanten bezüglich der Basis $(\mathbf{u}_k)$ rational sind. Ferner stelle man fest: Ist

$$\exp(\xi_1\mathbf{u}_1 + \xi_2\mathbf{u}_2 + \cdots + \xi_n\mathbf{u}_n) = \exp(\zeta_1\mathbf{u}_1)\exp(\zeta_2\mathbf{u}_2)\cdots\exp(\zeta_n\mathbf{u}_n),$$

so sind die ζ_j Polynome in $\xi_1, \ldots, \xi_n$ mit rationalen Koeffizienten. Dann verwende man vollständige Induktion nach n.)

c) Unter den Voraussetzungen von b) sei D_0 eine diskrete Untergruppe von G derart, daß für die in Abschnitt 19.14, Aufgabe 8a) angegebene Gestalt von D_0 die Strukturkonstanten bezüglich der Basis $(\mathbf{u}_j)$ von $\mathfrak{g}_e$ rational sind. Man zeige, daß eine monoton wachsende Folge diskreter D_0 enthaltender Untergruppen D_m von G existiert, für welche $\bigcup_m D_m$ in G überall dicht ist. (In den Bezeichnungen von Abschnitt 19.14, Aufgabe 8b), beweise man, daß es beliebig große ganze Zahlen N gibt derart, daß im Zentrum Z von G ein Element b_n mit $b_n^N = a_n$ existiert; alsdann schließe man mit Hilfe vollständiger Induktion nach der Dimension von G weiter, indem man G/Z betrachtet.)

8. a) Es sei $\mathfrak{g}$ ein siebendimensionaler reeller Vektorraum über $\boldsymbol{R}$ und $(\mathbf{e}_i)_{1 \leqq i \leqq 7}$ eine Basis von $\mathfrak{g}$. Man zeige, daß man durch

$$[\mathbf{e}_i, \mathbf{e}_j] = \alpha_{ij}\mathbf{e}_{i+j} \quad \text{für } 1 \leqq i < j \leqq 7,\ i + j \leqq 7\,,$$

$$[\mathbf{e}_i, \mathbf{e}_j] = 0 \quad \text{für } i + j > 7$$

auf $\mathfrak{g}$ die Struktur einer Lieschen Algebra definieren kann, vorausgesetzt, die reellen Zahlen α_{ij} genügen den Bedingungen

$$\alpha_{23}\alpha_{15} - \alpha_{13}\alpha_{24} = 0 \quad \text{und} \quad \alpha_{12}\alpha_{34} - \alpha_{24}\alpha_{16} + \alpha_{14}\alpha_{25} = 0\,.$$

Dann ist $\mathfrak{g}$ eine nilpotente Liesche Algebra, $\mathfrak{C}^j(\mathfrak{g})$ hat als Basis die $\mathbf{e}_i$ mit dem Index $i \geqq j + 1$ für $2 \leqq j \leqq 6$, und der Zentralisator $\mathfrak{h}$ von $\mathfrak{C}^5\mathfrak{g}$ hat als Basis die $\mathbf{e}_i$ vom Index $i \geqq 2$. Hieraus leite man her: Ist eine andere Basis $(\mathbf{e}'_i)_{1 \leqq i \leqq 7}$ von $\mathfrak{g}$ so beschaffen, daß $\mathfrak{C}^j(\mathfrak{g})$ als Basis die $\mathbf{e}'_i$ mit dem Index $i \geqq j + 1$ für $2 \leqq j \leqq 6$ hat und $\mathfrak{h}$ als Basis die $\mathbf{e}'_i$ vom Index $i \geqq 2$, so muß

$$[\mathbf{e}'_i, \mathbf{e}'_j] = \alpha'_{ij}\mathbf{e}'_{i+j} + \mathbf{u}'_{ij}$$

gelten, wobei $\mathbf{u}'_{ij}$ Linearkombination der $\mathbf{e}'_k$ mit $k \geqq i + j + 1$ ist. Außerdem muß

$$\alpha'_{14}\alpha'_{25}\alpha'^{-1}_{16}\alpha'^{-1}_{24} = \alpha_{14}\alpha_{25}\alpha^{-1}_{16}\alpha^{-1}_{24}$$

sein.

b) Aus a) leite man her, daß bei geeigneter Wahl der $\alpha_{ij} \in \boldsymbol{R}$ *keine* Basis von $\mathfrak{g}$ existiert, bezüglich welcher die Strukturkonstanten rational sind. Ist G die einfach zusammenhängende nilpotente Gruppe, die $\mathfrak{g}$ als Liesche Algebra hat, so existiert *keine* diskrete Untergruppe D von G, für welche der homogene Raum G/D kompakt ist.

c) Es sei $\mathfrak{g}$ ein achtdimensionaler Vektorraum über $\boldsymbol{R}$ und $(\mathbf{e}_i)_{1 \leqq i \leqq 8}$ eine Basis von $\mathfrak{g}$. Man zeige, daß man durch die Formeln $[\mathbf{e}_1, \mathbf{e}_2] = \mathbf{e}_3$, $[\mathbf{e}_1, \mathbf{e}_3] = \mathbf{e}_4$, $[\mathbf{e}_1, \mathbf{e}_4] = \mathbf{e}_5$, $[\mathbf{e}_1, \mathbf{e}_5] = \mathbf{e}_6$, $[\mathbf{e}_1, \mathbf{e}_6] = [\mathbf{e}_1, \mathbf{e}_7] = \mathbf{e}_8$, $[\mathbf{e}_2, \mathbf{e}_3] = \mathbf{e}_5$, $[\mathbf{e}_2, \mathbf{e}_4] = \mathbf{e}_6$, $[\mathbf{e}_2, \mathbf{e}_5] = \mathbf{e}_7$, $[\mathbf{e}_2, \mathbf{e}_6] = 2\mathbf{e}_8$, $[\mathbf{e}_3, \mathbf{e}_4] = -\mathbf{e}_7 + \mathbf{e}_8$, $[\mathbf{e}_3, \mathbf{e}_5] = -\mathbf{e}_8$, $[\mathbf{e}_i, \mathbf{e}_j] = 0$ für $i + j > 8$ auf $\mathfrak{g}$ die Struktur einer Lieschen Algebra definieren kann.

Die Liesche Algebra $\mathfrak{g}$ ist nilpotent. Man betrachte die $\mathfrak{C}^j(g)$, das Ideal $[\mathfrak{C}^2(\mathfrak{g}), \mathfrak{C}^2(\mathfrak{g})]$ und den Operator, welcher $\mathfrak{C}^2(\mathfrak{g})$ in $\mathfrak{C}^4(\mathfrak{g})$ überführt, und zeige so, daß für jede andere Basis $(\bar{\mathbf{e}}_i)$ von $\mathfrak{g}$, bezüglich welcher die Strukturkonstanten rational sind, eine dritte Basis $(\mathbf{e}'_i)$ existiert, die diese Eigenschaft besitzt und sich aus $(\bar{\mathbf{e}}_i)$ mittels einer Übergangsmatrix mit rationalen Elementen ergibt. Für diese dritte Basis ist $\mathbf{e}'_i = \mu_i\mathbf{e}_i + \mathbf{u}'_i$, wobei $\mathbf{u}'_i$ Linearkombination der $\mathbf{e}_k$ vom Index $k > i$ ist und die Skalare μ_i *rational* sind.

d) Es sei $\widetilde{G}$ eine einfach zusammenhängende nilpotente Gruppe, deren Liesche Algebra zu der in c) beschriebenen Algebra isomorph ist. Man zeige, daß eine diskrete Untergruppe N des Zentrums von $\widetilde{G}$ existiert derart, daß die zusammenhängende nilpotente Gruppe $G = \widetilde{G}/N$ keine diskrete Untergruppe D enthält, für die G/D kompakt ist.

9. Es seien G und G' zwei einfach zusammenhängende nilpotente Liesche Gruppen, D (bzw. D') eine diskrete Untergruppe von G (bzw. G'), und es sei G/D kompakt. Man zeige, daß jeder Homomorphismus f von D in D' sich auf eindeutige Weise zu einem Homomorphismus g von G in G' ausdehnen läßt. (Man verwende die in Aufgabe 8 aus Abschnitt 19.14 gegebene Beschreibung von D mit Hilfe einer Basis $(\mathbf{u}_k)_{1 \leqq k \leqq n}$ von $\mathfrak{g}_e$; für jedes k kann man $f(\exp_G(\mathbf{u}_k)) = \exp_{G'}(\mathbf{u}'_k)$ schreiben, mit wohlbestimmtem $\mathbf{u}'_k \in \mathfrak{g}'_e$. Um zu zeigen, daß die lineare Abbildung F von $\mathfrak{g}_e$ in $\mathfrak{g}'_e$ mit

$F(\mathbf{u}_k) = \mathbf{u}'_k$ für $1 \leqq k \leqq n$ ein Homomorphismus Liescher Algebren ist, verwende man vollständige Induktion nach der Dimension von G, indem man die Unteralgebren $\mathfrak{m}_j$ von $\mathfrak{g}_e$ einführt (vgl. Abschnitt 19.14, Aufgabe 8); man verwende die Formel von CAMPBELL-HAUSDORFF, die Aufgabe 6a) aus Abschnitt 19.14 sowie die Formeln (19.11.2.2) und (19.11.2.3).) Ist f surjektiv (bzw. bijektiv) und D' so beschaffen, daß G'/D' kompakt ist, so ist g surjektiv (bzw. bijektiv).

10. Es sei D eine abzählbare nilpotente diskrete Gruppe, die eine Folge

$$D_1 = D \supset D_2 \supset D_3 \supset \cdots \supset D_n \supset D_{n+1} = \{e\}$$

von Normalteilern besitzt derart, daß D_j/D_{j+1} für $1 \leqq j \leqq n$ zu $\mathbf{Z}$ isomorph ist und daß $(D, D_j) \subset D_{j+1}$ gilt. Man zeige, daß eine einfach zusammenhängende nilpotente Liesche Gruppe G existiert derart, daß $D \subset G$ gilt und G/D kompakt ist. (Man benutze vollständige Induktion nach n; ist G_2 eine einfach zusammenhängende nilpotente Liesche Gruppe, die D_2 enthält und für die G_2/D_2 kompakt ist, und ist d ein Element von D, dessen Bild in D/D_2 diese Gruppe erzeugt, so betrachte man den Automorphismus $z \to dzd^{-1}$ von D_2 und verwende Aufgabe 9.)

11. Es sei G eine zusammenhängende Liesche Gruppe, H eine in G eingebettete zusammenhängende Liesche Gruppe; $\mathfrak{g}_e$ und $\mathfrak{h}_e$ seien die Lieschen Algebren von G bzw. H.

a) Es sei $s \in G$. Man zeige: Für jedes $t \in H$ gehört $sts^{-1}t^{-1}$ genau dann zu $\mathscr{D}(H)$, wenn für alle $\mathbf{u} \in \mathfrak{h}_e$ die Beziehung $\mathrm{Ad}\,(s) \cdot \mathbf{u} - \mathbf{u} \in \mathfrak{D}(\mathfrak{h}_e) = [\mathfrak{h}_e, \mathfrak{h}_e]$ gilt. (Um einzusehen, daß die Bedingung hinreichend ist, verwende man die Formel von CAMPBELL-HAUSDORFF.)

b) Man setze voraus, H sei in G überall dicht. Man zeige, daß $\mathscr{D}(G) = \mathscr{D}(H)$ ist. (Man benutze a), um zu zeigen, daß $(G, H) \subset \mathscr{D}(H)$ gilt; hieraus folgt $[\mathfrak{g}_e, \mathfrak{h}_e] \subset [\mathfrak{h}_e, \mathfrak{h}_e]$. Dann schließe man analog, um zu sehen, daß $(G, G) \subset \mathscr{N}(H)$ ist.)

12. Man zeige: Ist ω die kanonische Differentialform auf einer Lieschen Gruppe G, so gilt $d\omega + [\omega, \omega] = 0$ (Gleichung von MAURER-CARTAN). (Für jede skalare linksinvariante 1-Differentialform ω berechne man unter Verwendung von (17.15.3.6) den Wert von $\langle d\omega, X_\mathbf{u} \wedge X_\mathbf{v}\rangle$ für zwei Elemente $\mathbf{u}, \mathbf{v} \in \mathfrak{g}_e$.) Daher gilt, wenn $(\mathbf{e}_i)_{1 \leqq i \leqq n}$ eine Basis von $\mathfrak{g}_e$ ist und

$$\omega = \sum_i \omega_i \mathbf{e}_i \quad \text{und} \quad [\mathbf{e}_i, \mathbf{e}_j] = \sum_k a_{ijk} \mathbf{e}_k$$

gesetzt wird,

$$d\omega_k + \tfrac{1}{2} \sum_{i,j} a_{ijk} \omega_i \wedge \omega_j = 0 \,. \tag{1}$$

13. Man zeige: Eine linksinvariante p-Differentialform α der Klasse C^∞ auf einer zusammenhängenden Lieschen Gruppe G ist genau dann auch *rechtsinvariant*, wenn $d\alpha = 0$ ist. (Man stelle fest, daß die Bedingung, α sei rechtsinvariant, d. h. also, es sei $\bigwedge^p ({}^t\mathrm{Ad}\,(s)) \cdot \alpha(e) = \alpha(e)$ für alle $s \in G$, der Bedingung äquivalent ist, es sei

$$\sum_{j=1}^{p} \langle \alpha(e), \mathbf{u}_1 \wedge \cdots \wedge \mathbf{u}_{j-1} \wedge [\mathbf{u}, \mathbf{u}_j] \wedge \mathbf{u}_{j+1} \wedge \cdots \wedge \mathbf{u}_p \rangle = 0 \tag{2}$$

für je $p + 1$ Vektoren $\mathbf{u}, \mathbf{u}_1, \ldots, \mathbf{u}_p$ aus $\mathfrak{g}_e$; alsdann verwende man (17.15.3.5) für linksinvariante Felder.)

Insbesondere ist die Dimension des Vektorraums der sowohl rechts- als linksinvarianten 1-Formen auf G gleich $\dim \mathfrak{g}_e - \dim [\mathfrak{g}_e, \mathfrak{g}_e]$.

14. Man zeige: Eine zusammenhängende Liesche Gruppe G ist genau dann unimodular, wenn $\operatorname{Tr}(\operatorname{ad}(\mathbf{u})) = 0$ für alle $\mathbf{u} \in \mathfrak{g}_e$ gilt. Insbesondere ist jede zusammenhängende nilpotente Gruppe unimodular.

15. Es sei G eine zusammenhängende Liesche Gruppe und H eine zusammenhängende abgeschlossene Untergruppe von G; ferner seien $\mathfrak{g}_e$ und $\mathfrak{h}_e$ die Lieschen Algebren von G bzw. H, und schließlich sei $\mathfrak{g}'_e$ die Liesche Algebra der abgeschlossenen Untergruppe $\overline{\mathscr{D}(G)}$ von G. Man zeige, daß auf G/H genau dann ein von 0 verschiedenes bezüglich G relativ invariantes Maß existiert (vgl. Abschnitt 14.4, Aufgabe 2), wenn der Kern der Linearform $\mathbf{u} \to \operatorname{Tr}(\operatorname{ad}_H(\mathbf{u}))$ in $\mathfrak{h}_e$ den Durchschnitt $\mathfrak{g}'_e \cap \mathfrak{h}_e$ enthält.

16. Es sei G eine n-dimensionale zusammenhängende Liesche Gruppe, H eine abgeschlossene zusammenhängende $(n-p)$-dimensionale Untergruppe von G und $(\omega_i)_{1 \leqq i \leqq n}$ eine Basis des Raumes der linksinvarianten 1-Differentialformen auf G (vgl. (19.16.3.1)); man kann annehmen, die Basis $(\mathbf{e}_i)$ von $\mathfrak{g}_e$ sei so gewählt, daß die inversen Bilder ${}^t j(\omega_k)$ der ω_k vom Index $k \leqq p$ vermöge der kanonischen injektiven Abbildung $j\colon H \to G$ Null sind. Existiert für $1 \leqq q \leqq p$ eine bezüglich der Operation von G invariante q-Differentialform β der Klasse C^∞ auf G/H, so ist die q-Form $\alpha = {}^t\pi(\beta)$ auf G (wobei $\pi\colon G \to G/H$ die kanonische Submersion ist) eine Linearkombination von äußeren Produkten von q der 1-Formen $\omega_1, \omega_2, \ldots, \omega_p$ mit konstanten Koeffizienten, und außerdem muß $\bigwedge^p ({}^t\mathrm{Ad}(s)) \cdot \alpha(e) = \alpha(e)$ für alle $s \in H$ gelten. Man beweise die Äquivalenz dieser Bedingung mit der Bedingung

$$\sum_{j=1}^{q} \langle \alpha(e), \mathbf{u}_1 \wedge \mathbf{u}_2 \wedge \cdots \wedge \mathbf{u}_{j-1} \wedge [\mathbf{u}, \mathbf{u}_j] \wedge \mathbf{u}_{j+1} \wedge \cdots \wedge \mathbf{u}_q \rangle = 0$$

für alle $\mathbf{u} \in \mathfrak{h}_e$ und $\mathbf{u}_j \in \mathfrak{g}_e$.

Insbesondere existiert genau dann auf G/H ein von 0 verschiedenes bezüglich der Operation von G *invariantes Maß*, wenn

$$d(\omega_1 \wedge \omega_2 \wedge \cdots \wedge \omega_p) = 0$$

ist (Beweis nach derselben Methode wie in Aufgabe 13). Dieses Maß ist bis auf einen konstanten Faktor eindeutig bestimmt.

17. Aus Aufgabe 16 leite man her, daß auf der Grassmannschen Mannigfaltigkeit $G_{n,p}$ mit $1 \leqq p \leqq n-1$ kein von 0 verschiedenes bezüglich $\boldsymbol{SL}(n, \boldsymbol{R})$ invariantes Maß existiert. (Man beachte, daß für die Gruppe $\boldsymbol{GL}(n, \boldsymbol{R})$ eine Basis $(\omega_{ij})_{1 \leqq i,j \leqq n}$ von linksinvarianten 1-Differentialformen existiert, für welche die Gleichungen von MAURER-CARTAN die Gestalt

$$d\omega_{ij} = -\sum_{k=1}^{n} \omega_{ik} \wedge \omega_{kj}$$

annehmen (vgl. (19.4.2.2)).)

18. a) Man zeige: Jede Liesche Gruppe, die semidirektes Produkt $N \times_\sigma L$ eines kommutativen Normalteilers N und einer kompakten Lieschen Gruppe L ist, ist unimodular (vgl. Abschnitt 14.3, Aufgabe 5).

b) Aus a) leite man her: Bezeichnet $(V_k)_{1 \leqq k \leqq r}$ eine Familie affiner linearer Mannigfaltigkeiten des $\boldsymbol{R}^n$ und H die abgeschlossene Untergruppe der Gruppe $I(n)$ derjenigen Isometrien des $\boldsymbol{R}^n$ (vgl. Abschnitt 19.14, Aufgabe 16), welche jedes V_k invariant lassen, so existiert auf dem homogenen Raum $I(n)/H$ ein bezüglich $I(n)$ invariantes von 0 verschiedenes Maß.

19. Es sei G eine Liesche Gruppe, $\mathfrak{g}_e$ ihre Liesche Algebra, $t \to \mathbf{u}(t)$ eine stetige Abbildung von $\boldsymbol{R}$ in $\mathfrak{g}_e$. Auf der Mannigfaltigkeit $G \times \boldsymbol{R}$ definiert die Bedingung $\mathrm{X}(x, t) = (\mathbf{u}(t) \cdot x, \mathrm{E}(t))$ ein stetiges Vektorfeld X (Bezeichnung von Abschnitt 18.1).

a) Ist $t \to (v(t), t)$ eine auf einem offenen Intervall $I \subset \boldsymbol{R}$ definierte Integralkurve von X, so ist $t \to (v(t) \cdot x, t)$ für jedes $x \in G$ eine weitere Integralkurve. Hieraus leite man her, daß die maximalen Integralkurven von X auf ganz $\boldsymbol{R}$ definiert sind. (In den Bezeichnungen von (18.2.2) stelle man fest, daß für jedes kompakte Intervall $K \subset \boldsymbol{R}$ die Funktionen $t^-(e, \xi)$ und $t^+(e, \xi)$ durch eine streng positive Zahl nach unten beschränkt sind, falls ξ das Intervall K durchläuft.)

b) Man leite aus a) her, daß genau eine Abbildung v der Klasse C^1 von $\boldsymbol{R}$ in G existiert derart, daß $v'(t) = v(t) \cdot \mathbf{u}(t)$ für jedes $t \in \boldsymbol{R}$ gilt (Verallgemeinerung von (19.8.1)).

20. Es sei u ein *Etal*-Endomorphismus (vgl. (16.7.1)) einer Lieschen Gruppe G, dessen Kern endlich ist. Man zeige, daß u eigentlich ist und daß für ein linksinvariantes Haarsches Maß β auf G die Beziehung $u(\beta) = \mathrm{Card}\,(\mathrm{Ker}\,(u)) \cdot |\det u_*^{-1}| \cdot (\beta \mid u(G))$ erfüllt ist.

19.17. Komplexe Liesche Gruppen

19.17.1. Die Definitionen und Ergebnisse der Abschnitte 19.1 bis 19.9 lassen sich ebenso wie die der Abschnitte 19.12, 19.15 und 19.16 auf komplexe Liesche Gruppen übertragen; dabei sind überall Funktionen der Klasse C^∞ durch *holomorphe* Funktionen zu ersetzen. Natürlich ist das in Abschnitt 19.16 in bezug auf das Haarsche Maß Gesagte auszunehmen; es sei bemerkt, daß die Taylorentwicklungen in Abschnitt 19.5 auf einer passenden Umgebung von 0 automatisch *konvergent* sind (vgl. Formel (9.3.5.1)). In Abschnitt 19.3 betrachtet man die linksinvarianten *komplexen* Differentialoperatoren, die eine assoziative Algebra $\mathfrak{G}$ *über* $\boldsymbol{C}$ bilden; diese Algebra nennen wir jetzt *infinitesimale Algebra* der komplexen Lieschen Gruppe G. Sie kann mit der Algebra der *komplexen* Distributionen mit in $\{e\}$ enthaltenem Träger, die wir mit $\mathfrak{G}_e$ bezeichnen, identifiziert werden. Hiervon ausgehend, definieren wir die (zueinander isomorphen) *komplexen* Lieschen Algebren $\mathfrak{g}$ und $\mathfrak{g}_e$ wie in Abschnitt 19.3. Die einzige einfach zusammenhängende kommutative komplexe Liesche Gruppe der (komplexen) Dimension n ist $\boldsymbol{C}^n$; jede kommutative und zusammenhängende komplexe Liesche Gruppe ist daher isomorph zu $\boldsymbol{C}^n/D$, wobei D eine diskrete Untergruppe von $\boldsymbol{C}^n$ ist (vgl. (16.30.3)). Allerdings ist die Klassifikation dieser Gruppen (als *komplexe* Liesche Gruppen) bis auf Isomorphie ein schwierigeres Problem, auf das wir nicht weiter eingehen.

19.17.2. Die Beziehungen zwischen reellen Lieschen Gruppen (bzw. reellen Lieschen Algebren) und komplexen Lieschen Gruppen (bzw. komplexen Lieschen Algebren) sind von zweierlei Art. Ist G eine komplexe Liesche Gruppe der (komplexen) Dimension n, so ist die der komplex-analytischen Struktur von G (vgl. (16.1.6)) zugrundeliegende *reell*-analytische Struktur offenbar mit der Gruppenstruktur von G verträglich; wir bezeichnen die reelle Liesche Gruppe der

Dimension $2n$, die man so erhält, mit $G_{|\boldsymbol{R}}$. Ist $\mathfrak{g}_e$ die (komplexe) Liesche Algebra von G, so ist die (reelle) Liesche Algebra von $G_{|\boldsymbol{R}}$ die Liesche Algebra $\mathfrak{g}_{e|\boldsymbol{R}}$, die man durch Einschränkung des Skalarbereichs in der Lieschen Algebra $\mathfrak{g}_e$ auf $\boldsymbol{R}$ erhält. Ist $\mathbf{u}$ ein Vektor aus $\mathfrak{g}_e$, so ist die $\mathbf{u}$ entsprechende (reelle) einparametrige Untergruppe von $G_{|\boldsymbol{R}}$ die Einschränkung $t \to \exp(t\mathbf{u})$ der einparametrigen (komplexen) Untergruppe $z \to \exp(z\mathbf{u})$ (für alle $z \in \boldsymbol{C}$) auf $\boldsymbol{R}$; folglich stimmt die Exponentialabbildung von $G_{|\boldsymbol{R}}$ mit der Exponentialabbildung von G überein.

Die in $G_{|\boldsymbol{R}}$ eingebetteten zusammenhängenden Lieschen Gruppen entsprechen, wie wir schon gesehen haben, umkehrbar eindeutig den (reellen) Lieschen Unteralgebren von $\mathfrak{g}_{e|\boldsymbol{R}}$; die in G eingebetteten (komplexen) zusammenhängenden Lieschen Untergruppen sind diejenigen, die den Lieschen Unteralgebren von $\mathfrak{g}_e$ entsprechen oder, was dasselbe bedeutet, die den Lieschen Unteralgebren von $\mathfrak{g}_{e|\boldsymbol{R}}$ entsprechen, die auch *komplexe* Vektorteilräume sind, d. h. die *bezüglich der Homothetie* $\mathbf{u} \to i\mathbf{u}$ *invariant* sind. Eine *abgeschlossene* Untergruppe von G ist daher im allgemeinen eine Liesche Untergruppe von $G_{|\boldsymbol{R}}$, aber keine Liesche Untergruppe von G (wie das Beispiel von $\boldsymbol{R}$ als abgeschlossene Untergruppe von $\boldsymbol{C}$ zeigt).

Diese Bemerkungen gestatten uns, die obigen Ausführungen über die Übertragung der Resultate des Abschnitts 19.11 auf komplexe Liesche Gruppen zu vervollständigen. Bezüglich der adjungierten Darstellung (19.11.2) ändert sich nichts; was (19.11.3) betrifft, so ist, wenn $\mathfrak{m}$ ein *komplexer* Vektorteilraum von $\mathfrak{g}_e$ ist, die in (19.11.3, (i)) definierte Liesche Algebra $\mathfrak{h}$ bezüglich $\mathbf{u} \to i\mathbf{u}$ invariant, also H eine *komplexe* Untergruppe von G. Andererseits ist die in (19.11.3, (ii)) definierte Liesche Algebra $\mathfrak{k}$ *stets* bezüglich $\mathbf{u} \to i\mathbf{u}$ invariant, falls $\mathfrak{m}$ ein *reeller* Vektorteilraum von $\mathfrak{g}_e$ ist; daher ist die Untergruppe K stets eine *komplexe* Untergruppe von G. Ist H eine in G eingebettete zusammenhängende komplexe Liesche Gruppe, so ist also $\mathcal{N}(H)$ eine abgeschlossene komplexe Untergruppe von G; ist H eine in $G_{|\boldsymbol{R}}$ eingebettete zusammenhängende reelle Liesche Gruppe, so ist $\mathcal{Z}(H)$ eine abgeschlossene *komplexe* Untergruppe von G.

19.17.3. Wir betrachten schließlich die Automorphismen einer zusammenhängenden komplexen Lieschen Gruppe G; ein solcher Automorphismus ist offenbar ein Automorphismus der reellen Lieschen Gruppe $G_{|\boldsymbol{R}}$, und nach (19.13.3) und (19.7.6) (der zweitgenannte Satz natürlich mit komplexen Lieschen Gruppen) läßt sich die Gruppe Aut (G) der Automorphismen von G mit der aus den Automorphismen u, deren Bild u_* in Aut $(\mathfrak{g}_{e|\boldsymbol{R}})$ *zu* Aut $(\mathfrak{g}_e)$ *gehört*, bestehenden Untergruppe von Aut $(G_{|\boldsymbol{R}})$ identifizieren. Mit anderen Worten, wenn wir Aut $(G_{|\boldsymbol{R}})$ mit seinem Bild vermöge $u \to u_*$ identifizieren, können wir Aut (G) $=$ Aut $(G_{|\boldsymbol{R}}) \cap$ Aut $(\mathfrak{g}_e)$ schreiben. Ist G darüber hinaus einfach zusammenhängend, so wird dadurch Aut (G) kanonisch mit Aut $(\mathfrak{g}_e)$ identifiziert; im allgemeinen Fall ist die Charakterisierung von Aut (G) als Untergruppe von Aut $(\widetilde{G})$, wobei $\widetilde{G}$ die universelle Überlagerung von G ist, dieselbe wie in (19.13.3, (iii)).

Aus (19.13.8) und den Bemerkungen in (19.17.2) folgt, daß die zu Aut $(\mathfrak{g}_e)$ isomorphe Gruppe Aut $(\widetilde{G})$ eine *komplexe* Liesche Gruppe ist; außerdem zeigt die Überlegung von (19.13.5, (ii)), daß die Abbildung $(u, x) \to u(x)$ von Aut $(\widetilde{G}) \times \widetilde{G}$

in $\tilde{G}$ *holomorph* ist. Wir zeigen nun, daß die Gruppe Aut (G) eine *komplexe* Liesche Untergruppe von Aut $(\tilde{G})$ ist. Es sei also $G = \tilde{G}/D$, und für jedes $z \in D$ sei F_z die Menge der $u \in$ Aut $(\tilde{G})$ mit $u(z) \in D$; bekanntlich ist Aut (G) der Durchschnitt der F_z über alle $z \in D$. Nun sei V eine zusammenhängende offene Umgebung des neutralen Elements 1_G in der *reellen* Lieschen Gruppe Aut (G); wegen der Stetigkeit der Abbildung $(u, x) \to u(x)$ ist das Bild von V in D vermöge der Abbildung $v \to v(z)$ zusammenhängend, besteht also nur aus einem Punkt z, da D diskret ist. Mit anderen Worten, V ist in der aus den u mit $u(z) = z$ bestehenden (abgeschlossenen) reellen Lieschen Untergruppe H_z von Aut $(\tilde{G})$ enthalten; umgekehrt ist der Durchschnitt der H_z eine Untergruppe von Aut (G). Daher genügt es zu beweisen, daß jede der Gruppen H_z eine komplexe Liesche Gruppe ist. Nach (19.17.2) braucht man zu diesem Zweck nur zu zeigen, daß für komplexes ζ mit $\mathbf{w} \in$ Lie (H_z) auch $\zeta\mathbf{w} \in$ Lie (H_z) gilt. Nun bedeutet $\mathbf{w} \in$ Lie $(H_z) \subset$ Lie $\big($Aut $(G)\big)$ nichts anderes als $\exp(\xi\mathbf{w}) \in H_z$ für jedes *reelle* ξ $\big($vgl. (19.18.10)$\big)$, d. h. also $\exp(\xi\mathbf{w})(z) = z$. Ist aber (U, φ, n) eine Karte im Punkt z der komplex-analytischen Mannigfaltigkeit $\tilde{G}$, so ist die Funktion $\zeta \to \varphi\big(\exp(\zeta\mathbf{w})(z)\big)$ (mit Werten in $\boldsymbol{C}^n$) auf einer Umgebung von 0 in $\boldsymbol{C}$ holomorph; wenn sie für reelles ζ aus einer Umgebung von 0 konstant ist, ist sie auch für *komplexes* ζ aus einer Umgebung von 0 konstant $\big($vgl. (9.4.4)$\big)$. Damit ist die Behauptung vollständig bewiesen.

Nachdem bewiesen ist, daß Aut (G) eine komplexe Liesche Gruppe ist, zeigt der gleiche Schluß wie in $\big($19.13.5, (ii)$\big)$, daß $(u, x) \to u(x)$ auf Aut $(G) \times G$ holomorph ist. Hiernach kann, wenn zwei komplexe Liesche Gruppen N und L und ein Homomorphismus $y \to \sigma_y$ von L in Aut (N) (komplexer) Liescher Gruppen gegeben sind, wie in (19.14.5) das semidirekte Produkt $N \times_\sigma L$ gebildet werden, wobei die *komplex*-analytische Mannigfaltigkeitsstruktur des Produkts $N \times L$ mit der Gruppenstruktur verträglich ist; die Struktur der Lieschen Algebra dieser Gruppe kann wie in (19.14.7) bestimmt werden, und das Resultat von (19.14.9) ist ohne Änderung für die komplexen Lieschen Algebren und die (einfach zusammenhängenden) komplexen Lieschen Gruppen gültig; hieraus folgt, daß man (19.14.10) auf auflösbare komplexe Liesche Gruppen übertragen kann, wobei $\boldsymbol{R}$ durch $\boldsymbol{C}$ zu ersetzen ist.

19.17.4. Die zweite Art der Beziehungen zwischen reellen und komplexen Lieschen Gruppen ergibt sich dadurch, daß man von einer beliebigen *reellen* Lieschen Algebra $\mathfrak{g}$ durch Erweiterung des Skalarbereichs zu einer *komplexen* Lieschen Algebra $\mathfrak{g}_{(\boldsymbol{C})} = \mathfrak{g} \otimes_{\boldsymbol{R}} \boldsymbol{C}$ gelangen kann: Wir erinnern daran, daß eine Basis $(\mathbf{u}_j)_{1 \leq j \leq n}$ von $\mathfrak{g}$ kanonisch mit einer Basis von $\mathfrak{g}_{(\boldsymbol{C})}$ mit der *gleichen* Multiplikationstafel identifiziert werden kann (sie hat also *reelle* Koeffizienten). Wir nennen $\mathfrak{g}_{(\boldsymbol{C})}$ die *Komplexifizierung* der reellen Lieschen Algebra $\mathfrak{g}$; es sei an dieser Stelle bemerkt, daß eine komplexe Liesche Algebra nicht die Komplexifizierung einer reellen Lieschen Algebra zu sein braucht (vgl. Aufgabe 7). Andererseits kann ein und dieselbe komplexe Liesche Algebra zur Komplexifizierung mehrerer *nicht-isomorpher* reeller Liescher Algebren isomorph sein; man nennt diese die *reellen Formen* der gegebenen komplexen Lieschen Algebra. Wir werden auf diese Frage für die wichtigsten, die sogenannten *halbeinfachen* Lieschen Algebren, in Kapitel 21 zurückkommen.

In Kapitel 21 werden wir beweisen, daß jede komplexe Liesche Algebra die Liesche Algebra einer komplexen Lieschen Gruppe ist. Daraus folgt dann dieselbe Eigenschaft für eine reelle Liesche Algebra $\mathfrak{g}$; denn ist $\mathfrak{h} = \mathfrak{g}_{(C)}$ ihre Komplexifizierung und H eine zusammenhängende komplexe Liesche Gruppe, deren Liesche Algebra zu $\mathfrak{h}$ isomorph ist, so läßt sich $\mathfrak{g}$ mit einer Lieschen Unteralgebra von $\mathfrak{h}_{|\boldsymbol{R}}$ identifizieren. Nach (19.7.4) ist also $\mathfrak{g}$ isomorph zur Lieschen Algebra einer in $H_{|\boldsymbol{R}}$ eingebetteten zusammenhängenden Lieschen Gruppe G. Damit ist gleichzeitig bewiesen, daß auf jeder (reellen) Lieschen Gruppe G eine *reell-analytische* Mannigfaltigkeitsstruktur existiert, die mit der Gruppenstruktur von G verträglich ist und deren zugrundeliegende differenzierbare Mannigfaltigkeitsstruktur die gegebene Struktur hat: $H_{|\boldsymbol{R}}$ ist nämlich mit einer solchen Struktur versehen, also auch jede in $H_{|\boldsymbol{R}}$ eingebettete zusammenhängende Liesche Gruppe. Darüber hinaus hat *nur* diese reell-analytische Mannigfaltigkeitsstruktur diese Eigenschaften. Dies folgt aus der auf reell-analytischen Gruppen ausgedehnten Eindeutigkeitsaussage von (19.7.7), die man ebenso beweist. (Man stützt sich darauf, daß die maximalen Integralmannigfaltigkeiten eines *analytischen* Richtungsfeldes eindeutig bestimmt sind.) (Vgl. Abschnitt 19.16, Aufgabe 1 und 5.)

Aufgaben

1. Es sei G eine zusammenhängende komplexe Liesche Gruppe und H eine in $G_{|\boldsymbol{R}}$ eingebettete zusammenhängende (reelle) Liesche Gruppe. Man zeige, daß eine kleinste in G eingebettete zusammenhängende komplexe Liesche Gruppe H^* existiert, die H enthält. Man gebe ein Beispiel an, bei dem H in $G_{|\boldsymbol{R}}$ abgeschlossen, aber H^* in G nicht abgeschlossen ist (man wähle $G = \boldsymbol{C}^2/\boldsymbol{Z}^2$).

2. Es sei A eine zusammenhängende und kommutative komplexe Liesche Gruppe und $A_{|\boldsymbol{R}} = T \times V$, wobei T die größte kompakte Untergruppe von $A_{|\boldsymbol{R}}$ und V eine zu $\boldsymbol{R}^q$ isomorphe Gruppe ist (vgl. (19.7.9.2)). Man zeige, daß die kleinste in A eingebettete zusammenhängende komplexe Liesche Gruppe T^*, die T enthält, abgeschlossen ist. (Man betrachte $A_{|\boldsymbol{R}}/T$.) Ferner zeige man, daß A zu $T^* \times U$ isomorph ist, wobei U eine zu einem $\boldsymbol{C}^m$ isomorphe abgeschlossene Liesche Untergruppe von A ist. (Man betrachte in Lie (A) einen zu Lie (T^*) komplementären komplexen Vektorteilraum und stelle fest, daß

$$A_{|\boldsymbol{R}} = T^*_{|\boldsymbol{R}} \times U_{|\boldsymbol{R}}$$

ist, wobei U die diesem Teilraum entsprechende in A eingebettete zusammenhängende komplexe Liesche Gruppe ist.)

3. Es sei G die kommutative zusammenhängende komplexe Liesche Gruppe $\boldsymbol{C}^2/\boldsymbol{Z}^2$ und $\pi\colon \boldsymbol{C}^2 \to G$ der kanonische Homomorphismus. Man zeige, daß das Bild von $\boldsymbol{C}$ vermöge des Homomorphismus $z \to \pi((z, iz))$ eine einparametrige abgeschlossene komplexe Untergruppe S von G und daß G/S eine kompakte komplexe Gruppe ist, daß aber G (als *komplexe* Liesche Gruppe) dem Produkt $S \times (G/S)$ nicht isomorph ist.

4. a) Man zeige, daß jede *kompakte* und zusammenhängende komplexe Liesche Gruppe G kommutativ sein, also die Gestalt $\boldsymbol{C}^n/D$ haben muß, wobei D eine diskrete

Untergruppe von $\boldsymbol{C}^n$ vom Rang $2n$ über $\boldsymbol{Z}$ ist. (Man betrachte die adjungierte Darstellung von G und benutze Aufgabe 3b) von Abschnitt 16.3.)

b) Man zeige, daß jede holomorphe 1-Differentialform ω auf G *invariant* bezüglich G ist. (Das inverse Bild ${}^t\pi(\omega)$ von ω in $\boldsymbol{C}^n$ vermöge des kanonischen Homomorphismus π: $\boldsymbol{C}^n \to G$ hat die Gestalt $\sum_{j=1}^{n} a_j(z)\, d\zeta^j$, wobei die a_j holomorphe Funktionen in $z = (\zeta^1, \dots, \zeta^n) \in \boldsymbol{C}^n$, also ganze Funktionen sind; man zeige, daß sie invariant bezüglich D, also konstant sind (vgl. (9.11.1)).)

c) Es sei $G' = \boldsymbol{C}^n/D'$ eine weitere zusammenhängende und kompakte n-dimensionale komplexe Liesche Gruppe. Man zeige, daß jeder Isomorphismus u: $G \to G'$ *komplexer Mannigfaltigkeiten* notwendigerweise die Gestalt $s \to v(s) + a'$ hat, wobei v ein Isomorphismus *komplexer Liescher Gruppen* und a' ein Punkt von G' ist. (Es existiert ein Isomorphismus $\tilde{u}$: $\boldsymbol{C}^n \to \boldsymbol{C}^n$ komplexer Mannigfaltigkeiten derart, daß $u \circ \pi = \pi' \circ \tilde{u}$ ist, wobei π': $\boldsymbol{C}^n \to G'$ der kanonische Homomorphismus ist (vgl. (16.28.8)). Man beachte, daß ${}^t\tilde{u}({}^t\pi'(\omega'))$ für jede holomorphe 1-Form ω' auf G' eine holomorphe 1-Form auf $\boldsymbol{C}^n$ ist, die nach b) invariant bezüglich Translationen ist, und leite daraus her, daß $\tilde{u}$ eine affine lineare Abbildung ist.)

5. a) Jeder $\boldsymbol{R}$-Isomorphismus γ: $\boldsymbol{R}^{2n} \to \boldsymbol{C}^n$ von Vektorräumen definiert auf $\boldsymbol{R}^{2n}$ die Struktur eines Vektorraumes auf $\boldsymbol{C}^n$, indem vermöge γ^{-1} die Struktur von $\boldsymbol{C}^n$ übertragen wird, indem also $i \cdot \mathbf{x} = \gamma^{-1}(i\gamma(\mathbf{x}))$ für jedes $\mathbf{x} \in \boldsymbol{R}^{2n}$ gesetzt wird); zwei solche Isomorphismen γ_1 und γ_2 definieren genau dann die gleiche $\boldsymbol{C}$-Vektorraumstruktur, wenn $\gamma_2 = s \circ \gamma_1$ mit $s \in \boldsymbol{GL}(n, \boldsymbol{C})$ ist. Für jeden $\boldsymbol{R}$-Isomorphismus γ: $\boldsymbol{R}^{2n} \to \boldsymbol{C}^n$ sei $\gamma_{(\boldsymbol{C})}$: $\boldsymbol{C}^{2n} \to \boldsymbol{C}^n$ der $\boldsymbol{C}$-Vektorraumhomomorphismus mit $\gamma_{(\boldsymbol{C})}(\mathbf{x} \otimes \zeta) = \zeta\gamma(\mathbf{x})$ für jedes $\mathbf{x} \in \boldsymbol{R}^{2n}$ und alle $\zeta \in \boldsymbol{C}$. Dann gilt

$$\dim_{\boldsymbol{C}} (\operatorname{Ker} (\gamma_{(\boldsymbol{C})})) = n \quad \text{und} \quad \operatorname{Ker} (\gamma_{(\boldsymbol{C})}) \cap \boldsymbol{R}^{2n} = \{0\} .$$

b) Umgekehrt zeige man, daß zu jedem n-dimensionalen Vektorteilraum V von $\boldsymbol{C}^{2n}$ über $\boldsymbol{C}$ mit $V \cap \boldsymbol{R}^{2n} = \{0\}$ ein $\boldsymbol{R}$-Isomorphismus γ: $\boldsymbol{R}^{2n} \to \boldsymbol{C}^n$ existiert mit $\operatorname{Ker} (\gamma_{(\boldsymbol{C})}) = V$. Sind γ_1 und γ_2 zwei $\boldsymbol{R}$-Isomorphismen mit dieser Eigenschaft, so ist $\gamma_2 = s \circ \gamma_1$ für genau ein $s \in \boldsymbol{GL}(n, \boldsymbol{C})$. Zwischen der Menge der $\boldsymbol{C}$-Vektorraumstrukturen auf $\boldsymbol{R}^{2n}$, welchen die Struktur des Vektorraumes $\boldsymbol{R}^{2n}$ über $\boldsymbol{R}$ zugrunde liegt, und der Menge J_n der n-dimensionalen Vektorteilräume V von $\boldsymbol{C}^{2n}$ über $\boldsymbol{C}$ mit $V \cap \boldsymbol{R}^{2n} = \{0\}$ gibt es also eine *eineindeutige* kanonische *Zuordnung*. Man zeige, daß J_n eine offene Teilmenge der Grassmannschen Mannigfaltigkeit $\boldsymbol{G}_{2n,n}(\boldsymbol{C})$ ist, daß sie ein homogener Raum bezüglich der Operation von

$$\boldsymbol{GL}(2n, \boldsymbol{R}) \subset \boldsymbol{GL}(2n, \boldsymbol{C})$$

und daß sie zu $\boldsymbol{GL}(2n, \boldsymbol{R})/\boldsymbol{U}(n, \boldsymbol{C})$, also zu $\boldsymbol{R}^{n(2n+1)} \times \boldsymbol{O}(2n, \boldsymbol{R})/\boldsymbol{U}(n, \boldsymbol{C})$ diffeomorph ist (vgl. Abschnitt 16.11, Aufgabe 5, und Abschnitt 16.14, Aufgabe 18).

c) Versieht man $\boldsymbol{R}^{2n}$ mit der Struktur des V entsprechenden $\boldsymbol{C}$-Vektorraumes, so erhält man für jedes $V \in J_n$ auf $\boldsymbol{R}^{2n}/\boldsymbol{Z}^{2n}$ eine mit der Gruppenstruktur verträgliche komplexe Mannigfaltigkeitsstruktur; es sei G_V die sich so ergebende kompakte komplexe Liesche Gruppe. Man zeige, daß G_V und $G_{V'}$ genau dann isomorphe *komplexe* Liesche Gruppen sind, wenn ein Automorphismus $t \in \boldsymbol{GL}(2n, \boldsymbol{Z})$ von $\boldsymbol{C}^{2n}$ (der also $\boldsymbol{Z}^{2n}$ invariant läßt) mit $V' = t(V)$ existiert; mit anderen Worten, die Klassen der zusammenhängenden kompakten komplexen Lieschen Gruppen der komplexen Dimension n entsprechen in kanonischer Weise eineindeutig den *Orbits* von J_n bezüglich der Operation von $\boldsymbol{GL}(n, \boldsymbol{Z})$. Insbesondere ist die Menge Θ_n dieser Klassen nicht abzählbar.

6. Wir betrachten das kanonische holomorphe Vektorbündel $U_{2n,n}(\boldsymbol{C})$ mit der Grassmannschen Mannigfaltigkeit $\boldsymbol{G}_{2n,n}(\boldsymbol{C})$ als Basis, ein Teilbündel des aus allen Paaren (V, z) mit $z \in V$ bestehenden trivialen Bündels $\boldsymbol{G}_{2n,n}(\boldsymbol{C}) \times \boldsymbol{C}_{2n}$ (vgl. Abschnitt 16.16, Aufgabe 1). Es sei N_n die Einschränkung dieses Bündels auf die offene Teilmenge J_n von $\boldsymbol{G}_{2n,n}(\boldsymbol{C})$ (vgl. Aufgabe 5), die ein Vektorteilbündel von $J_n \times \boldsymbol{C}^{2n}$ ist, und $M_n = (J_n \times \boldsymbol{C}^{2n})/N_n$ das holomorphe Quotientenvektorbündel vom (komplexen) Rang n.

a) Es sei $(\mathbf{e}_j)_{1 \leqq j \leqq 2n}$ die kanonische Basis von $\boldsymbol{C}^{2n}$; für $1 \leqq j \leqq 2n$ sei $\boldsymbol{s}_j$ der holomorphe Schnitt, welcher das Bild des Schnittes $V \to (V, \mathbf{e}_j)$ von $J_n \times \boldsymbol{C}^{2n}$ vermöge des kanonischen Homomorphismus $J_n \times \boldsymbol{C}^{2n} \to M_n$ ist. Man zeige, daß die $\boldsymbol{s}_j$ ein Repère des reellen Bündels, das M_n zugrunde liegt, mit der Basis J_n bilden (man beachte, daß $V \cap \boldsymbol{R}^{2n} = \{0\}$ für jedes $V \in J_n$ gilt); dieses Bündel ist also trivialisierbar.

b) Die Gruppe $\boldsymbol{Z}^{2n}$ operiert frei und analytisch auf der holomorphen Mannigfaltigkeit M_n vermöge der Operation

$$((m_1, \dots, m_{2n}), \mathbf{u}_V) \to \mathbf{u}_V + \sum_{j=1}^{2n} m_j \boldsymbol{s}_j(V) \qquad \text{für alle } V \in J_n .$$

Man zeige, daß die Orbitmannigfaltigkeit $T_n = M_n/\boldsymbol{Z}^{2n}$ existiert (vgl. Abschnitt 16.10, Aufgabe 1); durch Übergang zur Faktorgruppe liefert die kanonische Projektion von M_n auf J_n eine (holomorphe) Submersion $\pi\colon T_n \to J_n$ derart, daß für alle $V \in J_n$ die Faser $\pi^{-1}(V)$ eine zu G_V isomorphe holomorphe Mannigfaltigkeit ist (vgl. Aufgabe 5). Hieraus leite man her, daß $(T_{n|\boldsymbol{R}}, J_{n|\boldsymbol{R}}, \pi)$ ein trivialisierbares Bündel ist, so daß $T_{n|\boldsymbol{R}}$ eine zu $J_{n|\boldsymbol{R}} \times \boldsymbol{T}^{2n}$ isomorphe reell-analytische Mannigfaltigkeit ist; dagegen ist (T_n, J_n, π) *kein holomorphes Faserbündel.*

7. Man gebe ein Beispiel einer siebendimensionalen nilpotenten komplexen Lieschen Algebra an, die nicht Komplexifizierung einer reellen Lieschen Algebra ist (vgl. Abschnitt 19.16, Aufgabe 8a)).

8. Es sei G die einfach zusammenhängende reelle Liesche Gruppe, deren Liesche Algebra $\mathfrak{sl}(2, \boldsymbol{R})$ ist, so daß G die universelle Überlagerung von $\boldsymbol{SL}(2, \boldsymbol{R})$ ist; als reell-analytische Mannigfaltigkeit ist G isomorph zu $\boldsymbol{R}^3$, und die Fundamentalgruppe $\pi_1(\boldsymbol{SL}(2, \boldsymbol{R}))$ ist isomorph zu $\boldsymbol{Z}$. Man zeige, daß keine zusammenhängende komplexe Liesche Gruppe G' existiert, deren Liesche Algebra die Komplexifizierung $\mathfrak{sl}(2, \boldsymbol{C})$ von $\mathfrak{sl}(2, \boldsymbol{R})$ und so beschaffen ist, daß G die der reellen Lieschen Unteralgebra $\mathfrak{sl}(2, \boldsymbol{R})$ von $\mathfrak{sl}(2, \boldsymbol{C})$ entsprechende in G' eingebettete zusammenhängende Liesche Gruppe ist. (Man zeige zunächst, daß $\boldsymbol{SL}(2, \boldsymbol{C})$ einfach zusammenhängend ist; zu diesem Zweck benutze man (16.30.6) und die Tatsache, daß $\boldsymbol{SL}(2, \boldsymbol{C})$ zu $\boldsymbol{SU}(2) \times \boldsymbol{R}^3$ diffeomorph ist (vgl. Abschnitt 15.11, Aufgabe 6). Alsdann beachte man, daß das Zentrum von $\boldsymbol{SL}(2, \boldsymbol{C})$ nur aus zwei Elementen besteht.)

9. Man zeige, daß eine zusammenhängende komplexe Liesche Gruppe G nilpotent ist, wenn die Abbildung

$$\exp_G\colon \mathfrak{g}_e \to G$$

in jedem Punkt ein lokaler Diffeomorphismus ist. (Man benutze (19.16.6) und Aufgabe 3 aus Abschnitt 19.12.)

20. Hauptzusammenhänge und Riemannsche Geometrie

Die „naive“ Auffassung der Differentialgeometrie besteht darin, Kurven und Flächen im „gewöhnlichen“ Raum $\boldsymbol{R}^3$ und, allgemein, in einem Raum $\boldsymbol{R}^N$ eingebettete „Mannigfaltigkeiten“ zu untersuchen. Die Probleme, die man sich lange Zeit hindurch zu diesem Gegenstand ausschließlich gestellt hat, bezogen sich auf die „metrischen“ Begriffe, die im $\boldsymbol{R}^N$ als „naturgemäß“ angesehen wurden und die auf einer „gekrümmten“ Untermannigfaltigkeit die klassischen Begriffe der Bogenlänge, des Flächeninhalts, des Volumens usw. „induzieren“. Dieser Ursprung stellte natürlich die besondere Rolle der Gruppe der euklidischen Bewegungen[1]) heraus, bei denen diese Begriffe invariant bleiben, und seit jeher hat man zwei Untermannigfaltigkeiten des $\boldsymbol{R}^N$, die durch eine Bewegung auseinander hervorgehen, als im wesentlichen identisch angesehen. Schon seit den Anfängen der Infinitesimalrechnung hat man bemerkt, daß man zum Beispiel jedem Punkt einer ebenen Kurve eine Zahl zuordnen kann, welche von diesem Punkt abhängt und die „Krümmung“ der Kurve im betrachteten Punkt mißt, im anschaulichen Sinne dieses Wortes; kennt man diese Zahl als Funktion der auf der Kurve gemessenen Abszisse des Punktes (d. h. als Funktion der Bogenlänge), so ist, wie man leicht sieht, die Kurve bis auf eine Bewegung bestimmt. Das ist der Ausgangspunkt der Untersuchungen von „Differentialinvarianten“ der in den $\boldsymbol{R}^N$ eingebetteten Mannigfaltigkeiten, die seit zwei Jahrhunderten systematisch vorgenommen werden, Untersuchungen, die lange Zeit rein „lokaler Natur“ waren, die aber seit Beginn dieses Jahrhunderts auf zahlreiche „globale“ Probleme ausgedehnt wurden, und zwar in engem Zusammenhang mit der Entwicklung der Topologie.

Dieser Forschungsrichtung hat sich seit Gauss der Begriff der „inneren“ Geometrie der mit einer „infinitesimalen“, von jeder „Einbettung“ unabhängigen Metrik ausgestatteten Mannigfaltigkeiten überlagert. Es bedurfte der Anstrengungen Riemanns und mehrerer Generationen von Mathematikern, um die Grundlagen dieser neuen Theorie zu schaffen, und zwar mit Hilfe des sogenannten „Tensorkalküls“ (der nichts anderes ist als die „lokalisierte“ multilineare Algebra). Weitere Bemühungen waren erforderlich, um den Begriff einer nicht notwendig mit einer Metrik versehenen „differenzierbaren Mannigfaltigkeit“ von dem einer Riemannschen Mannigfaltigkeit abzuheben; für diese ist seit Levi-Civita bekannt, daß die Vorgabe der Metrik in eindeutiger Weise einen

---

[1]) Es handelt sich um Bewegungen im weiteren Sinne mit der Determinante ± 1.

„Zusammenhang" (im Sinne von Abschnitt 17.18) definiert, der die in den Räumen $\boldsymbol{R}^N$ anschauliche Vorstellung der „Parallelität" verallgemeinert.

Auf den ersten Blick könnte es scheinen, als spiele in der allgemeinen Riemannschen Geometrie die Gruppentheorie nicht mehr die gleiche Rolle wie in der Theorie des $\boldsymbol{R}^N$ (da es ja im allgemeinen außer der identischen Abbildung keinen Diffeomorphismus einer Riemannschen Mannigfaltigkeit gibt, der die Metrik invariant läßt). Einen fundamentalen Fortschritt verdankt man E. CARTAN, der herausgearbeitet hat, daß die Lieschen Gruppen in der Differentialgeometrie keine geringere Bedeutung haben als in der klassischen Geometrie im Sinne von KLEIN. Durch Verfeinerung und Weiterentwicklung der Methode des „Repèrefeldes" (repère mobile), die ihren Wert in der klassischen Flächentheorie bewiesen hatte, konnte er zeigen, daß in bezug auf eine beliebige Riemannsche Mannigfaltigkeit M (bzw. vielmehr in bezug auf ihr Tangentialbündel $T(M)$) ein Hauptfaserbündel mit der orthogonalen Gruppe als Strukturgruppe eine Rolle spielt, die durchaus derjenigen vergleichbar ist, die einer Lieschen Gruppe in bezug auf ihre homogenen Räume zukommt. Auch hierbei ist die Methode, „alles in das Hauptfaserbündel der Repères zu heben", dasjenige Verfahren, welches die Natur der Probleme der Differentialgeometrie am deutlichsten klarlegt (vgl. Abschnitt 20.5).

Diese Methode ist nicht an die orthogonale Gruppe gebunden, und je nach Art der Gruppe G des Hauptfaserbündels, die man betrachtet, erhält man verschiedene Geometrien („G-Strukturen") sehr unterschiedlicher Natur. Im Rahmen dieses Werkes war es leider nicht möglich, mehr als das allgemeine Prinzip anzugeben, das zu diesen „Geometrien" führt (Abschnitt 20.1 bis 20.7); für alles, was Räume mit einem affinen, projektiven oder konformen Zusammenhang betrifft, was sich auf Finslerräume, Hamiltonsche Strukturen (oder Berührungsstrukturen) und ihre Verbindungen zur Dynamik usw. bezieht, müssen wir den Leser auf spezielle Monographien verweisen (siehe [62], [82], [83], [84], [87], [89], [91], [98], [99]). Der zweite Teil dieses Kapitels befaßt sich mit den Riemannschen Mannigfaltigkeiten; aber auch hier ist das Gebiet so ausgedehnt, daß wir zu unserem Bedauern zahlreiche Teile stillschweigend übergehen mußten: Die weite Theorie der symmetrischen Riemannschen Räume konnte kaum berührt werden (vgl. [70], [90], [94]); weder der fundamentale Begriff der Holonomiegruppe noch die Geometrie Hermitescher Mannigfaltigkeiten einschließlich ihres wichtigsten Spezialfalles, der Theorie der Kählerschen Mannigfaltigkeiten (vgl. [25], [70]), konnten behandelt werden. Die Untersuchung der Geodätischen geht nicht über das Niveau der elementarsten Sätze hinaus, und obgleich diese Untersuchungen eines der interessantesten und am weitesten ausgearbeiteten Kapitel der Variationsrechnung ausmachen, bleibt auch diese jenseits unseres Gesichtskreises, und zwar sowohl was tiefergehende Betrachtungen von Extremalbedingungen im Falle einfacher Integrale und die allgemeine „mehrdimensionale" Theorie angeht (vgl. [81], [86], [91], [93], [96]), als auch was die schönste Anwendung der eindimensionalen Variationsrechnung auf die Analysis und die Topologie betrifft, die Morsesche Theorie (vgl. [91], [95]).

Zwar liegen die in den Kapiteln 16 bis 18 erarbeiteten Methoden der Analysis auf Mannigfaltigkeiten den Ergebnissen dieses Kapitels zugrunde, es läßt sich aber nicht leugnen, daß es viel stärker geometrisch geprägt ist als die anderen Teile dieses Werkes. Es entspricht ganz dem, was man früher als „Anwendung der Analysis auf die Geometrie“ bezeichnet hat. In Übereinstimmung mit dem Geist der heutigen Mathematik erstattet aber die „Geometrie“ der „Analysis“ die Unterstützung zurück, die sie von ihr erhalten hat. Wir haben vorhin darauf angespielt, und der Leser wird Gelegenheit haben, sich in den späteren Kapiteln davon zu überzeugen.

20.1. Das Repèrebündel eines Vektorraumbündels

20.1.1. Es sei B eine reelle differenzierbare Mannigfaltigkeit, E ein reelles Vektorraumbündel über der Basis B mit der kanonischen Projektion p, ferner F ein endlichdimensionaler reeller Vektorraum. Wir betrachten das triviale Bündel $B \times F$ mit der Faser F über B. Dann *operiert* die lineare Gruppe $\boldsymbol{GL}(F)$ *von rechts* auf dem Vektorraumbündel Hom $(B \times F, E)$ (vgl. (16.16.3)). Die Faser von Hom $(B \times F, E)$ in einem Punkt $b \in B$ kann nämlich kanonisch mit dem Vektorraum Hom (F, E_b) identifiziert werden, da F_b vermöge der zweiten Projektion von $B \times F$ in kanonischer Weise mit F identifiziert wird; die Operation von $\boldsymbol{GL}(F)$ auf Hom (F, E_b) ist die Zusammensetzung $(u, s) \to u \circ s$ (von rechts) einer linearen Abbildung u von F in E_b und eines Automorphismus s von F. Diese Operation ist offenbar differenzierbar; denn wenn man sich auf eine hinreichend kleine Umgebung eines Punktes von B beschränkt, braucht man nur den Fall zu betrachten, daß E trivial ist und die Gestalt $B \times E_0$ hat, wobei E_0 ein endlichdimensionaler reeller Vektorraum ist. Dann läßt sich Hom $(B \times F, E)$ mit dem trivialen Faserbündel $B \times$ Hom (F, E_0) identifizieren und die Operation von $\boldsymbol{GL}(F)$ mit der Abbildung $((b, v), s) \to (b, v \circ s)$ von $(B \times \text{Hom}\,(F, E_0)) \times \boldsymbol{GL}(F)$ in $B \times$ Hom (F, E_0), die der Klasse C^∞ angehört.

Wir setzen jetzt voraus, B sei eine reine Mannigfaltigkeit und der Vektorraum F habe *dieselbe Dimension wie die Fasern von E*. Dann betrachten wir die folgendermaßen definierte Teilmenge Isom $(B \times F, E)$ von Hom $(B \times F, E)$: Für jedes $b \in B$ ist der Durchschnitt dieser Menge mit der Faser

$$\text{Hom}\,(F, E_b) = (\text{Hom}\,(B \times F, E))_b$$

die Menge Isom (F, E_b) der *Isomorphismen* des Vektorraumes F auf den Vektorraum E_b. Diese Menge ist in Hom $(B \times F, E)$ *offen und überall dicht*. Man braucht nämlich wieder nur den Fall zu betrachten, daß $E = B \times E_0$ trivial ist; dann läßt sich Isom $(B \times F, E)$ mit $B \times$ Isom (F, E_0) identifizieren, und Isom (F, E_0) ist in Hom (F, E_0) offen und überall dicht; denn ist u_0 ein Isomorphismus von F auf E_0, so ist Isom (F, E_0) das Bild von $\boldsymbol{GL}(F)$ vermöge $s \to u_0 \circ s$, und in End (F) ist $\boldsymbol{GL}(F)$ offen und überall dicht (da das Polynom det (x_{ij}) in n^2 Veränderlichen x_{ij} nicht identisch verschwindet, kann es auf keiner nichtleeren offenen Teilmenge des $\boldsymbol{R}^{n^2}$ verschwinden (vgl. (9.4.2)). Offenbar ist Isom $(B \times F, E)$ invariant bezüglich der Operation von $\boldsymbol{GL}(F)$ auf Hom $(B \times F, E)$, und es operiert

$\boldsymbol{GL}(F)$ frei und transitiv auf jeder Faser Isom (F, E_b). Aufgrund von (12.10.7) läßt sich B mit der Orbitmannigfaltigkeit $\boldsymbol{GL}(F) \setminus \text{Isom}\,(B \times F, E)$ identifizieren. Nach Abschnitt 16.14 ist daher Isom $(B \times F, E)$ bezüglich dieser Operation von $\boldsymbol{GL}(F)$ ein *Hauptfaserbündel* über der Basis B. Die Schnitte der Klasse C^∞ über einer offenen Menge U von B sind nichts anderes als die *Repère-Abbildungen* von $U \times F$ in $p^{-1}(U)$ (vgl. Abschnitt 16.15). Man nennt das Hauptfaserbündel Isom $(B \times F, E)$ das *Repèrebündel* des Vektorbündels E.

Ist M eine reine n-dimensionale differenzierbare Mannigfaltigkeit, so sind die Fasern von $T(M)$ zu $\boldsymbol{R}^n$ isomorph; das Hauptfaserbündel Isom $(M \times \boldsymbol{R}^n, T(M))$ mit dem Basisraum M und der Strukturgruppe $\boldsymbol{GL}(n, \boldsymbol{R})$ wird hier mit $R(M)$ bezeichnet und ***Bündel der Repères*** (oder der *tangentialen Repères*) ***der Mannigfaltigkeit*** M genannt. Ist $\Phi: \varphi(U) \to \psi(U)$ der Übergangsdiffeomorphismus zwischen zwei Karten von M mit gleichem Definitionsbereich, so wird der Übergangsdiffeomorphismus für die entsprechenden Bündelkarten von $R(M)$ durch die Abbildung

20.1.1.1. $\quad (x, \mathrm{S}) \to \big(\Phi(x), \mathrm{D}\Phi(x)\,\mathrm{S}\big)$

von $\varphi(U) \times \boldsymbol{GL}(n, \boldsymbol{R})$ in $\psi(U) \times \boldsymbol{GL}(n, \boldsymbol{R})$ gegeben.

20.1.2. Durch Wahl einer Basis von F kann man F mit $\boldsymbol{R}^N$ identifizieren. Es sei also $F = \boldsymbol{R}^N$; dann läßt sich Isom $(\boldsymbol{R}^N, E_b)$ mit der Menge aller Folgen von N Elementen $(\mathbf{a}_1, \ldots, \mathbf{a}_N)$, die eine *Basis* von E_b bilden, identifizieren, wobei jeder Isomorphismus $v: \boldsymbol{R}^N \to E_b$ mit der Folge der Bilder $v(\mathbf{e}_j)$ der kanonischen Basisvektoren des $\boldsymbol{R}^N$ identifiziert wird. Ein *Schnitt* $\mathbf{s}$ von Isom $(B \times \boldsymbol{R}^N, E)$ über einer offenen Teilmenge U von B ist infolgedessen eine Abbildung $y \to \big(\mathbf{s}_1(y), \ldots, \mathbf{s}_N(y)\big)$; die $\mathbf{s}_j$ sind Schnitte von E über U derart, daß für jedes $y \in U$ die $\mathbf{s}_j(y)$ eine Basis von E_y bilden. Man kann wieder Isom $(B \times \boldsymbol{R}^N, E)$ mit einer überall dichten offenen Teilmenge von $E^N = E \oplus E \oplus \cdots \oplus E$ (N Summanden) identifizieren $\big($vgl. (16.16.1)$\big)$; die Wirkung einer Matrix $t = (t_{ij}) \in \boldsymbol{GL}(N, \boldsymbol{R})$ vom Typ $N \times N$ auf eine Faser Isom $(\boldsymbol{R}^N, E_b)$ ist durch

$$(\mathbf{a}_1, \ldots, \mathbf{a}_N) \cdot t = (\mathbf{a}_1', \ldots, \mathbf{a}_N')$$

definiert, mit

$$\mathbf{a}_i' = \sum_{j=1}^{N} t_{ji} \mathbf{a}_j \qquad \text{für } 1 \leqq i \leqq N\,.$$

20.1.3. Nun betrachten wir umgekehrt ein Hauptfaserbündel R mit der Strukturgruppe G, dem Basisraum $B = G \backslash R$ und der Projektion π (G operiere von rechts auf R), ferner eine *lineare Darstellung* $\varrho: G \to \boldsymbol{GL}(F)$ von G in einem endlichdimensionalen Vektorraum F, so daß G vermöge der Operation $(s, \mathbf{x}) \to \varrho(s) \cdot \mathbf{x}$ (die mit $s \cdot \mathbf{x}$ bezeichnet werde) differenzierbar von links auf F operiert (vgl. Abschnitt 16.10). Dann kann man in kanonischer Weise auf jeder Faser $\pi_F^{-1}(b)$ des assoziierten Faserbündels $R \times^G F$ über B $\big($vgl. (16.14.7)$\big)$ eine der Vektorraumstruktur von F isomorphe Vektorraumstruktur definieren. Wird nämlich $\big($in den Bezeichnungen von (16.14.7)$\big)$ mit U eine Umgebung von b

bezeichnet, über welcher R trivialisierbar ist, und ist $\sigma: U \to \pi^{-1}(U)$ ein Schnitt der Klasse C^∞ von R über U, so kann man die Vektorraumstruktur von $\{b\} \times F$ vermöge $(b, \mathbf{y}) \to \sigma(b) \cdot \mathbf{y}$ auf $\pi_F^{-1}(b)$ übertragen. Man muß verifizieren, daß diese Struktur nicht von dem gewählten Schnitt σ abhängt. Ist σ' ein zweiter Schnitt der Klasse C^∞ von R über U, so kann man $\sigma'(b) = \sigma(b) \cdot s$ mit $s \in G$ setzen, und da $\mathbf{y} \to s \cdot \mathbf{y}$ eine bijektive Abbildung von F auf sich ist, ist damit unsere Behauptung bewiesen. Dann erfüllen offenbar diese Vektorraumstrukturen auf den Fasern von $R \times^G F$ die Bedingung (VB) von Abschnitt 16.15; wir erhalten daher auf diese Weise eine *Vektorbündelstruktur* auf $R \times^G F$.

20.1.4. Wir wenden die Konstruktion (20.1.3) auf den Fall an, daß $R = \text{Isom}\,(B \times F, E)$ (in den Bezeichnungen von (20.1.1)) und ϱ die identische Abbildung von $\boldsymbol{GL}(F)$ ist. Dann ergibt sich ein *kanonischer Isomorphismus* von E auf $R \times^G F$. Für jede offene Teilmenge U von B, über der E trivialisierbar ist, erhält man nämlich eine Repère-Abbildung $\varphi: U \times F \to p^{-1}(U)$ (vgl. Abschnitt 16.15), die mit einem Schnitt $b \to \varphi(b, .)$ von Isom $(B \times F, E)$ über U identifiziert werden kann; andererseits definiert nach (16.14.7) dieser Schnitt einen Isomorphismus $\psi: (b, \mathbf{z}) \to \varphi(b, .) \cdot \mathbf{z}$ von $U \times F$ auf $\pi_F^{-1}(U)$. Es genügt zu zeigen, daß der Isomorphismus $\psi \circ \varphi^{-1}: p^{-1}(U) \to \pi_F^{-1}(U)$ nicht von der Wahl der Repère-Abbildung φ abhängt. Ist aber $\varphi': U \times F \to p^{-1}(U)$ eine zweite Repère-Abbildung, so hat die Abbildung $\varphi'^{-1} \circ \varphi$ die Gestalt $(b, \mathbf{z}) \to \big(b, s(b) \cdot \mathbf{z}\big)$, wobei s eine Abbildung der Klasse C^∞ von U in $\boldsymbol{GL}(F)$ ist. Außerdem ist die φ' entsprechende Abbildung $\psi': U \times F \to \pi_F^{-1}(U)$ nach (16.14.7) durch

$$(b, \mathbf{z}) \to \varphi'(b, .) \cdot \mathbf{z} = \big(\varphi(b, .) \circ s^{-1}\big) \cdot \mathbf{z} = \varphi(b, .) \cdot (s^{-1} \cdot \mathbf{z})$$

gegeben; das bedeutet aber $\psi' = \psi \circ (\varphi'^{-1} \circ \varphi)^{-1}$, also

$$\psi' \circ \varphi'^{-1} = \psi \circ \varphi^{-1} .$$

Wir zeigen jetzt, als Beispiel, daß (in den gleichen Bezeichnungen) $\boldsymbol{GL}(F)$ kanonisch auf einer beliebigen äußeren Potenz $\bigwedge^m F$ operiert, mit anderen Worten, daß es eine kanonische lineare Darstellung $\varrho: \boldsymbol{GL}(F) \to \boldsymbol{GL}\big(\bigwedge^m F\big)$ gibt; und dieser Darstellung entspricht nach dem Verfahren von (20.1.3) ein Vektorbündel $R \times^G \big(\bigwedge^m F\big)$. Dieses Bündel ist dem in (16.16.2) definierten Vektorbündel $\bigwedge^m E$ *isomorph*: Sind $\mathbf{s}_1, \ldots, \mathbf{s}_m$ nämlich m Schnitte der Klasse C^∞ von E über einer offenen Teilmenge U von B und setzt man abkürzend $F' = \bigwedge^m F$, so gibt es in $\pi_{F'}^{-1}(b)$ für jedes $b \in U$ ein wohlbestimmtes Element $\mathbf{s}(b)$ derart, daß mit $\mathbf{s}_j(b) = \varphi(b, \mathbf{y}_j)$ für jede auf $V \times F$ definierte Repère-Abbildung φ die Beziehung $\mathbf{s}(b) = \varrho\big(\varphi(b, .)\big) \cdot (\mathbf{y}_1 \wedge \cdots \wedge \mathbf{y}_m)$ gilt, wobei V eine Umgebung von b ist. Dies zeigt ferner, daß $\mathbf{s}$ ein Schnitt der Klasse C^∞ von $R \times^G \big(\bigwedge^m F\big)$ ist, so daß man nur noch die in (16.16.2) für $\bigwedge^m E$ gegebene Charakterisierung anzuwenden braucht. Analog geht man für alle Tensorbündel über E oder symmetrische Tensorbündel usw. vor.

Aufgaben

1. Es sei B eine reine differenzierbare Mannigfaltigkeit, E ein reelles Vektorbündel vom Rang n und mit der Basis B. Für jedes $b \in B$ sei Aff $(\boldsymbol{R}^n, E_b)$ die Menge der *affinen linearen bijektiven Abbildungen* von $\boldsymbol{R}^n$ auf E_b, mit anderen Worten, der Abbildungen der Gestalt $\mathbf{x} \to \mathbf{a} + v(\mathbf{x})$, wobei v eine lineare bijektive Abbildung von $\boldsymbol{R}^n$ auf E_b ist und $\mathbf{a} \in E_b$ gilt. Ferner sei $A = \text{Aff}\,(B \times \boldsymbol{R}^n, E)$ die Vereinigung der (paarweise disjunkten) Mengen Aff $(\boldsymbol{R}^n, E_b)$, wenn b die Basis B durchläuft, und $\alpha\colon A \to B$ diejenige Abbildung, die jedem Element aus Aff $(\boldsymbol{R}^n, E_b)$ den Punkt b zuordnet. Außerdem sei $\boldsymbol{A}(n, \boldsymbol{R})$ die Liesche Gruppe der affinen linearen bijektiven Abbildungen von $\boldsymbol{R}^n$ auf sich, wobei diese Gruppe mit der aus den Matrizen

$$\begin{pmatrix} \mathrm{U} & \mathbf{a} \\ 0 & 1 \end{pmatrix}$$

mit $\mathrm{U} \in \boldsymbol{GL}(n, \boldsymbol{R})$ und $\mathbf{a} \in \boldsymbol{R}^n$ (einspaltige Matrix) bestehenden Untergruppe von $\boldsymbol{GL}\,(n + 1, \boldsymbol{R})$ identifiziert werden kann; die Operation von $\boldsymbol{A}(n, \boldsymbol{R})$ auf $\boldsymbol{R}^n$ ist durch

$$\begin{pmatrix} \mathrm{U} & \mathbf{a} \\ 0 & 1 \end{pmatrix} \cdot \mathbf{x} = \mathrm{U} \cdot \mathbf{x} + \mathbf{a}$$

gegeben.

Die Gruppe $\boldsymbol{A}(n, \boldsymbol{R})$ (die sogenannte *affine Gruppe* des $\boldsymbol{R}^n$) operiert auf A vermöge der Abbildung $(u, s) \to u \circ s$ von rechts. Man zeige, daß auf A genau eine Struktur als Hauptfaserbündel mit der Basis B, der Projektion α und der Gruppe $\boldsymbol{A}(n, \boldsymbol{R})$ existiert (vgl. Abschnitt 16.14, Aufgabe 1). Wird A mit dieser Struktur versehen, so nennt man A das *Bündel der affinen Repères* des Vektorbündels E.

Setzt man $G = \boldsymbol{A}(n, \boldsymbol{R})$, so definiert die Operation von links von G auf $\boldsymbol{R}^n$ ein Bündel vom Fasertyp $\boldsymbol{R}^n$, das zu A assoziiert ist, nämlich $A \times^G \boldsymbol{R}^n$. Man zeige, daß die so definierte Faserung der Faserung von E auf kanonische Weise B-isomorph ist.

2. Es sei R ein Hauptfaserbündel mit der Basis B, der Strukturgruppe H und der Projektion π. Dabei sei H eine zusammenhängende *Liesche Untergruppe* einer Lieschen Gruppe G; dann operiert H (als Untergruppe von G) von links auf G/H durch Einschränkung der kanonischen Operation von G auf G/H; daher kann man das assoziierte Bündel $R \times^H (G/H) = X$ mit der Basis B und zu G/H diffeomorphen Fasern bilden. Schließlich sei $\bar{e}$ das kanonische Bild des neutralen Elementes e von G in G/H. Man zeige, daß sich die Abbildung $r \to r \cdot \bar{e}$ in $r \to \pi(r) \xrightarrow{\sigma} r \cdot \bar{e}$ zerlegen läßt (vgl. (16.14.7)), wobei σ ein der Klasse C^∞ angehörender sogenannter *kanonischer Schnitt* von X über B ist; $B' = \sigma(B)$ ist daher eine Untermannigfaltigkeit von X, die zu B diffeomorph ist. Es sei $V(B')$ das Vektorbündel mit der Basis B', das über der Untermannigfaltigkeit B' durch das Vektorbündel $V(X)$ der zu X vertikalen Tangentialvektoren (vgl. (16.12.1)) induziert wird, das ein Vektorteilbündel von $T(X)$ ist. Man zeige, daß $V(B')$ zu dem zu $R \times^H (\mathfrak{g}_e/\mathfrak{h}_e)$ assoziierten Vektorbündel B'-isomorph ist, wobei $\mathfrak{g}_e$ und $\mathfrak{h}_e$ die Lieschen Algebren von G bzw. H sind und $t \in H$ vermöge der Tangentialabbildung von $\bar{s} \to t \cdot \bar{s}$ im Punkt $\bar{e}$ von links auf $\mathfrak{g}_e/\mathfrak{h}_e$ operiert (vgl. Abschnitt 19.7, Aufgabe 7).

Wir setzen nun $\dim(B) = \dim(G/H)$ voraus. Unter der *Verschmelzung* von B und X versteht man dann einen *B'-Isomorphismus* von Vektorbündeln von $T(B')$ auf $V(B')$ (so daß, falls eine solche Verschmelzung existiert, das Vektorbündel $T(B)$ zu $V(B')$ isomorph ist, also $T(B)$ als zu einem Hauptfaserbündel assoziiertes Vektorbündel angesehen werden kann, dessen Gruppe H die Gruppe $\boldsymbol{GL}(n, \boldsymbol{R})$ *umfassen* kann (wobei $\dim(B) = n$ ist)).

Es möge eine Verschmelzung von B und X existieren, und (σ^{-1}, α) sei ein Isomorphismus von $V(B')$ auf $T(B)$. Ferner identifizieren wir $\mathfrak{g}_e/\mathfrak{h}_e$ durch Wahl einer Basis mit $\boldsymbol{R}^n$, und für jedes $t \in H$ sei $\varrho(t)$ das Bild von t in $\boldsymbol{GL}(n, \boldsymbol{R})$, das eine (lineare) Operation von t auf $\mathfrak{g}_e/\mathfrak{h}_e$ definiert; es sei $\widetilde{H} = \varrho(H)$ die in $\boldsymbol{GL}(n, \boldsymbol{R})$ eingebettete zu einer Faktorgruppe von H isomorphe Liesche Gruppe. Man kann dann das Hauptfaserbündel $R \times^H \widetilde{H}$ bilden, wobei H vermöge ϱ von links auf $\widetilde{H}$ operiert. Für jedes Element $r'_b \cdot \varrho(t)$ dieses Hauptfaserbündels ist die Abbildung $x \to \alpha\big(r'_b \cdot (\varrho(t) \cdot x)\big)$ ein Isomorphismus $u(r'_b \cdot \varrho(t)) \colon x \to r_b \cdot x$ von $\boldsymbol{R}^n$ auf $T_x(B)$, mit anderen Worten, ein Element des Bündels $R(B)_b$ des Repèrebündels $R(B)$ von B. Man zeige, daß man auf diese Weise einen injektiven *B-Morphismus* (u, j) des Hauptfaserbündels $R \times^H \widetilde{H}$ in $R(B)$ definiert, wobei j die kanonische injektive Abbildung von $\widetilde{H}$ in $\boldsymbol{GL}(n, \boldsymbol{R})$ ist. Umgekehrt liefert uns ein solcher injektiver B-Morphismus eine wohlbestimmte Verschmelzung von B und X.

3. Es sei M eine reine n-dimensionale differenzierbare Mannigfaltigkeit.

a) Man zeige, daß sich das Bündel $R(M)$ der zu M tangentialen Repères auf kanonische Weise mit der offenen Untermannigfaltigkeit der Mannigfaltigkeit $J_0^1(\boldsymbol{R}^n, M)$ der Jets der Ordnung 1 mit der Quelle 0 von $\boldsymbol{R}^n$ in M identifizieren läßt, welche aus denjenigen dieser Jets besteht, die *invertierbar* sind (vgl. Abschnitt 16.5, Aufgabe 9). Entsprechend ist für jedes $k \geqq 1$ die Menge $R_k(M)$ der invertierbaren Jets der Ordnung k von $\boldsymbol{R}^n$ in M mit der Quelle 0 eine offene Untermannigfaltigkeit von $J_0^k(\boldsymbol{R}^n, M)$, die sogenannte Mannigfaltigkeit der *Repères der Ordnung* k von M.

b) Es sei $G^k(n)$ die Gruppe der invertierbaren Jets der Ordnung k von $\boldsymbol{R}^n$ in $\boldsymbol{R}^n$ mit der Quelle 0 und dem Ziel 0 (vgl. Abschnitt 16.9, Aufgabe 1). Sie operiert vermöge $(u, s) \to u \circ s$ von rechts auf $R_k(M)$. Man zeige, daß $R_k(M)$ bezüglich dieser Operation ein Hauptfaserbündel mit der Basis M und der Strukturgruppe $G^k(n)$ ist.

c) Die Einschränkung der kanonischen Abbildung $J_0^k(\boldsymbol{R}^n, M) \to J_0^h(\boldsymbol{R}^n, M)$ auf $R_k(M)$ ist für $h < k$ eine Submersion $p^{hk} \colon R_k(M) \to R_h(M)$. Die kanonische Abbildung $\varrho^{hk} \colon G^k(n) \to G^h(n)$ ist ein surjektiver Homomorphismus Liescher Gruppen, dessen Kern $N^{hk}(n)$ nilpotent und einfach zusammenhängend (überdies kommutativ für $h = k - 1$) ist; das Paar (p^{hk}, ϱ^{hk}) ist ein Morphismus von Hauptfaserbündeln (vgl. (16.14.3)), und $R_k(M)$ ist ein Hauptfaserbündel mit der Basis $R_h(M)$, der Strukturgruppe $N^{hk}(n)$ und der Projektion p^{hk}.

d) Es sei M' eine reine differenzierbare Mannigfaltigkeit. Man zeige, daß das in Abschnitt 16.12, Aufgabe 6, definierte Faserbündel $(J^k(M, M'), M, \pi)$ isomorph ist zu dem zu $R_k(M)$ assoziierten Faserbündel vom Fasertyp $J_0^k(\boldsymbol{R}^n, M')$, auf welchem $G^k(n)$ vermöge $(s, j) \to j \circ s^{-1}$ von links operiert. Man definiere ebenso die Faserbündel $(J^k(M, M'), M', \pi')$ und $(J^k(M, M'), M \times M', (\pi, \pi'))$ als assoziierte Faserbündel.

20.2. Hauptzusammenhänge auf Hauptfaserbündeln

20.2.1. Wir nehmen nun die Betrachtungen von (17.16.1) wieder auf, die uns auf den Begriff des *Zusammenhangs* auf einem Vektorbündel E vom Rang p mit dem Basisraum B geführt haben. Dabei beschränken wir uns auf den in (17.16.1) betrachteten Fall, daß B eine offene Teilmenge U des $\boldsymbol{R}^n$ und E das triviale Bündel $U \times \boldsymbol{R}^p$ ist; das entsprechende Repèrebündel ist dann das triviale Bündel $U \times \boldsymbol{GL}(p, \boldsymbol{R})$. Die in (17.16.1) betrachtete Abbildung $\mathbf{h} \to \mathrm{F}(\mathbf{h})$ ist nach Voraussetzung eine Abbildung einer Umgebung V von 0 im $\boldsymbol{R}^n$ in $\boldsymbol{GL}(p, \boldsymbol{R})$ (wobei man V hinreichend klein wählt), und für jedes $\mathbf{h} \in V$ definiert $\mathrm{F}(\mathbf{h})$ eine Abbildung $(b, r) \to (b + \mathbf{h}, \mathrm{F}(\mathbf{h})^{-1} \circ r)$ der Faser Isom $(\boldsymbol{R}^p, E_b)$ von Isom $(U \times \boldsymbol{R}^p, E)$ im Punkt b in die Faser Isom $(\boldsymbol{R}^p, E_{b+\mathbf{h}})$ des gleichen Bündels im Punkt $b + \mathbf{h}$. Man erhält daher eine unendlich oft differenzierbare Abbildung $(\mathbf{h}, r) \to (b + \mathbf{h}, \mathrm{F}(\mathbf{h})^{-1} \circ r)$ von $V \times \boldsymbol{GL}(p, \boldsymbol{R})$ in $U \times \boldsymbol{GL}(p, \boldsymbol{R})$ (wobei $\boldsymbol{GL}(p, \boldsymbol{R})$ als offene Teilmenge von End $(\boldsymbol{R}^p) = \boldsymbol{R}^{p^2}$ angesehen wird); ihre *Ableitung* im Punkt $(0, r)$ ist daher $(\mathbf{k}, v) \to (\mathbf{k}, v - (\mathrm{DF}\,(0) \cdot \mathbf{k}) \circ r)$, eine lineare Abbildung von $\boldsymbol{R}^n \times$ End $(\boldsymbol{R}^p)$ in sich. Da $T_{(b,r)}(\text{Isom}\,(B \times \boldsymbol{R}^p, E))$ mit $T_b(U) \times T_r(\text{End}\,(\boldsymbol{R}^p))$ identifiziert wird, müssen $(\mathbf{k}, v)$ und

$$(\mathbf{k}, v - (\mathrm{DF}\,(0) \cdot \mathbf{k}) \circ r),$$

also auch $(\mathbf{k}, -(\mathrm{DF}(0) \cdot \mathbf{k}) \circ r) = \mathfrak{P}_b(\mathbf{k}, r)$ als Vektoren dieses Tangentialraumes angesehen werden.

Andererseits muß $(\mathbf{k}, r)$ als Element der Faser im Punkt b des Faserproduktes $T(B) \times_B$ Isom $(B \times \boldsymbol{R}^p, E)$ über B angesehen werden. Ersetzt man das Repèrebündel durch ein beliebiges Hauptfaserbündel über B, so wird man daher zu der folgenden allgemeinen und inneren Definition geführt:

20.2.2. Ist ein *Hauptfaserbündel* R über B mit der Projektion π und der Strukturgruppe G gegeben, so versteht man unter einem *Zusammenhang* (oder *Hauptzusammenhang*) auf R eine der Klasse C^∞ angehörende Abbildung

20.2.2.1. $\mathfrak{P}\colon T(B) \times_B R \to T(R)$

mit den folgenden Eigenschaften (wobei $b \in B$, $\mathbf{k}_b \in T_b(B)$, $r_b \in R_b$ gilt):

20.2.2.2. $T(\pi)\,(\mathfrak{P}_b(\mathbf{k}_b, r_b)) = \mathbf{k}_b\,, \qquad o_R(\mathfrak{P}_b(\mathbf{k}_b, r_n)) = r_b;$

20.2.2.3. $\mathbf{k}_b \to \mathfrak{P}_b(\mathbf{k}_b, r_b)$ ist eine *lineare* Abbildung von $T_b(B)$ in $T_{r_b}(R)$;

20.2.2.4. für jedes $s \in G$ gilt $\mathfrak{P}_b(\mathbf{k}_b, r_b \cdot s) = \mathfrak{P}_b(\mathbf{k}_b, r_b) \cdot s$

(wobei auf der rechten Seite $\mathbf{w} \to \mathbf{w} \cdot s$ die lineare Abbildung ist, welche im Punkt r_b tangential zu $r \to r \cdot s$ ist (vgl. Abschnitt 16.10)). Wir nennen $\mathfrak{P}_b(\mathbf{k}_b, r_b)$ die *horizontale Liftung* (Hebung) des Vektors $\mathbf{k}_b$ im Punkt r_b; ist X ein Vektorfeld auf B, so ist

$$r_b \to \mathfrak{P}_b(\mathrm{X}(b), r_b))$$

ein Vektorfeld auf R, das ebenfalls als *horizontale Liftung* (Hebung) von X bezeichnet wird.

Aus (20.2.2.2) folgt, daß die lineare Abbildung $\mathbf{k}_b \to \mathfrak{P}_b(\mathbf{k}_b, r_b)$ *injektiv* und ihr Bildraum H_{r_b} im Tangentialraum $T_{r_b}(B)$ zum *Kern* G_{r_b} von $T_{r_b}(\pi)$ *komplementär* ist; diesen Kern hatten wir als Raum der *vertikalen Tangentialvektoren* im Punkt $r_b \in R_b$ bezeichnet (vgl. (16.12.1)); wir nennen H_{r_b} den Raum der *horizontalen Tangentialvektoren* im Punkt r_b für den Zusammenhang $\mathfrak{P}$. Es gilt $H_{r_b \cdot s} = H_{r_b} \cdot s$ für jedes $s \in G$.

Wenn $R = B \times G$ trivial und B eine offene Teilmenge des $\boldsymbol{R}^n$ ist (so daß $T(B)$ mit $B \times \boldsymbol{R}^n$ identifiziert werden kann), so kann man $\mathfrak{P}_b((b, \mathbf{k}), (b, s)) = ((b, \mathbf{k}), \mathrm{P}(b, s) \cdot \mathbf{k})$ für $(b, s) \in B \times G$ und $k \in \boldsymbol{R}^n$ setzen, wobei $\mathrm{P}(b, s)$ ein Homomorphismus des Vektorraumes $\boldsymbol{R}^n$ in $T_s(G)$ ist (dabei haben wir $T_{(b,s)}(B \times G)$ mit $\{b\} \times \boldsymbol{R}^n \times T_s(G)$ identifiziert). Die Formel (20.2.2.4) liefert für $s, t \in G$ die Relation

20.2.2.5. $\mathrm{P}(b, st) \cdot \mathbf{k} = (\mathrm{P}(b, s) \cdot \mathbf{k}) \cdot t$

(in den Bezeichnungen von Abschnitt 16.10), woraus speziell

20.2.2.6. $\mathrm{P}(b, s) \cdot \mathbf{k} = (\mathrm{Q}(b) \cdot \mathbf{k}) \cdot s$

folgt, wobei wir $\mathrm{Q}(b) = \mathrm{P}(b, e)$ gesetzt haben; dies ist ein Element von $\mathrm{Hom}\,(\boldsymbol{R}^n, \mathfrak{g}_e)$. Umgekehrt: Definiert man $\mathrm{P}(b, s)$ durch (20.2.2.6) und dann $\mathfrak{P}_b((b, \mathbf{k}), (b, s))$ wie oben, so erhält man für jede der Klasse C^∞ angehörende Abbildung Q von B in $\mathrm{Hom}\,(\boldsymbol{R}^n, \mathfrak{g}_e)$ einen Hauptzusammenhang auf $B \times G$.

20.2.3. Zu jedem $r_b \in R_b$ gibt es einen *Projektionsoperator* p_{r_b} in $T_{r_b}(R)$, dessen Bild H_{r_b} und dessen Kern G_{r_b} ist. Für jeden Tangentialvektor $\mathbf{h}_{r_b}$ aus $T_{r_b}(R)$ erhält man

20.2.3.1. $p_{r_b}(\mathbf{h}_{r_b}) = \mathfrak{P}_b(T(\pi) \cdot \mathbf{h}_{r_b}, r_b)$,

die sogenannte *horizontale Komponente* von $\mathbf{h}_{r_b}$; sie ist also nichts anderes als die *horizontale Liftung* (Hebung) der Projektion $T(\pi) \cdot \mathbf{h}_{r_b}$ von $\mathbf{h}_{r_b}$ in $T_b(B)$. Offenbar gilt für jedes $s \in G$ in den Bezeichnungen von Abschnitt 16.10

20.2.3.2. $p_{r_b}(\mathbf{h}_{r_b} \cdot s) = (p_{r_b}(\mathbf{h}_{r_b})) \cdot s$.

Ein horizontaler Vektor $\mathbf{h} \in H_{r_b}$ kann stets als Wert eines der Klasse C^∞ angehörenden *Feldes* Y *horizontaler Vektoren* im Punkt r_b angesehen werden. Nach (16.12.11) gibt es nämlich ein Vektorfeld Y_0 der Klasse C^∞ auf R mit $\mathrm{Y}_0(r_b) = \mathbf{h}$; man braucht dann nur $\mathrm{Y}(r')$ für jedes $r' \in R$ als $p_{r'}(\mathrm{Y}_0(r'))$ zu definieren.

Der Vektor

$$\mathbf{h}_{r_b} - p_{r_b}(\mathbf{h}_{r_b}) = \mathbf{h}_{r_b} - \mathfrak{P}_b(T(\pi) \cdot \mathbf{h}_{r_b}, r_b)$$

ist also *vertikal*. Für jedes $r_b \in R_b$ ist die Abbildung $s \to r_b \cdot s$ ein Diffeomorphismus von G auf R_b; daher ist

20.2.3.3. $\mathbf{t}_{r_b}\colon \mathbf{u} \to r_b \cdot \mathbf{u}$

(Bezeichnung von Abschnitt 16.10) eine *bijektive lineare Abbildung der Lieschen Algebra* $\mathfrak{g}_e = T_e(G)$ *auf den Raum* G_{r_b} *der vertikalen Tangentialvektoren* im Punkt r_b. Die Abbildung

20.2.3.4. $\boldsymbol{\omega}(r_b)\colon \mathbf{h}_{r_b} \to \mathbf{t}_{r_b}^{-1}(\mathbf{h}_{r_b} - \mathfrak{P}_b(T(\pi) \cdot \mathbf{h}_{r_b}, r_b))$

ist also eine *surjektive lineare Abbildung von* $T_{r_b}(R)$ *in die Liesche Algebra* $\mathfrak{g}_e$. Mit anderen Worten, wir haben auf diese Weise eine *vektorielle* 1-*Differentialform* $\boldsymbol{\omega}$ *auf* R *mit Werten in* $\mathfrak{g}_e$ (vgl. (16.20.15)) definiert. Offenbar gehört $\boldsymbol{\omega}$ der Klasse C^∞ an; denn man kann sich auf den Fall beschränken, daß $R = B \times G$

trivial ist, so daß $\mathbf{t}_{r_b}^{-1}$ für $r_b = (b, s) \in B \times G$ nichts anderes ist als die Zusammensetzung von $\mathbf{h}_s \to s^{-1} \cdot \mathbf{h}_s$ mit der zweiten Projektion $T_{(b,s)}(B \times G) \to T_s(G)$. Damit ist unsere Behauptung bewiesen. Wir nennen $\boldsymbol{\omega}$ die *1-Differentialform des Zusammenhanges* $\mathfrak{P}$.

Ist $R = B \times G$ trivial und B eine offene Teilmenge des $\boldsymbol{R}^n$, so läßt sich die Abbildung $\boldsymbol{\omega}(b, e)$ (in den Bezeichnungen von (20.2.2)) mit dem Projektionsoperator

20.2.3.5. $\tilde{\omega}_b\colon (\mathbf{k}, \mathbf{u}) \to \mathbf{u} - Q(b) \cdot \mathbf{k}$

von $\boldsymbol{R}^n \times \mathfrak{g}_e$ auf $\mathfrak{g}_e$ identifizieren, da die Abbildung $b \to \tilde{\omega}_b$ von B in End $(\boldsymbol{R}^n \times \mathfrak{g}_e)$ der Klasse C^∞ angehört, und $\boldsymbol{\omega}(b, s)$ läßt sich mit der linearen Abbildung

20.2.3.6. $\big((b, \mathbf{k}), (b, s \cdot \mathbf{u})\big) \to \mathrm{Ad}\,(s^{-1}) \cdot \big(\mathbf{u} - Q(b) \cdot \mathbf{k}\big) = \mathrm{Ad}\,(s^{-1}) \cdot \big(\tilde{\omega}_b \cdot (\mathbf{k}, \mathbf{u})\big)$

identifizieren.

20.2.4. Wir werden eine q-Differentialform $\boldsymbol{\alpha}$ auf R mit Werten in einem endlichdimensionalen *Vektorraum* V *vertikal* (bzw. *horizontal*) nennen, wenn $\boldsymbol{\alpha}(r_b) \cdot (\mathbf{h}_1 \wedge \mathbf{h}_2 \wedge \cdots \wedge \mathbf{h}_q) = 0$ ist, sobald *einer* der Tangentialvektoren $\mathbf{h}_j \in T_{r_b}(R)$ *horizontal* (bzw. *vertikal*) ist; die Definition einer horizontalen q-Form hängt nicht davon ab, daß ein Zusammenhang auf R existiert, während der Begriff einer vertikalen q-Form nur bezüglich eines Zusammenhanges Sinn hat. Offenbar ist sowohl die 1-Form $\boldsymbol{\omega}$ des Zusammenhanges als auch die 2-Form $[\boldsymbol{\omega}, \boldsymbol{\omega}]$ (vgl. (16.20.15.8)) *vertikal.*

20.2.5. *Eine vektorielle 1-Form $\boldsymbol{\omega}$ der Klasse C^∞ auf R mit Werten in $\mathfrak{g}_e$ ist genau dann die 1-Form eines Zusammenhanges auf R, wenn sie die beiden folgenden Bedingungen erfüllt:*

1. *Die als Abbildung von $T(R)$ in $\mathfrak{g}_e$ aufgefaßte Differentialform $\boldsymbol{\omega}$ ist invariant* (vgl. (19.1.2)) *bezüglich der aus der Operation von G auf R hergeleiteten* (vgl. (19.1.4)) *Operation von rechts der Gruppe G auf $T(R)$ und der Operation von rechts* $(\mathbf{u}, s) \to \mathrm{Ad}\,(s^{-1}) \cdot \mathbf{u}$ *von G auf $\mathfrak{g}_e$* (vgl. (19.2.1)); *mit anderen Worten, für $\mathbf{h} \in T_{r_b}(R)$ und $s \in G$ gilt*

20.2.5.1. $\boldsymbol{\omega}(r_b \cdot s) \cdot (\mathbf{h} \cdot s) = \mathrm{Ad}\,(s^{-1}) \cdot \big(\boldsymbol{\omega}(r_b) \cdot \mathbf{h}\big)$.

2. *Für jedes $\mathbf{u} \in \mathfrak{g}_e$ gilt, wenn $Z_{\mathbf{u}}$ das vermöge der Operation von G von $X_{\mathbf{u}}$ übertragene Feld der vertikalen Vektoren* (*Killingfeld*) *ist* (vgl. (19.3.7)),

20.2.5.2. $\boldsymbol{\omega}(r_b) \cdot Z_{\mathbf{u}}(r_b) = \mathbf{u}$ *für alle* $r_b \in R$.

(Mit anderen Worten, der Wert von $\boldsymbol{\omega}(r_b)$ für die *vertikalen* Tangentialvektoren aus $T_{r_b}(R)$ ist *unabhängig* von dem Zusammenhang $\mathfrak{P}$ auf R bestimmt.)

Wir bemerken zunächst, daß nach Definition $Z_{\mathbf{u}}(r_b) = r_b \cdot \mathbf{u} = \mathbf{t}_{r_b}(\mathbf{u})$ ist; daher folgt die Eigenschaft (20.2.5.2) der 1-Form $\boldsymbol{\omega}$ des Zusammenhangs $\mathfrak{P}$ sofort aus Definition (20.2.3.1). Ferner ergibt sich aus $p_{r_b \cdot s}(\mathbf{h} \cdot s) = \big(p_{r_b}(\mathbf{h})\big) \cdot s$ die Beziehung

$$\mathbf{h} \cdot s - p_{r_b \cdot s}(\mathbf{h} \cdot s) = \big(\mathbf{h} - p_{r_b}(\mathbf{h})\big) \cdot s ,$$

und es ist $(r_b \cdot s) \cdot \mathbf{u} = \big(r_b \cdot (s \cdot \mathbf{u} \cdot s^{-1})\big) \cdot s$ (vgl. (16.10.1)) oder auch $\mathbf{t}_{r_b \cdot s}(\mathbf{u}) = \big(\mathbf{t}_{r_b}(\mathrm{Ad}\,(s) \cdot \mathbf{u})\big) \cdot s$. Hieraus ergibt sich die Formel (20.2.5.1) als Konsequenz der Definition (20.2.3.4).

Nun nehmen wir, umgekehrt, an, die 1-Form $\boldsymbol{\omega}$ erfülle die angegebenen Bedingungen; dann folgt aus (20.2.5.2), daß $\mathbf{h} \to \mathbf{t}_{r_b}\big(\boldsymbol{\omega}(r_b) \cdot \mathbf{h}\big)$ ein *Projektionsoperator* von $T_{r_b}(R)$ auf G_{r_b} ist; setzt man $p_{r_b}(\mathbf{h}) = \mathbf{h} - \mathbf{t}_{r_b}\big(\boldsymbol{\omega}(r_l) \cdot \mathbf{h}\big)$, so ist p_{r_b} ein Projektionsoperator von $T_{r_b}(R)$ mit dem Kern G_{r_b}, dessen Bild H_{r_b} also komplementär zu G_{r_b} ist; hieraus ergibt sich, daß die Einschränkung von $T_{r_b}(\pi)$ auf H_{r_b} eine bijektive Abbildung von H_{r_b} auf $T_b(B)$ ist. Bezeichnet man mit $\mathbf{k}_b \to \mathfrak{P}_b(\mathbf{k}_b, r_b)$ die inverse bijektive Abbildung, so ist $\mathfrak{P}$ eine Abbildung von $T(B) \times_B R$ in $T(R)$, die den Bedingungen (20.2.2.2) und (20.2.2.3) genügt; aus (20.2.5.1) und der Relation $\mathbf{t}_{r_b \cdot s}(\mathbf{u}) = \big(\mathbf{t}_{r_b}(\mathrm{Ad}\,(s) \cdot \mathbf{u})\big) \cdot s$ folgt dann $p_{r_b \cdot s}(\mathbf{h} \cdot s) = \big(p_{r_b}(\mathbf{h})\big) \cdot s$, also

$$H_{r_b} \cdot s = H_{r_b \cdot s}\,,$$

und da $T_{r_b \cdot s}(\pi) \cdot (\mathbf{h} \cdot s) = T_{r_b}(\pi) \cdot \mathbf{h}$ für $\mathbf{h} \in T_{r_b}(R)$ gilt, ergibt sich, daß $\mathfrak{P}$ auch die Bedingung (20.2.2.4) erfüllt.

Schließlich gehört $\mathfrak{P}$ der Klasse C^∞ an, denn man kann sich auf den Fall beschränken, daß $R = B \times C$ trivial und B eine offene Teilmenge des $\boldsymbol{R}^n$ ist; dann gilt in den Bezeichnungen von (20.2.2) und (20.2.3) die Beziehung $\mathrm{Q}(b) \cdot \mathbf{k} = -\,\widetilde{\omega}_b \cdot (\mathbf{k}, 0)$. Gehört $b \to \widetilde{\omega}_b$ der Klasse C^∞ an, so gilt dies auch für $b \to \mathrm{Q}(b)$; daher ist $\mathfrak{P}$ ein Hauptzusammenhang, dessen Zusammenhangsform die Form $\boldsymbol{\omega}$ ist.

Aufgaben

1. Man zeige: Ist $(\mathfrak{P}_j)$ eine endliche Familie von Hauptzusammenhängen auf dem Hauptfaserbündel R mit der Basis B und (f_j) eine endliche Familie auf B definierter reellwertiger Funktionen der Klasse C^∞ mit $\sum_j f_j = 1$, so ist die Abbildung $\sum_j f_j \mathfrak{P}_j$ von $T(B) \times_B R$ in $T(R)$ ein Hauptzusammenhang. Daraus leite man her, daß auf jedem Hauptfaserbündel ein Hauptzusammenhang existiert.

2. a) Es seien R und R' zwei Hauptfaserbündel mit derselben Basis B und den Strukturgruppen G bzw. G' und (u, ϱ) ein Morphismus von R in R', welcher der Identität auf B entspricht (vgl. (16.14.3)). Man zeige: Ist $\mathfrak{P}$ ein Hauptzusammenhang auf R, so existiert auf R' genau ein Hauptzusammenhang $\mathfrak{P}'$ derart, daß für $b \in B$, $\mathbf{k}_b \in T_b(B)$, $r_b \in R_b$ die Beziehung

$$\mathfrak{P}'_b(\mathbf{k}_b, u(r_b)) = T_{r_b}(u) \cdot \mathfrak{P}_b(\mathbf{k}_b, r_b)$$

gilt.

Sind $\boldsymbol{\omega}$ und $\boldsymbol{\omega}'$ die Zusammenhangsformen von $\mathfrak{P}$ bzw. $\mathfrak{P}'$, so gilt, in den Bezeichnungen von (20.2.3),

$$\varrho_*(\boldsymbol{\omega}(r_b) \cdot \mathbf{h}_{r_b}) = \boldsymbol{\omega}'(u(r_b)) \cdot (T_{r_b}(u) \cdot \mathbf{h}_{r_b})\,.$$

b) Es sei R ein Hauptfaserbündel mit der Basis B und der Strukturgruppe G, ferner $R' = B' \times_B R$ sein inverses Bild vermöge einer Abbildung $f\colon B' \to B$ der Klasse C^∞ (vgl. (16.14.6)). Man zeige: Ist $\mathfrak{P}$ ein Hauptzusammenhang auf R und bezeichnet $u\colon R' \to R$ den f entsprechenden Morphismus, so existiert auf R' genau ein Hauptzusammenhang $\mathfrak{P}'$ derart, daß

$$T_{r_{f(b')}}(u) \cdot (\mathfrak{P}'_{b'}(\mathbf{k}_{b'}, r_{f(b')})) = \mathfrak{P}_{f(b'}(T_{b'}(f) \cdot \mathbf{k}_{b'}, r_{f(b')})$$

gilt. Ist $\boldsymbol{\omega}$ die Zusammenhangsform von $\mathfrak{P}$, so ist ${}^t u(\boldsymbol{\omega})$ die Zusammenhangsform von $\mathfrak{P}'$. Wir nennen $\mathfrak{P}'$ das *inverse Bild* von $\mathfrak{P}$ vermöge u.

c) Man definiere das Produkt zweier Hauptzusammenhänge über Hauptfaserbündeln R und R' mit den Basen B bzw. B' und den Strukturgruppen G bzw. G' als Hauptzusammenhang auf dem Produkt der Hauptfaserbündel R und R' (vgl. Abschnitt 16.14, Aufgabe 7).

3. Es sei $\mathfrak{P}$ ein Hauptzusammenhang auf einem Hauptfaserbündel X mit der Strukturgruppe G, der Basis B und der Projektion π.

Man zeige, daß zu jeder endpunktlosen Kurve $v\colon \mathbf{R} \to B$ der Klasse C^∞ in B und jedem Punkt $x \in \pi^{-1}(v(0))$ eine als *horizontale Liftung* von v bezeichnete eindeutig bestimmte endpunktlose Kurve $w_x\colon \mathbf{R} \to X$ der Klasse C^∞ existiert derart, daß $w_x(0) = x$ und $\pi \circ w_x = v$ gilt und der Tangentialvektor $w'_x(t)$ für jedes $t \in \mathbf{R}$ *horizontal* ist. (Man benutze die Tatsache, daß das inverse Bild ${}^t v(X)$ trivialisierbar ist (vgl. Abschnitt 16.26, Aufgabe 7), um zu zeigen, daß bereits eine endpunktlose Kurve $u\colon \mathbf{R} \to X$ der Klasse C^∞ existiert derart, daß $u(0) = x$ ist, und die v liftet. Man setze dann $w_x(t) = u(t) \cdot f(t)$ mit $f(t) \in G$ und verwende Aufgabe 19 aus Abschnitt 19.16.)

Man zeige, daß für jedes $s \in G$ die Beziehung $w_{x \cdot s}(t) = w_x(t) \cdot s$ gilt; für gegebenes $t \in \mathbf{R}$ wird die Abbildung $x \to w_x(t)$ *Parallelübertragung* der Faser $X_{v(0)}$ auf die Faser $X_{v(t)}$ längs der Kurve v genannt. Für jede endpunktlose Kurve u der Klasse C^∞ in X mit $u(0) = x$, die v liftet, wird die Kurve $t \to g(t)$ in G, wobei $g(t)$ das Element von G mit $u(t) = w_x(t) \cdot g(t)$ ist, die *Abwicklung* der Kurve u in G genannt.

Man zeige, daß in diesen Bezeichnungen $\boldsymbol{\omega}(u(t)) \cdot u'(t) = -g'(t) \cdot g(t)^{-1}$ gilt (Bezeichnungen aus (18.1.2)), wobei $\boldsymbol{\omega}$ die 1-Zusammenhangsform von $\mathfrak{P}$ ist.

4. Es sei R ein Hauptfaserbündel mit der Basis B, der Strukturgruppe G und der Projektion π. Man zeige: Hat B die Dimension n, so besteht ein n-Richtungsfeld $r \to H_r$ der Klasse C^∞ auf R genau dann aus Räumen horizontaler Tangentialvektoren eines Hauptzusammenhangs auf R, wenn $H_r \cdot s = H_{r \cdot s}$ ist für jedes $r \in R$ und jedes $s \in G$ und $T(\pi)\,(H_r) = T_{\pi(r)}(B)$ gilt.

20.3. Die zu einem Hauptzusammenhang gehörende kovariante äußere Differentiation und die Krümmungsform eines Hauptzusammenhangs

20.3.1. Es sei $\mathfrak{P}$ ein Hauptzusammenhang auf einem Hauptfaserbündel R über B mit der Projektion π und der Strukturgruppe G; wir behalten die Bezeichnungen von (20.2.3) bei. Ist eine vektorielle q-Differentialform $\boldsymbol{\alpha}$ auf R mit

Werten in einem Vektorraum V gegeben, so ist für jedes $r_b \in R$

$$(\mathbf{h}_1, \mathbf{h}_2, \dots, \mathbf{h}_q) \to \alpha(r_b) \cdot \big(p_{rb}(\mathbf{h}_1) \wedge p_{rb}(\mathbf{h}_2) \wedge \cdots \wedge p_{rb}(\mathbf{h}_q)\big)$$

eine q-lineare und alternierende Abbildung von $\big(T_{r_b}(R)\big)^q$ in V, läßt sich also in der Gestalt

$$(\mathbf{h}_1, \dots, \mathbf{h}_q) \to \alpha_{\mathfrak{P}}(r_b) \cdot (\mathbf{h}_1 \wedge \mathbf{h}_2 \wedge \cdots \wedge \mathbf{h}_q)$$

schreiben, wobei $\alpha_{\mathfrak{P}}$ eine q-Differentialform auf R mit Werten in V ist, die offenbar *horizontal* ist (vgl. (20.2.4)). Ist außerdem α *invariant* (bezüglich der Operation von rechts von G auf $\bigwedge^q T(R)$ und einer Operation von rechts von G auf V), so gilt dies auch für $\alpha_{\mathfrak{P}}$; denn es ist ja

$$p_{rb}(\mathbf{h}_1 \cdot s) \wedge p_{rb}(\mathbf{h}_2 \cdot s) \wedge \cdots \wedge p_{rb}(\mathbf{h}_q \cdot s)$$
$$= \big(p_{rb}(\mathbf{h}_1) \wedge p_{rb}(\mathbf{h}_2) \wedge \cdots \wedge p_{rb}(\mathbf{h}_q)\big) \cdot s\,.$$

Gehört α der Klasse C^r an, so gehört auch $\alpha_{\mathfrak{P}}$ der Klasse C^r an. (Man kann sich ja auf den Fall eines trivialen Hauptfaserbündels beschränken.)

20.3.2. In den Bezeichnungen von (20.3.1) versteht man unter dem *kovarianten äußeren Differential* einer vektoriellen q-Form α (der Klasse C^1) bezüglich des Hauptzusammenhangs $\mathfrak{P}$ die *horizontale* $(q + 1)$-Differentialform

20.3.2.1. $\mathsf{D}\alpha = (d\alpha)_{\mathfrak{P}}\,,$

die wir auch mit $\mathsf{D}_{\mathfrak{P}}\alpha$ bezeichnen. Aus (20.3.1) folgt, daß mit α auch $\mathsf{D}\alpha$ *invariant* ist, da $d\alpha$ invariant ist (vgl. (19.1.9.5)).

Ist die q-Form α *vertikal* und $q \geqq 2$, so ist $\mathsf{D}\alpha = 0$. Aufgrund der Formel (17.15.3.5) ist nämlich der Wert von $d\alpha(r_b) \cdot \big(p_{rb}(\mathbf{h}_0) \wedge \cdots \wedge p_{rb}(\mathbf{h}_q)\big)$ Summe von Gliedern der Gestalt $\alpha(r_b) \cdot (\mathbf{k}_1 \wedge \cdots \wedge \mathbf{k}_q)$, wobei $q - 1$ der Vektoren $\mathbf{k}_j$ horizontal sind, und von Gliedern, welche Werte von Lie-Ableitungen der Form $\alpha_{\mathfrak{P}}$ sind, die nach Voraussetzung Null ist.

Unter der *Krümmungsform* des Zusammenhangs $\mathfrak{P}$ versteht man die der Klasse C^∞ angehörende vektorielle 2-Form

20.3.2.2. $\Omega = \mathsf{D}\omega$

mit Werten in $\mathfrak{g}_e$, das kovariante äußere Differential der 1-Zusammenhangsform ω, die daher *horizontal und* (bezüglich der Operation $(\mathbf{u}, s) \to \mathrm{Ad}\,(s^{-1}) \cdot \mathbf{u}$ von G von rechts auf $\mathfrak{g}_e$) *invariant* ist.

20.3.3. *Die 1-Form ω eines Hauptzusammenhanges auf einem Hauptfaserbündel R genügt der „Strukturgleichung“*

20.3.3.1. $d\omega = -\,[\omega, \omega] + \mathsf{D}\omega = -\,[\omega, \omega] + \Omega$

(mit anderen Worten, für beliebige Tangentialvektoren $\mathbf{h}$ und $\mathbf{k}$ in einem Punkt $r_b \in R$ gilt

20.3.3.2. $d\omega(r_b) \cdot (\mathbf{h} \wedge \mathbf{k}) = -\,[\omega(r_b) \cdot \mathbf{h}, \omega(r_b) \cdot \mathbf{k}] + \mathsf{D}\omega(r_b) \cdot (\mathbf{h} \wedge \mathbf{k})$.)

Da die beiden Seiten von (20.3.3.2) in $\mathbf{h}$ und $\mathbf{k}$ bilinear sind, genügt es, die Formel in den folgenden drei Fällen zu verifizieren:

1° $\mathbf{h}$ und $\mathbf{k}$ sind horizontal; da die Form $\boldsymbol{\omega}$ vertikal ist, reduziert sich die Relation (20.3.3.2) dann auf die Definition (20.3.1) von $D\boldsymbol{\omega}$.

2° $\mathbf{h}$ und $\mathbf{k}$ sind vertikal. Dann ist $\mathbf{h} = \mathbf{t}_{r_b}(\mathbf{u})$, $\mathbf{k} = \mathbf{t}_{r_b}(\mathbf{v})$, wobei $\mathbf{u}$ und $\mathbf{v}$ zwei Vektoren von $\mathfrak{g}_e$ sind, und $d\boldsymbol{\omega}(r_b) \cdot (\mathbf{h} \wedge \mathbf{k})$ ist nichts anderes als der Wert der Funktion $d\boldsymbol{\omega}(Z_{\mathbf{u}} \wedge Z_{\mathbf{v}})$ im Punkt r_b. Nach (17.15.8.1) gilt aber

20.3.3.3. $d\boldsymbol{\omega}(Z_{\mathbf{u}} \wedge Z_{\mathbf{v}}) = \theta_{Z_{\mathbf{u}}} \cdot (\boldsymbol{\omega} \cdot Z_{\mathbf{v}}) - \theta_{Z_{\mathbf{v}}} \cdot (\boldsymbol{\omega} \cdot Z_{\mathbf{u}}) - \boldsymbol{\omega} \cdot [Z_{\mathbf{u}}, Z_{\mathbf{v}}]$.

Aufgrund der Charakterisierung (20.2.5.2) der Zusammenhangsformen ist aber die Funktion $\boldsymbol{\omega} \cdot Z_{\mathbf{u}}$ mit Werten in $\mathfrak{g}_e$ auf R *konstant*. Die rechte Seite von (20.3.3.3) reduziert sich somit auf $-\boldsymbol{\omega} \cdot [Z_{\mathbf{u}}, Z_{\mathbf{v}}]$; nach (19.3.7.4) ist aber $[Z_{\mathbf{u}}, Z_{\mathbf{v}}] = Z_{[\mathbf{u},\mathbf{v}]}$. Daher ist der Wert von $-\boldsymbol{\omega} \cdot [Z_{\mathbf{u}}, Z_{\mathbf{v}}]$ im Punkt r_b gleich der rechten Seite von (20.3.3.2); dies ergibt sich aus (20.2.5.2) und der Tatsache, daß $D\boldsymbol{\omega}$ horizontal ist und die Vektoren $\mathbf{h}$ und $\mathbf{k}$ vertikal sind.

3° $\mathbf{h}$ ist vertikal, $\mathbf{k}$ ist horizontal; $\mathbf{h}$ ist dann wieder der Wert im Punkt r_b eines Feldes vertikaler Vektoren der Gestalt $Z_{\mathbf{u}}$ mit $\mathbf{u} \in \mathfrak{g}_e$. Andererseits haben wir in (20.2.3) gesehen, daß auf R ein Feld Y *horizontaler* Vektoren existiert, welches im Punkt r_b den Wert $\mathbf{k}$ annimmt. Die Formel (17.15.8.1) liefert hier

20.3.3.4. $d\boldsymbol{\omega} \cdot (Z_{\mathbf{u}} \wedge Y) = \theta_{Z_{\mathbf{u}}} \cdot (\boldsymbol{\omega} \cdot Y) - \theta_Y \cdot (\boldsymbol{\omega} \cdot Z_{\mathbf{u}}) - \boldsymbol{\omega} \cdot [Z_{\mathbf{u}}, Y]$.

Da $\boldsymbol{\omega}$ vertikal ist, ist $\boldsymbol{\omega} \cdot Y = 0$; ferner erkennt man wie in 2°, daß $\omega \cdot Z_{\mathbf{u}}$ konstant ist; daher reduziert sich die rechte Seite von (20.3.3.4) auf $-\boldsymbol{\omega} \cdot [Z_{\mathbf{u}}, Y]$. Da aber $\mathbf{h}$ vertikal und $D\boldsymbol{\omega}$ horizontal ist, ist die rechte Seite von (20.3.3.2) gleich Null; somit braucht man nur noch den folgenden Hilfssatz zu beweisen.

20.3.3.5. *Für jeden Vektor* $\mathbf{u} \in \mathfrak{g}_e$ *und jedes Feld* Y *horizontaler Vektoren auf* R *ist das Vektorfeld* $[Z_{\mathbf{u}}, Y]$ *auf* R *ein Feld horizontaler Vektoren.*

Aus der in (18.2.14) angegebenen Interpretation des Kommutators zweier Vektorfelder und der Tatsache, daß die Integralkurven des Feldes $Z_{\mathbf{u}}$ durch $t \to r \cdot \exp(t\mathbf{u})$ gegeben sind, ergibt sich nämlich, daß der Wert von $[Z_{\mathbf{u}}, Y]$ in einem Punkt $r \in R$ mit dem Grenzwert des Tangentialvektors im Punkt r

20.3.3.6. $$\frac{1}{t}\big(Y(r \cdot \exp(t\mathbf{u})) \cdot \exp(-t\mathbf{u}) - Y(r)\big)$$

für gegen 0 strebendes und von 0 verschiedenes $t \in \mathbf{R}$ übereinstimmt. Aufgrund von (20.2.3.2) ist aber dieser Vektor, also auch sein Grenzwert, horizontal.

Besteht der Basisraum B nur aus einem einzigen Punkt, so daß R mit der Gruppe G identifiziert werden kann, so gibt es nur einen einzigen Zusammenhang auf R, und die Definition (20.2.3.4) lehrt, daß die Form $\boldsymbol{\omega}$ nichts anderes ist als die in (19.16.1) definierte *kanonische* Differentialform. In diesem Fall gilt also

20.3.3.7. $d\boldsymbol{\omega} + [\boldsymbol{\omega}, \boldsymbol{\omega}] = 0$

(Gleichung von MAURER-CARTAN).

20.3.4. *Die Krümmungsform Ω genügt der Beziehung* $\mathsf{D}\Omega = 0$ (Identität von BIANCHI).

Aufgrund der Strukturgleichung gilt nämlich

$$\mathsf{D}\Omega = \mathsf{D}(d\boldsymbol{\omega}) + \mathsf{D}([\boldsymbol{\omega}, \boldsymbol{\omega}]) .$$

Nach Definition (20.3.2.1) ist $\mathsf{D}(d\boldsymbol{\omega}) = 0$, weil $d(d\boldsymbol{\omega}) = 0$ ist; da ferner die 2-Form $[\boldsymbol{\omega}, \boldsymbol{\omega}]$ vertikal ist, gilt, wie wir in (20.3.2) gesehen haben, $\mathsf{D}([\boldsymbol{\omega}, \boldsymbol{\omega}]) = 0$.

Aufgaben

1. In den Bezeichnungen von (20.3.1) sei $\varrho\colon G \to \boldsymbol{GL}(V)$ der Homomorphismus, für den $(s, v) \to \varrho(s^{-1}) \cdot v$ die Operation von rechts von G auf V ist, die wir betrachten. Für jede q-Differentialform $\boldsymbol{\alpha}$ auf R mit Werten in V bezeichnen wir mit $\boldsymbol{\omega} \wedge_\varrho \boldsymbol{\alpha}$ die $(q + 1)$-Differentialform auf R mit Werten in V, deren Wert durch

$$(\boldsymbol{\omega} \wedge_\varrho \boldsymbol{\alpha})\,(r_b) \cdot (\mathbf{h}_1 \wedge \mathbf{h}_2 \wedge \cdots \wedge \mathbf{h}_{q+1})$$
$$= \frac{1}{q!}\boldsymbol{a} \cdot \big(\varrho_*(\boldsymbol{\omega}(r_b) \cdot \mathbf{h}_1) \cdot (\boldsymbol{\alpha}(r_b) \cdot (\mathbf{h}_2 \wedge \mathbf{h}_3 \wedge \cdots \wedge \mathbf{h}_{q+1}))\big)$$

gegeben ist, wobei $\boldsymbol{a}$ der Operator der Alternierung ist (vgl. (A.12.2)). Man zeige: Ist $\boldsymbol{\alpha}$ *horizontal* und *invariant*, so gilt

$$d\boldsymbol{\alpha} = -\,\boldsymbol{\omega} \wedge_\varrho \boldsymbol{\alpha} + \mathsf{D}\boldsymbol{\alpha} .$$

(Wie in (20.6.3) betrachte man drei Fälle: Alle $\mathbf{h}_j$ $(1 \leqq j \leqq q + 1)$ sind horizontal, mindestens zwei von ihnen sind vertikal, ein einziger ist vertikal; im letzten Fall kann man annehmen, $\mathbf{h}_1$ sei der Wert eines Killingfeldes $Z_{\mathbf{u}}$, die $\mathbf{h}_j$ für $j \geqq 2$ seien horizontal, und sie seien die Werte von bezüglich der Operation von G invarianten Feldern; man benutze (19.4.4.3) und (19.8.11).)

Hieraus leite man her, daß

$$\mathsf{D}(\mathsf{D}\boldsymbol{\alpha}) = \Omega \wedge_\varrho \boldsymbol{\alpha}$$

ist, wobei die rechte Seite wie oben durch Alternierung definiert ist.

2. Unter den Voraussetzungen von Aufgabe 2a) von Abschnitt 20.2 zeige man: Sind Ω und Ω' die Krümmungsformen von $\mathfrak{P}$ bzw. $\mathfrak{P}'$, so gilt

$$\varrho_*(\Omega(r_b) \cdot (\mathbf{h} \wedge \mathbf{k})) = \Omega'(u(r_b)) \cdot \big((T_{r_b}(u) \cdot \mathbf{h}) \wedge (T_{r_b}(u) \cdot \mathbf{k})\big) .$$

Unter den Voraussetzungen von Aufgabe 2b) aus Abschnitt 20.2 zeige man, daß $\Omega' = {}^t u(\Omega)$ ist.

3. Es sei R ein Hauptfaserbündel mit der Basis B, der Gruppe G und der Projektion π. Ferner sei K eine Liesche Gruppe, die *von links* auf R operiert, so daß $t \cdot (r \cdot s) = (t \cdot r) \cdot s$ für $s \in G$ und $t \in K$ gilt; dann ist für jedes $t \in K$ die Abbildung $r \to t \cdot r$ ein *Automorphismus* des Hauptfaserbündels R. Es sei r_0 ein Punkt von R und S der Stabilisator von $\pi(r_0)$. Zu jedem $t \in S$ existiert genau ein Element $\varrho(t) \in G$ mit $t \cdot r_0 = r_0 \cdot \varrho(t)$, und ϱ ist ein Homomorphismus von S in G.

Es seien $\mathfrak{g}_e$, $\mathfrak{k}_e$, $\mathfrak{s}_e$ die Lieschen Algebren von G, K bzw. S. Für jeden Vektor $\mathbf{w} \in \mathfrak{k}_e$ setzen wir $Y_{\mathbf{w}}(r) = \mathbf{w} \cdot r$ (vgl. (19.3.7)).

a) Man setze voraus, auf R existiere ein bezüglich K *invarianter* Hauptzusammenhang. Ist ω die entsprechende Zusammenhangsform, so gilt $\theta_{Y_{\mathbf{w}}} \cdot \omega = 0$ (vgl. (19.8.11.3)). Hieraus leite man her, daß für jedes horizontale Vektorfeld X auf R und jedes $\mathbf{w} \in \mathfrak{k}_e$ das Vektorfeld $[Y_{\mathbf{w}}, X]$ horizontal ist.

b) Für jeden Vektor $\mathbf{w}$ aus $\mathfrak{k}_e$ setzen wir $\mathbf{f}(\mathbf{w}) = \omega(r_0) \cdot Y_{\mathbf{w}}(r_0)$; dann ist $\mathbf{f}$ eine lineare Abbildung von $\mathfrak{k}_e$ in $\mathfrak{g}_e$. Man zeige, daß $\mathbf{f}(\mathbf{w}) = \varrho_*(\mathbf{w})$ für $\mathbf{w} \in \mathfrak{s}_e$ gilt und daß für jedes $t \in S$ die Beziehung $\mathbf{f}\,(\mathrm{Ad}\,(t) \cdot \mathbf{w}) = \mathrm{Ad}\,(\varrho(t)) \cdot \mathbf{f}(\mathbf{w})$ erfüllt ist. (Man benutze (19.3.7.6) und (20.2.5.1).)

c) Man zeige: Ist Ω die Krümmungsform des auf R gegebenen Zusammenhangs, so gilt

$$\Omega(r_0) \cdot (Y_{\mathbf{v}}(r_0) \wedge Y_{\mathbf{w}}(r_0)) = [\mathbf{f}(\mathbf{v}), \mathbf{f}(\mathbf{w})] - \mathbf{f}([\mathbf{v}, \mathbf{w}])\,.$$

(Man benutze die Tatsache, daß $\theta_{Y_{\mathbf{w}}} \cdot \omega = 0$ ist.)

d) Nun setzen wir umgekehrt voraus, es sei eine lineare Abbildung $\mathbf{f}\colon \mathfrak{k}_e \to \mathfrak{g}_e$ gegeben, die den beiden Bedingungen von b) genügt; außerdem operiere K vermöge $t \cdot \pi(r) = \pi(t \cdot r)$ *transitiv* auf B. Man zeige, daß auf R genau ein bezüglich K invarianter Zusammenhang existiert derart, daß die Zusammenhangsform der Relation $\omega(r_0) \cdot Y_{\mathbf{w}}(r_0) = \mathbf{f}(\mathbf{w})$ für $\mathbf{w} \in \mathfrak{k}_e$ genügt. (Aus der vorausgesetzten Transitivität ergibt sich, daß zu jedem $r \in R$ und jedem Tangentialvektor $\mathbf{h}_r \in T_r(R)$ Elemente $t \in K$, $s \in G$, $\mathbf{w} \in \mathfrak{k}_e$ und $\mathbf{u} \in \mathfrak{g}_e$ existieren, für welche die Beziehungen $r_0 = t \cdot r \cdot s$ und $t \cdot \mathbf{h}_r \cdot s = \mathbf{w} \cdot r_0 + r_0 \cdot \mathbf{u}$ erfüllt sind. Man zeige, daß man eine Zusammenhangsform erhält, welche das Gewünschte leistet, wenn man

$$\omega(r) \cdot \mathbf{h}_r = \mathrm{Ad}\,(s) \cdot (\mathbf{f}(\mathbf{w}) + \mathbf{u})$$

setzt; die Eigenschaften von $\mathbf{f}$ garantieren, daß $\omega(r)$ zunächst von der Wahl von $\mathbf{w}$ und $\mathbf{u}$ und dann von der Wahl von t und s unabhängig ist. Um zu beweisen, daß ω der Klasse C^∞ angehört, benutze man einen lokalen Schnitt der als Hauptfaserbündel mit der Basis K/S aufgefaßten Menge K, um t, s, $\mathbf{w}$ und $\mathbf{u}$ in einer Umgebung eines Punktes von R zu wählen.)

e) Der $\mathbf{f}$ entsprechende Zusammenhang ist genau dann flach (vgl. (20.4.1)), wenn $\mathbf{f}$ ein Homomorphismus der Lieschen Algebra $\mathfrak{k}_e$ in die Liesche Algebra $\mathfrak{g}_e$ ist.

20.4. Beispiele von Hauptzusammenhängen

20.4.1. Auf einem trivialen Hauptfaserbündel $R = B \times G$ definieren wir einen (den sogenannten *trivialen*) Zusammenhang $\mathfrak{P}$, indem wir als $\mathfrak{P}_b(\mathbf{k}, (b, s))$ das Bild von $\mathbf{k}$ vermöge der linearen Abbildung wählen, welche die Abbildung $x \to (x, s)$ von B in R im Punkt b berührt. In einem Punkt (b, s) von R läßt sich der Tangentialraum mit $T_b(B) \times T_s(G)$ identifizieren, so daß $\mathfrak{P}_b(\mathbf{k}, (b, s)) = (\mathbf{k}, 0)$ ist. Für jedes Vektorfeld X auf B ist die horizontale Liftung $\tilde{X}$ daher durch $\tilde{X}(b, s) = (X(b), 0)$ gegeben; hieraus ergibt sich sofort, daß für zwei Vektorfelder X und Y auf B der Kommutator $[\tilde{X}, \tilde{Y}]$ die horizontale Liftung von $[X, Y]$ ist. Aus (17.15.8.1) folgt dann, daß für je zwei horizontale Tangentialvektoren $\mathbf{h}$ und $\mathbf{k}$ in $T_{(b,s)}(R)$ die Beziehung $d\omega \cdot (\mathbf{h} \wedge \mathbf{k}) = 0$ gilt, daß also die *Krümmungsform* $\Omega = D\omega$ Null ist.

Nun sei umgekehrt $\boldsymbol{\Omega} = 0$ für einen Hauptzusammenhang auf einem Hauptfaserbündel R. Sind X und Y zwei horizontale Vektorfelder auf R, so ist also $d\boldsymbol{\omega} \cdot (\mathrm{X} \wedge \mathrm{Y}) = 0$, und die Formel (17.15.8.1) zeigt, daß dann auch $\boldsymbol{\omega} \cdot [\mathrm{X}, \mathrm{Y}] = 0$ ist, mit anderen Worten, daß $[\mathrm{X}, \mathrm{Y}]$ ebenfalls ein horizontales Vektorfeld ist. Das läßt sich auch so interpretieren, daß man sagt, das Richtungsfeld $r \to H_r$ sei *vollständig integrierbar* (vgl. (18.14.5)); nach (18.14.2) existiert also zu jedem Punkt $b \in B$ eine offene Umgebung U von b in B und ein Schnitt $\boldsymbol{h}$ von R über U, welcher der Klasse C^∞ angehört und so beschaffen ist, daß der Tangentialraum in jedem Punkt der Untermannigfaltigkeit $\boldsymbol{h}(U)$ von R horizontal ist; das gleiche gilt aufgrund von (20.2.3) für alle durch Translation vermöge G erhaltenen Schnitte $x \to \boldsymbol{h}(x) \cdot s$ (für $s \in G$). Daraus ergibt sich, daß $\varphi\colon (x, s) \to \boldsymbol{h}(x) \cdot s$ ein Diffeomorphismus von $U \times G$ auf $\pi^{-1}(U)$ ist und daß das Bild des auf $\pi^{-1}(U)$ gegebenen Zusammenhangs vermöge φ^{-1} der *triviale* Zusammenhang auf $U \times G$ ist. Wir nennen einen Hauptzusammenhang, dessen Krümmungsform Null ist, einen *flachen* Zusammenhang.

20.4.2. Es seien G eine Liesche Gruppe, H eine Liesche Untergruppe von G, ferner $\mathfrak{g}_e$ und $\mathfrak{h}_e$ ihre Lieschen Algebren. Man kann G als Hauptfaserbündel mit der Gruppe H (die vermöge Rechtstranslation auf G operiert) und der Basis G/H ansehen (vgl. (16.14.2)). Wir stellen uns das Problem, zu untersuchen, wann ein Hauptzusammenhang auf der (als Hauptfaserbündel mit der Gruppe H aufgefaßten) Gruppe G *invariant bezüglich* G ist (wobei G vermöge Linkstranslationen auf G operiert), d. h., wann für die 1-Form $\boldsymbol{\omega}_H$ dieses Zusammenhangs

20.4.2.1. $\gamma(s)\,\boldsymbol{\omega}_H = \boldsymbol{\omega}_H$ für jedes $s \in G$

gilt (dabei wird G als trivial auf $\mathfrak{g}_e$ operierend aufgefaßt). Ausführlicher: Aus (19.1.9.2) erhält man

20.4.2.2. $\boldsymbol{\omega}_H(x) \cdot \mathbf{h}_x = \boldsymbol{\omega}_H(sx) \cdot (s \cdot \mathbf{h}_x)$

für alle $s, x \in G$ und $\mathbf{h}_x \in T_x(G)$. Wir betrachten die vektorielle Form $\boldsymbol{\omega}_H(e)$, die nach Definition (20.2.5) ein *Projektionsoperator* von $\mathfrak{g}_e$ auf $\mathfrak{h}_e$ ist; $\mathfrak{m}$ sei der Kern, also ein zur Lieschen Unteralgebra $\mathfrak{h}_e$ *komplementärer Teilraum* von $\mathfrak{g}_e$. Aus (20.2.5.1) ergibt sich, daß für jeden Vektor $\mathbf{u} \in \mathfrak{g}_e$ und jedes $t \in H$

$$\boldsymbol{\omega}_H(t) \cdot (\mathbf{u} \cdot t) = \mathrm{Ad}\,(t^{-1})\,\big(\boldsymbol{\omega}_H(e) \cdot \mathbf{u}\big)$$

gelten muß; dies läßt sich nach (20.4.2.2) auch in der Gestalt

$$\boldsymbol{\omega}_H(e) \cdot (t^{-1} \cdot \mathbf{u} \cdot t) = \mathrm{Ad}\,(t^{-1}) \cdot \big(\boldsymbol{\omega}_H(e) \cdot \mathbf{u}\big)$$

oder auch in der Gestalt

20.4.2.3. $\boldsymbol{\omega}_H(e) \circ \mathrm{Ad}\,(t^{-1}) = \mathrm{Ad}\,(t^{-1}) \circ \boldsymbol{\omega}_H(e)$

schreiben; insbesondere ergibt sich hieraus

20.4.2.4. $\mathrm{Ad}\,(t) \cdot \mathfrak{m} \subset \mathfrak{m}$ *für alle* $t \in H$.

Nehmen wir *umgekehrt* an, in $\mathfrak{g}_e$ existierte ein zu $\mathfrak{h}_e$ komplementärer Vektorteilraum $\mathfrak{m}$ derart, daß (20.4.2.4) für jedes $t \in H$ erfüllt ist (dann nennen wir den homogenen Raum G/H *schwach reduktiv*). Der Projektionsoperator P von $\mathfrak{g}_e$

auf $\mathfrak{h}_e$ mit dem Kern $\mathfrak{m}$ ist dann mit Ad (t) *vertauschbar*, da Ad (t) ein Endomorphismus des Vektorraumes $\mathfrak{g}_e$ ist, der $\mathfrak{h}_e$ und $\mathfrak{m}$ invariant läßt. Für jedes $s \in G$ setzt man $\boldsymbol{\omega}_H(s) \cdot (s \cdot \mathbf{u}) = \mathrm{P} \cdot \mathbf{u}$; dann verifiziert man unmittelbar, daß $\boldsymbol{\omega}_H$ die 1-Form eines Zusammenhangs ist, der das Gewünschte leistet. Man erhält so eine *umkehrbar eindeutige* kanonische *Beziehung* zwischen der Menge der bezüglich G invarianten Zusammenhänge und der Menge der zu $\mathfrak{h}_e$ komplementären Teilräume $\mathfrak{m}$ in $\mathfrak{g}_e$, die (20.4.2.4) erfüllen. Durch Übertragung der Struktur ergibt sich offenbar, daß die Krümmungsform $\boldsymbol{\Omega}_H$ dann ebenfalls invariant bezüglich G ist (wobei G durch Linkstranslationen operiert); sie wird durch

20.4.2.5. $\quad \boldsymbol{\Omega}_H(s) \cdot (s \cdot \mathbf{u} \wedge s \cdot \mathbf{v}) = -\mathrm{P} \cdot [\mathbf{u}, \mathbf{v}] \qquad$ für $\mathbf{u}, \mathbf{v} \in \mathfrak{g}_e$

gegeben. Man braucht ja nur $d\boldsymbol{\omega}_H\,(\mathrm{X}_{\mathbf{u}} \wedge \mathrm{X}_{\mathbf{v}})$ für $\mathbf{u}, \mathbf{v} \in \mathfrak{m}$ nach der Formel (17.15.8.1) zu berechnen, indem man feststellt, daß vermöge Strukturübertragung $\boldsymbol{\omega}_H \cdot \mathrm{X}_{\mathbf{u}}$ eine *konstante* Funktion auf G ist.

Ist H *zusammenhängend*, so ist die Bedingung (20.4.2.4) mit der Bedingung

20.4.2.6. $\quad [\mathfrak{h}_e, \mathfrak{m}] \subset \mathfrak{m}$

äquivalent; dies folgt aus (19.11.2.4).

20.4.3. Einen wichtigen Spezialfall erhält man, wenn man voraussetzt, es sei ein *involutiver Automorphismus* $\sigma \neq 1_G$ einer Lieschen Gruppe G gegeben, d. h. ein Automorphismus mit $\sigma^2 = 1_G$. Offenbar ist die Menge H der bezüglich σ invarianten Punkte von G eine abgeschlossene Untergruppe von G, nach (19.10.1) also eine *Liesche Untergruppe*. Der abgeleitete Homomorphismus σ_* der Lieschen Algebra $\mathfrak{g}_e$ ist dann ein *involutiver Automorphismus* dieser Algebra; da für jedes $\mathbf{u} \in \mathfrak{g}_e$ nach (19.8.9) ja $\exp\big(t\sigma_*(\mathbf{u})\big) = \sigma\big(\exp(t\mathbf{u})\big)$ für $t \in \boldsymbol{R}$ gilt und die Relation

$$\exp\big(t\sigma_*(\mathbf{u})\big) = \exp(t\mathbf{u})$$

für jedes $t \in \boldsymbol{R}$ zu $\sigma_*(\mathbf{u}) = \mathbf{u}$ äquivalent ist (vgl. (19.8.6)), ist die Menge der bezüglich σ_* invarianten Vektoren die *Liesche Algebra* $\mathfrak{h}_e$ von H. Für $r \in G$ und $s \in H$ gilt definitionsgemäß

$$\sigma(srs^{-1}) = s\sigma(r)\,s^{-1}\,,$$

und wenn man die abgeleiteten Homomorphismen der beiden Seiten (als Funktionen von r) bildet, erhält man

20.4.3.1. $\quad \sigma_* \circ \mathrm{Ad}\,(s) = \mathrm{Ad}\,(s) \circ \sigma_*\,.$

Als involutiver Automorphismus des Vektorraumes $\mathfrak{g}_e$ hat σ_* zwei Eigenwerte 1 und -1, und $\mathfrak{g}_e$ ist direkte Summe von $\mathfrak{h}_e$ und des dem Eigenwert -1 entsprechenden Eigenraumes $\mathfrak{m}$. Aus (20.4.3.1) erhält man dann Ad $(s) \cdot \mathfrak{m} \subset \mathfrak{m}$ für jedes $s \in H$. Hieraus ergibt sich: Bezeichnet H_0 die zusammenhängende Komponente von H, so kann man für jede Liesche Untergruppe H_1 von G mit $H_0 \subset H_1 \subset H$ (d. h. für jede Untergruppe von H mit der Lieschen Algebra $\mathfrak{h}_e$) auf der (als Hauptfaserbündel mit der Basis G/H_1 aufgefaßten) Gruppe G einen Hauptzusammenhang $\mathfrak{P}$ definieren, der linksinvariant bezüglich G ist und für den $\boldsymbol{\omega}_{H_1}(e)$ der Projektionsoperator von $\mathfrak{g}_e$ auf $\mathfrak{h}_e$ mit dem Kern $\mathfrak{m}$ ist.

Der Hauptzusammenhang $\mathfrak{P}$ ist der *einzige Hauptzusammenhang auf* G (wenn G als Hauptfaserbündel mit der Strukturgruppe H_1 und der Basis G/H_1 angesehen wird), *der bezüglich* G *und bezüglich des Automorphismus* σ *invariant ist.* Nach (20.4.2) ist nämlich die 1-Form eines solchen Zusammenhanges durch ihren Wert im Punkt e bestimmt, welcher ein Projektionsoperator von $\mathfrak{g}_e$ auf $\mathfrak{h}_e$ mit dem Kern $\mathfrak{m}'$ ist. Das Bild dieses Zusammenhanges vermöge σ ist ebenfalls bezüglich G invariant, entspricht daher (wegen $\sigma(H_1) = H_1$), vermöge Übertragung der Struktur, einem Projektionsoperator von $\mathfrak{g}_e$ auf $\mathfrak{h}_e$ mit dem Kern $\sigma_*(\mathfrak{m}')$; der einzige zu $\mathfrak{h}_e$ in $\mathfrak{g}_e$ komplementäre Teilraum $\mathfrak{m}'$ mit $\sigma_*(\mathfrak{m}') = \mathfrak{m}'$ ist aber der Teilraum $\mathfrak{m}$. Damit ist unsere Behauptung bewiesen.

Es zeigt sich, daß in diesem Fall wegen $\sigma_*(\mathbf{u}) = -\mathbf{u}$ für $\mathbf{u} \in \mathfrak{m}$ die Beziehung $\sigma_*([\mathbf{u}, \mathbf{v}]) = [\sigma_*(\mathbf{u}), \sigma_*(\mathbf{v})] = [\mathbf{u}, \mathbf{v}]$ für $\mathbf{u}, \mathbf{v} \in \mathfrak{m}$ gilt, also die Beziehung

20.4.3.2. $[\mathfrak{m}, \mathfrak{m}] \subset \mathfrak{h}_e$

(vgl. Aufgabe 2). Die Krümmungsform im Punkt e ist somit durch

20.4.3.3. $\Omega_H(e) \cdot (\mathbf{u} \wedge \mathbf{v}) = -[\mathbf{u}, \mathbf{v}] \qquad$ für $\mathbf{u} \in \mathfrak{m}, \mathbf{v} \in \mathfrak{m}$

gegeben (horizontale Vektoren im Punkt e).

Wir nennen (G, H_1) ein *symmetrisches Paar*, wenn es in der beschriebenen Weise mittels eines involutiven Automorphismus σ von G entsteht; der homogene Raum G/H_1 wird der (durch σ definierte) *symmetrische homogene Raum* von G genannt und der Zusammenhang $\mathfrak{P}$ der *kanonische Hauptzusammenhang* auf G (wobei G als Hauptfaserbündel mit der Gruppe H_1 und der Basis G/H_1 angesehen wird).

Aufgaben

1. Man zeige: Ist R ein Hauptfaserbündel mit einer einfach zusammenhängenden Basis B und existiert über R ein flacher Zusammenhang, so ist R trivialisierbar.

2. In den Bezeichnungen von (20.4.2) gebe man ein Beispiel an, in dem zwar die Relation (20.4.2.6) erfüllt ist, aber (20.4.3.2) nicht gilt (vgl. Abschnitt 19.14, Aufgabe 4).

3. In den Bezeichnungen von Aufgabe 3 aus Abschnitt 20.3 existiere in der Lieschen Algebra $\mathfrak{k}_e$ ein zu $\mathfrak{s}_e$ komplementärer Teilraum $\mathfrak{m}$, für welchen $\mathrm{Ad}(t) \cdot \mathfrak{m} \subset \mathfrak{m}$ für jedes $t \in S$ gilt. Dann gibt es eine kanonische eineindeutige Beziehung zwischen den bezüglich K invarianten Hauptzusammenhängen auf R und der Menge der linearen Abbildungen $\mathbf{f}_\mathfrak{m}\colon \mathfrak{m} \to \mathfrak{g}_e$ mit $\mathbf{f}_\mathfrak{m}(\mathrm{Ad}(t) \cdot \mathbf{w}) = \mathrm{Ad}(\varrho(t)) \cdot \mathbf{f}_\mathfrak{m}(\mathbf{w})$ für $t \in S$ und $\mathbf{w} \in \mathfrak{m}$, wobei $\mathbf{f}_\mathfrak{m}$ die Einschränkung der in Abschnitt 20.3, Aufgabe 3, betrachteten Abbildung $\mathbf{f}$ auf $\mathfrak{m}$ ist. Der der Abbildung $\mathbf{f}_\mathfrak{m} = 0$ entsprechende Zusammenhang auf R wird (bezüglich des vorgegebenen Teilraumes $\mathfrak{m}$) *kanonisch* genannt.

4. Die Aufgabe 3 läßt sich insbesondere auf den Fall anwenden, daß R die Stiefelsche Mannigfaltigkeit $\boldsymbol{S}_{n,p}(\boldsymbol{R})$ ist; dann ist $K = \boldsymbol{O}(n)$, $S = \boldsymbol{O}(n-p) \times \boldsymbol{O}(p)$, $G = \boldsymbol{O}(p)$; für $\mathfrak{m}$ kann man den aus den Matrizen n-ter Ordnung der Gestalt

$$\begin{pmatrix} 0 & -{}^tY \\ Y & 0 \end{pmatrix}$$

bestehenden Vektorraum nehmen, wobei Y eine beliebige Matrix mit $n - p$ Zeilen und p-Spalten ist; der Punkt r_0 werde als die Matrix

$$\mathrm{E} = \begin{pmatrix} \mathrm{I}_p \\ 0 \end{pmatrix}$$

gewählt (vgl. Abschnitt 19.7, Aufgabe 9), die Elemente von $\boldsymbol{S}_{n,p}(\boldsymbol{R})$ sind dann die Matrizen $\mathrm{U} = \mathrm{S} \cdot \mathrm{E}$, wobei S die Gruppe $\boldsymbol{O}(n)$ durchläuft. Man kann auch sagen, die Matrizen $\mathrm{U} \in \boldsymbol{S}_{n,p}(\boldsymbol{R})$ seien in $\boldsymbol{R}^{np}$ durch die Relation ${}^t\mathrm{U} \cdot \mathrm{U} = \mathrm{I}_p$ charakterisiert. Der Tangentialraum an $\boldsymbol{S}_{n,p}(\boldsymbol{R})$ im Punkt $\mathrm{U} = \mathrm{S} \cdot \mathrm{E}$ läßt sich mit der Menge der Matrizen $\mathrm{S} \cdot \begin{pmatrix} \mathrm{X} \\ \mathrm{Y} \end{pmatrix}$ identifizieren, wobei $\mathrm{X} \in \mathfrak{o}(p)$ eine schiefsymmetrische Matrix und Y eine beliebige Matrix mit $n - p$ Zeilen und p Spalten ist. Ist $\boldsymbol{\omega}$ die Zusammenhangsform des kanonischen Zusammenhanges auf $\boldsymbol{S}_{n,p}(\boldsymbol{R})$ (vgl. Aufgabe 3), so ordnet $\omega(\mathrm{U})$ der genannten Matrix $\mathrm{S} \cdot \begin{pmatrix} \mathrm{X} \\ \mathrm{Y} \end{pmatrix}$ die Matrix $\mathrm{X} \in \mathfrak{o}(p)$ zu. Dafür kann man auch $\boldsymbol{\omega} = {}^t\mathrm{U} \cdot d\mathrm{U}$ schreiben, wobei (nicht ganz korrekt) $d\mathrm{U}$ die Einschränkung des Differentials der identischen Abbildung $\boldsymbol{R}^{np} \to \boldsymbol{R}^{np}$ auf $\boldsymbol{S}_{n,p}(\boldsymbol{R})$ bezeichnet und $\mathfrak{o}(p)$ kanonisch mit dem Raum der Matrizen $\begin{pmatrix} \mathrm{X} \\ 0 \end{pmatrix}$ von $\boldsymbol{R}^{np}$ mit schiefsymmetrischem X identifiziert wird.

In entsprechender Weise untersuche man die komplexen Stiefelschen Mannigfaltigkeiten $\boldsymbol{S}_{n,p}(\boldsymbol{C})$, wobei die orthogonalen Gruppen durch die unitären Gruppen zu ersetzen sind; die Form des kanonischen Zusammenhangs ist hier $\boldsymbol{\omega} = {}^t\overline{\mathrm{U}} \cdot d\mathrm{U}$ (dabei bezeichnet $\overline{\mathrm{U}}$ die komplex-Konjugierte von U).

5. a) Es sei Z ein trivialisierbares Hauptfaserbündel mit der Basis B, der Gruppe $\boldsymbol{U}(p)$ und der Projektion π; ferner sei σ ein Schnitt der Klasse C^∞ von Z über B. Wir setzen voraus, auf B seien endlich viele Funktionen F_j $(1 \leqq j \leqq N)$ mit Werten in $\boldsymbol{M}_p(\boldsymbol{C})$ gegeben derart, daß $\sum_{j=1}^{N} {}^t\overline{\mathrm{F}}_j \cdot \mathrm{F}_j = \mathrm{I}_p$ identisch auf B gilt. Durch

$$\mathrm{H}(z) = \begin{pmatrix} \mathrm{F}_1(\pi(z)) \\ \vdots \\ \mathrm{F}_N(\pi(z)) \end{pmatrix} \cdot \mathrm{V}(z)$$

sei eine Abbildung H der Klasse C^∞ von Z in den Raum

$$\boldsymbol{C}^{Np^2} = \boldsymbol{M}_{Np,p}(\boldsymbol{C})$$

der Matrizen mit Np Zeilen und p Spalten definiert, wobei $\mathrm{V}(z) \in \boldsymbol{U}(p)$ die unitäre Matrix mit $z = \sigma(\pi(z)) \cdot \mathrm{V}(z)$ ist. Man zeige, daß ${}^t\overline{\mathrm{H}}(z) \cdot \mathrm{H}(z) = \mathrm{I}_p$, also H eine Abbildung von Z in die Stiefelsche Mannigfaltigkeit $\boldsymbol{S}_{Np,p}(\boldsymbol{C})$ ist; außerdem definiert diese Abbildung einen Morphismus von Hauptfaserbündeln (mit derselben Gruppe $\boldsymbol{U}(p)$). Man zeige, daß das inverse Bild $({}^t\mathrm{H} \circ \sigma)\,(\boldsymbol{\omega})$ der Zusammenhangsform $\boldsymbol{\omega}$ des kanonischen Zusammenhangs auf $\boldsymbol{S}_{Np,p}(\boldsymbol{C})$ (vgl. Aufgabe 4) die vektorielle 1-Differentialform $\sum_{j=1}^{N} {}^t\overline{\mathrm{F}} \cdot dF_j$ auf B ist, mit Werten in der Lieschen Algebra $\mathfrak{u}(p)$ von $\boldsymbol{U}(p)$.

b) Es sei V eine offene Teilmenge von $\boldsymbol{R}^m$ und A eine positiv definite hermitesche Matrix der Ordnung p, ferner f eine auf V beschränkte streng positive Funktion der Klasse C^∞, schließlich c eine solche Konstante, für welche die hermitesche Matrix $c\mathrm{I}_p - f^2(x)\,\mathrm{A}^2$ für jedes $x \in V$ positiv definit ist, und $\mathrm{F}_2(x)$ die positive hermitesche

Quadratwurzel daraus (vgl. (15.11.12)). Man zeige: Setzt man für eine reelle Konstante a

$$F_1(x) = f(x)\, e^{ai\xi^1} A^2 ,$$

so gilt

$$^t\overline{F}_1(x) \cdot F_1(x) + {}^t\overline{F}_2(x) \cdot F_2(x) = c I_p$$

und

$$^t\overline{F}_1 \cdot dF_1 + {}^t\overline{F}_2 \cdot dF_2 = a i f^2 A^2\, d\xi^1 ;$$

das letzte ist eine vektorielle 1-Differentialform mit Werten in $\mathfrak{u}(p)$.

c) Aus b) leite man her, daß zu *jeder* beschränkten und der Klasse C^∞ angehörenden vektoriellen 1-Differentialform $\boldsymbol{\alpha}$ auf V mit Werten in $\mathfrak{u}(p)$ eine nur von der Dimension m von V abhängende ganze Zahl N und N Abbildungen F_j von V in $\boldsymbol{M}_p(\boldsymbol{C})$ existieren derart, daß die Relationen

$$\sum_{j=1}^{N} {}^t\overline{F}_j \cdot F_j = I_p \quad \text{und} \quad \sum_{j=1}^{N} {}^t\overline{F}_j \cdot dF_j = \boldsymbol{\alpha}$$

identisch erfüllt sind. (Man stelle fest, daß der Vektorraum $\mathfrak{u}(p)$ eine Basis hat, die aus den Matrizen iA_k besteht, wobei die A_k positiv definite hermitesche Matrizen sind.)

d) Aus a) und c) leite man her, daß zu *jedem* Hauptfaserbündel Z mit der Strukturgruppe $\boldsymbol{U}(p)$ und einem reinen n-dimensionalen Basis B und *jedem* Hauptzusammenhang $\mathfrak{P}$ auf Z eine nur von n und p abhängende ganze Zahl N und ein Morphismus $(u, 1_{\boldsymbol{U}(p)})$ von Z in $\boldsymbol{S}_{N,p}(\boldsymbol{C})$ existieren derart, daß $\mathfrak{P}$ inverses Bild des kanonischen Zusammenhangs auf $\boldsymbol{S}_{N,p}(\boldsymbol{C})$ vermöge u ist (vgl. Abschnitt 20.2, Aufgabe 2). (Man benutze die Aufgaben 10 und 11 von Abschnitt 16.25 und stelle fest, daß in (16.4.1) die Funktionen, welche die Zerlegung der Einheit bilden, so gewählt werden können, daß sie Quadrate von Funktionen der Klasse C^∞ sind.)

20.5. Zu einem Hauptzusammenhang assoziierte lineare Zusammenhänge

20.5.1. Es sei R ein Hauptfaserbündel über der Basis M mit der Strukturgruppe G und der Projektion π, ferner F ein endlichdimensionaler reeller Vektorraum und ϱ eine *lineare Darstellung* von G über F, so daß G vermöge $(s, \mathbf{y}) \to \varrho(s) \cdot \mathbf{y}$ linear von links auf F operiert. Bekanntlich (vgl. (20.1.3)) ist das zu R assoziierte Faserbündel $E = R \times^G F$ vom Fasertyp F kanonisch mit der Struktur eines reellen Vektorraumbündels ausgestattet.

Wir nehmen jetzt an, auf R sei ein *Hauptzusammenhang* $\mathfrak{P}$ gegeben; wir wollen in kanonischer Weise daraus einen *linearen Zusammenhang* $\mathbf{C}$ (vgl. (17.16.3)) auf E herleiten. Zu jedem $x \in M$ und jedem Vektor $\mathbf{u}_x \in E_x$ gibt es ein $r_x \in R_x$ und ein $\mathbf{y} \in F$ derart, daß $\mathbf{u}_x = r_x \cdot \mathbf{y}$ ist (vgl. (16.14.7)). Für jeden Tangentialvektor $\mathbf{k}_x \in T_x(M)$ setzen wir — in den Bezeichnungen von (16.14.7.3) —

20.5.1.1. $\mathbf{C}_x(\mathbf{k}_x, \mathbf{u}_x) = \mathfrak{P}_x(\mathbf{k}_x, r_x) \cdot \mathbf{y}$.

Zunächst müssen wir zeigen, daß diese Definition nicht von der Wahl des Paares $(r_x, \mathbf{y})$ mit $r_x \cdot \mathbf{y} = \mathbf{u}_x$ abhängt. Jedes andere Paar hat die Gestalt $\big(r_x \cdot s, \varrho(s^{-1}) \cdot \mathbf{y}\big)$ mit $s \in G$, und nach (20.2.2.4) und (16.14.7.4) gilt

$$\mathfrak{P}_x(\mathbf{k}_x, r_x \cdot s) \cdot \big(\varrho(s^{-1}) \cdot \mathbf{y}\big) = \big(\mathfrak{P}_x(\mathbf{k}_x, r_x) \cdot s\big) \cdot \big(\varrho(s^{-1}) \cdot \mathbf{y}\big)$$
$$= \mathfrak{P}_x(\mathbf{k}_x, r_x) \cdot \mathbf{y}\,,$$

womit diese Unabhängigkeit bewiesen ist. Ist ferner π_F die kanonische Projektion von E auf M, so gilt $\pi_F(r \cdot \mathbf{y}) = \pi(r)$ für $r \in R$ und $\mathbf{y} \in F$, also

$$T(\pi_F) \cdot \mathbf{C}_x(\mathbf{k}_x, \mathbf{u}_x) = T(\pi) \cdot \mathfrak{P}_x(\mathbf{k}_x, r_x) = \mathbf{k}_x\,.$$

Setzen wir jetzt $m(r_x, \mathbf{y}) = r_x \cdot \mathbf{y}$, so erhalten wir

$$m(.,\alpha\mathbf{y} + \beta\mathbf{y}') = \alpha m(.,\mathbf{y}) + \beta m(.,\mathbf{y}');$$

gehen wir zu den linearen tangentialen Abbildungen dieser Abbildungen von R in E über, so finden wir für jeden Tangentialvektor $\mathbf{h} \in T_{r_x}(R)$ die Beziehung

$$\mathbf{h} \cdot (\alpha\mathbf{y} + \beta\mathbf{y}') = \alpha\mathbf{h} \cdot \mathbf{y} + \beta\mathbf{h} \cdot \mathbf{y}'\,,$$

wobei die Summe auf der rechten Seite in der Faser $T(E)_{T(\pi)\cdot\mathbf{h}}$ des als Vektorbündel über $T(M)$ aufgefaßten Raumes $T(E)$ zu bilden ist. Damit ist gezeigt, daß

$$\mathbf{u}_x \to \mathbf{C}_x(\mathbf{k}_x, \mathbf{u}_x)$$

eine lineare Abbildung von E_x in $\big(T(E)\big)_{\mathbf{k}_x}$ ist. Da andererseits $\mathbf{k} \to \mathfrak{P}_x(\mathbf{k}_x, r_x)$ eine lineare Abbildung von $T_x(M)$ in $T_{r_x}(R)$ ist, ist $\mathbf{k}_x \to \mathbf{C}_x(\mathbf{k}_x, \mathbf{u}_x)$ eine lineare Abbildung von $T_x(M)$ in $T_{\mathbf{u}_x}(E)$. Um schließlich einzusehen, daß $\mathbf{C}$ eine Abbildung der Klasse C^∞ ist, genügt es, sich auf den Fall zu beschränken, daß $R = M \times G$ trivial und M eine offene Teilmenge des $\boldsymbol{R}^n$ ist. Dann läßt sich E mit dem trivialen Bündel $M \times F$ identifizieren, und wenn $\mathbf{C}_x\big((x, \mathbf{k}), (x, \mathbf{y})\big) = \big((x, \mathbf{y}), (\mathbf{k}, -\Gamma_x(\mathbf{k}, \mathbf{y}))\big)$ die lokale Darstellung von $\mathbf{C}$ ist, gilt — in den Bezeichnungen von (20.2.2) —

$$\Gamma_x(\mathbf{k}, \mathbf{y}) = -\varrho_*(\mathrm{Q}(x) \cdot \mathbf{k}) \cdot \mathbf{y}\,;$$

dabei ist, wie schon früher, ϱ_* ein Homomorphismus von $\mathfrak{g}_e$ in End $(F) = \mathfrak{gl}(F)$. Hieraus folgt unsere Behauptung.

20.5.2. *Umgekehrt* kann man für jedes Vektorbündel E über einem reindimensionalen Basisraum M und jeden linearen Zusammenhang $\mathbf{C}$ auf E annehmen, daß $\mathbf{C}$ in der in (20.5.1) beschriebenen Weise aus einem wohlbestimmten Hauptzusammenhang $\mathfrak{P}$ auf dem *Repèrebündel* $R = \operatorname{Isom}(M \times F, E)$ hergeleitet ist, wobei E mit einem zu R assoziierten Bündel vom Fasertyp F identifiziert ist $\big($vgl. (20.1.3)$\big)$. Es genügt, das in (20.2.1) skizzierte Verfahren zu wiederholen. Zu diesem Zweck stellen wir fest, daß für jedes $r_x \in R_x = \operatorname{Isom}(F, E_x)$ und jeden Tangentialvektor $\mathbf{h} \in T_{r_x}(R)$ die Abbildung $\mathrm{U}(\mathbf{h})\colon \mathbf{y} \to \mathbf{h} \cdot \mathbf{y}$ $\big($in den Bezeichnungen von (16.14.7.3)$\big)$ eine lineare Abbildung von F in $\big(T(E)\big)_{\mathbf{k}_x}$ ist, wobei $\mathbf{k}_x = T(\pi) \cdot \mathbf{h} = T(p) \cdot (\mathbf{h} \cdot \mathbf{y})$ ist (π und p seien die Projektionen der Bündel R bzw. E). Für festes $\mathbf{k}_x \in T_x(M)$ ist die Abbildung $\mathbf{h} \to \mathrm{U}(\mathbf{h})$ von $\big(T(R)\big)_{\mathbf{k}_x}$ in $\operatorname{Hom}\big(F, (T(E))_{\mathbf{k}_x}\big)$ ein *Isomorphismus.* Man kann sich nämlich auf den Fall beschränken, daß $E = M \times E_0$ trivial und M eine offene Teilmenge des

$\boldsymbol{R}^n$ ist; in diesem Fall ist $R = M \times \mathrm{Isom}\,(F, E_0)$. Ist $r_x = (x, u_0)$ und $\mathbf{k}_x = (x, \mathbf{k})$, so sind die $\mathbf{h} \in \big(T(R)\big)_{\mathbf{k}_x}$ die Tangentialvektoren der Gestalt $\big((x, u_0), (\mathbf{k}, u_0 \circ v)\big)$, wobei v die Menge $\mathrm{End}\,(F)$ durchläuft, und es ist $\mathbf{h} \cdot \mathbf{y} = \big((x, u_0(\mathbf{y})), (\mathbf{k}, u_0(v(\mathbf{y})))\big)$; hieraus folgt unsere Behauptung, da u_0 bijektiv ist. Es genügt dann festzustellen, daß die Abbildung

$$\mathbf{y} \to \mathbf{C}_x(\mathbf{k}_x, r_x \cdot \mathbf{y})$$

eine lineare Abbildung von F in $\big(T(E)\big)_{\mathbf{k}_x}$ ist; es gibt daher nach dem Vorhergehenden einen *eindeutig bestimmten Tangentialvektor* $\mathfrak{P}_x(\mathbf{k}_x, r_x)$ in $\big(T(R)\big)_{\mathbf{k}_x}$, der (20.5.1.1) für jedes $\mathbf{y} \in F$ erfüllt. Offenbar genügt die so definierte Abbildung $\mathfrak{P}$ den Bedingungen (20.2.2.2) und (20.2.2.3). Da man sich auf den Fall beschränken kann, daß E trivial ist, sieht man, daß $\mathfrak{P}$ der Klasse C^∞ angehört; schließlich erfüllt $\mathfrak{P}$ aufgrund der Definition die Bedingung (20.2.2.4), da $(r_x \cdot s) \cdot \mathbf{y} = r_x \cdot (s \cdot \mathbf{y})$ für $s \in \boldsymbol{GL}(F)$ gilt.

20.5.3. Wir werden sehen, daß diese Zuordnung eines Hauptzusammenhangs zu einem gegebenen linearen Zusammenhang es ermöglicht, die Operationen der *kovarianten Ableitung eines Schnittes von* E (bezüglich $\mathbf{C}$) nach einem Tangentialvektor an M $\big($vgl. (17.17.2.1)$\big)$ und des *kovarianten äußeren Differentials* (bezüglich $\mathbf{C}$) einer Differentialform auf M mit Werten in E $\big($vgl. (17.19.3)$\big)$ auf wesentlich elementarere Operationen auf dem *Hauptfaserbündel* R zurückzuführen, nämlich einerseits auf die *Liesche Ableitung* einer *Funktion* auf R mit Werten in einem Vektorraum, andererseits auf die *kovariante äußere Differentiation* (bezüglich $\mathfrak{P}$) $\big($vgl. (20.3.2)$\big)$ einer vektoriellen Differentialform auf R.

Es sei also $\mathbf{s}$ ein Schnitt der Klasse C^∞ von E über einer Umgebung von x, und es sei r_x ein Punkt der Faser R_x. Da das Problem lokaler Natur auf M ist, kann man annehmen, es gebe einen Schnitt $y \to \mathfrak{R}(y)$ von R der Klasse C^∞ derart, daß $\mathfrak{R}(x) = r_x$ ist. Der Schnitt $\mathbf{s}$ läßt sich nach (16.14.7.1) in eindeutiger Weise als

20.5.3.1. $\mathbf{s}(y) = \mathfrak{R}(y) \cdot \Phi\big(\mathfrak{R}(y)\big)$

schreiben, wobei Φ eine *Abbildung der Klasse* C^∞ *einer Umgebung von* r_x *in* R *in den Vektorraum* F ist. Wir erhalten dann die *erste Fundamentalformel*, die $\nabla_{\mathbf{h}_x} \cdot \mathbf{s}$ für jeden Tangentialvektor $\mathbf{h}_x \in T_x(M)$ liefert:

20.5.3.2. $\nabla_{\mathbf{h}_x} \cdot \mathbf{s} = r_x \cdot \Big(\theta_{\mathbf{k}} \cdot \Phi + \boldsymbol{\tau}_{\Phi(r_x)}\big((\boldsymbol{\omega}(r_x) \cdot \mathbf{k}) \cdot \Phi(r_x)\big)\Big)$

für jeden Tangentialvektor $\mathbf{k} \in T_{r_x}(R)$ *mit* $T(\pi) \cdot \mathbf{k} = \mathbf{h}_x$.

Wir erinnern daran, daß die Liesche Ableitung $\theta_{\mathbf{k}} \cdot \Phi$ der Funktion Φ längs des Vektors $\mathbf{k}$ zu F gehört $\big($vgl. (17.14.1)$\big)$, daß $\boldsymbol{\omega}(r_x) \cdot \mathbf{k} = \mathbf{u}$ ein Vektor der Lieschen Algebra $\mathfrak{gl}(F)$ ist und daß das Produkt $\mathbf{u} \cdot \mathbf{y} \in T_{\mathbf{y}}(F)$ für $\mathbf{y} \in F$ in (16.10.1) definiert wurde.

Um (20.5.3.2) zu beweisen, gehen wir von der Definition (17.17.2.1) von $\nabla_{\mathbf{h}_x} \cdot \mathbf{s}$ aus:

$$\boldsymbol{\tau}_{\mathbf{s}(x)}^{-1}(\nabla_{\mathbf{h}_x} \cdot \mathbf{s}) = T_x(\mathbf{s}) \cdot \mathbf{h}_x - \mathbf{C}_x\big(\mathbf{h}_x, \mathbf{s}(x)\big) \in T_{\mathbf{s}(x)}(E)$$

und berechnen $T_x(\mathbf{s})$, indem wir die linearen Tangentialabbildungen der beiden Seiten von (20.5.3.1) im Punkt x bilden (vgl. (16.14.7.5)):

$$T_x(\mathbf{s}) \cdot \mathbf{h}_x = \big(T_x(\mathfrak{R}) \cdot \mathbf{h}_x\big) \cdot \Phi\big(\mathfrak{R}(x)\big) + \mathfrak{R}(x) \cdot \big(T_{\mathfrak{R}(x)}(\Phi) \cdot T_x(\mathfrak{R}) \cdot \mathbf{h}_x\big) .$$

Wir setzen $\mathbf{k} = T_x(\mathfrak{R}) \cdot \mathbf{h}_x \in T_{r_x}(R)$; das ist ein Vektor mit $T(\pi) \cdot \mathbf{k} = \mathbf{h}_x$. Der Vektor $T_{\mathfrak{R}(x)}(\Phi) \cdot \mathbf{k}$ gehört dem Raum $T_{\Phi(r_x)}(F)$ an und ist gleich $\boldsymbol{\tau}^{-1}_{\Phi(r_x)}(\theta_{\mathbf{k}} \cdot \Phi)$ (vgl. (17.14.1)). Da r_x ein Isomorphismus von F auf E_x ist, gilt

$$r_x \cdot \big(\boldsymbol{\tau}^{-1}_{\Phi(r_x)}(\theta_{\mathbf{k}} \cdot \Phi)\big) = \boldsymbol{\tau}^{-1}_{\mathbf{s}(x)}\big(r_x \cdot (\theta_{\mathbf{k}} \cdot \Phi)\big) .$$

Aufgrund von (20.5.1.1) können wir daher

$$\boldsymbol{\tau}^{-1}_{\mathbf{s}(x)} (\nabla_{\mathbf{h}_x} \cdot \mathbf{s}) = \big(\mathbf{k} - \mathfrak{P}_x(T(\pi) \cdot \mathbf{k}, r_x)\big) \cdot \Phi(r_x) + \boldsymbol{\tau}^{-1}_{\mathbf{s}(x)}\big(r_x \cdot (\theta_{\mathbf{k}} \cdot \Phi)\big)$$

schreiben. Nach Definition (20.2.3.4) der vektoriellen Form $\boldsymbol{\omega}$ ist also

$$\boldsymbol{\tau}^{-1}_{\mathbf{s}(x)} (\nabla_{\mathbf{h}_x} \ \mathbf{s}) = \boldsymbol{\tau}^{-1}_{\mathbf{s}(x)} \big(r_x \cdot (\theta_{\mathbf{k}} \cdot \Phi)\big) + \big(\mathbf{t}_{r_x}(\boldsymbol{\omega}(r_x) \cdot \mathbf{k})\big) \cdot \Phi(r_x) .$$

Für $\mathbf{u} \in \mathfrak{gl}(F)$ und $\mathbf{y} \in F$ gilt aber die Formel

20.5.3.3. $\mathbf{t}_{r_x}(\mathbf{u}) \cdot \mathbf{y} = \boldsymbol{\tau}^{-1}_{r_x \cdot \mathbf{y}}\big(r_x \cdot \boldsymbol{\tau}_{\mathbf{y}}(\mathbf{u} \cdot \mathbf{y})\big)$.

Diese Formel erhält man, indem man die linearen Tangentialabbildungen zweier Funktionen von s, nämlich $s \to r_x \cdot (s \cdot \mathbf{y})$ und $s \to (r_x \cdot s) \cdot \mathbf{y}$, im Punkt $e \in \boldsymbol{GL}(F)$ bildet, die übereinstimmen; (20.5.3.3) ergibt sich dann aus der Definition von $\mathbf{t}_{r_x}$ (vgl. (20.2.3.3)). Die Formel (20.5.3.2) folgt also daraus, daß es zu jedem $r_x \in R_x$ und jedem Tangentialvektor $\mathbf{k} \in T_{r_x}(R)$ mit $T(\pi) \cdot \mathbf{k} = \mathbf{h}_x$ in der Umgebung von x stets einen Schnitt $\mathfrak{R}$ von R gibt mit $\mathfrak{R}(x) = r_x$ und $T_x(\mathfrak{R}) \cdot \mathbf{h}_x = \mathbf{k}$ (vgl. (16.8.8)).

Nimmt man insbesondere für $\mathbf{k}$ die *horizontale Liftung*[1]) rel $(\mathbf{h}_x)$ von $\mathbf{h}_x$ im Punkt r_x (vgl. (20.2.2)), so ist $\boldsymbol{\omega}(r_x) \cdot \mathbf{k} = 0$, da $\boldsymbol{\omega}$ vertikal ist, und man erhält

20.5.3.4. $\nabla_{r_x} \cdot \mathbf{s} = r_x(\theta_{\mathrm{rel}(\mathbf{h}_x)} \cdot \Phi)$.

20.5.6. Wir nehmen jetzt an, die Gruppe $\boldsymbol{GL}(F)$ operiere auf drei anderen Vektorräumen F_1, F_2, F_3, und es existiere eine *bezüglich* $\boldsymbol{GL}(F)$ *invariante* bilineare Abbildung $B\colon F_1 \times F_2 \to F_3$, für die also

20.5.4.1. $B\big(\varrho_1(s) \cdot \mathbf{y}_1, \varrho_2(s) \cdot \mathbf{y}_2\big) = \varrho_3(s) \cdot B(\mathbf{y}_1, \mathbf{y}_2)$

gilt (dabei sei ϱ_j die lineare Darstellung von $\boldsymbol{GL}(F)$ in F_j $(j = 1, 2, 3)$).

Es seien E_1, E_2, E_3 die diesen drei Darstellungen assoziierten Vektorbündel; jedes versehen wir mit dem linearen Zusammenhang, der sich nach dem Verfahren von (20.5.1) aus dem *gleichen* Hauptzusammenhang $\mathfrak{P}$ auf dem Repèrebündel R von E ergibt. Dann seien $\mathbf{s}_1$ und $\mathbf{s}_2$ zwei Schnitte von E_1 bzw. E_2 über einer Umgebung von x; in den Bezeichnungen von (20.5.3) kann man für $j = 1, 2$ also $\mathbf{s}_j(y) = \mathfrak{R}(y) \cdot \Phi_j\big(\mathfrak{R}(y)\big)$ schreiben. Wir setzen dann

$$\mathbf{s}_3(y) = \mathfrak{R}(y) \cdot B\big(\Phi_1(\mathfrak{R}(y)), \Phi_2(\mathfrak{R}(y))\big) ;$$

---

[1]) rel vom französischen relèvement horizontale (horizontale Liftung). — *Anm. d. Ü.*

aufgrund von (20.5.4.1) hängt dies nicht von der Wahl des Schnittes $\mathfrak{R}$ ab, so daß wir $s_3 = B(s_1, s_2)$ schreiben können. Dann gilt für jeden Tangentialvektor $\mathbf{h}_x \in T_x(M)$

20.5.4.2. $\nabla_{\mathbf{h}_x} \cdot B(s_1, s_2) = B(\nabla_{\mathbf{h}_x} \cdot s_1, s_2) + B(s_1, \nabla_{\mathbf{h}_x} \cdot s_2)$.

Dies ist nämlich eine unmittelbare Konsequenz der Definition von $B(s_1, s_2)$, der Formel (20.5.3.4) und der Tatsache, daß die punktale Distribution $\theta_{\mathrm{rel}(\mathbf{h}_x)}$ eine *Derivation* ist (vgl. (17.14.2.1)).

Nimmt man $E = T(M)$ und für B die Tensorprodukte

$$\mathbf{T}_q^p(\boldsymbol{R}^n) \times \mathbf{T}_s^r(\boldsymbol{R}^n) \to \mathbf{T}_{q+s}^{p+r}(\boldsymbol{R}^n)$$

oder die bilineare Fundamentalform auf $\boldsymbol{R}^n \times (\boldsymbol{R}^n)^*$, so zeigt Formel (20.5.4.2), daß die kanonische Ausdehnung der kovarianten Ableitung nach einem Tangentialvektor $\mathbf{h}_x$ auf alle Tensorfelder auf M (vgl. (17.18.2)) mit der kovarianten Ableitung übereinstimmt, die auf jedem der Bündel $\mathbf{T}_q^p(M)$, ausgehend von dem Zusammenhang $\mathfrak{P}$ auf R, durch die Formel (20.5.3.4) definiert ist.

20.5.5. Wir zeigen jetzt, wie man das *kovariante äußere Differential* (bezüglich $\mathbf{C}$) einer 1-*Differentialform auf M mit Werten in E* berechnen kann (vgl. (17.19.3)), indem wir es auf die Berechnung des *kovarianten äußeren Differentials* im Sinne von (20.3.2.1) einer *vektoriellen* 1-*Form auf R mit Werten in F* zurückführen. Es sei also ζ eine 1-Differentialform auf M mit Werten in E, d. h. ein M-Morphismus von $T(M)$ in E. Nach Definition ist das kovariante äußere Differential $\boldsymbol{d}\zeta$ eine 2-Differentialform auf M mit Werten in E (ein Morphismus von $\bigwedge^2 T(M)$ in E) derart, daß für jedes Paar von Tangentialvektoren $\mathbf{h}_x$ und $\mathbf{k}_x$ aus $T_x(M)$

20.5.5.1. $\boldsymbol{d}\zeta(x) \cdot (\mathbf{h}_x \wedge \mathbf{k}_x) = \nabla_{\mathbf{h}_x} \cdot (\zeta \cdot \mathrm{Y}) - \nabla_{\mathbf{k}_x}(\zeta \cdot \mathrm{X}) - \zeta(x) \cdot ([\mathrm{X}, \mathrm{Y}]\,(x))$

gilt, wobei X und Y beliebige Vektorfelder auf M sind, welche im Punkt x die Werte $\mathbf{h}_x$ bzw. $\mathbf{k}_x$ annehmen (vgl. (17.19.3)). Da (in den Bezeichnungen von (20.5.3)) $\mathfrak{R}$ eine Immersion einer Umgebung V von x in R ist, gibt es einen Schnitt $\mathfrak{R}(y) \to \mathrm{X}'(\mathfrak{R}(y))$ von $T(R)$ über der Untermannigfaltigkeit $\mathfrak{R}(V)$ derart, daß $\mathrm{X}'(\mathfrak{R}(y)) = T_y(\mathfrak{R}) \cdot \mathrm{X}(y)$ für jedes $y \in V$ gilt, und man kann X' zu einem Vektorfeld auf R ausdehnen (vgl. (16.12.11)), das wieder mit X' bezeichnet wird. Entsprechend definiert man von Y ausgehend ein Vektorfeld Y' auf R.

Wir können $\mathfrak{R}$ stets so wählen, daß $\mathrm{X}'(\mathfrak{R}(x)) = \mathrm{rel}\,(\mathbf{h}_x)$ und $\mathrm{Y}'(\mathfrak{R}(x)) = \mathrm{rel}\,(\mathbf{k}_x)$ ist (in Punkten y einer Umgebung von x brauchen jedoch $\mathrm{X}'(\mathfrak{R}(y))$ und $\mathrm{Y}'(\mathfrak{R}(y))$ nicht horizontal zu sein).

Dementsprechend erhalten wir aus ζ eine *vektorielle* 1-*Differentialform* ξ *auf R* mit Werten in F, indem wir für jeden Tangentialvektor $\mathbf{z} \in T_{r_x}(R)$

20.5.5.2. $\xi(r_x) \cdot \mathbf{z} = r_x^{-1} \cdot (\zeta(x) \cdot (T(\pi) \cdot \mathbf{z}))$

setzen.

Wir beweisen jetzt die *zweite Funtamentalformel*

20.5.5.3. $d\zeta(x) \cdot (\mathbf{h}_x \wedge \mathbf{k}_x) = r_x \cdot \big(D\xi(r_x) \cdot (\mathrm{rel}\,(\mathbf{h}_x) \wedge \mathrm{rel}\,(\mathbf{k}_x))\big)$

für beliebige Tangentialvektoren $\mathbf{h}_x$ und $\mathbf{k}_x$ im Punkt $x \in M$.

Der Schnitt $\mathbf{s} = \zeta \cdot \mathrm{X}$ von E läßt sich nämlich aufgrund der obigen Definitionen in der Gestalt $\mathbf{s}(y) = \mathfrak{R}(y) \cdot \Phi\big(\mathfrak{R}(y)\big)$ mit $\Phi = \xi \cdot \mathrm{X}'$ schreiben. Wendet man die Formel (20.5.3.4) an, so erhält man für die ersten beiden Glieder der rechten Seite von (20.5.5.1)

$$r_x \cdot \big(\theta_{\mathrm{rel}(\mathbf{h}_x)} \cdot (\xi \cdot \mathrm{Y}') - \theta_{\mathrm{rel}(\mathbf{k}_x)} \cdot (\xi \cdot \mathrm{X}')\big) .$$

Aufgrund der Definition (20.3.3.1) von D und der Formel für $d\xi$ (vgl. (17.15.8.1)) genügt es zu zeigen, daß

20.5.5.4. $\zeta(x) \cdot \big([\mathrm{X}, \mathrm{Y}]\,(x)\big) = \mathfrak{R}(x) \cdot \big(\xi(\mathfrak{R}(x)) \cdot [\mathrm{X}', \mathrm{Y}']\,(\mathfrak{R}(x))\big)$

gilt. Da die Vektorfelder X' und Y' tangential an die Untermannigfaltigkeit $\mathfrak{R}(V)$ von R in den Punkten dieser Untermannigfaltigkeit sind und $\mathfrak{R}$ ein *Isomorphismus* von V auf $\mathfrak{R}(V)$ ist, ergibt sich die Formel (20.5.5.4) aufgrund von (20.5.5.2) einfach durch *Übertragung der Struktur.*

Analog kann man die (20.5.5.3) entsprechende Formel beweisen, wenn ζ eine *p-Differentialform auf M mit Werten in E* ist, indem man die allgemeine Formel (17.15.3.5) benutzt.

Aufgaben

1. Es sei R ein Hauptfaserbündel mit der Basis M, der Strukturgruppe G und der Projektion π; für jede differenzierbare Mannigfaltigkeit F, auf der G differenzierbar von links operiert, betrachten wir das assoziierte Faserbündel $E = R \times {}^G F$ vom Fasertyp F. Ist $\mathfrak{P}$ ein Hauptzusammenhang auf R, so kann man für jedes Element u_x der Faser E_x von E in einem Punkt $x \in M$ wieder $u_x = r_x \cdot y$ für ein $r_x \in R_x$ und ein $y \in F$ setzen; daher kann man durch die Formel (20.5.1.1) einen Vektor $\mathbf{C}_x(\mathbf{k}_x, u_x) \in T_{u_x}(E)$ definieren. Er hängt nicht von der Wahl des Paares (r_x, y) mit $r_x \cdot y = u_x$ ab, und ist π_F die Projektion von E auf M, so ist $T(\pi_F) \cdot \mathbf{C}_x(\mathbf{k}_x, u_x) = \mathbf{k}_x$. Schließlich ist die Abbildung $\mathbf{k}_x \to \mathbf{C}_x(\mathbf{k}_x, u_x)$ linear; daher ist ihr Bildraum in $T_{u_x}(E)$ zum Teilraum $V_{u_x}(E) = \mathrm{Ker}\,(T_{u_x}(\pi_F))$ der vertikalen Tangentialvektoren komplementär. Wir nennen die Vektoren $\mathbf{C}_x(\mathbf{k}_x, u_x)$ die dem Zusammenhang $\mathfrak{P}$ entsprechenden *horizontalen* Vektoren von $T_{u_x}(E)$.

Es sei v: $\boldsymbol{R} \to M$ eine endpunktlose Kurve der Klasse C^∞; für jeden Punkt $u_0 \in E_{v(0)}$ kann man $u_0 = r_0 \cdot y$ mit einem $y \in F$ und einem $r_0 \in R_{v(0)}$ schreiben. In den Bezeichnungen von Aufgabe 3 aus Abschnitt 20.2 zeige man, daß die endpunktlose Kurve $t \to G_{u_0}(t) = w_{r_0}(t) \cdot y$ die einzige ist, die v auf E liftet, für die $G_{u_0}(0) = u_0$ ist und für die für jedes $t \in \boldsymbol{R}$ der Vektor $G'_{u_0}(t)$ im Tangentialraum von E im Punkt $G_{u_0}(t)$ *horizontal* ist. Für jedes $t \in \boldsymbol{R}$ ist die Abbildung $u_0 \to G_{u_0}(t)$ ein Diffeomorphismus φ_t von $E_{v(0)}$ auf $E_{v(t)}$. Im Spezialfall von (20.5.1), in dem F ein Vektorraum ist und G linear auf F operiert, ist φ_t eine bijektive lineare Abbildung. Ist $E = T(M)$, so ist φ_t nichts anderes als die in (18.6.3) definierte *Parallelübertragung* längs v.

Ist eine endpunktlose Kurve $t \to f(t)$ der Klasse C^∞ in E gegeben, die v liftet, so existiert zu jedem $t \in \boldsymbol{R}$ genau ein $u(t) \in E_{v(0)}$ mit $\varphi_t(u(t)) = f(t)$ (mit anderen Worten, mit $G_{u(t)}(t) = f(t)$); die Abbildung $t \to u(t)$ von $\boldsymbol{R}$ in $E_{v(0)}$ gehört der Klasse C^∞ an und wird die *Abwicklung* von f in der Faser $E_{v(0)}$ genannt. Für ein $r_0 \in R_{v(0)}$ kann man $u(t) = r_0 \cdot y(t)$ mit $y(t) \in F$ schreiben. Man zeige: Operiert G *transitiv* auf F, so hat der Vektor $y'(t)$ die Eigenschaft, daß $w_{r_0}(t) \cdot y'(t)$ die vertikale Komponente von $f'(t)$ in der Zerlegung von $T_{f(t)}(E)$ in die direkte Summe des Raumes der vertikalen Vektoren und des Raumes der horizontalen Vektoren ist. (Man schreibe $f(t)$ lokal in der Gestalt $(w_{r_0}(t) \cdot g(t)) \cdot y_0$, wobei g eine Abbildung der Klasse C^∞ von $\boldsymbol{R}$ in G ist.)

2. Die Voraussetzungen und Bezeichnungen seien die aus Aufgabe 2 aus Abschnitt 20.1, insbesondere sei $\dim(B) = \dim(G/H) = n$; man kann das Hauptfaserbündel $R \times^H G$ mit der Basis B und der Gruppe G bilden (vgl. Abschnitt 16.14, Aufgabe 17); die Abbildung $r \to r \cdot e$ ist dann eine Einbettung von R in $R \times^H G$; ferner operiert H von rechts auf $R \times^H G$ (durch Einschränkung der Operation von G auf H), und X läßt sich auf kanonische Weise mit der Orbitmannigfaltigkeit $H \setminus (R \times^H G)$ identifizieren. Ein Hauptzusammenhang $\mathfrak{P}$ auf $R \times^H G$ wird *Cartanscher Zusammenhang für* R (relativ zu G) (oder auch kurz *Cartanscher Zusammenhang auf* R) genannt, wenn für jedes $r_b \in R_b$ der Durchschnitt des Raumes H_{r_b} der horizontalen Tangentialvektoren (vgl. (20.2.2)), eines Teilraumes von $T_{r_b}(R \times^H G)$, mit dem Raum $T_{r_b}(R)$ der Raum $\{0\}$ ist. Das ist genau dann der Fall, wenn die *Einschränkung* $\boldsymbol{\omega}_0$ der Zusammenhangsform $\boldsymbol{\omega}$ von $\mathfrak{P}$ auf R die Eigenschaft hat, daß $\boldsymbol{\omega}_0(r_l)$ eine *injektive* lineare (oder, wegen $\dim(B) = \dim(G/H)$, auch eine *bijektive* lineare) Abbildung von $T_{r_b}(R)$ in $\mathfrak{g}_e$ ist.

a) Umgekehrt sei nun $\boldsymbol{\omega}_0$ eine vektorielle 1-Differentialform auf R mit Werten in $\mathfrak{g}_e$ (und nicht in $\mathfrak{h}_e$), mit folgenden Eigenschaften:

1° $\boldsymbol{\omega}_0(r_b \cdot t) \cdot (\mathbf{k} \cdot t) = \mathrm{Ad}(t^{-1}) \cdot (\boldsymbol{\omega}_0(r_b) \cdot \mathbf{k})$ für $\mathbf{k} \in T_{r_b}(R)$ mit $t \in H$;

2° $\boldsymbol{\omega}_0(r_b) \cdot Z_{\mathbf{u}}(r_b) = \mathbf{u}$ für $\mathbf{u} \in \mathfrak{h}_e$;

3° für jedes $r_b \in R$ ist $\boldsymbol{\omega}_0(r_b)$ eine *injektive* lineare Abbildung von $T_{r_b}(R)$ in $\mathfrak{g}_e$.

Man zeige: Dann läßt sich $\boldsymbol{\omega}_0$ in eindeutiger Weise zu einer Zusammenhangsform über $R \times^H G$ eines Cartansches Zusammenhangs für R ausdehnen.

b) Für jeden Tangentialvektor $\mathbf{h}_b \in T_b(B)$ sei $\beta_b(\mathbf{h}_b)$ die vertikale Komponente von $T_b(\sigma) \cdot \mathbf{h}_b$ in der Zerlegung von $T_{\sigma(b)}(X)$ in eine direkte Summe des Raumes der vertikalen und des Raumes der horizontalen Vektoren (vgl. Aufgabe 1); man zeige: β_b ist bijektiv, und β ist eine *Verschmelzung* von B und X, die in kanonischer Weise zum Cartanschen Zusammenhang $\mathfrak{P}$ assoziiert ist.

Für jede endpunktlose Kurve $t \to f(t)$ in M wird die *Abwicklung* (vgl. Aufgabe 1) der Kurve $t \to \sigma(f(t))$ in X in einer Faser eines zu G/H isomorphen Bündels X auch die *Abwicklung von* f in G/H genannt.

c) Umgekehrt zeige man: Existiert eine Verschmelzung von B mit X, so existiert auf $R \times^H G$ ein Cartanscher Zusammenhang für R (man schließe wie in Aufgabe 1 von Abschnitt 20.2).

d) Man zeige: Existiert ein Cartanscher Zusammenhang für R (oder, was dasselbe bedeutet, eine Verschmelzung von B und X), so ist die Mannigfaltigkeit R *parallelisierbar*.

3. Es sei G eine Liesche Gruppe, H eine Liesche Untergruppe von G; man betrachte G als Hauptfaserbündel mit der Basis G/H und der Strukturgruppe H und bezeichne mit $\pi: G \to G/H$ die kanonische Projektion. Man zeige, daß das Hauptfaserbündel

$G \times^H G$ mit der Strukturgruppe G und der Basis G/H trivialisierbar ist. (Man definiere einen kanonischen Schnitt dieses Bündels, indem man bemerkt, daß für $s \in G$ das Produkt $s \cdot s^{-1}$ in $G \times^H G$ (im Sinne von (16.14.7)) nur von $\pi(s)$ abhängt.) Die kanonische 1-Differentialform ω_0 auf G (vgl. (19.16.1)) läßt sich auf eindeutige Weise zu einer 1-Zusammenhangsform eines Cartanschen Zusammenhanges für G auf $G \times^H G$, des *sogenannten kanonischen Cartanschen Zusammenhanges,* ausdehnen; man zeige, daß dieser Zusammenhang flach ist (vgl. (20.4.1)).

4. Es sei X ein Hauptfaserbündel mit der Basis B, der Strukturgruppe G und der Projektion π, ferner H eine abgeschlossene Untergruppe von G und $j: H \to G$ die kanonische injektive Abbildung, schließlich Y ein Hauptfaserbündel mit der Basis B und der Strukturgruppe H, sowie (u, j) ein Morphismus von Y in X, so daß u eine Einbettung von Y in X ist (vgl. (20.7.1)). Außerdem existiere in der Lieschen Algebra $\mathfrak{g}_e$ von G ein zur Lieschen Algebra $\mathfrak{h}_e$ von H komplementärer Teilraum $\mathfrak{m}$ derart, daß $\operatorname{Ad}(t) \cdot \mathfrak{m} \subset \mathfrak{m}$ für jedes $t \in H$ gilt.

a) Es sei $\mathfrak{P}$ ein Hauptzusammenhang auf X und ω die entsprechende Zusammenhangsform. Für jedes $y_b \in Y_b$ und jeden Tangentialvektor $\mathbf{h}_{y_b}$ von $T_{y_b}(Y)$ seien $\omega_0(y_b) \cdot \mathbf{h}_{y_b}$ bzw. $\varphi(y_b) \cdot \mathbf{h}_{y_b}$ die Projektionen von $\omega(y_b) \cdot \mathbf{h}_e$ auf $\mathfrak{h}_b$ bzw. auf $\mathfrak{m}$. Man zeige, daß ω_0 die Zusammenhangsform eines Hauptzusammenhanges $\mathfrak{P}_0$ auf Y ist, und φ eine vektorielle 1-Differentialform auf Y mit Werten in $\mathfrak{m}$, die *horizontal* ist und für die $\varphi(y_b \cdot t)$ $(\mathbf{h} \cdot t) = \operatorname{Ad}(t^{-1}) \cdot (\varphi(y_b) \cdot \mathbf{h})$ für jeden Tangentialvektor $\mathbf{h} \in T_{y_b}(Y)$ und jedes $t \in H$ gilt.

Gibt man sich umgekehrt einen Hauptzusammenhang $\mathfrak{P}_0$ auf Y mit der Zusammenhangsform ω_0 vor und ist φ eine horizontale vektorielle 1-Differentialform auf Y mit Werten in $\mathfrak{m}$, für welche die obige Bedingung erfüllt ist, so existiert auf X genau ein Hauptzusammenhang, aus dem ω_0 und φ wie oben beschrieben hervorgehen.

b) Ist $X = Y \times^H G$ und $\dim(B) = \dim(G/H)$, so ist ein Zusammenhang auf X mit der Form ω genau dann ein Cartanscher Zusammenhang, wenn für jedes $y_b \in Y$ die Abbildung $\varphi(y_b)$ von $T_{y_b}(Y)$ in $\mathfrak{m}$ surjektiv ist.

c) Nun sei G semidirektes Produkt $N \times_\sigma H$, so daß man für $\mathfrak{m}$ die Liesche Algebra $\mathfrak{n}_e$ von N nehmen kann (vgl. Abschnitt 19.14). Man zeige: Ist N *kommutativ,* so haben die Krümmungsformen $\boldsymbol{\Omega}$ und $\boldsymbol{\Omega}_0$ der Zusammenhänge $\mathfrak{P}$ bzw. $\mathfrak{P}_0$ folgende Eigenschaften: Die Einschränkung von $\boldsymbol{\Omega}$ auf Y ist gleich $\boldsymbol{\Omega}_0 + \mathbf{D}\varphi$ (kovariantes äußeres Differential bezüglich $\mathfrak{P}_0$), und es gilt die Strukturgleichung

$$d\varphi = -\omega_0 \wedge \varphi + \mathbf{D}\varphi .$$

d) Es sei wieder $G = N \times_\sigma H$ und $\mathfrak{m} = \mathfrak{n}_e$ (N braucht nicht kommutativ zu sein). Es sei $v: \mathbf{R} \to M$ eine endpunktlose Kurve der Klasse C^∞ und y_0 ein Punkt von $Y_{v(0)} \subset X_{v(0)}$; mit w und w_0 seien die endpunktlosen Kurven in X bzw. Y bezeichnet, die v liften und *horizontale* Tangentialvektoren bezüglich $\mathfrak{P}$ bzw. $\mathfrak{P}_0$ haben und für die $w(0) = w_0(0) = y_0$ ist (vgl. Abschnitt 20.2, Aufgabe 3). Man zeige, daß man $w(t) = w_0(t) \cdot h(t)$ schreiben kann, wobei $h(t) \in N$ ist, und daß die Beziehung $\varphi(w_0(t)) \times w_0'(t) = -h'(t) \cdot h(t)^{-1}$ gilt. (Man benutze (20.2.5.1) und (20.2.5.2).)

20.6. Die Methode des Repèrefeldes

20.6.1. Wir beschränken uns künftig auf Vektorbündel E, welche *Tangentialbündel* $T(M)$ einer differenzierbaren Mannigfaltigkeit M sind. Wir betrachten also von nun an nur *lineare Zusammenhänge auf einer reinen n-dimensionalen*

Mannigfaltigkeit M (vgl. (17.18.1)). Diese Zusammenhänge lassen sich nach Abschnitt 20.5 umkehrbar eindeutig den *Hauptzusammenhängen* auf dem *Repèrebündel* $R(M) = \operatorname{Isom}(M \times \boldsymbol{R}^n, T(M))$ von M zuordnen, und diese sind es, die wir zunächst untersuchen.

20.6.2. Die Definition (20.1.1) des Bündels $(R(M))$ impliziert, daß auf diesem Hauptfaserbündel eine (von jedem Zusammenhang auf $R(M)$ unabhängige) *kanonische vektorielle* 1-*Differentialform* mit Werten in $\boldsymbol{R}^n$ existiert. Für jedes $x \in M$ ist ja ein Element r_x der Faser $R(M)_x$ ein Isomorphismus von $\boldsymbol{R}^n$ auf $T_x(M)$; ist π die Projektion von $R(M)$, so ist die Abbildung

20.6.2.1. $\sigma(r_x)\colon \mathbf{k}_{r_x} \to r_x^{-1} \cdot \left(T(\pi) \cdot \mathbf{k}_{r_x}\right)$

daher eine surjektive lineare Abbildung von $T_{r_x}(R(M))$ in $\boldsymbol{R}^n$, mit anderen Worten, $\boldsymbol{\sigma}$ ist eine vektorielle 1-Differentialform auf $R(M)$ mit Werten in $\boldsymbol{R}^n$, die als *Verschmelzungsform* bezeichnet wird. Diese Form gehört der Klasse C^∞ an; denn trivialisiert man $T(M)$ und $R(M)$ über einer offenen Menge U mittels einer Karte von M, so kann man annehmen, M sei eine offene Menge des $\boldsymbol{R}^n$, also $T(M) = M \times \boldsymbol{R}^n$ und $R(M) = M \times \boldsymbol{GL}(n, \boldsymbol{R})$. Ein Punkt r_x läßt sich dann in der Gestalt (x, U) mit $\mathrm{U} \in \boldsymbol{GL}(n, \boldsymbol{R})$ und ein Tangentialvektor $\mathbf{k}_{r_x}$ in der Gestalt $((x, \mathrm{U}), (\mathbf{v}, \mathrm{V}))$ mit $\mathbf{v} \in \boldsymbol{R}^n$ und $\mathrm{V} \in \boldsymbol{M}_n(\boldsymbol{R})$ darstellen. Der Vektor $T(\pi) \cdot \mathbf{k}_{r_x}$ ist dann gleich $(x, \mathbf{v})$, und man erkennt, daß $\boldsymbol{\sigma}(r_x)$ die Abbildung

$$((x, \mathrm{U}), (\mathbf{v}, \mathrm{V})) \to \mathrm{U}^{-1} \cdot \mathbf{v}$$

ist; hieraus folgt unsere Behauptung.

Die 1-Form $\boldsymbol{\sigma}$ ist nach Definition der vertikalen Vektoren aus $T_{r_x}(R(M))$ offenbar *horizontal* (vgl. (20.2.4)); außerdem gilt für jedes $s \in \boldsymbol{GL}(n, \boldsymbol{R})$ und jedes $\mathbf{k} \in T_{r_x}(R(M))$

20.6.2.2. $\sigma(r_x \cdot s) \cdot (\mathbf{k} \cdot s) = s^{-1} \cdot \left(\sigma(r_x) \cdot \mathbf{k}\right)$,

da $(r_x \cdot s)^{-1} = s^{-1} \circ r_x^{-1}$ und $T(\pi) \cdot (\mathbf{k} \cdot s) = T(\pi) \cdot \mathbf{k}$ ist. Mit anderen Worten, $\boldsymbol{\sigma}$ ist *invariant* (vgl. Abschnitt 19.1) bezüglich der Operation von $\boldsymbol{GL}(n, \boldsymbol{R})$ von rechts auf $R(M)$ und der kanonischen Operation $(s, \mathbf{y}) \to s^{-1} \cdot \mathbf{y}$ von $\boldsymbol{GL}(n, \boldsymbol{R})$ von rechts *auf* $\boldsymbol{R}^n$.

Es sei jetzt ein Hauptzusammenhang $\mathfrak{P}$ auf $R(M)$ gegeben. Dann verstehen wir unter der *Windungsform von* $\mathfrak{P}$ die vektorielle 2-Form *mit Werten in* $\boldsymbol{R}^n$, das kovariante äußere Differential der 1-Verschmelzungsform $\boldsymbol{\sigma}$:

20.6.3.3. $\boldsymbol{\Theta} = \mathsf{D}\sigma$.

Diese ist also *horizontal und invariant* bezüglich der Operation $(s, \mathbf{u}) \to s^{-1} \cdot \mathbf{u}$ von $\boldsymbol{GL}(n, \boldsymbol{R})$ auf $\boldsymbol{R}^n$.

20.6.3. *Die* 1-*Verschmelzungsform auf* $R(M)$ *genügt der „Strukturgleichung“*

20.6.3.1.
$$d\sigma(r_x) \cdot (\mathbf{h} \wedge \mathbf{k}) = -\left(\boldsymbol{\omega}(r_x) \cdot \mathbf{h}\right) \cdot \left(\sigma(r_x) \cdot \mathbf{k}\right) + \left(\boldsymbol{\omega}(r_x) \cdot \mathbf{k}\right) \cdot \left(\sigma(r_x) \cdot \mathbf{h}\right) + \boldsymbol{\Theta}(r_x) \cdot (\mathbf{h} \wedge \mathbf{k})$$

für beliebige Tangentialvektoren $\mathbf{h}$ *und* $\mathbf{k}$ *in einem Punkt* $r_x \in R(M)$, *wobei* $\boldsymbol{\omega}$ *die* 1-*Form des Zusammenhanges* $\mathfrak{P}$ *bezeichnet.*

Den Beweis führen wir wie in (20.3.3), wobei wir drei Fälle unterscheiden:

1° die Vektoren $\mathbf{h}$ und $\mathbf{k}$ sind horizontal; da die Form $\boldsymbol{\omega}$ vertikal ist, reduziert sich dann die Relation (20.6.3.1) auf die Definition von $D\boldsymbol{\sigma}$ (vgl. (20.3.2.1));

2° die Vektoren $\mathbf{h}$ und $\mathbf{k}$ sind vertikal; dann sind die beiden Seiten von (20.6.3.1) *Null*. Für die rechte Seite ist das klar, und für $\mathbf{u}, \mathbf{v} \in \mathfrak{gl}(n, \boldsymbol{R})$ mit $\mathbf{h} = \mathrm{Z}_{\mathbf{u}}(r_x)$, $\mathbf{k} = \mathrm{Z}_{\mathbf{v}}\,(r_x)$ gilt

$$d\boldsymbol{\sigma} \cdot (\mathrm{Z}_{\mathbf{u}} \wedge \mathrm{Z}_{\mathbf{v}}) = \theta_{\mathrm{Z}_{\mathbf{u}}}(\boldsymbol{\sigma} \cdot \mathrm{Z}_{\mathbf{v}}) - \theta_{\mathrm{Z}_{\mathbf{v}}}(\boldsymbol{\sigma} \cdot \mathrm{Z}_{\mathbf{u}}) - \boldsymbol{\sigma} \cdot \mathrm{Z}_{[\mathbf{u},\mathbf{v}]};$$

die rechte Seite dieser Relation ist Null, weil $\boldsymbol{\sigma}$ horizontal ist;

3° der Vektor $\mathbf{h}$ ist vertikal, $\mathbf{k}$ horizontal; dann ist $\mathbf{h}$ der Wert eines Killing-Vektorfeldes $\mathrm{Z}_{\mathbf{u}}$ mit $\mathbf{u} \in \mathfrak{gl}(n, \boldsymbol{R})$ im Punkt r_x. Ferner gibt es ein Vektorfeld Y auf $R(M)$, das bezüglich der Operation von $\boldsymbol{GL}(n, \boldsymbol{R})$ *invariant* ist und im Punkt r_x den Wert $\mathbf{k}$ annimmt. Man braucht nämlich auf M nur ein Vektorfeld Y_0 zu betrachten, dessen Wert im Punkt x die Projektion $T(\pi) \cdot \mathbf{k}$ ist (vgl. (16.12.11)); seine *horizontale Liftung* Y leistet dann das Gewünschte, da $\mathbf{k}$ horizontal ist. Dann gilt nach (17.15.8.1)

20.6.3.2. $$d\boldsymbol{\sigma} \cdot (\mathrm{Z}_{\mathbf{u}} \wedge \mathrm{Y}) = \theta_{\mathrm{Z}_{\mathbf{u}}} \cdot (\boldsymbol{\sigma} \cdot \mathrm{Y}) - \theta_{\mathrm{Y}} \cdot (\boldsymbol{\sigma} \cdot \mathrm{Z}_{\mathbf{u}}) - \boldsymbol{\sigma} \cdot [\mathrm{Z}_{\mathbf{u}}, \mathrm{Y}]\,.$$

Da aber $\boldsymbol{\sigma}$ horizontal ist, gilt $\boldsymbol{\sigma} \cdot \mathrm{Z}_{\mathbf{u}} = 0$. Andererseits ist aufgrund der Wahl von Y nach (19.8.11) $[\mathrm{Z}_{\mathbf{u}}, \mathrm{Y}] = 0$. Schließlich ist, da $\boldsymbol{\sigma}$ und Y bezüglich der Operation von $\boldsymbol{GL}(n, \boldsymbol{R})$ invariant sind, auch die Abbildung $\boldsymbol{\sigma} \cdot \mathrm{Y}$ von $R(M)$ in $\boldsymbol{R}^n$ invariant bezüglich dieser Operation und bezüglich der Operation $(s, \mathbf{y}) \to s^{-1} \cdot \mathbf{y}$ von $\boldsymbol{GL}(n, \boldsymbol{R})$ auf $\boldsymbol{R}^n$. Nach (19.4.4.3) ist daher $\theta_{\mathrm{Z}_{\mathbf{u}}} \cdot (\boldsymbol{\sigma} \cdot \mathrm{Y}) = -\,\mathbf{u} \cdot (\boldsymbol{\sigma} \cdot \mathrm{Y})$ (wir erinnern daran, daß $\mathbf{u} \in \boldsymbol{M}_n(\boldsymbol{R})$ gilt), und nach Definition ist der Wert dieses Ausdrucks im Punkt r_x gleich $-(\boldsymbol{\omega}(r_x) \cdot \mathbf{h}) \cdot (\boldsymbol{\sigma}\,(r_x) \cdot \mathbf{k})$. Andererseits gilt $\boldsymbol{\omega}(r_x) \cdot \mathbf{k} = 0$, da $\mathbf{k}$ horizontal ist, und da $\mathbf{h}$ vertikal ist, $\boldsymbol{\Theta}(r_x) \cdot (\mathbf{h} \wedge \mathbf{k}) = 0$. Damit ist nachgewiesen, daß die beiden Seiten von (20.6.3.1) auch in diesem Fall übereinstimmen.

In Übereinstimmung mit den in (16.20.15) eingeführten Konventionen schreiben wir zur Abkürzung die Gleichung (20.6.3.1) in der Gestalt

20.6.3.3. $$d\sigma = -\,\boldsymbol{\omega} \wedge \boldsymbol{\sigma} + \boldsymbol{\Theta}\,.$$

Sind die skalaren 1-Formen ω_{ij} $(1 \leqq i, j \leqq n)$ und σ_j $(1 \leqq i \leqq n)$ die Komponenten von $\boldsymbol{\omega}$ bzw. $\boldsymbol{\sigma}$ bezüglich der kanonischen Basen von $\boldsymbol{M}_n(\boldsymbol{R})$ und $\boldsymbol{R}^n$, so lautet die i-te Komponente von $\boldsymbol{\omega} \wedge \boldsymbol{\sigma}$ $(1 \leqq i \leqq n)$:

20.6.3.4. $$(\boldsymbol{\omega} \wedge \boldsymbol{\sigma})_i = \sum_{j=1}^{n} \omega_{ij} \wedge \sigma_j\,.$$

20.6.4. *Die Krümmungs- und die Windungsform von* $\mathfrak{P}$ *erfüllen die Relation* (*Identität von Bianchi*)

20.6.4.1. $$D\boldsymbol{\Theta} = \boldsymbol{\Omega} \wedge \boldsymbol{\sigma}$$

(die vektorielle 3-Form der rechten Seite ist für $\mathbf{h}_1, \mathbf{h}_2, \mathbf{h}_3 \in T_{r_x}(R(M))$ durch

$$20.6.4.2.\quad ((\boldsymbol{\Omega} \wedge \sigma)(r_x)) \cdot (\mathbf{h}_1 \wedge \mathbf{h}_2 \wedge \mathbf{h}_3) = (\boldsymbol{\Omega}(r_x) \cdot (\mathbf{h}_1 \wedge \mathbf{h}_2)) \cdot (\sigma(r_x) \cdot \mathbf{h}_3) + (\boldsymbol{\Omega}(r_x) \cdot (\mathbf{h}_2 \wedge \mathbf{h}_3)) \cdot (\sigma(r_x) \cdot \mathbf{h}_1) + (\boldsymbol{\Omega}(r_x) \cdot (\mathbf{h}_3 \wedge \mathbf{h}_1)) \cdot (\sigma(r_x) \cdot \mathbf{h}_2)$$

definiert).

Aus (20.6.3.3) ergibt sich nämlich mit Hilfe von (20.6.3.4) und der Regeln der äußeren Differentiation (vgl. (17.15.2.1)) die Beziehung

$$20.6.4.3.\quad d\boldsymbol{\Theta} = d\boldsymbol{\omega} \wedge \boldsymbol{\sigma} + \boldsymbol{\omega} \wedge d\boldsymbol{\sigma}\ .$$

Um den Wert von $D\boldsymbol{\Theta}$ für einen Trivektor $\mathbf{h}_1 \wedge \mathbf{h}_2 \wedge \mathbf{h}_3$ zu erhalten, muß man also den Wert der rechten Seite von (20.6.4.3) für den Trivektor $\mathbf{h}_1' \wedge \mathbf{h}_2' \wedge \mathbf{h}_3'$ bilden, wobei $\mathbf{h}_j'$ die *horizontale* Komponente von $\mathbf{h}_j$ $(1 \leqq j \leqq 3)$ ist (vgl. (20.3.1)). Da aber $\boldsymbol{\omega}$ eine vertikale Form ist, ist der Wert von $\boldsymbol{\omega} \wedge d\boldsymbol{\sigma}$ für den Trivektor $\mathbf{h}_1' \wedge \mathbf{h}_2' \wedge \mathbf{h}_3'$ gleich Null; daraus folgt die Formel (20.6.4.1).

20.6.5. Wir wollen jetzt die Ausdrücke für die *kovariante Ableitung*, die *Krümmung* und die *Windung* des linearen Zusammenhangs $\mathbf{C}$ auf M bestimmen, der durch den Hauptzusammenhang $\mathfrak{P}$ auf $R(M)$ induziert wird (vgl. (20.5.1)). Da das Problem auf M lokaler Natur ist, können wir annehmen, es gebe über M einen der Klasse C^∞ angehörenden *Schnitt* von $R(M)$; einen solchen Schnitt $x \to \mathfrak{R}(x)$ nennen wir ein *Repèrefeld* (*repère mobile*) auf M. Anstelle eines solchen Repèrefeldes können äquivalent n Vektorfelder $x \to \boldsymbol{e}_i(x)$ der Klasse C^∞ auf M vorgegeben werden derart, daß die $\boldsymbol{e}_i(x)$ für jedes x linear unabhängig sind. Dann gilt definitionsgemäß

$$20.6.5.1.\quad \mathfrak{R}(x)^{-1} \cdot \boldsymbol{e}_i(x) = \mathbf{e}_i \quad \text{für } 1 \leqq i \leqq n \text{ (kanonische Basis des } \boldsymbol{R}^n).$$

Es zeigt sich, daß die Vorgabe eines Repèrefeldes $\mathfrak{R}$ auf M impliziert, daß M *orientierbar* ist und dadurch eine Orientierung auf M definiert wird, für welche $\mathfrak{R}$ in jedem Punkt *positiv* orientiert ist (vgl. (16.21.2)): Ist v_x der n-Kovektor in x, der für $\boldsymbol{e}_1(x) \wedge \cdots \wedge \boldsymbol{e}_n(x)$ den Wert 1 annimmt, so ist in der Tat $x \to v_x$ eine n-Form der Klasse C^∞ und in jedem Punkt von 0 verschieden.

Den beiden vektoriellen 1-Formen $\boldsymbol{\sigma}$ und $\boldsymbol{\omega}$ auf $R(M)$ entsprechen vermöge der Abbildung $\mathfrak{R}$ ihre *inversen Bilder* (vgl. (16.20.15.4))

$$20.6.5.2.\quad \boldsymbol{\sigma}^{(\mathfrak{R})} = {}^t\mathfrak{R}(\boldsymbol{\sigma})\ , \qquad \boldsymbol{\omega}^{(\mathfrak{R})} = {}^t\mathfrak{R}(\boldsymbol{\omega})\ ,$$

welche vektorielle 1-Formen *auf* M mit Werten in $\boldsymbol{R}^n$ bzw. $\boldsymbol{M}_n(\boldsymbol{R})$ sind; daher können wir

$$20.6.5.3.\quad \boldsymbol{\sigma}^{(\mathfrak{R})} = \sum_{i=1}^{n} \sigma_i^{(\mathfrak{R})} \mathbf{e}_i\ , \qquad \boldsymbol{\omega}^{(\mathfrak{R})} = \sum_{i,j} \omega_{ij}^{(\mathfrak{R})} \mathrm{E}_{ij}$$

schreiben, wobei die $\sigma_i^{(\mathfrak{R})}$ und die $\omega_{ij}^{(\mathfrak{R})}$ *skalare* 1-Formen auf M sind. Wir nennen wieder $\boldsymbol{\sigma}^{(\mathfrak{R})}$ bzw. $\boldsymbol{\omega}^{(\mathfrak{R})}$ (bzw. ihre skalaren Komponenten $\sigma_i^{(\mathfrak{R})}$ bzw. $\omega_{ij}^{(\mathfrak{R})}$) die dem Repèrefeld $\mathfrak{R}$ (bzw. den n Vektorfeldern $\boldsymbol{e}_i$) entsprechende *Verschmelzungs-* bzw. *Zusammenhangsform auf* M.

Es zeigt sich, daß es zu einer *beliebig* vorgegebenen 1-Form $\tilde{\omega}$ auf M mit Werten in $\boldsymbol{M}_n(\boldsymbol{R})$ genau eine Zusammenhangsform ω auf $R(M)$ mit $\omega^{(\mathfrak{R})} = \tilde{\omega}$ gibt. Kennt man nämlich ω in einem einzigen Punkt einer Faser von $R(M)$, so kennt man die Form in allen anderen Punkten der Faser (vgl. (20.5.2.1)). Auf diese Weise findet man wieder, daß auf M stets lineare Zusammenhänge existieren (vgl. (17.16.8)).

Nach Definition gilt für jeden Tangentialvektor $\mathbf{h}_x \in T_x(M)$ die Beziehung

$$\sigma^{(\mathfrak{R})}(x) \cdot \mathbf{h}_x = \sigma(\mathfrak{R}(x)) \cdot (T_x(\mathfrak{R}) \cdot \mathbf{h}_x) \in \boldsymbol{R}^n .$$

Aufgrund der Definition (20.6.2.1) von σ und der Tatsache, daß, da $\mathfrak{R}$ ein Schnitt ist,

$$T_{\mathfrak{R}(x)}(\pi) \cdot (T_x(\mathfrak{R}) \cdot \mathbf{h}_x) = \mathbf{h}_x$$

gilt, erhält man infolgedessen

20.6.5.4. $\quad \sigma^{(\mathfrak{R})}(x) \cdot \mathbf{h}_x = \mathfrak{R}(x)^{-1} \cdot \mathbf{h}_x .$

Mit anderen Worten, die $\sigma_i^{(\mathfrak{R})}(x)$ sind die *Koordinaten-Formen* in $T_x(M)$ bezüglich der Basis $(\boldsymbol{e}_i(x))$, oder auch, für jedes $\mathbf{h}_x \in T_x(M)$ gilt

20.6.5.5. $\quad \mathbf{h}_x = \sum_i \langle \sigma_i^{(\mathfrak{R})}(x), \mathbf{h}_x \rangle \, \boldsymbol{e}_i(x) .$

Als nächstes wollen wir jetzt für jeden Vektor $\mathbf{h}_x \in T_x(M)$ die *kovariante Ableitung* $\nabla_{\mathbf{h}_x} \cdot \mathrm{Y}$ eines Vektorfeldes Y im Punkt x (vgl. (17.18.1)) mit Hilfe der Form $\omega^{(\mathfrak{R})}$ ausdrücken. Wir berechnen hier die n Vektoren $\nabla_{\mathbf{h}_x} \cdot \boldsymbol{e}_i$ für $1 \leqq i \leqq n$, wobei die $\boldsymbol{e}_i$ eine Basis des Moduls der Vektorfelder in einer Umgebung von x bilden. Es genügt, die Fundamentalformel (20.5.3.2) mit $\mathbf{k} = T_x(\mathfrak{R}) \cdot \mathbf{h}_x$ und $\mathbf{s} = \boldsymbol{e}_i$ anzuwenden. Dann ist aber $\Phi(r_x) = \boldsymbol{e}_i$ auf $R(M)$ *konstant*, also das erste Glied der rechten Seite von (20.5.3.2) Null. Andererseits gilt die Formel

$$\omega(r_x) \cdot \mathbf{k} = \omega^{(\mathfrak{R})}(x) \cdot \mathbf{h}_x = \sum_{j,k} \langle \omega_{jk}^{(\mathfrak{R})}(x), \mathbf{h}_x \rangle \cdot \mathrm{E}_{jk} ,$$

also schließlich

20.6.5.6. $\quad \nabla_{\mathbf{h}_x} \cdot \boldsymbol{e}_i = \sum_j \langle \omega_{ji}^{(\mathfrak{R})}(x), \mathbf{h}_x \rangle \cdot \boldsymbol{e}_j .$

Im allgemeinen läßt man den Hinweis auf das Repère $\mathfrak{R}$ in der Bezeichnung der Komponenten der Verschmelzungs- und der Zusammenhangsform weg; dann nehmen die Formeln (20.6.5.5) und (20.6.5.6) (wenn man noch das kovariante äußere Differential $\boldsymbol{de}_i$ mit $\boldsymbol{de}_i \cdot \mathbf{h}_x = \nabla_{\mathbf{h}_x} \cdot \boldsymbol{e}_i$ einführt, vgl. (17.19.4)) die Gestalt

20.6.5.7. $\quad 1_{T(M)} = \sum_{i=1}^{n} \sigma_i \otimes \boldsymbol{e}_i \qquad$ oder $\qquad \langle \sigma_i, \boldsymbol{e}_j \rangle = \delta_{ij}$

bzw.

20.6.5.8. $\quad \boldsymbol{de}_i = \sum_{j=1}^{n} \omega_{ji} \otimes \boldsymbol{e}_j$

an $\big($dabei wird $1_{T(M)}$ kanonisch mit dem Kroneckerschen Tensorfeld identifiziert; vgl. (16.18.3)$\big)$; dafür schreiben wir kürzer

20.6.5.9. $$1_{T(M)} = \sum_{i=1}^{n} \sigma_i \boldsymbol{e}_i$$

bzw.

20.6.5.10. $$d\boldsymbol{e}_i = \sum_{j=1}^{n} \omega_{ji}\, \boldsymbol{e}_j\,.$$

Aus (20.6.5.9) folgt dann, daß für jede skalare Funktion f der Klasse C^1 auf M die Beziehung $\langle df, \mathbf{h}_x\rangle = \sum_i \langle \sigma_i(x), \mathbf{h}_x\rangle \langle df, \boldsymbol{e}_i(x)\rangle$ gilt; dafür schreiben wir auch

20.6.5.11. $$df = \sum_i (\theta_{\boldsymbol{e}_i} \cdot f)\, \sigma_i = \sum_i (\nabla_{\boldsymbol{e}_i} \cdot f)\, \sigma_i\,.$$

20.6.6. In gleicher Weise entsprechen den beiden vektoriellen 2-Formen $\boldsymbol{\Theta}$ und $\boldsymbol{\Omega}$ auf $R(M)$ vermöge der Abbildung $\mathfrak{R}$ ihre inversen Bilder

20.6.6.1. $$\boldsymbol{\Theta}^{(\mathfrak{R})} = {}^t\mathfrak{R}(\boldsymbol{\Theta})\,, \qquad \boldsymbol{\Omega}^{(\mathfrak{R})} = {}^t\mathfrak{R}(\boldsymbol{\Omega})\,;$$

dies sind vektorielle 2-Formen *auf* M mit Werten in $\boldsymbol{R}^n$ bzw. $\boldsymbol{M}_n(\boldsymbol{R})$. Wir setzen

20.6.6.2. $$\boldsymbol{\Theta}^{(\mathfrak{R})} = \sum_i \Theta_i^{(\mathfrak{R})} \mathbf{e}_i\,, \qquad \boldsymbol{\Omega}^{(\mathfrak{R})} = \sum_{i,j} \Omega_{ij}^{(\mathfrak{R})} \mathrm{E}_{ij}\,,$$

wobei die $\Theta_i^{(\mathfrak{R})}$ und die $\Omega_{ij}^{(\mathfrak{R})}$ *skalare* 2-Formen auf M sind, welche die dem Repère $\mathfrak{R}$ (oder den Vektorfeldern $\boldsymbol{e}_i$) entsprechenden *2-Formen der Windung* und *der Krümmung* des linearen Zusammenhangs $\mathbf{C}$ auf M genannt werden; im folgenden lassen wir den Hinweis auf das Repère $\mathfrak{R}$ häufig weg.

Dann gelten die beiden *Strukturgleichungen*

20.6.6.3. $$d\sigma_i = -\sum_j \omega_{ij} \wedge \sigma_j + \Theta_i\,,$$

20.6.6.4. $$d\omega_{ij} = -\sum_k \omega_{ik} \wedge \omega_{kj} + \Omega_{ij}\,,$$

die sofort aus (20.6.3.4) und (20.3.3.1) folgen, wenn man die inversen Bilder vermöge $\mathfrak{R}$ betrachtet $\big($vgl. (17.15.3.2)$\big)$.

Nun werden wir zeigen, daß die in Abschnitt 17.19 eingeführten Begriffe Windung und Krümmung des Zusammenhanges $\mathbf{C}$ mit den Windungs- und Krümmungsformen durch die Relationen

20.6.6.5. $$\mathbf{t} \cdot (\mathrm{X} \wedge \mathrm{Y}) = \sum_i \langle \Theta_i, \mathrm{X} \wedge \mathrm{Y}\rangle\, \boldsymbol{e}_i\,,$$

20.6.6.6. $$\big(\mathbf{r} \cdot (\mathrm{X} \wedge \mathrm{Y})\big) \cdot \boldsymbol{e}_i = \sum_j \langle \Omega_{ji}, \mathrm{X} \wedge \mathrm{Y}\rangle\, \boldsymbol{e}_j$$

verknüpft sind; dabei sind X und Y beliebige Vektorfelder der Klasse C^∞ auf M.

Nach Definition ist nämlich $\mathfrak{t} = \boldsymbol{d}(1_{T(M)})$, wobei $1_{T(M)}$ als 1-Form auf M mit Werten in $T(M)$ aufgefaßt wird. Die zu $1_{T(M)}$ assoziierte vektorielle 1-Form auf R mit Werten in $\boldsymbol{R}^n$ (vgl. (20.5.5.2)) ist nichts anderes als die Verschmelzungsform $\boldsymbol{\sigma}$ (vgl. (20.6.2.1)). Ersetzt man in (20.5.5.3) jetzt ξ durch $\boldsymbol{\sigma}$, so erhält man also

20.6.6.7. $\mathfrak{t}(x) \cdot (\mathbf{h}_x \wedge \mathbf{k}_x) = r_x \cdot \big(\boldsymbol{\Theta}(r_x) \cdot (\mathrm{rel}\,(\mathbf{h}_x) \wedge \mathrm{rel}\,(\mathbf{k}_x))\big)$,

woraus sich sofort die Formel (20.6.6.5) ergibt.

Für jedes Vektorfeld Z der Klasse C^∞ auf M sei analog ζ_{Z} die 1-Form $\mathbf{h}_x \to \nabla_{\mathbf{h}_x} \cdot \mathrm{Z}$ auf M mit Werten in $T(M)$. Nach Definition gilt (vgl. (17.19.3.1))

20.6.6.8. $\big(\mathfrak{r} \cdot (\mathrm{X} \wedge \mathrm{Y})\big) \cdot \mathrm{Z} = \boldsymbol{d}\zeta_{\mathrm{Z}} \cdot (\mathrm{X} \wedge \mathrm{Y})$.

Da bekanntlich der Wert der linken Seite von (20.6.6.8) in einem Punkt $x \in M$ nur von dem Wert von Z in diesem Punkte abhängt, können wir immer annehmen, Z sei Linearkombination der $\boldsymbol{e}_i$ mit *konstanten* Koeffizienten; dann ist die ζ_{Z} entsprechende vektorielle 1-Differentialform ξ auf R mit Werten in $\boldsymbol{R}^n$ aufgrund von (20.6.5.6) und (20.5.5.2) durch

20.6.6.9. $\xi(r_x)\colon \mathbf{z} \to \big(\boldsymbol{\omega}(r_x) \cdot \mathbf{z}\big) \cdot \mathbf{u}$

gegeben, wobei $\mathbf{u} \in \boldsymbol{R}^n$ ein Vektor mit $r_x \cdot \mathbf{u} = \mathrm{Z}(x)$ ist. Hieraus ergibt sich aufgrund der Definition von $\boldsymbol{\Omega} = D\boldsymbol{\omega}$ und von (20.5.5.3) die Beziehung

20.6.6.10. $\boldsymbol{d}\zeta_{\mathrm{Z}}(x) \cdot (\mathbf{h}_x \wedge \mathbf{k}_x) = r_x \cdot \big((\boldsymbol{\Omega}(r_x) \cdot \mathrm{rel}(\mathbf{h}_x) \wedge \mathrm{rel}(\mathbf{k}_x)) \cdot \mathbf{u}\big)$

und nach (20.6.6.8) die Relation

20.6.6.11.
$$\begin{aligned}&\big(\mathfrak{r}(x) \cdot (\mathrm{X}(x) \wedge \mathrm{Y}(x))\big) \cdot \mathrm{Z}(x)\\ &= r_x \cdot \big(\boldsymbol{\Omega}^{(\mathfrak{R})}((x) \cdot (\mathrm{X}(x) \wedge \mathrm{Y}(x))) \cdot (r_x^{-1} \cdot \mathrm{Z}(x))\big)\,.\end{aligned}$$

Mit Hilfe von (20.6.6.2) folgt hieraus unmittelbar die Formel (20.6.6.6).

Aus den Formeln (20.6.6.5) und (20.6.6.6) erhält man sofort einen Ausdruck für die 2-Formen Θ_i und Ω_{ji} mit Hilfe der Komponenten des Windungs- und des Krümmungstensors bezüglich der Basis $(\boldsymbol{e}_i)$: Für

$$\boldsymbol{t} = \sum_{i,j,k} t^i_{jk}\, \sigma_j \otimes \sigma_k \otimes \boldsymbol{e}_i$$

und

$$\boldsymbol{r} = \sum_{i,j,k,l} r^l_{ijk}\, \sigma_i \otimes \sigma_j \otimes \sigma_k \otimes \boldsymbol{e}_l$$

ist

20.6.6.12. $\Theta_i = \sum_{j,k} t^i_{jk} \sigma_j \wedge \sigma_k$

und

20.6.6.13. $\Omega_{ji} = \sum_{h,k} r^j_{ihk} \sigma_h \wedge \sigma_k$.

Aufgaben

1. Für einen Hauptzusammenhang $\mathfrak{P}$ auf einem Repèrebündel $R(M)$ definiert man für jeden Vektor $\mathbf{a} \in \boldsymbol{R}^n$ ein *horizontales* Vektorfeld $\mathrm{H}_{\mathbf{a}}$ auf $R(M)$ durch die Bedingung

$$\mathrm{H}_{\mathbf{a}}(r_x) = \mathfrak{P}_x(r_x \cdot \mathbf{a}, r_x)$$

für jedes $r_x \in R(M)_x$. Dies ist gleichbedeutend mit

$$\sigma \cdot \mathrm{H}_{\mathbf{a}} = \mathbf{a} \qquad \text{und} \qquad \omega \cdot \mathrm{H}_{\mathbf{a}} = 0\,.$$

Es gilt $\mathrm{H}_{\mathbf{a}} \cdot s = \mathrm{H}_{s^{-1}\cdot\mathbf{a}}$ für $s \in \boldsymbol{GL}(n, \boldsymbol{R})$. Ist $(\mathbf{a}_i)_{1 \leq i \leq n}$ eine Basis des $\boldsymbol{R}^n$ und $(\mathbf{u}_{ij})_{1 \leq i, j \leq n}$ eine Basis von $\mathfrak{gl}(n, \boldsymbol{R}) = \boldsymbol{M}_n(\boldsymbol{R})$, so bilden die Vektorfelder $\mathrm{H}_{\mathbf{a}_i}$ und $\mathrm{Z}_{\mathbf{u}_{ij}}$ eine *Basis* des $\mathscr{E}(R(M))$-Moduls der Vektorfelder der Klasse C^∞ auf $R(M)$.

a) Man zeige: Für beliebige $\mathbf{a}$, $\mathbf{b}$ aus $\boldsymbol{R}^n$ und $\mathbf{u} \in \mathfrak{gl}(n, \boldsymbol{R})$ gilt

$$[\mathrm{Z}_{\mathbf{u}}, \mathrm{H}_{\mathbf{a}}] = \mathrm{H}_{\mathbf{u}\cdot\mathbf{a}}$$

(wobei $\mathbf{u} \cdot \mathbf{a}$ der Wert von $\mathbf{u} \in \mathrm{End}\,(\boldsymbol{R}^n)$ im Punkt $\mathbf{a}$ ist) und

$$\sigma \cdot [\mathrm{H}_{\mathbf{a}}, \mathrm{H}_{\mathbf{b}}] = -\boldsymbol{\Theta} \cdot (\mathrm{H}_{\mathbf{a}} \wedge \mathrm{H}_{\mathbf{b}})\,,$$

$$\omega \cdot [\mathrm{H}_{\mathbf{a}}, \mathrm{H}_{\mathbf{b}}] = -\boldsymbol{\Omega} \cdot (\mathrm{H}_{\mathbf{a}} \wedge \mathrm{H}_{\mathbf{b}})\,.$$

b) Hieraus leite man her: Die Windung und die Krümmung von $\mathfrak{P}$ sind Null genau dann, wenn zu jedem $x \in M$ eine Karte $c = (U, \varphi, n)$ im Punkt x existiert derart, daß das Bild von U vermöge $\mathfrak{R}$ eine Untermannigfaltigkeit von $R(M)$ ist, deren Tangentialräume sämtlich *horizontal* sind (dabei ist $\mathfrak{R}$ das durch $\mathfrak{R}^{-1} \cdot \mathrm{X}_i = \mathbf{e}_i$ für $1 \leq i \leq n$ definierte Repèrefeld, wobei die X_i die zu dieser Karte assoziierten Vektorfelder sind (vgl. (16.15.4.2))).

c) Die Geodätischen des aus $\mathfrak{P}$ hergeleiteten Zusammenhanges $\mathbf{C}$ sind genau die Projektionen der Integralkurven der Vektorfelder $\mathrm{H}_{\mathbf{a}}$ (für $\mathbf{a} \in \boldsymbol{R}^n$) auf M.

d) Hieraus leite man her: Für eine Kurve $t \to r(t)$ mit Werten in $R(M)$ ist genau dann $t \to \pi(r(t))$ (dabei sei $\pi\colon R(M) \to M$ die kanonische Projektion) eine Geodätische von $\mathbf{C}$, wenn

$$\frac{d}{dt}\big(\sigma(r(t)) \cdot r'(t)\big) + \big(\omega(r(t)) \cdot r'(t)\big) \cdot \big(\sigma(r(t)) \cdot r'(t)\big) = 0$$

gilt (man schließe unter Benutzung der Strukturgleichung (20.6.3.1) wie in Aufgabe 3 aus Abschnitt 20.2). Man zeige: Zwei Hauptzusammenhänge $\mathfrak{P}_1$ und $\mathfrak{P}_2$ auf $R(M)$ haben genau dann die Eigenschaft, daß die Geodätischen für die entsprechenden linearen Zusammenhänge auf M übereinstimmen, wenn für jedes $r \in R(M)$ und jeden Tangentialvektor $\mathbf{k}_r$ in diesem Punkt $(\omega_1(r) \cdot \mathbf{k}_r - \omega_2(r) \cdot \mathbf{k}_r) \cdot (\sigma(r) \cdot \mathbf{k}_r) = 0$ gilt; dabei sind ω_1 und ω_2 die 1-Formen der Zusammenhänge $\mathfrak{P}_1$ bzw. $\mathfrak{P}_2$.

2. Es sei M eine reine n-dimensionale differenzierbare Mannigfaltigkeit. Für $0 \leq q \leq n$, $0 \leq p \leq n$ bezeichnen wir mit dem Symbol $\mathbf{B}_q^p(M)$ das Tensorbündel $\left(\bigwedge^q T(M)^*\right) \otimes \left(\bigwedge^p T(M)\right)$; wir definieren eine Multiplikation durch einen M-Morphismus $\mathbf{B}_q^p(M) \otimes \mathbf{B}_s^r(M) \to \mathbf{B}_{q+s}^{p+r}(M)$, der einem Schnitt $(\alpha \otimes \boldsymbol{u}) \otimes (\beta \otimes \boldsymbol{v})$ den Schnitt $(\alpha \wedge \beta) \otimes (\boldsymbol{u} \wedge \boldsymbol{v})$ zuordnet. Die direkte Summe $\mathbf{B}(M)$ der $\mathbf{B}_q^p(M)$ ist ein Bündel von Algebren über M. Ferner bezeichne $\mathscr{B}_q^p(M)$ (bzw. $\mathscr{B}(M)$) den $\mathscr{E}(M)$-Modul (bzw. die $\mathscr{E}(M)$-Algebra) der Schnitte von $\mathbf{B}_q^p(M)$ (bzw. $\mathbf{B}(M)$) der Klasse C^∞ über M. Die Elemente von $\mathscr{B}_p^1(M)$ lassen sich mit den *p-Differentialformen auf M mit Werten in $T(M)$* identifizieren (vgl. (17.19.2)).

a) Auf M sei ein linearer Zusammenhang **C** gegeben, der einem Hauptzusammenhang $\mathfrak{P}$ auf $R(M)$ entspricht. Dem Zusammenhang **C** entspricht daher ein kovarianter äußerer Differentialoperator $\boldsymbol{d}$, der jedes $\mathcal{B}_q^1(M)$ in $\mathcal{B}_{q+1}^1(M)$ abbildet (vgl. (17.19.4)). Man zeige, daß ein eindeutig bestimmter Differentialoperator $\boldsymbol{d}$ von $\mathcal{B}(M)$ in sich existiert derart, daß $\boldsymbol{d}(\mathcal{B}_q^p(M)) \subset \mathcal{B}_{q+1}^p(M)$ gilt, der in jedem der $\mathcal{B}_q^0(M) = \mathcal{E}_q(M)$ mit der äußeren Differentiation d und in jedem $\mathcal{B}_q^1(M)$ mit der kovarianten äußeren Differentiation $\boldsymbol{d}$ übereinstimmt und überdies die Eigenschaft hat, daß für $\boldsymbol{v} \in \mathcal{B}_q^p(M)$ und $\boldsymbol{w} \in \mathcal{B}_s^r(M)$ die Beziehung

$$\boldsymbol{d}(\boldsymbol{v}\boldsymbol{w}) = (\boldsymbol{d}\boldsymbol{v})\, \boldsymbol{w} + (-1)^q \boldsymbol{v}(\boldsymbol{d}\boldsymbol{w})$$

gilt (das Produkt in $\mathcal{B}(M)$ wird einfach durch Hintereinanderschreiben oder durch einen Punkt bezeichnet).

Wir erweitern die Definition von $\boldsymbol{d}$ auf Matrizen mit Elementen aus $\mathcal{B}(M)$: Ist $\mathfrak{U} = (\boldsymbol{u}_{ij})$ eine solche Matrix vom Typ (a, b), so setzen wir $\boldsymbol{d}\mathfrak{U} = (\boldsymbol{d}\boldsymbol{u}_{ij})$. Für eine Matrix $\mathfrak{V}$ vom Typ (a, b) und eine Matrix $\mathfrak{W}$ vom Typ (b, c) gilt ebenfalls

$$\boldsymbol{d}(\mathfrak{V}\mathfrak{W}) = \mathfrak{V}(\boldsymbol{d}\mathfrak{W}) + (-1)^q\, (\boldsymbol{d}\mathfrak{V})\, \mathfrak{W}\,,$$

wenn alle Elemente von $\mathfrak{V}$ zu $\mathcal{B}_q^p(M)$ gehören.

b) Für ein Repèrefeld $\mathfrak{R}$ wollen wir, in den Bezeichnungen von (20.6.5), jetzt $\mathfrak{R}$ mit der Matrix vom Typ $(n, 1)$ der $\mathbf{e}_i \in \mathcal{B}_0^1(M)$ identifizieren, $\boldsymbol{\sigma} = \boldsymbol{\sigma}^{(\mathfrak{R})}$ mit der Matrix vom Typ $(1, n)$ der $\sigma_i \in \mathcal{B}_1^0(M)$ und $\boldsymbol{\omega} = \boldsymbol{\omega}^{(\mathfrak{R})}$ mit der transponierten der Matrix vom Typ (n, n) der $\omega_{ij} \in \mathcal{B}_1^0(M)$, ferner $\boldsymbol{\Theta} = \boldsymbol{\Theta}^{(\mathfrak{R})}$ mit der Matrix vom Typ $(1, n)$ der $\Theta_i \in \mathcal{B}_2^0(M)$, schließlich $\boldsymbol{\Omega} = \boldsymbol{\Omega}^{(\mathfrak{R})}$ mit der transponierten der Matrix vom Typ (n, n) der $\Omega_{ij} \in \mathcal{B}_2^0(M)$. Die Formeln (20.6.5.9) und (20.6.5.10) nehmen dann die Gestalt

$$1_{T(M)} = \boldsymbol{\sigma} \cdot \mathfrak{R} \qquad (\text{Element von } \mathcal{B}_1^1(M))\,,$$
$$\boldsymbol{d}\mathfrak{R} = \boldsymbol{\omega} \cdot \mathfrak{R}$$

an. Die Strukturgleichungen (20.6.6.3) und (20.6.6.4) lauten dann

$$\boldsymbol{\Theta} = d\boldsymbol{\sigma} - \boldsymbol{\sigma} \cdot \boldsymbol{\omega}\,,$$
$$\boldsymbol{\Omega} = d\boldsymbol{\omega} - \boldsymbol{\omega}^2\,,$$

und hieraus ergeben sich durch äußere Differentiation die Bianchi-Identitäten (20.6.4) und (20.3.4) in der Gestalt

$$d\boldsymbol{\Theta} = -\boldsymbol{\Theta} \cdot \boldsymbol{\omega} + \boldsymbol{\sigma} \cdot \boldsymbol{\Omega}\,,$$
$$d\boldsymbol{\Omega} = \boldsymbol{\omega} \cdot \boldsymbol{\Omega} - \boldsymbol{\Omega} \cdot \boldsymbol{\omega}\,.$$

c) Man beweise (für $r \geqq 1$) die Beziehungen

$$d(\boldsymbol{\Omega}^r) = \boldsymbol{\omega} \cdot \boldsymbol{\Omega}^r - \boldsymbol{\Omega}^r \cdot \boldsymbol{\omega}\,,$$
$$d(\boldsymbol{\sigma} \cdot \boldsymbol{\Omega}^r) = \boldsymbol{\Theta} \cdot \boldsymbol{\Omega}^r + \boldsymbol{\sigma} \cdot \boldsymbol{\Omega}^r \cdot \boldsymbol{\omega}\,,$$
$$d(\boldsymbol{\Theta} \cdot \boldsymbol{\Omega}^r) = \boldsymbol{\sigma} \cdot \boldsymbol{\Omega}^{r+1} - \boldsymbol{\Theta} \cdot \boldsymbol{\Omega}^r \cdot \boldsymbol{\omega}\,.$$

d) Man beweise (für $r \geqq 1$) die Identitäten

$$\boldsymbol{d}^{2r}(1_{T(M)}) = \boldsymbol{\sigma} \cdot \boldsymbol{\Omega}^r \cdot \mathfrak{R}\,, \qquad \boldsymbol{d}^{2r+1}(1_{T(M)}) = \boldsymbol{\Theta} \cdot \boldsymbol{\Omega}^r \cdot \mathfrak{R}\,,$$
$$\boldsymbol{d}^{2r-1}\mathfrak{R} = \boldsymbol{\omega} \cdot \boldsymbol{\Omega}^{r-1} \cdot \mathfrak{R}\,, \qquad \boldsymbol{d}^{2r}\mathfrak{R} = \boldsymbol{\Omega}^r \cdot \mathfrak{R}\,.$$

e) Man zeige: Für jedes Vektorfeld $\boldsymbol{u} \in \mathcal{B}_0^1(M)$ gilt für $r \geqq 1$ und $s \geqq 1$

$$\boldsymbol{d}((\boldsymbol{d}^{2r-1}\boldsymbol{u})^s) = s(\boldsymbol{d}^{2r}\boldsymbol{u})\, (\boldsymbol{d}^{2r-1}\boldsymbol{u})^{s-1}\,,$$
$$\boldsymbol{d}((\boldsymbol{d}^{2r}\boldsymbol{u})^{2s-1}) = (\boldsymbol{d}^{2r+1}\boldsymbol{u})\, (\boldsymbol{d}^{2r}\boldsymbol{u})^{2s-2}\,,$$
$$\boldsymbol{d}((\boldsymbol{d}^{2r}\boldsymbol{u})^{2s}) = 0\,.$$

3. Aus den Bianchi-Identitäten in der Gestalt (20.6.4) und (20.3.4) leite man her, daß für die kovariante Ableitung ∇, die Windung t und die Krümmung r eines linearen Zusammenhanges $\mathbf{C}$ die Identitäten

$$\begin{aligned}&(\mathsf{r}\cdot(X\wedge Y))\cdot Z+(\mathsf{r}\cdot(Y\wedge Z))\cdot X+(\mathsf{r}\cdot(Z\wedge X))\cdot Y\\&=\mathsf{t}\cdot(\mathsf{t}\cdot(X\wedge Y)\wedge Z)+\mathsf{t}\cdot(\mathsf{t}\cdot(Y\wedge Z)\wedge X)+\mathsf{t}\cdot(\mathsf{t}\cdot(Z\wedge X)\wedge Y)\\&\quad+(\nabla_X\cdot\mathsf{t})\cdot(Y\wedge Z)+(\nabla_Y\cdot\mathsf{t})\cdot(Z\wedge X)+(\nabla_Z\cdot\mathsf{t})\cdot(X\wedge Y),\\&(\nabla_X\cdot\mathsf{r})(Y\wedge Z)+(\nabla_Y\cdot\mathsf{r})(Z\wedge X)+(\nabla_Z\cdot\mathsf{r})\cdot(X\wedge Y)\\&+\mathsf{r}\cdot(\mathsf{t}\cdot(X\wedge Y)\wedge Z)+\mathsf{r}\cdot(\mathsf{t}\cdot(Y\wedge Z)\wedge X)+\mathsf{r}\cdot(\mathsf{t}\cdot(Z\wedge X)\wedge Y)=0\end{aligned}$$

gelten, wobei X, Y, Z Vektorfelder der Klasse C^∞ auf M sind. (Man benutze (20.5.3.4).)

4. Es sei f ein Diffeomorphismus einer reinen differenzierbaren Mannigfaltigkeit M auf eine differenzierbare Mannigfaltigkeit M'; daraus erhält man durch Übertragung der Struktur einen Isomorphismus $R(f)$ des Repèrebündels $R(M)$ auf das Repèrebündel $R(M')$: Es gilt $R(f)\,(r_x) = T_x(f)\circ r_x$ für jedes $r_x \in R(M)_x$.

a) Man zeige: Sind σ und σ' die Verschmelzungsformen von $R(M)$ und $R(M')$, so gilt ${}^tR(f)\,(\sigma') = \sigma$. Umgekehrt hat jeder Isomorphismus F des Hauptfaserbündels $R(M)$ auf das Hauptfaserbündel $R(M')$ mit ${}^tF(\sigma') = \sigma$ die Gestalt $R(f)$.

b) Ist $\mathfrak{P}$ ein Hauptzusammenhang auf $R(M)$ und $\mathfrak{P}'$ ein Hauptzusammenhang auf $R(M')$), so ist $\mathfrak{P}'$ genau dann das Bild von $\mathfrak{P}$ vermöge $R(f)$, wenn ${}^tR(f)\,(\omega') = \omega$ ist, wobei ω und ω' die Zusammenhangsformen von $\mathfrak{P}$ bzw. $\mathfrak{P}'$ bezeichnen. Wir sagen dann, f sei ein *Isomorphismus* von $\mathfrak{P}$ auf $\mathfrak{P}'$ (oder von $\mathbf{C}$ auf $\mathbf{C}'$, wenn $\mathbf{C}$ und $\mathbf{C}'$ die aus $\mathfrak{P}$ bzw. $\mathfrak{P}'$ hergeleiteten linearen Zusammenhänge bezeichnen).

5. Es sei M eine reine differenzierbare Mannigfaltigkeit, X ein Vektorfeld de Klasse C^∞ auf M und U eine relativ kompakte offene Teilmenge von M, ferner $a > 0$ eine Zahl derart, daß $U \times\,]-a, a[$ in dom (F_X) enthalten ist (vgl. (18.2.8)); für $-a < t < a$ und $x \in U$ setzen wir $g_t(x) = F_X(x, t)$, so daß g_t ein Diffeomorphismus von U auf eine offene Teilmenge U_t von M ist. Ihm entspricht ein Isomorphismus $G_t = R(g_t)$ des Repèrebündels $\pi^{-1}(U)$ auf das Repèrebündel $\pi^{-1}(U_t)$. Die Kurven $t \to G_t(x)$ sind die Integralkurven des Vektorfeldes $\widetilde{X}$ auf $R(M)$, das man die *kanonische Liftung* von X nennt. Man zeige, daß $\widetilde{X}$ das einzige bezüglich $\boldsymbol{GL}(n, \boldsymbol{R})$ invariante Vektorfeld auf $R(M)$ ist mit $T(\pi)\cdot\widetilde{X}(r_x) = X(x)$ für jedes $x \in M$ und jedes $r_x \in R(M)_x$, und für welches $\theta_{\widetilde{X}}\cdot\sigma = 0$ gilt. Die Abbildung $X \to \widetilde{X}$ ist ein injektiver Homomorphismus der Lieschen Algebra $\mathscr{T}_0^1(M)$ auf eine Liesche Unteralgebra von $\mathscr{T}_0^1(R(M))$.

Für jeden Punkt $\mathbf{u}_x = r_x\cdot\mathbf{y}$ von $T_x(M)$ mit $\mathbf{y}\in\boldsymbol{R}^n$ und $r_x \in R(M)_x$ hängt der Vektor $\widetilde{X}(r_x)\cdot\mathbf{y}$ nur von $\mathbf{u}_x$ ab. Das so *auf* $T(M)$ definierte Vektorfeld ist nichts anderes als die *kanonische Liftung* von X (vgl. Abschnitt 18.16, Aufgabe 3).

6. a) Man zeige — in den Bezeichnungen von Aufgabe 5 —, daß für ein Vektorfeld X der Klasse C^∞ auf M und einen Hauptzusammenhang $\mathfrak{P}$ auf $R(M)$ die folgenden Bedingungen äquivalent sind:

1° Für jede relativ kompakte offene Teilmenge U von M und jedes $a > 0$ mit

$$U \times\,]-a, a[\, \subset \operatorname{dom}(F_X)$$

transformiert G_t den Zusammenhang $\mathfrak{P}\,|\,\pi^{-1}(U)$ in den Zusammenhang $\mathfrak{P}\,|\,\pi^{-1}(U_t)$ für $-a < t < a$;

2° die kanonische Liftung $\widetilde{X}$ hat die Eigenschaft, daß $\theta_{\widetilde{X}} \cdot \omega = 0$ ist für die 1-Form ω des Zusammenhangs $\mathfrak{P}$;

3° für jedes $\mathbf{a} \in \boldsymbol{R}^n$ gilt $[\widetilde{X}, H_{\mathbf{a}}] = 0$ (vgl. Aufgabe 1);

4° für jedes Vektorfeld Y auf M gilt $\theta_X \circ \nabla_Y - \nabla_Y \circ \theta_X = \nabla_{[X,Y]}$ (man benutze (18.2.14)).

Wir nennen dann das Feld X einen *infinitesimalen Automorphismus* des Zusammenhangs $\mathfrak{P}$ (bzw. der mit $\mathfrak{P}$ versehenen Mannigfaltigkeit M).

b) Für jedes Vektorfeld X der Klasse C^∞ auf der Mannigfaltigkeit M ist die Abbildung $Y \to \theta_X \cdot Y - \nabla_X \cdot Y$ von $\mathcal{T}_0^1(M)$ in sich ein Differentialoperator 0-*ter Ordnung*, also von der Gestalt $Y \to \mathfrak{A}_X \cdot Y$, wobei $\mathfrak{A}_X$ ein Tensorfeld aus $\mathcal{T}_1^1(M)$ ist. Man zeige, daß X genau dann ein infinitesimaler Automorphismus von $\mathfrak{P}$ ist, wenn für jedes Vektorfeld Y der Klasse C^∞ auf M (vgl. (17.20.4.1)) die Beziehung

$$\nabla_Y \cdot \mathfrak{A}_X = \boldsymbol{r} \cdot (X \wedge Y) \tag{1}$$

gilt. Ist der Zusammenhang windungsfrei, so ist $\mathfrak{A}_X \cdot Y = -\nabla_Y \cdot X$.

Die Menge der infinitesimalen Automorphismen von $\mathfrak{P}$ ist eine *Liesche Unteralgebra* $\mathfrak{a}(\mathfrak{P})$ von $\mathcal{T}_0^1(M)$, und für je zwei infinitesimale Automorphismen X und Y von $\mathfrak{P}$ gilt

$$\mathfrak{A}_{[X,Y]} = [\mathfrak{A}_X, \mathfrak{A}_Y] + \mathsf{r} \cdot (X \wedge Y) .$$

c) In den Bezeichnungen von (20.6.5) setzen wir

$$\nabla_{e_i} \cdot e_j = \sum_k \Gamma_{ij}^k e_k ,$$

so daß dann

$$\omega_{ij} = \sum_k \Gamma_{ki}^j \sigma_k$$

und

$$\nabla_{e_i} \cdot \sigma_j = - \sum_k \Gamma_{ik}^j \sigma_k$$

gilt. Hieraus leite man her, daß der in b) definierte einfach kontravariante und zweifach kovariante Tensor $\mathfrak{A}$ die Komponenten

$$A_{ij}^k = -(\Gamma_{ji}^k + t_{ij}^k)$$

hat (Bezeichnungen von (20.6.6)).

d) Man zeige, daß für einen windungsfreien Zusammenhang die Gleichung (1) dem System skalarer Gleichungen

$$\theta_{e_i} \cdot \langle \nabla_{e_j} \cdot X, \sigma_h \rangle + \sum_k \Gamma_{ik}^h \langle \nabla_{e_j} \cdot X, \sigma_k \rangle - \sum_k \Gamma_{ij}^k \langle \nabla_{e_k} \cdot X, \sigma_h \rangle$$
$$= -\langle (\mathsf{r} \cdot (X \wedge e_i)) \cdot e_j, \sigma_h \rangle$$

äquivalent ist (Bezeichnungen von (20.6.5) und von a)), wobei i, j, h alle Werte von 1 bis n durchlaufen.

7. a) Unter den Voraussetzungen und in den Bezeichnungen von Aufgabe 5 sei X ein infinitesimaler Automorphismus von $\mathfrak{P}$. Man zeige: Ist M zusammenhängend und verschwindet $\widetilde{X}$ in einem Punkt von $R(M)$, so ist $X = 0$. (Unter Benutzung der Invarianz von $\widetilde{X}$ und der Tatsache, daß $[\widetilde{X}, H_{\mathbf{a}}] = 0$ ist, zeige man, daß X Null ist längs jeder geodätischen Trajektorie, die durch einen Punkt x geht, für welchen $\widetilde{X}(r_x) = 0$ für einen Punkt $r_x \in R(M)_x$ gilt, und benutze (18.4.6).)

Hieraus leite man her, daß $\dim(\mathfrak{a}(\mathfrak{P})) \leq n(n+1) = \dim(R(M))$ gilt.

b) Man zeige: Ist $\dim(\mathfrak{a}(\mathfrak{P})) = n(n+1)$, so sind die Krümmung und die Windung von $\mathfrak{P}$ Null. (Man stelle fest, daß zu jedem $r_x \in R(M)$ und jedem $\mathbf{u} \in \mathfrak{gl}(n, \boldsymbol{R})$ ein eindeutig bestimmtes Element $\mathrm{X} \in \mathfrak{a}(\mathfrak{P})$ mit $\widetilde{X}(r_x) = \mathrm{Z}_{\mathbf{u}}(r_x)$ existiert. Mit Hilfe der Relationen $\theta_{\widetilde{\mathrm{X}}} \cdot \sigma = 0$ und $[\widetilde{\mathrm{X}}, \mathrm{H}_{\mathbf{a}}] = 0$ zeige man, daß dann $\theta_{\widetilde{\mathrm{X}}} \cdot (\boldsymbol{\Theta} \cdot (\mathrm{H}_{\mathbf{a}} \wedge \mathrm{H}_{\mathbf{b}})) = 0$ auf M und insbesondere $\theta_{\widetilde{\mathrm{X}}(r_x)} \cdot (\boldsymbol{\Theta} \cdot (\mathrm{H}_{\mathbf{a}} \wedge \mathrm{H}_{\mathbf{b}})) = 0$ gilt, so daß also

$$\theta_{\mathrm{Z}_{\mathbf{u}}(r_x)} \cdot (\boldsymbol{\Theta}(\mathrm{H}_{\mathbf{a}} \wedge \mathrm{H}_{\mathbf{b}})) = 0$$

ist. Ferner beweise man mit Hilfe der Strukturgleichung die Beziehung

$$\begin{aligned} &\theta_{\mathrm{Z}_{\mathbf{u}}} \cdot (\boldsymbol{\Theta} \cdot (\mathrm{H}_{\mathbf{a}} \wedge \mathrm{H}_{\mathbf{b}})) \\ &= -\mathbf{u} \cdot (\boldsymbol{\Theta} \cdot (\mathrm{H}_{\mathbf{a}} \wedge \mathrm{H}_{\mathbf{b}})) + \boldsymbol{\Theta} \cdot ([\mathrm{Z}_{\mathbf{u}}, \mathrm{H}_{\mathbf{a}}] \wedge H_{\mathbf{b}}) + \boldsymbol{\Theta} \cdot (\mathrm{H}_{\mathbf{a}} \wedge [\mathrm{Z}_{\mathbf{u}}, \mathrm{H}_{\mathbf{b}}]) \end{aligned}$$

und leite hieraus $\boldsymbol{\Theta}(r_x) \cdot (\mathrm{H}_{\mathbf{a}}(r_x) \wedge \mathrm{H}_{\mathbf{b}}(r_x)) = 0$ her, indem man für $\mathbf{u}$ die identische Abbildung in End $(\boldsymbol{R}^n)$ nimmt. Entsprechend verfahre man, indem man σ durch ω ersetzt.)

8. Wir nennen einen linearen Zusammenhang $\mathbf{C}$ auf einer zusammenhängenden differenzierbaren Mannigfaltigkeit M (bzw. den entsprechenden Hauptzusammenhang $\mathfrak{P}$) *vollständig*, wenn jede Geodätische von $\mathbf{C}$ auf ganz $\boldsymbol{R}$ definiert ist; nach Aufgabe 1 ist dies genau dann der Fall, wenn die Integralkurven der Felder $\mathrm{H}_{\mathbf{a}}$ auf $R(M)$ sämtlich auf ganz $\boldsymbol{R}$ definiert sind (vgl. Abschnitt 20.2, Aufgabe 3). Für jedes $\mathbf{a} \in \boldsymbol{R}^n$ und jedes $t \in \boldsymbol{R}$ bezeichne dann $h_{\mathbf{a}}(t)$ den Diffeomorphismus $r \to F_{\mathrm{H}_{\mathbf{a}}}(r, t)$ von $R(M)$ auf sich (vgl. (18.2.2)). Man zeige, daß unter diesen Bedingungen für jeden infinitesimalen Automorphismus X von M die Integralkurven des Feldes $\widetilde{\mathrm{X}}$ (folglich auch die von X) auf ganz $\boldsymbol{R}$ definiert sind. (Man benutze Aufgabe 6 und zeige, daß $F_{\widetilde{\mathrm{X}}}(h_{\mathbf{a}}(t)\,(r), t') = h_{\mathbf{a}}(t)\,(F_{\widetilde{\mathrm{X}}}(r, t'))$ ist, falls beide Seiten definiert sind. Dann benutze man (18.4.6) und die Tatsache, daß M zusammenhängend ist, und zeige, daß man für jeden Punkt $r_0 \in R(M)$ jedes $r \in R(M)$ in der Gestalt

$$r = \left(h_{\mathbf{a}_1}(t_1) \circ h_{\mathbf{a}_2}(t_2) \circ \cdots \circ h_{\mathbf{a}_k}(t_k)\right)(r_0) \cdot s$$

darstellen kann, bei passender Wahl der $\mathbf{a}_j \in \boldsymbol{R}^n$, der $t_j \in \boldsymbol{R}$ und von $s \in \boldsymbol{GL}(n, \boldsymbol{R})$. Danach zeige man: Ist $F_{\widetilde{\mathrm{X}}}(r_0, t)$ für $|t| < \delta$ definiert, so ist auch $F_{\widetilde{\mathrm{X}}}(r, t)$ dort definiert, und es gilt

$$F_{\widetilde{\mathrm{X}}}(r, t) = \left(h_{\mathbf{a}_1}(t_1) \circ \cdots \circ h_{\mathbf{a}_k}(t_k)\right)\left(F_{\widetilde{\mathrm{X}}}(r_0, t)\right) \cdot s\Big).$$

9. Es seien M und M' zwei reine differenzierbare Mannigfaltigkeiten, $\mathfrak{P}$ (bzw. $\mathfrak{P}'$) sei ein Hauptzusammenhang auf $R(M)$ (bzw. $R(M')$). Wir nennen eine Abbildung f von M in M' einen *lokalen Isomorphismus* von $\mathfrak{P}$ in $\mathfrak{P}'$ (oder von M in M'), wenn f ein lokaler Diffeomorphismus ist und zu jedem $x \in M$ eine offene Umgebung U von x in M existiert derart, daß die Einschränkung von f auf U ein Isomorphismus der Einschränkung von $\mathfrak{P}$ auf U auf die Einschränkung von $\mathfrak{P}'$ auf $f(U)$ ist. Dies ist genau dann der Fall, wenn f ein lokaler Diffeomorphismus ist und $T(R(f))$ jeden horizontalen Tangentialvektor an $R(M)$ in einen horizontalen Tangentialvektor an $R(M')$ überführt. Dann gilt für jedes $x \in M$ und jeden hinreichend kleinen Vektor $\mathbf{u}_x \in T_x(M)$ die Beziehung $f(\exp(\mathbf{u}_x)) = \exp(T(f) \cdot \mathbf{u}_x)$.

a) Es sei M zusammenhängend; f und g seien zwei lokale Isomorphismen von M in M'. Man zeige: Stimmen $f(x)$ und $g(x)$ sowie $T_x(f)$ und $T_x(g)$ für einen Punkt $x \in M$ überein, so ist $f = g$. (Man betrachte die Menge der Punkte, in denen f und g übereinstimmen, und benutze (18.4.6).)

b) Nun seien M und M' reell-analytische Mannigfaltigkeiten und die Zusammenhänge $\mathfrak{P}$ und $\mathfrak{P}'$ analytisch. Ferner sei f eine analytische Abbildung von M in M', schließlich sei M zusammenhängend und f ein lokaler Diffeomorphismus. Existiert dann eine nichtleere offene Teilmenge $U \subset M$ derart, daß die Einschränkung von f auf U ein Isomorphismus der Einschränkung von $\mathfrak{P}$ auf U auf die Einschränkung von $\mathfrak{P}'$ auf $f(U)$ ist, so ist f ein lokaler Isomorphismus (man benutze Aufgabe 3 aus Abschnitt 18.8).

c) Jetzt seien M und M' analytisch, ebenso die Zusammenhänge $\mathfrak{P}$ und $\mathfrak{P}'$, ferner sei $\mathfrak{P}'$ vollständig. Schließlich sei $x \in M$, $x' \in M'$ und U eine Umgebung von x, das bijektive Bild einer offenen Teilmenge von $T_x(M)$ vermöge der Exponentialabbildung ist. Man zeige: Ist f ein analytischer lokaler Isomorphismus einer Umgebung $V \subset U$ von x in M', so läßt sich f auf eindeutige Weise zu einem analytischen lokalen Isomorphismus von U in M' ausdehnen. (Man betrachte $T_x(f)$ und benutze b).)

d) Nun seien M und M' analytisch, ebenso die Zusammenhänge $\mathfrak{P}$ und $\mathfrak{P}'$; der Zusammenhang $\mathfrak{P}'$ sei vollständig, und M sei zusammenhängend und einfach zusammenhängend. Dann läßt sich jeder lokale Isomorphismus f einer nichtleeren zusammenhängenden offenen Teilmenge U von M in M' auf eindeutige Weise zu einem lokalen Isomorphismus von M in M' ausdehnen. (Mit Hilfe von c) setze man f längs einer Kurve, deren Anfangspunkt ein Punkt $x_0 \in U$ ist, fort und zeige wie in (9.6.3), daß der Wert von f im Endpunkt der Kurve nur von diesem Endpunkt abhängt.)

e) Jetzt seien M und M' analytisch, zusammenhängend und einfach zusammenhängend, $\mathfrak{P}$ und $\mathfrak{P}'$ analytisch und vollständig. Ist f ein Isomorphismus einer nichtleeren zusammenhängenden offenen Menge U von M auf eine offene Teilmenge von M', so läßt sich f auf eindeutige Weise zu einem Isomorphismus von M auf M' ausdehnen. (Man betrachte den inversen Isomorphismus g von f und wende d) auf f und g an (vgl. Abschnitt 20.18, Aufgabe 13).)

10. Man zeige: Ist M zusammenhängend, so ist die Gruppe $A(\mathfrak{P})$ der Automorphismen eines Hauptzusammenhanges $\mathfrak{P}$ auf $R(M)$ eine Liesche Gruppe, die differenzierbar auf M operiert. (Man benutze Aufgabe 4 und Abschnitt 19.10, Aufgabe 6, für die parallelisierbare Mannigfaltigkeit $R(M)$.) Ihre Liesche Algebra läßt sich mit einer Unteralgebra der Lieschen Algebra $\mathfrak{a}(\mathfrak{P})$ der infinitesimalen Automorphismen von $\mathfrak{P}$ (vgl. Aufgabe 6) identifizieren; sie stimmt mit $\mathfrak{a}(\mathfrak{P})$ überein, wenn der Zusammenhang $\mathfrak{P}$ vollständig ist (vgl. Aufgabe 8).

11. Aus (19.4.4.3) leite man her, daß für die Verschmelzungsform σ auf $R(M)$ und für jeden Vektor $\mathbf{u} \in \mathfrak{gl}(n, \boldsymbol{R})$ die Beziehung

$$i_{Z_{\mathbf{u}}} \cdot d\sigma = -\mathbf{u} \circ \sigma$$

gilt ($\mathbf{u}$ wird dabei als Element von End $(\boldsymbol{R}^n)$ angesehen).

12. Für jede p-Form α der Klasse C^1 auf M gilt (in den Bezeichnungen von (20.6.5)) genau dann

$$(1) \qquad d\alpha = \sum_i (\sigma_i \wedge \nabla_{e_i} \cdot \alpha)\,,$$

wenn der Zusammenhang auf M windungsfrei ist. (Man beweise, daß dann die rechte Seite von (1) die Eigenschaften von (17.15.2) hat.) Hieraus leite man her, daß unter diesen Bedingungen die als antisymmetrischer kovarianter Tensor der Ordnung $p + 1$ aufgefaßte Form $d\alpha$ mit der Antisymmetrisierung $(p!)^{-1}\,\boldsymbol{a}(\nabla\alpha)$ identifiziert werden kann.

13. Man zeige: Gilt für zwei Repèrefelder $\mathfrak{R}_1$ und $\mathfrak{R}_2$ einer Mannigfaltigkeit M mit einem linearen Zusammenhang $\mathbf{C}$ die Beziehung ${}^t\mathfrak{R}_1(\sigma) = {}^t\mathfrak{R}_2(\sigma)$, so ist $\mathfrak{R}_1 = \mathfrak{R}_2$.

14. Es sei M eine differenzierbare Mannigfaltigkeit, $\mathbf{C}$ ein linearer Zusammenhang auf M und $\mathfrak{P}$ der entsprechende Hauptzusammenhang. Ferner seien $c = (U, \varphi, n)$ eine Karte von M und X_i $(1 \leqq i \leqq n)$ die zu dieser Karte assoziierten Vektorfelder, die ein Repère $\mathfrak{R} = (X_i)$ auf U bilden; schreiben wir σ_i und ω_{ij} anstelle von $\sigma_i^{(\mathfrak{R})}$ und $\omega_{ij}^{(\mathfrak{R})}$, so erhalten wir die lokalen Darstellungen der σ_i und der ω_{ij} als Funktionen der lokalen Darstellung (17.16.4.1) des Zusammenhanges $\mathbf{C}$:

$$\sigma_i = dx^i\,, \qquad \omega_{ij} = \sum_{k=1}^{n} \Gamma_{kj}^{i}\, dx^k\,.$$

Schreiben wir Θ_i und Ω_{ij} anstelle von $\Theta_i^{(\mathfrak{R})}$ und $\Omega_{ij}^{(\mathfrak{R})}$, so erhalten wir die lokalen Darstellungen der Θ_i und Ω_{ij} als Funktionen der Komponenten t_{jk}^{i} und r_{ijk}^{l} des Krümmungstensors und des Windungstensors (vgl. Abschnitt 17.20):

$$\Theta_i = \sum_{j<k} t_{jk}^{i}\, dx^j \wedge dx^k\,,$$

$$\Omega_{ij} = \sum_{k<l} r_{jkl}^{i}\, dx^k \wedge dx^l\,.$$

15. Es sei M eine differenzierbare Mannigfaltigkeit, $\mathbf{C}$ ein linearer Zusammenhang auf M und $\mathfrak{P}$ der entsprechende Hauptzusammenhang. Ferner sei U eine Umgebung von x_0 der Gestalt $\exp(V)$, wobei V eine sternförmige Umgebung von $\mathbf{0}_{x_0}$ in $T_{x_0}(M)$ ist, auf welcher die Exponentialabbildung ein Diffeomorphismus auf U ist. Ist $(\mathbf{c}_j)_{1\leqq j\leqq n}$ eine Basis von $T_{x_0}(M)$, so werden die Koordinaten des Punktes $\exp_{x_0}^{-1}(x)$ für $x \in U$ bezüglich dieser Basis die *normalen Koordinaten* von x bezüglich $(\mathbf{c}_j)$ genannt.

a) Ist v die Geodätische für $\mathbf{C}$ mit $v(0) = x_0$ und $v'(0) = \mathbf{h} = \sum_{j=1}^{n} h_j \mathbf{c}_j$, so ist

$$t \to (h_i t)_{1\leqq i\leqq n}$$

die lokale Darstellung von v in normalen Koordinaten auf einer Umgebung von 0 in $\boldsymbol{R}$. Daraus leite man her, daß für die lokale Darstellung des Zusammenhangs $\mathbf{C}$ bezüglich der normalen Koordinaten in U für jedes System von Indizes die Beziehung

$$\Gamma_{jk}^{i}(x_0) + \Gamma_{kj}^{i}(x_0) = 0$$

gilt; ist insbesondere $\mathbf{C}$ windungsfrei, so gilt $\Gamma_{jk}^{i}(x_0) = 0$ für alle Indizes i, j, k.

b) Es sei r_0 ein Repère im Punkt x_0, das mit einer Basis $(\mathbf{c}_j)_{1\leqq j\leqq n}$ von $T_{x_0}(M)$ identifiziert wird. Für jeden Vektor $\mathbf{h} \in V$ definiert man für $t \in \boldsymbol{R}$ mit $t\mathbf{h} \in V$, wenn $x = \exp(t\mathbf{h})$ gesetzt wird, das Repère $\mathfrak{R}(x)$ als den Wert der Integralkurve des Feldes $H_{\mathbf{b}}$ (vgl. Aufgabe 1) mit dem Anfangspunkt r_0 in t, wobei $r_0 \cdot \mathbf{b} = \mathbf{h}$ ist (mit anderen Worten, man erhält das Repère durch Parallelübertragung von r_0 längs der Geodätischen $\xi \to \exp(\xi\mathbf{h})$ $(0 \leqq \xi \leqq t)$). Wir nennen $\mathfrak{R}$ das zu V und r_0 *kanonisch assoziierte* Repèrefeld (repère mobile). Betrachtet man die Karte $c = (U, \varphi, n)$ von M mit $\varphi = r_0 \circ \exp_{x_0}^{-1}$, so haben die lokalen Darstellungen der $\mathfrak{R}$ entsprechenden Verschmelzungs- und Zusammenhangsformen die Gestalt

$$\sigma_i = \sum_j A_{ij}\, dx^j\,, \qquad \omega_{ij} = \sum_k B_{ijk}\, dx^k\,.$$

Man zeige (unter Benutzung von Aufgabe 1), daß für jeden Punkt $\mathbf{u} \in r_0^{-1}(V)$ die Beziehungen

$$\sum_j A_{ij}(t\mathbf{u})\, u^j = u^i \qquad \text{für } 0 \leqq t \leqq 1 \text{ und } 1 \leqq i \leqq n\,,$$

$$\sum_k B_{ijk}(t\mathbf{u})\, u^k = 0 \qquad \text{für } 0 \leqq t \leqq 1 \text{ und } 1 \leqq i, j \leqq n$$

gelten.

Für dieselbe Karte gelte

$$\Theta_i = \sum_{j<k} T^i_{jk}\sigma_j \wedge \sigma_k\,,$$

$$\Omega_{ij} = \sum_{k<l} R^i_{jkl}\sigma_k \wedge \sigma_l\,.$$

Man beweise, daß die Differentialgleichungen

$$\frac{d}{dt}(tA_{ij}(t\mathbf{u})) = \delta_{ij} + t\sum_l B_{ilj}(t\mathbf{u})\,u^l + t\sum_{l,m} T^i_{lm}(t\mathbf{u})\,A_{mj}(t\mathbf{u})\,u^l\,,$$

$$\frac{d}{dt}(tB_{ijk}(t\mathbf{u})) = t\sum_{l,m} R^i_{jkl}(t\mathbf{u})\,A_{mk}(t\mathbf{u})\,u^l$$

erfüllt sind. (Man betrachte die inversen Bilder der Formen σ_i, ω_{ij}, Θ_i, Ω_{ij} vermöge der Abbildung

$$(t, u^1, \ldots, u^n) \to (tu^1, \ldots, tu^n)$$

einer offenen Umgebung von 0 in $\boldsymbol{R}^{n+1}$ in $\varphi(U)$ und schreibe die inversen Bilder der Strukturgleichungen auf.)

In denselben Bezeichnungen zeige man (mit Hilfe von (20.5.3.4)), daß die Ableitungen der Funktionen $t \to T^i_{jk}(t\mathbf{u})$ und $t \to R^i_{jkl}(t\mathbf{u})$ im Punkt $t = 0$ durch die Werte der kovarianten Ableitungen aller Ordnungen $\nabla^m\boldsymbol{t}$ und $\nabla^m\boldsymbol{r}$ des Windungstensors und des Krümmungstensors im Punkt x_0 völlig bestimmt sind.

16. Es seien M und M' zwei reell-analytische Mannigfaltigkeiten, die mit linearen Zusammenhängen versehen sind, welche aus analytischen Hauptzusammenhängen $\mathfrak{P}$ bzw. $\mathfrak{P}'$ hergeleitet sind; mit ∇ bzw. ∇' bezeichnen wir die $\mathfrak{P}$ bzw. $\mathfrak{P}'$ entsprechenden kovarianten Ableitungen, mit $\boldsymbol{t}$ bzw. $\boldsymbol{t}'$ die Windungstensoren von M bzw. M', mit $\boldsymbol{r}$ bzw. $\boldsymbol{r}'$ die Krümmungstensoren von M bzw. M'. Es sei $F\colon T_{x_0}(M) \to T_{y_0}(M')$ eine bijektive lineare Abbildung derart, daß das Bild jedes der Tensoren $\nabla^m\boldsymbol{t}(x_0)$ bzw. $\nabla^m\boldsymbol{r}(x_0)$ vermöge der entsprechenden Ausdehnungen von F gleich $\nabla'^m\boldsymbol{t}'(y_0)$ bzw. $\nabla'^m\boldsymbol{r}'(y_0)$ ist. Dann existieren eine Umgebung U von x_0, eine Umgebung V von y_0 und ein analytischer Isomorphismus f von $\mathfrak{P} \mid U$ auf $\mathfrak{P}' \mid V$ mit $f(x_0) = y_0$ und $T_{x_0}(f) = F$. (Man benutze die Aufgaben 15 und 13.)

17. Es seien M und M' zwei differenzierbare Mannigfaltigkeiten, die mit linearen Zusammenhängen versehen seien, welche aus Hauptzusammenhängen $\mathfrak{P}$ und $\mathfrak{P}'$ hergeleitet sind; ferner seien ∇ und ∇' die kovarianten Ableitungen, $\boldsymbol{t}$ bzw. $\boldsymbol{t}'$ die Windungstensoren, $\boldsymbol{r}$ bzw. $\boldsymbol{r}'$ die Krümmungstensoren. Wir setzen voraus, es sei $\nabla\boldsymbol{t} = 0$, $\nabla'\boldsymbol{t}' = 0$, $\nabla\boldsymbol{r} = 0$ und $\nabla'\boldsymbol{r}' = 0$. Schließlich sei $F\colon T_{x_0}(M) \to T_{y_0}(M')$ eine bijektive lineare Abbildung derart, daß das Bild von $\boldsymbol{t}(v_0)$ (bzw. $\boldsymbol{r}(x_0)$) vermöge der entsprechenden Ausdehnung von F gleich $\boldsymbol{t}'(y_0)$ (bzw. $\boldsymbol{r}'(y_0)$) ist. Man zeige, daß eine Umgebung U von x_0, eine Umgebung V von y_0 und ein Isomorphismus f von $\mathfrak{P} \mid U$ auf $\mathfrak{P}' \mid V$ existieren mit $f(x_0) = y_0$ und $T_{x_0}(f) = F$. (Man benutze die Aufgaben 13 und 15.)

18. Es sei M eine zusammenhängende differenzierbare Mannigfaltigkeit. Wir nennen einen linearen Zusammenhang auf M *invariant bezüglich Parallelität*, wenn zu je zwei Punkten x und y von M und einer Kurve γ der Klasse C^∞ mit dem Anfangspunkt x und dem Endpunkt y (vgl. (16.26.10)) eine Umgebung U von x und ein Isomorphismus f von U (bezüglich des Zusammenhangs $\mathbf{C}$) auf eine Umgebung von y existieren derart, daß $f(x) = y$ ist und $T_x(f)$ mit der Parallelübertragung längs γ übereinstimmt (vgl. (18.6.4)). Man zeige, daß dies genau dann der Fall ist, wenn

Windung und Krümmung von $\mathbf{C}$ der Bedingung $\nabla \boldsymbol{t} = 0$ und $\nabla \boldsymbol{r} = 0$ genügen. (Man benutze Aufgabe 17.)

19. Es sei M eine reine n-dimensionale differenzierbare Mannigfaltigkeit, $R(M)$ das Bündel der zu M tangentialen Repères, mit der Gruppe $\boldsymbol{GL}(n, \boldsymbol{R})$. Ferner sei $A(M) = \text{Aff}\,(M \times \boldsymbol{R}^n, T(M))$ das Bündel der affinen Repères von $T(M)$, das ein Hauptfaserbündel mit der Gruppe $\boldsymbol{A}(n, \boldsymbol{R})$ ist; wir erinnern daran (vgl. Abschnitt 20.1, Aufgabe 1), daß $\boldsymbol{A}(n, \boldsymbol{R})$ dem semidirekten Produkt $\boldsymbol{R}^n \times_\varrho \boldsymbol{GL}(n, \boldsymbol{R})$ kanonisch isomorph ist, wobei ϱ die natürliche Operation von $\boldsymbol{GL}(n, \boldsymbol{R})$ auf $\boldsymbol{R}^n$ ist.

a) Man zeige, daß ein kanonischer Isomorphismus von $R(M) \times^{\boldsymbol{GL}(n,\boldsymbol{R})} \boldsymbol{A}(n, \boldsymbol{R})$ auf $A(M)$ existiert, der dem Produkt $r \cdot \begin{pmatrix} \mathrm{U} & \mathbf{a} \\ 0 & 1 \end{pmatrix}$ (für ein $r \in R(M)_x$) die bijektive affine lineare Abbildung $\mathbf{y} \to r(\mathrm{U} \cdot \mathbf{y} + \mathbf{a})$ von $\boldsymbol{R}^n$ auf $T_x(M)$ zuordnet.

b) Identifiziert man $A(M)$ mit dem Bündel $R(M) \times^{\boldsymbol{GL}(n,\boldsymbol{R})} \boldsymbol{A}(n, \boldsymbol{R})$, das man durch Erweiterung der Strukturgruppe von $\boldsymbol{GL}(n, \boldsymbol{R})$ zu $\boldsymbol{A}(n, \boldsymbol{R})$ erhält, so läßt sich das assoziierte Bündel

$$X = R(M) \times^{\boldsymbol{GL}(n,\boldsymbol{R})} (\boldsymbol{A}(n, \boldsymbol{R})/\boldsymbol{GL}(n, \boldsymbol{R})) = R(M) \times^{\boldsymbol{GL}(n,\boldsymbol{R})} \boldsymbol{R}^n$$

kanonisch mit $T(M)$ identifizieren, das Produkt $r \cdot \mathbf{y}$ für $r \in R(M)$ und $\mathbf{y} \in \boldsymbol{R}^n$ in X mit dem ebenso bezeichneten Produkt in $T(M)$. Der kanonische Schnitt von X (vgl. Abschnitt 20.1, Aufgabe 2) wird mit dem Nullschnitt von $T(M)$ identifiziert. Man erhält eine *kanonische Verschmelzung* $\mathbf{h}_x \to r_x \cdot (r_x^{-1} \cdot \mathbf{h}_x)$ von M in X (mit $r_x^{-1} \cdot \mathbf{h}_x \in \boldsymbol{R}^n$ für $\mathbf{h}_x \in T_x(M)$ und $r_x \in R(M)_x$), die mit der identischen Abbildung von $T(M)$ übereinstimmt.

c) Man zeige unter Benutzung von Aufgabe 4 aus Abschnitt 20.5, daß für jeden Hauptzusammenhang $\mathfrak{P}_0$ auf $R(M)$ ein Cartanscher Zusammenhang $\mathfrak{P}$ auf $A(M)$ existiert, aus dem $\mathfrak{P}_0$ mittels des in dieser Aufgabe beschriebenen Verfahren hergeleitet werden kann; derjenige dieser Zusammenhänge, für den die Form φ die Verschmelzungsform σ von (20.6.2) ist, entspricht der in b) definierten kanonischen Verschmelzung; wir nennen diesen Zusammenhang auf $A(M)$ den zum Hauptzusammenhang $\mathfrak{P}_0$ (oder den zu dem aus $\mathfrak{P}_0$ hergeleiteten linearen Zusammenhang $\mathbf{C}_0$) assoziierten *affinen Zusammenhang* auf M. Die anderen Hauptzusammenhänge $\mathfrak{P}$ auf $A(M)$, die $\mathfrak{P}_0$ entsprechen, stehen in eineindeutiger Beziehung zu denjenigen Abbildungen $r \to u(r)$ der Klasse C^∞ von $R(M)$ in $\text{End}\,(\boldsymbol{R}^n) = \boldsymbol{M}_n(\boldsymbol{R})$, für welche $u(r \cdot s) = s \circ u(r) \circ s^{-1}$ für jedes $s \in \boldsymbol{GL}(n, \boldsymbol{R})$ gilt.

Aus diesen Überlegungen leite man einen anderen Beweis der Strukturgleichung (20.6.3.1) her.

20. a) Die Mannigfaltigkeit $R_1(\boldsymbol{R}^n) = R(\boldsymbol{R}^n)$ der Repères der Ordnung 1 von $\boldsymbol{R}^n$ (vgl. Abschnitt 20.1, Aufgabe 3) läßt sich mit der Menge der affinen linearen Abbildung $\mathbf{x} \to \mathrm{U} \cdot \mathbf{x} + \mathbf{a}$ von $\boldsymbol{R}^n$ in sich identifizieren, wobei $\mathbf{a} \in \boldsymbol{R}^n$ und $\mathrm{U} \in \boldsymbol{GL}(n, \boldsymbol{R})$ ist (der Jet der Ordnung 1 im Punkt 0 einer Abbildung f der Klasse C^∞ einer Umgebung von 0 in $\boldsymbol{R}^n$ kann mit der affinen linearen Abbildung $\mathbf{h} \to \mathrm{D}f(0) \cdot \mathbf{h} + f(0)$ identifiziert werden); daher kann $R_1(\boldsymbol{R}^n)$ kanonisch mit der affinen Gruppe $\boldsymbol{A}(n, \boldsymbol{R})$ identifiziert werden (vgl. Abschnitt 20.1, Aufgabe 1); man zeige, daß diese Identifizierung ein *Isomorphismus* von Hauptfaserbündeln mit der Gruppe $\boldsymbol{GL}(n, \boldsymbol{R})$ ist ($\boldsymbol{GL}(n, \boldsymbol{R})$ operiert als Untergruppe von $\boldsymbol{A}(n, \boldsymbol{R})$ vermöge Rechtstranslation auf $\boldsymbol{A}(n, \boldsymbol{R})$). Im folgenden wollen wir auf diese Weise $R_1(\boldsymbol{R}^n)$ mit $\boldsymbol{A}(n, \boldsymbol{R})$ identifizieren; das neutrale Element e von $\boldsymbol{A}(n, \boldsymbol{R})$ wird dann mit dem Jet $J_0^1(1_{\boldsymbol{R}^n})$ identifiziert, und der Tangentialraum von $R_1(\boldsymbol{R}^n)$ im Punkt e mit der Lieschen Algebra $\mathfrak{a}(n, \boldsymbol{R})$ der Gruppe $\boldsymbol{A}(n, \boldsymbol{R})$, die man kanonisch in der Gestalt $\boldsymbol{R}^n \oplus \mathfrak{gl}(n, \boldsymbol{R})$ schreiben kann.

b) Es sei M eine reine n-dimensionale differenzierbare Mannigfaltigkeit. Wir bezeichnen mit

$$p\colon R_2(M) \to R_1(M) = R(M)$$

und

$$\varrho\colon G^2(n) \to G^1(n) = \boldsymbol{GL}(n, \boldsymbol{R})$$

die kanonischen Abbildungen (vgl. Abschnitt 20.1, Aufgabe 3). Ferner sei f ein Diffeomorphismus einer Umgebung von 0 in $\boldsymbol{R}^n$ auf eine Umgebung von $f(0)$ in M; durch Übertragung der Struktur definiert er einen Diffeomorphismus $R_1(f)$ einer Umgebung von e in $R_1(\boldsymbol{R}^n)$ auf eine Umgebung von $J_0^1(f)$ in $R_1(M)$; daher ist $R_1(f)\,(u) = J_0^1(f) \circ u$. Hieraus erhält man einen Isomorphismus $\tilde{f} = T_e(R_1(f))$ von $T_e(R_1(\boldsymbol{R}^n)) = \mathfrak{a}(n, \boldsymbol{R})$ auf den Tangentialraum $T_{J_0^1(f)}(R_1(M))$. Für jeden Tangentialvektor $\mathbf{h}$ von $R_2(M)$ im Punkt $J_0^2(f)$ ist $T(p) \cdot \mathbf{h}$ ein Tangentialvektor von $R_1(M)$ im Punkt $J_0^1(f)$; folglich ist $\tilde{f}^{-1}(T(p) \cdot \mathbf{h})$ ein Vektor der Lieschen Algebra $\mathfrak{a}(n, \boldsymbol{R})$. Man zeige, daß er nur von dem Punkt $J_0^2(f)$ und dem Tangentialvektor $\mathbf{h}$ von $R_2(M)$ in diesem Punkt abhängt und somit eine *kanonische vektorielle* 1-*Form*

$$\tilde{\sigma}\colon \mathbf{h} \to \tilde{f}^{-1}(T(p) \cdot \mathbf{h})$$

auf $R_2(M)$ definiert. Das Diagramm

$$\begin{array}{ccc} T(R_2(M)) & \xrightarrow{T(p)} & T(R_1(M)) \\ {\scriptstyle\tilde{\sigma}}\downarrow & & \downarrow{\scriptstyle\sigma} \\ \mathfrak{a}(n, \boldsymbol{R}) & \xrightarrow{\mathrm{pr}_1} & \boldsymbol{R}^n \end{array}$$

wobei σ die Verschmelzungsform (20.6.2.1) ist, ist kommutativ.

c) Wir betrachten den Fall $M = \boldsymbol{R}^n$. Die Repèremannigfaltigkeit $R_2(\boldsymbol{R}^n)$ läßt sich dann mit der Menge der Abbildungen der Gestalt $\mathbf{x} \to \mathbf{a} + \mathrm{U} \cdot \mathbf{x} + \mathbf{B} \cdot (\mathbf{x}, \mathbf{x})$ von $\boldsymbol{R}^n$ auf sich identifizieren, wobei $\mathbf{a} \in \boldsymbol{R}^n$ und $\mathrm{U} \in \boldsymbol{GL}(n, \boldsymbol{R})$ gilt und die Abbildung $\mathbf{B}\colon (\mathbf{h}, \mathbf{k}) \to \mathbf{B} \cdot (\mathbf{h}, \mathbf{k})$ von $\boldsymbol{R}^n \times \boldsymbol{R}^n$ in $\boldsymbol{R}^n$ *symmetrisch* und bilinear ist (der Jet der Ordnung 2 einer Abbildung f der Klasse C^∞ einer Umgebung von 0 in $\boldsymbol{R}^n$ läßt sich mit der Abbildung $\mathbf{h} \to f(0) + \mathrm{D}f(0) \cdot \mathbf{h} + \frac{1}{2}\mathrm{D}^2 f(0) \cdot (\mathbf{h}, \mathbf{h})$ identifizieren (vgl. (8.14.3))). Schreiben wir dafür zur Abkürzung $(\mathbf{a}, \mathrm{U}, \mathbf{B})$, so ist die Projektion $R_2(\boldsymbol{R}^n) \to \boldsymbol{R}^n$ die Abbildung $(\mathbf{a}, \mathrm{U}, \mathbf{B}) \to \mathbf{a}$; die Gruppe $G^2(n)$ läßt sich mit der durch $\mathbf{a} = 0$ definierten Untermannigfaltigkeit von $R_2(\boldsymbol{R}^n)$ identifizieren; die Operation der Gruppe $G^2(n)$ auf $R_2(\boldsymbol{R}^n)$ von rechts ist durch

$$(\mathbf{a}, \mathrm{U}, \mathbf{B}) \cdot (\mathrm{U}', \mathbf{B}') = (\mathbf{a}, \mathrm{UU}', \mathrm{U} \cdot \mathbf{B}' + \mathbf{B} \cdot (\mathrm{U}', \mathrm{U}'))$$

gegeben; dabei bezeichnet UU' das Matrizenprodukt, $\mathrm{U} \cdot \mathbf{B}'$ die quadratische Abbildung $\mathbf{x} \to \mathrm{U} \cdot (\mathbf{B}' \cdot (\mathbf{x}, \mathbf{x}))$ und ferner $\mathbf{B} \cdot (\mathrm{U}', \mathrm{U}')$ die quadratische Abbildung $\mathbf{x} \to \mathbf{B} \cdot (\mathrm{U}' \cdot \mathbf{x}, \mathrm{U}' \cdot \mathbf{x})$. Ist e der Jet $J_0^2(1_{\boldsymbol{R}^n})$, so läßt sich der Tangentialraum $T_e(R_2(\boldsymbol{R}^n))$ mit dem aus den $(\mathbf{v}, \mathrm{V}, \mathbf{W})$ bestehenden Vektorraum identifizieren, wobei $\mathbf{v} \in \boldsymbol{R}^n$ und $\mathrm{V} \in \mathrm{End}\,(\boldsymbol{R}^n) = \boldsymbol{M}^n(\boldsymbol{R})$ gilt und $\mathbf{W}$ den Teilraum des aus den symmetrischen Abbildungen bestehenden Vektorraumes $\mathscr{L}_2(\boldsymbol{R}^n, \boldsymbol{R}^n; \boldsymbol{R}^n)$ durchläuft. Ist f ein Diffeomorphismus einer Umgebung von 0 in $\boldsymbol{R}^n$, so definiert f durch Übertragung der Struktur einen Diffeomorphismus $R_2(f)$ einer Umgebung von e in $R_2(\boldsymbol{R}^n)$ auf eine Umgebung von $J_0^2(f) = (\mathbf{a}, \mathrm{U}, \mathbf{B})$ vermöge $R_2(f)\,(u) = J_0^2(f) \circ u$. Man zeige, daß das Bild des Tangentialvektors $(\mathbf{v}, \mathrm{V}, \mathbf{W})$ vermöge $T_e(R_2(f))$ die Gestalt

$$\mathbf{h} = \big(\mathrm{U} \cdot \mathbf{v}, \mathrm{UV} + \mathbf{B} \cdot ((\mathbf{v}, .) + (., \mathbf{v})), \mathrm{U} \cdot \mathbf{W} + \mathbf{B} \cdot ((\mathrm{V}, \mathrm{I}) + (\mathrm{I}, \mathrm{V}))\big)$$

hat, also

$$T(p) \cdot \mathbf{h} = \big(\mathrm{U} \cdot \mathbf{v}, \mathrm{UV} + \mathbf{B} \cdot ((\mathbf{v}, .) + (., \mathbf{v}))\big)$$

ist. Unter Bezeichnungsänderung leite man daraus her, daß der Wert der kanonischen 1-Form $\tilde{\sigma}$ im Punkt $(\mathbf{a}, \mathrm{U}, \mathbf{B})$ mit der Abbildung

$$(\mathbf{v}, \mathrm{V}, \mathbf{W}) \to \Big(\mathrm{U}^{-1} \cdot \mathbf{v}, \mathrm{U}^{-1}\mathrm{V} + \mathrm{U}^{-1}\big(\mathbf{B} \cdot (\mathbf{v}, .) + (., \mathbf{v})\big)\Big)$$

identifiziert werden kann.

d) Jetzt sei M eine beliebige differenzierbare Mannigfaltigkeit. Man zeige, daß für jedes Element $\mathbf{w}$ der Lieschen Algebra $\mathfrak{g}^2(n)$ von $G^2(n)$ die Beziehung $\tilde{\sigma} \cdot \mathrm{Z}_{\mathbf{w}} = \varrho_*(\mathbf{w})$ gilt, und daß für jedes Element $s \in G^2(n)$ die Beziehung

$$\tilde{\sigma}(u \cdot s) \cdot (\mathbf{h} \cdot s) = \mathrm{Ad}\,(\varrho(s^{-1})) \cdot (\tilde{\sigma}(u) \cdot \mathbf{h})$$

für jedes $u \in R^2(M)$ und jeden Tangentialvektor $\mathbf{h} \in T_u(R_2(M))$ erfüllt ist.

e) Man wähle als Basis von $\mathfrak{a}(n, \boldsymbol{R})$ die Vereinigung der kanonischen Basis $(\mathbf{e}_i)$ von $\boldsymbol{R}^n$ und der kanonischen Basis (E_{ij}) von $\mathfrak{gl}(n, \boldsymbol{R}) = \boldsymbol{M}_n(\boldsymbol{R})$; dann kann man für die kanonische 1-Form $\tilde{\sigma}$ auf $R_2(M)$

$$\tilde{\sigma} = \sum_i \sigma \mathbf{e}^i{}_i + \sum_{i,j} \sigma^i_j \mathrm{E}_{ij}$$

schreiben, wobei die σ^i und σ^i_j skalare 1-Differentialformen auf $R_2(M)$ sind. Man zeige, daß die Strukturgleichungen

$$d\sigma^i = -\sum_j \sigma^i_j \wedge \sigma^j$$

gelten. (Man führe das Problem auf den Fall $M = \boldsymbol{R}^n$ zurück und benutze c).)

20.7. G-Strukturen

20.7.1. Es sei X ein Hauptfaserbündel mit der Basis B, der Strukturgruppe G und der Projektion p. Ferner sei H eine *abgeschlossene Untergruppe* von G und $j\colon H \to G$ die kanonische injektive Abbildung. Wenn es ein Hauptfaserbündel Y mit derselben Basis B, der Strukturgruppe H und der Projektion q gibt sowie einen *Morphismus* (u, j) von Y in X derart, so daß u ein B-Morphismus des Faserbündels (Y, B, q) in (X, B, p) (vgl. Abschnitt 16.14) ist, so ist u eine *Einbettung* von Y in X, deren Bildraum eine abgeschlossene Untermannigfaltigkeit von X ist. Da das Problem lokal bezüglich B ist, können wir nämlich annehmen, $X = B \times G$ und $Y = B \times H$ seien trivial, und u habe die Gestalt $(b, t) \to \big(b, f(b, t)\big)$, wobei f eine Abbildung der Klasse C^∞ von $B \times H$ in G mit

$$f(b, tt') = f(b, t)\, j(t')\,.$$

ist. Folglich ist $f(b, t) = g(b)\, j(t)$ mit $g(b) = f(b, e)$. Da jedoch die Abbildung $v\colon (b, s) \to \big(b, g(b)^{-1} s\big)$ ein Diffeomorphismus von $B \times G$ auf sich ist $\big($vgl. (16.12.2.1)$\big)$ und $v \circ u$ die kanonische injektive Abbildung $(b, t) \to \big(b, j(t)\big)$, ist damit unsere Behauptung bewiesen.

Existieren ein Hauptfaserbündel Y und ein Morphismus (u, j) mit diesen Eigenschaften, so sagen wir auch, daß sie eine *Reduktion* der Strukturgruppe des Hauptfaserbündels X auf die Gruppe H bilden; wir identifizieren dann gewöhnlich Y mit seinem Bild vermöge u (vgl. Aufgabe 1).

20.7.2. Wir betrachten eine reine n-dimensionale differenzierbare Mannigfaltigkeit M und ihr Repèrebündel $R(M)$ mit der Strukturgruppe $\boldsymbol{GL}(n, \boldsymbol{R})$. Für eine abgeschlossene Untergruppe G von $\boldsymbol{GL}(n, \boldsymbol{R})$ nennen wir eine *Reduktion* $S_G(M)$ der Strukturgruppe des Hauptfaserbündels $R(M)$ auf die Gruppe G eine *G-Struktur auf M* (dabei wird $S_G(M)$ mit einer abgeschlossenen Untermannigfaltigkeit von $R(M)$ identifiziert).

Es sei $u: M \to M'$ ein Diffeomorphismus; daraus ergibt sich kanonisch ein Isomorphismus der Hauptfaserbündel $R(u): R(M) \to R(M')$ (vgl. Abschnitt 16.14), der jedem Repère $r \in \operatorname{Isom}(M \times \boldsymbol{R}^n, T(M))$ das Repère

$$T(u) \circ r \circ (u^{-1} \times 1) \in \operatorname{Isom}(M' \times \boldsymbol{R}^n, T(M'))$$

zuordnet. Ist eine G-Struktur $S_G(M)$ auf M und eine G-Struktur $S'_G(M')$ auf M' gegeben, so nennen wir u einen *Isomorphismus* von $S_G(M)$ auf $S'_G(M')$, wenn das Bild von $S_G(M)$ vermöge $R(u)$ gleich $S'_G(M')$ ist.

Für jedes $s \in \boldsymbol{GL}(n, \boldsymbol{R})$ ist $S_G(M) \cdot s$ eine $(s^{-1} G s)$-Struktur auf M, da $S_G(M)$ bezüglich der Operation durch Elemente von G von rechts auf $R(M)$ invariant ist; wir nennen $S_G(M) \cdot s$ zur G-Struktur $S_G(M)$ *konjugiert.*

20.7.3. Ist $S_G(M)$ eine G-Struktur auf M, so kann man die Überlegung von (20.1.4) ohne irgendwelche Änderung anwenden; sie zeigt, daß $T(M)$ dem zu $S_G(M)$ assoziierten Faserbündel $S_G(M) \times^G \boldsymbol{R}^n$ vom Fasertyp $\boldsymbol{R}^n$ kanonisch isomorph ist. Für jeden Hauptzusammenhang $\mathfrak{P}$ auf $S_G(M)$ kann man daher kanonisch nach dem Verfahren von (20.5.1) einen *linearen Zusammenhang* $\mathbf{C}$ auf M herleiten; wir nennen einen solchen Zusammenhang einen zu der *G-Struktur $S_G(M)$ assoziierten G-Zusammenhang.* Unter einem zu der G-Struktur $S_G(M)$ assoziierten *G-Repèrefeld* ist hier ein Schnitt von $S_G(M)$ der Klasse C^∞ zu verstehen. Alles, was in Abschnitt 20.6 gesagt wurde, gilt auch noch für einen G-Zusammenhang; man hat nur zu beachten, daß die Zusammenhangsform $\boldsymbol{\omega}$ und die Krümmungsform $\boldsymbol{\Omega}$ *ihre Werte in der Lieschen Algebra $\mathfrak{g}_e$ von G annehmen.*

Wir haben gesehen, daß, umgekehrt, jeder lineare Zusammenhang $\mathbf{C}$ auf M in eindeutiger Weise einen Hauptzusammenhang $\mathfrak{P}$ auf $R(M)$ induziert (vgl. (20.5.2)). Da $\mathfrak{P}$ vollständig bestimmt ist, wenn man den Raum H_r der *horizontalen* Tangentialvektoren (vgl. (20.2.2)) in jedem Punkt r von $R(M)$ kennt, folgt aus den Definitionen, daß $\mathbf{C}$ *genau dann* ein zu der G-Struktur $S_G(M)$ assoziierter *G-Zusammenhang* ist, *wenn H_r für jedes Repère $r \in S_G(M)$ im Tangentialraum an $S_G(M)$ im Punkt r enthalten ist*; denn die Einschränkung von $\mathfrak{P}$ auf $T(M) \times_M S_G(M)$ ist dann ein Hauptzusammenhang auf $S_G(M)$ (vgl. (20.2.2)).

Beispiele von G-Strukturen

20.7.4. Wir wählen zuerst $G = \{e\}$; eine G-Struktur läßt sich dann mit dem Bild eines *Schnittes* der Klasse C^∞ des Hauptfaserbündels $R(M)$ über M identifizieren, dessen Existenz gleichbedeutend damit ist, daß $R(M)$, also auch $T(M)$ trivialisierbar ist (vgl. Abschnitt 16.14). Wir nennen dann M *parallelisierbar,* und eine $\{e\}$-Struktur auf M wird ein *Parallelismus* (oder *totaler Parallelismus*) genannt.

Zum Beispiel ist eine *Liesche Gruppe H* parallelisierbar: Man erhält einen Schnitt $x \to \mathfrak{R}_l(x)$ der Klasse C^∞ von $R(H)$, indem man für $\mathfrak{R}_l(x)$ den Isomorphismus $\mathbf{u} \to x \cdot \mathbf{u}$ der Lieschen Algebra $\mathfrak{h}_e$ auf $T_x(H)$ nimmt; man erhält einen anderen Schnitt $\mathfrak{R}_r$, wenn man für $\mathfrak{R}_r(x)$ den Isomorphismus $\mathbf{u} \to \mathbf{u} \cdot x$ nimmt. Es gibt dann genau einen $\{e\}$-Zusammenhang, für den die Form $\boldsymbol{\omega}$ verschwindet, woraus $\boldsymbol{\Omega} = 0$ und $\boldsymbol{\Theta} = d\sigma$ folgt.

20.7.5. Wir wählen $G = \boldsymbol{SL}(n, \boldsymbol{R})$. Ist $\mathbf{u}^*$ der n-Kovektor $\mathbf{e}_1^* \wedge \mathbf{e}_2^* \wedge \cdots \wedge \mathbf{e}_n^*$ auf $E = \boldsymbol{R}^n$, so kann G als die aus den s mit $\bigwedge^n ({}^ts) \cdot \mathbf{u}^* = \mathbf{u}^*$ bestehende Untergruppe von $\boldsymbol{GL}(n, \boldsymbol{R})$ definiert werden. Nehmen wir an, es sei eine G-Struktur $S_G(M)$ auf M gegeben; wir wollen zeigen, daß ihr umkehrbar eindeutig eine *n-Differentialform* v der Klasse C^∞ auf M mit $v(x) \neq 0$ in jedem Punkt entspricht („Volumenform", vgl. (16.21.1)). Es sei also $r_x \in S_G(M)_x$. Da r_x ein Isomorphismus von $E = \boldsymbol{R}^n$ auf $T_x(M)$ ist, ist $\bigwedge^n ({}^tr_x^{-1})$ ein Isomorphismus von $\bigwedge^n(E^*)$ auf $\bigwedge^n \big(T_x(M)^*\big)$; wir setzen $v(x) = \bigwedge^n ({}^tr_x^{-1}) \cdot \mathbf{u}^*$. Dieser n-Kovektor hängt nicht von der Wahl des Elements r_x in der Faser $S_G(M)_x$ ab; denn jedes andere Element dieser Faser hat die Gestalt $r_x \cdot s$ mit $s \in G$, und es gilt

$$\bigwedge^n \big({}^t(r_x \cdot s)^{-1}\big) \cdot \mathbf{u}^* = \Big(\bigwedge^n ({}^tr_x^{-1})\Big) \cdot \Big(\bigwedge^n ({}^ts^{-1}) \cdot \mathbf{u}^*\Big) = v(x)$$

nach Definition von G. Man erkennt sofort, daß die n-Form v der Klasse C^∞ angehört, indem man sich auf den Fall beschränkt, daß $R(M)$ trivial ist. Außerdem ist offenbar $v(x) \neq 0$ für jedes $x \in M$. Ist, *umgekehrt*, eine solche n-Form gegeben, so nehme man für $S_G(M)_x$ die Menge der $r_x \in R(M)_x$, welche die Relation $\bigwedge^n ({}^tr_x^{-1}) \cdot \mathbf{u}^* = v(x)$ erfüllen; man verifiziert sofort, daß die so definierte Menge $S_G(M)$ eine Reduktion der Strukturgruppe von $R(M)$ auf die Gruppe $G = \boldsymbol{SL}(n, \boldsymbol{R})$ ist. Wir werden sehen, daß die Existenz einer $\boldsymbol{SL}(n, \boldsymbol{R})$-Struktur auf M damit äquivalent ist, daß M *orientierbar* ist (vgl. (16.21.1)).

20.7.6. Es sei Φ eine *nichtausgeartete symmetrische* oder *alternierende Bilinearform* auf $\boldsymbol{R}^n$. Für G wählen wir die Untergruppe derjenigen Elemente von $\boldsymbol{GL}(n, \boldsymbol{R})$, die diese Form *invariant* lassen (vgl. (16.11.2)). Wenn Φ symmetrisch ist und die Signatur (p, q) hat, so bedeutet die Vorgabe einer G-Struktur auf M dasselbe wie die Vorgabe eines *Feldes kovarianter symmetrischer Tensoren* $x \to \boldsymbol{g}(x)$ der Klasse C^∞, für welches für jedes $x \in M$ die symmetrische Bilinearform $(\mathbf{h}_1, \mathbf{h}_2) \to \langle \boldsymbol{g}(x), \mathbf{h}_1 \otimes \mathbf{h}_2 \rangle$ auf $T_x(M)$ nichtausgeartet ist und die Signatur (p, q) hat. Verfährt man nämlich wie in (20.7.5), wählt ein $r_x \in S_G(M)_x$ und setzt $\langle \boldsymbol{g}(x), \mathbf{h}_1 \otimes \mathbf{h}_2 \rangle = \Phi(r_x^{-1} \cdot \mathbf{h}_1, r_x^{-1} \cdot \mathbf{h}_2)$ für $\mathbf{h}_1, \mathbf{h}_2 \in T_x(M)$, mit anderen Worten, $\boldsymbol{g}(x) = \mathbf{T}_0^2(r_x) \cdot \Phi$, so kann man wie in (20.7.5) verifizieren, daß dies nicht von der Wahl von r_x in $S_G(M)_x$ abhängt und daß $\boldsymbol{g}$ ein Tensorfeld vom gewünschten Typ ist und der Klasse C^∞ angehört. Umgekehrt definiert man wie in (20.7.5) eine G-Struktur, die einem solchen Tensorfeld entspricht.

Analog geht man vor, wenn Φ alternierend ist; die Vorgabe einer G-Struktur ist dann äquivalent mit der Vorgabe einer 2-*Differentialform* der Klasse C^∞ auf M, die in jedem Punkt nichtausgeartet ist.

Bis auf Äquivalenz (vgl. (20.7.2)) kann man immer annehmen, es sei

$$\Phi(\mathbf{x}, \mathbf{y}) = \sum_{j=1}^{n} \varepsilon_j \xi_j \eta_j$$

mit $\varepsilon_j = 1$ für $j \leqq p$ und $\varepsilon_j = -1$ für $j > p$, wenn Φ symmetrisch ist, und

$$\Phi(\mathbf{x}, \mathbf{y}) = \sum_{j=1}^{m} (\xi_j \eta_{j+m} - \xi_{j+m} \eta_j)\,,$$

wenn $n = 2m$ und Φ alternierend ist. Im ersten Fall wird eine G-Struktur auf M eine *pseudo-Riemannsche Struktur* der *Signatur* (p, q) genannt (und eine *Riemannsche Struktur*, wenn alle ε_j gleich 1 sind, d. h., wenn die Signatur gleich $(n, 0)$ ist); im zweiten Fall spricht man von einer *fast-Hamiltonschen Struktur*. Der Rest dieses Kapitels befaßt sich mit der Untersuchung der pseudo-Riemannschen und der Riemannschen Strukturen.

Wir werden sehen, daß es zu jeder reinen n-dimensionalen Mannigfaltigkeit M auf dem Kotangentialbündel $T(M)^*$ eine *kanonische* fast-Hamiltonsche Struktur existiert, die durch die kanonische nichtausgeartete 2-Form $-d\kappa_M$ definiert ist (vgl. (17.15.2.4)).

20.7.7. Nun sei $n = 2m$ gerade; wir identifizieren $\boldsymbol{R}^{2m}$ mit $\boldsymbol{C}^m$; es sei J der als Endomorphismus des reellen Vektorraumes $\boldsymbol{R}^{2m}$ aufgefaßte Endomorphismus $\mathbf{z} \to i\mathbf{z}$ in $\boldsymbol{C}^m$ (ist $(\mathbf{e}'_k)_{1 \leqq k \leqq m}$ die kanonische Basis des $\boldsymbol{C}^m$ und setzt man $\mathbf{e}_k = \mathbf{e}'_k$, $\mathbf{e}_{m+k} = i\mathbf{e}'_k$, so ist J der Endomorphismus mit $\mathrm{J} \cdot \mathbf{e}_k = \mathbf{e}_{k+m}$ und $\mathrm{J} \cdot \mathbf{e}_{k+m} = -\mathbf{e}_k$ für $1 \leqq k \leqq m$); es gilt also $\mathrm{J}^2 = -\mathrm{I}$ (I der identische Automorphismus von $\boldsymbol{R}^n$). Die Gruppe $G = \boldsymbol{GL}(m, \boldsymbol{C})$ kann als die aus den s mit $s \cdot \mathrm{J} = \mathrm{J} \cdot s$ bestehende Untergruppe von $\boldsymbol{GL}(n, \boldsymbol{R})$ angesehen werden. Eine G-Struktur ist hier äquivalent der Vorgabe eines *Tensorfeldes* $x \to \boldsymbol{j}(x)$ aus $\mathcal{T}_1^1(M)$ derart, daß für jedes x der mit einem Endomorphismus J_x von $T_x(M)$ identifizierte Tensor $\boldsymbol{j}(x) \in T_x(M)^* \otimes T_x(M)$ die Gleichung $\mathrm{J}_x^2 = -\mathrm{I}_x$ (I_x die Identität von $T_x(M)$) erfüllt: Es genügt, J_x wie oben durch die Bedingung $\mathrm{J}_x \cdot \mathbf{h}_x = r_x \cdot (\mathrm{J} \cdot (r_x^{-1} \cdot \mathbf{h}_x))$ für ein $r_x \in S_G(M)_x$ und jedes $\mathbf{h}_x \in T_x(M)$ zu definieren; die Details überlassen wir dem Leser. Eine G-Struktur für diese Gruppe $G = \boldsymbol{GL}(m, \boldsymbol{C})$ wird eine *fastkomplexe* Struktur auf M genannt. Offenbar ist die einer reinen *holomorphen Mannigfaltigkeit* M der (komplexen) Dimension m zugrunde liegende differenzierbare Mannigfaltigkeit in kanonischer Weise mit einer solchen Struktur versehen, wobei J_x der Endomorphismus $\mathbf{h}_x \to i\mathbf{h}_x$ des Tangentialraumes $T_x(M)$ ist (der kanonisch mit einer komplexen Vektorraumstruktur der Dimension m versehen ist). Es gibt aber fastkomplexe Strukturen, die sich nicht aus einer holomorphen Mannigfaltigkeitsstruktur herleiten lassen.

20.7.8. Es sei F ein p-dimensionaler Vektorteilraum von $\boldsymbol{R}^n$ und G die Untergruppe von $\boldsymbol{GL}(n, \boldsymbol{R})$, die diesen Teilraum invariant läßt. Auf M sei eine G-Struktur $S_G(M)$ gegeben; für jedes $x \in M$ und ein $r_x \in S_G(M)_x$ ist $r_x \cdot F = L_x$ ein p-dimensionaler Vektorteilraum von $T_x(M)$, der nicht von der Wahl des Repère r_x in $S_G(M)_x$ abhängt. Man verifiziert sofort, daß $x \to L_x$ ein p-*Richtungsfeld* der Klasse C^∞ auf M ist (vgl. Abschnitt 18.8) und daß umgekehrt ein solches Feld eindeutig eine G-Struktur auf M bestimmt.

20.7.9. Es sei G eine Liesche Gruppe, H eine Liesche Untergruppe von G, so daß G ein Hauptfaserbündel mit der Basis G/H und der Strukturgruppe H ist (vgl. (16.14.2)); ferner sei $\pi: G \to G/H$ die kanonische Projektion und $x_0 = \pi(e)$. Der Tangentialraum $T_{x_0}(G/H)$ ist das Bild von $T_e(G) = \mathfrak{g}_e$ vermöge $T_e(\pi)$, und da $\mathfrak{h}_e$ der Kern von $T_e(\pi)$ ist, können wir $\mathfrak{g}_e/\mathfrak{h}_e$ und $T_{x_0}(G/H)$ kanonisch miteinander identifizieren. Da G von links auf G/H operiert, hat man für jedes $s \in G$ eine kanonische bijektive Abbildung $r(s): \mathbf{k} \to s \cdot \mathbf{k}$ von $\mathfrak{g}_e/\mathfrak{h}_e$ auf $T_{s \cdot x_0}(G/H)$. Damit $r(s) = r(s')$ gilt, muß zunächst $s' \cdot x_0 = s \cdot x_0$ sein, d. h. $s' = st$ mit $t \in H$ gelten. Bezeichnet $\varrho(t)$ den Automorphismus $\mathbf{k} \to t \cdot \mathbf{k}$ von $\mathfrak{g}_e/\mathfrak{h}_e$ für $t \in H$, so muß $\varrho(t) = 1$ sein. Mit anderen Worten, t muß zum *Kern* N des Homomorphismus ϱ von H in $\boldsymbol{GL}(\mathfrak{g}_e/\mathfrak{h}_e)$ gehören. Ist $\tilde{H}$ die Untergruppe $\varrho(H)$ von $\boldsymbol{GL}(\mathfrak{g}_e/\mathfrak{h}_e)$, so verifiziert man sofort, daß die Menge $S_{\tilde{H}}(G/H)$ aller Repères $r(s)$, wobei s die Gruppe G durchläuft, eine *Reduktion* der Strukturgruppe des Repèrebündels $R(G/H)$ *auf* $\tilde{H}$, d. h. eine $\tilde{H}$*-Struktur* auf G/H definiert.

20.7.10. *Der kanonische lineare Zusammenhang auf einem symmetrischen homogenen Raum*

In den Bezeichnungen von (20.7.9) sei G *zusammenhängend* und (G, H) ein *symmetrisches Paar* (vgl. (20.4.3)), das einem involutiven Automorphismus σ von G entspricht. Wir nehmen weiterhin an, G operiere *treu* auf G/H; das ist gleichbedeutend damit, daß der Durchschnitt der Stabilisatoren sHs^{-1} der Punkte von G/H gleich e ist, oder auch, daß H *keinen von* $\{e\}$ *verschiedenen Normalteiler von* G *enthält.*

Es sei $\mathfrak{m}$ der zu $\mathfrak{h}_e$ komplementäre Teilraum in $\mathfrak{g}_e$, also die Menge aller Vektoren $\mathbf{u}$ mit $\sigma_*(\mathbf{u}) = -\mathbf{u}$. Man kann $\mathfrak{m}$ durch die Projektion in Richtung $\mathfrak{h}_e$ kanonisch mit $\mathfrak{g}_e/\mathfrak{h}_e$ identifizieren. Wir zeigen zunächst, daß bei dieser Identifizierung der Automorphismus $\mathbf{k} \to t \cdot \mathbf{k}$ von $\mathfrak{g}_e/\mathfrak{h}_e$ für $t \in H$ mit dem Automorphismus $\mathbf{u} \to \operatorname{Ad}(t) \cdot \mathbf{u}$ von $\mathfrak{m}$ identifiziert wird: Ist $\mathbf{k}$ die Klasse von $\mathbf{u} \bmod \mathfrak{h}_e$, so ist $t \cdot \mathbf{k}$ das Bild von $t \cdot \mathbf{u} \in T_t(G)$ vermöge $T(\pi)$, und dieses Bild ist dasselbe wie das Bild von $t \cdot \mathbf{u} \cdot t^{-1} = \operatorname{Ad}(t) \cdot \mathbf{u} \in \mathfrak{m}$. Daher folgt aus der Tatsache, daß G treu auf G/H operiert, daß der in (20.7.9) definierte Homomorphismus ϱ von H in $\boldsymbol{GL}(\mathfrak{g}_e/\mathfrak{h}_e)$ *injektiv* ist. Er läßt sich nämlich mit dem Homomorphismus $t \to \operatorname{Ad}(t)$ von H in $\boldsymbol{GL}(\mathfrak{m})$ identifizieren. Ist N sein Kern, so wird $\exp(\mathfrak{m})$ von N zentralisiert (vgl. (19.11.6)). Da andererseits $\exp(\mathfrak{h}_e) \subset H$ den Kern N normalisiert, sieht man, daß N von $\exp(\mathfrak{h}_e)\exp(\mathfrak{m})$ normalisiert wird, und da $\exp(\mathfrak{h}_e)\exp(\mathfrak{m})$ die zusammenhängende Gruppe G erzeugt (vgl. (19.9.14)), ist $N \subset H$ Normalteiler in G, also nach Voraussetzung $N = \{e\}$.

Die in (20.7.9) definierte Abbildung $s \to r(s)$ von G in das Repèrebündel $R(G/H)$ ist daher ein *Isomorphismus* des Hauptfaserbündels $(G, G/H, \pi)$ auf $(S_{\tilde{H}}(G/H), G/H, \pi_0)$, wobei π_0 die Einschränkung der Projektion von $R(G/H)$ auf $S_{\tilde{H}}(G/H)$ bezeichnet. Nach den obigen Überlegungen können wir also den als zu $S_{\tilde{H}}(G/H)$ assoziiertes Vektorbündel aufgefaßten Raum $T(G/H)$ kanonisch mit dem Raum $G \times^H \mathfrak{m}$, einem zu dem Hauptfaserbündel $(G, G/H, \pi)$ bezüglich der Operation $(t, \mathbf{u}) \to \operatorname{Ad}(t) \cdot \mathbf{u}$ von H auf $\mathfrak{m}$ assoziierten Vektorbündel identifizieren. Nach dem Verfahren von (20.5.1) kann man dann aus dem *kanonischen*

Hauptzusammenhang $\mathfrak{P}$ auf G (vgl. (20.4.3)) einen *linearen* $\tilde{H}$*-Zusammenhang* $\mathbf{C}$ auf G/H herleiten; wir nennen $\mathbf{C}$ den *kanonischen linearen Zusammenhang* auf dem symmetrischen homogenen Raum G/H. Dieser Zusammenhang besitzt die folgenden bemerkenswerten Eigenschaften:

20.7.10.1. *Der Zusammenhang* $\mathbf{C}$ *ist invariant bezüglich* G (wobei G von links auf G/H operiert) *sowie bezüglich des involutiven Diffeomorphismus* σ_0 *von* G/H *auf sich mit*

$$\sigma_0(\pi(s)) = \pi(\sigma(s))$$

für $s \in G$ (wir erinnern daran, daß die Elemente von H bezüglich σ invariant sind).

Das folgt nämlich aus der Definition von $\mathbf{C}$ (vgl. (20.5.1.1)) und der Tatsache, daß $\mathfrak{P}$ bezüglich G und bezüglich σ invariant ist.

Um Konfusionen (die sich aus den vorgenommenen Identifizierungen ergeben könnten) zu vermeiden, werden wir für $\mathbf{u} \in \mathfrak{m}$ und $s \in G$ mit $s \cdot \mathbf{u}$ den in (16.9.8) definierten Vektor aus $T_s(G)$ bezeichnen; $T(\pi) \cdot (s \cdot \mathbf{u})$ ist dann der Vektor $s \cdot \mathbf{k}$ aus $T_{s \cdot x_0}(G/H)$, wenn $\mathbf{k}$ die Klasse von $\mathbf{u}$ in $T_{x_0}(G/H)$ ist. Dann gilt nach (20.4.3)

20.7.10.2. $\mathfrak{P}_{s \cdot x_0}(T(\pi) \cdot (s \cdot \mathbf{u}), s) = s \cdot \mathbf{u} \in T_s(G)$

für $s \in G$ und $\mathbf{u} \in \mathfrak{m}$. Daraus erhalten wir (nach (20.5.1.1))

20.7.10.3. $\mathbf{C}_{s \cdot x_0}(T(\pi) \cdot (s \cdot \mathbf{u}), T(\pi) \cdot (s \cdot \mathbf{y})) = (s \cdot \mathbf{u}) \cdot \mathbf{y}$

für $s \in G$, $\mathbf{u}$ und $\mathbf{y}$ in $\mathfrak{m}$, wobei das Produkt auf der rechten Seite das in (16.14.7.3) für das assoziierte Bündel $G \times^H \mathfrak{m}$ definierte ist.

20.7.10.4. *Die Geodätische* v *bezüglich* $\mathbf{C}$ *mit* $v(0) = x_0$ *und* $v'(0) = \mathbf{u} \in \mathfrak{m}$ (vgl. (18.6.1)) *ist durch* $v(t) = \pi(\exp(t\mathbf{u}))$ *gegeben und für jedes* $t \in \boldsymbol{R}$ *definiert. Die Parallelübertragung eines Vektors* $\mathbf{y} \in \mathfrak{m}$ *längs* v (vgl. (18.6.4)) *ist durch*

$$\boldsymbol{w}(t) = T(\pi) \cdot (\exp(t\mathbf{u}) \cdot \mathbf{y})$$

gegeben.

Ist nämlich $v(t) = \pi(\exp(t\mathbf{u}))$, so gilt $v'(t) = T(\pi) \cdot (v(t) \cdot \mathbf{u})$ (vgl. (19.8.1)). Ist ferner φ die Abbildung $s \to T(\pi) \cdot (s \cdot \mathbf{y})$ von G in $T(G/H) = G \times^H \mathfrak{m}$, so ist nach Definition (vgl. (16.14.7.3)) also $(s \cdot \mathbf{u}) \cdot \mathbf{y} = T(\varphi) \cdot \mathbf{u}$; daher ergibt sich $\boldsymbol{w}'(t) = (\exp(t\mathbf{u}) \cdot \mathbf{u}) \cdot \mathbf{y}$. Diese Formeln und (20.7.10.3) zeigen, daß $\boldsymbol{w}'(t) = \mathbf{C}_{v(t)}(v'(t), \boldsymbol{w}(t))$ gilt. Für $\mathbf{y} = \mathbf{u}$ ist $\boldsymbol{w}(t) = v'(t)$, also $v''(t) = \mathbf{C}_{v(t)}(v'(t), v'(t))$, und hieraus folgt die Behauptung (vgl. (18.6.1) und (18.6.4)).

20.7.10.5. *Die Windung von* $\mathbf{C}$ *ist Null, und die* (*bezüglich* G *invariante*) *Krümmung von* $\mathbf{C}$ *ist durch*

20.7.10.6. $(\mathbf{r}(x_0) \cdot (\mathbf{u} \wedge \mathbf{v})) \cdot \mathbf{w} = -[[\mathbf{u}, \mathbf{v}], \mathbf{w}]$ *für* $\mathbf{u}, \mathbf{v}, \mathbf{w} \in \mathfrak{m} = T_{x_0}(G/H)$

gegeben.

Die Formel (20.7.10.6) ergibt sich sofort aus den auf den Hauptzusammenhang $\mathfrak{P}$ angewendeten Formeln (20.4.3.3) und (20.6.6.11). Ferner ist die Windung $\mathbf{t}$

invariant bezüglich σ_0, in Zeichen

$$\mathfrak{t}(x_0) \cdot \big(T(\sigma_0) \cdot \mathbf{u} \wedge T(\sigma_0) \cdot \mathbf{v}\big) = T(\sigma_0) \cdot \big(\mathfrak{t}(x_0) \cdot (\mathbf{u} \wedge \mathbf{v})\big) .$$

Da aber $T(\sigma_0) \cdot \mathbf{y} = -\mathbf{y}$ für jedes $\mathbf{y} \in \mathfrak{m}$ gilt, ergibt sich hieraus $\mathfrak{t}(x_0) = 0$, also $\mathfrak{t} = 0$.

20.7.10.7. *Für jedes bezüglich G invariante Tensorfeld $\mathfrak{Z}$ auf G/H ist $\nabla\mathfrak{Z} = 0$; insbesondere gilt für den Krümmungstensor von $\mathbf{C}$ stets $\nabla\boldsymbol{r} = 0$.*

Ist $E = \mathbf{T}^p_q(G/H)$, so kann man nämlich E mit dem zu G assoziierten Vektorbündel $G \times^H \big(\mathbf{T}^p_q(\mathfrak{m})\big)$ identifizieren $\big($vgl. (20.5.4)$\big)$, und jedes Tensorfeld $\mathfrak{Z} \in \mathcal{T}^p_q(G/H)$ kann dann in der Gestalt $\mathfrak{Z}(s \cdot x_0) = s \cdot \Phi(s)$ geschrieben werden, wobei Φ eine Abbildung von G in $\mathbf{T}^p_q(\mathfrak{m})$ ist $\big($vgl. (20.5.3)$\big)$. Die Invarianz von $\mathfrak{Z}$ bezüglich G drückt sich in der Relation

$$s' \cdot \mathfrak{Z}(s \cdot x_0) = \mathfrak{Z}(s's \cdot x_0)$$

aus, die $\Phi(s's) = \Phi(s)$ nach sich zieht; mit anderen Worten, Φ ist *konstant* auf G. Die Beziehung $\nabla\mathfrak{Z} = 0$ folgt dann aus (20.5.3.4).

20.7.11. Bemerkung. Ist $S_G(M)$ eine G-Struktur auf M und $G' \supset G$ eine Untergruppe von $\boldsymbol{GL}(n, \boldsymbol{R})$, so erhalten wir in kanonischer Weise aus $S_G(M)$ eine G'-Struktur $S_{G'}(M)$, indem wir als Repères von $S_{G'}(M)$ die Repères $r \cdot s'$ nehmen, wobei s' die Gruppe G' und r die Menge $S_G(M)$ durchläuft; man verifiziert sofort $\big($indem man das Problem auf den Fall zurückführt, daß $R(M)$ trivial ist$\big)$, daß man eine Reduktion der Strukturgruppe von $R(M)$ auf die Gruppe G' erhält. Ein linearer G-Zusammenhang auf M ist auch ein G'-Zusammenhang.

20.7.12. Wir haben anhand der obigen Beispiele gesehen, daß es für eine Liesche Untergruppe G von $\boldsymbol{GL}(n, \boldsymbol{R})$ nicht immer eine G-Struktur auf M gibt; dies hängt im allgemeinen von den globalen topologischen Eigenschaften von M ab. Immerhin kann man offenbar für *parallelisierbares* M $\big($vgl. 20.7.4)) aufgrund von (20.7.11) für *jede* Untergruppe G von $\boldsymbol{GL}(n, \boldsymbol{R})$ eine G-Struktur auf M definieren. Überdies gibt es in diesem Fall G-*Zusammenhänge*, die zu einer gegebenen G-Struktur assoziiert sind: Es genügt nämlich, eine *beliebige* 1-Differentialform $\tilde{\boldsymbol{\omega}}$ *auf M mit Werten in der Lieschen Algebra* $\mathfrak{g}_e \subset \mathfrak{gl}(n, \boldsymbol{R})$ von G vorzugeben; es gibt dann immer eine Zusammenhangsform $\boldsymbol{\omega}$ auf $S_G(M)$ mit $\boldsymbol{\omega}^{(\mathfrak{R})} = \tilde{\boldsymbol{\omega}}$ für einen Schnitt $\mathfrak{R}$ (Repèrefeld) von $S_G(M)$ auf ganz M.

Ein anderer wichtiger Fall, in dem keinerlei globale topologische Bedingung notwendig ist, sind die Riemannschen Strukturen:

20.7.13. *Auf jeder reinen differenzierbaren Mannigfaltigkeit M existiert eine Riemannsche Struktur.*

Wir betrachten eine abzählbare Familie von Karten $c_\alpha = (U_\alpha, \varphi_\alpha, n)$ von M derart, daß die U_α eine lokal endliche Überdeckung von M bilden; es sei $\psi_\alpha \colon U_\alpha \times \boldsymbol{R}^n \to o_M^{-1}(U_\alpha)$ die zur Karte c_α assoziierte Repèreabbildung von $T(M)$. Wir definieren auf U_α ein Tensorfeld $\boldsymbol{g}_\alpha$, das auf U_α eine Riemannsche Struktur definiert, indem wir für $x \in U_\alpha$ und $\mathbf{u}, \mathbf{v} \in \boldsymbol{R}^n$

$$\langle \boldsymbol{g}_\alpha(x), \psi_\alpha(x, \mathbf{u}) \otimes \psi_\alpha(x, \mathbf{v})\rangle = (\mathbf{u} \mid \mathbf{v})$$

setzen, wobei das Skalarprodukt auf der rechten Seite das euklidische Skalarprodukt des $\boldsymbol{R}^n$ ist. Es sei (h_α) eine aus Abbildungen der Klasse C^∞ von M in $[0, 1]$ bestehende der Überdeckung (U_α) untergeordnete Zerlegung der Einheit (vgl. (16.4.11)). Wir setzen

$$\boldsymbol{g}(x) = \sum_\alpha h_\alpha(x)\, \boldsymbol{g}_\alpha(x)$$

für jedes $x \in M$ (wobei $h_\alpha(x)\, \boldsymbol{g}_\alpha(x)$ für $x \notin U_\alpha$ vereinbarungsgemäß gleich 0 sei) und definieren auf diese Weise ein Tensorfeld der Klasse C^∞ auf M, da jeder Randpunkt von U_α eine Umgebung besitzt, auf der $h_\alpha(x) = 0$ ist. Wir beweisen nun, daß $\boldsymbol{g}$ auf M eine Riemannsche Struktur definiert. Es genügt zu zeigen, daß für $x \in U_\alpha$ die Beziehung $\langle \boldsymbol{g}(x), \psi_\alpha(x, \mathbf{u}) \otimes \psi_\alpha(x, \mathbf{u})\rangle > 0$ für jeden von Null verschiedenen Vektor $\mathbf{u} \in \boldsymbol{R}^n$ erfüllt ist. Ist nun β ein Index mit $h_\beta(x) \neq 0$, so kann man $\psi_\alpha(x, \mathbf{u}) = \psi_\beta(x, \mathrm{A}_{\beta\alpha}(x) \cdot \mathbf{u})$ schreiben, wobei $\mathrm{A}_{\beta\alpha}(x)$ zu $\boldsymbol{GL}(n, \boldsymbol{R})$ gehört (vgl. (16.15.1.1)); daher ist $\mathrm{A}_{\beta\alpha}(x) \cdot \mathbf{u} \neq 0$. Folglich gilt

$$\begin{aligned}
&\langle \boldsymbol{g}(x), \psi_\alpha(x, \mathbf{u}) \otimes \psi_\alpha(x, \mathbf{u})\rangle \\
&= \sum_\beta h_\beta(x)\, \langle \boldsymbol{g}_\beta(x), \psi_\beta(x, \mathrm{A}_{\beta\alpha}(x) \cdot \mathbf{u}) \otimes \psi_\beta(x, \mathrm{A}_{\beta\alpha}(x) \cdot \mathbf{u})\rangle \\
&= \sum_\beta h_\beta(x)\, \|\mathrm{A}_{\beta\alpha}(x) \cdot \mathbf{u})\|^2,
\end{aligned}$$

wobei über alle β mit $h_\beta(x) \neq 0$ zu summieren und die Norm in $\boldsymbol{R}^n$ die euklidische ist. Da für die betrachteten Indizes β

$$\sum_\beta h_\beta(x) = 1 \qquad \text{und} \qquad \|\mathrm{A}_{\beta\alpha}(x) \cdot \mathbf{u}\|^2 > 0$$

gilt, ist damit unsere Behauptung bewiesen.

Aufgaben

1. Ist Y eine Reduktion der Strukturgruppe eines Hauptfaserbündels X mit der Strukturgruppe G auf eine abgeschlossene Untergruppe H von G (vgl. (20.7.1)), so ist X kanonisch isomorph zur Erweiterung $Y \times^H G$ von Y (vgl. Abschnitt 16.14, Aufgabe 17), und das assoziierte Bündel $X \times^G (G/H) = H\backslash X$ (vgl. (16.14.8)) ist isomorph zu $Y \times^H (G/H)$ (vgl. Abschnitt 16.14, Aufgabe 16), so daß $X \times^G (G/H)$ einen *Schnitt* der Klasse C^∞ über B besitzt (vgl. Abschnitt 20.1, Aufgabe 2). Besitzt umgekehrt $X \times^G (G/H)$ einen Schnitt der Klasse C^∞ über B, so existiert eine Reduktion der Strukturgruppe von X auf die Untergruppe H, und diese Reduktionen entsprechen umkehrbar eindeutig den Schnitten der Klasse C^∞ von $X \times^G (G/H)$ über B. (Ist σ ein solcher Schnitt, so betrachte man das inverse Bild von $\sigma(B)$ vermöge der Abbildung $x \to x \cdot \bar{e}$ von X auf $X \times^G (G/H)$.)

Man betrachte den Fall, daß G/H zu einem Raum $\boldsymbol{R}^N$ diffeomorph ist; man leite daraus einen neuen Beweis von (20.7.13) her (vgl. Abschnitt 15.11, Aufgabe 6).

2. Es sei K eine Liesche Gruppe, H eine Liesche Untergruppe von K, ferner $M = K/H$ der entsprechende homogene Raum, $\pi: K \to M$ die kanonische Projektion, $x_0 = \pi(e)$. Wir setzen im folgenden voraus, der Homomorphismus ϱ von H in $\boldsymbol{GL}(T_{x_0}(M))$ (vgl. (20.7.9)) sei injektiv, so daß K *frei* von links auf dem Repèrebündel $R(M)$ operiert (vgl. (20.7.9)). Für $s \in K$ und $r \in R(M)$, wobei r eine bijektive lineare Abbildung des mit $\boldsymbol{R}^n$ identifizierten Raumes $T_{x_0}(M)$ auf $T_x(M)$ ist, ist das Produkt $s \cdot r$ die bijektive Abbildung $\mathbf{k} \to s \cdot r(\mathbf{k})$ von $T_{x_0}(M)$ auf $T_{s \cdot x}(M)$; es gilt $s \cdot (r \cdot \varrho(t)) = (s \cdot r) \cdot \varrho(t)$ für jedes $t \in H$. Ist G eine Liesche Untergruppe von $\boldsymbol{GL}(n, \boldsymbol{R})$, so nennen wir eine G-Struktur $S_G(M) \subset R(M)$ *bezüglich K invariant*, wenn für $r \in S_G(M)$, $s \in K$ und $t \in G$ die Beziehung $s \cdot (r \cdot t) = (s \cdot r) \cdot t$ gilt. Es sei r_0 ein Element von $R(M)_{x_0}$; zu jedem $t \in H$ existiert dann genau ein Element $\lambda(t) \in G$ mit $t \cdot r_0 = r_0 \cdot \lambda(t)$, und es gilt $\lambda(t) = r_0^{-1} \circ \varrho(t) \circ r_0$ nach Definition von ϱ, so daß λ ein injektiver Homomorphismus von H in G ist.

a) Man zeige: Es gibt eine umkehrbar eindeutige Zuordnung zwischen den bezüglich K invarianten Hauptzusammenhängen auf $S_G(M)$ und den linearen Abbildungen $\mathbf{f}: \mathfrak{k}_e \to \mathfrak{g}_e$ (dies sind die Lieschen Algebren von K bzw. G), für welche folgendes gilt:

1° $\mathbf{f}(\mathbf{w}) = \lambda_*(\mathbf{w})$ für $\mathbf{w} \in \mathfrak{h}_e$ (der Lieschen Algebra von H);

2° $\mathbf{f}(\mathrm{Ad}\,(t) \cdot \mathbf{w}) = \mathrm{Ad}\,(\lambda(t)) \cdot \mathbf{f}(\mathbf{w})$ für $\mathbf{w} \in \mathfrak{k}_e$ und $t \in H$ (vgl. Abschnitt 20.3, Aufgabe 3b)).

b) Man zeige, daß die Windung und die Krümmung des der linearen Abbildung $\mathbf{f}$ entsprechenden linearen Zusammenhangs $\mathbf{C}$ auf M durch die folgenden beiden Formeln gegeben sind:

$$\begin{aligned}
&\mathbf{t} \cdot (\mathrm{Z}_{\mathbf{u}}(x_0) \wedge \mathrm{Z}_{\mathbf{v}}(x_0)) \\
&\quad = r_0 \cdot \big(\mathbf{f}(\mathbf{u}) \cdot (r_0^{-1} \cdot \mathrm{Z}_{\mathbf{v}}(x_0))\big) - r_0 \cdot \big(\mathbf{f}(\mathbf{v}) \cdot (r_0^{-1} \cdot \mathrm{Z}_{\mathbf{u}}(x_0))\big) - \mathrm{Z}_{[\mathbf{u},\mathbf{v}]}(x_0)\,, \\
&\mathbf{r} \cdot (\mathrm{Z}_{\mathbf{u}}(x_0) \wedge \mathrm{Z}_{\mathbf{v}}(x_0)) = r_0 \circ ([\mathbf{f}(\mathbf{u}), \mathbf{f}(\mathbf{v})] - \mathbf{f}([\mathbf{u}, \mathbf{v}])) \circ r_0^{-1}\,,
\end{aligned}$$

wobei $\mathbf{u}$ und $\mathbf{v}$ zwei beliebige Vektoren aus $\mathfrak{k}_e$ sind ($\mathrm{Z}_{\mathbf{u}}$ sei das dem Vektor $\mathbf{u}$ auf $M = K/H$ entsprechende Killingfeld).

c) In denselben Bezeichnungen zeige man, daß die kovariante Ableitung bezüglich $\mathbf{C}$ durch die Formel

$$\nabla_{\mathrm{Z}_{\mathbf{v}}(x_0)} \cdot \mathrm{Z}_{\mathbf{u}} = r_0 \cdot \big(\mathbf{f}(\mathbf{v}) \cdot (r_0^{-1} \cdot \mathrm{Z}_{\mathbf{u}}(x_0))\big) + \mathrm{Z}_{[\mathbf{u},\mathbf{v}]}(x_0)$$

gegeben ist.

3. Zusätzlich zu den Voraussetzungen von Aufgabe 2 existiere in $\mathfrak{k}_e$ ein zu $\mathfrak{h}_e$ komplementärer Vektorteilraum $\mathfrak{m}$ derart, daß $\mathrm{Ad}\,(t) \cdot \mathfrak{m} \subset \mathfrak{m}$ für jedes $t \in H$ gilt (vgl. Abschnitt 20.4, Aufgabe 3). Dann entsprechen die bezüglich K invarianten Hauptzusammenhänge auf $S_G(M)$ umkehrbar eindeutig den linearen Abbildungen $\mathbf{f}_{\mathfrak{m}}: \mathfrak{m} \to \mathfrak{g}_e$, für welche

$$\mathbf{f}_m(\mathrm{Ad}\,(t) \cdot \mathbf{w}) = \mathrm{Ad}\,(\lambda(t)) \cdot \mathbf{f}_m(\mathbf{w})$$

für $t \in H$ und $\mathbf{w} \in \mathfrak{m}$ gilt (vgl. wieder Abschnitt 20.4, Aufgabe 3). Identifiziert man *für $\mathbf{u}$ aus* $\mathfrak{m}$ den Vektor $\mathbf{u}$ mit dem Tangentialvektor $\mathrm{Z}_{\mathbf{u}}(x_0) \in T_{x_0}(M)$, so gehen die Formeln von Aufgabe 2b) *für* $\mathbf{u}, \mathbf{v} \in \mathfrak{m}$ in

$$\mathbf{t} \cdot (\mathbf{u} \wedge \mathbf{v}) = \mathbf{f}_{\mathfrak{m}}(\mathbf{u}) \cdot \mathbf{v} - \mathbf{f}_{\mathfrak{m}}(\mathbf{v}) \cdot \mathbf{u} - [\mathbf{u}, \mathbf{v}]_{\mathfrak{m}}$$

bzw.

$$\mathbf{r} \cdot (\mathbf{u} \wedge \mathbf{v}) = [\mathbf{f}_{\mathfrak{m}}(\mathbf{u}), \mathbf{f}_{\mathfrak{m}}(\mathbf{v})] - \mathbf{f}_{\mathfrak{m}}([\mathbf{u}, \mathbf{v}]_{\mathfrak{m}}) - \lambda_*([\mathbf{u}, \mathbf{v}]_{\mathfrak{h}_e})$$

über, wobei $[\mathbf{u}, \mathbf{v}]_{\mathfrak{m}}$ und $[\mathbf{u}, \mathbf{v}]_{\mathfrak{h}_e}$ die Komponenten von $[\mathbf{u}, \mathbf{v}]$ in $\mathfrak{m}$ bzw. $\mathfrak{h}_e$ bei der Zerlegung $\mathfrak{k}_e = \mathfrak{m} \oplus \mathfrak{h}_e$ in eine direkte Summe sind. Der $\mathbf{f}_{\mathfrak{m}} = 0$ entsprechende Zusammenhang auf $S_G(M)$ wird *kanonisch* (bezüglich der Wahl des Komplementärraumes $\mathfrak{m}$ von $\mathfrak{h}_e$) genannt.

Ist $\widetilde{Z}_{\mathbf{u}}$ für ein $\mathbf{u} \in \mathfrak{k}_e$ die *kanonische Liftung* des Vektorfeldes $Z_{\mathbf{u}}$ auf $S_G(M)$ (vgl. Abschnitt 20.6, Aufgabe 5), so bedeutet die Relation $\mathbf{f}_{\mathfrak{m}}(\mathbf{u}) = 0$ für ein $\mathbf{u} \in \mathfrak{m}$, daß der Vektor $\widetilde{Z}_{\mathbf{u}}(x_0)$ im Punkt r_0 horizontal ist. Daraus leite man her, daß der kanonische Zusammenhang auf $S_G(M)$ der einzige bezüglich K invariante Zusammenhang ist, für welchen für jedes $\mathbf{u} \in \mathfrak{m}$ der Orbit $t \to G_t(r_0)$ die durch r_0 gehende horizontale Liftung von $t \to g_t(x_0)$ ist (vgl. Abschnitt 20.2, Aufgabe 3); dabei wurde $g_t(x_0) = \exp(t\mathbf{u}) \cdot x_0$ und $G_t = R(g_t)$ gesetzt (vgl. wieder Abschnitt 20.6, Aufgabe 3). Die den Vektoren $\mathbf{u} \in \mathfrak{m}$ entsprechenden Kurven $t \to g_t(x_0)$ sind die Geodätischen des entsprechenden linearen Zusammenhangs $\mathbf{C}$ auf M; dieser Zusammenhang ist vollständig (vgl. Abschnitt 20.6, Aufgabe 8), und für jedes bezüglich K invariante Tensorfeld $\mathfrak{U}$ auf M gilt $\nabla\mathfrak{U} = 0$.

Man zeige, daß die bezüglich K invarianten Hauptzusammenhänge auf $S_G(M)$, für welche die Geodätischen des entsprechenden linearen Zusammenhangs auf M dieselben sind wie für den kanonischen Zusammenhang, den Abbildungen $\mathbf{f}_{\mathfrak{m}}$ mit $\mathbf{f}_{\mathfrak{m}}(\mathbf{u}) \cdot \mathbf{u} = 0$ für jedes $\mathbf{u} \in \mathfrak{m}$ entsprechen. Insbesondere existiert genau ein solcher linearer Zusammenhang, der windungsfrei ist, und er entspricht der durch $\mathbf{f}_{\mathfrak{m}}(\mathbf{u}) \cdot \mathbf{v} = \frac{1}{2}[\mathbf{u}, \mathbf{v}]_{\mathfrak{m}}$ für $\mathbf{u}, \mathbf{v} \in \mathfrak{m}$ definierten Abbildung $\mathbf{f}_{\mathfrak{m}}$.

Man betrachte den Fall, daß man für K ein Produkt $L \times L$ wählt, wobei L eine zusammenhängende Liesche Gruppe ist und K auf L vermöge $((s, t), x) \to sxt^{-1}$ operiert, so daß L mit K/H identifiziert werden kann, wobei H die Diagonale von $L \times L$ ist. Man kann dann für $\mathfrak{m}$ einen beliebigen der Teilräume $\{0\} \times \mathfrak{l}_e$, $\mathfrak{l}_e \times \{0\}$ oder das Bild von $\mathfrak{l}_e$ vermöge $\mathbf{u} \to (\mathbf{u}, -\mathbf{u})$ wählen (mit $\mathfrak{l}_e$ ist die Liesche Algebra von L bezeichnet). Man berechne die Windung und die Krümmung der diesen drei Räumen entsprechenden kanonischen Zusammenhänge.

4. Es sei M die offene Menge $\boldsymbol{R}^n \setminus \{0\}$ im $\boldsymbol{R}^n$; die Gruppe $\boldsymbol{GL}(n, \boldsymbol{R})$ operiert transitiv auf M, so daß M mit dem homogenen Raum K/H identifiziert werden kann, wobei $K = \boldsymbol{GL}(n, \boldsymbol{R})$ ist und H die Untergruppe, die einen von 0 verschiedenen Punkt invariant läßt. Die Einschränkung des kanonischen linearen Zusammenhangs von $\boldsymbol{R}^n$ auf M ist bezüglich K invariant, aber es existiert kein zu $\mathfrak{h}_e$ komplementärer Teilraum $\mathfrak{m}$ von $\mathfrak{k}_e$, für den $\operatorname{Ad}(t) \cdot \mathfrak{m} \subset \mathfrak{m}$ für jedes $t \in H$ gilt.

5. Es sei M eine reine n-dimensionale differenzierbare Mannigfaltigkeit, G eine Liesche Untergruppe von $\boldsymbol{GL}(n, \boldsymbol{R})$ und $\mathfrak{g}$ ihre Liesche Algebra, $S_G(M)$ eine G-Struktur auf M; mit $\boldsymbol{\sigma}$ bezeichnen wir wieder die Einschränkung ${}^t j(\boldsymbol{\sigma})$ der Verschmelzungsform $\boldsymbol{\sigma}$ von $R(M)$ auf $S_G(M)$ (dabei ist $j\colon S_G(M) \to R(M)$ die kanonische injektive Abbildung); $\boldsymbol{\sigma}$ ist also eine vektorielle 1-Form auf $S_G(M)$ mit Werten in $\boldsymbol{R}^n$, die für die vertikalen Vektoren verschwindet.

Es seien r ein Punkt von $S_G(M)$, ferner H_1 und H_2 zwei Teilräume von $T_r(S_G(M))$, die beide zum Raum der vertikalen Tangentialvektoren im Punkt r komplementär sind, so daß die Einschränkungen von $T(\pi)$ (wobei $\pi\colon S_G(M) \to M$ die kanonische Projektion bezeichnet) auf H_1 und H_2 Isomorphismen auf $T_{\pi(r)}(M)$ sind. Für jeden Vektor $\mathbf{x} \in \boldsymbol{R}^n$ seien $\mathbf{k}_1$ und $\mathbf{k}_2$ die Vektoren von H_1 bzw. H_2 mit $T(\pi) \cdot \mathbf{k}_1 = T(\pi) \cdot \mathbf{k}_2 = r \cdot \mathbf{x}$ oder, was dasselbe bedeutet, mit $\boldsymbol{\sigma}(r) \cdot \mathbf{k}_1 = \boldsymbol{\sigma}(r) \cdot \mathbf{k}_2 = \mathbf{x}$; man kann daher $\mathbf{k}_1 - \mathbf{k}_2 = Z_{T(\mathbf{x})}(r)$ setzen, wobei $T\colon \boldsymbol{R}^n \to \mathfrak{g}$ eine durch H_1 und H_2 vollständig bestimmte lineare Abbildung ist.

Für $i = 1, 2$ und für je zwei Vektoren $\mathbf{x}$ und $\mathbf{y}$ von $\mathbf{R}^n$ sei

$$\mathbf{S}_i(\mathbf{x} \wedge \mathbf{y}) = d\sigma(r) \cdot (\mathbf{h}_i \wedge \mathbf{k}_i) \in \mathbf{R}^n,$$

wobei $\mathbf{h}_i$ und $\mathbf{k}_i$ die Vektoren des Teilraums H_i sind, für die $\sigma(r) \cdot \mathbf{h}_i = \mathbf{x}$ und $\sigma(r) \cdot \mathbf{k}_i = \mathbf{y}$ gilt. Man zeige (unter Benutzung von Abschnitt 20.6, Aufgabe 11), daß

$$(*) \qquad \mathbf{S}_2(\mathbf{x} \wedge \mathbf{y}) - \mathbf{S}_1(\mathbf{x} \wedge \mathbf{y}) = \mathrm{T}(\mathbf{x}) \cdot \mathbf{y} - \mathrm{T}(\mathbf{y}) \cdot \mathbf{x}$$

ist (wobei $\mathfrak{g}$ mit einer Lieschen Unteralgebra von $\mathfrak{gl}(n, \mathbf{R}) = \mathrm{End}\,(\mathbf{R}^n)$ identifiziert wird). Wir definieren eine lineare Abbildung

$$\partial\colon \mathrm{Hom}\,(\mathbf{R}^n, \mathfrak{g}) \to \mathrm{Hom}\,\Big(\overset{2}{\bigwedge} \mathbf{R}^n, \mathbf{R}^n\Big),$$

indem wir jedem Homomorphismus $\mathrm{T} \in \mathrm{Hom}\,(\mathbf{R}^n, \mathfrak{g})$ die von der bilinearen alternierenden Abbildung $(\mathbf{x}, \mathbf{y}) \to \mathrm{T}(\mathbf{x}) \cdot \mathbf{y} - \mathrm{T}(\mathbf{y}) \cdot \mathbf{x}$ induzierte lineare Abbildung zuordnen. Aus $(*)$ folgt, daß die Klasse von $\mathbf{S}_1 \in \mathrm{Hom}\,\Big(\overset{2}{\bigwedge} \mathbf{R}^n, \mathbf{R}^n\Big)$ modulo dem Teilraum $\partial\,(\mathrm{Hom}\,(\mathbf{R}^n, \mathfrak{g}))$ nur von dem Punkt $r \in S_G(M)$ und nicht von der Wahl des Teilraums H_1 als Komplement von $\mathrm{Ker}\,(T_r(\pi))$ in $T_r(S_G(M))$ abhängt; wir nennen dieses Element $c(r)$ den Wert der *Strukturfunktion erster Ordnung* der G-Struktur $S_G(M)$ im Punkt r.

Die Gruppe $G \subset \mathbf{GL}(n, \mathbf{R})$ operiert auf natürliche Weise auf $\mathbf{R}^n$ und durch die adjungierte Darstellung auf $\mathfrak{g}$; daher operiert sie durch Übertragung der Struktur von links auf $\mathrm{Hom}\,\Big(\overset{2}{\bigwedge} \mathbf{R}^n, \mathbf{R}^n\Big)$ und auf $\mathrm{Hom}\,(\mathbf{R}^n, \mathfrak{g})$. Man zeige ferner, daß für jedes $s \in G$ und jedes $\mathrm{T} \in \mathrm{Hom}\,(\mathbf{R}^n, \mathfrak{g})$ die Beziehung $\partial(s \cdot \mathrm{T}) = s \cdot \partial\mathrm{T}$ gilt, so daß G linear auf $\mathrm{Hom}\,\Big(\overset{2}{\bigwedge} \mathbf{R}^n, \mathbf{R}^n\Big)\Big/\partial\,(\mathrm{Hom}\,(\mathbf{R}^n, \mathfrak{g}))$ operiert. Man zeige schließlich: Ist ϱ die entsprechende lineare Darstellung von G, so ist $c(r \cdot s) = \varrho(s^{-1}) \cdot c(r)$.

6. Unter den Voraussetzungen und in den Bezeichnungen von Aufgabe 5 existiert ein $S_G(M)$-Morphismus $h\colon (r, \mathbf{x}) \to h_r \cdot \mathbf{x}$ von $S_G(M) \times \mathbf{R}^n$ in das Tangentialbündel $T(S_G(M))$ derart, daß das Bild von $\{r\} \times \mathbf{R}^n$ vermöge h ein zum Teilraum der vertikalen Vektoren komplementärer Teilraum $H_r \subset T_r(S_G(M))$ ist. Bezeichnet E einen Teilraum von $\mathrm{Hom}\,\Big(\overset{2}{\bigwedge} \mathbf{R}^n, \mathbf{R}^n\Big)$, der zu $\partial\,\big(\mathrm{Hom}\,(\mathbf{R}^n, \mathfrak{g})\big)$ komplementär ist, so kann man sogar voraussetzen, das durch $\tilde{c}(r) \cdot (\mathbf{x} \wedge \mathbf{y}) = d\sigma(r) \cdot (\mathbf{h} \wedge \mathbf{k})$ definierte Element $\tilde{c}(r)$ von $\mathrm{Hom}\,\Big(\overset{2}{\bigwedge} \mathbf{R}^n, \mathbf{R}^n\Big)$ (wobei $\mathbf{h}$ und $\mathbf{k}$ Vektoren aus H_r mit $\sigma(r) \cdot \mathbf{h} = \mathbf{x}$ bzw. $\sigma(r) \cdot \mathbf{k} = \mathbf{y}$ sind) gehöre für jedes $r \in S_G(M)$ zu E (wobei man eventuell zu $\tilde{c}(r)$ noch ein Element $\partial\mathrm{T}_r$ von $\partial(\mathrm{Hom}\,(\mathbf{R}^n, \mathfrak{g}))$ hinzufügt, das eine der Klasse C^∞ angehörende Funktion von r ist). Wir identifizieren dann die Klasse $c(r)$ mit ihrem Repräsentanten $\tilde{c}(r) \in E$.

Es sei $G^{(1)}$ die aus den Automorphismen der Gestalt $(\mathbf{x}, \mathbf{u}) \to (\mathbf{x}, \mathrm{T}(\mathbf{x}) + \mathbf{u})$ bestehende kommutative Untergruppe von $\mathbf{GL}(\mathbf{R}^n \oplus \mathfrak{g})$, wobei T den Teilraum $\mathfrak{g}^{(1)} = \mathrm{Ker}\,(\partial)$ von $\mathrm{Hom}\,(\mathbf{R}^n, \mathfrak{g})$ durchläuft. Für jedes Repère $r \in S_G(M)$ betrachten wir die Repères des Tangentialbündels von $S_G(M)$ im Punkt r (Isomorphismen von $\mathbf{R}^n \oplus \mathfrak{g}$ auf $T_r(S_G(M))$)

$$r^{(1)}\colon (\mathbf{x}, \mathbf{u}) \to h_r \cdot \mathbf{x} + \mathrm{Z}_{\mathbf{u}}(r) + \mathrm{Z}_{\mathrm{T}(\mathbf{x})}(r),$$

wobei T den Teilraum $\mathfrak{g}^{(1)}$ durchläuft. Diese Repères bilden eine *$G^{(1)}$-Struktur* $S_{G^{(1)}}(S_G(M))$ auf $S_G(M)$, die wir *Fortsetzung erster Ordnung* der G-Struktur $S_G(M)$ auf M nennen. Ersetzt man E durch ein anderes Komplement E' von $\partial\,(\mathrm{Hom}\,(\mathbf{R}^n, \mathfrak{g}))$ in $\mathrm{Hom}\,\Big(\overset{2}{\bigwedge} \mathbf{R}^n, \mathbf{R}^n\Big)$ und h durch einen Morphismus h', der bezüglich E' analoge

Eigenschaften hat wie h bezüglich E, so wird die $G^{(1)}$-Struktur auf $S_G(M)$ in eine *konjugierte* Struktur mit derselben Gruppe übergeführt. Die Liesche Algebra der kommutativen Gruppe $G^{(1)}$ läßt sich mit $\mathfrak{g}^{(1)}$ identifizieren, wenn man ein Element T aus Hom $(\boldsymbol{R}^n, \mathfrak{g})$ mit dem Endomorphismus von $\boldsymbol{R}^n \oplus \mathfrak{g}$ identifiziert, der auf $\boldsymbol{R}^n$ mit T übereinstimmt und auf $\mathfrak{g}$ gleich 0 ist. Die Strukturfunktion $c^{(1)}$ der $G^{(1)}$-Struktur auf $S_G(M)$ wird (nicht ganz korrekt) die *Strukturfunktion zweiter Ordnung* der G-Struktur $S_G(M)$ auf M genannt; ihre Werte liegen in

$$\mathrm{Hom}\left(\bigwedge^2 (\boldsymbol{R}^n \oplus \mathfrak{g}), \boldsymbol{R}^n \oplus \mathfrak{g}\right)\Big/\partial\,(\mathrm{Hom}\,(\boldsymbol{R}^n \oplus \mathfrak{g}, \mathfrak{g}^{(1)}))\,.$$

Es seien $\pi: S_G(M) \to M$ und $\pi_1: S_{G^{(1)}}(S_G(M)) \to S_G(M)$ die kanonischen Projektionen. Man zeige, daß sich die Verschmelzungsform $\sigma^{(1)}$ auf $S_{G^{(1)}}(S_G(M))$ in der Gestalt $\sigma^{(1)} = {}^t\pi_1(\sigma) + \omega_1$ schreiben läßt, wobei ω_1 eine vektorielle 1-Form auf $S_{G^{(1)}}(S_G(M))$ mit Werten in der Lieschen Algebra $\mathfrak{g}$ ist.

Den Wert $c^{(1)}(r^{(1)})$ in einem Punkt von $S_{G^{(1)}}(S_G(M))$ zu berechnen heißt, sobald einmal ein zum Teilraum der vertikalen Tangentialvektoren komplementärer Teilraum $H^{(1)}$ des Tangentialraumes von $S_{G^{(1)}}(S_G(M))$ im Punkt $r^{(1)}$ gewählt ist, den Wert $d\sigma^{(1)}(r^{(1)}) \cdot (\mathbf{h}^{(1)} \wedge \mathbf{k}^{(1)})$ zu berechnen, wobei $\mathbf{h}^{(1)}$ und $\mathbf{k}^{(1)}$ zwei Vektoren aus $H^{(1)}$ sind. Setzt man $r = \pi_1(r^{(1)}) \in S_G(M)$, so kann man sich auf drei Fälle beschränken:

1° Es ist $T(\pi_1) \cdot \mathbf{h}^{(1)} = Z_{\mathbf{u}}(r)$, $T(\pi_1) \cdot \mathbf{k}^{(1)} = Z_{\mathbf{v}}(r)$ für in $T_r(S_G(M))$ vertikale Vektoren $\mathbf{u}, \mathbf{v} \in \mathfrak{g}$, für welche $\omega_1(r^{(1)}) \cdot \mathbf{h}^{(1)} = \mathbf{u}$ und $\omega_1(r^{(1)}) \cdot \mathbf{k}^{(1)} = \mathbf{v}$ gilt. Dann ist

$$d\sigma^{(1)}(r^{(1)}) \cdot (\mathbf{h}^{(1)} \wedge \mathbf{k}^{(1)}) = [\mathbf{u}, \mathbf{v}] \in \mathfrak{g}\,.$$

(Man dehne $\mathbf{h}^{(1)}$ und $\mathbf{k}^{(1)}$ zu Vektorfeldern aus, die auf einer Umgebung von $r^{(1)}$ bezüglich $G^{(1)}$ invariant sind, deren Projektionen auf $S_G(M)$ mit $Z_{\mathbf{u}}$ und $Z_{\mathbf{v}}$ übereinstimmen.)

2° Es ist $T(\pi_1\cdot)\, \mathbf{h}^{(1)} = Z_{\mathbf{u}}(r)$ und $T(\pi_1) \cdot \mathbf{k}^{(1)} = h_r \cdot \mathbf{x}$ mit $\mathbf{u} \in \mathfrak{g}$, $\mathbf{x} \in \boldsymbol{R}^n$ und $\sigma(r) \cdot (h_r \cdot \mathbf{x}) = \mathbf{x}$, $\omega_1(r^{(1)}) \cdot \mathbf{h}^{(1)} = \mathbf{u}$, $\omega_1(r^{(1)}) \cdot \mathbf{k}^{(1)} = 0$. Dann gilt (vgl. Abschnitt 20.6, Aufgabe 11)

$$d\sigma^{(1)}(r^{(1)}) \cdot (\mathbf{h}^{(1)} \wedge \mathbf{k}^{(1)}) = -\,\mathbf{u} \cdot \mathbf{x} + U_r(\mathbf{u}) \cdot \mathbf{x}\,,$$

mit $U_r \in \mathrm{Hom}\,(\mathfrak{g}, \mathrm{Hom}\,(\boldsymbol{R}^n, \mathfrak{g}))$. Die Gruppe G operiert durch Übertragung der Struktur auf $R(S_G(M))$; läßt sie die Struktur $S_{G^{(1)}}(S_G(M)) \subset R(S_G(M))$ invariant, so nimmt U_r seine Werte in $\mathfrak{g}_{(1)}$ an. Die Umkehrung gilt, falls G zusammenhängend ist.

3° Es ist $T(\pi_1) \cdot \mathbf{h}^{(1)} = h_r \cdot \mathbf{x}$ und $T(\pi_1) \cdot \mathbf{k}^{(1)} = h_r \cdot \mathbf{y}$, wobei $\mathbf{x}, \mathbf{y}$ Elemente von $\boldsymbol{R}^n$ sind und $\sigma(r) \cdot (h_r \cdot \mathbf{x}) = \mathbf{x}$, $\sigma(r) \cdot (h_r \cdot \mathbf{y}) = \mathbf{y}$, $\omega_1(r^{(1)}) \cdot \mathbf{h}^{(1)} = \omega_1(r^{(1)}) \cdot \mathbf{k}^{(1)} = 0$ gilt. Dann ist

$$d\sigma^{(1)}(r^{(1)}) \cdot (\mathbf{h}^{(1)} \wedge \mathbf{k}^{(1)}) = d\sigma(r) \cdot (h_r \cdot \mathbf{x} \wedge h_r \cdot \mathbf{y}) + V_r \cdot (\mathbf{x} \wedge \mathbf{y})$$

mit $V_r \in \mathrm{Hom}\left(\bigwedge^2 \boldsymbol{R}^n, \mathfrak{g}\right)$. Ist $G^{(1)} = \{e\}$, so kann man $S_{G^{(1)}}(S_G(M))$ mit $S_G(M)$ identifizieren; läßt überdies G die $G^{(1)}$-Struktur auf $S_G(M)$ invariant, so ist ω_1 die 1-Form eines Hauptzusammenhanges auf $S_G(M)$, und die vektorielle 2-Form $\boldsymbol{\Omega}$ auf $S_G(M)$ mit

$$\boldsymbol{\Omega}(r) \cdot (h_r \cdot \mathbf{x} \wedge h_r \cdot \mathbf{y}) = V_r \cdot (\mathbf{x} \wedge \mathbf{y}) \in \mathfrak{g}$$

ist die Krümmungsform dieses Zusammenhangs. (Als Beispiel für diesen Fall vgl. (20.9.2).)

Für jede ganze Zahl $k > 1$ wird die *Fortsetzung k-ter Ordnung* der G-Struktur $S_G(M)$ als die Fortsetzung erster Ordnung der $G^{(k-1)}$-Struktur, welche die Fortsetzung $(k-1)$-ter Ordnung von $S_G(M)$ ist, induktiv definiert; $G^{(k)}$ bezeichnet die entsprechende Gruppe und $\mathfrak{g}^{(k)}$ ihre Liesche Algebra; die Strukturfunktion dieser $G^{(k)}$-Struktur wird mit $c^{(k+1)}$ bezeichnet und *Strukturfunktion* $(k + 1)$*-ter Ordnung* der G-Struktur $S_G(M)$ genannt.

7. Für die Mannigfaltigkeit $M = \boldsymbol{R}^n$ ist die Abbildung $\boldsymbol{\tau}^{-1}: x \to \boldsymbol{\tau}_x^{-1}$ (vgl. (16.5.2)) ein Schnitt der Klasse C^∞ des Repèrebündels $R(M)$. Für jede abgeschlossene Untergruppe G von $\boldsymbol{GL}(n, \boldsymbol{R})$ ist die Vereinigung der $\boldsymbol{\tau}_x^{-1} \cdot G$, wobei x die Mannigfaltigkeit M durchläuft, eine G-Struktur $S_G(M)$ auf M, die sogenannte *kanonische flache G-Struktur* auf $\boldsymbol{R}^n$. Eine G-Struktur auf einer n-dimensionalen differenzierbaren Mannigfaltigkeit M' wird *flach* genannt, wenn zu jedem $x' \in M'$ ein Diffeomorphismus einer Umgebung U von x' auf $\boldsymbol{R}^n$ existiert, der (durch Übertragung der Struktur) die auf U induzierte G-Struktur in die kanonische flache G-Struktur überführt.

Bezeichnet $\pi: R(\boldsymbol{R}^n) \to \boldsymbol{R}^n$ die kanonische Projektion, so ist für die kanonische flache G-Struktur die Verschmelzungsform $\boldsymbol{\sigma}$ auf $S_G(\boldsymbol{R}^n)$ gleich ${}^t\pi(d(1_{\boldsymbol{R}^n})) = {}^t\pi(\boldsymbol{\tau})$, wobei $\boldsymbol{\tau}$ als vektorielle 1-Form auf $\boldsymbol{R}^n$ mit Werten in $\boldsymbol{R}^n$ angesehen wird (vgl. (16.20.15)). Daraus leite man her, daß die Strukturfunktion erster Ordnung von $S_G(\boldsymbol{R}^n)$ *Null* ist.

Wählt man $h(\boldsymbol{\tau}_x^{-1} \cdot s, \mathbf{y}) = T_x(\boldsymbol{\tau}^{-1} \cdot s) \cdot (\boldsymbol{\tau}_x^{-1} \cdot \mathbf{y})$, so sind, in den Bezeichnungen von Aufgabe 6, die Teilräume $H_{\mathbf{r}}$ die Räume der horizontalen Vektoren eines Hauptzusammenhangs auf $S_G(\boldsymbol{R}^n)$, der (ebenso wie der entsprechende lineare G-Zusammenhang auf $\boldsymbol{R}^n$) *kanonisch* genannt wird. Man zeige, daß dieser Zusammenhang *flach* ist (vgl. 20.4.1)); ist $\boldsymbol{\omega}$ die 1-Differentialform dieses Zusammenhangs, so gilt (in den Bezeichnungen von Aufgabe 6) die Beziehung $\boldsymbol{\omega}_1 = {}^t\pi_1(\boldsymbol{\omega})$. Man zeige, daß die Strukturfunktion $c^{(1)}$ zweiter Ordnung konstant ist. Man verallgemeinere dies auf die Strukturfunktionen beliebiger Ordnung.

Für alle abgeschlossenen Untergruppen G von $\boldsymbol{GL}(n, \boldsymbol{R})$ ist der Hauptzusammenhang auf $R(\boldsymbol{R}^n)$, der den kanonischen Zusammenhang auf $S_G(\boldsymbol{R}^n)$ fortsetzt (vgl. (20.7.11), der kanonische Zusammenhang. Der diesem Zusammenhang entsprechende Cartansche Zusammenhang auf dem Bündel $A(\boldsymbol{R}^n)$ der affinen Repères (vgl. Abschnitt 20.6, Aufgabe 19c)) stimmt mit dem kanonischen Cartanschen Zusammenhang auf der Gruppe $\boldsymbol{A}(n, \boldsymbol{R})$ bezüglich der Untergruppe $\boldsymbol{GL}(n, \boldsymbol{R})$ (vgl. Abschnitt 20.5, Aufgabe 3) überein.

8. Es seien M und M' zwei reine differenzierbare Mannigfaltigkeiten, $S_G(M)$ und $S_G(M')$ seien G-Strukturen auf M bzw. M'. Wir nennen (nicht ganz korrekt) einen Diffeomorphismus f von M auf M' einen *Isomorphismus* von $S_G(M)$ auf $S_G(M')$, wenn die Einschränkung $S_G(f)$ von $R(f)$ (vgl. Abschnitt 20.6, Aufgabe 4) auf $S_G(M)$ eine bijektive Abbildung von $S_G(M)$ auf $S_G(M')$ ist.

a) Ein Hauptfaserbündel-Isomorphismus F von $S_G(M)$ auf $S_G(M')$ hat genau dann die Gestalt $S_G(f)$, wobei f ein Diffeomorphismus von M auf M' ist, wenn ${}^tF(\boldsymbol{\sigma}') = \boldsymbol{\sigma}$ ist, wobei $\boldsymbol{\sigma}$ und $\boldsymbol{\sigma}'$ die Verschmelzungsformen auf $S_G(M)$ bzw. $S_G(M')$ sind.

b) Man zeige in den Bezeichnungen von Aufgabe 6: Ist G zusammenhängend und ist ein Diffeomorphismus F von $S_G(M)$ auf $S_G(M')$ ein Isomorphismus der $G^{(1)}$-Struktur $S_{G^{(1)}}(S_G(M))$ auf die $G^{(1)}$-Struktur $S_{G^{(1)}}(S_G(M'))$, so ist $F = S_G(f)$, wobei f ein Isomorphismus von $S_G(M)$ auf $S_G(M')$ ist. (Man benutze a). Sind $Z_{\mathbf{u}}$ und $Z'_{\mathbf{u}}$ die $\mathbf{u} \in \mathfrak{g}_e$ entsprechenden Killingfelder auf $S_G(M)$ und $S_G(M')$, so zeige man zunächst, daß $Z_{\mathbf{u}}$ für jedes $\mathbf{u} \in \mathfrak{g}_e$ durch F in $Z'_{\mathbf{u}}$ übergeführt wird, und hieraus leite man her, daß F ein Isomorphismus von Hauptfaserbündeln ist.)

9. Man zeige, daß die Gruppe der Automorphismen eines G-Zusammenhangs auf einer zusammenhängenden Mannigfaltigkeit M mit einer Lieschen Gruppe höchstens $(\dim(M) + \dim(G))$-ter Dimension identifiziert werden kann, und daß sie

diese maximale Dimension nur dann annehmen kann, wenn M ein $\boldsymbol{R}^n$ ist, der mit der kanonischen flachen G-Struktur und dem entsprechenden kanonischen G-Zusammenhang versehen ist (vgl. Aufgabe 7). (Man benutze dieselbe Methode wie in Abschnitt 20.6, Aufgabe 7.)

10. In den Bezeichnungen von Aufgabe 6 nennen wir eine G-Struktur $S_G(M)$ *von endlichem Typ*, wenn ein Index k existiert derart, daß $G^{(k)}$ nur aus dem neutralen Element besteht. Man zeige: Ist eine G-Struktur (für eine zusammenhängende Gruppe G) von endlichem Typ, so ist ihre Automorphismengruppe eine Liesche Gruppe. (Man stelle fest, daß zu einer $\{e\}$-Struktur in „innerer" Weise ein Hauptzusammenhang gehört, und benutze die Aufgaben 8 und 9.)

11. Sind zwei endlichdimensionale Vektorräume E und F über $\boldsymbol{R}$ und ein Vektorteilraum $\mathfrak{g}$ von Hom (E, F) gegeben, so bezeichnen wir mit $\mathfrak{g}^{(1)}$ den aus allen T mit $T(\mathbf{u}) \cdot \mathbf{v} = T(\mathbf{v}) \cdot \mathbf{u}$ für alle $\mathbf{u}, \mathbf{v}$ aus E bestehenden Teilraum von Hom $(E, \mathfrak{g})$. Für jede ganze Zahl k definieren wir $\mathfrak{g}^{(k)}$ induktiv als $(\mathfrak{g}_{(k-1)})^{(1)}$ und nennen $\mathfrak{g}$ *von endlichem Typ*, falls eine ganze Zahl k mit $\mathfrak{g}^{(k)} = \{0\}$ existiert. (Vgl. Abschnitt 20.9, Aufgabe 15.)

a) Identifiziert man Hom (E, F) mit $E^* \otimes F$ (vgl. (A.10.5.5)), so läßt sich Hom $(E, \mathfrak{g})$ mit einem Teilraum von $E^* \otimes E^* \otimes F$ identifizieren und $\mathfrak{g}^{(1)}$ dann mit dem Durchschnitt $(E^* \otimes \mathfrak{g}) \cap (\mathbf{S}_2(E^*) \otimes F)$ (vgl. (A.17)). Daraus leite man her, daß für jede ganze Zahl $k > 1$ der Vektorteilraum $\mathfrak{g}^{(k)}$ mit dem Durchschnitt

$$(\mathbf{S}_k(E^*) \otimes \mathfrak{g}) \cap (\mathbf{S}_{k+1}(E^*) \otimes F)$$

im Raum $\mathbf{T}^{k+1}(E^*) \otimes F$ identifiziert werden kann.

b) Aus a) leite man her: Ist $\mathfrak{h}$ ein Teilraum von $\mathfrak{g}$, so gilt $\mathfrak{h}^{(k)} \subset \mathfrak{g}^{(k)}$ für jedes k. Ist F ein Vektorteilraum von F', so erhält man dasselbe $\mathfrak{g}^{(k)}$, ob man $\mathfrak{g}$ nun als Teilraum von Hom (E, F) oder von Hom (E, F') auffaßt.

c) Ist $F = E$ und $\mathfrak{g} = \text{End}(E)$, so ist $\mathfrak{g}^{(k)} = \mathbf{S}_{k+1}(E^*) \otimes E$; daher ist $\mathfrak{g}$ von unendlichem Typ. Daraus leite man her, daß jeder Teilraum von End (E), der einen Endomorphismus vom Rang 1 enthält, von unendlichem Typ ist. (Man betrachte den von einem solchen Endomorphismus erzeugten Teilraum und stelle fest, daß er mit End $(\boldsymbol{R})$ identifiziert werden kann.)

12. Aus Aufgabe 11 leite man her: Ist $G = \boldsymbol{GL}(n, \boldsymbol{R})$ oder $G = \boldsymbol{SL}(n, \boldsymbol{R})$, so sind die G-Strukturen von unendlichem Typ. Man zeige, daß dies auch dann der Fall ist, wenn $G = \boldsymbol{Sp}(\Phi)$ die symplektische Gruppe ist, die eine alternierende nichtausgeartete Bilinearform Φ über $\boldsymbol{R}^{2n}$ invariant läßt. (Man stelle fest, daß Φ auf kanonische Weise einen Isomorphismus von $E = \boldsymbol{R}^{2n}$ auf E^* definiert und durch diesen Isomorphismus die Liesche Algebra $\mathfrak{g} = \mathfrak{sp}(\Phi)$ und $\mathbf{S}_2(E^*) \subset E^* \otimes E^* = \text{Hom}(E, E^*)$ einander zugeordnet werden; daraus leite man her, daß $\mathfrak{g}^{(k)}$ mit $\mathbf{S}_{k+2}(E^*)$ identifiziert werden kann.)

13. a) Man zeige, daß für $G = \boldsymbol{GL}(n, \boldsymbol{R})$ oder $G = \boldsymbol{SL}(n, \boldsymbol{R})$ alle G-Strukturen flach sind (vgl. Aufgabe 7).

b) Ist G die Untergruppe von $\boldsymbol{GL}(n, \boldsymbol{R})$, die einen Teilraum F von $\boldsymbol{R}^n$ invariant läßt, und ist $x \to L_x$ das entsprechende Richtungsfeld auf M (vgl. (20.7.8)), so ist eine G-Struktur genau dann flach, wenn das Feld $x \to L_x$ vollständig integrierbar ist. Man zeige: Diese Bedingung ist damit äquivalent, daß die Strukturfunktion erster Ordnung Null ist. (Man stelle fest, daß ∂ (Hom $(\boldsymbol{R}^n, \mathfrak{g})$) dann der Kern der kanonischen Abbildung $\text{Hom}\left(\bigwedge^2 \boldsymbol{R}^n, \boldsymbol{R}^n\right) \to \text{Hom}\left(\bigwedge^2 F, \boldsymbol{R}^n/F\right)$ ist, die man erhält wenn man einer bilinearen alternierenden Abbildung B: $\boldsymbol{R}^n \times \boldsymbol{R}^n \to \boldsymbol{R}^n$ das Produkt der kanonischen Abbildung $\boldsymbol{R}^n \to \boldsymbol{R}^n/F$ mit der Einschränkung von B auf $F \times F$ zuordnet).

c) Für G nehme man die symplektische Gruppe $\boldsymbol{Sp}(n, \boldsymbol{R})$ mit $n = 2m$; man zeige: Ist

$$\Phi(\mathbf{x}, \mathbf{y}) = \sum_{j=1}^{m} (\xi_j \eta_{j+m} - \xi_{j+m}\eta_j),$$

so daß eine G-Struktur auf M der Vorgabe einer 2-Differentialform Ω auf M entspricht, für die $\Phi(r_x^{-1} \cdot \mathbf{h}_1, r_x^{-1} \cdot \mathbf{h}_2) = \langle \Omega(x), \mathbf{h}_1 \wedge \mathbf{h}_2 \rangle$ ist (vgl. (20.7.6)), so ist ${}^t\pi(\Omega)$ (wobei π: $S_G(M) \to M$ die kanonische Projektion ist) die 2-Form $\Phi(\sigma, \sigma)$ auf $S_G(M)$ (vgl. (16.20.15.8)). Hieraus leite man her: Die G-Struktur $S_G(M)$ ist genau dann flach, wenn $d\Omega = 0$ ist oder wenn die Strukturfunktion erster Ordnung Null ist. (Man stelle fest, daß $d({}^t\pi(\Omega)) = \Phi(d\sigma, \sigma) - \Phi(\sigma, d\sigma)$ ist.) Wir nennen dann die G-Struktur eine *Hamiltonsche Struktur*.

d) Für $G = \boldsymbol{GL}(m, \boldsymbol{C})$ mit $n = 2m$ (vgl. (20.7.7)) ist eine G-Struktur genau dann flach, wenn sie durch eine holomorphe Struktur auf M induziert wird.

Ist dies der Fall, so ist die Nijenhuis-Torsion (vgl. Abschnitt 17.19, Aufgabe 3f)) des Tensors $\boldsymbol{j}$ (vgl. (20.7.7)) gleich Null. (Man kann zeigen, daß diese notwendige Bedingung auch hinreichend ist.) (Man beachte, daß für eine Karte c der *holomorphen* Mannigfaltigkeit M und für die zu dieser Karte assoziierten holomorphen Vektorfelder $(\mathrm{Z}_k)_{1 \geqq k \geqq m}$ (vgl. (16.15.4.2)) die Felder Z_k und $\boldsymbol{j} \cdot \mathrm{Z}_k$ zu c assoziiert sind, wenn man c als Karte der zugrunde liegenden differenzierbaren Mannigfaltigkeitsstruktur auf M ansieht, und benutze die Tatsache, daß die Nijenhuis-Torsion $\frac{1}{2}[\boldsymbol{u}, \boldsymbol{u}]$ ein M-Morphismus ist.)

14. Man stelle sich die Aufgabe, folgendes zu zeigen: Ist in einem Produkt von Sphären

$$M = \boldsymbol{S}_{n_1} \times \boldsymbol{S}_{n_2} \times \cdots \times \boldsymbol{S}_{n_r}$$

einer der Indizes n_k *ungerade* und ist $r \geqq 2$ sowie $n_k \geqq 1$ für jedes k, so ist M *parallelisierbar*; daher existieren zu jeder Lieschen Untergruppe G von $\boldsymbol{GL}(n, \boldsymbol{R})$ (wobei n die Dimension von M ist) G-Strukturen auf M. Zu diesem Zweck beweise man die folgenden Hilfssätze:

1° Ist $n = 2m - 1$ ungerade, so ist $\boldsymbol{S}_n$ in $\boldsymbol{C}^m$ eingebettet, und auf $\boldsymbol{S}_n$ existiert ein Vektorfeld, das in keinem Punkt verschwindet und das der Operation der Untergruppe $\boldsymbol{U}$ der komplexen Zahlen vom Absolutbetrag 1 auf $\boldsymbol{S}_n$ entspricht. Daher kann man $T(\boldsymbol{S}_n) = I \oplus E$ setzen, wobei I das triviale Vektorbündel vom Rang 1 ist (vgl. Abschnitt 16.15, Aufgabe 1).

2° Für jedes n ist $T(\boldsymbol{S}_n) + I$ dem trivialen Bündel $(n + 1)\, I$ isomorph (vgl. Abschnitt 16.20, Aufgabe 3).

15. Es sei M eine reine n-dimensionale differenzierbare Mannigfaltigkeit, $R_2(M)$ das Hauptfaserbündel der Repères der Ordnung 2 von M (vgl. Abschnitt 20.6, Aufgabe 19). Für jede Liesche Untergruppe G von $G^2(n)$ nennen wir eine Einschränkung $S_G^2(M)$ des Bündels $R_2(M)$ auf die Gruppe G eine *G-Struktur zweiter Ordnung* auf M.

Wir betrachten insbesondere den Fall, daß $G = G^1(n) = \boldsymbol{GL}(n, \boldsymbol{R})$ ist. Für einen *windungsfreien* linearen Zusammenhang $\mathbf{C}$ *auf* M betrachten wir für eine Karte (U, φ, n) die lokale Darstellung $(\mathbf{k}, \mathbf{u}) \to (\mathbf{k}, -\Gamma_x(\mathbf{k}, \mathbf{u}))$ von $\mathbf{C}$, wobei Γ_x für jedes $x \in U$ eine *symmetrische* bilineare Abbildung von $\boldsymbol{R}^n \times \boldsymbol{R}^n$ in $\boldsymbol{R}^n$ ist; für jedes $x \in U$

betrachten wir in der Faser $R^2(M)_x$ die Menge der Elemente, deren lokale Darstellung bezüglich der Karte (U, φ, n) gerade $(\varphi(x), \mathrm{V}, -\Gamma_x \cdot (\mathrm{V}, \mathrm{V}))$ ist, wobei V die Gruppe $\boldsymbol{GL}(n, \boldsymbol{R})$ durchläuft (vgl. Abschnitt 20.6, Aufgabe 19). Man zeige, daß diese Menge unabhängig von der Wahl der Karte ist, und daß deren Vereinigung eine $\boldsymbol{GL}(n, \boldsymbol{R})$-*Struktur zweiter Ordnung* auf M ist. Auf diese Weise definiert man eine *umkehrbar eindeutige kanonische Zuordnung* zwischen windungsfreien linearen Zusammenhängen auf M und $\boldsymbol{GL}(n, \boldsymbol{R})$-Strukturen zweiter Ordnung auf M. Zu jeder dieser Strukturen $S^2_{\boldsymbol{GL}(n,\boldsymbol{R})}(M)$ gibt es einen kanonischen M-Isomorphismus von Hauptfaserbündeln

$$h\colon R(M) \to S^2_{\boldsymbol{GL}(n,\boldsymbol{R})}(M)\,,$$

der für eine Karte (U, φ, n) wie oben die lokale Darstellung

$$(\varphi(x), \mathrm{V}) \to (\varphi(x), \mathrm{V}, -\Gamma_x \cdot (\mathrm{V}, \mathrm{V}))$$

besitzt. Man zeige, daß ${}^t h\Big(\sum_i \sigma^i \mathbf{e}_i\Big)$ die Verschmelzungsform und ${}^t h\Big(\sum_{i,j} \sigma^i_j \mathrm{E}_{ij}\Big)$ die 1-Zusammenhangsform des dem linearen Zusammenhang $\mathbf{C}$ entsprechenden Hauptzusammenhangs $\mathfrak{P}$ ist (Bezeichnungen aus Abschnitt 20.6, Aufgabe 19).

Ist H eine Liesche Untergruppe von $G^2(n)$, die $G^1(n) = \boldsymbol{GL}(n, \boldsymbol{R})$ enthält, so ist jede $\boldsymbol{GL}(n, \boldsymbol{R})$-Struktur zweiter Ordnung in genau einer H-Struktur zweiter Ordnung enthalten.

16. Die projektive Gruppe $\boldsymbol{PGL}\,(n+1, \boldsymbol{R})$ ist die Faktorgruppe $\boldsymbol{GL}\,(n+1, \boldsymbol{R})/Z$, wobei Z das aus den zentralen Homothetien mit einem von 0 verschiedenen Faktor bestehende Zentrum von $\boldsymbol{GL}\,(n+1, \boldsymbol{R})$ ist. Diese Gruppe operiert transitiv auf dem projektiven Raum $\boldsymbol{P}_n(\boldsymbol{R})$. Ist H_0 der Stabilisator des Punktes x_0 von $\boldsymbol{P}_n(\boldsymbol{R})$ mit den homogenen Koordinaten $(1, 0, \ldots, 0)$, so existieren eine Umgebung V des neutralen Elements von H_0 und eine Umgebung W von x_0 in $\boldsymbol{R}^n$ (der mit dem aus allen Punkten mit der ersten homogenen Koordinate 1 bestehenden Teilraum von $\boldsymbol{P}_n(\boldsymbol{R})$ identifiziert sei) derart, daß die Operation von V auf W in der Gestalt

$$((\mathrm{U}, \mathbf{b}^*), \mathbf{x}) \to (1 + \langle \mathbf{b}^*, \mathbf{x}\rangle)^{-1}\,(\mathrm{U}\cdot\mathbf{x}) \tag{1}$$

geschrieben werden kann, wobei V mit einer Umgebung von $(\mathrm{I}, 0)$ in $\boldsymbol{M}_n(\boldsymbol{R}) \times (\boldsymbol{R}^n)^*$ identifiziert wird.

Ordnet man der Abbildung (1) den Jet der Ordnung 2 im Punkt $((\mathrm{I}, 0), 0)$ zu, so definiert man einen Isomorphismus von H_0 auf die aus allen Paaren $(\mathrm{U}, \mathbf{B})$ bestehende Untergruppe H von $G^2(n)$; dabei ist $\mathbf{B}$ eine bilineare Abbildung von $\boldsymbol{R}^n \times \boldsymbol{R}^n$ in $\boldsymbol{R}^n$ der Gestalt $(\mathbf{h}, \mathbf{k}) \to \langle \mathbf{b}^*, \mathbf{h}\rangle\,\mathbf{k} + \langle \mathbf{b}^*, \mathbf{k}\rangle\,\mathbf{h}$ für eine Linearform $\mathbf{b}$ auf $\boldsymbol{R}^n$. In Abweichung von der üblichen Bezeichnungsweise nennen wir eine *H-Struktur zweiter Ordnung* auf M eine *projektive Struktur* auf der differenzierbaren Mannigfaltigkeit M (vgl. Aufgabe 15).

Aus Aufgabe 15 leite man her, daß auf jeder differenzierbaren Mannigfaltigkeit M projektive Strukturen existieren, genauer, daß jedem windungsfreien linearen Zusammenhang auf M eine wohldefinierte projektive Struktur auf M entspricht. Die zwei windungsfreien Zusammenhängen $\mathbf{C}$ und $\mathbf{C}'$ auf M entsprechenden projektiven Strukturen stimmen genau dann überein, wenn die Differenz $B = \mathbf{C} - \mathbf{C}'$ (vgl. (17.16.6)) ein bilinearer Morphismus ist, der für jedes $x \in M$ der Bedingung

$$B_x(\mathbf{h}, \mathbf{k}) = \langle \omega(x), \mathbf{h}\rangle\,\mathbf{k} + \langle \omega(x), \mathbf{k}\rangle\,\mathbf{h}$$

genügt, wobei ω eine 1-Differentialform der Klasse C^∞ auf M ist.

20.8. Allgemeines über pseudo-Riemannsche Mannigfaltigkeiten

20.8.1. Wir setzen in diesem Abschnitt voraus, M sei eine mit einer pseudo-Riemannschen Struktur der Signatur (p, q) (mit $p + q = n$) versehene reine n-dimensionale differenzierbare Mannigfaltigkeit. Wir sagen dazu auch, M sei eine *pseudo-Riemannsche Mannigfaltigkeit* der Signatur (p, q) bzw. im Fall $p = n$, $q = 0$ eine *Riemannsche Mannigfaltigkeit.* Das Feld $\boldsymbol{g}$ der kovarianten symmetrischen Tensoren, das die pseudo-Riemannsche Struktur von M definiert, wird die *pseudo-Riemannsche* (bzw. im Fall $p = n$ *Riemannsche*) *Metrik* von M genannt. Wir nennen eine *reell-analytische Mannigfaltigkeit* M, die mit einer pseudo-Riemannschen Metrik $\boldsymbol{g}$ versehen ist, eine *analytische Riemannsche Mannigfaltigkeit,* wenn $\boldsymbol{g}$ ein analytisches Tensorfeld ist; analog definieren wir den Begriff einer *holomorphen* (komplexen) Riemannschen Mannigfaltigkeit (hier hat aber der Begriff der Signatur offenbar keinen Sinn).

Für jeden lokalen Diffeomorphismus u einer reinen Mannigfaltigkeit M in eine mit einer pseudo-Riemannschen Metrik $\boldsymbol{g}_1$ versehene reine Mannigfaltigkeit M_1 ist das inverse Bild (vgl. (16.20.9)) ${}^t u(\boldsymbol{g}_1)$ eine pseudo-Riemannsche Metrik der gleichen Signatur auf M. Ist M mit einer pseudo-Riemannschen Metrik $\boldsymbol{g}$ versehen, so nennen wir u eine *lokale Isometrie* der pseudo-Riemannschen Mannigfaltigkeit M in die pseudo-Riemannsche Mannigfaltigkeit M_1, wenn ${}^t u(\boldsymbol{g}_1) = \boldsymbol{g}$ ist. Wir nennen u eine *Isometrie* von M_1 auf M, wenn u außerdem ein Diffeomorphismus von M auf M_1 ist. Wenn es eine Funktion $m(x) > 0$ auf M gibt derart, daß für jedes $x \in M$ die Beziehung ${}^t u(\boldsymbol{g}_1)(x) = m(x)\, \boldsymbol{g}(x)$ gilt, so nennen wir u eine *konforme Abbildung* von M in M_1.

Es seien M und M_1 zwei pseudo-Riemannsche Mannigfaltigkeiten, ferner $a \in M$ und $a_1 \in M_1$. Wir nennen M und M_1 *lokal isometrisch* in den Punkten a und a_1, wenn es eine offene Umgebung V von a, eine offene Umgebung V_1 von a_1 und eine Isometrie von V auf V_1 gibt, die a in a_1 überführt.

Ist M eine *Überlagerung* von M_1 und $\pi\colon M \to M_1$ die kanonische Projektion, so definieren wir für jede pseudo-Riemannsche Metrik $\boldsymbol{g}_1$ auf M_1 eine pseudo-Riemannsche Metrik $\boldsymbol{g} = {}^t\pi(\boldsymbol{g}_1)$ auf M, die sogenannte durch $\boldsymbol{g}_1$ *kanonisch induzierte* pseudo-Riemannsche Metrik; wir nennen dann die mit $\boldsymbol{g}$ versehene Mannigfaltigkeit M eine *pseudo-Riemannsche Überlagerung* von M_1 (eine *Riemannsche Überlagerung* im Fall $p = n$).

Ist speziell M die *universelle Überlagerung* von M_1, so handelt es sich, wenn von M als einer pseudo-Riemannschen Mannigfaltigkeit die Rede ist, stets um die durch die Metrik von M_1 kanonisch induzierte Metrik, falls nicht ausdrücklich etwas anderes gesagt wird. Sehen wir die Fundamentalgruppe $\pi_1(M_1)$ als von links auf M operierend an (vgl. (16.29.2)), so ist diese also eine Gruppe von *Isometrien* von M auf sich.

20.8.2. Es sei M eine pseudo-Riemannsche Mannigfaltigkeit und $\boldsymbol{g}$ ihre Metrik. Falls Verwechslungen ausgeschlossen sind, setzen wir für jedes Paar von Tangentialvektoren $\mathbf{h}_x$ und $\mathbf{k}_x$ aus $T_x(M)$

20.8.2.1. $(\mathbf{h}_x | \mathbf{k}_x)_{\boldsymbol{g}} = \langle \boldsymbol{g}(x), \mathbf{h}_x \otimes \mathbf{k}_x \rangle$, und nennen dies das *Skalarprodukt* (bezüglich $\boldsymbol{g}$) von $\mathbf{h}_x$ und $\mathbf{k}_x$; wir schreiben dafür auch einfach $(\mathbf{h}_x | \mathbf{k}_x)$. Ist die Metrik eine *Riemannsche,* so setzen wir

20.8.2.2. $\quad ||\mathbf{h}_x|| = (\mathbf{h}_x | \mathbf{h}_x)^{1/2}$

und nennen diese Zahl die *Länge* des Tangentialvektors $\mathbf{h}_x$.

Jeder Winkel φ mit $\cos\varphi = (\mathbf{h}_x | \mathbf{k}_x)/(||\mathbf{h}_x|| \cdot ||\mathbf{k}_x||)$ wird ein *Winkel* zwischen den Tangentialvektoren $\mathbf{h}_x$ und $\mathbf{k}_x$ genannt.

Für zwei Vektorfelder X und Y auf M wird die Funktion $x \to (\mathrm{X}(x) | \mathrm{Y}(x))$ mit $(\mathrm{X}|\mathrm{Y})$ bezeichnet (mit $||\mathrm{X}||^2$ im Fall $\mathrm{X} = \mathrm{Y}$); ein Vektorfeld X wird *Einheitsvektorfeld* genannt, wenn $||\mathrm{X}|| = 1$ ist.

20.8.2.3. Es sei $\mathfrak{R} = (\boldsymbol{e}_1, \boldsymbol{e}_2, \dots, \boldsymbol{e}_n)$ ein Repèrefeld auf M; wir setzen

$$g_{ij} = \langle \boldsymbol{g}, \boldsymbol{e}_i \otimes \boldsymbol{e}_j \rangle = \langle \Phi, \mathfrak{R}^{-1}\boldsymbol{e}_i \otimes \mathfrak{R}^{-1}\boldsymbol{e}_j \rangle ,$$

wobei Φ die symmetrische Bilinearform auf $\boldsymbol{R}^n$ ist, welche die pseudo-Riemannsche Struktur von M definiert (vgl. (20.7.6)). Bezeichnet $(\sigma_1(x), \dots, \sigma_n(x))$ für jedes $x \in M$ die zu $(\boldsymbol{e}_1(x), \dots, \boldsymbol{e}_n(x))$ in $T_x(M)^*$ duale Basis, so sind die σ_j die $\mathfrak{R}$ entsprechenden Verschmelzungsformen (vgl. (20.6.5)), und wir können

20.8.2.4. $\quad \boldsymbol{g} = \sum_{i,j} g_{ij}\sigma_i \otimes \sigma_j$

schreiben. Nimmt man speziell eine Karte (U, φ, n) von M und für $\mathfrak{R}$ das zu dieser Karte assoziierte Repère $(\mathrm{X}_i)_{1 \leqq i \leqq n}$ (vgl. (16.15.4)), so ist $\sigma_j = d\varphi^j$, also

20.8.2.5. $\quad \boldsymbol{g} = \sum_{i,j} g_{ij} d\varphi^i \otimes d\varphi^j .$

Umgekehrt definiert die Vorgabe einer Funktion $x \to (g_{ij}(x))$ der Klasse C^∞ auf U mit Werten im Raum der Matrizen, welche symmetrische Bilinearformen der Signatur $(p, n-p)$ definieren, nach (20.8.2.5) eine pseudo-Riemannsche Struktur auf U.

Zu jedem Punkt $x_0 \in M$ gibt es eine offene Umgebung U von x_0 und ein *Repèrefeld* $(\boldsymbol{e}_1, \dots, \boldsymbol{e}_n)$ (vgl. (20.6.5)) auf U, das die folgendenBedingungen erfüllt:

20.8.2.6.
$$\begin{cases} (\boldsymbol{e}_i(x) | \boldsymbol{e}_j(x)) = 0 & \text{für } \quad i \neq j , \\ (\boldsymbol{e}_i(x) | \boldsymbol{e}_i(x)) = \varepsilon_i & \text{mit } \quad \varepsilon_i = 1 \text{ für } 1 \leqq i \leqq p \\ & \text{und } \quad \varepsilon_i = -1 \text{ für } p+1 \leqq i \leqq p+q = n . \end{cases}$$

Es gibt nämlich n Vektoren $\boldsymbol{c}_i \in T_{x_0}(M)$, welche die Bedingungen (20.8.2.6) erfüllen. Daher gibt es n auf einer Umgebung U_0 von x_0 definierte Vektorfelder $\boldsymbol{a}_i$ der Klasse C^∞ mit $\boldsymbol{a}_i(x_0) = \boldsymbol{c}_i$ für $1 \leq i \leq n$ (vgl. (16.12.11)). Es gibt eine Umgebung $U_1 \subset U_0$ von x_0 derart, daß $(\boldsymbol{a}_1(x) | \boldsymbol{a}_1(x))$ auf U_1 das Vorzeichen von ε_1 hat; wir setzen $\boldsymbol{e}_1(x) = \boldsymbol{a}_1(x)/|(\boldsymbol{a}_1(x) | \boldsymbol{a}_1(x))|^{1/2}$, so daß $(\boldsymbol{e}_1(x) | \boldsymbol{e}_1(x)) = \varepsilon_1$ auf U_1 gilt. Nun schließen wir induktiv weiter und nehmen an, die $\boldsymbol{e}_i$ seien für $1 \leq i \leq k$ auf einer Umgebung $U_k \subset U_0$ von x_0 definiert, und zwar so, daß die Bedingungen (20.8.2.6) für $i \leq k$ und $j \leq k$ erfüllt sind und $\boldsymbol{e}_i(x_0) = \boldsymbol{c}_i$ für $i \leq k$ gilt. Wir bilden das Vektorfeld

$$\boldsymbol{b}_{k+1} = \boldsymbol{a}_{k+1} - \sum_{j=1}^{k} \varepsilon_j(\boldsymbol{a}_{k+1} | \boldsymbol{e}_j)\, \boldsymbol{e}_j$$

auf U_k. Dann ist $(\boldsymbol{b}_{k+1} | \boldsymbol{e}_j) = 0$ für $j \leqq k$ und $\boldsymbol{b}_{k+1}(x_0) = \boldsymbol{c}_{k+1}$. Es gibt daher eine Umgebung $U_{k+1} \subset U_k$ von x_0, auf der $\big(\boldsymbol{b}_{k+1}(x) | \boldsymbol{b}_{k+1}(x)\big)$ das Vorzeichen von ε_{k+1} hat. Setzen wir $\boldsymbol{e}_{k+1}(x) = \boldsymbol{b}_{k+1}(x)/|\big(\boldsymbol{b}_{k+1}(x) | \boldsymbol{b}_{k+1}(x)\big)|^{1/2}$, so können wir die Induktion weiterführen, und für $k = n$ erhalten wir das gewünschte Repèrefeld.

Die Formel (20.8.2.4) reduziert sich hier also auf

20.8.2.7. $$\boldsymbol{g} = \sum_i \varepsilon_i \sigma_i \otimes \sigma_i .$$

Ist M eine Riemannsche Mannigfaltigkeit, so daß $\varepsilon_i = 1$ für jedes i gilt, so nennen wir $(\boldsymbol{e}_1, \boldsymbol{e}_2, \ldots, \boldsymbol{e}_n)$ ein *orthonormales Repèrefeld.*

20.8.3. Dem kovarianten Tensor $\boldsymbol{g}(x)$ der Ordnung 2 entspricht in kanonischer Weise ein Isomorphismus G_x des Tangentialraumes $T_x(M)$ auf den dazu dualen Raum $T_x(M)^*$, für welchen

20.8.3.1. $$(\mathbf{h}_x \mid \mathbf{k}_x)_{\boldsymbol{g}} = \langle \mathrm{G}_x \cdot \mathbf{h}_x, \mathbf{k}_x \rangle$$

gilt. Man erkennt sofort, daß $G\colon \mathbf{h}_x \to \mathrm{G}_x \cdot \mathbf{h}_x$ ein *M-Isomorphismus* des Vektorbündels $T(M)$ auf das Vektorbündel $T(M)^*$ ist. Dieser und der dazu inverse Isomorphismus gestatten die Definition von Isomorphismen von *Tensorbündeln* über M. Ist $r \geqq 1$, $s \geqq 1$ und $1 \leqq i \leqq r$, $1 \leqq j \leqq s$, so wird durch

$$\begin{aligned} &G^i_j(\mathbf{h}^*_1 \otimes \mathbf{h}^*_2 \otimes \cdots \otimes \mathbf{h}^*_s \otimes \mathbf{k}_1 \otimes \cdots \otimes \mathbf{k}_r) \\ &= \mathbf{h}^*_1 \otimes \cdots \otimes \mathbf{h}^*_{j-1} \otimes (G \cdot \mathbf{k}_i) \otimes \cdots \otimes \mathbf{h}^*_s \otimes \mathbf{k}_1 \otimes \cdots \otimes \widehat{\mathbf{k}_i} \otimes \cdots \otimes \mathbf{k}_r \end{aligned}$$

ein Isomorphismus von $\mathbf{T}^r_s(M)$ auf $\mathbf{T}^{r-1}_{s+1}(M)$ definiert. Wir nennen G^i_j (bzw. $(G^i_j)^{-1}$) den Isomorphismus *des Senkens des i-ten kontravarianten Indexes an die j-te Stelle* (bzw. *des Hebens des j-ten kovarianten Indexes an die i-te Stelle*).

Diese Isomorphismen liefern kanonisch Isomorphismen für die Räume der entsprechenden Tensorfelder. Ist insbesondere f eine reellwertige Funktion der Klasse C^∞ auf M, so daß df eine Differentialform auf M ist, so ist $G^{-1} \cdot df$ ein *Vektorfeld* auf M, der sogenannte *Gradient* von f, in Zeichen grad (f). Daher gilt für jedes Vektorfeld X der Klasse C^∞ auf M

20.8.3.2. $$(\mathrm{grad}\,(f) | \mathrm{X}) = \langle df, \mathrm{X} \rangle = \theta_{\mathrm{X}} \cdot f .$$

20.8.4. Für jedes $x \in M$ entspricht der nichtausgearteten symmetrischen Bilinearform $\boldsymbol{g}(x)$ auf $T_x(M)$ in kanonischer Weise eine für $\mathbf{h}_i, \mathbf{k}_j \in T_x(M)$ durch

20.8.4.1. $$\langle \boldsymbol{g}_r(x), (\mathbf{h}_1 \wedge \cdots \wedge \mathbf{h}_r) \otimes (\mathbf{k}_1 \wedge \cdots \wedge \mathbf{k}_r) \rangle = \det\big((\mathbf{h}_i \mid \mathbf{k}_j)_{\boldsymbol{g}}\big)$$

definierte nichtausgeartete symmetrische Bilinearform $\boldsymbol{g}_r(x)$ auf dem Raum der r-Tangentialvektoren $\bigwedge^r T_x(M)$. Sie ist positiv, falls $\boldsymbol{g}(x)$ positiv ist; in diesem Fall setzen wir

20.8.4.2. $$\|\mathbf{h}_1 \wedge \mathbf{h}_2 \wedge \cdots \wedge \mathbf{h}_r\| = \big(\det\,(\mathbf{h}_i | \mathbf{h}_j)\big)^{1/2}$$

und nennen diese streng positive Zahl den *r-dimensionalen Flächeninhalt* (im Fall $r = 2$ einfach „Flächeninhalt“) des r-Tangentialvektors $\mathbf{h}_1 \wedge \mathbf{h}_2 \wedge \cdots \wedge \mathbf{h}_r$.

Wir bemerken, daß $\bigwedge^r G^{-1}$ ein Isomorphismus von $\bigwedge^r T(M)^*$ auf $\bigwedge^r T(M)$ ist. Für jedes x erhalten wir daher aus der Form $\boldsymbol{g}_r(x)$ auf $\bigwedge^r T_x(M)$ eine nichtausgeartete symmetrische Bilinearform $\boldsymbol{g}_r^*(x)$ auf dem Raum der r-Kotangentialvektoren $\bigwedge^r T_x(M)^*$, indem wir für je zwei r-Differentialformen α und β auf M

20.8.4.3. $$\boldsymbol{g}_r^*(\alpha, \beta) = \boldsymbol{g}_r\Big(\Big(\bigwedge^r G^{-1}\Big) \cdot \alpha, \Big(\bigwedge^r G^{-1}\Big) \cdot \beta\Big)$$

setzen. Die Form $\boldsymbol{g}_r^*(x)$ ist positiv, falls $\boldsymbol{g}(x)$ positiv ist.

20.8.5. Für $r = n$ wird der n-dimensionale Flächeninhalt auch *Volumen* eines n-Tangentialvektors in x auf einer *Riemannschen* Mannigfaltigkeit genannt; bezeichnen wir ihn mit

$$V_x(\mathbf{h}_1 \wedge \mathbf{h}_2 \wedge \cdots \wedge \mathbf{h}_n),$$

so ist also

$$V_x\big(\lambda(\mathbf{h}_1 \wedge \mathbf{h}_2 \wedge \cdots \wedge \mathbf{h}_n)\big) = |\lambda|\, V_x\big(\mathbf{h}_1 \wedge \mathbf{h}_2 \wedge \cdots \wedge \mathbf{h}_n\big)$$

für jedes $\lambda \in \boldsymbol{R}$. Daraus wollen wir jetzt die Existenz eines *positiven Lebesgueschen Maßes* (vgl. Abschnitt 16.22) auf M herleiten, das kanonisch der *Riemannschen* Struktur von M zugeordnet ist und *Riemannsches Volumen* auf M genannt wird; wir bezeichnen es mit $v_{\boldsymbol{g}}$ oder v oder $\mathrm{vol}_{\boldsymbol{g}}$ oder vol (man nennt es „Länge" im Fall $n = 1$, „Flächeninhalt" im Fall $n = 2$).

Es genügt offenbar (vgl. (13.1.9)), dieses Maß auf dem Definitionsbereich einer beliebigen *Karte* (U, φ, n) von M zu definieren und zu zeigen, daß es nicht von der Wahl der Karte abhängt. Es sei also f eine Funktion aus $\mathcal{K}(U)$; ihre lokale Darstellung $f \circ \varphi^{-1}$ ist eine zu $\mathcal{K}\big(\varphi(U)\big)$ gehörende Funktion. Die lokale Darstellung der Riemannschen Metrik $\boldsymbol{g}$ ist $x \to (x, \Phi_x)$, wobei $x \to \Phi_x$ eine Abbildung der Klasse C^∞ von $\varphi(U)$ in den Raum $\mathcal{H}_{n,0}(\boldsymbol{R}^n)$ der positiv definiten nichtausgearteten symmetrischen Bilinearformen auf $\boldsymbol{R}^n$ ist (vgl. (16.11.1)). Nach Definition (20.8.4) ist $V_x(\mathbf{e}_1 \wedge \mathbf{e}_2 \wedge \cdots \wedge \mathbf{e}_n)$ nichts anderes als $\sqrt{g(x)}$, wobei $g(x) > 0$ die *Diskrimante* der Form Φ_x bezüglich der kanonischen Basis des $\boldsymbol{R}^n$ ist. Diese Funktion gehört auf $\varphi(U)$ der Klasse C^∞ an; daher ist die Linearform

20.8.5.1. $$f \to \int_{\varphi(U)} f\big(\varphi^{-1}(x)\big) \sqrt{g(x)}\, d\lambda(x)$$

(λ das Lebesguesche Maß) ein *positives* Lebesguesches *Maß* auf U. Wir betrachten jetzt eine zweite Karte (U, ψ, n) mit dem gleichen Definitionsbereich; ferner sei $u = \varphi \circ \psi^{-1}\colon \psi(U) \to \varphi(U)$ der Übergangsdiffeomorphismus. Die lokale Darstellung von $\boldsymbol{g}$ für diese zweite Karte ist $x \to (x, \Psi_x)$, wobei die Form Ψ_x durch

$$\Psi_x(\mathbf{h}, \mathbf{k}) = \Phi_{u(x)}\big(Du(x) \cdot \mathbf{h}, Du(x) \cdot \mathbf{k}\big)$$

für jedes $x \in \psi(U)$ gegeben ist. Ist $J(x)$ die *Funktionaldeterminante* von u im Punkt x (vgl. Abschnitt 8.10), so ist die Diskriminante $g_1(x)$ von Ψ_x daher durch

$$g_1(x) = J^2(x)\, g\big(u(x)\big)$$

gegeben. Da das der Karte (U, ψ, n) entsprechende Maß auf U durch

$$f \to \int_{\psi(U)} f(\psi^{-1}(x)) \sqrt{g_1(x)}\, d\lambda(x)$$

gegeben ist und sich dieses Integral in der Gestalt

$$\int_{\psi(U)} f(\varphi^{-1}(u(x)))\, |J(x)| \sqrt{g(u(x))}\, d\lambda(x)$$

schreiben läßt, stimmt es aufgrund der Formel für die Variablentransformation (vgl. (16.22.1)) tatsächlich mit der rechten Seite von (20.8.5.1) überein.

20.8.6. Nun nehmen wir überdies an, die Riemannsche Mannigfaltigkeit M sei *orientiert*; v_0 sei eine n-Differentialform auf M, die zur Orientierung von M gehört (vgl. (16.21.2)). Dann können wir $\boldsymbol{g}$ eine *positive n-Form* $v_{\boldsymbol{g}}$ auf M zuordnen derart, daß

20.8.6.1. $|\langle v_{\boldsymbol{g}}(x), \mathbf{h}_1 \wedge \mathbf{h}_2 \wedge \cdots \wedge \mathbf{h}_n \rangle| = V_x(\mathbf{h}_1 \wedge \mathbf{h}_2 \wedge \cdots \wedge \mathbf{h}_n)$

gilt. Ist nämlich für eine Karte (U, φ, n) von M die lokale Darstellung von v_0 durch

$$v_0(\varphi^{-1}(x)) = w(\xi^1, \xi^2, \ldots, \xi^n)\, d\xi^1 \wedge d\xi^2 \wedge \cdots \wedge d\xi^n$$

gegeben, so setzen wir

20.8.6.2. $v_{\boldsymbol{g}}(\varphi^{-1}(x)) = \pm \sqrt{g(x)}\, d\xi^1 \wedge d\xi^2 \wedge \cdots \wedge d\xi^n$,

wobei das Vorzeichen mit dem der Funktion w übereinstimmt. Diese Form hängt offenbar nicht von der Wahl der lokalen Darstellung ab. Wir nennen $v_{\boldsymbol{g}}$ (das wir auch mit v bezeichnen) die *kanonische Volumenform* auf der orientierten Riemannschen Mannigfaltigkeit M. Für jede $v_{\boldsymbol{g}}$-integrierbare Funktion f auf M können wir dann

20.8.6.3. $\int f\, dv_{\boldsymbol{g}} = \int f v_{\boldsymbol{g}}$

schreiben. Betrachten wir auf einer offenen Menge U von M ein positiv orientiertes orthonormales Repèrefeld $\mathfrak{R} = (\boldsymbol{e}_1, \boldsymbol{e}_2, \ldots, \boldsymbol{e}_n)$ (vgl. (20.8.2)) und sind σ_j $(1 \leqq j \leqq n)$ die entsprechenden Verschmelzungsformen, so wird die Form $v_{\boldsymbol{g}}$ auf U durch

20.8.6.4. $v_{\boldsymbol{g}} = \sigma_1 \wedge \sigma_2 \wedge \cdots \wedge \sigma_n$

gegeben. Man braucht nämlich nur in jedem Punkt x von U eine Karte zu betrachten, für welche die lokale Darstellung der Kovektoren $\sigma_j(x)$ mit den Werten der $d\xi^j$ in dem x entsprechenden Punkt übereinstimmt; die Formel (20.8.6.4) ergibt sich dann aus (20.8.6.2) und der Tatsache, daß die Diskriminante von $\boldsymbol{g}(x)$ bezüglich der Basis $(\boldsymbol{e}_j(x))$ gleich 1 ist.

20.8.7. Es sei M eine orientierte n-dimensionale Riemannsche Mannigfaltigkeit und v die kanonische Volumenform auf M. Aus Resultaten über die äußere Algebra wissen wir, daß es zu jeder r-Differentialform α auf M eine mit $*\alpha$ bezeichnete $(n-r)$-Differentialform auf M gibt, welche der Relation

20.8.7.1. $\beta \wedge (*\alpha) = \boldsymbol{g}_r^*(\alpha, \beta)\, v$

für jede r-Differentialform β genügt (vgl. (A.15.3)). Wir nennen $*\alpha$ die *Adjungierte* der Form α. Nach den Regeln der multilinearen Algebra ergeben sich ferner die Beziehungen

20.8.7.2. $\quad * 1 = v\,,$

20.8.7.3. $\quad *(*\alpha) = (-1)^{r(n-r)}\alpha\,,$

20.8.7.4. $\quad \boldsymbol{g}_r^*(\alpha, \beta) = \boldsymbol{g}_{n-r}^*(*\alpha, *\beta)\,.$

Aufgaben

1. Es seien M_1 und M_2 zwei pseudo-Riemannsche Mannigfaltigkeiten, $\boldsymbol{g}_1$ bzw. $\boldsymbol{g}_2$ ihre Metriken. Man zeige: Auf der Produktmannigfaltigkeit $M = M_1 \times M_2$ ist $\boldsymbol{g} = {}^t\mathrm{pr}_1(\boldsymbol{g}_1) + {}^t\mathrm{pr}_2(\boldsymbol{g}_2)$, wenn (p_j, q_j) die Signatur von $\boldsymbol{g}_j$ $(j = 1, 2)$ bezeichnet, eine pseudo-Riemannsche Metrik mit der Signatur $(p_1 + p_2, q_1 + q_2)$; wir nennen diese Metrik das *Produkt* von $\boldsymbol{g}_1$ und $\boldsymbol{g}_2$; die mit dieser Metrik versehene Mannigfaltigkeit M wird *Produkt der pseudo-Riemannschen Mannigfaltigkeiten* M_1 und M_2 genannt. Für jeden Punkt $(x_1, x_2) \in M_1 \times M_2$ sind die Tangentialräume der Untermannigfaltigkeiten $M_1 \times \{x_2\}$ und $\{x_1\} \times M_2$ vollständig orthogonal. Sind M_1 und M_2 Riemannsche Mannigfaltigkeiten, so gilt für das Riemannsche Volumen die Beziehung $v_{\boldsymbol{g}} = v_{\boldsymbol{g}_1} \otimes v_{\boldsymbol{g}_2}$. Ist N_1 (bzw. N_2) eine pseudo-Riemannsche Überlagerung von M_1 (bzw. M_2), so ist das Produkt $N_1 \times N_2$ eine pseudo-Riemannsche Überlagerung von $M_1 \times M_2$.

2. Es sei M eine kompakte Riemannsche Mannigfaltigkeit, N eine Riemannsche Überlagerung von M mit einer endlichen Anzahl k von Blättern. Man zeige, daß das Volumen von N gleich dem k-fachen des Volumens von M ist.

3. Es sei M eine pseudo-Riemannsche Mannigfaltigkeit, $(\mathbf{h} \,|\, \mathbf{k})$ das entsprechende Skalarprodukt auf $T(M)$; wir setzen $E(\mathbf{h}) = (\mathbf{h} \,|\, \mathbf{h})$.

a) Man zeige, daß für jeden Vektor $\mathbf{h} \in T(M)$ und jeden *vertikalen* Tangentialvektor $\mathbf{v} \in T_{\mathbf{h}}(T(M))$ die Beziehung

$$\theta_{\mathbf{v}} \cdot E = ((\mathbf{h} \,|\, \tau_{\mathbf{h}}(\mathbf{v}))$$

gilt.

b) In den Bezeichnungen von (20.8.3) bezeichne α_M oder α die 1-Differentialform ${}^tG(\kappa_M)$, wobei κ_M die kanonische 1-Form auf $T(M)^*$ ist (vgl. (16.20.6)). Man zeige, daß für jeden Vektor $\mathbf{h} \in T(M)$ und jeden Tangentialvektor $\mathbf{k}_{\mathbf{h}} \in T_{\mathbf{h}}(T(M))$ die Beziehung

$$\langle \alpha(\mathbf{h}), \mathbf{k}_{\mathbf{h}} \rangle = (\mathbf{h} \,|\, T(o_M) \cdot \mathbf{k}_{\mathbf{h}})$$

erfüllt ist.

c) Man zeige, daß die 2-Differentialform $d\alpha$ auf $T(M)$ nichtausgeartet ist. Für jeden Vektor $\mathbf{h} \in T(M)$ und jedes Paar von Vektoren $\mathbf{k}_{\mathbf{h}}$ und $\mathbf{v}_{\mathbf{h}}$ aus $T_{\mathbf{h}}(T(M))$, von denen $\mathbf{v}_{\mathbf{h}}$ vertikal ist, gilt

$$\langle d\alpha(\mathbf{h}), \mathbf{k}_{\mathbf{h}} \wedge \mathbf{v}_{\mathbf{h}} \rangle = -\,(T(o_M) \cdot \mathbf{k} \,|\, \tau_{\mathbf{h}}(\mathbf{v}_{\mathbf{h}}))\,.$$

d) Man zeige: Wählt man ein Repèrefeld, das den Bedingungen (20.8.2.6) genügt, und bezeichnet $\tilde{\sigma}_i$ die *Funktion* $\mathbf{h}_x \to \langle \sigma_i(x), \mathbf{h}_x \rangle$ auf $T(M)$, so ist

$$\alpha = \sum_i \varepsilon_i \tilde{\sigma}_i \cdot ({}^tT(o_M)\,(\sigma_i)) .$$

Setzt man zur Abkürzung $\sigma_i^* = {}^tT(o_M)\,(\sigma_i)$, so bilden die Formen $d\tilde{\sigma}_i$ und σ_i^* $(1 \leqq i \leqq n)$ eine Basis des Moduls der 1-Differentialformen auf $T(U)$ (wobei U die offene Menge ist, auf der das betrachtete Repèrefeld definiert ist), und es gilt

$$d\alpha = \sum_i \varepsilon_i (d\tilde{\sigma}_i) \wedge \sigma_i^* + \sum_i \varepsilon_i \tilde{\sigma}_i \cdot (d\sigma_i^*) .$$

4. a) Es sei M eine reine n-dimensionale Mannigfaltigkeit, $f\colon M \to \boldsymbol{R}$ eine Submersion. Man setze voraus, M sei mit der Struktur einer Riemannschen Mannigfaltigkeit versehen (vgl. (20.7.13)); für jedes $t \in \boldsymbol{R}$ ist $f^{-1}(t)$ eine Untermannigfaltigkeit von M der Dimension $n - 1$; für jedes $x \in f^{-1}(t)$ bezeichne $\mathrm{X}(x)$ den Tangentialvektor von M, der in $T_x(M)$ zum Tangentialteilraum $\operatorname{Ker}(T_x(f))$ von $f^{-1}(t)$ orthogonal ist und für den $T_x(f) \cdot \mathrm{X}(x) = \mathrm{E}(t)$ gilt (Bezeichnung von Abschnitt 18.1). Man zeige: Ist f *eigentlich* (vgl. (17.3.7)), so sind die Integralkurven des Feldes X auf ganz $\boldsymbol{R}$ definiert (man benutze (18.2.10)). Daraus leite man her, daß für jedes $t \in \boldsymbol{R}$ die Abbildung $x \to F_{\mathrm{X}}(x, t)$ ein Diffeomorphismus von $f^{-1}(0)$ auf $f^{-1}(t)$ ist.

b) Aus a) leite man her: Ist $f\colon X \to Y$ eine *eigentliche Submersion* und Y zusammenhängend, so ist (X, Y, f) eine *Faserung* (vgl. (16.12.1)) (Satz von Ehresmann). (Man benutze vollständige Induktion nach $\dim Y$.)

c) Man zeige: Jede Submersion $f\colon X \to Y$, für die jede Faser $f^{-1}(y)$ *kompakt* und *zusammenhängend* ist, ist eigentlich (also eine Faserung, wenn Y zusammenhängend ist). (Man zeige indirekt, daß zu jeder kompakten Umgebung V von $f^{-1}(y_0)$ in X eine Umgebung W von y_0 in Y existiert derart, daß $f^{-1}(W) \subset V$ ist, indem man die Durchschnitte der Fasern $f^{-1}(y)$ für $y \in W$ und des Randes von V in X betrachtet.)

5. Es seien M eine differenzierbare Mannigfaltigkeit, f eine reellwertige Funktion der Klasse C^∞ auf M und $a < b$ zwei reelle Zahlen. Wir setzen voraus, das Urbild $f^{-1}([a, b])$ sei kompakt und enthalte keinen kritischen Punkt von f. Man versehe M mit einer Struktur einer Riemannschen Mannigfaltigkeit; die Voraussetzung über f bedeutet, daß $(\operatorname{grad} f)(x)$ für $x \in f^{-1}([a, b])$ von Null verschieden ist. Dann existiert ein Vektorfeld X der Klasse C^∞ auf M mit kompaktem Träger derart, daß X gleich $\varrho \cdot \operatorname{grad}(f)$ ist, wobei ϱ eine solche positive Funktion der Klasse C^∞ ist, daß $\|\mathrm{X}\| \leqq 1$ auf M und $\|\mathrm{X}\| = 1$ auf $f^{-1}([a, b])$ gilt. Setzt man dann $h_t(x) = F_{\mathrm{X}}(x, t)$, so bilden die h_t eine einparametrige Gruppe von Diffeomorphismen von M (vgl. (18.2.11)). Man zeige: Bezeichnet man für jedes $t \in \boldsymbol{R}$ mit M_t die offene Teilmenge der $x \in M$ mit $f(x) < t$, so ist h_{d-c} für $a < c < d < b$ ein Diffeomorphismus von M_c auf M_d. (Man betrachte die reellwertige Funktion $t \to f(h_t(x))$.) Daraus leite man her, daß eine Isotopie der Klasse C^∞ (vgl. (16.26.7)) der identischen Abbildung von M_c auf h_{d-c} existiert.

6. Es sei M eine *kompakte* reine n-dimensionale differenzierbare Mannigfaltigkeit, f eine reellwertige Funktion der Klasse C^∞ auf M, die genau *zwei* kritische Punkte in M hat, welche beide nichtausgeartet seien (vgl. Abschnitt 16.5, Aufgabe 4). Man zeige, daß M zu $\mathbf{S}_n$ homöomorph ist (Satz von Reeb). (Die beiden kritischen Punkte sind einmal der Punkt, in dem f sein Minimum a annimmt, und zum anderen der Punkt, in dem f sein Maximum b annimmt, und es gilt $a < b$. Unter Verwendung von Abschnitt 16.5, Aufgabe 4, zeige man, daß M_c (Bezeichnung aus Aufgabe 5) für $a < c < b$ und zu a hinreichend benachbarte c zu $\boldsymbol{R}^n$ homöomorph ist; dann schließe man mit Hilfe von Aufgabe 5 und des Satzes von Morton Brown (vgl. Abschnitt 16.2, Aufgabe 5) weiter.)

20.9. Der Levi-Civita-Zusammenhang

20.9.1. Auf einer reinen n-dimensionalen differenzierbaren Mannigfaltigkeit M sei eine pseudo-Riemannsche Metrik $\boldsymbol{g}$ der Signatur (p, q) gegeben. Ferner sei Φ eine nichtausgeartete symmetrische Bilinearform der Signatur (p, q) auf $\boldsymbol{R}^n$ und $\boldsymbol{O}(\Phi) = G$ die Untergruppe von $\boldsymbol{GL}(n, \boldsymbol{R})$, die Φ invariant läßt; wir erinnern daran, daß dies eine Liesche Gruppe *der Dimension* $n(n-1)/2$ ist (vgl. (16.11.1)). Setzen wir $(\mathbf{u} \mid \mathbf{v}) = \Phi(\mathbf{u}, \mathbf{v})$, so gilt $(\mathbf{v} \mid \mathbf{u}) = (\mathbf{u} \mid \mathbf{v})$, und die Liesche Algebra $\mathfrak{g}_e$ von G ist die Menge der Endomorphismen S von $\boldsymbol{R}^n$, für welche

20.9.1.1. $(\mathrm{S} \cdot \mathbf{u} \mid \mathbf{v}) + (\mathbf{u} \mid \mathrm{S} \cdot \mathbf{v}) = 0$

identisch für $\mathbf{u}, \mathbf{v} \in \boldsymbol{R}^n$ erfüllt ist (vgl. (19.4.3.2)). In (20.7.6) haben wir gesehen, daß der pseudo-Riemannschen Metrik $\boldsymbol{g}$ in kanonischer Weise ein Hauptfaserbündel $S_G(M)$ mit der Gruppe G und der Basis M entspricht. Wir stellen uns die Aufgabe, *alle Hauptzusammenhänge auf* $S_G(M)$ *zu bestimmen.* Zu diesem Zweck beweisen wir zunächst zwei Hilfssätze.

20.9.2. *Es sei* T *eine lineare Abbildung von* $\boldsymbol{R}^n$ *in* $\mathfrak{g}_e \subset \mathrm{End}\,(\boldsymbol{R}^n)$ *derart, daß für je zwei Vektoren* $\mathbf{u}, \mathbf{v} \in \boldsymbol{R}^n$ *die Beziehung*

20.9.2.1. $(\mathrm{T} \cdot \mathbf{u}) \cdot \mathbf{v} = (\mathrm{T} \cdot \mathbf{v}) \cdot \mathbf{u}$

erfüllt ist. Dann gilt $\mathrm{T} = 0$.

Wir berechnen $((\mathrm{T} \cdot \mathbf{u}) \cdot \mathbf{v} \mid \mathbf{w})$ für einen beliebigen Vektor $\mathbf{w} \in \boldsymbol{R}^n$. Aufgrund der Symmetrie von $(\mathbf{u} \mid \mathbf{v})$, nach (20.9.2.1) und der Relation (20.9.1.1), worin wir S durch das Bild jedes Vektors aus $\boldsymbol{R}^n$ vermöge T ersetzen können, gilt

$$\begin{aligned}((\mathrm{T} \cdot \mathbf{u}) \cdot \mathbf{v} \mid \mathbf{w}) &= ((\mathrm{T} \cdot \mathbf{v}) \cdot \mathbf{u} \mid \mathbf{w}) = -\,(\mathbf{u} \mid (\mathrm{T} \cdot \mathbf{v}) \cdot \mathbf{w})\\ &= -\,(\mathbf{u} \mid (\mathrm{T} \cdot \mathbf{w}) \cdot \mathbf{v}) = ((\mathrm{T} \cdot \mathbf{w}) \cdot \mathbf{u} \mid \mathbf{v})\\ &= ((\mathrm{T} \cdot \mathbf{u}) \cdot \mathbf{w} \mid \mathbf{v}) = (\mathbf{v} \mid (\mathrm{T} \cdot \mathbf{u}) \cdot \mathbf{w})\\ &= -\,((\mathrm{T} \cdot \mathbf{u}) \cdot \mathbf{v} \mid \mathbf{w});\end{aligned}$$

daher ist $((\mathrm{T} \cdot \mathbf{u}) \cdot \mathbf{v} \mid \mathbf{w}) = 0$. Da Φ nichtausgeartet ist, folgt hieraus $(\mathrm{T} \cdot \mathbf{u}) \cdot \mathbf{v} = 0$ für beliebige $\mathbf{u}$ und $\mathbf{v}$, also $\mathrm{T} = 0$.

20.9.3. *Es sei* $\boldsymbol{\sigma}$ *die Verschmelzungsform auf* $S_G(M)$ (vgl. (20.6.2)). *In den Bezeichnungen von* (20.6.3) *ist*

20.9.3.1. $\tilde{\omega} \to \tilde{\omega} \wedge \sigma$

eine bijektive Abbildung des Vektorraumes der horizontalen und (bezüglich der Operation $(s, \mathbf{u}) \to \mathrm{Ad}\,(s^{-1}) \cdot \mathbf{u}$ von G auf $\mathfrak{g}_e$) *invarianten vektoriellen* 1-*Formen* $\tilde{\omega}$ *auf* $S_G(M)$ *mit Werten in* $\mathfrak{g}_e$ *auf den Vektorraum der horizontalen und invarianten vektoriellen* 2-*Formen auf* $S_G(M)$ *mit Werten in* $\boldsymbol{R}^n$.

Es sei $r \in S_G(M)$ und H ein zum Teilraum der vertikalen Vektoren im Tangentialraum $T_r(S_G(M))$ komplementärer Teilraum; ist $\tilde{\omega}$ horizontal, so ist offenbar auch $\tilde{\omega} \wedge \sigma$ horizontal, und die Werte von $\tilde{\omega} \wedge \sigma$ in $\bigwedge^2 \big(T_r(S_G(M))\big)$ sind vollständig bestimmt durch die Werte von $\tilde{\omega} \wedge \sigma$ für die Bivektoren $\mathbf{u} \wedge \mathbf{v}$, wobei $\mathbf{u}$ und $\mathbf{v}$ *aus* H sind, d. h.

$$(\tilde{\omega} \wedge \sigma)(r) \cdot (\mathbf{u} \wedge \mathbf{v}) = \big(\tilde{\omega}(r) \cdot \mathbf{u}\big) \cdot \big(\sigma(r) \cdot \mathbf{v}\big) - \big(\tilde{\omega}(r) \cdot \mathbf{v}\big) \cdot \big(\sigma(r) \cdot \mathbf{u}\big) .$$

Nun ist $\sigma(r)$ eine *bijektive Abbildung* von H auf $\boldsymbol{R}^n$. Setzt man $\mathrm{T} = \tilde{\omega}(r) \circ \big(\sigma(r)\big)^{-1}$ so erkennt man, daß die Aussage, es sei $(\tilde{\omega} \wedge \sigma)(r) = 0$, bedeutet, daß die lineare Abbildung T von $\boldsymbol{R}^n$ in $\mathfrak{g}_e$ die Relation (20.9.2.1) erfüllt; somit gilt $\mathrm{T} = 0$ $\big($nach (20.9.2)$\big)$, also $\tilde{\omega}(r) = 0$. Damit ist bewiesen, daß die Abbildung (20.9.3.1) *injektiv* ist. Außerdem ist der Vektorraum $V(r)$ der $\tilde{\omega}(r)$ (für festes r) isomorph zu $\mathrm{Hom}_{\boldsymbol{R}}(H, \mathfrak{g}_e)$, hat also die Dimension $n^2(n-1)/2$. Entsprechend ist der Vektorraum $W(r)$ der $\Xi(r)$, wobei Ξ den Raum der horizontalen vektoriellen 2-Formen mit Werten in $\boldsymbol{R}^n$ durchläuft, isomorph zu $\mathrm{Hom}_{\boldsymbol{R}}\big(\bigwedge^2 H, \boldsymbol{R}^n\big)$, hat also die Dimension $n^2(n-1)/2$. Nach (A.4.19) ist daher für jedes $r \in S_G(M)$ die Abbildung $\tilde{\omega}(r) \to (\tilde{\omega} \wedge \sigma)(r)$ eine *bijektive Abbildung* von $V(r)$ auf $W(r)$. Die Koordinaten der Lösung $\tilde{\omega}(r)$ von $(\tilde{\omega} \wedge \sigma)(r) = \Xi(r)$ bezüglich einer Basis von $V(r)$ werden durch die Cramerschen Formeln gegeben; hieraus folgt, daß für jede horizontale vektorielle 2-Form Ξ der Klasse C^∞ auf $S_G(M)$ mit Werten in $\boldsymbol{R}^n$ die eindeutig bestimmte horizontale 1-Form $\tilde{\omega}$ auf $S_G(M)$ mit Werten in $\mathfrak{g}_e$, welche der Gleichung $\tilde{\omega} \wedge \sigma = \Xi$ genügt, der Klasse C^∞ angehört. Schließlich ist (aufgrund der Eindeutigkeit der Lösung und der Invarianz von σ) offenbar Ξ genau dann invariant, wenn $\tilde{\omega}$ invariant ist.

20.9.4. (Levi-Civita). *Die Abbildung, die jedem Hauptzusammenhang auf $S_G(M)$ seine Windungsform zuordnet, ist eine bijektive Abbildung der Menge der Hauptzusammenhänge auf die Menge der horizontalen und invarianten vektoriellen 2-Formen auf $S_G(M)$ mit Werten in $\boldsymbol{R}^n$. Insbesondere gibt es genau einen windungsfreien Hauptzusammenhang auf $S_G(M)$.*

Wir nehmen zunächst an, M sei parallelisierbar, so daß wir nach (20.7.11) wissen, daß es mindestens einen Hauptzusammenhang auf $S_G(M)$ gibt; es sei ω seine Zusammenhangsform. Jeder andere Hauptzusammenhang auf $S_G(M)$ hat eine Zusammenhangsform, die sich eindeutig in der Gestalt $\omega + \tilde{\omega}$ schreiben läßt, wobei $\tilde{\omega}$ eine vektorielle 1-Form auf $S_G(M)$ ist, die *horizontal* $\big($aufgrund von (20.2.5.2)$\big)$ und invariant bezüglich G ist. Sind Θ und $\Theta + \Xi$ die Windungsformen dieser beiden Zusammenhänge, so folgt aus der Strukturgleichung (20.6.3.3), daß $\Xi = \tilde{\omega} \wedge \sigma$ ist. Da umgekehrt für jede horizontale und invariante 1-Form $\tilde{\omega}$ aus (20.2.5) folgt, daß $\omega + \tilde{\omega}$ eine Zusammenhangsform auf $S_G(M)$ ist, und da die Windungsformen horizontal und invariant sind, ergibt sich die behauptete umkehrbar eindeutige Zuordnung in diesem Fall aus (20.9.3). Insbesondere gibt es genau eine horizontale und invariante 1-Form $\tilde{\omega}$ derart, daß $\Theta + \Xi = 0$ ist. Nun gehen wir zum allgemeinen Fall über: Wir überdecken M durch eine Familie offener Mengen U_α, welche Definitionsbereiche von Karten von M sind, und definieren so einen eindeutig bestimmten windungsfreien Hauptzusammenhang auf jeder der offenen Mengen $\pi^{-1}(U_\alpha)$ $\big($dabei ist π die Projektion von $S_G(M)\big)$, und aufgrund der Eindeutigkeit stimmen für je zwei Indizes α und β die beiden auf $\pi^{-1}(U_\alpha) \cap \pi^{-1}(U_\beta)$ durch die Zusammenhänge von $\pi^{-1}(U_\alpha)$ und $\pi^{-1}(U_\beta)$ induzierten Zusammenhänge überein. Wir haben damit auf ganz $S_G(M)$ einen windungsfreien Hauptzusammenhang definiert. Die gleiche Überlegung wie zu Beginn des Beweises, die wir jetzt auf die entsprechende Zusammenhangsform auf $S_G(M)$ anwenden, liefert den Beweis der Behauptung.

Wir nennen den so auf $S_G(M)$ definierten windungsfreien Hauptzusammenhang den der pseudo-Riemannschen Metrik $\boldsymbol{g}$ entsprechenden *Levi-Civita-(Haupt)-Zusammenhang* auf $S_G(M)$. Der kanonisch daraus hergeleitete lineare *G-Zusammenhang* auf M (vgl. (20.7.3)) wird der $\boldsymbol{g}$ entsprechende (*lineare*) *Levi-Civita-Zusammenhang* auf M genannt. Wenn im Rest dieses Kapitels von einem Zusammenhang auf einer pseudo-Riemannschen Mannigfaltigkeit die Rede ist, *so ist stets der Levi-Civita-Zusammenhang gemeint*, falls nicht ausdrücklich etwas anderes gesagt wird. Insbesondere ist eine *Geodätische* (bzw. eine *geodätische Trajektorie*, ein *Geodätischenbogen*) *einer pseudo-Riemannschen Mannigfaltigkeit* stets eine Geodätische (bzw. eine geodätische Trajektorie, ein Geodätischenbogen) bezüglich des Levi-Civita-Zusammenhangs.

Schließlich ergibt sich die folgende *Charakterisierung* der G-Zusammenhänge auf M:

20.9.5. *Ein linearer Zusammenhang auf einer pseudo-Riemannschen Mannigfaltigkeit M mit der Metrik* $\boldsymbol{g}$ *ist genau dann ein G-Zusammenhang, wenn*

20.9.5.1. $\nabla \boldsymbol{g} = 0$

erfüllt ist.

Es sei also $r_x \in S_G(M) \subset R(M)$; auf einer Umgebung V von r_x *in* $R(M)$ kann man $\boldsymbol{g}(y) = \mathbf{T}_2^0(r_y) \cdot \Psi(r_y)$ setzen, wobei Ψ eine Abbildung der Klasse C^∞ von V in den Raum $\mathcal{H}_{p,q}(\boldsymbol{R}^n)$ der symmetrischen Bilinearformen der Signatur (p, q) ist. Dann bedeutet $r_y \in S_G(M)$ nach Definition (vgl. (20.7.6)), daß $\Psi(r_y) = \Phi$ gilt; mit anderen Worten, Ψ ist auf der Umgebung $V \cap S_G(M)$ *konstant*. Ist H der Teilraum der horizontalen Vektoren im Punkt r_x bezüglich eines Hauptzusammenhangs *auf* $S_G(M)$, so ist also $\theta_{\mathbf{k}} \cdot \Psi = 0$ für jeden Vektor $\mathbf{k} \in H$. Für den entsprechenden G-Zusammenhang $\mathbf{C}$ auf M gilt nach (20.5.3.4) daher $\nabla_{\mathbf{h}_x} \cdot \boldsymbol{g} = 0$ für jeden Tangentialvektor $\mathbf{h}_x \in T_x(M)$. Nehmen wir umgekehrt an, es sei ein linearer Zusammenhang $\mathbf{C}'$ auf M gegeben, der (20.9.5.1) erfüllt, und H' sei der Teilraum der horizontalen Vektoren im Punkt r_x bezüglich des entsprechenden Hauptzusammenhangs auf $R(M)$ (vgl. (20.5.2)). Aus der Formel (20.5.3.4) folgt dann, daß $\theta_{\mathbf{k}'} \cdot \Psi = 0$ für jedes $\mathbf{k}' \in H'$ gilt. Nun sind aber die beiden Teilräume H und H' zum Teilraum L der vertikalen Tangentialvektoren an $R(M)$ im Punkt r_x komplementär (vgl. (20.2.2)). Ist $\mathbf{k}$ die Projektion von $\mathbf{k}' \in H'$ auf H in Richtung L, so ist, wie wir gesehen haben, $\theta_{\mathbf{k}} \cdot \Psi = 0$; daher gilt für den Vektor $\mathbf{v} = \mathbf{k}' - \mathbf{k} \in L$ ebenfalls $\theta_{\mathbf{v}} \cdot \Psi = 0$. Wir können $\mathbf{v} = r_x \cdot \mathbf{u}$ setzen mit $\mathbf{u} \in \mathfrak{gl}(n, \boldsymbol{R})$. Ist A die Matrix der Form Φ, so hat die Form $\Psi(r_x \cdot s)$ für $s \in \boldsymbol{GL}(n, \boldsymbol{R})$ die Matrix ${}^t s \cdot \mathrm{A} \cdot s$. Die Relation $\theta_{\mathbf{v}} \cdot \Psi = 0$ bedeutet also, daß $\mathbf{u}$ die Ableitung der Abbildung $s \to {}^t s \cdot \mathrm{A} \cdot s$ von $\boldsymbol{GL}(n, \boldsymbol{R})$ in $\boldsymbol{R}^{n^2}$ annulliert, mit anderen Worten, daß $\mathbf{u} \in \mathfrak{g}_e$ gilt (vgl. (19.4.3)). Dann ist aber der Vektor $\mathbf{v}$

tangential an $S_G(M)$ im Punkt r_x; dies ist daher auch für jeden Vektor $\mathbf{k}' \in H'$ der Fall. Damit ist nach (20.7.3) der Beweis beendet.

Unter Berücksichtigung der Eigenschaften der kovarianten Ableitung (vgl. (17.18.2)) kann man (20.9.5) auch folgendermaßen formulieren: Für drei Vektorfelder X, Y, Z der Klasse C^∞ auf M und für *jeden* G-Zusammenhang auf M gilt

20.9.5.2. $$\theta_{\mathrm{Z}} \cdot \langle \boldsymbol{g}, \mathrm{X} \otimes \mathrm{Y} \rangle = \langle \boldsymbol{g}, \nabla_{\mathrm{Z}} \cdot \mathrm{X} \otimes \mathrm{Y} \rangle + \langle \boldsymbol{g}, \mathrm{X} \otimes \nabla_{\mathrm{Z}} \cdot \mathrm{Y} \rangle$$

oder, in den Bezeichnungen von (20.8.2)

20.9.5.3. $$\theta_{\mathrm{Z}} \cdot (\mathrm{X} \mid \mathrm{Y}) = (\nabla_{\mathrm{Z}} \cdot \mathrm{X} \mid \mathrm{Y}) + (\mathrm{X} \mid \nabla_{\mathrm{Z}} \cdot \mathrm{Y}) .$$

Außerdem gelten nach (17.18.2) diese Formeln auch dann noch, wenn man eine Abbildung $f: N \to M$ der Klasse C^r ($r \geqq 1$) einer differenzierbaren Mannigfaltigkeit N in M, ein Vektorfeld Z *auf* N und zwei *Liftungen* X und Y der Klasse C^r von f in $T(M)$ betrachtet. Nimmt man, noch spezieller, $N = \boldsymbol{R}$, so gilt für zwei Liftungen $\boldsymbol{w}_1$ und $\boldsymbol{w}_2$ ein und derselben Abbildung f eines offenen Intervalls von $\boldsymbol{R}$ in M in $T(M)$ die Beziehung

20.9.5.4. $$\frac{d}{dt}(\boldsymbol{w}_1 \mid \boldsymbol{w}_2) = (\nabla_t \cdot \boldsymbol{w}_1 \mid \boldsymbol{w}_2) + (\boldsymbol{w}_1 \mid \nabla_t \cdot \boldsymbol{w}_2);$$

dabei wurde zur Abkürzung $\nabla_t \cdot \boldsymbol{w}_j = \nabla_{\mathrm{E}(t)} \cdot \boldsymbol{w}_j$ gesetzt (Bezeichnung von (18.1.1)).

Daraus ergibt sich, daß das Skalarprodukt $(\boldsymbol{w}_1 \mid \boldsymbol{w}_2)$ *konstant* bleibt, wenn $\boldsymbol{w}_1$ und $\boldsymbol{w}_2$ *Parallelübertragungen* längs der Kurve f sind (vgl. (18.6.3)).

20.9.6. Die Formel (20.9.5.2) gestattet die explizite Berechnung des Levi-Civita-Zusammenhangs, wenn ein Repèrefeld $\mathfrak{R} = (\boldsymbol{e}_1, \boldsymbol{e}_2, \ldots, \boldsymbol{e}_n)$ auf M gegeben ist. Die Funktionen g_{ij} auf M seien durch (20.8.2.3) definiert; außerdem setzen wir

20.9.6.1. $$\nabla_{\boldsymbol{e}_k} \cdot \boldsymbol{e}_j = \sum_{i=1}^{n} \Gamma_{kj}^i \boldsymbol{e}_i .$$

Aus (20.9.5.2) ergibt sich dann für beliebige i, j, k die Beziehung

20.9.6.2. $$\theta_{\boldsymbol{e}_k} \cdot g_{ij} = \sum_l (g_{lj}\Gamma_{ki}^l + g_{il}\Gamma_{kj}^l) = \Gamma_{kji} + \Gamma_{kij} ,$$

wobei

20.9.6.3. $$\Gamma_{kji} = \sum_l g_{lj}\Gamma_{ki}^l$$

gesetzt wurde. Schreibt man ferner auf, daß die Windung Null ist, so ergibt sich für beliebige j, k

20.9.6.4. $$\nabla_{\boldsymbol{e}_k} \cdot \boldsymbol{e}_j - \nabla_{\boldsymbol{e}_j} \cdot \boldsymbol{e}_k = [\boldsymbol{e}_k, \boldsymbol{e}_j] ,$$

und diese Relationen bestimmen zusammen mit (20.9.6.2) die Γ_{kj}^i. In dem Spezialfall, daß man für die $\boldsymbol{e}_i$ die zu einer Karte von M assoziierten Vektorfelder

X_i wählt (vgl. (16.15.4.2)), ergibt sich

$$\theta_{X_k} \cdot g_{ij} = \frac{\partial \tilde{g}_{ij}}{\partial \xi^k},$$

wobei $\tilde{g}_{ij}$ die lokale Darstellung von g_{ij} bezüglich dieser Karte ist. Die Formel (20.9.6.2) lautet dann

20.9.6.5. $$\frac{\partial \tilde{g}_{ij}}{\partial \xi^k} = \tilde{\Gamma}_{kji} + \tilde{\Gamma}_{kij},$$

wobei $\tilde{\Gamma}_{kji}$ die lokale Darstellung von Γ_{kji} ist. Wegen $[X_k, X_j] = 0$ gilt $\Gamma^i_{kj} = \Gamma^i_{jk}$, und hieraus folgt $\tilde{\Gamma}_{kji} = \tilde{\Gamma}_{ijk}$ nach (20.9.6.3). Durch zyklische Vertauschung der Indizes in (20.9.6.5) erhält man schließlich für die lokalen Darstellungen der Γ_{ijk} die Formel

20.9.6.6. $$\tilde{\Gamma}_{ijk} = \frac{1}{2}\left(\frac{\partial \tilde{g}_{ij}}{\partial \xi^k} + \frac{\partial \tilde{g}_{ik}}{\partial \xi^i} - \frac{\partial \tilde{g}_{ik}}{\partial \xi^j}\right).$$

Wir bemerken, daß nach (20.9.6.1) und (20.6.5.6) die 1-Zusammenhangsformen ω_{ij} des Levi-Civita-Zusammenhangs (bezüglich des Repères $\mathfrak{R}$) durch

20.9.6.7. $$\omega_{ij} = \sum_{k=1}^{n} \Gamma^i_{kj}\sigma_k$$

gegeben sind.

20.9.7. Aus der fundamentalen Formel (20.9.5.1) ergibt sich, daß auch für den in (20.8.4.1) definierten kovarianten Tensor $\boldsymbol{g}_r$ der Ordnung $2r$ die Beziehung

20.9.7.1. $$\nabla \boldsymbol{g}_r = 0$$

gilt. Sind Y_i und Z_i $(1 \leqq i \leqq r)$ nämlich $2r$ Vektorfelder der Klasse C^∞ auf M, so folgt daraus, daß die Liesche Ableitung θ_X eine Derivation ist, daß $\theta_X \cdot \det((Y_i \mid Z_j))$ Summe der Determinanten von r Matrizen ist, die man erhält, wenn man in $((Y_i \mid Z_j))$ die Spalte mit dem Index j durch die aus den $\theta_X \cdot (Y_i \mid Z_j)$ bestehende Spalte ersetzt. Dann folgt aus (20.8.4.1), (20.9.5.3) und der Definition (17.18.2.2) der kovarianten Ableitung die Beziehung

$$\langle \nabla_{g_r}, (Y_1 \wedge \cdots \wedge Y_r) \otimes (Z_1 \wedge \cdots \wedge Z_r)\rangle = 0,$$

und da die Y_i und die Z_i beliebig sind, muß (20.9.7.1) gelten. Ist M eine orientierte Riemannsche Mannigfaltigkeit, so gilt gleichermaßen

20.9.7.2. $$\nabla v_g = 0;$$

dabei ist v_g als kovarianter Tensor der Ordnung n anzusehen. Der Beweis ist analog und beruht auf der Relation

$$\det((Y_i \mid Y_j)) = (\langle v_g, Y_1 \wedge Y_2 \wedge \cdots \wedge Y_n\rangle)^2.$$

20.9.8. Ist $f\colon M' \to M$ eine *lokale Isometrie* zweier pseudo-Riemannschen Mannigfaltigkeiten, so ist offenbar das inverse Bild des Levi-Civita-Zusammenhangs auf M vermöge f (vgl. (17.18.4)) der Levi-Civita-Zusammenhang auf M'.

Aufgaben

1. Man zeige, daß für den Levi-Civita-Zusammenhang auf einer pseudo-Riemannschen Mannigfaltigkeit für je drei Vektorfelder X, Y, Z der Klasse C^∞ die Beziehung

$$2(\nabla_X \cdot Y \mid Z) = \theta_X \cdot (Y \mid Z) + \theta_Y \cdot (X \mid Z) - \theta_Z \cdot (X \mid Y) + ([X, Y] \mid Z) + ([Z, X] \mid Y) + (X \mid [Z, Y])$$

erfüllt ist.

2. In den Bezeichnungen aus Abschnitt 20.8, Aufgabe 3, sei $\mathbf{C}$ der lineare Levi-Civita-Zusammenhang auf M und $S(\mathbf{h}_x) = \mathbf{C}_x(\mathbf{h}_x, \mathbf{h}_x)$ das entsprechende Feld der Geodätischen auf $T(M)$ (vgl. (18.6.1)).

a) Man beweise die Beziehungen

$$\langle \alpha, S \rangle = E\,, \qquad i_S \cdot d\alpha = -\tfrac{1}{2}\, dE\,,$$
$$\theta_S \cdot \alpha = \tfrac{1}{2}\, dE\,, \qquad \theta_S \cdot d\alpha = 0\,.$$

Hieraus leite man her, daß für jedes $\mathbf{h} \in T(M)$ und jedes $j \in J(\mathbf{h})$ (Bezeichnungen von (18.2.2)) die Beziehungen

$$E(F_S(\mathbf{h}, t)) = E(\mathbf{h}) \quad \text{und} \quad {}^tF_S(.,t)\,(\alpha) - \alpha = \tfrac{1}{2}\, dE$$

gelten.

b) Für jedes $\mathbf{h}_x \in T(M)$ und jedes $\mathbf{k}_{\mathbf{h}_x} \in T_{\mathbf{h}_x}(T(M))$ setze man

$$Q_{\mathbf{h}_x} \cdot \mathbf{k}_{\mathbf{h}_x} = \tau_{\mathbf{h}_x}\big(\mathbf{k}_{\mathbf{h}_x} - \mathbf{C}_x(\mathbf{h}_x, T(o_M) \cdot \mathbf{k}_{\mathbf{h}_x})\big) \in T_x(M)\,.$$

Man zeige, daß für je zwei beliebige Vektoren $\mathbf{k}'_{\mathbf{h}_x}, \mathbf{k}''_{\mathbf{h}_x}$ aus $T_{\mathbf{h}_x}(T(M))$ die Beziehung

$$\langle d\alpha(\mathbf{h}_x), \mathbf{k}'_{\mathbf{h}_x} \wedge \mathbf{k}''_{\mathbf{h}_x} \rangle = (Q_{\mathbf{h}_x} \cdot \mathbf{k}'_{\mathbf{h}_x} \mid T(o_M) \cdot \mathbf{k}''_{\mathbf{h}_x}) - (Q_{\mathbf{h}_x} \cdot \mathbf{k}''_{\mathbf{h}_x} \mid T(o_M) \cdot \mathbf{k}'_{\mathbf{h}_x})$$

gilt. Daher gibt es einen kovarianten Tensor $\mathfrak{B}$ zweiter Stufe auf $T(M)$ derart, daß $d\alpha$ die Antisymmetrisierung von $\mathfrak{B}$ ist und

$$\langle \mathfrak{B}(\mathbf{h}_x), \mathbf{k}'_{\mathbf{h}_x} \otimes \mathbf{k}''_{\mathbf{h}_x} \rangle = (Q_{\mathbf{h}_x} \cdot \mathbf{k}'_{\mathbf{h}_x} \mid T(o_M) \cdot \mathbf{k}''_{\mathbf{h}_x})$$

gilt. Man zeige, daß der kovariante Tensor zweiter Ordnung $\theta_S \cdot \mathfrak{B}$ symmetrisch ist und durch

$$\langle (\theta_S \cdot \mathfrak{B})\,(\mathbf{h}_x), \mathbf{k}'_{\mathbf{h}_x} \otimes \mathbf{k}''_{\mathbf{h}_x} \rangle$$
$$= \big((\mathbf{r} \cdot (\mathbf{h}_x \wedge T(o_M) \cdot \mathbf{k}'_{\mathbf{h}_x})) \cdot \mathbf{h}_x \mid T(o_M) \cdot \mathbf{k}''_{\mathbf{h}_x}\big) + (Q_{\mathbf{h}_x} \cdot \mathbf{k}'_{\mathbf{h}_x} \mid Q_{\mathbf{h}_x} \mathbf{k}''_{\mathbf{h}_x})$$

gegeben wird. (Man betrachte die Geodätische v mit $v(0) = x$, die $\mathbf{h}_x$ in diesem Punkt als Tangentialvektor hat, sowie die Liftungen $\boldsymbol{w}_1$ und $\boldsymbol{w}_2$ von v' auf $T(T(M))$ mit $\theta_S \cdot \boldsymbol{w}_1 = \theta_S \cdot \boldsymbol{w}_2 = 0$ und $\boldsymbol{w}_1(0) = \mathbf{k}'_{\mathbf{h}_x}$, $\boldsymbol{w}_2(0) = \mathbf{k}''_{\mathbf{h}_x}$ und berechne $\langle \theta_S \cdot \mathfrak{B}, \boldsymbol{w}_1 \otimes \boldsymbol{w}_2 \rangle$.)

3. Es sei M eine reine n-dimensionale pseudo-Riemannsche Mannigfaltigkeit mit der Metrik $\boldsymbol{g}$.

a) In den Bezeichnungen von Aufgabe 2 zeige man, daß durch

$$\langle \boldsymbol{g}_T(\mathbf{h}), \mathbf{k}'_{\mathbf{h}} \otimes \mathbf{k}''_{\mathbf{h}} \rangle = (Q_{\mathbf{h}} \cdot \mathbf{k}'_{\mathbf{h}} \mid Q_{\mathbf{h}} \cdot \mathbf{k}''_{\mathbf{h}}) + (T(o_M) \cdot \mathbf{k}'_{\mathbf{h}} \mid T(o_M) \cdot \mathbf{k}''_{\mathbf{h}})$$

für $\mathbf{k}'_{\mathbf{h}}, \mathbf{k}''_{\mathbf{h}} \in T_{\mathbf{h}}(T(M))$ eine pseudo-Riemannsche Metrik $\boldsymbol{g}_T$ auf der Mannigfaltigkeit $T(M)$ definiert wird; hat $\boldsymbol{g}$ die Signatur (p, q), so hat $\boldsymbol{g}_T$ die Signatur $(2p, 2q)$; jeder in einem Punkt $\mathbf{h} \in T(M)$ vertikale Tangentialvektor ist bezüglich $\boldsymbol{g}_T$ zu jedem im Punkt $\mathbf{h}$ horizontalen Tangentialvektor orthogonal.

b) Man zeige, daß für die Metrik $\boldsymbol{g}_T$ auf $T(M)$

$$\operatorname{grad}(E)(\mathbf{h}) = 2\tau_{\mathbf{h}}^{-1}(\mathbf{h})$$

gilt.

c) Die $2n$-Differentialform $(d\alpha)^{\wedge n}$ auf $T(M)$ verschwindet in keinem Punkt, definiert also in kanonischer Weise eine Orientierung auf $T(M)$ (vgl. Abschnitt 16.21, Aufgabe 4). Wir setzen nun bis zum Schluß dieser Aufgabe voraus, M sei eine Riemannsche Mannigfaltigkeit; dann ist für die kanonische Orientierung auf $T(M)$ die kanonische Volumenform bezüglich $\boldsymbol{g}_T$ durch

$$v_{\boldsymbol{g}_T} = (-1)^{n(n-1)/2}(n!)^{-1}(d\alpha)^{\wedge n}$$

gegeben. (Man berechne den Wert von $(d\alpha)^{\wedge n}$ für den auf die folgende Weise definierten $2n$-Tangentialvektor von $T(T(M))$: Es sei $x \in M$ und $\mathbf{h} \in T_x(M)$; ist eine Orthonormalbasis $(\mathbf{h}_1, \ldots, \mathbf{h}_n)$ von $T_x(M)$ gegeben, so setze man $\mathbf{k}'_j = \tau_{\mathbf{h}}^{-1}(\mathbf{h}_j)$ und $\mathbf{k}''_j = \mathbf{C}_x(\mathbf{h}, \mathbf{h}_j)$ und betrachte den $2n$-Vektor $\mathbf{k}'_1 \wedge \mathbf{k}''_1 \wedge \mathbf{k}'_2 \wedge \mathbf{k}''_2 \wedge \cdots \wedge \mathbf{k}'_n \wedge \mathbf{k}''_n$.)

d) Man zeige: Ist das Volumen $\operatorname{vol}_{\boldsymbol{g}}(M)$ endlich, so gilt

$$\operatorname{vol}_{\boldsymbol{g}_T}(K(M)) = V_n \operatorname{vol}_{\boldsymbol{g}}(M);$$

dabei ist V_n das Lebesguesche Maß der Einheitskugel $\boldsymbol{K}_n$ (vgl. (14.3.11.3)) und $K(M)$ die Menge der $\mathbf{h} \in T(M)$ mit $E(\mathbf{h}) \leq 1$. (Man betrachte zuerst den Fall, daß M orientiert ist, und benutze (16.24.8); unter Verwendung einer geeigneten Zerlegung der Einheit auf M gehe man dann zum allgemeinen Fall über.)

e) Die Menge $S(M)$ der $\mathbf{h} \in T(M)$ mit $E(\mathbf{h}) = 1$ ist eine $(2n - 1)$-dimensionale abgeschlossene Untermannigfaltigkeit von $T(M)$, deren Tangentialraum in jedem Punkt $\mathbf{h}$ zu $\operatorname{grad}(E)(\mathbf{h})$ orthogonal ist. Es sei $\boldsymbol{g}_S$ die sich durch Einschränkung von $\boldsymbol{g}_T$ auf $S(M)$ ergebende Riemannsche Metrik. Man zeige, daß auf der auf kanonische Weise orientierten (vgl. (16.21.9.2)) Mannigfaltigkeit $S(M)$ die bezüglich $\boldsymbol{g}_S$ kanonische Volumenform durch

$$v_{\boldsymbol{g}_S} = (-1)^{n(n-1)/2}((n-1)!)^{-1}\alpha \wedge (d\alpha)^{\wedge(n-1)}$$

gegeben ist und daß, wenn $\operatorname{vol}_{\boldsymbol{g}}(M)$ endlich ist,

$$\operatorname{vol}_{\boldsymbol{g}_S}(S(M)) = \Omega_n \operatorname{vol}_{\boldsymbol{g}}(M)$$

gilt, wobei $\Omega_n = nV_n$ das Oberflächenmaß von $\boldsymbol{S}_{n-1}$ ist (vgl. (16.24.9.3)).

4. Man zeige, daß der Levi-Civita-Hauptzusammenhang auf dem Produkt zweier pseudo-Riemannscher Mannigfaltigkeiten (vgl. Abschnitt 20.8, Aufgabe 1) das Produkt der Levi-Civita-Hauptzusammenhänge dieser beiden Mannigfaltigkeiten ist (vgl. Abschnitt 20.2, Aufgabe 2).

5. Es sei M eine pseudo-Riemannsche Mannigfaltigkeit, $\boldsymbol{g}$ ihre Metrik. Man zeige: Ist ein Diffeomorphismus f von M auf sich sowohl ein Automorphismus des Levi-Civita-Zusammenhangs von M als auch eine konforme Abbildung (vgl. (20.8.1)), so muß ${}^t f(\boldsymbol{g}) = c \cdot \boldsymbol{g}$ sein, wobei c eine von 0 verschiedene *Konstante* ist (man benutze (20.9.5)). Dann nennen wir f auch eine *Homometrie* von M.

6. Es seien M und M' zwei reine pseudo-Riemannsche Mannigfaltigkeiten, deren Metriken die gleiche Signatur haben; man kann also voraussetzen, die Gruppe G der entsprechenden G-Strukturen (vgl. (20.7.6)) sei dieselbe. Man zeige, daß ein Diffeomorphismus f von M auf M' genau dann eine Isometrie ist, wenn der Isomorphismus $R(f)$ von $R(M)$ auf $R(M')$ (vgl. Abschnitt 20.6, Aufgabe 4) $S_G(M)$ in $S_G(M')$ überführt.

Man zeige, daß die Gruppe $I(M)$ der Isometrien von M eine Liesche Gruppe ist (vgl. Abschnitt 20.6, Aufgabe 10).

7. Es sei M eine reine n-dimensionale pseudo-Riemannsche Mannigfaltigkeit mit der Metrik $\boldsymbol{g}$. In den Bezeichnungen von Abschnitt 20.6, Aufgabe 5, nennen wir ein Vektorfeld X eine *infinitesimale Isometrie* von M, wenn für jede in M relativ kompakte offene Teilmenge U und jedes $a > 0$ mit $U \times]-a, a[\subset \operatorname{dom}(F_{\mathrm{X}})$ der Diffeomorphismus g_t für $-a < t < a$ eine Isometrie von U auf U_t ist.

Man zeige, daß die folgenden Bedingungen äquivalent sind:

1° X ist eine infinitesimale Isometrie.

2° Die kanonische Liftung $\widetilde{\mathrm{X}}$ von $\mathbf{X}$ auf $R(M)$ (vgl. Abschnitt 20.6, Aufgabe 5) ist tangential zu $S_G(M)$ (Bezeichnung von Aufgabe 6) in allen Punkten dieses Teilbündels.

3° $\theta_X \cdot \boldsymbol{g} = 0$ (vgl. (18.2.14.6)).

4° In den Bezeichnungen von Abschnitt 20.6, Aufgabe 6, gilt

$$(1) \qquad (\mathfrak{A}_{\mathrm{X}} \cdot \mathrm{Y} \,|\, \mathrm{Z}) = -(\mathfrak{A} \cdot \mathrm{Z}_{\mathrm{X}} \,|\, \mathrm{Y})$$

für beliebige Vektorfelder Y und Z der Klasse C^∞ auf M. (Man benutze die Tatsache, daß $\mathfrak{A}_{\mathrm{X}}$ eine Derivation ist.)

Die Menge der infinitesimalen Isometrien von M ist eine höchstens $(n(n+1)/2)$-dimensionale Liesche Unteralgebra $\mathfrak{i}(M)$ von $\mathcal{T}_0^1(M)$ (vgl. Abschnitt 20.6, Aufgabe 7). Die Liesche Algebra der Gruppe $I(M)$ der Isometrien von M läßt sich mit einer Unteralgebra von $\mathfrak{i}(M)$ identifizieren.

8. Es seien M und M_1 zwei zusammenhängende pseudo-Riemannsche Mannigfaltigkeiten mit den Metriken $\boldsymbol{g}$ bzw. $\boldsymbol{g}_1$, ferner f ein Isomorphismus des Levi-Civita-Zusammenhangs von M auf den von M_1. Unter diesen Voraussetzungen ist f genau dann eine Isometrie von M auf M_1, wenn in einem Punkt $x \in M$ das Bild der Form $\boldsymbol{g}(x)$ vermöge $T_x(f)$ die Form $\boldsymbol{g}_1(f(x))$ ist. (Man betrachte die Parallelübertragungen längs einer Kurve γ, die durch x geht, und ihre Bilder vermöge $T(f)$ längs der Kurve $f \circ \gamma$ und benutze (20.9.5.4).) Daraus leite man die Verallgemeinerungen der Ergebnisse aus Abschnitt 20.6, Aufgabe 9, her, indem man die Isomorphismen von Zusammenhängen durch die Isometrien ersetzt.

9. Es sei M eine pseudo-Riemannsche Mannigfaltigkeit. In den Bezeichnungen von (20.8.3) zeige man, daß für den Levi-Civita-Zusammenhang für jedes Tensorfeld $\mathfrak{Z} \in \mathcal{T}_s^r(M)$ und jedes Vektorfeld $\mathrm{X} \in \mathcal{T}_0^1(M)$ die Beziehung

$$\nabla_{\mathbf{X}} \cdot (G_j^i \cdot \mathfrak{Z}) = G_j^i(\nabla_{\mathbf{X}} \cdot \mathfrak{Z})$$

für $1 \leqq i \leqq r$, $1 \leqq j \leqq s$, erfüllt ist.

10. Es sei M eine reine n-dimensionale orientierte Riemannsche Mannigfaltigkeit, v die kanonische Volumenform auf M. Für jede p-Differentialform α der Klasse C^r auf M setzen wir $\partial\alpha = (-1)^{np+p+1} \ast (d(\ast\, \alpha))$; dies ist eine $(p-1)$-Differentialform der Klasse C^{r-1}. In den Bezeichnungen von (20.6.5) zeige man, daß

$$\partial\alpha = -\sum_j i(G^{-1} \cdot \sigma_j) \cdot (\nabla_{\boldsymbol{e}_j} \cdot \alpha)$$

ist (man benutze die Aufgabe 9).

11. Es sei $\mathbf{f} = (f_1, \ldots, f_n)$ ein Diffeomorphismus einer offenen Teilmenge U von $\boldsymbol{R}^n$ auf eine offene Teilmenge $V = \mathbf{f}(U)$, der bezüglich der kanonischen Riemannschen Struktur von $\boldsymbol{R}^n$ eine *konforme* Abbildung von U auf V ist (vgl. (20.11.2)).

Dann ist $(V, \mathbf{f}^{-1}, n)$ eine Karte von V, für welche die lokale Darstellung der Metrik $\boldsymbol{g}$ auf V

$$\frac{1}{\varrho^2}((d\xi^1)^2 + (d\xi^2)^2 + \cdots + (d\xi^n)^2)$$

lautet, wobei ϱ eine Funktion der Klasse C^∞ auf U ist, die den Wert 0 nicht annimmt. Unter Benutzung der Formeln (20.9.6.6) und (20.9.6.7) zeige man, daß für die 1-Zusammenhangsformen auf V die Beziehungen

$$\omega_{ij} = \frac{1}{\varrho}\left(\frac{\partial\varrho}{\partial\xi^j} d\xi^i - \frac{\partial\varrho}{\partial\xi^i} d\xi^j\right) \quad \text{für } i \neq j,$$

$$\omega_{ii} = -\frac{d\varrho}{\varrho}$$

gelten.

Man schreibe die Strukturgleichungen (20.6.6.4) mit $\Omega_{ij} = 0$ auf und leite daraus her, daß für $n \geqq 3$ die Beziehungen

$$\frac{\partial^2\varrho}{\partial\xi^i\,\partial\xi^j} = 0 \qquad \text{für } i \neq j$$

und

$$\frac{\partial^2\varrho}{(\partial\xi^j)^2} = c \qquad \text{mit von } j \text{ unabhängigem } c \in \boldsymbol{R}$$

gelten. Man betrachte die beiden Fälle $c = 0$ und $c \neq 0$ und zeige, daß $\mathbf{f}$ die Einschränkung einer Transformation auf U ist, die zu der von den Ähnlichkeitstransformationen und der Inversion $\mathbf{x} \to \mathbf{x}/\|\mathbf{x}\|^2$ erzeugten *konformen Gruppe* gehört[1]) (Satz von LIOUVILLE). Man beweise das analoge Resultat, wenn man $\boldsymbol{R}^n$ durch $\boldsymbol{C}^n$ ersetzt. Was kann man sagen, wenn $n = 2$ ist?

12. a) Man identifiziere $\boldsymbol{R}^n$ mit dem aus den Punkten mit der ersten homogenen Koordinate 1 bestehenden Teilraum von $\boldsymbol{P}_n(\boldsymbol{R})$. Dann existieren eine Umgebung V des neutralen Elementes von $\boldsymbol{PGL}(n+1, \boldsymbol{R})$ und eine Umgebung W von 0 in $\boldsymbol{R}^n$ derart, daß man die Operation von V auf W in der Gestalt

$$((\mathbf{a}, \mathrm{U}, \mathbf{b}^*), \mathbf{x}) \to (1 + \langle \mathbf{b}^*, \mathbf{x}\rangle)^{-1}(\mathrm{U}\cdot\mathbf{x} + \mathbf{a})$$

schreiben kann; dabei ist V mit einer Umgebung von $(0, \mathrm{I}, 0)$ in $\boldsymbol{R}^n \times \boldsymbol{M}_n(\boldsymbol{R}) \times (\boldsymbol{R}^n)^*$ identifiziert. Daraus leite man her, daß die Liesche Algebra $\mathfrak{pgl}(n+1, \boldsymbol{R})$ von $\boldsymbol{PGL}(n+1, \boldsymbol{R})$ mit der direkten Summe $\mathfrak{n} \oplus \mathfrak{gl}(n, \boldsymbol{R}) \oplus \mathfrak{n}^*$ identifiziert wird, wobei der Raum $\mathfrak{n} = \boldsymbol{R}^n$ mit dem Raum aller Matrizen vom Typ $(n, 1)$ identifiziert ist und der duale Raum $\mathfrak{n}^*$ mit dem Raum der Matrizen vom Typ $(1, n)$. Der Kommutator in $\mathfrak{pgl}(n+1, \boldsymbol{R})$ induziert auf $\mathfrak{gl}(n, \boldsymbol{R})$ die gewöhnliche Struktur einer Lieschen Algebra und hat ferner die Eigenschaft, daß für $\mathbf{u}, \mathbf{v} \in \mathfrak{n}$, $\mathbf{u}^*, \mathbf{v}^* \in \mathfrak{n}^*$ und $\mathrm{U} \in \mathfrak{gl}(n, \boldsymbol{R}) = \boldsymbol{M}_n(\boldsymbol{R})$ die Beziehungen

$$[\mathbf{u}, \mathbf{v}] = 0, \qquad [\mathbf{u}^*, \mathbf{v}^*] = 0, \qquad [\mathbf{u}, \mathbf{u}^*] = \mathbf{u}\cdot\mathbf{u}^* + (\mathbf{u}^*\cdot\mathbf{u})\cdot\mathrm{I}_n,$$

$$[\mathrm{U}, \mathbf{u}] = \mathrm{U}\cdot\mathbf{u}, \qquad [\mathbf{u}^*, \mathrm{U}] = \mathbf{u}^*\cdot\mathrm{U}$$

gelten. Wir bezeichnen mit $(\mathbf{e}_i)_{1\leqq i\leqq n}$ die kanonische Basis von $\mathfrak{n} = \boldsymbol{R}^n$, mit $(\mathbf{e}_i^*)_{1\leqq i\leqq n}$ ihre duale Basis in $\mathfrak{n}^*$, mit $(\mathrm{E}_{ij})_{1\leqq i,j\leqq n}$ die kanonische Basis in $\boldsymbol{M}_n(\boldsymbol{R})$.

---

[1]) Vgl. J. DIEUDONNÉ, Algèbre linéaire et Géométrie élémentaire, Annexe III, 3.éd. Hermann, Paris 1968. (Russische Übersetzung Moskau 1972. — *Zusatz d. Ü.*)

b) Wir setzen $G = \boldsymbol{PGL}(n+1, \boldsymbol{R})$ und betrachten die zusammenhängende Liesche Untergruppe H_0 von G, welche Stabilisator des Ursprungs von $\boldsymbol{R}^n$ ist, so daß G/H_0 mit $\boldsymbol{P}_n(\boldsymbol{R})$ identifiziert wird. Es sei M eine reine *n-dimensionale* Mannigfaltigkeit, R ein Hauptfaserbündel mit der Basis M, der Projektion π und der Gruppe H_0; ferner sei auf R eine 1-Differentialform $\boldsymbol{\omega}_0$ mit Werten in der Lieschen Algebra $\mathfrak{pgl}(n+1, \boldsymbol{R})$ gegeben, die den Bedingungen von Aufgabe 2a) aus Abschnitt 20.5 genügt, so daß sich $\boldsymbol{\omega}_0$ eindeutig zu einer Zusammenhangsform $\boldsymbol{\omega}$ auf $R \times^{H_0} G$ eines Cartanschen Zusammenhangs für R fortsetzen läßt.

Dann kann man

$$(1) \qquad \omega_0 = \sum_i \omega^i \mathbf{e}_i + \sum_{i,j} \omega^i_j \mathrm{E}_{ij} + \sum_i \omega_i \mathbf{e}^*_i$$

setzen; die ω^i, ω^i_j und ω_i sind dabei 1-Differentialformen ($n^2 + 2n$ an der Zahl), die eine *Basis* des $\mathscr{E}(R)$-Moduls $\mathscr{T}^0_1(R)$ der 1-Differentialformen der Klasse C^∞ auf R bilden. Die Bedingung 1° aus Abschnitt 20.5, Aufgabe 2a), bewirkt, daß der (n^2+2n)-dimensionale, von den ω^i, ω^i_j und den ω_i erzeugte $\boldsymbol{R}$-Vektorraum F *invariant* ist bezüglich der Operation von H_0 auf $\mathscr{T}^0_1(R)$ (die kanonisch von der Operation von H_0 von rechts auf R hergeleitet ist). Genauer: Man zeige, indem man den Endomorphismus $\mathrm{Ad}(t^{-1})$ von $\mathfrak{pgl}(n+1, \boldsymbol{R})$ mit $t = (0, \mathrm{U}, \mathbf{b}^*) \in H_0$ berechnet, daß folgendes gilt:

1° der von den n Formen ω^i $(1 \leqq i \leqq n)$ erzeugte Teilraum F_1 von F ist invariant bezüglich H_0, und es gilt, in den obigen Bezeichnungen,

$$\begin{pmatrix} \omega^1(r\cdot t) \\ \omega^2(r\cdot t) \\ \vdots \\ \omega^n(r\cdot t) \end{pmatrix} = \mathrm{U}^{-1} \cdot \begin{pmatrix} \omega^1(r) \\ \omega^2(r) \\ \vdots \\ \omega^n(r) \end{pmatrix};$$

2° der von F_1 und den n^2 Formen ω^i_j $(1 \leqq i, j \leqq n)$ erzeugte Teilraum F_2 von F ist invariant bezüglich H_0, und es ist

$$\begin{pmatrix} \omega^1_1(r\cdot t) & \dots & \omega^1_n(r\cdot t) \\ \omega^2_1(r\cdot t) & \dots & \omega^2_n(r\cdot t) \\ \dots & \dots & \dots \\ \omega^n_1(r\cdot t) & \dots & \omega^n_n(r\cdot t) \end{pmatrix} = \mathrm{U}^{-1} \cdot \begin{pmatrix} \omega^1_1(r) & \dots & \omega^1_n(r) \\ \dots & \dots & \dots \\ \omega^n_1(r) & \dots & \omega^n_n(r) \end{pmatrix} \cdot \mathrm{U}$$

$$+ \mathrm{U}^{-1} \cdot \begin{pmatrix} \omega^1(r) \\ \vdots \\ \omega^n(r) \end{pmatrix} \cdot \mathbf{b}^* + (\mathbf{b}^* \cdot \mathrm{U}^{-1}) \begin{pmatrix} \omega^1(r) \\ \vdots \\ \omega^n(r) \end{pmatrix} \mathrm{I}_n;$$

3° $(\omega_1(r\cdot t) \quad \omega_2(r\cdot t) \quad \dots \quad \omega_n(r\cdot t)) \equiv (\omega_1(r) \quad \omega_2(r) \quad \dots \quad \omega_n(r)) \cdot \mathrm{U} \bmod F_2$.

Die Bedingung 2° aus Abschnitt 20.5, Aufgabe 2a), bedeutet, daß für jeden Vektor

$$\mathbf{x} = \sum_i b_i \mathbf{e}^*_i + \sum_{i,j} u^i_j \mathrm{E}_{ij}$$

aus der Lieschen Algebra $\mathfrak{h}_0 = \mathfrak{n}^* + \mathfrak{gl}(n, \boldsymbol{R})$ von H_0 die Beziehungen

4° $\langle \omega^i, \mathrm{Z}_{\mathbf{x}} \rangle = 0$, $\quad \langle \omega^i_j, \mathrm{Z}_{\mathbf{x}} \rangle = u^i_j$, $\quad 1 \leqq i, j \leqq n$

und

5° $\langle \omega_i, \mathrm{Z}_{\mathbf{x}} \rangle = b_i$, $\quad 1 \leqq i \leqq n$

gelten. Schließlich bedeutet die Bedingung 3° aus Abschnitt 20.5, Aufgabe 2a) folgendes:

6° der durch die n Gleichungen $\langle\omega^i(r), \mathbf{h}_r\rangle = 0$ $(1 \leqq i \leqq n)$ definierte Vektorteilraum von $T_r(R)$ ist der (von den $Z_{\mathbf{x}}(r)$ mit $\mathbf{x} \in \mathfrak{h}_0$ erzeugte) Teilraum Ker $(T_r(\pi))$ der im Punkt r vertikalen Tangentialvektoren.

c) Es sei, *umgekehrt*, auf R ein System von $n^2 + n$ der Klasse C^∞ angehörenden 1-Differentialformen ω^i, ω^i_j gegeben, deren Werte in jedem Punkt linear unabhängig sind, und welche den Bedingungen 1°, 2°, 4° und 6° von b) genügen. Man zeige, daß mindestens ein System $(\omega_i)_{1 \leqq i \leqq n}$ von n der Klasse C^∞ angehörenden 1-Differentialformen auf R existiert derart, daß die Formel (1) einen Cartanschen Zusammenhang auf R definiert (man führe das Problem auf den Fall zurück, daß das Hauptfaserbündel R trivial ist). Außerdem erhält man jedes andere System $(\omega'_i)_{1 \leqq i \leqq n}$ von 1-Differentialformen mit dieser Eigenschaft durch die Formeln

$$\omega'_i - \omega_i = \sum_j A_{ij}\omega^j, \tag{2}$$

wobei (A_{ij}) eine Matrix von n^2 Funktionen der Klasse C^∞ auf R ist, welche (in den Bezeichnungen von b)) folgende Eigenschaft hat:

$$\begin{pmatrix} A_{11}(r \cdot t) & \dots & A_{1n}(r \cdot t) \\ \dots & \dots & \dots \\ A_{n1}(r \cdot t) & \dots & A_{nn}(r \cdot t) \end{pmatrix} = {}^t\mathrm{U} \cdot \begin{pmatrix} A_{11}(r) & \dots & A_{1n}(r) \\ \dots & \dots & \dots \\ A_{n1}(r) & \dots & A_{nn}(r) \end{pmatrix} \cdot \mathrm{U}. \tag{3}$$

13. In den Bezeichnungen von Aufgabe 12 setzen wir voraus, daß $\boldsymbol{\omega}_0$ einen Cartanschen Zusammenhang auf R definiert.

a) Man schreibe für die Einschränkung der 1-Zusammenhangsform $\boldsymbol{\omega}$ auf R die Strukturgleichung (20.3.3.1) auf und beweise die Beziehungen

$$d\omega^i = -\sum_k \omega^i_k \wedge \omega^k + \Omega^i,$$

$$d\omega^i_j = -\sum_k \omega_k \wedge \omega^k_j - \omega^i \wedge \omega_j + \delta_{ij} \sum_k (\omega_k \wedge \omega^k) + \Omega^i_j,$$

$$d\omega_j = -\sum_k \omega_k \wedge \omega^k_j + \Omega_i;$$

dabei sind Ω^i, Ω^i_j und Ω_i die Komponenten der Einschränkung der Krümmungs-2-form $\boldsymbol{\Omega}$ von $\boldsymbol{\omega}$ auf R.

Unter Benutzung der Tatsache, daß $\boldsymbol{\Omega}$ horizontal ist (vgl. (20.3.2)), leite man daraus her, daß man

$$\Omega^i = \tfrac{1}{2} \sum_{k,l} K^i_{kl}\omega^k \wedge \omega^l,$$

$$\Omega^i_j = \tfrac{1}{2} \sum_{k,l} K^i_{jkl}\omega^k \wedge \omega^l,$$

$$\Omega_j = \tfrac{1}{2} \sum_{k,l} K_{jkl}\omega^k \wedge \omega^l$$

schreiben kann, wobei die Koeffizienten K^i_{kl}, K^i_{jkl} und K_{jkl} Funktionen der Klasse C^∞ auf R sind.

b) Man zeige, daß die Bedingungen 1°, 2° und 3° von Aufgabe 12b) noch erfüllt sind, wenn man ω^i, ω^i_j und ω_j durch Ω^i, Ω^i_j und Ω_j ersetzt.

c) Man beweise die Identitäten von BIANCHI

$$d\Omega^i = \sum_k \Omega^i_k \wedge \omega^k,$$

$$d\Omega^i_j = \sum_k \Omega^i_k \wedge \omega^k_j - \sum_k \omega^i_k \wedge \Omega^k_j + \Omega^i \wedge \omega_j - \omega^i \wedge \Omega_j$$

$$+ \delta_{ij} \sum_k \omega_k \wedge \Omega^k - \delta_{ij} \sum_k \Omega_k \wedge \omega^k,$$

$$d\Omega_j = \sum_k \Omega_k \wedge \omega^k_j - \sum_k \omega_k \wedge \Omega^k_j.$$

d) Die Abbildung $(0, \mathrm{U}, \mathbf{b}^*) \to \mathrm{U}$ von H_0 auf $\boldsymbol{GL}(n, \boldsymbol{R})$ ist ein Homomorphismus, dessen Kern N^* der Normalteiler von H_0 mit der Lieschen Algebra $\mathfrak{n}^*$ ist. Man leitet daraus her, daß R ein Hauptfaserbündel mit der Basis $R_1 = N^* \backslash R$ und der Gruppe N^* ist, R_1 selbst ein Hauptfaserbündel mit der Basis M und der Gruppe $\boldsymbol{GL}(n, \boldsymbol{R})$ (vgl. (16.14.8)). Es sei $p: R \to R_1$ die kanonische Projektion. Man zeige, daß man die Formen Ω^i in der Gestalt ${}^t p(\Theta^i)$ schreiben kann, wobei die Θ^i 2-Differentialformen auf R_1 sind; die 2-Form $\boldsymbol{\Theta} = (\Theta^i)$ mit Werten in $\boldsymbol{R}^n$ ist bezüglich der Operation $(\mathrm{U}, \mathbf{x}) \to \mathrm{U}^{-1} \cdot \mathbf{x}$ von $\boldsymbol{GL}(n, \boldsymbol{R})$ auf $\boldsymbol{R}^n$ und der Operation von $\boldsymbol{GL}(n, \boldsymbol{R})$ auf R_1 invariant. (Man zeige, daß für jedes $\mathbf{u} \in \mathfrak{n}^*$ die Beziehungen $i_{Z_\mathbf{u}} \cdot \Omega^i = 0$ und $\theta_{Z_\mathbf{u}} \cdot \Omega^i = 0$ gelten. Zu diesem Zweck benutze man c) und wende dann die Überlegungen von (18.16.8) an.)

e) Wir nennen die Ω^i die *Windungsformen* des durch $\boldsymbol{\omega}_0$ definierten Cartanschen Zusammenhangs und diesen *windungsfrei*, wenn die Ω^i verschwinden. Man zeige: Ist der durch $\boldsymbol{\omega}_0$ definierte Cartansche Zusammenhang windungsfrei, so kann man die Ω^i_j in der Gestalt ${}^t p(\mathbf{Y}^i_j)$ schreiben, wobei die $\mathbf{Y}^i_j$ 2-Formen auf R_1 sind; die 2-Form $\mathbf{Y} = (\mathbf{Y}^i_j)$ mit Werten in $\mathfrak{gl}(n, \boldsymbol{R})$ ist invariant bezüglich der Operation von $\boldsymbol{GL}(n, \boldsymbol{R})$ auf R_1 und der Operation' von rechts $(\mathrm{U}, \mathrm{V}) \to \mathrm{Ad}(\mathrm{U}^{-1}) \cdot \mathrm{V} = \mathrm{U}^{-1}\mathrm{V}\mathrm{U}$ von $\boldsymbol{GL}(n, \boldsymbol{R})$ auf $\mathfrak{gl}(n, \boldsymbol{R})$ (nach derselben Methode).

f) Wir setzen wieder voraus, der durch $\boldsymbol{\omega}_0$ definierte Cartansche Zusammenhang sei *windungsfrei*. Für jedes $r \in R$ sei $\mathbf{K}(r)$ der Tensor aus $\mathbf{T}^1_3(\boldsymbol{R}^n)$, dessen Komponenten bezüglich der kanonischen Basis die $K^i_{jkl}(r)$ sind; in den Bezeichnungen von Aufgabe 12 zeige man, daß dann

$$\mathbf{K}(r \cdot t) = \mathbf{T}^1_3(\mathrm{U}^{-1}) \cdot \mathbf{K}(r)$$

für jedes $t \in H_0$ gilt. Die verjüngten Tensoren $\mathbf{B}(r) = c^1_1(\mathbf{K}(r))$ und $\mathbf{C}(r) = c^1_2(\mathbf{K}(r))$ gehören dann zu $\mathrm{T}^1_1(\boldsymbol{R}^n)$ und lassen sich mit den Matrizen $(B_{ij}(r))$ und $(C_{ij}(r))$ mit

$$B_{ij} = \sum_k K^k_{kij} \quad \text{und} \quad C_{ij} = \sum_k K^k_{ikj}$$

identifizieren. Man zeige, daß diese Matrizen die Relation (3) von Aufgabe 12 erfüllen. Hieraus leite man her: Gibt man sich $n^2 + n$ solcher 1-Differentialformen ω^i, ω^i_j auf R vor, deren Werte in jedem Punkt linear unabhängig sind, welche die Bedingungen 1°, 2°, 4° und 6° von Aufgabe 12b) erfüllen und für welche

$$d\omega^i = -\sum_k \omega^i_k \wedge \omega^k$$

gilt, so existiert *genau ein* durch eine Form $\boldsymbol{\omega}_0$ definierter *Cartanscher Zusammenhang* auf R, dessen erste $n^2 + n$ Komponenten die ω^i und ω^i_j sind (der also windungsfrei ist) und für welchen

(1) $$c^1_1(\mathbf{K}) = c^1_2(\mathbf{K}) = 0$$

gilt (woraus dann wegen $K^i_{jkl} = -K^i_{jlk}$ auch $c^1_3(\mathbf{K}) = 0$ folgt); die erste Bedingung ist äquivalent mit $\sum_i \Omega^i_i = 0$. (Man benutze die Aufgabe 11c) und die Strukturgleichungen von a).)

g) Man zeige: Definiert die Form ω_0 einen windungsfreien Cartanschen Zusammenhang, der (1) genügt, so gilt

$$\sum_j \Omega^i_j \wedge \omega^j = 0 \qquad \text{und} \qquad \sum_j \Omega_j \wedge \omega^j = 0 .$$

Daraus leite man her: Ist $n \geqq 3$ und verschwinden alle Ω^i_j, so verschwinden auch die Ω_j (man benutze b)).

14. Wir wenden Aufgabe 13 auf den Fall an, daß das Hauptfaserbündel R eine *projektive Struktur* P über der Mannigfaltigkeit M ist (vgl. Abschnitt 20.7, Aufgabe 16), das man als Hauptfaserbündel mit der Gruppe H_0 ansehen kann. Die Untergruppe N^* läßt sich dann mit dem Durchschnitt von $H \subset G^2(n)$ mit dem Kern des kanonischen Homomorphismus $\varrho: G^2(n) \to G^1(n)$ identifizieren (vgl. Abschnitt 20.6, Aufgabe 19); daher läßt sich $N^*\backslash P = R_1$ mit dem Repèrebündel $R(M) = R_1(M)$ identifizieren. Ein Cartanscher Zusammenhang auf P wird (nicht ganz korrekt) *projektiver Zusammenhang auf* M genannt, wenn er durch eine Form ω_0 definiert wird derart, daß ω^i die Einschränkung von σ^i auf P und ω^i_j für jedes Paar von Indizes die Einschränkung von σ^i_j auf P ist, wobei die σ^i und σ^i_j die kanonischen Differentialformen auf $R_2(M)$ sind (vgl. wieder Abschnitt 20.6, Aufgabe 19).

a) Man leite aus Aufgabe 13f) her, daß zu jeder projektiven Struktur P auf M genau ein projektiver windungsfreier Zusammenhang existiert, der die Relation (1) von Aufgabe 12 erfüllt; wir nennen diesen Zusammenhang den P entsprechenden *normalen projektiven Zusammenhang*. Die 2-Form $\mathbf{Y}$ auf $R(M)$ wird dann die *Weylsche projektive Krümmungsform* der projektiven Struktur P genannt. Mit einer zu (20.6.6.6) analogen Formel, wobei Ω_{ji} durch Y^i_j ersetzt ist, erhält man einen Morphismus $\mathbf{w}$ von $\bigwedge^2 T(M)$ in $T(M)^* \otimes T(M)$, also ebenso wie in (17.20.5) einen einfach kontravarianten und dreifach kovarianten Tensor $\boldsymbol{w}$ auf M, den wir den *Weylschen projektiven Krümmungstensor* der projektiven Struktur P nennen.

b) Jedem linearen windungsfreien Zusammenhang $\mathbf{C}$ auf M entspricht kanonisch eine projektive Struktur P auf M, folglich ein normaler projektiver Zusammenhang auf M. Zu jedem Vektor $\mathbf{a} = \sum_i a^i \mathbf{e}_i \in \mathfrak{n}$ existiert auf P genau ein Vektorfeld $\mathrm{H}'_{\mathbf{a}}$ der Klasse C^∞ mit

$$\langle \omega^i, \mathrm{H}'_{\mathbf{a}} \rangle = a^i , \qquad \langle \omega^i_j, \mathrm{H}'_{\mathbf{a}} \rangle = 0 , \qquad \langle \omega_j, \mathrm{H}'_{\mathbf{a}} \rangle = 0$$

für alle i, j. Man zeige, daß die Projektionen der Integralkurven der Felder $\mathrm{H}'_{\mathbf{a}}$ auf M die Geodätischen des Zusammenhangs $\mathbf{C}$ sind (man benutze Aufgabe 1 aus Abschnitt 20.6).

c) Ist f ein Diffeomorphismus einer reinen Mannigfaltigkeit M auf eine reine Mannigfaltigkeit M', so erhält man daraus durch Strukturübertragung einen Isomorphismus $R_2(f)$ des Hauptfaserbündels $R_2(M)$ auf das Hauptfaserbündel $R_2(M')$. Ist P (bzw. P') eine projektive Struktur auf M (bzw. M'), so nennen wir f einen *Isomorphismus* von P auf P', wenn die Einschränkung von $R_2(f)$ auf P eine bijektive Abbildung von P auf P' ist. Man zeige, daß die Automorphismengruppe einer projektiven Struktur auf M eine Liesche Gruppe ist. (Man verwende die gleiche Überlegung wie in Aufgabe 6 und benutze dabei den normalen projektiven Zusammenhang.)

d) Wie in Abschnitt 20.6, Aufgabe 5, definieren wir, ausgehend von einem Vektorfeld X der Klasse C^∞ auf M, eine *kanonische Liftung* $\tilde{\tilde{\mathrm{X}}}$ *von* X auf $R_2(M)$, wobei wir in der Definition $R(g_t)$ durch $R_2(g_t)$ ersetzen; $\tilde{\tilde{\mathrm{X}}}$ ist eine Liftung von $\tilde{\mathrm{X}}$ bezüglich der kanonischen Projektion $R_2(M) \to R_1(M) = R(M)$.

Ist P eine projektive Struktur auf M, so nennen wir X einen *infinitesimalen Automorphismus* von P, wenn die kanonische Liftung $\tilde{\tilde{\mathrm{X}}}$ tangential zur Untermannigfaltigkeit P von $R_2(M)$ in jedem ihrer Punkte ist.

Man zeige, daß die Menge der infinitesimalen Automorphismen von P eine höchstens $(n^2 + 2n)$-dimensionale Liesche *Unteralgebra* $\mathfrak{p}(P)$ von $\mathcal{T}_0^1(M)$ ist; ist $\dim(\mathfrak{p}(P)) = n^2 + 2n$, so verschwinden die Formen Ω_j^i und Ω_j für den P entsprechenden normalen projektiven Zusammenhang. (Man schließe wie in den Aufgaben 6 und 7 aus Abschnitt 20.6.)

e) Ist $M = \boldsymbol{P}_n(\boldsymbol{R})$, so ist die Menge der Jets der Ordnung 2 im Punkt 0 der Abbildungen von $\boldsymbol{R}^n$ (wie in Aufgabe 12 sei $\boldsymbol{R}^n$ kanonisch mit einer offenen Teilmenge von $\boldsymbol{P}^n(\boldsymbol{R})$ identifiziert) in $\boldsymbol{P}_n(\boldsymbol{R})$, welche Einschränkungen von zu $\boldsymbol{PGL}(n+1, \boldsymbol{R})$ gehörenden Abbildungen sind, eine projektive Struktur, welche die *kanonische* projektive Struktur auf M genannt wird. Dieses Hauptfaserbündel kann kanonisch mit der als Hauptfaserbündel mit der Basis $M = \boldsymbol{PGL}(n+1, \boldsymbol{R})/H_0$ und der Gruppe H_0 angesehenen Gruppe $\boldsymbol{PGL}(n+1, \boldsymbol{R})$ identifiziert werden; dabei wird der normale projektive Zusammenhang mit dem kanonischen Cartanschen Zusammenhang aus Abschnitt 20.5, Aufgabe 3, identifiziert; die Formen Ω_j^i und Ω_j verschwinden für diesen Zusammenhang.

f) Wir nennen eine projektive Struktur P auf einer reinen n-dimensionalen Mannigfaltigkeit M *flach*, wenn zu jedem Punkt $x_0 \in M$ eine offene Umgebung U von x_0 und ein Isomorphismus der durch P auf U induzierten projektiven Struktur auf die auf einer offenen Teilmenge von $\boldsymbol{P}_n(\boldsymbol{R})$ durch die kanonische Struktur induzierte projektive Struktur existieren. Man zeige, daß P genau dann flach ist, wenn für den entsprechenden normalen projektiven Zusammenhang die Formen Ω_j^i und Ω_j verschwinden.

15. Es sei $\boldsymbol{GO}(n, \boldsymbol{R})$ die aus denjenigen Automorphismen U des Vektorraumes $\boldsymbol{R}^n$ bestehende Liesche Untergruppe von $\boldsymbol{GL}(n, \boldsymbol{R})$, welche Ähnlichkeitsabbildungen bezüglich der Bilinearform $(\mathbf{x} \mid \mathbf{y})$ (gewöhnliches Skalarprodukt) sind, d. h., für welche $(\mathrm{U}\cdot\mathbf{x} \mid \mathrm{U}\cdot\mathbf{y}) = \mu(\mathrm{U})\,(\mathbf{x} \mid \mathbf{y})$ ist, wobei $\mu(\mathrm{U})$ eine streng positive Zahl ist. Die Liesche Algebra $\mathfrak{go}(n, \boldsymbol{R})$ dieser Gruppe besteht aus denjenigen Endomorphismen $\mathrm{V} \in \mathrm{End}\,(\boldsymbol{R}^n)$, für welche $(\mathrm{V}\cdot\mathbf{x} \mid \mathbf{y}) + (\mathbf{x} \mid \mathrm{V}\cdot\mathbf{y}) = \lambda(\mathrm{V})\,(\mathbf{x} \mid \mathbf{y})$ mit $\lambda(\mathrm{V}) \in \boldsymbol{R}$ gilt.

a) Setzen wir $\mathfrak{g} = \mathfrak{go}(n, \boldsymbol{R})$, so ist die Liesche Algebra $\mathfrak{g}^{(1)}$ (vgl. Abschnitt 20.7, Aufgabe 6) die Menge der Abbildungen $\mathbf{u} \to \mathrm{T}_{\mathbf{u}}$ von $\boldsymbol{R}^n$ in $\mathrm{End}\,(\boldsymbol{R}^n)$ mit $(\mathrm{T}_{\mathbf{u}}\cdot\mathbf{x} \mid \mathbf{y}) + (\mathbf{x} \mid \mathrm{T}_{\mathbf{u}}\cdot\mathbf{y}) = \lambda_{\mathbf{u}}(\mathbf{x} \mid \mathbf{y})$, wobei $\mathbf{u} \to \lambda_{\mathbf{u}}$ eine Linearform auf $E = \boldsymbol{R}^n$ ist, so daß man $\lambda_{\mathbf{u}} = \langle \mathbf{u}, \varrho(\mathrm{T})\rangle$ mit $\varrho(\mathrm{T}) \in E^*$ schreiben kann. Man zeige, daß ϱ eine bijektive Abbildung von $\mathfrak{g}^{(1)}$ auf E^* ist. (Die Tatsache, daß ϱ injektiv ist, folgt aus (20.9.2). Um zu beweisen, daß ϱ surjektiv ist, bemerken wir folgendes: Ist G der kanonische Isomorphismus von E auf E^* mit $\langle \mathbf{x}, \mathrm{G}\cdot\mathbf{y}\rangle = (\mathbf{x} \mid \mathbf{y})$, so gehört $\mathbf{u} \to (\gamma_{\mathbf{a}^*})_{\mathbf{u}}$ für jedes $\mathbf{a}^* \in E$ zu $\mathfrak{g}^{(1)}$, wobei wir

$$(\gamma_{\mathbf{a}^*})_{\mathbf{u}}\cdot\mathbf{x} = \langle \mathbf{u}, \mathbf{a}^*\rangle\,\mathbf{x} + \langle \mathbf{x}, \mathbf{a}^*\rangle\,\mathbf{u} - (\mathbf{u} \mid \mathbf{x})\,\mathrm{G}^{-1}\cdot\mathbf{a}^*$$

gesetzt haben, und es ist $\varrho(\mathrm{T}) = 2\mathbf{a}^*$.)

b) die Liesche Algebra $\mathfrak{g}^{(2)}$ (vgl. Abschnitt 20.7, Aufgaben 6 und 11) läßt sich mit der Menge der symmetrischen bilinearen Abbildungen $(\mathbf{u}, \mathbf{v}) \to T_{\mathbf{u},\mathbf{v}}$ von $\boldsymbol{R}^n \times \boldsymbol{R}^n$ in End $(\boldsymbol{R}^n)$ mit

$$(T_{\mathbf{u},\mathbf{v}} \cdot \mathbf{x} \,|\, \mathbf{y}) + (\mathbf{x} \,|\, T_{\mathbf{u},\mathbf{v}} \cdot \mathbf{y}) = \lambda_{\mathbf{u},\mathbf{v}} (\mathbf{x} \,|\, \mathbf{y})$$

identifizieren, wobei λ eine symmetrische Bilinearform auf $\boldsymbol{R}^n \times \boldsymbol{R}^n$ ist. Man zeige: Ist $(\mathbf{u} \,|\, \mathbf{v}) = 0$, so ist $\lambda_{\mathbf{u},\mathbf{u}}(\mathbf{v} \,|\, \mathbf{v}) = -\lambda_{\mathbf{v},\mathbf{v}}(\mathbf{u} \,|\, \mathbf{u})$. Daraus leite man her, daß im Fall $n \geqq 3$ für jedes $\mathbf{u} \in \boldsymbol{R}^n$ die Beziehung $\lambda_{\mathbf{u},\mathbf{u}} = 0$, also $\lambda = 0$ gilt; daher ist $\mathfrak{g}^{(2)} = \{0\}$ nach (20.9.2). Was läßt sich für $n = 2$ sagen?

20.10. Der Riemann-Christoffel-Tensor

Unter „Vektorfeld" verstehen wir in diesem ganzen Abschnitt „Vektorfeld der Klasse C^∞".

20.10.1. *Auf einer pseudo-Riemannschen Mannigfaltigkeit M erfüllt die Krümmung* r (vgl. (17.20.4)) *die Identität*

20.10.1.1. $\big(\mathsf{r} \cdot (X \wedge Y)\big) \cdot Z + \big(\mathsf{r} \cdot (Z \wedge X) \cdot Y + (\mathsf{r} \cdot (Y \wedge Z)\big) \cdot X = 0\,.$

Da die Windung des Levi-Civita-Zusammenhangs Null ist, geht die Bianchische Identität (20.6.4.1) nämlich in

$$\boldsymbol{\Omega} \wedge \sigma = 0$$

über. Aufgrund der Formeln (20.6.4.2) und (20.6.6.11) und der Definition von σ folgt daraus sofort (20.10.1.1).

Senkt man im Krümmungstensor des Levi-Civita-Zusammenhangs auf M (vgl. (17.20.5)) den kontravarianten Index der ersten Stelle (vgl. (20.8.3)), so erhält man einen *kovarianten Tensor* $\mathfrak{R}$ der Stufe 4, den sogenannten *Riemann-Christoffel-Tensor* von M; er ist definiert durch die Bedingung, daß für je vier Vektorfelder X, Y, Z, W auf M die Beziehung

20.10.2. $\langle \mathfrak{R}, X \otimes Y \otimes Z \otimes W \rangle = \big(X \,|\, (\mathsf{r} \cdot (Z \wedge W)) \cdot Y\big)_{\mathsf{g}}$

erfüllt ist.

20.10.3. *Der Riemann-Christoffel-Tensor erfüllt die Identitäten*

20.10.3.1. $\langle \mathfrak{R}, X \otimes Y \otimes Z \otimes W + X \otimes Z \otimes W \otimes Y + X \otimes W \otimes Y \otimes Z \rangle = 0\,,$

20.10.3.2. $\langle \mathfrak{R}, X \otimes Y \otimes Z \otimes W \rangle = -\langle \mathfrak{R}, Y \otimes X \otimes Z \otimes W \rangle\,,$

20.10.3.3. $\langle \mathfrak{R}, X \otimes Y \otimes Z \otimes W \rangle = -\langle \mathfrak{R}, X \otimes Y \otimes W \otimes Z \rangle\,,$

20.10.3.4. $\langle \mathfrak{R}, X \otimes Y \otimes Z \otimes W \rangle = \langle \mathfrak{R}, Z \otimes W \otimes X \otimes Y \rangle\,.$

Ist ferner $\mathfrak{R}'$ ein zweiter kovarianter Tensor der Stufe 4 auf M, der diesen vier Identitäten genügt und für den

20.10.3.5. $\langle \mathfrak{R}, X \otimes Y \otimes X \otimes Y \rangle = \langle \mathfrak{R}', X \otimes Y \otimes X \otimes Y \rangle$

für beliebige Vektorfelder X, Y *auf M erfüllt ist, so ist notwendigerweise $\mathfrak{R}' = \mathfrak{R}$.*

Die Identität (20.10.3.1) ist nämlich eine unmittelbare Konsequenz der Definition von $\mathfrak{R}$ und von (20.10.1.1); die Identität (20.10.3.3) ist trivial. Um (20.10.3.2) zu beweisen, braucht man aufgrund von (20.6.6.6) nur zu zeigen, daß für jedes Indexpaar (i, j) die Beziehung

20.10.3.6. $$\Big(\sum_k \Omega_{ki} e_k \,\Big|\, e_j\Big) = -\Big(\sum_k \Omega_{kj} e_k \,\Big|\, e_i\Big),$$

d. h. wegen (20.6.6.1) die Beziehung

$$(\boldsymbol{\Omega}^{(\mathfrak{R})} e_i \,|\, e_j) + (e_i \,|\, \boldsymbol{\Omega}^{(\mathfrak{R})} \cdot e_j) = 0$$

erfüllt ist. Dies folgt aber daraus, daß die vektorielle 2-Form $\boldsymbol{\Omega}^{(\mathfrak{R})}$ ihre Werte in der Lieschen Algebra der Gruppe $\boldsymbol{O}(\Phi)$ annimmt, die durch die Relation (20.9.1.1) charakterisiert wird. Die Relation (20.10.3.4) ergibt sich aus den drei vorhergehenden Identitäten; um dies einzusehen, ersetzen wir zur Abkürzung vorübergehend $\langle \mathfrak{R}, \mathrm{X} \otimes \mathrm{Y} \otimes \mathrm{Z} \otimes \mathrm{W} \rangle$ durch (XYZW). Aus (20.10.3.1), (20.10.3.2) und (20.10.3.3) ergibt sich dann

$$\begin{aligned}(\mathrm{XYZW}) &= -(\mathrm{XZWY}) - (\mathrm{XWYZ}) = (\mathrm{ZXWY}) + (\mathrm{WXYZ})\\ &= -(\mathrm{ZWYX}) - (\mathrm{ZYXW}) - (\mathrm{WYZX}) - (\mathrm{WZXY})\\ &= \;\;2\,(\mathrm{ZWXY}) + (\mathrm{YZXW}) + (\mathrm{YWZX})\\ &= \;\;2\,(\mathrm{ZWXY}) - (\mathrm{YXWZ}) = 2(\mathrm{ZWXY}) - (\mathrm{XYZW}),\end{aligned}$$

und hieraus folgt (20.10.3.4).

Um die letzte Behauptung zu beweisen, können wir uns, indem wir $\mathfrak{R}$ durch $\mathfrak{R}' - \mathfrak{R}$ ersetzen, auf den Fall beschränken, daß $\langle \mathfrak{R}, \mathrm{X} \otimes \mathrm{Y} \otimes \mathrm{X} \otimes \mathrm{Y} \rangle$ identisch verschwindet, und hieraus auf $\mathfrak{R} = 0$ schließen. Mit derselben Abkürzung wie oben erhalten wir, wenn wir X durch X + Z in (XYXY) = 0 ersetzen,

$$(\mathrm{XYXY}) + (\mathrm{ZYZY}) + (\mathrm{ZYXY}) + (\mathrm{XYZY}) = 0;$$

hieraus folgt (XYZY) + (ZYXY) = 0, und nach (20.10.3.4) ergibt sich daraus (XYZY) = 0. Ersetzen wir in dieser Relation alsdann Y durch Y + W, so erhalten wir analog

$$(\mathrm{XYZW}) + (\mathrm{XWZY}) = 0$$

oder, nach (20.10.3.3), jetzt (XYZW) = (XWYZ). Durch zyklische Vertauschung von Y, Z, W ergibt sich auch (XYZW) = (XZWY); aus (20.10.3.1) folgt dann aber 3(XYZW) = 0.

Gibt man sich ein Repèrefeld $\mathfrak{R} = (e_1, e_2, \ldots, e_n)$ auf M vor und setzt

20.10.4. $$K_{hijk} = \langle \mathfrak{R}, e_h \otimes e_i \otimes e_j \otimes e_k \rangle,$$

so sind die in (20.10.3) bewiesenen Relationen aufgrund der Linearität mit den Relationen

20.10.4.1. $K_{hijk} + K_{hjki} + K_{hkij} = 0$,

20.10.4.2. $K_{hijk} = -K_{ihjk}$,

20.10.4.3. $K_{hijk} = -K_{hikj}$,

20.10.4.4. $K_{hijk} = K_{jkhi}$

für jedes Indexquadrupel gleichbedeutend.

Ist das Repèrefeld $\mathfrak{R}$ *orthogonal* und so beschaffen, daß $(e_i \mid e_i) = \varepsilon_i$ mit $\varepsilon_i = 1$ für $i \leqq p$ und $\varepsilon_i = -1$ für $i > p$ gilt (vgl. (20.8.2)), so lassen sich aufgrund der Formeln (20.10.2) und (20.6.6.6) die K_{hijk} mit Hilfe der Ω_{ij} ausdrücken:

20.10.4.5. $K_{hijk} = \varepsilon_h \langle \Omega_{hi}, e_j \wedge e_k \rangle$;

daher ist

20.10.4.6. $\Omega_{hi} = \sum_{j,k} \varepsilon_h K_{hijk} \sigma_j \wedge \sigma_k$.

Aufgrund von (20.10.4.2) gilt also

20.10.4.7. $\varepsilon_j \Omega_{ji} = -\varepsilon_i \Omega_{ij}$.

20.10.5. Ausgehend von der Krümmung r einer pseudo-Riemannschen Mannigfaltigkeit M kann man für jedes Paar von Vektorfeldern X, Y auf M einen anderen, mit $\mathsf{r}'(\mathrm{X}, \mathrm{Y})$ bezeichneten linearen M-Morphismus von $T(M)$ in sich definieren, und zwar durch die Bedingung, daß für jedes Vektorfeld Z auf M

20.10.5.1. $\mathsf{r}'(\mathrm{X}, \mathrm{Y}) \cdot \mathrm{Z} = \big(\mathsf{r} \cdot (\mathrm{Z} \wedge \mathrm{X})\big) \cdot \mathrm{Y}$

gilt. Insbesondere setzen wir für jedes Vektorfeld X auf M

20.10.5.2. $\mathsf{r}''(\mathrm{X}) = \mathsf{r}'(\mathrm{X}, \mathrm{X})$.

Dann ist für jedes $x \in M$ die Einschränkung $\mathsf{r}''(\mathrm{X})_x$ von $\mathsf{r}''(\mathrm{X})$ auf $T_x(M)$ ein *selbstadjungierter* Endomorphismus bezüglich der quadratischen Form $\boldsymbol{g}(x)$ auf diesem Vektorraum. Für je zwei Vektorfelder Z und W auf M gilt nämlich aufgrund von (20.10.3.4)

$$\begin{aligned}\big(\mathrm{W} \mid \mathsf{r}''(\mathrm{X}) \cdot \mathrm{Z}\big) &= \langle \mathfrak{K}, \mathrm{W} \otimes \mathrm{X} \otimes \mathrm{Z} \otimes \mathrm{X} \rangle \\ &= \langle \mathfrak{K}, \mathrm{Z} \otimes \mathrm{X} \otimes \mathrm{W} \otimes \mathrm{X} \rangle = \big(\mathrm{Z} \mid \mathsf{r}''(\mathrm{X}) \cdot \mathrm{W}\big) .\end{aligned}$$

20.10.6 Unter dem *Ricci-Tensor* auf M versteht man den durch

20.10.6.1. $\langle \mathfrak{K}', \mathrm{X} \otimes \mathrm{Y} \rangle = \mathrm{Tr}\,\big(\mathsf{r}'(\mathrm{X}, \mathrm{Y})\big)$

für je zwei Vektorfelder X und Y auf M definierten kovarianten Tensor $\mathfrak{K}'$ der Stufe 2. Dieser Tensor ist *symmetrisch*. Denn ist $(e_1, e_2, \ldots, e_n)$ ein orthogonales Repèrefeld derart, daß $(e_i \mid e_i) = \varepsilon_i$ mit $\varepsilon_i = 1$ für $i \leqq p$ und $\varepsilon_i = -1$ für $i > p$ (vgl. (20.8.2)) gilt, so ist nach Definition

$$\begin{aligned}\mathrm{Tr}\,\big(\mathsf{r}'(\mathrm{X}, \mathrm{Y})\big) &= \sum_{i=1}^{n} \varepsilon_i \big(e_i \mid \mathsf{r}'(\mathrm{X}, \mathrm{Y}) \cdot e_i\big) \\ &= \sum_{i=1}^{n} \varepsilon_i \langle \mathfrak{K}, e_i \otimes \mathrm{Y} \otimes e_i \otimes \mathrm{X} \rangle \\ &= \sum_{i=1}^{n} \varepsilon_i \langle \mathfrak{K}, e_i \otimes \mathrm{X} \otimes e_i \otimes \mathrm{Y} \rangle = \mathrm{Tr}\,\big(\mathsf{r}'(\mathrm{Y}, \mathrm{X})\big) ,\end{aligned}$$

aufgrund von (20.10.3). Wir können auch sagen, $\mathfrak{R}'$ ergebe sich durch *Verjüngung* des kontravarianten Index und des ersten kovarianten Index im Krümmungstensor des Levi-Civita-Zusammenhangs (vgl. (17.20.5)). Setzen wir (bezüglich desselben Repèrefeldes)

20.10.6.2. $K'_{jk} = \langle \mathfrak{R}', \boldsymbol{e}_j \otimes \boldsymbol{e}_k \rangle$,

so erhalten wir

20.10.6.3. $K'_{jk} = \sum_{i=1}^{n} \varepsilon_i K_{jiki}$

(in den Bezeichnungen von (20.10.4)).

20.10.7. Für jeden Tangentialvektor $\mathbf{h}_x \in T_x(M)$ wird die Zahl

20.10.7.1. $\operatorname{Ric}(\mathbf{h}_x) = \langle \mathfrak{R}'(x), \mathbf{h}_x \otimes \mathbf{h}_x \rangle = \operatorname{Tr}\left(\mathbf{r}''(\mathrm{X})_x\right)$

(für $\mathrm{X}(x) = \mathbf{h}_x$) die dem Tangentialvektor $\mathbf{h}_x$ entsprechende *Ricci-Krümmung* von M genannt. Sind für das Repèrefeld $(\boldsymbol{e}_1, \dots, \boldsymbol{e}_n)$ die Voraussetzungen von (20.10.6) erfüllt und ist $\mathbf{h}_x = \sum_{j=1}^{n} \xi^j \boldsymbol{e}_j(x)$, so gilt

20.10.7.2. $\operatorname{Ric}(\mathbf{h}_x) = \sum_{j,k} K'_{jk}(x)\, \xi^j \xi^k$.

20.10.8 Da $\mathbf{h}_x \to \operatorname{Ric}(\mathbf{h}_x)$ eine quadratische Form auf $T_x(M)$ ist, entspricht ihr ein wohlbestimmter *selbstadjungierter* Endomorphismus $\tilde{r}_x$ von $T_x(M)$ mit

20.10.8.1. $\left(\tilde{r}_x(\mathbf{h}_x) \mid \mathbf{k}_x\right) = \langle \mathfrak{R}'(x), \mathbf{h}_x \otimes \mathbf{k}_x \rangle$.

Als *skalare Krümmung* von M im Punkt x wird die Zahl

20.10.8.2. $S(x) = \operatorname{Tr}(\tilde{r}_x)$

bezeichnet. Genügt das Repèrefeld $(\boldsymbol{e}_1, \boldsymbol{e}_2, \dots, \boldsymbol{e}_n)$ den Bedingungen von (20.10.6), so erhält man in den gleichen Bezeichnungen

20.10.8.3 $S = \sum_{j=1}^{n} K'_{jj} = \sum_{i,j} \varepsilon_i K_{jiji}$,

wobei sich die letzte Gleichung aus (20.10.4.3) ergibt.

20.10.9. *Die Spezialfälle der Dimensionen* 1 *und* 2. Auf einer Mannigfaltigkeit der Dimension 1 verschwinden die 2-Formen, so daß die Krümmung einer eindimensionalen Riemannschen Mannigfaltigkeit gleich Null ist.

Nun sei $n = 2$; wir betrachten zunächst den Fall einer Riemannschen Mannigfaltigkeit M. Es sei $(\boldsymbol{e}_1, \boldsymbol{e}_2)$ ein *orthonormales* Repèrefeld; setzen wir dann für diese Basis

20.10.9.1. $K_{1212} = K$,

so sind die einzigen von Null verschiedenen Komponenten K_{hijk} aufgrund von (20.10.4)

20.10.9.2. $K_{1212} = K_{2121} = -K_{1221} = -K_{2112} = K$.

Für den Ricci-Tensor gilt dann

20.10.9.3. $K'_{11} = K'_{22} = K\,, \qquad K'_{12} = 0\,,$

so daß für die Ricci-Krümmung

20.10.9.4. $\operatorname{Ric}(\mathbf{h}_x) = K(x)\,\big((\xi^1)^2 + (\xi^2)^2\big)$

und schließlich für die skalare Krümmung $S = 2K$ gilt. Man nennt $K(x)$ die *Gaußsche Krümmung* von M im Punkt x. Für das betrachtete orthonormale Repère gilt nach (20.10.4.5) aber $K = \langle \Omega_{12}, \boldsymbol{e}_1 \wedge \boldsymbol{e}_2 \rangle$, so daß $\Omega_{12} = K\sigma_1 \wedge \sigma_2$ ist; die Formeln (20.6.5.10), (20.6.6.3) und (20.6.6.4) gehen über in

20.10.9.5. $d\boldsymbol{e}_1 = \omega_{12}\boldsymbol{e}_2\,, \qquad d\boldsymbol{e}_2 = -\,\omega_{12}\boldsymbol{e}_1\,,$

20.10.9.6. $d\sigma_1 = -\,\omega_{12} \wedge \sigma_2\,, \qquad d\sigma_2 = \omega_{12} \wedge \sigma_1\,,$

20.10.9.7. $d\omega_{12} = K\sigma_1 \wedge \sigma_2\,.$

Ist $n = 2$ und M eine pseudo-Riemannsche Mannigfaltigkeit der Signatur $(1, -1)$, so können wir ein orthogonales Repèrefeld $(\boldsymbol{e}_1, \boldsymbol{e}_2)$ mit $(\boldsymbol{e}_1 \mid \boldsymbol{e}_1) = 1$ und $(\boldsymbol{e}_2 \mid \boldsymbol{e}_2) = -1$ betrachten; in denselben Bezeichnungen wie in (20.10.9.1) gelten wieder die Relationen (20.10.9.2), jedoch ist hier $K'_{11} = -\,K$, $K'_{22} = K$, $K'_{12} = 0$ und die skalare Krümmung S Null.

Aufgaben

1. In den Bezeichnungen von (20.10.4) zeige man, daß die Bianchi-Identität (20.3.4) durch die Relationen

$$\nabla_{\boldsymbol{e}_m} \cdot K_{ijkl} + \nabla_{\boldsymbol{e}_k} \cdot K_{ijlm} + \nabla_{\boldsymbol{e}_l} \cdot K_{ijkm} = 0$$

für alle Indizes i, j, k, l, m ausgedrückt werden kann (vgl. Abschnitt 20.6, Aufgabe 3).

2. Man nennt eine Riemannsche Mannigfaltigkeit M eine *Einsteinsche Mannigfaltigkeit,* wenn eine skalare Funktion λ der Klasse C^∞ existiert derart, daß der Ricci-Tensor $\mathfrak{R}'$ gleich $\lambda \boldsymbol{g}$ ist. Man zeige: Ist M eine zusammenhängende n-dimensionale $(n \geqq 3)$ Einsteinsche Mannigfaltigkeit, so muß die Funktion λ *konstant* sein. (Unter Benutzung von Formel (20.10.6.3) und Aufgabe 1 zeige man, daß $(n - 2)\,\nabla_{\boldsymbol{e}_m} \cdot \lambda = 0$ für jedes m sein muß.)

3. a) Es sei M eine orientierte n-dimensionale Mannigfaltigkeit und $\boldsymbol{v}$ eine der Orientierung von M angehörende Differentialform der Klasse C^∞. Für jedes Vektorfeld X der Klasse C^∞ auf M ist $\theta_{\mathrm{X}} \cdot \boldsymbol{v}$ eine n-Form der Klasse C^∞ auf M und läßt sich daher auf eindeutige Weise in der Gestalt $(\operatorname{div} \mathrm{X})\,\boldsymbol{v}$ schreiben, wobei div X eine skalare Funktion der Klasse C^∞, die sogenannte *Divergenz* des Vektorfeldes X ist. Man zeige: Hat X einen kompakten Träger, so gilt

$$\int (\operatorname{div} \mathrm{X})\,\boldsymbol{v} = 0\,.$$

(Man benutze (17.15.3.4) und (17.15.5.1).)

b) Nun sei außerdem M mit einem linearen Zusammenhang $\mathbf{C}$ versehen derart, daß $\nabla v = 0$ ist. Das Tensorfeld $\mathfrak{A}_X$ sei wie in Abschnitt 20.6, Aufgabe 6, definiert. Man zeige, daß für jedes Vektorfeld X der Klasse C^∞ auf M

$$\operatorname{div} X = -\operatorname{Tr}(\mathfrak{A}_X)$$

gilt. Ist insbesondere der Zusammenhang $\mathbf{C}$ windungsfrei, so gilt

(1) $$\operatorname{div} X = c_1^1(\nabla X) .$$

In den Bezeichnungen von (20.6.5) kann man dafür auch

(2) $$\operatorname{div} X = \sum_{i=1}^{n} \langle \nabla_{e_i} \cdot X, \sigma_i \rangle$$

schreiben. Für jede skalare Funktion f der Klasse C^∞ auf M gilt

$$\operatorname{div}(fX) = f \cdot \operatorname{div}(X) + \theta_X f .$$

c) Für eine Riemannsche Mannigfaltigkeit M stimmt die Definition (1) der Divergenz mit der in a) gegebenen überein, wenn man für v die kanonische Volumenform (20.8.5) nimmt. Sind X und Y zwei Vektorfelder der Klasse C^∞ auf M, so zeige man, daß

(3) $$\operatorname{div}(\mathfrak{A}_X \cdot Y + (\operatorname{div} X)\, Y) = \operatorname{div}(X) \operatorname{div}(Y) - \operatorname{Tr}(\mathfrak{A}_X \mathfrak{A}_Y) - \langle \mathfrak{R}', X \otimes Y \rangle$$

gilt (Formel von YANO). (Man benutze die Formel (2), indem man das Repèrefeld (e_i) so wählt, daß $[e_i, e_j] = 0$ für beliebige i, j gilt.)

d) Man leite aus Aufgabe 6 c) von Abschnitt 20.6 her, daß div (X) eine *Konstante* ist, wenn X ein infinitesimaler Automorphismus des Levi-Civita-Zusammenhangs ist.

4. Es sei M eine Riemannsche Mannigfaltigkeit, X eine infinitesimale Isometrie von M (vgl. Abschnitt 20.9, Aufgabe 7).

a) Man zeige, daß für jeden Tangentialvektor $\mathbf{h}_x \in T_x(M)$ die Beziehung

$$\theta_{\mathbf{h}_x} \cdot \|X\|^2 = 2(\mathbf{h}_x \,|\, \mathfrak{A}_X(x) \cdot X(x))$$

gilt.

b) Es sei v die Geodätische des Levi-Civita-Zusammenhangs, die auf einer Umgebung von 0 in $\boldsymbol{R}$ definiert und für welche $v(0) = x$ und $v'(0) = \mathbf{h}_x$ ist. Man setze $f(t) = \|X \cdot v(t)\|^2$ und leite aus a) her, daß

$$f''(0) = (\mathbf{h}_x \,|\, \nabla_{\mathbf{h}_x} \cdot (\mathfrak{A}_X \cdot X))$$

ist. (Man benutze die Tatsache, daß $\nabla_{v'} \cdot v' = 0$ ist, und Aufgabe 7 aus Abschnitt 20.9.)

c) Man zeige, daß in einem Punkt x_0, in dem die Funktion $\|X\|^2$ ein relatives Maximum (bzw. Minimum) annimmt, $\operatorname{div}(\mathfrak{A}_X \cdot X) \leqq 0$ (bzw. $\geqq 0$) gilt. (Man benutze b), wobei $\mathbf{h}_x$ durch die Werte eines orthonormalen Repères in x_0 zu ersetzen ist, sowie Aufgabe 3 b).)

5. Es sei M eine zusammenhängende Riemannsche Mannigfaltigkeit, deren Ricci-Tensor $\mathfrak{R}'$ in jedem Punkt $x \in X$ eine *nichtausgeartete negativ-definite* quadratische Form $\mathbf{h}_x \to \langle \mathfrak{R}'(x), \mathbf{h}_x \otimes \mathbf{h}_x \rangle$ liefert. Ferner sei X ein Vektorfeld, das eine infinitesimale Isometrie von M ist. Man zeige: Nimmt die Funktion $\|X\|$ in einem Punkt von M ein relatives Maximum an, so ist $X = 0$. (Unter Benutzung der Voraussetzung und von Aufgabe 7 aus Abschnitt 20.9 zeige man, daß in einem solchen Punkt x notwendigerweise $\langle \mathfrak{R}'(x), X(x) \otimes X(x) \rangle = 0$, also $X(x) = 0$ ist; alsdann verwende man Aufgabe 7 aus Abschnitt 20.6.)

6. a) Es sei M eine kompakte Riemannsche Mannigfaltigkeit, deren Ricci-Tensor $\mathfrak{R}'$ in jedem $x \in M$ eine nichtausgeartete negative Form $\mathbf{h}_x \to \langle \mathfrak{R}'(x), \mathbf{h}_x \otimes \mathbf{h}_x \rangle$ liefert. Man zeige, daß dann die Gruppe der Isometrien von M *diskret* (tatsächlich sogar *endlich*, vgl. Abschnitt 20.16, Aufgabe 11) ist. (Indem man eventuell eine zweiblättrige Überlagerung von M betrachtet, kann man sich auf den Fall beschränken, daß M orientiert ist; aus Aufgabe 3c) und d) leite man her, daß für eine infinitesimale Isometrie X die Beziehung $\int (\langle \mathfrak{R}', X \otimes X \rangle + \operatorname{Tr}(\mathfrak{A}_X \circ \mathfrak{A}_X))\, dv = 0$ gilt, und benutze Aufgabe 7 aus Abschnitt 20.9.)

b) Es sei M eine kompakte Riemannsche Mannigfaltigkeit, deren Ricci-Tensor identisch 0 ist. Man zeige (nach derselben Methode), daß für jede infinitesimale Isometrie X dann $\nabla X = 0$ gilt.

7. a) Es sei M eine reine n-dimensionale Riemannsche Mannigfaltigkeit, $\boldsymbol{g}$ ihre Metrik, a eine skalare Funktion der Klasse C^∞ auf M mit $a(x) > 0$ in jedem Punkt; durch $\boldsymbol{g}' = a^2\boldsymbol{g}$ sei eine zweite Struktur einer Riemannschen Mannigfaltigkeit auf M definiert. Ferner seien $(\boldsymbol{e}_i)_{1 \leq i \leq n}$ ein zu $\boldsymbol{g}$ orthonormales Repèrefeld, σ_i und ω_{ij} die entsprechenden Verschmelzungsformen bzw. Zusammenhangsformen, so daß $(\boldsymbol{e}_i/a)$ ein orthonormales Repère ist und die $a\sigma_i$ die Verschmelzungsformen für $\boldsymbol{g}'$ sind. Schließlich seien ω'_{ij} die Zusammenhangsformen von $\boldsymbol{g}'$. Man zeige, daß

$$\omega'_{ij} - \omega_{ij} = b_j\sigma_i - b_i\sigma_j$$

ist, wobei

$$\frac{da}{a} = \sum_i b_i\sigma_i$$

gesetzt wurde (man benutze (20.6.6.3)).

b) Aus a) leite man her: Sind S und S' die skalaren Krümmungen von $\boldsymbol{g}$ bzw. $\boldsymbol{g}'$ so gilt

(1) $$S - S'a^2 = 2(n-1)\sum_i b_{ii},$$

wobei

$$b_{ii} = \theta_{\boldsymbol{e}_i} \cdot b_i + \tfrac{1}{2}\Big(\sum_{j \neq i} b_j^2 - b_i^2\Big)$$

gesetzt wurde (man benutze (20.6.6.4)).

Man zeige, daß man die Relation (1) auch in der Gestalt

(2) $$(S - S'a^2)\, a^{(n-2)/2} = 2(n-1)\operatorname{div}(\operatorname{grad}(c))$$

schreiben kann, wobei $c = \dfrac{2}{n-2}\, a^{(n-2)/2}$ für $n > 2$ und $c = \ln a$ für $n = 2$ zu setzen ist.

c) Nun sei M kompakt und orientiert; sind v und v' die $\boldsymbol{g}$ bzw. $\boldsymbol{g}'$ entsprechenden Riemannschen Volumina auf M, so gilt $v' = a^n \cdot v$. Aus (2) und aus Aufgabe 3a) leite man her, daß dann

$$\int S a^{(n-2)/2}\, dv = \int S' a^{-(n-2)/2}\, dv'$$

ist.

d) Wieder sei M kompakt und orientiert; außerdem seien die skalaren Krümmungen S und S' *konstant*. Man zeige, daß eine skalare Funktion f der Klasse C^∞ auf $\boldsymbol{R}$ existiert derart, daß, in den Bezeichnungen von b), die Beziehung $f'(c) = S - S'a^2$ gilt. Wenn $S \leq 0$ (also nach c) auch $S' \leq 0$) ist, so leite man daraus her, daß $f'(c)\operatorname{div}(\operatorname{grad}(c)) \geq 0$ und $f''(c) \geq 0$ auf M gilt. Man berechne $\operatorname{div}(\operatorname{grad}(f(c)))$ und stelle unter Benutzung von Aufgabe 3a) dann fest, daß c (also auch a) auf M *konstant* sein muß.

e) Aus d) und c) leite man her: Hat eine kompakte orientierbare Riemannsche Mannigfaltigkeit M eine *konstante negative* skalare Krümmung, so ist jeder *konforme* Diffeomorphismus von M auf sich notwendigerweise eine *Isometrie.*

f) Es sei M eine Riemannsche Mannigfaltigkeit, $\boldsymbol{g}$ ihre Metrik, G eine Gruppe von Isometrien von M und ϱ eine streng positive skalare Funktion der Klasse C^∞ auf M, die bei keinem von der identischen Abbildung verschiedenen Element von G invariant bleibt. Ferner sei $\boldsymbol{g}' = \varrho^2\boldsymbol{g}$; versieht man M mit der Metrik $\boldsymbol{g}'$, so ist G eine Gruppe konformer Diffeomorphismen der so erhaltenen Mannigfaltigkeit, von denen keiner (außer der Identität) eine Isometrie ist.

8. a) Es sei M eine orientierte Riemannsche Mannigfaltigkeit, $\boldsymbol{g}$ ihre Metrik, $(\boldsymbol{e}_i)$ ein auf einer offenen Teilmenge U von M definiertes orthonormales Repère. Man zeige, daß für jedes Vektorfeld X der Klasse C^∞ auf U

$$\tfrac{1}{2}\operatorname{div}(\operatorname{grad}(\|X\|^2)) = \sum_i (\nabla_{\boldsymbol{e}_i}(\nabla_{\boldsymbol{e}_i}\cdot X)\,|\,X) + \operatorname{Tr}(\mathfrak{A}_X\mathfrak{A}_X^*)$$

gilt, wobei $\mathfrak{A}_X^*(x)$ für jedes $x \in M$ der bezüglich des Skalarproduktes $\boldsymbol{g}(x)$ zu $\mathfrak{A}_X(x)$ *adjungierte* Endomorphismus ist (vgl. (11.5.1)). (Man benutze (20.9.5.3).)

b) Wir setzen voraus, X sei auf ganz M definiert und ein infinitesimaler Automorphismus des Levi-Civita-Zusammenhangs. Man zeige, daß auf U

$$\sum_i \left(\nabla_{\boldsymbol{e}_i}\cdot\left(\nabla_{\boldsymbol{e}_i}\cdot X\right)\,|\,X\right) = -\langle \mathfrak{R}', X\otimes X\rangle$$

gilt. (Man benutze die Formel (1) aus Abschnitt 20.6, Aufgabe 6, und die Tatsache, daß man voraussetzen kann, in einem gegebenen Punkt x gelte $\nabla_{\boldsymbol{e}_i(x)}\cdot\boldsymbol{e}_i = 0$ für alle i (vgl. Abschnitt 20.6, Aufgabe 15).)

c) Aus a) und b) und der Formel (3) von Aufgabe 3 leite man her, daß für jeden infinitesimalen Automorphismus X des Levi-Civita-Zusammenhanges die Beziehung

$$(\operatorname{div} X)^2 - \operatorname{Tr}(\mathfrak{A}_X^2) - \operatorname{Tr}(\mathfrak{A}_X\mathfrak{A}_X^*)$$
$$= \operatorname{div}(\mathfrak{A}_X\cdot X + (\operatorname{div} X)X + \tfrac{1}{2}\operatorname{grad}(\|X\|^2))$$

erfüllt ist.

d) Nun sei M *komapkt,* zusammenhängend und orientiert. Man zeige, daß jeder infinitesimale Automorphismus X des Levi-Civita-Zusammenhanges eine *infinitesimale Isometrie* ist (Satz von Bochner-Yano). (Man benutze die Aufgaben 3a) und 3d) und zeige zunächst, daß $\operatorname{div} X = 0$ ist; alsdann benutze man c) und Aufgabe 3a) und stelle fest, daß für jeden Endomorphismus U eines endlichdimensionalen Hilbertraumes E die Beziehung

$$\operatorname{Tr}((U + U^*)^2) = 2(\operatorname{Tr}(U^2) + \operatorname{Tr}(UU^*)) \geqq 0$$

erfüllt ist, wobei Gleichheit nur möglich ist, wenn $U + U^* = 0$ ist (vgl. (11.5.7)); man schließe dann weiter mit Hilfe von Aufgabe 7 aus Abschnitt 20.9.)

c) Es sei M_1 eine kompakte und zusammenhängende Riemannsche Mannigfaltigkeit, $\boldsymbol{g}_1$ ihre Metrik, c eine von 1 verschiedene streng positive Konstante und M_2 die Riemannsche Mannigfaltigkeit, die man aus M_1 erhält, wenn man als Metrik $\boldsymbol{g}_2 = c\boldsymbol{g}_1$ wählt. Schließlich sei $M = M_1 \times M_2$ die kompakte Riemannsche Produktmannigfaltigkeit von M_1 und M_1 (vgl. Abschnitt 20.8, Aufgabe 1). Man zeige, daß die Abbildung $(x_1, x_2) \to (x_2, x_1)$ ein Diffeomorphismus von M auf sich ist, der zwar ein Automorphismus des Levi-Civita-Zusammenhangs, aber keine Isometrie ist.

9. In den Bezeichnungen von (20.10.7) und (20.10.8) beweise man

$$\nabla S = 2c_2^1(\nabla((G_1^1)^{-1} \cdot \mathfrak{R}')) .$$

(Man benutze die Bianchi-Identität (20.3.4) in der in Aufgabe 1 angegebenen Gestalt.)

20.11. Beispiele für Riemannsche und für pseudo-Riemannsche Mannigfaltigkeiten

20.11.1. In den Bezeichnungen von (20.7.10) betrachten wir ein bezüglich eines involutiven Automorphismus σ von G *symmetrisches Paar* (G, H), wobei G zusammenhängend ist und treu auf G/H operiert. Wir stellen uns die Aufgabe, alle pseudo-Riemannschen Metriken $\boldsymbol{g}$ auf G/H zu bestimmen, die *bezüglich G invariant* sind. Ist $x_0 = \pi(e)$, so ist $\boldsymbol{g}(x_0)$ also eine nichtausgeartete symmetrische Bilinearform auf dem Raum $T_{x_0}(G/H)$, der sich mit dem Teilraum $\mathfrak{m}$ von $\mathfrak{g}_e$ identifizieren läßt (vgl. (20.7.10)). Da sich die Operation von H auf $T_{x_0}(G/H)$ mit der Operation $(t, \mathbf{u}) \to \mathrm{Ad}\,(t) \cdot \mathbf{u}$ von H auf $\mathfrak{m}$ identifizieren läßt, sieht man zunächst, daß $\Phi = \boldsymbol{g}(x_0)$ *bezüglich der Operatoren* $\mathrm{Ad}\,(t)$ *für $t \in H$ invariant sein muß*. Diese notwendige Bedingung ist auch hinreichend; denn wird für jedes $s \in G$ jetzt $\boldsymbol{g}(s \cdot x_0) = s \cdot \boldsymbol{g}(x_0)$ $(= \mathbf{T}_2^0(s) \cdot \boldsymbol{g}(x_0))$ definiert, so hängt die Form $\boldsymbol{g}(s \cdot x_0)$ nur von dem Punkt $s \cdot x_0$ ab, da $t \cdot \boldsymbol{g}(x_0) = \boldsymbol{g}(x_0)$ für $t \in H$ gilt. Außerdem stellt man fest, daß die Metrik $\boldsymbol{g}$ auch *bezüglich der Spiegelung* σ_0 invariant ist, weil $T_{x_0}(\sigma_0)$ die Spiegelung $\mathbf{u} \to -\mathbf{u}$ in $\mathfrak{m}$ ist, die jede Bilinearform auf $\mathfrak{m}$ invariant läßt.

Für *jede* nichtausgeartete symmetrische Bilinearform Φ, welche diese vorige Bedingung erfüllt, stimmt der $\boldsymbol{g}$ entsprechende Levi-Civita-Zusammenhang stets mit dem in (20.7.10) definierten *kanonischen linearen Zusammenhang* $\mathbf{C}$ auf G/H überein. Da $\boldsymbol{g}$ ein bezüglich G invarianter Tensor ist, gilt nämlich $\nabla \boldsymbol{g} = 0$ bezüglich $\mathbf{C}$ (vgl. (20.7.10.7)); daher ist $\mathbf{C}$ ein $\boldsymbol{O}(\Phi)$-Zusammenhang (vgl. (20.9.5)). Da $\mathbf{C}$ außerdem windungsfrei ist (vgl. (20.7.10.5)), ist $\mathbf{C}$ nach (20.9.4) der Levi-Civita-Zusammenhang.

20.11.2. Als erstes Beispiel nehmen wir $G = \boldsymbol{R}^n$ und $H = \{0\}$; das ist offenbar ein bezüglich der Spiegelung σ: $\mathbf{x} \to -\mathbf{x}$ symmetrisches Paar. Jede nichtausgeartete symmetrische Bilinearform Φ auf $\mathfrak{m} = \mathfrak{g}_e = \boldsymbol{R}^n$ erfüllt trivialerweise die Voraussetzung von (20.11.1), definiert daher eine pseudo-Riemannsche Struktur auf $\boldsymbol{R}^n$, die bezüglich Translationen invariant ist. Der entsprechende Zusammenhang hat die Krümmung Null und entspricht dem trivialen Zusammenhang (20.4.1) auf dem (trivialen) Hauptfaserbündel der Repères; die geodätischen Trajektorien sind die *Geraden*. Nimmt man für Φ das euklidische Skalarprodukt auf $\boldsymbol{R}^n$, so wird die entsprechende Riemannsche (Mannigfaltigkeits-) Struktur auf $\boldsymbol{R}^n$ die *kanonische* genannt; wenn von dem $\boldsymbol{R}^n$ als einer Riemannschen Mannigfaltigkeit die Rede ist, so soll es sich stets, wenn nicht ausdrücklich etwas anderes gesagt wird, um diese Struktur handeln.

Offenbar ist bezüglich dieser Struktur die *kanonische Volumenform* (vgl. (20.8.6)) bezüglich der kanonischen Orientierung des Raumes $\boldsymbol{R}^n$ gleich $d\xi^1 \wedge d\xi^2 \wedge \cdots \wedge d\xi^n$. Die euklidischen Bewegungen (der Determinante ± 1) sind Isometrien des $\boldsymbol{R}^n$; man kann zeigen, daß dies die einzigen sind (Aufgabe 1). Aufgrund der Translationsinvarianz der Metrik des $\boldsymbol{R}^n$ gibt es zu jeder *diskreten* Untergruppe D des $\boldsymbol{R}^n$ auf $\boldsymbol{R}^n/D$ genau eine Riemannsche Struktur, für welche $\boldsymbol{R}^n$ eine *Riemannsche Überlagerung* von $\boldsymbol{R}^n/D$ ist; alle diese Mannigfaltigkeiten haben die *Krümmung* 0, und ihre geodätischen Trajektorien sind die kanonischen Bilder der Geraden des $\boldsymbol{R}^n$. Die Fläche $\boldsymbol{R}^2/(\boldsymbol{Z} \times \{0\})$ wird *Kreiszylinder*, die zu $\boldsymbol{T}^2$ diffeomorphe Fläche $\boldsymbol{R}^2/(\boldsymbol{Z} \times \boldsymbol{Z})$ *flacher Torus* genannt.

20.11.3. Wir betrachten jetzt ein symmetrisches Paar (G, H), wobei H *kompakt* ist (vgl. Abschnitt 20.16, Aufgabe 11). Dann existiert stets eine bezüglich G (und σ_0) invariante *Riemannsche Metrik* auf G/H; dies ergibt sich aufgrund von (20.11.1) aus dem folgenden Satz:

20.11.3.1. *Es sei E ein endlichdimensionaler reeller Vektorraum, K eine kompakte Untergruppe von $\boldsymbol{GL}(E)$. Dann existiert auf E eine positive nichtausgeartete symmetrische Bilinearform, die bezüglich K invariant ist.*

Es sei also Φ eine beliebige positive nichtausgeartete symmetrische Bilinearform auf E. Für beliebige $x, y \in E$ ist die Funktion $s \to \Phi(s \cdot x, s \cdot y)$ auf K stetig. Ist μ das Haarsche Maß auf K (vgl. (14.1.5)), so setzen wir

20.11.3.2. $\Psi(x, y) = \int_K \Phi(s \cdot x, s \cdot y)\, d\mu(s)$.

Offenbar ist Ψ eine symmetrische Bilinearform auf E. Für jedes $t \in K$ gilt

$$\begin{aligned}\Psi(t \cdot x, t \cdot y) &= \int_K \Phi(st \cdot x, st \cdot y)\, d\mu(s)\\ &= \int_K \Phi(s \cdot x, s \cdot y)\, d\mu(s) = \Psi(x, y)\end{aligned}$$

aufgrund der Invarianz von μ. Schließlich ist $\Psi(x, x) = \int_K \Phi(s \cdot x, s \cdot x)\, d\mu(s)$, und für $x \neq 0$ hat die stetige Funktion $s \to \Phi(s \cdot x, s \cdot x)$ auf K positive und im Punkt e streng positive Werte. Da der Träger von μ ganz K ist (vgl. Abschnitt 14.1), gilt $\Psi(x, x) > 0$ (vgl. Abschnitt 13.9); damit ist die Behauptung bewiesen.

Der mit einer bezüglich G invarianten Riemannschen Metrik versehene Raum G/H wird ein *symmetrischer Riemannscher Raum* genannt.

20.11.3.3. Bemerkung. Ist E ein endlichdimensionaler *komplexer* Vektorraum und K eine kompakte Untergruppe von $\boldsymbol{GL}(E)$, so zeigt derselbe Beweis wie in (20.11.3.1), daß auf E eine *nichtausgeartete positive Hermitesche Form* existiert, die bezüglich K invariant ist.

20.11.4. Als erstes Beispiel zu (20.11.3) zeigen wir, daß die *Sphäre* $\boldsymbol{S}_n$ $(n \geqq 1)$ ein symmetrischer Riemannscher Raum G/H mit kompaktem H ist. Bekanntlich (vgl. (16.11.5)) ist ja $\boldsymbol{S}_n$ zu $\boldsymbol{SO}(n+1)/\boldsymbol{SO}(n)$ für $n \geqq 1$ kanonisch diffeomorph. Ist $(\mathbf{e}_i)_{1 \leq i \leq n+1}$ die kanonische Basis des $\boldsymbol{R}^{n+1}$ und $s \in \boldsymbol{O}(n+1)$ die durch $s(\mathbf{e}_j) = \mathbf{e}_j$ für $j \leqq n$ und $s(\mathbf{e}_{n+1}) = -\mathbf{e}_{n+1}$ definierte Spiegelung an dem (mit der zu $\mathbf{e}_{n+1}$ orthogonalen Hyperebene identifizierten) $\boldsymbol{R}^n$, so folgt aus der Tatsache, daß s eine Involution ist, daß $\sigma: t \to sts^{-1}$ ein *involutiver Automorphismus* von $\boldsymbol{SO}(n+1)$ ist. Außerdem sind offenbar die einzigen mit s vertauschbaren Elemente von $\boldsymbol{SO}(n+1)$ diejenigen, welche $\mathbf{e}_{n+1}$ in $\pm\,\mathbf{e}_{n+1}$ transformieren; daher ist $\boldsymbol{O}(n)$ die aus den bezüglich σ invarianten Elementen bestehende Untergruppe von $\boldsymbol{SO}(n+1)$, deren neutrale Komponente $H = \boldsymbol{SO}(n)$ ist. Das Paar $(\boldsymbol{SO}(n+1), \boldsymbol{SO}(n))$ ist daher symmetrisch bezüglich σ, und H enthält keinen von $\{e\}$ verschiedenen Normalteiler. Nach (19.11.2.4) stimmt der abgeleitete Homomorphismus σ_* mit $\mathrm{Ad}(s)$: $\mathbf{u} \to s\mathbf{u}s^{-1}$ überein, operiert also auf dem Raum $\mathfrak{so}(n+1)$ der antisymmetrischen Endomorphismen des $\boldsymbol{R}^{n+1}$ (bezüglich des euklidischen Skalarproduktes $(\mathbf{x}\,|\,\mathbf{y})$). Wir wollen nun den aus den $\mathbf{u}$ mit $\sigma_*(\mathbf{u}) = -\mathbf{u}$ bestehenden Teilraum $\mathfrak{m}$ von $\mathfrak{so}(n+1)$ bestimmen. Zu diesem Zweck betrachten wir für jeden Vektor $\mathbf{z} \in \boldsymbol{R}^n$ den antisymmetrischen Endomorphismus $a_{\mathbf{z}}$ des $\boldsymbol{R}^{n+1}$, dessen Matrix bezüglich der kanonischen Basis

20.11.4.1. $$\begin{pmatrix} 0_n & \mathbf{z} \\ -{}^t\mathbf{z} & 0 \end{pmatrix}$$

ist (dabei wird $\mathbf{z}$ mit einer Spaltenmatrix vom Typ $(n, 1)$ identifiziert).

Ist $\mathbf{z} \neq 0$ und wählt man eine $\mathbf{z}/\|\mathbf{z}\|$ und $\mathbf{e}_{n+1}$ enthaltende orthonormale Basis des $\boldsymbol{R}_{n+1}$, so stellt man fest, daß $a_{\mathbf{z}}$ die zu $\mathbf{z}$ orthogonalen Vektoren des $\boldsymbol{R}^n$ invariant läßt und daß die Einschränkung von $a_{\mathbf{z}}$ auf die Ebene $\boldsymbol{R}\mathbf{e}_{n+1} \oplus \boldsymbol{R}\mathbf{z}$ eine mit einer Homothetie mit dem Faktor $\|\mathbf{z}\|$ verknüpfte Drehung um den Winkel $\pi/2$ ist; dabei sei diese Ebene so orientiert, daß $(\mathbf{e}_{n+1}, \mathbf{z})$ eine positiv orientierte Basis ist. Offenbar gehört $a_{\mathbf{z}}$ zu $\mathfrak{m}$; daher ist $\mathbf{z} \to a_{\mathbf{z}}$ eine injektive lineare Abbildung von $\boldsymbol{R}^n$ in $\mathfrak{m}$. Wegen

$$\dim(\mathfrak{m}) = \dim\big(\mathfrak{so}(n+1)\big) - \dim\big(\mathfrak{so}(n)\big) = n$$

(vgl. (16.11.2)) besteht $\mathfrak{m}$ aus den Endomorphismen $a_{\mathbf{z}}$ (vgl. (A.4.19)). Für jedes Element $t \in H = \boldsymbol{SO}(n)$ ist $\mathrm{Ad}(t)$ die Abbildung $\mathbf{u} \to t\mathbf{u}t^{-1}$ (vgl. (19.11.2.4)); also gilt $\mathrm{Ad}(t) \cdot a_{\mathbf{z}} = a_{t\cdot\mathbf{z}}$. Die Gruppe H operiert transitiv auf den Geraden und den (durch 0 gehenden) Ebenen von $\mathfrak{m}$. Als Riemannsche Metrik $\boldsymbol{g}$ können wir hier diejenige wählen, für die $\boldsymbol{g}(\pi(e))$ das Bild des euklidischen Skalarprodukts auf dem $\boldsymbol{R}^n$ vermöge $\mathbf{z} \to a_{\mathbf{z}}$ ist. Die so auf $\boldsymbol{S}_n$ definierte Riemannsche (Mannigfaltigkeits-) Struktur wird die *kanonische* genannt, und wenn von $\boldsymbol{S}_n$ als einer Riemannschen Mannigfaltigkeit die Rede ist, soll es sich, wenn nicht ausdrücklich etwas anderes gesagt wird, um diese Struktur handeln.

Aufgrund von (20.7.10.4) sind die Geodätischen mit dem mit $\mathbf{e}_{n+1}$ identifizierten Anfangspunkt $x_0 = \pi(e)$ die Kurven $\xi \to \exp(\xi a_{\mathbf{z}}) \cdot \mathbf{e}_{n+1}$, also, wenn man (für $\mathbf{z} \neq 0$) dieselbe orthonormale Basis wie oben wählt, die Kurven

20.11.4.2. $$\xi \to \cos(\|\mathbf{z}\|\,\xi)\,\mathbf{e}_{n+1} + \sin(\|\mathbf{z}\|\,\xi)\frac{\mathbf{z}}{\|\mathbf{z}\|}.$$

Die geodätischen Trajektorien sind somit die *Großkreise* von $\boldsymbol{S}_n$.

20.11.5. Wählen wir für geradzahliges n statt $H = \boldsymbol{SO}(n)$ in $G = \boldsymbol{SO}(n+1)$ jetzt $H = \boldsymbol{O}(n)$, d. h. die Untergruppe der bezüglich σ invarianten Elemente, so erhalten wir $\boldsymbol{P}_n(\boldsymbol{R})$ als symmetrischen Riemannschen Raum (vgl. (16.11.8) und (16.14.9)) (ist n ungerade, so sind $\boldsymbol{O}(n)$ und $\boldsymbol{SO}(n+1)$ durch ihre Faktorgruppen nach dem gemeinsamen Zentrum $\{\pm 1\}$ zu ersetzen); der Raum $\mathfrak{m}$ ist derselbe wie in (20.11.4), und wir wählen als die bezüglich $\boldsymbol{SO}(n+1)$ invariante Riemannsche Metrik auf $\boldsymbol{P}_n(\boldsymbol{R})$ diejenige, die sich auf $\mathfrak{m}$ auf das Bild des euklidischen Skalarprodukts auf $\mathfrak{m}$ vermöge der Abbildung (20.11.4.1) reduziert. Dann ist $\boldsymbol{S}_n$ eine zweiblättrige *Riemannsche Überlagerung* von $\boldsymbol{P}_n(\boldsymbol{R})$, und die geodätischen Trajektorien von $\boldsymbol{P}_n(\boldsymbol{R})$ sind die *projektiven Geraden*, welche kanonische Bilder der Kurven (20.11.4.2) sind.

20.11.6. Wir ersetzen in (20.11.4) nun G durch $\boldsymbol{SU}(n+1)$ und $\boldsymbol{R}^{n+1}$ durch $\boldsymbol{C}^{n+1}$; jetzt bezeichne $(\mathbf{x} \mid \mathbf{y})$ das kanonische hermitesche Skalarprodukt. Mit der gleichen Definition von s und σ sind die mit s vertauschbaren Elemente von $\boldsymbol{SU}(n+1)$ hier diejenigen, die $\mathbf{e}_{n+1}$ in $\zeta\mathbf{e}_{n+1}$ mit $|\zeta| = 1$ transformieren; daher läßt sich die Untergruppe H der bezüglich σ invarianten Elemente mit der (zusammenhängenden) Gruppe $\boldsymbol{U}(n)$ identifizieren, so daß der symmetrische homogene Raum G/H hier dem *komplexen projektiven Raum* $\boldsymbol{C}_n(\mathrm{A})$ $(n \geqq 1)$ kanonisch diffeomorph ist; außerdem enthält H keinen nichttrivialen Normalteiler von G. Wie in (20.11.4) sehen wir, daß $\mathfrak{m}$ aus den antihermiteschen Endomorphismen $a_{\mathbf{z}}$ besteht, deren Matrix

20.11.6.1. $$\begin{pmatrix} 0_n & \mathbf{z} \\ -{}^t\bar{\mathbf{z}} & 0 \end{pmatrix}$$

ist, wobei $\mathbf{z}$ den $\boldsymbol{C}^n$ durchläuft und $\bar{\mathbf{z}}$ denjenigen Vektor bezeichnet, dessen Komponenten zu denen von $\mathbf{z}$ komplex-konjugiert sind. H operiert wieder vermöge der adjungierten Darstellung, und es ist $\mathrm{Ad}\,(t) \cdot a_{\mathbf{z}} = a_{t\cdot\mathbf{z}}$ für $t \in \boldsymbol{U}(n)$ und $\mathbf{z} \in \boldsymbol{C}^n$. Diesmal operiert H zwar transitiv auf den reellen Geraden von $\mathfrak{m}$, aber nicht mehr auf den reellen Ebenen. Wir können als nichtausgeartete symmetrische Bilinearform auf $\mathfrak{m}$ das Bild des Realteils $\mathrm{Re}\,(\mathbf{x} \mid \mathbf{y})$ des kanonischen hermiteschen Skalarprodukts auf $\boldsymbol{C}^n$ vermöge $\mathbf{z} \to a_{\mathbf{z}}$ wählen. Die durch $x_0 = \pi(e)$, das kanonische Bild von $\mathbf{e}_{n+1}$ in $\boldsymbol{P}_n(\boldsymbol{C})$, gehenden geodätischen Trajektorien sind wieder die kanonischen Bilder der Kurven (20.11.4.2), also diffeomorph zu Kreisen.

Wir können G in (20.11.4) auch durch $\boldsymbol{U}(n+1, \boldsymbol{H})$ und $\boldsymbol{R}^{n+1}$ durch $\boldsymbol{H}^{n+1}$ ersetzen; die Untergruppe H läßt sich dann mit $\boldsymbol{U}(n, \boldsymbol{H})$ identifizieren, G/H ist der *hyperkomplexe projektive Raum* $\boldsymbol{P}_n(\boldsymbol{H})$ (vgl. (16.11.9)). Die bisherigen Aussagen lassen sich sofort übertragen; insbesondere sind die geodätischen Trajektorien wieder zu Kreisen diffeomorph.

20.11.7. Wir wählen jetzt als Gruppe G die neutrale Komponente der Gruppe $\boldsymbol{O}(\Psi)$, wobei Ψ die Form $\sum_{j=1}^{n} \xi_j\eta_j - \xi_{n+1}\eta_{n+1}$ auf $\boldsymbol{R}^{n+1}$ ist (vgl. (16.11.1)). Definiert man s und σ wie in (20.11.4), so ist die neutrale Komponente H der Gruppe der bezüglich σ invarianten Elemente wieder $\boldsymbol{SO}(n)$. Der Teilraum $\mathfrak{m}$ von $\mathfrak{g}_e$ ist hier das Bild von $\boldsymbol{R}^n$ vermöge der linearen Abbildung $\mathbf{z} \to a_{\mathbf{z}}$, wobei $a_{\mathbf{z}}$ hier der symmetrische Endomorphismus des $\boldsymbol{R}^{n+1}$ ist, dessen Matrix bezüglich der kanonischen Basis

20.11.7.1. $\begin{pmatrix} 0_n & \mathbf{z} \\ {}^t\mathbf{z} & 0 \end{pmatrix}$

ist. Die Gruppe H operiert wieder auf $\mathfrak{m}$ vermöge der adjungierten Darstellung, und es ist $\operatorname{Ad}(t) \cdot a_{\mathbf{z}} = a_{t \cdot \mathbf{z}}$. Sie operiert wieder transitiv auf den Geraden und auf den Ebenen von $\mathfrak{m}$.

Da die Automorphismen von G die Determinante 1 haben, kann H mit dem Stabilisator des Punktes $\mathbf{e}_{n+1}$ bezüglich der kanonischen Operation von G auf $\boldsymbol{R}^{n+1}$ identifiziert werden; daher ist G/H der zusammenhängenden Komponente von $\mathbf{e}_{n+1}$ im Orbit von $\mathbf{e}_{n+1}$ bezüglich $\boldsymbol{O}(\Psi)$ kanonisch diffeomorph (vgl. (16.10.8)), und diese ist nichts anderes als die durch die Relationen

20.11.7.2. $\xi_{n+1} \geqq 0\,, \qquad \xi_1^2 + \xi_2^2 + \cdots + \xi_n^2 - \xi_{n+1}^2 = 1$

definierte *Halb-Quadrik* Q_+ von $\boldsymbol{R}^{n+1}$.

Auch hier können wir wieder für Φ die durch das euklidische Skalarprodukt des $\boldsymbol{R}^n$ vermöge des Isomorphismus $\mathbf{z} \to a_{\mathbf{z}}$ auf $\mathfrak{m}$ induzierte Form wählen. Die Geodätischen mit dem Anfangspunkt $\mathbf{e}_{n+1}$ sind die Kurven

$$\xi \to \cosh(\|\mathbf{z}\|\,\xi)\,\mathbf{e}_{n+1} + \sinh(\|\mathbf{z}\|\,\xi)\,\frac{\mathbf{z}}{\|\mathbf{z}\|}\,;$$

daher sind ihre Bilder die Durchschnitte von Q_+ mit den durch 0 und $\mathbf{e}_{n+1}$ gehenden Ebenen. Wir schließen daraus, daß wir alle geodätischen Trajektorien von Q_+ als Durchschnitte von Q_+ mit den durch 0 gehenden Ebenen erhalten, und dies sind Halbhyperbeln mit dem Mittelpunkt 0.

Da Q_+ als Graph der Funktion $(\xi_1, \ldots, \xi_n) \to (1 - \xi_1^2 - \cdots - \xi_n^2)^{1/2}$ angesehen werden kann, folgt aus (16.8.13), daß die Projektion von Q_+ auf den Raum $\boldsymbol{R}^n$ ein Diffeomorphismus ist; übertragen wir die Struktur der Riemannschen Mannigfaltigkeit von Q_+ auf $\boldsymbol{R}^n$ mittels dieses Diffeomorphismus, so erhalten wir auf $\boldsymbol{R}^n$ die Struktur einer Riemannschen Mannigfaltigkeit, bezüglich welcher der $\boldsymbol{R}^n$ der *n-dimensionale hyperbolische Raum* genannt und mit $\boldsymbol{Y}_n$ bezeichnet wird.

20.11.8. Es sei G eine zusammenhängende Liesche Gruppe, *deren Zentrum nur aus* $\{e\}$ *besteht*; wir wollen zeigen, daß wir G als *symmetrischen homogenen Raum* auffassen können. In der Gruppe $G \times G$ sei also σ der involutive Automorphismus $(s, t) \to (t, s)$; die Menge der bezüglich σ invarianten Elemente ist die aus den Elementen (s, s) bestehende diagonale Untergruppe D. Sie enthält keinen nichttrivialen Normalteiler von $G \times G$; denn $(s, t)\,(x, x)\,(s^{-1}, t^{-1}) = (sxs^{-1}, txt^{-1})$ kann nur dann für jedes $(s, t) \in G \times G$ zu D gehören, wenn x im Zentrum von G enthalten ist. Der aus den Eigenvektoren von σ_* zum Eigenwert -1 bestehende Teilraum $\mathfrak{m}$ von $\mathfrak{g}_e \times \mathfrak{g}_e$ ist offenbar der Teilraum der Vektoren $(\mathbf{u}, -\mathbf{u})$ mit $\mathbf{u} \in \mathfrak{g}_e$, und für $s \in G$ gilt $\operatorname{Ad}(s, s) \cdot (\mathbf{u}, -\mathbf{u}) = \big(\operatorname{Ad}(s) \cdot \mathbf{u}, -\operatorname{Ad}(s) \cdot \mathbf{u}\big)$.

Auf das symmetrische Paar $(G \times G, D)$ können wir die Methode von (20.11.1) also genau dann anwenden, wenn auf $\mathfrak{g}_e$ eine *nichtausgeartete symmetrische Bilinearform* Φ existiert, die *bezüglich der Operatoren* $\mathrm{Ad}(s)$ *für* $s \in G$ *invariant ist.*

Es sei G_0 die zu G isomorphe Untergruppe $\{e\} \times G$ von $G \times G$; die Abbildung

$$\varphi\colon (x, y) \to \big((e, yx^{-1}), (x, x)\big)$$

ist ein Diffeomorphismus von $G \times G$ auf $G_0 \times D$, dessen inverser Diffeomorphismus

$$\varphi^{-1}\colon \big((e, t), (s, s)\big) \to (s, ts)$$

ist. Nun gilt $\varphi(xs, ys) = \big((e, yx^{-1}), (xs, xs)\big)$; ist $\pi\colon G \times G \to (G \times G)/D$ die kanonische Projektion, so gibt es also einen Diffeomorphismus $\psi\colon (G \times G)/D \to G_0$ mit $\psi\big(\pi(x, y)\big) = (e, yx^{-1})$ (vgl. (16.10.4)). Daher ist φ ein *Isomorphismus* des Hauptfaserbündels $\big(G \times G, (G \times G)/D, \pi\big)$ auf das triviale Hauptfaserbündel $(G_0 \times D, G_0, \mathrm{pr}_1)$ mit der gleichen Gruppe D. Die lineare Tangentialabbildung $T_{(e,e)}(\varphi)$ ist nichts anderes als $(\mathbf{u}, \mathbf{v}) \to \big((0, \mathbf{v} - \mathbf{u}), (\mathbf{u}, \mathbf{u})\big)$ $\big($vgl. (16.9.9)$\big)$; sie definiert also durch Einschränkung auf $\mathfrak{m}$ und kanonische Identifizierung von $\mathrm{Lie}\,(G_0)$ mit $\mathfrak{g}_e$ den Isomorphismus $\varrho\colon (\mathbf{u}, -\mathbf{u}) \to -2\mathbf{u}$ von $\mathfrak{m}$ auf $\mathfrak{g}_e$. Wir sehen also, daß es auf G genau eine bezüglich der *Linkstranslationen* von G invariante pseudo-Riemannsche Struktur gibt, deren Metrik $\boldsymbol{g}$ so beschaffen ist, daß $\boldsymbol{g}(e) = \Phi$ ist. Die Invarianz von Φ bezüglich der adjungierten Darstellung zeigt außerdem, daß $\boldsymbol{g}$ auch bezüglich der *Rechtstranslationen* von G invariant ist; denn wir können $\boldsymbol{g}(x) \cdot s = x \cdot \boldsymbol{g}(e) \cdot s = (xs) \cdot \big(s^{-1} \cdot \boldsymbol{g}(e) \cdot s\big) = xs \cdot \boldsymbol{g}(e) = \boldsymbol{g}(xs)$ schreiben. Schließlich liefert die Formel (20.7.10.6), welche die Krümmung des kanonischen Zusammenhangs auf $(G \times G)/D$ im Punkt $\pi(e)$ liefert, durch Übertragung der Struktur mittels φ und ϱ die Krümmung des Zusammenhangs der pseudo-Riemannschen Mannigfaltigkeit G im Punkt e:

20.11.8.1. $\big(\mathrm{r}(e) \cdot (\mathbf{u} \wedge \mathbf{v})\big) \cdot \mathbf{w} = -\frac{1}{4}\,[[\mathbf{u}, \mathbf{v}], \mathbf{w}]$

für $\mathbf{u}, \mathbf{v}, \mathbf{w} \in \mathfrak{g}_e$ $\big($vgl. (19.8.4.2)$\big)$. Wir erinnern daran, daß die geodätischen Trajektorien durch die *Verschiebungen der einparametrigen Untergruppen* von G geliefert werden und daß für je zwei Vektoren $\mathbf{u}, \mathbf{v} \in \mathfrak{g}_e$ die Beziehung

20.11.8.2. $\nabla_{X_{\mathbf{u}}} \cdot X_{\mathbf{v}} = \frac{1}{2}\, X_{[\mathbf{u},\mathbf{v}]} = \frac{1}{2}\,[X_{\mathbf{u}}, X_{\mathbf{v}}]$

gilt. Da außerdem die Vektorfelder $X_{\mathbf{u}}$ und $X_{\mathbf{v}}$ nach Definition bezüglich Linkstranslationen invariant sind, ist die Funktion $(X_{\mathbf{u}} \,|\, X_{\mathbf{v}})$ auf G *konstant.* Für jedes Vektorfeld Y auf G gilt daher nach (20.9.5.3)

$$0 = \theta_Y \cdot (X_{\mathbf{u}} \,|\, X_{\mathbf{v}}) = (\nabla_Y \cdot X_{\mathbf{u}} \,|\, X_{\mathbf{v}}) + (X_{\mathbf{u}} \,|\, \nabla_Y \cdot X_{\mathbf{v}});$$

setzen wir speziell $Y = X_{\mathbf{w}}$ mit $\mathbf{w} \in \mathfrak{g}_e$, so erhalten wir aufgrund von (20.11.8.2)

20.11.8.3. $([X_{\mathbf{u}}, X_{\mathbf{v}}] \,|\, X_{\mathbf{w}}) = (X_{\mathbf{u}} \,|\, [X_{\mathbf{v}}, X_{\mathbf{w}}])$.

Ist schließlich G *kompakt*, so ergibt sich aus dem Vorhergehenden und aus (20.11.3.1), daß auf G eine *Riemannsche Struktur* existiert, die sowohl *bezüglich Links- und als auch bezüglich Rechtstranslationen invariant* ist.

20.11.9. Bemerkung. Operiert — in den Bezeichnungen von (20.11.1) — H vermöge der adjungierten Darstellung *transitiv* auf den Geraden von $\mathfrak{m}$, so ist der Wert von $\boldsymbol{g}(x_0)$ auf $\mathfrak{m}$ bestimmt, wenn man ihn für *einen einzigen* von 0 verschiedenen Vektor kennt; denn es gibt bis auf einen konstanten Faktor nur eine *einzige* pseudo-Riemannsche Metrik auf G/H, die bezüglich G invariant ist.

Aufgaben

1. Man zeige unter Benutzung von Aufgabe 9a) aus Abschnitt 20.6, daß die euklidischen Bewegungen (mit der Determinante ± 1) die einzigen Isometrien des $\boldsymbol{R}^n$ bezüglich seiner kanonischen Riemannschen Struktur sind.

2. a) Auf $\boldsymbol{R}^n$ hat der aus dem trivialen Zusammenhang (vgl. (20.4.1)) auf dem (mit der kanonischen Trivialisierung $r_x \to (x, \boldsymbol{\tau}_x \circ r_x)$ versehenen) Repèreraum $R(\boldsymbol{R}^n)$ hergeleitete lineare Zusammenhang die Eigenschaft, daß für das kanonische Repèrefeld $x \to \boldsymbol{\tau}_x^{-1}$ die Zusammenhangsformen ω_{ij} sämtlich identisch verschwinden. Man nennt ihn zur Abkürzung den *kanonischen* linearen Zusammenhang auf $\boldsymbol{R}^n$. Die pseudo-Riemannschen Strukturen auf $\boldsymbol{R}^n$, deren Levi-Civita-Zusammenhang genau der kanonische lineare Zusammenhang ist, sind die in (20.11.2) definierten kanonischen Strukturen; bezüglich des kanonischen Repèrefeldes sind die Komponenten g_{ij} des Tensors $\boldsymbol{g}$ *Konstante* (vgl. (20.9.6.5)).

b) Für jede diskrete Gruppe G, die eigentlich und frei auf $\boldsymbol{R}^n$ operiert, ist $\boldsymbol{R}^n$ eine Überlagerung von $M = \boldsymbol{R}^n/G$ (vgl. Abschnitt 16.28, Aufgabe 4); auf M existiert genau ein linearer Zusammenhang, dessen inverses Bild vermöge der Projektion $p\colon \boldsymbol{R}^n \to M$ der kanonische lineare Zusammenhang ist. Dieser Zusammenhang ist genau dann der Levi-Civita-Zusammenhang einer pseudo-Riemannschen Struktur auf M, wenn G bezüglich einer der in (20.11.2) definierten kanonischen Strukturen auf $\boldsymbol{R}^n$ eine Gruppe von Isometrien ist.

c) In b) wähle man insbesondere $n = 2$ und für G die Gruppe der affinen linearen Abbildungen $(x, y) \to (x + ny + m, y + n)$, wobei n und m die Menge $\boldsymbol{Z}$ durchlaufen. Man zeige, daß $\boldsymbol{R}^2/G$ zum Torus T^2 diffeomorph ist, daß aber der vom kanonischen linearen Zusammenhang auf $\boldsymbol{R}^2$ induzierte (flache) lineare Zusammenhang nicht der Levi-Civita-Zusammenhang einer pseudo-Riemannschen Struktur auf M sein kann.

3. Es seien K eine zusammenhängende Liesche Gruppe, H eine (zusammenhängende) Liesche Untergruppe von K, ferner $\mathfrak{k}_e$ und $\mathfrak{h}_e$ ihre Lieschen Algebren; wir setzen wieder voraus, es sei $\mathfrak{k}_e = \mathfrak{h}_e \oplus \mathfrak{m}$, wobei $\mathfrak{m}$ ein Vektorteilraum mit $\mathrm{Ad}(t) \cdot \mathfrak{m} \subset \mathfrak{m}$ für jedes $t \in H$ ist. Es sei $\pi\colon K \to K/H$ die kanonische Projektion, ferner $x_0 = \pi(e)$.

a) Man zeige, daß die bezüglich der Operation von K invarianten pseudo-Riemannschen Strukturen auf K/H umkehrbar eindeutig den nichtausgearteten symmetrischen Bilinearformen Φ auf $\mathfrak{m}$ (wobei $\mathfrak{m}$ kanonisch mit $T_{x_0}(K/H)$ identifiziert wird) entsprechen, die bezüglich der Operatoren $\mathrm{Ad}(t)$ mit $t \in H$ invariant sind; dies ist äquivalent der Relation $\Phi([\mathbf{w}, \mathbf{u}], \mathbf{v}) + \Phi(\mathbf{u}, [\mathbf{w}, \mathbf{v}]) = 0$ für $\mathbf{u}, \mathbf{v} \in \mathfrak{m}$ und $\mathbf{w} \in \mathfrak{h}_e$.

b) Es sei Φ eine nichtausgeartete symmetrische Bilinearform auf $\mathfrak{m}$, die der Bedingung von a) genügt, und G die Untergruppe von $\boldsymbol{GL}(n, \boldsymbol{R})$, die Φ invariant läßt (wobei $\mathfrak{m}$ mit $\boldsymbol{R}^n$ identifiziert sei), so daß die Φ entsprechende pseudo-Riemannsche Struktur auf K/H eine G-Struktur ist. In den Bezeichnungen aus Abschnitt 20.7, Aufgabe 3, entsprechen dann die bezüglich K invarianten linearen Zusammenhänge auf K/H umkehrbar eindeutig den linearen Abbildungen $\mathbf{f}_m: \mathfrak{m} \to \mathfrak{g}_e$ mit $\mathbf{f}_{\mathfrak{m}}(\mathrm{Ad}(t) \cdot \mathbf{w}) = \mathrm{Ad}\,(\lambda(t)) \cdot \mathbf{f}_{\mathfrak{m}}(\mathbf{w})$ für $t \in H$ und $\mathbf{w} \in \mathfrak{m}$. Man zeige, daß der Levi-Civita-Zusammenhang auf K/H der linearen Abbildung $\mathbf{f}_{\mathfrak{m}}$ entspricht, die durch

$$\mathbf{f}_{\mathfrak{m}}(\mathbf{u}) \cdot \mathbf{v} = \tfrac{1}{2}\,[\mathbf{u}, \mathbf{v}]_{\mathfrak{m}} + \mathbf{B}(\mathbf{u}, \mathbf{v})$$

für $\mathbf{u}, \mathbf{v} \in \mathfrak{m}$ gegeben wird; dabei ist $\mathbf{B}$ die durch die Relation

$$2\Phi(\mathbf{B}(\mathbf{u}, \mathbf{v}), \mathbf{w}) = \Phi(\mathbf{u}, [\mathbf{w}, \mathbf{v}]_{\mathfrak{m}}) + \Phi([\mathbf{w}, \mathbf{u}]_{\mathfrak{m}}, \mathbf{v})$$

für $\mathbf{u}, \mathbf{v}, \mathbf{w} \in \mathfrak{m}$ definierte symmetrische bilineare Abbildung von $\mathfrak{m} \times \mathfrak{m}$ in $\mathfrak{m}$. (Man verwende die Tatsache, daß $Z_{\mathbf{u}}$ für jedes $\mathbf{u} \in \mathfrak{m}$ eine infinitesimale Isometrie ist, ferner die Gleichung (1) aus Aufgabe 7 von Abschnitt 20.9 und schließlich Aufgabe 3 aus Abschnitt 20.7) Der Φ entsprechende Levi-Civita-Zusammenhang stimmt genau dann mit dem windungsfreien Zusammenhang überein, der dem kanonischen Zusammenhang auf $S_G(K/H)$ (vgl. Abschnitt 20.7, Aufgabe 3) entspricht, wenn für $\mathbf{u}, \mathbf{v}, \mathbf{w} \in \mathfrak{m}$ die Beziehung

$$\Phi(\mathbf{u}, [\mathbf{w}, \mathbf{v}]_{\mathfrak{m}}) + \Phi([\mathbf{w}, \mathbf{u}]_{\mathfrak{m}}, \mathbf{v}) = 0$$

erfüllt ist.

Für die Krümmung des Φ entsprechenden Levi-Civita-Zusammenhangs gilt dann

$$\langle \boldsymbol{g}(x_0), \mathbf{u} \otimes (\mathbf{r} \cdot (\mathbf{u} \wedge \mathbf{v})) \cdot \mathbf{v} \rangle = \tfrac{1}{4}\,\Phi([\mathbf{u}, \mathbf{v}]_{\mathfrak{m}}, [\mathbf{u}, \mathbf{v}]_{\mathfrak{m}}) - \Phi([[\mathbf{u}, \mathbf{v}]_{\mathfrak{h}_e}, \mathbf{v}], \mathbf{u})$$

für $\mathbf{u}, \mathbf{v} \in \mathfrak{m}$ (mit $\boldsymbol{g}$ sei die pseudo-Riemannsche Metrik auf K/H bezeichnet).

4. Man verallgemeinere die Resultate von (20.11.4) auf die Räume $\boldsymbol{G}'_{n,p}(\boldsymbol{R})$ (vgl. Abschnitt 17.21, Aufgabe 1), indem man in $\boldsymbol{O}(n)$ die Spiegelung s mit $s(\mathbf{e}_j) = -\mathbf{e}_j$ für $j \leqq p$ und $s(\mathbf{e}_j) = \mathbf{e}_j$ für $p + 1 \leqq j \leqq n$ sowie den involutiven Automorphismus $\sigma: t \to sts^{-1}$ von $\boldsymbol{SO}(n)$ betrachtet. Der Raum $\mathfrak{m}$ wird hier mit dem Raum der reellen Matrizen

$$a_X = \begin{pmatrix} O_p & -{}^tX \\ X & O_{n-p} \end{pmatrix}$$

identifiziert, wobei X eine beliebige Matrix vom Typ $(n - p, p)$ ist; man kann als Metrik $\boldsymbol{g}$ diejenige wählen, deren Einschränkung auf $\mathfrak{m}$ mit $(a_X \mid a_Y) = -\tfrac{1}{2}\,\mathrm{Tr}\,(a_X a_Y)$ übereinstimmt.

5. In dem komplexen projektiven Raum $\boldsymbol{P}_n(\boldsymbol{C})$ bezeichnen wir mit $Q_{n-1}(\boldsymbol{C})$ die durch die homogene Gleichung

$$(z^0)^2 + (z^1)^2 + \cdots + (z^n)^2 = 0$$

in den homogenen Koordinaten (z^j) eines Punktes von $\boldsymbol{P}_n(\boldsymbol{C})$ definierte *komplexe Quadrik*. Man zeige, daß die Untergruppe $\boldsymbol{SO}(n + 1)$ von $\boldsymbol{SU}(n + 1)$, die auf $\boldsymbol{P}_n(\boldsymbol{C})$ durch Einschränkung der kanonischen Operation von $\boldsymbol{SU}(n + 1)$ operiert, auf $Q_{n-1}(\boldsymbol{C})$ transitiv operiert und daß $Q_{n-1}(\boldsymbol{C})$ zu $\boldsymbol{G}'_{n+1,2}(\boldsymbol{R})$ diffeomorph ist, also mit einer Struktur eines symmetrischen Riemannschen Raumes versehen ist (vgl. Aufgabe 4).

6. Man betrachte auf $\boldsymbol{C}^n$ die hermitesche Form

$$\Psi(x, y) = \sum_{j=1}^{p} \xi_j \bar{\eta}_j - \sum_{j=p+1}^{n} \xi_j \bar{\eta}_j$$

mit der Signatur $(p, n - p)$ und die zusammenhängende unitäre Gruppe $\boldsymbol{U}(\Psi)$. Der Teilraum $R_{n,p}$ der Folgen $(\mathbf{x}_k)_{1 \leqq k \leqq p}$ von p Vektoren aus $\boldsymbol{C}^n$, die *orthonormal* bezüglich Ψ sind, läßt sich mit dem homogenen Raum $\boldsymbol{U}(\Psi)/\boldsymbol{U}(p)$ identifizieren (man schließe wie in (16.11.4)). Ist $P_{n,p}$ der aus den p-dimensionalen Teilräumen von $\boldsymbol{C}^n$ bestehende Teilraum von $\boldsymbol{G}_{n,p}(\boldsymbol{C})$, auf denen die Einschränkung von Ψ positiv und nichtausgeartet ist, so läßt sich $P_{n,p}$ mit $R_{n,p}/\boldsymbol{U}(n-p)$, also mit $\boldsymbol{U}(\Psi)/(\boldsymbol{U}(p)\times\boldsymbol{U}(n-p))$ identifizieren. Man definiere auf $P_{n,p}$ eine Struktur eines symmetrischen Riemannschen Raumes, indem man wie in Aufgabe 4 verfährt. Man zeige, daß sich $P_{n,p}$ kanonisch mit dem Raum der Matrizen Z vom Typ $(n-p, p)$ mit komplexen Elementen identifizieren läßt, für welche die hermitesche Matrix $\mathrm{I}_p - {}^t\overline{\mathrm{Z}}\cdot\mathrm{Z}$ positiv und nichtausgeartet ist. (Ein Element von $R_{n,p}$ kann mit einer Matrix vom Typ (n, p) der Gestalt

$$\begin{pmatrix}\mathrm{X}\\ \mathrm{Y}\end{pmatrix} \quad (\mathrm{X} \text{ vom Typ } (p, p))$$

mit ${}^t\overline{\mathrm{X}}\cdot\mathrm{X} - {}^t\overline{\mathrm{Y}}\cdot\mathrm{Y} = \mathrm{I}_p$ identifiziert werden; man kann ihm die Matrix $\mathrm{Z} = \mathrm{Y}\mathrm{X}^{-1}$ zuordnen.)

7. a) M sei eine n-dimensionale zusammenhängende differenzierbare Mannigfaltigkeit, $\mathbf{C}$ ein linearer Zusammenhang auf M. Für jedes $x \in M$ sei U eine symmetrische Umgebung von $\mathbf{0}_x$ in $T_x(M)$, die im Definitionsbereich der Exponentialabbildung $\exp_x$ enthalten ist und die Eigenschaft hat, daß die Einschränkung von $\exp_x$ auf U ein Diffeomorphismus auf eine offene Umgebung V von x in M ist. Dann existiert genau ein Diffeomorphismus s_x von V auf sich mit $s_x(\exp_x \mathbf{u}) = \exp_x(-\mathbf{u})$ für jedes $\mathbf{u} \in U$, und es gilt $s_x \circ s_x = 1_V$. Wir nennen s_x die *Spiegelung* mit dem Zentrum x in V; ist U' eine zweite symmetrische Umgebung von $\mathbf{0}_x$, die dieselben Eigenschaften wie U hat, und V' ihr Bild vermöge $\exp_x$, so stimmen die Spiegelungen mit dem Zentrum x in V und V' in $V \cap V'$ überein. Für jedes Tensorfeld $\mathfrak{Z} \in \mathcal{T}_q^p(M)$ gilt $\mathbf{T}_q^p(T_x(s_x))\cdot\mathfrak{Z}(x)) = (-1)^{p+q}\,\mathfrak{Z}(x)$.

b) Für jedes $x \in M$ ist die auf einer offenen symmetrischen Umgebung V_x von x in M definierte Spiegelung s_x genau dann ein Automorphismus des durch $\mathbf{C}$ auf V_x induzierten Zusammenhanges, wenn der Windungstensor $\boldsymbol{t}$ verschwindet und der Krümmungstensor $\boldsymbol{r}$ der Gleichung $\nabla\boldsymbol{r} = 0$ genügt. (Um zu sehen, daß diese Bedingung hinreichend ist, benutze man die Aufgaben 17 und 9a) aus Abschnitt 20.6.) Der Zusammenhang $\mathbf{C}$ wird dann *lokal symmetrisch* genannt.

8. In den Bezeichnungen und unter den Voraussetzungen von Aufgabe 7 nennt man den Zusammenhang $\mathbf{C}$ *symmetrisch*, wenn für jedes $x \in M$ die auf einer Umgebung von x definierte Spiegelung s_x die Einschränkung eines (nach Aufgabe 9a) aus Abschnitt 20.6 notwendigerweise eindeutig bestimmten) Automorphismus von $\mathbf{C}$ ist; dieser Automorphismus wird wieder mit s_x bezeichnet. Im folgenden setzen wir voraus, $\mathbf{C}$ sei symmetrisch.

a) Es sei $v\colon I \to M$ eine auf einem offenen Intervall $I \subset \boldsymbol{R}$ definierte Geodätische von $\mathbf{C}$; man zeige, daß für jedes $t_0 \in I$ mit $x = v(t_0)$ die Abbildung $u\colon t \to s_x(v(t))$ von I in M eine Geodätische von $\mathbf{C}$ mit $u(t_0) = v(t_0)$ und $u'(t_0) = -v'(t_0)$ ist.

b) Aus a) leite man her, daß der Zusammenhang $\mathbf{C}$ vollständig ist (vgl. Abschnitt 20.6, Aufgabe 8).

c) Aus a) leite man ferner her, daß es zu je zwei Punkten x und y von M, welche Endpunkte eines Geodätischenbogens sind, ein $z \in M$ mit $s_z(x) = y$ gibt. Daraus folgere man, daß die *Gruppe* G der Automorphismus von $\mathbf{C}$ *transitiv* auf M ist. (Man benutze (20.17.5).)

d) Allgemein zeige man: Operiert eine Liesche Gruppe G differenzierbar und transitiv auf einer zusammenhängenden differenzierbaren Mannigfaltigkeit M, so operiert auch ihre neutrale Komponente G_0 transitiv auf M. (Man stelle fest, daß die Orbits von G_0 in M offen sind.) Aus c) leite man dann her: Ist G die Komponente des neutralen Elements der Lieschen Gruppe der Automorphismen von **C** (vgl. Abschnitt 20.6, Aufgabe 10), so läßt sich M mit G/H_x identifizieren, wobei H_x der Stabilisator eines Punktes $x \in M$ ist. Ist ferner σ der involutive Automorphismus $t \to s_x \circ t \circ s_x^{-1}$ und H die Untergruppe der bezüglich σ invarianten Elemente von G, so ist H_x in H enthalten und enthält die Komponente des neutralen Elements von H, so daß (G, H_x) ein symmetrisches Paar (vgl. (20.4.3)) und **C** der kanonische Zusammenhang auf G/H_x ist. (Um einzusehen, daß H_x die Komponente des neutralen Elements von H enthält, stelle man fest, daß der Orbit von x bezüglich einer einparametrigen Untergruppe von H aus bezüglich s_x invarianten Punkten besteht.)

e) Man zeige, daß die symmetrischen Riemannschen Räume diejenigen Riemannschen Mannigfaltigkeiten sind, deren Levi-Civita-Zusammenhang symmetrisch ist. (Man benutze Aufgabe 8 aus Abschnitt 20.9.)

9. Es sei (G, H) ein symmetrisches Paar und G' eine in G eingebettete zusammenhängende Liesche Gruppe, die bezüglich σ invariant ist; dann ist $H' = G' \cap H$ bezüglich der eigentlichen Topologie von G' in G' abgeschlossen. Man zeige, daß die kanonische Abbildung von G'/H' in G/H genau dann bijektiv ist, wenn die Liesche Algebra $\mathfrak{g}'_e$ von G' den Raum $\mathfrak{m}$ enthält. Der Teilraum $\mathfrak{m} + [\mathfrak{m}, \mathfrak{m}]$ ist ein Ideal von $\mathfrak{g}_e$; die $\mathfrak{m}$ enthaltenden Lieschen Algebren $\mathfrak{g}'_e$ sind diejenigen, die dieses Ideal enthalten.

Daraus leite man ein Beispiel eines symmetrischen Riemannschen Raumes G/H her, bei welchem G nicht die neutrale Komponente der Gruppe der Isometrien von G/H ist.

10. Es sei M eine mit einem linearen symmetrischen Zusammenhang versehene zusammenhängende differenzierbare Mannigfaltigkeit und Γ eine diskrete Gruppe, die eigentlich und frei auf M operiert, so daß M eine Überlagerung von $M' = M/\Gamma$ ist (vgl. Abschnitt 16.28, Aufgabe 4); wir setzen außerdem voraus, daß Γ den Zusammenhang **C** invariant läßt, so daß M kanonisch mit einem linearen Zusammenhang **C**$'$, dem kanonischen Bild von **C** vermöge der Projektion $\pi: M \to M'$ (vgl. (17.18.6)) versehen ist. Der Zusammenhang **C**$'$ ist dann lokal symmetrisch (vgl. Aufgabe 7); er ist genau dann symmetrisch, wenn für jedes $x \in M$ das Bild eines Orbits von Γ vermöge der Spiegelung s_x ein Orbit von Γ ist.

Wir wählen für M die Sphäre $\mathbf{S}_3$, die wir als durch die Gleichung $|z^1|^2 + |z^2|^2 = 1$ definierte Untermannigfaltigkeit von $\mathbf{C}^2$ ansehen. Sind p und q zwei zueinander teilerfremde ganze Zahlen, so nehmen wir für Γ die durch die orthogonale Transformation

$$(z^1, z^2) \to \left(z^1 \exp\left(\frac{2\pi i}{p}\right), z^2 \exp\left(\frac{2\pi i q}{p}\right)\right)$$

erzeugte zyklische Gruppe der Ordnung p. Man zeige, daß die Mannigfaltigkeit M/Γ nicht symmetrisch ist.

20.12. Die auf einer Untermannigfaltigkeit induzierte Riemannsche Metrik

20.12.1. Es sei M eine reine n-dimensionale pseudo-Riemannsche Mannigfaltigkeit, $\boldsymbol{g}$ ihre pseudo-Riemannsche Metrik. Ferner sei M' eine reine n'-dimensionale ($n' < n$) Untermannigfaltigkeit von M und $f: M' \to M$ die kanonische injektive Abbildung. Wir betrachten das inverse Bild $\boldsymbol{g}' = {}^t f(\boldsymbol{g})$ des kovarianten Tensors $\boldsymbol{g}$ auf M; dabei ist $\boldsymbol{g}'$ ein kovarianter symmetrischer Tensor der Stufe 2 auf M'. In einem Punkt $x \in M'$ ist die symmetrische Bilinearform

$$(\mathbf{h}_x, \mathbf{k}_x) \to \langle \boldsymbol{g}'(x), \mathbf{h}_x \otimes \mathbf{k}_x \rangle = \langle \boldsymbol{g}(x), \mathbf{h}_x \otimes \mathbf{k}_x \rangle$$

auf $T_x(M') \subset T_x(M)$ genau dann nichtausgeartet, wenn $T_x(M')$ kein isotroper Teilraum von $T_x(M)$ ist; wir sagen dann, M' sei (bezüglich M) im Punkt x *nicht isotrop*. Da die Tatsache, daß $\boldsymbol{g}'(x)$ nichtausgeartet ist, besagt, daß seine Diskrimante bezüglich einer Basis von $T_x(M')$ nicht verschwindet, ist die Menge der $x \in M'$, in denen M' nicht isotrop ist, in M' *offen*; sie stimmt mit ganz M' überein, wenn M eine *Riemannsche Mannigfaltigkeit* ist.

Im folgenden werden wir uns auf den Fall beschränken, daß M eine Riemannsche Mannigfaltigkeit ist; der Leser möge selbst feststellen, daß sich die Resultate (bis auf kleine Komplikationen in der Schreibweise) leicht auf pseudo-Riemannsche Mannigfaltigkeiten verallgemeinern lassen, wenn man sich auf Untermannigfaltigkeiten beschränkt, die in keinem ihrer Punkte isotrop sind (vgl. Abschnitt 20.13, Aufgabe 5).

20.12.1.1. Beispiel. Versieht man die Sphäre $\boldsymbol{S}_n$ mit der durch die kanonische Struktur des $\boldsymbol{R}^{n+1}$ induzierten Riemannschen Struktur, so erhält man wieder die in (20.11.4) definierte kanonische Struktur von $\boldsymbol{S}_n$. Da nämlich $\boldsymbol{S}_n$ und die kanonische Struktur des $\boldsymbol{R}^{n+1}$ bezüglich $\boldsymbol{SO}(n+1)$ invariant sind, genügt es, die Übereinstimmung der beiden Riemannschen Metriken im Punkt $\mathbf{e}_{n+1}$ zu verifizieren; dies folgt aber sofort aus den Definitionen.

20.12.2. In den Bezeichnungen von (20.12.1) nehmen wir an, M sei Riemannsch, also auch M'. Es sei x ein Punkt von M'; in einer offenen Umgebung U' von x in M' betrachten wir ein *orthonormales Repèrefeld* $\mathfrak{R}' = (\boldsymbol{e}_1', \dots, \boldsymbol{e}_{n'}')$ der Riemannschen Mannigfaltigkeit M' (vgl. (20.8.2)). Wir zeigen, daß es eine offene Umgebung U von x *in* M und ein orthonormales Repèrefeld $\mathfrak{R} = (\boldsymbol{e}_1, \dots, \boldsymbol{e}_n)$ der Riemannschen Mannigfaltigkeit M gibt derart, daß in einer in $U \cap U'$ enthaltenen Umgebung V von x für $1 \leqq j \leqq n'$ die Beziehung $\boldsymbol{e}_j \mid M' = \boldsymbol{e}_j'$ gilt. Einerseits genügt es, die Schnitte $\boldsymbol{e}_j'$ $(1 \leqq j \leqq n')$ von $T(M') \subset T(M)$ über U' in Schnitte $\boldsymbol{a}_j$ $(1 \leqq j \leqq n')$ der Klasse C^∞ von $T(M)$ über einer Umgebung von x in M auszudehnen (vgl. (16.12.11)); andererseits betrachten wir $n - n'$ Vektoren $\boldsymbol{c}_k$ $(n' + 1 \leqq k \leqq n)$ aus $T_x(M)$, die mit den $\boldsymbol{e}_j'(x)$ $(1 \leqq j \leqq n')$ eine orthonormale Basis dieses Raumes bilden; wir dehnen die $\boldsymbol{c}_k$ zu Schnitten $\boldsymbol{a}_k$ $(n' + 1 \leqq k \leqq n)$ der Klasse C^∞ von $T(M)$ über einer Umgebung von x in M aus. Für hinreichend nahe bei x gelegene $y \in M$ bilden dann die $\boldsymbol{a}_i(y)$ $(1 \leqq i \leqq n)$ eine Basis von $T_y(M)$, und es genügt, auf die $\boldsymbol{a}_i$ die in (20.8.2) beschriebene Methode anzuwenden, um das gewünschte Repère $\mathfrak{R}$ zu erhalten.

In jedem Punkt $y \in M'$ sei N_y der zu $T_y(M')$ orthogonale Teilraum von $T_y(M)$; in jedem Punkt $y \in V \cap M'$ bilden die $\boldsymbol{e}_k(y)$ für $n' + 1 \leqq k \leqq n$ eine orthonormale Basis von N_y. Wir sehen also (vgl. (16.17.1)), daß die Vereinigung N der N_y ein *Teilbündel des Vektorbündels* $f^*(T(M))$ ist und daß

$$f^*(T(M)) = T(M') + N$$

gilt. Somit ist N kanonisch isomorph zu $f^*(T(M))/T(M')$, und dies hatten wir als *Normalenbündel* von M' bezüglich M bezeichnet (vgl. (16.19.2)); wir identifizieren gewöhnlich diese beiden Bündel.

20.12.3. Wir schreiben die Fundamentalformeln aus (20.6.5) und (20.6.6) für den Levi-Civita-Zusammenhang $\mathbf{C}$ auf M und das Repèrefeld $\mathfrak{R}$ auf:

20.12.3.1. $1_{T(M)} = \sum_{i=1}^{n} \sigma_i \boldsymbol{e}_i$,

20.12.3.2. $d\boldsymbol{e}_i = \sum_{j=1}^{n} \omega_{ji} \boldsymbol{e}_j$,

20.12.3.3. $d\sigma_i = -\sum_{j=1}^{n} \omega_{ij} \wedge \sigma_j$,

20.12.3.4. $d\omega_{ij} = -\sum_{k=1}^{n} \omega_{ik} \wedge \omega_{kj} + \Omega_{ij}$.

Da die Basis $(\boldsymbol{e}_i(y))$ von $T_y(M)$ orthonormal ist, muß

20.12.3.5. $\omega_{ji} = -\omega_{ij} \qquad (1 \leqq i, j \leqq n)$

gelten, mit anderen Worten, die Matrix $(\omega_{ij}(y))$ gehört für jedes $y \in V$ der Lieschen Algebra $\mathfrak{o}(n, \boldsymbol{R})$ an.

Wir setzen $\sigma_i' = {}^t f(\sigma_i)$; für jedes $y \in V \cap M'$ und jeden Tangentialvektor $\mathbf{h}_y' \in T_y(M')$ gilt dann nach (20.12.3.1)

$$\mathbf{h}_y' = \sum_{i=1}^{n} \langle \sigma_i'(y), \mathbf{h}_y' \rangle\, \boldsymbol{e}_i(y),$$

und nach Definition des Repères $\mathfrak{R}$ folgt hieraus einerseits

20.12.3.6. $\sigma_\alpha' = 0 \quad$ für $n' + 1 \leqq \alpha \leqq n$,

andererseits, daß die σ_j' für $1 \leqq j \leqq n'$ die dem vorgegebenen Repère $\mathfrak{R}'$ entsprechenden *Verschmelzungsformen* sind.

Es ist also

20.12.3.7. $\boldsymbol{g}' = \sum_{i=1}^{n'} \sigma_i' \otimes \sigma_i'$;

wir nennen das Tensorfeld $\boldsymbol{g}'$ auch die *erste Fundamentalform* auf M'.

Nun setzen wir $\omega_{ij}' = {}^t f(\omega_{ij})$; zunächst gilt

20.12.3.8. $\omega_{ji}' = -\omega_{ij}' \quad$ für $1 \leqq i, j \leqq n$;

hieraus folgt, daß für jedes $y \in V \cap M'$ die Matrix $(\omega_{ij}'(y))$ für $1 \leqq i, j \leqq n'$ zur Lieschen Algebra $\mathfrak{o}(n', \boldsymbol{R})$ gehört. Daher definieren die ω_{ij}' auf der Riemannschen Mannigfaltigkeit $V \cap M'$ einen $\boldsymbol{O}(n', \boldsymbol{R})$-Zusammenhang $\mathbf{C}'$ (vgl. (20.6.5)). Außerdem gilt aufgrund von (20.12.3.3) und (20.12.3.6) für $1 \leqq i \leqq n'$

20.12.3.9. $d\sigma_{i'} = -\sum_{j=1}^{n'} \omega_{ij}' \wedge \sigma_j'$;

dies zeigt durch Vergleich mit (20.6.6.3), daß die Windung von $\mathbf{C}'$ verschwindet. Somit ist $\mathbf{C}'$ der *Levi-Civita-Zusammenhang* auf M', und die ω_{ij}' für $1 \leqq i, j \leqq n'$ sind die dem Repère $\mathfrak{R}'$ entsprechenden *Zusammenhangsformen* von $\mathbf{C}'$.

20.12.4. Nun bezeichnen wir mit ∇ die kovariante Ableitung bezüglich des Zusammenhangs **C**, mit ∇' die kovariante Ableitung bezüglich des Zusammenhangs **C**'; da ein Vektorfeld X' auf M' als Abbildung von M' in $T(M)$ angesehen werden kann, ist $\nabla_{\mathbf{h}_y'}' \cdot \mathrm{X}'$ für jeden Vektor $\mathbf{h}_y' \in T_y(M')$ definiert (vgl. (17.17.2)). Der Vergleich von (20.12.3.2) mit der analogen Formel für den Zusammenhang **C**' zeigt, daß für $1 \leqq i, j \leqq n$ die Beziehung

20.12.4.1. $$\nabla_{e_j'} \cdot e_i' = \nabla_{e_j'}' \cdot e_i' + \sum_{\alpha=n'+1}^{n'} \langle \omega_{\alpha i}', e_j' \rangle\, e_\alpha$$

gilt. Mit $l_{\alpha ij}$ bezeichnen wir die Funktion $\langle \omega_{\alpha i}', e_j' \rangle$ der Klasse C^∞ auf $V \cap M'$; dann gilt

20.12.4.2 $$l_{\alpha ji} = l_{\alpha ij} \qquad \text{für } 1 \leqq i, j \leqq n',\ n' + 1 \leqq \alpha \leqq n\,.$$

Aus den Formeln (20.12.3.3) und (20.12.3.6) ergibt sich nämlich für α mit $n' + 1 \leqq \alpha \leqq n$

20.12.4.3. $$\sum_{j=1}^{n'} \omega_{\alpha j}' \wedge \sigma_j' = 0;$$

bilden wir die Werte der linken Seite für $e_i' \wedge e_k'$, so folgt hieraus

$$\sum_{j=1}^{n} (\langle \omega_{\alpha j}', e_i' \rangle \langle \sigma_j', e_k' \rangle - \langle \omega_{\alpha j}', e_k' \rangle \langle \sigma_j', e_i' \rangle) = 0\,,$$

also (20.12.4.2), da $\langle \sigma_i', e_k' \rangle = \delta_{ik}$ ist. Zu jedem $\alpha > n'$ existiert also ein *Feld* $\mathfrak{J}_\alpha$ *kovarianter symmetrischer Tensoren der Stufe* 2 auf M' derart, daß $\langle \mathfrak{J}_\alpha, e_i' \otimes e_j' \rangle = l_{\alpha ij}$ für $1 \leqq i, j \leqq n'$ gilt. Dies kann nach (20.12.4.2) in der Gestalt

20.12.4.4 $$\mathfrak{J}_\alpha = \sum_{i=1}^{n'} \omega_{\alpha i}' \otimes \sigma_i'$$

geschrieben werden.

Man nennt die $\mathfrak{J}_\alpha$ $(n' + 1 \leqq \alpha \leqq n)$ die *zweiten Fundamentalformen* auf M'; sie sind durch die Angabe der $n'(n - n')$ Differentialformen $\omega_{\alpha i}'$ bestimmt. Aus (20.12.4.1) und (17.17.3.4) folgt sofort, daß für beliebige Vektorfelder X' und Y' *auf* M' die Beziehung

20.12.4.5. $$\nabla_{\mathrm{X}'} \cdot \mathrm{Y}' - \nabla_{\mathrm{X}'}' \cdot \mathrm{Y}' = \sum_{\alpha > n'} \langle \mathfrak{J}_\alpha, \mathrm{X}' \otimes \mathrm{Y}' \rangle\, e_\alpha$$

gilt. Dies zeigt, daß die $\mathfrak{J}_\alpha$ nicht von der Wahl des Repères $\mathfrak{R}'$ abhängen; sie hängen von der Wahl der e_α (dem orthonormalen Repère des Normalbündels N) ab. Aufgrund von (20.12.4.5) hängt aber die Summe

20.12.4.6. $$\boldsymbol{l} = \sum_{\alpha > n'} \mathfrak{J}_\alpha e_\alpha$$

nicht von der Wahl der e_α ab. Dies ist ein M'-Morphismus von $\mathbf{T}_0^2(M')$ in N, den man auch als *zweite vektorielle Fundamentalform* auf M' bezeichnet.

Wir sehen also, daß *durch die Vorgabe des Levi-Civita-Zusammenhangs auf* M' *die zweite vektorielle Fundamentalform auf* M' *vollständig bestimmt ist, und umgekehrt.* Wir bemerken, daß der Wert von $\nabla_{\mathrm{X}'}' \cdot \mathrm{Y}'$ in jedem Punkt $x \in M'$ zu

$T_x(M')$ gehört und der Wert der rechten Seite von (20.12.4.5) zu N_x; mit anderen Worten, (20.12.4.5) liefert in jedem Punkt $x \in M'$ die kanonische Zerlegung des Wertes von $\nabla'_{X'} \cdot Y'$ in seine Komponenten in den beiden orthogonalen Teilräumen $T_x(M')$ und N_x (welche die *tangentiale* bzw. die *normale Komponente* genannt werden).

20.12.5. Wir bezeichnen mit Ω'_{ij} die 2-*Krümmungsformen* von $\mathbf{C}'$ bezüglich des Repères $\mathfrak{R}'$ ($1 \leqq i, j \leqq n'$); ferner setzen wir $\tilde{\Omega}_{ij} = {}^t f(\Omega_{ij})$ für $1 \leqq i, j \leqq n$. Aus (20.12.3.4) ergibt sich

20.12.5.1. $$d\omega'_{ij} = -\sum_{k=1}^{n} \omega'_{ik} \wedge \omega'_{kj} + \tilde{\Omega}_{ij} \qquad \text{für } 1 \leqq i, j \leqq n;$$

durch Vergleich mit (20.6.6.4) erhält man

20.12.5.2. $$\tilde{\Omega}_{ij} - \Omega'_{ij} = \sum_{\alpha=n'+1}^{n} \omega'_{i\alpha} \wedge \omega'_{\alpha j} \qquad \text{für } 1 \leqq i, j \leqq n'.$$

20.12.6. Nun betrachten wir insbesondere den Fall, daß $M = \boldsymbol{R}^n$ mit der kanonischen Struktur (20.11.2) versehen ist. Dann ist $\tilde{\Omega}_{ij} = 0$ für jedes Paar von Indizes; die Formen ω'_{ij} genügen daher den Strukturgleichungen

20.12.6.1. $$d\omega'_{ij} = -\sum_{k=1}^{n} \omega'_{ik} \wedge \omega'_{kj} \qquad (1 \leqq i, j \leqq n).$$

Wir wollen zeigen, daß mit der Vorgabe der $n' + n^2$ Differentialformen σ'_i und ω'_{ij} die Untermannigfaltigkeit M' von $\boldsymbol{R}^n$ (lokal) *bis auf eine euklidische Bewegung bestimmt* wird. Mit anderen Worten, es gilt der folgende Existenz- und Eindeutigkeitssatz:

20.12.7. *Es sei z_0 ein Punkt von $\boldsymbol{R}^{n'}$ und U eine offene Umgebung von z_0, ferner $n > n'$ eine ganze Zahl. Auf U sei ein System von $n' + n^2$ solcher* 1-*Differentialformen ϱ_i ($1 \leqq i \leqq n'$), $\tilde{\omega}_{ij}$ ($1 \leqq i, j \leqq n$) gegeben, daß die ϱ_i linear unabhängig und folgende Relationen erfüllt sind:*

20.12.7.1. $$\tilde{\omega}_{ji} = -\tilde{\omega}_{ij} \qquad \textit{für } 1 \leqq i, j \leqq n,$$

20.12.7.2. $$d\tilde{\omega}_{ij} = -\sum_{k=1}^{n} \tilde{\omega}_{ik} \wedge \tilde{\omega}_{kj} \qquad \textit{für } 1 \leqq i, j \leqq n,$$

20.12.7.3. $$d\varrho_i = -\sum_{j=1}^{n'} \tilde{\omega}_{ij} \wedge \varrho_j \qquad \textit{für } 1 \leqq i \leqq n',$$

20.12.7.4. $$0 = \sum_{j=1}^{n'} \tilde{\omega}_{\alpha j} \wedge \varrho_j \qquad \textit{für } n' + 1 \leqq \alpha \leqq n.$$

Es sei $\mathbf{x}_0$ ein Punkt des $\boldsymbol{R}^n$ und $(\mathbf{b}_i)_{1 \leqq i \leqq n}$ eine orthonormale Basis des $\boldsymbol{R}^n$. Dann gibt es eine zusammenhängende offene Umgebung V von z_0 in U und eine Einbettung $\mathbf{F}$ von V in $\boldsymbol{R}^n$ mit den folgenden Eigenschaften (vgl. (16.8.4)):

1° $\mathbf{F}(z_0) = \mathbf{x}_0$ *und* $D_i\mathbf{F}(z_0) = \mathbf{b}_i$ *für* $1 \leqq i \leqq n'$.

2° *Die Bilder* $\sigma'_i = {}^t\mathbf{F}^{-1}(\varrho_i)$ *der* ϱ_i (bzw. $\omega'_{ij} = {}^t\mathbf{F}^{-1}(\tilde{\omega}_{ij})$ *der* $\tilde{\omega}_{ij}$) *auf der Untermannigfaltigkeit* $M' = \mathbf{F}(V)$ *des* $\boldsymbol{R}^n$ *für* $1 \leqq i \leqq n'$ (bzw. $1 \leqq i, j \leqq n$) *sind die* *auf M' durch die ersten n' Verschmelzungsformen* (bzw. *Zusammenhangsformen*) *eines orthonormalen Repèrefeldes* $\mathfrak{R}$ *des* $\boldsymbol{R}^n$ *induzierten Differentialformen, wobei die ersten* n' *Vektoren von* $\mathfrak{R}$ *in jedem Punkt tangential zu* M' *sind und* $\mathfrak{R}$ *in* x_0 *mit* $\big(\boldsymbol{\tau}_{x_0}(\mathbf{b}_i)\big)$ *übereinstimmt.*

Gibt es außerdem eine zweite Umgebung $V_1 \subset U$ *von* z_0 *und eine Einbettung* $\mathbf{F}_1$ *von* V_1 *in* $\boldsymbol{R}^n$ *mit diesen beiden Eigenschaften, so stimmen* $\mathbf{F}$ *und* $\mathbf{F}_1$ *auf der zusammenhängenden Komponente von* z_0 *in* $V \cap V_1$ *überein.*

Zunächst setzen wir die Existenz einer Einbettung $\mathbf{F}$ und eines Repères $\mathfrak{R} = (e_i)_{1 \leqq i \leqq n}$ mit den geforderten Eigenschaften voraus und setzen in den Bezeichnungen von (16.5.2).

20.12.7.5. $\mathbf{v}_i(z) = \boldsymbol{\tau}_{\mathbf{F}(z)}^{-1}\big(e_i(\mathbf{F}(z))\big) \quad$ für $1 \leqq i \leqq n$;

die $\mathbf{v}_i$ sind also n Abbildungen der Klasse C^∞ von V in $\boldsymbol{R}^n$. Schreibt man die Relationen (20.12.3.2) im Punkt $\mathbf{F}(z)$ von M' auf und beachtet, daß $\boldsymbol{R}^n$ flach ist (vgl. (20.4.1)), so erhält man

20.12.7.6. $d\mathbf{v}_i = \sum_{j=1}^{n} \tilde{\omega}_{ji}\mathbf{v}_j \quad$ für $1 \leqq i \leqq n$.

Schreibt man andererseits die Relation (20.12.3.1) im Punkt $\mathbf{F}(z)$ auf, so erhält man für jeden Vektor $\mathbf{h}_z \in T_z(\boldsymbol{R}^{n'})$

$$T_z(\mathbf{F}) \cdot \mathbf{h}_z = \sum_{i=1}^{n'} \langle \sigma_i'(\mathbf{F}(z)), T_z(\mathbf{F}) \cdot \mathbf{h}_z \rangle \, e_i(\mathbf{F}(z)),$$

und hieraus nach (16.5.7)

20.12.7.7. $d\mathbf{F} = \sum_{i=1}^{n'} \varrho_i \mathbf{v}_i$.

Umgekehrt zeigen wir zunächst, daß es auf einer Umgebung von z_0 Abbildungen $\mathbf{v}_i$ $(1 \leqq i \leqq n)$ in $\boldsymbol{R}^n$ gibt, welche die Relation (20.12.7.6) erfüllen und so beschaffen sind, daß $\mathbf{v}_i(z_0) = \mathbf{b}_i$ für $1 \leqq i \leqq n$ gilt. Bezeichnen die v_{ih} $(1 \leqq h \leqq n)$ die Komponenten von $\mathbf{v}_i$, so bilden die Gleichungen (20.12.7.6) ein Pfaffsches System von n^2 Gleichungen

20.12.7.8. $dv_{ih} - \sum_{j=1}^{n} \tilde{\omega}_{ji} v_{jh} = 0 \qquad (1 \leqq i, h \leqq n)$.

Dieses System ist *vollständig integrierbar*: Aufgrund von (20.12.7.2) gilt nämlich

$$\begin{aligned} d\left(\sum_{j=1}^{n} \tilde{\omega}_{ji} v_{jh}\right) &= \sum_{j=1}^{n} (v_{jh}\, d\tilde{\omega}_{ji} + dv_{jh} \wedge \tilde{\omega}_{ji}) \\ &= -\sum_{j=1}^{n} v_{jh}\left(\sum_{k=1}^{n} \tilde{\omega}_{jk} \wedge \tilde{\omega}_{ki}\right) + \sum_{k=1}^{n} dv_{kh} \wedge \tilde{\omega}_{ki} \\ &= \sum_{k=1}^{n}\left(dv_{kh} - \sum_{j=1}^{n} \tilde{\omega}_{jk} v_{jh}\right) \wedge \tilde{\omega}_{ki}, \end{aligned}$$

und hieraus folgt nach (18.14.3) unsere Behauptung. Die gesuchten Funktionen $\mathbf{v}_i$ existieren daher auf einer Umgebung von z_0 und sind eindeutig bestimmt (vgl. (18.14.3)).

Anschließend bestimmen wir eine Abbildung $\mathbf{F}$ einer Umgebung von z_0 in $\boldsymbol{R}^n$, welche mit den soeben bestimmten Funktionen $\mathbf{v}_i$ die Gleichung (20.12.7.7) erfüllt und die Eigenschaft hat, daß $\mathbf{F}(z_0) = \mathbf{x}_0$ gilt. Bezeichnen die F_h ($1 \leqq h \leqq n$) die Komponenten von $\mathbf{F}$, so ist die Gleichung (20.12.7.7) einem Pfaffschen System von n Gleichungen

20.12.7.9. $dF_h = \sum_{i=1}^{n'} \varrho_i v_{ih} \qquad (1 \leqq h \leqq n)$

äquivalent. Dieses System ist ebenfalls *vollständig integrierbar.* Aufgrund von (20.12.7.3) und (20.12.7.8) gilt nämlich

$$d\left(\sum_{i=1}^{n'} \varrho_i v_{ih}\right) = \sum_{i=1}^{n'} (v_{ih}\, d\varrho_i - \varrho_i \wedge dv_{ih})$$

$$= -\sum_{i=1}^{n'} v_{ih}\left(\sum_{j=1}^{n'} \tilde{\omega}_{ij} \wedge \varrho_j\right) - \sum_{i=1}^{n'} \varrho_i \wedge \left(\sum_{j=1}^{n} \tilde{\omega}_{ji} v_{jh}\right).$$

In diesem Ausdruck verschwindet offenbar der Koeffizient von v_{ih} für $1 \leqq i \leqq n'$, und der Koeffizient von $v_{\alpha h}$ verschwindet für $\alpha > n'$ aufgrund von (20.12.7.4). Hieraus folgen Existenz und eindeutige Bestimmtheit der gesuchten Funktion $\mathbf{F}$ auf einer Umgebung von z_0 (vgl. (18.14.3)).

Jetzt zeigen wir, daß für $1 \leqq i, j \leqq n$ die Beziehung $(\mathbf{v}_i \,|\, \mathbf{v}_j) = \delta_{ij}$ erfüllt ist. Setzen wir $w_{ij} = (\mathbf{v}_i \,|\, \mathbf{v}_j)$, so genügen diese Funktionen den Relationen

20.12.7.10. $dw_{ij} = (d\mathbf{v}_i \,|\, \mathbf{v}_j) + (\mathbf{v}_i \,|\, d\mathbf{v}_j) = \sum_{k=1}^{n} \tilde{\omega}_{ki} w_{kj} + \sum_{k=1}^{n} \tilde{\omega}_{kj} w_{ik} \qquad (1 \leqq i, j \leqq n).$

Diese n^2 Gleichungen bilden wieder ein *vollständig integrierbares* Pfaffsches System; dies ergibt sich wie oben, diesmal unter Benutzung von (20.12.7.2). Aufgrund von (20.12.7.1) genügen aber die Konstanten δ_{ij} diesem System, und da im Punkt z_0 nach Voraussetzung $w_{ij}(z_0) = \delta_{ij}$ gilt, sind die w_{ij} konstant, da V zusammenhängend ist.

Da die $\mathbf{v}_i(z)$ für jedes z eine Basis des $\boldsymbol{R}^n$ bilden und die ϱ_i linear unabhängig sind, hat $d\mathbf{F}(z)$ in jedem Punkt von V nach (20.12.7.7) den Rang n'; daher ist $\mathbf{F}$ eine *Einbettung* (vgl. (16.8.8)) — man kann ja nötigenfalls V verkleinern. Dann kann man in jedem Punkt von $M' = \mathbf{F}(V)$ die n Vektoren $\boldsymbol{e}_i(\mathbf{F}(z))$ durch die Formel (20.12.7.5) definieren, und offenbar leisten die Einbettung $\mathbf{F}$ und das (nach der Methode von (20.8.2) auf eine Umgebung von M' ausgedehnte) Repère $\mathfrak{R} = (\boldsymbol{e}_i)$ das Gewünschte. Daß $\mathbf{F}$ und $\mathfrak{R}$ eindeutig bestimmt sind, ergibt sich daraus, daß die Lösungen $\mathbf{v}_i$ und $\mathbf{F}$ der Pfaffschen Systeme (20.12.7.5) und (20.12.7.7) eindeutig bestimmt sind, sowie aus den Bemerkungen zu Beginn des Beweises.

Der Satz (20.12.7) führt zahlreiche Probleme der Bestimmung von Riemannschen Untermannigfaltigkeiten eines Raumes $\boldsymbol{R}^n$, welche bestimmte Bedingungen zu erfüllen haben, auf die Integration *Pfaffscher Systeme* zurück, deren Unbestimmte die Differentialformen ϱ_i ($1 \leqq i \leqq n'$) und $\tilde{\omega}_{ij}$ ($1 \leqq i, j \leqq n$) sind und die sich ergeben, wenn man zu den Relationen von (20.12.7) diejenigen hinzunimmt, welche die Bedingungen des gestellten Problems zum Ausdruck bringen. Wir geben dazu einige Beispiele (siehe auch (20.15.1)).

20.12.8. Beispiele. Wir suchen die zusammenhängenden Untermannigfaltigkeiten M' des $\boldsymbol{R}^n$ der Dimension $n' < n$, deren *zweite vektorielle Fundamentalform identisch verschwindet* (vgl. (20.13.7) und (20.23.6)). Das bedeutet wieder, in den Bezeichnungen von (20.12.4), daß $\omega'_{\alpha i} = 0$ gilt, wobei $1 \leqq i \leqq n'$ und $n' + 1 \leqq \alpha \leqq n$ ist. Hieraus folgt sofort (in den Bezeichnungen von (20.12.7)), daß *jedes* der beiden Pfaffschen Systeme

$$d\mathbf{v}_i = \sum_{j=1}^{n'} \tilde{\omega}_{ji}\mathbf{v}_j \qquad (1 \leqq i \leqq n'),$$

$$d\mathbf{v}_\alpha = \sum_{\beta=n'+1}^{n} \tilde{\omega}_{\beta\alpha}\mathbf{v}_\beta \qquad (n' + 1 \leqq \alpha \leqq n)$$

vollständig integrierbar ist. Der Anfangswert von $(\mathbf{v}_i \mid \mathbf{b}_\alpha)$ für $\alpha > n'$ ist jedoch Null für $i \leqq n'$, und die $(\mathbf{v}_i \mid \mathbf{b}_\alpha)$ für $(1 \leqq i \leqq n')$ sind Lösungen eines vollständig integrierbaren Pfaffschen Systems, das auch die Lösung 0 besitzt; daher ist $(\mathbf{v}_i \mid \mathbf{b}_\alpha) = 0$, mit anderen Worten, der von den $\mathbf{v}_i$ $(1 \leqq i \leqq n')$ erzeugte Teilraum E von $\boldsymbol{R}^n$ ist *invariant*. Dann genügt aber die Projektion $\mathbf{G}$ von $\mathbf{F}$ auf den zu E orthogonalen Teilraum aufgrund von (20.12.7.7) der Beziehung $d\mathbf{G} = 0$, ist also *konstant*. Daher ist M' eine *zusammenhängende offene Teilmenge einer linearen Untermannigfaltigkeit der Dimension n'*.

20.12.9. Man nennt einen Punkt x von M' einen *Nabelpunkt*, wenn in diesem Punkt *alle* zweiten Fundamentalformen $\mathfrak{J}_\alpha(x)$ skalare Vielfache der ersten Fundamentalform $\boldsymbol{g}'(x)$ sind. Wir wollen nun alle zusammenhängenden Untermannigfaltigkeiten M' von $\boldsymbol{R}'_n$ einer Dimension $n' \geqq 2$ bestimmen, deren *Punkte sämtlich Nabelpunkte* sind. Ein erster Fall ist der in (20.12.8) behandelte. Wir nehmen daher an, daß nicht alle $\mathfrak{J}_\alpha$ identisch verschwinden. In diesem Fall können wir nach einem Wechsel des Repèrefeldes $\mathfrak{R}$ annehmen, es sei $\mathfrak{J}_\alpha = 0$ für $n' + 1 \leqq \alpha \leqq n - 1$ und $\mathfrak{J}_n \neq 0$. Für jedes $y \in M'$ kann man nämlich

$$\sum_\alpha \mathfrak{J}_\alpha(y)\, \boldsymbol{e}_\alpha(y) = \boldsymbol{g}'(y)\, \boldsymbol{a}_n(y)$$

schreiben, wobei $\boldsymbol{a}_n(y) \neq 0$ im Raum N_y gilt. Wir wählen in N ein Repèrefeld, dessen erster Vektor in jedem Punkt gleich $\boldsymbol{a}_n(y)$ ist, und orthonormieren es nach der Methode von (20.8.2), indem wir mit $\boldsymbol{a}_n$ beginnen. Aufgrund von (20.12.4.5) leistet das neue Repère das Gewünschte. Da das Repèrefeld $\mathfrak{R}$ orthonormal ist, läßt sich die Annahme $\mathfrak{J}_n(y) = A(y)\, \boldsymbol{g}'(y)$ mit $A(y) \neq 0$ für jedes y daher in der Gestalt

20.12.9.1. $\omega'_{ni} = A\sigma'_i \quad$ für $1 \leqq i \leqq n'$

schreiben, und analog gilt

20.12.9.2. $\omega'_{\alpha i} = 0 \quad$ für $1 \leqq i \leqq n', n' + 1 \leqq \alpha \leqq n - 1$.

Aus den Strukturgleichungen (20.12.6.1) ergibt sich dann mit Rücksicht auf (20.12.3.8) und (20.12.3.9)

20.12.9.3. $0 = d\omega'_{\alpha i} = A\omega'_{n\alpha} \wedge \sigma'_i \quad$ für $1 \leqq i \leqq n', n' + 1 \leqq \alpha \leqq n - 1$,

$$d\omega'_{ni} = A\, d\sigma'_i + dA \wedge \sigma'_i = -\sum_{k=1}^{n} \omega'_{nk} \wedge \omega'_{ki} = A \sum_{k=1}^{n'} \sigma'_k \wedge \omega'_{ik},$$

also

20.12.9.4. $dA \wedge \sigma'_i = 0 \quad$ für $1 \leqq i \leqq n'$.

Aus (20.12.9.4) folgt dann $dA = 0$ (vgl. A.13.3.1)), d. h., A ist eine auf M' von 0 verschiedene *Konstante*. Aus (20.12.9.3) erhält man dann $\omega'_{n\alpha} \wedge \sigma'_i = 0$ für $1 \leqq i \leqq n'$, $n' + 1 \leqq \alpha \leqq n - 1$, woraus $\omega'_{n\alpha} = 0$ für diese Werte von α folgt. In den Bezeichnungen von (20.12.7) ergibt sich also, daß das Pfaffsche System

$$dv_i = \sum_{j=1}^{n'} \tilde{\omega}_{ji} v_j + \tilde{\omega}_{ni} v_n \qquad (1 \leqq i \leqq n')\,,$$

$$dv_n = \sum_{j=1}^{n'} \tilde{\omega}_{jn} v_j$$

vollständig integrierbar ist, und wie in (20.12.8) kann man daraus schließen, daß der von den $\mathbf{v}_i$ $(1 \leqq i \leqq n')$ und $\mathbf{v}_n$ erzeugte $(n' + 1)$-dimensionale Teilraum von $\boldsymbol{R}^n$ *invariant* ist. Aus (20.12.9.1) ergibt sich ferner

$$d\mathbf{v}_n = \sum_{j=1}^{n'} \tilde{\omega}_{jn} \mathbf{v}_j = -A \sum_{j=1}^{n'} \sigma_j \mathbf{v}_j = -A\, d\mathbf{F}\,,$$

d. h., der Punkt $\mathbf{v}_n + A\mathbf{F}$ ist Fixpunkt in $\boldsymbol{R}^n$. Man kann ihn als Ursprung annehmen; dann ist $\mathbf{F} = -(1/A)\,\mathbf{v}_n$. Schließlich sieht man, daß M' bis auf eine euklidische Bewegung *eine zusammenhängende offene Teilmenge einer Sphäre* $(1/A)\, S_{n'}$ ist.

Aufgaben

1. Es sei M eine reine n-dimensionale differenzierbare Untermannigfaltigkeit des $\boldsymbol{R}^N$.

a) Man betrachte eine Karte (U, φ, n) von M und setze $\mathbf{f} = \varphi^{-1}$ auf $\varphi(U) \subset \mathbf{R}^n$. Die lokale Darstellung der ersten Fundamentalform auf $\varphi(U)$ lautet dann (wobei die lokalen Koordinaten mit $u^1, \ldots, u^n$ bezeichnet seien)

$$g = \sum_{i,j} g_{ij}\, du^i \otimes du^j \qquad \text{mit } g_{ij} = \left(\frac{\partial \mathbf{f}}{\partial u^i}\middle|\frac{\partial \mathbf{f}}{\partial u^j}\right)$$

(euklidisches Skalarprodukt auf dem $\boldsymbol{R}^N$). Die zweiten Fundamentalformen $\mathfrak{J}_\alpha$ haben die lokale Darstellung

$$\mathfrak{J}_\alpha = \sum_{i,j} \left(\mathbf{e}_\alpha \middle| \frac{\partial^2 \mathbf{f}}{\partial u^i \partial u^j}\right) \partial u^i \otimes \partial u^j\,.$$

$\left(\text{Man stelle fest, daß } \left(\mathbf{e}_\alpha \middle| \frac{\partial \mathbf{f}}{\partial u^i}\right) = 0 \text{ ist.}\right)$

b) Das Tangentialbündel $T(\boldsymbol{R}^N)$ sei kanonisch mit $\boldsymbol{R}^{2N}$ identifiziert; dann ist das Normalenbündel P von M eine N-dimensionale Untermannigfaltigkeit von $\boldsymbol{R}^{2N}$. Für jeden Vektor $\mathbf{n}_x \in P$ mit dem Ursprung $x \in M \subset \boldsymbol{R}^N$ setze man $\mathbf{p}(\mathbf{n}_x) = x + \tau_x(\mathbf{n}_x) \in \boldsymbol{R}^N$. Die Bilder der kritischen Punkte von $\mathbf{p}$ (vgl. Abschnitt

16.23) vermöge $\mathbf{p}$ werden die *Brennpunkte* von M genannt; $\mathbf{n}_x$ wird als *Brennpunktvektor der Vielfachheit* μ bezeichnet, wenn der Rang von $\mathbf{p}$ im Punkt $\mathbf{n}_x$ gleich $N - \mu$ ist. Die Menge der Brennpunkte von M hat in $\boldsymbol{R}^N$ das Maß Null.

Für jeden *Einheitsvektor* $\mathbf{n}_x \in P$, der im Punkt x zu M normal ist, bezeichnen wir mit $S_{\mathbf{n}_x}$ den durch

$$(\boldsymbol{l}(x) \cdot (\mathbf{h}_x \otimes \mathbf{k}_x) \mid \mathbf{n}_x) = (S_{\mathbf{n}_x} \cdot \mathbf{h}_x \mid \mathbf{k}_x)$$

definierten Endomorphismus von $T_x(M)$, der bezüglich des Skalarprodukts auf $T_x(M)$ hermitesch ist. Man nennt seine mit ihren Vielfachheiten gezählten Eigenwerte $K_j(\mathbf{n}_x)$ $(1 \leqq j \leqq n)$ die *Hauptkrümmungen von M in der Richtung* $\mathbf{n}_x$. Man zeige, daß die Brennpunkte von M auf der Geraden $t \to x + t\boldsymbol{\tau}_x(\mathbf{n}_x)$ diejenigen Punkte sind, die den Werten $t = K_j(\mathbf{n}_x)^{-1}$ für die j mit $K_j(\mathbf{n}_x) \neq 0$ entsprechen, und daß die Vielfachheit des Brennpunkvektors $K_j(\mathbf{n}_x)^{-1}\,\mathbf{n}_x$ gleich der Vielfachheit des Eigenwertes $K_j(\mathbf{n}_x)$ ist. (Man nehme eine Karte von M und berechne das Quadrat der Determinante der Funktionalmatrix der Abbildung

$$(u^1, \ldots, u^n, t^1, \ldots, t^{N-n}) \to \mathbf{f}(u^1, \ldots, u^n) + \sum_\alpha t^\alpha \mathbf{w}_\alpha(u^1, \ldots, u^n),$$

wobei $\mathbf{w}_\alpha(u^1, \ldots, u^n)$ die lokale Darstellung von $\boldsymbol{\tau}_x(\mathbf{e}_\alpha(x))$ ist; man benutze a), indem man feststellt, daß man sich auf den Fall beschränken kann, daß die Matrix (g_{ij}) im Punkt x die Einheitsmatrix ist.)

2. Unter den Voraussetzungen und in den Bezeichnungen von Aufgabe 1 betrachte man für jeden Punkt $y \in \boldsymbol{R}^N$ die durch $E_y(x) = ||x - y||^2$ definierte Funktion $E_y \colon M \to \boldsymbol{R}$.

a) Man zeige: x ist genau dann kritischer Punkt von E_y, wenn $y = \mathbf{p}(\mathbf{n}_x)$ für einen im Punkt x zu M normalen Vektor $\mathbf{n}_x$ gilt; genau dann ist x ausgearteter kritischer Punkt von E_y, wenn y Brennpunkt von M ist, und ist μ die Vielfachheit des Brennpunktvektors $\mathbf{n}_x$, so ist der Rang der Hesseschen Form von E_y im Punkt x gleich $n - \mu$. Daraus leite man her, daß für fast alle $y \in \boldsymbol{R}^N$ die kritischen Punkte von E_y nichtausgeartet sind.

b) Ist x ein nichtausgearteter kritischer Punkt von E_y, so ist der Morse-Index von E_y im Punkt x (vgl. Abschnitt 16.5, Aufgabe 3) gleich der Anzahl der (mit ihren Vielfachheiten gezählten) Brennpunkte, die im Segment mit den Endpunkten x und y enthalten sind.

c) Wir setzen nun $N = 2m$ voraus, so daß sich $\boldsymbol{R}^N$ mit $\boldsymbol{C}^m$ identifizieren läßt; ferner sei M eine *holomorphe* Untermannigfaltigkeit der komplexen Dimension $n/2$ von $\boldsymbol{C}^m$. Man zeige, daß dann für jeden nichtausgearteten kritischen Punkt x von E_y der Morse-Index von E_y im Punkt x höchstens gleich $n/2$ ist. (Man stelle fest: Ist Q eine komplexe quadratische Form auf $\boldsymbol{C}^q$ und $Q' = \operatorname{Re}(Q)$ der Realteil von Q, der eine reelle quadratische Form auf $\boldsymbol{R}^{2q}$ ist, so ist für jeden Eigenwert λ des Q' entsprechenden hermiteschen Endomorphismus auch $-\lambda$ Eigenwert mit derselben Vielfachheit.)

3. Es sei M eine differenzierbare Mannigfaltigkeit. Man zeige, daß im Fréchetraum $\mathscr{E}_{\boldsymbol{R}}(M)$ der reellwertigen Funktionen der Klasse C^∞ auf M (vgl. Abschnitt 17.1) die Menge der Funktionen, die keine ausgearteten Punkte haben, *überall dicht* ist. (Ist $f \in \mathscr{E}_{\boldsymbol{R}}(M)$, so existiert eine Einbettung $\mathbf{h} = (h_1, h_2, \ldots, h_N)$ von M in $\boldsymbol{R}^N$ mit $h_1 = f$ (vgl. Abschnitt 16.25, Aufgabe 2); man wähle einen Punkt $y \in \boldsymbol{R}^N$ der Gestalt $(-c, \varepsilon_2, \ldots, \varepsilon_N)$, wobei $c > 0$ groß ist und die ε_j klein sind, für welchen E_y keine ausgearteten kritischen Punkte hat (vgl. Aufgabe 2a)), und betrachte die reellwertige Funktion $g(x) = (1/2c)\,(E_y(x) - c^2)$ auf M.)

4. Unter den Voraussetzungen und in den Bezeichnungen von Aufgabe 1 betrachte man die aus den *Einheitsvektoren* bestehende $(N-1)$-dimensionale Untermannigfaltigkeit Q von P und die durch $\mathbf{q}(\mathbf{n}_x) = \tau_x(\mathbf{n}_x)$ definierte Abbildung $\mathbf{q}$ von Q in S_{N-1}.

a) Es sei $y \neq 0$ aus $\boldsymbol{R}^N$. Man zeige, daß der Punkt $\mathbf{n}_x \in Q$ genau dann kritischer Punkt der Funktion $\mathbf{n}_x \to (y \mid \mathbf{q}(\mathbf{n}_x))$ ist, wenn $\mathbf{q}(\mathbf{n}_x)$ kollinear mit y ist. Dieser kritische Punkt ist genau dann ausgeartet, wenn $\mathbf{n}_x$ kritischer Punkt der Abbildung $\mathbf{q}$ ist. (Man benutze dieselbe Methode wie in Aufgabe 1 b).) Kritische Punkte von $\mathbf{q}$ sind auch die Punkte $\mathbf{n}_x \in Q$ mit

$$K(\mathbf{n}_x) = \det(\mathrm{S}_{\mathbf{n}_x}) = \prod_{j=1}^{n} K_j(\mathbf{n}_x) = 0$$

(Bezeichnungen von Aufgabe 1 b)). Man nennt $K(\mathbf{n}_x)$ wieder die *totale Krümmung von M in der Richtung* $\mathbf{n}_x$. Das Bild F der Menge der kritischen Punkte von $\mathbf{q}$ vermöge der Abbildung $\mathbf{q}$ ist eine Menge vom Maß Null in S_{N-1}. Für jedes $y \in S_{N-1} \setminus F$ ist $\mathbf{q}^{-1}(y)$ die abgeschlossene und *diskrete* Menge der kritischen Punkte der Funktion $\mathbf{n}_x \to (y \mid \mathbf{q}(\mathbf{n}_x))$ in Q (vgl. Abschnitt 16.5, Aufgabe 4).

b) Die Untermannigfaltigkeit Q von $\boldsymbol{R}^{2N}$ ist auf kanonische Weise mit der Struktur einer Riemannschen Mannigfaltigkeit versehen, also mit einem kanonischen Lebesgueschen Maß, ihr Riemannsches Volumen sei v_Q. Ist v das inverse Bild ${}^t\mathbf{q}(\sigma^{(N-1)})$ auf Q, wobei $\sigma^{(N-1)}$ die Raumwinkelform auf S_{N-1} (vgl. (16.24.9)) und μ_v das entsprechende Lebesguesche Maß (vgl. Abschnitt 16.24) ist, so zeige man, daß $\mu_v = |K| \cdot v_Q$ gilt (man wähle eine Karte von M).

c) Nun sei die Mannigfaltigkeit M *kompakt* und ihre Dimension n mindestens 1. Dann ist F in S_{N-1} *abgeschlossen*; die Abbildung $\mathbf{q}: Q \to S_{N-1}$ ist *surjektiv*. (Für jedes $y \in S_{N-1}$ betrachte man die Funktion $\mathbf{n}_x \to (y \mid \mathbf{q}(\mathbf{n}_x))$ auf der kompakten Mannigfaltigkeit Q und benutze a).) Die Einschränkung von $\mathbf{q}$ auf die offene Menge $\mathbf{q}^{-1}(S_{N-1} \setminus F)$ ist ein *surjektiver lokaler Diffeomorphismus* dieser offenen Menge auf $S_{N-1} \setminus F$.

Unter der *Integralkrümmung* von M versteht man dann die Zahl

$$\varkappa(M) = \frac{1}{\Omega_N} \int_Q |K(\mathbf{n}_x)| \, dv_Q(\mathbf{n}_x) .$$

Für jede reellwertige Funktion f der Klasse C^∞ auf M, die nur *nichtausgeartete* kritische Punkte hat (also in keinem Punkt lokal konstant sein kann), sei $\beta(M, f)$ die (endliche) Anzahl dieser kritischen Punkte; $\beta(M)$ sei die untere Grenze der $\beta(M, f)$ für alle Funktionen f mit dieser Eigenschaft; es ist $\beta(M) \geqq 2$. Man zeige, daß

$$\varkappa(M) = \frac{1}{\Omega_N} \int_{S_{N-1} \setminus F} \beta(M, (y \mid \mathbf{q})) \, dv_{N-1}(y)$$

gilt, wobei v_{N-1} das aus der Raumwinkelform $\sigma^{(N-1)}$ hergeleitete kanonische Riemannsche Volumen auf S_{N-1} ist. (Man benutze (16.24.8).) Man leite daraus

$$\varkappa(M) \geqq \beta(M) \geqq 2$$

her (Satz von Chern-Lashof).

d) Unter den Voraussetzungen von c) zeige man, daß M im Fall $\beta(M) < 3$ notwendigerweise zu S_n homöomorph ist. (Man stelle fest, daß in S_{N-1} ein Punkt y existiert derart, daß die Funktion $(y \mid \mathbf{q})$ nur zwei kritische Punkte in M hat und daß diese kritischen Punkte nichtausgeartet sind; man wende dann den Satz von Reeb an (vgl. Abschnitt 20.8, Aufgabe 6).)

5. Es sei $\mathbf{f}$ eine Abbildung der Klasse C^∞ einer differenzierbaren Mannigfaltigkeit N in einen Raum $\boldsymbol{R}^n$ und $\mathfrak{G}$ eine der Klasse C^∞ angehörende Liftung von $\mathbf{f}$ auf $T(\boldsymbol{R}^n)$; ist $\boldsymbol{R}^n$ mit seinem kanonischen Zusammenhang (20.11.2) versehen, so gilt $\tau_{\mathbf{f}(z)}(d\mathfrak{G}(z)) = d_z\mathbf{G}$, wobei $\mathbf{G}(z) = \tau_{\mathbf{f}(z)}(\mathfrak{G}(z))$ ist. Man kann also $\mathfrak{G}$ mit $\mathbf{G}$ *identifizieren*, und dann wird das kovariante äußere Differential $d\mathfrak{G}$ mit dem Differential $d\mathbf{G}$ der vektorwertigen Funktion $\mathbf{G}$ identifiziert (vgl. (16.20.15)).

Ist N eine Untermannigfaltigkeit M' von $\boldsymbol{R}^n$ und $\mathbf{f}$ die kanonische injektive Abbildung, so schreiben wir das Differential von $\mathbf{f}$: $M' \to \boldsymbol{R}^n$ in der Gestalt $d\boldsymbol{x}$; ist $(\boldsymbol{e}_1, \ldots, \boldsymbol{e}_n)$ ein Repèrefeld mit den Eigenschaften von (20.12.2), so kann man mit den obigen Vereinbarungen die Formeln (20.12.3.1) und (20.12.3.2) in der Gestalt

$$d\boldsymbol{x} = \sum_{i=1}^{n} \sigma_i \boldsymbol{e}_i\,,$$

$$d\boldsymbol{e}_i = \sum_{j=1}^{n} \omega_{ji} \boldsymbol{e}_j$$

schreiben, und die Strukturgleichungen (20.12.3.3) und (20.12.3.4) ergeben sich, indem man einfach die Relationen $d(d\boldsymbol{x}) = 0$ und $d(d\boldsymbol{e}_i) = 0$ für die äußeren Differentiale aufschreibt (vgl. (17.15.3.1)). Die Relationen (20.12.3.5) ergeben sich daraus, daß $(\boldsymbol{e}_i \mid \boldsymbol{e}_j) = \delta_{ij}$, also, wenn man die äußeren Differentiale nimmt, $(d\boldsymbol{e}_i \mid \boldsymbol{e}_j) + (\boldsymbol{e}_i \mid d\boldsymbol{e}_j) = 0$ ist. Da die Riemannsche Metrik von $\boldsymbol{R}^n$ mit der Abbildung $(\mathbf{u}, \mathbf{v}) \to (\mathbf{u} \mid \mathbf{v})$ von $\boldsymbol{R}^{2n}$ in $\boldsymbol{R}$ identifiziert werden kann, kann man die erste Fundamentalform von M' in der Gestalt $(d\boldsymbol{x} \mid d\boldsymbol{x})$ und jede der zweiten Fundamentalformen in der Gestalt $-(d\boldsymbol{e}_\alpha \mid d\boldsymbol{x})$ schreiben; schließlich erhält man die Krümmungsform $\boldsymbol{\Omega}'$ von M' in der Gestalt

$$\boldsymbol{\Omega}' = \sum_{\alpha=n'+1}^{n} (d\boldsymbol{e}_\alpha \cdot d\boldsymbol{e}_\alpha)\,,$$

wobei das Produkt das in Abschnitt 20.6, Aufgabe 2, definierte ist.

20.13. Kurven auf Riemannschen Mannigfaltigkeiten

20.13.1. Wir erinnern daran, daß eine *Kurve C* in einer Riemannschen Mannigfaltigkeit M eine *eindimensionale Untermannigfaltigkeit* von M ist, von der wir annehmen, sie sei mit der durch die Riemannsche Metrik $\boldsymbol{g}$ von M induzierten Metrik versehen. Nun wollen wir die Eigenschaften von C in bezug auf M *in einer* hinreichend kleinen *Umgebung* eines Punktes $c \in C$ untersuchen. Daher wollen wir annehmen, es gebe eine *Einbettung u* eines offenen Intervalls $I \subset \boldsymbol{R}$ in M derart, daß $u(I) = C$ ist. Ferner nehmen wir an, es sei $0 \in I$ und $u(0) = c$. Aus der Annahme, u sei eine Einbettung, folgt, daß der in (18.1.2.3) definierte Vektor $u'(t) \in T_{u(t)}(C)$ stets von 0 verschieden ist. Durch Übertragung der Struktur liefert die kanonische Orientierung von $\boldsymbol{R}$ eine Orientierung von C, die wir die *durch u definierte Orientierung* nennen. Sind $\alpha < \beta$ zwei Zahlen aus I und $a = u(\alpha)$ und $b = u(\beta)$ die entsprechenden Punkte von C, so sprechen wir anstelle von „der durch u definierten Orientierung von C" häufig von der *in der Richtung von a nach b orientierten Kurve C.*

Es sei l die *Bogenlänge* auf C, d. h. das durch die von $\boldsymbol{g}$ induzierte Riemannsche Metrik definierte positive Lebesguesche Maß (vgl. (20.8.5)). Für jedes in I enthaltene Intervall $[\alpha, \beta]$ ist also nach Definition (20.8.5.1)

20.13.1.1. $$l(u([\alpha, \beta])) = \int_\alpha^\beta ||u'(\xi)||\, d\xi$$

mit $||u'(\xi)|| = \langle \boldsymbol{g}(u(\xi)), u'(\xi) \otimes u'(\xi)\rangle$. Für jedes $t \in I$ sei

20.13.1.2. $$\varphi(t) = \int_0^t ||u'(\xi)||\, d\xi;$$

dies ist also gleich der Länge der Menge $u([0, t])$ für $t \geqq 0$ und gleich der negativen Länge von $u([t, 0])$ für $t \leqq 0$. Diese Zahl *hängt nur von $u(t)$ und der Wahl von c und der Orientierung auf C ab*: Ist nämlich $f\colon I_1 \to I$ ein Diffeomorphismus eines 0 enthaltenden offenen Intervalls $I_1 \subset \boldsymbol{R}$ auf das Intervall I, der die Orientierung erhält und für welchen $f(0) = 0$ ist, so ist $f'(\zeta) > 0$ für jedes $\zeta \in I_1$; nun setzen wir $u_1 = u \circ f$, so daß $u_1'(\zeta) = f'(\zeta)\, u'(f(\zeta))$ (vgl. (16.5.4.1)) und

$$||u_1'(\zeta)|| = f'(\zeta)\, ||u'(f(\zeta))||$$

gilt. Für $t = f(t_1)$ ergibt sich unsere Behauptung aus der Formel (8.7.4) für die Variablensubstitution

$$\int_0^{t_1} ||u_1'(\zeta)||\, d\zeta = \int_0^{t_1} ||u'(f(\zeta))||\, f'(\zeta)\, d\zeta = \int_0^t ||u'(\xi)||\, d\xi .$$

Wir nennen $\varphi(t)$ die *Bogenlänge*[1]) *des Punktes $x = u(t)$ auf der mit der durch u definierten Orientierung versehenen Kurve C in bezug auf den Ursprung c*; bezeichnen wir sie mit $\psi(x)$, so ist ψ eine *Karte* von C auf dem (also durch C, den Punkt c und die gewählte Orientierung vollständig bestimmte) Intervall $\varphi(I) = J$, und es gilt $\varphi(t) = \psi(u(t))$. Die Abbildung

$$s \to v(s) = u(\varphi^{-1}(s))$$

von J in M wird auch die *Parametrisierung von C durch die Bogenlänge* (bezüglich der Wahl von c und der betrachteten Orientierung) genannt.

Nach Definition ist

$$\begin{aligned}\langle d\psi(u(t)), u'(t)\rangle^2 &= (\varphi'(t))^2 = ||u'(t)||^2\\ &= \langle \boldsymbol{g}(u(t)), u'(t) \otimes u'(t)\rangle;\end{aligned}$$

da C eindimensional ist, kann man dafür auch $d\psi \otimes d\psi = {}^t h(\boldsymbol{g})$ schreiben, wobei $h\colon C \to M$ die kanonische injektive Abbildung ist. Mit anderen Worten, $d\psi \otimes d\psi$ ist die auf C induzierte Metrik. Wählt man eine Karte (U, ζ, n) einer Umgebung von c in M und schreibt man die Metrik $\boldsymbol{g}$ in der Gestalt (20.8.2.5), so gilt auf C also $d\psi \otimes d\psi = \sum_{i,j} g_{ij}\, d(\zeta^i \circ h) \otimes d(\zeta^j \circ h)$. Dafür kann man auf I auch $d\varphi \otimes d\varphi = \sum_{i,j} (g_{ij} \circ u)\, du^i \otimes du^j$ schreiben, wobei $u^i = \zeta^i \circ u$ gesetzt wurde $(1 \leqq i \leqq n)$. Wir schreiben gelegentlich ds anstelle von $d\varphi$ und kürzen diese

---

[1]) Im Original *abscisse curviligne* — *Anm. d. Ü.*

Relation durch $ds^2 = \sum_{i,j} g_{ij}\, du^i\, du^j$ ab; aufgrund dieser Formel wird die Metrik $\boldsymbol{g}$ auf M manchmal mit „ds^2 auf M" bezeichnet.

20.13.2. In diesem Abschnitt seien nun der Punkt c und die Orientierung von C festgehalten und die obigen Bezeichnungen verwendet. Nach Definition ist $\|v'(s)\| = 1$ auf J; wir nennen $v'(s)$ den *Tangenteneinheitsvektor* an C im Punkt $v(s)$. Er hängt nur von der gewählten Orientierung ab (und ändert sein Vorzeichen, wenn man die Orientierung umkehrt).

Wir erinnern daran, daß für eine Abbildung $\boldsymbol{w}$ von J in $T(M)$, die eine Liftung von v ist, das kovariante äußere Differential $\boldsymbol{dw}$ diejenige 1-Differentialform auf J mit Werten in $T(M)$ ist, für welche für das Einheitsvektorfeld E auf $\boldsymbol{R}$ (vgl. (18.1.1)) und für jedes $s \in J$ die Beziehung $\boldsymbol{dw}(s) \cdot \mathrm{E}(s) = \nabla_{\mathrm{E}(s)} \cdot \boldsymbol{w}$ gilt (vgl. (17.19.4.2)). Ferner erinnern wir daran, daß wir anstelle von $\nabla_{\mathrm{E}} \cdot \boldsymbol{w}$ auch $\nabla_s \cdot \boldsymbol{w}$ schreiben (vgl. (18.6.3)).

In diesen Bezeichnungen nennen wir eine der Klasse C^∞ angehörende Abbildung $s \to (\boldsymbol{f}_1(s), \dots, \boldsymbol{f}_n(s))$ von J in den Raum $R(M)$ der Repères von M derart, daß die $\boldsymbol{f}_j(s)$ zu $T_{v(s)}(M)$ gehören und eine (bezüglich $\boldsymbol{g}$) *orthonormale Basis* dieses Raumes bilden, ein *Frenet-Repère* von C, wenn auf J die folgenden Beziehungen (die *Frenetschen Formeln*) erfüllt sind:

$$\text{20.13.2.1.}\quad \begin{cases} \boldsymbol{f}_1 = v' , \\ \boldsymbol{df}_1 = (k_1 \cdot ds)\, \boldsymbol{f}_2 , \\ \boldsymbol{df}_2 = -(k_1 \cdot ds)\, \boldsymbol{f}_1 + (k_2 \cdot ds)\, \boldsymbol{f}_3 , \\ \boldsymbol{df}_3 = -(k_2 \cdot ds)\, \boldsymbol{f}_2 + (k_3 \cdot ds)\, \boldsymbol{f}_4 , \\ \dots\dots\dots\dots\dots\dots\dots\dots \\ \boldsymbol{df}_{n-1} = -(k_{n-2} \cdot ds)\, \boldsymbol{f}_{n-2} + (k_{n-1} \cdot ds)\, \boldsymbol{f}_n , \\ \boldsymbol{df}_n = -(k_{n-1} \cdot ds)\, \boldsymbol{f}_{n-1} ; \end{cases}$$

dabei sind die k_j *streng positive reellwertige* Funktionen der Klasse C^∞ auf J.

20.13.3. Wir wollen nun zeigen, daß es *im allgemeinen* auf einer hinreichend kleinen offenen Menge von C *genau ein Frenet-Repère* gibt; die Bedeutung des Ausdrucks „im allgemeinen" wird im Laufe des Beweises präzisiert werden. Aus der Relation $(\boldsymbol{f}_1 \mid \boldsymbol{f}_1) = 1$ ergibt sich, wenn man auf beiden Seiten die kovariante Ableitung bildet und (20.9.5.4) benutzt, $2(\nabla_s \cdot \boldsymbol{f}_1 \mid \boldsymbol{f}_1) = 0$. Wir erinnern daran, daß die Aussage, es sei $\nabla_s \cdot \boldsymbol{f}_1 = 0$ in jedem Punkt von C, damit gleichbedeutend ist, daß v eine *Geodätische* von M ist (vgl. (18.6.1.2)). Wir nehmen an, dies sei nicht der Fall („allgemeiner Fall"); dann gibt es eine hinreichend kleine offene Menge U_1 in C, auf der $\nabla_s \cdot \boldsymbol{f}_1$ nicht verschwindet; daher können wir in eindeutiger Weise $\nabla_s \cdot \boldsymbol{f}_1 = k_1 \boldsymbol{f}_2$ schreiben, wobei $\boldsymbol{f}_2$ *orthogonal* zu $\boldsymbol{f}_1$ ist, die Länge 1 hat und $k > 0$ in jedem Punkt von U_1 gilt.

Nehmen wir an, wir hätten eine absteigende Folge offener Teilmengen $(U_j)_{j \leq i-1}$ von C bestimmt derart, daß auf U_{i-1} die ersten i der Formeln (20.13.2.1) gelten, die $\boldsymbol{f}_j$ für $j \leq i$ paarweise orthogonal sind und die Länge 1 haben und die k_j für $j \leqq i - 1$ in jedem Punkt von U_{i-1} sämtlich streng positiv sind. Bilden wir die kovarianten Ableitungen der Formeln $(\boldsymbol{f}_j \mid \boldsymbol{f}_i) = 0$ für $j < i$ und $(\boldsymbol{f}_i \mid \boldsymbol{f}_i) = 1$, so erhalten wir sofort

$$(\nabla_s \cdot \boldsymbol{f}_i \mid \boldsymbol{f}_j) = 0 \qquad \text{für } j \leqq i - 2\,,$$
$$(\nabla_s \cdot \boldsymbol{f}_i \mid \boldsymbol{f}_{i-1}) = k_{i-1} = 0\,,$$
$$(\nabla_s \cdot \boldsymbol{f}_i \mid \boldsymbol{f}_i) = 0;$$

dies bedeutet wieder, daß in jedem Punkt von U_{i-1} also $\nabla_s \cdot \boldsymbol{f}_i + k_{i-1}\boldsymbol{f}_{i-1}$ zu $\boldsymbol{f}_1, \ldots, \boldsymbol{f}_{i-1}, \boldsymbol{f}_i$ orthogonal ist. Für $i < n$ kann nun der Fall eintreten, daß $\nabla_s \cdot \boldsymbol{f}_i + k_{i-1}\boldsymbol{f}_{i-1}$ in jedem Punkt von U_{i-1} *Null* wird; anderenfalls („allgemeiner Fall") gibt es eine offene Teilmenge $U_i \subset U_{i-1}$, auf der dieses Vektorfeld keine Nullstelle hat, und dann können wir in eindeutig bestimmter Weise $\nabla_s \cdot \boldsymbol{f}_i + k_{i-1}\boldsymbol{f}_{i-1} = k_i\boldsymbol{f}_{i+1}$ schreiben, wobei $\boldsymbol{f}_{i+1}$ zu $\boldsymbol{f}_1, \ldots, \boldsymbol{f}_i$ orthogonal ist und die Länge 1 hat und $k_i > 0$ in jedem Punkt von U_i gilt. Ist $i = n$, so muß $\nabla_s \cdot \boldsymbol{f}_n + k_{n-1}\boldsymbol{f}_{n-1} = 0$ sein.

Existiert ein Frenet-Repère von C, so nennt man die Zahl $k_j(s) > 0$ im Punkt $x = v(s)$ die j-te *Krümmung* von C in diesem Punkt und die Zahl $1/k_j(s)$ den j-ten *Krümmungsradius*; der Vektor $\boldsymbol{f}_{j+1}(s)$ wird der j-te *Normaleneinheitsvektor* zu C im Punkt x genannt, die Gerade $\boldsymbol{R}\boldsymbol{f}_{j+1}(s)$ in $T_x(M)$ die j-te *Normale* und die Ebene $\boldsymbol{R}\boldsymbol{f}_1(s) \oplus \boldsymbol{R}\boldsymbol{f}_{j+1}(s)$ die j-te *Schmiegebene*. Im Fall $n = 2$ sagt man *Krümmung* für k_1 und *Normale* für „erste Normale". Im Fall $n = 3$ nennt man k_1 die *Krümmung*, k_2 die *Windung*; anstelle von erster und zweiter Normale sagt man *Hauptnormale* und *Binormale*, anstelle von erster und zweiter Schmiegebene sagt man *Schmiegebene* und *rektifizierende Ebene*.

Ist $M = \boldsymbol{R}^n$, so wendet man diese Terminologie meistens nicht auf die Geraden und Ebenen von $T_x(\boldsymbol{R}^n)$, sondern auf ihre Bilder vermöge der Hintereinanderausführung der Translation $\mathbf{h} \to \mathbf{h} + x$ und der kanonischen bijektiven Abbildung $\boldsymbol{\tau}_x$ an, so daß dies im $\boldsymbol{R}^n$ enthaltene affine Geraden und Ebenen sind (vgl. (16.8.6)).

20.13.4. Ist $M = \boldsymbol{R}^n$ und existiert ein Frenet-Repère von C, so *bestimmen* die $n - 1$ Funktionen k_j $(1 \leqq j \leqq n - 1)$ *die Kurve C bis auf eine euklidische Bewegung.* Genauer:

20.13.4.1. *Auf einem 0 enthaltenden Intervall J von $\boldsymbol{R}$ seien $n - 1$ überall streng positive Funktionen k_j $(1 \leqq j \leqq n - 1)$ der Klasse C^∞ gegeben. Ferner seien ein Punkt c von $\boldsymbol{R}^n$ und n Vektoren $\mathbf{b}_i$ $(1 \leqq i \leqq n)$ aus $T_c(\boldsymbol{R}^n)$ gegeben, die eine orthonormale Basis bilden. Dann existieren ein die 0 enthaltendes offenes Intervall $I \subset J$, eine Abbildung v der Klasse C^∞ von I in $\boldsymbol{R}^n$ und n Abbildungen $\boldsymbol{f}_i$ $(1 \leqq i \leqq n)$ von I in $T(\boldsymbol{R}^n)$ derart, daß folgendes gilt:*

1° *v ist eine Einbettung von I in $\boldsymbol{R}^n$ und $s \to v(s)$ die Parametrisierung von $C = v(I)$ durch die Bogenlänge (bezüglich der Orientierung, die das Bild der kanonischen Orientierung von $\boldsymbol{R}$ ist), ferner ist $(\boldsymbol{f}_i)_{1 \leqq i \leqq n}$ ein Frenet-Repère von C, das den Formeln (20.13.2.1) mit den gegebenen Funktionen k_j genügt;*

2° *es ist $v(0) = c$ und $\boldsymbol{f}_i(0) = \mathbf{b}_i$ für $1 \leqq i \leqq n$. Genügen ferner ein 0 enthaltendes Intervall $I \subset J$ und $n + 1$ Funktionen $v^{(1)}, \boldsymbol{f}_i^{(1)}$ $(1 \leqq i \leqq n)$ diesen Bedingungen, so muß $v = v^{(1)}$ und $\boldsymbol{f}_i^{(1)} = \boldsymbol{f}_i$ $(1 \leqq i \leqq n)$ auf $I \cap I_1$ gelten.*

Dies ist ein Spezialfall von (20.12.7) für $n' = 1$; übrigens braucht man hier weder Verträglichkeitsbedingungen einzuführen noch den Satz von FROBENIUS anzuwenden, da es sich um gewöhnliche Differentialgleichungen handelt.

In Zukunft nehmen wir bei der Betrachtung einer Kurve auf einer Riemannschen Mannigfaltigkeit (die keine geodätische Trajektorie ist) stets an, es gebe ein Frenet-Repère für diese Kurve, sofern nicht ausdrücklich etwas anderes gesagt wird.

20.13.5. Bemerkung. — Ist die Mannigfaltigkeit M *orientiert*, so ist es oft bequem, die Definition eines Frenet-Repères zu modifizieren: Man ersetzt $\boldsymbol{f}_n$ durch $\varepsilon \boldsymbol{f}_n$, wobei $\varepsilon = \pm 1$ so gewählt ist, daß $(\boldsymbol{f}_1, \ldots, \boldsymbol{f}_{n-1}, \varepsilon \boldsymbol{f}_n)$ ein *positiv* orientiertes Repère ist (vgl. (16.21.2)). Die Frenetschen Formeln bleiben gültig, wenn man k_{n-1} durch εk_{n-1} ersetzt (das dann beliebiges Vorzeichen haben kann).

20.13.6. Es sei M eine n-dimensionale Riemannsche Mannigfaltigkeit, M' eine n'-dimensionale Untermannigfaltigkeit, $1 < n' < n$. Ferner sei C eine Kurve *in* M'. Wir wenden die Formel (20.12.4.4) an, indem wir (in den Bezeichnungen von (20.13.2)) $\mathrm{X}' = \mathrm{Y}' = \boldsymbol{f}_1 \circ v^{-1}$ setzen; dann gilt

20.13.6.1. $$\nabla_s \cdot \boldsymbol{f}_1 = \nabla'_s \cdot \boldsymbol{f}_1 + \sum_\alpha \langle \mathfrak{J}_\alpha, \boldsymbol{f}_1 \otimes \boldsymbol{f}_1 \rangle \, \boldsymbol{e}_\alpha .$$

Da die beiden Glieder auf der rechten Seite die Komponenten der linken Seite auf $T_x(M')$ und dem dazu normalen Raum N_x sind, erhalten wir sofort die folgenden Sätze:

20.13.6.2. (i) *Jede Kurve C in M', die eine geodätische Trajektorie von M ist, ist eine geodätische Trajektorie von M'.*

(ii) *Ist C eine Kurve in M', die keine geodätische Trajektorie von M ist, so ist C genau dann eine geodätische Trajektorie von M', wenn ihre erste Normale (bezüglich M) zu M' normal ist.*

20.13.6.3. *Für alle Kurven in M', welche im Punkt x dieselbe Tangente haben, stimmen die normalen Komponenten von $\nabla_s \cdot \boldsymbol{f}_1$* (die sogenannten *Vektoren der Normalenkrümmung von C) im Punkt x überein* (Satz von MEUSNIER). *Für alle Kurven in M', welche im Punkt x dieselbe Tangente und dieselbe erste Normale haben, stimmen die ersten Krümmungen im Punkt x überein.*

Die letzte Behauptung folgt aus der sich aus (20.13.6.1) und (20.13.2.1) ergebenden Formel

20.13.6.4. $$k_1(\boldsymbol{f}_2 \mid \boldsymbol{e}_\alpha) = \langle \mathfrak{J}_\alpha, \boldsymbol{f}_1 \otimes \boldsymbol{f}_1 \rangle \quad \text{für } n' + 1 \leqq \alpha \leqq n .$$

Man nennt eine Kurve $C \subset M'$ eine *Asymptote* an (oder von) M', wenn ihr Vektor der Normalenkrümmung verschwindet; gleichbedeutend damit ist, daß $\langle \mathfrak{J}_\alpha, \boldsymbol{f}_1 \otimes \boldsymbol{f}_1 \rangle = 0$ für $n' + 1 \leqq \alpha \leqq n$ gilt. Ist C keine geodätische Trajektorie von M, so ist dies auch damit gleichbedeutend, daß die erste Schmiegebene von C *tangential* zu M' sein muß.

20.13.7. Wir nennen M' eine *geodätische Untermannigfaltigkeit im Punkt x*, wenn *alle* durch x gehenden geodätischen Trajektorien *von* M' auch geodätische Trajektorien *von* M sind; nach Formel (20.13.6.1) besagt dies, daß *alle zweiten*

Fundamentalformen von M' im Punkt x verschwinden. Wir nennen M' *total geodätisch*, wenn M' in *jedem* Punkt geodätisch ist; das bedeutet also, daß die zweiten Fundamentalformen von M' *identisch Null* sind.

Aufgaben

1. Es sei C eine Kurve im $\boldsymbol{R}^n$; in den Bezeichnungen von (20.13.3) setzen wir die ersten i Formeln (20.13.2.1) als erfüllt voraus, es sei aber $\nabla_s \cdot \boldsymbol{f}_i + k_{i-1}\boldsymbol{f}_{i-1} = 0$ auf U_{i-1}. Man zeige, daß in diesem Fall U_{i-1} in einer affinen linearen Untermannigfaltigkeit der Dimension i enthalten ist. (Man stelle fest, daß für einen festen Vektor $\mathbf{a} \in \boldsymbol{R}^n$ die i Funktionen $(\mathbf{a} \mid \boldsymbol{f}_j)$ für $j \leqq i$ einem System homogener linearer Differentialgleichungen genügen.)
Man verallgemeinere dies auf den Fall, daß C eine Kurve in einer beliebigen Riemannschen Mannigfaltigkeit ist. Unter denselben Voraussetzungen zeige man, daß der i-Vektor, der das Produkt der ersten i Normaleneinheitsvektoren in einem beliebigen Punkt von C ist, aus seinem Wert in einem Punkt $x_0 \in C$ durch Parallelübertragung längs C gewonnen werden kann.

2. Man zeige: Existiert ein Frenet-Repère für eine durch eine Einbettung u: $t \to u(t)$ definierte Kurve C (wobei $t \in I$ ein beliebiger Parameter ist), so ist die j-te Krümmung von C die durch

$$k_j = \frac{\|\nabla_s \cdot u \wedge \cdots \wedge \nabla_s^{(j+1)} \cdot u\| \cdot \|\nabla_s \cdot u \wedge \cdots \wedge \nabla_s^{(j-1)} \cdot u\|}{\|\nabla_s \cdot u\| \cdot \|\nabla_s \cdot u \wedge \cdots \wedge \nabla_s^{(j)} \cdot u\|^2}$$

gegebene Funktion von t, wobei $\nabla_s \cdot u = u'$ und $\nabla_s^{(k)} u = \nabla_s \cdot (\nabla_s^{(k-1)} \cdot u)$ gesetzt wurde und die Normen die in (20.8.4) definierten „k-dimensionalen Flächeninhalte" sind.

3. a) Bezüglich des Frenet-Repères einer Kurve C sind die zweiten Fundamentalformen von C (vgl. (20.12.4)) durch

$$l_{211} = k_1, \quad l_{\alpha 11} = 0 \quad \text{für } \alpha \geqq 3$$

gegeben.

b) Man zeige, daß für eine kompakte Kurve C in $\boldsymbol{R}^N$ die Integralkrümmung (vgl. Abschnitt 20.12, Aufgabe 4) durch

$$\frac{2\Omega_{N-2}}{(n-1)\,\Omega_{N-1}} \int_0^L k_1(s)\, ds$$

gegeben ist; dabei ist L die Länge der Kurve. Man leite daraus die Fenchelsche Ungleichung

$$\int_0^L k_1(s)\, ds \geqq (N-1) \frac{\Omega_{N-1}}{\Omega_{N-2}} \qquad (= 2\pi \quad \text{für } N = 3)$$

her.

c) Wir nennen eine kompakte und zusammenhängende Kurve C im $\boldsymbol{R}^3$ einen *Knoten*, wenn kein Homöomorphismus f der Kreisscheibe $\|\mathbf{x}\| \leqq 1$ im $\boldsymbol{R}^2$ auf einen Teilraum des $\boldsymbol{R}^3$ existiert derart, daß C das Bild der Kreislinie $\|\mathbf{x}\| = 1$ vermöge dieses Homöomorphismus ist. Man zeige: Ist C ein Knoten, so gilt

$$\int_0^L k_1(s)\, ds \geqq 4\pi$$

(Satz von FARY-MILNOR). (Man setze $\int_0^L k_1(s)\,ds < 4\pi$ voraus und leite daraus wie in Abschnitt 20.12, Aufgabe 4d) her, daß dann ein Einheitsvektor $\mathbf{y} \in S_2$ existieren würde derart, daß die Funktion $s \to (\mathbf{y} \mid \mathbf{v}(s))$ eine Ableitung hätte, die nur in zwei Punkten von $[0, L[$ verschwindet, die man als 0 und $L' < L$ wählen kann. Dann definiere man einen Homöomorphismus f mit den oben angegebenen Eigenschaften.)

4. In der Ebene $\boldsymbol{R}^2$ nennen wir (nicht ganz korrekt, vgl. Abschnitt 8.5, Aufgabe 8•) eine Kurve C *streng konvex*, wenn der Durchschnitt von C und einer beliebigen Geraden aus höchstens zwei verschiedenen Punkten besteht.

a) Es sei C eine streng konvexe Kurve. Man zeige, daß in jedem Punkt $x \in C$ die Kurve C ganz auf ein und derselben Seite der Tangente von C im Punkt x liegt. (Man beweise zunächst indirekt, daß dies auf einer hinreichend kleinen Umgebung von x in C gilt.) Daraus leite man her, daß die Kurve C, falls C kompakt ist, der Rand der konvexen Menge D ist, welche Durchschnitt der C enthaltenden abgeschlossenen Halbebenen ist; D ist auch konvexe Hülle von C (vgl. Abschnitt 12.14, Aufgabe 13).

b) Es sei C eine streng konvexe kompakte Kurve im (mit $\boldsymbol{C}$ identifizierten) $\boldsymbol{R}^2$ und L ihre Länge, $s \to v(s)$ ihre Parametrisierung bezüglich der Bogenlänge ($0 \leqq s < L$) für eine fest gewählte Orientierung. Man zeige, daß $v'(s) = e^{i\theta(s)}$ gilt, wobei θ eine streng monotone Abbildung von $[0, L[$ auf $[0, 2\pi[$ oder auf $]-2\pi, 0]$ ist; umgekehrt, ist θ eine solche Abbildung der Klasse C^∞ mit $\int_0^L e^{i\theta(s)}\,ds = 0$, so ist das Bild von $[0, L[$ vermöge $s \to \int_0^s e^{i\theta(t)}\,dt$ eine streng konvexe kompakte Kurve.

c) Man zeige, daß auf einer streng konvexen kompakten Kurve C mindestens vier Punkte existieren, in denen die (als Funktion $s \to k(s)$ der Bogenlänge aufgefaßte) Krümmung *stationär* ist (Satz von MUKHOPADHYAYA). (Man schließe indirekt, indem man zeigt, daß sonst die Kurve bis auf eine Bewegung das Bild einer solchen Abbildung $s \to (\xi^1(s), \xi^2(s))$ von $[0, L[$ in $\boldsymbol{R}^2$ wäre, für welche für ein s_0 mit $0 < s_0 < L$ die Funktion k auf $[0, s_0]$ streng monoton fallend, auf $[s_0, L[$ streng monoton wachsend ist, und daß $\xi^2(s) > 0$ für $0 < s < s_0$ und $\xi^2(s) < 0$ für $s_0 < s < L$ gilt. Aus den Frenetschen Formeln leite man

$$\int_0^L k(s)\frac{d\xi^2}{ds}\,ds = 0$$

her; man zerlege das Integral durch den Punkt s_0 in die Summe von zwei Integralen und integriere jedes partiell. Mit Hilfe des Mittelwertsatzes erhält man den gewünschten Widerspruch.) Man untersuche den Fall, daß C eine Ellipse ist.

d) Man gebe ein Beispiel einer *Immersion* u eines Intervalls $I \subset \boldsymbol{R}$ in $\boldsymbol{R}^2$ an, die nicht injektiv, aber so beschaffen ist, daß jeder Punkt $t_0 \in I$ eine Umgebung $J \subset I$ hat derart, daß die Einschränkung von u auf J eine Einbettung und daß $u(J)$ streng konvex ist.

5. Es sei h eine Funktion der Klasse C^∞ mit der Periode 2π auf $\boldsymbol{R}$, die nur streng positive Werte annimmt. Man zeige, daß eine streng konvexe kompakte Kurve C in $\boldsymbol{R}^2$ existiert (vgl. Aufgabe 5) derart, daß 0 im Innern der konvexen Hülle D von C liegt und daß die Stützfunktion von D (vgl. Abschnitt 16.15, Aufgabe 7) durch $H(re^{i\theta}) = rh(\theta)$ gegeben ist. (Nimmt man die Aufgabe als gelöst und die Kurve C als Bild $\theta \to (x(\theta), y(\theta))$ von $[0, 2\pi[$ vermöge einer Abbildung der Klasse C^∞ definiert an, so schreibe man auf, daß die Tangente im Punkt für den Wert θ des Parameters zum Vektor $e^{i\theta}$ orthogonal ist.)

Es sei U die aus den Paaren (ζ_1, ζ_2) mit $\zeta_2 \neq \pm \zeta_1$ bestehende offene Teilmenge von $\boldsymbol{S}_1 \times \boldsymbol{S}_1$, für jeden Punkt $(e^{i\theta_1}, e^{i\theta_2})$ von U sei $P(\theta_1, \theta_2)$ der Durchschnitt der Stützgeraden von D (vgl. Abschnitt 5.8, Aufgabe 3) mit den Gleichungen $(z \mid e^{i\theta_1}) = h(\theta_1)$, $(z \mid e^{i\theta_2}) = h(\theta_2)$. Man zeige, daß diese Abbildung die Menge U zu einer zweiblättrigen Überlagerung von $\boldsymbol{R}^2 \setminus D$ macht und daß ihre Funktionaldeterminante im Punkt $(e^{i\theta_1}, e^{i\theta_2})$ ihrem absoluten Betrag nach gleich $t_1(P)\, t_2(P)/|\sin \omega(P)|$ ist, wobei $t_1(P)$ und $t_2(P)$ die Abstände zwischen P und den Berührungspunkten der beiden durch P gehenden Tangenten an C sind und $\omega(P)$ ein Winkel zwischen diesen beiden Tangenten ist. Hieraus leite man die CROFTONsche Formel

$$\int_{\boldsymbol{R}^2 \setminus D} \frac{|\sin \omega(P)|}{t_1(P)\, t_2(P)}\, dx\, dy = 2\pi^2$$

her.

6. a) Es sei G die Gruppe der Bewegungen von $\boldsymbol{R}^2$ mit der Determinante $+1$, also das semidirekte Produkt der Gruppen $\boldsymbol{R}^2$ und $\boldsymbol{SO}(2, \boldsymbol{R})$; eine Bewegung $\sigma \in G$ läßt sich in der Gestalt

$$(x, y) \to (u + x \cos \theta - y \sin \theta,\ v + x \sin \theta + y \cos \theta)$$

schreiben. Eine Basis des Raumes der linksinvarianten Differentialformen auf G wird durch die Formen

$$\omega_1 = \cos \theta\, du + \sin \theta\, dv\,, \qquad \omega_2 = -\sin \theta\, du + \cos \theta\, dv\,, \qquad \omega_3 = d\theta$$

gebildet, so daß $v_G = \omega_1 \wedge \omega_2 \wedge \omega_3 = du \wedge dv \wedge d\theta$ eine sowohl rechts- als linksinvariante 3-Form auf G und das entsprechende Maß μ ein Haarsches Maß auf G ist.

Wir betrachten in $\boldsymbol{R}^2$ zwei Kurven C_1 und C_2 der endlichen Länge l_1 bzw. l_2, die durch ihre Bogenlängen s_1 und s_2 parametrisiert seien. Für jedes Paar (s_1, s_2) von Bogenlängen und jeden Winkel $\varphi \in [0, 2\pi[$ sei $\sigma = g(s_1, s_2, \varphi)$ dasjenige Element von G, das den Punkt M_2 von C_2 mit der Bogenlänge s_2 in den Punkt M_1 von C_1 mit der Bogenlänge s_1 und den Tangenteneinheitsvektor an C_2 in M_2 in einen Vektor überführt, der mit dem Tangenteneinheitsvektor an C_1 in M_1 den Winkel φ bildet. Man zeige, daß ${}^t g(v_G) = \pm \sin \varphi\, ds_1 \wedge ds_2 \wedge d\varphi$ ist. Unter Benutzung des Satzes von SARD (16.23.1) leite man daraus her, daß für fast alle $\sigma \in G$ (bezüglich des Maßes μ) die Menge $C_1 \cap (\sigma \cdot C_2)$ endlich ist und daß, wenn $n(\sigma)$ die Anzahl der Elemente dieser Menge ist, die Poincarésche Formel

$$\int_G n(\sigma)\, d\mu(\sigma) = 4 l_1 l_2$$

gilt.

b) Es sei C eine streng konvexe kompakte Kurve in $\boldsymbol{R}^2$ der Länge L, ferner D ihre konvexe Hülle, $V_r(D)$ die Menge der Punkte von $\boldsymbol{R}^2$, deren Abstand von D höchstens gleich einer Zahl $r > 0$ ist. Für jede ganze Zahl $k > 0$ sei m_k das Lebesguesche Maß der Menge der Punkte (x, y) von $\boldsymbol{R}^2$, für welche der Kreis mit dem Mittelpunkt (x, y) und dem Radius r die Kurve C in k Punkten trifft. Man zeige, daß $m_k = 0$ ist, wenn k ungerade ist; man wende die Poincarésche Formel auf den Fall an, daß $C_1 = C$ und C_2 ein Kreis vom Radius r ist, und zeige so, daß

$$m_2 + 2m_4 + 3m_6 + \cdots = 2rL \tag{1}$$

ist. Es sei A das Lebesguesche Maß von D; man benutze die Formel von STEINER-MINKOWSKI, um das Maß von $V_r(D)$ zu berechnen (Abschnitt 16.24, Aufgabe 7b)), und beweise damit die Relation

$$m_0' + rL - A - \pi r^2 = m_4 + 2m_6 + 3m_8 + \cdots\,, \tag{2}$$

wobei m_0' das Maß der Menge der Punkte von $V_r(D)$ ist, welche die Eigenschaft haben, daß der Kreis mit dem Radius r um einen solchen Punkt als Mittelpunkt die Kurve C nicht schneidet. Es sei r_i der größte Radius der in D enthaltenen abgeschlossenen Kreisscheiben, r_e der kleinste Radius der D enthaltenden abgeschlossenen Kreisscheiben. Aus (2) leite man her, daß

$$L^2 - 4\pi A \geqq \pi^2(r_e - r_i)^2$$

gilt (Ungleichung von BONNESEN). (Man stelle fest, daß $m_0' = 0$ ist, wenn $r_i \leqq r \leqq r_e$ ist.)

7. a) In den Bezeichnungen von Aufgabe 6 sei H die aus den Bewegungen, welche die Gerade $y = 0$ global invariant lassen, bestehende Untergruppe von G. Sie besteht aus den σ mit $v = 0$ und $\theta = 0$ oder $\theta = \pi$. Der homogene Raum G/H läßt sich mit dem Raum der Geraden von $\boldsymbol{R}^2$ (einer Untermannigfaltigkeit der Grassmannschen Mannigfaltigkeit $\boldsymbol{G}_{3,2}$) identifizieren. Ist $\pi\colon G \to G/H$ die kanonische Submersion, so zeige man, daß auf G/H eine bezüglich G invariante 2-Differentialform $v_{G/H}$ existiert, mit ${}^t\pi(v_{G/H}) = \omega_2 \wedge \omega_3$ (vgl. Abschnitt 19.16, Aufgabe 16); ferner sei ν das entsprechende Lebesguesche Maß auf G/H (vgl. (16.24.1)).

Man betrachte in $\boldsymbol{R}^2$ eine Kurve C der endlichen Länge l, die durch ihre Bogenlänge s parametrisiert ist; für jede Bogenlänge s und jeden Winkel φ mit $0 \leqq \varphi < \pi$ sei $\Delta(s, \varphi)$ die Gerade, die durch den Punkt M von C mit der Bogenlänge s geht und mit der Tangente an C im Punkt M den Winkel φ einschließt. Man zeige, daß ${}^t\Delta(v_{G/H}) = \pm \sin\varphi\, ds \wedge d\varphi$ ist. Daraus leite man her, daß für fast alle Geraden γ aus $\boldsymbol{R}^2$ die Menge $\gamma \cap C$ endlich ist und daß, wenn $n(\gamma)$ die Anzahl der Elemente dieser Menge bezeichnet, die Formel

$$\int_{G/H} n(\gamma)\, d\nu(\gamma) = 2l$$

(Formel von CROFTON) gilt.

b) Aus a) leite man her: Ist C in der konvexen Hülle D_1 einer streng konvexen kompakten Kurve C_1 der Länge l_1 enthalten, so existiert mindestens eine Gerade γ derart, daß die Anzahl der Punkte von $\gamma \cap C$ mindestens $2l/l_1$ ist. (Man wende die Formel von CROFTON auf C und C_1 an.)

c) Man verallgemeinere die Formel von CROFTON auf Kurven im $\boldsymbol{R}^n$ und ihre Durchschnitte mit den Hyperebenen von $\boldsymbol{R}^n$.

8. a) Daß „im allgemeinen" ein Frenet-Repère für eine Kurve C existiert, kann auch noch auf die folgende Weise ausgedrückt werden: Es sei $S_{\boldsymbol{O}(n)}(M)$ das orthonormale Repèrebündel von M und π seine Projektion auf M, ferner seien σ_i und ω_{ij} die 1-Verschmelzungs- bzw. 1-Zusammenhangsformen auf $S_{\boldsymbol{O}(n)}(M)$. Dann existieren zwei Schnitte von $S_{\boldsymbol{O}(n)}(M)$ über C (die den beiden Orientierungen von C entsprechen) derart, daß die Matrix von Typ $(n + 1, n)$ der Formen σ_i' und ω_{ij}', welche die inversen Bilder der σ_i und der ω_{ij} bei einem dieser Schnitte sind, die Gestalt

$$\begin{pmatrix} \sigma_1' & 0 & 0 & \dots & 0 & 0 \\ 0 & -\omega_{21}' & 0 & \dots & 0 & 0 \\ \omega_{21}' & 0 & -\omega_{32}' & \dots & 0 & 0 \\ \dots & \dots & \dots & \dots & \dots & \dots \\ 0 & \dots & \dots & \dots & \omega_{n,n-1}' & 0 \end{pmatrix} \tag{1}$$

hat, mit $\omega_{j+1,j}' = k_j\sigma_1'$, wobei die k_j streng positive Funktionen sind. Man kann diese Repères durch das folgende Induktionsverfahren systematisch bestimmen: Das durch $S_{O(n)}(M)$ auf $\pi^{-1}(C)$ induzierte Hauptfaserbündel P_0 mit der Gruppe $\boldsymbol{O}(n)$ hat die Dimension $n(n-1)/2+1$; für alle $r \in \pi^{-1}(C)$ hat daher der Kern $K_0(r)$ der kanonischen surjektiven Abbildung

$$^tT_r(j_0): T_r(S_{O(n)}(M))^* \to T_r(P_0)^*$$

(die der kanonischen injektiven Abbildung $j_0: P_0 \to S_{O(n)}(M)$ entspricht) die Dimension $n-1$. Die Repères $r \in P_0$, für die $K_0(r)$ der von den Kovektoren $\sigma_2(r), \ldots, \sigma_n(r)$ erzeugte Vektorteilraum ist, bilden ein *Hauptfaserbündel* P_1 mit der Basis C und der Gruppe $\boldsymbol{O}(n-1) \times \{\pm 1\}$, dessen Dimension also $\dfrac{(n-1)(n-2)}{2}+1$ ist. Für jedes $r \in P_0$ hat dann der Kern $K_1(r)$ der kanonischen surjektiven Abbildung

$$^tT_r(j_1): T_r(P_0)^* \to T_r(P_1)^*$$

(wobei j_1 die kanonische injektive Abbildung $P_1 \to P_0$ ist) die Dimension $n-1$. Die Repères $r \in P_1$, für welche $K_1(r)$ von den Kovektoren $\omega_{j1}(r)$ für $j \geqq 3$ und $\omega_{21}(r) - k_1\sigma_1(r)$ für eine nur von $\pi(r) \in C$ abhängige Zahl k_1 erzeugt wird, bilden ein *Hauptfaserbündel* P_2 mit der Basis C und der Gruppe $\boldsymbol{O}(n-2) \times \{\pm 1\}^2$. Ist j_2 die kanonische injektive Abbildung $P_2 \to P_1$, so betrachte man alsdann den Kern $^tT_r(j_2)$ der Dimension $n-2$ und verfahre dann immer so weiter.

b) Man definiere entsprechend das Frenet-Repère für eine Kurve C in einer pseudo-Riemannschen Mannigfaltigkeit M, wenn C in keinem Punkt isotrop ist.

c) Es sei M eine pseudo-Riemannsche Mannigfaltigkeit der Signatur $(n-1, 1)$, so daß die entsprechende Gruppe G (vgl. (20.7.6)) die Gruppe $\boldsymbol{O}(\Phi)$ einer symmetrischen Bilinearform Φ auf $\boldsymbol{R}^n$ ist, für welche $\Phi(e_1, e_1) = \Phi(e_2, e_2) = 0$, $\Phi(e_1, e_2) = \Phi(e_2, e_1) = 1$ und $\Phi(e_i, e_j) = \delta_{ij}$ für jedes andere Paar von Indizes ist. Wir nennen eine Kurve $C \subset M$ eine *Kurve der Länge Null*, wenn sie in jedem ihrer Punkte isotrop ist. Man beweise, daß „im allgemeinen" ein „Frenet-Repère" für C in folgendem Sinne existiert: Ist $S_G(M)$ das Repèrebündel der G-Struktur von M, so genügen die Zusammenhangsformen ω_{ij} den Relationen

$$\omega_{11} + \omega_{22} = 0\,, \quad \omega_{12} = \omega_{21} = 0\,, \quad \omega_{1j} + \omega_{j2} = 0 \quad \text{für } j \geqq 3\,,$$
$$\omega_{j1} + \omega_{2j} = 0 \quad \text{für } j \geqq 3\,, \quad \omega_{ij} + \omega_{ji} = 0 \quad \text{für } i \geqq 3 \text{ und } j \geqq 3\,.$$

Dann existieren *endlich* viele Schnitte von $S_G(M)$ über C derart, daß die Matrix vom Typ $(n+1, n)$ der Formen der inversen Bilder der σ_i und der ω_{ij} vermöge eines dieser Schnitte die Gestalt

$$\begin{pmatrix}
\sigma_1' & 0 & 0 & 0 & 0 & \ldots & 0 & 0 \\
\sigma_1' & 0 & -\omega_{32}' & 0 & 0 & \ldots & 0 & 0 \\
0 & -\sigma_1' & 0 & 0 & 0 & \ldots & 0 & 0 \\
0 & \omega_{32}' & 0 & -\omega_{43}' & 0 & \ldots & 0 & 0 \\
0 & 0 & \omega_{43}' & 0 & -\omega_{54}' & \ldots & 0 & 0 \\
\cdots & \cdots & \cdots & \cdots & \cdots & \cdots & \cdots & \cdots \\
\cdots & \cdots & \cdots & \cdots & \cdots & \cdots & \omega_{n,n-1}' & 0
\end{pmatrix}$$

hat. (Man beschränke sich auf den Fall $n = 3$.) Man verallgemeinere die Resultate für eine pseudo-Riemannsche Metrik beliebiger Signatur. Man bestimme die Anzahl der Schnitte, welche diese Eigenschaft haben.

Wir setzen nun $M = \boldsymbol{R}^n$ voraus, und es existiere eine Einbettung u eines offenen (0 enthaltenden) Intervalls I von $\boldsymbol{R}$ in $\boldsymbol{R}^n$ mit $u(I) = C$, wodurch auf C eine Orientierung und ein Ursprung $c = u(0)$ definiert wird. Wir verstehen unter der *Pseudobogenlänge* eines Punktes $x = u(t)$ von C den Wert des Integrals der Form $f_x \sigma_1'$ auf C (vgl. (16.24.2)), wobei f_x die Indikatorfunktion der Menge $u([0, t])$ für $t \geqq 0$ und die negative Indikatorfunktion der Menge $u([t, 0])$ für $t \leqq 0$ ist. Ist s die so definierte reellwertige Funktion auf C, so gilt $\sigma_1' = ds$ (Differential von s), und man kann $\omega_{j,j-1}' = K_{j-2}(s)\, ds$ für $3 \leqq j \leqq n$ schreiben. Man zeige, daß die Vorgabe von $n - 2$ auf einem offenen Intervall von $\boldsymbol{R}$ überall streng positiven Funktionen $K_{j-2}(s)$ der Klasse C^∞ eine Kurve der Länge Null in $\boldsymbol{R}^n$ definiert, welche die obigen Relationen erfüllt und bis auf eine Bewegung bestimmt ist.

9. Man versehe $\boldsymbol{R}^n$ mit der kanonischen flachen G-Struktur für $G = \boldsymbol{SL}(n, \boldsymbol{R})$, sowie mit dem entsprechenden kanonischen Zusammenhang (vgl. Abschnitt 20.7, Aufgabe 7); es seien σ_i und ω_{ij} die 1-Verschmelzungs- und -Zusammenhangsformen auf $S_G(M)$ (die der Relation

$$\omega_{11} + \omega_{22} + \cdots + \omega_{nn} = 0$$

genügen). Man zeige, daß im allgemeinen für eine Kurve $C \subset \boldsymbol{R}^n$ endlich viele Schnitte von $S_G(M)$ über C existieren derart, daß die Matrix vom Typ $(n + 1, n)$ der Formen der inversen Bilder der σ_i und ω_{ij} vermöge eines dieser Schnitte die Gestalt

$$\begin{pmatrix} \sigma_1' & 0 & 0 & \dots & 0 & 0 \\ 0 & \sigma_1' & 0 & \dots & 0 & 0 \\ 0 & 0 & \sigma_1' & \dots & 0 & 0 \\ \dots & \dots & \dots & \dots & \dots & \dots \\ 0 & 0 & \sigma & \dots & 0 & \sigma_1' \\ \omega_{n1}' & \omega_{n2}' & \omega_{n3}' & \dots & \omega_{n,n-1}' & 0 \end{pmatrix}$$

hat (es ist bequem, die Konventionen aus Abschnitt 20.12, Aufgabe 5, zu benutzen). Man definiere wie in Aufgabe 8 eine *Pseudobogenlänge* s auf C und beweise folgendes: Setzt man $\omega_{nj}' = K_j(s)\, ds$, so wird durch die Vorgabe der $n - 1$ Funktionen K_j auf einem offenen Intervall von $\boldsymbol{R}$ eine Kurve C definiert, welche die obigen Relationen erfüllt; darüber hinaus kann jede andere Kurve, die diesen Relationen genügt, aus C durch Hintereinanderausführung einer Translation und eines zu $\boldsymbol{SL}(n, \boldsymbol{R})$ gehörenden Automorphismus erhalten werden.

20.14. Hyperflächen in Riemannschen Mannigfaltigkeiten

20.14.1. Wir erinnern daran, daß eine *Hyperfläche* in einer n-dimensionalen Riemannschen Mannigfaltigkeit M eine $(n - 1)$-dimensionale Untermannigfaltigkeit V ist. Die Mannigfaltigkeit M wird als *orientiert* vorausgesetzt (dies kann man stets tun, wenn man sich auf lokale Betrachtungen beschränkt). Da M zu dem Produkt $V \times \boldsymbol{R}$ lokal diffeomorph ist, kann man, ausgehend von einem orthonormalen Repèrefeld $\mathfrak{R}' = (\boldsymbol{e}_1, \dots, \boldsymbol{e}_{n-1})$ der Riemannschen Mannigfaltigkeit V, stets in eindeutiger Weise ein *direktes* (*positiv orientiertes*) orthonormales Repèrefeld $(\boldsymbol{e}_1, \dots, \boldsymbol{e}_{n-1}, \boldsymbol{e}_n)$ von M erhalten; das Vektorfeld $\boldsymbol{n} = \boldsymbol{e}_n$

wird dann das *orientierte Normaleneinheitsvektorfeld* von V bezüglich der Orientierungen von M und V (letztere relativ zu $\mathfrak{R}'$) genannt. Es gibt dann nur eine einzige *zweite Fundamentalform* $\mathfrak{J} = \mathfrak{J}_n$ auf V, die bis auf das Vorzeichen (das von den Orientierungen von V und M abhängt) eindeutig bestimmt ist und durch

20.14.2. $$\mathfrak{J} = \sum_{i=1}^{n-1} \omega'_{ni} \otimes \sigma'_i$$

gegeben wird. Liegt einmal die Orientierung von M fest, so wird die Orientierung von V durch die Wahl von $\boldsymbol{n}$ festgelegt, und $\mathfrak{J}$ ändert das Vorzeichen, wenn sich das Vorzeichen von $\boldsymbol{n}$ ändert. Die (mit ihrer Vielfachheit gezählten) $n - 1$ Eigenwerte von $\mathfrak{J}(x)$ bezüglich der nichtausgearteten positiven Form $\boldsymbol{g}'(x)$ sind reell (mit beliebigen Vorzeichen); sie werden *Hauptkrümmungen* von V im Punkt x genannt. Sie ändern ihr Vorzeichen mit dem von $\boldsymbol{n}$. Schreibt man sie in der Reihenfolge

$$\varrho_1(x) \leqq \varrho_2(x) \leqq \cdots \leqq \varrho_{n-1}(x)$$

auf, so werden die Zahlen

$$H(x) = \frac{1}{n-1}\big(\varrho_1(x) + \cdots + \varrho_n(x)\big)$$

und

$$K(x) = \varrho_1(x)\,\varrho_2(x) \cdots \varrho_n(x)$$

die *mittlere* bzw. die *totale Krümmung* von V im Punkt x genannt.

Die reziproken Werte $\big(\varrho_j(x)\big)^{-1}$ für die j mit $\varrho_j(x) \neq 0$ werden die *Hauptkrümmungsradien* von V im Punkt x genannt. Ist $M = \boldsymbol{R}^n$, so nennt man die Punkte $x + \varrho_j(x)^{-1}\,\boldsymbol{\tau}_x\big(\boldsymbol{n}(x)\big)$ (für $\varrho_j(x) \neq 0$) die *Hauptkrümmungszentren* von V im Punkt x; sie hängen nicht vom Vorzeichen von $\boldsymbol{n}$ ab.

Wir nehmen nun an, die Hauptkrümmungen $\varrho_j(x)$ seien sämtlich *verschieden*. Da sie die Wurzeln der Gleichung $\det\big(l_{ij}(x) - \delta_{ij}t\big) = 0$ in t und einfach sind, ist die Ableitung dieses Polynoms in t in jeder dieser Wurzeln von 0 verschieden; daher sind die ϱ_j $(1 \leqq j \leqq n-1)$ wohlbestimmte Funktionen und gehören auf einer hinreichend kleinen Umgebung von x der Klasse C^∞ an (vgl. (10.2.3)), und in jedem Punkt sind ihre Werte verschieden. Aus den Cramerschen Formeln ergibt sich dann die Existenz von $n - 1$ Einheitsvektorfeldern $\boldsymbol{c}_j$ $(1 \leqq j \leqq n-1)$ der Klasse C^∞ auf V derart, daß die Geraden $\boldsymbol{R}\boldsymbol{c}_j(y)$ in jedem Punkt y die *Achsen* von $\mathfrak{J}(y)$ bezüglich $\boldsymbol{g}'(y)$ sind; man nennt diese Geraden die *Hauptrichtungen* von V im Punkt y. Eine Kurve in V, die in jedem Punkt tangential zu einer Hauptrichtung ist, wird *Krümmungslinie* von V genannt.

Wir können stets annehmen, die (nur bis auf das Vorzeichen bestimmten) $\boldsymbol{c}_j$ seien so gewählt, daß $(\boldsymbol{c}_1, \ldots, \boldsymbol{c}_{n-1}, \boldsymbol{n})$ ein (*positiv orientiertes*) *direktes* orthonormales Repère ist. Dann kann man die zweite Fundamentalform bezüglich dieses Repères in der Gestalt

20.14.2.1. $$\mathfrak{J} = \sum_{j=1}^{n-1} \varrho_j \sigma'_j \otimes \sigma'_j$$

schreiben.

Für jede Kurve C in V wird die Zahl $k_1(\boldsymbol{f}_2 \mid \boldsymbol{n})$ (Bezeichnungen von (20.13.2)) die *Normalenkrümmung* von C (für den zu V normal gewählten Vektor $\boldsymbol{n}$) genannt. Aus (20.14.2.1) und (20.13.6.4) ergibt sich

20.14.3. $$k_1(\boldsymbol{f}_2 \mid \boldsymbol{n}) = \sum_{j=1}^{n-1} \varrho_j (\boldsymbol{f}_1 \mid \boldsymbol{c}_j)^2 \qquad \text{(Eulersche Formel)}\,.$$

Die Relation (20.14.2.1) bedeutet auch, daß für das Repère $(\boldsymbol{c}_1, \ldots, \boldsymbol{c}_{n-1}, \boldsymbol{n})$ (in den Bezeichnungen von (20.12.3)) die Beziehung

20.14.4. $$\omega'_{ni} = \varrho_i \sigma'_i \qquad (1 \leqq i \leqq n-1)$$

gilt; daher läßt sich die Formel (20.12.5.2) in der Gestalt

20.14.5. $$\tilde{\Omega}_{ij} - \Omega'_{ij} = \varrho_i \varrho_j \sigma'_j \wedge \sigma'_i$$

schreiben. Insbesondere gilt für $n = 3$ und $M = \boldsymbol{R}^3$ (wenn wir $\varrho_1 \neq \varrho_2$ annehmen)

20.14.6. $$K = \varrho_1 \varrho_2\,,$$

das Produkt der Hauptkrümmungen ist gleich der Gaußschen Krümmung (hängt daher nur von der induzierten Riemannschen Metrik $\boldsymbol{g}'$ ab) (*Theorema egregium* von Gauss).

Dieses Resultat gilt auch noch für $\varrho_1 = \varrho_2$; es gilt offenbar aus Stetigkeitsgründen in einem Nabelpunkt, welcher Limes von Punkten ist, die keine Nabelpunkte sind; anderenfalls genügt es, die Formel für die Sphäre oder die Ebene zu verifizieren, und dies ist trivial (vgl. (20.12.9)).

20.14.7. Im allgemeinen sind für $n \geqq 4$ die Hyperflächen im $\boldsymbol{R}^n$ *starr.* Die zweite Fundamentalform ist im allgemeinen *durch die Riemannsche Metrik $\boldsymbol{g}'$ vollständig bestimmt.* Im einzelnen:

20.14.8. *Es seien V und V_1 zwei zusammenhängende Hyperflächen im $\boldsymbol{R}^n$ mit $n \geqq 4$; die Hauptkrümmungen von V seien voneinander und in jedem Punkt von 0 verschieden. Dann ist jede Isometrie f von V auf V_1 eine euklidische Bewegung.* (Satz von Beez.)

Wir behalten die oben eingeführten Bezeichnungen für die zweite Fundamentalform von V bei. Es sei $(l_{ij}(x))$ die Matrix des inversen Bildes der zweiten Fundamentalform von V_1 im Punkt x bezüglich $(\boldsymbol{c}_i(x))_{1 \leqq i \leqq n-1}$ vermöge f. Da die Krümmung des Zusammenhangs von $\boldsymbol{R}^n$ verschwindet, ergibt sich aus der Annahme, f sei eine Isometrie, aufgrund von (20.14.5) und (20.12.5.2) die Beziehung

20.14.8.1. $$\langle -\Omega'_{ij}, \boldsymbol{c}_r \wedge \boldsymbol{c}_s \rangle = \varrho_i \varrho_j (\delta_{jr}\delta_{is} - \delta_{ir}\delta_{js}) = l_{jr} l_{is} - l_{ir} l_{js}$$

für beliebige Indizes i, j, r, s. Sind u und v die Endomorphismen von $\boldsymbol{R}^{n-1}$ mit den Matrizen $(l_{ij}(x))$ bzw. $\operatorname{diag}(\varrho_1(x), \ldots, \varrho_{n-1}(x))$, so ist demnach $\bigwedge^2 u = \bigwedge^2 v$. Man muß $u = \pm v$ beweisen. Da v nach Voraussetzung invertierbar ist, genügt es zu zeigen, daß $v^{-1}(u(\mathbf{z}))$ für jedes $\mathbf{z} \in \boldsymbol{R}^{n-1}$ ein skalares Vielfaches von $\mathbf{z}$ ist. Angenommen, dies wäre nicht der Fall, es gäbe ein $\mathbf{z} \neq 0$ derart, daß $u(\mathbf{z})$ und

$v(\mathbf{z})$ linear unabhängig sind. Wegen $n - 1 \geqq 3$ gäbe es einen Vektor $\mathbf{y}$ derart, daß $u(\mathbf{z})$, $v(\mathbf{y})$ und $v(\mathbf{z})$ linear unabhängig sind, also wäre $u(\mathbf{z}) \wedge v(\mathbf{y}) \wedge v(\mathbf{z}) \neq 0$. Nach Voraussetzung ist aber $v(\mathbf{y}) \wedge v(\mathbf{z}) = u(\mathbf{y}) \wedge u(\mathbf{z})$, so daß man also einen Widerspruch erhält. Daher ist $u = \alpha v$ mit einem Skalar α; wegen $\overset{2}{\bigwedge} u = \overset{2}{\bigwedge} v$ folgt dann $\alpha^2 = 1$; nach (20.12.7) ergibt sich hieraus die Behauptung.

Dagegen gibt es im $\boldsymbol{R}^3$ Flächen, deren Hauptkrümmungen voneinander und von 0 verschieden sind und zu denen es isometrische Flächen gibt, die nicht durch eine euklidische Bewegung aus jenen hervorgehen (Aufgabe 8).

Aufgaben

1. Unter den Voraussetzungen und in den Bezeichnungen von (20.14.1) definieren wir für jedes $x \in V$ den selbstadjungierten Endomorphismus $\mathrm{S}(x)$ von $T_x(V)$ als den zu der symmetrischen Bilinearform $\mathfrak{J}(x)$ assoziierten Operator (vgl. Abschnitt 11.5, Aufgabe 3), d. h., es sei $(\mathrm{S}(x) \cdot \mathbf{h}_x \mid \mathbf{k}_x) = \langle \mathfrak{J}(x), \mathbf{h}_x \otimes \mathbf{k}_x \rangle$ (vgl. Abschnitt 20.12, Aufgabe 1b)). Seine Eigenwerte sind daher die Hauptkrümmungen $\varrho_j(x)$. Der Rang von $\mathrm{S}(x)$ stimmt mit dem Rang der Normalenabbildung $\boldsymbol{n}$ von V in $\boldsymbol{S}_{n-1}$ im Punkt x überein (vgl. Abschnitt 20.12, Aufgabe 5).

Wir setzen $M = \boldsymbol{R}^n$ voraus, und die $(n-1)$-dimensionale Mannigfaltigkeit V sei das Bild einer offenen Teilmenge D von $\boldsymbol{R}^{n-1}$ vermöge einer der Klasse C^∞ angehörenden Abbildung

$$\mathbf{f}\colon (x^1, \dots, x^{n-1}) \to (x^1, \dots, x^{n-1}, u(x^1, \dots, x^{n-1}))$$

(nichtparametrisierte Hyperfläche). Wir orientieren nun V, indem wir den Vektor $\boldsymbol{n}(x) = \|\boldsymbol{w}(x)\|^{-1} \cdot \boldsymbol{w}(x)$ als orientierten Normalenvektor im Punkt $x = \mathbf{f}(x^1, \dots, x^{n-1})$ nehmen, wobei $\boldsymbol{w} = (-p_1, \dots, -p_{n-1}, 1)$ und $p_j = \partial u/\partial x^j$ sei. Man zeige: Wählt man als Basis von $T_x(V)$ die Vektoren $\boldsymbol{\tau}_x^{-1}(\partial \mathbf{f}/\partial x^j)$, so wird die Matrix von $\mathrm{S}(x)$ durch

$$-\frac{1}{\|\boldsymbol{w}\|} \mathrm{R} \cdot \left(\mathrm{I} - \frac{1}{\|\boldsymbol{w}\|^2} \mathbf{p} \cdot {}^t\mathbf{p}\right)$$

gegeben, wobei $\mathrm{R} = (r_{ij})$ mit $r_{ij} = \dfrac{\partial^2 u}{\partial x^i \, \partial x^j}$ gesetzt und $\mathbf{p}$ die Spaltenmatrix

$$\begin{pmatrix} p_1 \\ p_2 \\ \vdots \\ p_{n-1} \end{pmatrix}$$

ist. Daraus leite man her, daß die mittlere Krümmung $H(x)$ und die totale Krümmung $K(x)$ von V im Punkt x durch die Formeln

$$H = -\frac{1}{n\,\|\boldsymbol{w}\|} \left(\sum_i r_{ii} - \frac{1}{\|\boldsymbol{w}\|^2} \sum_{i,j} r_{ij} p_i p_j \right),$$

$$K = \frac{(-1)^{n-1}}{\|\boldsymbol{w}\|^{n+1}} \det(\mathrm{R})$$

gegeben werden.

Man betrachte auf V die $(n-2)$-Differentialform

$$\omega = \sum_i (-1)^{i-1} \frac{p_i}{\|\boldsymbol{w}\|} dx^1 \wedge \cdots \wedge \widehat{dx^i} \wedge \cdots \wedge dx^{n-1}$$

und zeige, daß

$$d\omega = -nH\, dx^1 \wedge dx^2 \wedge \cdots \wedge dx^{n-1}$$

ist.

2. In den Bezeichnungen von Aufgabe 2 sei D die Kugel mit dem Mittelpunkt 0 und dem Radius R in $\boldsymbol{R}^{n-1}$. Gibt es eine Zahl $a > 0$ mit $H(x) \geqq a$ auf V, so zeige man, daß $aR \leqq 1$ gilt (Ungleichung von Heinz). (Ist $0 < r < R$ und sind K_r und S_r die offene Kugel bzw. die Sphäre mit dem Mittelpunkt 0 und dem Radius r, so gilt nach der elementaren Formel von Stokes (vgl. (16.24.11))

$$\int_{S_r} \omega = \int_{K_r} d\omega .$$

Man schätze den Absolutbetrag des Integrals auf der rechten Seite mit Hilfe der Voraussetzung und Aufgabe 1 nach unten und das linke Integral nach oben ab, indem man das Oberflächenmaß (16.24.9) und die Cauchy-Schwarzsche Ungleichung benutzt.)

3. In Verallgemeinerung des Begriffs einer konvexen Kurve (vgl. Abschnitt 20.13, Aufgabe 4) nennen wir eine Hyperfläche V in $\boldsymbol{R}^n$ *streng konvex*, wenn ihr Durchschnitt mit jeder Geraden höchstens zwei verschiedene Punkte enthält.

a) Man zeige, daß eine zusammenhängende Hyperfläche V schon dann streng konvex ist, wenn in jedem Punkt $x \in V$ die Hauptkrümmungen $\varrho_i(x)$ $(1 \leqq i \leqq n-1)$ von 0 verschieden sind und gleiches Vorzeichen haben. Zu jedem Punkt x einer Hyperfläche V, in dem dies der Fall ist, existiert eine offene Umgebung U von x in $\boldsymbol{R}^n$ derart, daß $U \cap V$ eine streng konvexe Hyperfläche ist; wir nennen dann V *im Punkt x streng konvex.*

b) Man zeige: Ist V eine streng konvexe und kompakte Hyperfläche, so ist V der Rand ihrer konvexen Hülle.

c) Man zeige, daß zu jeder kompakten Hyperfläche $V \subset \boldsymbol{R}^n$ mindestens ein Punkt von V existiert, in dem V streng konvex ist. (Man betrachte einen Punkt, dessen Abstand von einem festen Punkt von $\boldsymbol{R}^n$ ein Maximum annimmt.)

d) Es sei V eine kompakte und zusammenhängende Hyperfläche in $\boldsymbol{R}^n$. Man zeige, daß die folgenden Bedingungen äquivalent sind:

α) Für jedes $x \in V$ ist 0 der einzige isotrope Vektor für die zweite Fundamentalform $\mathfrak{J}(x)$ (dabei ist $\mathfrak{J}$ auf einer Umgebung von x bis auf das Vorzeichen definiert).

β) Die Hyperfläche V ist orientierbar, und für eine gewählte Orientierung auf V ist die Normalenabbildung $x \to \boldsymbol{n}(x)$ (Bezeichnung von (20.14.1)) ein Diffeomorphismus von V auf $\boldsymbol{S}_{n-1}$.

γ) Die totale Krümmung von V ist in jedem Punkt von 0 verschieden.

(Um zu zeigen, daß β) aus α) folgt, benutze man Aufgabe 4 aus Abschnitt 20.12 und Aufgabe 1 aus Abschnitt 16.12. Um zu sehen, daß α) aus γ) folgt, benutze man c).) Sind diese Bedingungen erfüllt, so ist V streng konvex.

e) Man gebe ein Beispiel einer zusammenhängenden, nicht kompakten, nicht streng konvexen Quadrik im $\boldsymbol{R}^3$ an, deren Hauptkrümmungen in keinem Punkt verschwinden.

4. Es sei V eine Hyperfläche im $\boldsymbol{R}^n$.

a) Wir setzen voraus, in jedem Punkt x einer orientierbaren offenen Teilmenge U von V sei der Rang des Endomorphismus $\mathrm{S}(x)$ (vgl. Aufgabe 1) oder, was damit gleichbedeutend ist, der Rang der Normalenabbildung $\boldsymbol{n}$ von U in $\boldsymbol{S}_{n-1}$ (für eine beliebige Orientierung von U) im Punkt x stets gleich ein und derselben ganzen Zahl $n - k - 1$ mit $k \geqq 1$.

Man zeige, daß zu jedem Punkt $x_0 \in U$ eine Karte $(U_0, \varphi, n-1)$ von V im Punkt x_0 existiert, mit $U_0 \subset U$ und $\varphi(U_0) = W \times T$, wobei $W \subset \boldsymbol{R}^{n-k-1}$ und $T \subset \boldsymbol{R}^k$ zwei offene Teilmengen sind derart, daß für jeden Punkt $w \in W$ die Menge $L_w = \varphi^{-1}(\{w\} \times T)$ der Durchschnitt von U_0 und einer k-dimensionalen *affinen linearen Mannigfaltigkeit* in $\boldsymbol{R}^n$ ist; außerdem ist der Normalenvektor $\boldsymbol{n}$ *konstant* in jedem der L_w. (Man stelle fest, daß man die lokalen Koordinaten $u^1, \ldots, u^{n-1}$ so wählen kann, daß $\partial\boldsymbol{n}/\partial u^j = 0$ in $\varphi(U_0)$ für $1 \leqq j \leqq k$ gilt und daß die Vektoren $\partial\boldsymbol{n}/\partial u^h$ für $k < h \leqq n-1$ linear unabhängig sind; man differenziere die Relationen $\left(\boldsymbol{n} \,\middle|\, \frac{\partial \mathbf{f}}{\partial u^j}\right) = 0$ für $1 \leqq j \leqq n-1$, wobei $\mathbf{f} = \varphi^{-1}$ ist.)

b) Es sei y ein Berührungspunkt von U und von einer der Mengen L_w aus a). Man zeige, daß der Rang $\mathrm{rg}_y(\boldsymbol{n})$ wieder gleich $n - k - 1$ ist. (Es existiert ein Repèrefeld $(\boldsymbol{e}_1, \ldots, \boldsymbol{e}_{n-1}, \boldsymbol{n})$, das auf einer Umgebung U_0 von y definiert ist und für das die Vektoren $\boldsymbol{e}_j(z)$ für $1 \leqq j \leqq k$ und $z \in U_0 \cap L_w$ zu L_w parallel sind; dann gilt $\omega'_{jn} = 0$ in $U_0 \cap L_w$ für $1 \leqq j \leqq k$, so daß, wenn man

$$\omega'_{jn} = \sum_{h=1}^{n-1} A_{jh}\sigma'_h$$

setzt, $A_{jh} = 0$ in $U_0 \cap L_w$ für $1 \leqq j \leqq k$ gilt und die Determinante Δ der Matrix (A_{jh}) der Ordnung $k+1$ (für $n - k - 1 \leqq j, h \leqq n-1$) in allen Punkten von $U_0 \cap L_w$ invertierbar ist. Durch Differenzieren der Relation

$$\omega'_{k+1,n} \wedge \omega'_{k+2,n} \wedge \cdots \wedge \omega'_{n-1,n} = \Delta\sigma'_{k+1} \wedge \sigma'_{k+2} \wedge \cdots \wedge \sigma'_n$$

zeige man: Setzt man für $1 \leqq j \leqq k$, $k+1 \leqq h \leqq n-1$

$$\omega'_{jh} = \sum_{l=1}^{n-1} a_{jhl}\sigma'_l\,,$$

so gelten in $U_0 \cap L_w$ die Beziehungen $a_{jhl} = 0$ für $1 \leqq l \leqq k$ und

$$d\Delta + \Delta\left(\sum_{\substack{k+1 \leqq h \leqq n-1 \\ 1 \leqq j \leqq k}} a_{jhh}\,\sigma'_h\right) = 0\,.$$

Man leite ferner daraus her: Strebt z in $U_0 \cap L_w$ gegen y, so strebt $\Delta(z)$ gegen einen von 0 verschiedenen Limes, so daß die Matrix (A_{jh}) auch im Punkt y invertierbar ist.)

c) Für jede ganze Zahl k mit $0 \leqq k \leqq n-1$ bezeichnen wir mit V_k die Menge der Punkte $x \in V$, in denen $\mathrm{rg}_x(\boldsymbol{n}) = n - k - 1$ ist. Man zeige: Zu jedem $x \in V$ und jeder Umgebung T von x in V existieren eine ganze Zahl $m \leqq n-1$ und eine nichtleere offene Teilmenge $T_1 \subset T$, die in V_m enthalten ist (vgl. (16.5.3)); es sei $y \in T_1$ und H die affine Tangentialhyperebene an V im Punkt y (im Sinne von (16.8.6)). Man leite aus a) her, daß dann in H eine m-dimensionale affine lineare Mannigfaltigkeit L existiert derart, daß das Innere E von $L \cap V$ *bezüglich* L den Punkt y enthält und daß H die in allen Punkten von E tangential zu V gelegene affine Hyperebene ist; ist darüber hinaus $E \neq L$, so gehört nach b) jeder Randpunkt

z von E in L ebenfalls zu V_m, aber nicht zum inneren Kern von V_m. Daraus leite man her, daß in jeder Umgebung von z in V für ein $m' < m$ Punkte von $V_{m'}$ existieren.

d) In der mit $\boldsymbol{C}$ identifizierten Ebene $\boldsymbol{R}^2$ betrachten wir die drei Vektoren $\mathbf{a}_1 = 1$, $\mathbf{a}_2 = j$ (kubische Einheitswurzel), $\mathbf{a}_3 = \bar{j} = j^2$; es sei D die als Vereinigung der drei durch $(\mathbf{x} | \mathbf{a}_j) < 1$ und $(\mathbf{x} | \mathbf{a}_k) < 1$ definierten „Winkel" A_{jk} entstehende offene Teilmenge von $\boldsymbol{R}^2$. Auf dem Winkel A_{23} werde die Funktion z_1 folgendermaßen definiert: $z = 0$, wenn $(\mathbf{x} | \mathbf{a}_1) \leqq 1$ ist, $z_1 = \exp(-((\mathbf{x} | \mathbf{a}_1) - 1)^{-2})$, wenn $(\mathbf{x} | \mathbf{a}_1) > 1$ ist; entsprechend definiert man z_2 auf A_{31} und z_3 auf A_{12}; diese drei Funktionen stimmen auf dem Dreieck D', dem Durchschnitt je zweier verschiedener A_{jk} überein, und definieren somit eine Funktion z der Klasse C^∞ auf D. In $\boldsymbol{R}^3$ sei C die Hyperfläche des Graphen der Funktion z. Man zeige in den Bezeichnungen von c), daß $V_0 = \emptyset$, $V_1 = V \setminus \overline{D'}$, $V_2 = \overline{D'}$ ist; durch einen Punkt von D' geht keine ganz in V enthaltene Gerade.

e) Für jedes $x \in V$ bezeichne $\mathscr{H}(x)$ die affine Hyperebene, die zu V tangential ist; wird $\boldsymbol{R}^n$ mit einer offenen Teilmenge von $\boldsymbol{P}_n(\boldsymbol{R})$ identifiziert, so ist $\mathscr{H}(x)$ ein Element der Grassmannschen Mannigfaltigkeit $\boldsymbol{G}_{n+1,n}$. Die Abbildung $x \to \mathscr{H}(x)$ von V in $\boldsymbol{G}_{n+1,n}$ gehört der Klasse C^∞ an („tangentiales Bild" von V). In den Bezeichnungen von c) zeige man: Ist V *kompakt*, so ist $\mathscr{H}(V_0)$ in $\mathscr{H}(V)$ überall dicht.

5. Es sei V eine kompakte Hyperfläche in $\boldsymbol{R}^n$. Die Integralkrümmung von V (vgl. Abschnitt 20.12, Aufgabe 4) hat den Wert

$$\varkappa(V) = \frac{2}{\Omega_n} \int_V |K(x)| \, dv(x),$$

wobei $K(x)$ die totale Krümmung im Punkt $x \in V$ und v das Riemannsche Volumen von V ist.

a) Wir setzen $\varkappa(V) = 2$ voraus (vgl. wieder Abschnitt 20.12, Aufgabe 4). Man zeige: Gehört ein Punkt $x \in V$ zu V_0 (Bezeichnung von Aufgabe 4c)), so liegt V ganz auf einer Seite der Hyperebene H, die zu V im Punkt x tangential ist. (Man stelle fest, daß $\boldsymbol{n}$ ein lokaler Diffeomorphismus im Punkt x ist; läge V nicht auf ein und derselben Seite von H, so würde eine Umgebung von $\boldsymbol{n}(x)$ in $\boldsymbol{S}_{n-1}$ existieren derart, daß zu jedem $\mathbf{z}$ aus dieser Umgebung mindestens drei verschiedene Punkte von V existieren würden, in denen $\boldsymbol{n}$ den Wert $\mathbf{z}$ annimmt, und verwende Aufgabe 4 aus Abschnitt 20.12.)

b) Man leite daraus her: Ist $\varkappa(V) = 2$, so ist V der Rand eines konvexen Körpers im $\boldsymbol{R}^n$ (man verwende Aufgabe 4e)).

6. Es sei M eine Untermannigfaltigkeit des $\boldsymbol{R}^n$ und r ihr Krümmungsmorphismus, schließlich $\boldsymbol{l}$ die zweite vektorielle Fundamentalform auf M.

a) Man zeige, daß für jedes $x \in M$ und jedes System von Tangentialvektoren $\mathbf{u}, \mathbf{v}, \mathbf{w}, \mathbf{t}$ aus $T_x(M)$ die Beziehung

$$(1) \qquad (\mathbf{t} \,|\, \mathsf{r}(x) \cdot (\mathbf{u} \wedge \mathbf{v}) \cdot \mathbf{w}) = (\langle \boldsymbol{l}(x), \mathbf{u} \otimes \mathbf{w} \rangle \,|\, \langle \boldsymbol{l}(x), \mathbf{v} \otimes \mathbf{t} \rangle) - (\langle \boldsymbol{l}(x), \mathbf{v} \otimes \mathbf{w} \rangle \,|\, \langle \boldsymbol{l}(x), \mathbf{u} \otimes \mathbf{t} \rangle)$$

gilt. (Man benutze (20.12.4.2) und (20.10.4.6).)

b) Es bezeichne $T'_x(M)$ den aus den Vektoren $\mathbf{u}$ mit $\mathsf{r}(x) \cdot (\mathbf{u} \wedge \mathbf{v}) = 0$ für *jedes* $\mathbf{v} \in T_x(M)$ bestehenden Vektorteilraum von $T_x(M)$ und $T''_x(M)$ den aus allen Vektoren $\mathbf{u}$ mit $\langle \boldsymbol{l}(x), \mathbf{u} \otimes \mathbf{v} \rangle = 0$ für *jedes* $\mathbf{v} \in T_x(M)$ bestehenden Vektorteilraum von $T_x(M)$. Man zeige, daß $T''_x(M) \subset T'_x(M)$ gilt.

c) Unter Verwendung von a) zeige man, daß jeder Vektor $\mathbf{u}$ aus $T'_x(M)$ mit $\langle \boldsymbol{l}(x), \mathbf{u} \otimes \mathbf{u} \rangle = 0$ in $T''_x(M)$ liegt. Daraus leite man her, daß

$$\dim T'_x(M) - \dim T''_x(M) \leqq n - \dim(M)$$

sein muß. Man verwende das folgende algebraische Lemma: Sind E und F zwei endlichdimensionale Vektorräume über $\boldsymbol{R}$ und $u: E \times E \to F$ eine symmetrische bilineare Abbildung, ist ferner

$$\dim F < \dim E ,$$

so existieren in E zwei von Null verschiedene Vektoren $\mathbf{x}$ und $\mathbf{y}$ mit $u(\mathbf{x}, \mathbf{x}) = u(\mathbf{y}, \mathbf{y})$ und $u(\mathbf{x}, \mathbf{y}) = 0$. (Um dieses Lemma zu beweisen, betrachte man die symmetrische bilineare Abbildung $u_{(\boldsymbol{C})}: E_{(\boldsymbol{C})} \times E_{(\boldsymbol{C})} \to F_{(\boldsymbol{C})}$, die Komplexifizierung von u, und zeige, daß ein von 0 verschiedenes $\mathbf{z} \in E_{(\boldsymbol{C})}$ existiert, für welches $u_{(\boldsymbol{C})}(\mathbf{z}, \mathbf{z}) = 0$ ist, indem man die Tatsache verwendet, daß in $\boldsymbol{C}^m$ ein System von $m - 1$ homogenen Polynomen immer wenigstens eine vom Ursprung verschiedene gemeinsame Nullstelle hat.)

7. Es sei V eine Hyperfläche in $\boldsymbol{R}^n$ und r ihr Krümmungsmorphismus.

a) Man zeige, daß genau dann $\operatorname{rg}_x(\boldsymbol{n}) = 0$ oder $\operatorname{rg}_x(\boldsymbol{n}) = 1$ gilt, wenn $\mathsf{r}(x) = 0$ ist.

b) In den Bezeichnungen von Aufgabe 6) zeige man: Ist $\operatorname{rg}_x(\boldsymbol{n}) \geqq 2$, so ist $T'_x(V) = T''_x(V)$. (In den Bezeichnungen von Aufgabe 1 zeige man zunächst, daß für drei beliebige Vektoren $\mathbf{u}, \mathbf{v}, \mathbf{w}$ aus $T_x(V)$ die Beziehung

$$(1) \qquad (\mathsf{r}(x) \cdot (\mathbf{u} \wedge \mathbf{v})) \cdot \mathbf{w} = (\mathrm{S}(x) \cdot \mathbf{v} \,|\, \mathbf{w})\,(\mathrm{S}(x) \cdot \mathbf{u}) - (\mathrm{S}(x) \cdot \mathbf{u} \,|\, \mathbf{w})\,(\mathrm{S}(x) \cdot \mathbf{v})$$

erfüllt ist.

Man betrachte den zu $T''_x(V)$ orthogonalen Vektorteilraum N von $T_x(V)$ und zeige, daß er keinen von 0 verschiedenen Vektor $\mathbf{u}$ aus $T'_x(V)$ enthalten kann, indem man feststellt, daß N mindestens die Dimension 2 hat und daß, falls $\mathbf{u}$ und $\mathbf{v}$ in N linear unabhängig sind, auch $\mathrm{S}(x) \cdot \mathbf{u}$ und $\mathrm{S}(x) \cdot \mathbf{v}$ in N linear unabhängig sind; daraus leite man mit Hilfe von (1) einen Widerspruch her.)

c) Man verallgemeinere das Resultat aus (20.14.8), indem man die Voraussetzung, die Hauptkrümmungen von V seien in jedem Punkt voneinander und von 0 verschieden, durch die Voraussetzung ersetzt, für jedes $x \in V$ sei $\operatorname{rg}_x(\boldsymbol{n}) \geqq 3$. (Man stelle fest, daß das orthogonale Komplement N von $T'_x(V)$ nur von der Riemannschen Metrik von V abhängt und bezüglich $\mathrm{S}(x)$ sowie bezüglich des vom inversen Bild der zweiten Fundamentalform von V_1 induzierten analogen Endomorphismus $\mathrm{S}_1(x)$ invariant ist.)

8. Es sei G eine Hyperfläche in $\boldsymbol{R}^n$ mit der Gleichung $\xi^n = \zeta(y)$, wobei y eine offene Menge D von $\boldsymbol{R}^{n-1}$ durchläuft und ζ eine Funktion der Klasse C^∞ auf D ist, die nur streng positive Werte annimmt. In $\boldsymbol{R}^{n+m} = \boldsymbol{R}^{n-1} \times \boldsymbol{R}^{m+1}$ versteht man unter einer *von G erzeugten Rotationshyperfläche mit der Achse* $\boldsymbol{R}^{n-1}$ die Menge V der Punkte $(y, \zeta(y)\,x)$, wobei y die Menge D und x die Sphäre $\boldsymbol{S}_m$ durchläuft; V ist auf kanonische Weise diffeomorph zu $G \times \boldsymbol{S}_m$, und G läßt sich mit der Untermannigfaltigkeit der Punkte von V, für welche $x = \mathbf{e}_n$ ist, identifizieren. Ist G_x die Menge der Punkte von V, für welche x fest bleibt, so erhält man G_x aus G durch jede orthogonale Transformation s aus $\boldsymbol{O}_{m+1}(\boldsymbol{R})$, welche den (mit dem ersten Vektor der kanonischen Basis von $\boldsymbol{R}^{m+1}$ identifizierten) Vektor $\mathbf{e}_n$ in x überführt. Der Tangentialraum von V im Punkt $(y, \zeta(y)\,x)$ ist direkte Summe der Teilräume $s \cdot T_y(G)$ und $\zeta(y)\,T_x(\boldsymbol{S}_m)$, die zueinander orthogonal sind; ist $\mathfrak{Z}$ die zweite Fundamentalform von

G und $\mathfrak{L}$ die zweite Fundamentalform von V, so stimmt die Einschränkung von $\mathfrak{L}$ auf $s \cdot T_y(G)$ mit $s \cdot \mathfrak{J}$ überein. Die Zentren der Hauptkrümmungen im Punkt $(y, \zeta(y)\, x)$ werden durch s in die Zentren der Hauptkrümmungen von G im Punkt y übergeführt und in denjenigen Punkt, in dem die Normale von G im Punkt y die Achse $\boldsymbol{R}^{n-1}$ trifft. Die Untermannigfaltigkeiten G_x von V sind total geodätisch.

Wählt man $n = 1$ und für G den Halbkreis mit der Gleichung $\xi^2 = (1 - (\xi^1)^2)^{1/2}$ (hier ist D das offene Intervall $]-1, 1[$), so ist V die Sphäre $\boldsymbol{S}_{m+1}$ ohne die Pole $\pm\mathbf{e}_1$.

Es sei D eine offene Menge des $\boldsymbol{R}^2$; σ_1, σ_2 seien zwei 1-Differentialformen auf D, die in jedem Punkt von D linear unabhängig sind, und ferner seien ϱ_1 und ϱ_2 zwei auf D definierte Funktionen der Klasse C^∞.

Man setze $d\sigma_1 = -c_1\sigma_1 \wedge \sigma_2$ und $d\sigma_2 = -c_2\sigma_1 \wedge \sigma_2$, ferner $df = f_1\sigma_1 + f_2\sigma_2$ für jede auf D definierte Funktion f der Klasse C^∞. Genau dann erfüllen die Formen $\sigma_1, \sigma_2, \omega_{12} = c_1\sigma_1 + c_2\sigma_2, \omega_{31} = \varrho_1\sigma_1$ und $\omega_{32} = \varrho_2\sigma_2$ die Bedingungen (20.12.7), definieren daher im $\boldsymbol{R}^3$ eine bis auf Bewegung eindeutig bestimmte Fläche, auf der die Hauptkrümmungen ϱ_1, ϱ_2 sind und die Krümmungslinien durch die Gleichungen $\sigma_1 = 0$ und $\sigma_2 = 0$ gegeben sind, wenn ϱ_1 und ϱ_2 den Bedingungen

$$\varrho_1\varrho_2 + (c_1)^2 + (c_2)^2 = c_{21} - c_{12},$$
$$\varrho_{12} = (\varrho_2 - \varrho_1)\, c_1,$$
$$\varrho_{21} = (\varrho_2 - \varrho_1)\, c_2$$

genügen.

Man wähle $\sigma_1 = d\varphi$, $\sigma_2 = \cos\varphi\, d\theta$, so daß $c_1 = 0$ und $c_2 = \tan\varphi$ ist; für $\varrho_1 = \varrho_2 = 1$ sind dann die obigen Bedingungen erfüllt, und dies entspricht der Sphäre $\boldsymbol{S}_2$ ohne die Pole $\pm\mathbf{e}_1$. Man zeige, daß unendlich viele andere von einem Parameter abhängende Lösungen existieren.

9. a) Auf einer differenzierbaren Mannigfaltigkeit M betrachte man p stetige Funktionen $\mathbf{u}_j$ $(1 \leqq j \leqq p)$ mit Werten in $\boldsymbol{R}^n$ und $n - p$ vektorielle 1-Differentialformen $\boldsymbol{\omega}_k$ $(1 \leqq k \leqq n - p)$ mit Werten in $\boldsymbol{R}^n$. Man definiert dann eine skalare $(n - p)$-Differentialform α auf M durch die Bedingung

$$\langle \alpha(x), \mathbf{h}_1 \wedge \mathbf{h}_2 \wedge \cdots \wedge \mathbf{h}_{n-p} \rangle$$
$$= \sum_{\pi \in \mathfrak{S}_{n-p}} \varepsilon_\pi \det\left(\mathbf{u}_1(x), \ldots, \mathbf{u}_p(x), \boldsymbol{\omega}_1(x) \cdot \mathbf{h}_{\pi(1)}, \ldots, \boldsymbol{\omega}_{n-p}(x) \cdot \mathbf{h}_{\pi(n-p)}\right)$$

für jedes System von Vektoren $\mathbf{h}_j$ $(1 \leqq j \leqq n - p)$ aus $T_y(M)$; dabei ist die Determinante die der Matrix, deren j-te Spalte für $1 \leqq j \leqq p$ gleich $\mathbf{u}_j(x)$ (bezüglich der kanonischen Basis des $\boldsymbol{R}^n$) und für $j = p + k$, $1 \leqq k \leqq n - p$ gleich $\boldsymbol{\omega}_k(x) \cdot \mathbf{h}_{\pi(k)}$ ist. Wir schreiben $\alpha = [\mathbf{u}_1, \ldots, \mathbf{u}_p, \boldsymbol{\omega}_1, \ldots, \boldsymbol{\omega}_{n-p}]$. Man zeige: Ist $d\boldsymbol{\omega}_k = 0$ für ein k mit $1 \leqq k \leqq n - p$, so gilt

$$d\alpha = \sum_{i=1}^{p} [\mathbf{u}_1, \ldots, d\mathbf{u}_i, \ldots, \mathbf{u}_p, \boldsymbol{\omega}_1, \ldots, \boldsymbol{\omega}_{n-p}], \tag{1}$$

wobei auf der rechten Seite

$$[\mathbf{u}_1, \ldots, d\mathbf{u}_i, \ldots, \mathbf{u}_p, \boldsymbol{\omega}_1, \ldots, \boldsymbol{\omega}_{n-p}]$$
$$= (-1)^{p-i}\, [\mathbf{u}_1, \ldots, \mathbf{u}_{i-1}, \mathbf{u}_{i+1}, \ldots, \mathbf{u}_p, d\mathbf{u}_i, \boldsymbol{\omega}_1, \ldots, \boldsymbol{\omega}_{n-1}]$$

gilt.

b) Es sei V eine Fläche im $\boldsymbol{R}^3$. Unter Verwendung der Identifizierungen aus Abschnitt 20.12, Aufgabe 5, und der in a) definierten Operationen zeige man, daß die kanonische „Flächenform“ v auf V, die mittlere Krümmung H und die totale

Krümmung K den Formeln

$$[\boldsymbol{n}, d\boldsymbol{x}, d\boldsymbol{x}] = 2v\,,$$

$$[\boldsymbol{n}, d\boldsymbol{x}, d\boldsymbol{n}] = -\,2Hv\,,$$

$$[\boldsymbol{n}, d\boldsymbol{n}, d\boldsymbol{n}] = 2Kv$$

genügen. Man verallgemeinere dies auf Hyperflächen im $\boldsymbol{R}^n$.

c) Nun werde V als *kompakt* vorausgesetzt; man zeige: Ist A der Flächeninhalt von V und $p = (\boldsymbol{x} \mid \boldsymbol{n})$, so gelten die Minkowskischen Formeln

$$A = \int pHv\,,$$

$$\int Hv = \int pKv\,.$$

(Man wende die Formel (1) auf $[\boldsymbol{x}, \boldsymbol{n}, d\boldsymbol{x}]$ und $[\boldsymbol{x}, \boldsymbol{n}, d\boldsymbol{n}]$ an.)

d) Es seien $V^{(1)}$ und $V^{(2)}$ zwei kompakte Flächen im $\boldsymbol{R}^3$ mit in jedem Punkt von Null verschiedener totaler Krümmung. Dann existiert ein Diffeomorphismus $\mathbf{z} \to \mathbf{f}^{(i)}(\mathbf{z})$ $(i = 1, 2)$ von $\boldsymbol{S}_2$ auf $V^{(i)}$, so daß $\boldsymbol{n}(\mathbf{f}^{(i)}(\mathbf{z})) = \mathbf{z}$ für $i = 1, 2$ gilt (vgl. Aufgabe 3d)). Es seien $R_1^{(i)}(\mathbf{z})$ und $R_2^{(i)}(\mathbf{z})$ die (streng positiven) Hauptkrümmungsradien im Punkt $\mathbf{f}^{(i)}(\mathbf{z})$; man setze

$$P_1^{(i)} = \frac{1}{2}\,(R_1^{(i)} + R_2^{(i)})\,, \qquad P_2^{(i)} = R_1^{(i)} R_2^{(i)}\,,$$

$$Q = \frac{1}{2}\,(R_1^{(1)} R_2^{(2)} + R_2^{(1)} R_1^{(2)})\,.$$

Man beweise mit $p^{(i)}(\mathbf{z}) = (\mathbf{z} \mid \mathbf{f}^{(i)}(\mathbf{z}))$ die Formeln

$$\int_{\boldsymbol{S}_2} (p^{(i)} P_1^{(i)} - P_2^{(i)})\,\alpha = 0\,,$$

$$\int_{\boldsymbol{S}_2} (p^{(1)} P_1^{(2)} - Q)\,\alpha = 0\,,$$

$$\int_{\boldsymbol{S}_2} (p^{(1)} P_2^{(2)} - p^{(2)} Q)\,\alpha = 0\,,$$

wobei α die Raumwinkelform auf $\boldsymbol{S}_2$ ist. (Die erste Formel ist mit der zweiten Minkowskischen Formel identisch. Für die beiden anderen betrachte man entsprechend die Formen $[\mathbf{f}^{(1)}(\mathbf{z}), \mathbf{z}, d\mathbf{f}^{(2)}(\mathbf{z})]$ und $[\mathbf{f}^{(1)}(\mathbf{z}), \mathbf{f}^{(2)}(\mathbf{z}), d\mathbf{f}^{2}(\mathbf{z})]$ über $\boldsymbol{S}_2$.)

e) Unter den Voraussetzungen und in den Bezeichnungen von d) zeige man: Gilt $P_1^{(1)} = P_1^{(2)}$ in $\boldsymbol{S}_2$ oder $P_2^{(1)} = P_2^{(2)}$ in $\boldsymbol{S}_2$, so erhält man $V^{(2)}$ aus $V^{(1)}$ durch eine Parallelverschiebung im $\boldsymbol{R}^3$. (Im ersten Fall verwende man a), um zu beweisen, daß $\int_{\boldsymbol{S}_2} F\alpha = 0$ gilt, falls $F = (R_1^{(1)} - R_1^{(2)})\,(R_2^{(1)} - R_2^{(2)})$ ist. Im zweiten Fall stelle man fest, daß aus $P_2^{(1)} = P_2^{(2)}$ die Beziehung $Q \geqq P_1^{(1)}$ folgt, wobei Gleichheit genau dann gilt, wenn $R_1^{(1)} = R_1^{(2)}$ und $R_2^{(1)} = R_2^{(2)}$ ist; man beweise ferner, daß

$$\int_{\boldsymbol{S}_2} p^{(1)}(P_2^{(2)} - Q)\,\alpha = 0$$

ist. In beiden Fällen benutze man (20.12.7).)

f) Aus e) leite man her: Sind $V^{(1)}$ und $V^{(2)}$ zwei kompakte zueinander *isometrische* Flächen im $\boldsymbol{R}^3$ mit in jedem Punkt von Null verschiedener totaler Krümmung, so erhält man die eine aus der anderen durch eine euklidische Bewegung des $\boldsymbol{R}^3$ (Satz von Cohn-Vossen).

10. Es sei V eine Hyperfläche im $\boldsymbol{R}^n$.

a) Man zeige, daß der Ricci-Tensor auf V durch die Formel

$$\langle \mathfrak{R}', \mathrm{X} \otimes \mathrm{Y} \rangle = (\mathrm{S} \cdot \mathrm{X} \mid \mathrm{Y}) \operatorname{Tr}(\mathrm{S}) - (\mathrm{S} \cdot \mathrm{X} \mid \mathrm{S} \cdot \mathrm{Y})$$

gegeben ist, wobei der Endomorphismus $\mathrm{S}(x)$ von $T_x(V)$ wie in Aufgabe 1 definiert ist (man verwende die Formel (1) aus Aufgabe 7).

b) Man zeige: Ist $\mathfrak{R}' = \lambda \boldsymbol{g}$, wobei die Funktion λ auf V streng positiv ist (vgl. Abschnitt 20.10, Aufgabe 2), so sind alle Punkte von V Nabelpunkte. (Aus a) leite man her, daß die Hauptkrümmungen dann den Relationen $\left(\sum_{j=1}^{n-1} \varrho_j\right) \varrho_k - \varrho_k^2 = \lambda$ für $1 \leqq k \leqq n - 1$ genügen.)

11. Es sei M eine n-dimensionale zusammenhängende differenzierbare Mannigfaltigkeit, die mit einem windungsfreien linearen Zusammenhang $\mathbf{C}$ versehen sei, der von einem Hauptzusammenhang $\mathfrak{P}$ auf dem Repèrebündel $R(M)$ induziert ist; mit σ_i und ω_{ij} seien die 1-Verschmelzungsformen bzw. die 1-Zusammenhangsformen auf $R(M)$, mit π die Projektion von $R(M)$ auf M bezeichnet. Schließlich sei V eine Hyperfläche in M.

a) Man zeige, daß in $\pi^{-1}(V)$ die Menge P_1 der Repères r, für die das inverse Bild der Form σ_n vermöge der kanonischen injektiven Abbildung $\pi^{-1}(V) \to R(M)$ in r gleich Null ist, eine Untermannigfaltigkeit der Kodimension 1 in $\pi^{-1}(V)$ ist. Bezeichnet man die inversen Bilder dieser Formen vermöge der kanonischen injektiven Abbildung $P_1 \to R(M)$ wieder mit σ_i bzw. ω_{ij}, so zeige man, daß man in P_1 dann $\omega_{nj} = \sum_{k=1}^{n-1} m_{jk}\sigma_k$ für $1 \leqq j \leqq n - 1$ schreiben kann, wobei die m_{jk} Funktionen der Klasse C^∞ auf P_1 sind und eine *symmetrische* Matrix $\mathrm{M} = (m_{jk})$ bilden (man benutze (20.6.3.3)). Nun sei r' ein zweites Repère von P_1, das zur Faser $\pi^{-1}(\pi(r))$ gehört, so daß $r' = r \cdot s$ mit $s \in \boldsymbol{GL}(n, \boldsymbol{R})$ gilt; man identifiziere s mit der Transponierten einer Matrix

$$\mathrm{S} = \begin{pmatrix} & & & s_{1n} \\ & \mathrm{A} & & \vdots \\ & & & s_{n-1,n} \\ s_{n1} & \cdots & s_{n,n-1} & s_{nn} \end{pmatrix}$$

vom Typ (n, n); man beweise die Relationen $s_{nj} = 0$ $(1 \leqq j \leqq n - 1)$ und $s_{nn}\mathrm{M}(r') = \mathrm{A} \cdot \mathrm{M}(r) \cdot {}^t\mathrm{A}$. (Man benutze das Verfahren aus Abschnitt 20.6, Aufgabe 2, wobei man r als den Wert eines Repèrefeldes $\mathfrak{R}$ im Punkt $x = \pi(r)$ ansieht, so daß in den dort verwendeten Bezeichnungen r' der Wert des Repèrefeldes $\mathrm{S} \cdot \mathfrak{R}$ ist.)

b) Nun setzen wir für alle $r \in P_1$ die Matrix $\mathrm{M}(r)$ als invertierbar voraus; dann ist, wenn $\mathrm{M}(r_0)$ in einem Punkt $r_0 \in P_1$ die Matrix einer symmetrischen Bilinearform mit der Signatur $(p, n - 1 - p)$ ist, P_1 die Vereinigung von vier zusammenhängenden offenen Mengen, in denen jeweils $\mathrm{M}(r)$ die Matrix einer symmetrischen Bilinearform der Signatur $(p, n - 1 - p)$ oder $(n - 1 - p, p)$ ist. Der Einfachheit halber setzen wir $p = n - 1$ voraus. Man zeige, daß die Menge der Repères $r \in P_1$ mit $\mathrm{M}(r) = \mathrm{I}_{n-1}$ eine Untermannigfaltigkeit P_2 von P_1 ist.

Es sei P_3 die Menge der Repères $r \in P_2$, für welche das inverse Bild der Form $\frac{1}{2}(n - 1)\,\omega_{nn} - \sum_{j=1}^{n-1} \omega_{jj}$ vermöge der kanonischen injektiven Abbildung $P_3 \to \pi^{-1}(V)$ im Punkt r gleich Null ist; man zeige, daß P_3 eine Untermannigfaltigkeit von P_2 ist (nach derselben Methode wie in a)), indem man diesmal S als Funktion von x

wählt). Man zeige: Ist $r' = r \cdot s$ ein Repère von P_3, das zur Faser von r gehört, so gilt in den Bezeichnungen von a) jetzt $A \cdot {}^tA = s_{nn} I_{n-1}$ und $s_{jn} = 0$ für $1 \leqq j \leqq n-1$; diese letzte Relation bedeutet, daß, falls $r = (\mathbf{a}_1, \dots, \mathbf{a}_{n-1}, \mathbf{a}_n)$ und $r' = (\mathbf{a}'_1, \dots, \mathbf{a}'_{n-1}, \mathbf{a}'_n)$ als Basen von $T_x(M)$ angesehen werden (vgl. (20.1.2)), die Vektoren $\mathbf{a}_n$ und $\mathbf{a}'_n$ *kollinear* sind (die Vektoren $\mathbf{a}_j$ und $\mathbf{a}'_j$ für $j \leqq n-1$ liegen dabei nach Definition von P_1 im Tangentialraum $T_x(V)$); die Gerade $\boldsymbol{R}\mathbf{a}_n$ ist daher durch V und $\mathbf{C}$ vollständig bestimmt; man nennt sie die *Pseudonormale* zu V im Punkt $x \in V$ (bezüglich des Zusammenhangs $\mathbf{C}$). Für jeden Automorphismus u des Zusammenhangs $\mathbf{C}$, der V invariant läßt, ist das Bild der Pseudonormalen von V vermöge $T_x(u)$ im Punkt $x \in V$ die Pseudonormale von V im Punkt $u(x)$.

Man zeige, daß P_3 bezüglich der Gruppe $G = \boldsymbol{GO}(n-1, \boldsymbol{R})$ eine G-Struktur $S_G(V)$ auf V ist (vgl. Abschnitt 20.9, Aufgabe 15).

c) Es sei $\mathfrak{R} = (\boldsymbol{a}_1, \dots, \boldsymbol{a}_n)$ ein auf einer Umgebung U eines Punktes von V in M definiertes Repèrefeld derart, daß seine Einschränkung auf $U \cap V$ ein Schnitt von P_3 ist. Ferner seien σ'_i $(1 \leqq i \leqq n-1)$ und ω'_{ij} $(1 \leqq i, j \leqq n-1)$ die inversen Bilder der σ_i und ω_{ij} mit denselben Indizes vermöge der Einschränkung von $\mathfrak{R}$ auf $U \cap V$; man zeige: Ist $\mathfrak{R}'$ das durch die ersten $n-1$ Vektorfelder von $\mathfrak{R}$ (welche ihre Werte in $T(V)$ annehmen) definierte Repèrefeld auf V, so sind die σ'_i und die ω'_{ij} die Verschmelzungsformen bzw. die Zusammenhangsformen bezüglich $\mathfrak{R}'$ für einen linearen Zusammenhang $\mathbf{C}'_{U \cap V}$ auf $U \cap V$, und zwar *unabhängig* von der Wahl des Repèrefeldes $\mathfrak{R}$, sofern es die obige Eigenschaft hat (man benutze (20.5.5.3)). Die linearen Zusammenhänge $\mathbf{C}'_{U \cap V}$ (für variables U) sind die Einschränkungen eines eindeutig bestimmten linearen Zusammenhangs $\mathbf{C}'$ auf V, des sogenannten durch $\mathbf{C}$ *induzierten* Zusammenhangs. Setzt man $\mathfrak{J} = \sum_{i=1}^{n-1} \sigma'_i \otimes \sigma'_i$ und bezeichnet man die kovarianten Ableitungen bezüglich $\mathbf{C}$ und $\mathbf{C}'$ mit ∇ und ∇', so gilt für je zwei Vektorfelder X' und Y' *über* V

$$\nabla_{X'} \cdot Y' - \nabla'_{X'} \cdot Y' = \langle \mathfrak{J}, X' \otimes Y' \rangle \boldsymbol{a}_n;$$

hieraus folgt, daß $\mathfrak{J}\boldsymbol{a}_n$ nicht von der Wahl der Repères $\mathfrak{R}$ abhängt. Der Zusammenhang $\mathbf{C}'$ ist windungsfrei; sind Ω'_{ij} $(1 \leqq i, j \leqq n-1)$ die 2-Krümmungsformen von $\mathbf{C}'$ bezüglich $\mathfrak{R}'$ und $\tilde{\Omega}_{ij}$ $(1 \leqq i, j \leqq n-1)$ die inversen Bilder der 2-Krümmungsformen Ω_{ij} von $\mathbf{C}$ vermöge der Einschränkung von $\mathfrak{R}$ auf $U \cap V$, so ist

$$\tilde{\Omega}_{ij} - \Omega'_{ij} = \omega'_{in} \wedge \omega'_{ni} \quad \text{für } 1 \leqq i, j \leqq n-1 .$$

d) Man übertrage diese Resultate auf den Fall, daß die Signatur $(p, n-1-p)$ beliebig ist, und die Theorie auf den Fall, daß die Hyperfläche V durch eine zusammenhängende Untermannigfaltigkeit von M ersetzt wird.

12. In den Bezeichnungen von Aufgabe 11 wähle man $M = \boldsymbol{R}^n$ und nehme für $\mathbf{C}$ den kanonischen flachen $\boldsymbol{SL}(n, \boldsymbol{R})$-Zusammenhang (vgl. Abschnitt 20.7, Aufgabe 7). Setzt man wie in Aufgabe 11b) voraus, es sei $p = n-1$, so gilt in P_3 außerdem $\omega_{nn} = 0$ und $\sum_{j=1}^{n-1} \omega_{jj} = 0$, mit anderen Worten, das Vektorfeld $\boldsymbol{a}_n$ ist hier schon vollständig bestimmt, und der Zusammenhang $\mathbf{C}'$ ist ein $\boldsymbol{SL}(n-1, \boldsymbol{R})$-Zusammenhang auf V. Man zeige ferner, daß in P_3 die Beziehung $\omega_{ij} + \omega_{ji} = \sum_{k=1}^{n-1} c_{ijk}\sigma_k$ gilt, wobei die Koeffizienten c_{ijk} bezüglich jeder Permutation der drei Indizes invariant sind (man verwende die Strukturgleichungen).

Man zeige, daß auf V die symmetrischen kovarianten Tensoren

$$\mathfrak{J} = \sum_{i=1}^{n-1} \sigma'_i \otimes \sigma'_i \quad \text{und} \quad \boldsymbol{c} = \sum_{i,j,k} c_{ijk}\sigma'_i \otimes \sigma'_j \otimes \sigma'_k$$

von der Wahl des Repèrefeldes $\mathfrak{R}$ unabhängig sind. Ist V_1 eine zweite Hyperfläche im $\boldsymbol{R}^n$ und existiert ein Diffeomorphismus von V auf V_1, der die Tensorfelder $\mathfrak{J}$ und $\boldsymbol{c}$ in die analogen Tensorfelder $\mathfrak{J}^{(1)}$ und $\boldsymbol{c}^{(1)}$ von V_1 überführt, so zeige man, daß eine *bijektive affine lineare* Abbildung des $\boldsymbol{R}^n$ auf sich existiert (vgl. Abschnitt 20.1, Aufgabe 1), welche V in V_1 überführt. (Man benutze (20.9.3) für die Formen $\omega_{ji} - \omega_{ij}$.)

Man zeige, daß auf V der kovariante Tensor $\boldsymbol{k} = \sum_{i=1}^{n-1} \omega'_{in} \otimes \sigma'_i$ symmetrisch und durch die Tensoren $\mathfrak{J}$ und $\boldsymbol{c}$ vollständig bestimmt ist (man benutze die Strukturgleichungen); die $n - 1$ Eigenwerte von $\boldsymbol{k}(x)$ bezüglich der nichtausgearteten positiven Form $\mathfrak{J}(x)$ werden die *affinen Hauptkrümmungen* von V im Punkt x genannt.

20.15. Das Einbettungsproblem

Als Beispiel für die Anwendung der Methode des Repèrefeldes beweisen wir den folgenden Satz:

20.15.1. (E. Cartan). *Ist M eine n-dimensionale analytische Riemannsche Mannigfaltigkeit* (vgl. (20.8.1)), *so gibt es zu jedem $x_0 \in M$ eine Umgebung U von x_0 in M und eine analytische Einbettung von U in einen Raum $\boldsymbol{R}^N$ mit $N = n(n+1)/2$, die eine Isometrie von U auf eine Riemannsche Untermannigfaltigkeit des $\boldsymbol{R}^N$ ist.*

Es sei $\mathfrak{R} = (\boldsymbol{e}_i)_{1 \leq i \leq n}$ ein auf einer Umgebung von x_0 definiertes orthonormales analytisches Repèrefeld auf M, und (σ_i), (ω_{ij}) und (Ω_{ij}) seien die entsprechenden Verschmelzungs-, Zusammenhangs- bzw. Krümmungsformen, welche die Relationen (20.12.3.1) bis (20.12.3.4) erfüllen. Wir nehmen an, das Problem sei gelöst, und es sei $f\colon U \to \boldsymbol{R}^N$ eine Isometrie von U auf $f(U)$. Nach (20.12.2) und (20.12.3) existiert ein auf einer Umgebung von $f(U)$ in $\boldsymbol{R}^N$ definiertes orthonormales Repèrefeld $\mathfrak{R}_0$ derart, daß für die entsprechenden Verschmelzungs- und Zusammenhangsformen $(\varrho'_h)_{1 \leq h \leq N}$ und $(\tilde{\omega}'_{hk})_{1 \leq h,k \leq N}$ die Beziehungen

$$\begin{aligned} &{}^t f(\varrho'_i) = \sigma_i \quad \text{für } 1 \leq i \leq n\,, \quad {}^t f(\varrho'_\alpha) = 0 \quad \text{für } n+1 \leq \alpha \leq N\,,\\ &{}^t f(\tilde{\omega}'_{ij}) = \omega_{ij} \quad \text{für } 1 \leq i, j \leq n \end{aligned}$$

erfüllt sind. Diese Relationen können auch wie folgt interpretiert werden. Wir erinnern daran, daß $\varrho'_h = {}^t\mathfrak{R}_0(\varrho_h)$ und $\tilde{\omega}'_{hk} = {}^t\mathfrak{R}_0(\tilde{\omega}_{hk})$ gilt, wobei (ϱ_h) und (ω_{hk}) die Verschmelzungs- bzw. Zusammenhangsformen auf dem mit $\boldsymbol{R}^N \times \boldsymbol{O}(N, \boldsymbol{R})$ identifizierten $N(N+1)/2$-dimensionalen *Hauptfaserbündel P der orthonormalen Repères des $\boldsymbol{R}^N$* sind (vgl. (20.6.5)). Betrachtet man die Abbildung $F = \boldsymbol{R}_0 \circ f$ von U in P, so sind die obigen Relationen äquivalent mit

$$\begin{aligned} &{}^t F(\varrho_i) = \sigma_i \quad \text{für } 1 \leq i \leq n\,, \quad {}^t F(\varrho_\alpha) = 0 \quad \text{für } n+1 \leq \alpha \leq N\,,\\ &{}^t F(\tilde{\omega}_{ij}) = \omega_{ij} \quad \text{für } 1 \leq i, j \leq n\,. \end{aligned}$$

Auf der Produktmannigfaltigkeit $M \times P$ schreiben wir — nicht ganz korrekt — wieder σ_i und ω_{ij} anstelle von ${}^t\mathrm{pr}_1(\sigma_i)$ und ${}^t\mathrm{pr}_1(\omega_{ij})$, sowie ϱ_h und $\widetilde{\omega}_{hk}$ anstelle von ${}^t\mathrm{pr}_2(\varrho_h)$ und ${}^t\mathrm{pr}_2(\widetilde{\omega}_{hk})$. In diesen Bezeichnungen besagen die obigen Relationen, daß der *Graph* Γ_F von F eine *n-dimensionale Integralmannigfaltigkeit des Pfaffschen Systems* der $N + n(n-1)/2$ Gleichungen

20.15.1.1.
$$\begin{cases} \varrho_i - \sigma_i = 0 & \text{für } 1 \leqq i \leqq n\,, \quad \varrho_\alpha = 0 \quad \text{für } n+1 \leqq \alpha \leqq N\,, \\ \widetilde{\omega}_{ij} - \omega_{ij} = 0 & \text{für } 1 \leqq i, j \leqq n \end{cases}$$

ist.

Umgekehrt nehmen wir nun an, wir hätten die Existenz eines *n-dimensionalen Integralelements* L_{z_0} dieses Systems in einem Punkt $z_0 = (x_0, r_0)$ von $M \times P$ bewiesen (vgl. (18.10.2)) derart, daß die Projektion von L_{z_0} in $T_{x_0}(M)$ *bijektiv* ist und daß L_{z_0} ein $(n-1)$-dimensionales *reguläres* Integralelement enthält (vgl. (18.10.4)). Der Satz von CARTAN-KÄHLER (den wir anwenden können, da M als analytisch vorausgesetzt wurde) zeigt dann (vgl. (18.13.9)), daß es eine z_0 enthaltende n-dimensionale Integralmannigfaltigkeit G des Systems (20.15.1.1) mit $T_{z_0}(G) = L_{z_0}$ gibt. Außerdem ist, da man sich nötigenfalls auf eine Umgebung von z_0 beschränken kann, G der Graph einer analytischen Abbildung F einer Umgebung U von x_0 in P, und die ersten n Gleichungen von (20.15.1.1) zeigen, daß F und $f = \pi \circ F$ (dabei bezeichnet π die kanonische Projektion von P auf $\mathbf{R}^N$) Einbettungen sind und daß man F in der Gestalt $F = \mathfrak{R}_0' \circ f$ schreiben kann, mit einem wohlbestimmten analytischen Schnitt $\mathfrak{R}_0'$ von P über der Untermannigfaltigkeit $f(U)$ von $\mathbf{R}^N$; da man diesen Schnitt zu einem Schnitt $\mathfrak{R}_0$ der Klasse C^∞ von P über einer Umgebung von $f(U)$ in $\mathbf{R}^N$ ausdehnen kann, sieht man, daß f eine *Isometrie* auf $f(U)$ ist.

20.15.1.2. Um die Existenz von L_{z_0} mit den geforderten Eigenschaften nachzuweisen, müssen wir zunächst das von den Formen auf der linken Seite von (20.15.1.1) erzeugte Differentialideal betrachten. Aufgrund der Strukturgleichungen für M und P wird dieses Ideal von den linken Seiten von (20.15.1.1) und den 2-Formen

20.15.1.3. $$\sum_{j=1}^{n} \widetilde{\omega}_{\alpha j} \wedge \varrho_j \qquad \text{für} \qquad n+1 \leqq \alpha \leqq N\,,$$

20.15.1.4. $$\sum_{\alpha=n+1}^{N} \widetilde{\omega}_{\alpha i} \wedge \widetilde{\omega}_{\alpha j} - \Omega_{ij} \qquad \text{für} \qquad 1 \leqq i < j \leqq n$$

erzeugt (dabei wird $\Omega_{ji} = -\Omega_{ij}$ berücksichtigt).

20.15.1.5. Wir wollen nun die Definitionen von Abschnitt 18.10 anwenden. Wesentlich ist die Bemerkung, daß in jedem Punkt $r \in P$ die $N + N(N-1)/2$ Kovektoren $\varrho_i(r)$ für $1 \leqq i \leqq N$ und die $\widetilde{\omega}_{ij}(r)$ $(1 \leqq i \leqq j \leqq N)$ stets *linear unabhängig* sind, da die Verschmelzungs- und die Zusammenhangsformen eines Hauptzusammenhangs in jedem Punkt surjektiv sind (vgl. (20.2.3) und (20.6.2)). Ein Vektor $\mathbf{v} \in T_r(P)$ ist also durch die Zahlen $\langle \varrho_i(r), \mathbf{v}\rangle$ und $\langle \widetilde{\omega}_{ij}(r), \mathbf{v}\rangle$, die *beliebige* Werte annehmen können, eindeutig bestimmt.

20.15.1.6. Wir werden nun mit Hilfe vollständiger Induktion nach p zeigen, daß man in $T_{r_0}(P)$ Vektoren $\mathbf{v}_p$ $(1 \leqq p \leqq n)$ bestimmen kann, so daß für jedes p die p Vektoren $\mathbf{u}_j = \big(e_j(x_0), \mathbf{v}_j\big)$ mit $1 \leqq j \leqq p$ in

$$T_{z_0}(M \times P) = T_{x_0}(M) \times T_{r_0}(P)$$

ein *Integralelement* erzeugen, das für $p \leqq n - 1$ *regulär* ist. Für $p = n$ erfüllt das so bestimmte Integralelement L_{z_0} die oben angegebenen Bedingungen, und damit wird der Satz bewiesen sein.

Zunächst gilt für ein $z = (x, r)$, daß ein von Null verschiedener Vektor $\mathbf{u}' = (\mathbf{c}', \mathbf{v}')$ in $T_x(M) \times T_r(P)$ genau dann ein Integralelement erzeugt, wenn er folgenden Relationen genügt:

20.15.1.7.
$$\begin{cases} \langle \varrho_i(r), \mathbf{v}' \rangle = \langle \sigma_i(x), \mathbf{c}' \rangle & (1 \leqq i \leqq n)\,, \\ \langle \varrho_\alpha(r), \mathbf{v}' \rangle = 0 & (n + 1 \leqq \alpha \leqq N)\,, \\ \langle \tilde{\omega}_{ij}(r), \mathbf{v}' \rangle = \langle \omega_{ij}(x), \mathbf{c}' \rangle] & (1 \leqq i < j \leqq n)\,. \end{cases}$$

Da für gegebenes $\mathbf{c}' \in T_x(M)$ die linken Seiten dieser in $\mathbf{v}'$ linearen Gleichungen *linear unabhängig* sind $\big($vgl. (20.15.1.5)$\big)$, ist der Rang $s_0(z)$ nach (18.10.3) in einer Umgebung von z_0 *konstant.*

20.15.1.8. Es ist bequem, jedem Vektor $\mathbf{v} \in T_r(P)$ ein System von n Vektoren $\mathbf{w}_j(\mathbf{v})$ $(1 \leqq j \leqq n)$ im Raum $\boldsymbol{R}^{n(n-1)/2}$ zuzuordnen, welche durch

20.15.1.9. $\quad \mathbf{w}_j(\mathbf{v}) = (\langle \tilde{\omega}_{\alpha j}(r), \mathbf{v} \rangle)_{n+1 \leqq \alpha \leqq N} \qquad (1 \leqq j \leqq n)$

definiert sind. Zu jedem System von n Vektoren $\mathbf{b}_j$ $(1 \leqq j \leqq n)$ des $\boldsymbol{R}^{n(n-1)/2}$ gibt es stets Vektoren $\mathbf{v} \in T_r(P)$, die (20.15.1.7) erfüllen und für welche $\mathbf{w}_j(\mathbf{v}) = \mathbf{b}_j$ $(1 \leqq j \leqq n)$ gilt.

Das im folgenden für Vektoren der Gestalt $\mathbf{w}_j(\mathbf{v})$ eingeführte Skalarprodukt ist das euklidische Skalarprodukt in $\boldsymbol{R}^{n(n-1)/2}$.

20.15.1.10. Die Auswahl der $\mathbf{u}_j$ $(1 \leqq j \leqq p)$ wird so vorgenommen werden, daß die Zahl $s_p(z_0, \mathbf{u}_1, \ldots, \mathbf{u}_p)$ für $p \leqq n - 1$ *maximal* wird; aufgrund der Bemerkung (18.10.4.1) zieht das die Behauptung von (20.15.1.6) nach sich. Wir müssen also diese Zahl mit der Zahl $s_p(z, \mathbf{u}_1', \mathbf{u}_2', \ldots, \mathbf{u}_p')$ für zu $(z_0, \mathbf{u}_1, \ldots, \mathbf{u}_p)$ benachbarte $(z, \mathbf{u}_1', \ldots, \mathbf{u}_p')$ vergleichen. Da aber die Gleichungen (18.10.3.3) mit $(i_1, \ldots, i_{r-1}) = (1, 2, \ldots, p)$ nur den p-Vektor $\mathbf{u}_1, \wedge \mathbf{u}_2 \wedge \cdots \wedge \mathbf{u}_p$ enthalten, können wir uns auf die Betrachtung von zu $(z_0, \mathbf{u}_1, \ldots, \mathbf{u}_p)$ benachbarten Systemen $(z, \mathbf{u}_1', \ldots, \mathbf{u}_p')$ beschränken, für welche $\mathbf{u}_j' = (\mathbf{c}_j'(x), \mathbf{v}_j')$ gilt, wobei die $\mathbf{c}_j'(x)$ in $T_x(M)$ ein *orthonormales System* bilden.

20.15.1.11. Wir betrachten zunächst den Fall $p = 2$. Dabei gehen wir von einem Vektor $\mathbf{u}_1 = (e_1(x_0), \mathbf{v}_1)$ aus, der (20.15.1.7) erfüllt. Es sei $\mathbf{u}_1' = (\mathbf{c}_1'(x), \mathbf{v}_1')$ ein Vektor, der (20.15.1.7) erfüllt und für den $\mathbf{c}_1'(x)$ normiert ist. Ein Vektor $\mathbf{u}_2' = (\mathbf{c}_2'(x), \mathbf{v}_2')$ ist genau dann so beschaffen, daß $\mathbf{c}_1'(x)$ und $\mathbf{c}_2'(x)$ ein Orthonormalsystem bilden und $\mathbf{u}_1'$ und $\mathbf{u}_2'$ ein Integralelement bestimmen, wenn die 2-Formen (20.15.1.3) und (20.15.1.4) auf dem Bivektor $(\mathbf{c}_1'(x), \mathbf{v}_1') \wedge (\mathbf{c}_2'(x), \mathbf{v}_2')$ verschwinden. Es sei $\mathfrak{R}'$ ein auf einer Umgebung des Punktes x_0 definiertes orthonormales Repèrefeld auf M, dessen erste beiden Vektoren im Punkt x gleich

$\mathbf{c}_1'(x)$ bzw. $\mathbf{c}_2'(x)$ sind. Mit $K'_{hijk}(x)$ bezeichnen wir die entsprechenden Komponenten des Riemann-Christoffel-Tensors $\mathfrak{R}$ im Punkt x (vgl. (20.10.4)). Aufgrund von (20.15.1.7) und (20.10.4.5) stellt man sofort fest, daß die an $\mathbf{v}_2'$ gestellten Bedingungen sich in der Gestalt

20.15.1.12. $\mathbf{w}_1(\mathbf{v}_2') = \mathbf{w}_2(\mathbf{v}_1')$

(diese Gleichung ist zu einem System von $n(n-1)/2$ skalaren Gleichungen für $\mathbf{v}_2'$ äquivalent) und

20.15.1.13. $(\mathbf{w}_j(\mathbf{v}_2') \mid \mathbf{w}_i(\mathbf{v}_1')) - (\mathbf{w}_i(\mathbf{v}_2') \mid \mathbf{w}_j(\mathbf{v}_1')) - K'_{ij12}(x) = 0 \quad (1 \leqq i < j \leqq n)$

schreiben lassen.

Wir können annehmen, für $z = z_0$ sei der Vektor $\mathbf{v}_1 \in T_{r_0}(P)$ so gewählt worden, daß die $n-1$ Vektoren

$$\mathbf{w}_1(\mathbf{v}_1), \dots, \mathbf{w}_{n-1}(\mathbf{v}_1)$$

in $\boldsymbol{R}^{n(n-1)/2}$ *linear unabhängig* sind; dann können wir also auch in einer Umgebung von $(z_0, \mathbf{u}_1)$ die $n-1$ Vektoren $\mathbf{w}_1(\mathbf{v}_1'), \dots, \mathbf{w}_{n-1}(\mathbf{v}_1')$ als linear unabhängig annehmen. Wir zeigen, daß dann die linken Seiten der zu (20.15.1.12) und (20.15.1.13) gehörigen skalaren Gleichungen, die $\mathbf{v}_2'$ bestimmen, *linear unabhängige* Formen sind; daraus folgt dann, daß $s_1(z_0, \mathbf{u}_1)$ maximal, also das von $\mathbf{u}_1$ erzeugte Integralelement *regulär* ist. Der Vektor $\mathbf{w}_1(\mathbf{v}_2')$ ist durch (20.15.1.12) vollständig bestimmt. Für $i = 1$, $j = 2$ besagt die Gleichung (20.15.1.13), daß der Vektor $\mathbf{w}_2(\mathbf{v}_2')$ zu einer wohlbestimmten affinen Hyperebene $E_1 \subset \boldsymbol{R}^{n(n-1)/2}$ gehört, da $\mathbf{w}_1(\mathbf{v}_1') \neq 0$ ist; alsdann besagen die Gleichungen (20.15.1.13) für $i = 1$, $j = 3$ und für $i = 2$, $j = 3$, daß $\mathbf{w}_3(\mathbf{v}_2')$ zu einer wohlbestimmten affinen linearen Mannigfaltigkeit $E_2 \subset \boldsymbol{R}^{n(n-1)/2}$ der Kodimension 2 gehört, da ja $\mathbf{w}_1(\mathbf{v}_1')$ und $\mathbf{w}_2(\mathbf{v}_1')$ linear unabhängig sind. Durch vollständige Induktion nach j erkennt man, daß die Gleichungen (20.15.1.13) für $i = 1, 2, \dots, j-1$ besagen, daß $\mathbf{w}_j(\mathbf{v}_2')$ zu einer eindeutig bestimmten affinen linearen Mannigfaltigkeit $E_{j-1} \subset \boldsymbol{R}^{n(n-1)/2}$ der Kodimension $j-1$ gehört. Für $n > 2$ ist $n(n-1)/2 > n-1$, also keine der Mannigfaltigkeiten E_j $(1 \leqq j \leqq n-1)$ leer. Daraus ergibt sich aufgrund von (20.15.1.8) unsere Behauptung. Für $n > 3$ zeigt die Ungleichung $n(n-1)/2 > (n-1) + (n-2)$ außerdem, daß man $\mathbf{v}_2 \in T_{r_0}(P)$ so wählen kann, daß die Vektoren

$$\mathbf{w}_1(\mathbf{v}_1), \dots, \mathbf{w}_{n-1}(\mathbf{v}_1), \quad \mathbf{w}_2(\mathbf{v}_2), \dots, \mathbf{w}_{n-1}(\mathbf{v}_2)$$

linear unabhängig sind.

20.15.1.14. Wir schließen induktiv weiter und nehmen an, wir hätten für $p \leqq n$ die Vektoren $\mathbf{v}_1, \dots, \mathbf{v}_{p-1}$ in $T_{r_0}(P)$ so bestimmt, daß folgendes gilt:

1° Ist $\mathbf{u}_j = (\boldsymbol{e}_j(x_0), \mathbf{v}_j)$ für $1 \leqq j \leqq p-1$, so erzeugen die $\mathbf{u}_j$ ein $(p-1)$-dimensionales Integralelement und die $\mathbf{u}_j$ mit dem Index $j \leqq p-2$ ein *reguläres* Integralelement.

2° Die $(n-1) + (n-2) + \cdots + (n-p+1)$ Vektoren $\mathbf{w}_k(\mathbf{v}_j)$ mit $1 \leqq k \leqq n-1$, $1 \leqq j \leqq p-1$ und $j \leqq k$ sind in $\boldsymbol{R}^{n(n-1)/2}$ *linear unabhängig.*

Nun mögen $\mathbf{u}'_j = (\mathbf{c}'_j(x), \mathbf{v}'_j)$ ein System von $p - 1$ Vektoren bilden derart, daß die $\mathbf{c}'_j(x)$ $(1 \leqq j \leqq p - 1)$ ein Orthonormalsystem bilden und $(z, \mathbf{u}'_1, .., \mathbf{u}'_{p-1})$ in $(M \times P)_{p-1}$ liegt (Bezeichnung von (18.10.4)). Da wir nur eine Umgebung von $(z_0, \mathbf{u}_1, \ldots, \mathbf{u}_{p-1})$ in $(M \times P)_{p-1}$ zu betrachten brauchen, können wir annehmen, daß die Vektoren $\mathbf{w}_k(\mathbf{v}'_j)$ für $1 \leqq k \leqq n - 1$, $1 \leqq j \leqq p - 1$ und $j \leqq k$ noch *linear unabhängig* sind. Ein Vektor $\mathbf{u}'_p = (\mathbf{c}'_p(x), \mathbf{v}'_p)$ ist genau dann so beschaffen, daß die $\mathbf{c}'_j(x)$ $(1 \leqq j \leqq p)$ ein Orthonormalsystem bilden und $\mathbf{u}'_p$ zusammen mit den $\mathbf{u}'_k$ $(1 \leqq k \leqq p - 1)$ ein Integralelement bestimmt, wenn die 2-Formen (20.15.1.3) und (20.15.1.4) auf allen 2-Vektoren $(\mathbf{c}'_k(x), \mathbf{v}'_k) \wedge (\mathbf{c}'_p(x), \mathbf{v}'_p)$ mit $1 \leqq k \leqq p - 1$ verschwinden. Es sei $\mathfrak{R}'$ ein auf einer Umgebung von x_0 definiertes orthonormales Repèrefeld auf M, dessen erste p Vektoren im Punkt x die $\mathbf{c}'_j(x)$ sind $(1 \leqq j \leqq p)$. Bezeichnen wir mit $K'_{hijk}(x)$ wieder die entsprechenden Komponenten des Riemann-Christoffel-Tensors $\mathfrak{R}$ im Punkt x, so lassen sich die Bedingungen für $\mathbf{v}'_p$ wie folgt formulieren:

20.15.1.15. $\mathbf{w}_k(\mathbf{v}'_p) = \mathbf{w}_p(\mathbf{v}'_k)$ für $1 \leqq k \leqq p - 1$,

20.15.1.16. $(\mathbf{w}_j(\mathbf{v}'_p) \mid \mathbf{w}_i(\mathbf{v}'_k)) - (\mathbf{w}_i(\mathbf{v}'_p) \mid \mathbf{w}_j(\mathbf{v}'_k)) - K'_{ijkp}(x) = 0$

für $1 \leqq i < j \leqq n$ und $1 \leqq k \leqq p - 1$.

Zur Abkürzung setzen wir

20.15.1.17. $(ijkh) = (\mathbf{w}_j(\mathbf{v}'_h) \mid \mathbf{w}_i(\mathbf{v}'_k)) - (\mathbf{w}_i(\mathbf{v}'_h) \mid \mathbf{w}_j(\mathbf{v}'_k)) - K'_{ijkh}(x)$

für $1 \leqq i \leqq n$, $1 \leqq j \leqq n$, $1 \leqq k \leqq p$ *und* $1 \leqq h \leqq p$.

Die $\mathbf{w}_k(\mathbf{v}'_p)$ sind durch (20.15.1.15) *für* $k \leqq p - 1$ vollständig bestimmt. Wir zeigen zunächst, daß *für* $i \leqq p - 1$ *und* $j \leqq p - 1$ die Gleichungen (20.15.1.16) für diese Werte von $\mathbf{w}_i(\mathbf{v}'_p)$ und $\mathbf{w}_j(\mathbf{v}'_p)$ identisch erfüllt sind. Für diese i, j und für $k \leqq p - 1$ gilt nämlich nach Induktionsannahme $\mathbf{w}_i(\mathbf{v}'_k) = \mathbf{w}_k(\mathbf{v}'_i)$ und $\mathbf{w}_j(\mathbf{v}'_k) = \mathbf{w}_k(\mathbf{v}'_j)$. Berücksichtigen wir die Identität $K'_{ijkp} = K'_{kpij}$ (vgl. (20.10.4.4)), so sehen wir, daß nach Induktionsannahme $(ijkp) = (kpij) = 0$ gilt. Wir brauchen daher nur das Gleichungssystem (20.15.1.16) zu betrachten, das die $\mathbf{w}_j(\mathbf{v}'_p)$ mit $j \geqq p$ bestimmt, d. h. diejenigen unter diesen Gleichungen, für welche *einer der Indizes* i, j *mindestens gleich* p *ist*. Wir betrachten zunächst den Fall $i \leqq p - 1$ und $j \geqq p$; aus (20.10.4) folgt die Identität $K'_{ijkp} - K'_{kjip} = K'_{jpik}$, und hieraus erhalten wir nach Induktionsannahme wegen $i \leqq p - 1$ und $k \leqq p - 1$ sofort $(ijkp) - (kjip) = (jpik) = 0$. Für $i \geqq p$ und $j \geqq p$ muß aber $k \leqq p - 1 < i$ gelten; wir sehen also, daß wir zur Bestimmung der $\mathbf{w}_j(\mathbf{v}'_p)$ mit $j \geqq p$ nur diejenigen Gleichungen von (20.15.1.16) beachten müssen, für die $p \leqq j \leqq n$, $k \leqq p - 1$ und $k \leqq i < j$ ist. Dieses Gleichungssystem zerfällt in $n - p + 1$ partielle Systeme, durch die sukzessive $\mathbf{w}_p(\mathbf{v}'_p)$, dann $\mathbf{w}_{p+1}(\mathbf{v}'_p)$ als Funktion von $\mathbf{w}_p(\mathbf{v}'_p)$, dann $\mathbf{w}_{p+2}(\mathbf{v}'_p)$ als Funktion von $\mathbf{w}_p(\mathbf{v}'_p)$ und $\mathbf{w}_{p+1}(\mathbf{v}'_p)$ usw. bestimmt wird.

Jedes dieser Systeme

20.15.1.18. $(\mathbf{w}_j(\mathbf{v}'_p) \mid \mathbf{w}_i(\mathbf{v}'_k)) = (\mathbf{w}_i(\mathbf{v}'_p) \mid \mathbf{w}_j(\mathbf{v}'_k)) + K'_{ijkp}(x)$

(j fest, $k \leqq p - 1$, $k \leqq i < j$) ist ein inhomogenes lineares Gleichungssystem, dessen linke Seite aufgrund der *linearen Unabhängigkeit* der $\mathbf{w}_i(\mathbf{v}'_k)$ für $k \leqq p - 1$ und $k \leqq i$ aus *linear unabhängigen* Linearformen besteht. Dies zeigt, daß in

$(M \times P)_{p-1}$ die Zahl $s_{p-1}(z_0, \mathbf{u}_1, \ldots, \mathbf{u}_{p-1})$ *maximal* ist; daher ist das von $\mathbf{u}_1, \ldots, \mathbf{u}_{p-1}$ erzeugte Integralelement *regulär*. Überdies haben die Gleichungen, welche $\mathbf{v}_p'$ bestimmen, mindestens eine Lösung; daher können wir einen Vektor $\mathbf{u}_p = (e_p(x_0), \mathbf{v}_p)$ wählen, der mit den $\mathbf{u}_j$ vom Index $j \leqq p - 1$ ein p-dimensionales Integralelement bestimmt. Ist schließlich $p < n$, so ist $n(n-1)/2 > (n-1) + (n-2) + \cdots + (n-p)$; wir können außerdem $\mathbf{v}_p$ so wählen, daß die $\mathbf{w}_k(\mathbf{v}_j)$ auch noch für $1 \leqq k \leqq n-1$, $1 \leqq j \leqq p$ und $j \leqq k$ *linear unabhängig* sind, so daß die Induktion fortgesetzt werden kann. Der Satz (20.15.1) ist somit vollständig bewiesen.

20.15.2. Unter Benutzung von wesentlich tieferen Resultaten der Theorie der partiellen Differentialgleichungen kann man zeigen, daß tatsächlich jede n-dimensionale Riemannsche Mannigfaltigkeit einer Untermannigfaltigkeit eines $\boldsymbol{R}^N$ mit einem größeren Wert von N isometrisch ist.

20.16. Die Riemannsche Mannigfaltigkeit als metrischer Raum. Lokale Untersuchungen

Ist eine Riemannsche Mannigfaltigkeit M gegeben, so sagt man, eine Kurve $\gamma\colon [a, b] \to M$ (vgl. Abschnitt 9.6 und Abschnitt 16.27) *gehöre stückweise der Klasse C^r an* ($r \geqq 1$, ganz oder ∞), wenn es eine streng monoton wachsende Folge $a_0 = a_1, \ldots, a_m = b$ von Punkten aus $[a, b]$ gibt derart, daß die Einschränkung von γ auf jedes der Intervalle $[a_j, a_{j+1}]$ $(0 \leqq j \leqq m-1)$ gleich der Einschränkung einer Abbildung der Klasse C^r eines ($[a_j, a_{j+1}]$ *enthaltenden*) *offenen* Intervalls in M auf dieses Intervall ist.

Ist γ eine stückweise der Klasse C^1 angehörende Kurve[1]), so ist also auf jedem der offenen Intervalle $]a_j, a_{j+1}[$ der Vektor $\gamma'(t) \in T(M)$ (vgl. (18.1.2.3)) definiert, in denen γ der Klasse C^1 angehört, und hat im Punkt a_j (bzw. a_{j+1}) einen rechtsseitigen (bzw. linksseitigen) Grenzwert. Wird in den Punkten a_j der Funktionswert von γ' beliebig definiert, so wird $t \to \gamma'(t)$ auf $[a, b]$ zu einer *einfachen Funktion* (*Regelfunktion*). In Verallgemeinerung von Formel (20.13.1.1) bezeichnen wir die Zahl

20.16.1. $$L(\gamma) = \int_a^b \|\gamma'(t)\|\, dt$$

als *Länge der Kurve* γ in M.

Offenbar ist $L(\gamma^0) = L(\gamma)$ für den zu γ entgegengesetzten Weg γ^0, und für eine *Aneinanderreihung* (vgl. Abschnitt 9.6) von zwei stückweise glatten Kurven γ_1 und γ_2 gilt $L(\gamma_1 \vee \gamma_2) = L(\gamma_1) + L(\gamma_2)$.

Wir bezeichnen die Länge der Kurve γ auch als die *Länge des Bildes C* dieser Kurve in M und schreiben dafür $L(C)$.

---

1) Kurven, die stückweise der Klasse C^1 angehören, werden auch *stückweise glatte Kurven* genannt. — *Anm. d. Ü.*

20.16.2. Es seien M eine mindestens eindimensionale *zusammenhängende* Riemannsche Mannigfaltigkeit, x und y zwei Punkte von M. Bekanntlich (vgl. (16.26.10)) existiert eine Kurve der Klasse C^∞ mit den Endpunkten x und y. Die Zahl

20.16.2.1. $d(x, y) = \inf_{\gamma} L(\gamma)$,

wobei γ die *Menge aller stückweise glatten Kurven mit den Endpunkten* x und y durchläuft, ist also endlich und positiv. Wir wollen nun folgenden Satz beweisen:

20.16.3. *Die durch* (20.16.2.1) *definierte Funktion d ist eine Abstandsfunktion, welche die Topologie von M definiert.*

Offenbar ist $d(x, x) = 0$, und aufgrund der Ausführungen von (20.16.1) gilt $d(y, x) = d(x, y)$ und $d(x, z) \leqq d(x, y) + d(y, z)$ auf M. Es bleibt also noch zu zeigen, daß $d(x, y) > 0$ für $x \neq y$ gilt und daß die offenen Kugeln mit dem Mittelpunkt $x \in M$ (bezüglich d) ein Fundamentalsystem von Umgebungen von x in M bilden. Wir wollen dies beweisen, indem wir zeigen, daß für hinreichend nahe bei x gelegene Punkte y die untere Grenze $d(x, y)$ *für eine geodätische Kurve* (d.h. für die Einschränkung einer Geodätischen auf ein in ihrem Definitionsintervall enthaltenes kompaktes Intervall) *mit den Endpunkten x und y tatsächlich angenommen wird.*

Im folgenden bezeichnen wir mit exp die durch das *geodätische Feld* des Levi-Civita-Zusammenhangs definierte *Exponentialabbildung*, mit $\Omega \in T(M)$ ihren Definitionsbereich (vgl. (18.4.3) und (18.6.1)), mit $\exp_x$ ihre Einschränkung auf $\Omega \cap T_x(M)$, so daß für $x \in M$ und $\mathbf{h}_x \neq 0$ in $T_x(M)$ die endpunktlose Kurve $t \to \exp(t\mathbf{h}_x) = \exp_x(t\mathbf{h}_x)$ eine durch x gehende und in diesem Punkt zu dem Vektor $\mathbf{h}_x$ tangentiale, auf dem offenen Intervall der $t \in \boldsymbol{R}$ mit $t\mathbf{h}_x \in \Omega \cap T_x(M)$ definierte Geodätische ist. Wir beweisen zunächst die folgenden Hilfssätze:

20.16.3.1. *Es seien x ein Punkt von M und* $\mathbf{h}_x$ *und* $\mathbf{k}_x$ *zwei Vektoren aus* $T_x(M)$ *mit* $\mathbf{h}_x \in \Omega$, *ferner* $\mathbf{h}_x'$ *und* $\mathbf{k}_x'$ *ihre Bilder in* $T_{\mathbf{h}_x}(T_x(M))$ *vermöge der kanonischen bijektiven Abbildung* $\boldsymbol{\tau}_{\mathbf{h}_x}^{-1}$ (vgl. (16.5.2)).

1° *Dann gilt*

20.16.3.2. $\|T_{\mathbf{h}_x}(\exp_x) \cdot \mathbf{h}_x'\| = \|\mathbf{h}_x\|$.

2° *Sind* $\mathbf{h}_x$ *und* $\mathbf{k}_x$ *in* $T_x(M)$ *zueinander orthogonal, so sind die Vektoren* $T_{\mathbf{h}_x}(\exp_x) \cdot \mathbf{h}_x'$ *und* $T_{\mathbf{h}_x}(\exp_x) \cdot \mathbf{k}_x'$ *in* $T_{\exp(\mathbf{h}_x)}(M)$ *zueinander orthogonal* (Gaußsches Lemma).

Wir betrachten die Familie von Geodätischen $t \to f(t, \xi) = \exp(t(\mathbf{h}_x + \xi\mathbf{k}_x))$ (vgl. (18.7.9)) und das entsprechende Jacobifeld $t \to \boldsymbol{w}(t) = f_\xi'(t, 0)$. Ist $v(t) = f(t, 0)$, so gelten also für jedes $t \in \boldsymbol{R}$ mit $t\mathbf{h}_x \in \Omega$ die Beziehungen

$$v'(t) = T_{t\mathbf{h}_x}(\exp_x) \cdot (\boldsymbol{\tau}_{t\mathbf{h}_x}^{-1}(\mathbf{h}_x)) ,$$

$$\boldsymbol{w}(t) = t\big(T_{t\mathbf{h}_x}(\exp_x) \cdot (\boldsymbol{\tau}_{t\mathbf{h}_x}^{-1}(\mathbf{k}_x))\big) .$$

Um (20.16.3.2) zu beweisen, genügt es zu zeigen, daß $(v' \mid v')$ auf $\boldsymbol{R}$ *konstant* ist. Nach (20.9.5.4) gilt aber für die Ableitung $\mathrm{D}(v' \mid v') = 2(\nabla_t \cdot v' \mid v') = 0$, da v eine Geodätische ist (Bezeichnungen von (18.7.1)). Ebenso braucht man zum

Beweis der zweiten Behauptung nur zu zeigen, daß die Funktion $(v' \mid \boldsymbol{w})$ identisch verschwindet. Nach (20.9.5.4) ist aber

$$\mathrm{D}(v' \mid \boldsymbol{w}) = (\nabla_t \cdot v' \mid \boldsymbol{w}) + (v' \mid \nabla_t \cdot \boldsymbol{w}) = (v' \mid \nabla_t \cdot \boldsymbol{w}),$$

da v eine Geodätische ist; analog gilt

$$\begin{aligned}\mathrm{D}^2(v' \mid \boldsymbol{w}) &= (\nabla_t \cdot v' \mid \nabla_t \cdot \boldsymbol{w}) + (v' \mid \nabla_t \cdot (\nabla_t \cdot \boldsymbol{w}))\\ &= (v' \mid \nabla_t \cdot (\nabla_t \cdot \boldsymbol{w})) = (v' \mid (\mathsf{r}_{\cdot} \cdot (v' \wedge \boldsymbol{w})) \cdot v'),\end{aligned}$$

da $\boldsymbol{w}$ ein Jacobifeld ist (vgl. (18.7.5.1)). Das kann aber aufgrund von (20.10.2) und (20.10.3.2) auch in der Gestalt

$$\mathrm{D}^2(v' \mid \boldsymbol{w}) = \langle \mathfrak{R}, v' \otimes v' \otimes \boldsymbol{w} \otimes v' \rangle = 0$$

ausgedrückt werden. Daher ist die Funktion $\mathrm{D}(v' \mid \boldsymbol{w})$ konstant; nach Voraussetzung ist ihr Wert für $t = 0$ gleich $(\mathbf{h}_x \mid \mathbf{k}_x) = 0$ (aufgrund von (18.7.9)); somit ist $(v' \mid \boldsymbol{w})$ konstant, und da dieses Skalarprodukt für $t = 0$ verschwindet, ist der Hilfssatz bewiesen.

20.16.3.3. *Es sei x ein Punkt von M und $\gamma: [a, b] \to \Omega \cap T_x(M)$ eine stückweise glatte Kurve, Dann gilt*

20.16.3.4. $L(\exp_x \circ \gamma) \geqq \|\gamma(b)\| - \|\gamma(a)\|$.

Setzt man ferner voraus, $\exp_x$ sei in allen Punkten von $\gamma([a, b])$ ein lokaler Diffeomorphismus, so gilt in (20.16.3.4) genau dann das Gleichheitszeichen, wenn $\gamma(t) = \varrho(t)\, \mathbf{h}_x$ gilt, wobei $\mathbf{h}_x$ ein fester Einheitsvektor aus $T_x(M)$ und $t \to \varrho(t)$ eine auf $[a, b]$ stückweise glatte monoton wachsende reellwertige Funktion ist.

Ersetzt man nötigenfalls γ durch die entgegengesetzte Kurve γ^0, so kann man

$$\|\gamma(b)\| \geqq \|\gamma(a)\| \qquad \text{und} \qquad \|\gamma(b)\| > 0$$

annehmen. Bezeichnet F die abgeschlossene Menge aller Punkte von $[a, b]$ mit $\gamma(t) = \mathbf{0}_x$, so ist offenbar $L(\exp_x \circ \gamma)$ mindestens gleich der Summe der Längen der Einschränkungen von $\exp_x \circ \gamma$ auf die aus den zusammenhängenden Komponenten von $\complement F$ bestehenden Intervalle (vgl. (3.19.6)); weiterhin ist $\gamma(t) \neq \mathbf{0}_x$ in jedem Punkt von $]c, b]$, falls F nicht leer und $c < b$ das größte Element von F ist, und $\gamma(t) \neq \mathbf{0}_x$ auf $]a, b]$, falls F leer ist. Beim Beweis von (20.16.3.4) können wir also $\gamma(t) \neq \mathbf{0}_x$ auf $]a, b]$ annehmen. Nach Definition ist

$$(\exp_x \circ \gamma)'(t) = T_{\gamma(t)}(\exp_x) \cdot (\boldsymbol{\tau}_{\gamma(t)}^{-1}(\mathrm{D}\gamma(t))).$$

Wegen $\gamma(t) \neq \mathbf{0}_x$ auf $]a, b]$ können wir auf diesem Intervall $\gamma(t) = \varrho(t)\, \mathbf{u}(t)$ setzen, wobei $\varrho(t) = \|\gamma(t)\| > 0$ stückweise glatt, $\mathbf{u}(t)$ ein Einheitsvektor aus $T_x(M)$ und $t \to \mathbf{u}(t)$ stückweise glatt ist. Daher ist in den Punkten, in denen $\mathrm{D}\gamma$ definiert ist,

$$\mathrm{D}\gamma(t) = (\mathrm{D}\varrho(t))\, \mathbf{u}(t) + \varrho(t)\, \mathrm{D}\mathbf{u}(t).$$

Andererseits liefert die Ableitung der Relation $(\mathbf{u}(t) \mid \mathbf{u}(t)) = 1$ in den Punkten, in denen $\mathrm{D}\gamma$ definiert ist, $2(\mathbf{u}(t) \mid \mathrm{D}\mathbf{u}(t)) = 0$ (vgl. (8.1.4)). Daher gilt

$$(\exp_x \circ \gamma)'(t) = (\mathrm{D}\varrho(t) \cdot (\varrho(t))^{-1})\, T_{\mathbf{h}_x}(\exp_x) \cdot \mathbf{h}_x' + T_{\mathbf{h}_x}(\exp_x) \cdot \mathbf{k}_x',$$

in den Bezeichnungen von (20.16.3.2), mit $\mathbf{h}_x = \gamma(t)$ und $\mathbf{k}_x = \varrho(t)\,\mathrm{D}\mathbf{u}(t)$. Da die Vektoren $\mathbf{h}_x$ und $\mathbf{k}_x$ orthogonal sind, können wir (20.16.3.1) anwenden, und dann liefert der Satz des PYTHAGORAS

20.16.3.5. $\|(\exp_x \circ \gamma)'(t)\|^2 = |\mathrm{D}\varrho(t)|^2 + \|T_{\mathbf{h}_x}(\exp_x)\cdot \mathbf{k}_x'\|^2$;

also ist $\|(\exp_x \circ \gamma)'(t)\| \geqq |\mathrm{D}\varrho(t)|$. Die Ungleichung (20.16.3.4) ergibt sich also aus dem Mittelwertsatz (8.7.7).

Da es in einer zusammenhängenden Komponente von $\complement F$ stets ein nichtleeres offenes Intervall mit $\|\mathrm{D}\gamma(t)\| > 0$ gibt, lehrt dieselbe Überlegung, daß in (20.16.3.4) nur dann Gleichheit gelten kann, wenn F leer ist oder nur aus dem Punkt a besteht. Da ferner die beiden Seiten von (20.16.3.5) einfache Funktionen von t sind, kann nach (8.5.3) in (20.16.3.4) nur dann Gleichheit gelten, wenn $T_{\mathbf{h}_x}(\exp_x)\cdot \mathbf{k}_x' = 0$ überall dort gilt, wo $\mathrm{D}\gamma$ definiert ist. Da nach Voraussetzung aber $T_{\mathbf{h}_x}(\exp_x)$ bijektiv ist, ist diese Relation äquivalent mit $\mathrm{D}\mathbf{u}(t) = 0$ (bis auf den Punkt a und die Punkte, in denen $\mathrm{D}\gamma$ nicht definiert ist). Aufgrund von (8.5.3) ist damit der Beweis von Hilfssatz (20.16.3.3) beendet.

20.16.3.6. Jetzt können wir den Beweis von (20.16.3) zu Ende führen. Nach (18.4.6) gibt es zu jedem Punkt $x \in M$ und jeder Umgebung V von x in M in $T_x(M)$ eine offene Kugel K: $\|\mathbf{h}_x\| < r$ mit dem Mittelpunkt $\mathbf{0}_x$ derart, daß $K \subset \Omega$ gilt und die Einschränkung von $\exp_x$ auf K ein *Diffeomorphismus* von K auf eine offene Umgebung $\exp_x(K) \subset V$ von x in M ist. Wir zeigen nun: Für jedes $\mathbf{h}_x \in K$ gilt

20.16.3.7. $d(x, \exp_x(\mathbf{h}_x)) = \|\mathbf{h}_x\|$.

Es sei also φ: $[a, b] \to M$ eine stückweise glatte Kurve mit dem Anfangspunkt x und dem Endpunkt $\exp_x(\mathbf{h}_x)$. Für jedes r_1 mit $0 < r_1 < \|\mathbf{h}_x\|$ sei $K_1 \subset K$ die offene Kugel mit dem Mittelpunkt $\mathbf{0}_x$ und dem Radius r_1 in dem normierten Raum $T_x(M)$ und t_0 die kleinste Zahl aus $[a, b]$ mit $\varphi(t_0) \in M \setminus \exp_x(K_1)$. Dann gibt es genau eine stückweise glatte Abbildung γ: $[a, t_0] \to \overline{K_1} \subset \Omega \cap T_x(M)$ mit $\varphi(t) = \exp_x(\gamma(t))$ auf $[a, t_0]$. Offenbar gilt $L(\varphi) \geqq L(\exp_x \circ \gamma)$, also nach (20.16.3.3)

$$L(\varphi) \geqq \|\gamma(t_0)\| - \|\gamma(a)\| = r_1;$$

hieraus folgt $d(x, \exp_x(\mathbf{h}_x)) \geqq \|\mathbf{h}_x\|$. Andererseits ist die Kurve $t \to \exp(t\mathbf{h}_x)$ auf $[0, 1]$ definiert, gehört der Klasse C^∞ an und hat den Anfangspunkt a und den Endpunkt $\exp_x(\mathbf{h}_x)$. Nach (20.16.3.2) hat sie die Länge $\|\mathbf{h}_x\|$, und damit ist (20.16.3.7) bewiesen.

In denselben Bezeichnungen (r_1 eine beliebige Zahl mit $0 < r_1 < r$) ist $\exp_x(\overline{K_1} \setminus K_1)$ der Rand von $\exp_x(K_1)$ *in* $\exp_x(K)$, da $\overline{K_1} \setminus K_1$ der Rand von K_1 in K ist. Da aber $\exp_x(\overline{K_1})$ in M kompakt, nach (3.17.2) also abgeschlossen ist, ist $\exp_x(\overline{K_1} \setminus K_1)$ auch der Rand von $\exp_x(K_1)$ *in* M. Für jeden Randpunkt z von $\exp_x(K_1)$ in M gilt nach (20.16.3.7) also $d(x, z) = r_1$. Ferner ist für $y \in M \setminus \exp_x(K_1)$ und jede stückweise glatte Kurve φ: $[a, b] \to M$ mit dem Anfangspunkt x und dem Endpunkt y die abgeschlossene Menge aller $t \in [a, b]$ mit $\varphi(t) \in \exp_x(\overline{K_1} \setminus K_1)$ nicht leer (vgl. (3.19.9)). Ist t_0 das kleinste Element dieser

Menge und φ_0 die Einschränkung von φ auf $[a, t_0]$, so ist aufgrund unserer bisherigen Überlegungen $L(\varphi) \geqq L(\varphi_0) \geqq r_1$, also $d(x, y) \geqq r_1$. Wir haben damit gezeigt, daß $\exp_x (K_1)$ genau die Menge aller $y \in M$ mit $d(x, y) < r_1$ ist. Zusammen mit (20.16.3.7) liefert dies den Beweis von (20.16.3).

Die durch (20.16.2.1) definierte Funktion d wird *Riemannscher Abstand* auf der Riemannschen Mannigfaltigkeit M genannt. Wenn im folgenden von M als einem metrischen Raum die Rede ist und nicht ausdrücklich etwas anderes gesagt wird, soll unter dem Abstand auf M stets der Riemannsche Abstand verstanden werden.

20.16.4. *Für jedes $x \in M$ und jedes $r > 0$, für welches die offene Kugel*

$$K(\mathbf{0}_x; r): \|\mathbf{h}_x\| < r$$

aus $T_x(M)$ in Ω enthalten und $\exp_x$ ein Diffeomorphismus dieser Kugel auf eine offene Menge von M ist (vgl. (18.4.6)), *ist diese offene Menge* $\exp_x (K(\mathbf{0}_x; r))$ *die offene Kugel $K(x; r)$ bezüglich des Riemannschen Abstands auf M. Ferner gilt für eine stückweise glatte Kurve φ: $[a, b] \to M$ mit dem Anfangspunkt x und dem Endpunkt $y = \exp_x (\mathbf{h}_x) \in K(x; r)$ genau dann $L(\varphi) = d(x, y)$, wenn es eine stückweise glatte monoton wachsende surjektive Abbildung ϱ: $[a, b] \to [0, 1]$ mit $\varphi(t) = \exp_x (\varrho(t)\, \mathbf{h}_x)$ gibt.*

Die erste Behauptung folgt aus dem Beweis von (20.16.3). Ist $L(\varphi) = d(x, y)$, so muß $\varphi([a, b])$ vollständig in $K(x; r)$ enthalten sein; denn sonst wären Randpunkte von $K(x; r)$ in $L(\varphi)$ enthalten, also Punkte $y' \in K(x; r)$ mit $d(x, y') > d(x, y)$, und erst recht wäre $L(\varphi) > d(x, y)$. Wir können also $\varphi = \exp_x \circ \gamma$ setzen, wobei γ: $[a, b] \to K(\mathbf{0}_x; r)$ eine stückweise glatte Kurve mit dem Anfangspunkt $\mathbf{0}_x$ und dem Endpunkt $\mathbf{h}_x$ ist. Die Behauptung folgt dann aus (20.16.3.3).

Eine Kurve φ: $[a, b] \to M$ der Gestalt $t \to \exp_x (\varrho(t)\, \mathbf{h}_x)$ mit einer stückweise glatten wachsenden Funktion ϱ wird auch *geradliniger Weg* genannt. Nach (20.16.3.4) gilt

20.16.4.1. $L(\varphi) = (\varrho(b) - \varrho(a)) \|\mathbf{h}_x\|$.

20.16.5. Unter den Voraussetzungen von (20.16.4) definiert die Hintereinanderausführung des Diffeomorphismus $\exp_x^{-1}$ von $K(x; r)$ auf $K(\mathbf{0}_x; r)$ und einer bijektiven linearen Abbildung von $T_x(M)$ auf $\boldsymbol{R}^n$ eine *Karte* von $K(x; r)$, für welche die Bilder der Geodätischenbögen mit dem Anfangspunkt x Geradensegmente mit dem Ursprung 0 in $\boldsymbol{R}^n$ sind. Die einer solchen Karte entsprechenden lokalen Koordinaten werden auch als *Normalkoordinaten* in x bezeichnet.

20.16.6. Bemerkung. Liegt eine stückweise der Klasse C^r angehörende Kurve φ: $[a, b] \to M$ vor, so gibt es zu jedem $\varepsilon > 0$ eine Kurve φ_1: $[a, b] \to M$ *der Klasse* C^r, welche mit Ausnahme der Intervalle $[a_j - \varepsilon, a_j + \varepsilon]$ (wobei die $a_j \in [a, b]$ diejenigen Punkte sind, in denen die r-te Ableitung von φ nicht definiert ist) mit φ *übereinstimmt,* für welche $d(\varphi(t), \varphi_1(t)) \leqq \varepsilon$ auf $[a, b]$ gilt und für welche schließlich

$$|L(\varphi_1) - L(\varphi)| \leqq C\varepsilon$$

mit einer von ε unabhängigen Konstanten C gilt. Man kann sich offenbar auf den Fall beschränken, daß M eine offene Teilmenge des $\boldsymbol{R}^n$, das Definitionsintervall von φ ein $[-a, a]$ enthaltendes offenes Intervall und 0 der einzige Punkt ist, in dem $\mathrm{D}^r\varphi$ nicht definiert ist. Dann muß φ_1 so bestimmt werden, daß φ_1 außerhalb des Intervalls $[-\varepsilon, +\varepsilon]$ mit φ übereinstimmt und auf diesem Intervall $||\varphi_1 - \varphi|| \leqq \varepsilon$ gilt und daß $||\mathrm{D}\varphi_1||$ auf $[-\varepsilon, +\varepsilon]$ durch eine von ε unabhängige Zahl beschränkt ist. Zu diesem Zweck betrachten wir eine auf $\boldsymbol{R}$ definierte Funktion h der Klasse C^∞ mit in $[-1, 1]$ enthaltenem Träger und Werten in $[0, 1]$ derart, daß $h(t) = 1$ auf $[-{}^1/_2, {}^1/_2]$ gilt (vgl. (16.4.1)). Ist $c = \int_{-\infty}^{\infty} h(t)\, dt$, so sei $\varrho(t) = h(t)/c$, so daß $\int_{-\infty}^{\infty} \varrho(t)\, dt = 1$ ist. Dann gehört die Funktion

$$\psi_m(t) = m \int_{-\infty}^{\infty} \varphi(s)\, \varrho(m(t - s))\, ds$$

auf einem $[-a, a]$ enthaltenden offenen Intervall der Klasse C^∞ an (vgl. (17.12.2)) und konvergiert für $m \to +\infty$ gleichmäßig gegen φ (vgl. (14.11.2)). Wir können daher m so groß wählen, daß $||\psi_m - \varphi|| \leqq \varepsilon$ auf $[-a, a]$ gilt. Nach (17.11.11) gilt auf $[-a, 0[$ und $]0, a]$ außerdem

$$\mathrm{D}\psi_m(t) = m \int_{-\infty}^{\infty} \mathrm{D}\varphi(t - s)\, \varrho(ms)\, ds;$$

daher gibt es eine von m unabhängige Konstante A mit $||\mathrm{D}\psi_m|| \leqq A$ für jedes m und $||\mathrm{D}\varphi|| \leqq A$. Dann setzen wir

$$\varphi_1(t) = \psi_m(t) - \left(1 - h\left(\frac{t}{\varepsilon}\right)\right)(\psi_m(t) - \varphi(t)),$$

so daß $\varphi_1(t) = \varphi(t)$ für $|t| > \varepsilon$,

$$||\varphi_1(t) - \varphi(t)|| = h\left(\frac{t}{\varepsilon}\right) ||\psi_m(t) - \varphi(t)|| \leqq \varepsilon$$

auf $[-\varepsilon, \varepsilon]$ und $\varphi_1(t) = \psi_m(t)$ auf $[-\varepsilon/2, \varepsilon/2]$ gilt, so daß φ_1 der Klasse C^r angehört. Ist ferner B eine obere Schranke für $|h'(t)|$, so sieht man sofort, daß $||\mathrm{D}\varphi_1(t)|| \leqq 3A + B$ gilt, und damit ist unser Beweis beendet.

Aufgaben

1. Unter den Voraussetzungen und in den Bezeichnungen von (20.16.4) möge für jede Zahl r_1 mit $0 < r_1 < r$ jetzt $S(x; r_1)$ die Sphäre mit dem Mittelpunkt x und dem Radius r_1 bezüglich der Abstandsfunktion d bedeuten; $S(x; r_1)$ ist eine zu $\boldsymbol{S}_{n-1}$ diffeomorphe Hyperfläche. Man zeige, daß für jeden Punkt $y = \exp(\mathbf{h}_x)$ von $S(x; r_1)$ die Normale von $S(x; r_1)$ im Punkt y mit der Tangente der Geodätischen $t \to \exp(t\mathbf{h}_x)$ im Punkt y übereinstimmt (man benutze das Gaußsche Lemma).

2. Unter den Voraussetzungen von (20.16.4) sei $(\mathbf{c}_j)_{1 \leq j \leq n}$ eine *Orthonormalbasis* von $T_x(M)$; die normalen Koordinaten eines Punktes y von $K(x; r)$ bezüglich $(\mathbf{c}_j)$ schreiben wir in der Gestalt $y^i = p^i t$, wobei $(p^i)_{1 \leq i \leq n}$ ein Punkt von $\boldsymbol{S}_{n-1}$ und $0 \leq t < r$ ist. Als Repèrefeld in $K(x; r)$ wählen wir das zu dieser Umgebung und zu $(\mathbf{c}_j)$ *kanonisch assoziierte* Repère $\mathfrak{R}$ (vgl. Abschnitt 20.6, Aufgabe 15). Man zeige, daß für dieses Repère die Verschmelzungsformen und die Zusammenhangsformen folgende Eigenschaften haben:

1° Es ist $\sigma_i = p^i\, dt + \zeta_i$, wobei ζ_i nur die dp^i enthält;

2° auch ω_{ij} enthält nur die dp^i, aber nicht dt (vgl. wieder Abschnitt 20.6, Aufgabe 15).

Außerdem verschwinden die Formen ζ_i und ω_{ij} für $t = 0$. Man zeige, daß man

$$d\zeta_i = -\Big(dp^i + \sum_j \omega_{ij} p^j\Big) \wedge dt + \alpha_i\,,$$

$$d\omega_{ij} = -\sum_{k,l} r^i_{jkl} p^k \zeta_l \wedge dt + \beta_{ij}$$

setzen kann, wobei die r^i_{jkl} die Komponenten des Krümmungstensors bezüglich des Repèrefeldes $\mathfrak{R}$ sind und die α_i und die β_i 2-Formen sind, welche nur die dp^i enthalten.

Schließlich ist die Metrik bezüglich des Repères $\mathfrak{R}$ durch

$$\boldsymbol{g} = dt \otimes dt + \sum_i \zeta_i \otimes \zeta_i$$

gegeben (man benutze Aufgabe 1).

3. Man stelle sich die Aufgabe, bezüglich des Riemannschen Abstandes auf M das Riemannsche Volumen der $(n-1)$-dimensionalen Sphäre $S(x; r_1)$ zu berechnen (vgl. Aufgabe 1). In den Bezeichnungen von Aufgabe 2 betrachte man den Diffeomorphismus f von $\boldsymbol{S}_{n-1}$ auf $S(x; r_1)$, der jedem Punkt $\mathbf{p} = (p^i)$ von $\boldsymbol{S}_{n-1}$ den Punkt $y = f(\mathbf{p}) = \exp_x\Big(r_1 \cdot \sum_{j=1}^{n} p^j \mathbf{c}_j\Big)$ zuordnet; das inverse Bild ${}^t f(v)$ der kanonischen Volumenform v auf der (durch Übertragung der kanonischen Orientierung von $\boldsymbol{S}_{n-1}$ vermöge f orientierten) Sphäre $S(x; r_1)$ läßt sich in der Gestalt $F\sigma$ ansetzen, wobei σ die Raumwinkelform (das Oberflächenmaß) auf $\boldsymbol{S}_{n-1}$ (vgl. (16.24.7)) und F eine skalare Funktion der Klasse C^∞ ist.

a) Es sei $(\mathbf{p}_1, \mathbf{p}_2, \dots, \mathbf{p}_n)$ eine Orthonormalbasis des $\boldsymbol{R}^n$ mit $\mathbf{p}_1 = \mathbf{p}$, und es sei $(\mathbf{h}_1, \mathbf{h}_2, \dots, \mathbf{h}_n)$ ihr Bild in $T_x(M)$ vermöge der linearen Abbildung $(p^j) \to \sum_j p^j \mathbf{c}_j$; die Vektoren

$$T_{r_1\mathbf{h}}(\exp_x) \cdot (\boldsymbol{\tau}^{-1}_{r_1\mathbf{h}}(\mathbf{h}_j)) \qquad \text{für } j = 2, 3, \dots, n, \text{ mit } \mathbf{h} = \mathbf{h}_1\,,$$

bilden eine Basis von $T_y(S(x; r_1))$. Unter Benutzung der Tatsache, daß

$$\langle \sigma(\mathbf{p}), \boldsymbol{\tau}_{\mathbf{p}}^{-1}(\mathbf{p}_2) \wedge \cdots \wedge \boldsymbol{\tau}_{\mathbf{p}}^{-1}(\mathbf{p}_n)\rangle = 1$$

ist, zeige man, daß

$$F(y) = \langle v(y), T_{r_1\mathbf{h}}(\exp_x) \cdot (\boldsymbol{\tau}^{-1}_{r_1\mathbf{h}}(\mathbf{h}_2)) \wedge \cdots \wedge T_{r_1\mathbf{h}}(\exp_x) \cdot (\boldsymbol{\tau}^{-1}_{r_1\mathbf{h}}(\mathbf{h}_n))\rangle$$

gilt. Es sei $\boldsymbol{w}_j$ $(2 \leq j \leq n)$ das Jacobifeld längs der Geodätischen $t \to \exp_x(t\mathbf{h})$ mit $\boldsymbol{w}_j(0) = 0$ und $(\nabla_t \cdot \boldsymbol{w}_j)(0) = \mathbf{h}_j$, ferner $\widetilde{\boldsymbol{w}}_j(r_1)$ der Vektor aus $T_x(M)$, der sich durch Parallelübertragung des Vektors $\boldsymbol{w}_j(r_1)$ aus $T_y(M)$ längs dieser Geodätischen ergibt. Man beweise die Beziehung

$$F(y) = \|\widetilde{\boldsymbol{w}}_2(r_1) \wedge \cdots \wedge \widetilde{\boldsymbol{w}}_n(r_1)\|\,.$$

b) Man zeige: Strebt r_1 gegen 0, so kann man

$$F(y) = r_1^{n-1}\left(1 - \frac{1}{6} r_1^2 \operatorname{Ric}(\mathbf{h}) + o_2(r_1)\right)$$

schreiben, wobei $o_2(r_1)/r_1^2$ mit r_1 gegen 0 strebt. (Man benutze Aufgabe 5 aus Abschnitt 18.7.)

c) Man zeige: Strebt r_1 gegen 0, so gilt

$$\operatorname{vol}(S(x; r_1)) = \Omega_n r_1^{n-1}\left(1 - \frac{1}{6n} S(x)\, r_1^2 + o_2(r_1)\right),$$

wobei $S(x)$ die skalare Krümmung von M im Punkt x ist (vgl. (20.10.8)).

4. Auf einer Riemannschen Mannigfaltigkeit M sei f eine Funktion der Klasse C^∞, für welche das Feld $Z = \operatorname{grad} f$ die Eigenschaft hat, daß $\|Z\|$ *konstant* ist. Man zeige, daß für jedes Vektorfeld X der Klasse C^∞ auf M

$$\theta_Z(X \mid Z) = (X \mid \nabla_Z \cdot Z) - ([X, Z] \mid Z)$$

gilt. Hieraus leite man

$$\nabla_Z \cdot Z = 0$$

her, d. h., daß die Integralkurven des Feldes Z Geodätische sind. (Man betrachte die zwei folgenden Fälle: $X = Z$ oder $(X \mid Z) = 0$; im zweiten Fall stelle man fest, daß $\theta_X \cdot f = (X \mid Z) = 0$ ist, und schließe daraus, daß $([X, Z] \mid Z) = \theta_{[X,Z]} \cdot f = 0$ ist.)

5. Es sei X ein infinitesimaler Automorphismus des Levi-Civita-Zusammenhangs einer Riemannschen Mannigfaltigkeit M (vgl. Abschnitt 20.6, Aufgabe 6). Man zeige, daß $t \to X(v(t))$ längs jeder Geodätischen v von M ein Jacobifeld ist. (In den Bezeichnungen der genannten Aufgabe stelle man fest, daß für jedes Vektorfeld Y der Klasse C^∞ auf M die Beziehung

$$\nabla_Y \cdot (\nabla_Y \cdot X) + (\mathbf{r} \cdot (X \wedge Y)) \cdot Y + \mathfrak{A}_X \cdot (\nabla_Y \cdot Y) = 0$$

gilt.)

6. Es sei v eine Geodätische in einer Riemannschen Mannigfaltigkeit M. Dann sind die durch $\boldsymbol{w}_1(t) = v'(t)$ und $\boldsymbol{w}_2(t) = tv'(t)$ definierten Liftungen $\boldsymbol{w}_1$ und $\boldsymbol{w}_2$ von v Jacobifelder längs v. Man zeige, daß jedes Jacobifeld längs v sich auf eindeutige Weise in der Gestalt

$$\boldsymbol{w} = a\boldsymbol{w}_1 + b\boldsymbol{w}_2 + \boldsymbol{z}$$

schreiben läßt, wobei a und b Konstante sind und $\boldsymbol{z}$ ein Jacobifeld mit $(\boldsymbol{z} \mid v') = 0$ ist. Hieraus leite man her: Hat ein Jacobifeld $\boldsymbol{w}$ längs v die Eigenschaft, daß $(\boldsymbol{w} \mid v')$ in zwei verschiedenen Punkten verschwindet, so ist dieses Skalarprodukt identisch Null.

7. Es sei v eine Geodätische einer Riemannschen Mannigfaltigkeit M und $\boldsymbol{w}$ ein Jacobifeld längs v. Man beweise die Beziehung

$$\frac{d^2}{dt^2}(\|\boldsymbol{w}\|^2) = 2\|\nabla_t \cdot \boldsymbol{w}\|^2 + 2\langle \mathfrak{R}, \boldsymbol{w} \otimes v' \otimes v' \otimes \boldsymbol{w}\rangle .$$

Gehört $t = 0$ dem Definitionsintervall von v an und ist $v(0) = x$, $\boldsymbol{w}(0) = \mathbf{0}_x$ und $(\nabla_t \cdot \boldsymbol{w})(0) = \mathbf{h}$, so gilt auf der Umgebung von $t = 0$ für $t > 0$

$$\|\boldsymbol{w}(t)\| = t + \frac{t^3}{6}\langle \mathfrak{R}(x), \mathbf{h} \otimes v'(0) \otimes v'(0) \otimes \mathbf{h}\rangle + o_3(t),$$

wobei $o_3(t)/t^3$ mit t gegen 0 strebt (vgl. Abschnitt 18.7, Aufgabe 5).

8. Es sei $\gamma: [a, b] \to M$ eine Kurve der Klasse C^∞ in einer Riemannschen Mannigfaltigkeit M. Man zeige, daß

$$L(\gamma) = \sup\left(\sum_{i=0}^{p-1} d(\gamma(t_i), \gamma(t_{i+1}))\right) \tag{1}$$

gilt, wobei d der Riemannsche Abstand ist und die obere Grenze über alle endlichen Folgen $(t_i)_{0 \leqq i \leqq p}$ mit

$$a = t_0 < t_1 < \cdots < t_{p-1} < t_p = b$$

zu bilden ist. (Ist $L_1(\gamma)$ die rechte Seite von (1), so gilt $L(\gamma) \geqq L_1(\gamma)$. Um die entgegengesetzte Ungleichung zu beweisen, schließe man indirekt: Unter der Voraussetzung $L(\gamma) = L_1(\gamma) + k$ mit $k > 0$ zeige man, daß es eine monoton absteigende Folge abgeschlossener Intervalle $[a_n, b_n]$ in $[a, b]$ gibt mit $b_n - a_n = 2^{-n}(b - a)$ und daß, wenn γ_n die Einschränkung von γ auf $[a_n, b_n]$ ist, $L(\gamma_n) \geqq L_1(\gamma_n) + k/2^n$ gilt. Man kann voraussetzen, $t = 0$ sei der gemeinsame Punkt aller $[a_n, b_n]$; dann wäre

$$\|\gamma'(0)\| \geqq \frac{k}{b-a} + \limsup_{n\to\infty} \big(d(\gamma(a_n), \gamma(0)) + d(\gamma(0), \gamma(b))\big)/(b_n - a_n)\,.$$

Indem man feststellt, daß $d(\gamma(t), \gamma(0))/|t|$ für gegen 0 strebendes t gegen $\|\gamma'(0)\|$ strebt, erhält man einen Widerspruch.)

9. Man zeige: Ist d der Riemannsche Abstand auf einer Riemannschen Mannigfaltigkeit M, so gehört die Funktion $(x, y) \to (d(x, y))^2$ auf einer genügend kleinen Umgebung der Diagonalen von $M \times M$ der Klasse C^∞ an (vgl. Abschnitt 20.18, Aufgabe 5).

10. Auf einer Riemannschen Mannigfaltigkeit M seien v_1 und v_2 zwei Geodätische, die durch denselben Punkt x gehen und durch die Bogenlänge mit dem Ursprung x parametrisiert sind. Ist $(v_1'(0) \mid v_2'(0)) = \cos\alpha$ mit $0 < \alpha < \pi$, so beweise man die Beziehung

$$\sin\frac{1}{2}\alpha = \lim_{s\to 0}\frac{1}{2s}\, d(v_1(s), v_2(s))\,,$$

wobei d der Riemannsche Abstand auf M ist. (Unter Benutzung von Aufgabe 7 zeige man, daß zu jedem $\varepsilon < 0$ eine Umgebung U von $\mathbf{0}_x$ in $T_x(M)$ existiert derart, daß für jedes $\mathbf{h} \in U$ und jeden von 0 verschiedenen Tangentialvektor $\mathbf{k_h} \in \mathbf{T_h}(T_x(M))$ die Beziehung

$$1 - \varepsilon \leqq \|T_{\mathbf{h}}(\exp_x) \cdot (\tau_{\mathbf{h}}^{-1}(\mathbf{k_h}))\|/\|\tau_{\mathbf{h}}^{-1}(\mathbf{k_h})\| \leqq 1 + \varepsilon$$

gilt).

11. Ist M eine zusammenhängende und kompakte Riemannsche Mannigfaltigkeit, so ist die Gruppe der Isometrien von M kompakt. Für jede zusammenhängende Riemannsche Mannigfaltigkeit M ist die Untergruppe der Gruppe der Isometrien von M, die einen Punkt invariant lassen, kompakt. (Man stelle fest, daß eine Isometrie den Riemannschen Abstand invariant läßt; man benutze den Satz von Ascoli, Aufgabe 10 aus Abschnitt 7.5 sowie Aufgabe 9a) aus Abschnitt 20.6.) Ist insbesondere G/H ein symmetrischer Riemannscher Raum (vgl. (20.11.3)), so muß H *kompakt* sein.

20.17. Streng geodätisch konvexe Kugeln

Wir nennen eine Riemannsche Mannigfaltigkeit *geodätisch konvex*, wenn sie bezüglich des *geodätischen Feldes* des Levi-Civita-Zusammenhangs *konvex* ist ((vgl. 18.5.1)).

20.17.1. *Ist M eine geodätisch konvexe Riemannsche Mannigfaltigkeit, so gilt für jedes $x \in M$ und jedes $\mathbf{h}_x \in \Omega \cap T_x(M)$ die Beziehung $d(x, \exp_x(\mathbf{h}_x)) = ||\mathbf{h}_x||$.*

Nach (20.16.4.1) ist die Länge der auf $[0, 1]$ definierten geodätischen Kurve $t \to \exp_x(t\mathbf{h}_x)$ mit dem Anfangspunkt x gleich $||\mathbf{h}_x||$; daher ist $d(x, \exp_x(\mathbf{h}_x)) \leqq ||\mathbf{h}_x||$. Ferner sei $\varphi: [a, b] \to M$ eine stückweise glatte Kurve mit dem Anfangspunkt x und dem Endpunkt $\exp_x(\mathbf{h}_x)$. Da M geodätisch konvex ist, können wir $\varphi = \exp_x \circ \gamma$ mit einer stückweise glatten Kurve $\gamma: [a, b] \to \Omega \cap T_x(M)$ mit dem Anfangspunkt $\mathbf{0}_x$ und dem Endpunkt $\mathbf{h}_x$ ansetzen (vgl. (18.5.2)). Daher ist $L(\varphi) \geqq ||\mathbf{h}_x||$ (vgl. (20.16.3.4)), und hieraus folgt $d(x, \exp_x(\mathbf{h}_x)) \geqq ||\mathbf{h}_x||$.

20.17.2. Es sei M eine Riemannsche Mannigfaltigkeit und d der Riemannsche Abstand auf M. Für jede zusammenhängende offene Teilmenge $U \subset M$ sei d_U der Riemannsche Abstand auf der Mannigfaltigkeit U, die mit der von M induzierten Riemannschen Mannigfaltigkeitsstruktur versehen sei. Aus den Definitionen ergibt sich für jedes Paar von Punkten x und y aus U sofort $d(x, y) \leqq d_U(x, y)$. Wir nennen U *streng geodätisch konvex*, wenn U geodätisch konvex ist und überdies $d = d_U$ auf $U \times U$ gilt. Zu jedem Paar von Punkten x und y aus U gibt es also *genau einen in U enthaltenen Geodätischenbogen* mit den Endpunkten x und y (vgl. (18.5.2)), und $d(x, y)$ ist nach (20.17.1) gleich der *Länge* dieses Bogens. Man kann außerdem zeigen, daß es keinen anderen (nicht in U enthaltenen) Geodätischenbogen mit den Endpunkten x und y der Länge $d(x, y)$ gibt (vgl. Abschnitt 20.18, Aufgabe 1).

20.17.3. Beispiele. Im $\boldsymbol{R}^n$ ist jede konvexe offene Menge streng geodätisch konvex. Dagegen ist in dem Zylinder $M = \boldsymbol{R}^2/(\boldsymbol{Z} \times \{0\})$ (vgl. (20.11.2)) das kanonische Bild eines Streifens $I \times \boldsymbol{R}$, wobei I ein offenes Intervall von $\boldsymbol{R}$ ist, geodätisch konvex, wenn die Länge von I kleiner als 1 ist, aber nur streng geodätisch konvex, wenn diese Länge kleiner als 1/2 ist.

20.17.4. *Es sei M eine zusammenhängende Riemannsche Mannigfaltigkeit, U eine geodätisch konvexe offene Teilmenge. Ferner sei V eine in U enthaltene geodätisch konvexe offene Teilmenge derart, daß für jedes Paar von Punkten x und y aus V die Ungleichung*

$$d_U(x, y) \leqq d(x, M \setminus U) + d(y, M \setminus U)$$

erfüllt ist. Dann ist V streng geodätisch konvex.

Die Länge jeder nicht in U enthaltenen Kurve φ in M mit den Endpunkten x und y *in* V ist nämlich mindestens $d_U(x, y)$; denn ist $z \in M \setminus U$ ein Punkt des Bildes von φ, so gilt nach Voraussetzung offenbar $L(\varphi) \geqq d(x, z) + d(z, y) \geqq d_U(x, y)$, also $d(x, y) = d_U(x, y)$. Ferner gibt es genau ein $\mathbf{h}_x \in T_x(M) \cap \Omega$ derart, daß die auf $[0, 1]$ definierte geodätische Kurve $t \to \exp(t\mathbf{h}_x)$ in V

enthalten ist und die Endpunkte x und y hat (vgl. (18.5.2)). Da U und V geodätisch konvex sind, ergibt sich aus (18.5.2) und (20.17.1)

$$d_U(x, y) = d_V(x, y) = \|\mathbf{h}_x\| ,$$

und hieraus folgt die Behauptung.

20.17.5. *Ist M eine zusammenhängende Riemannsche Mannigfaltigkeit, so gibt es zu jedem Punkt $a \in M$ eine Umgebung W von a in M und eine Zahl $r > 0$ derart, daß für jedes $b \in W$ und jede Zahl ϱ mit $0 < \varrho < r$ die offene Kugel mit dem Mittelpunkt b und dem Radius ϱ streng geodätisch konvex ist.*

Wir zeigen als erstes, daß wir (18.5.3) mit $Q(x, y) = (d(x, y))^2$ auf das geodätische Feld von M anwenden können. In Normalkoordinaten gilt nämlich auf einer Umgebung von a nach (20.16.5) die Beziehung $Q_a(x) = \|\exp_a^{-1}(x)\|^2$, d. h., die lokale Darstellung von Q_a ist die quadratische Form $\mathbf{u} \to (\mathbf{u} \mid \mathbf{u})$ auf $T_a(M)$, die positiv und nichtausgeartet und im Ursprung $\mathbf{0}_a$ stationär ist und deren zweite Ableitung gleich $(\mathbf{u}, \mathbf{v}) \to 2(\mathbf{u} \mid \mathbf{v})$ ist (vgl. (8.1.4) und (8.2.1)). Die Voraussetzungen von (18.5.3) sind also erfüllt. Nun sei W eine kompakte Umgebung von a in M und $r > 0$ eine Zahl derart, daß die Behauptung von (18.5.3) für W und r erfüllt ist. Da Ω in $T(M)$ offen und W kompakt ist, gibt es eine Zahl $r' > 0$ derart, daß für jedes $x \in W$ die Kugel $\|\mathbf{h}_x\| < r'$ in $T_x(M)$ in Ω enthalten ist (vgl. (3.17.10)). Aus (20.16.4) folgt dann, daß für jedes $x \in W$ die Kugel $K(x; \varrho)$ für jedes $\varrho < r'$ zusammenhängend ist. Aus (18.5.3) folgt daher, daß für $x \in W$ und $\varrho < \inf(r, r')$ die Kugel $U = K(x; \varrho)$ *geodätisch konvex* ist. Hieraus ergibt sich, daß $V = K(x; \varrho/3)$ *streng geodätisch konvex* ist. Für $y, z \in V$ gilt nämlich nach (20.16.3.7) und (20.17.1) die Beziehung

$$d_U(y, z) \leqq d_U(x, y) + d_U(x, z) = d(x, y) + d(y, z) < 2\varrho/3;$$

da andererseits $d(y, M \setminus U) \geqq \varrho/3$ und $d(z, M \setminus U) \geqq \varrho/3$ ist, folgt die Behauptung aus (20.17.4).

Aufgaben

1. Es sei M eine Riemannsche Mannigfaltigkeit, U eine geodätisch konvexe offene Teilmenge in M derart, daß $\overline{U}$ in einer geodätisch konvexen offenen Teilmenge enthalten ist und $\overline{U} \setminus U$ eine Hyperfläche V ist; für je zwei Punkte x_1 und x_2 von V ist dann der Geodätischenbogen mit den Endpunkten x_1 und x_2 in $\overline{U}$ enthalten; wir setzen voraus, daß für $x_1 \neq x_2$ sämtliche von den Endpunkten verschiedenen Punkte dieses Bogens zu U gehören, und umgekehrt, daß jede geodätische Trajektorie, die mit U einen Punkt gemeinsam hat, V in zwei verschiedenen Punkten schneidet. Die Menge G der geodätischen Trajektorien, die U schneiden, kann dann auf folgende Weise mit der Struktur einer differenzierbaren Mannigfaltigkeit versehen werden: Man identifiziert G mit der Menge der Orbits in der offenen Teilmenge $V \times V \setminus \Delta$ (dabei ist Δ die Diagonale von $V \times V$) bezüglich der zweielementigen Gruppe, die auf $V \times V \setminus \Delta$ vermöge der identischen Abbildung und der Vertauschungsoperation $(x_1, x_2) \to (x_2, x_1)$ operiert.

In der Mannigfaltigkeit $S(M)$ der Tangenteneinheitsvektoren von M (vgl. Abschnitt 20.9, Aufgabe 3e)) betrachte man die $(2n - 2)$-dimensionale Untermannigfaltigkeit W, die aus denjenigen Vektoren $\mathbf{h}_x$ mit dem Anfangspunkt $x \in V$ besteht, welche die Eigenschaft haben, daß für die Geodätische v mit $v(0) = x$ und $v'(0) = \mathbf{h}_x$ für hinreichend nahe bei 0 gelegene $t > 0$ die Relation $v(t) \in U$ gilt. Ist $\gamma(\mathbf{h}_x)$ die entsprechende geodätische Trajektorie, so wird W durch γ zu einer zweiblättrigen Überlagerung von G. Auf W betrachte man die $(2n - 2)$-Differentialform, welche inverses Bild von $((n-1)!)^{-1} (d\alpha)^{\wedge(n-1)}$ vermöge der kanonischen injektiven Abbildung $W \to T(M)$ ist (Bezeichnungen aus Abschnitt 20.9, Aufgabe 3); es sei μ das Lebesguesche Maß auf G, das Bild des der obigen Volumenform entsprechenden Maßes auf W vermöge γ.

Nun sei V' eine in U enthaltene Hyperfläche mit endlichem $(n - 1)$-dimensionalen Flächeninhalt A. Man zeige: Für fast alle geodätischen Trajektorien g, die U schneiden, ist die Menge $V' \cap g$ endlich, und ist $n(g)$ die Anzahl der Elemente dieser Menge, so gilt

$$\int_G n(g)\, d\mu(g) = V_{n-1} A ,$$

wobei V_{n-1} das Volumen der Einheitskugel $\mathbf{K}_{n-1}$ ist (man schließe wie in Aufgabe 7 aus Abschnitt 20.13).

2. Es sei M eine Riemannsche Mannigfaltigkeit, U eine offene Teilmenge von M, deren Rand nicht leer ist. Man zeige, daß eine Geodätische v existiert, deren Definitionsintervall das Intervall $[0, 1]$ enthält, derart, daß $v(t) \in U$ für $0 \leqq t < 1$ gilt und daß $v(1)$ ein Randpunkt von U ist. (Man betrachte eine geodätisch konvexe Kugel, die als Mittelpunkt einen Randpunkt a von U hat, einen Geodätischenbogen, der a mit einem Punkt von U verbindet und in dieser Kugel enthalten ist, und den Durchschnitt dieses Bogens mit $\mathrm{Fr}(U)$.)

20.18. Riemannsche Mannigfaltigkeiten als metrische Räume. Globale Untersuchungen. Vollständige Riemannsche Mannigfaltigkeiten

20.18.1. *Es sei M eine zusammenhängende Riemannsche Mannigfaltigkeit, d der Riemannsche Abstand auf M. Für jedes $r > 0$ ist die offene Kugel $K(a; r)$ in M zusammenhängend, und ihre abgeschlossene Hülle in M ist die abgeschlossene Kugel $K'(a; r)$ mit demselben Mittelpunkt und demselben Radius.*

Da $K'(a; r)$ in M abgeschlossen ist, gilt offenbar $\overline{K(a; r)} \subset K'(a; r)$, und um die zweite Behauptung nachzuweisen, braucht nur gezeigt zu werden, daß die *Sphäre* $S(a; r)$ mit dem Mittelpunkt a und dem Radius r in $\overline{K(a; r)}$ enthalten ist. Ist aber $x \in S(a; r)$, so gibt es zu jedem ε mit $0 < \varepsilon < r$ eine Kurve φ: $[\alpha, \beta] \to M$ mit dem Anfangspunkt a und dem Endpunkt x derart, daß $L(\varphi) \leqq r + \varepsilon$ ist. Da $t \to d(a, \varphi(t))$ auf $[\alpha, \beta]$ stetig ist und von 0 bis r variiert, gibt es nach (3.19.8) ein $t_0 \in \,]\alpha, \beta[$ mit $d(a, \varphi(t_0)) = r - \varepsilon$. Sind ferner φ_1 und φ_2 die Einschränkungen der Abbildung φ auf die Intervalle $[\alpha, t_0]$ bzw. $[t_0, \beta]$, so gilt $L(\varphi) = L(\varphi_1) + L(\varphi_2)$ und $d(a, \varphi(t_0)) \leqq L(\varphi_1)$; daher ist

$$d(\varphi(t_0), x) \leqq L(\varphi_2) = L(\varphi) - L(\varphi_1) \leqq r + \varepsilon - (r - \varepsilon) = 2\varepsilon ,$$

und hieraus ergibt sich die Behauptung. Schließlich folgt aus der Tatsache, daß zu jedem $x \in K(a; r)$ eine Kurve φ mit dem Anfangspunkt a, dem Endpunkt x und der Länge $L(\varphi) < r$ existiert, daß diese Kurve in $K(a; r)$ enthalten ist, also $K(a; r)$ zusammenhängend ist (vgl. (3.19.3)).

20.18.2. *Es sei M eine zusammenhängende Riemannsche Mannigfaltigkeit, d der Riemannsche Abstand auf M; ferner seien a und b zwei verschiedene Punkte von M. Ist φ: $[\alpha, \beta] \to M$ eine stückweise glatte Kurve mit dem Anfangspunkt a und dem Endpunkt b derart, daß*

$$L(\varphi) = d(a, b) = l$$

ist, so ist φ ein geradliniger Weg $t \to \exp_a(\varrho(t)\,\mathbf{h}_a)$ (vgl. (20.16.4)) mit $\|\mathbf{h}_a\| = 1$, $\varrho(\alpha) = 0$, $l = \varrho(\beta)$ und $l\mathbf{h}_a \in \Omega$. Außerdem existiert ein offenes Intervall $I \supset [0, l]$ in $\boldsymbol{R}$ derart, daß v: $s \to \exp_a(s\mathbf{h})$ eine Einbettung von I in M ist; dabei ist s die Bogenlänge von $v(s)$ auf der Kurve $C = v(I)$ bezüglich des Anfangspunktes a und der durch v definierten Orientierung.

Sind $\lambda < \mu$ zwei beliebige Punkte von $[\alpha, \beta]$ und $p = \varphi(\varepsilon)$ und $q = \varphi(\mu)$ ihre Bilder und ist $p \neq q$, so gilt notwendigerweise $L(\varphi_{\lambda,\mu}) = d(p, q)$, wobei $\varphi_{\lambda,\mu}$ die Einschränkung von φ auf $[\lambda, \mu]$ bezeichnet. Denn sonst wäre $d(p, q) > L(\varphi_{\lambda,\mu})$, und es gäbe nach Definition eine Kurve ψ: $[\lambda, \mu] \to M$ mit dem Anfangspunkt p und dem Endpunkt q derart, daß $d(p, q) \leqq L(\psi) < L(\varphi_{\lambda,\mu})$ wäre; die Länge derjenigen Kurve, die auf $[\alpha, \lambda]$ und $[\mu, \beta]$ mit φ und auf $[\lambda, \mu]$ mit ψ übereinstimmt, wäre dann kleiner als $d(a, b)$, was nicht möglich ist.

Wir betrachten insbesondere eine streng geodätisch konvexe Kugel $K(a; r)$ mit dem Mittelpunkt a (vgl. (20.17.5)) und ein $\lambda > \alpha$ derart, daß $p = \varphi(\lambda)$ von a verschieden und in $K(a; r)$ enthalten ist. Nach unseren Überlegungen und (20.16.4) gibt es einen Einheitsvektor $\mathbf{h}_a \in T_a(M)$ mit $\varphi(t) = \exp_a(\varrho(t)\,\mathbf{h}_a)$ auf $[\alpha, \lambda]$, wobei ϱ monoton wächst und stückweise glatt ist; außerdem hängt $\mathbf{h}_a$ nicht von der Wahl von p in $K(a; r)$ ab. Nun bezeichnen wir die obere Grenze der Zahlen $\mu \in [\alpha, \beta]$, für welche $\varphi(t) = \exp_a(\varrho(t)\,\mathbf{h}_a)$ auf $[\alpha, \mu]$ gilt, mit t_0. Da nach unseren Überlegungen und (20.16.4.1) ja $\varrho(t) = d(a, \varphi(t))$ gilt, ist die Funktion ϱ eindeutig bestimmt. Wir haben zu zeigen, daß $t_0 = \beta$ gilt. Sonst setzen wir $x_0 = \varphi(t_0)$; es sei $r' > 0$ so gewählt, daß jede offene Kugel vom Radius r' und mit dem Mittelpunkt in $K(x_0; r')$ geodätisch streng konvex ist (vgl. (20.17.5)). Setzen wir $l_0 = d(a, x_0)$, so ist also $s\mathbf{h}_a \in \Omega$ für $0 \leqq s < l_0$ und $\varphi(t) = v_0(\varrho(t))$ für $\alpha \leqq t < t_0$ mit $v_0(s) = \exp_a(s\mathbf{h}_a)$ für $0 \leqq s < l_0$. Es seien $t_1 < t_0 < t_2$ zwei Werte von t, für die $x_1 = \varphi(t_1)$ und $x_2 = \varphi(t_2)$ von x_0 verschieden und in $K(x_0; r'/2)$ enthalten sind; wir setzen $l_1 = \varrho(t_1) = d(a, x_1) < l_0$ und $l_2 = d(a, x_2) > l_0$. Es sei $\mathbf{h}_{x_1} = v_0'(l_1) \in T_{x_1}(M)$; das ist nach (20.16.3.2) ein Einheitsvektor. Aufgrund der Wahl von t_1, t_2 und der Bemerkung zu Beginn ist die Kurve φ_{t_1,t_2} ein geradliniger Weg der Gestalt $t \to \exp_{x_1}(\varrho_1(t)\,\mathbf{h}_{x_1}) = v_1(s)$, wobei $v_1(s) = \exp_{x_1}(s\mathbf{h}_{x_1})$ für $0 \leqq s \leqq l_2 - l_1$ definiert ist (woraus $s\mathbf{h}_{x_1} \in \Omega$ für diese Werte von s folgt) (vgl. (20.16.4)). Für $0 \leqq s < l_0 - l_1$ gilt aber aufgrund von (18.2.3.2) $v_1(s) = v_0(l_1 + s)$; nach (18.2.2) ist also $s\mathbf{h}_a \in \Omega$ für $0 \leqq s < l_2$, und die Funktion $s \to \exp_a(s\mathbf{h}_a)$ ist auf diesem Intervall definiert. Setzen wir $\varrho(t) = l_1 + \varrho_1(t)$ für $t_1 \leqq t \leqq t_2$, so gilt also $\varphi(t) = \exp_a(\varrho(t)\,\mathbf{h}_a)$ für $\alpha \leqq t < t_2$, und dies widerspricht der Definition von t_0.

Um den Beweis zu beenden, braucht man nur zu zeigen, daß $s \to v(s) = \exp_a(s\mathbf{h}_a)$ auf $[0, l]$ *injektiv* ist; wäre nämlich $v(s_1) = v(s_2)$ für $0 \leqq s_1 < s_2 \leqq l$, so wäre die Aneinanderreihung der Kurven $s \to v(s)$ für $0 \leqq s \leqq s_1$ und $s \to v(s + s_2 - s_1)$ für $s_1 \leqq s \leqq s_1 + l - s_2$ eine stückweise glatte Kurve mit den Endpunkten a und b, deren Länge kleiner als $d(a, b)$ wäre; dies ist aber unmöglich.

20.18.3. *Es seien a, b, c drei verschiedene Punkte von M, ferner C_1 ein Geodätischenbogen mit den Endpunkten a, b und C_2 ein Geodätischenbogen mit den Endpunkten b, c. Wir nehmen an, es sei $d(a, b) = L(C_1)$ und $d(b, c) = L(C_2)$. Orientieren wir dann C_1 von a nach b und C_2 von b nach c und sind die Tangenteneinheitsvektoren an C_1 und an C_2 im Punkt b verschieden, so gilt*

20.18.3.1. $d(a, c) < d(a, b) + d(b, c)$

(*strenge Dreiecksungleichung*).

Sonst hätte nämlich die Kurve $v\colon [0, l_1 + l_2] \to M$ mit $v(s) = v_1(s)$ für $0 \leqq s \leqq l$ und $v(s) = v_2(s - l_1)$ für $l_1 \leqq s \leqq l_1 + l_2$, wobei $v_1\colon [0, l_1] \to M$ und $v_2\colon [0, l_2] \to M$ geodätische Kurven mit den Bildern C_1 bzw. C_2 sind, die Endpunkte a und c, und es wäre $L(v) = d(a, c)$; das wäre nach (20.18.2) also ein geradliniger Weg, im Gegensatz zur Voraussetzung.

20.18.4. Im allgemeinen braucht es zu zwei gegebenen Punkten a und b einer zusammenhängenden Riemannschen Mannigfaltigkeit M keine stückweise glatte Kurve φ von a nach b mit $L(\varphi) = d(a, b)$ zu geben; es genügt, in der offenen Menge $M = \boldsymbol{R}^2 \setminus \{0\}$ zwei entgegengesetzte Punkte a, $-a$ zu betrachten. Es ist bemerkenswert, daß eine nur die *metrische Struktur* von M betreffende Bedingung die Existenz von „kürzesten Wegen" zwischen zwei beliebigen Punkten nach sich zieht:

20.18.5. (Satz von Hopf-Rinow). *Ist M eine zusammenhängende Riemannsche Mannigfaltigkeit, d der Riemannsche Abstand auf M, so sind die folgenden Eigenschaften äquivalent:*

a) *Jede in M abgeschlossene und (bezüglich d) beschränkte Menge ist kompakt.*

b) *Der metrische Raum M (bezüglich d) ist vollständig.*

c) *Es gilt $\Omega = T(M)$.*

d) *Es gibt einen Punkt $a \in M$ mit $T_a(M) \subset \Omega$.*

Außerdem folgt aus diesen Eigenschaften, daß zu jedem Paar von Punkten x und y aus M eine auf $[0, 1]$ definierte geodätische Kurve $t \to \exp_x(t\mathbf{h}_x)$ mit dem Anfangspunkt x und dem Endpunkt $y = \exp_x(\mathbf{h}_x)$ existiert, welche die Länge $d(x, y) = \|\mathbf{h}_x\|$ hat. Überdies gilt

20.18.5.1. $K(x; r) = \exp_x(K(\mathbf{0}_x; r))$

und

$$K'(x; r) = \exp_x(K'(\mathbf{0}_x; r))$$

für jedes $x \in M$ und jedes $r > 0$.

Wir werden die Implikationen a) $\Rightarrow$ b) $\Rightarrow$ c) $\Rightarrow$ d) $\Rightarrow$ a) beweisen. Da jede Cauchyfolge beschränkt ist, folgt die Implikation a) $\Rightarrow$ b) unmittelbar aus (3.16.1), ebenso einfach ergibt sich c) $\Rightarrow$ d). Die weiteren Behauptungen folgen aus den nachstehenden Hilfssätzen.

20.18.5.2. *Sind a und b zwei verschiedene Punkte einer zusammenhängenden Riemannschen Mannigfaltigkeit M, so gibt es einen Vektor $\mathbf{h}_a \neq 0$ in $\Omega \cap T_a(M)$ mit*

$$\|\mathbf{h}_a\| = d(a, \exp_a(\mathbf{h}_a)) \quad \textit{und} \quad \|\mathbf{h}_a\| + d(\exp_a(\mathbf{h}_a), b) = d(a, b)\,.$$

Es sei r eine so kleine streng positive Zahl, daß $\exp_a$ ein Diffeomorphismus von $K(\mathbf{0}_a; r)$ auf $K(a; r)$ ist (vgl. (20.16.4)). Wir wählen $\varrho \in\,]0, r[$ so klein, daß $b \notin K(a; \varrho)$ gilt. Ferner sei S die Sphäre mit dem Mittelpunkt $\mathbf{0}_a$ und dem Radius ϱ in $T_a(M)$, so daß $\exp_a(S)$ die Sphäre mit dem Mittelpunkt a und dem Radius ϱ in M ist. Da $\exp_a(S)$ kompakt ist, gibt es nach (3.17.10) ein $c \in \exp_a(S)$ mit $d(b, c) = d(b, \exp_a(S))$. Es sei $\mathbf{h}_a \in T_a(M) \cap \Omega$ so gewählt, daß $c = \exp_a(\mathbf{h}_a)$ ist; nach (20.16.4) gilt dann

$$d(a, b) \leqq d(a, c) + d(c, b) = \|\mathbf{h}_a\| + d(b, c)\,.$$

Nach (20.16.3.6) ist ferner $\exp_a(S)$ der Rand von $K(a; \varrho)$, da S der Rand von $K(\mathbf{0}_a; \varrho)$ ist. Eine Kurve γ von a nach b trifft nach (3.19.10) notwendigerweise $\exp_a(S)$; daher gibt es ein $c' \in \exp_a(S)$ mit

$$\begin{aligned} L(\gamma) &\geqq d(a, c') + d(b, c') \geqq d(a, \exp_a(S)) + d(b, \exp_a(S)) \\ &= d(a, \exp_a(S)) + d(b, c) = \varrho + d(b, c) = \|\mathbf{h}_a\| + d(b, c)\,. \end{aligned}$$

Nach Definition gilt also $d(a, b) \geqq \|\mathbf{h}_a\| + d(b, c)$, und damit ist der Hilfssatz bewiesen.

20.18.5.3. *Es seien a und b zwei verschiedene Punkte einer zusammenhängenden Riemannschen Mannigfaltigkeit M. Ist $\mathbf{h}_a \in \Omega \cap T_a(M)$ ein von Null verschiedener Vektor mit*

$$\|\mathbf{h}_a\| + d(\exp_a(\mathbf{h}_a), b) = d(a, b)\,,$$

so gilt für jedes $t \in \mathbf{R}$ mit $t\mathbf{h}_a \in \Omega$ und $0 \leqq \|t\mathbf{h}_a\| \leqq d(a, b)$ die Beziehung

$$\|t\mathbf{h}_a\| + d(\exp_a(t\mathbf{h}_a), b) = d(a, b)\,.$$

Wir stellen zunächst fest, daß $\exp_a(t\mathbf{h}_a)$ für $t \geqq 0$ und $t\mathbf{h}_a \in \Omega$ definiert ist und $d(a, \exp_a(t\mathbf{h}_a)) \leqq \|t\mathbf{h}_a\|$ gilt (vgl. (20.16.4.1)). Demnach ist

$$\begin{aligned} &\|t\mathbf{h}_a\| + d(\exp_a(t\mathbf{h}_a), b) \geqq d(a, \exp_a(t\mathbf{h}_a)) + d(\exp_a(t\mathbf{h}_a), b) \\ &\geqq d(a, b)\,. \end{aligned}$$

Gilt dann $\|t\mathbf{h}_a\| + d(\exp_a(t\mathbf{h}_a), b) = d(a, b)$, so folgt daraus für $0 \leqq t' \leqq t$ nach (20.16.4.1)

$$\begin{aligned} &\|t'\mathbf{h}_a\| + d(\exp_a(t'\mathbf{h}_a), b) \\ &\leqq \|t'\mathbf{h}_a\| + d(\exp_a(t'\mathbf{h}_a), \exp_a(t\mathbf{h}_a)) + d(\exp_a(t\mathbf{h}_a), b) \\ &\leqq \|t'\mathbf{h}_a\| + \|(t - t')\,\mathbf{h}_a\| + d(a, b) - \|t\mathbf{h}_a\| = d(a, b) \end{aligned}$$

und nach dem Obigen also $\|t'\mathbf{h}_a\| + d\,(\exp_a(t'\mathbf{h}_a), b) = d(a, b)$.

Mit anderen Worten, die Menge I der $t \geqq 0$, für welche $t\mathbf{h}_a \in \Omega \cap T_a(M)$ und

20.18.5.4. $\|t\mathbf{h}_a\| + d(\exp_a(t\mathbf{h}_a), b) = d(a, b)$

gilt, ist ein *beschränktes Intervall* in $\boldsymbol{R}$ mit dem Anfangspunkt 0 und dem Endpunkt $t_0 \geqq 1$. Der Hilfssatz ist bewiesen, sobald wir gezeigt haben, daß nicht zugleich $t_0\mathbf{h}_a \in \Omega$ und $\|t_0\mathbf{h}_a\| < d(a, b)$ gelten kann. Nehmen wir einmal das Gegenteil an. Aus Stetigkeitsgründen folgte dann aus (20.18.5.4), daß $t_0 \in I$ gilt. Wegen $d(a, b) > \|t_0\mathbf{h}_a\| \geqq d(a, c)$ mit $c = \exp_a(t_0\mathbf{h}_a)$ gilt $b \neq c$. Aus Hilfssatz (20.18.5.2) ergäbe sich dann, daß ein $\mathbf{h}_c \neq 0$ in $\Omega \cap T_c(M)$ existierte derart, daß

$$\|\mathbf{h}_c\| = d(c, \exp_c(\mathbf{h}_c)) \qquad \text{und} \qquad \|\mathbf{h}_c\| + d(\exp_c(\mathbf{h}_c), b) = d(c, b)$$

wäre. Hieraus fände man $\|t_0\mathbf{h}_a\| + \|\mathbf{h}_c\| + d(\exp_c(\mathbf{h}_c), b) = d(a, b)$. Nach (20.16.3.3) und der Dreiecksungleichung gilt aber $\|t_0\mathbf{h}_a\| + \|\mathbf{h}_c\| \geqq d(a, \exp_c(\mathbf{h}_c))$; aus der vorhergehenden Gleichung und der Dreiecksungleichung ergäbe sich daher die Relation

$$\|t_0\mathbf{h}_a\| + \|\mathbf{h}_c\| = d(a, \exp_c(\mathbf{h}_c)) .$$

Wendet man nun (20.16.3.3) und (20.18.2) auf die Aneinanderreihung der geodätischen Kurven $t \to \exp_a(t\mathbf{h}_a)$ für $0 \leqq t \leqq t_0$ und $t \to \exp_c((t - t_0)\,\mathbf{h}_c)$ für $0 \leqq t - t_0 \leqq 1$ an, so ergäbe sich, daß $\exp_c(\mathbf{h}_c) = \exp_a(t'\mathbf{h}_a)$ sein müßte, mit $t' = t_0 + \lambda t_0$, wobei $\lambda = \|\mathbf{h}_c\|/\|t_0\mathbf{h}_a\|$ ist. Folglich wäre

$$\|t'\mathbf{h}_a\| + d(\exp_a(t'\mathbf{h}_a), b) = d(a, b) \qquad \text{und} \qquad t'\mathbf{h}_a \in \Omega ,$$

in Widerspruch zur Definition von t_0.

20.18.5.5. *Es sei M eine zusammenhängende Riemannsche Mannigfaltigkeit, a ein Punkt von M. Ist die abgeschlossene Kugel $K'(\mathbf{0}_a; r)$ von $T_a(M)$ in Ω enthalten, so stimmt die abgeschlossene Kugel $K'(a; r)$* (bzw. *die offene Kugel $K(a; r)$*) *in M mit* $\exp_a(K'(\mathbf{0}_a; r))$ (bzw. *mit* $\exp_a(K(\mathbf{0}_a; r))$) *überein.*

Offenbar ist $K'(a; r) \supset \exp_a(K'(\mathbf{0}_a; r))$ nach (20.16.4.1). Da andererseits $K(a; r)$ die Vereinigung der $K'(a; r')$ mit $r' < r$ ist, genügt es zu zeigen, daß $K'(a; r)$ in $\exp_a(K'(\mathbf{0}_a; r))$ enthalten ist. Es sei b ein Punkt von M mit $b \notin \exp_a(K'(\mathbf{0}_a; r))$; wir beweisen $d(a, b) > r$. Aufgrund von (20.18.5.2) gibt es ein $\mathbf{h}_a \neq 0$ in $\Omega \cap T_a(M)$ mit $d(a, b) = \|\mathbf{h}_a\| + d(\exp_a(\mathbf{h}_a), b)$. Es sei

$$t = \inf\left(\frac{r}{\|\mathbf{h}_a\|}, \frac{d(a, b)}{\|\mathbf{h}_a\|}\right);$$

aus der Voraussetzung folgt $t\mathbf{h}_a \in \Omega$, und es ist $0 < \|t\mathbf{h}_a\| \leqq d(a, b)$. Aufgrund von (20.18.5.3) gilt

$$d(a, b) = \|t\mathbf{h}_a\| + d(\exp(t\mathbf{h}_a), b);$$

da aber $b \notin \exp_a(K'(\mathbf{0}_a; r))$ gilt und diese Menge kompakt ist, muß $d(\exp_a(t\mathbf{h}_a), b)$ nach (3.17.10) streng positiv sein. Daher ist $\|t\mathbf{h}_a\| < d(a, b)$. Hieraus folgt aber $\|t\mathbf{h}_a\| = r$, also

$$d(a, b) = r + d(\exp_a(t\mathbf{h}_a), b) > r,$$

und damit ist unser Hilfssatz bewiesen.

20.18.5.6. *Es sei M eine zusammenhängende Riemannsche Mannigfaltigkeit und $a \in M$ ein Punkt mit $T_a(M) \subset \Omega$. Dann gibt es zu jedem $x \in M$ ein $\mathbf{h}_a \in T_a(M)$ mit $\|\mathbf{h}_a\| = d(a, x)$ und $x = \exp_a(\mathbf{h}_a)$, und für jedes $r > 0$ gelten die Beziehungen $K(a; r) = \exp_a(K(\mathbf{0}_a; r))$ und $K'(a; r) = \exp_a(K'(\mathbf{0}_a; r))$.*

Wir können annehmen, es sei $x \neq a$. Aufgrund von (20.18.5.2) gibt es einen Vektor $\mathbf{h}_a \neq 0$ in $T_a(M) \subset \Omega$ mit $\|\mathbf{h}_a\| + d(\exp_a(\mathbf{h}_a), x) = d(a, x)$. Nach Voraussetzung und nach dem Hilfssatz (20.18.5.3) gilt dann für jedes $t > 0$ mit $\|t\mathbf{h}_a\| = d(a, x)$ wieder $\|t\mathbf{h}_a\| + d(\exp_a(t\mathbf{h}_a), x) = d(a, x)$; dies ist aber nur für $x = \exp_a(t\mathbf{h}_a)$ möglich. Die letzten Behauptungen folgen aus (20.18.5.5).

20.18.5.7. Mit den bisherigen Überlegungen sind die Implikationen d) $\Rightarrow$ a) in (20.18.5) und die letzten beiden Behauptungen des Satzes bereits bewiesen. Es bleibt zu zeigen, daß c) aus b) folgt. Es sei also $a \in M$ und $\mathbf{h}_a \in T_a(M)$, ferner t_0 die obere Grenze der $t \in \boldsymbol{R}$ mit $t\mathbf{h}_a \in \Omega$. Wir müssen $t_0 = +\infty$ beweisen. Wir nehmen t_0 als endlich an und setzen $v(t) = \exp_a(t\mathbf{h}_a)$. Die Folge $\big(v(t_0 - 1/n)\big)_{n>1}$ ist eine Cauchyfolge in M, da

$$d\big(v(t_0 - 1/n), v(t_0 - 1/m)\big) \leqq |1/n - 1/m| \cdot \|\mathbf{h}_a\|$$

aufgrund von (20.16.4.1) gilt. Es sei b ihr Grenzwert in M. Dann gibt es eine Umgebung W von b in M und eine Zahl $r > 0$ derart, daß Ω für jedes $x \in W$ die abgeschlossene Kugel $K'(\mathbf{0}_x; r)$ enthält. Wir wählen n so groß, daß $c = v(t_0 - 1/n)$ zu W gehört und $r/\|\mathbf{h}_a\| > 1/n$ ist. Dann gehört der Vektor $\mathbf{h}_c = v'(t_0 - 1/n)$ zu $T_c(M)$, und seine Norm ist gleich $\|\mathbf{h}_a\|$ (vgl. (20.16.3.2)); demnach gilt

$$\frac{r}{\|\mathbf{h}_a\|} \cdot \mathbf{h}_c \in \Omega .$$

Wendet man (18.2.3.1) auf das geodätische Feld an, so findet man

$$\left(t_0 - \frac{1}{n} + \frac{r}{\|\mathbf{h}_a\|}\right)\mathbf{h}_a \in \Omega ,$$

im Widerspruch zur Definition von t_0. Damit ist der Beweis beendet.

Eine zusammenhängende Riemannsche Mannigfaltigkeit M, welche die äquivalenten Bedingungen von Satz (20.18.5) erfüllt, wird *vollständig* genannt.

20.18.6. Beispiele. Jede zusammenhängende *kompakte* Riemannsche Mannigfaltigkeit ist offenbar vollständig. Der mit seiner kanonischen Riemannschen Struktur versehene Raum $\boldsymbol{R}^n$ ist offenbar eine vollständige Riemannsche Mannigfaltigkeit. Ist (G, H) ein symmetrisches Paar mit *kompaktem* H, so ist der *symmetrische Riemannsche Raum* G/H (vgl. (20.11.3)) eine *vollständige* Riemannsche Mannigfaltigkeit: Aus den Eigenschaften des kanonischen linearen Zusammenhanges auf G/H (vgl. (20.7.10.4)) folgt nämlich, daß eine Geodätische mit dem Ursprung $x_0 = \pi(e)$ auf ganz $\boldsymbol{R}$ definiert ist; somit ist Bedingung d) von (20.18.5) erfüllt.

Es sei M eine Riemannsche Mannigfaltigkeit und M_1 eine nichtleere *offene* Teilmenge von M, die mit der Riemannschen Metrik versehen sei, welche die Einschränkung der Metrik von M ist. Ist die Riemannsche Mannigfaltigkeit M_1

vollständig, so ist sie in M *abgeschlossen* (also notwendigerweise die Vereinigung der zusammenhängenden Komponenten von M). Nehmen wir nämlich an, es existiere ein nicht zu M_1 gehörender Berührungspunkt x_0 von M_1, und es sei U eine streng geodätisch konvexe offene Umgebung von x_0 in M (vgl. (20.17.5)). Es sei $y \in M_1 \cap U$ und $t \to v(t)$ eine Abbildung von $[0, 1]$ in U, die eine Geodätische von M mit $v(0) = x_0$ und $v(1) = y$ ist (vgl. (20.17.2)). Die Menge $v^{-1}(M_1)$ ist nichtleer und offen in $[0, 1]$ und stimmt nicht mit ganz $[0, 1]$ überein, ist also ein in $v^{-1}(M_1)$ enthaltenes Intervall $[t_1, t_2]$, mit $v(t_1) \notin M_1$. Dann ist offenbar in der Riemannschen Mannigfaltigkeit M_1 die Menge $M_1 \cap v([t_1, t_2])$ abgeschlossen, beschränkt und nicht kompakt, und dies widerspricht, aufgrund des Satzes von Hopf-Rinow, der Voraussetzung.

20.18.7. Es sei M_1 eine vollständige zusammenhängende Riemannsche Mannigfaltigkeit, M eine zusammenhängende *Überlagerung* von M_1 und $\pi: M \to M_1$ die kanonische Projektion. Versieht man M mit der kanonisch durch die Metrik von M_1 induzierten Riemannschen Metrik (vgl.(20.8.1)), so ist M ebenfalls eine *vollständige* Riemannsche Mannigfaltigkeit. Da π eine lokale Isometrie ist, ist für jede Geodätische $t \to v(t)$ von M nämlich $t \to \pi(v(t))$ eine Geodätische von M_1 (durch Übertragung der Struktur), und umgekehrt ist die Liftung einer Geodätischen von M_1 auf M (vgl. (16.28.1)) eine Geodätische von M. Da die Geodätischen von M_1 auf ganz $\mathbf{R}$ definiert sind, ist dies aufgrund der Eindeutigkeit der Liftung (vgl. (16.28.1)) auch für die Geodätischen von M der Fall.

Umgekehrt gilt folgender Satz:

20.18.8. *Es sei M eine vollständige zusammenhängende Riemannsche Mannigfaltigkeit, f eine lokale Isometrie von M in eine zusammenhängende Riemannsche Mannigfaltigkeit M_1. Dann ist M eine Riemannsche Überlagerung von M_1 mit der Projektion f, und M_1 ist vollständig.*

Die Menge $f(M)$ ist in M_1 offen und zusammenhängend. Nach (20.10.6) braucht man nur den Fall $f(M) = M_1$ zu betrachten.

Es sei a_1 ein Punkt von M_1 und V_1 eine geodätisch konvexe Umgebung von a_1 (vgl. Abschnitt 20.17); nach (18.5.3) gibt es dann eine Abbildung $(x_1, y_1) \to \mathbf{s}(x_1, y_1)$ der Klasse C^∞ von $V_1 \times V_1$ in $T(M_1)$ mit $o_{M_1}(\mathbf{s}(x_1, y_1)) = x_1$ und $\exp_{x_1}(\mathbf{s}(x_1, y_1)) = y_1$. Wir bezeichnen mit u die Abbildung $y_1 \to \mathbf{s}(a_1, y_1)$ von V_1 in $T_{a_1}(M_1)$, die ein Diffeomorphismus von V_1 auf eine offene Umgebung von $\mathbf{0}_{a_1}$ in $T_{a_1}(M)_1$ und deren inverse Abbildung die Einschränkung von $\exp_{a_1}$ auf diese Umgebung ist (vgl. (18.5.2)). Für jeden Punkt $a \in f^{-1}(a_1)$ ist nach Voraussetzung $T_a(f)$ ein Isomorphismus von $T_a(M)$ auf $T_{a_1}(M_1)$. Mit v_a bezeichnen wir den inversen Isomorphismus. Da M vollständig ist, ist $g_a = \exp_a \circ v_a \circ u$ auf V_1 definiert und gehört dort zur Klasse C^∞. Andererseits ist $\exp_{a_1}(t(T_a(f) \cdot \mathbf{h}_a))$ für jedes $\mathbf{h}_a \in T_a(M)$ und jedes $t \in \mathbf{R}$ definiert, und es gilt

20.18.8.1. $f(\exp_a(t\mathbf{h}_a)) = \exp_{a_1}(t(T_a(f) \cdot \mathbf{h}_a))$.

Da nämlich f eine lokale Isometrie ist, ist offenbar $t \to f(\exp_a(t\mathbf{h}_a))$ (durch Übertragung der Struktur) eine auf ganz $\mathbf{R}$ definierte Geodätische von M_1; hieraus folgt unsere Behauptung. Dann gilt auf V_1

$$f \circ g_a = \exp_{a_1} \circ T_a(f) \circ v_a \circ u = \exp_{a_1} \circ u = 1_{V_1},$$

und hieraus ergibt sich nach (16.8.8), daß g_a ein Diffeomorphismus von V_1 auf eine offene Menge $g_a(V_1)$ ist, dessen inverse Abbildung die Einschränkung von f auf $g_a(V_1)$ ist. Es sei a' ein von a verschiedener Punkt aus $f^{-1}(a_1)$; dann ist $g_a(V_1) \cap g_{a'}(V_1)$ leer. Wäre nämlich $g_a(x_1) = g_{a'}(x_1)$ in einem Punkt x_1, so wäre auch $g_a(y_1) = g_{a'}(y_1)$ für jeden hinreichend zu x_1 benachbarten Punkt y_1, weil die Einschränkung von f auf eine Umgebung von $g_a(x_1)$ injektiv ist. Die Menge aller $x_1 \in V_1$, für welche $g_a(x_1) = g_{a'}(x_1)$ gilt, ist also zugleich offen und abgeschlossen (vgl. (3.15.1)), also gleich V_1 oder leer, da V_1 zusammenhängend ist. Da aber $g_a(a_1) \neq g_{a'}(a_1)$ ist, muß sie leer sein. Für $x_1 \neq y_1$ ist übrigens $g_a(x_1) \neq g_{a'}(y_1)$, da $f(g_a(x_1)) = x_1$ und $f(g_{a'}(y_1)) = y_1$ ist. Daher ist $g_a(V_1) \cap g_{a_1}(V_1)$ leer. Um den Beweis abzuschließen, genügt es zu zeigen, daß $f^{-1}(V_1)$ Vereinigung der $g_a(V_1)$ ist, wenn a die Menge $f^{-1}(a_1)$ durchläuft (vgl. (16.12.4.1)). Es sei $x \in f^{-1}(V_1)$ und $x_1 = f(x)$. Wir betrachten den Tangentialvektor $\mathbf{h}_{x_1} = \mathbf{s}(x_1, a_1)$ im Punkt x_1; es gibt genau einen Tangentialvektor $\mathbf{h}_x \in T_x(M)$ mit $T_x(f) \cdot \mathbf{h}_x = \mathbf{h}_{x_1}$. Nach Definition ist $\exp_{x_1}(\mathbf{h}_{x_1}) = a_1$, und Formel (20.18.8.1) zeigt, daß $f(\exp_x(\mathbf{h}_x)) = a_1$, also $\exp_x(\mathbf{h}_x) = a \in f^{-1}(a_1)$ ist. Die Definition von g_a zeigt dann, daß $x = g_a(x_1)$ ist.

Die Tatsache, daß M_1 vollständig ist, hat sich im Laufe des Beweises ergeben; denn wir haben festgestellt, daß M_1 der Bedingung d) von (20.18.5) genügt.

Aufgaben

1. In einer Riemannschen Mannigfaltigkeit M sei U eine streng geodätisch konvexe offene Teilmenge. Man zeige, daß für je zwei beliebige verschiedene Punkte x und y von U der eindeutig bestimmte Geodätischenbogen mit den Endpunkten x und y, der in U enthalten ist, der *einzige* Geodätischenbogen *in* M ist, welcher die Endpunkte x und y und die Länge $d(x, y)$ hat. (Man schließe indirekt, und um einen Widerspruch zu erhalten, benutze man die strenge Dreiecksungleichung (20.18.3).)

Hieraus leite man her, daß der Durchschnitt endlich vieler streng geodätisch konvexer offener Mengen streng geodätisch konvex ist.

2. Man gebe ein Beispiel einer nicht vollständigen Riemannschen Mannigfaltigkeit, bei der durch je zwei verschiedene Punkte eine einzige geodätische Trajektorie verläuft.

3. Man gebe ein Beispiel einer nicht beschränkten zusammenhängenden offenen Teilmenge U in $\mathbf{R}^2$, bei welchem zwei beliebige Punkte x und y von U mit $d(x, y) > 1$ nicht durch einen in U enthaltenen Geodätischenbogen verbunden werden können.

4. Man zeige, daß das Produkt zweier vollständiger Riemannscher Mannigfaltigkeiten (vgl. Abschnitt 20.8, Aufgabe 1) eine vollständige Riemannsche Mannigfaltigkeit ist.

5. Es sei M eine vollständige, zusammenhängende, aber nicht einfach zusammenhängende Riemannsche Mannigfaltigkeit. Man zeige, daß dann die Funktion $(x, y) \to (d(x, y))^2$ auf $M \times M$ nicht der Klasse C^∞ angehören kann. (Man betrachte die einfach zusammenhängende Riemannsche Überlagerung $\widetilde{M}$ von M, wobei zwei

verschiedene Punkte a und b in $\widetilde{M}$ auf den gleichen Punkt $x \in M$ projiziert werden. Ist $d(a, b) = r$ in $\widetilde{M}$, so betrachte man die Sphäre mit dem Mittelpunkt x und dem Radius $r/2$ in M.)

6. Es sei M eine zusammenhängende, nicht vollständige Riemannsche Mannigfaltigkeit, $\boldsymbol{g}$ ihre Metrik. Für jedes $x \in M$ sei $\varrho(x)$ die obere Grenze der Zahlen r, für welche die abgeschlossene Kugel $K'(x; r)$ kompakt ist; aus der Voraussetzung folgt dann $0 < \varrho(x) < +\infty$ für jedes $x \in M$.

a) Man zeige, daß $\varrho(y) \leqq \varrho(x) + d(x, y)$ in M gilt und daß daher ϱ auf M stetig ist.

b) Es sei f eine Funktion der Klasse C^∞ auf M derart, daß $f(x) > 1/\varrho(x)$ gilt für jedes $x \in M$; man betrachte auf M die Metrik $\boldsymbol{g}_1 = f^2\boldsymbol{g}$. Ferner sei $\gamma: I \to M$ eine Kurve, die stückweise der Klasse C^∞ angehört; sind L und L_1 ihre Längen bezüglich $\boldsymbol{g}$ bzw. $\boldsymbol{g}_1$, so gilt $L_1 \geqq L/\left(\sup_{x \in \gamma(I)} \varrho(x)\right)$; hieraus leite man folgendes her: Sind d und d_1 die $\boldsymbol{g}$ und $\boldsymbol{g}_1$ entsprechenden Riemannschen Abstände und gilt für die Endpunkte a und b von γ die Beziehung $d(a, b) \geqq \varrho(a)/2$, so ist $L_1 \geqq 1/3$. (Man benutze a).)

c) Aus b) leite man her, daß bezüglich des Abstandes d_1 die abgeschlossene Kugel mit dem Mittelpunkt a und dem Radius $1/6$ in der abgeschlossenen Kugel mit dem Mittelpunkt a und dem Radius $\varrho(a)/2$ bezüglich des Abstandes d enthalten ist; bezüglich der Metrik $\boldsymbol{g}_1$ ist die Mannigfaltigkeit M also *vollständig*.

7. Es sei M eine vollständige zusammenhängende und nicht kompakte Riemannsche Mannigfaltigkeit, $\boldsymbol{g}$ ihre Metrik. Für einen gegebenen Punkt $a \in M$ sei h eine Funktion der Klasse C^∞ auf M derart, daß für den Riemannschen Abstand d die Ungleichung $h(x) > d(a, x)$ für jedes $x \in M$ erfüllt ist. Man zeige, daß bezüglich der Riemannschen Metrik $\boldsymbol{g}_2 = e^{-2h}\boldsymbol{g}$ auf M der Durchmesser von M höchstens gleich 1, also M bezüglich $\boldsymbol{g}_2$ nicht vollständig ist.

8. Es sei M eine vollständige Riemannsche Mannigfaltigkeit, d der Riemannsche Abstand auf M und M' eine mit der durch M induzierten Metrik versehene Untermannigfaltigkeit von M. Man zeige: Ist d' der Riemannsche Abstand auf M', so gilt $d'(x, y) \geqq d(x, y)$ für jedes Paar von Punkten von M'; daher konvergiert jede Cauchyfolge bezüglich des Abstands d' in M' bezüglich d gegen einen Punkt von M. Unter der Voraussetzung, jeder Punkt von M besitze eine Umgebung U derart, daß jede zusammenhängende Komponente von $U \cap M'$ in U abgeschlossen ist, zeige man dann, daß M' vollständig ist. (Man schließe indirekt, indem man voraussetzt, eine Geodätische von M' sei nicht auf ganz $\boldsymbol{R}$ definiert.) Man gebe ein Beispiel, bei dem die obige Eigenschaft erfüllt ist, aber die Abstände d und d' auf M' nicht gleichmäßig äquivalent sind (vgl. Abschnitt 3.14).

9. Es sei M eine zusammenhängende Riemannsche Mannigfaltigkeit. Für jedes $x \in M$ bezeichne $a(x)$ die obere Grenze der Radien der in $T_x(M) \cap \Omega$ enthaltenen offenen Kugeln mit dem Mittelpunkt $\mathbf{0}_x$, ferner $r(x)$ die obere Grenze der Zahlen r, für welche (bezüglich des Riemannschen Abstands d auf M) jede in der Kugel mit dem Mittelpunkt x und dem Radius r enthaltene offene Kugel streng geodätisch konvex ist. Es gilt $r(x) \leqq a(x)$.

a) Man zeige: Ist $r(x_0) = +\infty$ für ein $x_0 \in M$, so ist $r(x) = +\infty$ für jedes $x \in M$. Ist $r(x)$ endlich auf M, so gilt $|r(x) - r(y)| \leqq d(x, y)$; also ist $r(x)$ auf M stetig.

b) Die Beziehung $a(x_0) = +\infty$ bedeutet, daß M vollständig ist; daher ist $a(x) = +\infty$ in jedem Punkt. Ist $a(x)$ auf M endlich, so zeige man, daß $|a(x) - a(y)| \leqq d(x, y)$ gilt; hieraus folgt die Stetigkeit von $a(x)$ auf M. (Man schließe indirekt, indem man die Tatsache benutzt, daß für $r < a(x)$ die abgeschlossene Kugel $K'(x; r)$ kompakt ist, und wie beim Beweis der Implikation b) $\Rightarrow$ c) in (20.18.5) verfährt.)

10. Wir betrachten in $\boldsymbol{R}^2$ die zusammenhängende Riemannsche Untermannigfaltigkeit $\boldsymbol{R}^2 \setminus \{0\}$ und ihre einfach zusammenhängende universelle Riemannsche Überlagerung M, die nicht vollständig ist. Man zeige, daß keine M enthaltende Riemannsche Mannigfaltigkeit N existiert, in welcher M eine von N verschiedene offene Teilmenge ist. (Man schließe indirekt. Es sei a ein Randpunkt von M in N und U eine streng geodätisch konvexe Umgebung a in N. Man stelle fest, daß durch jeden Punkt $x \in M$ nur eine einzige nicht auf ganz $\boldsymbol{R}$ definierte Geodätische verläuft, und leite daraus her, daß das Komplement von $U \cap M$ in U nur aus dem Punkt a besteht. Alsdann betrachte man in U die Menge $S(a; \varrho)$ der Punkte, deren Abstand von a konstant und gleich einer hinreichend kleinen Zahl ϱ ist; man erhält einen Widerspruch, indem man feststellt, daß diese Menge einem Kreis homöomorph ist und in der Menge der Punkte von M enthalten sein müßte, die auf den Kreis mit dem Mittelpunkt 0 und dem Radius ϱ in $\boldsymbol{R}^2 \setminus \{0\}$ projiziert werden.)

11. Auf $\boldsymbol{R}$ betrachte man die Riemannsche Metrik $\boldsymbol{g} = e^x\, dx \otimes dx$, die nicht vollständig ist. Die Abbildung $x \to x + 1$ ist eine Homometrie (vgl. Abschnitt 20.9, Aufgabe 5), also ein Automorphismus des Levi-Civita-Zusammenhangs. Daraus leite man ein Beispiel eines linearen Zusammenhangs auf $\boldsymbol{T} = \boldsymbol{R}/\boldsymbol{Z}$ her, der im Sinne von 20.6, Aufgabe 8, nicht vollständig ist, und durch Ausdehnung (vgl. (17.18.5)) einen nichtvollständigen linearen Zusammenhang auf $\boldsymbol{S}_2$.

12. a) Es sei M eine zusammenhängende Riemannsche Mannigfaltigkeit und d der Riemannsche Abstand auf M, ferner $\gamma: I \to M$ eine stetige Kurve derart, daß für alle $t_1 < t_2 < t_3$ in I die Beziehung

$$d(\gamma(t_1), \gamma(t_3)) = d(\gamma(t_1), \gamma(t_2)) + d(\gamma(t_2), \gamma(t_3))$$

gilt. Man zeige, daß $\gamma(I)$ ein Geodätischenbogen ist. (Man betrachte eine streng geodätisch konvexe Umgebung von $\gamma(t)$ und zeige, daß eine hinreichend kleine Zahl $\varepsilon > 0$ existiert, für welche $\gamma([t - \varepsilon, t + \varepsilon])$ ein Geodätischenbogen ist.)

b) Es seien M und M' zwei zusammenhängende Riemannsche Mannigfaltigkeiten, d bzw. d' die Riemannschen Abstände auf M und M'. Ferner sei f eine surjektive Abbildung von M auf M' mit

$$d'(f(x), f(y)) = d(x, y)$$

für beliebige x und y aus M. Man zeige, daß f eine Isometrie im Sinne von (20.8.1) ist. (Unter Benutzung von a) zeige man zunächst, daß $f \circ \gamma: I \to M'$ für jede Geodätische $\gamma: I \to M$ von M eine Geodätische von M' ist. Daraus leite man für jedes $x \in M$ eine bijektive Abbildung F_x von $T_x(M)$ auf $T_{f(x)}(M')$ her, für welche $F(c\mathbf{h}_x) = cF(\mathbf{h}_x)$ für $c \in \boldsymbol{R}$ ist und auf einer Umgebung von $\mathbf{0}_x$ in $T_x(M)$ die Beziehung $f \circ \exp_x = \exp_{f(x)} \circ F$ gilt; schließlich beweise man unter Benutzung von Aufgabe 10 aus Abschnitt 20.16, daß $(F(\mathbf{h}_x) \mid F(\mathbf{k}_x)) = (\mathbf{h}_x \mid \mathbf{k}_x)$ für beliebige Vektoren $\mathbf{h}_x$ und $\mathbf{k}_x$ aus $T_x(M)$ gilt.)

13. Es sei I ein offenes Intervall von $\boldsymbol{R}$ und f eine streng positive Funktion der Klasse C^∞ auf I. Dann betrachten wir im $\boldsymbol{R}^3$ eine durch $\xi^2 = 0$, $\xi^1 \in I$, $\xi^3 = f(\xi^1)$ definierte Kurve C. Man zeige: Ist α ein Endpunkt von I, und hat f im Punkt α einen Grenzwert, der gleich 0 ist, und hat die Ableitung f' dort einen Grenzwert, der gleich $\pm\infty$ ist, und ist ferner S die durch C erzeugte Rotationsfläche mit der Achse $\boldsymbol{R}\mathbf{e}_1$ (vgl. Abschnitt 20.14, Aufgabe 8), so ist $S \cup \{\alpha\mathbf{e}_1\}$ ebenfalls eine differenzierbare Mannigfaltigkeit.

Man zeige, daß eine auf dem Intervall $I =]-\infty, 1[$ definierte Funktion f (der Klasse C^∞) existiert derart, daß $f(\xi^1) = 1$ für $\xi^1 \leqq 0$, ferner $f(\xi^1) > 0$ auf I und

$f''(\xi^1) < 0$ auf $]0, 1[$ ist und daß f für gegen 1 strebendes ξ^1 den Grenzwert 0 und f' den Grenzwert $-\infty$ hat. Es sei V die entsprechende Fläche, die in $\boldsymbol{R}^3$ abgeschlossen ist.

Ferner sei V' die Vereinigung der Menge der Punkte von V mit $\xi^2 \geqq 0$ und der bezüglich der Ebene $\xi^2 = 0$ dazu symmetrischen Menge. Man zeige, daß V' ebenfalls eine differenzierbare Mannigfaltigkeit ist und daß eine Isometrie einer Umgebung von $\mathbf{e}_1$ in V auf eine Umgebung von $\mathbf{e}_1$ in V' existiert, die nicht zu einer Isometrie von V auf V' ausgedehnt werden kann, obwohl V und V' vollständig und einfach zusammenhängend sind. (Man vergleiche dies mit Abschnitt 20.6, Aufgabe 9e) und Abschnitt 20.9, Aufgabe 8.)

14. Es seien M und N zwei zusammenhängende Riemannsche Mannigfaltigkeiten gleicher Dimension; wir nennen eine Abbildung $f: M \to N$ der Klasse C^∞ *vollständig*, wenn eine auf N stetige Funktion λ existiert, welche streng positive Werte hat und so beschaffen ist, daß für jedes $y \in N$, jedes $x \in f^{-1}(y)$ und jeden Tangentialvektor $\mathbf{h}_x \in T_x(M)$ die Ungleichung $\|T(f) \cdot \mathbf{h}_x\| \geqq \lambda(y) \|\mathbf{h}_x\|$ gilt. Daraus folgt, daß f ein lokaler Diffeomorphismus ist.

a) Man zeige: Ist f vollständig und die Mannigfaltigkeit M vollständig, so ist $f(M) = N$, und M wird durch f zu einer Überlagerung von N. (Um die erste Aussage nachzuweisen, schließe man indirekt, indem man voraussetzt, es existiere ein Randpunkt y_0 von $f(M)$ in N. Daraus leite man her, daß es einen Randpunkt y von $f(M)$ und eine geodätische Kurve $v: [0, 1] \to N$ mit dem Anfangspunkt $b \in f(M)$ und dem Endpunkt y gibt derart, daß $v(t) \in f(M)$ für $0 \leqq t < 1$ gilt. Man zeige, daß eine Abbildung $u: [0, 1[\to M$ der Klasse C^∞ existiert, die v liftet, und daß $u(t)$ für gegen 1 strebendes t einen Grenzwert hat, wobei man die Tatsache benutzen kann, daß f und M vollständig sind. Um zu zeigen, daß M eine Überlagerung von N ist, benutze man Abschnitt 16.29, Aufgabe 5.)

b) Wir nennen f *gleichmäßig vollständig*, wenn $\lambda(x)$ auf jeder beschränkten Teilmenge von N (bezüglich des Riemannschen Abstands) beschränkt ist. Man zeige: Ist f gleichmäßig vollständig und M vollständig, so ist N vollständig. (Man betrachte eine Cauchyfolge in einer streng geodätisch konvexen Kugel von N und zeige, daß man sie zu einer Cauchyfolge in M liften kann.) Man untersuche den Fall, daß f eine lokale Isometrie ist.

c) Unter den Voraussetzungen von a) nehme man außerdem an, die Fundamentalgruppe von N sei endlich; man zeige, daß f eigentlich und N vollständig ist (vgl. Abschnitt 16.12, Aufgabe 1).

20.19. Periodische Geodätische

20.19.1. *Es sei M eine vollständige zusammenhängende Riemannsche Mannigfaltigkeit, a und b seien zwei Punkte von M; ferner sei $\gamma: [\alpha, \beta] \to M$ eine stückweise glatte Kurve von a nach b. Dann gibt es eine stückweise glatte Kurve $\gamma_0: [\alpha, \beta] \to M$ von a nach b der Länge $d(a, b)$ derart, daß γ_0 ein geradliniger Weg* (vgl. (20.18.2)) *und vermöge einer Homotopie, die a und b festläßt, zu γ homotop ist.*

Es sei M' die mit der kanonisch durch M induzierten Riemannschen Struktur (vgl. (20.8.2)) versehene universelle Überlagerung von M, so daß M' eine Riemannsche Überlagerung von M ist. Ferner sei γ' eine Liftung von γ auf M' (vgl. (16.28.1)) mit dem Anfangspunkt a' und dem Endpunkt b'. Da M' vollständig ist (vgl. (20.18.7)), gibt es einen geradlinigen Weg γ_0' in M' von a' nach b', dessen Länge gleich dem Abstand zwischen a' und b' ist. Die Projektion γ_0 von γ_0' leistet das Gewünschte, da die Kurven von a' nach b' genau die Liftungen der Kurven von a nach b sind, die vermöge einer a und b festlassenden Homotopie zu γ homotop sind (vgl. Abschnitt 16.27).

20.19.2. Unter einer *periodischen Geodätischen* in einer Riemannschen Mannigfaltigkeit M versteht man eine auf ganz $\mathbf{R}$ definierte, nicht nur aus einem Punkt bestehende Geodätische $t \to \varphi(t)$ von M, welche eine periodische Abbildung mit einer von 0 verschiedenen Periode ist. Ist τ die kleinste Periode von φ und φ auf $[0, \tau]$ injektiv, so ist das Bild von φ zur Kreislinie $\mathbf{S}_1$ diffeomorph.

20.19.3. *Es sei M eine zusammenhängende kompakte Riemannsche Mannigfaltigkeit, γ eine geschlossene stückweise glatte Kurve, die (als geschlossene Kurve) nicht zu einem Punkt homotop ist. Dann gibt es (nach einer Parametertransformation) eine geschlossene Kurve γ_0 in M, die zu γ homotop ist (vermöge einer Konturhomotopie), welche die Einschränkung einer periodischen Geodätischen (auf ein Intervall, dessen Länge mit einer der Perioden übereinstimmt) ist. Außerdem ist $L(\gamma_0)$ die kleinste der Längen stückweise glatter geschlossener Kurven, die (als geschlossene Kurven) homotop zu γ sind.*

Es sei x_0 der Anfangspunkt von γ; bekanntlich gibt es zu jedem $x \in M$ eine stückweise glatte geschlossene Kurve mit dem Anfangspunkt x, die (als geschlossene Kurve) zu γ homotop ist (vgl. (16.27.3.1)). Mit $H_{\gamma,x}$ bezeichnen wir die Menge der stückweise glatten geschlossenen Kurven mit dem Anfangspunkt x, die (als geschlossene Kurven) zu γ homotop sind. Ferner sei $\lambda(x)$ die *untere Grenze* der *Längen* der geschlossenen Kurven aus $H_{\gamma,x}$.

Es sei M' die universelle Riemannsche Überlagerung von M, und d bzw. d' seien die Riemannschen Abstände in M und M', ferner sei p die Projektion von M' auf M; die geschlossenen Kurven aus $H_{\gamma,x}$ sind genau die Projektionen der stückweise glatten Kurven von x' nach x'' in M', wobei $x' \in p^{-1}(x)$ und x'' das Bild von x' vermöge des der Klasse von γ entsprechenden Elementes s aus $\pi_1(M)$ ist (vgl. (16.29.2)). Da die Länge einer Kurve in M' gleich der Länge ihrer Projektion vermöge π ist, ist $\lambda(x)$ dasselbe wie $d'(x', sx')$. Hieraus ergibt sich, daß $\lambda(x)$ eine *stetige* Funktion auf M ist: Es gibt nämlich zu jedem $x_1 \in M$ eine Umgebung V' von $x_1' \in p^{-1}(x_1)$ derart, daß die Einschränkung von p auf V' ein Diffeomorphismus von V' auf eine Umgebung V von x_1 in M ist; ist q der inverse Diffeomorphismus, so können wir $\lambda(x) = d(q(x), s \cdot p(x))$ für $x \in V_1$ wählen; hieraus folgt unsere Behauptung, da s stetig auf M' operiert. Da M kompakt ist, gibt es einen Punkt $a \in M$, in dem λ seine untere Grenze l annimmt (die von Null verschieden ist, da γ nicht zu einem Punkt homotop ist). Da M' vollständig ist, ist l außerdem gleich der Länge einer geschlossenen Kurve γ_0 mit dem Anfangspunkt a, die eine geodätische Kurve und Projektion einer geodätischen Kurve der Länge $d'(a', s \cdot a')$ von a' nach $s \cdot a'$ in M' (mit $a' \in p^{-1}(a)$) ist. Wir zeigen, daß γ_0 das Gewünschte leistet. Es sei also γ_0: $[0, l] \to \gamma_0(t)$ die Parameterdarstellung von γ_0 mit der *Bogenlänge* als Parameter; wir müssen zeigen, daß $\gamma_0'(0) = \gamma_0'(l)$ ist. Angenommen, das sei nicht der Fall, und es sei B eine streng geodätisch konvexe offene Kugel mit dem Mittelpunkt a (vgl. (20.17.5)). Wir wählen $\varepsilon > 0$ so klein, daß $\gamma_0(\varepsilon)$ und $\gamma_0(l - \varepsilon)$ zu B gehören. Dann gibt es einen in B enthaltenen geradlinigen Weg w: $[l - \varepsilon, l + \varepsilon] \to M$ von $\gamma_0(l - \varepsilon)$ nach $\gamma_0(\varepsilon)$ der Länge $d(\gamma_0(l - \varepsilon), \gamma_0(\varepsilon))$. Nach (20.18.3) folgt aber aus unserer Annahme die Ungleichung

$$d(\gamma_0(l - \varepsilon), \gamma_0(\varepsilon)) < d(\gamma_0(l - \varepsilon), a) + d(a, \gamma_0(\varepsilon)) .$$

Die geschlossene Kurve γ_1: $[l - \varepsilon, 2l - \varepsilon] \to M$, die auf $[l - \varepsilon, l + \varepsilon]$ gleich $w(t)$ und auf $[l + \varepsilon, 2l - \varepsilon]$ gleich $\gamma_0(t - l)$ ist, hätte dann eine Länge kleiner als l; da aber B einfach zusammenhängend ist (vgl. (16.27.7)), ist die Kurve w homotop zu der Kurve, die auf $l - \varepsilon \leqq t \leqq l$ mit $\gamma_0(t)$ und auf $l \leqq t \leqq t + \varepsilon$ mit $\gamma_0(t - l)$ übereinstimmt und die gleichen Endpunkte hat (vermöge einer die Endpunkte festlassenden Homotopie). Hieraus ergibt sich sofort, daß γ_1 homotop zu γ wäre; dies widerspricht der Definition von l.

20.20. Die erste und die zweite Variation der Bogenlänge und Jacobifelder einer Riemannschen Mannigfaltigkeit

Es sei M eine zusammenhängende Riemannsche Mannigfaltigkeit, v eine auf einem $[a, b]$ enthaltenden offenen Intervall $I \subset \boldsymbol{R}$ definierte Geodätische von M, die durch die Bogenlänge mit dem Anfangspunkt $v(a)$ als Parameter parametrisiert sei. Wir suchen Bedingungen dafür, daß die durch Einschränkung von v auf $[a, b]$ erhaltene geodätische Kurve *unter den zu ihr „benachbarten" Kurven mit gleichen Endpunkten minimale Länge hat.*

20.20.1. Wir betrachten also eine auf $I \times J$ definierte *einparametrige Familie von Kurven* f (vgl. (18.7.1)), wobei J ein offenes 0 enthaltendes Intervall in $\boldsymbol{R}$ ist. Ferner gehöre f der Klasse C^r mit $r \geqq 3$ an; wir verwenden die Bezeichnungen von Abschnitt 18.7. Für jedes $\xi \in J$ ist

20.20.1.1. $L(\xi) = \int_a^b ||f_t'(t, \xi)|| \, dt$

die Länge der auf $[a, b]$ definierten Kurve C_ξ: $t \to f(t, \xi)$. Das Integral

20.20.1.2. $E(\xi) = \int_a^b ||f_t'(t, \xi)||^2 \, dt$

nennen wir die *Energie* dieser Kurve. Offenbar ist nach der Cauchy-Schwarzschen Ungleichung (6.2.1)

20.20.1.3. $(L(\xi))^2 \leqq (b - a) \, E(\xi)$,

wobei Gleichheit gilt, wenn $t \to \|f'_t(t, \xi)\|$ für $a \leqq t \leqq b$ *konstant* ist, d. h., wenn der Parameter t proportional der *Bogenlänge* der Kurve C_ξ bezüglich des Anfangspunktes $f(a, \xi)$ ist.

Aufgrund der Voraussetzung über f können wir die erste und die zweite Ableitung von $E(\xi)$ nach der Leibnizschen Regel (8.11.2) berechnen. Nach (20.9.5.4) und (18.7.4.2) gilt zunächst

20.20.1.4. $$\frac{1}{2}\frac{d}{d\xi}(\|f'_t\|^2) = (\nabla_\xi \cdot f'_t \mid f'_t) = (\nabla_t \cdot f'_\xi \mid f'_t) = \frac{d}{dt}(f'_\xi \mid f'_t) - (f'_\xi \mid \nabla_t \cdot f'_t);$$

Hieraus erhält man dann unter Berücksichtigung von (18.7.2.1) und der vorangehenden Formeln

20.20.1.5. $$\begin{aligned}\frac{1}{2}\frac{d^2}{d\xi^2}(\|f'_t\|^2) &= (\nabla_\xi \cdot (\nabla_t \cdot f'_\xi) \mid f'_t) + (\nabla_t \cdot f'_\xi \mid \nabla_\xi \cdot f'_t)\\ &= \big(\nabla_t \cdot (\nabla_\xi \cdot f'_\xi) \mid f'_t\big) + \big((\mathrm{r} \cdot (f'_\xi \wedge f'_t)) \cdot f'_\xi \mid f'_t\big) + \|\nabla_t \cdot f'_\xi\|^2\\ &= \frac{d}{dt}(\nabla_\xi \cdot f'_\xi \mid f'_t) - (\nabla_\xi \cdot f'_\xi \mid \nabla_t \cdot f'_t) + \|\nabla_t \cdot f'_\xi\|^2\\ &\quad + \langle \mathfrak{R}, f'_t \otimes f'_\xi \otimes f'_\xi \otimes f'_t\rangle\,,\end{aligned}$$

wenn man noch den Riemann-Christoffel-Tensor (20.10.2) einführt, und schließlich nach (20.10.3)

20.20.1.6. $$\begin{aligned}\frac{1}{2}\frac{d^2}{d\xi^2}(\|f'_t\|^2) &= \frac{d}{dt}(\nabla_\xi \cdot f'_\xi \mid f'_t) - (\nabla_\xi \cdot f'_\xi \mid \nabla_t \cdot f'_t)\\ &\quad + \|\nabla_t \cdot f'_\xi\|^2 + \big((\mathrm{r} \cdot (f'_t \wedge f'_\xi)) \cdot f'_t \mid f'_\xi\big)\,.\end{aligned}$$

Durch Integration über t von a nach b erhält man also die Formeln

20.20.1.7. $$\tfrac{1}{2}E'(\xi) = (f'_\xi \mid f'_t)\Big|_{(a,\xi)}^{(b,\xi)} - \int_a^b (\nabla_t \cdot f'_t \mid f'_\xi)\,dt$$

20.20.1.8. $$\begin{aligned}\tfrac{1}{2}E''(\xi) &= (\nabla_\xi \cdot f'_\xi \mid f'_t)\Big|_{(a,\xi)}^{(b,\xi)} - \int_a^b (\nabla_\xi \cdot f'_\xi \mid \nabla_t \cdot f'_t)\,dt\\ &\quad + \int_a^b \big(((\mathrm{r} \cdot (f'_t \wedge f'_\xi)) \cdot f'_t \mid f'_\xi) + \|\nabla_t \cdot f'_\xi\|^2\big)\,dt\,.\end{aligned}$$

20.20.2. Nun nehmen wir an, $v(t) = f(t, 0)$ sei die Einschränkung einer *Geodätischen* auf $[a, b]$, so daß $\nabla_t \cdot f'_t = \nabla_t \cdot v' = 0$ auf $[a, b]$ gilt. Die Formeln (20.20.1.7) und (20.20.1.8) für $\xi = 0$ vereinfachen sich dann zu

20.20.2.1. $$\tfrac{1}{2}E'(0) = \big(f'_\xi(.,0) \mid v'\big)\Big|_{(a,0)}^{(b,0)}$$

20.20.2.2. $$\tfrac{1}{2}E''(0) = \big((\nabla_\xi \cdot f'_\xi)(.,0) \mid v'\big)\Big|_{(a,0)}^{(b,0)} + I'_\xi\big(f(.,0), f'_\xi(.,0)\big)\,,$$

wobei für *zwei stückweise glatte Liftungen* $\boldsymbol{w}_1$ *und* $\boldsymbol{w}_2$ *von* v *in* $T(M)$

20.20.2.3. $I(\boldsymbol{w}_1, \boldsymbol{w}_2) = \int\limits_a^b \big(((\mathsf{r} \cdot (v' \wedge \boldsymbol{w}_1)) \cdot v' \,|\, \boldsymbol{w}_2) + (\nabla_t \cdot \boldsymbol{w}_1 \,|\, \nabla_t \cdot \boldsymbol{w}_2)\big)\, dt$

gesetzt wurde. Das ist eine symmetrische Bilinearform auf dem Vektorraum $\mathfrak{R}^1(v)$ dieser Liftungen, die sogenannte *Indexform.*

20.20.3. *Es sei f eine auf $I \times J$ definierte einparametrige Familie von Kurven derart, daß $t \to f(t, 0) = v(t)$ eine Geodätische ist; ferner sei $\boldsymbol{w}$ eine auf $[a, b]$ definierte stückweise glatte Liftung von v in $T(M)$ mit der Eigenschaft, daß $\boldsymbol{w}$ auf einem Intervall $[a, c]$ mit $a < c < b$ ein Jacobifeld längs v mit $\boldsymbol{w}(a) = \mathbf{0}_{v(a)}$ ist. Gibt es auf v keinen zu $v(a)$ konjugierten Punkt* (vgl. (18.7.12)) *und bezeichnet $\boldsymbol{z}$ das eindeutig bestimmte Jacobifeld längs v mit $\boldsymbol{z}(a) = \mathbf{0}_{v(a)}$ und $\boldsymbol{z}(b) = \boldsymbol{w}(b)$* (vgl. (18.7.15)), *so gilt — mit Ausnahme von $\boldsymbol{w} = \boldsymbol{z}$ —*

20.20.3.1. $I(\boldsymbol{w}, \boldsymbol{w}) > I(\boldsymbol{z}, \boldsymbol{z})$.

Es sei $(\mathbf{u}_j)_{1 \leq j \leq n}$ eine Basis von $T_{v(a)}(M)$; für jedes j sei $\boldsymbol{z}_j$ das Jacobifeld längs v mit $\boldsymbol{z}_j(a) = \mathbf{0}_a$ und $(\nabla_t \cdot \boldsymbol{z}_j)\,(a) = \mathbf{u}_j$ (vgl. (18.7.6)). Aus der Voraussetzung ergibt sich, daß für jedes $t \in\,]a, b]$ die n Vektoren $\boldsymbol{z}_j(t)$ $(1 \leq j \leq n)$ eine *Basis* von $T_{v(t)}(M)$ bilden; denn wäre $\sum_j \lambda_j \cdot \boldsymbol{z}_j(t) = 0$, ohne daß alle λ_j aus $\boldsymbol{R}$ Null sind, so würde das bedeuten, daß das Jacobifeld $\sum_j \lambda_j \boldsymbol{z}_j$ in zwei verschiedenen Punkten a und t Null wird, ohne identisch zu verschwinden. Dies würde der Voraussetzung widersprechen (vgl. (18.7.15)). Man kann also für jedes $t \in\,]a, b]$

20.20.3.2. $\boldsymbol{w}(t) = \sum_{j=1}^{n} h_j(t)\, \boldsymbol{z}_j(t)$

setzen, wobei die h_j auf $]a, b]$ stückweise glatt und nach (18.7.7) auf $]a, c]$ *konstant* sind. Nach (17.17.3.4) ergibt sich hieraus

$$\nabla_t \cdot \boldsymbol{w} = \sum_j h_j' \boldsymbol{z}_j + \sum_j h_j (\nabla_t \cdot \boldsymbol{z}_j) \,.$$

Setzt man

20.20.3.3. $\boldsymbol{f} = \sum_j h_j' \boldsymbol{z}_j\,, \qquad \boldsymbol{u} = \sum_j h_j (\nabla_t \boldsymbol{z}_j)\,,$

so kann man also

$$\|\nabla_t \cdot \boldsymbol{w}\|^2 = \|\boldsymbol{f}\|^2 + 2(\boldsymbol{f} \,|\, \boldsymbol{u}) + \|\boldsymbol{u}\|^2$$

schreiben. Andererseits gilt

$$\big((\mathsf{r} \cdot (v' \wedge \boldsymbol{w})) \cdot v' \,|\, \boldsymbol{w}\big) = \sum_j h_j \big((\mathsf{r} \cdot (v' \wedge \boldsymbol{z}_j)) \cdot v' \,|\, \boldsymbol{w}\big)\,,$$

und da die $\boldsymbol{z}_j$ Jacobifelder sind, also die Beziehung (18.7.5.1) erfüllen, gilt

$$\begin{aligned}\big((\mathsf{r} \cdot (v' \wedge \boldsymbol{w})) \cdot v' \,|\, \boldsymbol{w}\big) &= \sum_j h_j (\nabla_t \cdot (\nabla_t \cdot \boldsymbol{z}_j) \,|\, \boldsymbol{w}) \\ &= (\nabla_t \cdot \boldsymbol{u} \,|\, \boldsymbol{w}) - \sum_j h_j' (\nabla_t \cdot \boldsymbol{z}_j \,|\, \boldsymbol{w})\,;\end{aligned}$$

unter Berücksichtigung von (20.9.5.4) ergibt sich dann

20.20.3.5. $\big((\mathsf{r}\cdot(v'\wedge \boldsymbol{w}))\cdot v' \,|\, \boldsymbol{w}\big)$

$$= \frac{d}{dt}(\boldsymbol{u}\,|\,\boldsymbol{w}) - (\boldsymbol{u}\,|\,\nabla_t\cdot \boldsymbol{w}) - \sum_{j,k} h_j' h_k (\nabla_t\cdot \boldsymbol{z}_j\,|\,\boldsymbol{z}_k)$$

$$= \frac{d}{dt}(\boldsymbol{u}\,|\,\boldsymbol{w}) - (\boldsymbol{u}\,|\,\boldsymbol{f}+\boldsymbol{u}) - \sum_{j,k} h_j' h_k (\nabla_t\cdot \boldsymbol{z}_j\,|\,\boldsymbol{z}_k)\,.$$

Da aber die $\boldsymbol{z}_j$ Jacobifelder sind, gilt nach (20.9.5.4) und (18.7.5.1)

$$\frac{d}{dt}\big((\nabla_t\cdot \boldsymbol{z}_j\,|\,\boldsymbol{z}_k) - (\boldsymbol{z}_j\,|\,\nabla_t\cdot \boldsymbol{z}_k)\big) = \big(\nabla_t\cdot(\nabla_t\cdot \boldsymbol{z}_k)\,|\,\boldsymbol{z}_k\big) - \big(\boldsymbol{z}_j\,|\,\nabla_t\cdot(\nabla_t\cdot \boldsymbol{z}_k)\big)$$

$$= \big((\mathsf{r}\cdot(v'\wedge \boldsymbol{z}_j))\cdot v'\,|\,\boldsymbol{z}_k\big) - \big((\mathsf{r}\cdot(v'\wedge \boldsymbol{z}_k))\cdot v'\,|\,\boldsymbol{z}_j\big) = 0$$

unter Berücksichtigung der Symmetrieeigenschaften (20.10.3.2), (20.10.3.3) und (20.10.3.4) des Riemann-Christoffel-Tensors. Die Funktion $(\nabla_t\cdot \boldsymbol{z}_j\,|\,\boldsymbol{z}_k) - (\boldsymbol{z}_j\,|\,\nabla_t\cdot \boldsymbol{z}_k)$ ist also auf $[a, b]$ *konstant*, und da sie im Punkt a Null ist, gilt

20.20.3.6. $(\nabla_t\cdot \boldsymbol{z}_j\,|\,\boldsymbol{z}_k) - (\boldsymbol{z}_j\,|\,\nabla_t\cdot \boldsymbol{z}_k) = 0\,.$

Hieraus ergibt sich

$$\sum_{j,k} h_j' h_k (\nabla_t\cdot \boldsymbol{z}_j\,|\,\boldsymbol{z}_k) = \sum_{j,k} h_j' h_k (\nabla_t\cdot \boldsymbol{z}_k\,|\,\boldsymbol{z}_j) = (\boldsymbol{f}\,|\,\boldsymbol{u})\,,$$

und schließlich liefern (20.20.3.4) und (20.20.3.5) die Beziehung

$$\|\nabla_t\cdot \boldsymbol{w}\|^2 + \big((\mathsf{r}\cdot(v'\wedge \boldsymbol{w}))\cdot v'\,|\,\boldsymbol{w}\big) = \frac{d}{dt}(\boldsymbol{u}\,|\,\boldsymbol{w}) + \|\boldsymbol{f}\|^2\,.$$

Da aufgrund der Voraussetzung über $\boldsymbol{w}$ die Vektorfelder $\boldsymbol{f}$ und $\boldsymbol{u}$ Grenzwerte im Punkt a besitzen, kann man beide Seiten dieser Relation von a nach b integrieren; dann erhält man die Indexform $I(\boldsymbol{w}, \boldsymbol{w})$ in der Gestalt

20.20.3.7. $\int_a^b \|\boldsymbol{f}\|^2\,dt + \big(\boldsymbol{u}(b)\,|\,\boldsymbol{w}(b)\big)\,.$

Nun kann man aber dieselbe Rechnung für $\boldsymbol{z}$ anstelle von $\boldsymbol{w}$ wiederholen; dabei sind die h_j *auf* $]a, b]$ konstant (vgl. (18.7.7)), und $\boldsymbol{f}$ ist durch 0 zu ersetzen; wegen $\boldsymbol{w}(b) = \boldsymbol{z}(b)$ ist also

20.20.3.8. $I(\boldsymbol{w}, \boldsymbol{w}) - I(\boldsymbol{z}, \boldsymbol{z}) = \int_a^b \|\boldsymbol{f}\|^2\,dt\,,$

und die rechte Seite kann nur verschwinden, wenn die h_j konstant sind (vgl. (8.5.3)); damit ist der Beweis beendet.

20.20.3.9. Bemerkung. Die Behauptung von (20.20.3) gilt auch dann noch, wenn man lediglich $\boldsymbol{w}(a) = \mathbf{0}_{v(a)}$ voraussetzt. Sind nämlich die $\boldsymbol{s}_j$ die Parallelübertragungen der $\mathbf{u}_j$ längs der Kurve v (vgl. (18.6.4)) für $1 \leqq j \leqq n$, so bilden für jedes $t \in [a, b]$ die Vektoren $\boldsymbol{s}_j(t)$ eine Basis von $T_{v(t)}(M)$, und kann man

$$\boldsymbol{z}_j = \sum_{k=1}^{n} z_{jk}\boldsymbol{s}_k\,, \qquad \boldsymbol{w} = \sum_{j=1}^{n} w_j\boldsymbol{s}_j$$

schreiben. Wegen $\nabla_t \cdot \boldsymbol{s}_j = 0$ (vgl. (18.6.3.1)) gilt

$$\nabla_t \cdot \boldsymbol{z}_j = \sum_{k=1}^{n} z'_{jk} \boldsymbol{s}_k \qquad \text{und} \qquad \nabla_t \cdot \boldsymbol{w} = \sum_{j=1}^{n} w'_j \boldsymbol{s}_j \,.$$

Nach Voraussetzung sind die Funktionen z'_{jk} und w'_j im Punkt a stetig, und die Matrix $(z'_{jk}(t))$ konvergiert gegen die Einheitsmatrix I_n, wenn t gegen a strebt. Da für jedes Indexpaar $z_{jk}(a) = 0$ ist, konvergiert auch die Matrix $\left(\frac{1}{t-a} z_{jk}(t)\right)$ gegen I_n, wenn t gegen a strebt. Dieselbe Überlegung zeigt, daß die Funktionen $\frac{1}{t-a} w_j(t)$ für $t \to a$ endliche Grenzwerte besitzen. Demnach gilt

$$\sum_{k=1}^{n} h_k(t) \left(\frac{1}{t-a} z_{kj}(t)\right) = \frac{1}{t-a} w_j(t) \,,$$

und aus den Cramerschen Formeln folgt, daß die $h_k(t)$ für $t \to a$ *endliche Grenzwerte* besitzen. Daraus ergibt sich, daß der Grenzwert von $(\boldsymbol{u}(t) \mid \boldsymbol{w}(t))$ für $t \to a$ existiert und endlich ist. Daher behält die Formel (20.20.3.7) ihre Gültigkeit, und das Integral $\int_a^b \|\boldsymbol{f}\|^2 \, dt$ ist endlich (vgl. (13.8.1)); somit bleibt die Behauptung unverändert gültig.

20.20.4. *Unter den Voraussetzungen und in den Bezeichnungen von* (20.20.3) *sei der Parameter t die Bogenlänge der Geodätischen $t \to v(t) = f(t, 0)$ mit dem Anfangspunkt $v(a)$, und für jedes $\xi \in J$ gelte $f(a, \xi) = v(a)$ und $f(b, \xi) = v(b)$. Gibt es dann auf v keinen zu $v(a)$ konjugierten Punkt* (vgl. (18.7.12)) *und verschwindet $f'_\xi(t, 0)$ auf $[a, b]$ nicht identisch, so gilt $L(\xi) > L(0) = b - a$ für alle hinreichend nahe bei 0 gelegenen $\xi \neq 0$.*

Wegen $\|f'_t(t, 0)\| = 1$ auf $[a, b]$ können wir annehmen, es sei $f'_t(t, \xi) \neq 0$ auf $I \times J$, und die Parametertransformation $(t, \xi) \to (s(t, \xi), \xi)$ mit

$$s(u, \xi) = \int_0^u \|f'_t(t, \xi)\| \, dt \qquad \text{für } a \leqq u \leqq b$$

gestattet die Annahme, für jedes $\xi \in J$ sei t der Bogenlänge der Kurve $t \to f(t, \xi)$ proportional. Da $f'_\xi(a, \xi)$ und $f'_\xi(b, \xi)$ nach Voraussetzung auf J *verschwinden*, nimmt die Formel (20.20.2.2) hier die Gestalt

$$\tfrac{1}{2} E''(0) = I(f'_\xi(.\,, 0), f'_\xi(.\,, 0))$$

an. Nun folgt jedoch aus der Voraussetzung, daß das einzige Jacobifeld $\boldsymbol{z}$ längs v mit $\boldsymbol{z}(a) = \mathbf{0}_a$ und $\boldsymbol{z}(b) = \mathbf{0}_b$ das Feld *Null* ist (vgl. (18.7.11)); da $f'_\xi(t, 0)$ auf $[a, b]$ nicht identisch verschwindet, gilt nach (20.20.3.9) also $I(f'_\xi(.\,, 0), f'_\xi(.\,, 0)) > 0$, somit $E''(0) > 0$, und da nach (20.20.2.1) auch $E'(0) = 0$ ist, gilt nach der Taylorschen Formel (8.14.2) für $\xi \neq 0$ auf einer Umgebung von 0 die Relation $E(\xi) > E(0)$. Da aufgrund der Wahl des Parameters t aber $E(\xi) = (L(\xi))^2/(b - a)$ gilt, ist damit der Satz bewiesen.

20.20.5. *Es sei v eine auf einem $[a, b]$ enthaltenden offenen Intervall $I \subset \mathbf{R}$ definierte Geodätische und $v(b)$ der erste zu $v(a)$ konjugierte Punkt auf v. Dann gibt es zu jedem hinreichend kleinen $\varepsilon > 0$ eine auf $[a, b + \varepsilon]$ definierte der Klasse C^∞ angehörende Kurve von $v(a)$ nach $v(b + \varepsilon)$, deren Abstand von v (bezüglich der Topologie der gleichmäßigen Konvergenz und des Riemannschen Abstandes d auf M) höchstens gleich ε ist, und deren Länge echt kleiner ist als die Länge der Einschränkung von v auf $[a, b + \varepsilon]$,*

Unter Berücksichtigung von (20.16.6) braucht man nur die Existenz einer *stückweise* der Klasse C^∞ angehörenden Kurve mit den behaupteten Eigenschaften nachzuweisen. Wir zeigen zunächst, daß es eine (auf $[a, b + \varepsilon]$) eingeschränkte) stückweise der Klasse C^∞ angehörende Liftung $\boldsymbol{w}$ von v gibt derart, daß $I(\boldsymbol{w}, \boldsymbol{w}) < 0$, $\boldsymbol{w}(a) = \mathbf{0}_a$ und $\boldsymbol{w}(b + \varepsilon) = \mathbf{0}_{b+\varepsilon}$ ist. Für jedes Intervall $[\alpha, \beta] \subset I$ bezeichne $I_{\alpha,\beta}(\boldsymbol{w}, \boldsymbol{w})$ den Wert der Indexform bezüglich der Einschränkung von v und $\boldsymbol{w}$ auf $[\alpha, \beta]$. Es sei ϱ der Radius einer geodätisch konvexen Kugel mit dem Mittelpunkt $v(b)$ (vgl. (20.17.5)), und ε sei so klein gewählt, daß $v(t)$ für $b - \varepsilon \leqq t \leqq b + \varepsilon$ dieser Kugel angehört. Nach Voraussetzung existiert ein Jacobifeld $\boldsymbol{z}_1$ längs v, das auf $[a, b]$ nicht identisch verschwindet und für welches $\boldsymbol{z}_1(a) = \mathbf{0}_a$, $\boldsymbol{z}_1(b) = \mathbf{0}_b$ gilt (vgl. (18.7.11)). Andererseits ergibt sich aus der Wahl von ε, daß es auf der Einschränkung von v auf $[b - \varepsilon, b + \varepsilon]$ keinen zu $v(b + \varepsilon)$ konjugierten Punkt gibt (vgl. (18.5.2)); folglich gibt es nach (18.7.11) ein Jacobifeld $\boldsymbol{z}_2$ längs dieser Einschränkung von v mit $\boldsymbol{z}_2(b + \varepsilon) = \mathbf{0}_{b+\varepsilon}$ und $\boldsymbol{z}_2(b - \varepsilon) = \boldsymbol{z}_1(b - \varepsilon)$. Nun setzen wir $\boldsymbol{w}(t) = \boldsymbol{z}_1(t)$ für $a \leqq t \leqq b - \varepsilon$ und $\boldsymbol{w}(t) = \boldsymbol{z}_2(t)$ für $b - \varepsilon \leqq t \leqq b + \varepsilon$; ferner bezeichnen wir mit $\boldsymbol{u}$ die Liftung von v, für welche $\boldsymbol{u}(t) = \boldsymbol{w}(t)$ für $a \leqq t \leqq b$ und $\boldsymbol{u}(t) = 0$ für $b \leqq t \leqq b + \varepsilon$ gilt. Wenden wir in jedem Intervall $[a, b']$ mit $b' < b$ die Formel (20.20.3.7) auf $\boldsymbol{z}_1$ an und lassen b' gegen b streben, so erhalten wir $I_{ab}(\boldsymbol{z}_1, \boldsymbol{z}_1) = 0$; dafür können wir auch

$$I_{a,b+\varepsilon}(\boldsymbol{u}, \boldsymbol{u}) = I_{a,b}(\boldsymbol{z}_1, \boldsymbol{z}_1) = 0$$

schreiben. Andererseits gilt aber auch

$$\begin{aligned} I_{a,b+\varepsilon}(\boldsymbol{u}, \boldsymbol{u}) &= I_{a,b-\varepsilon}(\boldsymbol{z}_1, \boldsymbol{z}_1) + I_{b-\varepsilon,b+\varepsilon}(\boldsymbol{u}, \boldsymbol{u}) \\ &= I_{a,b-\varepsilon}(\boldsymbol{w}, \boldsymbol{w}) + I_{b-\varepsilon,b+\varepsilon}(\boldsymbol{u}, \boldsymbol{u})\,. \end{aligned}$$

Schließlich können wir (20.20.3) in dem Intervall $[b - \varepsilon, b + \varepsilon]$ auf das Jacobifeld $\boldsymbol{z}_2$ und die Liftung $\boldsymbol{u}$ anwenden (weil diese auf einer Umgebung von $b + \varepsilon$ Null ist); dies liefert

$$I_{b-\varepsilon,b+\varepsilon}(\boldsymbol{u}, \boldsymbol{u}) > I_{b-\varepsilon,b+\varepsilon}(\boldsymbol{z}_2, \boldsymbol{z}_2) - I_{b-\varepsilon,b+\varepsilon}(\boldsymbol{w}, \boldsymbol{w})\,,$$

und hieraus ergibt sich

$$0 = I_{a,b+\varepsilon}(\boldsymbol{u}, \boldsymbol{u}) > I_{a,b+\varepsilon}(\boldsymbol{w}, \boldsymbol{w})\,.$$

Die Behauptung von (20.20.5) ergibt sich dann aus dem folgenden Satz (wobei wir die Bezeichnungen etwas ändern):

20.20.5.1. *Es sei v eine auf einem offenen Intervall $I \supset [a, b]$ definierte Geodätische und $\boldsymbol{w}$ eine auf $[a, b]$ definierte und stückweise der Klasse C^3 angehörende Liftung von v auf $T(M)$, mit $\boldsymbol{w}(a) = \mathbf{0}_a$, $\boldsymbol{w}(b) = \mathbf{0}_b$ and $I_{a,b}(\boldsymbol{w}, \boldsymbol{w}) < 0$. Dann gibt* *es zu jedem* $\varepsilon > 0$ *eine stückweise der Klasse* C^3 *angehörende Kurve* $\varphi: [a, b] \to M$ *mit* $\varphi(a) = v(a)$, $\varphi(b) = v(b)$, $d(\varphi(t), v(t)) \leqq \varepsilon$ *auf* $[a, b]$ *und* $L(\varphi) < L(v)$.

Es gibt nämlich eine Zahl $\delta > 0$ mit $\delta \boldsymbol{w}(t) \in \Omega$ für jedes $t \in [a, b]$, so daß die Funktion $f(t, \xi) = \exp_{v(t)}(\xi \boldsymbol{w}(t))$ definiert ist und auf $[a, b] \times]-\delta, \delta[$ stückweise der Klasse C^3 angehört. Außerdem ist f'_ξ auf dieser Menge stetig, und für jedes $t \in [a, b]$ gehört $\xi \to f'_\xi(t, \xi)$ der Klasse C^∞ an und genügt der Gleichung $(\nabla_\xi \cdot f'_\xi)(t, \xi) = 0$ sowie der Grenzbedingung $f'_\xi(t, 0) = \boldsymbol{w}(t)$. Wenden wir die Formeln (20.20.2.1) und (20.20.2.2) auf jedes der Intervalle $[a_j, a_{j+1}]$ an, auf denen $\boldsymbol{w}$ der Klasse C^3 angehört, so erhalten wir

$$E'(0) = 0 \quad \text{und} \quad E''(0) = 2I(\boldsymbol{w}, \boldsymbol{w}) < 0 .$$

Für hinreichend kleine $\xi > 0$ gilt dann nach der Taylorschen Formel die Ungleichung $d(f(t,\xi), v(t)) \leqq \varepsilon$ auf $[a, b]$ sowie $E(\xi) < E(0)$. Nach (20.20.1.3) ergibt sich hieraus $L(\xi) < L(0)$, also schließlich die Behauptung.

20.20.6. Man beachte, daß die Länge eines Geodätischenbogens mit den Endpunkten p und q in M sehr wohl größer als $d(p, q)$ sein kann, selbst dann, wenn es auf diesem Bogen *keinen zu* p oder zu q *konjugierten Punkt* gibt, wie das Beispiel des Zylinders zeigt (vgl. (20.17.3)); die Eigenschaft, daß es unter den Bögen mit gleichen Endpunkten einen von minimaler Länge gibt, wenn der betrachtete Geodätischenbogen keinen zu den Endpunkteu konjugierten Punkt enthält, gilt eben nur für die „benachbarten" Bögen.

20.20.7. *Es sei* M *eine vollständige und zusammenhängende Riemannsche Mannigfaltigkeit. Ist* $a \in M$ *ein Punkt, für den keine Geodätische mit dem Anfangspunkt* a *einen zu* a *konjugierten Punkt enthält, so ist* $(T_a(M), M, \exp_a)$ *die universelle Überlagerung von* M.

Aus der Annahme, M sei vollständig, ergibt sich, daß $\exp_a$ eine surjektive Abbildung von $T_a(M)$ auf M ist (vgl. (20.18.5)), und die Annahme, keine Geodätische enthalte einen zu a konjugierten Punkt, zieht nach sich, daß $\exp_a$ ein lokaler Diffeomorphismus ist (vgl. (18.7.12)). Ist $\boldsymbol{g}$ die Riemannsche Metrik von M, so betrachten wir auf $T_a(M)$ die Riemannsche Metrik ${}^t\exp_a(\boldsymbol{g}) = \boldsymbol{g}_1$, für welche $\exp_a$ also eine lokale Isometrie ist. Da $t \to \exp_a(t\mathbf{h}_a)$ für jedes $\mathbf{h}_a \in T_a(M)$ eine auf ganz $\boldsymbol{R}$ definierte Geodätische von M ist, ist $t \to t\mathbf{h}_a$ für die Riemannsche Metrik $\boldsymbol{g}_1$ eine auf ganz $\boldsymbol{R}$ definierte Geodätische von $T_a(M)$; nach (20.18.5) ist $T_a(M)$ bezüglich der Metrik $\boldsymbol{g}_1$ *vollständig*, und die Behauptung ergibt sich aus (20.18.8).

20.20.8. *Es sei* M *eine zusammenhängende* n*-dimensionale Riemannsche Mannigfaltigkeit,* a *ein Punkt von* M *und* $K(\mathbf{0}_a; r)$ *eine offene Kugel in* $T_a(M) \cap \Omega$ *derart, daß* $\exp_a$ *auf* $K(\mathbf{0}_a; r)$ *injektiv ist. Dann ist* $\exp_a$ *ein Diffeomorphismus von* $K(\mathbf{0}_a; r)$ *auf die in* M *offene Kugel* $K(a; r)$ *mit der Eigenschaft* $d(a, \exp_a(\mathbf{h})) = \|\mathbf{h}_a\|$ *für* $\|\mathbf{h}_a\| < r$.

Wir führen den Beweis indirekt, indem wir annehmen, es gäbe einen Punkt $\mathbf{h}_a \in K(\mathbf{0}_a; r)$, in dem der Rang der Abbildung $\exp_a$ kleiner als n ist. Nach (20.20.5) würde ein Punkt $t\mathbf{h}_a \in K(\mathbf{0}_a; r)$ existieren mit $d(a, \exp(t\mathbf{h}_a)) < \|t\mathbf{h}_a\|$. Für r' mit $d(a, \exp(t\mathbf{h}_a)) < r' < \|t\mathbf{h}_a\|$ folgt aus der Tatsache, daß $K(a; r')$ das Bild von $K(\mathbf{0}_a; r')$ vermöge $\exp_a$ ist (vgl. (20.18.5.5)), daß es einen Vektor

$\mathbf{h}'_a \in T_a(M)$ mit $\exp_a(\mathbf{h}'_a) = \exp_a(t\mathbf{h}'_a)$ und $\|\mathbf{h}'_a\| < r' < \|t\mathbf{h}_a\|$ gibt, im Widerspruch zur Annahme, daß $\exp_a$ auf $K(\mathbf{0}_a; r)$ injektiv ist. Da die Einschränkung von $\exp_a$ auf $K(\mathbf{0}_a; r)$ ein bijektiver lokaler Diffeomorphismus dieser Kugel auf $K(a; r)$ ist, ist sie nach (16.8.8) ein Diffeomorphismus.

20.20.9. *Ist M eine vollständige zusammenhängende Riemannsche Mannigfaltigkeit und a ein Punkt von M, so ist $\exp_a$ genau dann auf $T_a(M)$ injektiv, wenn M einfach zusammenhängend ist und keine Geodätische mit dem Anfangspunkt a einen zu a konjugierten Punkt enthält. Die Abbildung $\exp_a$ ist dann ein Diffeomorphismus von $T_a(M)$ auf M.*

Die Notwendigkeit dieser Bedingung folgt aus (20.20.8) und (18.7.12); daß sie hinreichend ist, ergibt sich aus (20.20.7), da M als einfach zusammenhängend vorausgesetzt wurde.

Aufgaben

1. Es sei $\boldsymbol{P}_n(K)$ der mit der in (20.11.5) und (20.11.6) definierten Riemannschen Struktur versehene projektive Raum über dem Körper K (dabei kann K gleich $\boldsymbol{R}$, $\boldsymbol{C}$ oder $\boldsymbol{H}$ sein). Man zeige: Alle Geodätischen von $\boldsymbol{P}_n(K)$ sind periodisch mit der Periode π (bezüglich der Bogenlänge). Haben zwei Geodätische v_1 und v_2 den gleichen Anfangspunkt $x_0 \in \boldsymbol{P}_n(K)$ und setzt man (bezüglich der Parametrisierung durch die Bogenlänge mit dem Anfangspunkt x_0) $\mathbf{h}_1 = v'_1(0)$ und $\mathbf{h}_2 = v'_2(0)$, so haben, wenn $\mathbf{h}_1$ und $\mathbf{h}_2$ bezüglich der *K-Vektorraumstruktur* auf $T_{x_0}(\boldsymbol{P}_n(K))$ linear unabhängig sind, diese beiden Geodätischen außer x_0 keinen Punkt gemeinsam; sonst haben sie einen zweiten gemeinsamen Punkt mit der Bogenlänge $\pi/2$. Der größte Radius $d(x_0)$ der Kugeln $K(\mathbf{0}_{x_0}; r)$, auf denen $\exp_{x_0}$ injektiv ist, ist gleich $\pi/2$, und $K(x_0; \pi/2)$ ist streng geodätisch konvex.

2. Es sei $M = G/H$ ein symmetrischer Riemannscher Raum (vgl. (20.11.3)), wobei H kompakt ist, und $v\colon \boldsymbol{R} \to M$ sei eine durch die Bogenlänge parametrisierte Geodätische mit dem Anfangspunkt $x_0 = v(0)$; ferner sei $v'(0) = \mathbf{h}$ (so daß $v(t) = \exp_{x_0}(t\mathbf{h})$ ist), und $\mathrm{R}(\mathbf{h})$ bezeichne den Endomorphismus $\mathbf{k} \to (\mathrm{r}(x_0) \cdot (\mathbf{k} \wedge \mathbf{h})) \cdot \mathbf{h}$ von $T_{x_0}(M)$, der selbstadjungiert ist (vgl. (20.10.5)). Man zeige: Bezeichnet man für jedes Jacobifeld $\boldsymbol{w}$ längs v mit $\tilde{\boldsymbol{w}}(t)$ den sich durch Parallelübertragung von $\boldsymbol{w}(t)$ längs v ergebenden Vektor aus $T_{x_0}(M)$, so sind die Abbildungen $\tilde{\boldsymbol{w}}$ von $\boldsymbol{R}$ in $T_{x_0}(M)$ die Lösungen der Differentialgleichung $\tilde{\boldsymbol{w}}'' = \mathrm{R}(\mathbf{h}) \cdot \tilde{\boldsymbol{w}}$. (Man benutze die Tatsache, daß der Zusammenhang von M bezüglich G invariant ist.) Es existiert eine Orthonormalbasis $(\mathbf{h}_i)_{1 \leq i \leq n}$ von $T_{x_0}(M)$, die aus den Eigenvektoren von $\mathrm{R}(\mathbf{h})$ besteht, mit $\mathbf{h} = \mathbf{h}_1$, und ist λ_i der $\mathbf{h}_i$ entsprechende Eigenwert, so ist $\lambda_1 = 0$; man zeige ferner, daß die Jacobifelder längs v, die im Punkt x_0 verschwinden, Linearkombinationen der n Felder $\boldsymbol{w}_i$ mit $\boldsymbol{w}_i(0) = 0$, $(\nabla_t \cdot \boldsymbol{w}_i)(0) = \mathbf{h}_i$ $(1 \leq i \leq n)$ sind und daß

$$\boldsymbol{w}_i(t) = \frac{1}{\sqrt{-\lambda_i}} \sin(\sqrt{-\lambda_i}\, t)\, \mathbf{h}_i \qquad \text{für } \lambda_i < 0\,,$$

$$\boldsymbol{w}_i(t) = t\mathbf{h}_i \qquad \text{für } \lambda_i = 0\,,$$

$$\boldsymbol{w}_i(t) = \frac{1}{\sqrt{\lambda_i}} \sinh(\sqrt{\lambda_i}\, t)\, \mathbf{h}_i \qquad \text{für } \lambda_i > 0\,.$$

3. a) Man wähle für M in Aufgabe 2 einen der projektiven Räume $\boldsymbol{P}_n(K)$ von Aufgabe 1. Man zeige unter Benutzung von Aufgabe 1, daß die Eigenwerte λ_i gleich -1 oder gleich -4 sein müssen.

b) In den Bezeichnungen von Aufgabe 2 betrachte man die Familie von Geodätischen

$$(t, \alpha) \to \exp_{x_0}(t(\cos\alpha \cdot \mathbf{h} + \sin\alpha \cdot \mathbf{h}_i)) = f(t, \alpha)$$

mit $f(t, 0) = v(t)$. Man zeige, daß $f'_\alpha(\pi/2, \alpha) = \boldsymbol{w}_\alpha(\pi/2)$ gilt, wobei $\boldsymbol{w}_\alpha$ das Jacobifeld längs v mit $\boldsymbol{w}_\alpha(0) = \mathbf{0}_x$ und $(\nabla_t \cdot \boldsymbol{w}_\alpha)(0) = -\sin\alpha \cdot \mathbf{h} + \cos\alpha \cdot \mathbf{h}_i$ ist.

c) Aus b) und aus Aufgabe 1 leite man her, daß genau dann $\lambda_i = -4$ ist, wenn $\mathbf{h}$ und $\mathbf{h}_i$ über dem Körper K linear unabhängig sind. (Um zu zeigen, daß die Bedingung notwendig ist, stelle man fest, daß $-\sin\alpha \cdot \mathbf{h} + \cos\alpha \cdot \mathbf{h}_i$ ein Eigenvektor von $\mathrm{R}(\cos\alpha \cdot \mathbf{h} + \sin\alpha \cdot \mathbf{h}_i)$ ist (vgl. (20.21.2)), und leite daraus her, daß für $\lambda_i = -4$ für beliebiges α notwendigerweise $f'_\alpha(\pi/2, \alpha) = 0$ ist.) Daraus bestimme man die Werte der λ_i in jedem der Fälle $K = \boldsymbol{R}$, $K = \boldsymbol{C}$ bzw. $K = \boldsymbol{H}$.

4. Es sei M eine Riemannsche Mannigfaltigkeit derart, daß alle Geodätischen von M *periodisch mit der gleichen minimalen Periode* l sind (wenn sie durch die Bogenlänge parametrisiert werden).

a) Man zeige, daß M eine vollständige Mannigfaltigkeit ist und daß für jedes $x \in M$

$$M = \exp_x(K'(\mathbf{0}_x; l/2))$$

gilt, also M kompakt ist.

b) Man zeige, daß zwei geodätische Kurven mit gleichem Anfangspunkt x und der Länge l (also mit dem Endpunkt x) als geschlossene Kurven in M zueinander homotop sind (sind v_1 und v_2 diese beiden auf dem Intervall $[0, l]$ definierten Kurven, so betrachte man eine Kurve mit den Endpunkten $v'_1(0)$ und $v'_2(0)$ auf der Sphäre mit dem Mittelpunkt $\mathbf{0}_x$ und dem Radius 1). Man zeige, daß die Fundamentalgruppe $\pi_1(M)$ aus einem Element oder aus zwei Elementen besteht. (Man wende (20.19.1) auf die universelle Riemannsche Überlagerung von M an.)

5. Es sei f eine auf $]0, 1[$ definierte Funktion der Klasse C^∞. Man betrachte im $\boldsymbol{R}^3$ die Rotationsfläche S um die Achse $\boldsymbol{R}\mathbf{e}_3$ mit der Gleichung $\xi^3 = f\big(((\xi^1)^2 + (\xi^2)^2)^{1/2}\big)$ (vgl. Abschnitt 20.18, Aufgabe 13). Die Abbildung $(r, \varphi) \to (r\cos\varphi, r\sin\varphi, f(r))$ ist ein Diffeomorphismus der durch $0 < r < 1$, $0 < \varphi < 2\pi$ definierten offenen Teilmenge von $\boldsymbol{R}^2$ auf eine überall dichte offene Teilmenge U von S. Man zeige, daß für die dem Definitionsbereich U entsprechende Karte die Beziehung

$$\boldsymbol{g} = (1 + f'^2(r))\, dr \otimes dr + r^2\, d\varphi \otimes d\varphi$$

gilt. Daraus leite man her, daß für jede durch die Bogenlänge mit einer passenden Orientierung parametrisierte Geodätische in U eine Konstante $a \geqq 0$ existiert derart, daß

$$r^2 \frac{d\varphi}{ds} = a$$

und

$$\left(\frac{d\varphi}{dr}\right)^2 = \frac{a^2}{r^2} \cdot \frac{1 + f'^2(r)}{r^2 - a^2}$$

gilt; hieraus folgt $r \geqq a$ in jedem Punkt dieser Geodätischen.

6. Es seien f_1 und f_2 zwei auf $[0, 1[$ definierte Funktionen der Klasse C^∞ mit $f_i(1) = 0$, $f'_i(0) = 0$, $f'_i(t) \leqq 0$ auf $[0, 1[$ und $\lim_{t \to 1} f'_i(t) = -\infty$ $(i = 1, 2)$. Man betrachte die beiden Rotationsflächen S_1 und S_2, die sich wie in Aufgabe 5 ergeben, wenn man $f = f_1$ und $f = -f_2$ setzt.

a) Es sei $\lambda(t)$ ein Polynom mit $\lambda(0) = 0$ und

$$\frac{1}{\sqrt{1 - t^2}} \pm \lambda(t) \geqq 1$$

auf $[0, 1[$. Man wähle f_1 und f_2 so, daß

$$(1 + f_1'^2)^{1/2} = (1 - t^2)^{-1/2} + \lambda(t) ,$$

$$(1 + f_2'^2)^{1/2} = (1 - t^2)^{-1/2} - \lambda(t)$$

gilt. Man zeige, daß die abgeschlossene Hülle S von $S_1 \cup S_2$ in $\boldsymbol{R}^3$ eine kompakte *analytische* Fläche ist, die zu $\boldsymbol{S}_2$ diffeomorph ist (Zollsche Fläche). (Ist $u = (1 - r^2)^{1/2}$ auf S_1 und $u = -(1 - r)^{1/2}$ auf S_2, so zeige man, daß auf einer Umgebung von $\xi^3 = 0$ auf S_1 und auf S_2 die Beziehung $\dfrac{du}{d\xi^3} = F(u)$ gilt, und zwar mit *derselben* analytischen Funktion F.)

b) Man zeige, daß alle Geodätischen von S periodisch mit derselben minimalen Periode sind. (Ist a der minimale Wert von r auf einer Geodätischen, so berechne man die Variation von φ, wenn ξ^3 von $-f_2(a)$ bis $f_1(a)$ variiert.)

c) Man zeige, daß für $\lambda(t) = \frac{3}{2} t^4$ die totale Krümmung der Fläche S verschiedene Vorzeichen annimmt (vgl. Abschnitt 20.14, Aufgabe 7).

7. Es sei M eine zusammenhängende und vollständige Riemannsche Mannigfaltigkeit und x ein Punkt von M. Wir betrachten eine durch die Bogenlänge parametrisierte Geodätische

$$t \to v(t) = \exp_x(t\mathbf{h}) \qquad (\text{mit } \mathbf{h} \in T_x(M) \text{ und } \|\mathbf{h}\| = 1) .$$

a) Man zeige, daß die Menge I der Zahlen $s > 0$, für welche $d(x, v(s)) = s$ ist, ein Intervall der Gestalt $]0, +\infty[$ oder $]0, r]$ mit endlichem r ist; im zweiten Fall nennt man $v(r)$ den *Teilungspunkt* auf der durch $\mathbf{h}$ definierten positiven Halbgeodätischen mit dem Anfangspunkt x.

b) Existiert ein Teilungspunkt $v(r)$ auf v, so zeige man, daß einer der beiden Fälle vorliegt:

α) $v(r)$ ist der erste konjugierte Punkt von x auf v (vgl. (18.7.12));

β) es existiert mindestens eine durch x gehende Geodätische

$$v_1 : t \to \exp_x(t\mathbf{h}_1) \text{ mit } \mathbf{h}_1 \neq \mathbf{h},\ v_1(r) = v(r) \text{ und } d(x, v_1(r)) = r.$$

(Es sei (a_n) eine gegen r strebende monoton fallende Folge von Zahlen, die größer als r sind, und für jedes n sei $t \to \exp_x(t\mathbf{h}_n)$ eine durch die Bogenlänge parametrisierte Geodätische mit

$$d(x, \exp(b_n\mathbf{h}_n)) = d(x, \exp_x(a_n\mathbf{h})) < a_n .$$

Man kann voraussetzen, die Folge $(b_n\mathbf{h}_n)$ habe einen Grenzwert $\mathbf{k}$ in $T_x(M)$; man untersuche die beiden Möglichkeiten $\mathbf{k} \neq r\mathbf{h}$ und $\mathbf{k} = r\mathbf{h}$; im zweiten Fall schließe man indirekt, indem man feststellt, daß $\exp_x$ im Punkt $\mathbf{k}$ kein lokaler Diffeomorphismus sein kann.)

c) Man zeige: Ist $y = v(r)$ der Teilungspunkt auf der positiven Halbgeodätischen $t \to v(t)$ mit dem Anfangspunkt x, so ist x der Teilungspunkt auf der positiven Halbgeodätischen $t \to v(r - t)$ mit dem Anfangspunkt y. (Man benutze b).)

d) Es sei S_x die Einheitssphäre $\|\mathbf{h}_x\| = 1$ in $T_x(M)$; für jedes $\mathbf{h}_x \in S_x$ sei $\mu(\mathbf{h}_x)$ die Zahl r, wenn $\exp_x(r\mathbf{h}_x)$ Teilungspunkt auf der durch $\mathbf{h}_x$ definierten positiven Halbgeodätischen mit dem Anfangspunkt x ist, und gleich $+\infty$, wenn auf dieser Halbgeodätischen kein Teilungspunkt existiert. Man zeige, daß die Abbildung μ von S_x in $[0, +\infty] \subset \bar{\boldsymbol{R}}$ stetig ist. (Man schließe indirekt, indem man eine gegen $\mathbf{h}$ konvergierende Folge $(\mathbf{h}_n)$ von Punkten von S_x betrachtet derart, daß die Folge $(\mathbf{h}_n)$ einen Grenzwert $c \neq \mu(\mathbf{h})$ hat. Man betrachte die beiden Fälle $c < \mu(\mathbf{h})$ und $c > \mu(\mathbf{h})$. Im ersten stelle man fest, daß $\exp_x(c\mathbf{h})$ nicht zum Punkt x konjugiert, also $\exp_x$ ein Diffeomorphismus einer Umgebung von $c\mathbf{h}$ auf eine Umgebung von $\exp_x(c\mathbf{h})$ ist; man benutze dann b), um einen Widerspruch zu erhalten. Im zweiten Fall kann man annehmen, es sei $\mu(\mathbf{h}_n) \geqq \mu(\mathbf{h}) + b$ mit $b > 0$; man stelle fest, daß ein Vektor $\mathbf{h}' \neq \mathbf{h}$ existiert mit $\exp_x((\mu(\mathbf{h}) + b)\,\mathbf{h}) = \exp_x((\mu(\mathbf{h}) + b')\,\mathbf{h}')$, wobei $b' < b$ ist. Man betrachtet die Kurve, die durch Aneinanderreihen von $t \to \exp_x(t\mathbf{h}')$ für $0 \leqq t \leqq \mu(\mathbf{h}) + b'$ und einer geodätischen Kurve entsteht, die $\exp_x\big((\mu(\mathbf{h}) + b')\,\mathbf{h}'\big)$ mit $\exp_x\big((\mu(\mathbf{h}) + b)\,\mathbf{h}_n\big)$ verbindet und deren Länge gleich dem Abstand dieser beiden Punkte ist, und erhält auf diese Weise einen Widerspruch.)

e) Unter der *Teilungsmenge* für x versteht man die Menge $P(x)$ der Punkte $\exp_x(\mu(\mathbf{h}_x)\,\mathbf{h}_x)$, wobei $\mathbf{h}_x$ die Menge der Punkte von S_x durchläuft, für welche $\mu(\mathbf{h}_x) < +\infty$ gilt. Man zeige: Ist E_x die Menge der Punkte $t\mathbf{h}_x \in T_x(M)$ mit $t < \mu(\mathbf{h}_x)$, so ist E_x zu $T_x(M)$ homöomorph, $\exp_x$ ein Diffeomorphismus von E_x auf eine offene Teilmenge $\exp_x(E_x)$ von M und M die Vereinigung der Mengen $\exp_x(E_x)$ und $P(x)$, die keinen gemeinsamen Punkt haben. (Man verwende a) und den Satz von Hopf-Rinow).

8. Man bestimme die Teilungsmenge eines Punktes, falls M der projektive Raum $\boldsymbol{P}_n(K)$ (vgl. Aufgabe 1) oder der flache Torus $\boldsymbol{T}^2$ ist.

9. a) Man zeige, daß eine zusammenhängende und vollständige Riemannsche Mannigfaltigkeit M genau dann kompakt ist, wenn zu einem Punkt $x_0 \in M$ auf jeder Halbgeodätischen mit dem Anfangspunkt x_0 ein Teilungspunkt existiert. (Um einzusehen, daß die Bedingung hinreichend ist, benutze man Aufgabe 7d).)

b) Es sei M eine zusammenhängende und vollständige Riemannsche Mannigfaltigkeit derart, daß die universelle Überlagerung von M nicht kompakt ist. Man zeige, daß zu jedem Punkt $x \in M$ eine Halbgeodätische $t \to \exp_x(t\mathbf{h})$ $(t \geqq 0)$ mit dem Anfangspunkt x existiert, die keinen zu x konjugierten Punkt enthält. (Man führe die Aufgabe auf den Fall zurück, daß M einfach zusammenhängend ist, und verwende a).) Ist M einfach zusammenhängend, so kann man voraussetzen, längs einer Halbgeodätischen sei $d(x, \exp_x(t\mathbf{h})) = t$.

10. Es sei M eine zusammenhängende und vollständige Riemannsche Mannigfaltigkeit. Für jedes $x \in M$ bezeichne $d(x)$ den Radius der größten offenen Kugel $K(\mathbf{0}_x; r)$, auf der $\exp_x$ injektiv ist.

a) Man zeige, daß $d(x)$ der Radius der größten offenen Kugel mit dem Mittelpunkt $\mathbf{0}_x$ ist, die in der Menge E_x enthalten ist (vgl. Aufgabe 7e)). (Man stelle fest, daß nach dem Beweis von Aufgabe 7d) die Funktion μ nicht nur auf jedem S_x, sondern auch auf der Untermannigfaltigkeit $U(M)$ von $T(M)$ stetig ist, welche Vereinigung der S_x ist.)

b) Aus a) leite man her, daß die Menge der $x \in M$, die keinen konjugierten Punkt auf den von x ausgehenden Geodätischen haben, in M abgeschlossen ist. (Man führe die Aufgabe auf den Fall zurück, daß M einfach zusammenhängend ist, und benutze dann a) und (20.20.7).)

c) Es sei M die Fläche mit der Gleichung $\xi^3 = \frac{1}{2}((\xi^1)^2 + (\xi^2)^2)$ in $\boldsymbol{R}^3$. Man zeige, daß der Ursprung der einzige Punkt von M ist, der keinen konjugierten Punkt auf den von diesem Punkt ausgehenden Geodätischen besitzt (man verwende Aufgabe 5).

11. Es sei M eine vollständige reine Riemannsche Mannigfaltigkeit und X eine infinitesimale Isometrie auf M (vgl. Abschnitt 20.9, Aufgabe 7). Ferner sei S die Menge der Punkte $x \in M$ mit $\mathrm{X}(x) = 0$.

a) Da die Strömung F_{X} von X den Definitionsbereich $M \times \boldsymbol{R}$ hat (vgl. Abschnitt 20.6, Aufgabe 8), ist φ_t für $\varphi_t(x) = F_{\mathrm{X}}(x, t)$ für jedes $t \in \boldsymbol{R}$ eine Isometrie von M auf sich, welche die Punkte von S invariant läßt. Für alle $x \in S$ ist die Abbildung $t \to T_x(\varphi_t)$ ein Homomorphismus von $\boldsymbol{R}$ in die orthogonale Gruppe bezüglich des auf $T_x(M)$ durch die Metrik von M definierten Skalarprodukts $(\mathbf{u} \mid \mathbf{v})$; daher ist $T_x(M)$ Hilbertsche Summe von Teilräumen E_j $(1 \leqq j \leqq r)$ der Dimension 2 und eines Teilraumes N der Dimension $\dim(M) - 2r$, die bezüglich $T_x(\varphi_t)$ für $t \in \boldsymbol{R}$ invariant sind (vgl. (21.8.1)). Man zeige, daß die durch x verlaufenden Geodätischen, deren sämtliche Punkte bezüglich der Isometrien φ_t invariant sind, gerade diejenigen sind, deren Tangentialvektor in N liegt, und daß die Vereinigung dieser Geodätischen eine total geodätische Untermannigfaltigkeit von M ist.

b) Aus a) leite man her, daß die zusammenhängenden Komponenten von S total geodätische Untermannigfaltigkeiten von M sind. Sind V_1 und V_2 zwei verschiedene Komponenten von S, so zeige man, daß zu jedem Punkt $x_1 \in V_1$ und jedem Punkt $x_2 \in V_2$ unendlich viele verschiedene geodätische Trajektorien der Länge $d(x_1, x_2)$ mit den Endpunkten x_1 und x_2 existieren.

Gilt insbesondere für jedes $x \in M$ und jede Ebene $P_x \subset T_x(M)$ die Beziehung $A(P_x) \leqq 0$ (vgl. (20.22.1)), so ist S notwendigerweise zusammenhängend.

20.21. Die zweidimensionale Krümmung

20.21.1. Es sei M eine Riemannsche Mannigfaltigkeit, $\mathfrak{R}$ der Riemann-Christoffel-Tensor (vgl. (20.10.2)). Aus den Symmetrie-Eigenschaften (20.10.3) von $\mathfrak{R}$ ergibt sich sofort, daß für je zwei Vektoren $\mathbf{h}_x$ und $\mathbf{k}_x$ aus $T_x(M)$ die Zahl

$$\langle \mathfrak{R}(x), \mathbf{h}_x \otimes \mathbf{k}_x \otimes \mathbf{h}_x \otimes \mathbf{k}_x \rangle$$

nur von dem *Bivektor* $\mathbf{h}_x \wedge \mathbf{k}_x$ abhängt und sich mit dem Faktor λ^2 multipliziert, wenn $\mathbf{h}_x \wedge \mathbf{k}_x$ mit dem Skalar λ multipliziert wird. Ist $\mathbf{h}_x \wedge \mathbf{k}_x \neq 0$, d. h., sind die beiden Vektoren $\mathbf{h}_x$ und $\mathbf{k}_x$ linear unabhängig, so hängt also die Zahl

20.21.1.1. $A(\mathbf{h}_x, \mathbf{k}_x) = \langle \mathfrak{R}(x), \mathbf{h}_x \otimes \mathbf{k}_x \otimes \mathbf{h}_x \otimes \mathbf{k}_x \rangle / \|\mathbf{h}_x \wedge \mathbf{k}_x\|^2$

nur von der von $\mathbf{h}_x$ und $\mathbf{k}_x$ erzeugten *Ebene* P_x ab. Wir nennen diese Zahl die *zweidimensionale* (oder *Riemannsche*) *Krümmung* von M längs der Ebene P_x und bezeichnen sie auch mit $A(P_x)$; in (20.10.3) haben wir gesehen, daß der Riemann-Christoffel-Tensor $\mathfrak{R}(x)$ vollständig bestimmt ist, wenn $\boldsymbol{g}(x)$ und $A(P_x)$ für alle Ebenen in $T_x(M)$ bekannt sind. Für ein orthonormales Repèrefeld $(\boldsymbol{e}_1, \ldots, \boldsymbol{e}_n)$ gilt, in den Bezeichnungen von (20.10.4),

20.21.1.2. $A(\boldsymbol{e}_i(x), \boldsymbol{e}_j(x)) = K_{ijij}(x) = \langle \Omega_{ij}(x), \boldsymbol{e}_i(x) \wedge \boldsymbol{e}_j(x) \rangle$

für $j \neq i$, da nach Definition $\|e_i \wedge e_j\| = 1$ ist (vgl. (20.8.4.2)). Für $n = 2$ ist $T_x(M)$ die einzige Ebene in $T_x(M)$ und $A(T_x(M))$ nichts anderes als die *Gaußsche Krümmung* von M im Punkt x (vgl. (20.10.9.1)). Die Formeln (20.10.6.3) und (20.10.7.2) liefern die Werte für die Ricci-Krümmung in den Vektoren $e_i(x)$ als Funktion der zweidimensionalen Krümmung:

20.21.1.3. $\operatorname{Ric}(e_i(x)) = \sum_{j \neq i} A(e_i(x), e_j(x))$,

und für die skalare Krümmung gilt entsprechend

20.21.1.4. $S(x) = \sum_{i \neq j} A(e_i(x), e_j(x))$.

20.21.2. Beispiele. Die zweidimensionale Krümmung einer flachen Riemannschen Mannigfaltigkeit ist offenbar Null, und umgekehrt. Die Formel (20.7.10.6), welche die Krümmung des kanonischen linearen Zusammenhangs auf einem symmetrischen Riemannschen Raum G/H liefert, ermöglicht es, die zweidimensionale Krümmung eines solchen Raumes zu berechnen: Aufgrund der Invarianz der Metrik bezüglich G genügt es, die Rechnung für den Punkt $x_0 = \pi(e)$ durchzuführen. Identifiziert man $T_{x_0}(G/H)$ mit $\mathfrak{m}$, so gilt daher für $\mathbf{u}, \mathbf{v} \in \mathfrak{m}$

20.21.2.1. $A(\mathbf{u}, \mathbf{v}) = ([[\mathbf{u}, \mathbf{v}], \mathbf{u}] \mid \mathbf{v})/\|\mathbf{u} \wedge \mathbf{v}\|^2$.

Als Beispiel wählen wir für die mit $\boldsymbol{SU}(n+1)/\boldsymbol{U}(n)$ identifizierte komplexe projektive Ebene $\boldsymbol{P}_n(\boldsymbol{C})$, für $\mathbf{u}$ und $\mathbf{v}$ die Endomorphismen, deren Matrix vom Typ (20.11.6.1) ist; da $H = \boldsymbol{U}(n)$ transitiv auf den reellen Geraden von $\mathfrak{m}$ operiert, kann man sich auf den Fall $\mathbf{u} = a_{\mathbf{e}_1}$ beschränken. Ist

$$\mathbf{z} = \begin{pmatrix} \xi_1 + i\eta_1 \\ \xi_2 + i\eta_2 \\ \vdots \\ \xi_n + i\eta_n \end{pmatrix},$$

so liefert eine elementare Rechnung mit Matrizen (unter Beachtung der Tatsache, daß $\mathfrak{m}$ als reeller Vektorraum anzusehen, also $\|\mathbf{e}_1 \wedge (i\mathbf{e}_1)\| = 1$ ist) die Beziehung

20.21.2.2. $$A(a_{\mathbf{e}_1}, a_{\mathbf{z}}) = \frac{4\eta_1^2 + \sum_{j=2}^{n} (\xi_j^2 + \eta_j^2)}{\eta_1^2 + \sum_{j=2}^{n} (\xi_j^2 + \eta_j^2)} .$$

Für die Sphäre $\boldsymbol{S}_n$ ersetzt man die Imaginärteile η_j durch 0 und erhält die *Konstante* 1 (daß $A(\mathbf{u}, \mathbf{v})$ dann von $\mathbf{u}$ und $\mathbf{v}$ unabhängig ist, kann man von vornherein ohne Rechnung der Tatsache entnehmen, daß $H = \boldsymbol{SO}(n)$ hier transitiv auf den *Ebenen* von $\mathfrak{m}$ operiert). Entsprechend erhält man für den *hyperbolischen Raum* $\boldsymbol{Y}_n$ (vgl. (20.11.7)) für $A(\mathbf{u}, \mathbf{v})$ die *Konstante* -1.

Für eine *kompakte Liesche Gruppe* G schließlich, deren Zentrum nur aus e besteht, liefern die Formeln (20.11.8.1) und (20.11.8.3) für $\mathbf{u}, \mathbf{v} \in \mathfrak{g}_e$

20.21.2.3. $A(\mathbf{u}, \mathbf{v}) = \frac{1}{4} \|[\mathbf{u}, \mathbf{v}]\|^2 / \|\mathbf{u} \wedge \mathbf{v}\|^2$.

20.21.3. Nun sei M eine reine n-dimensionale Riemannsche Mannigfaltigkeit, M' eine reine n'-dimensionale Untermannigfaltigkeit; wir wollen die zweidimensionale Krümmung $A'(P_x)$ von M' längs einer Ebene $P_x \subset T_x(M')$ mittels der zweidimensionalen Krümmung $A(P_x)$ von M längs P_x und der zweiten Fundamentalformen ausdrücken. Wir behalten die Bezeichnungen von Abschnitt 20.12 bei. Bei geeigneter Wahl des Repèrefeldes $\mathfrak{R}'$ können wir annehmen, P_x werde von den Vektoren $\boldsymbol{e}_i(x)$, $\boldsymbol{e}_j(x)$ $(j \neq i)$ erzeugt. Dann folgt aus den Formeln (20.21.1.2), (20.10.4.5) und (20.12.5.2) die Beziehung

$$A(P_x) - A'(P_x) = - \sum_\alpha \big(\langle \omega'_{\alpha i}(x), \boldsymbol{e}_i(x)\rangle \langle \omega'_{\alpha j}(x), \boldsymbol{e}_j(x)\rangle - \langle \omega'_{\alpha i}(x), \boldsymbol{e}_j(x)\rangle \langle \omega'_{\alpha j}(x), \boldsymbol{e}_i(x)\rangle\big) ,$$

d. h. die *Gaußsche Formel*

20.21.3.1. $A(P_x) - A'(P_x) = - \sum_\alpha \big(l_{\alpha ii}(x)\, l_{\alpha jj}(x) - (l_{\alpha ij}(x))^2\big)$.

Hieraus können wir zunächst eine einfache *geometrische Interpretation* der zweidimensionalen Krümmung herleiten. Wir betrachten eine in $\Omega \cap T_x(M)$ enthaltene offene Kugel $K(\mathbf{0}_x; r)$ und nehmen für M' die *Fläche* $\exp_x\big(P_x \cap K(\mathbf{0}_x; r)\big)$, welche die Vereinigung der *geodätischen Trajektorien* durch $x \in M$ ist, deren Tangentialvektoren in x *zu* P_x *gehören*. Das bedeutet, daß für jedes $\mathbf{h}_x \in P_x$ die Werte $\langle \mathfrak{J}_\alpha(x), \mathbf{h}_x \otimes \mathbf{h}_x\rangle$ *Null* sind (vgl. (20.13.6.2)); dies ist aber nur möglich, wenn die Einschränkung $(\mathbf{h}_x, \mathbf{k}_x) \to \langle \mathfrak{J}_\alpha(x), \mathbf{h}_x \otimes \mathbf{k}_x\rangle$ der symmetrischen Bilinearform $\mathfrak{J}_\alpha(x)$ auf P_x für jedes α *identisch verschwindet*; die rechte Seite von (20.21.3.1) ist daher Null. Unter Berücksichtigung von (20.21.1.2) erkennt man also, daß $A(P_x)$ nichts anderes ist als die *Gaußsche Krümmung der Fläche* M'.

Aus der Formel (20.21.3.1) ergibt sich ferner die folgende Eigenschaft:

20.21.4. *Es sei M' eine Untermannigfaltigkeit von M, und M' enthalte eine geodätische Trajektorie C von M. Dann gilt für $x \in C$ und für jede Ebene $P_x \subset T_x(M)$, die den Tangentialvektor an C in diesem Punkt enthält, die Ungleichung*

20.21.4.1. $A'(P_x) \leqq A(P_x)$

(Lemma von Synge).

Man kann nämlich annehmen, das Repère $\mathfrak{R}'$ sei so gewählt, daß $\boldsymbol{e}_1(x)$ tangential zu C ist und daß P_x von $\boldsymbol{e}_1(x)$ und $\boldsymbol{e}_2(x)$ erzeugt wird. Dann gilt $l_{\alpha 11}(x) = 0$ für jedes α (vgl. (20.13.6.2)), also

$$A(P_x) - A'(P_x) = \sum_\alpha \big(l_{\alpha 12}(x)\big)^2 ,$$

und hieraus folgt die Behauptung.

20.22. Mannigfaltigkeiten mit positiver oder negativer zweidimensionaler Krümmung

20.22.1. *Es sei M eine Riemannsche Mannigfaltigkeit, v eine Geodätische von M. Gilt in jedem Punkt x dieser Geodätischen $A(P_x) \leqq 0$ für jede Ebene $P_x \subset T_x(M)$, so gibt es kein Paar konjugierter Punkte auf v.*

Es sei $\boldsymbol{w}$ ein Jacobifeld, das längs v nicht identisch Null ist; dann gilt für jedes t aus dem Definitionsintervall I von v (nach (18.7.5)) die Beziehung

$$\nabla_t \cdot (\nabla_t \cdot \boldsymbol{w}) = \big(\mathsf{r} \cdot (v' \wedge \boldsymbol{w})\big) \cdot v' .$$

Wir wollen zeigen, daß $\boldsymbol{w}$ nicht in zwei verschiedenen Punkten von I verschwinden kann; zu diesem Zweck zeigen wir zunächst, daß die Funktion $t \to \big(\boldsymbol{w}(t) \mid \nabla_t \cdot \boldsymbol{w}\big)$ *monoton wächst.* Nach (20.9.5.4) gilt aufgrund der Voraussetzung

20.22.1.1.
$$\frac{d}{dt}(\boldsymbol{w} \mid \nabla_t \cdot \boldsymbol{w}) = \|\nabla_t \cdot \boldsymbol{w}\|^2 + \big(\boldsymbol{w} \mid (\mathsf{r} \cdot (v' \wedge \boldsymbol{w})) \cdot v'\big)$$
$$= \|\nabla_t \cdot \boldsymbol{w}\|^2 - A(v', \boldsymbol{w})\| v' \wedge \boldsymbol{w}\|^2 \geqq 0 ,$$

und hieraus ergibt sich die Behauptung. Würde $(\boldsymbol{w} \mid \nabla_t \cdot \boldsymbol{w})$ auf einem nicht nur aus einem einzigen Punkt bestehenden Intervall $J \subset I$ verschwinden, so wäre auf diesem Intervall aufgrund dieser Relation $\nabla_t \cdot \boldsymbol{w} = 0$, und aus (18.7.6) ergibt sich sofont, daß $\boldsymbol{w}$ auf I identisch Null wäre, wenn $\boldsymbol{w}$ in einem Punkt von J verschwinden würde; hiermit ist der Satz bewiesen.

20.22.2. (Satz von Hadamard-Cartan). *Es sei M eine zusammenhängende vollständige n-dimensionale Riemannsche Mannigfaltigkeit derart, daß für jedes $x \in M$ und jede Ebene $P_x \subset T_x(M)$ die Ungleichung $A(P_x) \leqq 0$ gilt. Dann ist die universelle Überlagerung von M diffeomorph zu $\boldsymbol{R}^n$; ist M überdies einfach zusammenhängend, so ist M streng geodätisch konvex.*

Dies ergibt sich sofort aus (20.22.1) und (20.20.7).

20.22.3. (Satz von Myers). *Es sei M eine zusammenhängende vollständige Riemannsche Mannigfaltigkeit der Dimension $n \geqq 2$. Wenn es eine Konstante $c > 0$ gibt derart, daß die Ricci-Krümmung von M* (vgl. (20.10.7)) *für jedes $\mathbf{h}_x \in T(M)$ der Ungleichung* $\operatorname{Ric}(\mathbf{h}_x) \geqq c\, \|\mathbf{h}_x\|^2$ *genügt, so ist M kompakt, der Durchmesser von M erfüllt die Ungleichung*

20.22.3.1. $\delta(M) \leqq \pi\big((n-1)/c\big)^{1/2}$,

und die Fundamentalgruppe $\pi_1(M)$ ist endlich.

Es seien a und b zwei verschiedene Punkte von M und $l = d(a, b)$. Da M vollständig ist, gibt es eine auf dem Intervall $[0, 1]$ definierte geodätische Kurve $v: t \to \exp_a(t\mathbf{h}_a)$ von a nach b mit $\|\mathbf{h}_a\| = l$ (vgl. (20.18.5)). Es sei $(\mathbf{e}_i)_{1 \leqq i \leqq n}$ eine Orthonormalbasis von $T_a(M)$ mit $\mathbf{h}_a = l\mathbf{e}_n$, und $\boldsymbol{u}_j$ bezeichne die Parallelübertragung von $\mathbf{e}_j$ längs v (vgl. (18.6.4)), so daß $l\boldsymbol{u}_n = v'$ und $(\boldsymbol{u}_j \mid \boldsymbol{u}_k) = \delta_{jk}$ für jedes Indexpaar (j, k) gilt (vgl. (20.9.5.4)). Weiter setzen wir $\boldsymbol{w}_j(t) = \boldsymbol{u}_j(t) \sin \pi t$ für $1 \leqq j \leqq n$ und $0 \leqq t \leqq 1$ und berechnen die Indexform $I(\boldsymbol{w}_j, \boldsymbol{w}_j)$ (vgl.

(20.20.2.3)). Nach Definition einer Parallelübertragung gilt

$$\nabla_t \cdot \boldsymbol{w}_j = (\nabla_t \cdot \boldsymbol{u}_j) \sin \pi t + \pi \boldsymbol{u}_j(t) \cos \pi t = \pi \boldsymbol{u}_j(t) \cos \pi t \,,$$

und hieraus folgt wegen $\|\boldsymbol{u}_j(t)\| = 1$

20.22.3.2. $$I(\boldsymbol{w}_j, \boldsymbol{w}_j) = \int_0^1 \big(\pi^2 + \big((\mathsf{r} \cdot (v' \wedge \boldsymbol{u}_j)) \cdot v' \,\big|\, \boldsymbol{u}_j\big)\big) \sin^2 \pi t \, dt \,.$$

Nach Definition ist (vgl. (20.10.7.2))

$$\operatorname{Ric}(v') = -\sum_{j=1}^{n} \big((\mathsf{r} \cdot (v' \wedge \boldsymbol{u}_j)) \cdot v' \,\big|\, \boldsymbol{u}_j\big) = -\sum_{j=1}^{n-1} \big((\mathsf{r} \cdot (v' \wedge \boldsymbol{u}_j)) \cdot v' \,\big|\, \boldsymbol{u}_j\big)$$

wegen $l\boldsymbol{u}_n = v'$. Daher erhalten wir aus (20.22.3.2) die Formel

$$\sum_{j=1}^{n-1} I(\boldsymbol{w}_j, \boldsymbol{w}_j) = \int_0^1 \big((n-1)\,\pi^2 - \operatorname{Ric}(v'(t))\big) \sin^2 \pi t \, dt \,,$$

und die Voraussetzung liefert demnach die Ungleichung

20.22.3.3. $$\sum_{j=1}^{n-1} I(\boldsymbol{w}_j, \boldsymbol{w}_j) \leqq \int_0^1 \big((n-1)\,\pi^2 - cl^2\big) \sin^2 \pi t \, dt \,.$$

Wäre nun $l^2 > (n-1)\,\pi^2/c$, so wäre also wenigstens eine der Zahlen $I(\boldsymbol{w}_j, \boldsymbol{w}_j)$ für $1 \leqq j \leqq n-1$ streng negativ. Dann ergäbe sich aus (20.20.5.1), daß $d(a, b) < l$ wäre; das ist aber unmöglich. Damit ist die Ungleichung (20.22.3.1) bewiesen, und da M vollständig ist, ist M (als abgeschlossene Kugel von M) nach (20.18.5) kompakt. Ist jetzt $\widetilde{M}$ die mit der kanonisch durch M induzierten Riemannschen Metrik (20.8.1) versehene universelle Überlagerung von M, so erfüllt offenbar $\widetilde{M}$ dieselben Voraussetzungen wie M (vgl. (20.18.7)), ist also ebenfalls kompakt. Da jede Faser eines Punktes von M in $\widetilde{M}$ diskret und kompakt ist, ist sie nach (3.16.3) endlich; nach (16.28.3) wissen wir aber, daß die Fasern der universellen Überlagerung $\widetilde{M}$ sich der Fundamentalgruppe $\pi_1(M)$ umkehrbar eindeutig zuordnen lassen. Damit ist der Beweis beendet.

20.22.4. *Es sei M eine vollständige zusammenhängende Riemannsche Mannigfaltigkeit der Dimension $n \geqq 2$. Gibt es eine Zahl $c > 0$ derart, daß für jedes $x \in M$ und jede Ebene $P_x \subset T_x(M)$ die Ungleichung $A(P_x) \geqq c$ gilt, so ist M kompakt, der Durchmesser von M erfüllt die Ungleichung*

20.22.4.1. $$\delta(M) \leqq \frac{\pi}{\sqrt{c}} \,,$$

und die Fundamentalgruppe $\pi_1(M)$ ist endlich.

Aus (20.21.1.3) folgt nämlich, daß dann $\operatorname{Ric}(\mathbf{h}_x) \geqq (n-1)\, c \,\|\mathbf{h}_x\|^2$ für jedes $\mathbf{h}_x \in T(M)$ gilt; die Behauptung ergibt sich nun aus (20.22.3).

20.22.5. (Satz von H. Weyl). *Ist G eine zusammenhängende kompakte Liesche Gruppe mit diskretem* (oder *endlichem,* was nach (3.16.3) dasselbe ist) *Zentrum, so ist die universelle Überlagerung von G kompakt.*

Wir zeigen zunächst, daß wir uns auf den Fall beschränken können, in dem das Zentrum von G *nur aus e besteht*. Das ergibt sich aus dem folgenden topologischen Hilfssatz:

20.22.5.1. *Ist G eine zusammenhängende hausdorffsche topologische Gruppe, D eine diskrete Untergruppe ihres Zentrums Z, so ist Z/D das Zentrum von G/D.*

Es sei $\pi: G \to G/D$ die kanonische Abbildung; ist $s \in G$ so gewählt, daß $\pi(s)$ im Zentrum von G/D enthalten ist, so gilt $\pi(sxs^{-1}x^{-1}) = \pi(e)$ für jedes $x \in G$, mit anderen Worten $sxs^{-1}x^{-1} \in D$. Da aber die Abbildung $x \to sxs^{-1}x^{-1}$ stetig ist, nimmt $sxs^{-1}x^{-1}$, da G zusammenhängend und D diskret ist, für alle $x \in G$ denselben Wert an (vgl. (3.19.7)); hieraus folgt insbesondere für $x = e$, daß $sx = xs$ für jedes $x \in G$ gilt. Somit gilt $s \in Z$, und damit ist der Hilfssatz bewiesen.

Nun sei $\tilde{G}$ die universelle Überlagerung von G und Z_0 ihr Zentrum; da $\tilde{G}$ lokal isomorph zu G ist, ist Z_0 *diskret*, besitzt also eine Liesche Algebra, deren Zentrum nur aus 0 besteht (vgl. (19.11.7)). Bekanntlich ist G isomorph zu $\tilde{G}/D$, wobei D eine Untergruppe von Z_0 ist (vgl. (16.30.2)). Nach (20.22.5.1) ist das Zentrum Z von G gleich Z_0/D und G/Z ist zu $\tilde{G}/Z_0$ isomorph (vgl. (16.10.8)). Da G kompakt und zusammenhängend ist, gilt dies auch für G/Z, und das Zentrum von G/Z besteht aufgrund von (20.22.5.1) nur aus dem neutralen Element; da $\tilde{G}$ die universelle Überlagerung von $\tilde{G}/Z_0$ ist (vgl. (16.30.2)), können wir also im folgenden annehmen, das Zentrum von G bestehe nur aus dem Element e.

Da die Gruppe G dann mit der Struktur einer Riemannschen Mannigfaltigkeit wie in (20.11.8) versehen ist, kann, wenn $(\mathbf{e}_i)_{1 \leq i \leq n}$ eine Orthonormalbasis von $\mathfrak{g}_e$ ist, $[\mathbf{e}_i, \mathbf{e}_j] = 0$ nicht für jedes $j \neq i$ gelten; denn dies würde bedeuten, daß $\mathbf{e}_i$ zum Zentrum von $\mathfrak{g}_e$ gehören würde. Dieses Zentrum besteht aber nach Voraussetzung nur aus Null (vgl. (19.11.7)). Die Formeln (20.21.1.3) und (20.22.2.3) zeigen daher, daß $\operatorname{Ric}(\mathbf{e}_i) > 0$ ist; da aber $\mathbf{e}_i$ ein beliebiger Vektor der Länge 1 in $\mathfrak{g}_e$, ferner die Einheitssphäre in $\mathfrak{g}_e$ kompakt und $\mathbf{u} \to \operatorname{Ric}(\mathbf{u})$ auf dieser Sphäre stetig ist, ergibt sich aus (3.17.10) aufgrund der Translationsinvarianz der Riemannschen Metrik, daß es eine Zahl $c > 0$ mit $\operatorname{Ric}(\mathbf{h}_x) \geqq c\,\|\mathbf{h}_x\|^2$ für jedes $\mathbf{h}_x \in T(G)$ gibt. Jetzt braucht man nur noch (20.22.3) anzuwenden.

20.22.6. (Satz von Synge). *Es sei M eine kompakte orientierbare zusammenhängende Riemannsche Mannigfaltigkeit gerader Dimension. Gilt dann für jedes $x \in M$ und jede Ebene $P_x \subset T_x(M)$ die Ungleichung $A(P_x) > 0$, so ist M einfach zusammenhängend.*

Wir führen den indirekten Beweis, indem wir annehmen, $\pi_1(M)$ bestehe nicht nur aus dem neutralen Element. Nach (20.19.3) würde es dann eine periodische Geodätische $v: t \to \exp(t\mathbf{h}_a)$ mit der Periode 1 geben, für welche $v(0) = v(1) = a$, $v'(0) = v'(1) = \mathbf{h}_a$ gilt; außerdem ist $l = \|\mathbf{h}_a\|$ die *kleinste Länge* der zu v homotopen geschlossenen Kurven. Wie im Beweis von (20.22.3) definieren wir eine Folge $(\boldsymbol{u}_j)_{1 \leq j \leq n}$ von Parallelübertragungen längs v derart, daß $v' = l\boldsymbol{u}_n$ und $(\boldsymbol{u}_j \mid \boldsymbol{u}_k) = \delta_{jk}$ ist. Wegen $v(1) = v(0) = a$ ist die Folge $(\boldsymbol{u}_j(1))_{1 \leq j \leq n}$ eine Orthonormalbasis von $T_a(M)$, so daß es eine orthogonale Transformation S von

$T_a(M)$ mit $\boldsymbol{u}_j(1) = \mathrm{S} \cdot \boldsymbol{u}_j(0)$ für $1 \leqq j \leqq n$ gibt. Wir zeigen zunächst, daß S eine *Drehung* ist. Zu diesem Zweck genügt es nachzuweisen, daß die n-Vektoren $\boldsymbol{u}_1(0) \wedge \cdots \wedge \boldsymbol{u}_n(0)$ und $\boldsymbol{u}_1(1) \wedge \cdots \wedge \boldsymbol{u}_n(1)$ einander gleich sind. Ist v eine Volumenform auf M, so ist die Funktion $t \to \langle \mathrm{v}(v(t)), \boldsymbol{u}_1(t) \wedge \cdots \wedge \boldsymbol{u}_n(t)\rangle$ auf $[0, 1]$ stetig und verschwindet nirgends, da $\mathrm{v}(x)$ für jedes x von Null verschieden ist und die $\boldsymbol{u}_j(t)$ eine Basis von $T_{v(t)}(M)$ bilden; die Zahlen $\langle \mathrm{v}(a), \boldsymbol{u}_1(0) \wedge \cdots \wedge \boldsymbol{u}_n(0)\rangle$ und $\langle \mathrm{v}(a), \boldsymbol{u}_1(1) \wedge \cdots \wedge \boldsymbol{u}_n(1)\rangle$ haben also gleiches Vorzeichen, stimmen daher überein, und hieraus folgt unsere Behauptung.

Wir bemerken jetzt, daß $\boldsymbol{u}_n(1) = \boldsymbol{u}_n(0)$ gilt, also die Drehung S die von $\boldsymbol{u}_1(0), \ldots, \boldsymbol{u}_{n-1}(0)$ erzeugte Hyperebene H von $T_a(M)$ invariant läßt; die Einschränkung S′ von S auf H ist also ebenfalls eine Drehung, und da die Dimension von H *ungerade* ist, gibt es in H einen *bezüglich* S *invarianten* Vektor $\mathbf{k}_a \neq 0$. Die Parallelübertragung $\boldsymbol{w}$ längs v mit $\boldsymbol{w}(0) = \mathbf{k}_a$ erfüllt also $\boldsymbol{w}(1) = \mathbf{k}_a$. Wir setzen wie in (20.20.5.1) jetzt $f(t, \xi) = \exp_{v(t)}(\xi \boldsymbol{w}(t))$, so daß $f'_\xi(t, 0) = \boldsymbol{w}(t)$ und $(\nabla_\xi \cdot f'_\xi)(t, \xi) = 0$ gilt. In den Bezeichnungen von (20.20.2) gilt dann $E'(0) = 0$ wegen der Periodizität von $\boldsymbol{w}$, und es ist $\frac{1}{2} E''(0) = I(\boldsymbol{w}, \boldsymbol{w})$. Da aber $\boldsymbol{w}$ eine Parallelübertragung ist, gilt $\nabla_t \cdot \boldsymbol{w} = 0$; hieraus folgt schließlich, da $\|v' \wedge \boldsymbol{w}\|$ längs v nach (20.9.5.4) konstant ist,

$$I(\boldsymbol{w}, \boldsymbol{w}) = -\|v' \wedge \boldsymbol{w}\|^2 \int_0^1 A(v', \boldsymbol{w})\, dt\,.$$

Nach Konstruktion ist aber $v' \wedge \boldsymbol{w} \neq 0$, also $A(v', \boldsymbol{w})$ eine stetige Funktion, die nach Voraussetzung in jedem Punkt von $[0, 1]$ streng positiv ist. Nach (8.5.3) folgt hieraus $I(\boldsymbol{w}, \boldsymbol{w}) < 0$. Die Taylorformel zeigt dann, daß für hinreichend kleine $\xi_0 > 0$ die Länge der Kurve $t \to f(t, \xi_0)$ kleiner als l wäre; offenbar ist aber $(t, \xi) \to f(t, \xi)$ für $0 \leqq t \leqq 1$, $0 \leqq \xi \leqq \xi_0$ eine Konturhomotopie von v in $f(\cdot, \xi_0)$. Damit haben wir einen Widerspruch erhalten, womit der Beweis abgeschlossen ist.

Der reelle projektive Raum $\boldsymbol{P}_{2n+1}(\boldsymbol{R})$ ungerader Dimension, der nach (16.21.11) orientierbar ist und für den $A(P_x) = 1$ gilt (vgl. (20.21.2)), der aber nicht einfach zusammenhängend ist, liefert ein Beispiel dafür, daß man in (20.22.6) auf die Voraussetzung, die Dimension sei *gerade*, nicht verzichten kann.

Aufgaben

1. Es sei M eine Riemannsche Mannigfaltigkeit, x ein Punkt von M, $K(\mathbf{0}_x; r_0)$ eine in $\Omega \cap T_x(M)$ enthaltene Kugel und P_x eine in $T_x(M)$ enthaltene Ebene. Für $0 < r < r_0$ sei $C(P_x; r)$ das Bild des Kreises $\|\mathbf{h}_x\| = r$ in P_x vermöge der Abbildung $\exp_x$. Man zeige, daß für gegen 0 strebendes r die Beziehung

$$\text{Länge } (C(P_x; r)) = 2\pi r - \frac{\pi r^3}{3} A(P_x) + o_3(r)$$

gilt, wobei $o_3(r)/r^3$ mit r gegen 0 strebt. (Bilden $\mathbf{h}_1$ und $\mathbf{h}_2$ eine Orthonormalbasis von P_x, so betrachte man die Familie

$$f(t, \alpha) = \exp_x(t(\cos\alpha \cdot \mathbf{h}_1 + \sin\alpha \cdot \mathbf{h}_2))$$

von Geodätischen. Man schließe wie in Aufgabe 3b) aus Abschnitt 20.21 und verwende Aufgabe 7 aus Abschnitt 20.16.)

2. Es sei M eine Riemannsche Mannigfaltigkeit der Dimension $n \geqq 2$ derart, daß $\operatorname{Ric}(\mathbf{h}_x) \geqq c\|\mathbf{h}_x\|^2$ ist, mit einer Konstanten $c > 0$ und für jedes $\mathbf{h}_x \in T(M)$. Man zeige, daß auf jeder durch die Bogenlänge parametrisierten Geodätischen die Länge eines Bogens, der keine konjugierten Punkte enthält, höchstens gleich $\pi\sqrt{(n-1)/c}$ ist. (Man schließe wie in (20.22.3).)

3. Es seien M_1 und M_2 zwei Riemannsche Mannigfaltigkeiten der Dimension n, ferner v_1 und v_2 zwei Geodätische in M_1 bzw. M_2, deren Definitionsintervalle das Intervall $[a, b]$ enthalten, sowie $\boldsymbol{w}_1$ (bzw. $\boldsymbol{w}_2$) ein zu v_1' (bzw. zu v_2') orthogonales Jacobifeld längs v_1 (bzw. v_2). Man setze voraus, es sei

1° $\boldsymbol{w}_1(a) = \boldsymbol{w}_2(a) = \mathbf{0}$;
2° $\|(\nabla_t \cdot \boldsymbol{w}_1)(a)\| = \|(\nabla_t \cdot \boldsymbol{w}_2)(a)\|$;
3° $v_i(t)$ zu $v_i(a)$ für $a \leqq t \leqq b$, $i = 1, 2$ nicht konjugiert;
4° für jedes $t \in [a, b]$, für jede $v_1'(t)$ *enthaltende* Ebene $P_{v_1(t)} \subset T_{v_1(t)}(M_1)$ und jede $v_2'(t)$ *enthaltende* Ebene $Q_{v_2(t)} \subset T_{v_2(t)}(M_2)$ sei die Ungleichung $A(P_{v_1(t)}) \geqq A(Q_{v_2(t)})$ erfüllt.

Dann gilt $\|\boldsymbol{w}_1(t)\| \leqq \|\boldsymbol{w}_2(t)\|$ für $a \leqq t \leqq b$ (Vergleichssatz von Rauch). (Man setze $u_1(t) = \|\boldsymbol{w}_1(t)\|^2$ und $u_2(t) = \|\boldsymbol{w}_2(t)\|^2$ sowie $f_i(t) = I_{a,t}(\boldsymbol{w}_i, \boldsymbol{w}_i)/u_i(t)$ (Bezeichnung aus (20.20.5)) für $i = 1, 2$. Unter Verwendung der Formel (20.20.3.7) zeige man, daß

$$u_1(t)/u_2(t) = \lim_{\varepsilon \to 0} \exp\left(2 \int_{a+\varepsilon}^{t} (f_1(s) - f_2(s))\, ds\right)$$

ist; daher genügt es, die Relation $f_1(t) \leqq f_2(t)$ auf $[a, b]$ zu beweisen. Man wähle einen Punkt t_0 mit $a < t_0 < b$ und setze $\boldsymbol{z}_i(t) = \boldsymbol{w}_i(t)/\|\boldsymbol{w}_i(t_0)\|$ für $i = 1, 2$. Man zeige, daß es eine Liftung $\boldsymbol{s}$ von v_1 mit $\|\boldsymbol{s}(t)\| = \|\boldsymbol{z}_2(t)\|$ und $\|(\nabla_t \cdot \boldsymbol{z})(t)\| = \|(\nabla_t \cdot \boldsymbol{z}_2)(t)\|$ auf $[a, b]$ gibt. (Man benutze die Parallelübertragungen von t_0 nach t längs v_1 und v_2.) Alsdann zeige man unter Verwendung von (20.20.3), daß $I_{a,t_0}(\boldsymbol{z}_1, \boldsymbol{z}_1) \leqq I_{a,t_0}(\boldsymbol{s}, \boldsymbol{s}) \leqq I_{a,t_0}(\boldsymbol{z}_2, \boldsymbol{z}_2)$ gilt, und leite daraus $f_1(t) \leqq f_2(t_0)$ her.)

4. In den Bezeichnungen von Aufgabe 3 setze man voraus, $v_1(t)$ sei für $a < t \leqq b$ nicht zu $v_1(a)$ konjugiert, und es sei $A(P_{v_1(t)}) \geqq A(Q_{v_2(t)})$ für $a \leqq t \leqq b$, wobei $P_{v_1(t)}$ die Menge der $v_1'(t)$ enthaltenden Ebenen und $Q_{v_2(t)}$ die Menge der $v_2'(t)$ enthaltenden Ebenen durchläuft. Dann ist $v_2(t)$ zu $v_2(a)$ für $a < t \leqq b$ nicht konjugiert. (Man schließe unter Verwendung von Aufgabe 3 indirekt.)

5. Es sei M eine vollständige Riemannsche Mannigfaltigkeit mit $A(P_x) \leqq 0$ für jedes $x \in M$ und jede Ebene $P_x \subset T_x(M)$. Man zeige, daß in den Bezeichnungen von (20.16.3.1) die Ungleichung

$$\|T_{\mathbf{h}_x}(\exp_x) \cdot \mathbf{k}_x'\| \geqq \|\mathbf{k}_x\|$$

erfüllt ist. (Man benutze Aufgabe 7 aus Abschnitt 20.16.) Hieraus leite man her: Ist M einfach zusammenhängend, so gilt für je zwei Vektoren $\mathbf{h}$ und $\mathbf{k}$ von $T_x(M)$ die Ungleichung $d(\exp_x(\mathbf{h}), \exp_x(\mathbf{k})) \geqq \|\mathbf{k} - \mathbf{h}\|$.

6. a) Es sei M eine einfach zusammenhängende vollständige Riemannsche Mannigfaltigkeit mit $A(P_x) \leqq 0$ für jedes $x \in M$ und jede Ebene $P_x \subset T_x(M)$. Ferner sei Z ein kompakter metrischer Raum und μ ein positives und auf Z von 0 verschiedenes Maß; schließlich sei $f\colon Z \to M$ eine stetige Abbildung. Für jedes $x \in M$ setze man

$$h(x) = \int_Z d(x, f(z))^2\, d\mu(z)\,,$$

wobei d der Riemannsche Abstand ist. Man zeige, daß h sein Minimum in genau einem Punkt von M annimmt. (Um die Existenz eines solchen Punktes zu zeigen, stelle man fest, daß $f(Z)$ in einer abgeschlossenen Kugel von M enthalten und daß eine solche Kugel kompakt ist. Um zu beweisen, daß ein solcher Punkt eindeutig bestimmt ist, betrachte man einen Punkt x_0, in dem h sein Minimum annimmt; da $\exp_{x_0}$ ein Diffeomorphismus von $T_{x_0}(M)$ auf M ist (vgl. (20.22.2)), kann man $f = \exp_{x_0} \circ \mathbf{f}_0$ setzen, wobei $\mathbf{f}_0$ eine stetige Abbildung von Z in $T_{x_0}(M)$ ist. Man setze

$$h_0(\mathbf{u}) = \int_Z \|\mathbf{u} - \mathbf{f}_0(z)\|^2 \, d\mu(z) \quad \text{für } \mathbf{u} \in T_{x_0}(M)$$

und zeige unter Benutzung von Aufgabe 5, daß $h(x_0) = h_0(\mathbf{0}) < h_0(\mathbf{u}) \leqq h\,(\exp_{x_0}(\mathbf{u}))$ ist für jedes $\mathbf{u} \neq 0$ aus $T_{x_0}(M)$.)

b) Unter denselben Voraussetzungen über M sei G eine kompakte Untergruppe der Gruppe der Isometrien $I(M)$. Man zeige, daß in M ein bezüglich G *invarianter* Punkt existiert. (Man wende a) auf die auf G definierte Funktion $s \to s \cdot x_0$ und ein Haarsches Maß auf G an.)

c) Unter denselben Voraussetzungen über M sei G eine abgeschlossene Untergruppe von $I(M)$, die transitiv auf M operiert, so daß M mit G/K identifiziert werden kann, wobei K der Stabilisator eines Punktes von M ist. Die Untergruppe K ist kompakt (vgl. Abschnitt 20.16, Aufgabe 11); man zeige, daß jede kompakte Untergruppe von G zu einer Untergruppe von K konjugiert ist (man benutze b).)

7. Es sei M eine zusammenhängende und vollständige Riemannsche Mannigfaltigkeit mit $A(P_x) \leqq 0$ für jedes $x \in M$ und jede Ebene $P_x \subset T_x(M)$. Man zeige, daß jedes vom neutralen Element verschiedene Element der Fundamentalgruppe $\pi_1(M)$ von M von unendlicher Ordnung ist.) (Man stelle fest, daß sich, falls $\widetilde{M}$ die universelle Riemannsche Überlagerung von M ist, die Elemente von $\pi_1(M)$ mit den Isometrien von $\widetilde{M}$ identifizieren lassen, und benutze Aufgabe 6b).)

8. Es sei M eine kompakte Riemannsche Mannigfaltigkeit mit $A(P_x) > 0$ für jedes $x \in M$ und jede Ebene $P_x \subset T_x(M)$.

a) Man zeige: Ist M von gerader Dimension und nicht orientierbar, so hat die Fundamentalgruppe von M die Ordnung 2.

b) Man zeige: Ist die Dimension von M ungerade, so ist M notwendigerweise orientierbar. (Man schließe indirekt wie in (20.22.6).)

9. Es sei M eine kompakte Untermannigfaltigkeit von $\mathbf{R}^n$. Zu jedem $x \in M$ existiere in $T_x(M)$ ein m-dimensionaler Vektorteilraum E_x derart, daß $A(P_x) \leqq 0$ für jede Ebene $P_x \subset E_x$ gilt. Man zeige, daß dann $n \geqq \dim(M) + m$ sein muß. Ist insbesondere $A(P_x) \leqq 0$ für jedes $x \in M$ und jede Ebene $P_x \subset T_x(M)$, so gilt $n \geqq 2 \cdot \dim(M)$. (Man stelle fest, daß mindestens ein Punkt $x \in M$ existiert mit $\mathbf{l}(x) \cdot (\mathbf{h}_x \otimes \mathbf{h}_x) \neq 0$ für alle $\mathbf{h}_x \neq 0$ aus $T_x(M)$ (vgl. Abschnitt 20.14, Aufgabe 3c).) Darüber hinaus leite man aus Aufgabe 5a) von Abschnitt 20.14 her, daß

$$(\mathbf{l}(x) \cdot (\mathbf{h}_x \otimes \mathbf{h}_x) \,|\, \mathbf{l}(x) \cdot (\mathbf{k}_x \otimes \mathbf{k}_x)) \leqq \|\mathbf{l}(x) \cdot (\mathbf{h}_x \otimes \mathbf{h}_x)\|^2$$

für $\mathbf{h}_x$ und $\mathbf{k}_x$ aus E_x gilt; man erhält dann einen Widerspruch, wenn man das algebraische Lemma aus Abschnitt 20.14, Aufgabe 6c) benutzt.)

10. Es sei M eine Riemannsche Mannigfaltigkeit mit $A(P_x) \leqq 0$ für jedes $x \in M$ und jede Ebene $P_x \subset T_x(M)$. Ferner sei U eine streng geodätisch konvexe offene Teilmenge von M. Für jedes Paar von Punkten x, y von U und jede Zahl t mit $0 \leqq t \leqq 1$ sei $u(x, y, t)$ derjenige Punkt, der zum eindeutig bestimmten in U enthaltenen Geodätischenbogen mit den Endpunkten x und y gehört und für den

$$d(x, u(x, y, t)) = t \cdot d(x, y)$$

gilt. Man zeige: Für jeden Punkt $a \in U$ gilt die Ungleichung

$$d(u(a, x, t), u(a, y, t)) \leqq t \cdot d(x, y) .$$

(Es sei $l = d(x, y)$. Man betrachte für $0 \leqq \xi \leqq l$ die Funktion $f(t, \xi) = u(a, u(x, y, \xi/l), t)$; man stelle fest, daß $t \to f(t, \xi)$ eine Geodätische ist. Man benutze Aufgabe 7 aus Abschnitt 20.16, um zu zeigen, daß $||f'_\xi(t, \xi)|| \leqq t||f'_\xi(1, \xi)||$ ist.)

11. Unter den Voraussetzungen und in den Bezeichnungen von Aufgabe 3 aus Abschnitt 20.16 betrachte man eine aus $\mathbf{h}$ und $n - 1$ beliebigen zu $\mathbf{h}$ orthogonalen Vektoren $\mathbf{k}_2, \ldots, \mathbf{k}_n$ bestehende Basis von $T_x(M)$ und bezeichne mit z_j das Jacobifeld längs $v: t \to \exp_x(t\mathbf{h})$ mit $z_j(0) = 0$ und $(\nabla_t \cdot z_j)(0) = \mathbf{k}_j$ $(2 \leqq j \leqq n)$. Setzt man $f(t) = F(v(t))$; so gilt für $0 \leqq t < r$ die Beziehung

$$f(t) = ||z_2(t) \wedge \cdots \wedge z_n(t)||/(ct^{n-1}) ,$$

mit $c = ||\mathbf{k}_2 \wedge \cdots \wedge \mathbf{k}_n||$.

a) Die $\mathbf{k}_j$ seien so gewählt, daß für $t = r_1$ die $z_j(t)$ und $v'(t)$ eine Orthonormalbasis von $T_{v(t)}(M)$ bilden. Dann zeige man, daß

$$f'(r_1)/f(r_1) = \sum_{j=2}^{n} (z_j(r_1) \mid (\nabla_t \cdot z_j)(r_1)) - \frac{n-1}{r_1} = - \frac{n-1}{r_1} + \sum_{j=2}^{n} I(z_j, z_j)$$

ist, wobei die Indexform für die Liftungen von v auf $[0, r_1]$ zu berechnen ist. (Man benutze (20.22.1.1).)

b) Nun genüge die Ricci-Krümmung von M für jedes $\mathbf{h}_x \in T(M)$ der Ungleichung $\operatorname{Ric}(\mathbf{h}_x) \geqq (n - 1)\, a^2 ||\mathbf{h}_x||^2$. Man zeige: Ist g eine auf $[0, r_1]$ definierte stückweise glatte Funktion mit $g(0) = 0$ und $g(r_1) = 1$, so gilt

$$f'(r_1)/f(r_1) \leqq - \frac{n-1}{r_1} + (n-1) \int_0^{r_1} \left((g'(t))^2 - a^2(g(t))^2\right) dt .$$

(Man betrachte für $2 \leqq j \leqq n$ die Parallelübertragung von $z_j(r_1)$ längs v und benutze (20.20.3.9).)

c) Aus b) leite man her, daß die Funktion $f(t)\,(at/\sin at)^{n-1}$ auf $[0, r[$ monoton fällt. (Man wähle die in b) vorkommende Funktion g entsprechend.) Daraus leite man her, daß die Funktion $S(x, t)\,(a/\sin at)^{n-1}$ auf $[0, r[$ monoton fällt.

d) Nun möge die zweidimensionale Krümmung von M für jedes $x \in M$ und jede Ebene $P_x \subset T_x(M)$ der Ungleichung $A(P_x) \leqq b^2$ genügen. Man zeige, daß die Funktion $f(t)\,(bt/\sin bt)^{n-1}$ auf $[0, r[$ monoton wächst. (Man gehe wie in dem Vergleichssatz von Rauch (Aufgabe 3) vor, indem man als Vergleichsmannigfaltigkeit eine Sphäre mit dem Radius $1/b$ heranzieht.) Daraus leite man her, daß die Funktion $S(x, t) \cdot (b/\sin bt)^{n-1}$ auf $[0, r[$ monoton wächst.

20.23. Riemannsche Mannigfaltigkeiten konstanter Krümmung

20.23.1. *Es sei M eine Riemannsche Mannigfaltigkeit der Dimension $n \geqq 3$. Für einen Punkt $x \in M$ sind folgende Bedingungen äquivalent:*

a) *Die zweidimensionale Krümmung $A(P_x)$ hat für alle Ebenen $P_x \subset T_x(M)$ denselben Wert.*

b) *Für ein auf einer Umgebung von x definiertes orthonormales Repèrefeld $(\boldsymbol{e}_1, \ldots, \boldsymbol{e}_n)$ genügen die Krümmungsformen den Relationen*

20.23.1.1. $\Omega_{ij}(x) = A(x)\, \sigma_i(x) \wedge \sigma_j(x)$ *für* $1 \leqq i, j \leqq n$

mit einer von i und j unabhängigen Konstanten $A(x)$.

Sind diese Bedingungen erfüllt, so gelten die Relationen (20.23.1.1) *für alle orthonormalen Repèrefelder mit der gleichen Zahl $A(x)$.*

Die Relationen (20.23.1.1) besagen, wie man sofort sieht, daß die als Abbildung von $\bigwedge^2 T_x(M)$ in den mit $T_x(M)^* \otimes T_x(M)$ identifizierten Raum $\operatorname{End}\big(T_x(M)\big)$ aufgefaßte vektorielle 2-Form $\boldsymbol{\Omega}^{(\mathfrak{R})}(x)$ nichts anderes ist als die durch

$$\boldsymbol{\Omega}^{(\mathfrak{R})}(x) \cdot (\mathbf{h}_x \wedge \mathbf{k}_x) = A(x) \big((\mathrm{G}_x \cdot \mathbf{h}_x) \otimes \mathbf{k}_x - (\mathrm{G}_x \cdot \mathbf{k}_x) \otimes \mathbf{h}_x\big)$$

definierte lineare Abbildung G_x, wobei die lineare Abbildung G_x von $T_x(M)$ in $T_x(M)^*$ kanonisch aus $\boldsymbol{g}(x)$ hergeleitet ist (vgl. (20.8.3)). Diese Abbildung ist unabhängig von der Wahl einer Basis in $T_x(M)$; hieraus ergibt sich bereits die letzte Behauptung. Zugleich ist damit auch bewiesen, daß a) aus b) folgt, da man stets ein Repère $\mathfrak{R}$ wählen kann, dessen Vektoren $\boldsymbol{e}_i(x)$ und $\boldsymbol{e}_j(x)$ eine gegebene Ebene P_x erzeugen. Nun zeigen wir, daß auch b) aus a) folgt. Ist

$$\mathbf{h}_x = \sum_i \xi^i \boldsymbol{e}_i(x)\,, \qquad \mathbf{k}_x = \sum_i \eta^i \boldsymbol{e}_i(x)\,,$$

so gilt

$$\langle \mathfrak{K}(x), \mathbf{h}_x \otimes \mathbf{k}_x \otimes \mathbf{h}_x \otimes \mathbf{k}_x \rangle = \sum_{h,i,j,k} K_{hijk}(x)\, \xi^h \eta^i \xi^j \eta^k;$$

schreibt man auf, daß diese Zahl gleich

$$A(x)\, \|\mathbf{h}_x \wedge \mathbf{k}_x\|^2 = A(x) \sum_{i<j} \big((\xi^i)^2 (\eta^j)^2 + (\xi^j)^2 (\eta^i)^2 - 2\xi^i \xi^j \eta^i \eta^j\big)$$

ist, so sieht man, daß die Zahlen $K_{hijk}(x)$ Null sind, mit Ausnahme von $K_{ijij}(x) = -K_{ijji}(x)$ für $i \neq j$, die sämtlich gleich $A(x)$ sind. Aufgrund von (20.10.4.5) und der Tatsache, daß die $\sigma_i(x) \wedge \sigma_j(x)$ die zu $\big(\boldsymbol{e}_i(x) \wedge \boldsymbol{e}_j(x)\big)$ duale Basis in $\bigwedge^2 T_x(M)^*$ bilden, ist dies zu (20.23.1.1) äquivalent.

20.23.2. (Satz von F. Schur). *Es sei M eine zusammenhängende Riemannsche Mannigfaltigkeit der Dimension $n \geqq 3$. Sind in jedem Punkt x von M die äquivalenten Bedingungen von* (20.23.1) *erfüllt, so ist $A(x)$ auf M konstant.*

Für ein orthonormales Repèrefeld $\mathfrak{R}$ liefern nämlich die Relationen (20.12.3.4) hier aufgrund von (20.23.1.1) die Beziehung

$$d\omega_{ij} = -\sum_k \omega_{ik} \wedge \omega_{kj} + A\sigma_i \wedge \sigma_j \qquad (1 \leqq i, j \leqq n),$$

und hieraus ergibt sich durch Bildung der kovarianten äußeren Ableitung unter Benutzung von (20.12.3.3) die Relation

$$\begin{aligned} 0 &= -\sum_k (d\omega_{ik} \wedge \omega_{kj} - \omega_{ik} \wedge d\omega_{kj}) \\ &\quad + A(d\sigma_i \wedge \sigma_j - \sigma_i \wedge d\sigma_j) + dA \wedge \sigma_i \wedge \sigma_j \\ &= \sum_{h,k} (\omega_{ih} \wedge \omega_{hk} \wedge \omega_{kj} - \omega_{ik} \wedge \omega_{kh} \wedge \omega_{hj}) \\ &\quad - A \sum_k (\sigma_i \wedge \sigma_k \wedge \omega_{kj} - \omega_{ik} \wedge \sigma_k \wedge \sigma_j) \\ &\quad - A \sum_k (\omega_{ik} \wedge \sigma_k \wedge \sigma_j - \sigma_i \wedge \omega_{jk} \wedge \sigma_k) + dA \wedge \sigma_i \wedge \sigma_j . \end{aligned}$$

Wegen $\omega_{hk} = -\omega_{kh}$ reduziert sich diese auf

20.23.2.1. $dA \wedge \sigma_i \wedge \sigma_j = 0 \quad$ für $i \neq j$.

Wir setzen $dA = \sum_j a_j \sigma_j$; da $n \geqq 3$ ist, gibt es zu jedem Index k zwei Indizes i, j derart, daß die drei Indizes i, j, k voneinander verschieden sind. Die Formel (20.23.1.2) liefert dann $a_k = 0$, und hieraus folgt $dA = 0$; damit ist der Satz bewiesen.

20.23.3. Eine Riemannsche Mannigfaltigkeit M der Dimension $n \geqq 2$ wird *Mannigfaltigkeit konstanter Krümmung* genannt, wenn die zweidimensionale Krümmung $A(P_x)$ eine von $x \in M$ und $P_x \subset T_x(M)$ unabhängige Konstante A ist. Die Zahl A wird dann die *Krümmung* von M genannt.

Es sei M eine Riemannsche Mannigfaltigkeit mit der konstanten Krümmung A und a ein Punkt von M, ferner $K(\mathbf{0}_a; r)$ eine in $\Omega_i \cap T_a(M)$ enthaltene offene Kugel, auf welcher $\exp_a$ ein Diffeomorphismus auf $K(a; r)$ ist (vgl. (20.16.4)). Nun wollen wir zeigen, daß wir hier das inverse Bild $\boldsymbol{g}_1 = {}^t\exp_a(\boldsymbol{g})$ der Metrik von M auf $T_a(M)$ *explizit* ausdrücken können. Wir identifizieren $T(T_a(M))$ mit Hilfe der kanonischen Trivialisierung (vgl. (16.15.5)) mit $T_a(M) \times T_a(M)$ und den Tangentialvektor $\boldsymbol{\tau}_{\mathbf{h}_a}^{-1}(\mathbf{k}_a)$ im Punkt $\mathbf{h}_a$ mit $(\mathbf{h}_a, \mathbf{k}_a)$. Wir nehmen $\mathbf{k}_a$ *orthogonal* zu $\mathbf{h}_a$ an und setzen

$$v(t) = \exp_a(t\mathbf{h}_a) .$$

Ist $\boldsymbol{w}$ das Jacobifeld längs v mit $\boldsymbol{w}(0) = \mathbf{0}_a$ und $(\nabla_t \cdot \boldsymbol{w})(0) = \mathbf{k}_a$, so ist der Vektor $\boldsymbol{w}(1)$ gleich $T_{\mathbf{h}_a}(\exp_a) \cdot (\mathbf{h}_a, \mathbf{k}_a)$ (vgl. (18.7.9)); wir können ihn hier dank der Tatsache, daß ein Jacobifeld längs v zu einer *Parallelübertragung längs v kollinear* ist, tatsächlich berechnen. Es sei also $\boldsymbol{u}$ die Parallelübertragung längs v mit $\boldsymbol{u}(0) = \mathbf{k}_a$, so daß $\|\boldsymbol{u}(t)\|^2 = \|\mathbf{k}_a\|^2$ ist für jedes t (vgl. (20.9.5.4)). Wir zeigen, daß es eine skalare Funktion $\varrho(t)$ gibt mit $\boldsymbol{w} = \varrho\boldsymbol{u}$. Es gilt nämlich $\nabla_t \cdot (\varrho\boldsymbol{u}) = \varrho'\boldsymbol{u}$ und $\nabla_t \cdot (\nabla_t \cdot (\varrho\boldsymbol{u})) = \varrho''\boldsymbol{u}$, da $\boldsymbol{u}$ eine Parallelübertragung ist (vgl. (18.6.3)); ergänzt man andererseits $\mathbf{h}_a$ und $\mathbf{k}_a$ zu einer orthogonalen Basis von $T_a(M)$ durch Vektoren $\mathbf{k}_3, \dots, \mathbf{k}_n$ und ist u_j die Parallelübertragung von $\mathbf{k}_j$ längs v, so folgt aus (20.23.1.1), daß $\big((\mathbf{r} \cdot (v' \wedge u)) \cdot v' \mid u_j\big) = 0$ für $j \geqq 3$ gilt; da stets $\big((\mathbf{r} \cdot (v' \wedge u)) \cdot v' \mid v'\big) = 0$ ist und

$$\big((\mathbf{r} \cdot (v' \wedge u)) \cdot v' \mid u\big) = -A\,\|v' \wedge u\|^2 = -A\,\|\mathbf{h}_a \wedge \mathbf{k}_a\|^2$$
$$= -A\,\|\mathbf{h}_a\|^2\,\|\mathbf{k}_a\|^2$$

gilt, ergibt sich

$$\big(\mathbf{r} \cdot (v' \wedge \varrho u)\big) : v' = -A\,\|\mathbf{h}_a\|^2\,\varrho u\,.$$

Die Bedingung dafür, daß ϱu ein Jacobifeld ist, läßt sich dann in der Gestalt

20.23.3.1. $\varrho'' = -A\,\|\mathbf{h}_a\|^2\,\varrho$

schreiben, und dieses Feld ist gleich w, wenn überdies $\varrho(0) = 0$ und $\varrho'(0) = 1$ gilt (vgl. (18.7.5.1)); dadurch ist $\varrho(t)$ völlig bestimmt: Ist $A = 0$, so gilt $\varrho(t) = t$; ist $A < 0$, so gilt

20.23.3.2. $\varrho(t) = \dfrac{\sinh\big(t\,\|\mathbf{h}_a\|\,\sqrt{-A}\big)}{\|\mathbf{h}\|\,\sqrt{-A}}$,

und ist $A > 0$, so ist

20.23.3.3. $\varrho(t) = \dfrac{\sin\big(t\,\|\mathbf{h}_a\|\,\sqrt{A}\big)}{\|\mathbf{h}_a\|\,\sqrt{A}}$.

Aus dieser Rechnung gewinnen wir den expliziten Ausdruck für das Skalarprodukt auf $T_{\mathbf{h}_a}\big(T_a(M)\big)$ bezüglich der Metrik g_1. Aus dem Lemma von Gauss (20.16.3.1) folgt bereits

$$\big((\mathbf{h}_a, \mathbf{h}_a) \mid (\mathbf{h}_a, \mathbf{h}_a)\big)_{g_1} = \|\mathbf{h}_a\|_g^2\,,\quad \text{sowie}\quad \big((\mathbf{h}_a, \mathbf{h}_a) \mid (\mathbf{h}_a, \mathbf{k}_a)\big)_{g_1} = 0\,,$$

wenn $\mathbf{k}_a$ (bezüglich $g(a)$) zu $\mathbf{h}_a$ orthogonal ist. Schließlich gilt, wenn $\mathbf{k}'_a$ und $\mathbf{k}''_a$ (bezüglich $g(a)$) zu $\mathbf{h}_a$ orthogonal sind, nach dem Vorhergehenden

20.23.3.4. $\big((\mathbf{h}_a, \mathbf{k}'_a) \mid (\mathbf{h}_a, \mathbf{k}''_a)\big)_{g_1} = \varrho(1)^2\,(\mathbf{k}'_a \mid \mathbf{k}''_a)_g\,.$

Aus dieser Tatsache folgt sofort:

20.23.4. *Es seien M und M' zwei Riemannsche Mannigfaltigkeiten mit derselben konstanten Krümmung, g und g' die Riemannschen Metriken von M bzw. M', ferner a ein Punkt von M und a' ein Punkt von M', schließlich F eine lineare Isometrie des (mit $g(a)$ versehenen) Raumes $T_a(M)$ auf den (mit $g'(a')$ versehenen) Raum $T_{a'}(M')$. Dann ist für hinreichend kleines r die Abbildung*

$$f = \exp_{a'} \circ F \circ (\exp_a)^{-1}$$

die einzige Isometrie der offenen Kugel mit dem Mittelpunkt a und dem Radius r in M auf die offene Kugel mit dem Mittelpunkt a' und dem Radius r in M', für welche $T_a(f) = F$ gilt.

Multipliziert man die Metrik einer Riemannschen Mannigfaltigkeit mit einer Konstanten $c > 0$, so ändert sich der Levi-Civita-Zusammenhang nicht (wie aus (20.7.6) und (20.9.4) folgt, da die Gruppe G dieselbe bleibt); der Riemann-Christoffel-Tensor multipliziert sich mit dem Faktor c, die zweidimensionale Krümmung $A(P_x)$ mit dem Faktor $1/c$. Zur Untersuchung der Mannigfaltigkeiten konstanter Krümmung kann man sich also auf die Fälle $A = 1$, $A = -1$ und $A = 0$ beschränken.

20.23.5. *Eine vollständige und einfach zusammenhängende Riemannsche Mannigfaltigkeit der konstanten Krümmung* 0 (bzw. 1 bzw. -1) *ist isometrisch zu* $\boldsymbol{R}^n$ (bzw. *zu* $\boldsymbol{S}_n$ bzw. *zum hyperbolischen Raum* $\boldsymbol{Y}_n$ (vgl. (20.11.7))).

Ist $A = 0$ oder $A = -1$ und setzt man $M' = \boldsymbol{R}^n$ oder $M' = \boldsymbol{Y}_n$, so sind für $a \in M$ und $a' \in M'$ die Abbildungen $\exp_a$ und $\exp_{a'}$ aufgrund von (20.22.1) und (20.20.9) Diffeomorphismen von $T_a(M)$ auf M bzw. von $T_{a'}(M')$ auf M'. Ist F eine Isometrie von $T_a(M)$ auf $T_{a'}(M')$, so folgt wieder aus (20.23.3), daß $\exp_{a'} \circ F \circ (\exp_a)^{-1}$ eine Isometrie von M auf M' ist.

Wir betrachten jetzt den Fall $A = 1$; dann zeigen die Formeln (20.23.3.3) und (20.23.3.4), daß $\exp_a$ auf $K(\mathbf{0}_a; \pi)$ injektiv, also ein Diffeomorphismus auf $K(a; \pi)$ ist, da M vollständig ist (vgl. (20.20.8)); ein analoges Resultat gilt für $M' = \boldsymbol{S}_n$. Es seien a' und b' zwei Punkte von M' mit $d(a', b') < \pi$, und es sei F eine lineare Isometrie von $T_{a'}(M')$ auf $T_a(M)$; dann ist nach (20.23.4) die Abbildung $f = \exp_a \circ F \circ (\exp_{a'})^{-1}$ eine Isometrie von $K(a'; \pi)$ auf $K(a; \pi)$. Nach Voraussetzung ist $b' \in K(a'; \pi)$; wir setzen $b = f(b')$ und $G = T_{b'}(f)$, so daß G eine lineare Isometrie von $T_{b'}(M')$ auf $T_b(M)$ ist. Dann ist die Abbildung $g = \exp_b \circ G \circ (\exp_{b'})^{-1}$ ebenfalls eine Isometrie von $K(b'; \pi)$ auf $K(b; \pi)$. Die Abbildungen f und g *stimmen* auf dem Durchschnitt $K(a'; \pi) \cap K(b'; \pi) = U$ *überein*. Ist nämlich C der Großkreisbogen einer Länge $l < \pi$ mit den Endpunkten a'' und b'', die zu a' bzw. b' auf $\boldsymbol{S}_n$ diametral liegen, so kann jeder Punkt x' von $U \setminus C$ durch einen eindeutig bestimmten, in $U \setminus C$ enthaltenen Geodätischenbogen der Länge $d(a', x')$ (bzw. $d(b', x')$) mit a' (bzw. b') verbunden werden. Dann ergibt sich aus der Wahl von G, daß f und g auf $U \setminus C$, aus Stetigkeitsgründen also auch auf U übereinstimmen. Nun ist $K(a'; \pi) \cup K(b'; \pi) = M'$; es sei h die Abbildung von M' in M, die auf $K(a'; \pi)$ mit f und auf $K(b'; \pi)$ mit g übereinstimmt; offenbar ist h eine lokale Isometrie. Aus (20.18.8) folgt dann, da M einfach zusammenhängend ist, daß h eine Isometrie von M' auf M ist.

Der Satz (20.23.5) führt also das Problem der Bestimmung der vollständigen zusammenhängenden Riemannschen Mannigfaltigkeiten konstanter Krümmung auf die Bestimmung derjenigen Mannigfaltigkeiten zurück, deren universelle Überlagerung $\boldsymbol{R}^n$, $\boldsymbol{S}_n$ oder $\boldsymbol{Y}_n$ ist (vgl. [101]).

20.23.6. (E. Cartan). *Eine zusammenhängende Riemannsche Mannigfaltigkeit M der Dimension $n \geqq 3$ hat genau dann konstante Krümmung, wenn für jedes $x \in M$ und jede Ebene $P_x \subset T_x(M)$ die von den Geodätischen mit dem Ursprung x erzeugte Fläche, deren Tangentialvektoren in P_x liegen, in einer Umgebung von x total geodätisch* (vgl. (20.13.7)) *ist.*

Da die Bedingung lokaler Natur ist, kann man sich zum Beweis der Notwendigkeit auf die Fälle $\boldsymbol{R}^n$, $\boldsymbol{S}_n$ und $\boldsymbol{Y}_n$ beschränken; man sieht dann aber sofort, daß es eine Gruppe von Isometrien von M gibt, die $S(P_x)$ invariant läßt und auf $S(P_x)$ transitiv operiert; hieraus folgt sofort die Behauptung. Um zu beweisen, daß die Bedingung hinreichend ist, betrachten wir einen Punkt $x \in M$ und eine beliebige Orthonormalbasis $(\mathbf{c}_i)_{1 \leqq i \leqq n}$ von $T_x(M)$; für P_x wählen wir die Ebene $\boldsymbol{R}\mathbf{c}_1 \oplus \boldsymbol{R}\mathbf{c}_2$. Wie in (20.12.2) bilden wir ein orthonormales Repèrefeld $\mathfrak{R} = (\boldsymbol{e}_1, \ldots, \boldsymbol{e}_n)$ in einer Umgebung von x derart, daß $\boldsymbol{e}_i(x) = \mathbf{c}_i$ für $1 \leqq i \leqq n$ und die Einschränkung von $(\boldsymbol{e}_1, \boldsymbol{e}_2)$ auf $S(P_x)$ ein orthonormales Repèrefeld dieser Fläche ist. Die Voraussetzung, $S(P_x)$ sei total geodätisch, bedeutet, daß die $n - 2$ zweiten Fundamentalformen $\mathfrak{J}_\alpha$ auf $S(P_x)$ *identisch verschwinden*, d. h. in den Bezeichnungen von (20.12.3), daß $\omega'_{\alpha i} = 0$ für $i = 1, 2$ und $\alpha \geqq 3$ gilt. Wir bemerken jetzt, daß aufgrund von (20.12.5.1) auf $S(P_x)$ die Beziehung

$$d\omega'_{\alpha i} = -\sum_{k=1}^{n} \omega'_{\alpha k} \wedge \omega'_{ki} + \widetilde{\Omega}_{\alpha i} \qquad (i = 1, 2, \alpha \geqq 3)$$

gilt. Daraus ergibt sich, daß auf $S(P_x)$ notwendigerweise $\widetilde{\Omega}_{\alpha i} = 0$ ist und daß speziell im Punkt x die Beziehung $\langle \Omega_{\alpha i}(x), \mathbf{c}_1 \wedge \mathbf{c}_2 \rangle = 0$ für $i = 1, 2$ und $\alpha \geqq 3$ gilt. Man kann in diesem Beweis $\mathbf{c}_1$ und $\mathbf{c}_2$ durch zwei beliebige (verschiedene) Vektoren $\mathbf{c}_i$ ersetzen; dann gilt, in entsprechend geänderten Bezeichnungen,

20.23.6.1. $\langle \Omega_{ij}(x), \mathbf{c}_h \wedge \mathbf{c}_k \rangle = 0$

für von h und k verschiedene i oder j oder, was dasselbe ist (vgl. (A.14.1.3)),

20.23.6.2. $\Omega_{ij}(x) = \lambda_{ij}(x)\, \sigma_i(x) \wedge \sigma_j(x)$,

wobei $\lambda_{ij}(x)$ ein Skalar ist. Sind jetzt i, j, k drei verschiedene Indizes und ersetzt man $\mathbf{c}_j$ und $\mathbf{c}_k$ durch $\mathbf{c}'_j = \mathbf{c}_j \cos\alpha + \mathbf{c}_k \sin\alpha$ und $\mathbf{c}'_k = -\mathbf{c}_j \sin\alpha + \mathbf{c}_k \cos\alpha$, so werden die Verschmelzungsformen σ'_j und σ'_k für dieses neue Repère durch

$$\sigma'_j(x) = \sigma_j(x) \cos\alpha + \sigma_k(x) \sin\alpha ,$$

$$\sigma'_k(x) = -\sigma_j(x) \sin\alpha + \sigma_k(x) \cos\alpha$$

gegeben und die Krümmungsform durch

$$\Omega'_{ij}(x) = \Omega_{ij}(x) \cos\alpha + \Omega_{ik}(x) \sin\alpha ;$$

die Formeln (20.23.6.2) liefern dann

$$\Omega'_{ij}(x) = \big(\lambda_{ij}(x) \cos^2\alpha + \lambda_{ik}(x) \sin^2\alpha\big)\, \sigma'_i(x) \wedge \sigma'_j(x)$$
$$- \big((\lambda_{ij}(x) - \lambda_{ik}(x)) \sin\alpha \cos\alpha\big)\, \sigma'_i(x) \wedge \sigma'_k(x) ;$$

hieraus folgt aber $\lambda_{ij}(x) = \lambda_{ik}(x)$. Wegen $\lambda_{ij}(x) = \lambda_{ji}(x)$ sind alle $\lambda_{ij}(x)$ gleich ein und demselben Skalar $A(x)$. Nun braucht man nur noch (20.23.1) und (20.23.2) anzuwenden.

Aufgaben

1. Es sei M eine Riemannsche Mannigfaltigkeit, für welche zwei Konstanten c_0 und c_1 existieren derart, daß für jedes $x \in M$ und jede Ebene $P_x \subset T_x(M)$ die Ungleichung $0 < c_0 \leqq A(P_x) \leqq c_1$ gilt. Ferner sei $v\colon [a, b] \to M$ eine geodätische Kurve. Man beweise die Beziehung

$$\frac{\pi}{\sqrt{c_1}} \leqq b - a \leqq \frac{\pi}{\sqrt{c_0}},$$

falls $v(t)$ für $a < t < b$ nicht zu $v(a)$ konjugiert ist (Satz von O. BONNET). (Man benutze den Vergleichssatz von RAUCH (Abschnitt 20.22, Aufgabe 3), indem man M mit einer Sphäre mit passendem Radius vergleicht.)

2. Es sei M eine zusammenhängende vollständige Riemannsche Mannigfaltigkeit. Man zeige: Falls eine Homometrie u von M (vgl. Abschnitt 20.9, Aufgabe 5) mit einem von 1 verschiedenen Faktor c existiert, ist M eine Mannigfaltigkeit der konstanten Krümmung Null. (Man kann $0 < c < 1$ voraussetzen; zunächst zeige man, daß die Folge der Iterierten $u^n(x)$ gegen einen von x unabhängigen festen Punkt $x_0 \in M$ konvergiert. Ferner zeige man, daß für jede Ebene $P_x \subset T_x(M)$ die Beziehung $A(T(u^n) \cdot P_x) = c^{-2n} A(P_x)$ gilt, und leite daraus $A(P_x) = 0$ her.)

3. Es sei M eine zusammenhängende Riemannsche Mannigfaltigkeit der Dimension n. Man zeige: Hat die Liesche Algebra $\mathfrak{i}(M)$ der infinitesimalen Isometrien von M (vgl. Abschnitt 20.9, Aufgabe 7) die Dimension $n(n+1)/2$, so ist M eine Mannigfaltigkeit konstanter Krümmung. (Ist $\boldsymbol{\Omega}$ die Krümmungsform für den Levi-Civita-Hauptzusammenhang, so zeige man, daß für jede infinitesimale Isometrie $\mathrm{X} \in \mathfrak{i}(M)$ die Beziehung $\theta_{\tilde{\mathrm{X}}} \cdot (\boldsymbol{\Omega} \cdot (\mathrm{H}_{\mathbf{a}} \wedge \mathrm{H}_{\mathbf{b}})) = 0$ gilt (Bezeichnungen von Aufgabe 7 aus Abschnitt 20.6). Man leite daraus einerseits her, daß $\boldsymbol{\Omega} \cdot (\mathrm{H}_{\mathbf{a}} \wedge \mathrm{H}_{\mathbf{b}}) = \boldsymbol{\Omega} \cdot (\mathrm{H}_{s \cdot \mathbf{a}} \wedge \mathrm{H}_{s \cdot \mathbf{b}})$ für $s \in \boldsymbol{SO}(n, \boldsymbol{R})$ gilt, andererseits, daß für feste $\mathbf{a}$ und $\mathbf{b}$ aus $\boldsymbol{R}^n$ die Funktion $\big((\boldsymbol{\Omega} \cdot (\mathrm{H}_{\mathbf{a}} \wedge \mathrm{H}_{\mathbf{b}})) \cdot \mathbf{b} \,|\, \mathbf{a}\big)$ lokal konstant ist.)

4. Es sei A eine reelle Zahl. Über einer offenen Teilmenge U von $\boldsymbol{R}^n$ definieren wir durch die Formel

$$\boldsymbol{g}(x) = \frac{dx_1 \otimes dx_1 + \cdots + dx_n \otimes dx_n}{\left(1 + \frac{A}{4}(x_1^2 + \cdots + x_n^2)\right)^2}$$

für $x = (x_j) \in U$ ein symmetrisches kovariantes Tensorfeld. Man zeige, daß die mit der Struktur der durch $\boldsymbol{g}$ definierten Riemannschen Mannigfaltigkeit versehene Menge U eine Mannigfaltigkeit mit der konstanten Krümmung A ist. (Man setze

$$u(x) = -\ln\left(1 + \frac{A}{4}(x_1^2 + \cdots + x_n^2)\right)$$

und zeige, daß die Formen

$$\sigma_j = e^u\, dx_i \qquad \text{und} \qquad \omega_{ij} = \frac{\partial u}{\partial x_j}\, dx_i - \frac{\partial u}{\partial x_i}\, dx_j$$

die Krümmungs- bzw. Zusammenhangsformen des Levi-Civita-Zusammenhangs auf U sind.)

Anhang
Ergänzungen aus der Algebra

(Fortsetzung des Anhangs zu Band 3)

A.20. Tensorprodukte unendlichdimensionaler Vektorräume

A.20.1. Es seien E und F zwei Vektorräume *endlicher oder unendlicher Dimension* über einem kommutativen Körper K; wir betrachten die beiden zu E bzw. F *dualen Vektorräume* E^* und F^* (vgl. (A.9.1)), sowie den Vektorraum $\mathscr{L}_2(E^*, F^*; K)$ der *Bilinearformen* auf dem Produkt $E^* \times F^*$. Für jedes Paar $x \in E$, $y \in F$ definieren wir auf $E^* \times F^*$ eine Bilinearform

$$(x^*, y^*) \to \langle x, x^* \rangle \langle y, y^* \rangle ,$$

die wir mit $x \otimes y$ bezeichnen und das *Tensorprodukt* von x und y nennen. Der von den Tensorprodukten $x \otimes y$, wobei x den Raum E und y den Raum F durchläuft, erzeugte *Vektorteilraum* von $\mathscr{L}_2(E^*, F^*; K)$ wird das *Tensorprodukt* von E und F genannt und mit $E \otimes_K F$ oder einfach mit $E \otimes F$ bezeichnet.

A.20.2. Es seien $(e_\alpha)_{\alpha \in A}$ und $(f_\beta)_{\beta \in B}$ Basen von E bzw. F; wir werden zeigen, daß die Familie $(e_\alpha \otimes f_\beta)_{(\alpha,\beta) \in A \times B}$ eine *Basis* von $E \otimes_K F$ ist. Da die Abbildung $(x, y) \to x \otimes y$ von $E \times F$ in $E \otimes_K F$ offenbar *bilinear* ist, erzeugen die Elemente $e_\alpha \otimes f_\beta$ nach Definition den Raum $E \otimes_K F$; daher genügt es zu zeigen, daß diese Elemente eine freie Familie bilden. Es sei also $\sum\limits_{\alpha,\beta} \lambda_{\alpha\beta} e_\alpha \otimes f_\beta = 0$ eine lineare Relation zwischen diesen Elementen mit Koeffizienten aus K. Nach Definition gilt dann für beliebige $x^* \in E^*$ und $y^* \in F^*$

A.20.2.1. $\sum\limits_{\alpha,\beta} \lambda_{\alpha\beta} \langle e_\alpha, x^* \rangle \langle f_\beta, y^* \rangle = 0 .$

Nun wird für jedes $\alpha \in A$ (bzw. $\beta \in B$) durch $\langle \sum\limits_\mu \xi_\mu e_\mu, e_\alpha^* \rangle = \xi_\alpha$ (bzw. $\langle \sum\limits_\nu \eta_\nu f_\nu, f_\beta^* \rangle = \eta_\beta$) eine Linearform e_α^* über E (bzw. eine Linearform f_β^* über F) definiert. Ersetzt man in (A.20.2.1) x^* durch e_α^* und y^* durch f_β^*, so erhält man $\lambda_{\alpha\beta} = 0$ für alle α und β; damit ist unsere Behauptung bewiesen.

A.20.3. Sind E und F endlichdimensional, so stimmt die obige Definition mit der Definition aus (A.10.3) überein; in diesem Fall ist $E \otimes_K F$ identisch mit $\mathscr{L}_2(E^*, F^*; K)$. Ist mindestens einer der Räume E bzw. F unendlichdimensional, so ist $E \otimes_K F$ von $\mathscr{L}_2(E^*, F^*; K)$ verschieden. Auf dieselbe Weise definiert man das Tensorprodukt endlich vieler Vektorräume über K; die in (A.10.3) und (A.10.4) für endlichdimensionale Vektorräume bewiesenen Eigenschaften lassen sich leicht verallgemeinern. Die Isomorphie (A.10.5.1) bleibt auch im allgemeinen Fall gültig; dagegen sind die Abbildungen (A.10.5.3),

(A.10.5.4) und (A.10.5.5) zwar noch *injektiv*, jedoch nicht mehr bijektiv, falls es sich um unendlichdimensionale Vektorräume handelt.

A.20.4. Sind E und F zwei (assoziative) Algebren über K, so ist das Tensorprodukt $E \otimes_K F$ in natürlicher Weise mit genau einer Algebrastruktur über K versehen, für welche

A.20.4.1. $(x_1 \otimes y_1)(x_2 \otimes y_2) = (x_1 x_2) \otimes (y_1 y_2)$

für $x_1, x_2 \in E$ und $y_1, y_2 \in F$ gilt. Sind nämlich $(e_\alpha)_{\alpha \in A}$ und $(f_\beta)_{\beta \in B}$ Basen von E bzw. F, so wird, indem man

$$(e_\alpha \otimes f_\beta)(e_\lambda \otimes f_\mu) = (e_\alpha e_\lambda) \otimes (f_\beta f_\mu)$$

als Multiplikationstafel für die Basis $(e_\alpha \otimes f_\beta)$ wählt, eine (a priori nicht notwendig assoziative) Algebrastruktur auf $E \otimes_K F$ definiert; diese Struktur ist offenbar die einzige, die (A.20.4.1) genügt; die Assoziativität der Algebra ergibt sich dann aus der Assoziativität von E und F sowie aus (A.20.4.1). Man nennt die Algebra $E \otimes_K F$ das *Tensorprodukt der Algebren E und F*; haben E und F beide ein mit 1 bezeichnetes Einselement, so ist $1 \otimes 1$ das Einselement von $E \otimes_K F$; sind E und F kommutativ, so ist auch $E \otimes_K F$ kommutativ.

Ein wichtiges Beispiel für das Tensorprodukt kommutativer Algebren ist das Tensorprodukt $K[X_1, \ldots, X_m] \otimes_K K[X_{m+1}, \ldots, X_{m+n}]$ zweier Polynomalgebren, das zu $K[X_1, \ldots, X_{n+m}]$ isomorph ist.

A.21. Algebren formaler Potenzreihen

A.21.1. Es sei K ein Körper; für eine ganze Zahl $n > 0$ betrachten wir den Vektorraum E über K, der gleich dem unendlichen Produkt $K^{\mathbf{N}^n}$ ist; seine Elemente sind also die Familien $(c_\alpha)_{\alpha \in \mathbf{N}^n}$. Wir zeigen, daß durch

A.21.1.1. $(a_\alpha)(b_\alpha) = (c_\alpha)$ mit $c_\alpha = \sum_{\lambda+\mu=\alpha} a_\lambda b_\mu$

auf E eine *Algebrastruktur* definiert wird. Es genügt zu verifizieren, daß die Anzahl der Paare von Multiindizes (λ, μ) mit $\lambda + \mu = \alpha$ *endlich* ist; ist aber $\alpha = (\alpha_i)$, $\lambda = (\lambda_i)$, $\mu = (\mu_i)$, so bedeutet diese Relation, daß $\lambda_i + \mu_i = \alpha_i$ ist für $1 \leqq i \leqq n$; hieraus folgt aber $0 \leqq \lambda_i \leqq \alpha_i$ und $0 \leqq \mu_i \leqq \alpha_i$ für $1 \leqq i \leqq n$, somit unsere Behauptung.

Die so definierte Algebra ist offenbar kommutativ; sie ist auch assoziativ, da für je drei Elemente (u_α), (v_α), (w_α) von E

$$\sum_{\varrho+\nu=\alpha} \Big(\sum_{\lambda+\mu=\varrho} u_\lambda v_\mu\Big) w_\nu = \sum_{\lambda+\mu+\nu=\alpha} u_\lambda v_\mu w_\nu = \sum_{\lambda+\sigma=\alpha} u_\lambda \Big(\sum_{\mu+\nu=\sigma} v_\mu w_\nu\Big)$$

gilt. Schließlich hat E ein Einselement, nämlich das Element (c_α) mit $c_0 = 1$, $c_\alpha = 0$ für alle $\alpha \in \mathbf{N}^n$, $\alpha \neq 0$.

A.21.2. Für $1 \leqq i \leqq n$ bezeichne X_i das Element (u_α) von E, dessen Komponenten mit Ausnahme derjenigen vom Index $\alpha = \varepsilon_i = (\delta_{ij})_{1 \leqq j \leqq n}$ (Kroneckersymbol), die gleich 1 ist, sämtlich Null sind. Aus der Definition (A.21.1.1) folgt, daß für jeden Multiindex α das Element (u_β) von E mit $u_\beta = 0$ für $\beta \neq \alpha$ und $u_\alpha = 1$ in der gewöhnlichen Bezeichnung der Multiindizes (vgl. Abschnitt 9.1) in der Gestalt $X^\alpha = X_1^{\alpha_1} X_2^{\alpha_2} \cdots X_n^{\alpha_n}$ geschrieben werden kann. Hiernach vereinbaren wir, ein Element $(c_\alpha)_{\alpha \in \boldsymbol{N}^n}$ in der Gestalt $\sum\limits_{\alpha \in \boldsymbol{N}^n} c_\alpha X^\alpha$ zu schreiben, wobei das Summenzeichen im allgemeinen keine Summe in gewöhnlichen Sinne darstellt (wir erinnern daran, daß in der Algebra unendliche Summen nur definiert sind, wenn bis auf endlich viele Indizes alle Glieder verschwinden, was hier im allgemeinen nicht erfüllt ist). In dieser Bezeichnung kann man die Produktdefinition in der Gestalt

A.21.2.1. $$\Big(\sum_\alpha a_\alpha X^\alpha\Big)\Big(\sum_\alpha b_\alpha X^\alpha\Big) = \sum_\alpha \Big(\sum_{\lambda+\mu=\alpha} a_\lambda b_\mu\Big) X^\alpha$$

schreiben; mit anderen Worten, die Formel, die das Produkt zweier Elemente von E liefert, sieht genauso aus wie die Formel für das Produkt zweier absolut konvergenter Potenzreihen (vgl. (5.5.3) und (9.2.1)). Wir nennen die Elemente von E auch die *formalen Potenzreihen in n Unbestimmten* X_i $(1 \leqq i \leqq n)$ *mit Koeffizienten aus K* und bezeichnen die Algebra E mit $K[[X_1, \ldots, X_n]]$. Die Polynomalgebra $K[X_1, \ldots, X_n]$ ist die aus den (c_α) bestehende Unteralgebra von $K[[X_1, \ldots, X_n]]$, wobei mit Ausnahme endlich vieler Indizes $\alpha \in \boldsymbol{N}^n$ alle c_α gleich Null sind.

Ist $f = \sum\limits_\alpha c_\alpha X^\alpha$ eine formale Potenzreihe, so nennen wir die Monome $c_\alpha X^\alpha$ die *Glieder* der formalen Potenzreihe und sagen, das Glied $c_\alpha X^\alpha$ (das sogenannte Glied vom *Multigrad* α) habe den (totalen) *Grad* $|\alpha| = \alpha_1 + \alpha_2 + \cdots + \alpha_n$. Es gibt nur endlich viele Glieder von f mit gegebenem totalem Grad m; ihre Summe $\sum\limits_{|\alpha|=m} c_\alpha X^\alpha$ ist ein *homogenes Polynom m*-ten Grades, der sogenannte *homogene Teil von f vom Grade m*; der homogene Teil von f vom Grade 0 ist c_0, der auch das *konstante Glied* von f genannt wird; ist $c_0 = 0$, so sagt man, f sei *ohne konstantes Glied.*

A.21.3. Es seien eine formale Potenzreihe f aus $K[[X_1, X_2, \ldots, X_n]]$ und n formale Potenzreihen $g_1, g_2, \ldots, g_n$ *ohne konstantes Glied* aus $K[[X_1, \ldots, X_m]]$ gegeben. Wir werden eine mit $f(g_1, \ldots, g_n)$ bezeichnete formale Potenzreihe aus $K[[X_1, \ldots, X_m]]$ definieren, die mit der so bezeichneten formalen Potenzreihe übereinstimmt, wenn f ein Polynom ist. Zu diesem Zweck seien P_r (bzw. Q_{jr}) die Polynome, welche Summe der Glieder höchstens r-ten Grades von f (bzw. g_j) sind. Wir betrachten das Polynom $P_r(Q_{1r}, Q_{2r}, \ldots, Q_{nr})$ in $K[X_1, \ldots, X_m]$ und zeigen, daß für $r \leqq s$ die *Glieder höchstens r-ten Grades* in $P_s(Q_{1s}, Q_{2s}, \ldots, Q_{ns})$ *dieselben* sind wie diejenigen in $P_r(Q_{1r}, Q_{2r}, \ldots, Q_{nr})$. Es sei also $f = \sum\limits_\alpha c_\alpha X^\alpha$; man erhält die Summe der Glieder höchstens r-ten Grades in $P_s(Q_{1s}, \ldots, Q_{ns})$, indem man in jedem Polynom $c_\alpha Q_{1s}^{\alpha_1} \cdots Q_{ns}^{\alpha_n}$ für $|\alpha| \leqq s$ die Glieder höchstens r-ten Grades nimmt und die Summe über alle diese Glieder bildet. Nun ist die Summe aller

Glieder höchstens r-ten Grades in $Q_{1s}^{\alpha_1} \cdots Q_{ns}^{\alpha_n}$ die Summe der Produkte $\prod_{j=1}^{n} \left(\prod_{k=1}^{\alpha_j} t_{jk} \right)$, wobei t_{jk} für $1 \leqq j \leqq n$ und $i \leqq k \leqq \alpha_j$ ein Glied vom Grade ν_{jk} in Q_{js} ist und die ν_{jk} der Bedingung

A.21.3.1. $\quad \sum_{j=1}^{n} \left(\sum_{k=1}^{\alpha_j} \nu_{jk} \right) \leqq r$

genügen. Aus der Voraussetzung über die g_j folgt nun, daß $\nu_{jk} > 1$ für alle j, k gilt, also $\sum_{j=1}^{n} \left(\sum_{k=1}^{\alpha_j} \nu_{jk} \right) \geqq |\alpha|$ ist; daher können in $c_\alpha Q_{1s}^{\alpha_1} \cdots Q_{ns}^{\alpha_n}$ für $|\alpha| > r$ keine Glieder höchstens r-ten Grades auftreten. Andererseits folgt für $\alpha_j \neq 0$ aus der Relation (A.21.3.1), daß $\nu_{jk} \leqq r$ für $1 \leqq k \leqq \alpha_j$ gilt. Damit ist unsere Behauptung bewiesen.

Ist R_r das Polynom, welches Summe der Glieder höchstens r-ten Grades in $P_r(Q_{1r} \dots, Q_{nr})$ ist, so kann man also für jeden Multiindex $\alpha \in \boldsymbol{N}^m$ das Monom $a_\alpha X^\alpha$ als das Monom vom Multigrad α in *allen* R_r mit $r \geqq |\alpha|$ definieren; die formale Potenzreihe $\sum_\alpha a_\alpha X^\alpha$ wird mit $f(g_1, \dots, g_n)$ bezeichnet; man sagt, diese formale Potenzreihe ergebe sich, indem man g_j *für* X_j *in* f *für* $1 \leqq j \leqq n$ *einsetzt.*

Diese Operation ist assoziativ, entsprechend der Assoziativität der Hintereinanderausführung von Abbildungen (vgl. Abschnitt 1.7):

A.21.4. *Es sei f eine formale Potenzreihe aus $K[[X_1, \dots, X_n]]$, ferner seien g_j $(1 \leqq j \leqq n)$ formale Potenzreihen ohne konstantes Glied aus $K[[X_1, \dots, X_n]]$, und h_k $(1 \leqq k \leqq m)$ formale Potenzreihen ohne konstantes Glied aus $K[[X_1, \dots, X_p]]$. Setzt man $u = f(g_1, \dots, g_n)$, so gilt*

A.21.4.1. $\quad u(h_1, \dots, h_m) = f\big(g_1(h_1, \dots, h_m), \dots, g_n(h_1, \dots, h_m)\big)$.

Es seien P_r (bzw. Q_{jr}, R_{kr}) die Summe der Glieder höchstens r-ten Grades von f (bzw. g_j, h_k) und U_r die Summe der Glieder höchstens r-ten Grades in $f(g_1, \dots, g_n)$. Die Überlegung aus (A.21.3) zeigt, daß die Summe der Glieder höchstens r-ten Grades in $g_j(h_1, \dots, h_m)$ die gleiche ist wie in $Q_{jr}(R_{1r}, \dots, R_{mr})$ und die Summe der Glieder von

$$f\big(g_1(h_1, \dots, h_m), \dots, g_n(h_1, \dots, h_m)\big)$$

die gleiche wie in dem Polynom

$$P_r\big(Q_{1r}(R_{1r}, \dots, R_{mr}), \dots, Q_{nr}(R_{1r}, \dots, R_{mr})\big) ;$$

andererseits ist die Summe U_r der Glieder höchstens r-ten Grades in u dieselbe wie in $P_r(Q_{1r}, \dots, Q_{nr})$, und wieder nach derselben Überlegung folgt, daß die Summe der Glieder höchstens r-ten Grades in $U_r(R_{1r}, \dots, R_{mr})$ die gleiche ist wie in

$$P_r\big(Q_{1r}(R_{1r}, \dots, R_{mr}), \dots, Q_{nr}(R_{1r}, \dots, R_{mr})\big) ;$$

daraus folgt die Behauptung.

A.21.5. Offenbar gilt, wenn f_1 und f_2 zwei formale Potenzreihen aus $K[[X_1, \dots, X_n]]$ und g_j $(1 \leqq j \leqq n)$ formale Potenzreihen ohne konstantes Glied aus $K[[X_1, \dots, X_m]]$ sind, mit $f = f_1 + f_2$

$$f(g_1, \dots, g_n) = f_1(g_1, \dots, g_n) + f_2(g_1, \dots, g_n) .$$

Entsprechend gilt, mit $F = f_1 f_2$,

$$F(g_1, \dots, g_n) = f_1(g_1, \dots, g_n)\, f_2(g_1, \dots, g_n) .$$

Man kann dies direkt wie in (A.21.4) beweisen oder aus (A.21.4) herleiten, indem man feststellt, daß dies ein Spezialfall ist, falls f_1 und f_2 ohne konstantes Glied sind, und daß man $f_1 = a + F_1$ und $f_2 = f + F_2$ setzen kann, wobei a, b aus K und F_1, F_2 ohne konstantes Glied sind; dann ist

$$f_1 f_2 = ab + aF_2 + bF_1 + F_1 F_2 .$$

Literatur

Band 1

[1] AHLFORS, L., Complex analysis. McGraw-Hill, New York 1953.
[2] BACHMANN, H., Transfinite Zahlen (Ergebnisse der Math., Neue Folge, Heft 1). Springer-Verlag, Berlin 1955.
[3] BOURBAKI, N., Eléments de mathématique. Livre I: Théorie des ensembles (Act. Scient. Ind., Chap. I, II, No. 1212; Chap. III, No. 1243). Hermann, Paris 1954–1956.
[4] BOURBAKI, N., Eléments de mathématique. Livre II: Algèbre, Chap. II (Act. Scient. Ind., No. 1032, 1236, 2. éd.). Hermann, Paris 1955.
[5] BOURBAKI, N., Eléments de mathématique. Livre III: Topologie générale (Act. Scient. Ind., Chap. I, II, No. 858, 1142, 4. éd.; Chap. IX, No. 1045, 2. éd.; Chap. X, No. 1084). Hermann, Paris 1958–1961.
[6] BOURBAKI, N., Eléments de mathématique. Livre V: Espaces vectoriels topologiques (Act. Scient. Ind., Chap. I, II, No. 1189; Chap. III–V, No. 1229). Hermann, Paris 1953–1955.
[7] CARTAN, E., Les systèmes différentiels extérieurs et leurs applications géométriques (Act. Scient. Ind., No. 994). Hermann, Paris 1945.
[8] CARTAN, H., Séminaire de l'Ecole Normale Supérieure, 1951–1952: Fonctions analytiques et faisceaux analytiques.
[9] CARTAN, H., Théorie élémentaire des fonctions analytiques. Hermann, Paris 1961.
[10] CHEVALLEY, C., Theory of Lie groups I. Princeton Univ. Press, Princeton (N.J.) 1946.
[11] CODDINGTON, E., and N. LEVINSON, Theory of ordinary differential equations. McGraw-Hill, New York 1955.
[12] COURANT, R., und D. HILBERT, Methoden der mathematischen Physik. Band I, 2. Aufl. Springer, Berlin 1931.
[13] DE RHAM, G., Variétés différentiables (Act. Scient. Ind., No. 1222). Hermann, Paris 1955.
[14] DUNFORD, N., and J. SCHWARTZ, Linear operators I: General theory. Interscience Publ., New York 1958.
[15] HALMOS, P., Finite dimensional vector spaces, 2. ed. Van Nostrand, Princeton (N.J.) 1958.
[16] INCE, E., Ordinary differential equations. Dover Publications, New York 1949.
[17] JACOBSON, N., Lectures in abstract algebra. Vol. II: Linear algebra. Van Nostrand, Princeton (N.J.) 1953.
[18] KAMKE, E., Differentialgleichungen I, 6. Aufl. Akademische Verlagsgesellschaft, Leipzig 1969.
[19] KELLEY, J., General topology. Van Nostrand, Princeton (N.J.) 1955.

[20] LANDAU, E., Grundlagen der Analysis. Akademische Verlagsgesellschaft, Leipzig 1930.
[21] LOOMIS, L., An introduction to abstract harmonic analysis. D. van Nostrand, New York 1955.
[22] SPRINGER, G., Introduction to Riemann surfaces. Addison-Wesley, Reading (Mass.) 1957.
[23] STEENROD, N., Colloquium lectures.
[24] TAYLOR, A., Introduction to functional analysis. J. Wiley, New York 1958.
[25] WEIL, A., Introduction à l'étude des variétés kählériennes (Act. Scient. Ind., No. 1267). Hermann, Paris 1958.
[26] WEYL, H., Die Idee der Riemannschen Fläche, 3. Aufl. B. G. Teubner, Stuttgart 1955.
[27] WHITTAKER, E., and G. WATSON, A course of modern analysis, 4. ed. Cambridge Univ. Press, Cambridge 1935.

Zusatz bei der deutschen Ausgabe

[28] ACHIESER, N. I., und I. M. GLASMANN, Theorie der linearen Operatoren im Hilbert-Raum, 4. Aufl. Akademie-Verlag, Berlin 1965 (Übersetzung aus dem Russischen).
[29] ALEXANDROFF, P. S., Einführung in die Mengenlehre und die Theorie der reellen Funktionen, 7. Aufl. VEB Deutscher Verlag der Wissenschaften, Berlin 1975 (Übersetzung aus dem Russischen).
[30] BOSECK, H., Einführung in die Theorie der linearen Vektorräume, 3. Aufl. VEB Deutscher Verlag der Wissenschaften, Berlin 1973.
[31] HAUSDORFF, F., Mengenlehre, 3. Aufl. W. de Gruyter, Berlin 1934.
[32] KLAUA, D., Allgemeine Mengenlehre. 1: Ein Fundament der Mathematik, 2. Aufl. Akademie-Verlag, Berlin 1968.
[33] KÖTHE, G., Topologische lineare Räume I. Springer-Verlag, Berlin-Göttingen-Heidelberg 1960.
[34] KUROŠ, A. G., Vorlesungen über allgemeine Algebra. B. G. Teubner, Leipzig 1964 (Übersetzung aus dem Russischen).
[35] LICHNEROWICZ, A., Lineare Algebra und lineare Analysis. VEB Deutscher Verlag der Wissenschaften, Berlin 1956 (Übersetzung aus dem Französischen).
[36] RIESZ, F., und B. SZ.-NAGY, Vorlesungen über Funktionalanalysis, 3. Aufl. VEB Deutscher Verlag der Wissenschaften, Berlin 1973 (Übersetzung aus dem Französischen).
[37] STEPANOW, W. W., Lehrbuch der Differentialgleichungen, 4. Aufl. VEB Deutscher Verlag der Wissenschaften, Berlin 1976 (Übersetzung aus dem Russischen).

Band 2

[38] AKHIEZER, N., The classical moment problem. Oliver and Boyd, Edinburgh-London 1965.
[39] ARNOLD, V., et A. AVEZ, Théorie ergodique des systèmes dynamiques. Gauthier-Villars, Paris 1967.
[40] BOURBAKI, N., Eléments de mathématique. Livre VI: Intégration, Actual. Scient. Ind., Chap. I–IV, No. 1175 (2e éd.), Chap. V, No. 1244 (2e éd.), Chap. VII–VIII, No. 1306. Hermann, Paris 1963.

[41] Bourbaki, N., Élements de mathématique: Théories spectrales, Chap. I—II, Actual. Scient. Ind., No. 1332. Hermann, Paris 1967.
[42] Dixmier, J., Les algèbres d'opérateurs dans l'espace hilbertien. Gauthier-Villars, Paris 1957.
[43] Dixmier, J., Les C^*-algèbres et leurs représentations. Gauthier-Villars, Paris 1964.
[44] Dunford, N., and J. Schwartz, Linear operators. Part II: Spectral theory. Interscience, New York-London 1963.
[44a] Garsia, A. M., Topics in almost everywhere convergence. Markham, Chicago 1970.
[45] Hadwiger, H., Vorlesungen über Inhalt, Oberfläche und Isoperimetrie. Springer-Verlag, Berlin-Göttingen-Heidelberg 1957.
[46] Halmos, P., Lectures on ergodic theory. Math. Soc. of Japan, Tokyo 1956.
[47] Hoffman, K., Banach spaces of analytic functions. New York 1962.
[48] Jacobs, K., Neuere Methoden und Ergebnisse der Ergodentheorie. Ergebnisse der Math., Neue Folge, Heft 29, Springer-Verlag, Berlin-Göttingen-Heidelberg 1960.
[49] Kaczmarz, S., und H Steinhaus, Theorie der Orthogonalreihen. New York 1951.
[50] Kato, T., Pertubation theory for linear operators. Springer-Verlag, Berlin 1966.
[51] Montgomery, D., and L. Zippin, Topological transformation groups. Interscience, New York 1955.
[52] Neumark, M., Normierte Algebren. VEB Deutscher Verlag der Wissenschaften Berlin 1959 (Übersetzung aus dem Russischen).
[53] Rickart, C., General theory of Banach algebras. D. van Nostrand, New York 1960.
[54] Weil, A., Adeles and algebraic groups. The Institute for Advanced Study, Princeton 1961.

Zusatz bei der deutschen Ausgabe

[55] Boseck, H., Grundlagen der Darstellungstheorie. VEB Deutscher Verlag der Wissenschaften, Berlin 1973.
[56] Gelfand, I. M., und G. E. Schilow, Verallgemeinerte Funktionen (Distributionen) I, 2. Aufl. VEB Deutscher Verlag der Wissenschaften, Berlin 1967 (Übersetzung aus dem Russischen).
[57] Gelfand, I. M., und G. E. Schilow, Verallgemeinerte Funktionen (Distributionen) II, 2. Aufl. VEB Deutscher Verlag der Wissenschaften, Berlin 1969 (Übersetzung aus dem Russischen).
[58] Gelfand, I. M., und G. E. Schilow, Verallgemeinerte Funktionen (Distributionen) III. VEB Deutscher Verlag der Wissenschaften, Berlin 1964 (Übersetzung aus dem Russischen).
[59] Gelfand, I. M., und N. J. Wilenkin, Verallgemeinerte Funktionen (Distributionen) IV. VEB Deutscher Verlag der Wissenschaften, Berlin 1964 (Übersetzung aus dem Russischen).
[60] Sulanke, R., und P. Wintgen, Differentialgeometrie und Faserbündel. VEB Deutscher Verlag der Wissenschaften, Berlin/Birkhäuser Verlag, Basel 1972.
[61] Triebel, H., Höhere Analysis. VEB Deutscher Verlag der Wissenschaften, Berlin 1972.

Band 3

[62] Abraham, R., Foundations of mechanics. W. A. Benjamin, New York 1967.
[63] Cartan, H., Séminaire de l'École Normale Supérieure, 1949 – 1950: Homotopie; espaces fibrés.
[64] Chern, S. S., Complex manifolds (Textos de matematica, n° 5, Univ. do Recife, 1959).
[65] Gelfand, I. M., und G. E. Schilow, Verallgemeinerte Funktionen (Distributionen) I, II, 2. Aufl. VEB Deutscher Verlag der Wissenschaften, Berlin 1967, 1969 (Übersetzung aus dem Russischen).
[66] Gunning, R., Lectures on Riemann surfaces. Princeton Univ. Press 1966.
[67] Gunning, R., Lectures on vector bundles over Riemann surfaces. Princeton Univ. Press 1967.
[68] Hu, S. T., Homotopy theory. Academic Press, New York 1959.
[69] Husemoller, D., Fibre bundles. McGraw-Hill, New York 1966.
[70] Kobayashi, S., und K. Nomizu, Foundations of differential geometry. Vol. I, II. Interscience, New York 1963, 1969.
[71] Lang, S., Introduction to differentiable manifolds. Interscience, New York 1962.
[72] Porteous, I. R., Topological geometry. Van Nostrand, New York 1969.
[73] Steenrod, N., The topology of fibre bundles. Princeton Univ. Press 1951.
[74] Schwartz, L., Théorie des distributions (nouv. éd.). Hermann, Paris 1966.
[75] Sternberg, S., Lectures on differential geometry. Prentice-Hall, Englewood Cliffs 1964.

Zusatz bei der deutschen Ausgabe

[76] Reichardt, H., Vorlesungen über Vektor- und Tensorrechnung, 2. Aufl. VEB Deutscher Verlag der Wissenschaften, Berlin 1968.
[77] Teleman, C., Topologie und differenzierbare Mannigfaltigkeiten. VEB Deutscher Verlag der Wissenschaften, Berlin 1968.
[78] Wladimirow, W. S., Gleichungen der mathematischen Physik. VEB Deutscher Verlag der Wissenschaften, Berlin 1972 (Übersetzung aus dem Russischen).

Band 4

[79] Abraham, R., and Robbin, J., Transversal mappings and flows. W. A. Benjamin, New York 1967.
[80] Berger, M., Lectures on Geodesics in Riemannian geometry. Tata Institute of Fundamental Research, Bombay 1965.
[81] Carathéodory, C., Calculus of variations and partial differential equations of the first order. 2 vol., Holden-Day 1965; Carathéodory, C., Variationsrechnung und partielle Differentialgleichungen erster Ordnung. Band I, 2. Aufl. B. G. Teubner Verlagsgesellschaft, Leipzig 1956.
[82] Cartan, E., Oeuvres complètes. 6 vol., Gauthier-Villars, Paris 1952–1955.
[83] Cartan, E., Leçons sur la théorie des espaces à connexion projective. Gauthier-Villars, Paris 1937.
[84] Cartan, E., La théorie des groupes finis et continus et la géométrie différentielle traitées par la méthode du repère mobile. Gauthier-Villars, Paris 1937.

[85] Cartan, E., Les systèmes différentiels extérieurs et leurs applications géométriques. Hermann, Paris 1945.

[86] Gelfand, I., and S. Fomin, Calculus of variations. Prentice Hall 1963 (Übersetzung aus dem Russischen).

[87] Godbillon, C., Géométrie différentielle et mécanique analytique. Hermann, Paris 1969.

[88] Gromoll, D., W. Klingenberg und W. Meyer, Riemannsche Geometrie im Großen. Lecture Notes in Mathematics Nr. 55. Springer Verlag, Berlin-Heidelberg-New York 1968.

[89] Guggenheimer, H., Differential geometry. McGraw-Hill, New York 1963.

[90] Helgason, S., Differential geometry and symmetric spaces. Academic Press, New York 1962.

[91] Hermann, R., Differential geometry and the calculus of variations. Academic Press, New York 1968.

[92] Hochschild, G., La structure des groupes de Lie. Dunod, Paris 1968.

[93] Klötzler, R., Mehrdimensionale Variationsrechnung. VEB Deutscher Verlag der Wissenschaften, Berlin 1969/Birkhäuser Verlag, Basel 1970.

[94] Loos, O., Symmetric spaces. 2 vol. W. A. Benjamin, New York 1969.

[95] Milnor, J. Morse theory. Princeton University Press, Princeton 1963.

[96] Morrey, C., Multiple integrals in the calculus of variations. Springer Verlag, Berlin-Heidelberg-New York 1966.

[97] Reeb, G., Sur les variétés feuilletées. Hermann, Paris 1952.

[98] Rund, H., The differential geometry of Finsler spaces. Springer Verlag, Berlin-Göttingen-Heidelberg 1959.

[99] Schirokow, P. A., und A. P. Schirokow, Affine Differentialgeometrie. B. G. Teubner Verlagsgesellschaft, Leipzig 1962 (Übersetzung aus dem Russischen).

[100] Serre, J. P., Lie algebras and Lie groups. W. A. Benjamin, New York 1965.

[101] Wolf, J., Spaces of constant curvature. McGraw-Hill, New York 1967.

Zusatz bei der deutschen Ausgabe

[102] Haack, W., und W. Wendland, Vorlesungen über partielle und Pfaffsche Differentialgleichungen. Birkhäuser-Verlag, Basel 1969.

[103] Kultze, R., Garbentheorie. B. G. Teubner, Stuttgart 1970.

[104] Raschewski, P. K., Riemannsche Geometrie und Tensoranalysis. VEB Deutscher Verlag der Wissenschaften, Berlin 1959 (Übersetzung aus dem Russischen).

[105] Vranceanu, G., Vorlesungen über Differentialgeometrie. Band I, II. Akademie-Verlag, Berlin 1961 (Übersetzung aus dem Rumänischen).

Bezeichnungen

Die erste Zahl bedeutet die Kapitelnummer, die zweite die Nummer des Abschnitts innerhalb dieses Kapitels.

E	Einheitsfeld auf $\boldsymbol{R}$, mit $\boldsymbol{\tau}_t(\mathrm{E}(t)) = 1$: 18.1
$v'(t)$	Geschwindigkeitsvektor (Ableitung) $T(v) \cdot \mathrm{E}(t)$ einer Abbildung v eines Intervalls von $\boldsymbol{R}$ in eine Mannigfaltigkeit in einem Punkt $t \in \boldsymbol{R}$: 18.1
$J(x_0)$, $t^-(x_0)$, $t^+(x_0)$	Definitionsintervall der maximalen Integralkurve v von X mit $v(0) = x_0$, seine Endpunkte: 18.2
F_{X}	Strömung eines Vektorfeldes X: 18.2
dom (F_{X})	Definitionsbereich der Strömung von X: 18.2
v'', $v^{(r)}$	höhere Ableitungen einer Abbildung v eines Intervalles von $\boldsymbol{R}$ in eine Mannigfaltigkeit: 18.3
Ω_{Z}, Ω	Definitionsbereich der Exponentialabbildung eines isochronen Feldes Z auf $T(M)$: 18.4
$\exp_{\mathrm{Z}}$, exp	die durch ein isochrones Feld Z definierte Exponentialabbildung: 18.4
$\tilde{\mathrm{X}}$	kanonische Liftung auf $T(M)$ eines Vektorfeldes X auf M: 18.6, Aufg. 3
E_1, E_2	kanonische Vektorfelder auf $\boldsymbol{R}^2$: 18.7
$f'_t(t, \xi)$, $f'_\xi(t, \xi)$	partielle Ableitungen einer Abbildung einer offenen Menge von $\boldsymbol{R}^2$ in eine Mannigfaltigkeit: 18.7
∇_t, ∇_ξ	kovariante Ableitungen längs der Vektorfelder E_1 und E_2: 18.7
$\mathscr{E}_0$	$\boldsymbol{R}$-Algebra der reellen Funktionen der Klasse C^∞ auf M: 18.9
$\mathscr{E}_p$	Raum der reellen p-Differentialformen der Klasse C^∞ auf M: 18.9
$\mathscr{A}$	direkte Summe der $\mathscr{E}_p$: 18.9
$s_0(x)$, $s_1(x, \mathbf{u}_1)$, $\ldots$, $s_q(x, \mathbf{u}_1, \ldots, \mathbf{u}_q)$	ganze Zahlen, die eine monoton wachsende Folge von Integralelementen definieren: 18.10

$\mathrm{rg}_x(\alpha)$	Rang von $\alpha(x)$, wobei α eine 2-Differentialform ist: 18.16, Aufg. 2
$\gamma(s)\, f$	f ein Schnitt einer Faser E der Basis B, s ein Element einer Lieschen Gruppe, die äquivariant auf E und B operiert: 19.1
$\gamma(s)\, \mathrm{P}$	P ein Differentialoperator eines Vektorbündels E in ein Vektorbündel F, s ein Element einer Lieschen Gruppe, die äquilinear auf E (bzw. F) und B operiert: 19.1
$\gamma(s)\, \mathrm{X}$	X ein Vektorfeld auf M, s ein Element einer auf M operierenden Lieschen Gruppe: 19.1
$\boldsymbol{\delta}(s)\, f$, $\boldsymbol{\delta}(s)\, \mathrm{P}$	Operationen auf den Schnitten bezüglich einer Operation von rechts: 19.2
$\mathrm{Int}\,(s)$	innerer Automorphismus $x \to sxs^{-1}$: 19.2
$\mathrm{Ad}\,(s)$	Automorphismus $\mathbf{h}_e \to s \cdot \mathbf{h}_e \cdot s^{-1}$ auf dem Tangentialraum des neutralen Elements: 19.2
$\mathfrak{G}$	infinitesimale Algebra einer Lieschen Gruppe G: 19.3 und 19.17
$\mathfrak{g}$	Liesche Algebra der linksinvarianten Vektorfelder auf einer Lieschen Gruppe G: 19.3 und 19.17
$\mathfrak{G}_e$	Algebra der Distributionen mit in $\{e\}$ enthaltenem Träger: 19.3 und 19.17
$\mathfrak{g}_e$, $\mathrm{Lie}\,(G)$	Liesche Algebra einer Lieschen Gruppe G: 19.3 und 19.17
$\mathrm{X}_{\mathbf{u}}$	linksinvariantes Vektorfeld, das im Punkt e gleich $\mathbf{u}$ ist: 19.3
$f_*(\mathrm{P})$	Bild eines Feldes von Distributionen $\mathrm{P} \in \mathfrak{G}$ vermöge eines Homomorphismus $f\colon G \to G'$: 19.3
f_*	abgeleiteter Homomorphismus $f_*\colon \mathfrak{G} \to \mathfrak{G}'$ eines Homomorphismus $f\colon G \to G'$ Liescher Gruppen: 19.3
$\mathrm{Lie}\,(f)$, f_*	abgeleiteter Homomorphismus $\mathrm{Lie}\,(G) \to \mathrm{Lie}\,(G')$ eines Homomorphismus $f\colon G \to G'$ Liescher Gruppen: 19.3
P_M	der zu einem linksinvarianten Differentialoperator P auf G assoziierte Differentialoperator auf M; dabei operiert G von rechts auf M: 19.3
$\mathrm{Z}_{\mathbf{u},M}$, $\mathrm{Z}_{\mathbf{u}}$	das $\mathbf{u} \in \mathrm{Lie}\,(G)$ entsprechende Killingfeld auf M; dabei operiert G von rechts auf M: 19.3

$\mathfrak{gl}(E)$, $\mathfrak{gl}(n, \boldsymbol{R})$, $\mathfrak{gl}(n, \boldsymbol{C})$, $\mathfrak{gl}(n, \boldsymbol{H})$	Liesche Algebra der linearen Gruppe: 19.4
$o_m(U)$	Menge der Funktionen f, für welche $f(x)/\|\|x\|\|^{m+1}$ auf U beschränkt ist: 19.5
$\tilde{f} = \sum_\alpha a_\alpha X^\alpha$	formale Taylorreihe von f: 19.5
$f \sim \sum_\alpha a_\alpha x^\alpha$	Taylorentwicklung von f: 19.5
Δ_α	Distribution mit dem Träger $\{e\}$, deren lokale Darstellung mittels der Karte φ durch $\mathrm{D}^\alpha \varepsilon_0/\alpha!$ gegeben wird: 19.5
Z_α	linksinvarianter Differentialoperator, der im Punkt e den Wert Δ_α annimmt: 19.5
ε_i	Multiindex $(\delta_{ij})_{1 \leqq j \leqq n}$: 19.5
X_i	invariantes Vektorfeld $\mathrm{Z}_{\varepsilon_i}$: 19.5
X_α	für $\alpha = (\alpha_1, \dots, \alpha_n)$ ist $\mathrm{X}_\alpha = \mathrm{X}^{\alpha_1} \mathrm{X}_2^{\alpha_2} \cdots \mathrm{X}_n^{\alpha_n}$: 19.6
$U(\mathfrak{g})$	einhüllende Algebra der Lieschen Algebra $\mathfrak{g}$: 19.6
$\mathfrak{sl}(n, \boldsymbol{R})$, $\mathfrak{sl}(n, \boldsymbol{C})$	Liesche Algebra der unimodularen Gruppe: 19.7
$\exp_G$, exp	Exponentialabbildung von Lie (G) in G: 19.8
$\log_G$, log	Inverse der Exponentialabbildung: 19.8
$\mathscr{N}(\mathfrak{m})$, $\mathfrak{N}(\mathfrak{m})$	Normalisator in G und Normalisierende in $\mathfrak{g}_e$ eines Vektorteilraumes $\mathfrak{m}$ von $\mathfrak{g}_e$: 19.11
$\mathscr{Z}(\mathfrak{m})$, $\mathfrak{Z}(\mathfrak{m})$	Zentralisator in G und Zentralisierende in $\mathfrak{g}_e$ eines Vektorteilraumes $\mathfrak{m}$ von $\mathfrak{g}_e$: 19.11
(H, K)	Kommutatorgruppe von H und K: 19.12
$\mathscr{D}(G)$	abgeleitete Gruppe einer Gruppe G: 19.12
$\mathfrak{D}(\mathfrak{g})$	abgeleitetes Ideal einer Lieschen Algebra $\mathfrak{g}$: 19.12
$\mathscr{D}^n(G)$	n-te abgeleitete Gruppe einer Gruppe G: 19.12
$\mathfrak{C}^p(\mathfrak{g})$, $\mathfrak{C}_p(\mathfrak{g})$	Ideale der absteigenden Zentralreihe und der aufsteigenden Zentralreihe einer Lieschen Algebra $\mathfrak{g}$: 19.12, Aufg. 3
Aut (G)	Automorphismengruppe einer Lieschen Gruppe G: 19.13
Aut $(\mathfrak{g}_e)$	Automorphismengruppe einer Lieschen Algebra $\mathfrak{g}_e$: 19.13
Int (G)	Gruppe der inneren Automorphismen einer Lieschen Gruppe G: 19.13

Ad (G)	Bild einer Lieschen Gruppe G in Aut $(\mathfrak{g}_e)$ vermöge der Abbildung $s \to$ Ad (s): 19.13
$\mathcal{A}(G)$	Automorphismengruppe einer Gruppe G: 19.14
$N \times_\sigma L$	semidirektes Produkt bezüglich eines Homomorphismus σ von L in $\mathcal{A}(N)$: 19.14
$\mathfrak{n}_e \times_\varphi \mathfrak{l}_e$	semidirektes Produkt Liescher Unteralgebren $\mathfrak{n}_e$ und $\mathfrak{l}_e$ von $\mathfrak{g}_e$ bezüglich eines Homomorphismus $\varphi: \mathfrak{l}_e \to$ Der $(\mathfrak{n}_e)$: 19.14
$d_x f$, df	(Links)Differential einer Abbildung $f: M \to G$ in φ: eine Liesche Gruppe G: 19.15
$f^{-1}df$	Logarithmisches Differential einer Abbildung $f: M \to A$ in eine endlichdimensionale Algebra A: 19.15
$\boldsymbol{\omega}$, $\boldsymbol{\omega}_G$	kanonische Differentialform auf einer Lieschen Gruppe G: 19.16
$G_{\mid \boldsymbol{R}}$, $\mathfrak{g}_{e \mid \boldsymbol{R}}$	reelle Liesche Gruppe bzw. Algebra, die sich durch Einschränkung einer komplexen Lieschen Gruppe G bzw. Algebra $\mathfrak{g}_e$ auf $\boldsymbol{R}$ ergeben: 19.17
$\mathfrak{g}_{(\boldsymbol{C})}$	Komplexifizierung einer reellen Lieschen Algebra $\mathfrak{g}$: 19.17
Isom $(B \times F, E)$	Repèrebündel eines Vektorbündels E der Basis B: 20.1
Isom (F, E_b)	Menge der Isomorphismen des Vektorraumes F auf die Faser E_b von E: 20.1
$R(M)$	Repèrebündel einer differenzierbaren Mannigfaltigkeit M: 20.1
$\boldsymbol{A}(n, \boldsymbol{R})$	affine Gruppe des $\boldsymbol{R}^n$: 20.1, Aufg. 1
Aff $(\boldsymbol{R}^n, E_b)$	Menge der bijektiven affinen linearen Abbildungen von $\boldsymbol{R}^n$ auf die Faser E_b von E: 20.1, Aufg. 1
$\mathfrak{P}$	Hauptzusammenhang auf einem Hauptfaserbündel: 20.2
$\mathfrak{P}_b$	Wert eines Hauptzusammenhangs in einem Punkt b der Basis: 20.2
$\mathbf{t}_{r_b}$	Abbildung $\mathbf{u} \to r_b \cdot \mathbf{u}$ der Lieschen Algebra $\mathfrak{g}_e$ in den Raum G_{r_b} der vertikalen Tangentialvektoren im Punkt r_b des Hauptfaserbündels R mit der Gruppe G: 20.2
ω	1-Differentialform eines Hauptzusammenhangs $\mathfrak{P}$ mit Werten in $\mathfrak{g}_e$: 20.2

$D\alpha$, $D_{\mathfrak{P}}\alpha$	kovariantes äußeres Differential einer vektoriellen q-Differentialform α auf einem mit einem Hauptzusammenhang $\mathfrak{P}$ versehenen Hauptfaserbündel: 20.3
Ω	Krümmungsform eines Hauptzusammenhangs: 20.3
$\omega \wedge_{\varrho} \alpha$	äußeres Produkt der Zusammenhangsform ω und einer vektoriellen q-Form α auf dem Hauptfaserbündel R, mit Werten in V, bezüglich einer Operation ϱ von G auf V: 20.3, Aufg. 1
rel $(\mathbf{h}_x)$	horizontale Liftung eines Tangentialvektors $\mathbf{h}_x \in T_x(M)$ im Punkt $r_x \in R_x$: 20.5
σ	Verschmelzungsform auf dem Repèrebündel $R(M)$: 20.6
Θ	Windungsform eines Hauptzusammenhangs auf $R(M)$: 20.6
ω_{ij}, σ_i	kanonische Komponenten der Krümmungs- bzw. Windungsform eines Hauptzusammenhangs auf $R(M)$: 20.6
$\mathfrak{R}$, $(\boldsymbol{e}_j)$	Repèrefeld: 20.6
$\omega^{(\mathfrak{R})}$, $\sigma^{(\mathfrak{R})}$	inverse Bilder der Krümmungs- bzw. Windungsform eines Hauptzusammenhangs auf $R(M)$ vermöge des Repèrefeldes $\mathfrak{R}$: 20.6
$\omega_{ij}^{(\mathfrak{R})}$, $\sigma_i^{(\mathfrak{R})}$, ω_{ij}, σ_i	(nicht ganz korrekt) inverse Bilder der kanonischen Komponenten der Krümmungs- bzw. Windungsform auf $R(M)$ vermöge $\mathfrak{R}$: 20.6
$\sum\limits_i \sigma_i \boldsymbol{e}_i$, $\sum\limits_j \omega_{ji} \boldsymbol{e}_j$	Abkürzung für $\sum\limits_i \sigma_i \otimes \boldsymbol{e}_i$ bzw. $\sum\limits_j \omega_{ji} \otimes \boldsymbol{e}_j$: 20.6
$\mathrm{H}_{\mathbf{a}}$	Feld der horizontalen Vektoren auf $R(M)$: 20.6, Aufg. 1
$\mathbf{B}_q^p(M)$	Tensorbündel $\left(\overset{q}{\wedge} T(M)^*\right) \otimes \left(\overset{p}{\wedge} T(M)\right)$: 20.6, Aufg. 2
$\mathbf{B}(M)$	direkte Summe der $\mathbf{B}_q^p(M)$: 20.6, Aufg. 2
$\mathscr{B}_q^p(M)$, $\mathscr{B}(M)$	$\mathscr{E}(M)$-Modul der Schnitte der Klasse C^∞ von $\mathbf{B}_q^p(M)$ $\big($bzw. $\mathbf{B}(M)\big)$: 20.6, Aufg. 2
$\boldsymbol{d}$	Differentialoperator in $\mathscr{B}(M)$: 20.6, Aufg. 2
$\boldsymbol{d}\mathfrak{U}$	Matrix $(\boldsymbol{du}_{ij})$ für eine Matrix $\mathfrak{U} = (\boldsymbol{u}_{ij})$: 20.6, Aufg. 2

$\widetilde{\mathrm{X}}$	kanonische Liftung in $R(M)$ eines Vektorfeldes X auf M: 20.6, Aufg. 6
$\mathfrak{A}_{\mathrm{X}}$	Operator $\mathrm{Y} \to \theta_{\mathrm{X}} \cdot \mathrm{Y} - \nabla_{\mathrm{X}} \cdot \mathrm{Y}$: 20.6, Aufg. 6
$\mathfrak{a}(\mathfrak{P})$	Liesche Algebra der infinitesimalen Automorphismen eines Hauptzusammenhangs $\mathfrak{P}$ auf $R(M)$: 20.6, Aufg. 6
$\mathfrak{a}(n, \boldsymbol{R})$	Liesche Algebra der affinen Gruppe $\boldsymbol{A}(n, \boldsymbol{R})$: 20.6, Aufg. 6
$S_G(M)$	G-Struktur auf einer differenzierbaren Mannigfaltigkeit M: 20.7
$\widetilde{H}$	kanonisches Bild von H in $\boldsymbol{GL}(\mathfrak{g}_e/\mathfrak{h}_e)$ (dabei ist G eine Liesche Gruppe, H eine Liesche Untergruppe von G): 20.7
$\boldsymbol{g}$	pseudo-Riemannsche oder Riemannsche Metrik: 20.8
$(\mathbf{h}_x \mid \mathbf{k}_x)_{\boldsymbol{g}}$, $\lVert\mathbf{h}_x\rVert_{\boldsymbol{g}}$	Skalarprodukt (bzw. Norm) in $T_x(M)$ bezüglich einer pseudo-Riemannschen (bzw. Riemannschen) Metrik $\boldsymbol{g}$ auf M: 20.8
$(\mathbf{h}_x \mid \mathbf{k}_x)$, $(\mathrm{X} \mid \mathrm{Y})$, $\lVert\mathbf{h}_x\rVert$	Abkürzung für Skalarprodukt und Norm bezüglich einer pseudo-Riemannschen bzw. Riemannschen Metrik: 20.8
g_{ij}	Komponenten einer pseudo-Riemannschen Metrik $\boldsymbol{g}$ bezüglich eines Repèrefeldes: 20.8
G_x	durch eine pseudo-Riemannsche Metrik definierter Isomorphismus von $T_x(M)$ auf $T_x(M)^*$: 20.8
G	M-Isomorphismus $\mathbf{h}_x \to \mathrm{G}_x \cdot \mathbf{h}_x$ von $T(M)$ auf $T(M)^*$: 20.8
G_j^i	Isomorphismus des Senkens des i-ten kontravarianten Indexes auf den j-ten Platz: 20.8
grad (f)	Gradient einer reellwertigen Funktion f auf einer pseudo-Riemannschen Mannigfaltigkeit: 20.8
$\boldsymbol{g}_r$, $\boldsymbol{g}_r^*$	symmetrische kovariante Tensorfelder auf $\bigwedge^r T(M)$ und $\bigwedge^r T(M)^*$, die einer pseudo-Riemannschen Metrik $\boldsymbol{g}$ auf M entsprechen: 20.8
$\lVert\mathbf{h}_1 \wedge \mathbf{h}_2 \wedge \cdots \wedge \mathbf{h}_r\rVert$	r-dimensionaler Flächeninhalt eines r-Tangentialvektors: 20.8
$v_{\boldsymbol{g}}$, $\mathrm{vol}_{\boldsymbol{g}}$, v, vol	Riemannsches Volumen: 20.8

v_g, v	kanonische Volumenform auf einer orientierten Riemannschen Mannigfaltigkeit: 20.8
$*\alpha$	Adjungierte einer r-Differentialform α auf einer Riemannschen Mannigfaltigkeit: 20.8
α_M, α	1-Differentialform ${}^tG(\kappa_M)$ auf $T(M)$, für eine pseudo-Riemannsche Mannigfaltigkeit M: 20.8, Aufg. 3
$E(\mathbf{h})$	$(\mathbf{h} \mid \mathbf{h})$ für eine pseudo-Riemannsche Mannigfaltigkeit M und $\mathbf{h} \in T(M)$: 20.8, Aufg. 3
$\mathrm{S}(\mathbf{h}_x)$	geodätisches Feld $\mathbf{C}_x(\mathbf{h}_x, \mathbf{h}_x)$: 20.9, Aufg. 2
g_T	pseudo-Riemannsche Metrik auf $T(M)$, die aus einer pseudo-Riemannschen Metrik g auf M abgeleitet ist: 20.9, Aufg. 3
$\mathfrak{i}(M)$	Liesche Algebra der infinitesimalen Isometrien einer pseudo-Riemannschen Mannigfaltigkeit M: 20.9, Aufg. 7
$\mathfrak{pgl}\,(n+1, \boldsymbol{R})$	Liesche Algebra der projektiven Gruppe $\boldsymbol{PGL}\,(n+1, \boldsymbol{R})$: 20.9, Aufg. 12
$\mathfrak{R}$	Riemann-Christoffel-Tensor einer pseudo-Riemannschen Mannigfaltigkeit: 20.10
K_{hijk}	Komponenten des Riemann-Christoffel-Tensors bezüglich eines Repèrefeldes: 20.10
$\mathbf{r}'(\mathrm{X}, \mathrm{Y})$	M-Morphismus $\mathrm{Z} \to (\mathbf{r} \cdot (\mathrm{Z} \wedge \mathrm{X})) \cdot \mathrm{Y}$ von $T(M)$ in sich: 20.10
$\mathbf{r}''(\mathrm{X})$	$\mathbf{r}'(\mathrm{X}, \mathrm{X})$: 20.10
$\mathfrak{R}'$	Ricci-Tensor, der durch $\langle \mathfrak{R}', \mathrm{X} \otimes \mathrm{Y}\rangle = \mathrm{Tr}\,(\mathbf{r}'(\mathrm{X}, \mathrm{Y}))$ definiert ist: 20.10
K'_{jk}	Komponenten des Ricci-Tensors auf einem Repèrefeld: 20.10
$\mathrm{Ric}\,(\mathbf{h}_x)$	Ricci-Krümmung für einen Vektor $\mathbf{h}_x \in T_x(M)$: 20.10
$\tilde{r}_x$	durch $(\tilde{r}_x(\mathbf{h}_x) \mid \mathbf{k}_x) = \langle \mathfrak{R}'(x), \mathbf{h}_x \otimes \mathbf{h}_x\rangle$ definierter Endomorphismus von $T_x(M)$: 20.10
$S(x)$	skalare Krümmung im Punkt x: 20.10
$K(x)$	Gaußsche Krümmung einer Fläche: 20.10
$\mathrm{div}\,(\mathrm{X})$	Divergenz eines Vektorfeldes X: 20.10, Aufg. 3
$\mathfrak{so}\,(n+1)$	Liesche Algebra von $\boldsymbol{SO}\,(n+1)$: 20.11
$\boldsymbol{Y}_n$	n-dimensionaler hyperbolischer Raum: 20.11

$Q_{n-1}(\boldsymbol{C})$	$(n-1)$-dimensionale komplexe Quadrik: 20.11, Aufg. 5
$\boldsymbol{g}'$	erste Fundamentalform einer Untermannigfaltigkeit einer Riemannschen Mannigfaltigkeit: 20.12
$\mathfrak{J}, \boldsymbol{l}$	zweite Fundamentalformen, zweite vektorielle Fundamentalform einer Untermannigfaltigkeit einer Riemannschen Mannigfaltigkeit: 20.12
$K(\mathbf{n}_x)$	totale Krümmung einer Untermannigfaltigkeit von $\boldsymbol{R}^N$ in der Normalenrichtung $\mathbf{n}_x$: 20.12, Aufg. 4
$\kappa(M)$	Integralkrümmung einer Untermannigfaltigkeit von $\boldsymbol{R}^N$: 20.12, Aufg. 4
ds^2	Abkürzung für $\boldsymbol{g}$: 20.13
$\mathfrak{J}$	zweite Fundamentalform einer Hyperfläche: 20.14
$\varrho_j(x)$	Hauptkrümmungen einer Hyperfläche in einem Punkt x: 20.14
$H(x)$, $K(x)$	mittlere Krümmung und totale Krümmung einer Hyperfläche in einem Punkt x: 20.14
$[\mathbf{u}_1, \ldots, \mathbf{u}_p, \omega_1, \ldots, \omega_{n-p}]$	skalare $(n-p)$-Differentialform, die, ausgehend von p vektorwertigen Funktionen und $n-p$ vektoriellen 1-Formen definiert ist, mit Werten in $\boldsymbol{R}^n$: 20.14, Aufg. 9
$L(\gamma)$	Länge einer stückweise glatten Kurve: 20.16
$d(x, y)$	Riemannscher Abstand zwischen x und y: 20.16
$L(\xi)$, $E(\xi)$	Länge und Energie einer Kurve C_ξ: $t \to f(t, \xi)$: 20.20
$I(\boldsymbol{w}_1, \boldsymbol{w}_2)$	Indexform zweier Liftungen von v: 20.20
$A(\mathbf{h}_x, \mathbf{k}_x)$	zweidimensionale Krümmung: 20.21
$x \otimes y$	Tensorprodukt zweier Vektoren: A.20.1
$E \otimes_K F$	Tensorprodukt zweier Vektorräume über K: A.20.1
X_i	unbestimmte Elemente von $K^{\boldsymbol{N}^n}$: A.21.2
$\sum_\alpha a_\alpha X^\alpha$	formale Potenzreihe mit Koeffizienten in K: A.21.2

$K[[X_1, X_2, \ldots, X_n]]$	Algebra der formalen Potenzreihen in n Unbestimmten über einem Körper K: A.21.2
$f(g_1, \ldots, g_n)$	formale Potenzreihe, die sich durch Substitution von formalen Potenzreihen g_j ohne konstantes Glied in eine formale Potenzreihe ergibt: A.21.3

Sachverzeichnis

Die erste Zahl bedeutet die Kapitelnummer, die zweite die Nummer des Abschnitts innerhalb dieses Kapitels.

Made in United States
Troutdale, OR
01/30/2026

46373469R00250